Rechnungslegung und Prüfung der Versicherungsunternehmen

Institut der Wirtschaftsprüfer in Deutschland e.V. (Hrsg.)

Rechnungslegung und Prüfung der Versicherungsunternehmen

Mit Beiträgen von

Ass. iur. Michael Sell, Exekutivdirektor
Bundesanstalt für Finanzdienstleistungsaufsicht

Markus Grund, CFA, Chief Accountant
Bundesanstalt für Finanzdienstleistungsaufsicht

WP StB Dipl. oec. Manfred Bögle

WP StB Dr. Frank Ellenbürger

WP Dr. Andreas Freiling

WP StB Dipl.-Kfm. Alfred Graßl

WP StB Dipl.-Kfm. Werner Hölzl

WP StB Dipl.-Kfm. Rainer Husch

WP StB RA Dr. Jörg Schlüter

Gesamtredaktion: WP StB Dipl.-Kfm. Daniel Groove

5., vollständig aktualisierte Auflage

IDW

IDW VERLAG GMBH

Düsseldorf 2011

Bibliografische Information der Deutschen Bibliothek

Die Deutsche Bibliothek verzeichnet diese Publikation in der Deutschen Nationalbibliografie: detaillierte bibliografische Daten sind im Internet über http://www.d-nb.de abrufbar.

ISBN 978-3-8021-1489-2

Die IDW Verlag GmbH ist ein Unternehmen des Instituts der Wirtschaftsprüfer in Deutschland e.V. (IDW).

www.idw-verlag.de

Druck und Bindung: B.o.s.s Druck und Medien GmbH, Goch
PN 36435/0/0 KN 11262

Vorwort

Seit über 50 Jahren begleitet das Institut der Wirtschaftsprüfer (IDW) die fachliche Arbeit des Berufsstands mit der Aufsatzsammlung zur „Rechnungslegung und Prüfung der Versicherungsunternehmen". Um die Handlichkeit trotz des in den letzten Jahren gestiegenen Umfangs zu wahren, hat sich der Verlag entschlossen, die bisherige Loseblattausgabe in eine gebundene Fassung zu überführen. An der inhaltlichen und konzeptionellen Ausrichtung hat sich indessen nichts geändert: Das Handbuch soll den Wirtschaftsprüfer, aber auch die Praktiker in der Versicherungswirtschaft, in deren Berufsarbeit unterstützen und bei der Ausbildung des Berufsnachwuchses hilfreich sein. Die Darstellung erfolgt in sich geschlossenen Teilbereichen durch erfahrene Mitglieder des Versicherungsfachausschusses (VFA). Die Autoren geben in ihren Beiträgen ihre persönliche Auffassung wieder. Sie stellen keine fachliche Verlautbarung des IDW oder des VFA dar.

Gegenüber der vierten Auflage wurden insbesondere die zwischenzeitlichen rechtlichen Entwicklungen im Bereich des Vertragsrechts (VVG-Reform), Aufsichtsrechts (Mindestzuführungsverordnung) und Handelsrechts (Bilanzrechtsmodernisierungs-Gesetz) berücksichtigt. Im Bereich der Prüfung erfolgten Anpassungen an die einschlägigen aktuellen Prüfungsstandards des IDW. Der Aufsatz zur internationalen Rechnungslegung beschränkt sich wegen des verzögerten Fortschritts des Projekts beim IASB zur Entwicklung eines IFRS für Versicherungsverträge (IFRS 4 Phase II) auf die Darstellung des aktuellen Stands nach IFRS 4 Phase I. Die Ausführungen zu US GAAP wurden an die zwischenzeitlich geänderte Kodifizierung eben dieser Regelungen angepasst.

Im Namen der Autorenschaft und auch des IDW gilt mein besonderer Dank Herrn Michael Sell, dem Exekutivdirektor des Geschäftsbereichs Querschnittsaufgaben bei der Bundesanstalt für Finanzdienstleistungsaufsicht sowie Herrn Markus Grund, Chief Accountant bei der Bundesanstalt für Finanzdienstleistungsaufsicht, die mit ihrem Beitrag über die rechtlichen Rahmenbedingungen zur Rechnungslegung und Prüfung der Versicherungsunternehmen einleiten. Mein Dank gilt allen Autoren und ihren Mitarbeitern für die Einsatzbereitschaft und Zusammenarbeit.

Düsseldorf, im August 2011

WP StB Dr. Frank Ellenbürger
Vorsitzer des Versicherungsfachausschusses

Gliederung

Abkürzungsverzeichnis

a.A.	anderer Ansicht, anderer Auffassung
a.F.	alte Fassung
ABS	Asset-Backed-Securities
Abb.	Abbildung
ABl.	Amtsblatt
ABl. EG	Amtsblatt der Europäischen Gemeinschaft
Abs.	Absatz
Abschn.	Abschnitt
Abt.	Abteilung
ADS	Adler / Düring / Schmaltz, Rechnungslegung und Prüfung der Unternehmen
AG	Aktiengesellschaft
AICPA	American Institute of Certified Public Accountants
AKB	Allgemeine Bedingungen für die Kraftfahrzeugversicherung
Ako	Abschlusskosten
AktG	Aktiengesetz
AktuarV	Verordnung über die versicherungsmathematische Bestätigung und den Erläuterungsbericht des Verantwortlichen Aktuars
AltR	Alterungsrückstellung
AMB	Allgemeine Bedingungen für die Maschinen- und Betriebsunterbrechungsversicherung
Anl.	Anlagen
AnlV	Verordnung über die Anlage des gebundenen Vermögens von Versicherungsunternehmen
Anm.	Anmerkung(-en)
AO	Abgabenordnung
AP	Abschlussprüfer

APB	Accounting Principles Board
AR	Aufsichtsrat
ARB	Allgemeine Bedingungen für die Rechtsschutz-versicherung
ARBu	Accounting Research Bulletin(s)
Art.	Artikel
AStG	Außensteuergesetz
AUB	Allgemeine Unfallversicherungsbedingungen
Aufl.	Auflage
AV	Abrechnungsverbände
AVB	Allgemeine Versicherungsbedingungen
AWD	Außenwirtschaftsdienst (Zeitschrift)
BaFin	Bundesanstalt für Finanzdienstleistungsaufsicht
BAG	Gesetz über die Errichtung eines Bundes-aufsichtsamts für das Versicherungswesen (Bundesaufsichtsamtsgesetz)
BAnz.	Bundesanzeiger
BAV	Bundesaufsichtsamt für das Versicherungswesen
BB	Betriebs-Berater (Zeitschrift)
BBK	Buchführung, Bilanz, Kostenrechnung, Zeitschrift für das gesamte Rechnungswesen
Bd.	Band
BdF	Bundesministerium der Finanzen
Beck Bil-Komm.	Beck'scher Bilanz-Kommentar
Beck Vers-Komm.	Beck'scher Versicherungsbilanz-Kommentar
Begr.	Begründung
BeitrRück	Beitragsrückerstattung
BerVersV	Verordnung über die Berichterstattung von Versicherungsunternehmen gegenüber dem Bundes-aufsichtsamt für das Versicherungswesen

BetrVG	Betriebsverfassungsgesetz
BFH	Bundesfinanzhof
BFH/NV	Sammlung amtlich nicht-veröffentlichter Entscheidungen des Bundesfinanzhofs (Zeitschrift)
BFuP	Betriebswirtschaftliche Forschung und Praxis (Zeitschrift)
BGA	Betriebs- und Geschäftsausstattung
BGB	Bürgerliches Gesetzbuch
BGBl.	Bundesgesetzblatt
BGH	Bundesgerichtshof
BilMoG	Bilanzrechtsmodernisierungsgesetz (vom 25.05.2009, BGBl. S. 1102)
BilReG	Bilanzrechtsreformgesetz
bkVReV	Verordnung über die Rechnungslegung bestimmter kleinerer Vereine auf Gegenseitigkeit i. S. des § 53 VAG
BMF	Bundesministerium der Finanzen
BMJ	Bundesministerium der Justiz
BMWi	Bundesministerium für Wirtschaft und Technologie
BOZ	Beobachtungszeitraum
BR	Beitragsrückerstattung
BR-Drs./Brat-Drs.	Bundesratsdrucksache
BRD	Bundesrepublik Deutschland
BS	Beitragssumme
bspw.	beispielsweise
BStBl.	Bundessteuerblatt
BT	Bundestag
BT-Drs./BT-Drucks.	Bundestagsdrucksache
Buchst.	Buchstabe
BUZ	Berufsunfähigkeitszusatz- bzw. Invaliditätszusatzversicherungen

BÜ	Beitragsüberträge
BVerwG	Bundesverwaltungsgericht
BZ	Börsenzeitung
BZD	Beitragszahlungsdauer
bzgl.	bezüglich
bzw.	beziehungsweise
c/o	care of (bei)
CEIOPS	Committee of European Insurance and Occupational Pensions Supervisors
CLN	Credit-Linked-Notes
CON	FASB Statements of Financial Accounting Concepts
COSO	Committee of Sponsoring Organzations of the Treadway Commission
d.h.	das heißt
DAC	Deferred Acquisition Costs
DAV	Deutsche Aktuarvereinigung e.V.
DAX	Deutscher Aktienindex
DB	Der Betrieb (Zeitschrift)
DBA	Doppelbesteuerungsabkommen
DCF	Discounted Cash Flow
DCGK	Deutscher Corporate Governance Kodex
DeckRV	Verordnung über Rechnungsgrundlagen für die Deckungsrückstellungen
dgl.	dergleichen, desgleichen
DGVM	Deutsche Gesellschaft für Versicherungsmathematik
Dipl.-Math.	Diplom-Mathematiker
Dipl.-Oec.	Diplom-Ökonom
Dipl.-Kfm.	Diplom-Kaufmann

DM	Deutsche Mark
Doppelbuchst.	Doppelbuchstabe
DPL	Deferred Profit Liability
DR	Deckungsrückstellung
Dritte Lebensversicherungsrichtlinie	Richtlinie 92/S96/EWG vom 10.11.1992 zur Koordinierung der Rechts- und Verwaltungsvorschriften für die Direktversicherung (Lebensversicherung) sowie Änderung der Richtlinien 79/S267/EWG und 90/S619/EWG
Dritte Schadenversicherungsrichtlinie	Richtlinie 92/S49/EWG des Rats vom 18.06.1992 zur Koordinierung der Rechts-und Verwaltungsvorschriften für die Direktversicherung (mit Ausnahme der Lebensversicherung) sowie zur Änderung der Richtlinien 73/S239/EWG und 88/S357/EWG
Drittes Durchführungsgesetz/EWG zum VAG	Drittes Gesetz zur Durchführung versicherungsrechtlicher Richtlinien des Rats der Europäischen Gemeinschaften
DRS	Deutscher Rechnungslegungs Standard
Drs.	Drucksache
DRSC	Deutsches Rechnungslegungs Standards Committee e.V.
DSOP	Draft Statement of Principles
DSR	Deutscher Standardisierungsrat
DStR	Deutsches Steuerrecht (Zeitschrift)
DStZ	Deutsche Steuerzeitung (Zeitschrift)
DStZEild.	Deutsche Steuerzeitung (Eildienst)
DVFA/SG	Deutsche Vereinigung für Finanzanalyse und Anlageberatung e.V. / Schmalenbach-Gesellschaft / Deutsche Gesellschaft für Betriebswirtschaft e.V.
DVR	Deutsche Verkehrsteuer-Rundschau (Zeitschrift)
D-Wert	Differenzwert zwischen Zahlbeiträgen und Bedarfsbeiträgen in der Krankenversicherung

e.V.	eingetragener Verein
EA	Einzelabschluss, -abschlüsse
ebd.	ebenda
EBIT	Earnings before Interest and Tax
EBITDA	Earnings before Interest, Tax, Depreciation and Amortisation
EDV	elektronische Datenverarbeitung
EFG	Entscheidungen der Finanzgerichte (Zeitschrift)
EG	Europäische Gemeinschaft
EGHGB	Einführungsgesetz zum HGB
EG-Richtlinie	Richtlinie der Europäischen Gemeinschaft EG-Vertrag
EG-VVG	Einführungsgesetz zum Versicherungsvertragsgesetz
EGV	EG-Vertrag
ERS	Entwurf Rechnungslegungsstandard
einschl.	einschließlich
EITF	Emerging Issues Task Force
EPS	Entwurf Prüfungsstandard
Erl.	Erlass
Erste Lebens-versicherungs-richtlinie	Erste Richtlinie des Rats vom 05.03.1979 zur Koordinierung der Rechts-und Verwaltungsvorschriften über die Aufnahme und Ausübung der Direktversicherung (Lebensversicherung) (79/S267/EWG)
Erste Schaden-versicherungs-richtlinie	Erste Richtlinie des Rats vom 24.07.1973 zur Koordinierung der Rechts-und Verwaltungsvorschriften betreffend die Aufnahme und Ausübung der Tätigkeit der Direktversi cherung (mit Ausnahme der Lebensversicherung) (73/S239/EWG)
EStG	Einkommensteuergesetz
ErstVR	Erstversicherer

ErstVU	Erstversicherungsunternehmen
ErstV	Erstversicherung
ErstVG	Erstversicherungsgeschäft
etc.	et cetera
EU	Europäische Union
EU-Richtlinie	Richtlinie der Europäischen Union
EuGH	Europäischer Gerichtshof
EUR	Euro
EuroEG	Gesetz zur Einführung des Euro (Euro-Einführungsgesetz)
evtl.	eventuell
EWG	Europäische Wirtschaftsgemeinschaft
EWR	Europäischer Wirtschaftsraum
f., ff.	folgende, fortfolgende
f.e.R.	für eigene Rechnung
FAIT	Fachausschuss für Informationstechnologie beim Institut der Wirtschaftsprüfer in Deutschland e.V.
FAS	Financial Accounting Standard
FASB	Financial Accounting Standards Board
FB	Formblatt, Formblätter oder Finanzbetrieb (Zeitschrift)
FBUV	Feuerbetriebsunterbrechungsversicherung
FeuerschStG	Feuerschutzsteuergesetz
FG	Fachgutachten oder Finanzgericht
FinMin	Finanzministerium
FkSolV	Finanzkonglomerate-Solvabilitäts-Verordnung
FM	Finanzminister, -ministerium
FN	Fachnachrichten
Fn.	Fußnote

FR	Finanz-Rundschau (Zeitschrift)
FRN	Floating Rate Notes
FRR	Financial Reporting Release
FS	Festschrift
GAAP	Generally Accepted Accounting Principles
GB	Geschäftsbericht
GB / BAV	Geschäftsbericht / Bundesaufsichtsamt für das Versicherungswesen, Berlin
GD	Generaldirektion
GDV	Gesamtverband der Deutschen Versicherungswirtschaft e.V.
gem.	gemäß
GewErtrSt	Gewerbeertragsteuer
GewSt	Gewerbesteuer
GewStG	Gewerbesteuergesetz
GewStR	Gewerbesteuerrichtlinien
ggf.	gegebenenfalls
GJ	Geschäftsjahr
GKV	Gesamtkostenverfahren/ Gesetzliche Krankenversicherung
GKV-WSG	GKV-Wettbewerbsstärkungsgesetz – GKV-WSG vom 26.03.2007, BGBl. I S. 378
GmbH	Gesellschaft mit beschränkter Haftung
GmbHG	Gesetz betreffend die GmbH
GoB	Grundsätze ordnungsmäßiger Buchführung
GPV	Gesellschaft zur Durchführung der privaten Pflegeversicherung der Mitglieder der Postbeamtenkrankenkasse und der Krankenversorgung der Bundesbeamten
GrS	Großer Senat
GrSt	Grundsteuer

GuV	Gewinn- und Verlustrechnung
GwG	Geldwäschegesetz
h.M.	herrschende Meinung
Hs./HS	Halbsatz
HB	Handelsbilanz
Hdb.	Handbuch
HdV	Handwörterbuch der Versicherung
HFA	Hauptfachausschuss des Instituts der Wirtschaftsprüfer in Deutschland e.V.
HGB	Handelsgesetzbuch
HGrG	Haushaltsgrundsätzegesetz
hrsg./Hrsg.	herausgegeben/Herausgeber
HRZ	Höchstsätze des Rechnungszinses
HUKV	Haftpflicht-, Unfall- und Kraftfahr-Versicherung
HUK-Verband	Verband der Haftpflichtversicherer, Unfallversicherer, Autoversicherer und Rechtsschutzversicherer e.V.
HV	Hauptversammlung
i.A.	im Allgemeinen
i.d.F.	in der Fassung
i.d.R.	in der Regel
i.e.S.	im engeren Sinne
i.R.d.	im Rahmen der (des)
i.S.d.	im Sinne der (des)
i.S.v.	im Sinne von (vom)
i.V.m.	in Verbindung mit
i.W.	im Wesentlichen
i.w.S.	im weiteren Sinne

IAD	Insurance Accounts Directive, Versicherungsbilanzrichtlinie
IAPC	International Auditing Practices Committee
IAS	International Accounting Standard(s)
IASB	International Accounting Standards Board
IASC	International Accounting Standards Committee
IBNR	incurred but not reported
IDW	Institut der Wirtschaftsprüfer in Deutschland e.V.
IDW EPS	Entwurf IDW Prüfungsstandard
IDW ERS	Entwurf IDW Rechnungslegungsstandard
IDW PS	IDW Prüfungsstandard
IDW RH HFA	IDW Rechnungslegungshinweis des Hauptfachausschusses
IDW RS HFA	IDW Rechnungslegungsstandard des Hauptfachausschusses
IDW RS VFA	IDW Rechnungslegungsstandard des Versicherungsfachausschusses
IFA	Institut für Finanz-und Aktuarwissenschaften
IFAC	International Federation of Accountants
IFRS	International Financial Reporting Standards
IKS	Internes Kontrollsystem
inkl.	inklusive
Interne VUReV	Verordnung über die Rechnungslegung von Versicherungsunternehmen gegenüber dem Bundesaufsichtsamt für das Versicherungswesen
InvG	Investmentgesetz
ISA	International Standards on Auditing
IStR	Internationales Steuerrecht (Zeitschrift)
IT	Informationstechnologie
JA	Jahresabschluss

KA	Konzernabschluss, -abschlüsse
KAG	Kapitalanlagegesellschaft
KalV	Verordnung über die versicherungsmathematischen Methoden zur Prämienkalkulation und zur Berechnung der Alterungsrückstellung in der privaten Krankenversicherung (Kalkulationsverordnung)
KapAEG	Gesetz zur Verbesserung der Wettbewerbsfähigkeit deutscher Konzerne an Kapitalmärkten und zur Erleichterung der Aufnahme von Gesellschafterdarlehen (Kapitalaufnah meerleichterungsgesetz)
KapAusstV	Verordnung über die Kapitalausstattung von Versicherungsunternehmen (Kapitalausstattungsverordnung)
KapCoRiLiG	Kapitalgesellschaften- und Co-Richtlinie-Gesetz
KG	Kommanditgesellschaft
KGaA	Kommanditgesellschaft auf Aktien
Komm.	Kommentar
KonTraG	Gesetz zur Kontrolle und Transparenz im Unternehmensbereich
Konzern-LB	Konzernlagebericht
KoR	Zeitschrift für internationale und kapitalmarktorientierte Rechnungslegung
KoRVU	Kompendium zur Rechnungslegung der Versicherungsunternehmen
KSt	Körperschaftsteuer
KStG	Körperschaftsteuergesetz
KStR	Körperschaftsteuerrichtlinien
KV	Krankenversicherer, Krankenversicherung
KV-AG	Krankenversicherungs-Aktiengesellschaft
KVU	Krankenversicherungsunternehmen
kVVaG	kleinere Versicherungsvereine auf Gegenseitigkeit im Sinne von § 53 VAG

KWG	Gesetz über das Kreditwesen (Kreditwesengesetz)
LAB	Versicherungsaufsichtsbehörden der Länder
LB	Lagebericht
lit.	Buchstabe
LPT	Loss Portfolio Transfer
LSt	Lohnsteuer
lt.	laut
LV	Lebensversicherung, Lebensversicherer
LVB	Lebensversicherungsbestand
LVU	Lebensversicherungsunternehmen
LVV	Lebensversicherungsvertrag (-verträge)
m.w.N.	mit weiteren Nachweisen
MaRisk	Aufsichtsrechtliche Mindestanforderungen an das Risikomanagement
MB/PPV	Musterbedingungen Pflegepflichtversicherung
MCR	Minimum Capital Requirement
mind.	mindestens
MindZV	Mindestzuführungsverordnung
Mio.	Million(en)
MitbestG	Mitbestimmungsgesetz
MitVR	Mitversicherer
MU	Mutterunternehmen
n.F.	neue Fassung
Nicht-VU	Nicht-Versicherungsunternehmen
Nr./Nrn.	Nummer/Nummern
NRW/NW	Nordrhein-Westfalen
Nw.	Nachweisung (der Internen VUReV)

NYSE	New York Stock Exchange
o.	ohne
o.a.	oben angegeben
o.Ä.	oder Ähnliches
o.g.	oben genannte(n)
ö.-r.	öffentlich-rechtlich(-e, -n)
ÖBA	Österreichisches Bankarchiv (Zeitschrift)
OECD	Organisation für wirtschaftliche Zusammenarbeit und Entwicklung
OECD-MA	OECD-Musterabkommen
OFD	Oberfinanzdirektion
OGAW-Richtlinie	Richtlinie 85/S611/EWG des Rats vom 20.12.1985 zur Koordinierung der Rechts- und Verwaltungsvorschriften betreffend bestimmte Organismen für gemeinsame Anlagen in Wertpapieren
p.a.	per anno
PAD(s)	Provision(s) for Adverse Deviations
PC	Personal Computer
PersonenVU	Personenversicherungsunternehmen
PK	Pensionskasse
PKewBV	Verordnung zur Bestimmung von Pensionskassen als Unternehmen von erheblicher wirtschaftlicher Bedeutung
PKV	Private Krankenversicherung
PKVU	Privates Krankenversicherungsunternehmen
PKV-Verband	Verband der privaten Krankenversicherungen e.V., Köln
PKW	Personenkraftwagen
PPV	Private Pflegeversicherung

PrB	Prüfungsbericht
PrüfV	Prüfungsberichteverordnung
PrüfZV	Prüfungsberichtezusatzverordnung
PS	Prüfungsstandard
PSVaG	Pensions-Sicherungs-Verein auf Gegenseitigkeit
P/StK	Pensions- und Sterbekasse(n)
PublG	Gesetz über die Rechnungslegung von bestimmten Unternehmen und Konzernen (Publizitätsgesetz)
PV	Pensionsverein oder Pflegeversicherung
PVA	Privater Versicherungsnehmer ohne Anspruch auf Beihilfe
PVB	Private Pflegeversicherung für Versicherte mit Anspruch auf Beihilfe
PVN	Private Pflegeversicherung für Versicherte ohne Anspruch auf Beihilfe
R	Rundschreiben
RA	Rechtsanwalt
RAP	Rechnungsabgrenzungsposten
REIT	Real Estate Investment Trust
RdV	Rückstellung für drohende Verluste aus schwebenden Versicherungsgeschäften
RechVersV	Verordnung über die Rechnungslegung von Versicherungsunternehmen
RegE	Regierungsentwurf
ReV	Rechnungslegungsvorschriften
RfB	Rückstellung für Beitragsrückerstattung
RFH	Reichsfinanzhof
RIW	Recht der Internationalen Wirtschaft (Zeitschrift)
Rn.	Randnummer
RPT	Regresse, Provenues, Teilungsabkommen

RS	Rechnungslegungsstandard, -s
Rspr.	Rechtsprechung
RStBl.	Reichssteuerblatt
RückKapAusstV	Rückversicherungs-Kapitalausstattungs-Verordnung
RückVG	Rückversicherungsgeschäft
RückV	Rückversicherung
RückVR	Rückversicherer
RückVU	Rückversicherungsunternehmen
RückVV	Rückversicherungsvertrag/-verträge
Rz.	Randziffer
S.	Seite oder Satz
s.	siehe
s.o.	siehe oben
s.u.	siehe unten
SAB	Staff Accounting Bulletin(s)
SABI	Sonderausschuss Bilanzrichtlinien-Gesetz des Instituts der Wirtschaftsprüfer in Deutschland e.V.
SachPrufV	Verordnung über die Prüfung des Jahresabschlusses und des Lageberichts von Versicherungsunternehmen, auf die § 341 k des Handelsgesetzbuchs nicht anzuwenden ist, durch einen unabhängigen Sachverständigen
saG	selbst abgeschlossenes Geschäft
SAS	Statement(s) on Auditing Standards
SchB	Schadenbearbeitung
SchBK	Schadenbearbeitungskosten/-aufwendungen
SchE	Schadenermittlung
SchR	Schadenregulierung

Schr.	Schreiben
SchRK	Schadenregulierungskosten
SchV	Schadenversicherung
SchVU	Schaden- und Unfallversicherungsunternehmen
SchwR	Schwankungsrückstellung
SCR	Solvency Capital Requirement
SEC	United States Securities and Exchange Commission
sG	selbst abgeschlossenes (Versicherungs-) Geschäft
SGB	Sozialgesetzbuch
Siebente Richtlinie	Siebente Richtlinie des Rats vom 13.06.1983 aufgrund von Artikel 54 Absatz 3 Buchstabe g) des Vertrags über den konsolidierten Abschluss (83/S349/EWG)
sog.	sogenannte(s)
SolBerV	Solvabilitäts-Bereinigungs-Verordnung
SOP	Statement(s) of Position (des AICPA) oder Statements of Principles
Sp.	Spalte
SPV	Special Purpose Vehicle
StB	Steuerberater oder Steuerbilanz
StBerG	Steuerberatungsgesetz
StB Jb	Der Steuerberater (Jahrbuch)
StBp.	Die steuerliche Betriebsprüfung (Zeitschrift)
StEK	Steuererlasse in Karteiform (Steuererlasskartei)
StGB	Strafgesetzbuch
StK	Sterbekasse
StuB	Steuern und Bilanzen (Zeitschrift)
SÜAF	Schlussüberschussanteilsfonds
TB	Tarifbedingungen
TransPuG	Transparenz- und Publizitätsgesetz

TrV	Transportversicherung
TrVR	Rückstellung für Transportversicherung
Tz.	Textziffer
u.a.	unter anderem, und andere
u.Ä.	und Ähnliche(-s)
u.E.	unseres Erachtens
u.U.	unter Umständen
u.v.a.	und viele andere
UBR	Unfallversicherung mit Beitragsrückerstattung
ÜbschV	Verordnung zur Ermittlung und Verteilung von Überzins und Überschuss in der Krankenversicherung (Überschussverordnung)
üG	in Rückdeckung übernommenes Versicherungs-geschäft
UmwG	Umwandlungsgesetz
UmwStG	Umwandlungssteuergesetz
UnfallV	Unfallversicherung
UnfallVU	Unfallversicherungsunternehmen
UPR	Unfallversicherung mit Prämienrückgewähr
UR	Umsatzsteuer-Rundschau (Zeitschrift)
US	United States (of America)
US-GAAP	United States General Accepted Accounting Principles
US-GAAS	United States Generally Accepted Audit Standards
USt	Umsatzsteuer
UStB	Der Umsatzsteuerberater (Zeitschrift)
UStG	Umsatzsteuergesetz
UStR	Umsatzsteuerrichtlinien
usw.	und so weiter
UVR	Umsatzsteuer-und Verkehrsteuer-Recht (Zeitschrift)

v.	vom, von
v.d.	von der
v.H.	vom Hundert
VA	Verantwortlicher Aktuar
VAB	Versicherungsaufsichtsbehörde(n)
VAG	Gesetz über die Beaufsichtigung der Versicherungsunternehmen (Versicherungsaufsichtsgesetz)
VB	Versicherungsbestand
VBL	Versorgungsanstalt des Bundes und der Länder
VerBaFin	Veröffentlichungen der Bundesanstalt für Finanzdienstleistungsaufsicht
VerBAV	Veröffentlichungen des Bundesaufsichtsamts für das Versicherungswesen
VersBiRiLi	Versicherungsbilanzrichtlinie
VersBiRiLiG	Gesetz zur Durchführung der Richtlinie des Rats der Europäischen Gemeinschaften über den Jahresabschluss und den konsolidierten Abschluss von Versicherungsunternehmen (Versicherungsbilanzrichtlinie-Gesetz)
VersR	Versicherungsrecht (Zeitschrift)
VersRiLi	Versicherungsrichtlinie
VersSt	Versicherungssteuer
VersStDV	Versicherungssteuer-Durchführungsverordnung
VersStG	Versicherungssteuergesetz
VerZ	Veranlagungszeitraum
VF	Versicherungsfall, -fälle
VFA	Versicherungsfachausschuss des Instituts der Wirtschaftsprüfer in Deutschland e.V.
VG	Versicherungsgeschäft(e)
vGA	verdeckte Gewinnausschüttung

vgl.	vergleiche
VGV	Verbundene Gebäudeversicherung
VHV	Verbundene Hausratsversicherung
Vierte Richtlinie	Vierte Richtlinie des Rats vom 25.07.1978 aufgrund von Artikel 54 Absatz 3 Buchstabe g) des Vertrags über den Jahresabschluss von Gesellschaften bestimmter Rechtsformen, (78/S660/EWG)
VJ	Vorjahr(e), -es
VJ-Bilanz	Vorjahresbilanz
VN	Versicherungsnehmer
VO	Verordnung
VorVR	Vorversicherer
VP	Versicherte Person oder Die Versicherungspraxis (Zeitschrift)
VR	Versicherer
VS	Versicherungssumme
V-Sparte	Versicherungssparte
VU	Versicherungsunternehmen
VUBR	Bilanzierungsrichtlinien für Versicherungsunternehmen des Bundesaufsichtsamts für das Versicherungswesen
VUReV	Verordnung über die Rechnungslegung von Versicherungsunternehmen
VV	Versicherungsvertrag (-verträge)
VVaG	Versicherungsverein auf Gegenseitigkeit
VVG	Versicherungsvertragsgesetz
VW	Versicherungswirtschaft (Zeitschrift)
VZ	Versicherungszweig oder Veranlagungszeitraum
WA-Prämie	Wiederauffüllungsprämie
WJ	Wirtschaftsjahr

WM	Wertpapiermitteilungen (Zeitschrift)
WP	Wirtschaftsprüfer
WP/StB	Wirtschaftsprüfer/ Steuerberater
WP Handbuch	Wirtschaftsprüfer Handbuch
WpHG	Gesetz über den Wertpapierhandel (Wertpapierhandelsgesetz)
WPg	Die Wirtschaftsprüfung (Zeitschrift)
WPK	Wirtschaftsprüferkammer
WPK-Mitt.	Wirtschaftsprüferkammer Mitteilungen (Zeitschrift)
WPO	Wirtschaftsprüferordnung
z.B.	zum Beispiel
z.T.	zum Teil
z.Zt.	zur Zeit
ZfV	Zeitschrift für Versicherungswesen
Ziff.	Ziffer
ZJ	Zeichnungsjahr(e), es
ZRQuotenV	Verordnung über die Mindestbeitragsrückerstattung in der Lebensversicherung
ZVersWiss	Zeitschrift für die gesamte Versicherungswissenschaft

A. Die Vorschriften über die Rechnungslegung und Prüfung der Versicherungsunternehmen

von Ass. iur. Michael Sell,
Exekutivdirektor Bundesanstalt für Finanzdienstleistungsaufsicht
Markus Grund, CFA,
Chief Accountant Bundesanstalt für Finanzdienstleistungsaufsicht

Randnummer

I. Vorbemerkung

1 Versicherung ist Daseinsvorsorge. Diese wird zu einem erheblichen Teil nicht vom Staat, sondern von der Privatwirtschaft, nämlich den Versicherungsunternehmen (VU), bereitgestellt.

Versicherung ist eine unsichtbare Ware. Sie beruht auf dem unbedingten Vertrauen, dass die versprochene Versicherungsleistung für die vorausgezahlte Prämie auch erbracht wird. Der Versicherungsgedanke und damit die Daseinsvorsorge nehmen Schaden, sollte dieses Vertrauen enttäuscht werden.

2 Es ist daher eine soziale Aufgabe des Staates, nicht durch Wirtschaftslenkung, wohl aber durch umfassende Aufsicht das Vertrauen in das Versicherungswesen zu erhalten und zu stärken.

Adressaten der Versicherungsaufsicht sind in Deutschland Unternehmen, die den Betrieb von Versicherungsgeschäften (VG) zum Gegenstand haben und nicht Träger der Sozialversicherung sind (§ 1 Abs. 1 VAG), Pensionsfonds[1] i.S.d. § 112 Abs. 1 VAG und Versicherungs-Zweckgesellschaften[2] i.S.d. § 121g VAG.

Der Versicherungsbegriff ist gesetzlich nicht definiert. Unter Berufung auf die Rechtsprechung des Bundesverwaltungsgerichts (BVerwG) sieht die Aufsichtsbehörde VG dann als gegeben an, wenn gegen Entgelt bestimmte Leistungen für den Fall des Eintritts eines ungewissen Ereignisses übernommen werden, wobei das Risiko auf eine Vielzahl durch die gleiche Gefahr bedrohter Personen verteilt wird und der Risikoübernahme eine auf dem Gesetz der großen Zahl beruhende Kalkulation zugrunde liegt.[3]

Keiner Versicherungsaufsicht unterliegen Unterstützungseinrichtungen ohne Rechtsanspruch, von Innungen errichtete Unterstützungskassen, Zusammenschlüsse von Industrie- und Handelskammern mit Wirtschaftsverbänden zum Zweck des Ausgleichs von Versorgungslasten, kommunale Schadenausgleiche, öffentlich-rechtliche Körperschaften und Anstalten, bei denen Versicherungsverhältnisse unmittelbar kraft Gesetzes entstehen und infolge gesetzlichen Zwangs genommen werden

---

1 Ein Pensionsfonds ist eine rechtsfähige Versorgungseinrichtung, die im Wege des Kapitaldeckungsverfahrens Leistungen der betrieblichen Altersversorgung für einen oder mehrere Arbeitgeber zugunsten von Arbeitnehmern erbringt, die die Höhe der Leistungen oder die Höhe der für diese Leistungen zu entrichtenden künftigen Beiträge nicht für alle vorgesehenen Leistungsfälle durch versicherungsförmige Garantien zusagen darf, den Arbeitnehmern einen eigenen Anspruch auf Leistungen gegen den Pensionsfonds einräumt und verpflichtet ist, die Altersvorsorgeleistungen als lebenslange Zahlung zu erbringen (§ 112 VAG). Pensionsfonds sind zwar definitionsgemäß keine VU, werden nach § 113 Abs. 1 VAG den VU als Quasi-VU im Wesentlichen gleichgestellt.

2 Eine Versicherungs-Zweckgesellschaft ist gem. § 121g Abs. 1 VAG eine Gesellschaft „mit Sitz oder Hauptverwaltung im Inland, die kein bestehendes Erstversicherungsunternehmen (ErstVU) oder Rückversicherungsunternehmen (RückVU) ist und Risiken von Erst- oder RückVU übernimmt, wobei sie die Schadensrisiken vollständig über die Emission von Schuldtiteln oder einen anderen Finanzierungsmechanismus absichert, bei dem die Rückzahlungsansprüche der Darlehensgeber oder der Finanzierungsmechanismus den Rückversicherungsverpflichtungen der Gesellschaft nachgeordnet sind". Obschon es sich bei Versicherungs-Zweckgesellschaften nicht um VU handelt, bedürfen diese zur Aufnahme des Geschäftsbetriebs der Erlaubnis der Aufsichtsbehörde, die an die Erfüllung bestimmter Anforderungen geknüpft ist. Hier normiert § 121g Abs. 2 VAG verschiedene Voraussetzungen für die Erteilung einer Erlaubnis der Aufsichtsbehörde. Vgl. im Einzelnen Klüwer/Krecek, VW 2008, S. 1433.

3 Vgl. z.B. BVerwG, v. 11.11.1986, VerBAV 1987, S. 215 und 219. Karl Hax beschreibt Versicherung als die planmäßige Deckung eines im Einzelnen ungewissen, im Ganzen aber schätzbaren Geldbedarfs auf der Grundlage eines zwischenwirtschaftlichen Risikoausgleichs (vgl. *Hax*, in: Versicherungsenzyklopädie, 2. Aufl., Bd. I 1, S. 16). Versicherungsbegriff nach Farny: Versicherung ist die Deckung eines im Einzelnen ungewissen, insgesamt schätzbaren Geldbedarfs auf der Grundlage eines Risikoausgleichs im Kollektiv und in der Zeit (vgl. *Farny*, Handwörterbuch der Versicherung HdV, Karlsruhe 1988, S. 870). Darüber hinaus konkretisiert wird der Umfang des Vertrags in einem Urteil des BVerwG v. 23.06.2010, Az 8C 42/09, Tz. 29 ff.

müssen, sowie Unternehmen mit örtlich begrenztem Wirkungskreis, die gegen Pauschalentgelt ausschließlich Naturalleistungen versprechen (§ 1 Abs. 3 VAG).

3 Die Bundesanstalt für Finanzdienstleistungsaufsicht (BaFin) hat darauf zu achten, dass die Belange der Versicherten ausreichend gewahrt werden (Zweck der Aufsicht, § 81 Abs. 1 Satz 2 VAG). Wie jede Wirtschaftsaufsicht hat sie zwei Funktionen: die Beobachtungs- und die Berichtigungsfunktion.

4 Beobachtung bedeutet Sammeln und Auswerten von Informationen, Prüfung von gesetzlichen Unterlagen etc. Ziel ist das rechtzeitige Erkennen von Funktionsstörungen im Betrieb. Maßstab und Grenze ist der Aufsichtszweck. Versicherungsunternehmen haben der Aufsichtsbehörde gem. § 55c Abs. 5 VAG eine Ausfertigung des Risikoberichts nach § 64a Abs. 1 Satz 4 Nr. 3 Buchst. d VAG sowie eine Ausfertigung des Berichts, der die wesentlichen Prüfungsfeststellungen der internen Revision des vergangenen sowie die geplanten Prüfungsthemen des laufenden Geschäftsjahrs (GJ) aufzeigt (Revisionsbericht), vorzulegen.

5 Daneben kann die Aufsichtsbehörde die Vorlage von Prognoserechnungen verlangen, insb. über das erwartete Geschäftsergebnis zum Ende des laufenden GJ, bei Lebensversicherungsunternehmen (LVU) unter Angabe der Überschussbeteiligung für das dem Berichtsjahr folgende GJ; die erwartete Solvabilitätsspanne zum Ende des laufenden GJ; die erwarteten Bewertungsreserven zum Ende des laufenden GJ; die Risikotragfähigkeit des VU in adversen Situationen (§ 55b VAG).

6 Berichtigung ist die umgehende Abstellung von Mängeln, die bei der Beobachtung entdeckt worden sind. Auch hier ist Maßstab der Aufsichtszweck. Die Aufsichtsbehörde kann von Berichtigungsmitteln Gebrauch machen, um drohende Missstände zu vermeiden[4] oder zu beseitigen, d.h., sie kann dann berichtigend eingreifen, wenn die Versicherteninteressen gefährdet sind.

Zur Erfüllung der Funktionen hat der Gesetzgeber der Aufsichtsbehörde eine Vielzahl von Beobachtungs- und Berichtigungsmitteln zur Verfügung gestellt, die im Zulassungsverfahren und in der laufenden Aufsicht Anwendung finden.

7 Eines der wichtigsten Beobachtungsmittel ist die Rechnungslegung der VU.

Diese haben zunächst wie Kapitalgesellschaften der Öffentlichkeit gegenüber Rechnung zu legen (externe Rechnungslegung). Gerade von VU wird wegen des besonders vertrauensempfindlichen Produkts traditionell eine höhere Publizität verlangt. Daneben haben VU der Aufsichtsbehörde gegenüber einen internen

4 Vgl. hierzu BVerwG v. 23.06.2010, Az 8C 42/09, Tz. 6.

Bericht, bestehend aus einer für die Aufsichtszwecke gegliederten Bilanz, einer nach Versicherungszweigen (VZ) und Versicherungsarten gegliederten Gewinn- und Verlustrechnung (GuV) und weiteren Erläuterungen sowie einen vierteljährlichen internen Zwischenbericht einzureichen.

Die Versicherungsaufsicht wird entweder durch die BaFin oder die Versiche- 8
rungsaufsichtsbehörden (VAB) der Länder ausgeübt.[5] Während für die externe Rechnungslegung die Vorschriften des Bundes gleichermaßen für VU unter Bundes- und Landesaufsicht gelten, finden die bundesrechtlichen Vorschriften über die Berichterstattung gegenüber der Aufsichtsbehörde unmittelbar nur auf VU Anwendung, die nicht den Versicherungsaufsichtsbehörden der Länder (LAB) unterliegen; die LAB machen jedoch in der Regel von der Möglichkeit Gebrauch, für die ihrer Aufsicht unterworfenen VU die Regelungen des Bundes zu übernehmen (§ 55a VAG).

II. Quellen der Rechnungslegungsvorschriften

Spezielle Rechnungslegungsvorschriften (ReV) für VU gibt es seit Anfang des 9
Jahrhunderts. Die ersten Vorschriften wurden 1902, ein Jahr nach der Errichtung des Kaiserlichen Aufsichtsamtes für Privatversicherung, erlassen. In der Folgezeit wurden die ReV mehrfach reformiert und weiter ausgebaut.

Während mit der Vierten und der Siebenten Richtlinie branchenunabhän- 10
giges Rechnungslegungsrecht geschaffen worden war, wurden mit Erlass der Richtlinie des Rats v. 19.12.1991 (91/674/EWG; „Versicherungsbilanzrichtlinie" – VersBiRiLi) spezielle Vorgaben für die Rechnungslegung aller VU unabhängig von deren Rechtsform gemacht. Die VersBiRiLi bildet neben der IAS-Verordnung (IAS-VO) einen wichtigen Bestandteil der Anpassung des deutschen Rechnungslegungsrechts an das europäische Recht. Die speziellen Vorschriften über die Rechnungslegung und Prüfung von VU wurden ebenfalls in das HGB integriert. Sie sind in einen neuen Zweiten Unterabschnitt zum Vierten Abschnitt des Dritten Buchs des HGB (§§ 341 ff. HGB) aufgenommen worden und auch aufgrund der Verlagerung vom VAG in das HGB nunmehr deutlich als Sonderprivatrecht für Kaufleute ausgewiesen. Die versicherungsspezifischen Bewertungsregelungen des VAG fanden Aufnahme in das HGB. Das HGB enthält nunmehr Bewertungsvorschriften speziell für Vermögensgegenstände der VU (§§ 341b ff. HGB) und für versicherungstechnische Rückstellungen (§§ 341e ff. HGB).

5 Näheres vgl. §§ 2-7 BAG.

11 Gemäß dem geänderten § 330 HGB können in die VO auch Vorschriften über den Ansatz und die Bewertung von versicherungstechnischen Rückstellungen, insb. Näherungsverfahren, aufgenommen werden, § 330 Abs. 3 Satz 4 HGB. Die VO ist vom Bundesministerium der Justiz (BMJ) im Einvernehmen mit dem Bundesministerium der Finanzen (BMF) zu erlassen und bedarf auch der Zustimmung des Bundesrats, da die Bewertungsregeln über versicherungstechnische Rückstellungen Auswirkungen auf die steuerliche Einkommensermittlung haben können und damit die Beteiligung der Länder am Steueraufkommen betroffen ist. Von der VO-Ermächtigung wurde durch die VO über die Rechnungslegung von VU (RechVersV)[6] v. 08.11.1994 (BGBl. I, S. 3378) Gebrauch gemacht. Neben der RechVersV ist eine RechPensV, die speziell auf die Besonderheiten bei Pensionsfonds abstellt, erlassen worden. Die Regelungen der RechPensV entsprechen dabei weitestgehend denen der RechVersV.

12 Änderungen haben sich bezüglich des Anwendungsbereichs der neuen ReV ergeben. Der persönliche und räumliche Anwendungsbereich ist in § 341 HGB geregelt. Die Begriffsbestimmung in § 341 Abs. 1 Satz 1 HGB entspricht zunächst derjenigen des § 1 Abs. 1 VAG, wonach die Vorschriften auf Unternehmen anwendbar sind, die den Betrieb von VG zum Gegenstand haben und nicht Träger der Sozialversicherung sind. Der Anwendungsbereich des § 341 Abs. 1 Satz 1 HGB umfasst also grundsätzlich alle VU. Die von den EU-Richtlinien zugelassenen größenabhängigen Befreiungen und Vereinfachungen[7] wurden in die §§ 61 und 62 RechVersV aufgenommen. Die Vorschriften des HGB über die Rechnungslegung von VU gelten auch für Versicherungsvereine auf Gegenseitigkeit (VVaG) (§ 16 Satz 2 VAG), für kleinere VVaG (§ 53 Abs. 1 Satz 1 i.V.m. § 16 Satz 2 VAG) und öffentlich-rechtliche Unternehmen (§ 55 Abs. 1 VAG), die das VG betreiben, auch wenn diese für sich genommen nicht die Kaufmannseigenschaft[8] erfüllen. § 341 Abs. 1 Satz 1 HGB regelt ferner, dass die Vorschriften auf RückVU anwendbar sind. Gemäß § 341 Abs. 4 HGB erstreckt sich die Anwendung grundsätzlich auch auf Pensionsfonds.

13 Nach § 341 Abs. 2 HGB sind VU i.S.v. Abs. 1 auch Niederlassungen von VU mit Sitz in einem anderen Staat, „wenn sie zum Betrieb des Direkt-VG der Erlaubnis

---

6 Die RechVersV wurde zuletzt durch die VO zur Änderung der VU-Rechnungslegungs-VO sowie zur Änderung weiterer Rechnungslegungs-VO (RechVersVuaÄndV) v. 18.12.2009 (BGBl. I, S. 3934) geändert.

7 Art. 2 VersBiRiLi i.V.m. Art. 3 der Richtlinie 73/239/EWG und Art. 2 Abs. 2 und 3 sowie Art. 3 der Richtlinie 79/267/EWG.

8 Regierungsbegründung zu § 55 Abs. 1 VAG, BT-Drs. 12/5587: „[...] stellt insoweit klarstellend fest, dass auch Versicherungsunternehmen, die nicht Kaufmann sind, für die Zwecke der Rechnungslegung [...] als Kaufmann gelten".

durch die deutsche VAB bedürfen". Im Wesentlichen sind hiervon die Niederlassungen von VU betroffen, die ihren Sitz nicht in einem anderen Mitgliedstaat der EU oder einem anderen Vertragsstaat des EWR-Abkommens haben[9]. Genauso wie ein VU mit Sitz im Inland müssen diese Rechnung legen und sich prüfen lassen. Daneben können hiervon auch Niederlassungen von VU mit Sitz in einem EU- bzw. EWR-Staat betroffen sein, wenn diese Unternehmen nicht den EU-Richtlinien auf dem Gebiet des Versicherungsrechts unterliegen (§ 110d Abs. 1 Satz 1 VAG). Die Verpflichtung zur Rechnungslegung und Prüfung nach den §§ 341 ff. HGB bezieht sich anders als bei inländischen VU nur auf die Geschäftstätigkeit der inländischen Niederlassung (§ 106 Abs. 2 Satz 3 VAG).

Dagegen sind Niederlassungen von VU aus einem anderen Mitgliedstaat der EU 14
oder einem anderen Vertragsstaat des EWR-Abkommens, die in Deutschland im Rahmen der Niederlassungsfreiheit tätig werden, nunmehr im Regelfall (Ausnahmefall § 110d Abs. 1 Satz 1 VAG) von den gesonderten ReV befreit. Diese früher für alle Niederlassungen geltende Verpflichtung zur separaten Rechnungslegung ist im Zuge der Umsetzung der Dritten Schadenversicherungsrichtlinie v. 18.06.1992 (92/49/EWG, Abl./EG Nr. L 228, S. 1-23) und der Dritten Lebensversicherungsrichtlinie v. 10.11.1992 (92/96/EWG, Abl./EG Nr. L 360, S. 1-27) entfallen, da die Finanzaufsicht über diese Niederlassungen nunmehr derjenigen VAB obliegt, in dem das VU seinen Sitz hat (§ 110a Abs. 3 VAG).[10] Umgekehrt obliegt die ausschließliche Finanzaufsicht über die VU mit Sitz in Deutschland bezüglich deren Niederlassungsgeschäft im EWR-Ausland nunmehr der BaFin.

Ausgenommen von den besonderen ReV für VU sind gem. § 341 Abs. 1 Satz 2 15
HGB im Übrigen solche VU, die aufgrund von Gesetz, Tarifvertrag oder Satzung ausschließlich an ihre Mitglieder oder die durch Gesetz oder Satzung begünstigten Personen Leistungen erbringen oder als nicht rechtsfähige Einrichtungen ihre Aufwendungen im Umlageverfahren decken, es sei denn, sie sind AG, VVaG oder rechtsfähige kommunale Schaden- und Unfallversicherungsunternehmen (SchVU). Im Versicherungsaufsichtsrecht verblieben sind solche Rechnungslegungs- und Prüfungsvorschriften, die mit der Versicherungsaufsicht unmittelbar zusammenhängen.

9 Sog. Drittland-VU.
10 Prinzip der Sitzlandaufsicht.

III. Übersicht über die Rechnungslegungsvorschriften

1. Die externe Rechnungslegung inländischer Versicherungsunternehmen

a) Vorschriften des HGB

16 Versicherungsunternehmen haben nach § 341a Abs. 1 HGB einen Jahresabschluss (JA) (inkl. Anhang) und einen Lagebericht (LB) nach den für große Kapitalgesellschaften[11] geltenden Vorschriften des Ersten Unterabschnitts des Zweiten Abschnitts des Dritten Buchs, das sind die §§ 264-289 HGB, zu erstellen. Die gesetzlichen Vertreter eines kapitalmarktorientierten VU in der Form einer Kapitalgesellschaft, die nicht zur Aufstellung eines Konzernabschlusses (KA) verpflichtet ist, haben darüber hinaus den JA um eine Kapitalflussrechnung und einen Eigenkapitalspiegel zu erweitern, die mit der Bilanz, GuV und dem Anhang eine Einheit bilden; sie können den JA um eine Segmentberichterstattung erweitern (§ 264 Abs. 1 Satz 2 HGB). Der Erste Abschnitt des Dritten Buchs (§§ 238-263 HGB) gilt für VU, soweit sie die Kaufmannseigenschaft erfüllen, bereits aus diesem Grund. Für öffentlich-rechtliche Unternehmen gelten die Vorschriften der §§ 238-263 HGB ebenfalls, da § 55 Abs. 1 VAG für diese VU unter anderem auf den Ersten Abschnitt des Dritten Buchs verweist. Einen ebensolchen Verweis enthält § 16 Satz 2 VAG für VVaG, (§ 53 Abs. 1 Satz 1 i.V.m. § 16 Satz 2 VAG für kleinere Vereine und § 106 Abs. 2 Satz 4 VAG für rechnungslegungspflichtige Niederlassungen). Von den Vorschriften der §§ 238 ff. HGB und der §§ 264 ff. HGB gelten jedoch folgende Ausnahmen:

- Abweichend von § 264 Abs. 1 Satz 3 HGB gilt für die Aufstellung des JA und des LB und deren Vorlage an den Abschlussprüfer (AP) eine Frist von vier statt drei Monaten nach Schluss des GJ (§ 341a Abs. 1 HGB). Für RückVU oder solche Erstversicherer (ErstVR), die überwiegend die Rückversicherung (RückV) betreiben, verlängert sich die Frist auf zehn Monate, sofern das GJ mit dem Kalenderjahr übereinstimmt (§ 341a Abs. 5 HGB). In diesem Fall verlängert sich auch die Frist für die Einberufung der Hauptversammlung (HV) oder der Versammlung der obersten Vertretung, abweichend von § 175 Abs. 1 Satz 2 AktG, auf 14 Monate. Diese bereits nach früherer Rechtslage[12] geltenden Fristverlängerungen sind erforderlich, um den Besonderheiten des VG Rechnung zu

11 Zum Begriff siehe § 267 Abs. 3 HGB.

12 Vgl. *Angerer*, in: Rechnungslegung und Prüfung der Versicherungsunternehmen, 3. Aufl., Düsseldorf 1989, S. 6, Rn. 9.

tragen. Die Ermittlung der versicherungstechnischen Rückstellungen erfordert erhebliche Vorarbeit, die im Wesentlichen erst nach Abschluss des GJ in Angriff genommen werden kann. Rückversicherungsunternehmen können die versicherungstechnischen Rückstellungen für das in Rückdeckung übernommene VG erst erfassen und bewerten, wenn sie vom Vorversicherer die erforderlichen Angaben erhalten. Diese liegen in der Regel erst Monate nach Abschluss des GJ vor. Rückversicherungsunternehmen, die ein vom Kalenderjahr abweichendes GJ haben (in der Regel Bilanzstichtag 30.06.; durch Umstellung auf das Kalenderjahr machen immer weniger RückVU von dieser Möglichkeit Gebrauch), erfassen das versicherungstechnische Geschäft nur für das letzte Kalenderjahr.[13] Ihnen steht daher bei normaler Aufstellungs- und Vorlagefrist ebenfalls ein Zeitraum von zehn Monaten zur Verfügung, um ihre versicherungstechnischen Rückstellungen zu ermitteln.

- § 265 Abs. 6, §§ 267, 268 Abs. 4 Satz 1, Abs. 5 Satz 1 und 2, §§ 276, 277 Abs. 1 und 2, § 279 Abs. 1 Satz 2, § 285 Nr. 8 Buchst. a und § 288 HGB sind gem. § 341a Abs. 2 Satz 1 HGB nicht anzuwenden.
- Anstelle von § 247 Abs. 1, §§ 251, 265 Abs. 7, §§ 266, 268 Abs. 2 und 7, §§ 275, 285 Nrn. 4 und 8 Buchst. b sowie § 286 Abs. 2 HGB sind gem. § 341a Abs. 2 Satz 2 HGB die durch die RechVersV erlassenen Formblätter und anderen Vorschriften anzuwenden.
- Die Pflicht zur Angabe von Vorjahresbeträgen (VJ-Beträgen) zu den einzelnen Posten der Bilanz und der GuV gem. § 265 Abs. 2 HGB gilt auch für VU.[14] Die früher geltende Ausnahme von dieser Vorschrift für VU[15] ist entfallen. Die BaFin ist der Auffassung, dass VJ-Beträge nicht nur für Posten der Hauptspalte, sondern auch für Posten der Vorspalte, für Unterposten und Davon-Vermerke[16] angegeben werden müssen.
- Das Verrechnungsverbot von Posten der Aktiv- mit Posten der Passivseite (§ 246 Abs. 2 HGB) gilt nicht, sofern abweichende Vorschriften bestehen (§ 341a Abs. 2 Satz 3 HGB).
- § 264 Abs. 3 HGB[17], nach dem bestimmte Tochterunternehmen unter den dort genannten Voraussetzungen von der Pflicht zur Aufstellung eines JA nach den Vorschriften der §§ 264 ff. HGB, von der Prüfung (§§ 316 ff. HGB) und von

13 Vgl. § 27 Abs. 3 RechVersV.
14 Vgl. Art. 1 VersBiRiLi i.V.m. Art. 4 Abs. 4 der Vierten Richtlinie.
15 § 55 Abs. 4 Hs. 2 VAG a.F.
16 Vgl. *ADS*, 6. Aufl., Stuttgart 1995 ff., § 265, Rn. 26 f.
17 Eingefügt durch das KapAEG.

der Offenlegung (§ 325 ff. HGB) befreit sind, gilt für VU mit der Maßgabe, dass diese Tochterunternehmen lediglich von den Vorschriften der Offenlegung befreit sind (§ 341a Abs. 2 Satz 4 HGB). Die Aufsichtsbelange der BaFin gestatten es nicht, dass VU, die die Voraussetzungen des § 264 Abs. 3 HGB erfüllen, von der Befreiungsmöglichkeit bezüglich der Aufstellung und Prüfung des JA Gebrauch machen. Daher wurde in § 341a Abs. 2 Satz 4 die genannte einschränkende Geltung von § 264 Abs. 3 HGB vorgesehen.[18]

- § 285 Nr. 3 HGB gilt mit der Maßgabe, dass die Angaben für solche finanziellen Verpflichtungen nicht zu machen sind, die im Rahmen des VG entstehen (§ 341a Abs. 2 Satz 5 HGB).

17 Die VersBiRiLi enthält eine Reihe von versicherungsspezifischen Bewertungsvorschriften, die im Dritten Titel (§§ 341b-341d HGB) und im Vierten Titel (§§ 341e-341h HGB) des Zweiten Unterabschnitts des Vierten Abschnitts zusammengefasst wurden. Dabei wird den geschäftszweigbezogenen Besonderheiten Rechnung getragen, insb., dass die Gliederung der Bilanz von VU keine Trennung zwischen Anlage- und Umlaufvermögen vorsieht. Des Weiteren sind Einzelheiten zur Bildung der versicherungstechnischen Rückstellungen geregelt.

aa) Bewertung von Vermögensgegenständen

18 Im Einzelnen bestehen folgende Bewertungsvorschriften:

- Grundsätzlich sind die in § 341b Abs. 1 HGB aufgeführten Vermögensgegenstände nach den für das Anlagevermögen geltenden Vorschriften zu bewerten. Mit dieser Regelung wurde Art. 51 Satz 1 Buchst. a der VersBiRiLi umgesetzt. § 253 Abs. 3 Satz 4 HGB ist nur auf Beteiligungen, Anteile an verbundenen Unternehmen, Ausleihungen an verbundene Unternehmen oder an Unternehmen, mit denen ein Beteiligungsverhältnis besteht, sowie Namensschuldverschreibungen, Hypothekendarlehen und andere Forderungen und Rechte wie auch sonstige Ausleihungen und Depotforderungen aus dem in Rückdeckung übernommenen VG anzuwenden.
- Aktien, Investmentanteile sowie sonstige festverzinsliche und nicht festverzinsliche Wertpapiere sind nach den für das Umlaufvermögen geltenden § 253 Abs. 1 Satz 1, Abs. 4 und 5, § 256 HGB zu bewerten, es sei denn, sie werden dazu bestimmt, dauernd dem Geschäftsbetrieb zu dienen; in diesem Fall sind sie nach den für das Anlagevermögen geltenden Vorschriften zu bewerten. Damit gilt für diese Wertpapiere grundsätzlich das strenge Niederstwertprinzip,

18 Regierungsbegründung zu § 341a Abs. 2 Satz 4 HGB, BT-Drs. 13/7141.

wonach ein am Bilanzstichtag gegebener niedrigerer Wert angesetzt werden muss.[19] Eine Wertaufholung sowie die Angaben zu steuerrechtlich begründeten Abschreibungen sind gem. dem Bilanzrechtsmodernisierungsgesetz (BilMoG) entfallen.

- Namensschuldverschreibungen, Hypothekendarlehen und andere Forderungen dürfen abweichend hiervon mit dem Nennwert bewertet werden (§ 341c Abs. 1 HGB). Bezüglich der Namensschuldverschreibungen basiert diese Regelung auf dem Wahlrecht des Art. 55 Abs. 1 Buchst. a Satz 2 VersBiRiLi, dass die in der Richtlinie genannten Wertpapiere nicht zu Anschaffungskosten, sondern mit ihrem Nennbetrag bilanziert werden. § 341c Abs. 1 HGB wurde als Bewertungswahlrecht konzipiert, sodass eine Bilanzierung der genannten Vermögensgegenstände zu Anschaffungskosten ebenfalls zulässig ist.
- Für den Anlagestock der fondsgebundenen Lebensversicherung (LV) gilt der Grundsatz der Zeitwertbewertung unter Berücksichtigung des Grundsatzes der Vorsicht (§ 341d HGB)[20]. Die §§ 54-56 RechVersV erläutern dabei, wie sich dieser Zeitwert ermitteln lässt.

bb) Bewertung von versicherungstechnischen Rückstellungen

Im Einzelnen bestehen folgende Bewertungsvorschriften: 19

- Für die Bildung der versicherungstechnischen Rückstellungen gelten zunächst die allgemeinen Vorschriften des Handelsrechts, wonach ungewisse Verbindlichkeiten generell der Passivierungspflicht unterliegen (§ 249 Abs. 1 Satz 1 HGB). Mit Inkrafttreten des BilMoG ist grundsätzlich jedoch § 253 Abs. 1 Satz 2 und Abs. 2 HGB bei der Rückstellungsbewertung zu beachten. Diese Vorschriften sehen vor, künftige Kosten- und Preissteigerungen zu berücksichtigen sowie eine Abzinsung durchzuführen. Für VU gilt hier jedoch § 341e Abs. 1 Satz 3 HGB als lex specialis.
- Darüber hinaus bestimmt § 341e Abs. 1 Satz 1 HGB, dass VU versicherungstechnische Rückstellungen auch insoweit zu bilden haben, „wie dies nach vernünftiger kaufmännischer Beurteilung notwendig ist, um die dauernde Erfüllbarkeit der Verpflichtungen aus den Versicherungsverträgen (VV) sicher zustellen“. Diese Vorschrift enthält insoweit eine Erweiterung der allgemeinen

19 Mit dieser Regelung wurde von dem Wahlrecht in Art. 51 Satz 2 der VersBiRiLi Gebrauch gemacht.

20 § 341b und c HGB findet keine Anwendung.

Rückstellungsvorschriften dem Grunde und der Höhe nach.[21] Gegenüber der früheren Entsprechung in § 56 Abs. 3 VAG stellt die Neuformulierung klar, dass es sich um eine Bilanzierungspflicht und nicht um ein Bilanzierungswahlrecht handelt.[22]

- In § 341e Abs. 2 HGB werden entsprechend dem von der VersBiRiLi vorgegebenen Katalog einzelne versicherungstechnische Rückstellungen umschrieben. Weitere Vorschriften über die Bildung versicherungstechnischer Rückstellungen enthalten die §§ 341f-341h HGB.
- Die VersBiRiLi enthält in Art. 60 Abs. 1 Buchst. g ein Wahlrecht, unter bestimmten Voraussetzungen auf Rückstellungen offene Diskontabschläge zuzulassen. § 341e Abs. 1 Satz 3 HGB bestimmt jedoch explizit, dass Rückstellungen nach den Wertverhältnissen am Abschlussstichtag zu bewerten und nicht nach § 253 Abs. 2 HGB abzuzinsen sind. Mit der Ergänzung des § 341e Abs. 1 HGB um Satz 3 wird damit klargestellt, dass die bisherige Bewertungskonzeption der versicherungstechnischen Rückstellungen unverändert bleibt, also von der konzeptionellen Neuorientierung der Rückstellungsbewertung in § 253 Abs. 1 Satz 2 und Abs. 2 HGB nicht berührt wird. Weder sind im Rahmen der Bewertung der versicherungstechnischen Rückstellungen künftige Kosten- und Preissteigerungen gem. § 253 Abs. 1 Satz 2 HGB zu berücksichtigen, noch ist eine Abzinsung gem. § 253 Abs. 2 HGB durchzuführen.

b) Vorschriften des Aktiengesetzes

20 Für VU in der Rechtsform einer AG gelten auch die ReV des AktG, das sind – neben anderen – insb. die Vorschriften über Rücklagen (§ 150 AktG), die Bilanz (§ 152 AktG), die GuV (§ 158 AktG), den Anhang (§ 160 AktG), die Erklärung zum Corporate Governance Kodex (§ 161 AktG) sowie die Vorschriften über die Vorlage und Prüfung durch den Aufsichtsrat (AR), die Feststellung des JA, die Gewinnverwendung und die Ordentliche HV (§§ 170-176 AktG). Nach § 341a Abs. 4 HGB gelten § 152 Abs. 2 und 3, §§ 170-176 des AktG entsprechend für VU anderer Rechtsform mit Ausnahme der kleineren Vereine. § 160 AktG gilt, soweit er sich auf Genussrechte bezieht.

21 Regierungsbegründung zu Art. 1 Nr. 10 VersRiLiG, BT-Drs. 12/5587.
22 Früher: „…dürfen“.

c) Vorschriften des Versicherungsaufsichtsgesetzes

Das VAG enthält auch nach Verlagerung des Rechnungslegungsrechts für VU in das HGB eine Reihe von eigenen ReV oder damit verwandten Vorschriften. Es handelt sich hierbei im Wesentlichen um solche Vorschriften, die als in unmittelbarem Zusammenhang mit der Versicherungsaufsicht stehend angesehen werden und daher im VAG verblieben sind. Das VAG enthält an verschiedenen Stellen Ermächtigungen zum Erlass von VO, in denen Einzelheiten der Rechnungslegung geregelt sind. Eine zentrale Norm ist die Ermächtigung zum Erlass von ReV gegenüber der Aufsicht (§ 55a VAG).[23] Eine weitere ist die Ermächtigungsnorm zur Regelung näherer Einzelheiten im Prüfungsbericht (PrB) durch eine Rechts-VO[24] gem. § 57 Abs. 2 VAG. Nach § 65 VAG besteht die Ermächtigung, in einer Rechts-VO[25] Vorschriften zur Berechnung der Deckungsrückstellung (DR) zu erlassen. § 12c VAG erteilt die Ermächtigung zum Erlass einer Rechts-VO mit Vorschriften für die nach Art der LV betriebenen Krankenversicherung (KV). Nach § 81c Abs. 3 VAG können durch Rechts-VO[26] Einzelheiten über die Zuführung zur Rückstellung für Beitragsrückerstattung (RfB) in der LV, insb. über die Mindestzuführung, geregelt werden. Nach § 81d Abs. 3 VAG können durch Rechts-VO[27] Einzelheiten über die Mindestzuführung zur erfolgsabhängigen RfB in der nach Art der LV betriebenen KV geregelt werden. Gemäß § 11a Abs. 6 VAG können durch Rechts-VO[28] nähere Einzelheiten zum Erläuterungsbericht des Aktuars und dem Wortlaut der versicherungsmathematischen Bestätigung geregelt werden. Schließlich enthält das VAG weitere Vorschriften, die im Zusammenhang mit der BaFin oder der Tätigkeit der Verantwortlichen Aktuare und der Treuhänder stehen. Nicht unerwähnt bleiben dürfen auch die gem. § 12c Abs. 1 Satz 1 Nrn. 1-4 und Abs. 2 VAG, auch i.V.m. § 103a Abs. 2 Satz 2 VAG erlassenen VO über die versicherungsmathematischen Methoden zur Prämienkalkulation und zur Berechnung der Alterungsrückstellung in der privaten KV[29] sowie die Kapitalausstattungs-VO[30]. 21

Für Pensionsfonds gelten gem. § 116 VAG sowie § 118 VAG gesonderte Ermächtigungen zum Erlass von Rechts-VO. Zu nennen sind hier die Pensionsfonds- 22

23 BerVersV v. 14.06.1995, BGBl. I, S. 858.
24 PrüfV v. 03.06.1998, BGBl. I, S. 1209.
25 DeckRV v. 06.05.1996, BGBl. I, S. 670.
26 ZRQuotenV v. 23.07.1996, BGBl. I, S. 1190.
27 ÜbschV v. 08.11.1996, BGBl. I, S. 1687.
28 AktuarV v. 06.11.1996, BGBl. I, S. 1681.
29 KalV v. 18.11.1996, BGBl. I, S. 1783.
30 KapAusstV v. 13.12.1983, BGBl. I, S. 1451.

Kapitalausstattungs-VO[31], Pensionsfonds-Deckungsrückstellungs-VO[32], Pensionsfonds-Kapitalanlagen-VO[33] und die Pensionsfondsberichterstattungs-VO[34].

2. Die externe Rechnungslegung ausländischer Versicherungsunternehmen

23 Ausländische VU, die im Inland eine Niederlassung unterhalten, unterliegen nach § 341 Abs. 2 HGB der Rechnungslegungspflicht, wenn sie zum Betrieb im Inland der Erlaubnis durch die deutsche Versicherungsaufsichtsbehörde bedürfen. Grundsätzlich gelten für diese Niederlassungen dieselben ReV wie für inländische VU. Auch die Vorschriften der RechVersV sind auf rechnungslegungspflichtige Niederlassungen anwendbar (§ 1 RechVersV i.V.m. § 330 Abs. 3 Satz 2 HGB). Die Rechnungslegungspflicht bezieht sich – wie oben erwähnt – nur auf die Geschäftstätigkeit der Niederlassung (§ 106 Abs. 2 Satz 3 VAG).

24 Niederlassungen ausländischer Pensionsfonds unterliegen den ReV des HGB, sofern sie zum Betrieb der Erlaubnis der BaFin bedürfen. Dies ist gem. § 112 Abs. 2 VAG – unabhängig davon, wo der Sitz belegen ist – für Pensionsfonds der Fall. Unter bestimmten Voraussetzungen ist eine Befreiung möglich.[35]

3. Die externe Rechnungslegung für bestimmte Versicherungsunternehmen

25 Nach § 330 Abs. 4 Satz 1 und Abs. 5 HGB können bestimmte VU und Pensionsfonds von den Regelungen des Zweiten Unterabschnitts des Vierten Abschnitts ganz oder teilweise befreit werden, soweit dies erforderlich ist, um eine im Verhältnis zur Größe der VU unangemessene Belastung zu vermeiden. Dies erfolgte durch § 61 RechVersV für die dort genannten VU. Bei diesen VU handelt es sich um Gesellschaften, die bestimmte Größenkriterien nicht überschreiten und/oder bei denen bestimmte sachliche Kriterien vorliegen.[36] Das Recht, für diese VU Befreiungen zuzulassen, entspricht Art. 2 VersBiRiLi i.V.m. Art. 3 der Ersten

31 PKFAustV v. 20.12.2001, BGBl. I, S. 4180.
32 PFDeckRV v. 20.12.2001, BGBl. I, S. 4183.
33 PFKapAV v. 21.12.2001, BGBl. I, S. 4185.
34 BerPensV v. 25.10.2005, BGBl. I, S. 3048.
35 Vgl. § 118e VAG für in EU-Mitgliedstaaten tätige Pensionsfonds.
36 Die Regelung ersetzt die früher für die externe Rechnungslegung der „bestimmten kleineren VVaG" geltenden §§ 2-4 bkVReV, die durch § 65 Nr. 2 RechVersV aufgehoben wurden. Der Kreis der in § 61 RechVersV genannten VU, für die die Befreiungen gelten, ist jedoch insb. aufgrund der höheren Schwellenwerte größer als der Anwendungsbereich des früheren § 1 bkVReV.

Schadenversicherungsrichtlinie[37] und Art. 2 Abs. 2 und 3 sowie Art. 3 der Ersten Lebensversicherungsrichtlinie[38]. Die Befreiungen betreffen die Pflicht zur Aufstellung eines KA und Konzern-LB, die Pflicht zur Prüfung des JA und des LB sowie die Offenlegung.[39]

Die RechPensV sieht dagegen keine Vereinfachungsregelungen analog zu § 61 26
RechVersV für „kleine Pensionsfonds" vor. Die Begründung lautet, dass sich erst bei einer gewissen Mindestgröße die Einrichtung eines Pensionsfonds lohnt und kleinere Pensionsfonds deutlich größer sein werden als kleinere VU oder PST.[40]

Des Weiteren können nach § 330 Abs. 4 Satz 2 HGB durch Rechts-VO für die 27
Gliederung des JA und des KA sowie für die Erstellung von Anhang und LB und Konzernanhang und Konzern-LB angemessene Vereinfachungen gewährt werden. Dies erfolgte durch § 62 RechVersV für die ebenfalls in § 61 RechVersV genannten VU. Als Vereinfachung ist nach § 62 RechVersV die Zulassung von Zusammenfassungen bestimmter Posten in der Bilanz und der GuV vorgesehen. Des Weiteren gelten Ausnahmen von den Angabepflichten im Anhang und LB. Unter die Vereinfachung fallende VU sind nicht verpflichtet, den Zeitwert der zum Anschaffungswert ausgewiesenen Kapitalanlagen zu ermitteln und im Anhang anzugeben (§ 62 Abs. 1 Satz 2 Nr. 3 RechVersV).

4. Die Konzernrechnungslegung

Nach dem bisherigen Recht ergab sich die Pflicht zur Konzernrechnungslegung 28
für AG aus den §§ 290-293 HGB sowie für VVaG und öffentlich-rechtliche VU aus dem PublG. Seit der Umsetzung der VersBiRiLi, die in Art. 66 ff. auch Bestimmungen für den konsolidierten Abschluss von VU enthält, wurden mit den §§ 341i und 341j HGB eigenständige Vorschriften für den KA und den Konzern-LB von VU geschaffen. Die genannten Vorschriften gelten für alle VU unabhängig von ihrer Rechtsform und Größe (§ 341i Abs. 1 Satz 1 HGB). Analog zu den Vorschriften über den Einzelabschluss (EA) wurden jedoch in § 61 Abs. 1 RechVersV die dort genannten VU in Abhängigkeit von dem von diesen VU betriebenen Geschäft bzw. deren Größe von den Vorschriften der §§ 341i und 341 j HGB (i.V.m. den allgemeinen handelsrechtlichen Konzern-ReV) befreit.[41]

37 73/239/EWG.
38 79/267/EWG.
39 Vgl. Abschn. III.5 und III.6 dieses Beitrags.
40 Vgl. BR-Drs. 7/03, S. 33.
41 Die Befreiung ist gem. Art. 2 VersBiRiLi zulässig.

Als VU im Sinne dieser Vorschriften gelten gem. § 341i Abs. 2 HGB auch reine Versicherungsholdings, die selbst kein VG betreiben. Weitere Regelungen über die Konzernrechnungslegung enthalten die §§ 58-60 RechVersV.[42]

29 Voraussetzung für die Anwendung der Vorschriften über die Konzernrechnungslegung der VU ist, dass ein Konzern i.S.d. Vorschriften besteht. Durch den Verweis in § 341j Abs. 1 Satz 1 HGB auf die Vorschriften des Zweiten Unterabschnitts des Zweiten Abschnitts (§§ 290-315 HGB) wird deutlich, dass als Voraussetzung hierfür ein Konzern i.S.d. §§ 290 ff. HGB, also das Bestehen einer Mutter-/Tochter-Beziehung i.S.v. § 290 HGB, jedoch unabhängig von Rechtsform und Größe, vorliegen muss. Die Vorschriften gelten mithin nicht für VU-Gleichordnungskonzerne.

30 Eine wesentliche Neuerung in der Konzernrechnungslegung von VU ergibt sich durch die VO (EG) Nr. 1606/2002 v. 19.07.2002 betreffend die Anwendung internationaler Rechnungslegungsstandards (RS) (sog. IAS-VO), die in § 315a HGB ihre Transformation in nationales Recht fanden. Die VO stellt einen Meilenstein im Hinblick auf die Schaffung eines weltweit einheitlichen RS dar.

31 § 315a HGB ergänzt europäisches Recht dahin gehend, in welchem Umfang die Vorschriften des HGB zum KA und Konzern-LB Anwendung für IAS-KA-Ersteller finden (§ 315a Abs. 1 HGB). Ferner erfolgt eine Regelung, wie die Wahlrechte innerhalb der IAS-VO national umgesetzt werden (§ 315a Abs. 2 und 3 HGB). Für kapitalmarktorientierte Konzern-VU besteht die Pflicht, einen IAS/IFRS-KA aufzustellen.

32 Die §§ 293, 298 Abs. 1 und 2 sowie § 314 Abs. 1 Nr. 3 HGB sind gem. § 341j Abs. 1 Satz 2 HGB nicht anzuwenden. Weiterhin gelten die Vorschriften über die befreiende Wirkung von EU/EWR-KA (§ 291 HGB) und insb. die Regelung über die Befreiung von der Aufstellungspflicht nach § 315a HGB. Nach dieser durch das Bilanzrechtsreformgesetz v. 10.12.2004 (BGBl. I, S. 3166) eingefügten Vorschrift sind kapitalmarktorientierte Kapitalgesellschaften[43] von Teilen der Vorgaben des Zweiten bis Achten Titels des HGB befreit, wenn ein KA nach internationalen Rechnungslegungsgrundsätzen aufgestellt wurde.[44] Anzuwenden sind jedoch § 294 Abs. 3, § 297 Abs. 2 Satz 4, § 298 Abs. 1, dieser jedoch i.V.m. den §§ 244 und 245, ferner § 313 Abs. 2 und 3, § 314 Abs. 1 Nrn. 4, 6, 8 und 9, Abs. 2 Satz 2 sowie die Bestimmungen des Neunten Titels und die Vorschriften

42 § 330 Abs. 1 HGB sieht insofern auch eine Ermächtigung vor, durch VO Formblätter vorzuschreiben oder andere Vorschriften für die Gliederung des KA, des Konzernanhangs und des Konzern-LB zu erlassen.

43 § 264d HGB definiert die kapitalmarktorientierte Kapitalgesellschaft.

44 Zu den Voraussetzungen im Einzelnen siehe § 315a Abs. 3 HGB.

außerhalb dieses Unterabschnitts, die den KA oder den Konzern-LB betreffen. Versicherungsunternehmen können auch freiwillig somit nunmehr einen KA nach IAS[45] aufstellen. Auf den EA der VU hat diese Regelung keine Auswirkungen. Er ist nach wie vor nach den Vorschriften des HGB aufzustellen.

5. Die Prüfung der Versicherungsunternehmen

Die Vorschriften über die Prüfung der VU sind mit Verabschiedung des VersRiLiG 33 ebenfalls teilweise in das HGB übernommen worden. Besondere mit der Aufsichtstätigkeit zusammenhängende Vorschriften sind im VAG verblieben.

Nach § 341k Abs. 1 HGB haben VU ihren JA und LB prüfen zu lassen. Die Prüfungspflicht besteht unabhängig von der Rechtsform, sodass auch VVaG (§ 16 Satz 2 VAG), kleinere VVaG (§ 53 Abs. 1 Satz 1 i.V.m. § 16 Satz 2 VAG) und öffentlich-rechtliche VU (§ 55 Abs. 1 VAG) geprüft werden.

§ 341k Abs. 1 HGB sieht darüber hinaus zwar eine Prüfung der VU „unabhängig 34 von ihrer Größe“ vor, jedoch können nach § 330 Abs. 4 Satz 1 HGB durch Rechts-VO wiederum Befreiungen von den Regelungen des Zweiten Unterabschnitts des Vierten Abschnitts (§§ 341 ff. HGB) vorgesehen werden.[46] Eine Befreiung für in § 61 Abs. 1 RechVersV genannte VU erfolgt für die Vorschriften des § 341k i.V.m. den Vorschriften des Dritten Unterabschnitts des Zweiten Abschnitts des Dritten Buchs des HGB über die Prüfung, des § 341l i.V.m. den Vorschriften des Vierten Unterabschnitts des Zweiten Abschnitts des Dritten Buchs des HGB über die Offenlegung sowie der §§ 341i und 341j HGB i.V.m. den Vorschriften des Zweiten Unterabschnitts des Zweiten Abschnitts des Dritten Buchs des HGB über den KA. Für diese VU ist prinzipiell eine vereinfachte Sachverständigenprüfung zum Abschluss eines jeden dritten GJ vorgesehen (§ 17 BerVersV). § 17 BerVersV sieht eine solche Sachverständigenprüfung vor, allerdings nur für die „bestimmten kleineren Vereine“ i.S.v. § 16 BerVersV und somit nur für einen Teil der nach § 61 Abs. 1 RechVersV befreiten VU. Erleichterungen werden auch gem. § 64 VAG eingeräumt, allerdings nicht für Pensionsfonds.

Erfolgt keine Prüfung nach § 341k HGB, bestehen gegenüber der Aufsichtsbehörde ergänzende Berichterstattungspflichten (§ 16 Abs. 2 BerVersV). 35

Da unter den handelsrechtlichen Begriff eines VU gem. § 341 Abs. 2 HGB auch 36 die Niederlassungen fallen, wenn das ausländische VU für das Niederlassungsge-

45 Andere internationale ReV dürften hier nicht in Frage kommen.
46 Siehe oben Abschn. II.3.

schäft der Erlaubnis durch die deutsche VAB bedarf, sind auch der JA und der LB der Niederlassung zu prüfen.

37 Die Prüfung hat nach den Vorschriften des „Dritten Unterabschnitts des Zweiten Abschnitts“, also nach allgemeinen Vorschriften der §§ 316-324 HGB, zu erfolgen. Es bestehen jedoch folgende Abweichungen:

- Gemäß § 341k Abs. 2 Satz 1 HGB wird der AP vom AR bestimmt. Dies gilt in gleichem Maße für ausländische VU, deren Niederlassungen als VU prüfungspflichtig sind. Dabei bestimmt entweder ein dem AR vergleichbares Kontrollorgan den AP. Ansonsten ist die Gesellschafterversammlung bzw. ein vergleichbares Organ zuständig.[47]
- In den Fällen des § 321 Abs. 1 Satz 3 HGB hat der AP die Aufsichtsbehörde unverzüglich (nach Feststellung der Tatsachen) zu unterrichten (§ 341k Abs. 3 HGB).
- Versicherungsunternehmen, auch wenn sie nicht in der Rechtsform einer Kapitalgesellschaft betrieben werden, haben einen Prüfungsausschuss gem. § 324 HGB einzurichten, wenn sie kapitalmarktorientiert i.S.d. § 264d HGB sind und keinen AR oder Verwaltungsrat haben, der die Voraussetzungen des § 100 Abs. 5 AktG erfüllen muss. Dies gilt für landesrechtliche öffentlich-rechtliche VU nur, soweit das Landesrecht nichts anderes vorsieht (§ 341k Abs. 4 HGB).[48]
- Gemäß § 57 Abs. 1 VAG bestehen zusätzlich besondere Pflichten des AP von VU.
- Der Vorstand hat der Aufsichtsbehörde unverzüglich den vom AR bestimmten AP anzuzeigen (§ 58 Abs. 2 VAG). Unter bestimmten Voraussetzungen kann die Aufsichtsbehörde verlangen, dass ein anderer AP bestimmt wird.
- § 59 VAG regelt Details zur Vorlage des PrB an die Aufsichtsbehörde. Der Vorstand hat dabei eine Ausfertigung des Berichts des AP mit seinen Bemerkungen und denen des AR unverzüglich nach der Feststellung der Aufsichtsbehörde vorzulegen. Diese kann den Bericht mit dem AP erörtern und, wenn nötig, Ergänzungen der Prüfung und des Berichts auf Kosten des VU veranlassen.
- Bei öffentlich-rechtlichen VU sind die §§ 58 und 59 VAG nicht anwendbar.

38 An die Stelle der früheren Bestimmungen über die Durchführung der Prüfung und Berichterstattung darüber gem. Rundschreiben R 3/82 v. 25.06.1982 ist die

47 Vgl. *Seitz*, in: Beck Vers-Komm., München 1998, § 341k HGB, Rn. 13.

48 BilMoG v. 25.5.2010, BGBl. I, S. 1102; erstmals anwendbar ab 01.01.2010 gem. Art. 66 Abs. 4 EGHGB.

aufgrund von § 57 Abs. 2 VAG erlassene VO über den Inhalt der PrB zu den JA von VU (Prüfungsberichteverordnung-PrüfV) v. 03.06.1998 (BGBl. I, S. 1209) getreten. Die PrüfV wurde seit Inkrafttreten im Rahmen des Bilanzrechtsreformgesetzes (BilReg) und zuletzt durch das BilMoG angepasst. Folgende wesentliche Punkte sind dabei zu beachten:

- Der Umfang der Berichterstattung unterliegt dem pflichtgemäßen Ermessen des Prüfers und hat der Bedeutung der dargestellten Vorgänge zu entsprechen (§ 1 Abs. 2 PrüfV), es sei denn, die VO regelt Abweichendes.
- Im Allgemeinen Teil erfolgt ein Bericht über die rechtlichen, wirtschaftlichen und organisatorischen Grundlagen des VU (§ 4 PrüfV), Beziehungen zu verbundenen und anderen Unternehmen (§ 5 PrüfV), RückV (§ 6 PrüfV), Organisation des Rechnungswesens (§ 7 PrüfV), Kostenverteilung (§ 9 PrüfV), Methoden der Bewertung der Fremdwährungsdispositionen (§ 10 PrüfV) sowie Derivate (§ 11 PrüfV).
- Außerdem ist die Art der Liquiditätsvorsorge darzustellen. Ergeben sich während der Prüfung Anhaltspunkte dafür, dass die Liquidität des VU nach dem Bilanzstichtag gefährdet ist, so ist darauf einzugehen. Über Maßnahmen zur Verbesserung der Liquiditätslage ist gegebenenfalls zu berichten. Hierzu gehören auch Angaben über Kreditaufnahmen und über dem Unternehmen zur Verfügung stehende Kreditrahmen (§ 12 PrüfV).
- Im Besonderen Teil ist auf stille Reserven in den Kapitalanlagen je Bilanzposten hinzuweisen, soweit die entsprechenden Zeitwerte im Anhang anzugeben sind (§ 15 Abs. 2 PrüfV).

  Angaben zu einzelnen Bilanz- und GuV-Positionen gem. §§ 16-20 PrüfV

- Sonstige finanzielle Verpflichtungen, deren Gesamtbetrag nach § 285 Nr. 3 i.V.m. § 341a Abs. 2 Satz 4 HGB im Anhang anzugeben ist, sind zu erläutern, sofern diese Angaben für die Beurteilung der Finanzlage von Bedeutung sind (§ 21 PrüfV).

6. Die Offenlegung des Jahresabschlusses

Versicherungsunternehmen jeder Rechtsform haben 39

- den Jahresabschluss, bestehend aus Bilanz, GuV und Anhang, versehen mit dem Bestätigungsvermerk des AP (oder dem Vermerk über dessen Versagung),
- den LB,

- den Bericht des AR,
- den Vorschlag über die Verwendung des Ergebnisses und
- die etwaige nachträgliche Änderung des JA aufgrund einer Nachtragsprüfung

gem. § 341l Abs. 1 HGB nach den Vorschriften der § 325 Abs. 2-5, §§ 328, 329 Abs. 1 HGB offenzulegen, d.h. im Bundesanzeiger bekanntzumachen und dem Registergericht einzureichen.

40 Die größenabhängigen Erleichterungen der §§ 326, 327 HGB gelten zwar grundsätzlich nicht. Analog der Regelung über die Prüfung des JA und des LB sieht § 61 Abs. 1 RechVersV für denselben Kreis von VU, der von der Prüfungspflicht befreit ist, jedoch vor, dass die Vorschriften über die Offenlegung gem. § 341l HGB nicht anzuwenden sind.[49]

41 Bezüglich der Niederlassungen ausländischer VU gilt zunächst wie bereits für die Rechnungslegung und Prüfung, dass die Offenlegungspflichten gem. § 341l HGB nur für Niederlassungen von VU i.S.v. § 341 Abs. 2 HGB gelten. Offenzulegen ist der JA über die eigene Geschäftstätigkeit der Niederlassung.

42 Niederlassungen sind nicht VU i.S.v. § 341 Abs. 2 HGB, und somit gilt für sie auch nicht § 341l HGB. Jedoch besteht für Zweigniederlassungen von Kapitalgesellschaften die branchenunabhängige Spezialnorm des § 325a Abs.1 HGB, die auch EU/EWR-Niederlassungen von VU erfasst. Die Offenlegungspflicht betrifft jedoch nur Kapitalgesellschaften, also AG, GmbH, KGaA oder entsprechende Rechtsformen. Sie bezieht sich auf die Unterlagen der Rechnungslegung der Hauptniederlassung, die nach dem für die Hauptniederlassung geltenden Recht erstellt, geprüft und offengelegt wurden.

43 Gemäß § 341a Abs. 2 Satz 4 HGB sind solche VU von den Offenlegungspflichten befreit, die die Voraussetzungen des § 264 Abs. 3 HGB erfüllen. Diese Vorschrift bezieht sich auf Kapitalgesellschaften, die Tochterunternehmen eines nach § 290 HGB zur Aufstellung eines KA verpflichteten MU sind und die unter bestimmten Voraussetzungen von den Rechnungslegungspflichten befreit sind.[50] Für VU gilt § 264 Abs. 3 HGB mit der Maßgabe, dass nur auf die Offenlegung verzichtet werden kann.

---

49 Keine Anwendung findet diese Regelung, wenn es sich dabei um kleinere Vereine von erheblicher wirtschaftlicher Bedeutung handelt.

50 Siehe im Einzelnen § 264 Abs. 3 HGB. Die Möglichkeit dieser Befreiung beruht auf dem Wahlrecht aus Art. 57 der Vierten Richtlinie (Bilanzrichtlinie), von dem durch das KapAEG Gebrauch gemacht wurde.

7. Die Berichterstattung gegenüber der BaFin

Gemäß § 55a Abs. 1 Satz 1 Nrn. 1, 1a, 1b, 2, 3 und 4 VAG kann das BMF durch Rechts-VO, die nicht der Zustimmung des Bundesrats bedarf, Vorschriften über die Einzelheiten des der Aufsichtsbehörde einzureichenden internen Berichts, des vierteljährlich einzureichenden internen Berichts, über die Geschäfte, über die gem. § 104e VAG zu berichten ist, und die Kriterien, anhand derer die gruppeninternen Transaktionen als wichtig anzusehen sind, sowie über Art, Umfang, Zeitpunkt und Form der Angaben und die zulässigen Datenträger und Übertragungswege, über die Fristen der Einreichung und über die Prüfung des JA und des LB von VU, auf die § 341k des HGB nicht anwendbar ist, durch einen unabhängigen Sachverständigen sowie über den Inhalt und die Frist für die Einreichung eines Sachverständigenberichts, soweit dies zur Durchführung der Aufsicht nach diesem Gesetz erforderlich ist, erlassen. Die VO-Ermächtigung wurde für VU unter Bundesaufsicht[51] auf die BaFin (vormals Bundesaufsichtsamt für das Versicherungswesen (BAV)) übertragen. 44

Nach der Änderung der externen Rechnungslegung durch das VersRiLiG sowie der Einführung der Sitzlandaufsicht durch das Dritte Durchführungsgesetz/EWG zum VAG ist auch die Berichterstattung durch Erlass der VO über die Berichterstattung von VU gegenüber der BaFin (BerVersV) v. 14.06.1995 (BGBl. I, S. 858) neu geregelt. Die VO ist inzwischen durch sechs Änderungs-VO aktualisiert worden.[52] 45

Die BerVersV gilt unmittelbar nur für VU, die der Aufsicht durch die BaFin unterliegen. Für ausländische VU gilt in Anlehnung an die externe Rechnungslegung, dass eine Berichterstattungspflicht gegenüber der BaFin bezogen auf das Geschäft der deutschen Niederlassung besteht, wenn das ausländische VU zum Betrieb des Erstversicherungsgeschäfts (ErstVG) oder des Rückversicherungsgeschäfts (RückVG) der Erlaubnis der deutschen VAB bedarf (§ 18 Abs. 1 BerVersV). Wie in der externen Rechnungslegung sind hiervon im Wesentlichen die Drittland-Niederlassungen betroffen. Zusätzlich zu der Berichterstattung über das Niederlassungsgeschäft ist von ausländischen VU – außer VU aus einem EU/EWR-Staat gem. § 110d VAG – der im Sitzland veröffentlichte Geschäftsbericht sowie der der Aufsichtsbehörde im Sitzland vorgelegte Bericht für das gesamte VG einzureichen (§ 18 Abs. 3 BerVersV). 46

---

51 Vgl. VO v. 10.07.1986, BGBl. I, S. 1094.

52 BGBl. 1998 I, S. 1889, 3652 und BGBl. 1999 I, S. 725.

47 Die BerVersV regelt Befreiungen und Erleichterungen in der Berichterstattung gegenüber der VAB für „bestimmte kleinere Vereine“ (§§ 21, 22 BerVersV).

48 Die VU unter Bundesaufsicht haben der BaFin vorzulegen:

- Bilanz und GuV nach besonderen Formblättern, die eine stärkere Aufgliederung der einzelnen Posten vorsehen
- formgebundene Erläuterungen insb. zu den Kapitalanlagen, zur Abwicklung der Schadenrückstellungen, zu bestimmten Aufwands- und Ertragsposten der GuV, zur RfB, zu den Bestandsbewegungen und der Zerlegung des Rohergebnisses nach Ergebnisquellen
- Erläuterungen nach Muster, insb. mit Angaben über Anteile an verbundenen Unternehmen und Beteiligungen und zu dem in Rückdeckung gegebenen und übernommenen VG
- formlose Erläuterungen insb. zu Funktionsausgliederungen, zu wesentlichen Änderungen der abgegebenen RückV und zur Ermittlung der versicherungstechnischen Rückstellungen
- jeweils unverzüglich den aufgestellten[53] sowie später den festgestellten JA und den LB bzw. den KA und den Konzern-LB; zusammen mit dem aufgestellten JA die Solvabilitätsübersicht;[54] des Weiteren den Geschäftsbericht, den Bericht des AP mit den handschriftlich unterzeichneten Bemerkungen des Vorstands und des AR, den Bericht des AP zu dem Bericht des Vorstands über die Beziehungen zu verbundenen Unternehmen und bestimmte Erklärungen zur Pensionsrückstellung.

49 Die Formblätter und die formgebundenen Erläuterungen (Nachweisungen) sind maschinenlesbar gestaltet. Ferner existiert ein EDV-Programm zur Einreichung der Formblätter, Nachweisungen und Erläuterungen nach Muster auf elektronischen Datenträgern. Die Berichterstattung erfolgt unterteilt nach Form des VG, regionaler Herkunft sowie nach VZ und teilweise -arten (Anlage 1, Abschn. A-C). Bestimmte Nachweisungen sind nach Bestandsgruppen und Risikoarten einzureichen, Anlage 1, Abschn. D-H.

50 Die Berichterstattung gegenüber der BaFin dient auch der Erhebung von statistischen Daten, wozu die BaFin gem. § 151 VAG ermächtigt ist; über die Art der Nachweise ist jedoch der Versicherungsbeirat zu hören. Mit der Integration der

53 Die BaFin verlangt eine Vorlage spätestens zwei Wochen nach Aufstellung.

54 Gemäß § 53c Abs. 4 VAG „zusammen mit dem nach § 341a Abs. 1 des Handelsgesetzbuchs vorgeschriebenen Jahresabschluss“, also dem aufgestellten JA.

statistischen Meldepflichten in den internen Bericht gegenüber der Aufsichtsbehörde soll der Rechnungslegungsaufwand der VU in einem erträglichen Rahmen gehalten werden. Ein Beispiel der Erhebungen statistischer Daten bilden die Nachweisungen 260-264 über das in den EU/EWR-Staaten im Rahmen des Niederlassungsverkehrs oder des freien Dienstleistungsverkehrs abgeschlossene VG.[55]

Die Angaben der VU in den Formblättern und Nachweisungen sind nicht Gegenstand der Abschlussprüfung.

8. Straf- und Bußgeldvorschriften

a) Strafvorschriften

Nach der Einführung der versicherungsspezifischen Bilanzierungsnormen durch die §§ 341 ff. HGB bedurfte es auch einer Erweiterung der Sanktionen nach §§ 331-333 HGB, die sich nur auf Kapitalgesellschaften beziehen. Die §§ 341m und 341n HGB gelten einheitlich für alle VU, unabhängig von ihrer Rechtsform und Größe. Durch die Ausdehnung der Bilanzierungsvorschriften für VU auch auf Pensionsfonds gem. § 341 Abs. 4 HGB gelten die Straftatbestände der §§ 331-333 HGB, die Ordnungswidrigkeitentatbestände des § 334 HGB und die Norm des § 335 auch bei Pensionsfonds i.S.d. § 341 Abs. 4 Satz 1 HGB. 51

Gemäß § 341m Satz 2 HGB fallen unter VU i.S.d. Abs. 1 auch inländische Niederlassungen von VU im Ausland, wenn sie zum Betrieb des Direkt-VG die Erlaubnis der deutschen Versicherungsaufsicht benötigen. 52

Normadressat sind bei nicht in der Form der Kapitalgesellschaft betriebenen VU/Pensionsfonds der Vorstand eines VVaG bzw. die gesetzlich bestimmten geschäftsführungsbefugten Repräsentanten einer Körperschaft oder Anstalt des öffentlichen Rechts. Hauptbevollmächtigter i.S.d. § 106 Abs. 3 VAG ist eine natürliche Person, die von dem ausländischen VU zur Wahrung der Aufgaben des Geschäftsleiters nach § 7a VAG bestellt wurde. Nicht von § 341m HGB erfasst sind die Hauptbevollmächtigten der erlaubnisfreien Niederlassungen von VU aus EG- oder EWR-Ländern. 53

In den §§ 331-333 HGB werden Straftatbestände normiert. Es handelt sich um unechte Blankettgesetze, weil auf die Vorschriften des Bilanzrechts verwiesen 54

55 Die Erhebungen beruhen auf Art. 44 der Dritten Schadenversicherungsrichtlinie und Art. 43 der Dritten Lebensversicherungsrichtlinie. Die gewonnenen Daten sind zusammengefasst den zuständigen Behörden der Herkunftsmitgliedstaaten zu übermitteln.

wird und damit diese außerstrafrechtlichen Vorschriften zum Inhalt des Strafgesetzes werden. Dadurch ergibt sich das Primat der strafrechtlichen Auslegungsregelung, d.h. insb. das Analogieverbot zulasten des Täters. Insoweit besteht ein strafrechtliches Korrektiv zu den allgemeinen juristischen Auslegungsregelungen für das Bilanzrecht.

55 Eine Darstellung gem. § 331 HGB ist nur dann falsch, wenn die Angaben evident unrichtig oder verfälscht sind und wenn diese Unrichtigkeiten erheblich sind.[56]

56 Die unrichtige Darstellung (§ 331 HGB) und die Verletzung der Berichtspflicht (§ 332 HGB) werden mit einer Freiheitsstrafe bis zu drei Jahren oder mit einer Geldstrafe, die Verletzung der Geheimhaltungspflicht (§ 333 HGB) mit einer Freiheitsstrafe bis zu einem Jahr oder einer Geldstrafe bestraft. Gemäß § 332 Abs. 2 HGB kommt es zu einer Strafverschärfung auf bis zu fünf Jahre bzw. gem. § 333 Abs. 2 HGB zu zwei Jahren Freiheitsstrafe, wenn der Täter gegen Entgelt oder in Bereicherungs- bzw. Schädigungsabsicht handelt.

57 Da der Strafrahmen unter der Mindeststrafe von einem Jahr liegt, handelt es sich um Vergehen i.S.d. § 12 Abs. 2 StGB.

58 Die §§ 331, 332 HGB sind Offizialdelikte, d.h., die Staatsanwaltschaft muss bei Bekanntwerden entsprechender Verdachtsmomente selbstständig ermitteln, ohne dass es eines Strafantrags bedarf (anders § 333 HGB, der Antragsdelikt ist). Weder die Rücknahme eines Strafantrags noch eine zivilrechtliche Einigung führt zwingend zu einer Beendigung der strafrechtlichen Ermittlungen; gleichwohl steht durch solche Handlungen eine Einstellung gem. § 153a StPO im Raum.

59 Zuständig für die Strafverfolgung sind die Schwerpunktstaatsanwaltschaften für Wirtschaftsstrafsachen, da es sich bei den §§ 331-333 HGB um Wirtschaftsstraftaten gem. § 74c Nr. 1 GVG handelt.

b) Bußgeldvorschriften

60 Durch die auf VU/Pensionsfonds zugeschnittenen ReV der §§ 341a-341l HGB ist eine schlichte Verweisung auf die Bußgeldvorschriften des § 334 HGB nicht möglich; sie wird vielmehr durch § 334 Abs. 4 HGB ausdrücklich ausgeschlossen. In § 341n HGB werden daher die Bußgeldvorschriften selbstständig definiert. Normadressaten sind

- das vertretungsberechtigte Organ,

56 Vgl. *Quedenfeld*, in: Münchener Kommentar zum HGB, 2. Aufl., München 2008, vor § 331 HGB, Rn. 38.

- das AR-Mitglied,
- der Hauptbevollmächtigte oder
- sonstige Personen, die sich an der Ordnungswidrigkeit beteiligen. Da bei Ordnungswidrigkeiten nicht zwischen Täter und Teilnehmer unterschieden wird, ist jeder Beteiligte an der Tat Täter, sofern einer der anderen Tatbeteiligten die Qualifikation des Abs. 1 oder 2 des § 341n HGB erfüllt.

Die Geldbuße beträgt gem. § 341n Abs. 3 HGB bis zu 50.000 €. Zuständig für die Verfolgung von Ordnungswidrigkeiten bzgl. der von ihr beaufsichtigten Unternehmen ist gem. § 341n Abs. 4 HGB ausschließlich die BaFin, für die unter Landesaufsicht stehenden VU die jeweilige Landesaufsichtsbehörde. 61

Die Sanktion liegt in erster Linie nicht in der Höhe der Geldbuße, sondern darin, dass sich mit der Ordnungswidrigkeit die Frage nach der Zuverlässigkeit der Personen im aufsichtlichen Sinne stellt und ggf. über Verwarnungen oder Abberufungen nachzudenken ist. Soweit AP Täter sind, könnte dies ggf. berufsrechtliche Sanktionen (vgl. § 61a ff. WPO) zur Folge haben. 62

Insgesamt lässt sich jedoch feststellen, dass aufgrund des Opportunitätsprinzips (keine Pflicht zur Verfolgung) im Ordnungswidrigkeitenrecht das Bußgeldverfahren selten zur Anwendung kommt und die BaFin auf Verletzungen der ReV regelmäßig durch aufsichtliche Maßnahmen reagiert. 63

IV. Aufbau und Gliederung des Jahresabschlusses von Versicherungsunternehmen

1. Allgemeines

Aufbau und Gliederung der externen Rechnungslegung sind für VU in der aufgrund von § 330 Abs. 1, 3 und 4 HGB erlassenen RechVersV v. 8.11.1994 bzw. für Pensionsfonds in der RechPensV v. 25.02.2003 geregelt. Insbesondere wurde von dem Recht Gebrauch gemacht, Formblätter und andere Vorschriften für die Gliederung des JA von VU zu machen. Neben Formblättern für die Bilanz und GuV erfolgte dies durch die Vorgabe von Mustern, in denen im Anhang oder im LB zusätzliche Erläuterungen zu machen sind. Für kleinere VU, die bestimmte Kriterien aus § 61 Abs. 1 RechVersV erfüllen, sieht § 62 Abs. 1 RechVersV eine Zusammenfassung bestimmter Posten von Bilanz und GuV sowie den Wegfall der Anhangangaben gem. §§ 52-56 RechVersV vor. Grundsätzlich haben jedoch auch 64 diese VU die Formblätter der RechVersV zu verwenden. Pensionsfonds können dagegen keine Vereinfachungsregelungen nutzen.

2. Bilanz-Formblatt 1

65 Die Bilanz eines VU ist gekennzeichnet durch den gemessen an der Bilanzsumme hohen Anteil der Kapitalanlagen und versicherungstechnischen Rückstellungen sowie durch Forderungen und Verbindlichkeiten, die von der Art der zugrunde liegenden VG bestimmt werden.

66 Die Kapitalanlagen eines VU können nicht nach Anlage- und Umlaufvermögen unterschieden werden. Sie haben weder die Funktion, dauernd dem Geschäftsbetrieb zu dienen, noch verbraucht oder veräußert zu werden. Sie sollen die Verpflichtungen aus den Versicherungsverhältnissen sicherstellen und als Garantiemittel für außergewöhnliche Risikofälle zur Verfügung stehen. Für die Vermögenslage des VU ist die Höhe der Kapitalanlagen und ihre Zusammensetzung von Bedeutung (Aktivposten C).

67 Kapitalanlagen des Anlagestocks der fondsgebundenen LV werden gesondert ausgewiesen (Aktivposten D), weil sie die Vermögenslage des VU selbst nicht tangieren. Das Risiko dieser Anlagen liegt nicht beim VU, sondern bei den Versicherten.

68 Die unter der Bezeichnung „Versicherungstechnische Rückstellungen" zusammengefassten Posten (Passivposten E) stellen die wesentlichen Verpflichtungen gegenüber den Versicherten und den Vorversicherern dar. Materiell handelt es sich um passive Rechnungsabgrenzungsposten (Beitragsüberträge (BÜ)), Verbindlichkeiten (DR, RfB), Rückstellungen (Rückstellung für noch nicht abgewickelte Versicherungsfälle, sonstige versicherungstechnische Rückstellungen) und Tatbestände, die unter Berücksichtigung der Eigenart des VG wie Verbindlichkeiten wirken (Schwankungsrückstellung und ähnliche Rückstellungen). Wegen ihrer großen Bedeutung für die Vermögens- und Finanzlage des VU werden fünf versicherungstechnische Rückstellungen einzeln aufgeführt sowie weiter untergliedert und die restlichen in einem Sammelposten zusammengefasst.

69 Verpflichtungen gegenüber den Versicherten aufgrund von Versicherungsverhältnissen und gegenüber Vorversicherern aufgrund von Rückversicherungsverträgen (RückVV) bestehen in Höhe der Bruttobeträge. Diese werden in einer Vorspalte ausgewiesen. Die aus den Leistungen gegenüber den Versicherten und Vorversicherern resultierenden Ansprüche gegen RückVU und Retrozessionäre werden als „Anteile für das in Rückdeckung gegebene VG" von den Bruttobeträgen in

der Vorspalte abgesetzt. In der Hauptspalte erscheinen dann die Nettobeträge der versicherungstechnischen Rückstellungen. Sie zeigen an, in welcher Höhe das VU selbst belastet ist. Mit dieser Form des Ausweises soll dem Saldierungsverbot gem. § 246 Abs. 2 HGB entsprochen werden. Sie entspricht im Übrigen Art. 6 der VersBiRiLi. Von dem Wahlrecht des Art. 24 Abs. 3 der VersBiRiLi, stattdessen einen Aktivposten „Anteil des in Rückdeckung gegebenen VG an den versicherungstechnischen Rückstellungen“ vorzuschreiben oder zuzulassen, wurde in der externen Rechnungslegung kein Gebrauch gemacht.[57]

Die „Versicherungstechnischen Rückstellungen im Bereich der LV, soweit das Anlagerisiko von den Versicherungsnehmern (VN) getragen wird“ (Passivposten F) weisen die Verpflichtungen gegenüber den Versicherten und Vorversicherern dieser Versicherungsart aus. Ihre Höhe korrespondiert mit dem Wert der Kapitalanlagen des Anlagestocks. 70

Forderungen und Verbindlichkeiten aus dem selbst abgeschlossenen VG und solche aus dem RückVG werden getrennt von den sonstigen Forderungen und Verbindlichkeiten gesondert ausgewiesen. Der Grund liegt in ihrer unterschiedlichen Bedeutung für den Versicherungsbetrieb. Partner des selbst abgeschlossenen VG sind die Versicherten, Versicherungsvermittler sowie Mitglieds- und Trägerunternehmen. Sie treten in großer Zahl gegenüber dem VU auf. Partner des RückVG sind VU und RückVU. Forderungen und Verbindlichkeiten ihnen gegenüber haben eine andere Qualität. 71

Im Folgenden wird auf einige Änderungen in der Bilanz eingegangen:

Unter den Kapitalanlagen wurde der gesonderte Posten „Kapitalanlagen in verbundenen Unternehmen und Beteiligungen“ eingefügt, unter dem nicht nur Anteile selbst, sondern auch die auf diese Verbindungen entfallenden Ausleihungen anzugeben sind. 72

Die früher als eigener Posten anzugebenden „Schuldbuchforderungen gegen Bund und die Länder“ sind, bis auf die Ausgleichsforderungen, die jetzt zum Posten „Andere Kapitalanlagen“ gehören, unter den Namensschuldverschreibungen auszuweisen (§ 10 Abs. 1 Nr. 1 RechVersV). 73

Bei den Zins- und Mietforderungen sind die abgegrenzten, also die noch nicht fällig gewordenen Forderungen, ein Unterposten des Rechnungsabgrenzungspostens. Die bereits fällig gewordenen Forderungen werden unter „Sonstige Forderungen“ ausgewiesen. 74

57 In der Berichterstattung gegenüber der BaFin (interne Rechnungslegung) gilt nach Formblatt 1 jedoch dieses sog. Bruttoprinzip.

75 Auf der Passivseite wurde der Posten „Nachrangige Verbindlichkeiten" aufgenommen. Das ebenfalls als nachrangige Verbindlichkeit anzusehende Genussrechtskapital wird wegen seiner besonderen Bedeutung im Interesse der Bilanzklarheit gesondert ausgewiesen.

76 Lebensversicherungsunternehmen und Pensionskassen (PK) bzw. Sterbekassen (StK) haben bei der DR, wie bei den anderen versicherungstechnischen Rückstellungen, den Anteil des Rückversicherers (RückVR) in der Vorspalte abzusetzen. Dafür ist die früher nur nachrichtlich anzugebende Depotverbindlichkeit aus dem in Rückdeckung gegebenen VG zu passivieren. Die Verpflichtung zum Verbleib des RückVR-Anteils beim ErstVR nach § 67 VAG bleibt hiervon unberührt.

77 Die Rückstellung für noch nicht abgewickelte Versicherungsfälle umfasst auch die früher gesondert auszuweisende Rückstellung für noch nicht abgewickelte Rückkäufe, Rückgewährbeiträge und Austrittsvergütungen.

3. GuV-Formblätter 2-4

78 Charakteristisch für die GuV eines VU sind einzelne erfolgsneutrale Posten, der Ausweis von Aufwendungen nach Funktionsbereichen, der Nettoausweis der versicherungstechnischen Erträge und Aufwendungen,[58] der neben den SchVU und RückVU auch für PersonenVU gilt, und die vertikale Gliederung der GuV in einen versicherungstechnischen und einen allgemeinen Teil. Ungewöhnlich ist außerdem der an zwei Stellen der Formblätter 2 und 4 erscheinende Posten „Technischer Zinsertrag". Die früher für SchVU und RückVU geltende Aufgliederung der versicherungstechnischen Rechnung nach VZ (Spartenrechnung) ist entfallen bzw. teilweise durch bestimmte Angabepflichten im Anhang ersetzt worden.[59]

79 Seit 1973 ist die GuV nach dem Erfolgsprinzip ausgerichtet. Gleichwohl bestehen auch nach Umsetzung der VersBiRiLi einige wenige erfolgsneutrale Posten. Die gebuchten Bruttobeiträge als Umsatzzahl und die abgegebenen RückV-Beiträge sind Größen, die im nationalen wie im internationalen Vergleich eine wichtige Rolle spielen.[60] Sie werden in Vorspalten der GuV ausgewiesen. In § 36 Abs. 1 RechVersV wird näher erläutert, welche Beiträge in dem Unterposten „Gebuchte Bruttobeiträge" auszuweisen sind. Der Unterposten „Abgegebene RückV-Beiträge" ist in § 37 RechVersV definiert. In der LV werden die Sparanteile formal als Erträge und

58 Der Bruttobetrag erscheint bei den meisten Posten in der Vorspalte; hiervon werden die Anteile der RückVR offen abgesetzt.

59 § 51 Abs. 4 RechVersV.

60 Art. 34-36 VersBiRiLi.

Aufwendungen behandelt, obwohl sie für das LVU erfolgsneutral sind. Sie sind einerseits in den Bruttobeiträgen und andererseits in dem Posten „Veränderungen der übrigen versicherungstechnischen Nettorückstellungen" und dessen Unterposten „DR" bzw. „Bruttobetrag" enthalten. Eine Eliminierung widerspräche den Vorgaben der VersBiRiLi. Das Umsatzsaldoprinzip als Variante gegenüber dem Umsatzprinzip hat dabei an Bedeutung gewonnen. Beispielsweise werden bei den Aufwendungen für Versicherungsfälle die Zahlungen für Versicherungsfälle im GJ getrennt von den Veränderungen der Rückstellung für noch nicht abgewickelte Versicherungsfälle ausgewiesen.

Ein Ausweis der Erfolgsposten allein nach Kostenarten würde die Ertragslage eines VU nur unvollkommen widerspiegeln. Für die Beurteilung der Ergebnisse sind vielmehr die Aufwendungen von Bedeutung, die in einem Funktionsbereich insgesamt angefallen sind. Daher sind nach § 43 Abs. 1 Satz 1 RechVersV die gesamten Personal- und Sachaufwendungen des VU zuzüglich der kalkulatorischen Mietaufwendungen den Funktionsbereichen „Regulierung von Versicherungsfällen, Rückkäufen und Rückgewährbeträgen", „Abschluss von VV", „Verwaltung von VV" und „Verwaltung von Kapitalanlagen" zuzuordnen.[61] Aufwendungen, die diesen Posten nicht zugeordnet werden können, sind unter dem Posten „Sonstige Aufwendungen" auszuweisen. Zu den auf Funktionsbereiche zu verteilenden Aufwandsarten gehören Aufwendungen für Altersversorgung und Unterstützung sowie sonstige Abschreibungen, insb. Abschreibungen auf Betriebs- und Geschäftsausstattung. 80

Durch die Staffelform kann die GuV ohne Schwierigkeiten in einen versicherungstechnischen Teil und nach Bildung einer Zwischensumme in dem Posten „Versicherungstechnisches Ergebnis für eigene Rechnung" in eine nicht-versicherungstechnische Rechnung gegliedert werden. Im ersten Teil sind Erträge und Aufwendungen aufzuführen, die mit dem VG unmittelbar zusammenhängen. Der zweite Teil umfasst alle übrigen Erträge und Aufwendungen. 81

Die Erträge aus und Aufwendungen für Kapitalanlagen bilden in dem von SchVU und von RückVU zu verwendenden Formblatt 2 Posten der nicht-versicherungstechnischen Rechnung. Personenversicherungsunternehmen (LV, KV und PK/StK) haben dagegen das Formblatt 3 zu verwenden, in dem die Erträge aus Kapitalanlagen und die Aufwendungen für Kapitalanlagen dem versicherungstechnischen Teil der GuV zugerechnet werden, da sie zu einem weit überwiegenden Teil als Zins- 82

61 Für die in § 61 Abs. 1 RechVersV genannten VU gilt jedoch gem. § 62 Abs. 1 Satz 2 Nr. 1 RechVersV die Vereinfachung, dass § 43 Abs. 1 RechVersV mit der Maßgabe anzuwenden ist, die Funktionsbereiche der Nrn. 1-3 in den Funktionsbereich „Verwaltung von VV" einzubeziehen.

erfolg in der versicherungstechnischen Rechnung der DR zuzuführen sind. Versicherungsunternehmen haben für die Konzern-GuV das Formblatt 4 zu verwenden, das eine gesonderte versicherungstechnische Rechnung für das Lebens-VG und eine entsprechende Aufteilung der Kapitalerträge und -aufwendungen vorsieht.

83 Die Posten „Technischer Zinsertrag für eigene Rechnung" und „Technischer Zinsertrag" im Formblatt 2 (GuV von SchVU und RückVU) beruhen auf einer Umbuchung von Erträgen aus Kapitalanlagen aus der nicht-versicherungstechnischen Rechnung in den versicherungstechnischen Teil der GuV. Die Umbuchung ist notwendig, um das Ergebnis des versicherungstechnischen Teils nicht zu verfälschen. Den verzinslichen versicherungstechnischen Rückstellungen sind Zinsen zuzuführen, die im GJ als Aufwand im versicherungstechnischen Teil der GuV ausgewiesen werden. Um diesen Aufwand zu neutralisieren, sind Erträge aus Kapitalanlagen, soweit diese sich aus der Anlage von verzinslichen versicherungstechnischen Rückstellungen ergeben, in die versicherungstechnische Rechnung zu übertragen. Diese technischen Zinserträge sind in den Posten „Technischer Zinsertrag für eigene Rechnung" der versicherungstechnischen Rechnung einzubuchen und im allgemeinen Teil der GuV unter dem Posten „Technischer Zinsertrag" auszubuchen.

84 Grundsätzlich sind diese Ausführungen auf Pensionsfonds übertragbar. Jedoch ist eine Zusammenfassung von Posten gem. § 3 RechVersV nicht möglich. Auch sind die §§ 13 und 15 RechVersV auf die Bilanz von Pensionsfonds nicht übertragbar. Im Hinblick auf die GuV finden die §§ 21, 25 Abs. 1 Satz 2, 27, 29, 30, 35, 38 und 50 RechVersV keine Entsprechung.

4. Anhang

85 Der Anhang dient vor allem dazu, den Ausweis in der Bilanz und der GuV zu verdeutlichen und zu ergänzen. Er ist Teil des JA (§ 264 Abs. 1 Satz 1 HGB) und muss deshalb zusammen mit der Bilanz und der GuV ein den tatsächlichen Verhältnissen entsprechendes Bild der Vermögens-, Finanz- und Ertragslage der VU vermitteln.

86 Gemäß § 284 Abs. 1 HGB sind in den Anhang diejenigen Angaben aufzunehmen, die zu den einzelnen Posten der Bilanz oder der GuV vorgeschrieben oder die im Anhang zu machen sind, weil sie in Ausübung eines Wahlrechts nicht in die Bilanz oder die GuV aufgenommen wurden. Diese für Kapitalgesellschaften geltende Vorschrift gilt aufgrund der Verweisung des § 341a Abs. 1 HGB für VU sämtlicher Rechtsformen. Neben den Vorschriften der §§ 284 Abs. 2, 285 Nrn. 1-3a, 5-7

sowie 8-29 HGB[62] sind im Anhang von VU im Übrigen die „Zusätzlichen Erläuterungen“ der §§ 51-56 RechVersV zu machen.[63] Eine analoge Vorschrift zu § 53 RechVersV findet sich für Pensionsfonds dagegen nicht. § 285 Nr. 3a HGB gilt mit der Maßgabe, dass die Angaben für solche finanziellen Verpflichtungen nicht zu machen sind, die im Rahmen des VG entstehen.

Der Anhang von VU muss im Wesentlichen enthalten: 87

- Angabe und Erläuterung von nicht vergleichbaren Beträgen des GJ mit denen des VJ bzw. von einer Anpassung von VJ-Beträgen (§ 265 Abs. 2 HGB)
- die auf die Posten der Bilanz und GuV angewandten Bilanzierungs- und Bewertungsmethoden mit Ergänzungen bezüglich einzelner versicherungstechnischer Rückstellungen (§ 284 Abs. 2 Nr. 1 HGB i.V.m. § 52 Nr. 1 Buchst. c RechVersV)
- die Grundlagen der Währungsumrechnung (§ 284 Abs. 2 Nr. 2 HGB)
- Angabe und Begründung von Abweichungen von Bilanzierungs- und Bewertungsmethoden und deren Einfluss auf die Vermögens-, Finanz- und Ertragslage (§ 284 Abs. 2 Nr. 3 HGB i.V.m. § 52 Nr. 1 Buchst. c RechVersV)
- Pauschalausweis der Unterschiedsbeträge gem. § 284 Abs. 2 Nr. 4 HGB
- Angaben zu bestimmten Organbezügen nach § 285 Nr. 9 HGB; sie können bei nicht börsennotierten VU unterbleiben, falls sich anhand dieser Angaben die Bezüge eines Organmitglieds feststellen lassen (§ 286 Abs. 4 HGB). Ferner können unter bestimmten Voraussetzungen die in § 285 Nr. 9 Buchst. a Satz 5-8 HGB verlangten Angaben unterbleiben, wenn die HV dies beschlossen hat (§ 286 Abs. 5 HGB).
- gesonderten Ausweis von aus Gründen der Klarheit der Darstellung nach § 3 RechVersV zusammengefassten Unterposten (§ 3 Nr. 2 Buchst. bb RechVersV)
- Angabe und Begründung von Näherungs- und Vereinfachungsverfahren gem. § 27 Abs. 2 und 3 RechVersV (§ 27 Abs. 4 Satz 1 RechVersV); ferner Angaben zur zeitversetzten Bilanzierung (§ 27 Abs. 4 Satz 3 RechVersV)
- Angabe eines in den Rechnungsabgrenzungsposten nach § 341c Abs. 2 HGB aufgenommenen Unterschiedsbetrags zwischen Anschaffungswert und Nennwert bestimmter Kapitalanlagen

62 Siehe in § 341a Abs. 2 HGB die Ausnahmen für § 285 Nrn. 4 und 8 Buchst. a und b HGB.

63 Für die in § 61 Abs. 1 RechVersV genannten VU gilt jedoch die Vereinfachung, dass die §§ 52-56 RechVersV nicht anzuwenden sind (§ 62 Abs. 1 Satz 2 Nr. 3 RechVersV).

- anstelle der in § 268 Abs. 2 HGB vorgeschriebenen Angaben die Entwicklung der Aktivposten B (immaterielle Vermögensgegenstände) und C I–III (Kapitalanlagen) nach Muster 1 zu § 51 Abs. 2 RechVersV, sofern keine entsprechende Darstellung in der Bilanz erfolgt
- Anstelle der in § 268 Abs. 7 HGB vorgeschriebenen Angaben die in § 251 HGB bezeichneten Haftungsverhältnisse jeweils gesondert unter Angabe der gewährten Pfandrechte und sonstigen Sicherheiten (§ 51 Abs. 3 Satz 1 RechVersV); ferner sind die in § 51 Abs. 3 Satz 2 und 3 RechVersV näher bezeichneten Angaben zu machen.
- Anstelle der Angaben nach § 285 Nr. 4 HGB eine Aufgliederung bestimmter Posten der Bilanz und der GuV von SchVU nach VZ-Gruppen, VZ und Versicherungsarten (§ 51 Abs. 4 Nr. 1 Satz 3 RechVersV). Die Angaben ersetzen zum Teil die frühere Aufgliederung der GuV nach Sparten (Spartenerfolgsrechnung). Die Untergliederung kann unterbleiben, wenn die gebuchten Bruttobeiträge in den einzelnen VZ-Gruppen, VZ und Versicherungsarten jeweils 10 Millionen Euro nicht übersteigen; auf jeden Fall sind aber die Angaben für die drei wichtigsten VZ-Gruppen, VZ und Versicherungsarten zu machen (§ 51 Abs. 4 Nr. 1 Satz 4 RechVersV). In den VZ-Gruppen „Unfall- und KV“ und „Feuer und Sachversicherung“ sind darüber hinaus weitere Aufgliederungen gem. den mit Doppelbuchst. bezeichneten Davon-Vermerken vorgesehen. Nach Auffassung der BaFin[64] bezieht sich die 10 Millionen Euro-Grenze nicht auf die Davon-Vermerke, sondern nur auf die in § 51 Abs. 4 Nr. 1 Satz 3 RechVersV mit einfachem Buchst. bezeichneten VZ-Gruppen, VZ und Versicherungsarten. Dafür spricht vor allem der direkte Bezug der 10-Millionen-Euro-Grenze zu den in Art. 63 Nr. I der VersBiRiLi genannten und in § 51 Abs. 4 Nr. 1 Satz 3 RechVersV mit einfachen Buchst. bezeichneten VZ-Gruppen, VZ und Versicherungsarten sowie die Bezeichnung der Angaben für die VZ mit Doppelbuchst. als Davon-Vermerke. Das bedeutet, dass z.B. im Fall einer Angabepflicht der Feuer- und Sachversicherung als eine der drei größten VZ-Gruppen eine Aufgliederungspflicht in die Davon-Vermerke besteht, auch wenn die 10-Millionen-Euro-Grenze dort nicht überschritten wird.
- anstelle der Aufgliederung nach § 285 Nr. 4 HGB bestimmte Angaben der LVU, PK/StK und Krankenversicherungsunternehmen (KVU) nach Gruppen und teilweise Versicherungsarten (§ 51 Abs. 4 Nrn. 2-4 RechVersV)[65]

---

64 Vgl. *Stuirbrink/Schuster*, in: Beck Vers-Komm., München 1998, § 51 RechVersV, Rn. 19.

65 Für das Lebens-VG wurde hiermit Art. 63 Nr. II VersBiRiLi umgesetzt.

- Die Aufgliederung der gebuchten Beiträge des selbst abgeschlossenen VG der ErstVR nach der Herkunft aus Inland, den EU/EWR-Staaten und Drittländern (§ 51 Abs. 4 Nr. 5 RechVersV); die Angaben können unterbleiben, falls die gebuchten Bruttobeiträge in den einzelnen Herkunftsgebieten jeweils weniger als fünf v.H. der gebuchten Bruttobeiträge für das gesamte selbst abgeschlossene VG ausmachen.[66]
- eine Aufgliederung der gebuchten Bruttobeiträge von RückVU nach dem Schaden- und Unfall-VG und dem Lebens-VG (§ 51 Abs. 4 Nr. 6 RechVersV)[67]
- anstelle von § 285 Nr. 8 Buchst. b HGB Angaben über Provisionen und sonstige Bezüge der Versicherungsvertreter sowie Personalaufwendungen gem. Muster 2 zu § 51 Abs. 5 RechVersV
- Angabe des Bilanzwerts der vom VU im Rahmen seiner Tätigkeit genutzten eigenen Grundstücke und Bauten (§ 52 Nr. 1 Buchst. a RechVersV)
- Angabe zu dem Bilanzposten „Genussrechtskapital“, in welcher Höhe dieses vor Ablauf von zwei Jahren fällig wird (§ 52 Nr. 1 Buchst. b RechVersV)
- Angabe der zur Berechnung der versicherungstechnischen Rückstellungen einschl. der darin enthaltenen Überschussanteile verwendeten Methoden und Berechnungsgrundlagen der LVU und PK/StK (§ 52 Nr. 2 Buchst. a RechVersV) sowie der im Unterposten der Bilanz „Verbindlichkeiten aus dem selbst abgeschlossenen VG gegenüber VN“ enthaltenen verzinslich angesammelten Überschussanteile (§ 52 Nr. 2 Buchst. b RechVersV)
- Angabe des Zeitwerts jeweils für zum Anschaffungswert oder zum Nennwert ausgewiesene Kapitalanlagen und der Gesamtsumme der Anschaffungskosten der in die Überschussbeteiligung einzubeziehenden Kapitalanlagen, der Gesamtsumme des beizulegenden Zeitwerts selbiger Kapitalanlagen und des sich daraus ergebenden Saldos sowie der hierbei angewandten Bewertungsmethoden gem. §§ 54-56 RechVersV. Die Angabepflicht bezieht sich nur auf Kapitalanlagen, die zu Anschaffungskosten bewertet werden. Anzugeben ist dabei der Zeitwert und nicht ein etwaiger Unterschiedsbetrag zum Zeitwert. Für „Grundstücke, grundstücksgleiche Rechte einschl. Bauten auf fremden Grundstücken“ ist gem. § 55 Abs. 1 RechVersV der Zeitwert der Marktwert. Unter dem Marktwert ist der Preis zu verstehen, der zum Zeitpunkt der Bewertung aufgrund eines privatrechtlichen Vertrags über Grundstücke oder Gebäude zwischen einem verkaufswilligen Verkäufer und einem ihm nicht durch persön-

66 Hiermit wurde Art. 63 Nr. IV VersBiRiLi umgesetzt.
67 Hiermit wurde Art. 63 Nr. III VersBiRiLi umgesetzt.

liche Beziehungen verbundenen Käufer unter den Voraussetzungen zu erzielen ist, dass das Grundstück oder Gebäude offen am Markt angeboten wurde, dass die Marktverhältnisse einer ordnungsgemäßen Veräußerung nicht im Wege stehen und dass eine der Bedeutung des Objekts angemessene Verhandlungszeit zur Verfügung steht (§ 55 Abs. 2 RechVersV). Dabei ist § 55 Abs. 3 RechVersV zu beachten, der eine Marktwertermittlung für jedes einzelne Grundstück oder Gebäude nach einem allgemein anerkannten Verfahren mind. alle fünf Jahre vorsieht und die Berücksichtigung von planmäßigen Abschreibungen gemäß § 253 Abs. 3 Satz 1 HGB verbietet (§ 55 Abs. 3 RechVersV). Hat sich der Marktwert seit der letzten Schätzung vermindert, so ist eine entsprechende Wertberichtigung vorzunehmen (§ 55 Abs. 4 RechVersV). Sind die Grundstücke und Gebäude zum Zeitpunkt der Bilanzaufstellung veräußert worden oder sollen sie in nächster Zeit verkauft werden, so ist der ermittelte Marktwert um die angefallenen oder geschätzten Realisierungsaufwendungen zu vermindern. Falls die Bestimmung des Marktwerts nicht möglich ist, so ist von den Anschaffungs- bzw. Herstellungskosten auszugehen. Zusätzlich sind die Bewertungsmethode und die entsprechende Zuordnung der Grundstücke und Bauten nach dem Jahr, in dem ihre Bewertung erfolgte, gem. § 55 Abs. 7 RechVersV anzugeben. Dies ermöglicht dem Bilanzleser eine Beurteilung über die Aktualität der Bewertungen und die für einzelne Grundstücke oder Gebäude angewandte Methode.

– Für die „Übrigen Kapitalanlagen“ bestimmt sich die Ermittlung des Zeitwerts gem. § 56 RechVersV (§ 54 RechVersV). Grundsätzlich stellt dabei der Freiverkehrswert den Ausgangspunkt dar. Dieser ist gem. § 56 Abs. 5 RechVersV der voraussichtlich realisierbare Wert bei Kapitalanlagen unter Berücksichtigung des Grundsatzes der Vorsicht. Bei an einer zugelassenen Börse notierten Kapitalanlagen handelt es sich bei dem Freiverkehrswert um den Börsenkurswert am Abschlussstichtag oder, wenn der Abschlussstichtag kein Börsentag ist, um den Börsenkurswert am letzten diesem Zeitpunkt vorausgehenden Börsentag (§ 56 Abs. 2 RechVersV). Bei nicht unter Abs. 2 fallenden anderen Kapitalanlagen gilt, sofern für diese ein Markt vorhanden ist, als Freiverkehrswert der Durchschnittswert, zu dem sie zum Abschlussstichtag oder, wenn der Abschlussstichtag kein Markttag ist, am letzten diesem Zeitpunkt vorausgehenden Markttag gehandelt wurden (§ 56 Abs. 3 RechVersV). Analog zu § 55 Abs. 5 RechVersV sieht auch § 56 Abs. 4 RechVersV vor, dass bei erfolgter Veräußerung oder Veräußerungsabsicht die angefallenen oder geschätzten Realisierungsaufwendungen beim Freiverkehrswert in Abzug zu bringen sind. Auch bei Kapitalanlagen sind die angewandte Bewertungsmethode sowie der Grund für ihre Anwendung zu erläutern (§ 56 Abs. 6 RechVersV).

- Für Kapitalanlagen für Rechnung und Risiko von Inhabern von LV-Policen sind gem. § 14 Abs. 2 RechVersV die Zusammensetzung des Anlagestocks und die Zahl der Anteileinheiten zum Abschlussstichtag anzugeben.

Daneben besteht eine Reihe von Angabe- und Erläuterungspflichten zu bestimmten Posten, wenn sie sich nicht aus der Bilanz oder der GuV ergeben oder wenn deren Beträge einen größeren Umfang erreichen. 88

5. Lagebericht

Die Vorschriften zum Inhalt des LB wurden zuletzt durch das Übernahmerichtlinie-Umsetzungsgesetz (ÜbernRLUG) v. 08.07.2006, das Transparenzrichtlinie-Umsetzungsgesetz (TUG) v. 05.12.2007 und das BilMoG v. 25.05.2009 geändert und wesentlich erweitert. Dabei sind folgende Punkte zu beachten: 89

- Darstellung des Geschäftsverlaufs einschl. des Geschäftsergebnisses und der Lage des VU, so dass ein den tatsächlichen Verhältnissen entsprechendes Bild vermittelt wird (§ 289 Abs. 1 Satz 1 HGB)
- umfassende Analyse unter Einbeziehung der bedeutsamsten finanziellen Leistungsindikatoren (§ 289 Abs. 1 Satz 2 und 3 HGB)
- Erläuterung und Beurteilung der voraussichtlichen Entwicklung mit ihren wesentlichen Chancen und Risiken (§ 289 Abs. 1 Satz 4 HGB)
- Bilanzeid für börsennotierte VU (§ 289 Abs. 1 Satz 5 HGB)
- besondere Berichterstattung über Vorgänge von besonderer Bedeutung nach Ende des GJ, Risikomanagementziele und -methoden sowie diverse Risiken jeweils in Bezug auf Finanzinstrumente des VU, Zweigniederlassungen und Vergütungsbericht für börsennotierte VU (§ 289 Abs. 2 HGB)[68]
- nicht-finanzielle Leistungsindikatoren, soweit sie für das Verständnis und die Beurteilung des VU von Belang sind (§ 289 Abs. 3 HGB)
- wertpapiererwerbs- und übernahmerechtliche Angaben für börsennotierte AG / KGaA (§ 289 Abs. 4 HGB)

68 Angaben zu Forschung und Entwicklung können entfallen, soweit diese branchenunüblich ist oder nicht betrieben wird (siehe *Ellrott*, in: Beck Bil-Komm., 7. Aufl., München 2010, § 289 HGB, Rn. 85). Bei VU ist die Bedeutung von Forschung und Entwicklung als gering anzusehen.

- Beschreibung der wesentlichen Merkmale des Internen Kontrollsystems (IKS) und des Risikomanagementsystems im Hinblick auf den Rechnungslegungsprozess bei kapitalmarktorientierten VU (§ 289 Abs. 5 HGB).

90 Börsennotierte VU-AG sowie VU-AG, die ausschließlich andere Wertpapiere als Aktien zum Handel an einem organisierten Markt i.S.d. § 2 Abs. 5 des WpHG ausgegeben haben und deren ausgegebene Aktien auf eigene Veranlassung über ein multilaterales Handelssystem i.S.d. § 2 Abs. 3 Satz 1 Nr. 8 des WpHG gehandelt werden, haben eine Erklärung zur Unternehmensführung in ihren LB aufzunehmen, die dort einen gesonderten Abschnitt bildet (§ 289a Abs. 1 Satz 1 HGB). Wahlweise kann diese auch auf der Internetseite der Gesellschaft öffentlich zugänglich gemacht werden, falls im LB eine Bezugnahme aufgenommen wird, welche die Angabe der Internetseite enthält (§ 289a Abs. 1 Satz 2 und 3 HGB).

91 Hierin enthalten sein müssen eine Erklärung gem. § 161 AktG, relevante Angaben zu Unternehmensführungspraktiken, die über die gesetzlichen Anforderungen hinaus angewandt werden, nebst Hinweis, wo sie öffentlich zugänglich sind, und eine Beschreibung der Arbeitsweise von Vorstand und AR sowie der Zusammensetzung und Arbeitsweise von deren Ausschüssen; sind diese Informationen auf der Internetseite der Gesellschaft öffentlich zugänglich, kann darauf verwiesen werden (§ 289a Abs. 2 HGB).

92 Des Weiteren sieht § 57 RechVersV zu den in § 289 HGB vorgeschriebenen Angaben die Aufnahme zusätzlicher Angaben in den LB von VU vor:[69]

- Die betriebenen VZ und Versicherungsarten im selbst abgeschlossenen und in Rückdeckung übernommenen VG (§ 57 Abs. 2 Nr. 1 RechVersV)
- einen Bericht über den Geschäftsverlauf in den einzelnen VZ-Gruppen, VZ und Versicherungsarten des selbst abgeschlossenen VG; ferner ist über den Geschäftsverlauf in den einzelnen betriebenen VZ des in Rückdeckung übernommenen VG (§ 57 Abs. 2 Nr. 2 RechVersV) zu berichten
- von VVaG eine Erläuterung, in welcher Weise ein erhobener Nachschuss ermittelt wurde (§ 57 Abs. 3 RechVersV)
- von LVU eine Aufgliederung der Versicherungsbestände im selbst abgeschlossenen VG nach dem Muster 3 und von den PK/StK nach den Mustern 4 bzw. 5 zu § 57 Abs. 4 RechVersV

69 Für die in § 61 Abs. 1 RechVersV genannten VU gilt die Vereinfachung, dass außer § 289 HGB nur § 57 Abs. 2 RechVersV anzuwenden ist (§ 62 Abs. 1 Satz 2 Nr. 2 RechVersV).

- von LVU, die auch das selbst abgeschlossene Unfall-VG betreiben, die für den LB vorgeschriebenen Angaben gesondert für das selbst abgeschlossene Unfall-VG (§ 57 Abs. 5 Satz 1 RechVersV)
- von SchVU, die auch das selbst abgeschlossene KrankenVG nach Art der LV betreiben, die für den LB vorgeschriebenen Angaben gesondert für das KrankenVG (§ 57 Abs. 5 Satz 2 RechVersV).

Die Berichtspflichten über das Auslandsgeschäft sind durch die Angaben gem. § 51 Abs. 4 Nr. 5 RechVersV zu erbringen.

6. Kapitalflussrechnung

DRS 2-20 v. 05.12.2009 regelt die Kapitalflussrechnung für VU. Er dient als Orientierungshilfe für VU, die gem. § 264 Abs. 1 Satz 2 HGB eine Kapitalflussrechnung erstellen müssen, und ergänzt DRS 2. Dabei legt er die branchenspezifischen Regeln für die Kapitalflussrechnung von VU fest. Grundsätzlich gliedert sich eine Kapitalflussrechnung in die Teilbereiche „Laufende Geschäftstätigkeit", „Investitionstätigkeit" und „Finanzierungstätigkeit". Unternehmen, die den Betrieb von VG zum Gegenstand haben und nicht Träger der Sozialversicherung sind, sollen DRS 2-20 anwenden, ebenso Holdinggesellschaften des Versicherungsgewerbes. Die aus dem Versicherungserstgeschäft resultierenden Zahlungsströme sind nach Abzug der RückVR-Anteile auszuweisen. Als Finanzmittelfonds gelten die Zahlungsmittel und Zahlungsmitteläquivalente, die unter dem Bilanzposten F II „Laufende Guthaben bei Kreditinstituten, Schecks und Kassenbestand" auszuweisen sind. Versicherungsunternehmen wird empfohlen, die Darstellung des Cashflows aus laufender Geschäftstätigkeit nach der indirekten Methode vorzunehmen. Zum Cashflow aus der Investitionstätigkeit zählen Ein- und Auszahlungen aus der Veräußerung und dem Erwerb von in den KA einbezogenen Unternehmen und sonstigen Geschäftseinheiten, von übrigen Kapitalanlagen sowie aus dem Kauf und dem Verkauf von Kapitalanlagen aus der fondsgebundenen LV. Der Cashflow aus der Finanzierungstätigkeit weist keine branchenspezifischen Besonderheiten auf. Für die Erläuterungen und Angaben im Anhang gelten die in DRS 2 niedergelegten Grundsätze,[70] wie sie im allgemeinen Standard niedergelegt sind. 93

70 Vgl. Zusammenfassung DRS 2-20, S. 5.

7. Eigenkapitalspiegel

94 Der Eigenkapitalspiegel ist ein verpflichtender Bestandteil des JA für kapitalmarktorientierte Unternehmen. Er zeigt die Veränderungen des Eigenkapitals zwischen zwei Bilanzstichtagen und ist ein wichtiges Instrument zur Beurteilung der Kapitalstärke eines Unternehmens. Anwendbar ist § 264 Abs. 1 Satz 2 HGB für ab 2010 beginnende GJ. Der DRS 7 „Konzerneigenkapital und Konzerngesamtergebnis" dient als Orientierungshilfe für VU, die gem. § 264 Abs. 1 Satz 2 HGB einen Eigenkapitalspiegel erstellen müssen. Er schreibt dabei eine Grundstruktur vor.

8. Segmentberichterstattung

95 DRS 3 regelt die Konzernsegmentberichterstattung und wird um DRS 3-20 ergänzt, der branchenspezifische Regeln für die Segmentberichterstattung von VU festlegt. Er dient als Orientierungshilfe für VU, die gem. § 264 Abs. 1 Satz 2 HGB freiwillig eine Segmentberichterstattung vornehmen. Versicherungsunternehmen haben mind. eine Segmentierung bestimmter Posten der GuV nach Nicht-Lebens-VG und Lebens-VG vorzunehmen. Darüber hinausgehend wird für die produktorientierte Segmentierung eine gesonderte Berichterstattung für das RückVG und Finanzdienstleistungen empfohlen. Sofern eine primäre Segmentierung produktorientiert erfolgt, ist grundsätzlich eine sekundäre Segmentierung nach geographischen Kriterien vorzunehmen. Erfolgt die Segmentierung der Daten für unternehmensinterne Entscheidungszwecke nach der geographischen Herkunft des Geschäfts, ist die primäre Segmentierung nach geographischen Kriterien vorzunehmen. Sofern die primäre Segmentierung produktorientiert erfolgt, für die unternehmensinterne Berichterstattung aber keine geographischen Segmente vorliegen, kann sich eine sekundäre Segmentierung an anderen Kriterien entsprechend orientieren. Sofern sich aufgrund der Daten für die interne Berichterstattung keine sekundäre Segmentierung ergibt, wie es z.B. bei Inlandskonzernen der Fall sein kann, kann auf eine sekundäre Segmentierung verzichtet werden. Der vorliegende Standard enthält Angabepflichten für VU, die gem. § 297 Abs. 1 Satz 2 i.V.m. § 341j Abs. 1 Satz 1 HGB eine Segmentberichterstattung aufzustellen haben, und darüber hinaus Angabeempfehlungen für VU, die einen befreienden KA nach international anerkannten Rechnungslegungsgrundsätzen aufstellen.[71]

71 Vgl. Zusammenfassung DRS 3-20, S. 5.

V. Aufbau und Gliederung der Konzernrechnungslegung

1. Allgemeines

Die Aufstellung, Fristen und anzuwendenden Vorschriften für den KA und den Konzern-LB der VU regeln die §§ 341i und 341j HGB. Abweichend von § 290 Abs. 1 HGB gilt für die Aufstellung und Vorlage an den AP eine Frist von zwei Monaten nach Ablauf der Frist für den zuletzt aufzustellenden und einzubeziehenden Abschluss, spätestens jedoch von zwölf Monaten nach dem Stichtag des KA (§ 341i Abs. 3 Satz 1 HGB). Ist das Mutterunternehmen (MU) eine Kapitalgesellschaft i.S.d. § 325 Abs. 4 Satz 1 HGB und nicht zugleich i.S.d. § 327a HGB, tritt an die Stelle der Frist von längstens zwölf eine Frist von längstens vier Monaten (§ 341i Abs. 3 Satz 1 Hs. 2 HGB). Die Vorschrift des § 299 Abs. 2 Satz 2 HGB ist mit der Maßgabe anzuwenden, dass der Stichtag des JA eines Unternehmens nicht länger als sechs Monate vor dem Stichtag des KA liegen darf (§ 341i Abs. 3 Satz 2 HGB). 96

Für die Prüfung und die Offenlegung des KA und des Konzern-LB von VU verweisen die §§ 341k Abs. 1 Satz 1, 341l Abs. 1 Satz 1 HGB entsprechend den Regelungen für den EA auf die §§ 316 ff. HGB bzw. § 325 Abs. 2-5, §§ 328, 329 Abs. 1 HGB. 97

Versicherungsunternehmen, die ihren KA nach den Regelungen des HGB aufstellen, sollen zudem die DRS beachten. Kapitalmarktorientierte Unternehmen, die ihre KA nach den IFRS aufstellen, sind von der Anwendung der DRS befreit. Allerdings sollen die Unternehmen, die freiwillig oder verpflichtend internationale Rechnungslegungsgrundsätze anwenden, weiterhin zur Konkretisierung europarechtlicher Vorschriften die DRS beachten, sofern die internationalen Rechnungslegungsgrundsätze keine Regeln umfassen, die zur Konkretisierung herangezogen werden können. Dies gilt insb. für die DRS zur Risiko- und LB-Erstattung (DRS 5, DRS 15 und DRS 15a). Einen rechtlichen Status erhalten Texte erst mit der Bekanntmachung durch das BMJ im Bundesanzeiger. Eine Bekanntmachung wird jedoch nur für vom Deutschen Standardisierungsrat (DSR) in öffentlicher Sitzung verabschiedete Standards angestrebt. Sofern diese Standards vom BMJ gem. § 342 Abs. 2 HGB im Bundesanzeiger bekannt gemacht worden sind, haben sie die Vermutung für sich, Grundsätze ordnungsmäßiger Buchführung (GoB) der Konzernrechnungslegung zu sein. Hinsichtlich der Nichtbeachtung von DRS führt das Institut der Wirtschaftsprüfer in Deutschland e.V. (IDW) in *IDW PS 450*[72] aus: 98

72 Vgl. *IDW Prüfungsstandard: Grundsätze ordnungsmäßiger Berichterstattung bei Abschlussprüfungen (IDW PS 450)* (Stand: 09.09.2009), Tz. 134.

„Sofern im KA ein gesetzliches Wahlrecht abweichend von einer durch das BMJ bekannt gemachten Empfehlung des Deutschen Rechnungslegungs Standards Committee e.V. (DRSC) zur Anwendung der Grundsätze über die Konzernrechnungslegung ausgeübt wird, begründet dies keine Einwendung des Konzern-AP gegen die Ordnungsmäßigkeit der Konzernrechnungslegung. Der Konzern-AP hat jedoch im PrB auf eine solche Abweichung hinzuweisen."

2. Konzernbilanz

99 Für die Gliederung der Konzernbilanz ist kein eigenständiges Formblatt mehr vorgesehen, sondern es ist das auch für den EA vorgesehene Formblatt 1 zur RechVersV zu verwenden (§ 58 Abs. 1 Satz 1 RechVersV). Des Weiteren erklärt § 58 Abs. 4 RechVersV die Vorschriften über Posten der Bilanz (§§ 3, 4-20, 22-34 RechVersV) auf die Konzernbilanz für entsprechend anwendbar, soweit diese wegen ihrer Eigenart keinerlei Abweichungen bedingen. Insofern kann auf die Ausführungen zur Bilanz im EA von VU verwiesen werden.

3. Konzern-GuV

100 Für die Konzern-GuV ist gem. § 58 Abs. 1 Satz 1 RechVersV das Formblatt 4 anzuwenden. Nach § 58 Abs. 4 RechVersV sind die Vorschriften über Posten der GuV (§§ 36-50 RechVersV) entsprechend anwendbar, soweit diese wegen ihrer Eigenart keinerlei Abweichungen bedingen. Nach § 58 Abs. 1 Satz 2 RechVersV können Besonderheiten des Konzerns Abweichungen vom Formblatt 4 bedingen. Sie ergeben sich z.B. aus der Zusammenfassung von VZ, die in spartengetrennten VU zu betreiben sind. § 58 Abs. 2 RechVersV sieht daher in den dort aufgeführten Fällen abweichende Postenbezeichnungen vor. Die gesamten Erträge aus den Kapitalanlagen sowie die Aufwendungen für Kapitalanlagen dürfen nach § 58 Abs. 3 Satz 1 RechVersV in der nicht-versicherungstechnischen Rechnung ausgewiesen werden. In diesem Fall ist der Saldo aus den Erträgen aus den Kapitalanlagen und den Aufwendungen für Kapitalanlagen, soweit er aus dem Lebens- und Kranken-VG herrührt, der versicherungstechnischen Rechnung für das Lebens- und KrankenVG zuzuordnen, wobei auch in diesem Fall einige Posten anders zu bezeichnen sind. Wie bereits nach früherer Rechtslage sieht die Konzern-GuV keine Spartenrechnung vor.

4. Konzernanhang

Für den Konzernanhang gelten aufgrund der Verweisung in § 341j Abs. 1 Satz 1 HGB die allgemeinen Vorschriften über den Konzernanhang der §§ 313 und 314 HGB. Hiervon bestehen Ausnahmen: Die §§ 293, 298 Abs. 1 und 2 sowie § 314 Abs. 1 Nr. 3 sind gem. § 341j Abs. 1 Satz 2 HGB nicht anzuwenden, und § 314 Abs. 1 Nr. 2a HGB gilt mit der Maßgabe, dass die Angaben für solche finanziellen Verpflichtungen nicht zu machen sind, die im Rahmen des VG entstehen (§ 341j Abs. 1 Satz 3 HGB). § 298 Abs. 3 HGB, wonach der Konzernanhang und der Anhang des JA des MU zusammengefasst werden dürfen, ist anwendbar. 101

Für VU, die einen KA nach internationalen RS gem. § 315a Abs. 1 HGB erstellen,[73] finden nur die §§ 290-292, 315a Anwendung; Satz 2 und 3 dieses Abs. und Abs. 2, § 341i Abs. 3 Satz 2 HGB sowie die Bestimmungen der RechVersV und der RechPensV in ihren jeweils geltenden Fassungen sind nicht anzuwenden.[74] 102

Ergänzend sieht § 59 RechVersV vor, dass in den Konzernanhang von VU zusätzliche Angaben aufzunehmen sind. Zum einen sind – mit Ausnahmen – auch die Angaben nach Muster 1 (Entwicklung der Kapitalanlagen) zu machen. Des Weiteren sind die gebuchten Bruttobeiträge nach dem selbst abgeschlossenen und in Rückdeckung übernommenen VG, nach Sparten und nach der Herkunft (Inland, EU/EWR-Staaten, Drittländer) zu untergliedern. Zum anderen ist analog der Regelung im Anhang des EA der Bilanzwert der von VU im Rahmen ihrer Tätigkeit genutzten eigenen Grundstücke und Bauten anzugeben. 103

Ferner gilt für VU auch DRS 17 „Berichterstattung über die Vergütung der Organmitglieder“. 104

5. Konzernlagebericht

Auf den Konzern-LB von VU sind gem. § 341j Abs. 1 Satz 1 HGB die allgemeinen Vorschriften des Zweiten Unterabschnitts des Zweiten Abschnitts über den Konzern-LB anzuwenden, d.h., es gilt zunächst § 315 HGB.[75] Dabei sind folgende Punkte – analog zum LB des EA – zu beachten: 105

73 Siehe auch Art. 4 der VO (EG) 1606/2002 – sog. IAS-VO.

74 Siehe § 341j Abs. 1 Satz 4 HGB.

75 Die Vorschriften zum Inhalt des Konzern-LB wurden zuletzt durch das BilMoG v. 25.05.2009 geändert und erweitert.

- Darstellung des Geschäftsverlaufs einschl. des Geschäftsergebnisses und der Lage des VU, sodass ein den tatsächlichen Verhältnissen entsprechendes Bild vermittelt wird (§ 315 Abs. 1 Satz 1 HGB)
- umfassende Analyse unter Einbeziehung der bedeutsamsten finanziellen Leistungsindikatoren (§ 315 Abs. 1 Satz 2 und 3 HGB)
- nicht-finanzielle Leistungsindikatoren, soweit sie für das Verständnis und die Beurteilung des VU von Belang sind (§ 315 Abs. 1 Satz 4 HGB)
- Erläuterung und Beurteilung der voraussichtlichen Entwicklung mit ihren wesentlichen Chancen und Risiken (§ 315 Abs. 1 Satz 5 HGB)
- Bilanzeid für börsennotierte VU (§ 315 Abs. 1 Satz 6 HGB)
- besondere Berichterstattung über Vorgänge von besonderer Bedeutung nach Ende des GJ, Risikomanagementziele und -methoden sowie diverse Risiken jeweils in Bezug auf Finanzinstrumente des VU, Vergütungsbericht für börsennotierte VU[76] sowie Beschreibung der wesentlichen Merkmale des IKS und des Risikomanagementsystems im Hinblick auf den Rechnungslegungsprozess bei kapitalmarktorientierten VU (§ 315 Abs. 2 HGB)
- wertpapiererwerbs- und übernahmerechtliche Angaben für börsennotierte AG/KGaA (§ 315 Abs. 4 HGB).

Eine Zusammenfassung von Konzernanhang und Anhang ist unter den Voraussetzungen des § 298 Abs. 3 HGB möglich.

106 Für ein VU, das einen befreienden KA nach § 315a HGB nach international anerkannten RS erstellt, gelten die Vorschriften des § 315 HGB entsprechend.[77]

107 § 60 RechVersV sieht darüber hinaus weiter gehende Angaben im Konzern-LB von VU vor. Anzugeben sind die betriebenen VZ des selbst abgeschlossenen und des in Rückdeckung übernommenen VG sowie ein Bericht über den Geschäftsverlauf im selbst abgeschlossenen Lebens-, Kranken- und Schaden- und Unfall-VG sowie in dem in Rückdeckung übernommenen VG. Auch hier gibt es keine analoge Vorschrift für Pensionsfonds.

108 Für den LB sind zudem auch DRS 5-20 Risikoberichterstattung von VU und DRS 15 Lageberichterstattung zu beachten.

---

76 Zuletzt geändert durch Art. 2 VorstAG v. 31.07.2009.

77 Innerhalb der IAS gibt es lediglich ein nicht verpflichtender „IFRS Practice Statement Management Commentary". Bestimmte Angaben des LB sind jedoch in den Anhangvorschriften der jeweiligen Standards zu finden.

6. Konzernkapitalflussrechnung

Es gelten die Ausführungen zu Abschn. IV 6. entsprechend (§ 297 Abs. 1 HGB). 109

7. Konzerneigenkapitalspiegel

Es gelten die Ausführungen zu Abschn. IV 7. entsprechend (§ 297 Abs. 1 HGB). 110

8. Konzernsegmentberichterstattung

Es gelten die Ausführungen zu Abschn. IV 8. entsprechend (§ 297 Abs. 1 HGB). 111

VI. Schlussbemerkung

Die allgemeinen Ansatz- und Bewertungsgrundsätze für VU haben sich nicht geändert. Insbesondere gilt nach wie vor das in § 252 Abs. 1 Nr. 4 HGB kodifizierte Vorsichtsprinzip. Bei der Bilanzierung sind namentlich „alle vorhersehbaren Risiken und Verluste, die bis zum Abschlussstichtag entstanden sind, zu berücksichtigen". Gewinne sind nur zu berücksichtigen, wenn sie am Abschlussstichtag realisiert sind.[78] Für die Bilanzierung der Vermögensgegenstände gilt das Niederstwertprinzip. Die Rückstellung für noch nicht abgewickelte Versicherungsfälle muss jeden eingetretenen Versicherungsfall umfassen und in Höhe des voraussichtlichen späteren Erfüllungsbetrags gebildet werden. Hierbei sind die gesamten Schadenregulierungskosten zu berücksichtigen. Verwaltungskosten künftiger GJ sind in den Wertansatz nicht einzubeziehen. Eine Abzinsung der Schadenrückstellung ist in der Handelsbilanz (HB) unzulässig. Diese Grundsätze haben sich bei der Erfüllung der Aufgaben der Versicherungsaufsicht, auf die dauernde Erfüllbarkeit der VV und hierbei insb. auf die Bildung ausreichender versicherungstechnischer Rückstellungen zu achten,[79] bewährt. 112

Die Internationalisierung der Wirtschaft, das grenzüberschreitende VG und die Globalisierung der Finanzmärkte haben in zunehmendem Maße Auswirkungen auf die ReV. Innerhalb der EU, aber auch weltweit hat die Öffentlichkeit ein immer stärkeres Interesse, die JA der VU in den verschiedenen Ländern vergleichbarer zu machen. Eine Reihe von Gremien befasst sich mit der möglichen weiteren Harmonisierung der ReV, sodass auch in Zukunft mit erheblichen Änderungen im deutschen Rechnungslegungsrecht zu rechnen ist. 113

78 Realisations-/Imparitätsprinzip.
79 § 81 Abs. 1 Satz 5 VAG.

B I. Die versicherungstechnischen Posten des Jahresabschlusses der Lebensversicherungsunternehmen

*Von WP/StB Dipl.-Kfm. Rainer Husch, Köln**

Randnummer

* Unter Mitarbeit von Dipl.-Math. *Wolfgang Engel* Aktuar (DAV), Stuttgart und Dipl.-Math. *Stefan Engeländer* Aktuar (DAV), Köln.

I. Versicherungsvertrags- und versicherungsaufsichtsrechtliche Bestimmungen für Lebensversicherungen

1. Die Lebensversicherung als Versicherungssparte

1 Gemäß § 8 Abs. 1a VAG umfasst der Betrieb der Lebensversicherung (LV) die Sparten 19-24 gem. Anlage A zum VAG. Die Sparten 19-24 sind definiert wie folgt:

19. Leben (soweit nicht unter den Nrn. 20-24 aufgeführt)
20. Heirats- und Geburtenversicherung
21. Fondsgebundene LV
22. Tontinengeschäfte
23. Kapitalisierungsgeschäfte
24. Geschäfte der Verwaltung von Versorgungseinrichtungen.

2 Ein Lebensversicherungsunternehmen (LVU) (i.S.d. VAG) ist folglich ein Versicherungsunternehmen (VU), das die Genehmigung zum Betreiben mind. einer der genannten Sparten hat.

3 Bei den in den Nrn. 23 und 24 genannten Geschäften handelt es sich nicht um Versicherungen i.S.d. VAG. Nach § 1 Abs. 4 Satz 1 Hs. 2 VAG werden diese Geschäfte jedoch, wenn sie von VU betrieben werden, denen die Erlaubnis für eine der in den Nrn. 19-21 genannten Versicherungssparten (V-Sparten) bereits erteilt wurde, LV-Geschäften gleichgestellt. Gleichgestellt bedeutet, dass für solche Geschäfte alle für LVU einschlägigen Vorschriften des VAG gelten. Auch handelsrechtlich gelten diese Verträge als Versicherungsgeschäft (VG), sodass die §§ 341e ff. HGB auf die daraus resultierenden Verpflichtungen anzuwenden sind. Der Bilanzausweis der zu bildenden Rückstellungen erfolgt unter dem Bilanzposten „Versicherungstechnische Rückstellungen".

4 Die Vorschrift des § 1 Abs. 4 VAG enthält auch eine Definition des Begriffs „Kapitalisierungsgeschäfte". In der Praxis vorkommende Beispiele für Kapitalisierungsgeschäfte sind die Absicherung von Zeitkontenguthaben bzw. Altersteilzeitverpflichtungen, die kurzfristige (Wieder-)Anlage fälliger Leistungen aus kapitalbildenden Versicherungen oder auch bestimmte Formen von Verträgen nach dem AVmG. Da Kapitalisierungsgeschäfte eine gesonderte Sparte gem. Anhang zum VAG darstellen, muss eine gesonderte Erlaubnis zum Betreiben dieser Sparte vorliegen.[1]

---

1 Das Gleiche gilt auch für die Sparten 22 und 24.

Bei Verträgen über die Verwaltung von Versorgungseinrichtungen handelt es sich in aller Regel um Dienstleistungsverträge. Je nach Ausprägung werden entweder nur Verwaltungstätigkeiten (z.B. Ermittlung und Auszahlung der fälligen Rentenleistungen) oder aber auch das Kapitalanlagemanagement vom LVU übernommen. 5

Lebensversicherungsunternehmen unterliegen wie Krankenversicherungsunternehmen (KVU) gem. § 8 Abs. 1a VAG der Spartentrennung. Danach schließen die Erlaubnis zum Betrieb der LV und die Erlaubnis zum Betrieb anderer V-Sparten einander aus. Lediglich i.R.d. § 6 Abs. 4 VAG kann die Erlaubnis zum Betreiben einzelner Sparten auch die Deckung zusätzlicher Risiken aus anderen V-Sparten umfassen. Dies ist dann der Fall, wenn diese Risiken im Zusammenhang mit einem Risiko einer betriebenen V-Sparte stehen, denselben Gegenstand betreffen und durch denselben Vertrag gedeckt werden. In der LV wird hiervon Gebrauch gemacht, um z.B. das Unfallrisiko (Tod durch Unfall) im Rahmen von Unfallzusatzversicherungen abzudecken. Verträge, die ausschließlich eine Leistung bei Unfall vorsehen, dürfen jedoch von LVU nicht abgeschlossen werden. 6

In die Sparte 19 fallen auch die Deckung des Berufsunfähigkeits- und des Pflegefallrisikos. Dies wird u.a. aus der Anlage 1 Abschn. C der BerVersV ersichtlich.

Pensionsfondsgeschäfte dürfen dagegen von einem LVU nicht betrieben werden, da diese eine gesonderte, in obiger Liste nicht enthaltene Sparte (Nr. 25) bilden.

Im Folgenden wird, wenn nichts anderes gesagt wird, der Begriff „Lebensversicherungsvertrag" (LVV) stets weit gefasst, d.h., es werden immer auch die oben genannten Geschäfte umfasst, die von LVU betrieben werden dürfen.

2. Spezifische Regelungen des Versicherungsvertragsgesetz

Die speziellen Vorschriften des VVG für LV finden sich in §§ 150-177 VVG. In der LV ergeben sich die wesentlichen Auswirkungen auf die gegenseitigen Rechte und Pflichten und damit auch auf die Rechnungslegung aus den Paragraphen zur Überschussbeteiligung (§ 153 VVG), Leistungsverpflichtung (§§ 158, 161, 162 und 172 VVG), zur Beitrags-, Leistungs- und Bedingungsanpassung (§§ 163 und 164 VVG) sowie den Paragraphen zur vorzeitigen Beitragsfreistellung bzw. Rückkauf des Vertrags (§§ 165-169 VVG).[2] 7

2 Für vor dem 01.01.2008 abgeschlossene LVV gelten die bis dahin geltenden Vorschriften des VVG zu Beitragsfreistellungen und Rückkauf fort.

a) Leistungsverpflichtungen

8 Das VVG enthält die folgenden Regelungen darüber, unter welchen Umständen das LVU von der Pflicht zur Leistung frei ist:

- Bei Selbsttötung der versicherten Person (VP) innerhalb der ersten drei Jahre (§ 161 VVG)
- wenn der Versicherungsnehmer (VN) bzw. ein anderer Leistungsberechtigter den Tod der VP widerrechtlich herbeigeführt hat (§ 162 VVG)
- Verletzung der vorvertraglichen Anzeigepflichten (innerhalb der ersten fünf Jahre bzw. zehn Jahre, falls die Verletzung vorsätzlich oder arglistig war) (§ 21 VVG).

b) Beitrags- und Leistungsanpassung, Treuhänderverfahren

9 In der LV werden Beiträge und Leistungen i.d.R. bei Vertragsabschluss für die gesamte vereinbarte Vertragsdauer festgelegt. Eine Möglichkeit des LVU, Beiträge oder Leistungen anzupassen, besteht i.R.d. § 163 Abs. 1 VVG nur für bestimmte Verträge und nur unter bestimmten Voraussetzungen. Einer ausdrücklichen vertraglichen Vereinbarung hierzu bedarf es nicht. Als wichtigste Voraussetzungen werden dabei genannt:

- Die Veränderung des Leistungsbedarfs gegenüber den Rechnungsgrundlagen der Beitragskalkulation ist nicht nur vorübergehend und war nicht voraussehbar
- die Anpassung ist angemessen und erforderlich, um die dauernde Erfüllbarkeit der Verpflichtungen zu gewährleisten (hieraus folgt z.B., dass eine Beitragssenkung nicht in Frage kommt)
- ein unabhängiger Treuhänder hat die Rechnungsgrundlagen und genannten Voraussetzungen überprüft und bestätigt.

Beitrags- und Leistungsanpassungen sind handelsrechtlich allerdings erst dann zu beachten, wenn die entsprechenden Maßnahmen tatsächlich durchgeführt wurden. Allerdings kann die rechtliche Möglichkeit einer solchen Anpassung die gem. § 341e HGB handelsrechtlich geforderte Vorsicht mindernd beeinflussen, da das Änderungsrisiko teilweise auf den VN abgewälzt werden kann.

10 Im Rahmen des § 164 VVG wird der Fall behandelt, dass Vertragsbestimmungen für unwirksam erklärt wurden. Soweit dies zur Fortführung des Vertrags notwendig ist oder sonst eine unzumutbare Härte entstehen würde, darf die unwirksame

Bestimmung ersetzt werden. Hierbei muss das Vertragsziel gewahrt bleiben und die Belange der VN müssen angemessen berücksichtigt werden.

c) Vorzeitige Beitragsfreistellung, Rückkauf

Bei Verträgen mit laufender Beitragszahlung hat der VN das Recht, den Vertrag jederzeit und mit Wirkung zum Schluss der laufenden Versicherungsperiode zu kündigen (§ 168 Abs. 1 VVG). Auch LVV gegen Einmalbeitrag können gekündigt werden, wenn ein Risiko versichert ist, bei dem der Eintritt der Verpflichtung des VU gewiss ist, (§ 168 Abs. 2 VVG). Die Kündigung des VV wird i.R.d. LV als Rückkauf bezeichnet, soweit hierbei eine Kündigungsvergütung zu zahlen ist.[3] 11

Bei beitragspflichtigen Verträgen kann der VN die Beitragsfreistellung seines Vertrags zum Ende der laufenden Versicherungsperiode verlangen (§ 165 Abs. 1 Satz 1 VVG). Die Ermittlung der beitragsfreien Leistung hat auf Basis des nach § 169 Abs. 3-5 VVG berechneten Rückkaufswerts nach den anerkannten Regeln der Versicherungsmathematik anhand der Rechnungsgrundlagen der Beitragsberechnung zu erfolgen (§ 165 Abs. 2 VVG). Die Versicherungsleistung ist damit genau soweit zu reduzieren, dass diese aus dem so bestimmten Rückkaufswert ohne zukünftige Beiträge des VN vom LVU entsprechend den gleichen Rechnungsgrundlagen erbracht werden kann. Dabei sind auch die beim LVU im beitragsfreien Zeitraum anfallenden Kosten entsprechend den Rechnungsgrundlagen der Beitragsberechnung zu berücksichtigen. Beitragsrückstände des VN können bei der Berechnung der beitragsfreien Versicherungssumme (VS) aufgerechnet werden (§ 165 Abs. 3 VVG). Die im Rückkaufswert enthaltenen Abzüge (sog. Stornoabschläge) sind auch für diese Zwecke nur i.R.d. § 169 Abs. 5 VVG zulässig. 12

Ist der VN mit der Zahlung von Folgebeiträgen im Verzug, so kann das LVU den betroffenen Vertrag nach erfolgter Mahnung gem. § 38 VVG kündigen. Im Falle eines LVV bestimmt § 166 Abs. 1 VVG, dass in diesem Fall eine Beitragsfreistellung gem. § 165 VVG zu erfolgen hat. 13

Wird der LVV durch Kündigung des VN nach § 168 VVG, durch Kündigung des LVU nach § 38 VVG i.V.m. § 166 VVG, wobei die beitragsfreie Mindestleistung nicht erreicht wird, oder durch Rücktritt bzw. Anfechtung durch das LVU vorzeitig beendet, so hat das LVU dem VN den nach § 169 Abs. 3-7 VVG berech- 14

3 Kündigungen ohne Zahlungen (z.B. bei Risiko-LV oder bei Kündigung innerhalb der ersten Jahre der Vertragslaufzeit) werden als Verfall bzw. sonstigen vorzeitigen Abgang (vgl. Muster 3 RechVersV) bezeichnet.

neten Rückkaufswert des LVV zu erstatten. Für die vor dem 01.01.2008 abgeschlossenen LVV gilt das bei Abschluss geltende Recht weiter fort. Danach hat der Rückkaufswert für VV, denen kein genehmigter Tarif zugrunde liegt, mind. dem Zeitwert des Vertrags zu entsprechen. In der Praxis wurden jedoch meist Rückkaufswerte tabellarisch vereinbart, die auf Basis der Rechnungsgrundlagen der Beitragskalkulation berechnet worden waren. Infolge der BGH-Urteile v. 12.10.2005 sind Regelungen zu Rückkaufswerten für unwirksam erklärt worden. Für neue Kündigungen betrifft dies vorrangig die Stornoabschläge, die ggf. nicht mehr angesetzt werden dürfen. Zu den ab 01.01.2008 geltenden Regelungen s. Rn. 152 ff.

15 In § 153 VVG sind Bestimmungen zur Überschussbeteiligung, bestehend aus der Beteiligung am Überschuss und an den Bewertungsreserven, enthalten (vgl. Rn. 166 ff.).

d) Nicht dem Versicherungsvertragsgesetz unterliegende Geschäfte

16 Lebensversicherungsunternehmen ist auch die Verwaltung von Versorgungseinrichtungen, das Auflegen von Tontinen[4] und Kapitalisierungsgeschäfte erlaubt. Bei diesen Geschäften übernimmt das LVU kein versicherungstechnisches Risiko. Das Risiko besteht bei solchen Verträgen nur in einem Kosten- oder Finanzrisiko, soweit das Preis-/Leistungsverhältnis vertraglich fest vereinbart ist, z.B. zu den Preisen bei der Verwaltung von Versorgungseinrichtungen. Bei Kapitalisierungsgeschäften ergibt sich gem. der Legaldefinition in § 1 Abs. 4 VAG stets implizit ein festes Renditeversprechen. Da es sich im (versicherungs-)vertragsrechtlichen Sinne nicht um (Lebens-)VV handelt, unterliegen diese Geschäfte nicht dem VVG.[5]

3. Spezifische Regelungen des Versicherungsaufsichtsgesetz

17 Das VAG enthält eine Reihe von lebensversicherungsspezifischen Bestimmungen. Im Folgenden soll auf die für die Rechnungslegung von LVU besonders wichtigen Regelungen eingegangen werden.

---

4 Bei einer Tontine (nach Lorenzo Tonti) sagt der Tontinenbetreiber gegen Zahlung einer Einmalprämie feste Rentenleistungen zu bestimmten Zeitpunkten zu, die auf die dann noch lebenden Mitglieder der Tontine aufgeteilt werden.

5 Vgl. Abschn. I.1

a) Beitragskalkulation (§ 11 VAG)

Gemäß § 11 Abs. 1 Satz 1 VAG müssen die Beiträge in der LV auf Grundlage angemessener versicherungsmathematischer Annahmen kalkuliert werden. Die versicherungsmathematischen Annahmen umfassen sämtliche Größen, die einen Einfluss auf die Leistungspflicht haben und werden unter dem Begriff „Rechnungsgrundlagen“ zusammengefasst. Rechnungsgrundlagen in der LV sind demnach insb. die Annahmen über die 18

- zu erwartenden Kapitalerträge,
- Sterblichkeiten bzw. anderen biometrischen, leistungsbegründenden Ereignisse sowie
- Aufwendungen für den Abschluss und die Verwaltung der Verträge.

Aus der Forderung, dass die Rechnungsgrundlagen angemessen sein sollen, folgt insb., dass diese eine ausreichend hohe Sicherheit im Hinblick auf ungünstige Abweichungen gewährleisten müssen. Diese Forderung ist zum einen vor dem Hintergrund der Langfristigkeit der eingegangenen Verpflichtungen zu sehen und zum anderen der Tatsache geschuldet, dass die Beiträge nicht ohne Weiteres, insb. nicht bei Unangemessenheit, angepasst werden können.[6] 19

Anders als für die Ermittlung der Deckungsrückstellung (DR) (s.u.) wird für die Beitragsberechnung in der LV kein Berechnungsverfahren verbindlich festgelegt. Die Beiträge werden durch den Vertrag bestimmt. Sie können auch durch Verwendung stochastischer Methoden,[7] anstelle klassischer versicherungsmathematischer Formeln, hergeleitet werden. Auch können Gewinnzuschläge enthalten sein, die wiederum implizit in einzelnen Rechnungsgrundlagen eingerechnet sein können. Bei der Berechnung der DR kann daher nicht auf die Vorgehensweise bei der Bestimmung der Beiträge Bezug genommen werden.

Als Konkretisierung der allgemeinen Forderung nach angemessenen Rechnungsgrundlagen wird verlangt, dass der Beitrag mind. so hoch sein muss, dass das LVU all seinen Verpflichtungen nachkommen kann und insb. für jeden einzelnen Vertrag eine ausreichende DR bilden kann. Verschiedentlich wird in der Literatur aus dieser Anforderung gefolgert, dass der vom LVU erhobene Beitrag mind. so hoch sein muss wie der Beitrag, der sich nach den am nachfolgenden Bilanzstichtag handelsrechtlich zu bestimmenden Rechnungsgrundlagen für die DR ergibt. 20

6 Vgl. Rn. 9.

7 Dies kommt in der Praxis bisher jedoch nicht vor. Eine solche Methode der Beitragskalkulation wurde bei der Abfassung der §§ 165 Abs. 2 und 169 Abs. 3 VVG nicht berücksichtigt. In solchen Fällen müssen die betreffenden Regelungen daher teleologisch ausgelegt werden.

Dies ist jedoch nicht der Fall.[8] Es muss lediglich gewährleistet sein, dass nicht planmäßig und auf Dauer zur Bildung der DR Mittel eingesetzt werden müssen, die nicht (direkt oder indirekt) aus Beitragszahlungen stammen. Die Festsetzung eines Beitrags, der bei der Realisierung der besten Schätzwerte hinsichtlich der verwendeten Rechnungsgrundlagen beim LVU insgesamt zu einem Verlust führt, ist demzufolge in der LV nicht zulässig. Andererseits stellt diese Vorschrift nur den Mindestrahmen für den Beitrag dar. Höhere Beiträge dürfen vereinbart werden, soweit der Gleichbehandlungsgrundsatz des § 11 Abs. 2 VAG gewahrt ist. Diesen höheren Beiträgen können vorsichtigere Bestimmungsmethoden oder explizit angesetzte Gewinnzuschläge zugrunde liegen.

21 § 11 Abs. 2 VAG beinhaltet den sog. Gleichbehandlungsgrundsatz in der LV, wonach bei gleichen Voraussetzungen Beiträge und Leistungen nur nach gleichen Grundsätzen bemessen werden dürfen. Anders formuliert müssen Unterschiede in der Beitragsfestsetzung stets objektivierbare Ursachen haben, d.h., eine Differenzierung bei der Beitragsberechnung ist nur dann zulässig, wenn es sachliche Gründe für diese Differenzierung gibt. Dies verbietet letztlich eine einseitige oder uneinheitliche Belastung der VN mit impliziten oder expliziten Gewinnzuschlägen. Weitergehende Vorschriften, insb. zur geschlechtsabhängigen Beitragsvereinbarung, enthält das AGG (Allgemeines Gleichbehandlungsgesetz).

b) Geschäftsplan(-änderungen), Alt- und Neubestand (§§ 11c, 13 VAG)

22 Seit dem Wegfall der (Vorab-)Genehmigung der technischen Berechnungsgrundlagen durch die Aufsichtsbehörde wird der Bestand der LVU eingeteilt in Alt- und Neubestand. Der Altbestand umfasst alle vor dem 29.07.1994 abgeschlossenen LVV (§ 11c VAG). Die LVV, die diese Bedingungen nicht erfüllen, bilden den Neubestand. Die nach dem 29.07.1994, aber vor dem 31.12.1994 unter Verwendung von vor dem 29.07.1994 genehmigten „Allgemeinen Versicherungsbedingungen" abgeschlossenen LVV zählen ebenfalls zum Altbestand (Art. 16 § 2 Drittes Durchführungsgesetz/EWG zum VAG). Für die Verträge des Altbestands gilt der genehmigte Geschäftsplan in vollem Umfang weiter (§ 11c Satz 1 VAG). Jede Änderung des Geschäftsplans bedarf der Genehmigung durch die Aufsichtsbehörde (§ 11c Satz 2 VAG). Für LVV des Neubestands ist keine Vorabgenehmigung der Aufsichtsbehörde, sondern lediglich eine Anzeige gem. § 13d Nr. 6 VAG über die Grundsätze für die Berechnung der Beiträge und DR erforderlich. Für den Neubestand mussten daher alle Grundsätze, die sich vor Inkrafttreten des Dritten

8 Vgl. *Stuirbrink* u.a., in: Beck Vers-Komm., München 1998, § 341 f HGB, Rn. 23.

Durchführungsgesetzes/EWG zum VAG aus dem Geschäftsplan ergaben und die weiterhin Gültigkeit haben sollten, im Wege der Gesetz- und Verordnungsgebung geregelt werden.

c) Deckungsrückstellung (§ 65 VAG, DeckRV)

Aufgrund von § 65 VAG wird das Bundesministerium der Finanzen (BMF) 23 ermächtigt, im Wege einer Rechtsverordnung (Rechts-VO) Höchstsätze für den Rechnungszins, Höchstbeträge für die Zillmerung sowie nähere Bestimmungen über die übrigen versicherungsmathematischen Rechnungsgrundlagen bei der Berechnung der DR festzulegen. Die aufsichtsrechtlich über die handelsrechtlichen Anforderungen hinaus geforderte Vorsicht ist nach § 341e Abs. 1 Satz 2 HGB handelsrechtlich zu berücksichtigen. Die Deckungsrückstellungsverordnung (DeckRV)[9] wurde 1996 erlassen und mittlerweile bereits mehrfach geändert, insb. um neue Höchstwerte für den Rechnungszins festzulegen. Die folgende Tabelle gibt einen Überblick über die jeweils für DM- bzw. EURO-Verträge geltenden Höchstsätze (HRZ):

Zeitraum	HRZ
29.07.1994 – 30.06.2000	4,00 %
01.07.2000 – 31.12.2003	3,25 %
01.01.2004 – 31.12.2006	2,75 %
ab 01.01.2007	2,25 %

Der beim Vertragsabschluss verwendete Rechnungszins darf während der gesamten Laufzeit des Vertrags nicht erhöht werden. Gesenkt werden darf dieser, abgesehen von den handelsrechtlich gebotenen Fällen, nach DeckRV mit Hinweis auf § 341f Abs. 2 HGB nur, wenn die derzeitigen oder zukünftigen Erträge aus den Vermögenswerten nicht ausreichen, die eingegangenen Zinssatzverpflichtungen zu erfüllen. § 5 Abs. 3 DeckRV macht nähere Ausführungen darüber, wann anzunehmen ist, dass die Erträge nicht mehr ausreichen.

Der Höchstbetrag für die Zillmerung wird in § 4 Abs. 1 Satz 2 DeckRV auf 40 ‰ 24 der Beitragssumme (BS)[10] begrenzt. Außerdem wird in § 4 Abs. 1 Satz 1 DeckRV

9 Ursprüngliche Fassung vgl. BGBl. I 1996, S. 670; letzte Änderung durch die Verordnung v. 11.05.2009, BGBl. I 2009, S. 1050.

10 Summe der während der Vertragslaufzeit vom VN aufgrund vertraglicher Vereinbarungen zu zahlender Beiträge, auch, wenn diese noch unter dem Vorbehalt der Beitragsfreistellung – nach § 165 VVG oder aufgrund von vereinbarten Sonderrechten, z.B. der Ablehnung dynamischer Erhöhungen – stehen.

das Verfahren der sog. Vollzillmerung beschrieben.[11] Dennoch ist die Vorschrift ihrem Zweck nach weiter gefasst. Aufsichtsrechtlich soll jede Antizipation von zukünftig nach den Rechnungsgrundlagen der DR nicht benötigten Teilen zukünftiger Beiträge über den Höchstbetrag hinaus verhindert werden. Demnach ist der Höchstbetrag auch dann anzuwenden, wenn die DR mittels des Bruttobeitragsverfahrens nach § 341f HGB oder nach einem anderen, nach § 25 Abs. 1 Satz 2 RechVersV zulässigen Verfahren bestimmt wird.

§ 5 Abs. 1 DeckRV legt die Grundsätze, die für die Ermittlung der versicherungsmathematischen Rechnungsgrundlagen gelten, fest. Darin wird insb. gefordert, dass die Rechnungsgrundlagen ausreichende Sicherheitsspannen enthalten müssen. Die ausschließliche Verwendung von besten Schätzwerten ist nicht zulässig.

d) Rückstellung für Beitragsrückerstattung (§ 56a VAG)

25 § 56a VAG regelt zwei unterschiedliche Sachverhalte:

1. Absatz 1 Satz 1 bestimmt, dass bei Versicherungs-AG der Vorstand mit Zustimmung des Aufsichtsrats (AR) über die Beträge für die Überschussbeteiligung der VN beschließt. Dies ist vor dem Hintergrund der Bestimmungen des AktG (insb. § 58 AktG) und den konkurrierenden Interessen von Aktionären und VN bei der Aufteilung des von der Gesellschaft erzielten Überschusses zu sehen. Die Rechte der Hauptversammlung (HV) werden eingeschränkt und dem Vorstand und AR fällt die Aufgabe zu, einen Interessenausgleich zwischen Aktionären und VN herbeizuführen. Dabei ist die in Abs. 1 Satz 2 definierte Mindestanforderung einzuhalten. Danach dürfen Beträge, auf die die VN keinen Rechtsanspruch, z.B. aus dem Vertrag oder aus § 81c VAG, haben, nur insoweit für die Überschussbeteiligung verwendet werden, als aus dem verbleibenden Bilanzgewinn noch ein Gewinn in Höhe von mind. 4 % des Grundkapitals verteilt werden kann.

2. Die Absätze 2 und 3 regeln die Bindungswirkung dieses Verwendungsbeschlusses. Die Bezugnahme auf die Rückstellung für Beitragsrückerstattung (RfB) berücksichtigt bereits die sich aus § 341e Abs. 2 Nr. 2 HGB ergebenden handelsrechtlichen Konsequenzen.[12]

---

11 Vgl. hierzu Rn. 98.

12 Dies gilt nicht für die Voraussetzungen nach § 21 KStG, da dort nur auf eine Verwendungssicherung in der Satzung bzw. gem. geschäftsplanmäßiger Erklärung abgestellt wird. Vgl. hierzu auch *Faigle*, in: Beck Vers-Komm., § 341e HGB, Rn. 85 f.

Die für die Überschussbeteiligung der VN bestimmten Beträge sind daher, soweit sie den VN nicht unmittelbar, d.h. in Form einer Direktgutschrift zu Lasten des Jahresergebnisses, zugeteilt wurden, zurückzustellen. Diese Beträge sind nach § 341e Abs. 2 Nr. 2 HGB als RfB auszuweisen. Die so zurückgestellten Beträge dürfen nur für die Überschussbeteiligung (einschl. der Beteiligung an den Bewertungsreserven) der VN verwendet werden. Im Interesse der VN können in Ausnahmefällen zur Abwendung eines Notstands mit Zustimmung der Aufsichtsbehörde die zurückgestellten Beträge herangezogen werden, soweit es sich um nicht bereits festgelegte Überschussanteile handelt. Gleiches gilt im Fall bestimmter unvorhersehbarer Verluste oder Erhöhungen der DR infolge der Anpassung der Rechnungsgrundlagen.

e) Verantwortlicher Aktuar (§ 11a VAG, AktuarV)

Jedes LVU hat einen Verantwortlichen Aktuar (VA) zu bestellen. Er muss zuverlässig und fachlich geeignet sein. Fachliche Eignung setzt ausreichende Kenntnisse in der Versicherungsmathematik und Berufserfahrung voraus. Eine ausreichende Berufserfahrung ist regelmäßig anzunehmen, wenn eine mind. dreijährige Tätigkeit als Versicherungsmathematiker nachgewiesen wird. Der in Aussicht genommene VA muss vor Bestellung der Aufsichtsbehörde benannt werden. Wenn Tatsachen vorliegen, aus denen sich ergibt, dass der in Aussicht genommene VA nicht zuverlässig oder nicht fachlich geeignet ist, so kann die Aufsichtsbehörde verlangen, dass eine andere Person benannt wird. Werden nach der Bestellung Umstände bekannt, die einer Bestellung entgegengestanden hätten, oder erfüllt der VA die ihm nach dem VAG obliegenden Aufgaben nicht ordnungsgemäß, kann die Aufsichtsbehörde verlangen, dass ein anderer VA bestellt wird. Die Aufsichtsbehörde kann den VA unter bestimmten Voraussetzungen auch selbst bestellen. Das Ausscheiden des VA ist der Aufsichtsbehörde unverzüglich mitzuteilen. Der VA wird vom AR oder, soweit ein solcher nicht vorhanden ist, dem entsprechenden obersten Organ bestellt oder entlassen. 26

Der VA hat die folgenden Aufgaben: 27

1. Er hat sicherzustellen, dass bei der Berechnung der Beiträge und der DR die Grundsätze des § 11 VAG und der DeckRV sowie des § 341f HGB eingehalten werden. Dabei muss er die Finanzlage des Unternehmens insb. daraufhin überprüfen, ob die dauernde Erfüllbarkeit der sich aus den Versicherungsverträgen (VV) ergebenden Verpflichtungen jederzeit gewährleistet ist und das Unternehmen über ausreichende Mittel in Höhe der Solvabilitätsspanne verfügt.

2. Er hat unter der Bilanz zu bestätigen, dass die DR nach § 341f HGB sowie der DeckRV gebildet ist (versicherungsmathematische Bestätigung). Der Wortlaut der versicherungsmathematischen Bestätigung wird für LVU durch § 1 AktuarV vorgegeben. In einem Bericht an den Vorstand des Unternehmens (Erläuterungsbericht des VA) hat er zu erläutern, welche Kalkulationsansätze und weitere Annahmen der Bestätigung zugrunde liegen. Der Mindestumfang der zu berichtenden Sachverhalte wird in § 6 AktuarV festgelegt. Nach § 7 AktuarV ist der Bericht bei Abgabe der versicherungsmathematischen Bestätigung dem Vorstand vorzulegen. Der Vorstand hat den Bericht unverzüglich nach der Aufstellung des Jahresabschlusses (JA) der Aufsichtsbehörde einzureichen. Der VA hat in der Sitzung des AR über die Feststellung des JA teilzunehmen und über den Erläuterungsbericht zu berichten. Der AR nimmt hierzu in seinem Bericht an die HV Stellung.
3. Sobald er bei der Erfüllung der ihm obliegenden Aufgaben erkennt, dass er möglicherweise die versicherungsmathematische Bestätigung nicht oder nur mit Einschränkungen wird abgeben können, hat der VA den Vorstand und, wenn dieser der Beanstandung nicht unverzüglich abhilft, sofort die Aufsichtsbehörde zu unterrichten.
4. Für die VV mit Anspruch auf Überschussbeteiligung hat der VA dem Vorstand Vorschläge für eine angemessene Beteiligung am Überschuss vorzulegen. Der Vorschlag ist der Aufsichtsbehörde vom Vorstand vorzulegen und mitzuteilen, wenn der Vorstand davon abweichen möchte. Die Abweichung ist gegenüber der Aufsichtsbehörde schriftlich zu begründen. In einem Bericht an den Vorstand (Angemessenheitsbericht) hat der VA zu erläutern, aus welchen Tatsachen und Annahmen sich die Angemessenheit seines Vorschlags ergibt. Auch der Angemessenheitsbericht ist der Aufsichtsbehörde vorzulegen.

28 Der Vorstand des Unternehmens ist seinerseits dazu verpflichtet, dem VA sämtliche Informationen zugänglich zu machen, die zur ordnungsgemäßen Erledigung seiner Aufgaben erforderlich sind.

f) Mindestbeteiligung am Überschuss (§ 81c VAG, MindZV)

29 Gemäß § 81c Abs. 1 Satz 1 VAG liegt im Bereich der LV ein die Belange der Versicherten gefährdender Missstand vor, wenn bei überschussberechtigten Versicherungen keine angemessene Zuführung zur RfB erfolgt. Eine nicht angemessene Zuführung ist nach § 81c Abs. 1 Satz 2 VAG insb. dann anzunehmen, wenn die Zuführung nicht der im VO-Wege festgelegten Mindestzuführung zur RfB entspricht.

Die Mindestzuführungsverordnung (MindZV) bestimmt Details sowohl allgemein zu einer ausreichenden Zuführung in § 4 Abs. 1 MindZV als auch speziell in § 4 Abs. 3-6 MindZV zur Mindestzuführung i.S.d. § 81c VAG Abs. 1 Satz 2 VAG. Als Generalnorm für eine ausreichende Zuführung zur RfB wird gefordert, dass hierdurch unter Berücksichtigung der Direktgutschrift eine angemessene Beteiligung an jeder einzelnen positiven Ergebnisquelle (Kapitalanlage-, Risiko- und übriges Ergebnis) erfolgt. Der unbestimmte Rechtsbegriff „Angemessenheit" wird nicht weiter erläutert. Insgesamt darf die Zuführung zur RfB aber nicht unter die durch § 4 Abs. 3-6 MindZV bestimmte Mindestzuführung in Abhängigkeit von den Kapitalerträgen, dem Risikoergebnis und den übrigen Ergebnissen fallen. Andernfalls ist die Bundesanstalt für Finanzdienstleistungsaufsicht (BaFin) unmittelbar ermächtigt, Maßnahmen nach § 81c VAG zu treffen (Aufstellung eines Zuführungsplans). Bei der Bestimmung der Mindestzuführung zur RfB kann der Risikoverlauf, der Solvabilitätsbedarf bzw. ein Erhöhungsbedarf der DR ggf. berücksichtigt werden. Die Mindestzuführung zur RfB ist für Alt- und Neubestand getrennt einzuhalten.

4. Spezifische Regelungen der VO über die Berichterstattung gegenüber der Bundesanstalt für Finanzdienstleistungsaufsicht (BerVersV)

Neben den von allen VU abzugebenden Formblättern (FB) und Nachweisungen 30
(Nw.) sind gem. § 10 der VO über die Berichterstattung gegenüber der Bundesanstalt für Finanzdienstleistungsaufsicht (BerVersV)[13] von LVU eine Reihe von „formgebundenen Erläuterungen" zu machen. Diese dienen vorrangig der Überprüfung der ausreichenden Vorsicht in den Rechnungsgrundlagen der DR, aber auch zur Überprüfung der Angemessenheit der Überschussbeteiligung. Im Einzelnen sind dies:

- die Zusammensetzung und Bewegung der RfB (Nw. 110-112)
- die Bewegung und Zusammensetzung des Bestands (Nw. 210 bzw. Nw. 211)
- die Zerlegung des Rohüberschusses nach Ergebnisquellen (Nw. 213-215)
- die Zerlegung der Beiträge und die Fortschreibung der DR saldiert um die Forderungen an VN aus noch nicht fälligen Ansprüchen, beide gem. den aktuell verwendeten Rechnungsgrundlagen der DR, nicht der ggf. bei Ver-

13 Neugefasst am 29.03.2006, BGBl. I, S. 622, letzte Änderung v. 27.04.2010, BGBl. I 2010, S. 490.

tragsabschluss verwendeten Rechnungsgrundlagen der Beiträge (vgl. Rn. 19) (Nw. 216 und 217)

- die Ermittlung des Risikoergebnisses (Nw. 218)
- die Ermittlung der weiteren Ergebnisquellen (Kapitalanlage-, Kosten-, Rückversicherungs- und sonstiges Ergebnis) (Nw. 219).[14]

31 Die in den Nw. geforderten Angaben sind i.d.R. für bestimmte Segmentierungen des Lebensversicherungsbestands (LVB) zu machen. Dabei werden je nach Art der Angaben unterschiedliche Segmentierungskriterien verwendet. Grundsätzlich sind alle Angaben getrennt nach Alt- und Neubestand zu machen bzw. es sind alternativ für Alt- und Neubestand jeweils unterschiedliche Nw. auszufüllen (Nw. 111 und Nw. 214 für Neubestand und Nw. 112 und Nw. 215 für Altbestand, wobei Nw. 111 und 112 bzw. Nw. 214 und 215 sich jeweils inhaltlich entsprechen).

Im Übrigen sind die

- Nw. 111 und 214 nach Bestandsgruppen (BG),
- Nw. 112 und 215 nach Abrechnungsverbänden (AV),
- Nw. 210 nach Versicherungsarten (VA),
- Nw. 218 nach Risikoarten (RA)

aufzuteilen.

Bestandsgruppen werden in Anlage 1 Abschn. D BerVersV, Versicherungsarten in Anlage 1 Abschn. C BerVersV und Risikoarten in Anlage 1 Abschn. E BerVersV definiert.

32 Die Einteilung der Verträge des Neubestands in BG muss aufgrund der Festlegung in der BerVersV von allen LVU (bis auf eine Ausnahme für die Berufsunfähigkeitszusatz-(BUZ-) Versicherungen und eine Geringfügigkeitsregelung)[15] einheitlich vorgenommen werden. Die entsprechende Segmentierung im Altbestand erfolgt durch die AV, deren Zusammensetzung im Gesamtgeschäftsplan für die Überschussbeteiligung festgelegt und meist auch vertraglich vereinbart ist. Im Gegensatz zu den BG ist die Zuordnung der Verträge zu den AV bei den LVU nicht einheitlich geregelt. Dies hat zur Folge, dass Angaben für einzelne AV bei unterschiedlichen LVU nicht immer vergleichbar sind. Die AV sind zudem als Bestandteil der vertraglichen Regelungen zur Überschussbeteiligung nicht ohne

14 Da die meisten der internen Nw. erst Ende Juli abzugeben sind, liegen diese regelmäßig bei der Prüfung des externen JA noch nicht vor.

15 Vgl. Anm. 2 zu Anlage 1 Abschn. D BerVersV.

weiteres änderbar, während die BG durch eine durch die BaFin jederzeit änderbare VO begründet sind. Allerdings verwenden viele VU den Begriff „Bestandsgruppe" auch zur vertraglichen Regelung der Überschussbeteiligung im Neubestand. Diese vertragliche Einteilung ist aber rechtlich unabhängig von dem aktuellen Stand der BerVersV für Berichtszwecke gegenüber der Aufsichtsbehörde.

Von besonderer Bedeutung für die Beurteilung der ausreichenden Vorsicht bei 33
der Wahl der Rechnungsgrundlagen ist das nach Risikoarten (RA) differenzierte Risikoergebnis der Nw. 218. Bei den RA wird unterschieden nach:

- Todesfallrisiko (RA = 110, 121, 122)
- Berufsunfähigkeitsrisiko (RA = 210, 221, 222)
- Unfallrisiko (RA = 300)
- Heiratsrisiko (RA = 400)
- Erlebensfallrisiko (RA = 510, 521, 522)
- Pflegefallrisiko (RA = 600)
- Dread-Disease-Risiko (RA = 700)
- Arbeitsunfähigkeitsrisiko (RA = 800)
- Stornorisiko (RA = 920)
- Übriges Risiko (RA = 910).

Das Ergebnis aus den RA 110-122 geht als Sterblichkeitsergebnis, das Ergebnis aus der RA 920 als Ergebnis aus dem vorzeitigen Abgang und das Ergebnis aus den restlichen RA als sonstiges Risikoergebnis in die Nw. 213 (Zerlegung des Rohergebnisses nach Ergebnisquellen) ein.

Verträge des Neubestands, die nach dem 31.12.1994 und vor dem 01.01.1998 34
abgeschlossen wurden und bei denen bei unverändertem Verfahren der Risikoeinschätzung die Prämien und Leistungen mit den dem Altbestand zuzuordnenden VV übereinstimmen, bilden den sog. Zwischenbestand gem. § 2 Abs. 1 Nr. 1 MindZV. Die Verträge des Zwischenbestands können für die Zwecke der internen Rechnungslegung gegenüber der BaFin gemeinsam mit dem Altbestand abgerechnet werden (Anlage 2, Abschn. A Nr. 15 Abs. 16 BerVersV).

II. Der Lebensversicherungsbestand als Ermittlungsgrundlage der versicherungstechnischen Posten

1. Wesentliche Elemente eines Lebensversicherungsvertrags

35 Der LVV[16] ist durch die Rechte und Pflichten des VN einerseits und des LVU andererseits bestimmt. Da ein wesentlicher Aspekt von Versicherungen in dem Risikoausgleich in einem Kollektiv gleichartiger Verträge besteht, sind die LVU bestrebt, VV nach einem intern vorgegebenen Vertragsmuster abzuschließen. Dies betrifft sowohl die Ausgestaltung der Vertragsbestimmungen (Anwendung gleicher Allgemeiner Geschäftsbedingungen (AGB) für alle Verträge) als auch die Preisfestsetzung. Die Notwendigkeit, objektive Festlegungen hinsichtlich der Ermittlung von Beiträgen und Leistungen zu treffen, ergibt sich auch aus den gesetzlichen Vorschriften. Hierzu sind die LVU durch § 11 Abs. 2 VAG indirekt verpflichtet (vgl. Rn. 21). Die Gesamtheit dieser Festlegungen für die zukünftig abzuschließenden Verträge wird als „Tarif“ bezeichnet. Der Tarif umfasst also insb. sämtliche zur Festsetzung der Beiträge verwendeten Parameter und Berechnungsvorschriften.

36 Neben den preisbestimmenden Parametern gibt es noch weitere, sich aus den Vertragsbestimmungen ergebende und den Wert der Verpflichtung des LVU beeinflussende Regelungen. So räumen z.B. die meisten Renten-VV den VN das Recht ein, anstelle der vereinbarten Rentenzahlung eine einmalige Kapitalabfindung zu erhalten. Ein weiteres wichtiges Beispiel ist das (gesetzlich geregelte) Recht des VN, seinen LVV jederzeit kündigen zu können. Moderne LVV können noch eine ganze Reihe solcher Rechte des VN beinhalten. Man spricht hier auch von Optionen, also einseitigen Ausgestaltungsrechten des VN. Vielen dieser Optionen ist gemeinsam, dass der VN vertragliche Ansprüche früher (oder später) als normalerweise vorgesehenen abrufen kann bzw. ihre Höhe bei Vorliegen bestimmter Voraussetzungen variieren kann. Diese Optionen können – insb. je nach aktueller Höhe der Kapitalmarktzinsen – durchaus einen Wert haben. Doch sind diese Optionen bei Vertragsabschluss regelmäßig nicht „im Geld“. Sie werden bei der Beitragsberechnung üblicherweise als durch die eingerechneten Sicherheitsmargen abgedeckt angenommen, da die Rechnungsgrundlagen so (vorsichtig) bestimmt sind, dass sie nicht nur über die Gesamtdauer, sondern auch in jeder Periode auskömmlich sind.

16 Ein LVV ist ein zweiseitig verpflichtender, schuldrechtlicher Vertrag mit dem Charakter eines Dauerschuldverhältnisses, vgl. *Prölss*, in: *Prölss/Martin*, Versicherungsvertragsgesetz, 26. Aufl., München 1998, § 1, Rn. 17.

Im Folgenden sollen die für das Preis-Leistungs-Verhältnis eines LVV ggf. relevanten Einflussgrößen zusammengestellt werden: 37

1. Faktoren, die die Leistungen des Lebensversicherungsunternehmens betreffen:

a. Art des versicherten Risikos

Die Art des versicherten Risikos wird durch das versicherte Ereignis bestimmt, aufgrund dessen Eintritts die vereinbarte Versicherungsleistung fällig wird. Hierdurch bestimmt sich die Art der biometrischen Rechnungsgrundlagen (Sterbetafel, Invalidisierungstafel o.Ä.). Die Risiken, die von einem LVU übernommen werden dürfen, werden in der BerVersV zu Risikoarten zusammengefasst (vgl. Rn. 33).

b. Form der versicherten (garantierten) Leistung

Die Leistung des LVU kann in Form einer Kapitalleistung (Kapitalversicherung) oder in Form von wiederkehrenden, periodischen Leistungen (Rentenzahlungen) (Rentenversicherung) erbracht werden, von denen meist wiederum jede einzelne vom Eintritt eines versicherten Ereignisses (meist Überleben oder Anhalten der Berufsunfähigkeit) abhängt. Die Leistung kann betragsmäßig fest definiert sein, muss es aber nicht. Die Fälligkeit der Leistung kann bei Eintritt des Versicherungsfalls, nach Eintritt des Versicherungsfalls zu einem fest vereinbarten Zeitpunkt oder unabhängig von dem Eintritt des Versicherungsfalls zu einem festen Zeitpunkt gegeben sein. In manchen Fällen bestimmt der VN einseitig die Fälligkeit; in solchen Fällen hängt die Höhe der Leistung aber stets von dem Fälligkeitstermin ab. Die folgende Tabelle gibt eine Übersicht über die verschiedenen Möglichkeiten:

	Leistung(en) in Währungseinheiten*	**Leistung(en) entsprechend der Wertentwicklung ausgewählter Investmentfonds**	**Leistung(en) abhängig von der Entwicklung eines Indexes**	**Befreiung des VN von seiner Beitragszahlungsverpflichtung**	**Assistance-Leistungen**
Kapitalleistung**	gemischte Versicherung, Risikoversicherung	Fondsgebundene LV***	Aktienindexgebundene LV	Termfixversicherung	Lebenslangliche Todesfallversicherung mit Übernahme der Beerdigungskosten

	Leistung(en) in Währungseinheiten*	**Leistung(en) entsprechend der Wertentwicklung ausgewählter Investmentfonds**	**Leistung(en) abhängig von der Entwicklung eines Indexes**	**Befreiung des VN von seiner Beitragszahlungsverpflichtung**	**Assistance-Leistungen**
Rentenleistung	(konventionelle) Rentenversicherung, Berufsunfähigkeitsversicherung	Fondsgebundene Rentenversicherung	Aktienindexgebundene Rentenversicherung	Beitragsbefreiung bei Berufsunfähigkeit oder Pflegebedürftigkeit	

* Erfolgt die Festlegung der Leistung in einer anderen Währung als Euro („Fremdwährungsversicherungen"), so sind bzgl. der Anlage des die versicherungstechnischen Rückstellungen dieser Verträge bedeckenden gebundenen Vermögens die Kongruenzregeln des VAG (Anlage zum VAG Teil C) sowie § 4 der AnlV zu beachten.

** Die Leistung kann auch in Form von mehreren Teilauszahlungen erbracht werden, sog. Teilauszahlungsverträge.

*** Alternativ kann auch die Übertragung der Fondsanteile in ein persönliches Depot des VN zum Ablaufzeitpunkt vereinbart sein.

c. Beginn und Dauer des Versicherungsschutzes[17]

d. Anzahl der VP:

   i. eine VP

   ii. zwei VP[18] als sog. verbundene Leben (Partnerversicherungen; Heirats- oder Ausbildungsversicherungen; Hinterbliebenenrentenversicherungen), bei denen die zu erbringende Leistung von der Abfolge der Todesfälle bestimmt wird

   iii. mehr als zwei VP (verbundene Leben auf mehr als zwei Personen)

   iv. Kollektiv-VV (keine verbundenen Leben, vgl. Rn. 42).

e. Risikobestimmende Merkmale der VP:

   i. Alter

   ii. Geschlecht

17 Ein ggf. vor dem Datum des eigentlichen Vertragsbeginns bestehender, sog. vorläufiger Versicherungsschutz geht in der LV üblicherweise nicht in die Kalkulation ein.

18 Bei mehr als einer VP ist die Definition des Leistungsfalls zu erweitern. Bei verbundenen Leben auf zwei Personen wird die Leistung i.d.R. beim ersten Tod fällig. Denkbar wäre jedoch auch, dass die Leistung erst nach dem Tod beider VP fällig wird (zweiter bzw. letzter Tod).

iii. Beruf (bei Berufsunfähigkeitsdeckungen)

iv. Raucher / Nichtraucher (Raucher-/Nichtrauchertarife)

v. Vorerkrankungen (Risikozuschläge bei Versicherungen auf den Todesfall oder bei BU- oder PR-Deckungen)

vi. Hobbys (Risikozuschläge, z.B. bei Risikosportarten wie Drachenflieger o.Ä.).

f. Art und Umfang der vereinbarten Überschussbeteiligung:

i. Verträge ohne Überschussbeteiligung

ii. Verträge mit Überschussbeteiligung.
Arten der Überschusszuteilung:

1. Bonus (Erhöhung des Leistungsanspruchs bei gleich bleibenden Beiträgen)
2. Verzinsliche Ansammlung
3. Verrechnung mit laufenden Beiträgen
4. Barauszahlung
5. Sonstige (Kombinationen aus obigen)
6. Schlussüberschüsse (bis zur Fälligkeit widerrufliche Überschusszuteilungen).

g. Regelung zur vorzeitigen Kündigung des Vertrags:

i. Verträge ohne Kündigungsmöglichkeit

Beitragsfreie Verträge im Leistungsbezug können üblicherweise nicht gekündigt werden, z.B. gibt es bei sofort beginnenden Leibrenten keine Kündigungsmöglichkeit.

ii. Verträge mit Kündigungsrecht aber ohne Rückkaufswert

Verträge gegen laufende Beiträge ohne sichere Leistung müssen keinen Rückkaufswert vorsehen (aufgeschobene Rentenversicherungen ohne Todesfallleistung, Risiko-LV). Soweit die Auszahlung einer ggf. aufgrund der gleich bleibenden Beitragszahlung aber steigendem Risiko gebildeten Alterungsrückstellung ohne die Gefahr einer Antiselektion möglich ist, sehen die Verträge allerdings oft dennoch einen Rückkaufswert vor.

iii. Verträge mit (nicht vorab garantiertem) Rückkaufswert

Es ist dem Grunde nach ein Rückkaufswert vorgesehen, die Höhe ist jedoch nicht im Voraus festgelegt, sondern bestimmt sich erst im Kündigungsfall, z.B., wenn als Rückkaufswert der Zeitwert vorgesehen ist (vgl. Rn. 152 ff.). Der Zeitwert wiederum hängt von den aktuellen Kapitalmarktverhältnissen zum Zeitpunkt der Kündigung ab. Rückkaufswerte, die sich aus der zukünftigen Beteiligung an Überschüssen oder Bewertungsreserven ergeben, sind bis zur Festlegung ebenso wenig garantiert.

iv. Verträge mit bei Abschluss garantiertem Rückkaufswert:

1. Ein Rückkaufswert ist aufgrund spezieller gesetzlicher Bestimmungen festgelegt, z.B. in Höhe des Mindestrückkaufswerts nach § 169 Abs. 3 VVG.
2. Das LVU vereinbart mit dem VN bei Vertragsbeginn für jeden Kündigungstermin einen festen Rückkaufswert. Allerdings gehen gesetzliche Mindestrückkaufswerte diesem vereinbarten Rückkaufswert vor, wenn sie für den VN günstiger sind.

2. Beitragszahlungsmodalitäten:

a. Fälligkeit der Beiträge:

i. einmalige Beitragszahlung zu Beginn des Vertrags (Einmalbeitrag)

ii. laufende Beitragszahlung:

1. Zeitraum, in dem Beiträge entrichtet werden, ist kürzer als die gesamte Dauer bis zum spätesten Fälligkeitstermin einer Leistung („abgekürzte Beitragszahlung“)
2. Beiträge sind während der ganzen Versicherungsdauer zu zahlen, soweit sie nicht nach einem Versicherungsfall als Teil der Versicherungsleistung erbracht werden („laufende Beitragszahlung“ im engeren Sinne).

b. Höhe der (laufenden) Beiträge:

i. konstanter Beitrag

ii. planmäßig steigende oder fallende Beiträge (bei Vertragsbeginn fest vereinbart)

iii. variable Beitragszahlung (an Index gebunden oder, zumindest in gewissen Grenzen, im Ermessen des VN, auch als „laufende Einmalbeiträge“ bezeichnet)

iv. dynamische Erhöhung des Beitrags (der VN hat in Ausweitung des normalen Beitragsfreistellungsrechts das Recht, einzelne Erhöhungen gesondert abzulehnen).[19]

19 In der Regel sehen die AVB (Allgemeine Versicherungsbedingungen) jedoch vor, dass bei der Ablehnung zweier aufeinander folgender Erhöhungen weitere Erhöhungen nicht mehr erfolgen.

c. Beitragszahlungsweise

Die Beiträge sind entsprechend der vereinbarten Zahlungsweise vorschüssig zu zahlen. Traditionell sind bei vielen Verträgen noch grundsätzlich als technischer Startwert Vorauszahlungen des Beitrags für das ganze Jahr (Jahresbeitrag) vorgesehen, doch können bei Vertragsabschluss auch Beiträge vereinbart werden, die zeitnäher an der Erbringung des Versicherungsschutzes im Jahresverlauf liegen, traditionell als „unterjährige Ratenzahlung" bezeichnet. Aufgrund der formalen Gestaltung als Jahresbeitrag ist die Versicherungsperiode das Jahr. Der Unterschied zwischen dem vereinbarten unterjährigen Beitrag und dem intern kalkulierten Jahresbeitrag wird traditionell als Ratenzuschlag bezeichnet. Teilweise wird dieser Teil der internen Kalkulation des Versicherers gegenüber dem VN offen gelegt. Durch die Verkürzung der Vorauszahlungsdauer der Beiträge reduziert sich der Abzinsungseffekt der Beiträge und der unterjährige Beitrag ist entsprechend höher; zudem werden für die zusätzlichen Zahlungsvorgänge weitere Verwaltungskosten in die unterjährigen Beiträge eingerechnet. Beide Bestandteile sind in den sog. Ratenzuschlägen enthalten. Bei anderen Verträgen wird tatsächlich ein echter unterjähriger Beitrag erhoben und die Zahlweise bestimmt dann die Versicherungsperiode, für die jeweils ein Beitrag gezahlt wird. Allerdings werden traditionell auch solche Verträge technisch als Verträge mit Jahresbeitrag verwaltet und die vertraglich vereinbarten, unterjährigen Beiträge intern bei Abschluss des Vertrags aus diesem Jahresbeitrag unter Ansatz eines Zuschlags bestimmt. Diese interne Vorgehensweise hat Folgen für die Bestimmung der DR zum Bilanzstichtag, die durch Interpolation des mit dem Jahresbeitrag bestimmten Werts erfolgt und bewirkt dabei die Notwendigkeit von Beitragsüberträgen zusätzlich zur DR, soweit nicht die Versicherungsperiode zum Bilanzstichtag endet. In der Praxis kommen neben der jährlichen auch halbjährliche, vierteljährliche und monatliche Zahlungsweisen vor.[20]

d. Beitragsfreie Versicherungen:

i. planmäßig beitragsfrei gestellt (Einmalbeitragsversicherungen oder Versicherungen mit abgekürzter Beitragszahlung in der beitragsfreien Zeit)

ii. Bonusversicherungen (vgl. Rn. 171)

iii. vorzeitig beitragsfrei gestellt (durch Umwandlung aufgrund von §§ 165 oder 166 VVG (vgl. Rn. 11 ff.) vorzeitig beitragsfrei gestellte Verträge)

iv. Rentenversicherungen im Rentenbezug

20 Typische Ratenzuschläge sind z.B. 5 % bei monatlicher, 3 % bei vierteljährlicher und 2 % bei halbjährlicher Zahlungsweise.

v. beitragsfrei aufgrund eines Leistungsfalls (z.B. Übernahme der Beiträge zur Hauptversicherung aufgrund von Berufsunfähigkeit oder Pflegebedürftigkeit).

2. Der Lebensversicherungsbestand

a) Definition, Abgrenzung

38 Der Begriff „Bestand“ wird in der Praxis in unterschiedlicher Art und Weise gebraucht. Im Weiteren soll zwischen den folgenden drei „Beständen“ unterschieden werden:

1. Der Bilanzbestand: Die Gesamtheit aller zum Bilanzstichtag in Kraft befindlichen Verträge mit dem am Stichtag maßgeblichen Vertragsstand. Der Bilanzbestand ist maßgeblich für die Ermittlung der versicherungstechnischen Rückstellungen.
2. Der statistische Bestand: Der Bestand (gemessen an den statistischen Größen Anzahl, VS und statistischer Beitrag für ein Jahr), der sich als Endbestand aus Muster 3 ergibt (vgl. Abschn. c).
3. Der EDV-technische Bestand (vereinfachend): Die Menge aller Datensätze, die im EDV-System des LVU geführt werden. Wichtig ist, dass alle Datensätze Einträge enthalten, aus denen hervorgeht, für welchen Zeitraum der Datensatz den gültigen Vertragsstand wiedergibt. Hierdurch wird, ggf. zusammen mit der Akte, die vertragsrechtliche Beziehung durch Dokumentation aller Ereignisse und sich ergebender Vertragsstände dargestellt.[21]

Der EDV-technische Bestand wird meist als Grundlage für die versicherungstechnischen Posten des JA sowie für die Angaben in den Nw. nach BerVersV verwendet.

---

21 Obige Definitionen gehen implizit davon aus, dass ausschließlich direktes, d.h. selbst abgeschlossenes Versicherungsgeschäft betrachtet wird. (Das von einem LVU übernommene VG wird im Abschn. zur Rückversicherung behandelt). Ferner umfasst die Definition von Bilanz- und statistischem Bestand auch die sog. Mitversicherung (Konsortialgeschäft). Bei der Mitversicherung beteiligen sich mehrere LVU entsprechend einer festen Quote an einem LVV. Üblicherweise handelt es sich dabei um einen Gruppenversicherungsvertrag. Jedes LVU haftet mit seiner Quote an der Gesamtversicherungssumme und bilanziert seine Ansprüche und Verpflichtungen aus dem Vertrag entsprechend seiner Quote. In der Regel werden die Verträge nur beim federführenden LVU im EDV-Bestand geführt, sind also bei den anderen Mitversicherern nicht im EDV-Bestand enthalten. Die Mitversicherer nehmen die Bilanzierung auf Basis der Angaben des Federführers vor.

Der Bilanzbestand wird aus dem EDV-Bestand ermittelt, indem nur die Datensätze selektiert werden, die einen am Bilanzstichtag gültigen Vertragsstand darstellen. Dies setzt voraus, dass für jeden Datensatz in eindeutiger Art und Weise nachvollzogen werden kann, ob er den zum Stichtag relevanten, einen nicht mehr gültigen (historischen) oder einen noch nicht gültigen (zukünftig erst wirksam werdenden) Stand wiedergibt.

Der statistische Bestand unterscheidet sich vom Bilanzbestand dadurch, dass er nur Verträge enthält, deren technisches Beginndatum (also Fälligkeit des Einlösungsbeitrags und damit zumeist auch formaler Beginn des Versicherungsschutzes, soweit der Vertrag einen solchen vorsieht und kein vorläufiger Versicherungsschutz besteht[22]) vor dem Bilanzstichtag liegt. Notwendige Voraussetzung dafür, dass ein Vertrag in der Statistik als Zugang erfasst wird, ist die Fälligkeit des Einlösungsbetrags. Bilanziell relevant sind hingegen „in Kraft befindliche" LVV, d.h. LVV, die vor dem Bilanzstichtag wirksam geschlossen wurden und zum Bilanzstichtag noch Bestand haben. Der Vertragsabschluss kommt meist durch Annahmeerklärung des LVU zustande, die durch die Aushändigung des Versicherungsscheines erfolgt. Daher wird in der Praxis vereinfachend das Datum des Drucks des Versicherungsscheins als Datum für den Vertragsabschluss angesehen. Somit sind also Verträge, die vor dem Bilanzstichtag ausgefertigt wurden, aber einen technischen Versicherungsbeginn im Folgejahr haben, im Bilanzbestand enthalten, aber nicht im statistischen Bestand.

In der Praxis werden Bilanzbestand und statistischer Bestand i.d.R. gleichgesetzt. Dies ist zulässig, weil die Rückstellungen für in Kraft befindliche Verträge, die das Datum des Versicherungsbeginns noch nicht erreicht haben, i.d.R. Null betragen. In diesem Fall kann man sich dadurch ggf. aufwendige Berechnungen sparen. Es gibt jedoch Ausnahmefälle, in denen dies nicht der Fall ist. Zum Beispiel dann, wenn bei Vertragsabschluss feststeht, dass die Bewertung der DR mit vorsichtigeren Rechnungsgrundlagen zu erfolgen hat, als die Kalkulation der Beiträge

22 Der (technische) Beginn (= Zeitpunkt, zu dem lt. LVV der Einlösungsbeitrag fällig wird und der ggf. mit diesem Beitrag erworbene Versicherungsschutz beginnt) kann sowohl vor als auch nach dem rechtlichen Vertragsschluss liegen. Dies ist historisch damit begründet, dass die interne Berechnung des Beitrags durch das LVU für den Vertragsabschluss auf diesen Termin abstellt. Für einen vorläufigen Versicherungsschutz wird – außer bei Eintritt des Versicherungsfalls – kein gesonderter Beitrag erhoben und für einen nach dem technischen Beginn liegenden Vertragsschluss und damit erst später beginnenden Versicherungsschutz wird kein Beitrag erstattet. Weder zum Bilanz- noch zum statistischen Bestand gehören die LVV, die erst im Folgejahr mit einem technischen Beginn im Geschäftsjahr abgeschlossen wurden, da das LVU zum Bilanzstichtag noch keine Verpflichtung übernommen hatte.

(vgl. Rn. 95) oder i.R.d. vorläufigen Versicherungsschutzes ein Versicherungsfall aufgetreten ist.

Weder zum Bilanz- noch zum statistischen Bestand gehören die LVV, bei denen die letzte Leistungspflicht aufgrund eines Versicherungsfalls vor dem Stichtag lag oder deren Vertragsdauer planmäßig im Geschäftsjahr (GJ) abgelaufen ist oder die durch den VN (mit oder ohne Zahlung eines Rückkaufswerts) mit Wirkung im GJ gekündigt wurden. Dies gilt unabhängig davon, ob eine fällige Versicherungsleistung bereits vor dem Stichtag ausgezahlt wurde. Nicht beendet wird das Versicherungsverhältnis durch Beitragsfreistellung bzw. Zahlung einer Rente aufgrund eines Versicherungsfalles. Demzufolge gehören beitragsfrei gestellte Verträge bzw. Verträge mit laufender Rentenzahlung weiterhin sowohl zum Bilanz- als auch statistischen Bestand.

Nicht zum Bestand gehören ferner LVV, für die der Einlösungsbeitrag drei Monate rückständig geblieben und nicht gerichtlich geltend gemacht worden ist (§ 37 Abs. 1 VVG). Lebensversicherungsverträge, für die der rückständige Folgebeitrag qualifiziert gemahnt wurde, treten zwei Wochen nach dem Zugang der Mahnung beim VN außer Kraft (§ 38 VVG), falls eine Beitragsfreistellung gem. § 166 VVG nicht möglich war. Verträge, die gemahnt wurden und bei denen die Mahnfrist abgelaufen ist, gehören damit ebenfalls nicht zum Bestand. Ein LVV tritt jedoch rückwirkend wieder in Kraft, wenn der VN innerhalb eines Monats nach Ablauf der zwei Wochen die Zahlung nachholt.

Ist eine Differenzierung nicht notwendig, so wird im Folgenden der Einfachheit halber der Begriff „Bestand“ verwendet.

b) Segmentierungen des Bestands

39 Folgende Rechnungslegungs- und Berichtsvorschriften verlangen eine Aufgliederung des Bestands in:

- V-Sparten (entsprechend der Anlage zum VAG)[23]
- Versicherungszweige und -arten (Anlage 1 Abschn. C BerVersV)
- Bestandsgruppen (Anlage 1 Abschn. D BerVersV)
- Risikoarten (Anlage 1 Abschn. E BerVersV)
- Alt- und Neubestand (§ 11c VAG)

23 Vgl. auch Rn. 1.

- Einzel- und Kollektivversicherungen (RechVersV, Muster 3)
- beitragspflichtige und beitragsfreie[24] Verträge (RechVersV, Muster 3)
- Haupt- und Zusatzversicherungen[25] (RechVersV, Muster 3)
- Verträge mit bzw. ohne Überschussbeteiligung (RechVersV)
- Verträge, bei denen die Kapitalanlage auf Rechnung und Risiko des VN[26] bzw. des LVU erfolgt (VAG, RechVersV).

Weitere (interne) Gliederungsmerkmale, die in der Praxis für Bewertungsvorgänge Bedeutung haben, sind:

- Tarifgruppen[27]
- Tarifgenerationen[28]
- Generationen der Allgemeinen Versicherungsbedingungen (AVB)[29]
- Vertragsbeginn (Vertragsgenerationen).

---

24 Die beitragsfreien Versicherungen umfassen die Einmalbeitragsversicherungen, Versicherungen mit abgekürzter Beitragszahlung nach Ablauf der Beitragszahlung, Versicherungen, die vorzeitig beitragsfrei gestellt wurden (vom VN oder vom VU), Bonusversicherungen und Rentenversicherungen im Rentenbezug. Die verschiedenen Ursachen für die Beitragsfreiheit können u.U. zu unterschiedlich hohen versicherungstechnischen Rückstellungen führen.

25 Die wichtigsten Zusatzversicherungen sind:
– Unfallzusatzversicherungen (nur als Zusatzversicherung möglich)
– Berufsunfähigkeitszusatz- bzw. Invaliditätszusatzversicherungen (BUZ)
– Pflegerentenzusatzversicherungen
– Todesfallzusatzversicherungen (Leistung einer Summe oder einer Rente).

26 Zu den Lebensversicherungen, bei denen der VN das Kapitalanlagerisiko trägt, zählen die fondsgebundene Lebens- und Rentenversicherung sowie die aktienindexgebundene LV.

27 Eine Einteilung nach Tarifgruppen, also nach Verträgen, die mit einheitlichen Produktmerkmalen abgeschlossen wurden, ist üblich. Besondere Tarifgruppen bilden (aufgrund der besonderen gesetzlichen Rahmenbedingungen) die Vermögensbildungsversicherungen und die Verträge nach dem AVmG und die Basisrenten. Die Tarife für das Gruppenversicherungsgeschäft bilden i.d.R. ebenso eine separate Tarifgruppe (Gruppensondertarife).

28 Innerhalb einer Tarifgruppe oder -art wird nach Tarifgenerationen unterschieden, z.B. wenn die Rechnungsgrundlagen und/oder Versicherungsbedingungen geändert werden.

29 Mit AVB bezeichnen die LVU traditionell Zusammenfassungen bestimmter AGB am Ende des Vertragsdokuments, die üblicherweise als Druckstücke gesondert verfügbar sind und daher einer Generationenfolge unterliegen. Dieser Begriff entspricht nicht dem in der rechtlichen Literatur üblichen Begriff der AVB, der synonym für die (Gesamtheit der) AGB eines VV verwendet wird. Historisch wird der Begriff AVB im Aufsichtsrecht nur für diejenigen AGB verwendet, die genehmigungspflichtig waren bzw. im Altbestand noch genehmigungspflichtig sind.

c) Berichterstattung über die Zusammensetzung des Bestands zum Stichtag und die Veränderungen des Bestands im Geschäftsjahr (Muster 3 im Lagebericht)

40 Der statistische Bestand und die Entwicklung des selbst abgeschlossenen VG sind von LVU gem. § 57 Abs. 4 Nr. 1 RechVersV nach Muster 3 aufzugliedern. Dabei wird der Bestand eingeteilt in Einzel- und Kollektivversicherungen, wobei die Einzelversicherungen wiederum nach Kapital-, Risiko-, Renten- und sonstigen LV aufgeteilt werden. Die Angaben für den Bestand erfolgen für Anzahl, VS und den statistischen Jahresbeitrag. Es ist außerdem der Anteil der beitragsfreien Versicherungen anzugeben. Die Bestandsveränderungen werden in Zu- und Abgänge gegliedert. Die Zugänge umfassen das im GJ gezeichnete Neugeschäft, die Erhöhungen der VS aufgrund von zugeteilten Überschussanteilen sowie den sonstigen Zugang. Bei den Abgängen wird differenziert nach Abgängen durch Versicherungsfälle, Abläufe, Rückkäufe und Beitragsfreistellungen, sonstige vorzeitige Abgänge und übrigem Abgang.

Die statistischen Angaben zum Neuzugang sowie die aus Rückkäufen und sonstigen vorzeitigen Abgängen ermittelte Stornoquote stellen wichtige Kennzahlen zur Beurteilung des Geschäftsverlaufes bei einem LVU dar.

Eine weitere statistische Größe (jedoch nicht Bestandteil von Muster 3) ist die BS des Neuzugangs. Die BS eines einzelnen VV ist die Summe der gesamten während der vereinbarten Beitragszahlungsdauer vom VN zu zahlenden Beiträge. Die BS des Neuzugangs bildet die Bezugsgröße für die Abschlusskostenquote, einer in der LV zentralen Kennzahl.

(Exkurs: Kennzahlen in der LV)

Eine ganze Reihe der in der LV verwendeten Kennzahlen beruhen auf statistischen Angaben bzw. der Kombination von statistischen Angaben mit Angaben aus Bilanz oder Gewinn- und Verlustrechnung (GuV). Der Gesamtverband der Deutschen Versicherungswirtschaft e.V. (GDV) hat einen Katalog von Kennzahlen vorgeschlagen, die die LVU verwenden können. Die benötigten Grunddaten werden jährlich vom GDV erhoben und ausgewertet. Die daraus ermittelten Branchenzahlen werden den Mitgliedsunternehmen zur Verfügung gestellt. Durch einen Vergleich mit den Branchenkennzahlen können, z.B. i.R.d. Prüfungsplanung, kritische Bereiche identifiziert werden. Offensichtliche Unterschiede zum Branchendurchschnitt sind erklärungsbedürftig. Einzelne Kennzahlen sind oft nur schwer interpretierbar. Daher sollten die Kennzahlen nur im Gesamtzusammenhang mit dem gesamten Kennzahlensystem betrachtet werden.

Gemäß § 51 Abs. 4 Nr. 2 RechVersV müssen LVU die gebuchten Bruttobeträge aufgeteilt nach Einzel- und Kollektivversicherungen sowie nach laufenden Beiträgen und Einmalbeiträgen im Anhang angeben. Eine Übereinstimmung der Definition der Kollektivversicherungen für Muster 3 und für die GuV (Fn. 11 zu Muster 3) und der Angabe zu den Einmalbeiträgen lt. Muster 3 und lt. GuV ist für die Aussagekraft wesentlich (Fn. 5 zu Muster 3). 41

(Definition und Abgrenzung der Kollektivversicherungen) 42

Der Begriff der Kollektivversicherung ist 1994 i.R.d. Deregulierung durch das Dritte Durchführungsgesetz/EWG zum VAG durch die RechVersV eingeführt worden. Die bis dahin verwendete Einteilung in „Einzelversicherungen" und „Gruppenversicherungen nach Sondertarifen" war hinfällig geworden, da es keine staatliche Genehmigungspflicht für Tarife mehr gab und die Unterscheidung damit nicht mehr an einem objektivierten Tarif festgemacht werden konnte. Die RechVersV führte daher den auf den faktischen Verhältnissen der Vertragsbeziehung beruhenden Begriff der Kollektivversicherung ein, ohne selbst jedoch eine Legaldefinition des Begriffs zu geben. Das damalige Bundesaufsichtsamt für das Versicherungswesen (BAV) hat diese Lücke in Abschn. 1 seines Rundschreibens R 3/94[30] gefüllt und sein Verständnis von einer Kollektivversicherung wie folgt zusammengefasst: „Eine Kollektivversicherung ist dadurch gekennzeichnet, dass in ihrem Rahmen für Personen aus einem fest umschriebenen Personenkreis, der bestimmte gemeinsame Merkmale aufweist, Versicherungsverhältnisse abgeschlossen und geführt werden. Eine Kollektivversicherung wird durch einen Kollektiv(rahmen)vertrag zwischen dem VU und einem Vertragspartner vereinbart und geregelt." Für eine Kollektivversicherung gem. dieser Definition ist es also insb. unbeachtlich, ob die Beitragsberechnung für die einzelnen Versicherungsverhältnisse (i.R.d. Kollektivversicherung) entsprechend der sonstigen Einzelversicherung erfolgt oder besondere Rabatte oder besondere technische Berechnungsgrundlagen verwendet werden. Für abweichende Beiträge ist wegen des Gleichbehandlungsgrundsatzes in § 11 Abs. 2 VAG eine besondere Begründung erforderlich.

Typische Beispiele für Personenkreise eines Kollektivvertrags sind z.B. die Arbeitnehmer eines Unternehmens (meist im Zusammenhang mit der betrieblichen Altersversorgung), Mitglieder eines Vereins, Kreditnehmer eines Kreditinstituts (Kredit-LV) oder Bausparer bei einer Bausparversicherung (Bausparrisikoversicherung).

30 Vgl. VerBAV 1/1995.

In seiner Anordnung hinsichtlich der Behandlung der „Sammelversicherungen" in der externen und internen Rechnungslegung"[31] stellte das BAV klar, dass es sich bei den sog. Sammelversicherungen, also LVV, bei denen es durch die Kostenvorteile eines gemeinsamen Inkassos vieler Verträge zu einer Gewährung von Beitragsrabatten gegenüber dem ansonsten, auch bei Ausscheiden aus dem gemeinsamen Inkasso anzusetzenden Beitrag kommt, ebenfalls um Kollektivversicherungen handelt. Da diese nach der alten Definition unter den Einzelversicherungen auszuweisen waren, lässt die Anordnung unter gewissen Voraussetzungen einen Ausweis der Sammelversicherungen als Einzelversicherungen weiterhin zu. Insbesondere ist der Nachweis zu führen, dass es zu keiner Quersubventionierung der Sammelversicherungen durch die Einzelversicherungen hinsichtlich des Kostenergebnisses kommt. In der Praxis bedeutet dies, dass i.R.d. Gewinnzerlegung eine weitere, nicht durch die Formblätter vorgegebene, Gliederungsebene einzuführen ist.

3. Die Prüfung des Lebensversicherungsbestands

43 Die IT-gestützte Verwaltung des EDV-Bestands erfolgt mit Hilfe von komplexen Bestandsführungssystemen, die sich i.d.R. aus einer Vielzahl von IT-Teil- bzw. Subsystemen zusammensetzen, von denen viele zur Verarbeitung rechnungslegungsrelevanter Daten verwendet werden. So umfasst jedes IT-gestützte Bestandsführungssystem außer dem eigentlichen Kernbereich, der Vertragsdatenbank insb.

- eine Adressen- bzw. Vertragspartner-Datenbank (hier sind die benötigten Daten aller an einem VV beteiligten Personen abgelegt: VN, VP, Bezugsberechtigter, Zessionar, Vertreter, etc.),
- ein Policierungs(sub-)system (zur Einarbeitung neuer Verträge in den vorhandenen Bestand),
- ein Provisions(sub-)system (zur Ermittlung und ggf. Auszahlung der anfallenden Provisionen),

In seiner Gesamtheit stellt ein Bestandsführungssystem also ein sehr komplexes IT-System mit vielfältigen Schnittstellen zu anderen IT-Systemen des LVU dar. Diese Ausführungen machen deutlich, dass zur Beurteilung der Ordnungsmäßigkeit der Buchführung bei einem LVU eine IT-Systemprüfung erforderlich ist.

44 Die bei LVU eingesetzten, z.T. sehr komplexen EDV-Systeme erfordern seitens des Abschlussprüfers eine intensive Beschäftigung mit diesen Systemen, einschl.

31 Vgl. VerBAV 12/1996.

des Internen Kontrollsystems (IKS). Bezüglich der Methoden der IT-Systemprüfung sei an dieser Stelle auf den *IDW PS 330*[32] sowie andere einschlägige Stellungnahmen verwiesen.[33]

Teil dieses Kontrollsystems sind z.B. die bei IT-gestützten Bestandsführungssystemen i.d.R. vorhandenen umfangreichen programminternen Plausibilitätsabfragen, die die Eingabe von unsinnigen oder unplausiblen Daten verhindern (vgl. Rn. 47). Dabei ist das eigentliche Bestandsführungssystem, das die Grunddaten verwaltet, von den i.A. nachgelagerten „Bilanzprogrammen", die für die Ermittlung der einzelvertraglichen Werte bzw. zur Aggregation der Einzelwerte verwendet werden, zu unterscheiden. Voraussetzung für eine ordnungsgemäße und sichere Funktionsweise des IT-gestützten Bestandsführungssystems ist eine angemessene Organisation der System- und Softwareentwicklung bzw. der Vorgehensweise bei der Auswahl von Standardsoftware. Ebenso sind Regelungen zur Änderung bzw. Erweiterung der i.R.d. Bestandsführungssystems eingesetzten Programme erforderlich. Hierzu muss der Abschlussprüfer die Regelungen und Verfahren auf Angemessenheit beurteilen, die das Unternehmen

- zur Entwicklung von Individualsoftware,
- zur Auswahl, Beschaffung, Anpassung und Einführung von Standardsoftware,
- für Test- und Freigabeverfahren und
- zur Änderung von IT-Anwendungen (Change-Management) definiert hat.[34]

Die Notwendigkeit einer eingehenden Prüfung des Bestandsführungssystems 45
liegt auf der Hand, da alle wesentlichen versicherungstechnischen Posten auf der Grundlage des Bestandsführungssystems ermittelt werden. Durch das Bestandsführungssystem wird der tatsächliche rechtliche Stand der LVV dokumentiert und nur, wenn dies korrekt geschieht, ist eine den tatsächlichen rechtlichen Verhältnissen entsprechende Darstellung möglich. Die richtige Fortschreibung des Bestands während des GJ und die ordnungsgemäße Abgrenzung zum Bilanzstichtag sind somit von besonderer Bedeutung.

32 Vgl. *IDW Prüfungsstandard: Abschlussprüfung bei Einsatz von Informationstechnologie (IDW PS 330)* (Stand: 24.09.2002).

33 Vgl. z.B. *IDW Prüfungsstandard: Projektbegleitende Prüfung bei Einsatz von Informationstechnologie (IDW PS 850)* (Stand: 02.09.2008); Grundsätze ordnungsmäßiger DV-gestützter Duchführungssysteme (GoBS), in: BStBl. 1995 I, Nr. 18, S. 738 ff.; *Zepf*, Grundsätze ordnungsmäßiger DV-gestützter Buchführungssysteme (GoBS), Erläuterungen der GoBS für die Praxis, DStR 32/96, S. 1259 ff.

34 Vgl. hierzu *IDW PS 330*, Tz. 76 ff.

46 Bei der Fortschreibung ist im Wesentlichen zu unterscheiden, ob es sich um die Hereinnahme eines neuen VV handelt, ob sich bei einem bestehenden Vertrag lediglich einzelne Vertragsdaten geändert haben (technische Änderung) oder ob der Vertrag vollständig aus dem Bestand ausgeschieden ist (Abgang). In der Praxis werden diese Bestandsveränderungen i.d.R. durch bzw. mit Hilfe von unterschiedlichen Subsystemen des Bestandsführungssystems durchgeführt. Die traditionellen LVV kennen einen standardmäßigen Vertragsverlauf, der von dem Bestandsführungssystem programmgestützt abgebildet wird. Nur von diesem standardmäßigen Verlauf abweichende Bestandsveränderungen – bspw., weil der VN von Gestaltungsrechten Gebrauch macht – bedürfen eines Eingriffs. Bei Produkten gegen laufenden Einmalbeitrag oder fondsgebundenen Verträgen ist der Vertragsverlauf nicht standardmäßig, sodass hier Bestandsführungssysteme, die einen standardmäßigen Verlauf unterstellen, nicht sinnvoll sind. Hier kommen bspw. Systeme zum Einsatz, die eine Abbildung in Form von Konten vorsehen.

47 Die Qualität der durch die Sachbearbeiter der LVU in das Bestandssystem i.R.d. erstmaligen Erfassung oder bei einer technischen Änderung eingegebenen Daten bestimmt maßgeblich die Korrektheit der nachgelagerten Berechnungen. Die Korrektheit der Eingabe kann durch konsequente Einhaltung des Vier-Augen-Prinzips und/oder durch programmierte Eingabe- und Plausibilitätskontrollen sichergestellt werden. Durch die große Anzahl von Abhängigkeiten und Interdependenzen zwischen den Daten und der dadurch bestehenden Möglichkeit zur Plausibilisierung von Eingabewerten ist im Prinzip eine sehr große Vielfalt automatisierte Fehler verhindernder Kontrollen bei LVU möglich. Ein Beispiel für eine äußerst wirksame Kontrolle ist die Folgende: Der Sachbearbeiter gibt zusätzlich zu den versicherungstechnischen Grunddaten auch den Versicherungsbeitrag ein, der auf dem Antrag dokumentiert ist. Vom Erfassungsprogramm wird dann aus den eingegebenen Grunddaten der Versicherungsbeitrag neu errechnet und mit dem eingegebenen Wert verglichen. Stimmen beide überein, so besteht eine sehr hohe Wahrscheinlichkeit, dass die Grunddaten wie Geschlecht und Alter der VP, Versicherungsdauer, Beitragszahlungsdauer, versicherte Leistung, Beitragszahlungsweise, etc. richtig eingegeben wurden, da sich alle diese Größen i.d.R. auf die Höhe des Beitrags auswirken. Im Rahmen der IT-Systemprüfung des Bestandsführungssystems kommt der Prüfung der programmierten Verarbeitungsregeln und der im Zusammenhang stehenden, automatisierten Plausibilitätskontrollen eine besondere Bedeutung zu. Der ausreichende Umfang, die Qualität und die konsequente Anwendung der Kontrollen, ohne eine Möglichkeit der Umgehung oder Ausschaltung, sind für die Vollständigkeit und Richtigkeit des EDV-Bestands wesentlich und daher Gegenstand einer umfassenden Prüfung.

Bei vielen in der Praxis eingesetzten Verwaltungssystemen muss zur Ermittlung des Bilanzbestands eine Selektion der relevanten Datensätze vorgenommen werden. Die zugrunde liegende Datenbank enthält nämlich, außer den aktuell gültigen Datensätzen, auch historische, d.h. alte, nicht mehr in Kraft befindliche Vertragsstände. Diese werden weiterhin geführt, um den oft Jahrzehnte umfassenden Vertragsverlauf rechtssicher dokumentieren zu können und damit die Rechtsposition des LVU zu sichern, aber auch aufgrund der einzuhaltenden Aufbewahrungsfristen und zu Auskunftszwecken. Für die Ermittlung der aktuellen Bilanzwerte sind sie jedoch nicht maßgeblich. Deshalb ist die Herleitung des Bilanzbestands aus der zugrunde liegenden Datenbank auf Vollständigkeit und Richtigkeit zu prüfen. Dabei sollte auch die Angemessenheit der Vorgehensweise bei der Ermittlung des Bilanzbestands beurteilt werden. 48

Neuzugänge, technische Änderungen und Abgänge werden i.A. nach sog. Zu- und Abgangsarten zusammengefasst. Die Erfassung der Bestandsveränderungen unter der richtigen Zu- oder Abgangsart ist wichtig, weil sich daraus die statistische Bestandsfortschreibung und der statistische Jahresendbestand ergeben. Die Prüfung der für den JA bedeutsamen Daten der Zu- und Abgänge erfolgt anhand der Vertragsunterlagen (Versicherungsanträge, Policen, Korrespondenz, Leistungsabgrenzungen usw.), die letztlich die rechtliche Situation bestimmen. Dies muss nicht zwangsläufig ausschließlich durch Einzelfallprüfungen erfolgen. Häufig werden wirkungsvolle Plausibilitätskontrollen hinsichtlich der verwendeten Zu- bzw. Abgangsarten eingesetzt, sodass sich der Abschlussprüfer auf diese stützen kann (vgl. Rn. 47). Der Bestand zum Ende des VJ zusammen mit den Änderungen während des GJ muss den (per Inventur ermittelten) Bestand zum Ende des GJ ergeben. Dies wirklich zu erreichen, mag einfach erscheinen, ist es aber aufgrund der zahlreichen komplexen Vertragsänderungen sowie der möglichen Kombinationen und Abfolgen im GJ keineswegs. 49

Da die Bestandsbewegungen entsprechend Muster 3 nach verschiedenen Teilbeständen aufzugliedern sind (vgl. Rn. 41), ist auch die korrekte Zuordnung der einzelnen Verträge zum jeweiligen Teilbestand zu prüfen. Hinsichtlich der Unterteilung in Einzel- und Kollektivversicherungen vgl. Rn. 42. 50

Besondere Aufmerksamkeit verlangen die Zu- und Abgänge zum Jahresende und Jahresbeginn. Es ist festzustellen, ob der Bestand nach den in Rn. 39 dargestellten Merkmalen korrekt abgegrenzt ist. Nach dem Bilanzstichtag abgeschlossene VV mit einem technischen Versicherungsbeginn im alten GJ sind regelmäßig als Zugang des neuen Jahres zu behandeln. Oftmals werden Verträge bei bestimmten technischen Änderungen bis zur endgültigen Bearbeitung auf sog. Schwebedatei- 51 en gespeichert. Die Behandlung solcher „geparkten“ Verträge im JA ist ebenfalls kritisch zu würdigen. Von besonderer Bedeutung ist die Abgrenzung zwischen GJ, wenn zum Jahresende grundlegende Änderungen, wie bspw. die des Höchstzinssatzes nach § 2 DeckRV, erfolgen. Die Abgrenzung kann dann dauerhafte Folgen für die Bilanzierung des LVV für die ganze Laufzeit haben.

52 Teilweise erfolgt die tatsächliche Ermittlung des Bilanzbestands nicht direkt zum Stichtag, sondern einige Tage vorher.[35] In diesen Fällen darf aus Gründen der Bilanzstetigkeit dieser Termin nicht willkürlich variiert[36] und nicht zu weit vor dem Stichtag festgesetzt werden[37].

53 Der größte Teil der während eines Jahres durchgeführten, versicherungstechnischen Vertragsänderungen wird i.d.R. auf einige wenige Fälle entfallen. Zu den häufigsten Änderungen gehören:

- Dynamikanpassungen
- Beitragsfreistellungen
- Kündigungen (durch VN oder LVU)
- Außerplanmäßige Änderung einer oder mehrerer der leistungs- bzw. beitragsbestimmenden Größen (Versicherungsdauer, Beitragszahlweise, etc.).

Diese Änderungen werden i.d.R. programmgestützt durchgeführt. Insofern ist die Prüfung der Korrektheit dieser Programme ein Teil der IT-Systemprüfung.

III. Grundsätzliches über die Begriffsmerkmale, die Ermittlung und die Prüfung der versicherungstechnischen Posten

1. Die Begriffsmerkmale und die Ermittlung der versicherungstechnischen Posten und ihre gegenseitige Abhängigkeit

54 Die aufgrund des Bestands zu ermittelnden Posten umfassen neben den versicherungstechnischen Rückstellungen auch die Forderungen an VN aus noch nicht fälligen Ansprüchen (sog. „Zillmerforderungen“), die unter den Verbindlichkeiten

35 Dies ist insb. dann oft der Fall, wenn der JA unter „Fast-Close“-Bedingungen erfolgt.

36 Stetigkeit muss z.B. nicht bedeuten, dass der Bilanzbestand immer zu einem festen Datum, wie dem 28.12., ermittelt wird, sondern das Ermittlungsdatum kann auch durch eine Vorgabe, wie z.B. „zwei Arbeitstage vor dem Stichtag“, definiert werden.

37 Welcher Zeitraum hier akzeptabel ist, ist im Einzelfall zu beurteilen.

gegenüber VN ausgewiesenen, „verzinslich angesammelten Überschussanteile" sowie die versicherungstechnischen bzw. mit den genannten Bilanzposten korrespondierenden Posten der GuV. Der Begriff „versicherungstechnisch" verdeutlicht hierbei den unmittelbaren Zusammenhang dieser Posten mit der Leistungserstellung von VU,[38] also der Deckung eines versicherungstechnischen Risikos. Auch entsprechende Sachverhalte bei von LVU angebotenen Verträgen, die kein versicherungstechnisches Risiko beinhalten, werden dennoch hier ausgewiesen (vgl. Rn. 3).

Die Spezialvorschriften des HGB für VU fassen unter den bilanzrechtlichen Begriff einer Rückstellung i.R.d. versicherungstechnischen Rückstellungen auch die Beitragsüberträge, die nach ihrer Berechnungsmethodik eher als passive Rechnungsabgrenzungsposten einzuordnen wären. Dennoch erfüllen sie die Funktion einer versicherungstechnischen Rückstellung, da, würden sie in der LV nicht gebildet, nach § 341f HGB eine versicherungstechnische Rückstellung in etwa der gleichen Höhe gebildet werden müsste. Die besondere Berechnungsmethodik dient nur der Vereinfachung der versicherungsmathematischen Berechnungen für die DR. Damit können die versicherungsmathematischen Berechnungen unabhängig vom Bilanzstichtag ausschließlich auf der Basis des Jahrestages des LVV und ohne Berücksichtigung der Beitragszahlungsweise durchgeführt werden; die Korrekturen erfolgen dann durch einfache Interpolation der DR und der Beiträge ohne versicherungsmathematische Berechnungen. 55

Da im Schadenbearbeitungsprozess der Augenblick, in dem aus einer Rückstellung eine Verbindlichkeit wird, nicht abgrenzbar ist, werden in der Schadenrückstellung auch noch nicht abgewickelte, wenn auch schon nach dem Stand der Schadenbearbeitung sichere Leistungsverpflichtungen ausgewiesen.

Lebensversicherungsunternehmen haben ihre Bilanz und GuV den speziellen Gliederungsvorschriften der RechVersV entsprechend aufzustellen. Die versicherungstechnischen Posten sind netto, d.h. nach Abzug der auf die Rückversicherer entfallenden Beträge, anzugeben. Die Anteile der Rückversicherer werden dabei i.d.R. offen in einer Vorspalte von den Bruttowerten abgesetzt. 56

Gemäß §§ 25 und 32 RechVersV (vgl. auch FB 1 RechVersV) werden die versicherungstechnischen Rückstellungen unterteilt in „Versicherungstechnische Rückstellungen" (Posten Passiva E) (für Verträge, bei denen das Kapitalanlagerisiko beim LVU liegt) und „Versicherungstechnische Rückstellungen im Bereich der LV, soweit das Kapitalanlagerisiko von den VN getragen wird" (Posten Passiva F). 57

38 Vgl. *Rockel/Helten/Loy/Ott*, Versicherungsbilanzen, 2. Aufl., Stuttgart 2007, S. 165.

Der Posten Passiva F korrespondiert i.d.R. mit dem Posten Aktiva E. „Kapitalanlagen, bei denen das Kapitalanlagerisiko von den VN getragen wird".[39]

58 Die weitere Untergliederung von Passiva E und F gem. FB 1 der RechVersV ist wie folgt vorgesehen:

Passiva E:

- E.I. Beitragsüberträge (BÜ)
- E.II. DR
- E.III. Rückstellung für noch nicht abgewickelte Versicherungsfälle (SchR)
- E.IV. Rückstellung für erfolgsabhängige und erfolgsunabhängige Beitragsrückerstattung (RfB)
- E.V. Sonstige versicherungstechnische Rückstellungen.

Passiva F:

- F.1 DR
- F.2 Übrige versicherungstechnische Rückstellungen.

59 Die versicherungstechnischen Bilanzposten korrespondieren miteinander[40] und mit den versicherungstechnischen Posten in der GuV (vgl. FB 3 RechVersV):

- I.1.a Bruttobeiträge
- I.1.c Veränderung der Brutto-BÜ
- I.2 Beiträge aus der Brutto-RfB
- I.5 Sonstige versicherungstechnische Erträge (teilweise)
- I.6 Aufwendungen für Versicherungsfälle
- I.7 Veränderung der übrigen versicherungstechnischen Netto-Rückstellungen
- I.8 Aufwendungen für erfolgsabhängige und erfolgsunabhängige Beitragsrückerstattung (BR)
- I.12 Sonstige versicherungstechnische Aufwendungen (teilweise).

---

39 Man beachte, dass bei einem Passivposten lediglich gefordert wird, dass das Kapitalanlagerisiko von den VN getragen wird. Bei einem Aktivposten wird schon in der Postenbezeichnung gefordert, dass die Kapitalanlage auf Rechnung und Risiko der VN erfolgt. Bei den überwiegend hier ausgewiesenen Anteilseinheiten der fondsgebundenen Versicherungen ist die zusätzliche Forderung „auf Rechnung des VN" regelmäßig ebenfalls erfüllt. Es sind jedoch Konstellationen denkbar, bei denen die Kapitalanlage zwar „auf Risiko" aber nicht „auf Rechnung" des VN erfolgt.

40 Vgl. z.B. *Boetius*, Handbuch der versicherungstechnischen Rückstellungen, Köln 1996, Rn. 596.

Ansatz, Ausweis und Bewertung von versicherungstechnischen Rückstellungen werden in den §§ 341e-341g HGB i.V.m. §§ 24-28, 31 und 32 RechVersV geregelt. 60

Versicherungstechnische Rückstellungen haben den Charakter von Schätzungen, da die zukünftigen Verpflichtungen, aber auch die zukünftigen Beitragseinnahmen nicht sicher bewertet werden können. Die verwendeten Annahmen, insb. Sterbenswahrscheinlichkeiten, Invaliditätswahrscheinlichkeiten und Pflegefallwahrscheinlichkeiten, stellen vorsichtige Schätzungen der Eintrittswahrscheinlichkeiten dar. 61

Die versicherungstechnischen Rückstellungen sind so zu bemessen, dass die dauernde Erfüllbarkeit der Verpflichtungen aus den VV sichergestellt ist (§ 341e Abs. 1 Satz 1 HGB). Dabei sind die aufsichtsrechtlichen Vorschriften über die Berechnung der Rückstellungen zu berücksichtigen, soweit diese zu einem höheren Betrag führen, als sich handelsrechtlich sonst ergeben würde (§ 341e Abs. 1 Satz 2 HGB). In diesem Rahmen ist auch die aufsichtsrechtliche Vorgabe, die DR für den Altbestand nach dem genehmigten Geschäftplan zu bestimmen, zu beachten (§ 11c Satz 3 VAG).

Der Einzelbewertungsgrundsatz nach § 252 Abs. 1 Nr. 3 HGB gilt auch für versicherungstechnische Rückstellungen. Danach sind die versicherungstechnischen Posten (mit Ausnahme von Teilen der RfB (s.u.) und der Rückstellung für unbekannte Spätschäden) für jeden VV einzeln, auf Basis der (normalerweise im Bestandsführungssystem geführten) vertraglichen Daten zu ermitteln. Das heißt, es handelt sich hier (mit Ausnahme der o.g.) nicht um Globalrückstellungen, sondern diese setzen sich vielmehr aus der Summation von Einzelposten zusammen. Allerdings erfolgt die Bewertung aufgrund des Kollektivcharakters mittels statistischer, d.h. durchschnittlicher, Annahmen für das Portefeuille, jeweils getrennt für die vertraglichen Risikomerkmale und nicht durch Analyse des individuellen, aktuell vorliegenden Risikos, das dem LVU nicht systematisch bekannt ist. 62

Die BaFin hat die Bildung und Ermittlung von ausreichenden versicherungstechnischen Rückstellungen i.R.d. gesetzlichen Vorschriften zu überwachen (§ 81 Abs. 1 Satz 5 VAG). Wenn Missstände bei der Bildung oder Bemessung der versicherungstechnischen Rückstellungen eingetreten sind, kann die Aufsichtsbehörde nach § 81 Abs. 2 VAG einschreiten. 63

2. Die Prüfung der versicherungstechnischen Posten

Da sich die versicherungstechnischen Posten aus den Verpflichtungen und Rechten aufgrund der einzelnen VV ergeben, muss die Korrespondenz zwischen dem 64

Bestand zum JA und versicherungstechnischen Posten in nachprüfbarer Form dokumentiert werden. Gemäß § 240 HGB müssen für die versicherungstechnischen Bilanzposten Inventare vorliegen. Diese enthalten zweckmäßigerweise, neben der Versicherungsnummer, die technischen Daten des VV. Die Inventuraufstellung kann auch in elektronischer Form vorliegen, jedoch muss der Zugriff auf die Daten in angemessener Zeit gewährleistet sein. Für die RfB ist nach dem Charakter dieses Postens eine einzelvertragliche Inventuraufstellung nur für den größten Teil der gebundenen Teile (insb. für künftige Schlussüberschussanteile) möglich. Gebundene Teile für Versicherungsfälle oder Rückkäufe sind kollektive Schätzungen. Der Gesamtstand der RfB und damit – nach Abzug der Teilrückstellungen für die gebundene RfB – die freie RfB, ergibt sich durch die Fortschreibung ausgehend vom Anfangsstand abzüglich aller Entnahmen und zuzüglich der Zuführung des GJ. Bei Gruppen-VV sind die Posten nicht für die Gruppe, sondern für die einzelnen Versicherungsverhältnisse zu berechnen.

65 Die einzelnen versicherungstechnischen Posten müssen miteinander sowie mit den Angaben der Bestandsstatistik korrespondieren. So darf z.B. für in der Bestandsstatistik als beitragsfrei geführte LVV keine Beitragssollstellung mehr erfolgen und kein BÜ ausgewiesen werden; innerhalb des Postens DR muss eine Verwaltungskostenrückstellung gebildet sein. Dagegen ist für beitragspflichtige LVV mit durchgehender Beitragszahlung i.d.R. keine Verwaltungskostenrückstellung zu bilden,[41] ggf. ist ein BÜ zu bilden (bei nicht monatlicher Zahlungsweise und vom Bilanzstichtag abweichendem Beginn der Versicherungsperiode des LVV). Bezüglich des Zusammenhangs der BÜ-Ermittlung mit der Interpolation der DR vgl. die Ausführungen unter Rn. 68. Falls den LVV beendende Versicherungsansprüche in der einzelvertraglichen Schadenrückstellung erfasst wurden, darf der LVV im statistischen Bestand nicht mehr enthalten sein und es darf keine DR und kein BÜ mehr gebildet werden.

Die Prüfung der mit Bilanzposten korrespondierenden Posten der GuV (vgl. Rn. 59) erfolgt im Zusammenhang mit der Bilanz.

66 Gemäß § 17 Abs. 1 Sätze 2 und 3 Prüfungsberichteverordnung (PrüfV) hat der Abschlussprüfer die Einhaltung der handels- und aufsichtsrechtlichen Vorschriften über die bei der Berechnung der Rückstellungen zu verwendenden Rechnungsgrundlagen einschl. des dafür anzusetzenden Rechnungszinsfußes zu bestätigen. Bei Feststellungen, die von denen des VA abweichen, ist dies im Prüfungsbericht zu vermerken.

41 Jedenfalls solange die in den Beiträgen eingerechneten Kosten ausreichen, um die anfallenden Verwaltungskosten insgesamt zu decken.

Die versicherungsmathematische Bestätigung des VA (vgl. Rn. 27 und 138) entbindet den Abschlussprüfer nicht von seinen Prüfungspflichten. Die Begründung zu § 25 RechVersV[42] führt hierzu aus: 67

„Die in § 11a Abs. 3 Nr. 2 VAG enthaltene Bestimmung, der zufolge ein mit der Berechnung der DR beauftragter VA unter der Bilanz zu bestätigen hat, dass die Berechnung der DR den gesetzlichen Vorschriften entspricht, berührt die Verantwortlichkeit des Abschlussprüfers nach Handelsrecht nicht. Für den Abschlussprüfer bleibt es dabei, dass er sämtliche Posten der Bilanz und damit auch die DR zu prüfen hat. Sollte er zu dem Ergebnis kommen, dass der Sachverständige die DR falsch berechnet oder eine falsche Berechnung bestätigt hat, so ist der Abschlussprüfer verpflichtet, aus diesen Gründen sein Testat einzuschränken oder zu ergänzen."[43]

IV. Die einzelnen versicherungstechnischen Posten

1. Bruttobeitragsüberträge

a) Betriebswirtschaftlicher Charakter

Die DR wird traditionell zum Ende jedes Versicherungsjahres (also vor der nächsten Beitragszahlung) der LVV berechnet. Die Werte zu dem Jahrestag vor und nach dem Bilanzstichtag werden auf den Bilanzstichtag interpoliert. Damit entspricht die DR den wirklichen Verhältnissen, wenn der Bilanzstichtag zugleich Ende einer Beitragszahlungsperiode ist. Dies ist insb. bei monatlicher Zahlungsweise zum Monatsersten stets der Fall. In den übrigen Fällen stimmt die Entwicklung der DR nicht mit der tatsächlichen Beitragszahlung überein. Es werden mehr Beiträge fällig und als Ertrag erfasst, als in der DR berücksichtigt werden. Daher wird in solchen Fällen formal ein passiver Rechnungsabgrenzungsposten (RAP), der BÜ angesetzt, der diesen noch nicht im GJ in der DR berücksichtigten Teil des vereinnahmten Beitrags auf das nächste GJ überträgt. Aufgrund der Gliederungsvorschriften der RechVersV wird dieser RAP wegen seines wirtschaftlichen Charakters unter den versicherungstechnischen Rückstellungen ausgewiesen. Der BÜ wird im kommenden GJ erfolgswirksam aufgelöst und zugleich in der DR berücksichtigt. 68

---

42 Vgl. BR-Drs. 823/94

43 Hinsichtlich der Konsequenzen, die der Abschlussprüfer bei der Erteilung des Bestätigungsvermerkes zu ziehen hat vgl. *IDW Prüfungsstandard: Grundsätze für die ordnungsmäßige Erteilung von Bestätigungsvermerken bei Abschlussprüfungen (IDW PS 400)* (Stand: 24.11.2010).

69 (Vereinfachtes) Beispiel: Das Versicherungsjahr beginnt am 01.03., der vereinbarte jährliche Versicherungsbeitrag beträgt EUR 1.500. Von dem am 01.03. fällig gewordenen, zu diesem Zeitpunkt gebuchten Jahresbeitrag fallen 2/12 in das kommende GJ. Sie sind am 31.12. noch nicht verdient und müssen daher als BÜ mit 2/12 von EUR 1.500 = EUR 250 passiviert werden. Im kommenden GJ ist der Beitragsteil von EUR 250 Ertrag. Es wird zur Vereinfachung angenommen, dass die Änderung der DR im GJ nur durch den Beitrag bestimmt wird, der aber in voller Höhe berücksichtigt wird. Andere Änderungen, wie z.B. durch Verzinsung, erfolgen nicht. Zum 01.03. sei die DR EUR 10.000 gewesen. Durch Zuführung des Beitrags beträgt sie danach EUR 11.500 zum nächsten Jahrestag im Folgejahr. Der Bilanzstand zum 31.12. wird durch Interpolation beider Stände bestimmt, beträgt also EUR 11.250. Die DR zum 31.12. berücksichtigt also noch eine Beitragseinnahme im Folgejahr von EUR 250, obwohl lt. Vertrag kein Beitrag mehr fällig wird. Der Ertrag hierfür ergibt sich aus der Auflösung des BÜ im Folgejahr.

70 Nach § 341e Abs. 2 Nr. 1 HGB ist für den Teil der Beiträge, der Ertrag für eine bestimmte Zeit nach dem Stichtag darstellt, ein BÜ zu bilden. Dies bedeutet, dass auch bei unterjähriger Beitragszahlung ggf. ein BÜ zu bilden ist. Die obige Betrachtung für Jahresbeiträge ist dann auf den Zeitraum zu beschränken, der durch die Beitragsrate abgedeckt wird (z.B. ein, drei oder sechs Monate). Bei monatlicher Beitragszahlung kann i.d.R. kein BÜ entstehen, da der Beitrag üblicherweise am Ersten eines Monats fällig wird.

71 (Vereinfachtes) Beispiel: Die Versicherungsperiode, zugleich Beitragszahlungsperiode, beginnt am 01.11.; es ist vierteljährliche Beitragszahlung vereinbart. Der an diesem Tag fällig gewordene und als Ertrag gebuchte Beitrag von angenommen EUR 375 reicht mit einem Drittel in das nächste Jahr hinein. Daher sind EUR 125 als BÜ in der Bilanz anzusetzen.

72 Für die Berechnung des BÜ sind also der Beginn der Versicherungsperiode und die Beitragszahlungsweise (ganzjährlich, halbjährlich, vierteljährlich oder monatlich) von Bedeutung. Als Beitrag ist hierbei das Beitrags-Soll maßgeblich, das für die VV gilt, die am Bilanzstichtag in Kraft sind.

73 Nicht zu den Beiträgen, aus denen die BÜ zu berechnen sind, gehören nach steuerlichen Vorschrift die Ratenzuschläge, die das VU bei Vereinbarung einer formal jährlichen Beitragszahlung mit Ratenzahlung der unterjährigen Beitragsrate für die zusätzlichen Verwaltungskosten und den Zinsverlust hinzurechnet.[44]

44 Vgl. Schr. des BdF v. 30.04.1974.

Für den Beitragseinzug fallen Inkassokosten an, wobei durch das heutzutage fast ausschließlich verwendete Lastschrifteinzugsverfahren in den letzten Jahren starke Rationalisierungseffekte eingetreten sind. Die früher üblichen Inkasso-Provisionsaufwendungen haben heute keine Bedeutung mehr. Entsprechend bezeichnet die Beitragsberechnung neuerer LVV die beitragsproportionalen Kostenzuschläge, die früher Inkassokostenzuschläge hießen, nur noch allgemein als Verwaltungskostenzuschläge. Die Aufteilung zwischen beitragsproportionaler oder summenproportionaler Erhebung der Verwaltungskosten wird als Folge heute flexibler gehandhabt. 74

Da die Inkassokosten im alten Jahr voll angefallen sind, muss der entsprechende Zuschlag bis zu einer Höhe von 4 % bei der Berechnung der BÜ aufgrund steuerlicher Vorschriften weggelassen werden.[45] Diese steuerliche Regelung stellt handelsrechtlich eine hinreichend genaue Näherung dar und wird folglich auch für die HB angewendet. 75

b) Prüfung

Die BÜ werden IT-gestützt für jede Versicherung einzeln unter Berücksichtigung des maßgeblichen Beitrags und des Beginnmonats der Versicherungsperiode errechnet und nach Versicherungsbeständen gegliedert. Insofern gelten hier die oben gemachten Ausführungen hinsichtlich *IDW PS 330*.[46] 76

Bei einer Einmalbeitragszahlung ist für eine Abgrenzung durch BÜ kein Raum, da in diesem Fall bereits zu Vertragsbeginn technisch der gesamte Einmalbeitrag in der DR als eingenommen berücksichtigt wird. 77

Der Unterschied zwischen den BÜ am Bilanzstichtag und den BÜ aus dem VJ (ggf. nach der Berücksichtigung von Währungskursdifferenzen) ist unter Posten 1 Buchst. c der GuV (FB 3) „Veränderung der Bruttobeitragsüberträge“ (für die Brutto-Werte) bzw. Posten 1 Buchst. d „Veränderung des Anteils der Rückversicherer an den Bruttobeitragsüberträgen“ (für die RV-Anteile) auszuweisen. 78

In der Regel bildet der Bilanzbestand die Grundlage für die Berechnung der BÜ. In diesem Fall ergibt sich die Vollständigkeit und Richtigkeit der Grunddaten aus den Prüfungshandlungen, die i.R.d. Prüfung des Versicherungsbestands durchgeführt werden. Ist dies nicht der Fall, so erfolgt die Abstimmung der Daten, aus denen die BÜ ermittelt worden sind, mind. summarisch mit den Daten des Bilanzbestands. 79

45 Vgl. ebd.
46 Vgl. Rn. 44.

Die eigentliche Berechnung der BÜ wird für eine geeignet gewählte Stichprobe manuell oder mit Hilfe eigener IT-gestützter Prüfungsprogramme nachvollzogen. Die Werte der in die Berechnung einfließenden Größen, wie Inkassokostensatz, Stückkosten, Rabatte (für das Inkasso) und Ratenzuschläge, werden für den Altbestand anhand des technischen Geschäftsplans und für den Neubestand anhand der Tarifbestimmungen geprüft.

80 Für analytische Prüfungen können die BÜ im Verhältnis zum Beitrags-Soll mit dem entsprechenden VJ-Wert verglichen werden. Auffällige Unterschiede begründen eine genauere Überprüfung. Sie können z.B. dadurch verursacht sein, dass sich das Verhältnis in den Beitragsfälligkeiten oder Zahlungsweisen des Gesamtversicherungsbestands gegenüber dem VJ verändert hat. Das Beitrags-Soll am Bilanzstichtag kann mit den gebuchten Beiträgen (Bestandsbeitrag) verglichen werden. Allerdings können bei sehr stark wachsenden oder schrumpfenden Beständen die gebuchten Beiträge relativ stark vom Beitrags-Soll abweichen.

2. Brutto-Deckungsrückstellung

a) Beitragskalkulation in der Lebensversicherung; das Deckungskapital und die Deckungsrückstellung

81 Aus Gründen des besseren Verständnisses des Wesens der DR sollen zunächst die Beitragskalkulation in der LV sowie der Begriff des Deckungskapitals dargestellt werden.

82 Zum Wesen der Versicherung gehört es, dass eine große Zahl von VN für eine bestimmte Versicherungsperiode Versicherungsbeiträge zahlt, aus denen die Leistungen gedeckt werden sollen, die in der gleichen Versicherungsperiode für eingetretene Versicherungsfälle zu gewähren sind. Außerdem wird aus den Versicherungsbeiträgen der Verwaltungsaufwand der Versicherungsperiode gedeckt. Dieser Grundgedanke wird in der LV überlagert von den Auswirkungen der üblicherweise langen Laufzeiten der VV. Der Grund für diese langen Laufzeiten besteht darin, dass die VN voraussichtlich für diese Dauer Todes- oder Erlebensfallschutz benötigen und sich wegen der Unwägbarkeiten der Entwicklung des Gesundheitszustands von einem VU für diese Dauer „garantierte Versicherbarkeit" zusagen lassen, also das Recht, ohne erneute Gesundheitsprüfung für die ganze Dauer des Vertrags Versicherungsschutz zu erhalten. Daher sind die langen Vertragslaufzeiten in der LV zu einem großen Teil unvermeidlich.

Da die Sterblichkeit mit zunehmendem Alter steigt,[47] müssten Beiträge, die genau das Risiko einer Todesfallversicherung jeder Periode abdecken, wesentlich steigen. Die Wahrscheinlichkeit, innerhalb des nächsten Jahres zu sterben, beträgt z.B. nach der von der Deutschen Aktuarvereinigung e.V. (DAV) entwickelten Sterbetafel DAV2008T, die den meisten Neuabschlüssen von Risikoversicherungen zurzeit zugrunde liegt, für eine männliche Person im Alter von 30 Jahren 0,662 ‰, im Alter von 60 Jahren 9,162 ‰. Für die Abdeckung des Todesfallrisikos für ein Jahr müsste bei einer VS von EUR 1.000 ein 30-Jähriger einen Jahresbeitrag von EUR 0,66, ein Sechzigjähriger von EUR 9,16 zahlen (ohne Berücksichtigung von Kosten und Zins). Ein solcher Zuwachs ist für die VN, ohne dafür frühzeitig Vorsorge zu treffen, kaum wirtschaftlich tragbar. Daher wird diese Vorsorge schon innerhalb des LVV betrieben, in dem ein gleichbleibender, laufender Beitrag so bestimmt wird, dass er anfänglich um so viel über dem eigentlich in dieser Zeit benötigten Beitrag liegt, dass ein Teil für später angespart werden kann, der dann gegen Ende des Vertrags den dann zu niedrigen, laufenden Beitrag auf den benötigten auffüllt. Der zu dem gesamten Leistungsumfang äquivalente, gleich bleibende jährliche Beitrag für eine 31 Jahre laufende Risikoversicherung eines zu Versicherungsbeginn 30-Jährigen beträgt EUR 1,51. Dieser liegt also zu Beginn der Versicherungsdauer über dem oben bestimmten „natürlichen" Beitrag eines 30-Jährigen und im letzten Jahr der Versicherungsdauer unter dem „natürlichen" Beitrag eines 60-Jährigen. 83

(Äquivalenzprinzip, Bedarfsbeitrag) 84

Wird der Beitrag, wie im obigen Beispiel, äquivalent zum erwarteten Leistungsbedarf ermittelt, so genügt dieser dem sog. Äquivalenzprinzip. Im Fall eines nach dem Äquivalenzprinzip bestimmten Beitrags stimmt zum Versicherungsbeginn der versicherungsmathematische Barwert der vom VN zu zahlenden Beiträge mit dem versicherungsmathematischen Barwert der Verpflichtungen (des LVU) überein (vgl. § 341f HGB).[48] Dabei werden unter den Verpflichtungen des LVU neben den Zahlungen an die VN auch die Aufwendungen für den Abschluss und die Verwaltung der VV erfasst und demzufolge auch in der Bestimmung des Beitrags berücksichtigt. Der so bestimmte Beitrag enthält insb. keinen expliziten Gewinnzuschlag;[49] er wird daher auch als „Bedarfsbeitrag" bezeichnet. Bei LVV

47 Dies ist nach den von den LVU verwendeten Tafeln so; tatsächlich gilt diese Monotonieaussage jedoch nicht für alle Bereiche. Bekannt ist z.B. der sog. „Unfallbuckel" bei Männern im Alter zwischen 20 und 30 Jahren.

48 Dies setzt notwendigerweise voraus, dass die Verpflichtungen zu Vertragsbeginn ermittelbar sind. Bei fondsgebundenen Versicherungen ist dies z.B. regelmäßig nicht der Fall.

49 Der Gewinn des LVU resultiert allein aus dem Umstand, dass in der Wirklichkeit die Verpflichtung kleiner ist als es sich nach den vorsichtig gewählten Annahmen ergibt und die Bedarfsbeiträge insofern zu hoch sind.

des Altbestands sind die Beiträge aufgrund der Genehmigungspraxis des BAV ausschließlich nach dem Äquivalenzprinzip kalkuliert. Für die Verträge des Neubestands wird die einzige Vorgabe zur Beitragskalkulation in § 11 Abs. 1 Satz 1 VAG gemacht. Danach sind die Beiträge unter Zugrundelegung angemessener versicherungsmathematischer Annahmen zu kalkulieren und müssen so hoch sein, dass das LVU allen seinen Verpflichtungen nachkommen und insb. für die Verträge ausreichende DR bilden kann. Im Neubestand sind explizite Gewinnmargen erlaubt und insoweit das Äquivalenzprinzip nicht verbindlich.[50] Neben der Einrechnung expliziter Gewinnmargen in den Beitrag ist es auch möglich, die Beiträge ohne Verwendung expliziter Rechnungsgrundlagen ausschließlich mittels stochastischer Methoden zu bestimmen.[51]

85 Im Fall traditioneller LVV setzt sich in der internen Kalkulation eines LVU der vom VN zu entrichtende Beitrag (Bruttobeitrag) aus dem zur Deckung des versicherungstechnischen Risikos bzw. zur Finanzierung der Ablaufleistung benötigten Teil (Nettobeitrag) und Kostenzuschlägen (zur Deckung von Abschluss- und Verwaltungsaufwendungen), Ratenzuschlägen (bei unterjähriger Zahlungsweise) sowie ggf. weiteren Zu- und Abschlägen (Summenrabatt, Summenzuschlag, etc.) zusammen.[52] Hierbei wird meist zur Vereinfachung unterstellt, dass die Verwaltungsaufwendungen in allen Perioden gleich sind und demnach direkt aus dem jeweiligen Beitrag der Periode gedeckt werden können. Da sich das versicherungstechnische Risiko aber von Periode zu Periode ändert, ist der zur Deckung benötigte Beitragsteil, der Risikobeitrag, veränderlich. Er wird traditionell gedanklich, soweit möglich, dem Nettobeitrag entnommen. Der verbleibende Teil des Nettobeitrags, als Sparbeitrag bezeichnet, verbleibt für Leistungen zukünftiger Perioden, z.B., wenn die Beiträge aufgrund des höheren Alters später nicht mehr ausreichen, den Risikobeitrag zu decken oder für zukünftige Ablaufleistungen.

86 Der zur Deckung zukünftiger Leistungen vorgesehene Sparbeitrag wird gedanklich zur Seite gestellt und verzinst. Ein solches verzinslich angesammeltes, zur Deckung zukünftiger Leistungen vorgesehenes Kapital wird in der Versicherungsmathematik als Deckungskapital bezeichnet. Dem Deckungskapital werden zu

50 Im deregulierten europäischen Markt kann – abgesehen von der Vorgabe einer ausreichenden Sicherheit im Beitrag – die Beitragsberechnung nicht mehr staatlich vorgegeben werden.

51 In diesem Fall sind Rechnungsgrundlagen für die Beitragsberechnung allenfalls implizit über die festgesetzten beitragsfreien Summen bestimmbar.

52 Eine Einrechnung expliziter Gewinnzuschläge bei Verträgen des Neubestands ist zwar möglich, kommt aber in der Praxis bisher nicht vor.

einem späteren Zeitpunkt Beträge zur Finanzierung der Ablaufleistung oder zur Deckung des dann nicht mehr von dem erhobenen Beitrag gedeckten, versicherungstechnischen Risikos entnommen. Dann ist der Sparbeitrag negativ (Entsparvorgang). Dies ist z.B. regelmäßig bei Risikoversicherungen während des späteren Teils der Vertragslaufzeit der Fall. Da der Beitrag insgesamt dem (angenommenen) Bedarf entsprechend bestimmt war, ist bei einem den Annahmen entsprechenden Verlauf zum Ende der Vertragslaufzeit das Deckungskapital genau Null. Diese rückschauende Betrachtung der Vertragsentwicklung, als die verzinsliche Ansammlung nicht benötigter Beträge und Entnahme bei Bedarf, wird als retrospektive (d.h. zurückschauende) Bewertungsmethode eines Deckungskapitals bezeichnet. Hierbei werden noch nicht verbrauchte Teile des Beitrags vorgetragen, bis sie benötigt werden.

Dieser Sparprozess kann neben der Bereitstellung von Risikobeiträgen für die 87
Sicherung des Lebensunterhalts der Hinterbliebenen auch für die Sicherung des Lebensunterhalts des Versicherten im Fall des Überlebens verwendet werden. Dies geschieht im Fall der sog. kapitalbildenden Versicherungen (z.B. gemischten Versicherungen, Rentenversicherungen), bei denen systematisch Kapital für den meist sehr wahrscheinlichen Fall des Erlebens des Vertragsendes bzw. im Fall von Rentenversicherungen eines Auszahlungstermins angespart wird. Hier sind die Sparbeiträge meist während der ganzen Vertragsdauer positiv, da aus ihnen die Erlebensfallleistungen finanziert werden müssen. Das heißt bei kapitalbildenden Versicherungen steigt das Deckungskapital i.d.R. kontinuierlich an; im Fall der gemischten Versicherung bis zur Erlebensfallleistung bei Vertragsablauf: im Fall der Rentenversicherung bis zum Barwert der versicherten Rentenleistungen im Zeitpunkt des Rentenbeginns. Bei Versicherungen ohne nennenswerte Kapitalbildung (z.B. Risikoversicherungen) steigt das Deckungskapital in einer ersten Phase an, fällt anschließend wieder und ist bei Vertragsende Null. Bei Versicherungen gegen Einmalbeitrag wird dieser zuerst in das Deckungskapital eingestellt, im Versicherungsverlauf um die benötigten Risiko- und Kostenbeiträge vermindert und um die Verzinsung erhöht.

Es besteht die Möglichkeit, das Deckungskapital auch als Einmalbeitrag (V(t)) 88
zu verstehen, der benötigt wird, um in einen Vertrag zu einem bestimmten Zeitpunkt (t) im Vertragsverlauf einzusteigen. Dieser würde bei Zugrundelegung des Äquivalenzprinzips folgender Gleichung genügen:

Barwert (zukünftige Beiträge) (t) + V(t) = Barwert (zukünftige Leistungen) (t) für alle Zeitpunkte (t).

Aus dieser Betrachtungsweise ergibt sich die prospektive Bewertungsmethode des Deckungskapitals:

V(t) = Barwert (zukünftige Leistungen) (t) – Barwert (zukünftige Beiträge) (t).

Der Begriff des Deckungskapitals ist Teil der versicherungsmathematischen Betrachtungen der Zwischenstände eines LVV. Es stellt, je nach seiner retrospektiven oder prospektiven Ausgestaltung, eine formelmäßige Grundform dar, den Saldo des Endwerts vergangener oder des Barwerts zukünftiger Zahlungsströme innerhalb der Berechnungen abzubilden. Je nach Wahl der Annahmen und der Ausgestaltung der Formel können sich sehr unterschiedliche Werte ergeben. Die retrospektive Betrachtung stellt den Erfüllungsrückstand aus gezahlten Beiträgen in den Vordergrund, während die prospektive Betrachtung den Erfüllungsrückstand aus erst zukünftig zu erfüllenden Verpflichtungen (vermindert um zukünftig noch zu erbringende Beiträge) betont.

89 Von dem allgemeinen Begriff des Deckungskapitals ist der spezifische Begriff der DR[53] zu unterscheiden, der eine prospektive Bewertung des Vertrags zu einem Bilanzstichtag nach handelsrechtlichen Grundsätzen darstellt. Da die Bewertung der zukünftig zu erfüllenden Verpflichtung im Vordergrund steht, ist hier die prospektive Sichtweise maßgebend. Verwendet man anstelle handelsrechtlicher Grundsätze hingegen Methoden der Marktpreisbestimmung bei der Gestaltung des Deckungskapitals, ergibt sich der Zeitwert. Verwendet man die gleichen Grundsätze, wie sie bei der Beitragsberechnung verwendet wurden, ergibt sich das Deckungskapital nach den Rechnungsgrundlagen der Beitragsberechnung,[54] das dem gesetzlichen Mindestrückkaufswert nach § 169 Abs. 3 VVG zugrunde liegt. Insofern ist der Begriff des Deckungskapitals letztlich ein mathematisches Prinzip der Berechnung von Bar- oder Endwerten von wahrscheinlichkeitsgewichteten Zahlungsströmen, aber kein konkreter Wert.

53 Der Begriff „DR“ bezeichnet die für den einzelnen Vertrag aufgrund des Einzelbewertungsgrundsatzes angesetzte DR. Unter dem Bilanzposten „Deckungsrückstellung“ wird die Summe aller DR angegeben. In der versicherungsmathematischen Literatur wird oft auch der Begriff „Deckungskapital“ als Bezeichnung für die einzelvertragliche DR und „Deckungsrückstellung“ nur für die Summe der DR, also den gesamten Bilanzposten, verwendet. Wegen des wesentlich allgemeineren Charakters des Begriffs „Deckungskapital“ und der geforderten Einzelbetrachtung der DR kann dies aber leicht zu Irrtümern führen.

54 Dies setzt voraus, dass die Beiträge tatsächlich mit herkömmlichen Methoden bestimmt wurden.

Nachstehend sei kurz die Barwertberechnung einer Erlebensfallleistung, wie sie bei einer gemischten LV oder auch in der Rentenversicherung erfolgt sowie einer Todesfallleistung erläutert. Hierbei werden zur Vereinfachung alle Kosten ignoriert, sowohl im Beitrag als auch im Barwert der Verpflichtung. Dieses vereinfachte Verfahren wird als „Nettobeitragsverfahren" bezeichnet, da nur der versicherungsmathematisch intern bestimmte Nettobeitrag, nicht wie in der DR eigentlich gefordert, der gesamte vertragliche Beitrag, eingeht. Entsprechend werden auf der Verpflichtungsseite beim Nettobeitragsverfahren die ansonsten zu berücksichtigenden, geschätzten Verwaltungskosten in Höhe des nicht berücksichtigten Beitragsteils weggelassen (implizites Verfahren der Berücksichtigung der Verwaltungskosten nach EU-Richtlinie 2002/83/EG, Art. 20 E, umgesetzt durch § 25 Abs. 1 RechVersV). 90

Der Barwert einer Erlebensfallleistung ist die für die Zeit vom Berechnungszeitpunkt bis zum Fälligkeitszeitpunkt mit dem Rechnungszins abgezinste Versicherungsleistung, multipliziert mit der Wahrscheinlichkeit, im Fälligkeitszeitpunkt noch zu leben. 91

Der Barwert einer Todesfallleistung ist die Summe der Barwerte der in den einzelnen künftigen Versicherungsjahren bis zum Ablauf der Versicherung fällig werdenden Todesfallleistungen, gewichtet mit der Wahrscheinlichkeit, im jeweiligen Versicherungsjahr zu sterben. 92

Um den Barwert der ausstehenden Beiträge (bei jährlicher Beitragszahlung) zu ermitteln, werden die einzelnen Beiträge mit dem Rechnungszins abgezinst, mit den entsprechenden Erlebenswahrscheinlichkeiten multipliziert und dann summiert. 93

Das Deckungskapital ist somit prospektiv betrachtet eine versicherungsmathematische Barwertdifferenz zwischen ausstehenden Versicherungsleistungen und ausstehenden Beiträgen, deren einzelne Summanden mit den entsprechenden Erlebens- bzw. Sterbenswahrscheinlichkeiten multipliziert worden sind. Diese Wahrscheinlichkeiten werden – bei der Berechnung der DR – den in den Bilanzierungs- und Bewertungsmethoden des LVU bestimmten Sterbetafeln entnommen. Diese sind beim Altbestand Teil des genehmigungspflichtigen Geschäftsplans, beim Neubestand ist hinsichtlich der Wahl der Rechnungsgrundlagen § 5 DeckRV zu beachten. 94

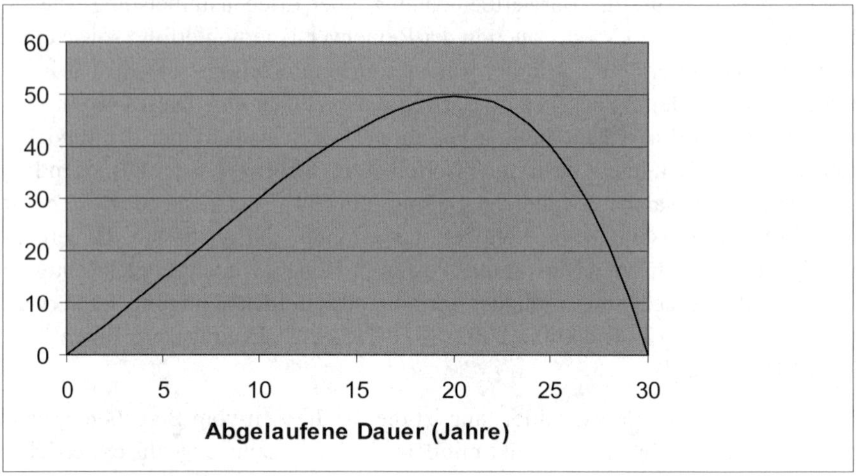

Beispiel 1: Risikoversicherung
VS = EUR 1.000
Alter / Geschlecht: 30 Jahre / Mann
Versicherungsdauer = Beitragszahlungsdauer = 30 Jahre

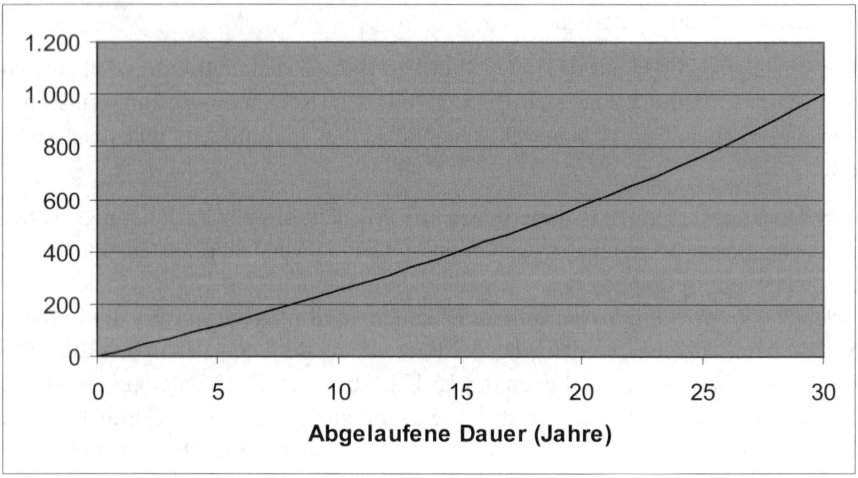

Beispiel 2: Gemischte Versicherung
VS = EUR 1.000
Alter / Geschlecht: 30 Jahre / Mann
Versicherungsdauer = Beitragszahlungsdauer = 30 Jahre

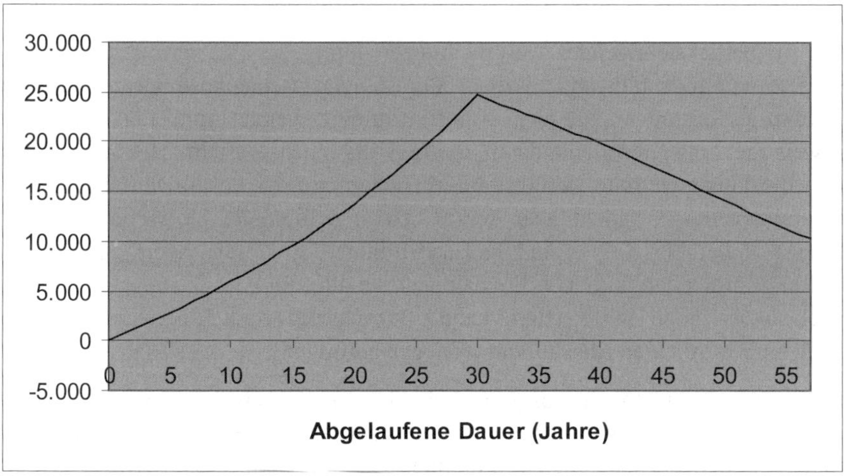

Beispiel 3: Aufgeschobene Altersrente
Versicherte Rente = EUR 1200 p.a.
Alter/Geschlecht: 30 Jahre/Mann
Rentenbeginn im Alter von 60 Jahren

b) Die (Bilanz-)Deckungsrückstellung und die Forderungen an Versicherungsnehmer aus noch nicht fälligen Ansprüchen

aa) Handelsrechtliche Grundsätze

Die DR stellt den Erfüllungsrückstand des LVU aus dem Dauerschuldverhältnis (schwebendes Geschäft) eines LVV dar. Nach handelsrechtlichen Grundsätzen hat die DR damit stets prospektiven Charakter. Entsprechend wird für die handelsrechtliche Bewertung gem. § 341f Abs. 1 Satz 1 HGB im Regelfall die prospektive Berechnungsmethode festgelegt: 93

„Deckungsrückstellungen sind für die Verpflichtungen aus dem Lebensversicherungs … geschäft in Höhe ihres versicherungsmathematisch errechneten Werts … und nach Abzug des versicherungsmathematisch ermittelten Barwerts der künftigen Beiträge zu bilden (prospektive Methode).“

Auch die in den genehmigungspflichtigen Geschäftsplänen des Altbestands angegebenen Berechnungsvorschriften bestimmen, dass die DR i.d.R. ähnlich, wenn auch häufig mit vereinfachten, traditionellen Methoden zu bestimmen sind.

Die DR ist nach § 252 Abs. 1 Nr. 3 HGB für jeden Vertrag einzeln zu bestimmen.

Die zu berücksichtigenden Verpflichtungen umfassen alle vertraglichen Leistungen, wie Todesfall- und Erlebensfallleistungen, Rentenleistungen, aber auch zukünftige Leistungen, die nicht vom Eintritt eines Versicherungsfalls abhängen, soweit die Leistungspflicht durch Beitragszahlungen entsteht. Hierunter fallen z.B. die Leistungen aus der Termfix-Versicherung oder Leistungen aus Kapitalisierungsverträgen, nicht aber verzinslich angesammelte Überschussanteile.[55] Ebenso zu berücksichtigen sind die zur Erfüllung des Vertrags erforderlichen Verwaltungstätigkeiten und auch Provisionen, die aufgrund des Vertrags in Zukunft noch aufzuwenden sind. Letzteres kann z.B. auch bei verteilt fällig werdenden und noch nicht verdienten Abschlussprovisionen auftreten.

Optionale Leistungen, die von der Entscheidung des VN abhängen, wie z.B. Rückkaufswerte oder beitragsfreie Summen, sind grundsätzlich ebenfalls zu berücksichtigten.[56] In den meisten Fällen ist allerdings der vertraglich vereinbarte Rückkaufswert nach den gleichen Grundsätzen bestimmt worden, die später der Berechnung der DR zugrunde gelegt werden und somit nicht höher als die DR. In der Praxis kann somit die Berücksichtigung der optionalen Leistungen meist unterbleiben. Liegt der Wert der optionalen Leistung allerdings über der DR, ist die DR unter Berücksichtigung des Werts der optionalen Leistung zu bestimmen. Nach § 25 Abs. 2 RechVersV muss die DR allerdings mind. in Höhe des am Bilanzstichtag garantierten Rückkaufswerts[57] bzw. in Höhe des Werts der beitragsfreien Summe angesetzt werden, sodass es selten zu einer darüber hinausgehenden Erhöhung durch den Wert der Option kommen wird.

Bei der Berechnung ist nach § 341f HGB grundsätzlich der vertraglich vereinbarte Beitrag maßgebend (Bruttobeitragsverfahren); entsprechend sind im Unterschied zum Nettobeitragsverfahren auch sämtliche, zukünftig zu erfüllende Verpflichtungen einschl. der dabei anfallenden Kosten zu berücksichtigen. Hiervon ist abzuweichen, wenn bei Vertragsbeginn der vertraglich vereinbarte Beitrag höher ist als der kalkulatorische Bedarfsbeitrag. Dann ist der versicherungsmathema-

55 Diese sind durch den Gesetzestext explizit ausgenommen und werden unter den Verbindlichkeiten an VN ausgewiesen.

56 Vgl. EU-Richtlinie 2002/83/EG, Art. 20A. i).

57 Ein Rückkaufswert ist am Bilanzstichtag garantiert, wenn die Höhe des Rückkaufswerts zu dem nächsten, nach dem Bilanzstichtag vom VN wahrnehmbaren Rückkaufstermin am Bilanzstichtag schon feststeht. Soweit das LVU mit ausreichender Sicherheit noch bis zu diesem Kündigungstermin Erträge in Höhe des Unterschiedes zur DR erzielen kann, z.B. zwischenzeitlich fällige Beiträge, die eine Vorbedingung für die entsprechende Höhe des Rückkaufswerts sind, der Rechnungszins oder dem Rückkaufswert noch zuzuteilende, in der Zwischenzeit erzielte Überschüsse, stellen diese keine am Bilanzstichtag garantierten Rückkaufswerte dar.

tisch bestimmte Barwert der Beiträge höher als der versicherungsmathematisch bestimmte Barwert der Verpflichtungen, einschl. der dem Vertrag zugeordneten Abschlussaufwendungen zu Beginn des Vertrags und die Erstbewertung des Vertrags auf Basis des vertraglichen Beitrags würde zu einem anfänglichen Ausweis eines noch nicht realisierten Gewinns führen. In diesem Fall sind die anzusetzenden Beiträge proportional so zu senken, dass die Differenz nicht negativ wird (§ 252 Abs. 1 Nr. 4 2. Hs. HGB, Realisationsprinzip). Der gesenkte Beitrag wird als Normbeitrag bezeichnet (vgl. Nw. 216 BerVersV).

Bei der Bestimmung der DR ist vorsichtig zu bewerten und absehbare Verluste sind sofort anzusetzen (§ 252 Abs. 1 Nr. 4 1. Hs. HGB, Imparitätsprinzip). Nach § 25 Abs. 1 RechVersV sind angemessene Sicherheitszuschläge zu verwenden; damit reicht der beste Schätzwert nicht aus. Bei der Bestimmung der Annahmen für die Bewertung sind nach § 341e Abs. 1 Satz 2 HGB aufsichtsrechtliche Vorschriften, soweit sie zu einer den handelsrechtlichen Anforderungen genügenden Vorsicht führen, zu berücksichtigen. Insoweit kann es zu einer über die normalerweise vom Handelsrecht geforderte hinausgehende Vorsicht bei der Bewertung der DR kommen.

Für Verträge des Altbestands werden überwiegend die Rechnungsgrundlagen der Beiträge als Grundlage der Bestimmung der DR verwendet, da die Aufsichtsbehörde i.d.R. keine unterschiedlichen Rechnungsgrundlagen für die Beiträge und die DR in den genehmigungspflichtigen Geschäftsplänen erlaubt hat. Nach der Gesetzeslage bis 1994 mussten die Berechnungen der Rückkaufswerte und der DR identisch sein. Diese Vorschriften sind für den Neubestand ersatzlos entfallen, sodass die handelsrechtliche Bewertung zwar die vertraglichen Verpflichtungen abbildet, diese aber weder selbst beeinflusst noch an die Annahmen, die den Beiträgen oder den Rückkaufswerten zugrunde liegen, gebunden ist. Bei der Bewertung von LVV des Neubestands nach § 341f HGB sind also die der Beitragsberechnung zugrunde liegenden Rechnungsgrundlagen nicht relevant, sodass prospektive und retrospektive Berechnungen unterschiedliche Ergebnisse liefern können.[58] Allerdings dürfen i.R.d. Berechnung der DR nach dem Realisationsprinzip nicht zukünftige, noch nicht realisierte Gewinne vorgezogen werden. Um die Kürzung des Beitrags zum Normbetrag zu vermeiden, werden in der DR üblicherweise keine Rechnungsgrundlagen verwendet, die insgesamt zu einem niedrigeren Beitrag als dem Vertraglichen führen würden, also weniger vorsichtig als die Rechnungsgrundlagen der Beitragsberechnung sind. Da die Beiträge aber zumindest bei Vertragsabschluss nach § 11 Abs. 1 VAG eine aus handelsrechtlicher Sicht ausreichende

58 Vgl. hierzu Rn. 84.

Vorsicht beinhalten, ist auch keine größere Vorsicht in den Rechnungsgrundlagen möglich. Sollten die Rechnungsgrundlagen der Beitragsberechnung, insb. im späteren Vertragsverlauf, handelsrechtlich als nicht ausreichend anzusehen sein, ist die DR entsprechend vorsichtiger zu bewerten und ggf. aufzufüllen, da der Barwert der anzusetzenden Beiträge nicht die Verpflichtungen deckt.[59] Letztlich liegt es damit nahe und ist allgemein üblich, zur Erstbewertung die Rechnungsgrundlagen der Beitragsberechnung zu verwenden, da weder weniger vorsichtige noch vorsichtigere Rechnungsgrundlagen handelsrechtlich geboten erscheinen. Soweit die Rückkaufswerte nach den Rechnungsgrundlagen der Beitragsberechnung bestimmt wurden, kommt es somit im Ergebnis zu einem Gleichklang von DR und Rückkaufswerten. Dies ist rechtlich aber nicht zwingend und vor allem folgt der Rückkaufswert nicht handelsrechtlichen Bewertungsvorschriften, wie z.B. den Vorschriften zur Zillmerung, sondern ist ausschließlich vertraglich begründet.

Nur falls eine prospektive Berechnung der DR nicht möglich ist, darf eine retrospektive Bewertungsmethode verwendet werden (§ 341f Abs. 1 Satz 2 HGB). Dies ist regelmäßig dann der Fall, wenn sich die Leistung nicht in Währungseinheiten, sondern in Einheiten von Kapitalanlagen oder anderen Indices bestimmt (z.B. bei fondsgebundenen Versicherungen). Falls bei der Berechnung der DR die gleichen Rechnungsgrundlagen wie für die Beitragsberechnung (einschl. ggf. explizit angesetzter Gewinnzuschläge) verwendet werden, führen prospektive und retrospektive Berechnung während der gesamten Versicherungsdauer zu identischen Werten.

bb) Das Zillmerungsverfahren

96 Gemäß § 341f HGB sind die im Vertragsverlauf anfallenden Abschluss- und Verwaltungsaufwendungen als Bestandteil der Verpflichtungen bei der Berechnung der DR ebenfalls zu berücksichtigen. Die Verwaltungskosten verursachen hierbei keine besonderen Probleme bei ihrer Berücksichtigung. Die Ausweitung des Barwerts der Leistungen auf den Barwert der Verpflichtungen, die auch die Verpflichtung, den Vertrag zu verwalten, beinhaltet, korrespondiert mit der Berücksichtigung zukünftiger Verwaltungskosten in den Beiträgen. Daher wäre eine Beschränkung nur auf die Leistungen inkonsistent mit den Beiträgen. Solange die Beiträge gezahlt werden, bevor die zugehörigen Verpflichtungen anfallen, ist der prospektive Saldo, also das Deckungskapital, positiv. Typischerweise sind in der LV aber die Aufwendungen des LVU im ersten Jahr der Versicherungsdauer am höchsten. Die dem Abschlussvermittler zu zahlende Provision fällt zum überwiegenden Teil

59 Vgl. *Stuirbrink* u.a., in: Beck Vers-Komm., § 341 f HGB, Rn. 22 f.

bei Versicherungsbeginn an, ebenso die Aufwendungen für Antragsprüfung, ärztliche Untersuchung, Vertragsausfertigung, etc. Meist reicht der Einlösungsbeitrag, selbst sämtliche Beiträge des ersten Jahres, nicht aus, diese Abschlussaufwendungen zu decken. Insofern wird das sonst bei der Gestaltung von VV geltende Prinzip, dass Aufwendungen erst anfallen sollen, nachdem die deckenden Beiträge eingenommen wurden, durchbrochen. Tatsächlich sind die anfallenden Aufwendungen nach § 11 Abs. 1 VAG durch Berücksichtigung in der Beitragsberechnung grundsätzlich gedeckt. Daher ist das Deckungskapital, berechnet als Saldo aus dem versicherungsmathematisch bestimmten Barwert der zukünftigen Verpflichtungen und dem versicherungsmathematisch bestimmten Barwert der zukünftigen Beiträge, bei Vertragsbeginn negativ, da die Beiträge nicht nur die zukünftigen Verpflichtungen, sondern auch die im Barwert der zukünftigen Verpflichtungen nicht mehr enthaltenen Abschlussaufwendungen abdecken.

Einmalige Abschlusskosten dürfen gem. § 25 Abs. 1 Satz 2 RechVersV bei der 97
Berechnung der DR nach einem angemessenen, versicherungsmathematischen Verfahren berücksichtigt werden. Insofern sind nicht nur im Vertragsverlauf anfallende Kosten bei der Anwendung des Realisationsprinzips auf die Bewertung der DR zu berücksichtigen, sondern auch die vor oder bei Vertragsbeginn angefallenen Abschlusskosten. Als geeignetes Verfahren wird das nach dem Versicherungsmathematiker August Zillmer (1831-1893) benannte Zillmerungsverfahren explizit erwähnt.

Das Zillmerungsverfahren zur Berechnung der DR, genauer das gezillmerte Nettobeitragsverfahren, unterscheidet sich im Ergebnis von dem handelsrechtlich vorgeschriebenen Bruttobeitragsverfahren nur unwesentlich und ist daher als Näherung zulässig. Nach § 341f HGB ist die DR nach dem Bruttobeitragsverfahren prospektiv als Differenz der versicherungsmathematisch bestimmten Barwerte der Verpflichtungen und der (vertraglichen) Beiträge zu bilden. Anstatt alle Verpflichtungen wie im Bruttobeitragsverfahren explizit zu berücksichtigen, erfolgt im Zillmerungsverfahren eine sog. implizite Berücksichtigung der Verwaltungskosten (vgl. EU-Richtlinie 2002/83/EG, Art. 20 E). Hierbei werden die Verwaltungskosten in der i.R.d. Rechnungsgrundlagen der DR geschätzten Höhe meist als konstant angenommen, im Barwert der Verpflichtungen ignoriert und in gleicher Höhe bei dem angesetzten Beitrag im Barwert der Beiträge abgezogen. Dies ändert die DR wegen der als konstant angenommenen Verwaltungskosten nicht. Allerdings ist hierbei sicherzustellen, dass die zukünftigen Verwaltungsaufwendungen ausreichend vorsichtig geschätzt werden und die verbleibenden Beiträge (gezillmerte Nettobeiträge) ausreichen, alle übrigen Verpflichtungen zu decken.

In der Praxis kommt bei der Berechnung der DR fast ausschließlich das Zillmerungsverfahren und nicht das Bruttobeitragsverfahren zur Anwendung, da das Zillmerungsverfahren formelmäßig einfacher darzustellen ist. Beide Verfahren führen jedoch bei Verwendung derselben Rechnungsgrundlagen zu identischen Ergebnissen.

98 In der versicherungsmathematischen Literatur wird das Zillmerungsverfahren nicht vom gesetzlich vorgeschriebenen Bruttobeitragsverfahren aus beginnend erläutert, sondern von dem sog. Nettobeitragsverfahren ausgehend. Beim Nettobeitragsverfahren, das nur in der versicherungsmathematischen Theorie eine Rolle spielt, werden keine Kosten in die Berechnung einbezogen. Der resultierende Beitrag ist der Nettobeitrag. Entsprechend der üblicherweise in der Literatur vorzufindenden Beschreibungen werden die kalkulatorisch angesetzten, einmaligen Kosten für den Abschluss eines LVV in einen (versicherungsmathematisch) äquivalenten Beitragszuschlag, also in einen laufenden Zuschlag umgerechnet. Dieser Beitragszuschlag ist während der Beitragszahlungsdauer zusätzlich zu dem Nettobeitrag im vertraglichen Beitrag enthalten. Versicherungsmathematisch äquivalent bedeutet, dass der Barwert aller Beitragszuschläge zu Beginn der Versicherung gleich den eingerechneten, einmaligen Abschlusskosten ist.

99 Genauso wie das nach dem Bruttobeitragsverfahren berechnete Deckungskapital ist auch das nach dem Zillmerungsverfahren berechnete Deckungskapital anfangs negativ, soweit Abschlusskosten in den Beiträgen berücksichtigt sind. Danach wird mit jeder Zahlung eines Beitrags das Rechenergebnis um genau den Sparanteil im gezillmerten Nettobeitrag (gezillmerter Sparbeitrag) höher, während der Risikobeitrag (wie auch der nicht berücksichtigte Verwaltungskostenbeitrag im vertraglichen Beitrag) in der Periode vereinnahmt wird. Bis sich das negative Ergebnis in ein Positives umkehrt, steht den gezillmerten Sparbeiträgen kein Aufwand in Form der Bildung einer DR gegenüber und die angefallenen Abschlussaufwendungen werden hierdurch getilgt. Dieses Verfahren, die gesamten gezillmerten Sparbeiträge von Beginn an im Beitragsbarwert anzusetzen, wird im Unterschied zu ebenso nur theoretisch relevanten anderen Zillmerungsverfahren als „Vollzillmerung“ bezeichnet. Die Vollzillmerung entspricht insoweit allein der handelsrechtlich geforderten Bewertungsmethode. Das in dem Zillmerungsverfahren verwendete Deckungskapital wird als „gezillmertes Deckungskapital“ bezeichnet, im Unterschied zu dem handelsrechtlich nicht relevanten „ungezillmerten Deckungskapital“, also einem reinen Nettobeitragsverfahren, in dem Kosten in Leistungs- und Beitragsbarwert nicht berücksichtigt werden.

Nach obigen Ausführungen bewirkt die gesetzlich geforderte Berücksichtigung der Abschlussaufwendungen bei der Anwendung des Realisationsprinzips eine Minderung des Deckungskapitals, da dies eine Senkung des Beitragsbarwerts vermeidet, ohne dass sich der Barwert der Verpflichtung ändert. Denn die Abschlussaufwendungen wurden bereits bei Vertragsbeginn geleistet. Der Unterschiedsbetrag vermindert sich im Laufe der Versicherungsdauer um die mit den Beiträgen eingehenden Abschlusskostenzuschläge unter Berücksichtigung der Verzinsung. Das „gezillmerte Deckungskapital" ist somit stets kleiner als das „ungezillmerte Deckungskapital", also das Deckungskapital, das sich ergäbe, wenn die Beiträge keine Abschlusskostenzuschläge beinhalten würden; beide stimmen erst am Ende der Beitragszahlung überein. Beim „ungezillmerten Deckungskapital" würde das Realisationsprinzip ohne Rücksicht auf die bereits geleisteten Abschlussaufwendungen angewendet und damit die diese deckenden Beitragsteile als unrealisiert im Beitragsbarwert außer Ansatz gelassen. 100

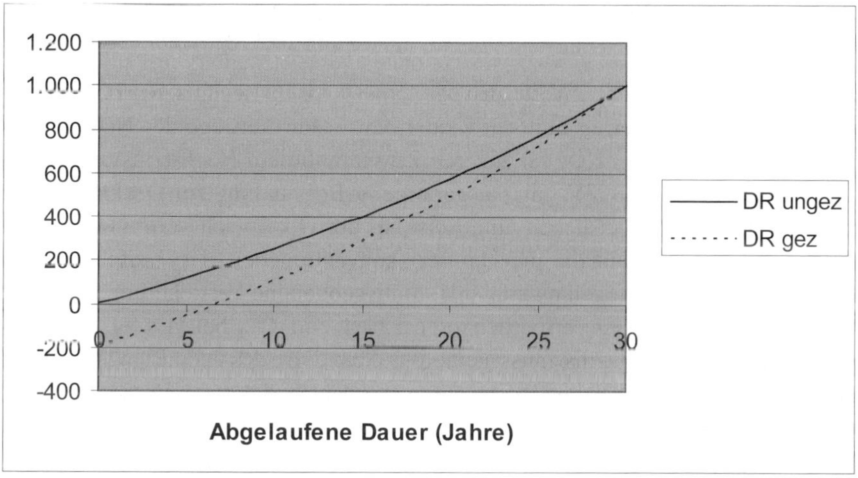

Beispiel: Verlauf von gezillmertem und ungezillmertem Deckungskapital bei einer gemischten Versicherung mit folgenden Vertragsdaten:
VS: EUR 1.000
Eintrittsalter/Geschlecht: 30 Jahre/Mann
Versicherungsdauer (= Beitragszahlungsdauer): 30 Jahre
Zillmersatz: 20 % der BS[60]

60 Der Satz von 20 % wurde nur gewählt, um den unterschiedlichen Verlauf besser graphisch darstellen zu können. Er übersteigt die zulässigen Höchstwerte bei weitem.

cc) Aufsichtsrechtliche Bestimmungen, DeckRV

101 Die nach § 341e Abs. 1 Satz 2 HGB bei der Bestimmung der Rechnungsgrundlagen der DR zu berücksichtigenden aufsichtsrechtlichen Bestimmungen finden sich in der aufgrund § 65 VAG erlassenen VO über Rechnungsgrundlagen für die DR (DeckRV).[61]

102 (Höchstrechnungszins)

Das HGB enthält nur sehr allgemeine Ausführungen zur Wahl des Diskontierungszinses der DR (Rechnungszins). Neben der Vorgabe der vorsichtigen Bewertung in §§ 252 Abs. 1 Nr. 4, 341e Abs. 1 Satz 1 HGB und § 25 Abs. 1 Satz 1 RechVersV, bezieht sich nur § 341f Abs. 2 HGB auf den Rechnungszins, mit dem zukünftige, garantierte Leistungen diskontiert werden. Bei der Beitragsberechnung für solche Garantien gehen stets Annahmen über die Kapitalerträge, wenigstens im Sinne eines Kapitalerhalts, ein. Demzufolge muss der zur Diskontierung verwendete Rechnungszins am Bilanzstichtag in Einklang mit den Erwartungen zu den Kapitalerträgen stehen.

Der Rechnungszins war bei Verträgen des Altbestands im (technischen) Geschäftsplan festgelegt und betrug i.d.R. 3 % oder 3,5 %. Für Verträge des Neubestands wird in § 2 Abs. 1 DeckRV für VV mit Zinsgarantie ein Höchstzinssatz festgesetzt.[62] Dabei sind als LVV mit Zinsgarantie lt. Begründung zur DeckRV solche Verträge anzusehen, bei denen eine Leistung der Höhe nach vertraglich garantiert wird. Dies trifft auf die meisten der „konventionellen" LV-Tarife zu. Nicht betroffen von dieser Regelung sind z.B. fondsgebundene Versicherungen, soweit keine Mindestleistungen vertraglich zugesichert sind. Der bei Vertragsabschluss verwendete Rechnungszins muss gem. § 2 Abs. 2 DeckRV i.d.R. während der ganzen Laufzeit des Vertrags beibehalten werden. § 5 Abs. 3 DeckRV enthält eine als Untergrenze zu verstehende Konkretisierung der Vorgabe in § 341f Abs. 2 HGB. Dies kann im Einzelfall zu der Notwendigkeit führen, den bisher für die Berechnung der DR eines Vertrags verwendeten Rechnungszins abzusenken, wenn entsprechende Kapitalerträge nicht mit ausreichender Sicherheit erzielt werden können.

§ 3 DeckRV enthält zwei Ausnahmen von der Höchstzinsregelung. Die erste betrifft VV gegen Einmalbeitrag mit einer Laufzeit von bis zu acht Jahren, die zweite betrifft Rentenversicherungen ohne Rückkaufswert für die ersten acht Jah-

61 BGBl. I 1996, S. 670 ff., zuletzt geändert durch die fünfte Verordnung zur Änderung der DeckRV v. 11.05.2009 (BGBl. I 2009, S. 1050).

62 Genauer gesagt werden in Abhängigkeit von der Währung, in der die Leistung festgesetzt wurde, unterschiedliche Höchstsätze festgesetzt (vgl. § 2a DeckRV).

re des Rentenbezugs. In diesen Fällen wird ein abweichender Höchstzinssatz festgelegt.

Eine Übersicht über die jeweils geltenden Höchstzinssätze enthält die Tabelle unter Rn. 23.

(Höchstzillmersatz) 103

§ 4 DeckRV enthält eine Verschärfung des Realisationsprinzips. Hiernach dürfen nicht für die Deckung von zukünftig zu erfüllenden Verpflichtungen benötigte Beitragsteile höchstens in der Höhe des Höchstzillmersatzes bei der Berechnung der DR i.R.d. Ansatzes des Barwerts der zukünftigen Beiträge berücksichtigt werden. Wie beim Realisationsprinzip sind höhere, nicht benötigte Beitragsteile über die Beitragszahlungsdauer verteilt zu vereinnahmen. Grund hierfür ist, dass durch die übermäßige Einrechnung von Abschlusskosten- oder Gewinnzuschlägen in die Beiträge die zu stellende DR nicht zu sehr gesenkt werden soll. Je höher die Beiträge im Vergleich zu den Verpflichtungen sind, desto niedriger ist die DR. Da es sich nur um eine aufsichtsrechtliche Verschärfung handelt, ist das Realisationsprinzip in den Fällen zu beachten, in denen die anfänglichen Abschlussaufwendungen unter dem, nach § 4 DeckRV berücksichtigungsfähigen, Barwert der Abschlusskostenzuschläge liegen. Diese sind dann entsprechend weiter zu kürzen. In der versicherungsmathematischen Terminologie werden die nach den Rechnungsgrundlagen der DR nicht für zukünftige Verpflichtungen benötigten Beitragsteile bis zur Höhe des Höchstzillmersatzes als „Zillmerzuschläge“, die darüber hinausgehenden als „Amortisationszuschläge“ bezeichnet. Der Höchstzillmersatz darf ferner zu keinem Zeitpunkt der Vertragslaufzeit überschritten werden. Dies betrifft vor allem über einige Jahre verteilt gezahlte Abschlussprovisionen, die aber nicht gleichmäßig über die ganze Beitragszahlungsdauer gezahlt werden. Auch hier darf der Barwert der zur Deckung dieser nur in den Anfangsjahren anfallenden Verpflichtungen insgesamt vorgesehenen Beitragsteile nicht über dem Höchstzillmersatz liegen.

Der Höchstzillmersatz für den Zillmerzuschlag ist für die Verträge des Altbestands im genehmigten Geschäftsplan festgelegt. Genehmigungsfähig waren Zillmersätze bis zu 35 ‰ der VS bei Kapitalversicherungen bzw. 35 ‰ der versicherten Rente bei Rentenversicherungen. Bei Sondertarifen für das Gruppen-VG, Risikoversicherungen und Zusatzversicherungen waren geringere Sätze üblich. Für den Neubestand wird der Höchstzillmersatz durch § 4 Abs. 1 DeckRV auf 40 ‰ der Summe aller vom VN während der Vertragsdauer zu zahlenden Beiträge (BS) festgesetzt. Die Begründung zu § 4 Abs. 2 DeckRV stellt klar, dass auch bei einer vertraglichen Vereinbarung noch höherer Beiträge die in den Beitrag eingerech neten, weiteren Zuschläge nicht mehr im Beitragsbarwert berücksichtigt werden dürfen, soweit sie den Höchstzillmersatz übersteigen, der Normbeitrag also wie bei Anwendung des Realisationsprinzips entsprechend zu kürzen ist.

Der Übergang von der VS zur BS als Bemessungsgrundlage für die Zillmerung bei LVV, denen kein aufsichtsbehördlich genehmigter Geschäftsplan zugrunde liegt, wurde durch die Freigabe des Rechnungszinses bei der Beitragsberechnung (mit den genannten Einschränkungen des § 11 Abs. 1 VAG) notwendig. Die VS war damit keine sinnvolle Bemessungsgröße für den Höchstzillmersatz mehr. Der Satz von 40 ‰ der BS wurde anhand von Proberechnungen gerade so gewählt, dass sich bezogen auf die durchschnittliche Bestandszusammensetzung über alle Verträge ungefähr derselbe Zillmerbetrag ergab wie bei der früheren (vom BAV genehmigten) Regelung.

104 (Abweichung von der Vollzillmerung)

Eine Abweichung von der Vollzillmerung ist handelsrechtlich nur dann zulässig, wenn gesetzlich, geschäftsplanmäßig oder vertraglich bestimmte Teile der anfänglichen Beiträge schon zur Deckung zukünftiger Leistungen vorgesehen sind und daher nicht vorab vereinnahmt werden dürfen. In diesem Fall ist der Erfüllungsrückstand, die DR des VU größer. Die Vereinbarung eines erhöhten Rückkaufswerts genügt hierzu nicht. In diesem Fall ist die DR nach § 25 Abs. 2 RechVersV auf den zum Bilanzstichtag garantierten Rückkaufswert anzuheben. Allerdings wird aufsichtsrechtlich durch § 4 Abs. 3 DeckRV im Fall eines gesetzlich bestimmten, erhöhten Rückkaufswerts, z.B. aufgrund von § 169 Abs. 3 VVG oder im Fall der Vermögensbildungsversicherung, eine vorsichtige Bildung der DR verlangt, die handelsrechtlich nach § 341e Abs. 1 Satz 2 HGB zu beachten ist. Letztlich bedeuten die aufsichtsrechtlichen Vorgaben aus handelsrechtlicher Sicht, dass ein Anfall der Abschlusskosten nicht vollständig bei Vertragsbeginn in den Rechnungsgrundlagen der DR angenommen werden darf, sondern diese im Leistungsbarwert verteilt zu berücksichtigen sind. Dies wird allerdings im traditionellen Nettobeitragsverfahren zur Berechnung der DR durch eine entsprechende Kürzung der angesetzten gezillmerten Nettobeiträge äquivalent umgesetzt. Eine Ausnahmeregelung gilt für bis zum 31.12.1997 abgeschlossene Verträge, soweit sie die gleichen Rechnungsgrundlagen der Beitragskalkulation verwenden wie vor dem 29.06.1994.

105 Wird hingegen nur ein höherer Rückkaufswert vereinbart als gesetzlich vorgesehen, ohne dass eine entsprechende Vereinbarung über eine Zweckbindung von Beiträgen getroffen wird, ist die Vollzillmerung anzuwenden; also sind die vollen vertraglichen Beiträge im Beitragsbarwert und alle zukünftigen Verpflichtun-

gen im Leistungsbarwert anzusetzen. Soweit der sich so ergebende Wert unter dem am Bilanzstichtag garantierten Rückkaufswert liegt, ist die DR nach § 25 Abs. 2 RechVersV auf diesen anzuheben. Dies folgt auch aufsichtsrechtlich aus § 4 Abs. 2 DeckRV.[63] Damit ergibt sich ein Vorfinanzierungsbedarf aus den erhöhten Rückkaufswerten für den gesamten Bestand ohne Rücksicht darauf, dass nach den Erfahrungen nur ein eher kleiner Teil der VN den LVV frühzeitig beenden wird. § 25 Abs. 2 RechVersV begründet sich aus Art. 20 Abs. 1 A. vi) der Richtlinie 2002/83/EG und ist vorrangig aufsichtsrechtlich motiviert, denn ein VU soll jederzeit über genug Mittel verfügen, alle fällig werdenden Ansprüche zu befriedigen; mangels einer diesbezüglichen handelsrechtlichen Ermächtigung des Aufsichtsrechts in § 341e Abs. 1 Satz 2 HGB zu einer derart pauschalen Erhöhung der DR musste die Vorschrift aber im Handelsrecht untergebracht werden.

Von dieser Berücksichtigung der garantierten Rückkaufswerte des gesamten Bestands zum Bilanzstichtag ist die handelsrechtlich begründete, aber wahrscheinlichkeitsgewichtete Berücksichtigung zukünftiger Rückkaufswerte im Leistungsbarwert zu unterscheiden, wie sie auch durch Art. 20 Abs. A. i) erster Spiegelstrich der Richtlinie 2002/83/EG gefordert wird. 106

dd) Begründung einer Forderung an Versicherungsnehmer aus noch nicht fälligen Ansprüchen

Die Abschlussaufwendungen der LVU übertreffen meist die zur Deckung verfügbaren Teile der bei Vertragsbeginn eingenommenen Beiträge. Aufgrund des prospektiven Ansatzes bei der Bestimmung der DR und unter Anwendung des Realisationsprinzips wird die DR nur insoweit gebildet, wie die bisher angefallenen Abschlussaufwendungen noch nicht aus den hierfür verfügbaren Beitragsteilen getilgt sind, wobei der Höchstzillmersatz eine Begrenzung der ansetzbaren Beitragsteile bewirkt. Abschlussaufwendungen über dem Höchstzillmersatz können nur über die gesamte Beitragszahlungsdauer des LVV getilgt werden. Doch ist die prospektiv (oder äquivalent nach dem Zillmerungsverfahren) berechnete DR anfangs rechnerisch in Höhe des Barwerts der Zillmerzuschläge negativ. Wegen des Einzelbewertungsgrundsatzes können diese negativen Werte nicht angesetzt werden, sondern sind auszunullen. Damit sind die Abschlussaufwendungen im Jahr des Abschlusses überwiegend ungedeckter Aufwand und in den Folgejahren werden aus den eingenommenen, aber für die Bildung der prospektiv berechneten DR nicht benötigten Beiträgen hohe Erträge ausgewiesen, die der Tilgung dieser 107

63 Vgl. Begr. zu § 4 Abs. 2 DeckRV in BR-Drs. 114/96.

Verluste dienen. Damit bewirkt der Erwerb realistischerweise als profitabel angesehener Verträge erst einmal einen Verlust, der umso größer wird, je erfolgreicher der Vertrieb arbeitet. Es kommt damit zu Gewinnschwankungen in Abhängigkeit vom Neugeschäft; bei hohem Neugeschäft entstehen Verluste, bei niedrigem Neugeschäft Gewinne aus den die aktuellen Abschlussaufwendungen übertreffenden Amortisationserträgen des Bestands. Dieser Ausweis wirtschaftlicher Verluste beim Abschluss von Verträgen, die erwartungsgemäß durch zukünftige Erträge gedeckt sind, ist nicht ein den tatsächlichen Verhältnissen entsprechendes Bild der Ertragslage (vgl. § 264 Abs. 2 HGB). Die Möglichkeit der Aktivierung von Abschlusskosten und anschließender Abschreibung während der Vertragsdauer, wie sie z.B. nach den US-amerikanischen Rechnungslegungsvorschriften (US-GAAP)[64] zulässig ist, und damit der periodengerechten Zuordnung der Abschlussaufwendungen zu den zukünftigen Erträgen, wird in § 248 Abs. 1 Nr. 3 HGB ausdrücklich untersagt. Mit den Mitteln des Handelsrechts allein kann dieses Problem nicht gelöst werden. Die Lösung erfolgt aber mit einem wirtschaftlich gleichen Ergebnis durch die vertragliche Begründung von noch nicht fälligen Forderungen an VN (vgl. § 15 RechVersV).[65]

Mit den VN wird im Vertrag explizit eine Vereinbarung über die Abschlussaufwendungen und deren Deckung aus den zukünftigen Beiträgen geschlossen. Damit werden die Abschlussaufwendungen zu einer vertraglichen Leistung. Natürlich darf das LVU die Abschlussaufwendungen auch ohne diese Vereinbarung aus den Beiträgen decken, da die Beiträge in das Eigentum des LVU übergehen und das LVU dafür nur verpflichtet ist, die vertraglich bestimmten Leistungen zu erbringen. Soweit dabei Beiträge nicht benötigt werden, sind sie Gewinn und stehen dem LVU zur freien Verfügung. Insbesondere wird diese Vereinbarung auch nicht benötigt, um die DR prospektiv, also unter Ansatz aller zukünftigen Beiträge, zu berechnen. Die Anwendung des Realisationsprinzips bezieht sich auch ohne diese Vereinbarung auf alle aus dem Vertragsabschluss resultierenden Folgen, einschl. der Abschlussaufwendungen, auch wenn diese nicht Vertragsbestandteil sind.

Durch vertragliche Begründung der Abschlussdienstleistung als Bestandteil der mit den Beiträgen abgedeckten Leistungen des LVU ist mit dem erfolgten Abschluss ein Teil des i.d.R. schwebenden Geschäfts erfüllt. Soweit die Beiträge nicht für aktuelle Verpflichtungen oder zur Bildung der handels- und aufsichtsrechtlich geforderten DR benötigt werden, stehen sie zur Deckung dieser erfüllten Teilleistung zur Verfügung. Da das LVU aufgrund des LVV einen – wenn auch

64 Vgl. Tz. 28-31 in FAS 60.

65 Vgl. hierzu die Ausführungen von *Stuirbrink* u.a., in: Beck Vers-Komm., § 341 f HGB, Rn. 32 ff.

von zukünftigen Ereignissen abhängigen – noch nicht fälligen Anspruch auf die Beiträge hat, kann dieser sonst nicht als Forderung anzusetzende Anspruch hier wegen der Teilerfüllung der korrespondierenden Verpflichtung angesetzt werden. Dem entspricht, dass auch innerhalb der prospektiven Kalkulation der DR die Ansprüche auf zukünftige Beiträge angesetzt werden können, soweit entsprechende Leistungen ebenso im Barwert der Verpflichtung berücksichtigt werden. Es ist nur nicht zulässig, Gewinne aus dem schwebenden Geschäft vor der Realisierung auszuweisen. Insofern ist der Ansatz der Forderung der Höhe nach auf die tatsächlich für die Teilerfüllung angefallenen Aufwendungen begrenzt. Diese handelsrechtliche Konsequenz findet sich auch in den Erläuterungen zum Zillmerungsverfahren des § 4 DeckRV. Die Rechtsgrundlage für den Ansatz der Forderung liegt allerdings ausschließlich in den angeführten handelsrechtlichen Erwägungen. Weder § 4 DeckRV – wegen der Vorgaben in § 65 VAG und insb. in § 341e Abs. 1 Satz 3 HGB – noch § 15 RechVersV – wegen der Vorgaben in § 330 Abs. 3 (insb. Satz 4) und Abs. 4 HGB – können den Ansatz einer Forderung begründen oder deren Bewertung regeln. Damit liegt auch die Folgebewertung der Forderung i.R.d. allgemeinen handelsrechtlichen Bewertungsvorschriften.

Hiernach ist die Forderung entsprechend dem Eingang der für die Deckung der erfüllten Teilleistung bestimmten Beiträge aufzulösen. Soweit hierzu keine spezifische Regelung im Vertrag getroffen wurde, ist zur Vorsicht anzunehmen, dass die gesamten, nicht zur Erbringung der in der laufenden Periode zu erbringenden Leistungen benötigten Beiträge zur Deckung vorgesehen sind und es insoweit zu einer schnellstmöglichen Auflösung der Forderung kommt. § 4 Abs. 3 DeckRV bestimmt, dass die Vereinbarung anderer als der höchstmöglichen Beitragsteile für die Deckung der Abschlussaufwendungen nur dann aufsichtsrechtlich anerkannt ist, wenn diese Beitragsteile für die Bildung der DR aufgrund gesetzlich bestimmter, erhöhter Rückkaufswerte benötigt werden. Die durch nichts gesicherte Forderung soll nicht übermäßig lange in der Bilanz angesetzt werden. Handelsrechtlich steht einer solchen expliziten Vereinbarung eines anderen Tilgungsschemas allerdings nichts entgegen.

ee) Ausweis

Bei LVV, bei denen aufgrund der vertraglichen Vereinbarungen eine Forderung gegen den VN begründet werden kann, wird der Barwert der Zillmerzuschläge (letztlich der negative Betrag, der sich rechnerisch bei der Berechnung der DR ergibt) bei Versicherungsbeginn in der Bilanz des VU im Bilanzposten „Forderungen aus dem selbst abgeschlossenen VG an VN aus noch nicht fälligen Anspru- 108 chen" aktiviert. Die aktivierten Forderungen werden gem. dem in Rn. 107 geschilderten Verfahren getilgt. Auf der Passivseite beträgt die DR i.d.R. so lange Null, bis die Forderung getilgt ist. Dies ist nur dann nicht der Fall, wenn die vertragliche Vereinbarung zur Verwendung der Beiträge die Bildung der DR bei erhöhten Rückkaufswerten mit berücksichtigt.

Die DR zum Bilanzstichtag wird durch lineare Interpolation der DR am Anfang und am Ende des Versicherungsjahres, in das der Bilanzstichtag fällt, ermittelt. Entsprechendes gilt für die Forderungen an VN auf noch nicht fällige Ansprüche.

109 Im Einzelnen sind i.d.R. folgende Schritte bei der Ermittlung der Bilanz-DR durchzuführen (pro Einzelvertrag bzw. Versicherungsteil):

1. Bestimmung der DR zu den Jahrestagen im GJ und Folgejahr (ggf. inkl. zu bildender Verwaltungskostenrückstellung)
2. Gegebenenfalls Zusammenfassung von Grundversicherung und Dynamik-Nachträgen
3. Lineare Interpolation der Werte aus 1. auf den Bilanztermin
4. Nur bei laufenden Renten: Ggf. Korrektur um Rentenabzug
5. Entscheidung über Aktivierung und Ermittlung des zu aktivierenden Betrags
6. Maximierung mit einem ggf. vorhandenen Mindestrückkaufswert bzw. der nach Umwandlung in eine beitragsfreie Versicherung zu bildenden DR.

110 Der Unterschied zwischen dem Jahresendstand der DR und dem Jahresendstand der DR des VJ (ggf. nach der Berücksichtigung von Währungskursdifferenzen) wird zum Bilanzstichtag in der GuV unter I. 7 „Veränderung der übrigen versicherungstechnischen Netto-Rückstellungen: a) Deckungsrückstellung" ausgewiesen. Die Differenz der Forderungen an VN aus noch nicht fälligen Ansprüchen am Jahresende und am Jahresende des VJ wird je nach Vorzeichen (ggf. nach der Berücksichtigung von Währungskursdifferenzen) unter dem Posten I. 5 „Sonstige versicherungstechnische Erträge für eigene Rechnung" oder I. 12 „Sonstige versicherungstechnische Aufwendungen f.e.R." erfasst (§ 40 Satz 1 Nr. 3 bzw. § 44 Satz 1 Nr. 2 RechVersV).

111 Gemäß § 11a Abs. 1 Satz 1 VAG hat jedes LVU einen VA zu bestellen. Der VA muss u.a. sicherstellen, dass bei der Berechnung der Beiträge und der DR die gesetzlichen und aufsichtsrechtlichen Vorschriften eingehalten werden (§ 11a Abs. 3 Nr. 1 VAG). Für die DR muss er dies unter der Bilanz bestätigen (§ 11a Abs. 3 Nr. 2 VAG). Der Wortlaut der Bestätigung ist in § 1 Abs. 1 der aufgrund von § 11a Abs. 6 VAG erlassenen „Verordnung über die versicherungsmathema-

tische Bestätigung und den Erläuterungsbericht des Verantwortlichen Aktuars (AktuarV)“[66] festgelegt.

Zur Erläuterung der versicherungsmathematischen Bestätigung hat der VA der Aufsichtsbehörde einen Bericht (Erläuterungsbericht) vorzulegen. Die darin zu machenden Angaben sind in § 6 AktuarV festgelegt. Die im Erläuterungsbericht getroffenen Feststellungen sind vom Abschlussprüfer gem. § 17 Abs. 2 PrüfV ggf. kritisch zu würdigen.[67]

c) Die Prüfung der Deckungsrückstellung unter Einschluss der Forderungen aus dem selbst abgeschlossenen Versicherungsgeschäft an Versicherungsnehmer aus noch nicht fälligen Ansprüchen

Unabhängig von der Bestätigung des VA hat der Abschlussprüfer gem. § 17 PrüfV 112
die Einhaltung der handels- und aufsichtsrechtlichen Vorschriften über die bei der Berechnung der Rückstellungen zu verwendenden Rechnungsgrundlagen zu prüfen und in seinem Prüfungsbericht zu bestätigen. Dabei ist insb. die Einhaltung der Vorschriften zum Höchstrechnungszins zu prüfen. Über Feststellungen, die von denen des VA abweichen, ist zu berichten. Sofern der Abschlussprüfer einen unabhängigen Sachverständigen zur Beurteilung der versicherungstechnischen Rückstellungen heranzieht, so hat er dessen Namen im Prüfungsbericht anzugeben.

Die Prüfung der DR lässt sich i.d.R. in die folgenden wesentlichen (Teil-)Aspekte 113
zerlegen:

1. Prüfung der Vollständigkeit. Sind für alle VV, soweit erforderlich, DR gebildet worden?
2. Sind die in die (einzelvertragliche) Berechnung der DR eingehenden Grunddaten korrekt, d.h., entsprechen diese den zum Bilanzstichtag gültigen vertraglichen Vereinbarungen?
3. Entsprechen die einzelvertraglichen Berechnungen der DR den Festlegungen in den technischen Geschäftsplänen bzw. den von dem LVU verwendeten Bilanzierungs- und Bewertungsmethoden?

66 Vgl. BGBl. I 1996, S. 1681 ff., zuletzt geändert durch die Erste Verordnung zur Änderung der Verordnung über die versicherungsmathematische Bestätigung und den Erläuterungsbericht des VA v. 12.10.2005 (BGBl. I 2005, S. 3015).

67 Vgl. hierzu auch Rn. 120-122.

4. Ist die Aggregation der einzelvertraglichen DR zum Bilanzwert korrekt und wurde der aggregierte Wert korrekt verbucht?
5. Entspricht die Bewertung der DR (wie sie in den verwendeten Rechnungsgrundlagen zum Ausdruck kommt) den handels- und aufsichtsrechtlichen Anforderungen?
6. Ist der Ansatz und die Bewertung der Forderung an VN aus noch nicht fälligen Ansprüchen korrekt?
7. Sind alle erforderlichen Anhangangaben gemacht worden und ist eine korrekte versicherungsmathematische Bestätigung nach § 11a Abs. 3 Nr. 2 VAG unter der Bilanz erfolgt?

aa) Prüfung der Vollständigkeit

114 Im Grundsatz sind für alle zum Bilanzstichtag in Kraft befindlichen VV DR zu bilden. Demzufolge ist zu prüfen, ob für alle diese Verträge einzelvertragliche DR ermittelt wurden und ob diese in jedem Fall in den aggregierten Betrag Eingang gefunden haben. Dies heißt umgekehrt, dass für aus dem Bestand bereits abgegangene Verträge keine DR mehr gebildet werden darf. Falls Versicherungsleistungen fällig, aber noch nicht ausgezahlt worden sind, so sind diese Beträge in der Rückstellung für noch nicht abgewickelte VV zu erfassen. Grenzfälle stellen erfahrungsgemäß die zum 31.12. des GJ bzw. zum 01.01. des Folgejahres fälligen Ablaufleistungen bzw. Rentenleistungen dar.

In der Praxis werden die LVV häufig auf verschiedenen Bestandsverwaltungssystemen geführt oder in Teilen manuell verwaltet (z.B. mit Hilfe von Excel-Lösungen oder Access-Datenbanken). In diesen Fällen ist es wichtig zu prüfen, dass alle Teilbestände erfasst worden sind.

115 (Bestandsmigrationen, manuelle Bestände)

Im Zuge der Vereinheitlichung von Verwaltungsabläufen werden des Öfteren Teilbestände von einem Verwaltungssystem auf ein anderes übertragen (Bestandsmigration). Kam es im abgelaufenen GJ zu solch einer Bestandsmigration, so ist diese gesondert zu prüfen. Den (EDV-)technischen Teil wird man i.d.R. gem. den üblichen Grundsätzen für EDV-Migrationen prüfen.[68] Oft werden Änderungen hinsichtlich der Berechnungsformeln oder der Rechnungsgrundlagen vorgenommen oder es wird komplett auf einen neuen Tarif (Zieltarif) umgestellt. In diesem Fall

68 Vgl. *IDW Prüfungsstandard: Projektbegleitende Prüfung bei Einsatz von Informationstechnologie (IDW PS 850)* (Stand: 02.09.2008).

sind die Ergebnisse vor und nach der Migration i.d.R. nicht direkt abstimmbar. Deshalb ist in diesen Fällen neben der (EDV-)technischen auch eine aktuarielle Prüfung hinsichtlich der Angemessenheit der neuen Formeln, Rechnungsgrundlagen oder des Zieltarifes durchzuführen. Insbesondere ist auch zu prüfen, ob die tatsächlichen vertraglichen Verpflichtungen auch nach der Migration noch korrekt im System abgebildet werden.

Einen Spezialfall von manuellen Beständen stellen die fremdgeführten Konsortialverträge dar. Hier sind bei den nicht federführenden LVU die Abrechnungen des Konsortialführers (bei dem diese Verträge verwaltet werden) zu erfassen. Die Vollständigkeit der Angaben zum Konsortialgeschäft ist ebenfalls zu prüfen. In der Regel wird dies in Stichproben anhand einzelner Abrechnungen erfolgen. In den Fällen, in denen die Abrechnung des Federführers nicht so rechtzeitig vorliegt, dass sie noch mit Wirkung für den aktuellen JA erfasst und gebucht werden kann, ist eine Schätzung der Abrechnung erforderlich. Je nachdem, welche Bedeutung die einzelne Abrechnung für den Gesamtabschluss hat, wird man an eine solche Schätzung unterschiedliche Anforderungen stellen. Bei Konsortien, die bereits länger existieren, wird i.d.R. eine ausreichend zuverlässige Schätzung möglich sein.

Es besteht auch die Möglichkeit, dass ein LVU die Vertragsverwaltung für Teilbestände im Rahmen von Funktionsausgliederungsverträgen an externe Dritte übertragen hat (Outsourcing). Hier wird in aller Regel zum einen in summatorischer Form die für die Rechnungslegung erforderliche Information vom Dienstleister zur Verfügung gestellt werden. Zum anderen müssen aber auch die einzelvertraglichen Werte zum Zwecke des Einzelnachweises und zur Erfüllung der gesetzlichen Aufbewahrungspflichten archiviert werden. An eine solche Fremdverarbeitung sind entsprechende Anforderungen zu stellen, wie an das Outsourcing von Teilen der Rechnungslegung. Regelmäßig ist das Verwaltungssystem des Dienstleisters über eine Schnittstelle an das IT-gestützte Rechnungslegungssystem des LVU angebunden und damit Gegenstand der IT-Systemprüfung i.R.d. Abschlussprüfung des LVU.[69]

bb) Prüfung der Korrektheit der Grunddaten

Eine korrekte Berechnung der DR erfordert eine korrekte Führung aller versiche- 116
rungstechnischen Grunddaten des Vertrags. Daher ist im Zusammenhang mit der Prüfung der DR eine Prüfung der korrekten Bestandsführung verbunden (Vgl. Abschn. II. 3).

69 Vgl. hierzu *IDW Prüfungsstandard: Abschlussprüfung bei teilweiser Auslagerung der Rechnungslegung auf Dienstleistungsunternehmen (IDW PS 331)* (Stand: 09.09.2010).

cc) Prüfung der einzelvertraglichen Berechnung

117 Im Einzelnen sind die Daten der Inventuraufstellung für die Berechnung der DR auf Richtigkeit zu überprüfen. Gleichzeitig kann hierbei für im GJ neu zugegangene Verträge die Höhe der Brutto-Versicherungsbeiträge sowie die Ermittlung der Abschlussprovisionen geprüft werden. Für die einzelnen Tarifbestände sind die genehmigten Geschäftspläne (Altbestand) und die internen technischen Dokumentationen i.R.d. Bilanzierungs- und Bewertungsmethoden des LVU (hierzu können auch die Mitteilungen an die Aufsichtsbehörden gem. § 13d Nr. 6 VAG zählen, mit denen das LVU die Aufsichtsbehörde über die Grundzüge der Beitragsberechnung und der DR-Bestimmung unterrichtet) (Neubestand) heranzuziehen, um die der Berechnung zugrunde gelegten technischen Daten der VP sowie Ausscheideordnungen, Zinssätze, Kostensätze und Berechnungsformeln beurteilen zu können. Das gilt besonders für im GJ eingetretene Änderungen und neu aufgenommene Tarifbestände.

118 Die Berechnung der DR ist für eine genügend große Stichprobe im Einzelnen rechnerisch nachzuvollziehen. Die Stichprobe muss dabei so (groß) gewählt werden, dass Verstöße gegen die Bestimmungen der DeckRV hinsichtlich des Höchstrechnungszinses und des Höchstzillmersatzes mit einer ausreichend hohen Wahrscheinlichkeit entdeckt werden können. Bei Verträgen des Neubestands sollte darüber hinaus auch die Korrektheit des verwendeten Formelwerkes überprüft werden. Zu einer effizienten Durchführung dieser Prüfungen empfiehlt sich eine Übernahme der Stichprobe per Datenträger und eine anschließende Kontrollrechnung mit einem Prüfprogramm.

Die Kontrollrechnung der DR zu den Versicherungsjahrestagen allein reicht nicht, da zur Ermittlung der Bilanzwerte i.d.R. noch weitere (nachgelagerte) Rechenschritte erforderlich sind: Vergleich mit Mindestrückkaufswert, Interpolation, Rentenabzug und Entscheidung über Aktivierung (bei negativer Reserve), bei denen es durchaus auch wesentliche technische Fehler geben kann. Unter Umständen kann auch eine Kombination verschiedener Prüfungshandlungen zielführend sein, indem man z.B. die Jahrestagswerte im Wege einer Einzelfallprüfung überprüft und die Korrektheit der Interpolation über die in Rn. 141 beschriebene Plausibilitätsprüfung untersucht.

dd) Prüfung der Aggregation und Verbuchung

119 Zur Prüfung der Aggregation von den einzelvertraglichen Werten hin zu dem in der Bilanz ausgewiesenen Gesamtwert kommen unterschiedliche Prüfungen in

Betracht. Zum einen kann man für die Elemente der einzelvertraglichen Stichprobe dieselben Verdichtungsprogramme (Auswertungsroutinen des LVU) anwenden und das Ergebnis mit dem durch ein Prüfprogramm ermittelten Wert vergleichen. Häufig wird beim LVU der Gesamtwert über unterschiedliche Auswertungsroutinen ermittelt, sodass hierüber bereits die Möglichkeit eines Abgleichs der Ergebnisse der verschiedenen Routinen besteht. Alternativ kann man anhand von geeigneten Plausibilitätsprüfungen aggregierte Werte auf der Ebene von Teilbeständen verproben.[70]

ee) Prüfung der Rechnungsgrundlagen und der Bewertung

Die Beurteilung der Angemessenheit der Rechnungsgrundlagen stellt die heraus- 120
gehobene Prüfungshandlung i.R.d. Prüfung der DR dar.

Für die Versicherungen des Altbestands wird man sich i.d.R. bei der Prüfung der Rechnungsgrundlagen darauf beschränken können, festzustellen, ob die Vorschriften des Geschäftsplans hierzu eingehalten worden sind und diese dem handelsrechtlichen Vorsichtsprinzip genügen.

Ausgangspunkt für die Prüfung der Angemessenheit der Rechnungsgrundlagen beim Neubestand ist der vom VA gem. § 11a Abs. 3 Nr. 2 VAG erstellte Erläuterungsbericht (siehe Rn. 27). In diesem Bericht hat der VA darzulegen, dass die bei der Berechnung der DR verwendeten Rechnungsgrundlagen angemessene Sicherheitsspannen enthalten (§ 6 Abs. 4 Nr. 3 AktuarV). Bei der Verwertung der Arbeiten des VA sind die allgemeinen Berufsgrundsätze zur Verwertung der Arbeit von Sachverständigen gem. *IDW PS 322*[71] zu beachten. Danach hängen Art und Umfang der Verwertung der Arbeit des VA davon ab, inwieweit diese für den Abschlussprüfer nachvollziehbar ist. Daher sollte in einem ersten Schritt festgestellt werden, ob der Erläuterungsbericht des VA den Mindestanforderungen entspricht.[72]

Die Mindestanforderungen an einen Erläuterungsbericht des VA werden i.W. 121
durch § 6 AktuarV festgelegt:[73]

70 Vgl. zum Thema der Plausibilitätsprüfungen Rn. 141.

71 *IDW Prüfungsstandard: Verwertung der Arbeit von Sachverständigen (IDW PS 322)* (Stand: 24.11.2010).

72 Zur Zusammenarbeit zwischen Abschlussprüfer und VA vgl. *Faigle/Gross*, in: Geib (Hrsg.), FS Richter, Düsseldorf 2001, S. 79 ff.

73 Für eine ausführliche Kommentierung der AktuarV vgl. *Gottfried*, Der Aktuar, Heft 1, 1997, S. 10 ff.

§ 6 Abs. 1 AktuarV: Es ist eine Einteilung des Bestands in sog. Risikoklassen vorzunehmen. Unter Risikoklasse ist ein Teilbestand zu verstehen, der sich hinsichtlich der eingegangenen versicherungstechnischen und / oder Kapitalanlagerisiken möglichst homogen verhält. Die Einteilung ist zu begründen, Veränderungen gegenüber dem VJ sind zu erläutern.

§ 6 Abs. 2 AktuarV: Es sind Angaben zur Berechnungsmethode der DR zu machen, d.h., es ist darzulegen, ob

- nach der prospektiven oder retrospektiven Methode gerechnet wurde;
- Verwaltungskosten implizit oder explizit berücksichtigt wurden;
- eine einzelvertragliche Berechnung durchgeführt wurde oder die Rückstellung mittels statistischer Näherungsverfahren ermittelt wurde.

§ 6 Abs. 3 AktuarV: Die bei der Berechnung verwendeten Rechnungsgrundlagen sind anzugeben. Für den Neubestand sind vorzugsweise in Form einer Tabelle pro Tarif

- Ausscheideordnungen
- Rechnungszins
- Zillmersatz (bei gezillmerten Tarifen)
- Kostensätze

anzugeben. Bei Tarifen des Altbestands genügt ein Verweis auf den technischen Geschäftsplan.

§ 6 Abs. 4 AktuarV: Es ist zu begründen, warum die Bewertung der DR ausreichend vorsichtig ist. Dabei ist darauf einzugehen, ob

- alle vertraglich zugesagten Leistungen (inkl. garantierter Rückkaufswerte, beitragsfreier Summen, bereits zugeteilter Überschussanteile) berücksichtigt wurden,
- bei Verwendung der retrospektiven Methode diese mind. so vorsichtig ist wie die prospektive Methode,
- die verwendeten Rechnungsgrundlagen ausreichende Sicherheiten enthalten,
- die Bewertung der die versicherungstechnischen Verpflichtungen bedeckenden Aktiva ausreichend vorsichtig ist.

§ 6 Abs. 5 AktuarV: Die Angaben nach Abs. 2-4 sind für jede Risikoklasse separat zu machen.

§ 6 Abs. 6 AktuarV: Die Bildung von zusätzlichen Rückstellungen ist zu erläutern.

§ 6 Abs. 7 AktuarV: Auffüllungsbeträge für Verträge, bei denen die DR nicht allein aus den vereinbarten Prämien gebildet werden kann, sind zu erläutern.

§ 6 Abs. 8 AktuarV: Beim Altbestand kann i.W. auf den geltenden Geschäftsplan verwiesen werden.

§ 7 AktuarV fordert die Vorlage des Erläuterungsberichts des VA beim Vorstand 122
bei Abgabe der versicherungsmathematischen Bestätigung. Der Vorstand hat den Bericht unverzüglich nach Aufstellung des JA der Aufsichtsbehörde einzureichen.

Bereits bei Aufstellung des JA muss die Bestätigung des VA für die DR vorliegen. Grundlage für die Abgabe der Bestätigung sind die im Erläuterungsbericht des VA erforderlichen Darlegungen, Angaben und Erläuterungen. Dies bedeutet, dass sich der VA hierüber bereits bei Abgabe der Bestätigung unter der Bilanz im Klaren sein muss. Daher ist es nur konsequent zu fordern, dass er bei Abgabe der Bestätigung auch bereits seinen Bericht vorlegen muss. Da es hierbei i.W. auf die inhaltlichen Überlegungen und weniger auf formale oder redaktionelle Dinge ankommt, wird es in der Praxis nicht zu beanstanden sein, wenn zum Testatstermin lediglich ein qualifizierter Entwurf vorliegt.

(1) Gewinnzerlegung

Eine kritische Würdigung des Erläuterungsberichts des VA setzt voraus, dass der 123
Prüfer sich anhand anderer Informationsquellen ein Bild bzgl. der (möglichen) unternehmensspezifischen und branchenweiten Risiken gemacht hat. Die wichtigste (unternehmensindividuelle) Informationsquelle gegenüber der BaFin bildet die interne Rechnungslegung. Insbesondere aus den Nw. 213-219 (sog. Gewinnzerlegung) lässt sich erkennen, ob und wenn ja, welche Ergebnisquellen negativ sind.

Es werden die folgenden Ergebnisquellen (des saG) unterschieden: 124

- Risikoergebnis (Nw. 218)
- Stornoergebnis (Nw. 218)
- Kapitalanlageergebnis (Nw. 219, S. 1)
- Abschlusskostenergebnis (Nw. 219, S. 2)

- Verwaltungskostenergebnis (Nw. 219, S. 3)
- Rückversicherungsergebnis (Nw. 219, S. 4)
- Sonstiges Ergebnis (Nw. 219, S. 5).

Die Summe über alle Ergebnisquellen ergibt den Rohüberschuss bzw. Rohfehlbetrag. Durch Subtraktion von Direktgutschrift und Zuführung zur RfB und Addition des Ergebnisses aus dem übernommenen VG erhält man den in der GuV ausgewiesenen Jahresüberschuss bzw. Jahresfehlbetrag (vgl. auch Graphik unter Rn. 173).

Die Nw. (außer die zum Sonstigen Ergebnis, das i.W. die Erträge und Aufwendungen der nicht versicherungstechnischen Rechnung zusammenfasst) sind nach folgendem Muster aufgebaut:

Rechnungsmäßige Erträge / Aufwendungen

– tatsächliche Erträge / Aufwendungen

+/– Sonstiges

= Ergebnis.

Somit werden jeweils die rechnungsmäßigen Erträge und Aufwendungen (wie sie sich aus den verwendeten Rechnungsgrundlagen ergeben) den tatsächlichen Aufwendungen und Erträgen, zu deren „Deckung" sie vorgesehen sind, gegenübergestellt. An einem negativen Ergebnis lässt sich daher i.d.R. ablesen, dass die rechnungsmäßigen Erträge nicht ausgereicht haben, um die korrespondierenden, tatsächlichen Aufwendungen zu kompensieren bzw., dass die rechnungsmäßigen Aufwendungen die tatsächlichen Erträge übersteigen. Da die Rechnungsgrundlagen jeweils im Voraus und zumindest für viele Jahre unverändert festgelegt werden, können aufgrund extremer oder außergewöhnlicher Ereignisse oder Konstellationen in einzelnen Jahren negative Ergebnisse resultieren. Hieraus folgt jedoch nicht, dass die Rechnungsgrundlagen über die gesamte Vertragsdauer gesehen unzureichend sind. Zur Beurteilung der Rechnungsgrundlagen ist vielmehr auf eine mehrjährige Betrachtung abzustellen, die insb. versucht, Trends in den Ergebnissen sichtbar zu machen. Nur im Rahmen einer Mehrjahresbetrachtung lassen sich (statistische) Ausreißer in einzelnen Jahren feststellen.

Weiterhin ist zu beachten, dass es sich bei der Gewinnzerlegung um eine Analyse von Vergangenheitswerten handelt. Die DR ist jedoch im Regelfall prospektiv zu ermitteln. Um aus den Gewinnzerlegungen der Vergangenheit auf die Angemessenheit der Rechnungsgrundlagen in der Zukunft schließen zu können, muss man davon ausgehen können, dass sich die Verhältnisse in der Zukunft nicht gravierend ändern werden. Lassen sich Strukturbrüche beobachten (z.B. Änderungen in der Bestandszusammensetzung, der Kapitalanlagepolitik, der Vertriebswege oder Auslagerung der Vertragsverwaltung an Dritte), so sind die Auswirkungen hieraus auf die Ergebnisquellen ggf. gesondert abzuschätzen. Falls bspw. ein Direktversicherer, der in der Vergangenheit ein ausgeglichenes Gesamtkostenergebnis aufwies (d.h. die Summe aus Abschluss- und Verwaltungskostenergebnis betrug Null), sein Neugeschäft zukünftig über Makler akquirieren möchte, ohne seine Beitragsberechnung anzupassen, so lässt dies zukünftig dauerhaft Kostenverluste erwarten. Die tatsächlichen Aufwendungen (in diesem Fall i.W. die vergüteten Abschlussprovisionen) werden nämlich sprunghaft ansteigen, während sich die rechnungsmäßig aus den Beiträgen und der DR zur Verfügung stehenden Mittel jedoch nicht ändern werden, da keine Neutarifierung vorgenommen wurde. In diesem Fall wäre die Notwendigkeit zur Bildung einer zusätzlichen Verwaltungskostenrückstellung zu prüfen (vgl. Rn. 130f).

Die zweite wichtige Informationsquelle zur Beurteilung eines Erläuterungsberichts des VA bilden die von der DAV (Deutsche Aktuarvereinigung e.V.) verabschiedeten Fachgrundsätze. Der VA ist dafür verantwortlich, dass die zugrunde gelegten Annahmen und die angewendeten Verfahren fachlich angemessen sind. Fachliche Angemessenheit kann anhand der Anforderungen der genannten Fachgrundsätze der DAV, die der VA im Rahmen seiner berufsständischen Pflichten bei seinen Einschätzungen heranziehen wird, überprüft werden. Allerdings muss sich der Abschlussprüfer – ggf. unter Hinzuziehung eines Aktuars – ein ausreichendes Verständnis von diesen Annahmen und Verfahren verschaffen, um auf der Grundlage der Kenntnisse über das Unternehmen (vgl. *IDW PS 230*)[74] und den Ergebnissen aus den anderen Prüfungshandlungen abschätzen zu können, ob diese sachgerecht und schlüssig sind. 125

Die von der DAV veröffentlichten Fachgrundsätze sind hinsichtlich ihres Verbindlichkeitscharakters in drei Klassen eingeteilt: Verbindliche Grundsätze, Richtlinien und Hinweise. Verbindliche Grundsätze regeln Sachverhalte von grundsätzlicher Bedeutung. Sie einzuhalten, ist berufsständische Pflicht; Abweichungen sind nicht zulässig. Richtlinien sind ebenfalls grundsätzliche Regelungen, deren Einhaltung aus berufsständischer Sicht zu fordern ist. Von Richtlinien kann jedoch in begründeten Ausnahmefällen abgewichen werden. Hinweise stellen nicht verbindliche Empfehlungen zu aktuariellen Einzelfragen dar. Allerdings binden diese Fachgrundsätze das bilanzierende VU nicht.

74 *IDW Prüfungsstandard: Kenntnisse über die Geschäftstätigkeit sowie das wirtschaftliche und rechtliche Umfeld des zu prüfenden Unternehmens im Rahmen der Abschlussprüfung (IDW PS 230)* (Stand: 08.12.2005).

Zur Frage der Wahl bzw. der Überprüfung der Rechnungsgrundlagen hat die DAV eine Reihe von Fachgrundsätzen veröffentlicht. Für den Abschlussprüfer ist es erforderlich, die Inhalte der wesentlichen Arbeiten zu kennen, um ggf. abweichende Vorgehensweisen bei einzelnen LVU erkennen und bewerten zu können.

126 Anhand der (unternehmensindividuellen) Gewinnzerlegung und der von der DAV übergreifend verabschiedeten Fachgrundsätze kann vom Prüfer eine Würdigung der Aussagen des Erläuterungsberichts des VA vorgenommen werden.

(2) Umstellung des Rechnungszinses

127 Hinsichtlich der Prüfung des verwendeten Rechnungszinses ergibt sich im Zusammenhang mit einer Änderung des Rechnungszinses die Frage der korrekten Abgrenzung zu den Umstellungsstichtagen (01.07.2000: Senkung von 4 % auf 3,25 %; 01.01.2004: Senkung von 3,25 % auf 2,75 %; 01.01.2007: Senkung von 2,75 % auf 2,25 %). Maßgeblich für die Anwendung des Höchstrechnungszinses ist der Zeitpunkt des Vertragsabschlusses (§ 2 Abs. 2 DeckRV). In der Praxis wird dies oft aus Vereinfachungsgründen mit dem Datum der Vertragsausfertigung gleichgesetzt (vgl. Rn. 38). Die LVU treffen bei einer Senkung des Höchstrechnungszinses i.d.R. verwaltungstechnische Vorkehrungen, damit nach einem vorgegebenen Stichtag keine Anträge mehr mit Beiträgen nach der alten Beitragsberechnung angenommen werden. In der Praxis kommt es dennoch immer auch zu Fällen, bei denen nach dem Umstellungstermin Verträge mit Beiträgen nach dem alten Höchstrechnungszins abgeschlossen werden. Da der Prozess der Antragsprüfung durchaus langwierig sein kann, ist dies in begründeten Einzelfällen nicht zu beanstanden. Zum Beispiel besteht dann kein Grund zur Beanstandung, wenn aus den Antragsunterlagen ersichtlich ist, dass sich der Vertragsabschluss allein aufgrund einer ausstehenden Gesundheitsprüfung verzögert hat. Erfolgt jedoch planmäßig ein Abschluss von Verträgen mit Beiträgen nach dem alten Höchstrechnungszins über den Umstellungsstichtag hinaus, so sind für diese Verträge die DR mit dem neuen (niedrigeren) Rechnungszins zu berechnen. Dies führt, da der vom VN entrichtete Beitrag geringer ist als der Beitrag, der sich nach dem neuen Höchstrechnungszins ergäbe, zu einem ggf. nicht unerheblichen Vorfinanzierungseffekt für das LVU. Denn der Barwert der Beitragsdifferenz für die gesamte Vertragslaufzeit ist direkt zu Vertragsbeginn zurückzustellen.

Vertragsänderungen zu Verträgen, denen ein Rechnungszins zugrunde liegt, der höher ist als der zum Zeitpunkt der Vertragsänderung zulässige Höchstrechnungszins, sind dahingehend zu überprüfen, ob ggf. für die Änderung der neue Höchstrechnungszins verwendet werden muss. In seinem Rundschreiben 1234/2000[75] hat der GDV diesbezüglich Kriterien und Grundsätze definiert, die auch mit dem IDW im Vorfeld abgestimmt worden waren. Danach sind Vertragsänderungen, die eine wesentliche Leistungserweiterung beinhalten, ggf. mit dem neuen (niedrigeren) Rechnungszins vorzunehmen. Auch Bestandsaktionen des LVU, bei denen in großem Umfang Verträge geändert oder umgestellt werden, sind ggf. betroffen. Dies ist im Einzelfall vom Abschlussprüfer zu prüfen. Darüber hinaus ist auch zu prüfen, ob das Unternehmen geeignete Maßnahmen getroffen hat, um überhaupt betroffene VV ermitteln zu können.

(3) Unternehmensindividuelle biometrische Rechnungsgrundlagen

Bei Veröffentlichung von neuen biometrischen Rechnungsgrundlagen oder bei 128 anhaltenden Risikoverlusten bei einzelnen Risikoarten ist die Angemessenheit der betreffenden Rechnungsgrundlagen zu überprüfen.[76]

Verwendet das LVU unternehmensindividuelle biometrische Rechnungsgrundlagen, so ist zu prüfen, ob deren Herleitung nach anerkannten versicherungsmathematischen Methoden erfolgte.[77] Dabei ist auch der Frage nachzugehen, ob der untersuchte Bestand die erforderlichen Voraussetzungen (Größe, Homogenität) erfüllt, damit die Ergebnisse mit einer hinreichenden Wahrscheinlichkeit als statistisch gesichert angesehen werden können. Ebenso sollte die Frage geklärt werden, ob ggf. Selektionseffekte im beobachteten Bestand untersucht und geeignet berücksichtigt wurden.

(4) Neubewertung der Deckungsrückstellung bei Rentenversicherungen

Bei der Bewertung von Renten-VV spielt die Beurteilung der immer wei- 129 ter fortschreitenden Verbesserung der Lebenserwartung eine große Rolle. Die Einschätzung des Trends zur Sterblichkeitsverbesserung musste im Zeitraum 1987-2004 zweimal revidiert werden. Im Jahre 1994 wurde die Tafel DAV1994R veröffentlicht,[78] zehn Jahre später mussten die zugrunde liegenden Trendannah-

75 GDV-Rundschreiben 1234/2000 „Rechnungsgrundlagen bei Vertragsanpassungen nach der Absenkung des Höchstrechnungszinses am 01.07.2000“ v. 15.06.2000.

76 Vgl. Der Aktuar, Heft 2, 1996, S. 42 f. und das Schreiben der DAV an die VA zur „Anpassung der Deckungsrückstellung bei Berufsunfähigkeits(zusatz-)versicherungen aus aktuarieller Sicht“ v. 08.12.1998.

77 Vgl. hierzu bspw. *Olbricht/Miller*, Entwicklung unternehmenseigener Sterbetafeln, in: Blätter DGVM, Bd. XXII, 1996, S. 501-514.

78 Vgl. *Schmithals/Schütz:* Herleitung der DAV-Sterbetafel 1994R für Rentenversicherungen, in: Blätter DGVM, Bd. XXII, 1995, S. 529-569.

men korrigiert und eine neue Tafel (DAV2004R) herausgegeben werden,[79] da die in der DAV1994R enthaltenen Sicherheitsspannen nicht mehr als ausreichend angesehen wurden.

Ebenso musste die Bewertung der DR der Bestandsversicherungen an die neuen Tafeln angepasst werden. Bei der ersten Neubewertung wurde der Aufwand aus der Auffüllung der DR i.d.R. auf acht Jahre (1995-2002) verteilt, da aufgrund entsprechender Margen beim Rechnungszins die Rechnungsgrundlagen insgesamt noch als ausreichend angesehen wurden. Für die Verträge des Altbestands erging eine entsprechende Anordnung durch die Aufsichtsbehörde.[80] 2004 war die Situation an den Kapitalmärkten eine ganz andere. Zudem war nun eine sehr viel größere Anzahl von Verträgen des Neubestands betroffen. Eine Verteilung des Auffüllungsbetrags ist nach den handelsrechtlichen Bestimmungen nicht möglich, da die DR zu jedem Bilanzstichtag die handelsrechtlich erforderliche Vorsicht beinhalten muss. Ausgehend von der Annahme, dass für die LVV des Bestands kein Irrtumsrisiko mehr besteht und dass sich auch das Schwankungsrisiko zu einem Teil bereits realisiert hat, wurde zur Bewertung des Bestands eine gesonderte Sterbetafel entwickelt, die zu jedem Zeitpunkt die aktuell erforderliche Vorsicht gewährleistet und der Entwicklung zeitnäher folgt (DAV2004RB). Daneben wurde den Unternehmen die Möglichkeit eingeräumt, bei der Berechnung der DR Storno- und Kapitalwahlwahrscheinlichkeiten anzusetzen. Beide Maßnahmen führten zu einer Reduktion des Auffüllungsbetrags. Daneben wurde eine dritte Tafel (DAV2004R-B20) veröffentlicht, die den ursprünglichen Trend der Tafel DAV2004R mit den geringeren Sicherheitsspannen der Tafel DAV2004RB kombiniert. Die mit dieser dritten Tafel berechnete DR soll im Verlauf der nächsten 20 Jahre, beginnend in 2005, entsprechend der (linear pauschalierten) Entwicklung aufgefüllt werden, sofern sich die bei der Herleitung der DAV2004RB angenommene Trenddämpfung nicht bestätigen lässt. Die DAV-Arbeitsgruppe „Biometrische Rechnungsgrundlagen“ hat seit 2005 bisher jeweils für jedes Jahr die Trendentwicklung untersucht und empfohlen, die Sicherheiten jedes Jahr um ein Zwanzigstel auszubauen.[81]

---

79 Vgl. DAV-Richtlinie: Herleitung der DAV-Sterbetafel 2004R für Rentenversicherungen v. 14.09.2005 (vgl. Anlage 1).

80 Vgl. VerBAV 1995, S. 367 ff.

81 Vgl. Berichte der DAV-Arbeitsgruppe „Biometrische Rechnungsgrundlagen“ in den Jahren 2006-2010.

Aus prüferischer Sicht sind i.R.d. aktuellen Neubewertung folgende zusätzliche Überlegungen anzustellen:

- Sofern Storno- und Kapitalwahlwahrscheinlichkeiten verwendet werden, sind diese angemessen?[82]
- Erfolgt die Berücksichtigung von Kapitalwahlwahrscheinlichkeiten entsprechend der von der BaFin in VerBaFin 1/2005 gemachten Vorgaben?
- Ist die Interpolation zwischen der DR der Start- und Zieltafel korrekt? Werden die durch die DAV gemachten Vorgaben[83] erfüllt?
- Erfüllt die Gegenfinanzierung die durch die Aufsichtsbehörde gestellten Anforderungen und sind diese korrekt in der Rechnungslegung abgebildet?

(5) Berücksichtigung von Verwaltungskosten, impliziter Kostenansatz

Bei der Berechnung der DR werden die Kosten für die laufende Verwaltung der VV im Allgemeinen nicht explizit, sondern implizit berücksichtigt, d.h., die Verwaltungskosten (für die beitragspflichtige Zeit) werden in gleicher Höhe sowohl aus dem Barwert der Verpflichtungen als auch aus dem Barwert der künftigen Beiträge herausgenommen. Dieses Vorgehen ist gem. der Begründung zu § 25 RechVersV zulässig, aber nur dann, wenn man davon ausgehen kann, dass die in den Beiträgen rechnungsmäßig kalkulierten Kostenanteile ausreichen, um die VV tatsächlich zu verwalten. Ein wichtiger Indikator für die Zulässigkeit dieser Vorgehensweise ist das Abschluss- und Verwaltungskostenergebnis gem. Nw. 219, S. 2 und 3. Sollte die Summe dieser Ergebnisse z.B. über mehrere Jahre hinweg negativ sein, so sind durch den VA weitergehende Überlegungen durchzuführen.[84] Auf jeden Fall sollte der VA in seinem Erläuterungsbericht[85] zu der Problematik Stellung nehmen. Die Angemessenheit eines impliziten Kostenansatzes ist vom Abschlussprüfer zu würdigen. 130

Für beitragsfreie Zeiten ist ein impliziter Ansatz naturgemäß nicht möglich. Bei Einmalbeitragsversicherungen, Versicherungen mit abgekürzter Beitragszahlung 131

82 Es ist davon auszugehen, dass insb. die Kapitalwahlwahrscheinlichkeiten größeren Unsicherheiten unterliegen als die übrigen Rechnungsgrundlagen.

83 In der DAV-Richtlinie „Reservierung und Überschussbeteiligung von Rentenversicherungen des Bestands“ v. 14.09.2005 sind die Vorgaben enthalten.

84 Solche Überlegungen werden z.B. in dem von einer DAV-Arbeitsgruppe veröffentlichten Artikel „Berücksichtigung der Kosten bei Deckungsrückstellungen“, Der Aktuar, Heft 4, 1998, S. 148 ff. beschrieben.

85 Vgl. Rn. 120 ff.

und Rentenversicherungen muss das LVU, das einen impliziten Ansatz verwendet, für die während der beitragsfreien Zeit bzw. der Zeit des Rentenbezugs anfallenden Verwaltungskosten innerhalb der DR eine zusätzliche Rückstellung (Verwaltungskostenrückstellung) bilden (§ 25 Abs. 3 RechVersV). Die Verwaltungskostenrückstellung wird im Allgemeinen nicht gesondert ermittelt, sondern i.R.d. DR-Berechnung berücksichtigt.

Die korrekte Bildung von Verwaltungskostenrückstellungen für beitragsfreie Versicherungen kann i.A. nur i.R.d. einzelvertraglichen Kontrollrechnungen überprüft werden, da eine separate Ermittlung der Verwaltungskostenrückstellung seitens der LVU meistens nicht erfolgt und somit z.B. Plausibilitätsprüfungen i.d.R. nicht in Frage kommen.

ff) Prüfung der Aktivierung und Bewertung der Forderungen an Versicherungsnehmer noch nicht fällige Ansprüche

132 Die Forderungen gegen VN aus noch nicht fälligen Ansprüchen sind nur dann ansatzfähig, wenn mit den VN im LVV eine entsprechende Vereinbarung getroffen wurde.[86] In der Praxis finden sich die einschlägigen Regelungen innerhalb der Vertragsbestimmungen. Für diejenigen LVV, bei denen eine Aktivierung vorgenommen wird, ist zu prüfen, ob die LVV eine solche Regelung enthalten, die trotz der einschlägigen Urteile[87] wirksam ist.

133 Der anfänglich aktivierte Betrag darf 40 ‰ der BS nicht übersteigen (Höchstbetrag gem. § 4 Abs. 1 DeckRV). Die Einhaltung dieser Höchstgrenze kann sowohl im Wege einer einzelvertraglichen Berechnung als auch anhand von Plausibilitätsprüfungen überprüft werden. Bei einer Plausibilitätsprüfung kann z.B. der anfängliche Aktivierungsbetrag (pro Tarif, Tarifgruppe oder einen anderen Teilbestand) ins Verhältnis zur BS des Neuzugangs, die auf diesen Teilbestand entfällt, gesetzt werden.

134 Die tatsächlich geleisteten Abschlussaufwendungen stellen eine weitere obere Schranke dar. Dies ergibt sich aus § 252 Abs. 1 Nr. 4 letzter Hs. HGB. Diese Schranke kann aber nur zum Zuge kommen, sofern die tatsächlich geleisteten Abschlussaufwendungen den Höchstbetrag gem. DeckRV nicht übersteigen, was in der Praxis nur selten vorkommen dürfte. Anhand der Daten aus der internen Gewinnzerlegung (Nw. 219, S. 2) kann das Verhältnis von rechnungsmäßig

86 Vgl. *Stuirbrink* u.a., in: Beck Vers-Komm., § 341 f HGB, Rn. 33.
87 Vgl. IV ZR 121/00 – BGH v. 09.05.2001.

gedeckten Abschlusskosten und tatsächlich angefallenen Abschlussaufwendungen ermittelt werden. In den meisten Fällen wird dies genügen, um zu einer Einschätzung zu gelangen. Falls nicht, so sind ggf. weitergehende Prüfungshandlungen angebracht.

Außer in den in Rn. 108 genannten Fällen ist eine Aktivierung bei gleichzeitiger Bildung einer DR nicht möglich. Hierauf ist insb. bei Verträgen des Neubestands, die einen nicht gesetzlich begründeten Rückkaufswert vorsehen (außer den oben genannten), zu achten. 135

Die Forderung an VN aus noch nicht fälligen Ansprüchen unterliegen einem nicht unerheblichen Ausfallrisiko, da bei Stornierung des VV diese aktivierten Beträge i.d.R. dem VN gegenüber nicht geltend gemacht werden können.

Das Ausfallrisiko besteht in besonderem Maße bei LVV mit erhöhter DR aufgrund angehobener Rückkaufswerte.

Für die Forderung muss das LVU ausreichende Wertberichtigungen bilden, die vor allem aufgrund der statistischen Erfahrungen der Vergangenheit zu ermitteln sind. Die Angemessenheit der Wertberichtigungen ist vom Abschlussprüfer zu beurteilen.

Die LVU berücksichtigen bei der Bemessung der Wertberichtigungen teilweise, dass bei vorzeitiger Stornierung gegenüber den Versicherungsvermittlern Ansprüche auf Rückabschlussprovision entstehen, die das Ausmaß der Wertberichtigung mindern können. Dabei ist aber zu beachten, dass Rückabschlussprovisionsansprüche gegenüber den Vermittlern oft nicht realisierbar sind.

Die Veränderung der Wertberichtigung wird in der GuV je nach Vorzeichen unter der Position I. 5 „Sonstige versicherungstechnische Erträge f.e.R." oder I. 12 „Sonstige versicherungstechnische Aufwendungen f.e.R." ausgewiesen.

(Negative einzelvertragliche DR aus anderen Gründen als Zillmerung) 136

Insbesondere bei BUZ kann die einzelvertragliche DR auch allein aus dem Risikoverlauf heraus negativ werden. Vor Inkrafttreten der RechVersV konnte in Fällen, in denen die DR sowohl aufgrund der Zillmerung als auch aus dem Risikoverlauf heraus negativ sein konnte, vereinfachend angenommen werden, dass die gesamte negative DR aus der Zillmerung resultiert. In der Folge konnte in entsprechender Höhe eine Forderung an VN aus noch nicht fälligen Ansprüchen gebildet werden. Diese Vorgehensweise ist für die Verträge des Neubestands (mangels einer konkreten Ermächtigung dazu) nicht mehr zulässig. Lebensversicherungsunternehmen, die in ihren BU-Beiträgen Abschlusskostenzuschläge vorsehen, müssen also in den Fällen, in denen die DR-Berechnung negative Werte liefert, bestimmen, welcher Anteil aus der Zillmerung stammt und welcher Anteil sich ggf. aus dem Verlauf der verwendeten Ausscheideordnungen ergibt. Da eine exakte Berechnung sehr aufwendig und in den meisten Verwaltungssystemen nicht ohne großen Aufwand durchführbar ist, werden in der Praxis i.d.R. geeignete Näherungsverfahren verwendet.

Die Vorgehensweise des LVU hinsichtlich des Ansatzes der Forderung bei BU-VV und die Angemessenheit der ggf. verwendeten Näherungsverfahren sind Gegenstand der Abschlussprüfung.

Der VV ist als Einheit zu bilanzieren. Wenn neben der Hauptleistung weitere zusätzliche Leistungen abgedeckt werden (i.d.R. im Rahmen von Zusatzversicherungen), so ist bei Fragen der Aktivierung im Grundsatz auf den Gesamtvertrag abzustellen. In der Regel sind Zusatzversicherungen jedoch getrennt von der Hauptversicherung kündbar. Aus diesem Grund und wegen der einfacheren Verwaltung werden in der Praxis Haupt- und Zusatzversicherungen bzgl. der Frage der Aktivierung separat behandelt.

137 Die Veränderung der Forderungen an VN aus noch nicht fälligen Ansprüchen ist, sofern diese einen Ertrag darstellt, unter dem GuV-Posten I. 5 „Sonstige versicherungstechnische Erträge", sofern diese einen Aufwand darstellt, unter dem Posten I. 12 „Sonstige versicherungstechnische Aufwendungen", auszuweisen.

gg) Prüfung der Anhangangaben und der versicherungsmathematischen Bestätigung

138 (Versicherungsmathematische Bestätigung)

Es ist zu prüfen, ob eine versicherungsmathematische Bestätigung durch den VA unter der Bilanz erfolgt ist und ob diese formal den Vorgaben von § 1 Abs. 1 AktuarV entspricht. Inhaltlich ist zu prüfen, ob sich das Testat auf die jeweiligen Netto-Rückstellungen bezieht und die betreffenden Bilanzposten korrekt referenziert sind, das genannte Datum der letzten Geschäftsplanänderung korrekt ist und ob die richtige Variante (mit/ohne Altbestand) gewählt wurde. Das Datum der Bestätigung muss vor dem Datum der Aufstellung des JA durch den Vorstand liegen.

139 (Anhangangaben)

Gemäß § 52 Nr. 2a) RechVersV haben LVU die zur Berechnung der versicherungstechnischen Rückstellungen, einschl. der darin enthaltenen Überschussanteile, verwendeten versicherungsmathematischen Methoden und Berechnungsgrundlagen im Anhang anzugeben.

Hinsichtlich der Berechnungsmethoden sind Angaben darüber zu machen, ob die DR

- prospektiv oder retrospektiv,
- einzelvertraglich oder mit einem Näherungsverfahren,
- unter Verwendung eines impliziten oder expliziten Kostenansatzes

ermittelt wurde. Die Angaben sind, sofern sie variieren, für jeden wesentlichen Teilbestand zu machen. Dabei sind Teilbestände durch die verwendeten Rechnungsgrundlagen Zins und Ausscheideordnung definiert. Die gemachten Angaben sollten einen möglichst großen Teil des Gesamtbestands abdecken.

Weiterhin sind Angaben zu den Bonusversicherungen und zur Verwaltungskostenrückstellung sowie zu ggf. gebildeten Zusatzrückstellungen aufgrund einer Anpassung der Rechnungsgrundlagen zu machen.

Die Angaben zu den Berechnungsgrundlagen sollten Angaben zu den verwendeten Rechnungszinsen, Ausscheideordnungen und Zillmersätzen umfassen.

Die genannten Angaben sind als Mindestanforderungen zu verstehen, d.h., bei der Prüfung der Anhangangaben ist darauf zu achten, dass zu den oben genannten Punkten entsprechende Ausführungen im Anhang vorhanden sind.

(Plausibilisierung der versicherungstechnischen Posten anhand der statistischen 140
Bestandsentwicklung und der Angaben aus Nw. 216 f.).

Alle wesentlichen Geschäftsvorfälle bei einem LVU (Ausfertigung eines neuen Vertrags, Überschusszuteilung (Bonussystem), Tod eines VN, Ablauf des Vertrags, Kündigung des Vertrags, etc.) bewirken i.d.R. eine Veränderung der Bilanzposten DR bzw. Forderungen an VN aus noch nicht fälligen Ansprüchen. Deshalb ist es aus prüferischer Sicht von zentraler Bedeutung, die Veränderung dieser Posten „erklären“ zu können.

Lebensversicherungsunternehmen haben in der internen Rechnungslegung gegenüber der BaFin diese Veränderung in der Nw. 217 zu erläutern. Außerdem muss in Nw. 216 eine Zerlegung der gesamten Beiträge in Spar-, Risiko- und Kostenanteil angegeben werden. Die angegebene Plausibilitätsprüfung i.S.v. *IDW PS 312*[88] orientiert sich i.W. an der in den Nw. 216 und 217 angegebenen Zerlegung des Beitrags sowie der Fortschreibung der DR. Dementsprechend werden die folgenden Komponenten der Veränderung unterschieden:

88 *IDW Prüfungsstandard: Analytische Prüfungshandlungen (IDW PS 312)* (Stand: 02.07.2001).

DR am 01.01. des GJ

+ Sparbeiträge

+ rechnungsmäßige Zinsen

+ Direktgutschrift (Bonus)

+/– Veränderung der DR aufgrund von Abläufen, Rückkäufen und Versicherungsleistungen

– Risikobeiträge aus der DR

– Verwaltungskosten aus der DR

– rechnungsmäßige Abschlusskosten aus der Zillmerung

+/– Sonstiges

= DR am 31.12. des GJ.

Dabei werden die Sparbeiträge anhand einer Beitragszerlegung gem. Nw. 216 ermittelt:

Sparbeiträge = Verdiente Beiträge + Beiträge aus der RfB

- Risikobeiträge,
- Verwaltungskostenzuschläge in den Beiträgen,
- Ratenzuschläge,
- Abschlusskostenzuschläge bei Einmalbeitragsversicherungen,
- Amortisationszuschläge,
- Sonstiges.

In der Regel liegen zum Zeitpunkt der Prüfung des JA noch nicht alle in den Nw. enthaltenen Größen vor. Die fehlenden Größen müssen also geschätzt werden.

Zur Schätzung der unbekannten Größen werden die aus der GuV bekannten Größen wie

- Verdiente Beiträge,
- Beiträge aus der RfB,
- Aufwendungen für Versicherungsfälle (Abläufe, Rückkäufe, Tod, etc.),
- Direktgutschrift (Bonus) sowie

– die vorliegenden Angaben aus der Statistik (Muster 3)

verwendet.

Dabei werden die zu schätzenden Größen für einen möglichst langen Zeitraum in der Vergangenheit in Relation zu bekannten Größen gesetzt. Aus den Relationen der Vergangenheit wird dann die betreffende Relation für das aktuelle Jahr geschätzt und die gesuchte Größe anhand der vorgegebenen Relation berechnet.

Beispiel: Die Größe „Risikobeitrag" liegt regelmäßig nicht vor. Die Schätzung geschieht in diesem Fall wie folgt:

1. Es wird die Relation „Risikobeitrag" zu „riskiertem Kapital" für den Beobachtungszeitraum ermittelt. Ergebnis sei folgende Zeitreihe (8,4; 8,2; 8,1; 8,0; 7,8) (jeweils in ‰).
2. Da in obiger Zeitreihe ein klarer Trend deutlich wird, wird als Schätzung für das aktuelle Jahr ein Wert von 7,7 angesetzt.
3. Aus dem aktuellen „riskierten Kapital" und der Schätzung von 7,7 wird dann der Wert für den Risikobeitrag ermittelt.

Die Plausibilitätsbetrachtung wird auf der Ebene des Gesamtbestands durchgeführt. Ein Herunterbrechen auf (spezielle) Teilbestände ist möglich und sinnvoll, setzt aber voraus, dass die benötigten Daten auch auf Ebene des betreffenden Teilbestands vorliegen.

Primäres Ziel dieser Plausibilitätsprüfung ist es, die Veränderung der DR anhand der verwendeten Größen zu verproben. Ein weiteres Ziel besteht jedoch auch darin, zu prüfen, dass alle betrachteten versicherungstechnischen Posten und statistische Größen in einem plausiblen Verhältnis zueinander stehen und gewisse in der Vergangenheit beobachtbare Relationen auch im betrachteten GJ verifiziert bzw. größere Änderungen erklärt werden können. Die vorliegende Plausibilität stellt somit auch eine Art „Globalkontrolle" dar, mit deren Hilfe die Konsistenz der betrachteten versicherungstechnischen Größen insgesamt geprüft werden kann.

hh) Weitere mögliche Plausibilitätsprüfungen

Im Zusammenhang mit der DR lassen sich eine Reihe von sinnvollen Kennzahlen 141
bilden. Es empfiehlt sich jeweils, Zeitreihen für sinnvolle Teilbestände zu bilden; die Teilbestände sollten jedoch nicht zu klein sein, da ansonsten ggf. einzelne Versicherungen die Kennzahl zu sehr beeinflussen.

Verhältnis von DR zu VS bzw. versicherter Rente:

Diese Kennzahl ist signifikant unterschiedlich für verschiedene Tarifarten: am größten für Rentenversicherungen im Rentenbezug (80-120 %), am geringsten für Risikoversicherungen (nahe Null). Sie ist ein Indiz für das Bestandsalter, d.h. bei gleichem Bestandsmix umso höher, je älter der Bestand ist. Auch ein ggf. stark erhöhter Anteil von Einmalbeitragsversicherungen spiegelt sich in dieser Kennzahl wider.

Mittlere DR pro Vertrag:

Die mittlere DR ist ein Indiz für groß- bzw. kleinvolumiges Geschäft. Überdurchschnittlich viele Abläufe von kapitalbildenden Versicherungen führen i.d.R. zu einer Unstetigkeit bei der Kennzahl. Auch, wenn die Abgänge durch Neuzugänge kompensiert werden, haben diese Neuzugänge am Anfang nur ein geringes bzw. sogar negatives Deckungskapital (außer bei Einmalbeitragsversicherungen).

Verhältnis VS und statistischer Jahresbeitrag:

Diese Kennzahl bietet sich an, um die Verhältnisse bei identischen Tarifen bzw. Tarifgruppen, aber unterschiedlichen Rechnungsgrundlagen zu verproben, da die Auswirkungen z.B. einer Rechnungszinserhöhung bei allen Verträgen (ceteris paribus) gleich sind.

Mittlerer Beginnmonat:

Wenn neben der Bilanz-DR auch die Rückstellungen zu den Jahrestagen im GJ und im Folgejahr vorliegen, so lässt sich aus diesen Werten ein „mittlerer Beginnmonat“ berechnen. Über diese Kennzahl kann z.B. die Korrektheit der Interpolation plausibilisiert werden. Außerdem reagiert diese Kennzahl sehr sensibel auf Bestandsveränderungen. Sie ist aber auch teilweise schwer zu interpretieren und sollte lediglich bei großen und stabilen Teilbeständen verwendet werden.

Unterjährige Ermittlung:

Wird die DR im Rahmen einer unterjährigen Berichterstattung oder der vierteljährlichen Meldung der Sollgröße des Sicherungsvermögens an die Aufsichtsbehörde exakt ermittelt (und nicht nur geschätzt), so können die unterjährigen Werte natürlich ebenfalls zur Verprobung der Gesamtjahresveränderung herangezogen werden.

3. Rückstellung für noch nicht abgewickelte Versicherungsfälle

a) Umfang und Ermittlungsmethoden

Die Rückstellung für noch nicht abgewickelte Versicherungsfälle (kurz: Schadenrückstellung) erfasst die bis zum Bilanzstichtag, also regelmäßig die bis zum Ablauf des 31.12., eingetretenen Versicherungsfälle (Todesfälle, Abläufe, Erlebensfälle, Heiratsfälle, Berufsunfähigkeitsfälle, Invaliditätsfälle, Pflegerentenfälle, Leibrentenfälle), die bis zum Stichtag noch nicht (vollständig) durch Zahlung oder Verrechnung ausgeglichen worden sind. Darüber hinaus gehören auch die Rückstellungen für noch nicht abgewickelte Rückkäufe, Rückgewährbeträge und Austrittsvergütungen zur Rückstellung für noch nicht abgewickelte Versicherungsfälle (§ 26 Abs. 1 Satz 1 2. Hs. RechVersV). Für die LV ist dabei ausschließlich die Rückstellung für Rückkäufe von Bedeutung. 142

Für nach dem Bilanzstichtag bekannt gewordene Versicherungsfälle, die aber bereits vor diesem Stichtag eingetreten sind, ist eine Spätschadenrückstellung als gesonderte Teilrückstellung zu bilden. Die Spätschäden, die bis zur Bilanzaufstellung bekannt geworden sind, sind einzeln zu ermitteln. Für bereits eingetretene, aber noch nicht bekannte Versicherungsfälle ist eine Pauschalrückstellung zu bilanzieren (§ 341g Abs. 2 Satz 1 HGB). 143

Nach § 341g Abs.1 Satz 2 HGB sind die gesamten Schadenregulierungsaufwendungen ebenfalls zu berücksichtigen. 144

Die Rückstellung für noch nicht abgewickelte Versicherungsfälle setzt sich also aus den folgenden Teilrückstellungen zusammen: 145

- Rückstellung für die am Bilanzstichtag bekannten Versicherungsfälle
- Rückstellung für (vor dem Bilanzstichtag angemeldete, aber noch nicht ausgezahlte) Rückkäufe
- Rückstellung für bekannte und unbekannte Spätschäden
- Rückstellung für Schadenregulierungsaufwendungen.

Rückstellungen für laufende Rentenzahlungen werden in allen Fällen (Altersrenten, Hinterbliebenenrenten, Waisenrenten, Berufsunfähigkeitsrenten und Pflege- 146 renten) anders als Rentenleistungen im Bereich der Schaden- und Unfallversicherungsunternehmen (SchVU) nicht im Posten Schadenrückstellung, sondern im Posten DR ausgewiesen.

147 Maßgebend für die Höhe der Rückstellung sind in jedem Einzelfall die gegenüber dem Begünstigten bestehenden Verpflichtungen (§ 26 Abs. 1 Satz 1 RechVersV). Diese bestehen bei Rückkäufen i.d.R. in Höhe des Rückkaufswerts und in allen anderen Fällen in Höhe der vertraglich vereinbarten Versicherungsleistung.[89] Dabei sind verzinslich angesammelte Überschussanteile nicht zu berücksichtigen. Diese werden unter der Bilanzposition I. I.1 „Verbindlichkeiten aus dem saG gegenüber VN“ ausgewiesen.

148 Besteht im Versicherungsfall für den betreffenden Vertrag eine DR, so wird diese zum Jahresende erfolgswirksam aufgelöst.[90] Bei bis zum Bilanzstichtag eingetretenen, aber erst nach dem Zeitpunkt der Bestandsfeststellung gemeldeten Versicherungsfällen (bekannte Spätschäden) ist i.d.R. die Berechnung der DR abgeschlossen. Eine Korrektur der DR wird in diesen Fällen nicht mehr vorgenommen. Stattdessen wird hier nur der Unterschied zwischen Leistungsbetrag und vorhandener DR[91] als Schadenrückstellung zurückgestellt.

149 Die Rückstellungen für noch nicht abgewickelte Versicherungsfälle sind regelmäßig mit dem Nennwert zu bewerten. Zweifel bestehen bei Altverträgen,[92] wenn der Versicherer aufgrund seiner Versicherungsbedingungen die Leistung abgelehnt hat und die sechsmonatige Klagefrist nach § 12 Abs. 3 VVG a.F. noch nicht abgelaufen ist. Nach dieser Vorschrift ist der Versicherer von der Verpflichtung zur Leistung frei, wenn der Anspruch auf diese Leistung nicht innerhalb von sechs Monaten gerichtlich geltend gemacht wird. Die Frist beginnt, nachdem der Versicherer dem VN gegenüber den erhobenen Anspruch unter Angabe der mit dem Ablauf der Frist verbundenen Rechtsfolge schriftlich abgelehnt hat. Soweit bis zur Bilanzaufstellung die Klagefrist noch nicht abgelaufen ist, muss von Fall zu Fall entschieden werden, ob eine Rückstellung gebildet werden muss. Dies wird dann der Fall sein, wenn der VN oder der Anspruchsberechtigte zu erkennen gegeben hat, dass er mit der Ablehnung der Versicherungsleistung nicht einverstanden ist.

---

89 Ist eine Rentenleistung versichert, so wird als Versicherungsleistung ggf. der Barwert der zu erwartenden Rentenzahlungen angesetzt. Als Rechnungsgrundlagen werden dabei die Rechnungsgrundlagen der DR angesetzt.

90 Im Kündigungsfall wird analog vorgegangen.

91 Inkl. eines ggf. vorhandenen BÜ.

92 I.S.d. § 1 Abs. 1 EG-VVG.

Die Teilrückstellung für noch zu erwartende Regulierungsaufwendungen wird regelmäßig global für alle Einzelrückstellungen mit 1 % angesetzt. Insoweit wird auch für die Handelsbilanz (HB) der Erlass des FM Nw. v. 22.02.1973[93] angewendet. Ein höherer Ansatz muss durch Einzelnachweis belegt werden. 150

b) Besonderheiten der Rückstellung für Rückkäufe

Die Rückstellung für noch nicht abgewickelte Rückkäufe enthält alle beantragten Rückkaufswerte, die bis zum Bilanzstichtag abgerechnet, aber noch nicht oder nicht vollständig durch Zahlung ausgeglichen worden sind. Obwohl am Bilanzstichtag abgerechnete Rückkäufe der Höhe nach feststehen, müssen sie, wenn sie noch nicht ausgezahlt sind, unter den Rückstellungen ausgewiesen werden (§ 26 Abs. 1 Satz 1 2. Hs. RechVersV). Die schriftliche Kündigung durch den VN kann jederzeit zum Schluss der laufenden Versicherungsperiode oder innerhalb der Versicherungsperiode meist mit Frist von einem Monat auf den Schluss eines jeden Ratenzahlungsabschnitts vorgenommen werden. Die Höhe der Rückkaufsleistung bestimmt sich für Verträge des Altbestands entsprechend dem zugrunde liegenden, technischen Geschäftsplan und für Verträge des Neubestands nach den vertraglichen Regelungen. Gegebenenfalls ist ein höherer gesetzlicher Mindestrückkaufswert maßgeblich (vgl. Rn. 14). 151

Der gesetzliche Mindestrückkaufswert ist nach § 169 Abs. 3 VVG, außer für fonds- und indexgebundene LVV, das mit den Rechnungsgrundlagen der Beitragskalkulation berechnete Deckungskapital des Vertrags. Hierbei dürfen allerdings keine Beiträge, die nicht für zukünftige Leistungen benötigt werden, antizipiert, also schneller als beitragsproportional vereinnahmt werden, es sei denn, es handelt sich um vereinbarte Abschlusskostenzuschläge. Letztere sind – für deutsche LVU – maximal bis zur Höhe des Höchstzillmersatzes zulässig und die entsprechenden Abschlusskosten müssen im Leistungsbarwert über die ersten fünf Vertragsjahre verteilt angesetzt werden. Bis auf die Verteilung der Abschlusskosten haben die meisten LVU die Rückkaufswerte schon immer derart mit den VN im Vertrag vereinbart, obwohl für vor dem 01.01.2008 abgeschlossene Verträge nach dem für diese fortgeltenden, alten Recht der Zeitwert der gesetzliche Mindestrückkaufswert war. 152

Soweit ein angemessener und bezifferter Stornoabzug vertraglich vereinbart ist, beträgt der gesetzliche Mindestrückkaufswert das genannte, um diesen Stornoabzug geminderte Deckungskapital. Zum gesetzlichen Mindestrückkaufswert 153

93 Vgl. VerBAV 1973, S. 105.

gehören auch im Kündigungsfall entstehende Ansprüche auf Überschussbeteiligung. Bereits entstandene Ansprüche sind, wie alle vertraglichen Ansprüche, bereits im Leistungsbarwert des Deckungskapitals enthalten.[94]

154 Soweit erforderlich wird auf den Kündigungstermin linear interpoliert. Die jeweils gesetzlich vorgeschriebenen Mindestrückkaufswerte sind dabei stets der Mindestbetrag. Zum Kündigungstermin noch ausstehende Beiträge werden vom Rückkaufswert abgezogen.[95] Für den Altbestand ist der Rückkaufswert gesetzlich identisch zu der DR und wird vertraglich aufgrund der Vorgaben im Geschäftsplan vereinbart. Es ist noch ein Stornoabschlag von dem Betrag der DR vorgesehen. Damit wird der insgesamt effektiv zu zahlende Rückkaufswert vertraglich bestimmt. Für den Neubestand ist zu unterscheiden, ob ein Stornoabzug i.S.d. § 176 Abs. 4 VVG a.F. oder § 169 Abs. 3 VVG auf den gesetzlichen Mindestrückkaufswert vorgenommen werden soll oder ob i.R.d. Vereinbarung eines insgesamt höheren vertraglichen Rückkaufswerts ein Stornoabschlag rechnerisch angesetzt wird. Der Stornoabzug i.S.d. § 176 Abs. 4 VVG a.F. oder § 169 Abs. 5 VVG mindert den gesetzlichen Mindestwert und muss vereinbart, angemessen und ggf. beziffert sein. Solange der vertraglich vereinbarte Rückkaufswert nicht niedriger ist als der sich so ergebende Mindestwert, kann er frei zwischen den Parteien vereinbart werden. Allerdings sind die vertraglichen Vereinbarungen bereits teilweise für unwirksam erklärt worden.[96] Hierfür haben die LVU in Höhe der voraussichtlichen Inanspruchnahme zusätzliche Rückstellungen zu bilden.[97]

c) Prüfung

155 Der Abschlussprüfer hat sich zu vergewissern, ob das Organisationssystem des LVU die Sicherheit bietet, dass alle gemeldeten und alle durch Zeitablauf ein-

---

94 Gesetzlich vorgeschriebene Mindestrückkaufswerte bestehen, neben den Vorschriften des VVG, bei den Versicherungen nach dem Vermögensbildungsgesetz und den sog. Riester-Versicherungen.

95 Beträge aus der Überschussbeteiligung werden jedoch, soweit es sich nicht um Boni handelt, nicht unter der Schadenrückstellung, sondern als Verbindlichkeit gegenüber VN ausgewiesen.

96 IV ZR 162/03 – Amtsgericht Hannover – Entscheidung v. 12.11.2002 – 525 C 5344/02 ./. Landgericht Hannover – Entscheidung v. 12.6.2003 – 19 S 108/02.
IV ZR 177/03 – Amtsgericht Düren – Entscheidung v. 30.10.2002 – 45 C 214/02 ./. Landgericht Aachen – Entscheidung v. 10.7.2003 – 2 S 367/02.
IV ZR 245/03 – Amtsgericht Hildesheim – Entscheidung v. 28.4.2003 – 49 C 123/02 ./. Landgericht Hildesheim – Entscheidung v. 16.10.2003 – 1 S 54/03.

97 Der vom BGH festgesetzte Mindestrückkaufswert beträgt 50 % des mit den Rechnungsgrundlagen der Beiträge ermittelten, ungezillmerten Deckungskapitals.

tretenden Versicherungsfälle (Abläufe, fällig gewordene Termfixversicherungen) sowie alle Kündigungen, die zu Rückkäufen führen, zeitnah erfasst werden und eine zeitnahe Bearbeitung gesichert ist.

Es ist sicherzustellen, dass bei Ermittlung der Versicherungsleistungen die getroffenen Vereinbarungen sowie die Vertragsbestimmungen beachtet worden sind. Alle nach den Vertragsbestimmungen erforderlichen Unterlagen müssen vorliegen (Versicherungsschein, Nachweis der letzten Beitragszahlung, Sterbeurkunde, ärztliches Zeugnis mit Angabe der Todesursache, Geburtsurkunde usw.). Eine besondere Prüfung erfordert die Festsetzung der Versicherungsleistung. Bei Rückkaufswerten ist ihre Berechtigung zu prüfen und festzustellen, ob ihre Höhe mit den gesetzlichen Vorschriften, den Vertragsbestimmungen und den geschäftsplanmäßigen Bestimmungen im Einklang steht (vgl. auch Rn. 154). 156

Der Abschlussprüfer hat sich eine nachprüfbare Inventuraufstellung über alle in den einzelvertraglichen Rückstellungen erfassten Versicherungsleistungen unter Angabe der Brutto-VS vorlegen zu lassen, die die Versicherungsfälle nach Entstehungsjahren[98] aufgegliedert enthalten sollte. 157

Außerdem ist festzustellen, ob das vorhandene Organisationssystem die Gewähr bietet, dass für die in den Rückstellungen erfassten Versicherungen keine DR und auch keine BÜ mehr passiviert sind. Es ist zu prüfen, ob und wie (saldiert oder gesondert) rückständige Beiträge, die von der Versicherungsleistung abgezogen werden sowie Guthaben aus BR-Ansprüchen bilanziert sind. 158

Gemäß der allgemeinen handelsrechtlichen Grundsätze (§ 253 Abs. 1 HGB) darf eine Rückstellung nur in der Höhe angesetzt werden, wie dies nach vernünftiger kaufmännischer Beurteilung notwendig ist. Im Bereich der Schaden-/Unfallversicherung stützt man sich bei der Beurteilung der Angemessenheit der Rückstellung für noch nicht abgewickelte Versicherungsfälle insb. auf die Abwicklungsergebnisse der Vergangenheit. Bei LV dagegen stehen i.A. sowohl die Leistungshöhe als auch das Vorliegen der Leistungsvoraussetzungen (Tod, Heirat, Erleben) fest, sodass sich hier wesentliche wirtschaftliche Abwicklungsergebnisse nicht ergeben. 159

Lediglich im Bereich der BUZ sind auch in der LV größere Abwicklungsergebnisse denkbar. Bei der Beurteilung der Angemessenheit der Rückstellung für Berufsunfähigkeitsfälle sind daher die Abwicklungsergebnisse der Vergangenheit zu berücksichtigen. Gemäß § 41 Abs. 5 RechVersV sind erhebliche Abwicklungser-

98 Eine Aufgliederung nach Geschäfts- und Vorjahresfällen ist in der LV in den meisten Fällen ausreichend.

gebnisse im Anhang nach Art und Höhe zu erläutern. Bei der Bemessung der pauschalen Rückstellung für noch nicht bekannte BU-Fälle muss auch berücksichtigt werden, ob ggf. bei Anerkennung BU-Renten nachgezahlt werden müssen. Der Betrag der nachzuzahlenden BU-Renten ist dann zusätzlich zu dem Betrag, um den die DR anzuheben ist, zurückzustellen. Die Ausführungen zu den BU-Fällen gelten analog für Pflegerenten-Fälle.

160 Bei der Beurteilung von Abwicklungsergebnissen in der LV ist zu beachten, dass bei Versicherungen, die am Ende des VJ in der Rückstellung für Spätschäden erfasst waren, sich allein aus buchhalterischen Gründen rechnerische Abwicklungsgewinne oder -verluste ergeben können. Bei im GJ anerkannten Berufsunfähigkeitsfällen sowie bei Todesfällen zu Termfix- und Aussteuerversicherungen ergeben sich Abwicklungsgewinne, weil die Auffüllung auf die benötigte DR, die im VJ in die Spätschadenrückstellung eingestellt wurde, im GJ nicht von dort in die DR umgebucht wird, sondern über die Veränderung der DR (Posten I 7a, FB 3 RechVersV) erfasst wird. Bei Todesfällen (ohne solche zu Termfix- oder Aussteuerversicherungen) ergeben sich Abwicklungsverluste, weil die VS in voller Höhe als Zahlung für VJ angesetzt wird, in der Spätschadenrückstellung des VJ aber nur das riskierte Kapital (VS abzüglich DR) zurückgestellt war (vgl. Rn. 148). Solche Effekte, die sich allein aufgrund der buchhalterischen Verarbeitung ergeben, sind bei der Ermittlung eines wirtschaftlichen Abwicklungsergebnisses zu bereinigen. In der Praxis werden die betreffenden Beträge wegen der begrenzten Aussagekraft und dem damit verbundenen Aufwand oft gar nicht ermittelt.

161 Beispiel:

Eintritt der Berufsunfähigkeit:	01.08.2004
Meldung beim LVU:	01.10.2004
Anerkennung durch das LVU:	01.03.2005
Versicherte BU-Rente (p.a.):	1.200 €
(Anwartschaftliche) DR 31.12.2004:	600 €
Barwert der BU-Rente zum 31.12.2004:	10.800 €
Schadenrückstellung zum 31.12.2004:	
5 * 1.200 € /12 + 10.800 € – 600 € =	10.700 €
Veränderung Schadenrückstellung 2004:	10.700 €
DR zum 31.12.2005:	9.900 €

Veränderung DR 2005:	
9.900 € – 600 € =	9.300 €
Veränderung Schadenrückstellung 2005:	–10.700 €
Zahlungen in 2005:	
– für 2004:	500 €
– für 2005:	1.200 €
gesamter Aufwand für Versicherungsfälle 2005:	–9.000 €
„Abwicklung“ der Schadenrückstellung 2004:	
– zurückgestellt:	10.700 €
– gezahlt für VJ:	500 €
– weiter zurückgestellt:	0 €
– (buchhalterisches) Abwicklungsergebnis I:	10.200 €
– Erhöhung DR:	10.200 €
– (wirtschaftliches) Abwicklungsergebnis II:	0 €

Das Verfahren zur Ermittlung der zusätzlichen Rückstellungen aufgrund des BGH-Urteils vom 12.10.2005 ist auf seine Korrektheit zu prüfen. Insbesondere ist die Angemessenheit einer ggf. verwendeten Inanspruchnahmewahrscheinlichkeit zu überprüfen. Bei nach der Umsetzung des BGH-Urteils durchgeführten Rückkäufen ist zu prüfen, ob der vom BGH festgesetzte Mindestrückkaufswert beachtet und kein Stornoabzug (mehr) vorgenommen wurde (vgl. Rn. 14 und 154). 162

Erfolgt die Ermittlung der Rückstellung für Schadenregulierungsaufwendungen nach der Pauschalmethode des Erlasses des FM NW. v. 22.02.1973, so ist die Berechnung mit der Aufstellung zur einzelvertraglich gebildeten Schadenrückstellung abzustimmen und rechnerisch nachzuvollziehen. Dabei ist zu berücksichtigen, dass bei der Ermittlung die für Abläufe und Rückkäufe gebildete Rückstellung nicht einbezogen werden darf. 163

Die Veränderung der Schadenrückstellung sowie die mit den Rückstellungen zusammenhängenden Aufwendungen werden in der GuV unter I. 6 „Aufwendungen für Versicherungsfälle f.e.R.“ ausgewiesen. 164

165

Mögliche Plausibilitätsprüfungen:

Nach Möglichkeit sollte eine nach Leistungsarten gegliederte Aufstellung über die Rückstellungsbeträge vorliegen. Die Rückstellungsbeträge sollten dann zu den entsprechenden Zahlungen des GJ in Beziehung gesetzt werden. Die gesamten Aufwendungen pro Leistungsart können mit den Angaben aus der Statistik/Muster 3 abgeglichen werden. Dabei ist zu beachten, dass bei Abläufen ohne Kapitalzahlung (z.B. bei Risikoversicherungen) zwar Anzahl, VS und statistischer Beitrag in der Statistik „abgehen“, jedoch kein Aufwand in der GuV entsteht.

4. Die Rückstellung für Beitragsrückerstattung und die Überschussbeteiligung in der Lebensversicherung

a) Überschussbeteiligung in der Lebensversicherung

166 Als Folge der vorsichtigen Kalkulation erwirtschaften die LVU i.d.R. Überschüsse. Unter Überschuss ist hierbei nicht der Jahresüberschuss i.S.d. HGB zu verstehen. Es handelt sich vielmehr um den Rohüberschuss der Erträge über die Aufwendungen vor Dotierung der RfB und vor Direktgutschrift. Diese Überschüsse stehen nur zu einem geringen Teil den Unternehmen zu; sie haben den Charakter von überhobenen Beiträgen[99] und müssen daher zum überwiegenden Teil als BR den VN wieder zugutekommen. Dies geschieht in der Weise, dass der Vorstand mit Zustimmung durch den AR zunächst gem. § 56a VAG die Beträge bestimmt, die für die (kollektive) Überschussbeteiligung der VN zurückzustellen sind, soweit sie nicht direkt einzelnen VN zugeteilt werden (Direktgutschrift). Im zweiten Schritt bestimmt der Vorstand dann diejenigen Beträge, die den einzelnen LVV im Wege der Direktgutschrift oder aus der RfB im Folgejahr aus den zurückgestellten Beträgen zugeteilt werden sollen. Hierzu hat der VA gem. § 11a Abs. 3 Nr. 4 VAG dem Vorstand im Vorfeld einen Vorschlag zu machen. In seinem Vorschlag muss der VA erläutern, welche Beteiligung der VN an den Überschüssen er für angemessen hält (vgl. Rn. 27). Die Festsetzung der einzelvertraglichen Zuteilung an die VN erfolgt normalerweise für klar definierte Teilkollektive des LV-Bestands, die i.d.R. einen gewissen Grad von Homogenität aufweisen. Für diese Teilkollektive werden die zuzuteilenden Überschüsse einheitlich als Prozentsätze (Überschusssätze) von bestimmten Bezugsgrößen festgesetzt. Als Bezugsgrößen verwendet werden z.B. die Bilanz-DR/DR zum Jahrestag (Zinsgewinne), der Risikobeitrag/Beitrag (Risikogewinne), die VS/versicherte Rente (Kostengewinne). Eine Übersicht der

99 Vgl. z.B. *Boetius*, Handbuch der versicherungstechnischen Rückstellungen, Köln 1996, Rn. 472.

festgesetzten Überschussanteile auf Ebene der AV und Bestandsgruppen ist nach § 28 Abs. 8 Nr. 3 RechVersV von LVU im Anhang anzugeben.

Nach dem Zeitpunkt der unwiderruflichen Zuteilung unterscheidet man zwischen der laufenden Überschussbeteiligung und der Schlussüberschussbeteiligung.[100] Im Rahmen der laufenden Überschussbeteiligung werden den VV jährlich zu den jeweiligen Zuteilungszeitpunkten (i.d.R. die Jahrestage der Versicherung) Überschüsse gutgebracht, die nicht mehr widerrufen werden können. Schlussüberschussanteile erhält der VN nur bei Beendigung der Versicherung auch, wenn sie vorher widerruflich zugeordnet werden. Die Deklaration von laufenden Anteilen und Schlussüberschussanteilen kann bestimmen, welche Rückkaufswerte sich aus diesem ggf. noch widerruflichen Überschussanteil ergeben, soweit diese nicht unter dem gesetzlich bestimmten Mindestrückkaufswert für den entsprechenden Anspruch liegen. 167

Der nicht als Direktgutschrift unmittelbar im GJ ausgeschüttete Teil des aus dem Überschuss für BR zu verwendenden Gesamtbetrags wird zunächst der RfB zugeführt und aus dieser mit einer zeitlichen Verzögerung zur Weitergabe an die einzelnen LVV wieder entnommen. Die Höhe der Direktgutschrift wird i.d.R. in Prozent des VN-Guthabens (DR zuzüglich Guthaben aus der Überschussbeteiligung) festgesetzt. Die genaue Definition des VN-Guthabens ist für den Altbestand geschäftsplanmäßig festgelegt.[101] [102] Gesetzliche Vorschriften über die Gewährung einer Direktgutschrift existieren nicht. Einige LVU finanzieren die Überschussbeteiligung in voller Höhe aus der RfB. 168

In der LV ist die Zuführung zur RfB gem. Gesamtgeschäftsplan für die Überschussbeteiligung (Altbestand) bzw. gem. der vertraglichen oder satzungsmäßigen Vereinbarung (Neubestand) i.d.R. von dem im GJ erzielten Gesamtergebnis abhängig, d.h., es handelt sich gem. § 28 Abs. 2 RechVersV um eine erfolgsabhängige RfB. 169

Die den VN aus der Überschussbeteiligung zugeteilten Beträge können in unterschiedlicher Weise verwendet werden. Die Regelungen hierzu sind bei den einzelnen LVU unterschiedlich. Das im Einzelfall zur Anwendung kommende Verfahren 170

100 Bei neueren Rentenversicherungstarifen wird auch eine Zahlung von Schlussüberschussen in Form von nicht garantierten Renten (sog. Schlussüberschussrenten) gewährt. Diese Form der Überschussgewährung ist nicht mehr eindeutig einer der genannten Formen von Überschussbeteiligungen zuzuordnen.

101 Vgl. Mustergeschäftsplan für die Überschussbeteiligung in VerBAV 12/1988.

102 Vgl. GDV-Rundschreiben Nr. 2374/2001: „Aufhebung der Verpflichtung zur Direktgutschrift im regulierten Bestand“ v. 8.11.2001 sowie 1828/2002: „Passivseitige Reaktionsmöglichkeiten auf die aktuelle Kapitalmarktsituation“ v. 17.09.2002.

ist im Allgemeinen in den Versicherungsbedingungen festgelegt. Die am häufigsten verwendeten Verfahren sind:

- Verrechnung mit fälligen Beiträgen
- verzinsliche Ansammlung und
- Erhöhung der versicherten Leistung (Bonussystem).

Ebenso anzutreffen sind:

- Barauszahlung
- Abkürzung der Versicherungsdauer und
- Zahlung konstanter Zusatzrenten (bei Rentenversicherungen im Rentenbezug).

Es kommen auch Mischsysteme vor. Zum Beispiel können Risikogewinne mit den Beiträgen verrechnet und Zinsgewinne verzinslich angesammelt werden.

171 Beim Bonussystem werden die zugeteilten Überschussanteile als Einmalbeiträge für eine Bonusversicherung, also zur Erhöhung der VS (bei Kapitalversicherungen) bzw. der versicherten Rente (bei Rentenversicherungen) verwendet. Die Einmalbeiträge werden, soweit sie nicht als Direktgutschrift gewährt werden, der RfB entnommen. Dieser Entnahme steht eine entsprechende Erhöhung der DR gegenüber. Die Entnahme aus der RfB erfolgt über den GuV-Posten I. 2 „Beiträge aus der Brutto-Rückstellung für BR". Die als Direktgutschrift gewährten Beträge sind als Aufwand in GuV-Posten I. 7 „Veränderung der übrigen versicherungstechnischen Netto-Rückstellungen" enthalten. In gleicher Weise erfolgt die buchhalterische Verarbeitung bei der Verwendung der Überschussanteile zur Abkürzung der Versicherungsdauer. Auch hier fließen die zugeteilten Beträge in gleicher Höhe in die DR. Bei allen anderen Systemen der Überschussverwendung sind die im Wege der Direktgutschrift gewährten Beträge unter GuV-Posten I. 12 „Sonstige versicherungstechnische Aufwendungen f.e.R." auszuweisen (§ 44 Satz 2 Nr. 2a RechVersV). Die über die Direktgutschrift hinausgehenden Beträge werden erfolgsneutral der RfB entnommen.

172 Die verzinslich angesammelten Überschussanteile sind gem. § 28 Abs. 4 RechVersV unter dem Bilanzposten „Verbindlichkeiten aus dem selbst abgeschlossenen VG gegenüber VN" auszuweisen (vgl. Unterabschn. 5).

Verrechnungen von Überschussanteilen mit den Beiträgen oder Barauszahlungen sind – soweit sie nicht aus der RfB entnommen werden – als Direktgutschrift unter dem GuV-Posten I. 12 „Sonstige versicherungstechnische Aufwendungen" auszuweisen.

Konstante Zusatzrenten werden i.d.R. der RfB entnommen (vgl. auch Rn. 180).

Die Zuführung zur RfB wird unter dem GuV-Posten I. 8 „Aufwendungen für 173
erfolgsabhängige und erfolgsunabhängige BR f.e.R.“ ausgewiesen.

In der folgenden Graphik sind die Zusammenhänge zwischen Überschussentstehung und Überschussverwendung noch einmal verdeutlicht:

Überschussermittlung und Überschussbeteiligung der Versicherungsnehmer

Gewinnzerlegung	Abrechnungsverband/ Bestandsgruppe 1	Abrechnungsverband/ Bestandsgruppe 2	Abrechnungsverband/ Bestandsgruppe n	
Risikoergebnis	...	...	...	Überschussentstehung
Stornoergebnis	...	...	...	
Kapitalanlageergebnis	...	...	...	
Abschlusskostenergebnis	...	...	...	
Verwaltungskostenergebnis	...	...	...	
Ergebnis passive RV	...	...	...	
Sonstiges Ergebnis	...	...	...	
Summe	...	...	...	

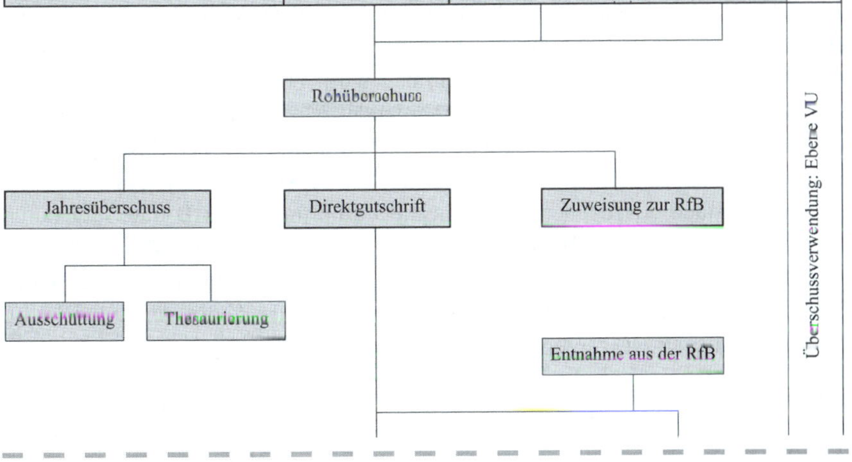

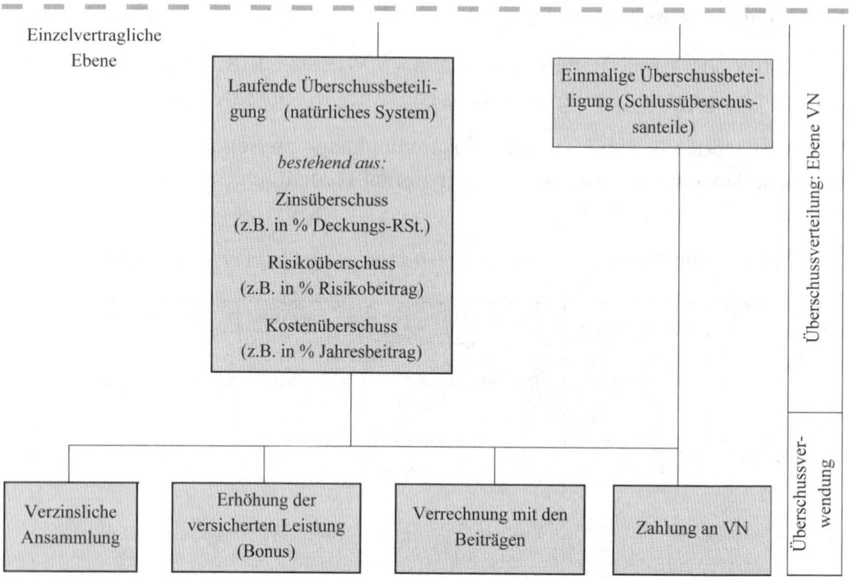

b) Aufsichtsrechtliche Mindestanforderungen an die Zuführung zur Rückstellung für Beitragserstattung

174 Gemäß § 81c Abs. 1 Satz 1 VAG liegt ein die Belange der Versicherten gefährdender Missstand vor, falls bei überschussberechtigten Versicherungen keine angemessene Zuführung zur RfB vorgenommen wird. Die Aufsichtsbehörde ist bei einem die Belange der Versicherten gefährdenden Missstand berechtigt, nach § 81 Abs. 2 VAG im Rahmen ihrer Aufsichtspflicht Maßnahmen zur Beseitigung des Missstands anzuordnen. § 81c Abs. 1 Satz 2 VAG konkretisiert, dass stets von einem Missstand auszugehen ist, wenn die Zuführung zur RfB unter der durch Rechts-VO festgelegten Mindestzuführung liegt. Risikoverlauf und Solvabilitätsbedarf sind zu berücksichtigen. In der Rechts-VO darf darüber hinaus nach § 81c Abs. 3 VAG Näheres zur Frage der Angemessenheit der Zuführung zur RfB im Allgemeinen geregelt werden.

175 Aufgrund der Rechts-VO nach § 81c Abs. 3 VAG (Mindestzuführungs-VO v. 04.04.2008) bestimmt sich die Mindestzuführung zur RfB entsprechend § 81c Abs. 1 VAG auf Basis der Kapitalerträge, des Risikoergebnisses und des übrigen Ergebnisses. Für jeden Teil wird bestimmt, welcher Teil insgesamt den VN, im Fall der Kapitalerträge unter Berücksichtigung der bereits den VN in Form des

Aufwands für rechnungsmäßige Zinsen gutgebrachten Beträge, zukommen soll. Hierbei wird die Direktgutschrift, auch soweit sie zur Erfüllung des Anspruchs auf Beteiligung an den Bewertungsreserven erfolgt, angerechnet. Soweit die tatsächliche Zuführung zur RfB nicht dem sich ergebenden Mindestbetrag entspricht, kann die Aufsichtsbehörde die in § 81c Abs. 1 VAG beschriebenen Maßnahmen ergreifen und somit insb. die Vorlage eines Zuführungsplans verlangen.

Die Mindestzuführung ist für Alt- und Neubestand getrennt zu ermitteln. Insofern sind Saldierungen zwischen Alt- und Neubestand, soweit einzelne Bemessungsgrundlagen negativ sind, nicht zulässig. Die Mindestzuführung kann mit Genehmigung der Aufsichtsbehörde um den Solvabilitätsbedarf, unvorhersehbare Verluste oder den Erhöhungsbedarf der DR unterschritten werden.

Neben der konkret bezifferbaren Mindestzuführung wird eine Generalnorm bestimmt, nach der eine i.S.d. Aufsichtsrechts ausreichende Zuführung dann vorliegt, wenn die VN angemessen an jeder positiven Ergebnisquelle entsprechend den Nw. der BerVersV beteiligt werden. Diese Generalnorm steht konkurrierend neben der bezifferbaren Mindestzuführung, ist aber als unbestimmter Rechtsbegriff nur eingeschränkt in der Praxis umsetzbar. Auch ist der Begriff der angemessenen Zuführung zur RfB gem. § 81c Abs. 1 VAG ggf. noch umfassender als diese Generalnorm, sodass selbst dann, wenn diese Generalnorm erfüllt ist, ggf. dennoch ein Missstand i.S.d. § 81c Abs. 1 VAG vorliegen kann. Vertragsrechtliche Grundlage der Beteiligung am Überschuss ist, neben den konkreten Vertragsbestimmungen im Einzelfall, die Vorgabe in § 153 Abs. 2 VVG, nach der die VN mittels eines verursachungsorientierten Verfahrens an den Überschüssen zu beteiligen sind, soweit kein anderes angemessenes Verfahren vertraglich vereinbart worden ist. Hiernach bestimmt sich letztlich auch der handelsrechtlich maßgebliche Anspruch der VN auf eine Beteiligung am Überschuss.

Das BAV hatte in der Vergangenheit verlangt, dass die LVU sich im Gesamtgeschäftsplan für die Überschussbeteiligung verpflichten, mind. 90 % des Überschusses den VN als BR wieder zufließen zu lassen. Lebensversicherungsunternehmen, die im Zeitraum von 01.01.1989 bis zum 29.07.1994 gegründet wurden, hatten im Geschäftsplan festzulegen, dass 95 % des sog. versicherungstechnischen Überschusses für die VN verwendet werden.[103] Derartige Vorgaben können für den Neubestand nicht mehr gemacht werden.

Einige LVU haben mittlerweile die Regelung der Mindestzuführungs-VO (die alte Regelung ersetzend) in den Geschäftsplan übernommen. In diesem Fall ist

103 Vgl. VerBAV 1991, S. 371.

zu überprüfen, ob nicht vertragliche Regelungen einer solchen Vorgehensweise entgegenstehen.

176 Die RfB ist für die Zwecke der Berichterstattung nach BerVersV aufzugliedern nach BG (Neubestand) und AV (Altbestand).[104] Die Zugehörigkeit eines Vertrags zu einer BG ergibt sich aufgrund der BerVersV, zu einem AV aufgrund des Vertrags auf Basis des Geschäftsplans. Für jede BG bzw. jeden AV muss die Zuführung zur RfB gesondert ermittelt werden. Dabei sind im Grundsatz die für den gesamten Neu- bzw. Altbestand geltenden Mindestanforderungen zu berücksichtigen. Das Verfahren ist für den Altbestand im Gesamtgeschäftsplan für die Überschussbeteiligung festgelegt.

177 Gemäß § 341e Abs. 2 Nr. 2 HGB kann eine Rückstellung für (erfolgsabhängige oder erfolgsunabhängige) BR nur gebildet werden, falls durch Gesetz, Satzung, geschäftsplanmäßige Erklärung oder vertragliche Vereinbarung die ausschließliche Verwendung zur BR gesichert ist. Für den Neubestand ist die Verwendungssicherung aufgrund des § 56a Abs. 3 VAG oder der Satzung gegeben. Für den Altbestand erfolgt die Verwendungssicherung zudem über entsprechende Bestimmungen des Gesamtgeschäftsplans für die Überschussbeteiligung. Da § 21 Abs. 2 Satz 1 KStG als Voraussetzung für die steuerliche Abzugsfähigkeit der RfB eine Verwendungssicherung aufgrund von Satzung oder geschäftsplanmäßiger Erklärung verlangt, ist in den Fällen, in denen die Satzung keine entsprechende Regelung enthält, auch für den Neubestand eine geschäftsplanmäßige Erklärung erforderlich. Allerdings ist das LVU nach § 56a Abs. 3 Satz 2 VAG berechtigt, im Interesse der VN die RfB zur Abwendung eines Notstands heranzuziehen, soweit sie nicht auf bereits festgelegte Überschussanteile entfällt. Darüber hinaus darf ein LVU nach § 56a Abs. 3 Satz 3 VAG die Teile der RfB, die nicht auf bereits festgelegte Überschussanteile entfallen, u.U. auch im Fall unvorhersehbarer Verluste sowie zur Erhöhung der DR heranziehen. In allen Fällen bedarf es der Zustimmung der Aufsichtsbehörde. Der entsprechend auflösbare Teil der RfB ist gem. § 53c Abs. 3 Nr. 4 VAG als Eigenmittel i.S.d. Solvabilität anzusehen. Die steuerlichen Sonderregelungen zur RfB bleiben der Darstellung in Kapitel I vorbehalten.

c) Gebundene Teile der Rückstellung für Beitragserstattung

178 Aufgrund der Deklaration, d.h. aufgrund der verbindlichen Festlegung von Überschusszuteilungen aus der RfB für das Folgejahr, steht bereits fest, welche Beträge im Deklarationszeitraum für die Überschussbeteiligung der VN benötigt werden. Die RfB am Ende eines GJ muss also diese Beträge schon enthalten; sie sind i.S.v.

104 Vgl. Rn. 32.

§ 56a Abs. 3 Satz 2 VAG festgelegt und dürfen auch nicht zur Abwendung eines Notstands nach § 56a Abs. 3 Satz 2 oder 3 VAG anderweitig verwendet werden. Die für das Folgejahr festgelegten, laufenden Überschussanteile sowie die für das Folgejahr festgelegten Schlussüberschussanteile sind gem. § 28 Abs. 8 RechVersV im Anhang anzugeben.

Die festgelegten Schlussüberschussanteile enthalten neben den Schlussüberschussanteilen für die Abläufe des Folgejahres auch einen (geschätzten) Betrag für die im Folgejahr voraussichtlich für Versicherungsfälle und Rückkäufe sowie ggf. vorgezogene Abläufe fällig werdenden (anteiligen) Schlussüberschussanteile, soweit sie auf Überschüssen des GJ oder früherer Jahre beruhen.

Die Festlegung der RfB bezieht sich nur auf die Deklaration der aus der RfB zu entnehmenden Überschussanteile. Nur für diese wird zum Bilanzstichtag eine Deklaration nach § 21 Abs. 2 Nr. 2 KStG benötigt. Soweit das LVU auch schon vor dem Bilanzstichtag eine unwiderrufliche Verpflichtung für das Folgejahr zur Zuteilung i.R.d. Direktgutschrift aus dem Überschuss des Folgejahres übernimmt, ist auch hierfür zum Bilanzstichtag eine Bindung vorzusehen, soweit nicht zweifelsfrei davon ausgegangen werden kann, dass diese im Folgejahr erwirtschaftet werden kann.

Gemäß § 28 Abs. 6 RechVersV ist nach Maßgabe der letzten Deklaration für 179 Schlussüberschussanteile und Schlusszahlungen innerhalb der RfB eine Teilrückstellung zu bilden. Diese wird als Schlussüberschussanteilsfonds (SÜAF) bezeichnet. Bei der Berechnung des SÜAF sind die Bestimmungen des § 28 Abs. 7 RechVersV zu beachten. Das Verfahren zur Berechnung des SÜAF und die gewählten Rechnungsgrundlagen sind im Anhang anzugeben (§ 28 Abs. 8 Nr. 4 RechVersV). Der SÜAF ist i.d.R. i.S.v. § 56a Abs. 3 Satz 2 VAG nicht festgelegt, kann also zur Abwendung eines Notstands verwendet werden und ist in diesen Fällen gem. § 53c Abs. 3 Nr. 4 VAG als Eigenmittel i.S.d. Solvabilität anzusehen.

Werden bei Rentenversicherungen im Rentenbezug die Überschussanteile in 180 Form einer (bei unveränderter Deklaration) gleichbleibenden (Gewinn-)Rente gewährt, so ist für diese Versicherungen ebenfalls eine Teilrückstellung innerhalb der RfB zu bilden. Bei dieser Form der Überschussbeteiligung entsprechen die während einer Periode gezahlten Gewinnrenten nämlich nicht den in dieser Periode erwirtschafteten Überschüssen. Die Teilrückstellung wird als Gewinnrentenfonds, Überschussrentenfonds oder Fonds für konstante Gewinnrenten bezeichnet. Für den Gewinnrentenfonds existieren in der Praxis zwei (in den meisten Fällen gleichwertige) Berechnungsverfahren: ein retrospektives Verfahren (hier wird der Gewinnrentenfonds als „verzinsliche Ansammlung der noch nicht zugeteilten Überschussanteile“ angesehen) und ein prospektives Verfahren (hier wird der Gewinnrentenfonds als Differenz eines Deckungskapitals, berechnet mit Rechnungsgrundlagen 2. Ordnung,[105] für die Gesamtrente und der DR für die garantierte Rente ermittelt). Seit der Änderung von § 28 RechVersV[106] ist der Gewinnrentenfonds mind. in Höhe des nach dem prospektiven Verfahren ermittelten Werts zu bilden.

Ob ein gebildeter Gewinnrentenfonds zur festgelegten RfB gerechnet werden muss oder nicht, hängt von den Festlegungen in den Verträgen ab. Entscheidend ist hierbei die Frage, ob die Gewinnrente auf Null reduziert werden kann oder nicht.

181 Der nach Abzug der festgelegten Teile der RfB und nach Abzug des SÜAF verbleibende Teil der RfB wird als freie oder verfügbare RfB bezeichnet. Um zu verhindern, dass der verfügbare Teil der RfB unangemessen hoch wird, mussten sich die LVU für den Altbestand im Gesamtgeschäftsplan für die Überschussbeteiligung verpflichten, dass die verfügbare RfB am Ende des GJ nicht größer ist als die Summe der Zuführungen des GJ und des VJ.[107] Diese Regelung greift nicht für den Neubestand. Die Regelung für den Altbestand wird derzeit nicht angewendet.[108]

182 Für Abschlüsse ab dem 31.12.2009 ist die Zusammensetzung der RfB gem. dem folgenden Schema im Anhang anzugeben (vgl. § 28 Abs. 8 Nr. 2 RechVersV):

a. Festgelegte, aber noch nicht zugeteilte, laufende Überschussanteile

b. Festgelegte, aber noch nicht zugeteilte Schlussüberschussanteile und Schlusszahlungen

c. Festgelegte, aber noch nicht zugeteilte Beträge für die Mindestbeteiligung an Bewertungsreserven

d. Festgelegte, aber noch nicht zugeteilte Beträge zur Beteiligung an Bewertungsreserven, jedoch ohne Beträge nach Buchst. c.

e. SÜAF, der für die Finanzierung von Gewinnrenten zurückgestellt wird, jedoch ohne Beträge nach Buchst. a.

---

105 Die Rechnungsgrundlagen zur Berechnung der DR enthalten, wie mehrfach dargelegt, hohe Sicherheitsspannen. Realitätsnahe Rechnungsgrundlagen im Sinne einer besten Schätzung werden auch als Rechnungsgrundlagen 2. Ordnung bezeichnet. Die für die DR-Berechnung verwendeten Rechnungsgrundlagen werden auch als Rechnungsgrundlagen 1. Ordnung bezeichnet.

106 VO zur Änderung der RechVersV sowie zur Änderung weiterer Rechnungslegungs-VO v. 18.12.2009, BGBl. I 2009, S. 3934.

107 Vgl. VerBAV 1994, S. 5 i.V.m. VerBAV 1988, S. 426.

108 Vgl. GDV-Rundschreiben 0705/2004: „Flexibilisierung der Passivseite“ v. 28.04.2004 i.V.m. GDV-Rundschreiben 2245/2002: „Passivseitige Reaktionsmöglichkeiten auf die aktuelle Kapitalmarktsituation“ v. 15.11.2002.

f. SÜAF, der für die Finanzierung von Schlussüberschussanteilen und Schlusszahlungen zurückgestellt wird, jedoch ohne Beträge nach den Buchst. b. und e.

g. SÜAF, der für die Finanzierung der Mindestbeteiligung an Bewertungsreserven zurückgestellt wird, jedoch ohne Beträge nach Buchst. c.

h. Ungebundener Teil (RfB ohne Buchst. a. - g.).

Für Zwecke der Berichterstattung nach BerVersV sind auch die festgelegten Teile 183
sowie der SÜAF nach BG (Neubestand) und AV (Altbestand) aufzugliedern. Nach § 28 Abs. 8 Nr. 2 RechVersV sind im Anhang die festgelegten, aber noch nicht zugeteilten, laufenden Überschussanteile und Schlussüberschussanteile sowie der SÜAF anzugeben.

d) Prüfung

Die Entwicklung der RfB (Anfangsbestand, Zuführungen, Entnahmen, Endbe- 184
stand) ist ebenfalls im Anhang anzugeben (§ 28 Abs. 8 Nr. 1 RechVersV). Diese Entwicklungsrechnung stellt die Grundlage für die Prüfung der RfB dar.

Der Abschlussprüfer hat zu prüfen, ob die aus dem Überschuss vorgenommenen 185
Zuweisungen zur RfB bzw. die Direktgutschrift den gesetzlichen Regelungen, dem Geschäftsplan, den Vertragsbestimmungen bzw. der Satzung entsprechen. Dies betrifft insb. die Einhaltung der Mindestzuführung gem. § 81c Abs. 1 VAG. Im Hinblick auf die Angemessenheit der vom Abschlussprüfer ebenfalls zu prüfenden Steuerrückstellung muss auch festgestellt werden, ob die Zuweisungen in voller Höhe als Betriebsausgabe abzugsfähig sind oder ob eine partielle Steuerpflicht gegeben ist. Entsprechendes gilt auch für die Beteiligung an den Bewertungsreserven nach § 153 Abs. 3 VVG.

Die für die einzelnen VN zu verwendenden Überschussanteile werden heute im 186
Allgemeinen durch EDV-Programme ermittelt. Dasselbe gilt für die Einzelwerte beim SÜAF. Diese Einzelbeträge sind daraufhin zu überprüfen, ob die gesetzlichen, geschäftsplanmäßigen und vertraglichen Bedingungen erfüllt sind. Insbesondere ist zu prüfen, ob

- alle überschussberechtigten Verträge erfasst wurden,
- die deklarierten Überschusssätze auch zur Anwendung kamen (inkl. des Zinssatzes mit dem die verzinslich angesammelten Guthaben verzinst werden),
- die Höhe der Überschussanteile richtig berechnet wurde,

- die Höhe der Zinsgutschriften auf das Ansammlungsguthaben richtig berechnet wurde,
- die zugeteilten Überschussanteile entsprechend den vertraglichen Vereinbarungen bzw. geschäftsplanmäßigen Festlegungen verwendet wurden,
- der SÜAF genau für die Verträge, die Schlussüberschussanteile erhalten, nach den im Anhang angegebenen Rechnungsgrundlagen (insb. Diskontierungssatz) ermittelt wurde,
- die Direktgutschrift korrekt ermittelt und verbucht wurde.

187 Die richtige Übernahme der errechneten Überschussanteile in die Buchhaltung muss verfolgt werden. Hier werden je nach Verwendung der Überschussanteile verschiedene Konten angesprochen.

Überschussanteile werden i.d.R. im Zusammenhang mit Leistungsfällen ausgezahlt. Sie sind in diesen Fällen im Zusammenhang mit den Versicherungsleistungen zu prüfen (auch die ausgezahlten Schlussüberschussanteile). Über verzinslich angesammelte Guthaben können die VN jedoch i.d.R. zu jeder Zeit verfügen. Bei zahlreichen technischen Änderungen werden jedoch Beträge aus der Überschussbeteiligung verrechnet. Zum Beispiel kann bei einer Beitragsfreistellung ein vorhandenes Ansammlungsguthaben zur Erhöhung der beitragsfreien VS verwendet werden. Bei aufgeschobenen Rentenversicherungen werden i.d.R. für die Aufschubzeit auch Schlussüberschussanteile gewährt und bei Eintritt in den Rentenbezug zur Erhöhung der Rente verwendet. Solche Verrechnungen von Ansprüchen aus der Überschussbeteiligung sind entsprechend geschäftsplanmäßiger Festlegungen (soweit vorhanden) bzw. vertraglicher Bestimmungen vorzunehmen.

188 Die Angemessenheit des bei der Ermittlung des SÜAF verwendeten Diskontierungszinssatzes ist ausgehend von dem in § 28 Abs. 7 Satz 1 RechVersV definierten Referenzzinssatz („Basiszinssatz“) zu prüfen. Da sich der Basiszinssatz jährlich ändert, ist insb. bei sinkendem Basiszins darauf zu achten, dass die LVU den Diskontierungszinssatz entweder entsprechend anpassen oder darlegen, wie sich. die verwendeten Zuschläge ggf. geändert haben. Da der Diskontierungszinssatz für Verträge des Altbestands i.d.R. geschäftsplanmäßig festgelegt ist, muss in diesen Fällen zunächst die Zustimmung der Aufsichtsbehörde eingeholt werden.

Die Höhe der freien RfB stellt eine wesentliche Kennzahl bei der Beurteilung der wirtschaftlichen Situation eines LVU dar. Die freie RfB ergibt sich als Saldogröße nach Abzug aller gebundenen Teile. Der Festlegung des Diskontierungszinssatzes für den SÜAF kommt vor diesem Hintergrund eine besondere Bedeutung zu.

e) Beteiligung an den Bewertungsreserven

Nach § 153 Abs. 1 VVG ist die Beteiligung an den Bewertungsreserven nach Abs. 3 ein zwingender Bestandteil jedes Anspruchs auf Überschussbeteiligung. Die VN haben bei jedweder Vertragsbeendigung einen unmittelbaren Anspruch auf 50 % der dem Vertrag zugeordneten Bewertungsreserven. Die Zuordnung erfolgt auf Grundlage des für den Beendigungstermin maßgeblichen Bewertungsstichtags, zu dem die Bewertungsreserven nach handelsrechtlichen Grundsätzen zu bestimmen sind. Soweit der Anspruch auf Bewertungsreserven für nachfolgende Kündigungen am Bilanzstichtag bereits feststeht, liegt in dieser Höhe ein garantierter Rückkaufswert i.S.d. § 25 Abs. 2 RechVersV vor. 189

Die entsprechende Leistung kann als Direktgutschrift oder als Entnahme aus der RfB verbucht werden. Die Beteiligung an den Bewertungsreserven mindert die Mindestzuführung zur RfB nach § 81c VAG, soweit sie in Form der Direktgutschrift erfolgt. § 56a Abs. 3 Satz 1 VAG erlaubt auch die Verwendung der für die Überschussbeteiligung zurückgestellten Beträge für diesen Zweck; die Entnahme aus der RfB ist also aufsichtsrechtlich erlaubt. Damit mindert die Beteiligung an den Bewertungsreserven der abgehenden Verträge die Ansprüche der verbleibenden Verträge auf eine Beteiligung am Überschuss. Andererseits verbleiben aber die Bewertungsreserven im LVU und erhöhen damit den Anspruch der verbleibenden VN auf eine Beteiligung an den Bewertungsreserven bzw. erhöhen im Fall der Realisierung den Anspruch auf eine Beteiligung am Überschuss. Basis der Bestimmung der Bewertungsreserven ist der entsprechend § 54 RechVersV bestimmte Zeitwert der Kapitalanlagen des LVU.[109]

Die Zuordnung der gesamten Bewertungsreserven auf die einzelnen anspruchsberechtigten Versicherungsverhältnisse muss nach einem „verursachungsorientierten Verfahren“ erfolgen. Da es sich hierbei um einen unbestimmten Rechtsbegriff handelt, hat der GDV zum Abbau der damit verbundenen Rechtsunsicherheit ein mögliches Verfahren für eine verursachungsorientierte Beteiligung entwickelt und dieses mit der BaFin abgestimmt (GDV-Verfahren)[110]. Bei Verwendung des GDV-Verfahrens kann man daher i.d.R. davon ausgehen, dass die gesetzlichen Anforderungen erfüllt sind. Falls jedoch im Einzelfall ein abweichendes Verfahren angewendet wird, so ist dieses vom Abschlussprüfer hinsichtlich seiner Eignung kritisch zu würdigen.

109 Vgl. hierzu auch GDV-Rundschreiben 1474/2007 v. 30.07.2007.
110 Vgl. GDV-Rundschreiben 1772/2007 v. 14.09.2007.

f) Latente Rückstellung für Beitragserstattung

190 Durch die Änderungen des HGB im Zuge des Bilanzrechtsmodernisierungsgesetzes (BilMoG) kann sich das Erfordernis der Bildung einer latenten RfB ergeben. Dieses entsteht dann, wenn von Ansatz- und/oder Bewertungswahlrechten, die der Ausschüttungssperre nach § 268 Abs. 8 HGB unterliegen Gebrauch gemacht wurde. Da aufgrund einer entsprechenden Änderung des § 153 Abs. 2 Satz 2 VVG ausschüttungsgesperrte Beträge i.S.d. § 268 Abs. 8 HGB bei der Bemessung des Überschussbeteiligungsanspruchs der VN anhand des verursachungsorientierten Verfahrens unberücksichtigt bleiben,[111] bedarf es im JA einer Rückstellung, die den Betrag abbildet, den das VU an die VN zu leisten hätte, wenn die nach den handelsrechtlichen Vorschriften angesetzten Werte in dieser Höhe realisiert würden.[112]

Um eine sich anderenfalls auf Basis des derzeitigen Aufsichtsrechts ergebende Verminderung der anrechenbaren Eigenmittel zu vermeiden, ist die latente RfB in der RfB auszuweisen. Diese ist nach § 53c Abs. 3 Satz 1 VAG als freie, unbelastete Eigenmittel anrechenbar, soweit sie nicht auf bereits festgelegte Überschussanteile entfällt. Aus Gründen der Klarheit und Transparenz ist im Anhang sowohl das Vorgehen zu erläutern als auch die im Bilanzposten RfB enthaltene latente RfB anzugeben.[113]

5. Verzinslich angesammelte Überschussanteile

191 Die verzinsliche Ansammlung stellt eine mögliche Form der Verwendung von (gutgeschriebenen) Überschussanteilen in der LV dar (vgl. Rn. 171). Die gebildeten (Ansammlungs-)Guthaben werden aufgrund der Spezialvorschrift des § 28 Abs. 4 RechVersV unter dem Bilanzposten „Verbindlichkeiten aus dem saG gegenüber VN“ ausgewiesen. Der Betrag der verzinslich angesammelten Überschussanteile ist nach § 52 Nr. 2b RechVersV im Anhang anzugeben, ebenso wie der verwendete Ansammlungszinssatz (§ 28 Abs. 8 Nr. 3 RechVersV).

192 Für die verzinslich angesammelten Überschussanteile sollte eine Entwicklungsrechnung in der folgenden Form vorliegen:

111 Vgl. § 153 Abs. 2 VVG; zum verursachungsorientierten Verfahren vgl. Engeländer, VersR 2007, S. 157 ff.

112 Vgl. Geib/*Ellenbürger*, VW 2008, S. 1174.

113 Vgl. *Geib/Ellenbürger*, VW 2008, S. 1175 f.

	GJ €	Gegenposten
Vortrag zum Anfang des GJ	x.xxx	
Entnahmen		
Auszahlungen an VN	x.xxx	„Kasse"
Verwendung zur Erhöhung der VS	x.xxx	RfB, GuV I. 2
	x.xxx	
Zuführung von während des GJ gutgeschriebenen Überschussanteilen		
als Direktgutschrift	x.xxx	GuV I. 12
aus der Rückstellung für Beitragsrückerstattung	x.xxx	Entnahme aus der RfB
	x.xxx	
Im GJ gutgeschriebene Zinsen		
Rechnungsmäßige Zinsen	x.xxx	GuV I. 12
als Direktgutschrift	x.xxx	GuV I. 12
aus der RfB	x.xxx	Entnahme aus der RfB
	x.xxx	
Stand am Ende des GJ	x.xxx	

Mit Hilfe dieser Entwicklungsrechnung kann die Veränderung des Bilanzwerts verprobt werden. Dabei ist besonders auf die Plausibilität der ausgewiesenen Zinsen zu achten. Diese können i.d.R. verlässlich aus dem Ansammlungszins und dem Guthabenstand zu Beginn des GJ geschätzt werden. Bei Änderungen des Ansammlungszinssatzes ist dies geeignet zu berücksichtigen.

Die Auszahlungen an die VN betreffen i.d.R. überwiegend abgelaufene Versicherungen bzw. Versicherungen, die wegen Tod oder Storno vorzeitig beendet wurden. Sie können somit mit den entsprechenden Zahlungen für Versicherungsfälle in der GuV verprobt werden. Dabei ist jedoch zu beachten, dass die Ansammlungsguthaben auch unabhängig von der Versicherungsleistung ausgezahlt werden können. Dies kommt jedoch in der Praxis nicht sehr häufig vor. 193

Es ist darauf zu achten, dass die Entnahmen aus der RfB mit den entsprechenden Zuführungen bei den Ansammlungsguthaben korrespondieren. Grundsätzlich sollte die Prüfung der verzinslich angesammelten Überschussanteile immer in Verbindung mit der Prüfung der RfB bzw. der Überschussbeteiligung vorgenommen werden. 194

195 Ansammlungsguthaben zu Versicherungen in der Schadenrückstellung sind als fällige, aber noch nicht ausgeschüttete Überschussanteile gem. § 28 Abs. 4 RechVersV zwar ebenfalls unter dem Posten „Verbindlichkeiten aus dem saG gegenüber VN" auszuweisen, jedoch nicht mehr unter den verzinslich angesammelten Überschussanteilen zu erfassen, da eine Verzinsung der Guthaben nach Eintritt des Versicherungsfalls i.d.R. nicht mehr vorgenommen wird.

6. Versicherungstechnische Rückstellungen im Bereich der Lebensversicherung, soweit das Anlagerisiko von den Versicherungsnehmern getragen wird

a) Grundsätzliches

196 Gemäß § 32 Abs. 1 RechVersV sind unter diesem Posten die versicherungstechnischen Rückstellungen für Verpflichtungen des LVU aus seinen LVV auszuweisen, bei denen

- sich der Wert oder der Ertrag nach Kapitalanlagen bestimmt, für die der VN das Risiko trägt (Fall 1) oder
- die Leistung indexgebunden ist (Fall 2).

(Die in § 32 Abs. 3 RechVersV angesprochenen Tontinen kommen in Deutschland derzeit nicht vor und werden daher nicht weiter betrachtet.)

Die Fälle 1 und 2 korrespondieren mit den aufsichtsrechtlichen Vorschriften in Abs. 1 und 2 von § 54b VAG bzgl. der Kapitalanlage bei solchen LVV.

197 Im Folgenden werden Versicherungen gem. Fall 1 als fondsgebundene Versicherungen und Versicherungen gem. Fall 2 als indexgebundene Versicherungen bezeichnet.

b) Fondsgebundene Versicherungen

198 Bei fondsgebundenen Versicherungen bestimmt sich die (Erlebensfall-)Leistung des LVU in Abhängigkeit von der Wertentwicklung bestimmter, im VV festgelegter Kapitalanlagen. Dies ist in der Praxis i.d.R. entweder ein einzelner oder eine Kombination mehrerer Investmentfonds. Bei „klassischen" fondsgebundenen Versicherungen übernimmt das LVU keine Garantie in Bezug auf die Erlebensfallleistung. Um als Versicherung zu gelten, muss (zumindest anfänglich und für eine gewisse Zeit) ein Todesfallrisiko abgesichert werden. Im Unterschied zu den „klassischen" fondsgebundenen Produkten beinhaltet insb. eine große Anzahl der neueren

Produkte eine garantierte Mindestleistung im Erlebensfall (bspw. den Erhalt der während der Vertragslaufzeit eingezahlten Beiträge). Derartige Leistungszusagen werden von den LVU i.d.R. über sog. Hybridprodukte, eine Kombination aus konventionellen und fondsgebundenen Bausteinen, abgedeckt. Es gibt fondsgebundene Produkte sowohl mit Kapitalleistungen als auch mit Rentenleistungen. Bei letzteren wird dem VN ein (mehr oder weniger) garantierter Rentenfaktor[114] genannt. Der Rentenfaktor gibt an, in welchem Verhältnis das bei Rentenbeginn vorhandene Fondsguthaben in eine Rente umgewandelt wird. Es existieren auch nicht fondsgebundene Tarife, bei denen lediglich die Überschussbeteiligung in Fondsanteile investiert wird (Verträge mit fondsgebundener Überschussbeteiligung).

Der wesentliche Unterschied zu einer konventionellen Versicherung besteht aus 199
Sicht der Rechnungslegung darin, dass die Erlebensfallleistung bei fondsgebundenen Produkten vor dem Ablauftermin nicht feststeht und infolgedessen eine herkömmliche, prospektive Bewertung der Verpflichtung des LVU nicht durchgeführt werden kann.

Somit erfolgt eine retrospektive Bewertung, die in diesem Fall nach § 341f HGB auch zulässig ist. Vom LVU garantierte Mindestleistungen können dagegen sehr wohl prospektiv bewertet werden (vgl. Abschn. c).

Verschiedene Produktgestaltungen und ihr Einfluss auf die Rechnungslegung 200

(Beispiele, keine vollständige Aufzählung)

Variante 1: Fondsgebundene LV, Todesfallleistung = Max. (Guthaben, 60 % BS), Risikobeitrag und rechnungsmäßige Kosten werden dem Bruttobeitrag entnommen; die angesetzten Abschlusskosten werden zur Bestimmung des Rückkaufswerts, aber auch der Ablaufleistung über fünf Jahre verteilt vom Beitrag einbehalten.

Bilanzierung:

- Ansatz der Forderung an VN auf noch nicht fällige Ansprüche (sofern die unter Rn. 134 genannten Bedingungen erfüllt sind)
- Bildung eines BÜ für Risikobeitrag und ggf. Teile der rechn. Kosten (bei nicht monatlicher Zahlungsweise)
- Bildung einer DR auf Basis einer Investition des Sparbeitrags in die vom VN ausgewählte Kapitalanlage nach Abzug des auf den Beitrag entfallenden Teils der Abschlusskosten.

114 Teilweise sehen die LVV vor, dass der genannte Rentenfaktor unter bestimmten Voraussetzungen und, wenn ein unabhängiger Treuhänder zugestimmt hat, geändert werden kann, sog. Treuhändervorbehalt.

Variante 2: wie 1, jedoch sagt das LVU dem VN zu, dass die Abschlusskosten über zehn Jahre verteilt von den Beiträgen einbehalten werden.

Bilanzierung:

Wie oben Bildung einer DR von Anfang an. Da gegenüber dem gesetzlichen Mindestrückkaufswert die Abschlusskosten zu lange verteilt werden, muss die Forderung schneller, nämlich über fünf Jahre getilgt werden, d.h., in diesem Fall kommt es zu einem Vorfinanzierungseffekt für das LVU.

Variante 3: wie 1, aber Risikobeiträge und rechnungsmäßige Kosten werden monatlich dem Fondsguthaben entnommen. Die Abschlusskosten werden verteilt auf fünf Jahre dem Fonds entnommen, entsprechend wird die Provision gezahlt.

Bilanzierung:

- Keine Aktivierung einer Forderung (kein Anspruch auf Beiträge, keine bereits erfüllte Abschlussaktivität)
- Keine Bildung eines BÜ (durch monatliche Entnahme ist keine Abgrenzung erforderlich)
- Bildung einer DR ab Vertragsbeginn.

201 Beispiel zu Variante 3: (retrospektive Ermittlung der DR)

k	x+k	q(x+k)	Kurs	Beitrag	AK	Anlagebeitrag	VK	Risikobeitrag	Risiko ÜA	Saldo	neue Anteile	Kumul. Anteile	Guthaben
		(1)	(2)	(3)	(4)	(5)	(6)	(7)	(8)	(9)	(10)	(11)	(12)
0	40	0,002569	100,00									0	0
1	41	0,002823	105,00	3.000	480,00	2.520	24,00	92,48	36,99	2.440,51	24,41	24,41	2.562,54
2	42	0,003087	110,25	3.000	480,00	2.520	29,13	94,39	37,76	2.434,24	23,18	47,59	5.246,61
3	43	0,003387	115,76	3.000	480,00	2.520	34,49	94,94	37,97	2.428,55	22,03	69,62	8.058,92
4	44	0,003726	121,55	3.000	480,00	2.520	40,12	94,64	37,85	2.423,10	20,93	90,55	11.006,12
5	45	0,004100	127,63	3.000	480,00	2.520	46,01	93,13	37,25	2.418,11	19,89	110,44	14.095,44
6	46	0,004522	134,01	3.000	0,00	3.000	52,19	89,81	35,92	2.893,92	22,67	133,12	17.838,83
7	47	0,004983	140,71	3.000	0,00	3.000	59,68	82,12	32,85	2.891,05	21,57	154,69	21.766,37
8	48	0,005508	147,75	3.000	0,00	3.000	67,53	70,93	28,37	2.889,91	20,54	175,23	25.889,10
9	49	0,006094	155,13	3.000	0,00	3.000	75,78	55,69	22,28	2.890,81	19,57	194,79	30.218,90
10	50	0,006751	162,89	3.000	0,00	3.000	84,44	35,23	14,09	2.894,42	18,66	213,45	34.768,99
11	51	0,007485	171,03	3.000	0,00	3.000	93,54	8,31	3,32	2.901,48	17,81	231,26	39.553,99
12	52	0,008302	179,59	3.000	0,00	3.000	103,11	0,00	0,00	2.896,89	16,94	248,20	44.573,43
13	53	0,009215	188,56	3.000	0,00	3.000	113,15	0,00	0,00	2.886,85	16,08	264,28	49.833,29
14	54	0,010195	197,99	3.000	0,00	3.000	123,67	0,00	0,00	2.876,33	15,25	279,53	55.345,11
15	55	0,011236	207,89	3.000	0,00	3.000	134,69	0,00	0,00	2.865,31	14,47	294,00	61.120,94
16	56	0,012340	218,29	3.000	0,00	3.000	146,24	0,00	0,00	2.853,76	13,73	307,73	67.173,43
17	57	0,013519	229,20	3.000	0,00	3.000	158,35	0,00	0,00	2.841,65	13,02	320,75	73.515,84
18	58	0,014784	240,66	3.000	0,00	3.000	171,03	0,00	0,00	2.828,97	12,34	333,09	80.162,05
19	59	0,016150	252,70	3.000	0,00	3.000	184,32	0,00	0,00	2.815,68	11,70	344,79	87.126,61
20	60		265,33	3.000	0,00	3.000	198,25	0,00	0,00	2.801,75	11,09	355,88	94.424,78

Legende

(1) Sterbewahrscheinlichkeiten der Tafel DAV1994T – Männer.
(2) Angenommene Kursentwicklung der ausgewählten Kapitalanlagen von 5 % (inkl. Thesaurierungen, Dividendenerträge, etc.).
(3) Der mit dem VN vereinbarte Beitrag beträgt EUR 3.000 p.a., Zahlungsweise jährlich.
(4) Die Abschlusskosten betragen 40 ‰ der BS (0,04 * 3.000 € * 20 = 2.400). Diese werden den ersten fünf Jahresbeiträgen entnommen.
(5) Der zur Anlage kommende Beitrag: (5) = (3) - (4).
(6) Die Verwaltungskosten betragen EUR 24 zzgl. 2 ‰ des vorhandenen Vermögens zum Ende der vorangehenden Periode, d.h. (6) = 24 € + 0,002 * (12) (VJ).
(7) Risikobeitrag: MAX(0; (1) * (VS - (12)(VJ)) .)
(8) Risikoüberschussanteil beträgt 40 %, d.h. (8) = 0,4 * (7).
(9) Saldo aller Zuführungen und Entnahmen: (9) = (5) - (6) - (7) + (8).
(10) Zu erwerbende bzw. zu verkaufende Anteile: (9) / (2).
(11) Kumulierte Anteile: (11) = (11)(VJ) + (10).
(12) Guthaben am Ende des Jahres in EUR: (11) * (2).

c) Behandlung von Mindestleistungen, die durch das Lebensversicherungsunternehmen zugesagt werden[115]

Werden Mindestleistungen vom LVU zugesagt, so können diese, wie üblich, prospektiv bewertet werden. Ergibt sich bei prospektiver Bewertung der Mindestleistung ein Wert, der höher ist als der Zeitwert der dem VN zugeordneten Kapitalanlagen, so ist in Höhe der Differenz eine zusätzliche Rückstellung zu bilden. Eine solche zusätzliche Rückstellung ist nach den Vorschriften von § 54 VAG i.V.m. AnlV mit Kapitalanlagen zu bedecken und unter dem Posten E. 2 Deckungsrückstellung auszuweisen (§ 32 Abs. 2 RechVersV). 202

Bei fondsgebundenen Rentenversicherungen, die einen Rentenfaktor (ohne Vorbehalt) garantieren, ist im Rahmen einer Neubewertung (vgl. Ausführungen unter Rn. 129) ebenfalls zu prüfen, ob ggf. eine zusätzliche Rückstellung zu bilden ist. 203

d) (Aktien-)Indexgebundene Versicherungen

Indexgebundene Versicherungen kommen in Deutschland nur in Form von aktienindexgebundenen Versicherungen vor. Andere Bezugswerte als Aktienindizes 204

115 Soweit die Mindestleistung Bestandteil der vom VN ausgewählten Kapitalanlage ist, bspw. bei sog. Garantiefonds oder bei Fonds mit einer Höchststandsgarantie, und nicht vom LVU ausgesprochen wird, ist sie handelsrechtlich unbeachtlich.

sind zwar durch den Gesetzeswortlaut (§ 54b Abs. 2 VAG) nicht ausgeschlossen, kommen in der Praxis jedoch nicht vor.

205 Insbesondere hinsichtlich der konkreten Ausgestaltung der Beteiligung des VN an dem zugrunde gelegten Aktienindex (sog. Indexpartizipation) gibt es unterschiedliche Varianten.[116] In der Regel sind die in Deutschland vertriebenen Produkte mit einer Mindestleistung versehen. In diesem Fall sind die unter Rn. 200 gemachten Ausführungen zu beachten.[117] Die Kapitalanlage erfolgt i.d.R. über ein von einer Bank maßgeschneidertes, strukturiertes Wertpapier.[118] In manchen Fällen handelt es sich tatsächlich aber nicht um eine indexgebundene Versicherung, sondern um direkt an die Wertentwicklung des vom LVU gehaltenen Wertpapiers gekoppelte Leistungen, also eher ähnlich der fondsgebundenen Versicherung.

206 Bedingt durch die Entwicklung an den Aktienmärkten kam der Vertrieb bis zum Jahr 2002 nahezu zum Erliegen. Seit der Änderung der gesetzlichen Rahmenbedingungen durch das AltEinkG im Jahr 2004 und der Erholung auf den Kapitalmärkten werden wieder verstärkt aktienindexgebundene Produkte von den LVU angeboten.

e) Besonderheiten der Bestandsführung

207 Anbieter von fondsgebundenen Versicherungen führen diese sehr oft innerhalb eines separaten Bestandsführungssystems. Dies ist i.W. historisch bedingt und hängt damit zusammen, dass fondsgebundene Versicherungen zum einen eine spezielle Datenhaltung und zum anderen die Verarbeitung einer Reihe von spezifischen Geschäftsvorfällen erfordern (so z.B. das Führen von Fondskursen, das Umschichten von Anteilen zwischen zwei Fonds, etc.). Außerdem ist es erforderlich, das Bestandsführungssystem entweder direkt an das Kapitalanlageverwaltungssystem anzubinden oder einen regelmäßigen Abgleich vorzunehmen. Nur so kann sichergestellt werden, dass Kapitalanlagen und Verpflichtungen mit denselben Kursen bewertet werden. Da grundsätzlich Kurse zum Stichtag zu verwenden sind, kann anders als bei einer konventionellen LVV die Berechnung der DR nicht

---

116 Zu den möglichen Produktgestaltungen vgl. z.B. *Blohm*, Der Aktuar, Heft 2, 1996, S. 12 ff.; *Kosler/Bölke*, VW 1997, S. 428-434.

117 Die Berücksichtigung der Mindestleistung wird ausführlich diskutiert in: Herde, VW 1996, S. 1714; *Nonnenmacher/Schittenhelm*, VW 1997, S. 435-437.

118 So ist es nicht verwunderlich, dass bei Einführung der ersten aktienindexgebundenen Versicherungen in Deutschland die Entwicklung und der Vertrieb insb. auch durch die beteiligten Banken forciert wurde. Vgl. z.B. *Mattar*, Der Aktuar, Heft 2, 1996, S. 51 ff.; *Meisch/Stolz*, VW 1996, S. 910-913.

vor dem Stichtag vorgenommen werden.[119] Ein weiterer Unterschied besteht darin, dass die Beiträge bei fondsgebundenen Versicherungen oft erst bei Eingang als fällig angesehen werden und daher de facto eine Ist-Buchhaltung verwendet wird. Dies ist darin begründet, dass der Kauf von Fondsanteilen (auf Risiko des VN) erst dann erfolgen kann, wenn der Geldeingang beim LVU stattgefunden hat. Will man generell eine Spekulation des VN gegen das LVU vermeiden, so muss man jede vertragliche Änderung mit dem Kurs des Tages der Änderungsanzeige bzw. später vollziehen und darf die Verwendung historischer Kurse nicht zulassen.

f) Prüfung

Grundsätzlich gelten die unter Abschn. IV.2.c) gemachten Ausführungen, soweit sie anwendbar sind, analog. Es empfiehlt sich, die versicherungstechnischen Rückstellungen im Bereich der LV, soweit das Kapitalanlagerisiko vom VN getragen wird, zusammen mit den konventionellen Rückstellungen zu prüfen. Eine separate Prüfung der beiden Bereiche ist i.d.R. nur bedingt sinnvoll, da zum einen viele Interdependenzen bestehen (insb., wenn aufgrund von Mindestleistungen für ein und denselben Vertrag Rückstellungen in beiden Bereichen ausgewiesen werden) und zum anderen an vielen Stellen nur gesamthafte Werte ausgewiesen werden (z.B. die Veränderungen in der GuV oder die Angaben in den Nw. 216 f.). Ebenfalls zu empfehlen ist die enge Abstimmung mit der Prüfung der Kapitalanlagen. Die Erfahrungen der Praxis zeigen, dass ein Hauptproblem bei der Rechnungslegung für fonds- und aktienindexgebundene Versicherungen in der konsistenten Bewertung von Kapitalanlagen und Verpflichtungen besteht. 208

Eine einzelvertragliche Kontrollrechnung zur DR ist wesentlich aufwendiger als bei einer konventionellen Versicherung, da alle Bewegungen eines Jahres berücksichtigt werden müssen und zwar jeweils mit dem relevanten Kurs (vgl. das Beispiel aus Rn. 201). 209

Wenn die erforderlichen Daten vorliegen, sollte die in Rn. 141 beschriebene Plausibilität gesondert für die fondsgebundenen Versicherungen durchgeführt werden. Anderenfalls sollten die Besonderheiten der fondsgebundenen Verträge in der Berechnung für den Gesamtbestand berücksichtigt werden. Insbesondere sollten die noch nicht realisierten Gewinne und Verluste sowie die Erträge aus Kapitalanlagen, soweit sie auf die fondsgebundene LV entfallen, gesondert erfasst werden.[120] 210

---

119 Dies gilt unter der Voraussetzung, dass es keine außerplanmäßige Bestandsveränderungen gibt; bei einer Bestandsveränderung muss natürlich auch bei einer konventionellen Versicherung neu gerechnet werden.

120 In Nw. 217 werden diese Positionen unter der Zeile „Sonstiges“ erfasst.

211 Konnten fällige Versicherungsleistungen im Zusammenhang mit fondsgebundenen Verträgen nicht vor dem Stichtag ausgezahlt werden, so ist hierfür i.d.R. eine konventionelle Schadenrückstellung zu bilden. Anders verhält es sich, wenn mit dem VN die Lieferung der Sachwerte vereinbart wurde. In diesem Fall können die Kapitalanlagen nicht veräußert werden, sondern verbleiben im gesonderten Anlagestock. Daher wäre eine Schadenrückstellung in diesem Fall unter dem Posten Passiva F. 2 auszuweisen.[121]

212 Bei fondsgebundenen Produkten ist besonderes Augenmerk auf das Zusammenspiel von Beitragsvereinnahmung und Rückstellungsbildung bzw. Bedienung der Kapitalanlage zu legen. Dabei ist insb. zu prüfen, ob die technische Umsetzung die Festlegungen in den LVV korrekt berücksichtigt. Die LVV sehen den Kauf der Kapitalanlage i.d.R. erst dann vor, wenn der Beitrag tatsächlich beim LVU eingegangen ist.

213 In der Regel erhalten fondsgebundene Versicherungen auf den Todesfall eine Überschussbeteiligung in Form von Risiko- (und ggf. Kosten-) Überschüssen. Soweit diese nicht als Direktgutschrift zugeteilt werden, sind sie der RfB (Passiva E. 4) zu entnehmen. Die Prüfung erfolgt hier zweckmäßigerweise i.R.d. Prüfung der Überschussbeteiligung. Eine Beteiligung an Bewertungsreserven ist hier nicht zu erwarten, obwohl sie formal nicht ausgeschlossen werden kann.

121 Letztendlich maßgeblich sind hier die Vereinbarungen im VV.

B II. Die versicherungstechnischen Posten des Jahresabschlusses der Pensions- und Sterbekassen

*von WP StB Dipl.-Kfm. Alfred Graßl, München**

Randnummer

* Unter Mitarbeit von WP StB Dipl.-Kfm. *Thomas Volkmer*, Köln, und Dipl.-Math. *Gerd Engelland*, Hamburg.

I. Begriffe und rechtliche Grundlagen

1. Definition und Arten der Pensionskassen/Sterbekassen

1 Als Pensionskassen (PK) werden rechtsfähige Versorgungseinrichtungen bezeichnet, die ihren Mitgliedern einen Rechtsanspruch auf Versorgungsleistungen gewähren.[1] In den meisten Fällen werden sie als ein Instrument der betrieblichen Altersversorgung betrieben.

2 Nachfolgendes Schaubild stellt die rechtlichen Beziehungen zwischen einer PK als Versorgungsträger sowie dem Arbeitnehmer und dem Arbeitgeber dar:

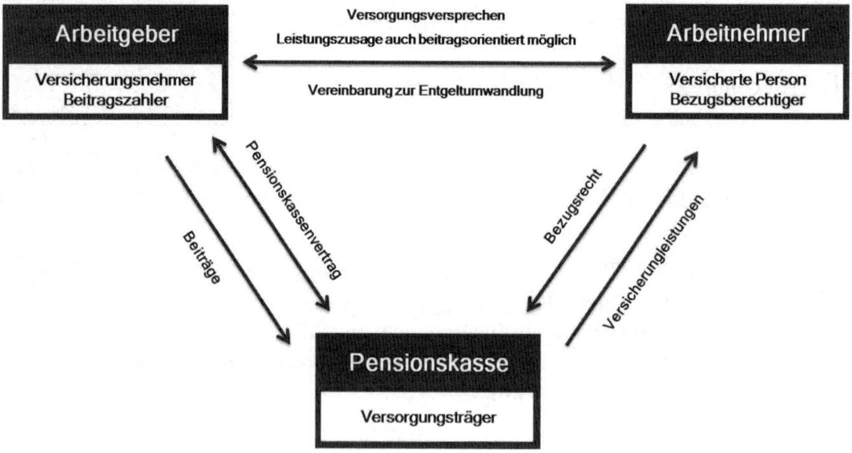

Abb. 1: Rechtsbeziehung bei der PK[2]

1 Vgl. § 1b Abs. 3 Satz 1 BetrAVG. Pensionskassen unterscheiden sich von Unterstützungskassen durch das versicherungsrechtlich garantierte Leistungsversprechen.

2 In Anlehnung an *Meier/Recktenwald*, Betriebswirtschaft der betrieblichen Altersversorgung, München 2006, S. 8.

Seit der Umsetzung der EU-Pensionsfondsrichtlinie durch die VAG-Novelle 2005 existiert mit § 118a VAG erstmals eine Legaldefinition der PK im Versicherungsaufsichtsgesetz: 3

„Eine Pensionskasse ist ein rechtlich selbständiges Lebensversicherungsunternehmen, dessen Zweck die Absicherung wegfallenden Erwerbseinkommens wegen Alters, Invalidität oder Tod ist und das

1. das Versicherungsgeschäft im Wege des Kapitaldeckungsverfahrens betreibt,
2. Leistungen grundsätzlich erst ab dem Zeitpunkt des Wegfalls des Erwerbseinkommens vorsieht; soweit das Erwerbseinkommen teilweise wegfällt, können die allgemeinen Versicherungsbedingungen anteilige Leistungen vorsehen,
3. Leistungen im Todesfall nur an Hinterbliebene erbringen darf, wobei für Dritte ein Sterbegeld begrenzt auf die Höhe der gewöhnlichen Bestattungskosten vereinbart werden kann,
4. der versicherten Person einen eigenen Anspruch auf Leistung gegen die Pensionskasse einräumt oder Leistungen als Rückdeckungsversicherung erbringt."

Obwohl das Kapitaldeckungsverfahren somit ein wesentliches Merkmal von PK i.S.d. § 118a VAG darstellt, lassen sich PK nach der Finanzierungsart in kapitalgedeckte und umlagefinanzierte PK unterscheiden. Auch dem Gesetzgeber ist bewusst, dass es nicht nur kapitalgedeckte PK gibt.[3] Insbesondere bei den sozialversicherungsrechtlich geprägten Einrichtungen wie der Versorgungsanstalt des Bundes und der Länder (VBL), den Zusatzversorgungskassen des kommunalen und kirchlichen Dienstes einschl. der Sparkasseneinrichtungen ist die Umlagefinanzierung vorherrschend. In dem Bestreben, eine zumindest teilweise Kapitaldeckung zu erreichen, werden diese Finanzierungsverfahren zunehmend in modifizierte Anwartschaftsverfahren oder Verfahren mit Kapitalstock (Mischformen) überführt. 4

Ein weiteres Merkmal der PK ist der Kreis der Versorgungsberechtigten. Demnach können typischerweise unterschieden werden:[4] 5

3 So erwähnt z.B. § 3 Nr. 56 EStG die „nicht gedeckte betriebliche Altersversorgung" oder § 19 Abs. 1 Nr. 2 a) EStG eine „nicht im Wege der Kapitaldeckung finanzierte betriebliche Altersversorgung" jeweils im Zusammenhang mit PK, wohingegen die Entgeltumwandlung i.S.d. § 3 Nr. 63 EStG in Form der „kapitalgedeckten betrieblichen Altersversorgung" bei PK zu erfolgen hat.

4 Für weitere Details vgl. *Dresp*, Pensionskassen, Handbuch der betrieblichen Altersversorgung, Heidelberg 2007, S. 27 f.

a) Firmen- bzw. Betriebs-PK zur Versorgung der Mitarbeiter eines Unternehmens,

b) Konzern-PK zur Versorgung der Mitarbeiter mehrerer, in einem Konzernverhältnis zueinander stehender Unternehmen,

c) Gruppen-PK zur Versorgung der Arbeitnehmer von Unternehmen derselben oder unterschiedlicher Wirtschaftsbranchen,

d) Wettbewerbs-PK, die wie Lebensversicherungsunternehmen (LVU) am freien Markt im Wettbewerb mit anderen LVU stehen.

6 Nach der Intensität der Kontrolle durch die staatliche Finanzdienstleistungsaufsicht werden regulierte und deregulierte PK unterschieden.

a) Regulierte PK sind verpflichtet, ihre einzelnen Tarife und Versicherungsbedingungen von der Bundesanstalt für Finanzdienstleistungsaufsicht (BaFin) genehmigen zu lassen und unterliegen folglich einer strengeren Aufsicht. Mit der Regulierung und der damit einhergehenden Genehmigung individueller Tarife müssen sich regulierte PK nicht der allgemeinen Normiertheit von Geschäftsplanregelungen unterziehen, sondern können abgestimmt auf das jeweilige Risikoprofil ihres Bestands und der Ausgestaltung der Versorgungszusagen individuellere Geschäftspläne beibehalten bzw. einführen. Dies betrifft insb. den Rechnungszins und die zugrunde gelegten biometrischen Rechnungsgrundlagen.

Pensionskassen können gem. § 118b Abs. 3 VAG auf Antrag und nach Genehmigung durch die Aufsichtsbehörde als regulierte PK betrieben werden, wenn

- sie in der Rechtsform des Versicherungsvereins auf Gegenseitigkeit (VVaG) firmieren,
- ihre Satzung vorsieht, dass Versicherungsansprüche gekürzt werden dürfen,
- nach ihrer Satzung mind. 50 % der Mitglieder der obersten Vertretung durch die Versicherten oder ihre Vertreter besetzt werden,
- sie Arbeitnehmer versichern und
- sie keine rechnungsmäßigen Abschlusskosten für die Vermittlung von Versicherungsverträgen erheben.

b) Deregulierte PK können neue Tarife und Versicherungsbedingungen dagegen ohne vorherige (präventive) Genehmigung der Aufsichtsbehörde anbieten. Voraussetzung für die Deregulierung war bis zur VAG-Novelle 2005 das Vorliegen einer erheblichen wirtschaftlichen Bedeutung i.S.d. Verordnung zur Bestimmung von PK als Unternehmen von erheblicher Bedeutung (PKewBV).[5] Mit Inkrafttreten der VAG-Novelle 2005 ist das VAG um eine gesetzliche Definition der PK und der regulierten PK erweitert und die PKewBV vollständig aufgehoben worden. Damit sind seit dem 01.01.2006 grundsätzlich alle PK dereguliert und normalen LVU gleichgestellt.[6] Pensionskassen in der Rechtsform des VVaG können bei Vorliegen bestimmter Voraussetzungen auf Antrag reguliert werden.[7]

Pensionskassen und Sterbekassen (StK) werden – sofern es sich nicht um juristische Personen des öffentlichen Rechts handelt – in der Rechtsform der AG oder des VVaG betrieben, und zwar dann mit wenigen Ausnahmen in der Form des kleineren VVaG i.S.v. § 53 VAG (kVVaG). 7

Ein kleinerer VVaG ist gem. § 53VAG ein VVaG, der einen eng begrenzten Wirkungskreis (sachlich, örtlich oder nach dem Personenkreis) hat, wobei eine entsprechende Feststellung durch die Aufsichtsbehörde erfolgt.[8] Alle anderen VVaG sind (rechtlich) große VVaG. Bei den bestimmten kleineren VVaG und den kleinsten VVaG handelt es sich um kleinere VVaG, die zusätzlich auch wirtschaftlich unbedeutend sind. Die Abgrenzungsmerkmale sind in § 21 Nrn. 1 und 2 BerVersV geregelt. Die Unterscheidung zwischen den kleineren VVaG einerseits und den bestimmten kleineren bzw. kleinsten VVaG andererseits betrifft die interne Rechnungslegung (BerVersV) und hat keine Auswirkung auf die externe Rechnungslegung (RechVersV).

Besonderheiten der öffentlich-rechtlichen (ö.-r.) PK (bezeichnet auch als Versorgungskassen oder -anstalten) sowie der gesamte Bereich der Sozialversicherung bleiben bei den folgenden Ausführungen unberücksichtigt. Bezüglich weiterer 8

5 Voraussetzung für eine Deregulierung ist eine erhebliche wirtschaftliche Bedeutung, die sich in einer Bilanzsumme der PK von mind. 265 Mio. EUR und einer jährlichen Beitragssumme von 12,8 Mio. EUR niederschlägt. Bei überbetrieblichen PK, die in den Jahren ab 2001 / 2002 gegründet wurden und Firmen unterschiedlicher Branchen offenstehen, wird dagegen als Voraussetzung für die Deregulierung lediglich eine Bilanzsumme von mind. 50 Mio. EUR und eine jährliche Beitragssumme von mind. 2,5 Mio. EUR verlangt. Das Unternehmen muss aber seit mind. fünf Jahren am Markt tätig sein und die folgenden weiteren Voraussetzungen zwingend erfüllen:
- Es müssen Verträge mit mind. zehn nicht miteinander verbundenen Unternehmen abgeschlossen sein
- je Unternehmen müssen mind. 25.000 EUR laufender Jahresbeitrag geleistet werden
  die Beitragssumme je Unternehmen darf nicht mehr als 25 % der gesamten Beitragssumme der PK betragen.

6 Vgl. Rn. 15.

7 Siehe dazu Rn. 6(a).

8 Für die Feststellung eines kleineren VVaG sind die in § 267 HGB definierten handelsrechtlichen Größenkriterien nicht maßgeblich.

Einzelheiten zu Gestaltung, Organisation, Leistungsarten usw. der PK sowie zu deren Abgrenzung zu anderen Versorgungseinrichtungen wird auf das einschlägige Schrifttum verwiesen.[9] Anzumerken bleibt jedoch, dass ö.-r. PK, soweit sie den Betrieb des Versicherungsgeschäfts zum Gegenstand haben und nicht Träger der Sozialversicherung sind, gem. § 55 Abs. 1 VAG i.V.m. § 1a VAG ebenfalls nach den handelsrechtlichen Vorschriften (§§ 341 ff. HGB) rechnungslegungspflichtig sind. Sofern diese Einrichtungen zudem die freiwillige Zusatzversicherung anbieten, haben sie hierfür einen gesonderten Abrechnungsverband einzurichten und die Vorschriften für PK gelten insoweit vollumfänglich (§ 1a Abs. 2 VAG).

9 Sterbekassen (auch Begräbnis- oder Begräbnishilfekassen, Leichenkassen, Unterstützungsvereine usw.) sind i.d.R. kVVaG i.S.v. § 53 VAG, die „in eng begrenztem Geschäftsgebiet einem bestimmten Personenkreis ein der Höhe nach begrenztes Sterbegeld gewähren“[10]. Als Sterbegeld wird dabei eine „im Todesfall fällige Leistung, welche zur Deckung der mit der Beisetzung verbundenen Aufwendungen bestimmt ist“, verstanden. Die Berechtigten haben einen Rechtsanspruch auf die Leistungen. Beiträge werden von den Mitgliedern oft im Umlageverfahren oder in kleinen Raten erhoben. Auch StK erfüllen damit die Voraussetzungen von § 1 VAG. Die folgenden Ausführungen beschränken sich auch hier auf den privatrechtlichen Bereich.

2. Produkte der Pensions- und Sterbekassen

10 Pensionskassen betreiben Versicherungsgeschäfte, die der betrieblichen oder individuellen Altersversorgung dienen. Hierbei handelt es sich i.d.R. um Versicherungsverträge in Form der Rentenversicherung, die bei Erreichen der Altersgrenze oder bei Eintritt einer dauernden Berufsunfähigkeit bzw. Erwerbsminderung (Invaliditätszusatzversicherung) Leistungen vorsehen. Regelmäßig ist hierbei ein Übergang auf den überlebenden Ehepartner oder die Kinder vorgesehen. Die Produkte werden vergleichbar von LVU angeboten.

11 Sterbekassen bieten i.d.R. Kleinlebensversicherungen (Klein-LV) mit Kapitalzahlungen im Todesfall an. Die Besonderheit der PK und StK liegt in versicherungstechnischer Hinsicht in der sachlichen Beschränkung auf die genannten Arten der LV (ohne „Direktversicherungen“) sowie auf einem personell eng begrenzten Bestand.

12 Häufig unterscheiden PK ihre Produkte zwischen Haupt- und Zusatzversicherungen. Mit Hauptversicherungen sind regelmäßig die betrieblichen Altersversorgun-

9 Vgl. u.a. Dresp, Pensionskassen, Handbuch der betrieblichen Altersversorgung, Heidelberg 2007, S. 27 ff. mit weiteren Hinweisen und Ausnahmen zu § 1 Abs. 3 VAG.

10 Vgl. *Fürstenwerth/Weiß*, Versicherungsalphabet, 10. Aufl., Karlsruhe 2001, S. 607.

gen gemeint, die auf betrieblichen oder tariflichen Vereinbarungen beruhen und als „Pflichtversicherung" bezeichnet werden. Darüber hinaus bieten PK den Versorgungsanwärtern oftmals freiwillige Zusatzversicherungen, z.B. in Form der Entgeltumwandlung, Riester-Rente, Produkte mit Rürup-Förderung oder der zusätzlichen Altersversorgungen an.

Die Beiträge werden durch den Arbeitgeber und/oder die versorgungsberechtigten Arbeitnehmer aufgebracht. Wenn die Beiträge entweder nur durch den Arbeitgeber oder durch den Arbeitgeber und Arbeitnehmer – hier sind die unterschiedlichsten Aufteilungen denkbar – geleistet werden, handelt es sich um betriebliche Altersversorgung. Sofern die PK unterfinanziert ist und der Arbeitgeber zugleich Träger der Einrichtung ist, sind z.B. Sanierungszahlungen, die nur vom Arbeitgeber zu erbringen sind, denkbar. Erbringt nur der Arbeitnehmer die Beiträge, handelt es sich typischerweise um Entgeltumwandlung gem. § 3 Nr. 63 EStG, Riester-Rente oder um eine freiwillige Zusatzversicherung. 13

3. Aufsichtsrechtliches Umfeld der Pensions- und Sterbekassen

a) Grundsätzliches

Pensions- und Sterbekassen betreiben Versicherungsgeschäfte i.S.d. § 1 VAG und unterliegen somit der Aufsicht durch die BaFin.[11] Die BaFin erteilt die Erlaubnis zum Geschäftsbetrieb, überprüft die Einhaltung der speziellen Kapitalausstattungs- und Vermögensanlagebestimmungen und kann entsprechende Sanktionen bei Nicht-Einhaltung gesetzlicher und aufsichtsrechtlicher Bestimmungen erlassen. 14

b) Besonderheit „Regulierte" Pensionskassen

Mit der VAG-Novelle 2005 wurden generell alle PK zum 01.01.2006 dereguliert und unterliegen seitdem weitgehend den gleichen Anforderungen an Rechnungszins und Kalkulation wie LVU. 15

Auf Antrag kann jedoch gem. § 118b Abs. 3 VAG der Zustand der Regulierung wiederhergestellt werden (regulierte PK). Von dieser Möglichkeit haben insb. bereits vor der VAG-Novelle existierende Firmen-PK Gebrauch gemacht.

11 Zum 15.06.2010 existieren laut BaFin-Statistik 153 PK und 41 StK mit aktiver Geschäftstätigkeit.

16 Abrechnungsverbände nach § 1a Abs. 2 VAG, PK unter Landesaufsicht und gemeinsame Einrichtungen i.S.d. § 4 Abs. 2 TVG, die die Rechtsform eines VVaG oder einer Aktiengesellschaft (AG) haben können, sind stets „regulierte PK" (§ 118b Abs. 4 VAG).

17 Gemäß § 153 Abs. 1 VVG haben PK – wie LVU – die Versicherungsnehmer (VN) an den Bewertungsreserven zu beteiligen. Bei Rentenversicherungen erfolgt die (einmalige) Zuteilung der Bewertungsreserven nach § 153 Abs. 4 VVG zum Zeitpunkt der Beendigung der Ansparphase (das ist üblicherweise der Rentenbeginn). Regulierte PK können gem. § 211 Abs. 2 Nr. 2 VVG von den Regelungen des § 153 VVG abweichen, soweit mit Genehmigung der Aufsichtsbehörde in den Allgemeinen Versicherungsbedingungen abweichende Bestimmungen getroffen sind. Abweichende Regelungen sind insb. dadurch begründet, dass regulierte PK immer in der Rechtsform eines VVaG betrieben werden und somit sämtliche Erträge, auch wenn sie vorübergehend in Bewertungsreserven gebunden sind, den Mitgliedern zugute kommen. Außerdem werden die Leistungen üblicherweise als lebenslange Renten ausgezahlt, sodass über die Zahlungsdauer insb. die Bewertungsreserven in festverzinslichen Wertpapieren regelmäßig zugeteilt werden. Einmalige Kapitalzahlungen (Austrittsvergütungen) kommen bei PK i.d.R. nur bei Ausscheiden des Mitglieds, sofern eine unverfallbare Anwartschaft gem. § 1b BetrAVG nicht besteht, oder aufgrund satzungsmäßiger Bestimmungen (z.B. Wiederheirat von Witwen) vor. Zulässige Abweichungen gegenüber § 153 VVG bei der Beteiligung an Bewertungsreserven betreffen insb. den Personenkreis, der Gutschriften erhält und die Häufigkeit bzw. den Turnus der Beteiligung. Unzulässig ist der generelle Ausschluss der Beteiligung der VN an den Bewertungsreserven. Die Zuteilung hat mind. alle drei Jahre, generell jedoch in den Jahren, in denen ein versicherungsmathematisches Gutachten erstellt wird, zu erfolgen. Bei im Durchschnitt kleinen Beträgen kann die Beteiligung an den Bewertungsreserven wegen des hohen Verwaltungsaufwands entfallen.

Das (aktuarielle) Verfahren zur Bestimmung der zuteilungsfähigen Bewertungsreserven muss die Besonderheiten der regulierten PK in angemessener Weise widerspiegeln, z.B.:[12]

- Die aufsichtsrechtlichen Stresstests müssen auch nach Zuteilung von Bewertungsreserven bestanden werden. Zusätzlich ist eine ausreichende Marge für notwendige Sicherheiten in Abzug zu bringen.

12 Gemäß Vorschlag für einen Verteilungsmechanismus bei regulierten PK durch die Arbeitsgruppe des Fachausschusses Altersversorgung der Deutschen Aktuarvereinigung e.V. vom 15.04.2009.

- Der feststehende zukünftige Aufwand für die Verstärkung der Rechnungsgrundlagen (Biometrie, Rechnungszins, Verwaltungskosten) kann in Abzug gebracht werden.
- Der notwendige zukünftige Aufwand für die Verstärkung der Solvabilität kann in Abzug gebracht werden[13]
- An den restlichen Bewertungsreserven sind die VN zu 100 % zu beteiligen, sofern dieser Rest kleiner ist als 50 % der gesamten Bewertungsreserven. Für im Bestand verbleibende VN können die Bewertungsreserven in festverzinslichen Kapitalanlagen in Abzug gebracht werden, da hier ein Ausgleich über die Zeit erfolgt.
- Die Beteiligung an den Bewertungsreserven ist „vorrangig" gegenüber der normalen Gewinnbeteiligung und wird entweder als Direktgutschrift (zulasten des sonst entstehenden Überschusses) oder aus der Rückstellung für Beitragsrückerstattung (RfB) finanziert.
- Bewertungsreserven von Kapitalanlagen, die bereits in der Vergangenheit zu 50 % zugeteilt wurden, sind nicht erneut zuzuteilen.

c) Verantwortlicher Aktuar und versicherungsmathematisches Gutachten

Sofern es sich um eine „regulierte PK" handelt, hat der verantwortliche Aktuar die Gesetzmäßigkeit der Deckungsrückstellung (DR) nach § 341f HGB zu bestätigen. Der Wortlaut der versicherungsmathematischen Bestätigung ist durch Rechtsverordnung (AktuarV) festgelegt. Außerdem hat der verantwortliche Aktuar zu bestätigen, dass die dauernde Erfüllbarkeit der sich aus den Versicherungsverträgen ergebenden Verpflichtungen jederzeit gewährleistet ist und die PK über ausreichende Mittel in Höhe der Solvabilitätsspanne verfügt. Es besteht bei regulierten PK keine Verpflichtung für den verantwortlichen Aktuar, einen Erläuterungsbericht gem. § 11a Abs. 3 Nr. 2 VAG zu erstellen. Dies ergibt sich aus § 11a Abs. 5 Satz 1 VAG i.V.m. § 118b Abs. 3 Satz 4 VAG. 18

Der verantwortliche Aktuar hat ein versicherungsmathematisches Gutachten spätestens sieben Monate nach Ablauf des Geschäftsjahres (GJ) dem Vorstand vorzulegen. Dieses soll auf die wesentlichen Gewinn- und Verlustquellen des 19

13 Hierunter fällt bspw. der Abzug von Mitteln für zukünftig abzulösende Eigenmittelbestandteile oder ein zusätzlicher quantifizierbarer Eigenmittelbedarf aufgrund von Wachstum.

Bilanzergebnisses und die wesentlichen versicherungsmathematischen Annahmen eingehen (§ 17 Satz 1 BerVersV).

Gemäß § 17 Satz 2 BerVersV ist bei PK und StK, die kleinere Vereine i.S.d. § 53 Abs. 1 Satz 1 VAG sind, das Gutachten mind. zum Abschlussstichtag eines jeden dritten GJ vorzulegen.

20 Bei der Erstellung von versicherungsmathematischen Gutachten für PK und StK sind die BaFin-Rundschreiben R 9/2008 „Hinweise für die Aufstellung versicherungsmathematischer Gutachten bei Pensionskassen" bzw. R 12/2008 „Hinweise für die Aufstellung versicherungsmathematischer Gutachten bei Sterbekassen" zu beachten, die Vorgaben für die Aufstellung von versicherungsmathematischen Gutachten bei PK und StK in mind. dreijährigem Turnus enthalten. Diese Rundschreiben gelten für alle regulierten PK und für alle StK. Nichtregulierte PK können für den Altbestand (Verträge vor der Deregulierung) das Rundschreiben R 9/2008 ebenfalls anwenden.

21 Das versicherungsmathematische Gutachten ist durch einen Sachverständigen zu erstellen, der über die notwendigen versicherungsmathematischen Kenntnisse verfügt. Gemäß der BaFin-Rundschreiben R 9/2008 bzw. R 12/2008 soll das Gutachten mind. Folgendes enthalten:

- Stichtag des Gutachtens
- geschäftsplanmäßige Rechnungsgrundlagen und Formeln
- Darstellung verwendeter Näherungsverfahren und Angabe vereinfachter Annahmen
- Kontrolle der verwendeten Rechnungsgrundlagen anhand des tatsächlichen Geschäftsverlaufs (...)
- Kontrolle der verwendeten Näherungsverfahren anhand des tatsächlichen Geschäftsverlaufs
- Kontrolle der Beiträge
- Berechnung der versicherungstechnischen Rückstellungen
- Angabe der DR unterteilt nach Beitrags- und Leistungsbarwert sowie untergliedert in Bestandsgruppen nach Maßgabe des Geschäftsplans (...)
- Ermittlung des versicherungstechnischen Rohergebnisses
- Analyse des Rohergebnisses, quantitative Darstellung der wesentlichen Gewinn- und Verlustquellen

– bei Gewinnzuschlägen und anderen zeitlich befristeten Leistungen den Nachweis, dass diese unter Zugrundelegung von Rechnungsgrundlagen 2. Ordnung voraussichtlich dauerhaft erbracht werden können (...).

d) Kapitalausstattung von Pensions- und Sterbekassen

Entsprechend den Regelungen für Versicherungsunternehmen (VU) müssen PK/StK zur Sicherstellung der dauernden Erfüllbarkeit ihrer Verpflichtungen freie unbelastete Eigenmittel (Solvabilität) mind. in Höhe der Solvabilitätsspanne bilden und diese jährlich der BaFin melden.[14] Gemäß § 5 Abs. 4 VAG muss die Eigenmittelausstattung mind. der Höhe des Garantiefonds entsprechen. Die Höhe des Garantiefonds beträgt nach § 8a Abs. 1 KapAustV mind. 3 Mio. EUR. Bei VVaG ermäßigt sich der Mindestbetrag des Garantiefonds auf 2,25 Mio. EUR (§ 8a Abs. 2 KapAustV). Für PK/StK in der Rechtsform des VVaG, deren jährliche Beiträge in drei aufeinanderfolgenden Jahren den Betrag von 5 Mio. EUR nicht überschritten haben, entfällt nach § 8 Abs. 3 KapAustV ein Mindestbetrag des Garantiefonds. 22

e) Sicherungssystem für Pensionskassen

Für PK greift regelmäßig die Subsidiärhaftung durch den Arbeitgeber (§ 1 Abs. 1 Satz 2 BetrAVG), soweit es sich um Zusagen des Arbeitgebers auf betriebliche Altersversorgung handelt. Pensionskassen sind nicht durch den PSVaG gesichert und unterliegen somit auch nicht der Beitragspflicht. 23

Gemäß § 124 Abs. 2 VAG können sich PK freiwillig dem Sicherungsfonds für die Lebensversicherer (c/o Protektor Lebensversicherungs AG) anschließen. Hiervon haben derzeit ausschließlich Wettbewerbs-PK in der Rechtsform der AG sowie die 2009 gegründete Versorgungsausgleichskasse Pensionskasse VVaG, Stuttgart, Gebrauch gemacht (Stand: Juli 2010). 24

---

14 Bei der Solvabilitätsspanne handelt es sich um einen definierten Kapitalbetrag an freien unbelasteten Mitteln, die ein VU vorhalten muss. Ein Drittel dieser Mittel bildet ein Garantiefonds, der zur Hälfte aus den in der Bilanz ausgewiesenen Eigenmitteln gedeckt sein muss. Die Berechnung der Solvabilitätsspanne erfolgt gem. § 8 KapAustV für PK/StK grundsätzlich entsprechend den für LVU geltenden Vorschriften (§ 4 Abs. 1, 1a, 2, 3 und 6 KapAustV).

f) Anforderungen an das Risikomanagementsystem von Pensions- und Sterbekassen

25 Die mit der 9. VAG-Novelle in § 64a VAG kodifizierten Anforderungen an eine ordnungsgemäße Geschäftsorganisation setzen auch für PK/StK ein angemessenes Risikomanagementsystem voraus. Hierbei sind abgeleitet aus dem Prinzip der Proportionalität gem. dem BaFin-Rundschreiben R 3/2009 „Aufsichtsrechtliche Mindestanforderungen an das Risikomanagement (MaRisk VA)" die Besonderheiten von Einrichtungen der betrieblichen Altersvorsorge zu berücksichtigen. Für PK in der Rechtsform des VVaG, deren Bilanzsumme 125 Mio. EUR nicht übersteigt sowie für StK sind in § 64a Abs. 5 VAG Erleichterungen bei der Einrichtung eines geeigneten internen Steuerungs- und Kontrollsystems sowie der Überprüfung der gesamten Geschäftsorganisation durch die Interne Revision definiert. Vor dem Hintergrund des oftmals bestehenden eingeschränkten Geschäftsbetriebs und des weniger komplexen Geschäftsmodells von PK/StK sind die erforderlichen Elemente des Risikomanagementsystems nach dem Proportionalitätsprinzip durch den Vorstand festzulegen und mit der BaFin abzustimmen.[15]

4. Besteuerung von Pensions- und Sterbekassen

26 Grundsätzlich sind PK unbeschränkt körperschaftsteuerpflichtig.

Nach § 5 Abs. 1 Nrn. 3 und 4 i.V.m. § 6 KStG sind PK/StK nur dann von der Körperschaftsteuer (KSt) befreit, wenn – neben anderen Voraussetzungen – am Ende des Wirtschaftsjahres (WJ), zu dem die DR versicherungsmathematisch zu berechnen ist, ihr Vermögen nicht höher ist als ihre Verlustrücklage. Dabei ist die RfB nur insoweit vom Vermögen abzusetzen, als den Leistungsempfängern ein Anspruch auf Überschussbeteiligung zusteht. Für den übersteigenden Betrag wird die Kasse steuerpflichtig, sofern sie ihn nicht innerhalb von 18 Monaten nach Schluss des betreffenden WJ mit Zustimmung der BaFin zur Leistungserhöhung verwendet. Dies gilt auch dann, wenn die DR jährlich berechnet und gebucht wird.

15 Insbesondere bei einem eingeschränkten Leistungsspektrum und geringem Neuzugang, wie man es oftmals bei geschlossenen Betriebs-PK vorfindet, sind zukünftige Cashflows und Verpflichtungen relativ sicher zu bestimmen, sodass komplexe mathematische Modelle, mit denen Langlebigkeitsrisiken und weitere biometrische Faktoren detailliert quantifiziert werden können, nicht zwingend entwickelt werden müssen.

II. Rechnungslegungsvorschriften für Pensions- und Sterbekassen

1. Überblick

Die für PK und StK in der Rechtsform eines VVaG anwendbaren Regelungen sind 27
im folgenden Schema zusammengefasst:

		Anzuwendende Vorschriften	
	Umschreibung der Größenklasse oder sonstiger Merkmale	**Externe Rechnungslegung generell RechVersV, sowie**	**Gesetzliche Prüfungspflicht**
1. (rechtlich) großer VVaG (§§ 15 ff. VAG)	Vielzahl von Mitgliedern	§ 341a HGB (wie große Kapitalgesellschaften) inkl. DeckRV* und MindZV**	Ja, gem. § 341k HGB
2. kleinerer VVaG (§ 53 VAG i.V.m. §§ 15 ff. VAG)	Wenige Mitglieder oder eingeschränkter Kreis (z.B. Konzernunternehmen)		
a)	Bruttobeitrag des VJ > 7,5 Mio. EUR und Bilanzsumme zum Abschlussstichtag des VJ > 125 Mio. EUR	§ 341a HGB (wie große Kapitalgesellschaften) inkl. DeckRV* und MindZV**	Ja, gem. § 341k HGB
b)	Bruttobeitrag des VJ £ 7,5 Mio. EUR oder Bilanzsumme zum Abschlussstichtag des VJ £ 125 Mio. EUR (§ 61 Abs. 1 Nr. 4 RechVersV)	§ 341a HGB inkl. DeckRV* und MindZV** mit Erleichterungen gem. § 62 Abs. 2 RechVersV*** und § 17 BeVersV****	Ja, gem. § 341k HGB*****

		Anzuwendende Vorschriften	
	Umschreibung der Größenklasse oder sonstiger Merkmale	**Externe Rechnungslegung generell RechVersV, sowie**	**Gesetzliche Prüfungspflicht**
3. bestimmter kleinerer VVaG (§ 53 Abs. 1 Satz 1 VAG)	§ 21 Nr. 1 BerVersV: PK: Bruttobeitrag des VJ £ 3,0 Mio. EUR oder Bilanzsumme zum Abschlussstichtag des VJ £ 30,0 Mio. EUR StK: Bruttobeitrag des VJ £ 1,0 Mio. EUR oder Bilanzsumme zum Abschlussstichtag des VJ £ 10,0 Mio. EUR	Wie 2.b)	Wie 2.b)
4. Kleinst-VVaG (§ 157a VAG)	Freistellung von der Aufsicht nach § 157a Abs. 1 Satz 2 VAG i.V.m. Verwaltungsakt der BaFin (VerBaFin 08/2006): £ 750 Mitglieder; jährliches Beitragsaufkommen ≤ 40.000 EUR)	Wie 2.b)	Nein

* Deregulierte PK (vgl. *Fahr/Kaulbach/Bähr*, Kommentar zum Versicherungsaufsichtsgesetz, 2007, § 157a VAG, § 1 Abs. 1 Nr. 1 DeckRV).

** Deregulierte PK (§ 1 MindZV).

*** Berechnung der DR nur mind. alle fünf Jahre erforderlich.

**** Erstellung des versicherungsmathematischen Gutachtens nur mind. alle drei Jahre erforderlich.

***** Begründung siehe Rn. 57-60.

28 Pensionskassen und StK haben ihren Jahresabschluss (JA) und ihren Lagebericht (LB) nach den Vorschriften der RechVersV i.V.m. den Vorschriften des HGB und des VAG aufzustellen. Dieser Grundsatz gilt uneingeschränkt für alle AG (§§ 341 ff. HGB) und VVaG (§§ 341 ff. HGB i.V.m. § 16 Satz 2 VAG).

§§ 61, 62 RechVersV sehen Befreiungen und Vereinfachungen für PK und StK vor, deren Brutto-Beiträge im vorausgegangenen GJ 7,5 Mio. EUR oder deren Bilanzsumme am Abschlussstichtag des vorausgegangenen GJ 125 Mio. EUR nicht überstiegen haben (§ 61 Abs. 1 Nr. 4 RechVersV). Der wichtigste Punkt ist dabei die mit Zustimmung der BaFin mögliche Befreiung von der Pflicht, die versicherungsmathematische Berechnung der DR zu jedem Bilanzstichtag durchzuführen (§ 62 Abs. 2 RechVersV). Für alle PK und StK gelten die Vorschriften der BerVersV zur internen Rechnungslegung von Versicherungen. 29

Die nach der RechVersV auf PK und StK anwendbaren Formblätter für Bilanz und Gewinn- und Verlustrechnung (GuV) weichen im Bereich der versicherungstechnischen Posten nur durch einige geschäftsbedingte Besonderheiten geringfügig von den entsprechenden Regelungen für LVU ab. Diese Besonderheiten begründen sich in der oben dargestellten Beschränkung der PK und StK auf ganz bestimmte Arten von LV. Die folgenden Ausführungen stellen diese Abweichungen und deren Auswirkungen auf den JA oder LB der PK und StK dar. 30

2. Besonderheiten bei einzelnen versicherungstechnischen Posten

a) Beiträge

Die Aufbringung der Beiträge ist in der Satzung bzw. in den Allgemeinen Versicherungsbedingungen (AVB) und Tarifbedingungen (TB) festgelegt. Unbeachtlich ist, ob der Beitrag vom Arbeitgeber oder vom Arbeitnehmer geleistet wird. Fälligkeiten, nach denen die Bildung von Beitragsüberträgen (BÜ) notwendig wird, sind dabei i.d.R. nicht vorgesehen. Als Beiträge können auch Zahlungen des Trägerunternehmens zur Abdeckung von Fehlbeträgen (z.B. sog. Sanierungsgelder gem. § 19 Abs. 1 Nr. 3 Satz 2 EStG, wie sie sich aus der Subsidiärhaftung des Arbeitgebers gem. § 1 Abs. 1 Satz 3 BetrAVG ergeben können) angesehen werden. Nicht zu den Beiträgen gehören regelmäßige Zuwendungen eines Trägerunternehmens an eine Kasse zur vollständigen oder teilweisen Deckung seiner Aufwendungen für den Versicherungsbetrieb. Diese sind, da sie dem Versicherungsgeschäft zuzuordnen sind, unter dem Posten „Sonstige versicherungstechnische Erträge“ auszuweisen. 31

b) Deckungsrückstellung

32 Als logische Folge der kapitalgedeckten Form der Altersversorgung ist die DR bei PK und StK regelmäßig der wesentlichste Posten auf der Passivseite der Bilanz. Versicherungsmathematische Besonderheiten gegenüber anderen LVU bestehen nicht, d.h., die grundsätzliche Berechnungsmethodik der DR bei PK und StK unterscheidet sich nicht von der bei anderen LVU. In der Regel werden DR auch bei PK auf einzelvertraglicher Basis prospektiv berechnet.

33 Bei fondsgebundenen Rentenversicherungen wird die DR nach der retrospektiven Methode in Höhe des Werts der Kapitalanlagen, für die der VN das Risiko trägt, gebildet und gesondert unter dem Bilanzposten „Versicherungstechnische Rückstellung im Bereich der LV, soweit das Anlagerisiko von den VN getragen wird" ausgewiesen. Die Fondsanteile werden gem. § 32 Abs. 1 RechVersV i.V.m. § 341d HGB am Bilanzstichtag zum Zeitwert angesetzt. Zu beachten ist, dass üblicherweise Mindestgarantiewerte vertraglich vereinbart sind. Etwaige weitere versicherungstechnische Rückstellungen, die ggf. im Hinblick auf Sterblichkeit, Aufwendungen für den Versicherungsbetrieb oder andere Risiken (wie im Fall von zugesicherten Mindestleistungen oder Rückkaufswerten) zu bilden sind, werden entsprechend den geschäftsplanmäßigen Rechnungsgrundlagen prospektiv berechnet und gem. § 32 Abs. 2 RechVersV unter dem Passivposten „Deckungsrückstellung" ausgewiesen.

34 Für regulierte PK und für StK findet die DeckRV keine Anwendung. Stattdessen ist bei der Ermittlung der DR zwingend der von der BaFin genehmigte technische Geschäftsplan zu beachten.

35 Deregulierte PK haben wie gewöhnliche LVU die Verordnung über Rechnungsgrundlagen für die Deckungsrückstellungen (Deckungsrückstellungsverordnung – DeckRV) zu beachten. Soweit regulierte PK (für den Neuzugang geschlossene) Tarife im Bestand verwalten, denen keine aufsichtsbehördlich genehmigten Tarife zugrunde liegen, haben sie für diese Teilbestände ebenfalls die DeckRV zu beachten. Dies kann für regulierte PK zutreffen, die vormals dereguliert waren und die die Übergangsregelung gem. Art. 6 Achtes Gesetz zur Änderung des VAG nicht in Anspruch genommen haben. Diese sah die Genehmigung für die vor der Regulierung verwendeten AVB nebst den dazugehörigen fachlichen Geschäftsunterlagen (§ 5 Abs. 3 Nr. 2 VAG), denen keine Genehmigung zugrunde lag, mit Wirkung für bestehende Versicherungsverhältnisse vor, sofern die PK den Antrag bis zum 31.12.2008 bei der Aufsichtsbehörde gestellt hatte.

Sofern bei Firmen-PK und überbetrieblichen PK keine Abschlusskosten entstehen (Regelfall), sind diese rechnungsmäßig nicht anzusetzen. Grundsätzlich sind jedoch Abschlusskosten bei PK zulässig und bei Wettbewerbs-PK üblich. Für die rechnerischen Abschlusskosten gelten mit 40 ‰ der Beitragssumme die gleichen Höchstgrenzen wie bei LVU (§ 4 Abs. 1 DeckRV). 36

Eine weitere Besonderheit bei PK und StK liegt in einer Erleichterung, die den Kassen im Hinblick auf die Überschaubarkeit ihrer Versicherungsbestände zugestanden wird. Die Kassen brauchen, wenn sie die Befreiungs- und Vereinfachungskriterien gem. § 61 Abs. 1 Nr. 4 RechVersV erfüllen,[16] ihre DR mit Zustimmung der Aufsichtsbehörde lediglich in einem maximal fünfjährigen Turnus berechnen zu lassen (§ 62 Abs. 2 RechVersV). Sofern es sich um rechtlich kVVaG handelt, ist in § 17 Satz 2 BerVersV geregelt, dass das versicherungsmathematische Gutachten mind. zum Abschlussstichtag eines jeden dritten GJ vorzulegen ist. Da das Gutachten implizit die Berechnung der DR voraussetzt,[17] ergibt sich faktisch die Notwendigkeit, die DR mind. alle drei Jahre berechnen zu lassen. Die berechnete DR wird bis zur neuen Berechnung unverändert fortgeführt. Aus der Ergänzung der Postenbezeichnung „Bruttobetrag laut versicherungsmathematischer Berechnung zum …" (gem. Fn. 6) Buchst. b) zu Formblatt 1) kann der Bilanzleser entnehmen, ob die DR neu berechnet oder unverändert aus dem Vorjahr (VJ) übernommen wurde. 37

Der Vorstand oder ein oberstes Organ sollte wegen der steuerlichen Besonderheiten der Frage nachgehen, ob eine Dotierung der DR zulasten der RfB aus steuerlichen Gründen zu empfehlen wäre. Nach § 5 Abs. 1 Nrn. 3 und 4 i.V.m. § 6 KStG sind PK und StK nur dann von der KSt befreit, wenn am Ende des Wirtschaftsjahres (WJ), zu dem die DR versicherungsmathematisch zu berechnen ist, ihr Vermögen nicht höher ist als ihre Verlustrücklage. Dabei ist die RfB nur insoweit vom Vermögen abzusetzen, als den Leistungsempfängern ein Anspruch auf Überschussbeteiligung zusteht. Für den übersteigenden Betrag wird die Kasse steuerpflichtig, sofern sie ihn nicht innerhalb von 18 Monaten nach Schluss des betreffenden WJ mit Zustimmung der BaFin zur Leistungserhöhung verwendet. Dies gilt auch dann, wenn die DR jährlich berechnet und gebucht wird. Bei PK und StK, deren Beiträge ausschließlich oder überwiegend von Firmen bzw. vom 38

---

16 Bruttobeiträge nicht größer als 7,5 Mio. EUR oder Bilanzsumme nicht über 125 Mio. EUR, jeweils bezogen auf das vorausgegangene GJ.

17 Vgl. R 9/2008 (VA) „Hinweise für die Aufstellung versicherungsmathematischer Gutachten bei Pensionskassen, Unterpunkt 2.10.: Kontrolle der zur Berechnung der Deckungsrückstellung verwendeten Rechnungsgrundlagen anhand des tatsächlichen Geschäftsverlaufs in regelmäßigen Abständen von höchstens drei Jahren."

Arbeitgeber als VN entrichtet und deren Überschüsse grundsätzlich zur Erhöhung der Leistungen an die Versicherten verwendet werden, hat die BaFin keine Bedenken, die Postenbezeichnungen in Bilanz und GuV durch den Klammerzusatz „(Überschussbeteiligung)" zu ergänzen.[18]

39 Eine echte Ermittlung des Ergebnisses erfolgt nur für den Zeitraum zwischen den Stichtagen, zu denen eine Berechnung der DR vorgenommen wird. Aus diesem Grund werden in den Zwischenjahren anstelle der Posten „Jahresüberschuss / Jahresfehlbetrag" und „Bilanzgewinn" die Posten „Überschuss / Fehlbetrag" bzw. „Ausgleichsposten" ausgewiesen.[19] Der Zuwachs wird in der Bilanz zusammen mit dem Ergebnisvortrag aus dem Jahr der letzten Berechnung der DR als „Gesamt-Ausgleichsposten" anstelle des Bilanzgewinns gezeigt.

40 Das versicherungsmathematische Gutachten über den Einfluss der wesentlichen Gewinn- und Verlustquellen auf das Bilanzergebnis und über die wesentlichen versicherungsmathematischen Annahmen, die der Berechnung der versicherungstechnischen Rückstellungen zugrunde liegen, haben PK grundsätzlich spätestens sieben Monate nach Schluss des GJ der Aufsichtsbehörde vorzulegen. Die rechtlich kleineren VVaG müssen das Gutachten jedoch nur zu den Abschlussstichtagen mind. eines jeden dritten GJ erstellen (§ 17 Satz 2 BerVersV). Das Gutachten ist von allen PK vorzulegen, unabhängig davon, ob die PK reguliert oder dereguliert ist.

41 Schließlich besteht die häufig praktizierte Möglichkeit, die DR jährlich versicherungsmathematisch zu berechnen, ein versicherungsmathematisches Gutachten[20] jedoch nur in dreijährigem Turnus zu erstellen.[21] In diesem Fall ist kein Ausgleichsposten anzusetzen. Wie üblich ist dann die Veränderung der DR im Posten „Veränderung der übrigen versicherungstechnischen Netto-Rückstellungen: a) Netto-Deckungsrückstellung" auszuweisen. Das turnusmäßige Gutachten dient der zusätzlichen Nachprüfbarkeit durch die BaFin. Andererseits unterliegt die Berechnung der DR auch bei Verzicht auf das Gutachten der Prüfung durch den Abschlussprüfer in dem dargestellten Umfang.

42 Auch zu den Stichtagen, zu denen keine Neuberechnung der DR erfolgt, ist eine überschlägige Berechnung des Solls des Sicherungsvermögens vorzunehmen, um eine ausreichende Bedeckung des Solls des Sicherungsvermögens in den Zwi-

18 Vgl. VerBAV 1998, S. 269.
19 Vgl. Fn. 6) Buchst. a) zu Formblatt 1.
20 Vgl. Rn. 21.
21 Vgl. Rn. 37.

schenjahren sicherzustellen. Hinweise für eine derartige Schätzung gibt das Rundschreiben des BAV R 1/1980[22].

Pensionskassen müssen eine Rückstellung für Eintrittsverluste bilden, wenn der verwendete Tarif nicht mehr ausreicht, um die erforderliche DR zu bilden (VerBaFin 8/2003, S. 2). Ein solcher Fall kann eintreten, wenn die Rechnungsgrundlagen für die Berechnung der DR geändert worden sind und der Tarif nicht sofort angepasst werden kann – etwa aus arbeitsrechtlichen Gründen. Die Rückstellung ist in Höhe der im Folgejahr zu erwartenden Eintrittsverluste aufgrund neuer Versicherungsverhältnisse, Erhöhungen bestehender Versicherungen und technischer Einmalbeiträge zu bilden. Hinsichtlich des bilanziellen Ausweises der Rückstellung ist zu unterscheiden, ob sich die erwarteten Verluste auf bereits bestehende Versicherungsverhältnisse beziehen oder erst auf solche, die im Folgejahr aus Neuzugängen resultieren. Voraussichtliche Eintrittsverluste bei bestehenden Versicherungen (durch Erhöhung der Versicherung oder Zahlung von technischen Einmalbeiträgen) resultieren aus Verpflichtungen, die dem Grunde nach bereits bestehen und sind daher als Teil der DR auszuweisen. Voraussichtliche Eintrittsverluste bei Neuzugängen sind unter den sonstigen versicherungstechnischen Rückstellungen auszuweisen. Soweit die Tarife genehmigungspflichtig sind, muss das Verfahren zur Bildung der Rückstellung für Eintrittsverluste im Geschäftsplan festgelegt werden. 43

Einige PK haben ein Abkommen zur Übertragung von Direktversicherungen oder Versicherungen in einer PK bei Arbeitgeberwechsel abgeschlossen. Sofern ein Versorgungsanwärter zwischen zwei PK wechselt, die diesem Abkommen beigetreten sind, überweist der übertragende Versorgungsträger den Rückkaufswert der Versicherung (einschl. bereits zugeteilter Überschussanteile, Schlussüberschussanteile und Bewertungsreserven wie bei einem Rückkauf) an den Übernehmenden. Auf Abzüge wird dabei verzichtet. Die Gutschriften aus Bewertungsreserven werden beim übernehmenden Versorgungsträger wie die übertragenen Guthaben aus der Überschussbeteiligung verwendet. 44

c) Aufwendungen für Versicherungsfälle sowie Rückstellungen für noch nicht abgewickelte Versicherungsfälle

Aufwendungen für Versicherungsfälle sind bei PK vornehmlich die laufenden Rentenzahlungen. Für den Ausweis unter dem Posten „Zahlungen für Versicherungsfälle" ist es unbeachtlich, ob die Zahlung unmittelbar an den Rentenempfänger erfolgt oder – infolge der grundsätzlichen Beitragspflicht von betrieblichen 45

22 Vgl. VerBAV 1980, S. 121 ff.

Rentenzahlungen in der gesetzlichen Kranken- und Pflegeversicherung – Beiträge von der PK direkt an die gesetzliche Krankenversicherung abgeführt werden.

46 Die für die Leistungsverpflichtungen erforderlichen Rückstellungen sind in der DR enthalten. Außerhalb der DR sind als Rückstellungen für noch nicht abgewickelte Versicherungsfälle Rückstellungen für einmalige Kapitalleistungen (z.B. Austrittsvergütungen, Kapitalleistungen an Witwen bei Wiederverheiratung) zu bilden, bei denen der Versicherungsfall vor dem Bilanzstichtag eingetreten ist, der bestandsmäßige Abgang erfasst wurde, die Auszahlung aber noch nicht erfolgte.

47 Besonderheiten für die Bildung von Rückstellungen für noch nicht abgewickelte Versicherungsfälle ergeben sich bei einer nur turnusmäßigen Berechnung der DR. Im Jahr der Berechnung der DR erfolgt die Rückstellungsbildung wie bei anderen LVU, nämlich

(c) in Höhe des vollen, zu erwartenden Leistungsbetrags für alle Versicherungen, die bei der Neuberechnung der DR nicht mehr erfasst wurden,

(d) als zusätzliche „Spätschadenrückstellung", wenn der Versicherungsfall erst nach der Bestandsfeststellung bekannt wird. In diesem Fall ist der volle Schadenbetrag um die bereits vorhandene DR zu kürzen,

(e) ist ggf. auch für unbekannte Spätschäden eine weitere nach versicherungsmathematischen Verfahren ermittelte Rückstellung zu bilden.

Abweichungen entstehen jedoch für einen Bilanzstichtag, zu dem keine Neuberechnung der DR vorgenommen wird. Hier entfällt die vorgenannte Trennung in (a)-(c) mit der Folge, dass alle Rückstellungen mit dem vollen Schadenbetrag angesetzt werden.[23]

Die Rückstellungen für noch nicht abgewickelte Versicherungsfälle haben nur eine untergeordnete Bedeutung für PK und StK. Als Spätschadenrückstellung können sie stärker ins Gewicht fallen, wenn nach der Bestandsfeststellung noch Rentenfälle bekannt werden, die bei rechtzeitiger Erfassung zu einer Aufstockung der DR geführt hätten. Bei PK kommen Spätschadenrückstellungen insb. dann in Betracht, wenn von der PK Invaliditäts- bzw. Berufsunfähigkeitsrenten gewährt werden können und die am Bilanzstichtag beantragten, aber noch nicht anerkannten bzw. noch unbekannten Leistungsfälle bezogen auf die Höhe der DR wesent-

23 Ein pauschaler Zuschlag für Versicherungsfälle des abgelaufenen GJ, die auch bei Bilanzaufstellung noch nicht gemeldet waren, dürften bei PK und StK nur in Ausnahmefällen infrage kommen.

lich sind. Die Rückstellung ist in Höhe der Differenz zwischen dem in der DR bilanzierten und dem für die laufende Rentenzahlung zu bildenden Wert der DR versicherungsmathematisch zu berechnen.

d) Rückstellungen für Beitragsrückerstattungen sowie Aufwendungen für Beitragsrückerstattungen

Soweit den LV-Verträgen der PK genehmigte Geschäftspläne zugrunde liegen, gelten diese für die Überschussbeteiligung. Im Übrigen ist für PK bezüglich der Überschussbeteiligung die Verordnung über die Mindestbeitragsrückerstattung in der LV (Mindestzuführungsverordnung – MindZV) anzuwenden. In der praktischen Umsetzung der MindZV ergibt sich das Problem, dass PK grundsätzlich keine Zerlegung des Ergebnisses vornehmen müssen (§ 11 BerVersV), diese Gewinnzerlegung aber grundsätzlich der Maßstab für die Dotierung der RfB ist. Gemäß BaFin R 9/2008 („Hinweise für die Aufstellung versicherungsmathematischer Gutachten bei Pensionskassen“) sind für die ungenehmigten Tarife im Rahmen des Gutachtens auch die zur Kontrolle der Mindestzuführung zur RfB gem. MindZV notwendigen Beträge herzuleiten. Entsprechendes gilt für PK, die für genehmigte Tarife Mindestbeteiligungen am Überschuss geschäftsplanmäßig festgelegt oder vertraglich vereinbart haben. 48

Als weitere Besonderheit der PK und StK wirkt sich auch hier die Möglichkeit aus, die DR nicht zu jedem Bilanzstichtag neu zu berechnen. Da in den Zwischenjahren ein echtes Jahresergebnis nicht ermittelt wird, entfällt insoweit eine Zuweisung zulasten der Aufwendungen für Beitragsrückerstattungen (BR). Entnahmen zur Leistungserhöhung bei entsprechender Beschlussfassung sind dagegen auch in Zwischenjahren möglich. 49

e) Sonstige versicherungstechnische Rückstellungen

Durch die versicherungstechnischen Eigenschaften bei PK (Invaliditätsversicherungen, z.T. Pauschal- oder Durchschnittsbeiträge anstelle der individuell notwendigen Beiträge) können negative DR auftreten. Diese negativen DR sind nicht durch Zillmerung entstanden und werden als negative Beträge mit den positiven Beträgen saldiert. Als DR erscheint in einem Betrag der Saldo aus positiven und negativen DR. Die BaFin verlangt verstärkt, dass negative DR nicht mit positiven Beträgen saldiert, sondern auf Null aufgefüllt werden. Sogenannte Stornorückstellungen für voraussichtliche Ausfälle bei Versicherungen mit negativen DR werden als „Sonstige versicherungstechnische Rückstellungen“ ausgewiesen. 50

3. Besonderheiten im Anhang von Pensions- und Sterbekassen

51 Pensions- und Sterbekassen haben, sofern nicht die Erleichterungsvorschriften gem. §§ 61 Abs. 1 Nr. 4, 62 Abs. 1 RechVersV greifen, im Anhang unter anderem die gebuchten Bruttobeiträge nach Einzel-/Kollektivversicherung, nach laufenden und Einmalbeiträgen sowie nach Pensions-/Sterbegeld- und Zusatzversicherungen aufzugliedern (§ 51 Abs. 4 Nr. 3 RechVersV).

52 Grundsätzlich sind die Provisionen und sonstigen Bezüge der Versicherungsvertreter sowie die Personalaufwendungen betragsmäßig anzugeben.

4. Besonderheiten im Lagebericht von Pensions- und Sterbekassen

53 Der Lagebericht (LB) ist, sofern nicht die Erleichterungsvorschriften gem. §§ 61 Abs. 1, 62 Abs. 1 RechVersV greifen, um die Bewegung des Bestands an Pensionsversicherungen (ohne sonstige Versicherungen) des Berichtsjahres (Muster 4 der RechVersV) zu ergänzen.

54 Hierbei ist die Bestandsentwicklung getrennt nach Geschlecht sowohl die Anzahl als auch die Summe der Jahresrenten für die Anwärter, Invaliden- und Altersrente und Hinterbliebenenrente in tabellarischer Form zu berichten.

5. Besonderheiten bei der Offenlegung von Jahresabschluss und Lagebericht der Pensions- und Sterbekassen

55 Grundsätzlich sind der JA, der LB, der Bestätigungsvermerk des Abschlussprüfers, der Bericht des Aufsichtsrats sowie der Gewinnverwendungsbeschluss innerhalb einer Frist von zwölf Monaten nach Ablauf des GJ offenzulegen.

56 Unter den Voraussetzungen eines Gewinnabführungsvertrags besteht bei AG die Möglichkeit, von der Befreiung einer Offenlegung Gebrauch zu machen. Darüber hinaus sind kleine PK und StK, deren Bruttobeiträge im vorausgegangenen GJ 7,5 Mio. EUR nicht übersteigen oder deren Bilanzsumme am Abschlussstichtag 125 Mio. EUR nicht übersteigt, gem. § 61 Abs. 1 Nr. 4 RechVersV von der Offenlegung befreit.

III. Besonderheiten bei der Prüfung von Pensions- und Sterbekassen

1. Grundsätzliches zur Prüfung von Pensions- und Sterbekassen

Die Abschlussprüfung von VU ist in § 341k HGB und in den §§ 57-64 VAG geregelt. Für PK verweist § 118b Abs. 1 Satz 1 VAG auf § 341k HGB i.V.m. §§ 58 und 59 VAG. § 64 VAG i.V.m. § 61 Abs. 1 Nr. 4 RechVersV sehen eine Befreiung von der Prüfungspflicht für PK und StK vor, sofern deren Bruttobeiträge im vorausgegangen GJ 7,5 Mio. EUR nicht überstiegen haben oder deren Bilanzsumme am Abschlussstichtag des vorangegangen GJ 125 Mio. EUR nicht überstiegen hat. 57

Nach Auffassung der BaFin sind alle PK in der Form des kleineren Vereins seit dem 01.01.2006 prüfungspflichtig i.S.d. § 341k HGB. Dies ergibt sich aus dem Wortlaut des § 118b Abs. 1 und 2 Satz 1 VAG, wonach für PK in der Form kleinerer Versicherungsvereine abweichend von § 53 VAG auch § 341k HGB i.V.m. §§ 58 und 59 VAG gelten. Die Vorschrift entspricht der bisher nur für die deregulierten PK geltenden Regelung des § 156a Abs. 3 Satz 2 VAG a.F., der für deregulierte PK die in § 64 VAG i.V.m. § 61 RechVersV vorgesehene Befreiung von der Abschlussprüfungspflicht aufgehoben hat.[24] § 156a Abs. 3 VAG a.F. wurde gestrichen. Pensionskassen in der Form des kleineren Vereins haben unabhängig von ihrer Größe damit einen Abschlussprüfer zu bestellen. 58

Jedoch sind kleine PK und StK in der Rechtsform der AG, die die Kriterien des § 61 Abs. 1 Nr. 4 RechVersV erfüllen, weiterhin nicht prüfungspflichtig. 59

Wie bei der Prüfung anderer VU stellt sich für den Abschlussprüfer die Frage, inwieweit bei der Prüfung die internen Nachweisungen und das versicherungsmathematische Gutachten verwertet werden können. Da bei PK regelmäßig kein hoher Termindruck besteht, werden häufig die gesetzlich zulässigen Fristen (Einreichung der Nachweisungen spätestens fünf Monate nach Ablauf des GJ, vgl. § 8 Abs. 1 BerVersV bzw. das versicherungsmathematische Gutachten einschl. Erläuterungs- und Angemessenheitsbericht spätestens sieben Monate nach Ablauf des GJ, vgl. § 11a Abs. 3 VAG, §§ 2, 3 AktuarV[25]) ausgeschöpft. Der Abschlussprüfer hat sich dennoch anhand eigener Prüfungshandlungen von der Angemessenheit der Dotierung der versicherungstechnischen Rückstellungen sowie der ausreichenden 60

24 Vgl. *Prölss*, Komm. zum VAG, 12. Aufl., § 64, Rn. 6.

25 Hier ist noch die alte Aufteilung nach wirtschaftlich bedeutender PK gem. § 157a Abs. 3 VAG a.F. und wirtschaftlich nicht bedeutender PK enthalten.

Überschussbeteiligung der VN z.B. durch eine Analyse der Entwicklung des Versicherungsbestands auf der Grundlage des letzten versicherungsmathematischen Gutachtens zu überzeugen. Aktuelle Nachweise und versicherungsmathematische Gutachten zum Bilanzstichtag sind ergänzend heranzuziehen.

2. Besonderheiten bei der Prüfung regulierter Pensionskassen

61 Für den Abschlussprüfer einer regulierten PK stellt sich die Frage, ob er den Ausgleichsposten auf die Angemessenheit der Dotierung der DR prüfen muss. Da diese Prüfung aber der Prüfung der DR als solche gleichkommt, ist sie nicht erforderlich. Hiervon unabhängig hat sich der Abschlussprüfer davon zu überzeugen, ob es für den von ihm zu prüfenden Zeitraum zulässig war, zum Bilanzstichtag keine Neuberechnung der DR vorzunehmen. So dürfte z.B. aus der Sicht der Abschlussprüfung eine Neuberechnung der DR auch vor Ablauf eines Dreijahresturnus zwingend sein, wenn wesentliche Änderungen der zugrunde liegenden Verpflichtungen zu verzeichnen sind.

62 Auch ein negativer, also aus der Übernahme eines Fehlbetrags entstandener Ausgleichsposten allein führt nicht zur Einschränkung des Bestätigungsvermerks. Diese Auslegung berücksichtigt die Tatsache, dass es sich hier um eine zulässige Bilanzierungserleichterung handelt, die durch die Abschlussprüfung nicht mittelbar außer Kraft gesetzt werden kann.

3. Freiwillige Prüfung von Pensionskassen

63 Obwohl sich das versicherungsmathematische Gutachten in Inhalt und Umfang an einer Prüfung von JA und LB ausrichtet, ist es üblich, PK freiwillig jährlich prüfen zu lassen. Vorstand und Aufsichtsrat der PK erreichen hierdurch eine zusätzliche Entlastung.

B III. Die versicherungstechnischen Posten des Jahresabschlusses der Krankenversicherungsunternehmen

*WP/RA/StB Dr. Jörg Schlüter, Hamburg**

Randnummer

* Unter Mitwirkung von Dipl.-Math. *Torsten Seemann*, Aktuar (DAV), und Dipl.-Wirtschaftsmath. *Stephan Meyer*, Aktuar (DAV), beide Hamburg.

I. Rechtliche und wirtschaftliche Grundlagen

1. Umfeld

1 Im Rahmen der Koordinierung und Liberalisierung der Vorschriften zur Beaufsichtigung der Unternehmen der Privaten Krankenversicherung (PKV) innerhalb der Europäischen Union wurde mit dem Dritten Durchführungsgesetz / EWG zum Gesetz über die Beaufsichtigung der Versicherungsunternehmen (Versicherungsaufsichtsgesetz, VAG)[1] in 1994 für die substitutive Krankenversicherung (KV) eine nachgelagerte Anzeigepflicht der beabsichtigten Verwendung neuer oder geänderter Tarifbedingungen bzw. Kalkulationsgrundlagen nach § 13d Nrn. 7 und 8 VAG eingeführt. Zusätzlich wurden im Wesentlichen in den §§ 12-12d und 81d neue Vorschriften zu Mindestanforderungen an die Kalkulation der Prämien und der Alterungsrückstellung (AltR) sowie an die Überschussbeteiligung der Versicherten in das VAG eingeführt. Einzelheiten behandeln die hierzu erlassene Kalkulationsverordnung[2] (KalV) und die Überschussverordnung[3] (ÜbschV).

1 BGBl. I 1994, S. 1630.

2 BGBl. I 1996, S. 1783, zuletzt geändert durch die Dritte Verordnung zur Änderung der Kalkulationsverordnung (BGBl. I 2009, S. 3670).

3 BGBl. I 1996, S. 1687, zuletzt geändert durch die Erste Verordnung zur Änderung der Überschussverordnung (BGBl. I 2005, S. 3016).

Mit dem Dritten Durchführungsgesetz wurde auch angefangen, das durch Kostensteigerungen im Gesundheitswesen und durch eine höhere Lebenserwartung verursachte Problem größerer Beitragssteigerungen, von denen aufgrund der notwendigen Nachfinanzierung der Alterungsrückstellung (AltR) vor allem ältere Versicherte betroffen sind, zu lösen. Die gesetzlich geforderten Mindestanforderungen wurden im Rahmen des Gesetzliche Krankenversicherung- (GKV-) Gesundheitsreformgesetzes 2000[4] durch Neufassung der §§ 12-12b und Hinzufügen von § 12e VAG noch erweitert. § 12a VAG verlangt seitdem für die Krankheitskosten- und freiwillige Pflege-KV, dass 90 % der überrechnungsmäßigen Zinsen, die auf die zum Ende des Vorjahres (VJ) vorhandenen positiven AltR der betroffenen Versicherungen entfallen, zur Beitragsermäßigung insb. der älteren Versicherten zu verwenden sind. 2

Außerdem wurde mit § 12 Abs. 4a VAG in der substitutiven Krankheitskostenversicherung ab dem 01.01.2000 ein gesetzlicher Beitragszuschlag von 10 % bis zur Vollendung des 60. Lebensjahres eingeführt, der ebenfalls zur Beitragsermäßigung der älteren Versicherten zu verwenden ist.

Eine weitere mit dem Dritten Durchführungsgesetz eingeführte Regelung (§ 12 Abs. 1 Nr. 4 VAG bzw. § 178f VVG a.F.[5]) betrifft die Möglichkeit des Wechsels in einen gleichartigen Tarif unter voller Anrechnung der vorhandenen AltR. Dies ermöglicht gerade älteren Versicherten, ihren KV-Schutz auf neuere Tarife mit einer günstigeren Bestandszusammensetzung und damit niedrigeren Beiträgen umzustellen.

Mit dem GKV-Wettbewerbsstärkungsgesetz (GKV-WSG)[6] v. 26.03.2007 hat der Gesetzgeber in den Art. 43 (VVG), 44 (VAG) und 45 (KalV) für die PKV weitreichende Neuregelungen beschlossen. Eingeführt wurde eine Versicherungspflicht für bisher Nicht-Versicherte verbunden mit einem Kontrahierungszwang in einem brancheneinheitlichen Basistarif mit zur GKV vergleichbaren Beiträgen und Leistungen. Schließlich wurden die vorstehend genannten Wechselmöglichkeiten innerhalb eines Versicherungsunternehmens (VU) ausgeweitet auf Wechselmöglichkeiten auch zu einem anderen VU unter Mitgabe eines Teils der AltR. Einzelheiten zu den Neuregelungen sind hier in Abschnitt 2. dargestellt. 3

Die Neuregelungen des GKV-WSG führen zu erheblichen Belastungen für die Privaten Krankenversicherungsunternehmen (PKVU) und ihre Versicherten. Eine Gruppe von 30 PKVU hatte deshalb Verfassungsbeschwerde gegen die sie betref-

4 BGBl. I 1999, S. 2652.
5 Inzwischen § 204 Abs. 1 Nr. 1 VVG.
6 BGBl. I 2007, S. 378.

fenden Vorschriften eingelegt, die vom Bundesverfassungsgericht mit Urteil v. 10.06.2009[7] jedoch abschlägig beschieden wurde. Viele Einzelfragen zur Umsetzung der Neuregelungen für die Rechnungslegung, etwa die so genannte „Nicht-Zahler-Problematik“[8] sind derzeit noch nicht abschließend gelöst.

4 Mit dem Gesetz zur Reform des VVG[9] wurde schließlich das VVG im Jahr 2007 neugefasst. Die die KV betreffenden neuen §§ 192-208 VVG ersetzen die bisherigen §§ 178a-178o VVG. Die Neufassung beinhaltet vor allem die Änderungen aus Art. 43 GKV-WSG, die formell zunächst wieder aufgehoben, inhaltlich aber unverändert mit Wirkung ab dem 01.01.2009 in das neue VVG übernommen wurden. Darüber hinausgehende, die Rechnungslegung betreffende Änderungen waren mit der Umnummerierung nicht verbunden.

5 Die mit dem Bilanzrechtsmodernisierungsgesetz (BilMoG)[10] geänderten handelsrechtlichen Vorschriften haben keine Auswirkung auf die Rechnungslegung der Versicherungstechnik von Krankenversicherungsunternehmen (KVU). Insb. gilt nach § 341e Abs. 1 Satz 3 HGB das grundsätzliche Abzinsungsgebot gem. § 253 Abs. 2 HGB nicht für versicherungstechnische Rückstellungen. Es ist aber zu erwarten, dass die neuen Bewertungsvorschriften für Versicherungsverpflichtungen gem. IFRS 4 und Solvency II mittelfristig auch Anpassungen der handelsrechtlichen Rechnungslegungsvorschriften für VU nach sich ziehen werden. Entsprechende Überlegungen sind derzeit bereits in der Diskussion.

2. Versicherungspflicht, Wechselrechte und Anrechnung der Alterungsrückstellung

6 Seit dem 01.01.2009 besteht für alle Personen mit Wohnsitz im Inland eine Versicherungspflicht in der PKV in dem in § 193 Abs. 3 VVG genannten Umfang. Ausgenommen sind Personen, die in der GKV versichert oder versicherungspflichtig sind, sowie Personen mit Beihilfeanspruch oder Anspruch auf freie Heilfürsorge oder ähnliche Leistungen. Umgekehrt ist jedes KVU verpflichtet, die vorstehend genannten Personen im so genannten Basistarif (vgl. Abschn. 6.) zu versichern. Mit der Versicherungspflicht einher geht ein eingeschränktes Kündigungsrecht für den Versicherungsnehmer (VN) (§ 205 Abs. 6 VVG) sowie ein Kündigungsverbot für das KVU (§ 206 Abs. 1 VVG). Bei Beitragsrückständen hat das KVU nach

7 Az.: 1 BvR 706/08.
8 Vgl. Rn. 105.
9 BGBl. I 2007, S. 2631.
10 BGBl. I 2009, S. 1102.

erfolgloser Mahnung lediglich die Möglichkeit, die Leistungen ruhen zu lassen, soweit sie über die Behandlung akuter Erkrankungen und Schmerzzustände sowie Leistungen bei Schwangerschaft und Mutterschaft hinausgehen (sog. Ruhensleistungen, vgl. § 193 Abs. 6 VVG). Werden die Rückstände nicht innerhalb eines Jahres ausgeglichen, wird die Versicherung – bei weiterhin auf die Ruhensleistungen beschränkter Haftung – auf den Basistarif umgestellt. Die Pflicht, die rückständigen Beiträge zu zahlen, erlischt durch die Umstellung nicht.

Daneben haben alle VN, die ab dem 01.01.2009 eine private Krankheitskostenversicherung abgeschlossen haben, das Recht, in den Basistarif bei ihrem bisherigen oder bei einem anderen VU zu wechseln. Versicherte, die bereits vorher in der PKV versichert waren, konnten den Wechsel in den Basistarif – unter teilweiser Mitnahme der AltR – nur bis zum 30.06.2009 verlangen (§ 193 Abs. 5 Satz 2 VVG). Seitdem ist ein Wechsel in den Basistarif – nur innerhalb des VU – erst mit Vollendung des 55. Lebensjahres oder ab Bezug einer Rente aus der gesetzlichen Rentenversicherung, nach beamtenrechtlichen oder vergleichbaren Vorschriften möglich (§ 204 Abs. 1 Nr. 1 VVG). 7

Mit den erweiterten Wechselrechten verbunden ist die grundsätzliche Mitgabe eines Teils der AltR, des sog. Übertragungswerts (§ 13a KalV)[11]. Die nachfolgende Übersicht zeigt, in welcher Höhe die bestehenden AltR bei den unterschiedlichen Wechselmöglichkeiten angerechnet und ggf. auf ein anderes VU übertragen werden[12]: 8

Wechsel in:	Vollversicherung	Basistarif	Vollversicherung	Basistarif
	beim gleichen VU (Tarifwechsel)		bei einem anderen VU	
Bisheriger Vertrag: Vollversicherung,				
vor dem 01.01.2009 abgeschlossen				
Kündigung vor dem 01.07.2009	voll	voll	keine	Basistarif
Kündigung nach dem 30.06.2009	voll	keine	keine	keine

11 Zur genauen Definition des Übertragungswerts vgl. Rn. 65.
12 Quelle: VersicherungsJournal Extrablatt 10/2008, S. 7.

Vollendung des 55. Lebensjahres, Bezug Rente oder Ruhegehalt, Hilfsbedürftigkeit	–	voll	–	–
Vollversicherung				
nach dem 31.12.2008 abgeschlossen	voll	voll	höchstens Basistarif	höchstens Basistarif
Basistarif	voll	–	Basistarif	Basistarif

In den Fällen, in denen die auf ein anderes VU zu übertragende AltR auf den Teil beschränkt ist, der den Leistungen im Basistarif entspricht, kann der VN bei seinem bisherigen VU den Abschluss einer Zusatzversicherung unter Anrechnung des nicht übertragenen Teils der AltR verlangen (§ 204 Abs. 1 Nr. 2 VVG). Das bis zum 30.06.2009 bestandene, außerordentliche Wechselrecht für vor dem 01.01.2009 abgeschlossene Verträge galt nur für einen Wechsel in den Basistarif eines anderen Versicherers. Ein anschließender Tarifwechsel in eine Vollversicherung unter Anrechnung der übertragenen AltR ist erst nach einer Verweildauer von 18 Monaten möglich (§ 13 Abs. 1a KalV). Auf das Recht zur Übertragung der AltR sowie ggf. auf Abschluss einer Zusatzversicherung kann der VN nicht verzichten (§ 204 Abs. 1 Satz 3 VVG). Anders als in der KV ist in der Pflegepflichtversicherung unabhängig vom Zeitpunkt des Vertragsabschlusses ein Wechsel zu einem anderen PKVU unter Mitnahme der kalkulierten AltR grundsätzlich ohne Einschränkungen möglich (§ 204 Abs. 2 VVG).

3. Substitutive Krankenversicherung/nach Art der Lebensversicherung betriebene Krankenversicherung

9 Der Gesetzgeber hebt im VAG die nach Art der Lebensversicherung (LV) betriebene KV besonders hervor. Nur für diese sind die die KV betreffenden Spezialvorschriften (u.a. § 5 Abs. 5 Nrn. 1 und 1a, §§ 12-12e sowie § 81d VAG) anzuwenden. Nicht nach Art der LV (sondern nach Art der Schadenversicherung (SchV)[13]) betrieben wird als Beispiel üblicherweise die Reise-KV.

13 Dieser Begriff wird im VAG selbst nicht verwendet, wohl aber bspw. in der „Verordnung über die Berichterstattung von Versicherungsunternehmen gegenüber dem Bundesaufsichtsamt für das Versicherungswesen“ (BerVersV).

Grundsätzlich nach Art der LV zu betreiben ist im Inland die substitutive KV, d.h. gem. der Legaldefinition in § 12 VAG diejenige Versicherung, die geeignet ist, die GKV ganz oder teilweise zu ersetzen. Der Begriff „nach Art der LV" wird im Gesetz dagegen nicht ausdrücklich definiert. Nach Schmidt[14] handelt es sich dabei um die nach versicherungsmathematischen Grundsätzen betriebene KV. Es geht dabei um das Modell der grundsätzlich auf Lebensdauer angelegten KV mit AltR, Überschussbeteiligung der VN und Ausschluss des ordentlichen Kündigungsrechts des VU. Der Begriff „nach Art der LV" erscheint auch in § 341f Abs. 1 HGB, wonach die Vorschriften für die Deckungsrückstellung (DR) in der LV auch für das nach Art der LV betriebene Versicherungsgeschäft gelten. Im Grundsatz ist danach die DR auch in der KV nach der prospektiven Methode als Barwert des versicherungsmathematisch errechneten Werts künftiger Verpflichtungen abzüglich des ebenfalls versicherungsmathematisch ermittelten Barwerts künftiger Beiträge zu bilden. Eine solche Definition des Begriffs „nach Art der LV" steht auch nicht im Widerspruch zu der Tatsache, dass für manche eindeutig substitutive Tarife (Beispiel: Kindertarife) keine DR gebildet wird.[15] In diesen Fällen ist lediglich der Barwert künftiger Leistungen zu jedem Zeitpunkt gleich dem Barwert der künftigen Beiträge, da mit altersunabhängigen Kopfschäden kalkuliert wird. 10

Die substitutive KV darf nach § 8 Abs. 1a Satz 2 VAG nicht zusammen mit anderen Sparten betrieben werden (Spartentrennung). Daneben gelten nach § 12 VAG u.a. folgende Bedingungen: 11

- Die Prämie ist auf versicherungsmathematischer Grundlage unter Zugrundelegung von Wahrscheinlichkeitstafeln und anderen einschlägigen, statistischen Daten sowie eines Rechnungszinses zu berechnen.
- Die AltR ist nach § 341f HGB zu bilden.
- Das ordentliche Kündigungsrecht (in der Krankentagegeldversicherung spätestens ab dem vierten Versicherungsjahr) des Versicherers ist ausgeschlossen.
- Eine Erhöhung der Prämien ist vorbehalten.
- Der VN hat das Recht, in einen Tarif mit gleichartigem Versicherungsschutz unter Anrechnung seiner bestehenden AltR zu wechseln.

14 *Schmidt*, in: Prölss (Hrsg.), VAG Kommentar, 11. Aufl., München 1997, § 12 VAG, Rn. 4.

15 Hierin sieht *Kaulbach*, in: Fahr/Kaulbach (Hrsg.), Versicherungsaufsichtsgesetz mit BAG und FinDaG, 2. Aufl., München 1997, § 12 VAG, Rn. 3 ein „ungelöstes Problem" hinsichtlich der Definition.

- Es ist ein brancheneinheitlicher Basistarif anzubieten, dessen Leistungen denen der GKV entsprechen, der für die in der PKV Versicherungspflichtigen einen Kontrahierungszwang vorsieht und dessen Beitrag den Höchstbeitrag in der GKV nicht übersteigt.[16]
- Für ab dem 01.01.2009 abgeschlossene Verträge ist bei Wechsel zu einem anderen PKVU die Mitgabe des Übertragungswerts in Höhe des den Leistungen des Basistarifs entsprechenden Teils der AltR vorzusehen.[17]
- Es ist ein Verantwortlicher Aktuar (VA) zu bestellen, der die korrekte Berechnung der Prämien und der mathematischen Rückstellungen sicherstellen und bestätigen muss.
- Bei gleichartigen Voraussetzungen dürfen Prämien und Leistungen nur nach gleichen Grundsätzen bemessen werden.
- Die Prämien für das Neugeschäft dürfen nicht niedriger sein als bei gleichaltrigen Versicherten im Altbestand ohne Berücksichtigung ihrer AltR
- In der Krankheitskostenversicherung ist zwischen der Vollendung des 21. Lebensjahres und des 60. Lebensjahres ein Zuschlag von 10 % auf die gezillmerte Bruttoprämie zu erheben und direkt in die AltR zum Zwecke einer Beitragsermäßigung im Alter einzustellen.

12 Die genannten Vorschriften, mit Ausnahme der Vorschriften zum Basistarif und zur Mitgabe des Übertragungswerts sowie zum gesetzlichen Beitragszuschlag, gelten auch für die nicht substitutive KV, sofern sie nach Art der LV betrieben wird (§ 12 Abs. 5 VAG), mithin für alle nach Art der LV betriebenen KV.[18]

13 Nach Art der LV wurden 2008 in Deutschland 97,2 % (2003: 98,5 %) der KV (einschl. Pflegepflichtversicherungen) betrieben.[19] Die folgenden Ausführungen betreffen, wenn nichts anderes gesagt wird, immer die nach Art der LV betriebenen KV. Für die nach Art der SchV betriebene KV gibt es keine speziellen gesetzlichen Regelungen zur Kalkulation und Rechnungslegung. Wegen der zunehmenden Bedeutung ist ein Hinweis der Deutschen Aktuarvereinigung e.V. (DAV) zur Behandlung solcher Tarife derzeit in Vorbereitung.

---

16 Wegen Einzelheiten zum Basistarif vgl. Abschn. 6.

17 Wegen Einzelheiten zur Bestimmung des Übertragungswerts vgl. Rn. 65.

18 Zur Frage, ob auch die Pflegepflichtversicherung zur substitutiven oder zumindest zur nach Art der LV betriebenen KV gehört, vgl. Rn. 24.

19 Bezogen auf die Monatssollbeiträge vgl. Statistik der BaFin – Erstversicherungsunternehmen '08, Tabelle 450.

4. Bestand, Versicherungsarten

Die Veröffentlichung einer Bestandsentwicklung (Anfangsstand, Zugänge, Abgänge und Endstand) in der externen Rechnungslegung ist für Krankenversicherungsunternehmen (KVU) nicht erforderlich. Es sind lediglich die gebuchten Bruttobeiträge des selbst abgeschlossenen Versicherungsgeschäfts sowie die Beiträge aus der erfolgsabhängigen Rückstellung für Beitragsrückerstattung (RfB) nach folgenden Kriterien im Anhang aufzuteilen (§ 51 Abs. 4 Nr. 4 RechVersV): 14

- Einzel- und Gruppenversicherungen
- Versicherungen gegen laufenden Beitrag und gegen Einmalbeitrag
- nach den Versicherungsarten:
    - Krankheitskostenvollversicherungen
    - Krankentagegeldversicherungen
    - Selbstständige Krankenhaustagegeldversicherungen
    - Sonstige selbstständige Teilversicherungen
    - Pflegepflichtversicherungen
    - Beihilfeablöseversicherungen
    - Restschuld-/Lohnfortzahlungsversicherungen
    - Auslandsreise-KV
- Beitragszuschlag nach § 12 Abs. 4a VAG.

Weiterhin sind für die ersten sechs der genannten Versicherungsarten die Zahl der versicherten natürlichen Personen anzugeben. Den Angaben für das Geschäftsjahr (GJ) sind die entsprechenden Angaben für das VJ gegenüberzustellen. Gegenüber einer Angabe der Tarifversicherten[20] hat die Angabe der versicherten Personen den Vorteil, dass die Anzahl nicht abhängig von der Tarifstruktur (z.B. Kompakttarif oder einzelne Kombinationstarife) des einzelnen Unternehmens ist. Trotzdem kann auch in dieser Darstellung ein Versicherter in mehreren Versicherungsarten erfasst sein, z.B. bei Abschluss einer Krankheitskostenvollversicherung mit einer Krankentagegeldversicherung. Insofern stimmt i.d.R. die Anzahl der versicherten natürlichen Personen insgesamt mit der entsprechenden Summe über die einzel- 15

20 Bei der Anzahl der Tarifversicherten wird jeder für eine versicherte Person abgeschlossene Tarif gesondert gezählt.

nen Versicherungsarten nicht überein. Zu bemerken bleibt noch, dass in der KV in Einzel- und Gruppenversicherungen und nicht wie in der LV in Kollektivversicherungen aufgegliedert wird. Dadurch wird etwa die Einbeziehung von Verträgen mit Sammelinkasso vermieden.

16 Eine ähnlich detaillierte Bestandsaufteilung ist nach Nw. 230 der internen Rechnungslegung vorzunehmen, nämlich nach den Versicherungsarten:

- nach Art der LV:
  - Krankheitskostenversicherung
  - Krankentagegeldversicherung
  - Krankenhaustagegeldversicherung
  - Pflegekosten
  - Pflegetagegeld
  - Pflegepflichtversicherung
  - Sonstige.
- nach Art der SchV:
  - Reise-KV
  - Restschuldversicherung
  - Sonstige.

Neben den Monatssollbeiträgen enthält die Nw. 230 pro Versicherungsart die Anzahl der versicherten Personen. Aus der internen Rechnungslegung sind auch die Zugangs- (bisher nicht Versicherte, Geburten) und Abgangsarten (Kündigung des VN in den ersten 24 Monaten, spätere Kündigung, Kündigung durch das VU, Tod) zu ersehen, die in der externen Rechnungslegung nicht gezeigt werden müssen. Neben den reinen Zu- und Abgängen fließen noch Veränderungen wie Beitragsanpassungen oder Umstufungen in die Bestandsentwicklung ein. Die Bestandsentwicklung braucht nur für Einzelversicherungen mit laufendem Beitrag gezeigt zu werden, für Gruppenversicherungen ist lediglich die Angabe des Anfangs- und Endstands, für Versicherungen gegen Einmalbeitrag nur die Angabe des Endstands erforderlich. Schließlich sind noch die Monatssollbeiträge, auf die unmittelbare Abschlusskosten entfallen, sowie die entsprechenden Abschlusskosten anzugeben.

Von den nach Art der LV betriebenen KV entfallen fast drei Viertel[21] auf die Krankheitskostenvollversicherung, die Versicherungsschutz für das ambulante, stationäre und zahnärztliche Heilbehandlungsrisiko bietet. Dieser Versicherungsschutz wird zum Teil durch Kombination einzelner Tarifbausteine, bei denen der VN pro Baustein auch unterschiedliche Selbstbehaltsstufen wählen kann, erreicht oder in Kompakttarifen, die alle genannten Risiken in einem Tarif abdecken. 17

Zu den sonstigen nach Art der LV betriebenen KV gehören im Wesentlichen die Kranken- und Krankenhaustagegeldversicherungen sowie die selbstständigen Teilversicherungen, die jeweils nur das ambulante oder stationäre Krankheitskostenrisiko abdecken und vor allem als Zusatzversicherung zur gesetzlichen KV angeboten werden.

Der Versicherungsbestand bildet die Grundlage für die Ermittlung der DR und anderer versicherungstechnischer Posten. Insofern ist von Bedeutung, dass der der Berechnung der DR zugrunde gelegte Bestand mit dem aus dem Anfangsbestand fortgeschriebenen Bestand übereinstimmt. Die für den Jahresabschluss bedeutsamen Daten bei Zu- und Abgängen müssen daher mit den Vertragsunterlagen (Versicherungsanträge, Policen, sonstige Korrespondenz) übereinstimmen. Bei den Zugängen sollte gleichzeitig auch die Höhe der Abschlussprovisionen überprüft werden. Dies erfolgt im Rahmen der Prüfung des Internen Kontrollsystems (IKS) und einer Funktionsprüfung i.S.d. *IDW PS 261*[22], etwa im Zusammenhang mit einer Systemaufnahme im Bereich Antragsbearbeitung. 18

Für den richtigen Bilanzausweis ist wichtig, dass der Bestand korrekt abgegrenzt wird. Nach dem Bilanzstichtag abgeschlossene, auf einen Beginn im alten GJ rückdatierte Verträge sind ebenso wie vor dem Bilanzstichtag abgeschlossene, im neuen GJ beginnende Verträge regelmäßig als Zugang des neuen Jahres zu behandeln. Abgänge mit Wirkung für das GJ, die nach dem Bilanzstichtag vor der Bestandsfeststellung bekannt werden, werden bei der Bestandserfassung zum Bilanzstichtag berücksichtigt, nicht jedoch rückwirkende Stornierungen nach diesem Zeitpunkt bis zur Bilanzaufstellung. Zugänge und Veränderungen genau zum 01.01. betreffen ebenso wie Kündigungen zum 31.12. des VJ die Bestandsentwicklung des aktuellen Jahres. Kündigungen zum 31.12. sind insofern im Endbestand noch enthalten.[23] 19

21 Bezogen auf die Monatssollbeiträge vgl. Statistik der BaFin – Erstversicherungsunternehmen '08, Tabelle 450.

22 *IDW Prüfungsstandard: Feststellung und Beurteilung von Fehlerrisiken und Reaktionen des Abschlussprüfers auf die beurteilten Fehlerrisiken (IDW PS 261)* (Stand: 09.09.2009).

23 Anlage 2 zur BerVersV, Nr. 30: Anmerkungen zu Nw. 230, Ziff. 11 sowie Nr. 49: Anmerkungen zu Nw. 603, Ziff. 3.

20 Abweichend zur Behandlung in der Bestandsentwicklung gem. der internen Rechnungslegung sind für die Berechnung der AltR die Abgänge zum 31.12. grundsätzlich nicht mehr zu berücksichtigen, wenn keine künftigen Verpflichtungen mehr bestehen. Etwas anderes gilt allerdings bei einer Kündigung unter Mitgabe des Übertragungswerts an ein anderes VU. Solange die Übertragung noch nicht erfolgt ist und der VN von der Möglichkeit zum Abschluss einer Zusatzversicherung noch nicht Gebrauch gemacht hat, besteht weiterhin eine Verpflichtung für das abgebende VU. Nach Auffassung des PKV-Verbandes ist in diesem Fall die vollständige AltR noch beim abgebenden Unternehmen zum 31.12. zu bilanzieren. Der Versicherungsfachausschuss des Instituts der Wirtschaftsprüfer in Deutschland e.V. (VFA) hält auch einen Ausweis unter der Rückstellung für noch nicht abgewickelte Versicherungsfälle für zulässig, zumindest sind aber die Beträge, die in der AltR auf die Übertragungswerte gekündigter Versicherungsverträge (VV) entfallen, im Anhang anzugeben.

5. Pflegepflichtversicherung

a) Grundsätzliches

21 In der Pflegeversicherung (PV) besteht Versicherungspflicht für alle Mitglieder der gesetzlichen KV (§ 20 SGB XI) sowie für alle Personen, die bei einem PKVU mit Anspruch auf allgemeine Krankenhausleistungen oder im Rahmen von VV, die der Versicherungspflicht nach § 193 Abs. 3 VVG genügen, versichert sind (§ 23 SGB XI). Beamte, die bei Pflegebedürftigkeit Anspruch auf Beihilfe haben, sind zum Abschluss einer entsprechenden anteiligen, beihilfekonformen Versicherung verpflichtet (§ 23 Abs. 3 SGB XI). Privatversicherte haben sich nach dem Motto „Pflege folgt Kranken" bei dem KVU gegen Pflegebedürftigkeit zu versichern, bei dem sie auch gegen Krankheit versichert sind. Lediglich in den ersten sechs Monaten der Versicherungspflicht kann auch ein anderes KVU gewählt werden. Ebenso verpflichtet zum Abschluss einer privaten PV sind freiwillig in der gesetzlichen KV Versicherte, die sich von der gesetzlichen Versicherungspflicht befreien lassen.

22 Wegen der Versicherungspflicht und der engen Verzahnung mit der gesetzlichen PV gelten die in § 110 SGB XI genannten besonderen Regelungen für die private PV:

- Kontrahierungszwang: Das KVU ist verpflichtet, einen beantragten VV abzuschließen, sofern es die private PV als Versicherungsart betreibt; zu letzterem ist es allerdings nicht verpflichtet.[24]

24 Vgl. *Präve*, in: Prölss (Hrsg.), VAG-Kommentar, 12. Aufl., München 2005, § 12f, Rn. 12.

- Es dürfen keine Vorerkrankungen des Versicherten ausgeschlossen werden.
- Es müssen auch bereits pflegebedürftige Personen aufgenommen werden; dies gilt nur für Personen, die bereits am 01.01.1995 in der PKV mit Anspruch auf allgemeine Krankenhausleistungen versichert waren oder im Basistarif (§ 12 VAG) versichert sind.
- Es dürfen keine längeren Wartezeiten als in der gesetzlichen PV vereinbart werden.
- Die Prämien dürfen nicht nach Geschlecht und Gesundheitszustand gestaffelt werden; letzteres gilt nur für Personen, die bereits am 01.01.1995 in der PKV mit Anspruch auf allgemeine Krankenhausleistungen versichert waren oder im Basistarif versichert sind;
- Die Prämie darf den Höchstbeitrag (bei Beamten die Hälfte des Höchstbeitrags) in der gesetzlichen PV nicht überschreiten; dies gilt nur für Personen, die bereits am 01.01.1995 in der PKV mit Anspruch auf allgemeine Krankenhausleistungen versichert waren oder im Basistarif versichert sind, ansonsten nur, wenn sie über eine mind. fünfjährige Vorversicherungszeit in der privaten PV oder KV verfügen;
- Kinder des Versicherten sind unter denselben Voraussetzungen (§ 25 SGB XI) wie in der gesetzlichen PV beitragsfrei mitzuversichern;
- Ehegatten oder Lebenspartner mit geringem eigenen Einkommen sind mitzuversichern, wobei der Gesamtbeitrag nicht höher als 150 % des Höchstbeitrags in der gesetzlichen PV betragen darf; dies gilt nicht für Personen, die erst nach Inkrafttreten des Gesetzes eine private PV abschließen.

Nach § 111 SGB XI sind die Beiträge ohne Kosten auf der Basis gemeinsamer 23
Kalkulationsgrundlagen einheitlich für alle KVU, die die private PV betreiben, zu ermitteln. Die auf unterschiedliche Bestandsstruktur zurückzuführenden Unterschiede in der Risikoverteilung sind über ein Ausgleichssystem zu regulieren. Aus diesem Grund haben die betroffenen KVU eine Gesellschaft Bürgerlichen Rechts namens „Pflege-Pool" gegründet (letzte Fassung des Pflege-Pool-Vertrags, im Folgenden kurz „Poolvertrag", v. 16.09.2009). Zweck der Gesellschaft ist nach § 2 des Poolvertrags

- die Beitragskalkulation gem. §§ 23, 110 und 111 SGB XI,
- die Durchführung des finanziellen Ausgleichs gem. § 111 Abs. 1 SGB XI,
- die Führung einer Gemeinschaftsstatistik,

- die Überprüfung der Risikoprüfung und der Schadenregulierung bei den einzelnen Gesellschaften

für die private Pflegeversicherung (PPV).[25]

Nach § 23 Abs. 4 Nrn. 2 und 3 SGB XI sind die Mitglieder der Postbeamtenkrankenkasse und der Krankenversorgung der Bundesbahnbeamten entsprechend in die PPV mit einzubeziehen. Die Gesellschaft zur Durchführung der PPV für den genannten Personenkreis (GPV) wird über eine zu diesem Zweck gegründete Mitversicherungsgemeinschaft (§ 15 Poolvertrag) versichert.

Als Konsequenz der einheitlichen Kalkulationsgrundlagen wird die PPV nach einheitlichen Versicherungsbedingungen betrieben. Der Tarif PV unterteilt sich in die Tarifstufen PVN (für Versicherte ohne Anspruch auf Beihilfe) und PVB (für Versicherte mit Anspruch auf Beihilfe).

24 Die PPV bildet keine gesonderte Versicherungssparte i.S.v. Anlage Teil A zum VAG. Sie darf also nicht nur zusammen mit der KV betrieben werden, sondern ist sogar ein Teil von dieser. Die PPV hat substitutiven Charakter, da sie die gesetzliche PV ersetzen kann. Gemäß § 12f VAG gelten § 12 Abs. 1-4 und die §§ 12b und 12c des VAG vorbehaltlich der Regelungen des Elften Buches des Sozialgesetzbuches (§§ 110 und 111 SGB XI). Die PPV muss demnach auf jeden Fall nach Art der LV betrieben werden.[26]

Auch wenn die PPV keine eigene Versicherungssparte bildet, so stellt sie doch aufgrund ihrer Konstruktion zwangsweise einen eigenen Abrechnungsverband dar, da die Interessen der Versicherten anderer Tarife nicht vernachlässigt werden dürfen (§ 110 Abs. 1 Satz 1 SGB XI). Dies spiegelt sich auch in den Nw. 130 (Entwicklung der RfB) und 231-238 (Gewinnzerlegung) der internen Rechnungslegung wider, in der die PPV gesondert zu führen ist. Nach § 19 der Musterbedingungen für die PPV (MB/PPV 2010) sind die aus dem Abrechnungsverband PPV der RfB zugeführten Mittel insb. zur Limitierung von Beiträgen oder zur Finanzierung von Leistungsverbesserungen zu verwenden.

Nach einem in Anlage 1 zum Poolvertrag definierten Abrechnungsschema sind zwei Drittel des Rohüberschusses („Endbetrag") zuzüglich eines Zinsanteils in die erfolgsunabhängige RfB (poolrelevante RfB) einzustellen. Die Mittel dienen gem. einem in Anlage 2 zum Poolvertrag festgelegten Verfahren dazu, evtl. auftre-

25 Zur Abgrenzung zu den freiwilligen Pflegezusatztarifen in der KV wird die Umsetzung und Durchführung der privaten PV im VAG, VVG und in der KalV mit „Private Pflegepflichtversicherung" bezeichnet.

26 Zur Kalkulation vgl. nachfolgende Rn. 25 ff.

tende höhere Zahlbeiträge auf den ursprünglichen Beitrag abzusenken sowie den Umlagebedarf[27] zu senken. Spätestens alle zwei Jahre wird festgestellt, welche Beitragsteile durch Umlagen zu decken sind. Das Verfahren gewährleistet, dass alle festgelegten Mittel zeitnah verbraucht werden.

b) Kalkulation und Poolausgleich

Die Kalkulation in der PPV erfolgt bei allen Mitgliedern des Pflegepools nach einheitlichen Rechnungsgrundlagen wie 25

- Sterbetafeln: z.Zt. modifizierte PKV-Sterbetafel 2010 für Männer und Frauen,
- Stornotafeln, unter Berücksichtigung der Mitgabe der AltR bei Wechsel des PKVU,
- Kopfschäden,
- Rechnungszins: höchstens 3,5 %.

Hieraus werden vom Alter und Geschlecht abhängige Jahresnettobeträge errechnet, die das individuelle Risiko decken. Diese fließen u.a. in die Berechnung der AltR ein.

Da die Beiträge gem. § 110 SGB XI nicht nach dem Geschlecht gestaffelt werden 26
dürfen, ist der geschlechtsabhängige Jahresnettobeitrag in einen Geschlechtsunabhängigen umzurechnen. Dies geschieht durch Zugrundelegung des geschlechtsabhängigen Rentenbarwerts des Mannes multipliziert mit einem vom Tarif PVN bzw. PVB abhängigen Faktor für den geschlechtsunabhängigen Rentenbarwert. Neben diesem geschlechtsunabhängigen Nettobeitrag enthält der vom VN zu zahlende Tarifbeitrag noch einen Umlagebeitrag[28] sowie unternehmensindividuelle Kostenzuschläge.

Aufgrund der Vorschriften des § 110 SGB XI ist der Tarifbeitrag limitiert auf den 27
Höchstbeitrag bzw. bei Ehegatten und Lebenspartnern auf 150 % des Höchstbeitrags in der gesetzlichen PV[29] (im Tarif PVB z.Zt. 40 % davon), außerdem sind Kinder beitragsfrei mitzuversichern. Diese Limitierungen sowie die Finanzierung der Differenz zwischen dem geschlechtsabhängigen und dem geschlechtsunabhängigen Beitrag werden durch eine Umlage von allen Versicherten des jeweiligen Tarifs finanziert. Darüber hinaus werden die Umlagen der in Tarif PVB versicherten Mitglieder der Postbeamtenkrankenkasse und der Krankenversorgung der Bun-

27 Vgl. Rn. 27.
28 Vgl. Rn. 27.
29 Zurzeit 1,95 % der Beitragsbemessungsgrenze (2010: € 3.750 monatlich).

desbahnbeamten auch auf die Versicherten des Normaltarifs PVN umgelegt. Der Umlagebetrag unter Einrechnung von Sicherheitsmargen beträgt derzeit € 20,48 p.a. für den Tarif PVN und € 43,92 p.a. für den Tarif PVB. Der Umlagebetrag hat sich seit Einführung der PPV im Jahre 1995 fortlaufend verringert und betrifft im Wesentlichen die Finanzierung des geschlechtsunabhängigen Beitrags sowie die Beitragsbegrenzung auf den Höchstbeitrag zur gesetzlichen PV.

28 Die beschriebene Kappung der Prämie unter Berücksichtigung der Umlage, die von den Versicherten zu leisten ist, die noch nicht den für sie gültigen Höchstbeitrag erreichen, sichert die Beibehaltung des Kapitaldeckungsverfahrens auch in der PPV und somit eine risikogerechte Kalkulation nach dem hergebrachten versicherungsmathematischen Modell.

29 Wegen der einheitlichen Kalkulation sind die unterschiedlichen Bestands- und Risikostrukturen bei den einzelnen Mitgliedern des Pflegepools und die damit verbundene unterschiedliche Belastung aus den Limitierungen auszugleichen. Der Ausgleich erfolgt nach § 6 des Poolvertrags getrennt für die Tarife PVN und PVB sowie nach Umverteilung der Lasten aus dem Mit-VV für die Mitglieder der Postbeamtenkrankenkasse und der Krankenversorgung der Bundesbahnbeamten. Letzterer wird beim Ausgleich wie ein Unternehmen behandelt. Der Ausgleich erfolgt in zwei Schritten:

1. Ausgleich der Beiträge
2. Ausgleich des Risikoergebnisses unter Anrechnung der Sicherheitszuschläge und Überzinsen.

30 In einem ersten Schritt wird für jedes Unternehmen die Differenz „D1" aus der Summe der Netto-Zahlbeiträge (= rechnerisch ermittelter Tarifbeitrag ohne Kostenzuschläge) und der Summe der für den Bestand erforderlichen Nettobedarfsbeiträgen zuzüglich Sicherheitszuschlag ermittelt. Der Zahlbeitrag ist dabei geschlechtsunabhängig, enthält einen Umlagenanteil und ist ggf. auf den Höchstbeitrag bzw. durch die Ehegatten/Lebenspartner-Regelung gekappt. Der Bedarfsbeitrag ist dagegen geschlechtsabhängig und gem. dem Äquivalenzprinzip, also vor Umlage, ermittelt worden. Es werden neben den sozialen Komponenten also auch Unterschiede in der Geschlechtszusammensetzung ausgeglichen. Wenn der Saldo aller D1-Werte insgesamt positiv ausfällt, so erhalten die Unternehmen mit negativem D1-Wert einen vollen Ausgleich, während die Unternehmen mit positivem D1-Wert anteilig zu zahlen haben. Fällt der Saldo dagegen negativ aus, so erhalten die Unternehmen mit negativem D1-Wert nur einen anteiligen Ausgleich, während die Unternehmen mit positivem D1-Wert in voller Höhe zu zahlen haben.

Dabei werden die (negativen) D1-Werte aus dem Mit-VV GPV gesondert ausgeglichen. Der Ausgleich sei an folgendem Beispiel erläutert:

	Anteil GPV	D1-Wert (eigenes Geschäft)	Ausgleich Verpflichtung (-) Erstattung (+)	Erstattung GPV	Ausgleich insgesamt
Unternehmen 1	25 %	100,0	– 40,0	12,5	– 27,5
Unternehmen 2	30 %	200,0	– 80,0	15,0	– 65,0
Unternehmen 3	35 %	– 40,0	40,0	17,5	57,5
Unternehmen 4	10 %	– 30,0	30,0	5,0	35,0
GPV		– 50,0	50,0		

Für den zweiten Schritt wird für jedes Unternehmen ein Wert „D3"[30] als Differenz der kalkulierten Kopfschäden ohne Sicherheitszuschlag abzüglich einer Gesamtabschlusskostenvergütung von zwei Monatsbeiträgen (mit Ausnahme der Versicherten des Basistarifs) und abzüglich des tatsächlichen Schadenaufwands ermittelt. Beim Ausgleich wird die Summe der negativen D3-Ergebnisse zuzüglich Sicherheitszuschlag und Teilzins der Summe der positiven D3-Ergebnisse wie folgt gegenüber gestellt: 31

a) Ausgleich durch andere Unternehmen mit positivem D3-Wert ohne Sicherheitszuschlag

b) Ausgleich durch andere Unternehmen mit positivem D3-Wert einschl. Sicherheitszuschlag

c) Ausgleich durch andere Unternehmen mit positivem D3-Wert einschl. Sicherheitszuschlag und Überzins

d) Reicht selbst Buchst. c nicht zur Deckung der negativen D3-Werte, so erfolgt nur ein anteiliger Ausgleich.

Nach § 6 Abs. 5 des Poolvertrags ist die Abrechnung des Poolausgleichs so geregelt, dass die Unternehmen bis zum 15.07. des jeweiligen Jahres die für die Abrechnung relevanten Daten für die ersten sechs Monate zu melden haben. Hieraus wird eine vorläufige Abrechnung für den D1-Ausgleich hochgerechnet, aufgrund derer am 01.11. des Jahres Ausgleichszahlungen zu leisten sind. Die endgültige Abrech- 32

30 In einer früheren Version des Poolvertrags war noch ein D2-Wert zum Ausgleich von zwei Dritteln des tatsächlichen Schadenaufwands vorgesehen und stattdessen ein D3-Ausgleich nur für ein Drittel des Risikoergebnisses. Anstelle dessen wurde das Abrechnungsschema sowie das Verfahren zur Verwendung der poolrelevanten RfB-Mittel eingeführt, vgl. Rn. 24.

nung des D1-Ausgleichs erfolgt dann im dritten Quartal des Folgejahres. Die endgültige Abrechnung des D3-Ausgleichs erfolgt gem. § 6 Abs. 5 des Poolvertrags mit der endgültigen Abrechnung des D1-Ausgleichs des Folgejahres. Allerdings wurde bislang erst ein D3-Ausgleich für den Abrechnungszeitraum 1995-1997 tatsächlich durchgeführt, da die rechnungsmäßigen Schäden für jedes Mitgliedsunternehmen derzeit ausreichend kalkuliert sind. Für den Abrechnungszeitraum 1995-1997 ergaben sich nur geringe D3-Ausgleichszahlungen.

33 Beitragsanpassungen erfolgen in der PPV nach dem gleichen Verfahren wie in den übrigen Tarifen. Der auslösende Faktor[31] ist nach § 8b MB/PPV auf 5 % festgelegt und wird auf die erforderlichen Versicherungsleistungen gem. einer Gemeinschaftsstatistik aller Mitglieder des Pflegepools angewendet. Eine Beitragsanpassung ist auch bei Änderung der Beitragsbemessungsgrundlage der gesetzlichen KV zulässig. Über Beitragsanpassungen beschließen die Mitglieder des Pflegepools mit Zweidrittelmehrheit (§ 5 Abs. 10 des Poolvertrags); Beitragsanpassungen bedürfen der Zustimmung des Treuhänders nach § 12b VAG.

34 Seit 2009 wird bei einem Wechsel des VN zu einem anderen PKVU ein Übertragungswert in Höhe der kalkulierten AltR mitgegeben. Die Mitgabe erfolgt unabhängig davon, ob der VV des PPV-Tarifs vor oder nach dem 01.01.2009 abgeschlossen wurde. In der Kalkulation wird dieses mit reduzierten Stornowahrscheinlichkeiten berücksichtigt.

c) Ausweisfragen

35 Der D1-Wert des Poolausgleichs bezieht sich auf die Beiträge der eigenen VN, die infolge der Beitragsdeckelung und der anderen Kalkulationsvorgaben in § 110 SGB XI nicht in bedarfsgerechter Höhe erhoben werden können. Diese sozialen Komponenten bedingen, je nach Bestandszusammensetzung beim einzelnen Unternehmen, eine zu hohe oder zu niedrige Beitragseinnahme, die durch den Beitragsausgleich korrigiert wird. Diese Sichtweise führt dazu, dass die Beiträge aus der PPV unter Berücksichtigung des Saldos aus dem Poolausgleich auszuweisen sind.[32]

Andererseits dürfen Erträge nur dann unter dem Posten „Beiträge" ausgewiesen werden, wenn sie sich aus dem Versicherungsverhältnis mit den VN über die Gewährung von Versicherungsschutz ergeben. Die Pflegepool-Zahlungen aus dem Beitragsausgleich ergeben sich nicht aus den Vertragsbeziehungen zwischen dem

31 Vgl. Rn. 113.

32 Vgl. Rundschreiben des PKV-Verbandes v. 04.04.1996.

die Beiträge erhaltenden KVU und den VN. Jedes KVU bleibt alleiniger Risikoträger für seine Pflegepflichtversicherten. Die Erstattungen bzw. Aufwendungen aus dem Pflegepool können daher auch unter den sonstigen versicherungstechnischen Erträgen bzw. Aufwendungen ausgewiesen werden.[33]

Entsprechend verhält es sich mit den Beträgen aus dem D3-Ausgleich. Die Zah- 36
lungen aus dem Schadenausgleich erfüllen nicht die Voraussetzungen des § 41 RechVersV, da es sich nicht um Aufwendungen für „Versicherungsfälle" handelt. Den Zahlungen liegen keine Versicherungsfälle zugrunde, da jedes KVU alleiniger Risikoträger für seine Versicherten bleibt[34]. Demnach sind Aufwendungen bzw. Erträge für den Schadenausgleich unter den sonstigen versicherungstechnischen Aufwendungen bzw. Erträgen auszuweisen. Weist ein KVU allerdings die Beträge aus dem D1-Ausgleich unter den Beiträgen aus, sollten aus Praktikabilitätsgründen die Aufwendungen bzw. Erträge aus dem D3-Ausgleich unter den Aufwendungen für Versicherungsfälle ausgewiesen werden, damit alle Ausgleichsposten aus dem Poolvertrag unter den jeweils parallelen Aufwands- bzw. Ertragsposten gezeigt werden.[35] Dies ergibt sich auch aus dem in Anlage 1 zum Poolvertrag dargestellten Abrechnungsschema.

6. Basistarif

Die Erlangung eines Beitragszuschusses zur PKV vom Arbeitgeber ist u.a. davon 37
abhängig, dass das Unternehmen einen Basistarif i.S.d. § 12 Abs. 1a VAG anbietet (§ 257 Abs. 2a Nr. 2 SGB V). Der Basistarif wurde im Zuge der Reform des Gesundheitswesens (GKV-WSG) zum 01.01.2009 eingeführt. Die Versicherungsleistungen des Basistarifs sind in Art, Umfang und Höhe mit den Leistungen der GKV vergleichbar. Neben einer vollen Absicherung sind auch eine beihilfekonforme Variante sowie Varianten für Kinder und Jugendliche vorzusehen. Des Weiteren muss die Vereinbarung von Selbstbehalten ermöglicht werden. Der Beitrag für den Basistarif ohne Selbstbehalt darf den (bei Beihilfetarifen anteiligen) Höchstbeitrag der GKV zum 01.01. des VJ[36] nicht übersteigen (§ 12 Abs. 1c VAG). Bei Hilfebedürftigkeit wird der Beitrag nach den in § 12 Abs. 1c Sätze 4-6 VAG aufgestellten Regeln weiter begrenzt. Auch bei Vorerkrankungen darf kein Risikozuschlag erhoben werden.

33 So auch *Stöffler*, in: Beck Vers-Komm., München 1998, § 40 RechVersV, Rn. 3 sowie Schreiben der BaFin v. 15.01.1999.

34 Vgl. Schreiben der BaFin v. 15.01.1999.

35 Vgl. Rundschreiben des PKV-Verbandes v. 04.04.1996.

36 Zum 01.01.2010: 14,9 % * € 3.750 = 558,75.

38 Im Basistarif besteht für die PKVU ein Kontrahierungszwang für

- freiwillig in der GKV Versicherte innerhalb von sechs Monaten nach Begründung ihrer Mitgliedschaft oder nach Einführung des Basistarifs,
- alle Personen mit Wohnsitz im Inland, die nicht in der GKV versicherungspflichtig sind oder Ansprüche nach dem Asylbewerberanspruchsgesetz haben,
- Beihilfeberechtigte, die einen ergänzenden Versicherungsschutz benötigen,
- Privatversicherte, deren Vertrag nach dem 31.12.2008 abgeschlossen wurde,
- Privatversicherte, deren Vertrag vor dem 01.01.2009 abgeschlossen wurde, wenn der bisherige Vertrag bis zum 30.06.2009 gekündigt wurde.

Zu der mit den Wechselmöglichkeiten verbundenen Portabilität der AltR vgl. Rn. 8.

39 Die Finanzierung der Beitragsbegrenzung erfolgt durch einen einheitlichen Zuschlag bei den Prämien der Tarife der substitutiven KV (§ 8 Abs. 1 Nr. 6 KalV) und ist von allen Privatversicherten gleichermaßen zu tragen. Die Mehraufwendungen für die nicht durch Risikozuschläge gedeckten Vorerkrankungen werden hingegen nur auf die Versicherten im Basistarif verteilt (§ 8 Abs. 1 Nr. 7 KalV). Die unterschiedlichen Belastungen und Risiken sollen nach § 12g VAG durch ein Ausgleichssystem auf die einzelnen PKVU verteilt werden. Zu diesem Zweck haben die den Basistarif anbietenden VU und der PKV-Verband mit Vertrag v. 27.11.2008 eine GbR mit dem Namen „Basis-Pool" gegründet. Die Geschäftsführung obliegt dem PKV-Verband. Gesellschafter sind VU, welche die substitutive Krankheitskostenvollversicherung i.S.d. § 12 VAG betreiben. Es erfolgt ein Ausgleich zwischen den rechnungsmäßigen Kopfschäden und den tatsächlich gezahlten Schadenaufwendungen bei den im Basistarif versicherten Personen. Des Weiteren werden die fehlenden Beiträge im Basistarif aufgrund der Beitragskappungen auf den Höchstbeitrag der GKV bzw. bei Hilfebedürftigkeit auf den halben Zahlbeitrag ausgeglichen. Bei einheitlichen Versicherungsbedingungen sowie einheitlichen Nettobeiträgen kann jedes PKVU die Kostenzuschläge sowie sonstige Zuschläge selbst festsetzen.

40 Der Basistarif besitzt in der Praxis derzeit kaum Bedeutung. Zum 30.06.2009 waren branchenweit 9.800 Personen[37] in diesem Tarif versichert. Das sind etwa 0,1 % der insgesamt vollversicherten Personen.

37 Vgl. Zahlenbericht der PKV 2008/2009, S. 23.

7. Standardtarif

Neben dem Basistarif ist eine weitere Voraussetzung für die Erlangung des Arbeitgeberzuschusses zur PKV für Beschäftigte nach § 257 Abs. 2a Satz 1 Nr. 3 SGB V, dass das VU weiterhin den Standardtarif i.S.v. § 257 Abs. 2a in der bis zum 31.12.2008 geltenden Fassung des SGB V[38] anbietet, solange es über im Standardtarif versicherte Personen verfügt. § 257 Abs. 2a Satz 1 Nr. 2 SGB V a.F. verlangte, dass die VU für Versicherte, die das 65. Lebensjahr vollendet haben oder die das 55. Lebensjahr vollendet haben, deren jährliches Gesamteinkommen die Jahresarbeitsentgeltgrenze[39] aber nicht übersteigt, und die in beiden Fällen über eine Vorversicherungszeit von mind. zehn Jahren in einem zuschussberechtigten Tarif verfügen, einen brancheneinheitlichen Standardtarif anbieten. Nach § 257 Abs. 2a Satz 1 Nr. 2a-2c SGB V a.F. war das Angebot des Standardtarifs unter den dort genannten Voraussetzungen auf weitere Personenkreise auszudehnen. Das Leistungsniveau des Standardtarifs entspricht in etwa dem Leistungsniveau der GKV und darf auch für bestehende Versicherungsverhältnisse an ein geändertes Leistungsniveau der gesetzlichen KV angepasst werden (Nr. 10 TB/ST). Der Beitrag darf den durchschnittlichen Höchstbeitrag[40] in der gesetzlichen KV zum 01.01. des VJ nicht überschreiten. Für Ehegatten oder Lebenspartner ist der Beitrag auf 150 % des Höchstbeitrags limitiert, sofern ihr Gesamteinkommen die Jahresarbeitsentgeltgrenze nicht übersteigt. 41

Die Finanzierung der Beitragsgarantie erfolgt durch einen Zuschlag zum Beitrag in den Tarifen, die zu einem Wechsel in den Standardtarif berechtigen (§ 8 Abs. 1 Nr. 8 KalV). Ungleiche Belastungen der einzelnen Unternehmen aufgrund unterschiedlicher Bestandsstrukturen sind durch einen finanziellen Spitzenausgleich zu bereinigen. Für die einheitliche Beitragskalkulation sowie die Durchführung des Spitzenausgleichs haben die PKVU die GbR „Arbeitsgemeinschaft Standardtarif" gegründet. 42

Der Standardtarif besitzt in der Praxis bisher kaum Bedeutung. So waren Ende 2008 branchenweit 36.461 Personen[41] in diesem Tarif versichert. Das sind etwa 0,4 % der insgesamt vollversicherten Personen. Versicherte, die bis zum 31.12.2008 die Voraussetzungen des Standardtarifs erfüllten, können weiterhin in den Standardtarif wechseln. Für Neuversicherte ab dem 01.01.2009 besteht dagegen nur noch die Möglichkeit zum Wechsel in den Basistarif.

38 Im Folgenden: „SGB V a.F."
39 In 2010: € 49.950.
40 Zum 01.01.2010: € 558,75.
41 Vgl. Zahlenbericht der PKV 2008/2009, S. 31.

8. Verantwortlicher Aktuar

43 Die Bestimmungen über den VA in der PKV sind größtenteils identisch mit denen in der LV. Insofern wird in § 12 Abs. 2 und 3 VAG auf die entsprechenden Passagen in § 11a VAG verwiesen.

44 Der VA hat nach § 12 Abs. 3 VAG sicherzustellen, dass die Prämien und die mathematischen Rückstellungen, namentlich die AltR, nach dem Gesetz und den dazu erlassenen Verordnungen berechnet werden. Für die AltR hat er dies unter der Bilanz zu bestätigen (versicherungsmathematische Bestätigung). Neben der Qualitätssicherung der Tarifkalkulation hat er die Finanzlage des Unternehmens insb. darauf zu überprüfen, ob die dauernde Erfüllbarkeit der sich aus den Versicherungen ergebenden Verpflichtungen jederzeit gewährleistet ist und das Unternehmen über ausreichende Mittel in Höhe der Solvabilitätsspanne verfügt. Dabei übernimmt er nicht die Verantwortung für die Vermögenslage des Unternehmens; er hat in diesem Zusammenhang lediglich die Aufgabe, die entsprechenden Feststellungen in seine Beurteilung mit einzubeziehen. Vor dem Hintergrund des derzeit niedrigen Zinsniveaus[42] kommt der Überprüfung des angesetzten Rechnungszinses eine immer größere Bedeutung zu. Von der DAV[43] wurde ein Verfahren zur Überprüfung des bisher vom KVU verwendeten Rechnungszinses und zur Bestimmung eines unternehmensindividuellen Höchstrechnungszinses unter aktuariellen Gesichtspunkten entwickelt, womit der VA die Renditetragfähigkeit des KVU überprüfen kann.

45 Der VA muss zuverlässig und fachlich geeignet sein.[44] Nicht gefordert im Gesetz wird die Unabhängigkeit des VA. So kann auch ein Vorstandsmitglied oder ein (leitender) Angestellter des Unternehmens bestellt werden.

Der VA muss vor der Bestellung der Bundesanstalt für Finanzdienstleistungsaufsicht (BaFin) benannt werden (§ 11a Abs. 2 VAG). Die BaFin kann auch nach der Bestellung die Bestellung eines anderen VA verlangen, wenn sich herausstellt, dass der bestellte VA nicht zuverlässig oder nicht fachlich geeignet ist. Das Ausscheiden des VA ist der BaFin unverzüglich mitzuteilen. Bestellung und Entlassung des VA erfolgen durch den Aufsichtsrat (AR) (§ 11a Abs. 2a VAG).

46 Anders als in der LV braucht der VA in der PKV nicht in einem Bericht an den Vorstand und die BaFin die zugrunde gelegten Kalkulationsansätze zu erläutern. Ein solcher Bericht wäre auch wenig sinnvoll, da die Kalkulationsgrundsätze zum

42 Vgl. Rn. 57.

43 DAV-Richtlinie „Aktuarieller Unternehmenszins in der PKV – Phase 2“ (verabschiedet am 04.12.2008).

44 Vgl. BAV-Rundschreiben R 3/95 v. 01.08.1995.

einen sehr eng gefasst sind und zum anderen der mathematische Treuhänder bei Beitragsanpassungen die Einhaltung der gesetzlichen Vorschriften hinsichtlich der technischen Berechnungsgrundlagen überwacht. Der VA nimmt bei PKVU nicht an der bilanzfeststellenden AR-Sitzung teil.

Abweichend zur LV ist in der PKV der Wortlaut der versicherungsmathematischen Bestätigung nicht per Verordnung festgelegt. In Anlehnung an die LV schlägt ein Arbeitskreis der DAV folgenden Mustertext vor:

> „Es wird bestätigt, dass die in der Bilanz unter … der Passiva eingestellte Deckungsrückstellung unter Beachtung von § 12 Abs. 3 Nr. 1 des Versicherungsaufsichtsgesetzes sowie der nach § 12c des Versicherungsaufsichtsgesetzes erlassenen Rechtsverordnung berechnet worden ist.“[45]

9. Treuhänder

Als weitere Institutionen zur Sicherstellung der Belange der Versicherten nach 47
Wegfall der Vorabgenehmigung sind nach § 203 VVG zwei Treuhänder vorgesehen, nämlich ein mathematischer oder auch Aktuartreuhänder (Abs. 2) sowie ein juristischer oder auch Bedingungstreuhänder (Abs. 3).

In Tarifen, in denen das ordentliche Kündigungsrecht des Versicherers gesetzlich 48
oder vertraglich ausgeschlossen ist, darf ein KVU nach § 203 Abs. 2 VVG die Prämien auch für bestehende Versicherungsverhältnisse neu festsetzen, nachdem ein unabhängiger Treuhänder die Berechnungsgrundlagen überprüft und der Prämienanpassung zugestimmt hat. Voraussetzung ist eine nicht nur als vorübergehend anzusehende Veränderung einer für die Prämienberechnung notwendigen Rechnungsgrundlage. Die sog. auslösenden Faktoren[46] für eine Prämienanpassung sowie die Vorgehensweise bei der Prüfung und Zustimmung durch den Treuhänder sind für nach Art der LV betriebene KV in § 12b Abs. 2 und 2a VAG festgelegt.

Der mathematische Treuhänder muss nach § 12b Abs. 3 VAG zuverlässig, fachlich geeignet und unabhängig sein. Er darf, anders als der VA, insb. nicht in einem Dienst- oder ähnlichem Verhältnis zu dem KVU oder einem mit diesem verbundenen Unternehmen stehen. Ein mathematischer Treuhänder kann für mehrere verbundene KVU tätig sein.[47] Der Treuhänder muss vor Bestellung der BaFin benannt werden (§ 12b Abs. 4 Satz 1 VAG). Die BaFin kann gem. § 12b Abs. 4

45 Vgl. eine Ausarbeitung eines Arbeitskreises der DAV in: Der Aktuar 1995, Heft 2, S. 27.
46 Vgl. Rn. 113.
47 Andere Auffassung vertritt *Kaulbach*, in: Fahr / Kaulbach / Bähr (Hrsg.), Versicherungsaufsichtsgesetz, 4. Aufl., München 2007, § 12b VAG, Rn. 26.

Satz 3 VAG auch nach der Bestellung die Bestellung eines anderen Treuhänders verlangen, wenn sich herausstellt, dass der bestellte Treuhänder nicht zuverlässig, nicht fachlich geeignet oder nicht unabhängig ist.

49 In Tarifen nach Art der LV, in denen das ordentliche Kündigungsrecht des Versicherers gesetzlich oder vertraglich ausgeschlossen ist, darf ein KVU nach § 203 Abs. 3 VVG die Versicherungsbedingungen und Tarifbestimmungen an veränderte Verhältnisse im Gesundheitswesen anpassen, wenn ein unabhängiger Treuhänder die Voraussetzungen, unter denen eine Änderung vorgenommen werden darf, überprüft und ihre Angemessenheit bestätigt hat. Voraussetzung ist, dass die Veränderung der Verhältnisse im Gesundheitswesen nicht nur vorübergehend ist und dass zur hinreichenden Wahrung der Belange der Versicherten eine Anpassung der Bedingungen erforderlich erscheint.

Anders als für den mathematischen Treuhänder, gibt es für den juristischen Treuhänder keine weiteren Vorschriften im VAG. So sind bspw. Zuverlässigkeit und Fachkenntnisse nicht ausdrücklich gefordert, ergeben sich aber wohl bereits aus dem Begriff „Treuhänder“. Die BaFin erwartet ein abgeschlossenes rechtswissenschaftliches Studium.[48] Der juristische Treuhänder unterliegt nicht der Versicherungsaufsicht, braucht also der BaFin nicht benannt zu werden und ist der BaFin gegenüber auch nicht berichts- oder auskunftspflichtig. Wegen der für den mathematischen und den juristischen Treuhänder geforderten unterschiedlichen Qualifikation dürften i.d.R. unterschiedliche Personen für diese Aufgaben in Betracht kommen, wenn es auch nicht ausgeschlossen ist, dass beide Aufgaben von derselben Person übernommen werden.[49]

II. Versicherungstechnische Posten

50 Spezialvorschriften über die versicherungstechnischen Rückstellungen enthalten die §§ 341e-341h HGB. Dabei sind nach § 341e Abs. 1 Satz 2 HGB die Vorschriften des VAG bezüglich der zu verwendenden Rechnungsgrundlagen einschl. Rechnungszins sowie der Zuschreibung des Überzinses zu beachten. Aufgrund der Ermächtigung in § 330 Abs. 1, 3 und 4 HGB wurden Ausführungs- und Anpassungsbestimmungen in der RechVersV zusammengefasst. Sie enthält insb. geschäftszweigbezogene, spezifische Vorschriften für die Gliederung des Jahresabschlusses und Formblätter hierzu, Vorschriften für den Inhalt des Anhangs und des Lageberichts sowie über den Ansatz und die Bewertung von versicherungstechnischen Rückstellungen einschl. diesbezüglicher Nährungsverfahren.

48 Vgl. Geschäftsbericht des BAV 1995, S. 41; a.A. *Gerwins*, Der Aktuar 1996, Heft 3, S. 88.
49 Die Personenidentität befürwortet *Gerwins*, VW 2003, S. 1839.

Anstelle des Gliederungsschemas nach § 266 bzw. § 275 HGB haben KVU die Bilanz nach Formblatt 1 und die Gewinn- und Verlustrechnung (GuV) nach Formblatt 3 zur RechVersV zu gliedern (§ 2 RechVersV). Falls Schaden- und Unfallversicherer auch das KV-Geschäft nach Art der LV in größerem Umfang betreiben[50], haben sie Formblatt 4 zu verwenden. Falls das Schaden- und Unfallversicherungsunternehmen (SchVU) nur die KV nach Art der SchV anbietet, ist Formblatt 2 anzuwenden. 51

Krankenversicherungsunternehmen haben die GuV getrennt nach versicherungstechnischer und nicht versicherungstechnischer Rechnung aufzubauen (Formblatt 3). Die versicherungstechnischen Posten werden durchgehend netto, d.h. für eigene Rechnung (f.e.R.) ausgewiesen, die Bruttobeträge sowie die Rückversicherungsanteile werden größtenteils in der Vorspalte gezeigt. Eine Trennung in selbst abgeschlossenes und in Rückdeckung übernommenes Geschäft ist nicht erforderlich.

1. Deckungsrückstellung

a) Kalkulationsgrundlagen

Die Kalkulationsgrundlagen für die Prämien und die mathematischen Rückstellungen sind ebenso wie die allgemeinen Versicherungsbedingungen nicht Bestandteil des Geschäftsplans i.S.d. § 5 VAG. Die verwendeten Rechnungsgrundlagen, mathematischen Formeln, kalkulatorischen Herleitungen und statistischen Nachweise sind nach § 5 Abs. 5 Nrn. 1 und 1a VAG für die substitutive KV zusammen mit dem Geschäftsplan bei Beantragung der Geschäftserlaubnis einzureichen und werden bei der Prüfung, ob die Erlaubnis zu versagen ist, dem Geschäftsplan gleichgestellt (§ 8 Abs. 1 Nr. 3 VAG). Insofern werden die Kalkulationsgrundlagen in der Praxis häufig in Form eines „Technischen Geschäftsplans" geführt, der nach § 9 KalV alle rechnungsmäßigen Ansätze der Kalkulation in überprüfbarer Form zu dokumentieren hat. 52

Änderungen dieses „Technischen Geschäftsplans" bedürfen jedoch keiner (Vorab)-Genehmigung nach § 13 Abs. 1 VAG durch die BaFin. Die beabsichtigte Verwendung geänderter Kalkulationsgrundlagen sowie geänderter allgemeiner Versicherungsbedingungen ist der BaFin lediglich anzuzeigen (§ 13d Nrn. 7 und 8 VAG). Die BaFin kann allerdings den Geschäftsplan für bestehende oder noch

50 Aufgrund der Spartentrennung nach § 8 Abs. 1a VAG kann es sich hierbei nur um die nicht substitutive KV handeln.

nicht abgewickelte Versicherungsverhältnisse ändern oder aufheben, wenn es zur Wahrung der Belange der Versicherten notwendig erscheint (§ 81a VAG).

Mit dem Dritten Durchführungsgesetz/EWG zum VAG hat der Gesetzgeber im Aufsichtsrecht den Erlass verbindlicher Grundlagen zur Kalkulation von Prämien und AltR in der PKV vorgesehen, auf die auch das VVG verweist. Der Versicherer darf nach § 203 VVG nur die nach den Vorschriften der §§ 12, 12a und 12e VAG i.V.m. der nach § 12c VAG erlassenen Rechtsverordnung berechneten Prämien verlangen.

53 Die Prämien sollen nach § 12 Abs. 1 Nr. 1 VAG auf versicherungsmathematischer Grundlage unter Zugrundelegung von Wahrscheinlichkeitstafeln und anderen einschlägigen statistischen Daten, insb. unter Berücksichtigung der maßgeblichen Annahmen zur Invaliditäts- und Krankheitsgefahr, zur Sterblichkeit, zur Alters- und Geschlechtsabhängigkeit des Risikos und zur Stornowahrscheinlichkeit und unter Berücksichtigung von Sicherheits- und sonstigen Zuschlägen sowie eines Rechnungszinses berechnet werden.

54 Während die Art und Weise der Prämienberechnung recht ausführlich, wenn auch wenig konkret, vorgeschrieben wird, wird in § 12 Abs. 1 Nr. 2 VAG für die AltR lediglich die Ermittlung nach § 341f HGB verlangt, was hier rein deklatorischen Charakter hat, da sich beide Vorschriften auf die nach Art der LV betriebene KV beziehen. Die Rechnungsgrundlagen für die Prämien sind jedoch auch für die Berechnung der AltR zu verwenden, wie es in § 3 KalV gefordert wird. Diese Forderung ist nach der Begründung zur Verordnung[51] deshalb unverzichtbar, weil die Prämien so bemessen sein sollen, dass sie – bei gleichbleibenden Rahmenbedingungen – die Versicherungsdeckung bis zum Tode des VN gewährleisten und damit eine Prämienerhöhung allein wegen der Alterung ausgeschlossen werden soll. Das wird aber nur erreicht, wenn von einem statistisch bestimmten Alterszeitpunkt an die rechnungsmäßigen Kopfschäden der älteren Versicherten nicht nur durch laufende Prämienzahlungen, sondern auch durch Teilauflösung der nach gleichen Rechnungsgrundlagen gebildeten AltR gedeckt werden.

55 Aufgrund der Ermächtigung in § 12c Abs. 1 Nr. 1 VAG wurden die versicherungsmathematischen Methoden zur Berechnung der Prämien einschl. der Prämienänderungen und der mathematischen Rückstellungen, namentlich der AltR, insb. zur Berücksichtigung der maßgeblichen Annahmen zur Invaliditäts- und Krankheitsgefahr, zur Pflegebedürftigkeit, zur Sterblichkeit, zur Alters- und Geschlechtsabhängigkeit des Risikos und zur Stornowahrscheinlichkeit sowie die Höhe des Sicherheitszuschlages und des Zinssatzes und die Grundsätze für die Bemessung

51 Vgl. BR-Drs. 414/96.

und Begrenzung der sonstigen Zuschläge in einer Rechtsverordnung, der Kalkulationsverordnung (KalV) v. 18.11.1996 festgelegt. Die in der Verordnung genannten Methoden zur Kalkulation gewährleisten die dauernde Erfüllbarkeit der Versicherungsleistungen nach Maßgabe des Äquivalenzprinzips und des Anwartschaftsdeckungsverfahrens. Den Unternehmen der PKV werden damit verbindliche und nachprüfbare Kriterien an die Hand gegeben, die eine angemessene Prämienbildung gewährleisten und deren Einhaltung vom VA sowie erforderlichenfalls von der BaFin im Nachhinein überprüft werden kann.[52] Die versicherungsmathematischen Methoden zur Berechnung der Prämien und Rückstellungen sind in § 1 KalV definiert. Danach sind dies die nach den anerkannten Regeln der Versicherungsmathematik unter Verwendung der in der Verordnung näher bezeichneten Rechnungsgrundlagen zu erfolgenden Berechnungen der Prämien und der AltR.

Bei den zu verwendenden Rechnungsgrundlagen handelt es sich nach § 2 Abs. 1 56
KalV um

1. den Rechnungszins,
2. die Ausscheideordnung,
3. die Kopfschäden,
4. den Sicherheitszuschlag,
5. die sonstigen Zuschläge,
6. die Übertrittswahrscheinlichkeiten zur Berechnung des Übertragungswerts nach § 13a KalV.

Wegen der Vielzahl denkbarer Tarifgestaltungen war eine abschließende Aufzählung der Rechnungsgrundlagen nicht möglich. In § 2 Abs. 2 KalV wird insofern festgelegt, dass auch andere geeignete Rechnungsgrundlagen verwendet werden müssen, wenn dies zur versicherungsmathematischen Kalkulation der Kopfschäden oder der Ausscheidewahrscheinlichkeiten erforderlich ist. Alle Rechnungsgrundlagen müssen ausreichende Sicherheiten enthalten (§ 2 Abs. 3 KalV). Die einzelnen Rechnungsgrundlagen werden nachfolgend besprochen.

aa) Rechnungszins

Der Rechnungszins für die Berechnung der Prämien und der AltR darf höchs- 57
tens 3,5 % betragen (§ 4 KalV). Um eine leichtere Änderung des Höchstrechnungszinses zu ermöglichen, wird dieser seit Ende 2003 nicht mehr im VAG fest-

52 Vgl. BR-Drs. 414/96.

gelegt.[53] In der Praxis verwenden die meisten KVU für die Diskontierung den Höchstrechnungszins, da bei einer Absenkung und damit verbundener Erhöhung der Neugeschäftsbeiträge Wettbewerbsnachteile befürchtet werden. Der Rechnungszins lag bis 2001 meist deutlich unter dem langjährigen Durchschnitt der Kapitalmarktzinsen. Insofern war, wie in der LV, auch in der KV der Zins die bedeutendste Überschussquelle. Ein wesentlicher Teil des Zinsüberschusses ist nach § 12a Abs. 2, Abs. 2a und 3 VAG zweckgebunden zur Beitragsermäßigung im Alter zu verwenden.

Das in letzter Zeit historisch sehr niedrige Zinsniveau[54] und die Kursrückgänge an den Wertpapiermärkten führten aber dazu, dass die Zinsmargen bei vielen KVU deutlich abnahmen,[55] zum Teil der Rechnungszins sogar nicht mehr erwirtschaftet wurde.[56] Wenn davon auszugehen ist, dass die Abweichungen nicht nur vorübergehend sind, ist der Rechnungszins im Rahmen von Beitragsanpassungen neu zu kalkulieren.[57]

bb) Ausscheideordnungen

58 Die Ausscheideordnungen in der KV enthalten neben den Annahmen zur Sterbewahrscheinlichkeit auch solche zur Stornowahrscheinlichkeit. Sowohl bei Tod des Versicherten als auch bei Storno des Vertrags wird die vorhandene AltR – soweit sie nicht bei einem Wechsel zu einem anderen VU auf dieses übertragen wird – an die Versichertengemeinschaft „vererbt“, führt also zu einer Verminderung der Prämie. Der Umstand, dass es sich um sehr langfristige Verträge handelt, erfordert, dass die Ausscheidewahrscheinlichkeiten unter Berücksichtigung der bekannten Entwicklung vorsichtig festgelegt werden.[58]

59 Krankenversicherungen sind ebenso wie Rentenversicherungen vom Langlebigkeitsrisiko betroffen. Insofern ist auch hier aus Vorsichtsgründen mit einer eher zu niedrigen Sterblichkeit zu kalkulieren. Anders als in der Rentenversicherung kommen in der KV aber keine Generationentafeln, die künftige Sterblichkeitsverbesserungen implizit berücksichtigen, zum Einsatz, sondern sog. Periodentafeln mit

53 Vgl. Gesetzesbegründung in BR-Drs. 543/03.

54 Die durchschnittliche Umlaufrendite festverzinslicher Wertpapiere mit einer Restlaufzeit von zehn Jahren lag im Mai 2010 nur noch bei 3,0 %.

55 Die Nettoverzinsung der Kapitalanlagen lag 2008 für die Gesamtbranche mit 3,56 % auf einem historischen Tiefstand (vgl. PKV Zahlenbericht 2008/2009, S. 101). Für das Jahr 2009 beträgt die Nettoverzinsung der Kapitalanlagen 4,3 % (vorläufig).

56 Zu den Kontrollmöglichkeiten des VA vgl. Rn. 44.

57 Vgl. Rn. 113.

58 Vgl. BR-Drs. 414/96.

einer festen Projektivität von fünf Jahren. Seit 2007 werden jährlich aktualisierte Tafeln veröffentlicht.

Als derzeit geeignete Rechnungsgrundlage zur Bemessung der Sterblichkeit kommt die im BaFinJournal 07/09 abgedruckte Sterbetafel PKV 2010 in Betracht, die für Beitragsanpassungen oder neue Tarife ab dem 01.01.2010 verwendet werden soll. Es sind aber auch andere aktuelle Tafeln zulässig, sofern Besonderheiten des Bestands vorsichtigere Annahmen erfordern. Innerhalb von drei Jahren (PKV 2010 gegenüber PKV 2007) ist die kalkulierte Lebenserwartung für einen 40-jährigen Mann um 8,2 Monate und für eine 40-jährige Frau um 4,4 Monate angestiegen.

Anders als in der LV wurde in der KV vor 2009 im Stornofall keine Leistung (Rückkaufs- oder Übertragungswert) fällig. Deshalb wurden in die Prämienberechnung und die AltR auch Stornowahrscheinlichkeiten als eine nicht leistungsauslösende Ausscheideursache eingerechnet. Die mit dem GKV-WSG auch für Altverträge (Vertragsabschlüsse vor dem 01.01.2009; sog. „alte Welt") eingeführte – bis zum 30.06.2009 befristete – Möglichkeit der Mitgabe des Übertragungswerts bei Wechsel zu einem anderen KV war insofern in die AltR nicht einkalkuliert und führte zu entsprechenden Stornoverlusten bzw. zu geringeren Stornogewinnen bei Ausübung des Wechselrechts. 60

Für ab dem 01.01.2009 neu abgeschlossene Verträge („neue Welt") wird hingegen grundsätzlich bei Wechsel zu einem anderen VU die AltR in Höhe des Übertragungswerts (s. Rn. 65) mitgegeben. Als eine nicht leistungsauslösende Ausscheideursache darf insofern nur noch der Wechsel in die GKV angesetzt werden. Für den Wechsel zu einem anderen PKVU ist hingegen mit Übertrittswahrscheinlichkeiten sowie den dann ausgelösten Übertragungswerten zu kalkulieren (§ 2 Abs. 1 KalV). Lediglich für die PPV und den Basistarif ist dies nach § 5 Abs. 2 KalV ausgeschlossen. In der Praxis wird aber häufig bei allen Tarifen auf den Ansatz von Übertrittswahrscheinlichkeiten verzichtet. Damit wird aus Vorsichtsgründen implizit unterstellt, dass – wie bei der PPV und dem Basistarif – die gesamte AltR als Übertragungswert mitgegeben wird.[59] Bei Zugrundelegung von Übertrittswahrscheinlichkeiten muss nicht nur der Grad des Wechselverhaltens der Versicherten in der „neuen Welt", sondern auch die Höhe der nicht zur Finanzierung des Übertragungswerts benötigten Rückstellung abgeschätzt werden. Diese frei

59 Nach dem „Theorem von Cantelli" kann bei der Berechnung der DR auf den Ansatz einer Ausscheideursache verzichtet werden, wenn bei Realisierung dieser Ursache genau das vorhandene Deckungskapital geleistet wird.

gewordenen Mittel können dann, falls der VN diese nicht für eine Zusatzversicherung[60] beim abgebenden PKVU beansprucht, rechnungsmäßig vererbt werden.

Die Stornowahrscheinlichkeiten werden unternehmensindividuell für einzelne Tarife oder Tarifgruppen aus den Erfahrungen der Vergangenheit unter Berücksichtigung zwischenzeitlicher Gesetzesänderungen ermittelt. Neben den schon genannten Auswirkungen des GKV-WSG (quasi Wegfall des PKV-Stornos in der „neuen Welt") dürfte auch die nicht mehr zulässige Kündigung seitens des VU (§ 206 Abs. 1 VVG) sowie die Verteuerung der Neutarife aufgrund des einkalkulierten Übertragungswerts beim aufnehmenden Unternehmen tendenziell zu niedrigeren Stornowahrscheinlichkeiten in der Zukunft führen. Stornowahrscheinlichkeiten sind i.d.R. altersabhängig und nehmen mit zunehmendem Alter ab. Sie sind wegen der Abhängigkeit vom gesellschaftlichen und politischen Umfeld der unsicherste Faktor der Rechnungsgrundlagen. Sie sind also besonders vorsichtig, d.h. niedrig zu wählen. Liegen keine geeigneten Daten im Unternehmen vor, so kann auf von der BaFin veröffentlichte Daten zurückgegriffen werden (zuletzt in BaFinJournal 12/09).

Die bei überrechnungsmäßigem Storno aus der frei werdenden AltR entstehenden Stornogewinne fließen zum größten Teil in die RfB und bleiben somit der Versichertengemeinschaft erhalten. Solange die AltR aufgrund der Zillmerung[61] noch negativ ist bzw. unterhalb des Übertragungswerts liegt, entstehen dagegen Stornoverluste, die durch eine entsprechende Rückstellung[62] berücksichtigt werden.

cc) Kopfschäden

61 Kopfschäden sind nach der Definition in § 6 KalV die im Beobachtungszeitraum (zwölf Monate) auf einen Versicherten entfallenden durchschnittlichen Versicherungsleistungen, die für jeden Tarif in Abhängigkeit von Geschlecht und Alter des Versicherten zu ermitteln sind. Lediglich die Kosten für Schwangerschaft und Mutterschaft sind auf beide Geschlechter zu verteilen. In der Praxis werden die Kopfschäden meist zerlegt in das Produkt aus altersunabhängigen Grundkopfschäden und normierten altersabhängigen sog. Schadenprofilen. Die Grundkopfschäden stellen die für die Auslösung einer Beitragsanpassung maßgebliche Größe dar. Erst, wenn diese den auslösenden Faktor überschritten haben, werden auch die Profile wie alle anderen Rechnungsgrundlagen überprüft.

60 Vgl. Rn. 8.
61 Vgl. Rn. 64.
62 Vgl. Rn. 103.

Die Kopfschäden werden unternehmensindividuell pro Tarif aus den Schadenergebnissen dieses Tarifs in früheren Jahren ermittelt und mit mathematisch-statistischen Verfahren ausgeglichen. Bei einer zu geringen Bestandsgröße oder bei der Erstkalkulation für einen neu eingeführten Tarif ist auf die Schadenergebnisse anderer Tarife (sog. Stütztarife) mit ähnlichen Leistungsversprechen zurückzugreifen. Liegen keine geeigneten Stütztarife vor, so ist der Schadenbedarf nach mathematisch-statistischen Grundsätzen zu schätzen.

Zu diesem Zweck veröffentlicht die BaFin gem. § 103a VAG regelmäßig (zuletzt in BaFinJournal 12/09) Wahrscheinlichkeitstafeln, basierend auf dem Zahlenmaterial aller deutschen PKVU, die auch Kopfschadenreihen für diverse Tarifarten enthalten. Werden bei einer Erstkalkulation andere als die veröffentlichten Tafeln verwendet, so sind die ihnen zugrunde liegenden Annahmen durch geeignete Statistiken zu belegen.

dd) Sicherheitszuschlag

Zum Ausgleich von Zufallsschwankungen ist nach § 7 KalV ein Sicherheitszuschlag von mind. 5 % der Bruttoprämie einzurechnen, der nicht bereits in anderen Rechnungsgrundlagen enthalten sein darf. 62

Der Sicherheitszuschlag dient zur Deckung vorübergehend[63] nicht ausreichender Rechnungsgrundlagen und zur Finanzierung nicht vorhersehbarer Aufwendungen. Dies können nicht ausreichend kalkulierte Schäden, aber auch Unterdeckungen bei den rechnungsmäßigen Abgangswahrscheinlichkeiten oder den rechnungsmäßigen Kosten sein.

ee) sonstige Zuschläge

Die sonstigen (Kosten-)Zuschläge umfassen nach der Aufzählung in § 8 KalV: 63

- Die unmittelbaren Abschlusskosten (z.B. Provisionen für den Vermittler)
- die mittelbaren Abschlusskosten (z.B. Werbungskosten)
- die Schadenregulierungskosten
- die sonstigen Verwaltungskosten
- den Zuschlag für eine erfolgsunabhängige Beitragsrückerstattung

63 Etwa bis zum Anspringen des auslösenden Faktors für eine Beitragsanpassung (vgl. Rn. 113 f.).

- bei substitutiven KV den Zuschlag zur Umlage der Begrenzung der Beitragshöhe im Basistarif gem. § 12g VAG (vgl. Rn. 39)
- für den Basistarif zusätzlich den Zuschlag zur Umlage der Mehraufwendungen durch Vorerkrankungen (vgl. Rn. 39)
- den Zuschlag für den Standardtarif (vgl. Rn. 40).

Sämtliche Zuschläge müssen die zugehörigen tatsächlichen Aufwendungen decken. Eine Verrechnung mit den Überschüssen aus anderen Rechnungsgrundlagen ist nicht zulässig.

Zur Vermeidung übermäßiger Beitragssteigerungen im Alter dürfen nur absolute Zuschläge, d.h. unabhängig vom Alter und der Höhe des Beitrags, eingerechnet werden. Eine Ausnahme bilden nur die Zuschläge für den Basis- und Standardtarif sowie die unmittelbaren Abschlusskosten, weiterhin die Prämien für Kinder, Jugendliche, Auszubildende und sämtliche Tagegeldversicherungen. Sofern die altersmäßige Bestandszusammensetzung in einem Tarif (z.B. in einem für den Neuzugang geschlossenen Tarif) erheblich vom Gesamtbestand abweicht, so sind bei der Ermittlung des Stückkostenzuschlags Modellbestände zu verwenden und die Kostenunterdeckung mit entsprechenden offenen Tarifen zu verrechnen. Ein prozentuales Kostenzuschlagssystem ist allerdings dann zulässig, wenn als Basis nicht der gesamte Beitrag, sondern nur der Tarifbeitrag zum ursprünglichen Eintrittsalter genommen wird. Der zusätzliche individuelle Zuschlag aus der Auffüllung der AltR nach Beitragsanpassungen darf in diesem Fall also nicht mit zusätzlichen Kostenzuschlägen belastet werden.

64 Die unmittelbaren Abschlusskosten werden in der KV durch laufende Beitragszuschläge, durch Wartezeit- und Selektionsersparnisse, im Wesentlichen aber durch das Zillmerverfahren gedeckt, wodurch die AltR in den ersten Jahren negativ wird. Die Zillmerung darf nur in solcher Höhe erfolgen, dass die Gesamt-AltR eines Zugangsjahres im Tarif höchstens vier Jahre und jede Einzel-AltR nicht länger als fünfzehn Jahre und nicht länger als die Hälfte der tariflich vorgesehenen künftigen Vertragsdauer negativ ist. Grund für diese Beschränkung ist neben der Vermeidung von Stornoverlusten vor allem ein möglichst frühzeitiger Aufbau der Zusatzrückstellung für Beitragsermäßigung im Alter durch Zuschreibungen nach § 12a VAG. Bei Wechsel aus einem anderen VU unter Mitnahme des Übertragungswerts darf dieser durch Finanzierung erneuter Abschlusskosten durch Zillmerung nicht reduziert werden (§ 13a Abs. 3 KalV).

ff) Übertragungswert

Der nach § 12 Abs. 1 Nr. 5 VAG bei einem Wechsel zu einem anderen VU mitzugebende Übertragungswert errechnet sich nach § 13a KalV aus der Summe der aus dem gesetzlichen Beitragszuschlag (§ 12 Abs. 4 VAG) entstandenen AltR und der AltR für die gekündigten Tarife, letztere begrenzt auf eine fiktive AltR, die sich ergeben hätte, wenn der Versicherte von Beginn an im mit brancheneinheitlichen Rechnungsgrundlagen kalkulierten Basistarif versichert gewesen wäre. Bei einer Kündigung in den ersten fünf Jahren ist die AltR für die gekündigten Tarife auf den Betrag anzuheben, der sich anstelle der Finanzierung durch Zillmerung bei einer linearen Verteilung der Abschlusskosten über fünf Jahre ergeben hätte. 65

Bei Kündigung eines bereits vor dem 01.01.2009 abgeschlossenen Vertrags und Wechsel in einen Vertrag mit Übertragungswert bei einem anderen VU berechnete sich die fiktive AltR (bei späterem, erneutem Wechsel zu einem dritten VU) nur aus der beim zweiten VU aufgebauten AltR (§ 13a Abs. 4 KalV). Eine Ausnahme galt nur bei einer Kündigung bis zum 30.06.2009. In diesem Fall wird bei einem erneuten Wechsel die volle, seit dem ursprünglichen Beginn aufgebaute fiktive AltR angerechnet, sofern zwischen den beiden Wechseln mind. 18 Monate vergangen sind (§ 13a Abs. 5 KalV). Für den letztgenannten Fall stellt sich das Problem, dass die fiktive AltR aus einer Zeit fortentwickelt werden müsste, als es den Basistarif noch gar nicht gab. Insofern sieht § 13a Abs. 2 KalV ein pauschales Verfahren unter Verwendung der Erstkalkulation des Basistarifs und des individuellen gezahlten Beitrags im Vergleich zum aktuellen Neugeschäftsbeitrag vor. In der PPV wird grundsätzlich – unabhängig vom Zeitpunkt des Vertragsabschlusses – die gesamte AltR als Übertragungswert mitgegeben (§ 13a Abs. 6 KalV).

In den Übertragungswert fließen nach hier vertretener Auffassung nur die beitragsrelevanten Teile der AltR, nicht dagegen die aus überrechnungsmäßigen Kapitalerträgen gespeisten Anwartschaften auf Beitragsermäßigung im Alter nach § 12a Abs. 2 VAG. Dies lässt sich daraus schließen, dass der ebenfalls zur Beitragsermäßigung im Alter zu verwendende gesetzliche Beitragszuschlag in § 13a KalV ausdrücklich als Teil des Übertragungswerts genannt wird, ansonsten aber auf die DR nach § 341f Abs. 1 HGB verwiesen wird, während die Anwartschaften auf Beitragsermäßigung erst in § 341f Abs. 3 HGB handelsrechtliche Erwähnung finden.

Wie in Rn. 60 ausgeführt, wird anstelle von expliziten Übertrittswahrscheinlichkeiten in der Praxis der Übertragungswert meist durch entsprechend reduzierte Stornowahrscheinlichkeiten kalkulatorisch berücksichtigt.

66 Mit den genannten Vorschriften zur Kalkulation der Prämien und der Rückstellungen besteht in der PKV eine stärkere Regulierung als in der LV. So stellt sich die Frage, ob es nicht genügt hätte, nur solche Mindestanforderungen an die Prämienberechnung zu stellen, die eine dauernde Erfüllbarkeit der Verträge gewährleisten, die Preisgestaltung letztlich aber dem einzelnen Versicherer zu überlassen.[64] Das starke Regelungsbedürfnis des Gesetzgebers, das kaum Spielraum lässt, kommt auch in der mehrfachen Aufzählung des gleichen Sachverhalts in verschiedenen Bestimmungen (§§ 12 und 12c VAG und KalV) zum Ausdruck. In der Begründung[65] zur KalV wird aber darauf hingewiesen, dass ohne die Verordnung die Zivilgerichte im Streit jeweils im Einzelfall die Angemessenheit einer Prämienberechnung nach § 315 BGB zu beurteilen hätten. Aus Gründen der Rechtssicherheit sei die Vorgabe klarer versicherungsmathematischer Grundlagen für die Prämienberechnung in der KV daher unverzichtbar.

Eine Angabe der versicherungsmathematischen Methoden und der Berechnungsgrundlagen im Anhang ist folglich für KVU nicht erforderlich.

b) Alterungsrückstellung

67 Die Notwendigkeit zur Bildung einer DR in der PKV ist darin begründet, dass einerseits gleichbleibende Prämien kalkuliert werden, andererseits das Krankheitsrisiko mit dem Alter zunimmt. Insofern sind die Beiträge in den ersten Versicherungsjahren höher, als sie dem altersgemäßen Risiko entsprechen. Der nicht für Leistungsausgaben verbrauchte Teil wird in der Rückstellung angespart und verzinst. In späteren Jahren, wenn die jährlichen Leistungsausgaben die Beiträge übersteigen, wird die Rückstellung dann entsprechend aufgelöst.

68 Nach § 341f Abs. 1 HGB ist die DR in dem nach Art der LV betriebenen Versicherungsgeschäft im Grundsatz nach der prospektiven Methode zu bilden, d.h. in Höhe des versicherungsmathematisch errechneten Barwerts der künftigen Verpflichtungen abzüglich des Barwerts der künftigen Beiträge. Die im HGB als Ausnahme genannte retrospektive Methode spielt in der PKV keine Rolle. Solange die Beiträge nach dem Äquivalenzprinzip und mit gleichen Rechnungsgrundlagen wie die DR kalkuliert sind, führen beide Methoden ohnehin zum gleichen Wert.

Bei der Ermittlung des Barwerts der Beiträge wird der Nettobeitrag zugrunde gelegt, d.h. ohne Berücksichtigung der laufenden Kostenzuschläge. Diese können,

---

64 So auch *Kaulbach*, in: Fahr/Kaulbach/Bähr (Hrsg.), Versicherungsaufsichtsgesetz, 4. Aufl., München 2077, § 12 VAG, Rn. 4.

65 Vgl. BR-Drs. 414/96.

solange die Versicherung beitragspflichtig ist, unberücksichtigt bleiben, da sie als altersunabhängig angesehen werden und insofern in gleicher Höhe sowohl auf der Leistungs- als auch auf der Beitragsseite erscheinen würden. Etwas anderes gilt nur für die einmaligen Abschlusskosten, die durch das Zillmerverfahren berücksichtigt werden (s.u.). Für beitragsfreie Jahre oder Versicherungen darf nach § 25 Abs. 3 RechVersV eine Verwaltungskostenrückstellung mit einkalkuliert werden. Dies betrifft in der PKV bspw. Tarife mit Beitragsentlastungskomponenten für das Alter, die nach Kündigung in eine beitragsfreie Krankenhaustagegeldversicherung umgewandelt werden können.

Formelmäßig stellt sich die DR für einen Versicherten mit Eintrittsalter x nach m Versicherungsjahren wie folgt dar, wobei auf die Bezeichnungsweise in Rn. 108 ff. verwiesen sei: 69

$$_{m}V_{x} = A_{x+m} - P_{x}^{z} * a_{x+m}$$

Darin gilt für die gezillmerte Nettoprämie:

$$P_{x}^{z} = P_{x} + \frac{\alpha_{x} * B_{x}}{a_{x}}$$

In der PKV ist als DR eine AltR zu bilden. Dieser Begriff wird in § 341f Abs. 3 Satz 1 HGB gesetzlich verankert. Hierauf baut auch die Terminologie in der RechVersV auf, wo im § 25 „Deckungsrückstellung" bei der KV nur noch von AltR die Rede ist. Auch im VAG wird bei den die KV betreffenden Bestimmungen immer der Begriff AltR (oder allgemein „mathematische Rückstellungen") verwendet. Die Verzahnung von Handels- und Aufsichtsrecht wird durch die Verweise in § 341f Abs. 3 Satz 2 HGB sowie § 25 Abs. 5 Satz 1 RechVersV hergestellt, wonach bei der Berechnung der AltR die für die Berechnung der Prämien geltenden aufsichtsrechtlichen Bestimmungen, namentlich die nach § 12c Abs. 1 Nr. 1 VAG erlassene KalV, zu berücksichtigen sind. 70

Die AltR ist nach § 16 KalV als Summe der Einzelrückstellungen am Abschlussstichtag unter Berücksichtigung des Alters des Versicherten an diesem Stichtag anzusetzen. Da im Regelfall Versicherungs- und Bilanzstichtag nicht übereinstimmen, ist ein Näherungsverfahren zulässig, bei dem der Mittelwert aus den auf den Versicherungsstichtag im Bilanzjahr und im Folgejahr berechneten Einzelrückstellungen verwendet wird.

Mit der in § 25 Abs. 1 Satz 1 RechVersV enthaltenen Bestimmung, derzufolge für die Risiken aus dem VV angemessene Sicherheitszuschläge anzusetzen sind, 71 wird, wie auch schon durch § 2 Abs. 3 KalV, dem allgemeinen bilanzrechtlichen Vorsichtsprinzip Rechnung getragen. Einmalige Abschlusskosten dürfen auch in der KV durch angemessene versicherungsmathematische Verfahren, insb. durch das Zillmerverfahren, berücksichtigt werden (§ 25 Abs. 1 Satz 2 RechVersV). Bei diesem Verfahren werden die kalkulatorischen Abschlusskosten über die Vertragslaufzeit verrentet und in den Beitrag eingerechnet. Bei der Berechnung der AltR wird jeweils der Barwert des um die verrenteten Abschlusskosten erhöhten Nettobeitrags zum Abzug gebracht. Dadurch wird die AltR bei Vertragsbeginn mit den gesamten Abschlusskosten belastet, die dann über die Vertragslaufzeit durch einen Teil des Beitrags getilgt werden. Da die (ungezillmerte) AltR bei Vertragsbeginn aufgrund des Äquivalenzprinzips Null ist, führt das Zillmerverfahren dazu, dass die Rückstellung in den ersten Versicherungsjahren negativ ist.

72 Anders als in der LV dürfen negative DR, auch wenn sie aus der Zillmerung entstanden sind, nicht aktiviert werden. Sie sind mit den positiven Rückstellungen zu verrechnen. Ergibt sich für den Gesamtbestand aller selbst abgeschlossenen Versicherungen eine negative Rückstellung, so ist diese „auszunullen" (§ 25 Abs. 5 Satz 2 RechVersV). Fraglich ist, ob der Übertragungswert[66] als garantierter Rückkaufswert i.S.v. § 25 Abs. 2 RechVersV anzusehen ist und insofern die DR immer mind. in dessen Höhe anzusetzen ist.

73 Neben der aus den Sparanteilen in den Beiträgen finanzierten eigentlichen AltR enthält die AltR gem. § 341f Abs. 3 Satz 1 HGB auch solche Beträge, die ihr aus der RfB oder im Wege der Direktgutschrift zum Aufbau einer Anwartschaft auf Beitragsermäßigung im Alter zugeführt worden sind. Letzteres betrifft vor allem die Zuschreibungsbeträge nach § 12a Abs. 2 VAG. Diese Teilrückstellung für Beitragsermäßigung im Alter wird im Bestand zusammen mit den angesammelten Beitragszuschlägen nach § 12 Abs. 4a VAG intern häufig gesondert geführt.[67] Es handelt sich hierbei gewissermaßen um eine beitragsfreie aufgeschobene Rentenversicherung, wobei die spätere „Rente" zur Beitragsentlastung im Alter verwendet wird.

74 Auch die eigentliche AltR wird bestandstechnisch häufig in mehreren Komponenten abgebildet. Wie bereits ausgeführt, bestimmt sich die Rückstellung als Saldo der Barwerte der künftigen Leistungen und der künftigen Beiträge. Während die künftigen Leistungen nur vom aktuellen Alter und von den aktuellen Rechnungsgrundlagen des Tarifs abhängen, spiegelt sich im Beitrag die individuelle Historie des Versicherten wider. Insofern wird der Beitrag intern meist in einen tarifgemä-

66 Vgl. Rn. 65.
67 Vgl. Rn. 79 ff.

ßen, für alle Versicherten mit gleichem Eintrittsalter und Geschlecht einheitlichen Beitrag und einen individuellen Zuschlag oder Nachlass aufgeteilt. Analog wird die AltR in eine tarifgemäße, für alle Versicherten mit gleichem aktuellem Alter, Eintrittsalter und Geschlecht einheitliche Sollrückstellung und eine individuelle Zusatzrückstellung aufgeteilt. Letztere ist der lebenslängliche (oder bei Tagegeldversicherungen bis zum tariflich vorgesehen Endalter aufgeschobene) Rentenbarwert der individuellen Zuschläge oder Nachlässe, der bei Nachlässen auch negativ werden kann. Diese Zusatzrückstellung ist unabhängig von den kalkulierten Kopfschäden und vom Eintrittsalter.

Der individuelle Beitrag des Versicherten kann sich bspw. durch Beitragsanpassungen, Tarifwechsel, Limitierung von Beitragsanpassungen oder Verbrauch der Teilrückstellung für Beitragsermäßigung im Alter verändern. 75

Bei Beitragsanpassungen erhöht sich der Tarifbeitrag proportional zum Anstieg der kalkulierten Leistungen, sofern außer den Kopfschäden keine weiteren Rechnungsgrundlagen anzupassen sind. In gleicher Weise erhöht sich die tarifgemäße Sollrückstellung, die sich als Differenz zwischen den Barwerten der Leistungen und der Beiträge errechnet. Folglich entsteht eine Deckungslücke in Höhe der Sollrückstellung vor und nach Anpassung, die, soweit keine anderen Mittel zum Einsatz kommen, vom VN durch einen lebenslänglichen, individuellen Zusatzbeitrag zu finanzieren ist. Dieser Zusatzbeitrag fällt umso höher aus, je älter der Versicherte ist, da eine immer größere Deckungslücke in immer kürzerer Zeit finanziert werden muss. Dies war einer der Ursachen für die in Rn. 2 genannten, gesetzgeberischen Maßnahmen zur Beitragsentlastung im Alter. Der Nachfinanzierungsbedarf tritt natürlich auch dann auf, wenn Beitragsanpassungen durch Änderungen in anderen Rechnungsgrundlagen (z.B. der Sterbetafel) verursacht werden.

Bestandstechnisch kann der Vertrag nach der Beitragsanpassung auf zwei Arten dargestellt werden, die hier exemplarisch beschrieben werden, wobei natürlich auch andere Varianten denkbar sind. In der ersten Variante wird das ursprüngliche Eintrittsalter beibehalten und der neue Tarifbeitrag hierauf bezogen. Die Deckungslücke wird in einen Zusatzbeitrag verrentet, also über die restliche Vertragslaufzeit getilgt. In der zweiten Variante wird als neues Eintrittsalter dasjenige Alter zum Zeitpunkt der Beitragsanpassung zugrunde gelegt. Es wird also so getan, als ob zu diesem Zeitpunkt ein neuer Vertrag mit einer anfänglichen Sollrückstellung von Null bzw. wegen der Zillmerung in Höhe der negativen Abschlusskosten abgeschlossen wird. Die vorhandene Sollrückstellung sowie die vorhandene Zusatzrückstellung werden in einen lebenslänglichen Beitragsnachlass verrentet. Letztlich handelt es sich bei den vorgestellten oder auch bei anderen Verfahren lediglich 76 um interne, technische Darstellungen. Sie dürfen daher nicht zu unterschiedlichen Ergebnissen führen. In jedem Fall wird die vorhandene AltR, wie in § 11 Abs. 1 KalV gefordert, angerechnet. Das Anrechnungsverfahren wird ausführlich auch – formelmäßig – im Abschn. II.6.a) „Kalkulation / Beitragsanpassung" dargestellt.

77 In gleicher Weise wie bei Beitragsanpassungen wird auch bei einem Tarifwechsel verfahren. Nach § 13 Abs. 1 KalV i.V.m. § 204 VVG hat jeder Versicherte das Recht, in einen anderen Tarif mit gleichartigem Versicherungsschutz unter Anrechnung seiner ihm kalkulatorisch zugerechneten AltR zu wechseln. Was Tarife mit gleichartigem Versicherungsschutz sind, ist in § 12 KalV definiert. Auch hier wird entsprechend den oben vorgestellten Verfahren entweder die Differenz zwischen alter und neuer Rückstellung oder die vorhandene Rückstellung des Alttarifs in einen Beitragsnachlass (im Fall einer Höherstufung in der ersten Variante in einen Zusatzbeitrag) verrentet. Der Nachlass kann aber gem. § 13 Abs. 1 KalV soweit begrenzt werden, dass die neue Prämie (unter Berücksichtigung des Nachlasses) diejenige zum ursprünglichen Eintrittsalter nicht unterschreitet. In diesem Fall ist der nicht verwendete Teil der vorhandenen Rückstellung der Teilrückstellung für Beitragsermäßigung im Alter zuzuführen.

78 Anders als für den Tarifwechsel hat der Gesetzgeber für den Wechsel zu einem anderen VU nicht geregelt, ob und in welcher Weise die Anrechnung des mitgegebenen Übertragungswerts beim aufnehmenden VU zu erfolgen hat. In § 13a KalV ist lediglich die Höhe des Übertragungswerts definiert. Aus der Motivation des GKV-WSG heraus (u.a. Stärkung der Wechselmöglichkeiten innerhalb der PKV) ist es sachgerecht, dass der Teil des Übertragungswerts, der sich nach § 13a Abs. 1 Nr. 2 KalV aus der AltR der gekündigten Tarife berechnet, wie bei einem (internen) Tarifwechsel angerechnet und in einen individuellen Beitragsnachlass umgerechnet wird. Ansonsten würde der mit dem höheren Eintrittsalter verbundene höhere Neugeschäftsbeitrag beim aufnehmenden VU die Wechselmöglichkeiten – wie bisher – stark einschränken. Der auf dem angesammelten gesetzlichen Beitragszuschlag beruhende Übertragungswert (§ 13a Abs. 1 Nr. 1 KalV) sollte sinnvollerweise beim aufnehmenden Unternehmen in gleicher Weise fortgeführt werden.

79 Auch Einmalbeiträge aus der RfB zur Limitierung von Beitragserhöhungen sowie die Verwendung der Rückstellung für Beitragsermäßigung im Alter nach § 12a Abs. 2a VAG führen zu individuellen Beitragsnachlässen und erhöhen die Zusatzrückstellung. Ebenso wird diese Rückstellung bei Fälligkeit von Beträgen zur Beitragsermäßigung im Alter zur Erhöhung der individuellen Zusatzrückstellung umgegliedert und ein entsprechender Beitragsnachlass gewährt.

c) Rückstellung für Beitragsermäßigung im Alter

Die in der AltR enthaltene Rückstellung für Beitragsermäßigung im Alter wird aus einem gesetzlichen Beitragszuschlag nach § 12 Abs. 4a VAG[68] sowie den Direktgutschriften nach § 12a Abs. 1 VAG gespeist. 80

Nach § 12a Abs. 1 VAG sind 90 % des Überzinses der AltR zum Zwecke der Beitragsermäßigung vor allem im Alter zuzuschreiben. Weitere Einzelheiten regelt die nach § 12c Abs. 1 Nr. 3 VAG erlassene Rechtsverordnung, die „Verordnung zur Ermittlung und Verteilung von Überzins und Überschuss in der KV (ÜbschV)". Betroffen von dieser Regelung sind die Krankheitskosten- und die freiwillige Pflege-KV; nicht betroffen sind mithin sämtliche Tagegeldversicherungen mit Ausnahme der Pflegetagegeldversicherung sowie die PPV.

Der Überzins ist definiert als die auf die Summe der jeweiligen zum Ende des 81 vorherigen GJ vorhandene positive AltR dieser Versicherungen entfallenen durchschnittlichen Kapitalerträge, soweit sie über den Rechnungszins hinausgehen. Da üblicherweise einzelnen Versicherungen keine Vermögenswerte direkt zuzuordnen sind, ist nach § 1 ÜbschV folgendes Nährungsverfahren anzuwenden: Es werden die gesamten Nettoerträge aus Kapitalanlagen (Erträge abzüglich Aufwendungen) dividiert durch das arithmetische Mittel des Buchwerts der Kapitalanlagen zu Beginn und zum Ende des GJ. Diese Nettorendite, vermindert um den Rechnungszins von i.d.R. 3,5 % bezogen auf 90 % der Summe der positiven AltR zum Ende des vorherigen GJ für die betroffenen Versicherungen, ergibt den Zuschreibungsbedarf.

In § 12a Abs. 1 VAG werden voneinander abweichende Bezugsgrößen und Zeitpunkte festgelegt. Für die Ermittlung der Nettorendite ist auf den Jahresmittelwert der gesamten Kapitalanlagen des Unternehmens abzustellen. Angewendet wird der daraus abgeleitete Zuschreibungssatz (Nettorendite abzüglich Rechnungszins, davon 90 %) aber auf die einzelvertragliche Summe der positiven AltR zum Ende des VJ. Im Extremfall eines noch jungen Unternehmens mit einer insgesamt negativen Rückstellung, die in der Bilanz „ausgenullt" wird, wäre trotz fehlender Bilanz-DR einzelnen Verträgen mit positiver AltR ein Überzins zuzuschreiben.

Für den zeitlichen Ablauf beim Jahresabschluss bedeuten die genannten Rege- 82 lungen, dass die DR endgültig erst dann ermittelt werden kann, wenn sämtliche Erträge und Aufwendungen aus Kapitalanlagen feststehen, d.h. regelmäßig erst nach Fertigstellung der Kostenverteilung. In der Praxis wird so verfahren, dass im EDV-Lauf für die einzelvertragliche Bestimmung der DR zunächst mit einem

68 Im Einzelnen vgl. Rn. 111.

vorläufigen Zuschreibungssatz gerechnet wird. Nach Vorliegen des Kapitalanlageergebnisses wird dann die zu bilanzierende Rückstellung insgesamt proportional verändert, während die endgültige einzelvertragliche Zuschreibung im Versicherungsbestand erst zum Folgejahr erfolgt.

83 Der Teil der Direktgutschrift, der auf die in der AltR angesammelten Beitragszuschläge nach § 12 Abs. 4a VAG entfällt, ist nach § 12a Abs. 2 VAG bis zur Vollendung des 65. Lebensjahres in voller Höhe, der verbleibende Betrag zu 50 % allen Versicherten jährlich direkt gutzuschreiben. Der Satz von 50 % galt nur für das GJ 2000. In den Folgejahren ist er gem. § 12a Abs. 2 Satz 3 VAG jeweils um 2 % zu erhöhen, bis er im Jahr 2025 100 % erreicht hat. Die Verwendung ist in § 12a Abs. 2a VAG geregelt und gilt nach § 12 Abs. 4a VAG in gleicher Weise auch für die aus den Beitragszuschlägen angesammelte AltR.[69] Ab der Vollendung des 65. Lebensjahres ist die Rückstellung zur vollständig oder teilweise unbefristeten Limitierung von Beitragserhöhungen zu verwenden. Erst ab Vollendung des 80. Lebensjahres ist auch eine sofortige Prämiensenkung zulässig. Für Tarife, die bedingungsgemäß spätestens mit Vollendung des 65. Lebensjahres enden (bspw. manche Tarife für Beihilfeberechtigte) ist nach § 2 Abs. 2 ÜbschV die Zuschreibung für andere Tarife des Versicherten zu verwenden. Nur, wenn andere Tarife nicht bestehen, sind die Mittel zur Beitragsermäßigung innerhalb von fünf Jahren in dem Tarif selbst zu verwenden. Eine Ausnahme bilden noch die Pflegetagegeldversicherungen. Hier ist auch eine Verwendung zur Leistungserhöhung zulässig.

84 Der verbleibende Teil des Zuschreibungsbetrags wird dagegen nicht individuell verwendet, sondern auf die älteren Versicherten umverteilt (§ 12a Abs. 3 VAG i.V.m. § 3 ÜbschV). Verteilungsmaßstab ist zunächst die AltR zum Bilanzstichtag in den betroffenen Tarifen, aber nur für das Kollektiv der Versicherten, die das 65. Lebensjahr vollendet haben. Die Beträge sind dann innerhalb von drei Jahren für den betroffenen Personenkreis zur individuellen Prämienermäßigung oder Begrenzung von Prämienerhöhungen zu verwenden. Bis einschl. dem GJ 2010 können 25 % dieses Teils des Zuschreibungsbetrags auch für die Versicherten, die das 55., aber noch nicht das 65. Lebensjahr vollendet haben, verwendet werden. Die Prämienermäßigung kann aber soweit beschränkt werden, dass die Prämie des Versicherten nicht unter die des ursprünglichen Eintrittsalters sinkt. Ist dies für alle älteren Versicherten eines Tarifs erreicht und sind noch Mittel übrig, die verteilt werden müssen, so sind diese zunächst auf Tarife mit gleichartigem Versicherungsschutz, anschließend, falls immer noch zu verteilende Mittel übrig sind, auf

69 Die Verwendung der Mittel aus dem gesetzlichen Beitragszuschlag darf aber erst erfolgen, wenn die kollektiv nach § 12a Abs. 3 VAG angesammelten Mittel (vgl. Rn. 82) verbraucht sind (s. VerBaFin, Mai 2006).

alle betroffenen Tarife umzuverteilen. Ein dann evtl. noch verbleibender Betrag ist individuell nach § 12a Abs. 2 VAG gutzuschreiben.

Die individuellen Zuschreibungsbeträge sind als Direktgutschrift, d.h. zulasten des GJ, der AltR zuzuführen. Der noch nicht für Prämienermäßigungen verbrauchte Teil wird der Teilrückstellung für Beitragsermäßigung im Alter zugeführt. Diese Teilrückstellung wird verzinst und entsprechend der übrigen Rechnungsgrundlagen fortgeschrieben, wie aus den für die Berechnung der AltR anzuwendenden versicherungsmathematischen Methoden abzuleiten ist. Sie ist insb. wieder Bemessungsgrundlage für den zu verteilenden Überzins im Folgejahr. Durch diesen Zinseszinseffekt wird die Beitragsentlastung im Alter noch verstärkt. Die bis zu drei Jahre thesaurierten kollektiven Zuschreibungsbeträge sind dagegen unverzinst in der Rückstellung für erfolgsunabhängige Beitragsrückerstattung festzulegen (§ 12a Abs. 3 VAG). 85

Wegen der unterschiedlichen Modalitäten hinsichtlich der Zuschreibung sollte die Teilrückstellung für Beitragsermäßigung im Alter im Versicherungsbestand in mind. zwei Komponenten geführt werden. Für die eine Komponente, die aus der Ansammlung des gesetzlichen Beitragszuschlags und der Zuschreibungen hierauf resultiert, erfolgt die Zuschreibung bis zur Vollendung des 65. Lebensjahres in voller Höhe sofort und individuell. Für die andere Komponente wird dagegen ein Teil kollektiv gutgeschrieben und bis zu drei Jahre in der Rückstellung für erfolgsunabhängige Beitragsrückerstattung thesauriert. Nach Vollendung des 65. Lebensjahres wird die aus dem Beitragszuschlag resultierende Teilrückstellung zweckmäßigerweise in die zweite Komponente umgegliedert. Auch die Rückstellung für erfolgsunabhängige Beitragsrückerstattung muss ggf. pro Tarif in zwei Komponenten geführt werden, nämlich getrennt nach den über 65-jährigen Versicherten und denjenigen, die zwischen 55 und 65 Jahre alt sind.

Die Teilrückstellung stellt den Barwert einer aufgeschobenen Rentenversicherung dar. Insofern wird bestandstechnisch häufig auch die sich hieraus errechnete, künftige Rente (d.h. der Beitragsrabatt) ausgewiesen. Hierbei handelt es sich aber lediglich um einen internen Zwischenwert, denn bei einer Beitragsanpassung oder einem Tarifwechsel bleibt die Rückstellung unverändert, während der Beitragsrabatt in diesen Fällen verändert wird.

d) Prüfung der Deckungsrückstellung

Die Prüfung der DR und der anderen versicherungstechnischen Posten erfolgt nach den Grundsätzen des *IDW PS 261*. Die Prüfung der Richtigkeit der Ver- 86 tragsdaten, die bei der Berechnung der DR verwendet werden, sowie der (IT-gestützten) Berechnung der DR innerhalb der IT-Systeme erfolgt im Rahmen der Prüfung des IKS. Die Prüfung der DR gehört typischerweise zu den Prüfungsbereichen, in denen allein aussagebezogene Prüfungshandlungen zur Gewinnung hinreichender Prüfungssicherheit nicht ausreichen. Daneben sind Einzelfallprüfungen einschl. der Verdichtung von Einzelfällen zum Jahresabschlussbestand und analytische Prüfungshandlungen vorzunehmen. Die Prüfung der DR erfolgt hierbei zweckmäßigerweise zusammen mit den Beiträgen und den Entnahmen aus der RfB.

87 Für die Einzelfallprüfung wird aus dem Gesamtbestand, der der Berechnung der DR und der anderen versicherungstechnischen Posten zugrunde liegt, ein Teilbestand ausgewählt. Die Auswahl könnte zufällig, bspw. nach einem vorgegebenen Bereich von Vertragsnummern, oder nach bestimmten Kriterien, wie neue oder in der Plausibilitätsprüfung[70] auffällige Tarife, erfolgen. Für diesen Testbestand sollten folgende Daten angefordert werden:

- Die für die Berechnung notwendigen Bestandsdaten (Tarif, Geschlecht, Alter, Eintrittsalter, etc.)
- die im Jahresabschlusslauf errechnete DR zum Bilanzstichtag mit all ihren Komponenten[71]
- der Bestandsbeitrag mit all seinen Komponenten
- die Zuschreibungsbeträge nach § 12 Abs. 4a und § 12a VAG mit all ihren Komponenten
- die Entnahmen aus der erfolgsabhängigen oder erfolgsunabhängigen RfB zur Limitierung im Berichtsjahr durchgeführter Beitragsanpassungen.

Wie bereits erwähnt,[72] setzt sich der Beitrag aus einem Tarifbeitrag und einem individuellen Zu- oder Abschlag zusammen. Die einzelnen Beitragskomponenten wirken sich wiederum auf die Höhe der DR aus. Insofern sollte im Einzelfall auch die Veränderung des individuellen Beitrags und der DR durch im Berichtsjahr durchgeführte Beitragsanpassungen und Limitierungen, durch Tarifwechsel oder durch Umwandlung von Beitragsrückerstattungen auf Anwartschaften auf Beitragsermäßigungen im Alter nachvollzogen werden. Zu diesem Zweck sollten auch die entsprechenden VJ-Daten angefordert werden oder bei einer teilweisen

70 Vgl. Rn. 90.
71 Vgl. Rn. 70 ff.
72 Vgl. Rn. 74.

Überschneidung der im VJ und im Berichtsjahr ausgewählten Testbestände aus dem Prüfungsmaterial des VJ übernommen werden.

Die Datenübernahme vom VU zum Prüfer erfolgt zweckmäßigerweise über den Austausch von Datenträgern. Für die rechnerische Überprüfung werden vom Prüfer üblicherweise eigene Berechnungsprogramme eingesetzt, die das im technischen Geschäftsplan dargelegte Formelwerk und die Rechnungsgrundlagen berücksichtigen. Hierbei sollten das Formelwerk und die verwendeten Rechnungsgrundlagen natürlich immer einer kritischen Würdigung unterzogen werden, insb. bei Änderungen gegenüber dem VJ.

Bei einer großen Tarifvielfalt und aufgrund der Tatsache, dass sich die Rechnungsgrundlagen bei Beitragsanpassungen regelmäßig ändern, hat der Prüfer u.U. eine große Menge von Parametern zu pflegen. Hier bietet es sich an, auch die aktuellen Rechnungsgrundlagen über Datenträger zu übernehmen. Ein Abgleich mit dem technischen Geschäftsplan sollte in diesem Fall in Stichproben erfolgen. Hierbei sind insb. solche Tarife auszuwählen, bei denen sich die Rechnungsgrundlagen aufgrund von Beitragsanpassungen gegenüber dem VJ verändert haben. In diesem Zusammenhang sollte auch die Zustimmung des (mathematischen) Treuhänders[73] eingesehen werden. Umgekehrt sollte aber auch in den Tarifen, in denen keine Beitragsanpassung erfolgte, in Stichproben der Nachweis des VU geprüft werden, dass tatsächlich die auslösenden Faktoren nach § 12b Abs. 2 (zum Schadenverlauf) bzw. Abs. 3 (zur Sterblichkeit) VAG noch nicht erreicht sind.

Die versicherungsmathematische Bestätigung durch den VA unter der Bilanz 88 berührt die handelsrechtliche Verantwortung des Abschlussprüfers, der die DR eigenverantwortlich zu prüfen hat, nicht. Sollte er zu dem Ergebnis kommen, dass der VA die DR falsch berechnet oder eine falsche Berechnung bestätigt hat, so ist er verpflichtet, aus diesen Gründen sein Testat einzuschränken oder zu ergänzen.[74] Sofern der Prüfer nicht über genügend Sachverstand zur Prüfung der DR verfügt, so hat er einen versicherungsmathematischen Sachverständigen nach den Grundsätzen des *IDW PS 322*[75] hinzuzuziehen und diesen im Prüfungsbericht zu nennen.[76]

Der Prüfer hat sich davon zu überzeugen, dass die von ihm geprüften Einzelfälle 89 auch tatsächlich dem Jahresabschluss zugrunde liegen. Um die Verdichtung vom

73 Vgl. Rn. 47.

74 Vgl. Begründung zu § 25 RechVersV.

75 Vgl. *IDW Prüfungsstandard: Verwertung der Arbeit von Sachverständigen (IDW PS 322)* (Stand: 06.05.2002).

76 Vgl. BAV-Rundschreiben R 3/82 sowie § 17 Abs. 3 PrüfV.

geprüften Einzelfall zum Ausweis im Jahresabschluss nachvollziehen zu können, bietet es sich an, über den ausgesuchten Testbestand dasselbe Verdichtungsprogramm laufen zu lassen, wie es auch für die Verdichtung des Gesamtbestands zum Jahresabschluss eingesetzt wird. Die Identität der eingesetzten Programme kann etwa durch Einsicht der entsprechenden Jobprotokolle überprüft werden.

90 Neben den genannten Datenprüfungen sollte die DR auch einer Plausibilitätsprüfung unterzogen werden. Hierzu können über mehrere Jahre pro Tarif oder Tarifgruppe z.B. folgende Verhältnisse gebildet[77] werden:

- Sollrückstellung zu Tarifbeitrag: Dieser Quotient ist ein Maß für das Alter des Tarifs; eine steigende Quote lässt auf ein Älterwerden des Bestands schließen, wobei berücksichtigt werden muss, dass Alter die Quote ab einem gewissen Alter aufgrund von Entnahmen aus der AltR auch zu sinkenden Effekten führen kann;
- Fehlbetrag zu Zusatzbeitrag: Der Quotient entspricht dem Barwert einer lebenslänglichen Leibrente, sinkt also bei älter werdendem Bestand.
- Rückstellung für Beitragsermäßigung im Alter zu Beitragsermäßigung:[78] Der Quotient entspricht dem Barwert einer aufgeschobenen Leibrente, sinkt also ebenfalls bei älter werdendem Bestand.
- Rückstellung für Beitragsermäßigung im Alter zu Bilanzrückstellung des VJ: Dieser Quotient dürfte für den aus dem gesetzlichen Beitragszuschlag resultierenden Teil der Rückstellung noch einige Jahre steigen, bevor er eine Art Beharrungszustand annimmt. Für den restlichen Teil dürfte der Beharrungszustand inzwischen erreicht sein.

2. Beitragsüberträge

91 Beitragsüberträge (BÜ) sind nach § 341e Abs. 2 Nr. 1 HGB i.V.m. § 24 RechVersV für den Teil der gebuchten Bruttobeiträge anzusetzen, der Ertrag für eine bestimmte Zeit nach dem Abschlussstichtag darstellt. Obwohl es sich dem Charakter nach um einen Rechnungsabgrenzungsposten handelt, sind BÜ unter den versicherungstechnischen Rückstellungen auszuweisen.

77 Hier wird davon ausgegangen, dass sich in der internen Darstellung (vgl. Rn. 76) der Tarifbeitrag und die Sollrückstellung jeweils auf das ursprüngliche Eintrittsalter beziehen. Nach einer Beitragserhöhung besteht also ein Fehlbetrag gegenüber der notwendigen neuen Sollrückstellung, der durch einen individuellen Zusatzbeitrag finanziert wird.

78 Diese Quote kann natürlich nur gebildet werden, falls die Beitragsermäßigung im Bestand gesondert geführt wird (vgl. Rn. 73).

Beitragsüberträge spielen in der KV keine große Rolle, da üblicherweise Versicherungen mit monatlicher Zahlweise abgeschlossen werden. Lediglich in Sonderfällen, bspw., wenn wie im Auslandsreisekrankengeschäft kurzfristige Versicherungen gegen Einmalbeitrag abgeschlossen werden, sind Beiträge abzugrenzen. Die Bewertung erfolgt grundsätzlich zeitanteilig für auf die Zeit nach dem Abschlussstichtag fallende Beitragsteile, da die zeitliche Proportionalität zwischen Risikoverlauf und Beitrag in diesen Fällen angenommen werden kann.

Die Veränderung der BÜ ist in der GuV von den gebuchten Beiträgen abzusetzen.

3. Rückstellung für noch nicht abgewickelte Versicherungsfälle

Nach § 341g Abs. 1 HGB sind Schadenrückstellungen für Verpflichtungen aus den bis zum Ende des GJ eingetretenen, aber noch nicht abgewickelten Versicherungsfällen zu bilden. Eine Abzinsung erfolgt nicht (§ 341e Abs. 1 Satz 3 HGB). In die Rückstellung einzubeziehen sind die gesamten[79] Schadenregulierungsaufwendungen. Forderungen gegenüber Dritten sind abzusetzen. Wegen des Ausweises von noch nicht ausgezahlten Übertragungswerten.[80] 92

In der KV umfasst die Rückstellung die bis zum Abschlussstichtag eingetretenen Versicherungsfälle nur insoweit, als die Inanspruchnahme des Arztes, der Apotheke, des Krankenhauses o.ä. vor dem Abschlussstichtag liegt oder Tagegeld für Tage vor diesem Termin gewährt wird (§ 26 Abs. 1 Satz 2 RechVersV). Erkrankt bspw. ein Versicherter am Ende des Jahres und sucht deshalb am 30.12. und am 03.01. einen Arzt auf, so ist nur der erste Arztbesuch für die Schadenrückstellung maßgeblich. Jeder Arztbesuch o.ä. ist also in diesem Sinne ein neuer Versicherungsfall, auch, wenn er durch dieselbe Erkrankung verursacht wird.

Wegen der Vielzahl der Versicherungsfälle und der u.U. erst lange Zeit nach Eintritt des Versicherungsfalles erfolgenden Schadenmeldung ist die Schadenrückstellung bei KVU anhand eines statistischen Näherungsverfahrens zu ermitteln. Dabei ist nach § 341g Abs. 3 Satz 2 HGB i.V.m. § 26 Abs. 1 Sätze 3 und 4 RechVersV zunächst von den in den ersten Monaten[81] des Folgejahres erfolgten Zahlungen 93

79 Vgl. aber Rn. 94.

80 Vgl. Rn. 20

81 Der Gesetzgeber spricht hier zwar von Monaten, wegen der häufig vorgegebenen frühen Abschlusstermine sind in der Praxis sicherlich auch Referenzzeiträume von nur einem Monat oder noch kürzer als zulässig anzusehen.

für bis zum Abschlussstichtag eingetretene Versicherungsfälle[82] auszugehen. Die Versicherungsfälle brauchen am Abschlussstichtag also noch nicht gemeldet worden zu sein (Spätschäden). Dieser Ausgangsbetrag ist nach § 26 Abs. 1 Satz 3 RechVersV „um einen geschätzten Betrag zu erhöhen, dem das sich zumindest aus den letzten drei GJ ergebende durchschnittliche Verhältnis der Zahlungen für Versicherungsfälle in den ersten Monaten zu den gesamten Aufwendungen[83] für Versicherungsfälle – jeweils für das vorausgegangene GJ[84] – zugrunde zu legen ist". Außergewöhnliche Umstände (bspw. eine Grippewelle, Veränderungen in der Geschwindigkeit der Schadenbearbeitung oder aber auch ein geändertes System der Beitragsrückerstattung bei Schadenfreiheit, welches Auswirkungen auf das Meldeverhalten des VN hat) sind gesondert abzuschätzen und zu bewerten.

94 Während im Gesetzeswortlaut von den gesamten Aufwendungen für Schadenregulierung die Rede ist, sind nach der Gesetzesbegründung[85] auf den Schadenfall bezogene Verwaltungskosten künftiger GJ nicht mit einzubeziehen. Damit dürften die Schadenbearbeitungskosten gemeint sein, die auch steuerlich[86] nicht berücksichtigt werden dürfen. Nach dem BMF-Schreiben v. 02.02.1973 kann auf einen Einzelnachweis verzichtet werden, wenn die Rückstellung für Schadenermittlungskosten nicht mehr als 70 % der Schadenrückstellung, multipliziert mit dem Verhältnis der Schadenregulierungskosten zu den Schadenleistungen, die für im GJ abgewickelte Schadenfälle aufgewendet worden sind, beträgt.

95 Neben der Kontrolle des Schätzverfahrens ist bei der Prüfung zu beachten, dass die Leistungen für das VJ und das GJ richtig erfasst sind, insb. darauf, dass eine derartige Aufteilung auch in den Fällen vorgenommen wird, in denen sich der Zeitraum der Inanspruchnahme des Arztes o.Ä. über das Jahr hinaus erstreckt.

Die Veränderung der Rückstellung für noch nicht abgewickelte Versicherungsfälle ist in der GuV unter den Aufwendungen für Versicherungsfälle zu zeigen.

4. Rückstellung für Beitragsrückerstattung

96 Die RfB beinhaltet nach der Legaldefinition in § 341e Abs. 2 Nr. 2 HGB die erfolgsabhängigen und erfolgsunabhängigen Beitragsrückerstattungen, soweit die

82 Erfasst werden damit zu Recht auch Versicherungsfälle der VJ.

83 Mit den „gesamten Aufwendungen" sind also zu Recht auch solche Zahlungen erfasst, die voraussichtlich erst nach Ablauf des jeweiligen GJ erfolgen.

84 Wegen der Vergleichbarkeit mit dem Ausgangsbetrag müsste es eigentlich „für vorausgegangene Geschäftsjahre" heißen.

85 Vgl. BT-Drs. 12/5587.

86 Vgl. BFH-Urteil v. 19.01.1972.

ausschließliche Verwendung der Rückstellung zu diesem Zweck durch Gesetz, Satzung, geschäftsplanmäßige Erklärung oder vertragliche Vereinbarung gesichert ist. Die speziell die KV betreffende Trennung in erfolgsabhängig und -unabhängig spiegelt sich auch im Formblatt 1 zur RechVersV wider, nach der der Passivposten E IV nur für KVU entsprechend aufzuteilen ist. In gleicher Weise haben KVU auch die korrespondierende GuV-Position I 8 in die beiden Komponenten zu unterteilen.

Die erfolgsabhängige Beitragsrückerstattung umfasst gem. § 28 Abs. 2 RechVersV 97
die Beträge, die vom Gesamtergebnis, vom versicherungstechnischen Gewinn des gesamten Versicherungsgeschäfts, vom Ergebnis eines Versicherungszweiges oder einer Versicherungsart abhängig sind. In sie fließt der Teil des Rohüberschusses, der an die Versicherten auszuschütten ist. Der Überschuss entsteht zum großen Teil dadurch, dass die Prämienkalkulation aufgrund aufsichtsrechtlicher Vorschriften vorsichtig und unter Einrechnung von Sicherheitszuschlägen durchzuführen ist. Insofern muss eine angemessene Zuführung zur erfolgsabhängigen RfB erfolgen, sonst liegt nach § 81d Abs. 1 VAG ein die Belange der Versicherten gefährdender Missstand vor.

Die Vorschriften bezüglich der Mindestzuführung, insb. die Höhe und Berech- 98
nung des Zuführungssatzes, sind in der aufgrund § 81d Abs. 3 VAG erlassenen Rechtsverordnung (ÜbschV) geregelt. Danach sind – getrennt für die nach Art der LV betriebenen KV sowie für die PPV – mind. 80 % des Rohüberschusses[87] der erfolgsabhängigen RfB zuzuführen. Auf die Mindestzuführung werden die bereits nach § 12a VAG direkt gutgeschriebenen Überzinsen bzw. der poolrelevante Überschuss[88] in der PPV angerechnet. Die Zuführung kann geringer ausfallen, wenn in drei VJ mind. 90 % des Rohüberschusses in der oben beschriebenen Weise den VN gutgeschrieben oder in den Gewinnrücklagen thesauriert wurde und die Minderzuführung im GJ in die Rücklagen eingestellt wird. Ebenso kann die Zuführung geringer ausfallen, um mit der Minderzuführung die Solvabilitätsanforderungen zu erfüllen. In beiden Fällen dürfen die Eigenmittel aber nicht die in der Verordnung genannten Höchstgrenzen übersteigen.

Wenn die Zuführung zur erfolgsabhängigen RfB nicht den genannten Mindestanforderungen entspricht, kann die BaFin nach § 81d Abs. 2 VAG die Aufstellung eines Zuführungsplans verlangen. Legt das Unternehmen keinen geeigneten Plan vor, wird die Aufsichtsbehörde – je nach Schwere des Missstands – andere geeig-

87 – Jahresüberschuss ./. Ergebnis aus in Rückdeckung übernommenen Geschäft ./. Ergebnis aus nach Art der SchV betriebenen KV + Zuführung zur erfolgsabhängigen RfB + Direktgutschrift nach § 12a VAG.

88 Vgl. Rn. 24.

nete Anordnungen nach § 81 Abs. 2 VAG treffen oder ggf. sogar nach § 87 VAG die Erlaubnis zum Geschäftsbetrieb widerrufen.[89]

99 Die Verwendung der erfolgsabhängigen RfB erfolgt einerseits durch Entnahme von Einmalbeiträgen zur Finanzierung beitragsentlastender Maßnahmen wie Beitragsreduzierungen oder Milderung von Beitragsanpassungen, andererseits durch Barausschüttungen an leistungsfrei gebliebene Versicherte. Die Verwendung bedarf nach § 12b Abs. 1a VAG der Zustimmung durch den (mathematischen) Treuhänder.

100 Die erfolgsunabhängige Beitragsrückerstattung umfasst nach § 28 Abs. 3 RechVersV die Beträge, die vom Schadenverlauf oder vom Gewinn eines oder mehrerer VV abhängig oder die vertraglich vereinbart oder gesetzlich geregelt sind. Hierunter fallen bspw. Tarife, bei denen eine bedingungsgemäße Beitragsrückerstattung bei Schadenfreiheit bereits einkalkuliert ist, oder manche Gruppen-VV, wo die Überschussbeteiligung nur vom Schadenverlauf dieses Vertrags abhängt.

Nach § 12a Abs. 3 VAG sind aber auch die für ältere Versicherte (kollektiv) festgelegten Zuschreibungen ausdrücklich in der erfolgsunabhängigen RfB auszuweisen.[90] Sie sind innerhalb von drei Jahren als Einmalbeiträge der RfB zu entnehmen und zur Vermeidung oder Begrenzung von Prämienerhöhung oder zur Prämienermäßigung zu verwenden. Zeitpunkt, Höhe und Art der Verwendung bedürfen auch hier der Zustimmung des Treuhänders. Auch die sog. poolrelevante RfB in der PPV[91] ist nach § 8 des Poolvertrags als erfolgsunabhängig definiert.

101 Die Zuführung zur erfolgsabhängigen RfB ist aus steuerlichen Gründen insofern begrenzt, als dass der Jahresüberschuss mind. dem Nettoertrag des Betriebsvermögens i.S.d. § 21 Abs. 1 Nr. 1 Satz 2 KStG entsprechen muss. Um auch eine spätere Versteuerung der RfB zu vermeiden, sind die angesammelten Mittel zeitnah zu verwenden. Das bedeutet nach § 21 Abs. 2 Satz 2 KStG, dass die RfB nicht höher sein darf, als die Zuführungen der letzten drei Jahre (GJ und zwei VJ) zuzüglich der vor dem Bilanzstichtag verbindlich festgelegten Ausschüttungen zur Beitragsrückerstattung und festgelegten Entnahmen zur Ermäßigung von Beitragserhöhungen im folgenden GJ.

Für die Steuerbilanz ist die erfolgsunabhängige RfB nach § 6 Abs. 1 Nr. 3a Buchst. e EStG mit 5,5 % p.a. abzuzinsen, es sei denn, die Laufzeit beträgt weniger als zwölf Monate oder die Verpflichtung ist verzinslich. Die Nicht-Anwendung

89 Vgl. *Kolhosser*, in: Prölss, VAG-Kommentar[12], § 81d VAG, Rn. 8.
90 Vgl. Rn. 83.
91 Vgl. Rn. 24.

dieser Vorschrift nach § 21 Abs. 3 KStG gilt nach Urteil des BFH v. 25.11.2009 nur für die erfolgsabhängige RfB. Zur Vermeidung steuerlich nicht abzugsfähiger Zuführungen in der PPV sieht der Poolvertrag seit 2007 innerhalb der Zuführung zur poolrelevanten RfB ausdrücklich einen Zinsanteil vor. Eine entsprechende Regelung für die erfolgsunabhängige RfB nach § 12a Abs. 3 VAG besteht nicht. Eine teilweise Besteuerung lässt sich daher nur durch eine regelmäßige Verwendung der Mittel innerhalb von zwölf Monaten vermeiden.

Die Entwicklung der RfB (Anfangsstand, Zuführungen, Entnahmen, Endstand) 102
und die Aufgliederung in erfolgsabhängige und erfolgsunabhängige RfB (letztere getrennt nach poolrelevant, Betrag nach § 12a Abs. 3 VAG sowie Sonstige) ist nach Muster 6 zur RechVersV im Anhang zu zeigen. Nicht gezeigt werden brauchen die festgelegten Teile sowie eine Aufgliederung nach Jahrgängen. Damit ist eine Überprüfung insb. der Drei-Jahres-Frist für die Verwendung der Festlegung nach § 12a Abs. 3 VAG aus den extern veröffentlichten Zahlen nicht möglich.

Die Angaben ergeben sich nur aus der internen Rechnungslegung, hier aus Nw. 130. Diese zeigt auf S. 1 die Bewegung der erfolgsabhängigen RfB sowie die festgelegten Beträge. Differenziert wird lediglich nach PPV und Restbestand, da die PPV zwangsweise aufgrund ihrer Konstruktion einen eigenen Abrechnungsverband darstellt. Eine weitere Unterteilung der erfolgsabhängigen RfB ist nicht vorgesehen. So stellen bspw. die in Nw. 230 (Bestandsbewegung) aufgeführten Versicherungsarten keine eigenen Abrechnungsverbände dar, d.h., in einer Versicherungsart entstehende Überschüsse dürfen auch den Versicherten einer anderen Versicherungsart zu Gute kommen. Seiten 2 und 3 der Nw. 130 zeigen die Bewegung der erfolgsunabhängigen RfB, aufgeteilt in poolrelevante RfB, tarifliche Beitragsrückerstattung, Gruppenversicherungen und die Festlegung nach § 12a Abs. 3 VAG. Für letztere ist der Endstand aufzuteilen in die Zuführungsjahre GJ, 1. VJ, 2. VJ.

5. Sonstige versicherungstechnische Rückstellungen

a) Stornorückstellung

Zu den sonstigen versicherungstechnischen Rückstellungen gehört nach § 31 103
Abs. 1 Nr. 1 RechVersV auch die Stornorückstellung zu den Forderungen aus dem selbst abgeschlossenen Versicherungsgeschäft. Wie im Abschnitt 1.b) „Alterungsrückstellung" erläutert, werden negative DR in der KV nicht als Forderungen aktiviert, sondern mit den positiven Rückstellungen saldiert. Auch, wenn die Stornowahrscheinlichkeiten bereits in die DR mit einkalkuliert sind, besteht trotzdem

ein Ausfallrisiko für VV mit noch negativer AltR, wenn das tatsächliche Storno höher ausfällt als das Kalkulierte.

Zur Ermittlung der Ausfallgefahr wird das tatsächliche Storno dem vorsichtig kalkulierten rechnungsmäßigen Storno gegenübergestellt, wobei vorsichtig in diesem Fall bedeutet, dass ein eher zu niedriges Storno in die Beiträge und die DR einkalkuliert wurde. Die Stornorückstellung ergibt sich somit als Unterschiedsbetrag der bilanzierten negativen DR zu einem mit dem tatsächlichen Storno berechneten fiktiven Wert. Die Höhe der Stornorückstellung wird üblicherweise als bestimmter Prozentsatz der Summe der im Einzelfall negativen DR festgelegt. Der Prozentsatz ergibt sich aus den Erfahrungen der Vergangenheit.

Die Stornorückstellung berücksichtigt weiterhin den Teil der Übertragungswerte, der nicht durch die vorhandene AltR bedeckt ist, gewichtet mit der Übertrittswahrscheinlichkeit[92] des VN zu einem anderen PKVU. Eine Unterdeckung entsteht insb. durch die fiktive Verteilung der Abschlusskosten auf fünf Jahre bei der Berechnung des Übertragungswerts[93] anstelle der Zillmerung der AltR.

Die Prüfung der Stornorückstellung und der negativen DR erfolgt zweckmäßigerweise im Zusammenhang mit der Prüfung der DR.

b) Rückstellung für drohende Verluste

104 Die Rückstellung für drohende Verluste aus dem Versicherungsgeschäft (kurz: Drohverlustrückstellung) beinhaltet nach der Definition in § 341e Abs. 2 Nr. 3 HGB Verluste, mit denen nach dem Abschlussstichtag aus bis zum Ende des GJ geschlossenen Verträgen zu rechnen ist. Der Ausweis erfolgt nach § 31 Abs. 1 Nr. 2 RechVersV unter den sonstigen versicherungstechnischen Rückstellungen. Erreicht die Drohverlustrückstellung einen größeren Umfang, ist sie in der Bilanz oder im Anhang getrennt auszuweisen.

Gemäß Art. 26 i.V.m. Art. 58 der VersBiRiLi sind bei der Berechnung die voraussichtlichen Aufwendungen für Versicherungsfälle und Verwaltungsaufwendungen zugrunde zu legen[94], die nach dem Abschlussstichtag aus vor dem Abschlussstichtag geschlossenen Verträgen entstehen können, soweit die dafür angesetzten Beträge die BÜ (und DR[95]) und etwaige Beitragsforderungen über-

92 Sofern nicht bereits in voller Höhe ein Ausweis als garantierter Rückkaufswert in der DR erfolgt, vgl. Rn. 72.

93 Vgl. Rn. 65.

94 Vgl. Begründung zur RechVersV, BR-Drs. 823/94.

95 Zusatz des Verfassers.

steigen. Das bedeutet, dass mit der Rückstellung einem erkennbaren, nicht kalkulierten tendenziellen Anstieg des Risikos oder des Kostenbedarfs Rechnung zu tragen ist, soweit eine Anpassung der Beiträge oder eine Vertragsänderung nicht möglich ist.[96]

Da in der nach Art der LV kalkulierten KV jedoch die Anpassung der Beiträge gesetzlich vorgesehen ist, wenn die tatsächlichen Aufwendungen die Kalkulierten übersteigen, kommt eine Drohverlustrückstellung in der KV nur in Sonderfällen in Betracht. Denkbar wäre eine solche Rückstellung bspw. in dem Fall, wenn das Zinsniveau dauerhaft unter den Rechnungszins absinkt, die Krankheitskosten und die Sterblichkeit dagegen relativ stabil bleiben und somit die jeweiligen auslösenden Faktoren für eine Beitragsanpassung[97] nicht erreicht werden. Denkbar ist in diesem Fall aber auch die Bildung einer zusätzlichen DR für Zinssatzverpflichtungen nach § 341f Abs. 2 HGB.

Einen weiteren Grund zur möglichen Bildung einer Drohverlustrückstellung liefert das Kündigungsverbot für das KVU nach § 206 Abs. 1 VVG. Während die Nichtzahlung bereits fälliger Beiträge zur Wertberichtigung auf die Beitragsforderungen führt[98], sind künftige Beitragsausfälle von aktuellen oder potentiellen Nichtzahlern in einer gesonderten Rückstellung zu berücksichtigen. Für die bilanzielle Behandlung dieser mit dem GKV-WSG entstandenen „Nichtzahlerproblematik“ gibt es in der Branche noch keine detaillierten Konzepte. Bei der Bildung der Rückstellung muss neben der Nichtzahlungswahrscheinlichkeit berücksichtigt werden, dass sich die Leistungspflicht auf die Ruhensleistungen[99] beschränkt. Denkbar wäre auch, über eine Änderung der KalV Ruhensleistungen und Nichtzahlungswahrscheinlichkeiten in die Rechnungsgrundlagen für die AltR und damit auch für die Prämien einzubeziehen. Aufgrund fehlender Erfahrungswerte ist derzeit aber noch kein verlässliches Zahlenmaterial verfügbar. Der PKV-Verband hat zur Thematik des Beitragsaußenstands den Arbeitskreis „Beitragsaußenstand“ eingerichtet, um die Gründe und Auswirkungen des Beitragsaußenstands zu analysieren und entsprechende Lösungskonzepte zu erarbeiten. 105

Nach § 5 Abs. 4a EStG dürfen Drohverlustrückstellungen mit steuerlicher Wirkung nicht gebildet werden. Handelsrechtlich besteht dagegen eine Passivierungspflicht. 106

96 Vgl. *Seyfert*, in: Welzel/Reuffurth (Hrsg.), Kompendium zu den Rechnungslegungsvorschriften 1973/74 für VU, Karlsruhe 1975, S. 89.

97 Vgl. Rn. 113.

98 Vgl. Rn. 120.

99 Vgl. Rn. 6.

6. Beiträge

a) Kalkulation / Beitragsanpassung

107 Versicherungsunternehmen dürfen, um die dauernde Erfüllbarkeit der Versicherungsleistungen zu gewährleisten, in der PKV nach Art der LV nur nach § 12 VAG sowie nach der nach § 12c Abs. 1 Nr. 1 VAG erlassenen KalV berechnete Prämien verlangen. Die zu verwendenden Rechnungsgrundlagen wurden im Abschnitt 1.a) „Kalkulationsgrundlagen" erläutert. Bis auf einige Spezialregelungen gilt die KalV gem. § 19 Abs. 1 KalV nicht für die PPV, für die gesonderte Rechnungsgrundlagen und Kalkulationsvorschriften[100] bestehen.

108 Die Kalkulation hat mit auf Dauer konstant bleibenden Prämien und nach dem versicherungsmathematischen Äquivalenzprinzip zu erfolgen, d.h., bei Versicherungsbeginn entspricht der Barwert der erwarteten Leistungen dem Barwert der künftigen Prämien. Diese beiden Forderungen stehen zwar nicht expressis verbis im Gesetz oder in der Verordnung, ergeben sich aber implizit aus den in § 10 Abs. 1 KalV zitierten anerkannten Regeln der Versicherungsmathematik sowie aus dem in Anhang I zur KalV dargestellten Formelwerk. Die Kalkulation in der PKV erfolgt nach dem Kapitaldeckungsverfahren im Gegensatz zum in der gesetzlichen KV angewendeten, einkommensbezogenen Umlageverfahren.

Es dürfen nur risikogerechte Prämien verlangt werden. Dies bedeutet, dass die Prämienberechnung für jede Person altersabhängig getrennt für jeden Tarif mit einem dem Grunde und der Höhe nach einheitlichen Leistungsversprechen und einer nach Einzelaltern erstellten Prämienstaffel zu erfolgen hat (§ 10 KalV). Prämienstaffeln nach Eintrittsaltergruppen (z.B. in Fünf-Jahres-Schritten) sind aufgrund der Ausnahmegenehmigung in § 19 Abs. 2 KalV für vor Inkrafttreten der KalV (19.11.1996) abgeschlossene Verträge weiterhin zulässig. Eine wesentliche Ursache für höhere Kopfschäden weiblicher Versicherter sind in jüngeren Jahren Geburtskosten. Insofern sind diese auch bei geschlechtsabhängigen Tarifen auf beide Geschlechter zu verteilen.

109 Ausnahmen von den vorstehend genannten Grundsätzen sind nur für Kinder und Jugendliche bis zur Vollendung des 21. Lebensjahres und Auszubildende bis zur Vollendung des 34. Lebensjahres zulässig. Für diesen Personenkreis dürfen sowohl Altersgruppen gebildet als auch planmäßig steigende Prämien verlangt werden. So kann vermieden werden, dass AltR auszuweisen sind, was deshalb sinnvoll ist, da

100 Vgl. Rn. 25 ff.

viele Heranwachsende bei Eintritt in die Berufstätigkeit von der privaten in die gesetzliche KV wechseln und die Rückstellung dann verfallen würde.

Die Prämienberechnung für den Neuzugang ist in Anhang I zur KalV unter 110
Buchst. A formelmäßig dargestellt. Der gleichbleibende Nettobeitrag (Px) für einen Versicherten mit Eintrittsalter x bestimmt sich aufgrund des Äquivalenzprinzips aus der Gleichung:

$$P_x \cdot a_x = A_x$$

Darin bedeuten:

a_x lebenslänglicher (Renten-)Barwert unter Berücksichtigung des Zinssatzes, von Sterblichkeit und Storno[101]

A_x (Leistungs-)Barwert der Kopfschäden Kv mit $v \geq x$ unter Berücksichtigung der vorstehend genannten Parameter.

Durch Einbeziehung der einmaligen, unmittelbaren Abschlusskosten (α_x, gemessen in Jahresprämien), von absoluten (γ) und relativen Kostenzuschlägen (Δ, gemessen in % der Bruttoprämie) errechnet sich die jährliche gezillmerte Bruttoprämie B_x wie folgt:

$$B_x = \frac{A_x + \alpha_x \cdot B_x}{a_x} + \Delta \cdot B_x$$

oder nach Umformung wie in Anhang I zur KalV angegeben:

$$B_x = \frac{P_x + \gamma}{1 \quad \Delta \quad \frac{\alpha_x}{a_x}}.$$

Die jährliche gezillmerte Bruttoprämie wird seit 2000 in der substitutiven Krank- 111
heitskostenversicherung ab Vollendung des 21. bis zur Vollendung des 60. Lebensjahres um einen gesetzlichen Zuschlag von 10 % erhöht. Für vor dem 01.01.2000 abgeschlossene Verträge konnten die VN der Erhebung des Beitragszuschlags widersprechen (§ 12e Nr. 4 VAG). Der Zuschlag wird der AltR zugeführt und entsprechend § 12a Abs. 2a VAG zur Beitragsermäßigung im Alter verwendet. Nicht betroffen vom Beitragszuschlag sind Zusatzversicherungen zur gesetzlichen KV, da sich das Problem der Beitragssteigerung im Alter vor allem in der substitutiven Krankheitskostenversicherung zeigt und dem Versicherten bei einer Kündigung

101 Vor dem Hintergrund der in Rn. 105 geschilderte „Nicht-Zahler-Problematik“ wäre zusätzlich auch die Berücksichtigung von Nicht-Zahlungswahrscheinlichkeiten sachgerecht.

der Zusatzversicherung der Basisschutz der gesetzlichen KV bleibt.[102] Ausgenommen vom Beitragszuschlag sind weiterhin Versicherungen mit vereinbarter Laufzeit wie Ausbildungs-, Auslands- oder Reise-KV sowie alle Tarife, die spätestens mit Vollendung des 65. Lebensjahres enden, wie etwa Krankentagegeldversicherungen oder bestimmte Beihilfetarife.

112 Bei der oben beschriebenen Kalkulation eines auf Dauer konstant bleibenden Beitrags wird zwar berücksichtigt, dass die Krankheitskosten mit zunehmendem Alter steigen, nicht aber allgemeine, inflationsbedingte und darüber hinausgehende spezielle Kostensteigerungen (z.B. durch den medizinischen Fortschritt) im Gesundheitswesen. Da dieses Änderungsrisiko, das daneben auch in Veränderungen in der Sterblichkeit oder im Stornoverhalten begründet liegen kann, vernünftigerweise nicht vom Versicherer getragen werden kann, wird den KVU für Tarife, in denen das ordentliche Kündigungsrecht des Versicherers ausgeschlossen ist (das sind aufgrund § 12 VAG alle nach Art der LV betriebenen Tarife), in § 203 Abs. 2 VVG nach Zustimmung eines unabhängigen Treuhänders die Möglichkeit der Prämienanpassung eingeräumt.

Die genaue Vorgehensweise ist in § 12b Abs. 2 und 2a VAG sowie in den §§ 14, 14a und 15 und im Anhang II der KalV dargestellt. Danach hat das KVU jährlich[103] pro Tarif und Beobachtungseinheit (etwa Männer, Frauen, Kinder/Jugendliche) die erforderlichen und die kalkulierten Versicherungsleistungen bzw. Sterbewahrscheinlichkeiten gegenüberzustellen.

Die erforderlichen Leistungen sind aus den Beobachteten abzuleiten und entsprechend dem in Anhang II zur KalV dargestellten Verfahren zu berechnen, wobei auch andere Verfahren zulässig sind, wenn sie zuvor der BaFin dargelegt wurden. Es werden hierfür die tatsächlichen Grundkopfschäden der letzten drei Beobachtungszeiträume (i.d.R. Jahre) auf einen 18 Monate nach Ende des letzten Beobachtungszeitraums liegenden Zeitpunkt linear extrapoliert und mit den rechnungsmäßigen Grundkopfschäden verglichen.

Für die Gegenüberstellung der Sterbewahrscheinlichkeiten ist auf die Leistungsbarwerte[104] abzustellen, aber ohne Berücksichtigung von Stornowahrscheinlichkeiten. Für jedes Alter wird der Quotient der Leistungsbarwerte gebildet, einerseits berechnet mit den aktuellsten, von der BaFin veröffentlichten Sterbetafeln[105],

102 Vgl. BR-Drs. 454/99.

103 In § 12b Abs. 2 Satz 1 VAG steht „zumindest jährlich“, dies wird aber durch § 14 Abs. 1 KalV auf „jährlich“ eingeschränkt.

104 A_x gem. Anhang I, Buchst. A zur KalV (vgl. Rn. 110).

105 Derzeit Sterbetafel PKV 2010 (vgl. Rn. 59).

andererseits mit den bisher verwendeten Sterbewahrscheinlichkeiten. Anschließend werden die Quotienten für die Altersbereiche 21-45, 46-70 und 71-95 jeweils gemittelt und der höchste der Mittelwerte ausgewählt.

Die Gegenüberstellungen sind der BaFin und dem Treuhänder spätestens vier Monate nach Ende des Beobachtungszeitraums vorzulegen.

Weichen in einem Tarif[106] die erforderlichen Versicherungsleistungen um mehr 113
als 10 % (oder einem in den Versicherungsbedingungen vorgesehenen geringeren Satz) von den Kalkulierten ab („auslösender Faktor") oder liegt der höchste mittlere Quotient der Leistungsbarwerte über 5 %, so hat das KVU alle Prämien dieses Tarifs zu überprüfen. Kommt es dabei zu dem Schluss, dass die Abweichung nicht nur vorübergehend ist, bspw. bei einer Epidemie, so hat es die Prämien anzupassen. Zu diesem Zweck werden alle Berechnungsgrundlagen überprüft und die Prämie wird aufgrund evtl. berichtigter Grundlagen neu kalkuliert. Hierbei gelten die auch für die Erstkalkulation geltenden Regeln. Mit der Prämienanpassung dürfen auch Selbstbehalte und Risikozuschläge angepasst werden. Die Herleitung der neuen Prämien sind dem Treuhänder spätestens zwölf Monate nach Ende des Beobachtungszeitraums vorzulegen. Erst nach Zustimmung durch den Treuhänder dürfen die neuen Prämien eingeführt werden.

Eine Beitragsanpassung darf nach § 12b Abs. 2 Satz 4 VAG insoweit nicht vorgenommen werden, als die Versicherungsleistungen bereits bei der Erstkalkulation oder der letzten Neukalkulation unzureichend kalkuliert waren und ein ordentlicher und gewissenhafter Aktuar dies hätte erkennen müssen. Der VN ist also nur mit den seit der Erstkalkulation oder der letzten Beitragsanpassung gestiegenen Versicherungsleistungen zu belasten. Das Risiko einer schuldhaft unzureichenden Erstkalkulation durch den Aktuar ist der Sphäre des Unternehmens zuzurechnen und muss daher aus Unternehmensmitteln finanziert werden, weil, so die Gesetzesbegründung[107], eine Finanzierung aus Mitteln des VN billigerweise nicht gefordert werden kann.

Da bei Tarifen mit nur wenigen Versicherten die tatsächlichen Versicherungs- 114
leistungen von Zufallsschwankungen beeinflusst werden, sind für solche Tarife die auslösenden Faktoren entsprechend der Ableitung der bei der Erstkalkulation verwendeten Stütztarife[108] oder nach von der BaFin veröffentlichten Wahrschein-

106 Auch wenn in § 12b Abs. 2 VAG von „Tarif" die Rede ist, hat die Gegenüberstellung nach § 14 KalV pro Beobachtungseinheit (vgl. Rn. 112) zu erfolgen (so auch: BGH am 16.06.2004 – IV ZR 117/02). Wenn also in einem geschlechtsabhängigen Tarif der auslösende Faktor nur für ein Geschlecht erreicht wird, ist eine Prämienanpassung für das andere Geschlecht nicht zulässig.

107 BT-Drs. 14/1245.

108 Vgl. Rn. 61.

lichkeitstafeln zu ermitteln. Dies gilt auch für die freiwillige PV, wo die Gemeinschaftsstatistik des PKV-Verbandes zu verwenden ist, wenn weniger als zehntausend Personen versichert sind.

Nach dem Wortlaut der KalV ist für die Bestimmung der auslösenden Faktoren nur die Entwicklung der Grundkopfschäden bzw. der Sterbewahrscheinlichkeiten maßgeblich. Erst, wenn diese um einen bestimmten Prozentsatz[109] gestiegen sind, können im Rahmen der Prämienanpassung auch alle anderen Rechnungsgrundlagen berichtigt werden. Unterstellt man nun den unwahrscheinlichen Fall, dass über mehrere Jahre weder Inflation oder Kostensteigerungen im Gesundheitswesen noch eine Veränderung der Sterblichkeit zu beobachten ist, so dürfen die Beiträge nicht angepasst werden, auch, wenn bspw. das Zinsniveau unter den Rechnungszins absinkt.[110]

115 Durch die Beitragsanpassung ändert sich nicht nur der Tarifbeitrag für den Neuzugang, sondern es ändert sich für jeden Versicherten auch sein individueller Beitrag, da die entstehende Deckungslücke in der AltR finanziert werden muss.[111] Die Prämie nach Anpassung ist im Anhang I, Buchst. B zur KalV dargestellt. Der auf den ersten Blick recht komplizierte Term wird nachfolgend hergeleitet.

Sei x das ursprüngliche Eintrittsalter und x+m das erreichte Alter zum Zeitpunkt der aktuellen Beitragsanpassung, dann kann die Prämie als Summe aus einem Tarifbeitrag Bax bezogen auf das Alter x und einem individuellen Zusatzbeitrag oder Nachlass R_a aus früheren Beitragsanpassungen, Tarifwechseln oder Beitragsermäßigungen im Alter dargestellt werden, wobei der hochgestellte Index „a" jeweils alte Rechnungsgrundlagen (d.h. die vor der Anpassung geltenden) kennzeichnet:

$$B^a = B_x^a + R^a .$$

In gleicher Weise kann die vorhandene AltR als Summe aus einer Sollrückstellung (mit Finanzierungsbeginn x) und einer individuellen Zusatzrückstellung, in die relative Kostenzuschläge von Δ eingerechnet sind, dargestellt werden:[112]

$$_{m}V_x^a = [\, A_{x+m}^a - P_x^{z,a} \cdot \mathrm{a}_{x+m}^a] - [\, R^a \cdot (1 - \Delta^a) \cdot \mathrm{a}_{x+m}^a] .$$

109 Vgl. Rn. 113.

110 Vgl. aber Rn. 104.

111 Vgl. Rn. 75.

112 Man beachte: Ein positiver Zusatzbeitrag (R_a) führt hier zu einer Verminderung der individuellen AltR.

Wie bereits im Abschnitt 1.b) „Alterungsrückstellung“ erläutert, kann die Prämie nach Anpassung als Summe aus dem neuen Tarifbeitrag und einem individuellen Zusatzbeitrag oder Nachlass dargestellt werden. Der neue Tarifbeitrag kann sich dabei entweder auf das ursprüngliche Alter x oder auf das bei Anpassung erreichte Alter x+m beziehen, wobei im Folgenden entsprechend der Darstellung in der KalV die zweite Variante unterstellt sei, also ein Tarifbeitrag B_{x+m}. Der individuelle Nachlass bestimmt sich dann aus der Verrentung der bestehenden AltR mVax abzüglich der Anfangsrückstellung für einen (fiktiven) Neuabschluss, die lediglich aus dem negativen Zillmerbetrag ($\alpha \cdot B_{x+m}$) besteht[113], wobei von dem aus der Verrentung entstehenden (Netto-)Betrag noch Kostenzuschläge wieder hinzugerechnet (Division durch 1-Δ) werden müssen, um ihn mit dem Bruttobeitrag vergleichbar zu machen. Für den Beitrag nach Anpassung unter Anrechnung der AltR und einmaliger Abschluss- oder Sanierungskosten[114] α, hier konsequenterweise bezogen auf die Differenz zwischen neuer (B_a / n_{x+m}) und alter ($B_a = B_{ax} + R_a$) Prämie, gilt dann:

$$B^{a/n}_{x+m} = B_{x+m} - \frac{{}_mV^{a}_{x} \quad (-\alpha \cdot B_{x+m})}{a_{x+m} \cdot (1 - \Delta)} + \frac{\alpha'' \cdot (B^{a/n}_{x+m} - (B^{a}_{x} + R^{a}))}{a_{x+m} \cdot (1 - \Delta)} .$$

Daraus ergibt sich nach Einsetzen des Terms für mVax und unter Berücksichtigung der Beziehung Ax = Px ·ax sowie mit der Abkürzung u: = x + m:

$$B^{a/n}_{u} = B_u - \frac{P^{a}_{u} \cdot a^{a}_{u} - P^{z\,a}_{x} \cdot a^{a}_{u} - R^{a} \cdot (1 - \Delta^{a}) \cdot a^{a}_{u} + \alpha \cdot B_u - \alpha'' \cdot (B^{a/n}_{u} - B^{a}_{x} - R^{a})}{a_u \cdot (1 - \Delta)}$$

Berücksichtigt man weiter die Beziehungen zwischen Nettobeitrag (gezillmert bzw. ungezillmert) und Bruttobeitrag:

$$P^{z}_{x} = (1 - \Delta) \cdot B_x - \gamma \quad bzw. \quad P_x = (1 - \Delta - \frac{\alpha}{a_x}) \cdot B_x - \gamma ,$$

113 Dies kann auch so interpretiert werden: Die gezillmerte AltR ist jeweils der Saldo aus dem „Guthaben“ des VN und seiner noch nicht getilgten Abschlusskosten. Durch die beitragsmindernde Verrentung dieses Saldos wird der Tilgungsprozess der ursprünglich bei Vertragsabschluss angefallenen Abschlusskosten fortgesetzt. Demzufolge werden die in den neuen Tarifbeitrag eingerechneten Abschlusskosten hier beitragsmindernd „zurückerstattet“.

114 Diese Kosten dürfen gem. § 11 Abs. 2 KalV bei Versicherten, die das 45. Lebensjahr vollendet haben, nicht mehr eingerechnet werden.

so erhält man:

$$B_u^{a/n} = B_u - \frac{[(1-\Delta^a - \frac{\alpha^a}{a_u^a}) \cdot B_u^a - \gamma] \cdot a_u^a - [(1-\Delta^a) \cdot B_x^a - \gamma] \cdot a_u^a - R^a \cdot (1-\Delta^a) \cdot a_u^a + \alpha \cdot B_u - \alpha'' \cdot (B_u^{a/n} - B_x^a - R^a)}{a_u \cdot (1-\Delta)}.$$

Erweitert man jetzt Bu um den Nenner und fasst dann die einzelnen Summanden zusammen, so erhält man:

$$B_u^{a/n} = \frac{B_u \cdot [a_u \cdot (1-\Delta) - \alpha] - B_u^a \cdot [1-\Delta^a - \frac{\alpha^a}{a_u^a}] \cdot a_u^a + (B_x^a + R^a) \cdot [(1-\Delta^a) \cdot a_u^a - \alpha'']}{a_u \cdot (1-\Delta) - \alpha''}.$$

Mit den Abkürzungen:

$$g_u := [a_u \cdot (1-\Delta) - \alpha'']^{-1},$$
$$f_u^a := a_u^a \cdot (1-\Delta^a),$$
$$f_u := a_u \cdot (1-\Delta)$$

und unter Berücksichtigung der Beziehung $B_a = B_{ax} + R_a$ ergibt sich schließlich der in Anhang I der KalV angegebene Ausdruck:

$$B_u^{a/n} = g_u \cdot \left[B_u \cdot (f_u - \alpha) - B_u^a \cdot (f_u^a - \alpha^a) + B^a \cdot (f_u^a - \alpha'')\right]$$

oder als Aufteilung in Tarifbeitrag B_u und individuellen Nachlass R (hier R < 0):

$$B_u^{a/n} = B_u + R \quad mit \quad R = g_u \cdot \left[B_u \cdot (f_u - g_u^{-1} - \alpha) - B_u^a \cdot (f_u^a - \alpha^a) + B^a \cdot (f_u^a - \alpha'')\right].$$

Bei Tarifwechseln wird die neue Prämie in analoger Weise ermittelt wie bei Beitragsanpassungen, d.h. unter Anrechnung der Differenz zwischen vorhandener und neuer AltR. Auch wenn dies gesetzlich nicht eindeutig geregelt ist,[115] wird man in der Praxis auch den Übertragungswert nach § 13a Abs. 1 Nr. 2 KalV (ohne die aus dem gesetzlichen Beitragszuschlag gebildete AltR) in gleicher Weise als vorhandene AltR anrechnen. Zu beachten ist aber die Einschränkung nach § 13a Abs. 3 KalV, dass durch erneute Zillmerung der Übertragungswert nicht reduziert werden darf.

115 Vgl. Rn. 78

b) Verdiente Beiträge

Die verdienten Beiträge setzen sich nach Formblatt 3 Position I 1 aus den gebuchten Beiträgen und der Veränderung der BÜ zusammen. 116

Als gebuchte Beiträge sind für das selbst abgeschlossene Geschäft nach § 36 RechVersV u.a. auszuweisen:

- Im GJ fällig gewordene Beiträge oder Beitragsraten (einschl. Ratenzuschläge), auch wenn sie sich ganz oder teilweise auf ein späteres GJ beziehen, zuzüglich Nebenleistungen
- Beiträge, die erst nach dem Abschlussstichtag berechnet werden können
- im GJ erhobene Nachschüsse von Versicherungsvereinen auf Gegenseitigkeit
- Beiträge im Beteiligungsgeschäft, die der Mitversicherer von der federführenden Gesellschaft erhalten hat oder die die federführende Gesellschaft als eigene Anteile gezeichnet hat
- Zahlungseingänge auf bereits abgeschriebene Beitragsforderungen oder Stornierte abzüglich der Abschreibungen im GJ
- Verminderungen abzüglich Erhöhungen von Pauschalwertberichtigungen auf Beitragsforderungen.

Der Abrechnungssaldo („D1-Wert") aus dem Poolausgleich in der PPV kann entweder unter den gebuchten Beiträgen oder – je nach Vorzeichen – unter den sonstigen versicherungstechnischen Erträge oder Aufwendungen ausgewiesen werden.[116] 117

Die gebuchten Beiträge sind im Anhang aufzuteilen in Einzel- und Gruppenversicherungen, in laufende und Einmalbeiträge sowie in die Versicherungsarten Krankheitskostenvoll-, Krankentagegeld-, selbstständige Krankenhaustagegeld-, sonstige selbstständige Teil-, Pflegepflicht-, Beihilfeablöse-, Restschuld-/Lohnfortzahlungs- und Auslandsreise-KV. Weiterhin ist die Höhe des Beitragszuschlags nach § 12a Abs. 4a VAG[117] anzugeben. 118

Zur Prüfung der Beiträge sollten diese mit den zum Bilanzstichtag bestehenden Bestandsbeiträgen plausibilisiert werden. Bei einer in etwa stetigen Bestandsentwicklung sollten die gebuchten Beiträge zwischen den Bestandsbeiträgen zum Beginn und am Ende des Berichtsjahres liegen. Bei einer Verletzung dieser 119

116 Vgl. Rn. 35 f.; wegen des Ausweises von Zugängen von Übertragungswerten vgl. Rn. 122.
117 Vgl. Rn. 110.

Ungleichung auch in Teilbeständen sollte der Prüfer die Ursachen hierfür weiter analysieren. Die Prüfung der Bestandsbeiträge erfolgt im Zusammenhang mit der DR und wurde dort beschrieben.

120 Das mit dem GKV-WSG eingeführte Kündigungsverbot für das VU[118] dürfte sich auch auf die Höhe und Fälligkeitsstruktur der Beitragsaußenstände und somit auch auf die Pauschalwertberichtigungen auf Beitragsforderungen auswirken.[119] Bei der Herleitung und Prüfung der Pauschalwertberichtigung sollte daher sorgfältig analysiert werden, welcher Teil der Forderung auf den normalen – auch in der Vergangenheit schon bestehenden – Zahlungsverzug entfällt und welcher Teil durch das neue Kündigungsverbot verursacht wurde.

c) Beiträge aus der Rückstellung für Beitragsrückerstattung

121 Nach Formblatt 3 zur RechVersV haben Personenversicherungen die Beiträge aus der RfB in einer gesonderten GuV-Position auszuweisen. Die Position enthält Entnahmen aus der erfolgsabhängigen und erfolgsunabhängigen RfB, die zu einer Erhöhung der DR führen, nämlich solche zur sofortigen oder späteren Beitragsentlastung. Gebucht werden diese Entnahmen:

per	RfB	an	Beiträge aus der RfB;
per	Zuführung zur DR	an	DR.

Die Beiträge aus der erfolgsabhängigen RfB sind in gleicher Weise wie die gebuchten Bruttobeiträge im Anhang aufzugliedern. Anhangangaben zu den Beiträgen aus der erfolgsunabhängigen RfB, d.h. zum Verbrauch der thesaurierten Zuschreibungen gem. § 12a Abs. 3 VAG, sind dagegen in § 51 Abs. 4 Nr. 4 RechVersV nicht gefordert.

7. Sonstige versicherungstechnische Erträge

122 Der Zugang des Übertragungswerts ist nach Auffassung des PKV-Verbandes beim aufnehmenden Unternehmen nicht als Beitrag, sondern als sonstiger versicherungstechnischer Ertrag zu buchen. Nach Auffassung des VFA ist ein Ausweis unter den Beiträgen zu bevorzugen. Unabhängig vom Ausweis steht dem Ertrag aus dem Zugang des Übertragungswerts ein Aufwand aus der Erhöhung der DR gegenüber.

118 Vgl. Rn. 6.

119 Wegen der Auswirkungen der „Nicht-Zahler-Problematik" auf künftig fällige Beiträge vgl. Rn. 105.

8. Aufwendungen für Versicherungsfälle

Nach Formblatt 3 zur RechVersV sind die Aufwendungen in Zahlungen für Versicherungsfälle und in die Veränderung der Rückstellung für noch nicht abgewickelte Versicherungsfälle aufzuteilen. Hiermit wurde Art. 38 Abs. 1 der VersBiRiLi umgesetzt. 123

Die Zahlungen umfassen sowohl die Zahlungen für Versicherungsfälle des GJ als auch die für Versicherungsfälle des VJ. Abzusetzen sind im GJ erhaltene Regresszahlungen oder sonstige Schadenrückzahlungen. Die Zahlungen enthalten nach § 41 Abs. 2 Satz 3 RechVersV auch die dem Funktionsbereich „Regulierung von Versicherungsfällen, Rückkäufen und Rückgewährbeträgen" zugeordneten Personal- und Sachaufwendungen, bestehend aus externen und internen Regulierungsaufwendungen.

Der Abrechnungssaldo („D3-Wert") aus dem Poolausgleich in der PPV kann entweder unter den Aufwendungen für Versicherungsfälle oder – je nach Vorzeichen – unter den sonstigen versicherungstechnischen Erträgen oder Aufwendungen ausgewiesen werden.[120] 124

Falls Unternehmen die Übertragungswerte nach § 13a KalV von zum Bilanzstichtag gekündigten Verträgen unter der Rückstellung für noch nicht abgewickelte Versicherungsfälle ausweisen[121], ist es u.E. folgerichtig, den Abgang von Übertragungswerten innerhalb eines GJ unter den Posten „Aufwendungen für Versicherungsfälle" auszuweisen. In diesem Fall werden die Übertragungswerte als vertragliche Versicherungsleistungen angesehen.[122] 125

Die Veränderung der Schadenrückstellung ergibt sich als Differenz zwischen den entsprechenden Werten am Anfang und am Ende des GJ. Sofern sich erhebliche Abwicklungsergebnisse aus der Rückstellung des VJ ergeben, so sind diese im Anhang zu erläutern (§ 41 Abs. 5 RechVersV). Es gibt keine festen Größenkriterien für die Frage, wann das Ergebnis als „erheblich" anzusehen ist. Als Bezugsgröße kommen neben der Höhe der Eingangsreserve insb. die Aufwendungen für Versicherungsfälle f.e.R. sowie das versicherungstechnische Ergebnis in Betracht. Man wird im Einzelfall darauf abzustellen haben, ob ein im Vergleich der Jahre untypisch hohes (aperiodisches) Abwicklungsergebnis eingetreten ist und dass Verluste anders zu berücksichtigen sind als Abwicklungsgewinne, die aufgrund des handelsrechtlichen Vorsichtsprinzips den Regelfall darstellen sollten.[123] 126

120 Vgl. Rn. 35 f.
121 Vgl. Rn. 20.
122 Wegen des Ausweises von Abgängen von Übertragungswerten vgl. ansonsten Rn. 129.
123 Vgl. dazu auch *ADS*, 6. Aufl., Stuttgart 1995 ff., § 277, Rn. 88.

Die Richtigkeit der Abgrenzung zwischen VJ- und GJ-Leistungen sowie die Vollständigkeit der Erfassung der Versicherungsleistungen ist hinsichtlich ihrer Methode im Rahmen der Prüfung des IKS zu verifizieren und durch Einzelfallprüfungen anhand der Schadenakten zu ergänzen. Dabei ist festzustellen, ob das Unternehmen dem Grunde nach leistungspflichtig war und ob die tariflichen Leistungen der Höhe nach erbracht worden sind. Im Zusammenhang mit der Prüfung der Versicherungsleistungen sollten auch die Ausschüttungen aus der RfB bei Schadenfreiheit geprüft werden.

127 Zur Prüfung der Aufwendungen für Versicherungsfälle auf Plausibilität sollte die vom PKV-Verband entwickelte Schadenquote herangezogen werden, die einen modifizierten Schadenaufwand ins Verhältnis zu den verdienten Beiträgen setzt. Der modifizierte Schadenaufwand setzt sich zusammen aus:

  Aufwendungen für Versicherungsfälle (brutto)
+ Aufwendungen für erfolgsunabhängige RfB (ohne Beträge nach § 12a Abs. 3 VAG und Zuführung zur poolrelevanten RfB)
+ Erhöhung der DR (ohne Beträge nach § 12a Abs. 2 VAG)
– 3,5 %[124] des arithmetischen Mittels der DR zu Beginn und zum Ende des Versicherungsjahres
– Beiträge aus der RfB.

9. Aufwendungen für den Versicherungsbetrieb

128 Bei dieser Position bestehen keine Besonderheiten für die KV. Insofern kann auf die Ausführungen zur LV verwiesen werden.

10. Sonstige versicherungstechnische Aufwendungen

129 Der Abgang des Übertragungswerts ist nach Auffassung des PKV-Verbandes beim abgebenden Unternehmen nicht als Versicherungsleistung, sondern als sonstiger versicherungstechnischer Aufwand zu buchen. Nach Auffassung des VFA ist ein Ausweis unter den Aufwendungen für Versicherungsfälle zu bevorzugen. Unabhängig vom Ausweis steht dem Aufwand aus dem Abgang des Übertragungswerts ein Ertrag aus der Verminderung der DR gegenüber.

124 Obwohl es sich bei dem Rechnungszins nach § 4 KalV um einen Höchstrechnungszins handelt, wird im Kennzahlenkatalog ein fester Zins in Höhe von 3,5 % verwendet und nicht etwa der tatsächlich im VU angesetzte Zinssatz. Auch das zeigt, dass ein vom Höchstrechnungszins abweichender Zinssatz in der Praxis so gut wie nicht vorkommt, vgl. Rn. 57.

B IV. Die versicherungstechnischen Posten des Jahresabschlusses der Schaden- und Unfallversicherungsunternehmen

von WP/StB Dr. Frank Ellenbürger, München[*]

Randnummer

* Unter Mitarbeit von WP *Dr. Torsten Rohlfs*, Köln.

I. Beitragsüberträge

1. Bilanzieller Charakter der Beitragsüberträge

1 Das Versicherungsverhältnis ist dadurch charakterisiert, dass sich Leistung und Gegenleistung zeitraumbezogen gegenüberstehen. Der Leistung des Versicherungsunternehmens (VU), nämlich der Übernahme des Versicherungsschutzversprechens („Gefahrtragung") für einen bestimmten Zeitraum sowie der Versicherungsschutzgewährung im konkreten Versicherungsfall (VF), steht die Gegenleistung des Versicherungsnehmers (VN) in Form des Versicherungsbeitrags gegenüber. Der Zeitraum, für den das VU Versicherungsschutz zusagt bzw. der VN Beiträge i.d.R. im Voraus leistet (Versicherungsperiode), fällt häufig nicht mit dem Geschäftsjahr (GJ) des VU zusammen.

2 Aus der fehlenden Übereinstimmung zwischen Versicherungsperiode und GJ des VU resultiert die Notwendigkeit, im GJ vereinnahmte, aber das Folgejahr bzw. die Folgejahre betreffende Beitragsteile abzugrenzen. Diese Vorgehensweise dient der periodengerechten Erfolgsermittlung, denn die abzugrenzenden Beitragsteile sind im GJ nicht erfolgswirksam.

3 Dementsprechend sind gem. § 341e Abs. 2 Nr. 1 HGB und ergänzend zu der allgemeinen Bestimmung gem. § 24 Satz 1 RechVersV für den Teil der gebuchten Bruttobeiträge, der als Ertrag für eine bestimmte Zeit nach dem Abschlussstichtag dem folgenden GJ oder den folgenden GJ zuzurechnen und übertragungsfähig ist[1], Beitragsüberträge (BÜ) zu bilden, soweit er nicht in einer anderen versicherungstechnischen Rückstellung auszuweisen ist. Bei den hinsichtlich des selbst abgeschlossenen Versicherungsgeschäfts (sG) in die Betrachtung einbezogenen, gebuchten Beiträgen bzw. Beitragsraten handelt es sich um alle im GJ fällig gewordenen Beiträge bzw. Beitragsraten[2], also die sog. „Sollbeiträge". Bei den in der Bilanz von den Brutto-BÜ in der Vorspalte abzusetzenden Rückversicherungsanteilen (RückV-Anteilen) handelt es sich um die im GJ gebuchten RückV-Beiträge, soweit sie für den über den Abschlussstichtag hinausgehenden Versicherungszeitraum bestimmt und übertragungsfähig sind.[3]

---

1 Vgl. hierzu Rn. 40 ff.

2 Vgl. § 36 Abs. 1 Nr. 1 RechVersV.

3 Vgl. zur Verfahrensweise vor Umsetzung der VersBiRiLi Nr. P 3.1 Abs. 7 VUBR sowie die entsprechenden Ausführungen in: *Geib/Horbach*, in: Welzel u.a. (Hrsg.), Kommentar zu den Rechnungslegungsvorschriften für Versicherungsunternehmen (KoRVU), Karlsruhe 1991, hier: Bd. I, J, Rn. 32.

Die Brutto-BÜ sind somit passive transitorische Rechnungsabgrenzungsposten (RAP).[4] Es gilt die Begriffsbestimmung des § 250 Abs. 2 HGB bzw. des § 5 Abs. 5 Satz 1 Nr. 2 EStG, wonach als passive RAP nur „Einnahmen vor dem Abschlussstichtag, soweit sie Ertrag für eine bestimmte Zeit nach diesem Tag darstellen" auszuweisen sind. 4

Umgekehrt handelt es sich bei den RückV-Anteilen an den Brutto-BÜ um einen – passivisch abgesetzten – aktiven RAP für „Ausgaben vor dem Abschlussstichtag, soweit sie Aufwand für eine bestimmte Zeit nach diesem Tag darstellen".[5] 5

Beitragsüberträge kommen im Rückversicherungsgeschäft (RückVG) grundsätzlich nur für die proportionale RückV in Betracht, d.h. für Quoten- und Summenexzedenten-RückV oder für Kombinationen aus diesen Vertragsarten. Bei nicht proportionalen RückV (Schadenexzedenten- und Stop-loss-Verträge) ist das Versicherungsentgelt regelmäßig auf das betreffende GJ bezogen, sodass BÜ entfallen.[6] 6

2. Ausweis der Beitragsüberträge in der Bilanz

Unbeschadet des bilanziellen Charakters von RAP sind die BÜ unter den versicherungstechnischen Rückstellungen auszuweisen.[7] 7

Der in Formblatt 1 (FB 1) RechVersV verwendete Begriff der versicherungstechnischen Rückstellungen beschränkt sich nicht auf Rückstellungen im streng bilanzterminologischen Sinn, vielmehr sollen hier sämtliche „aus Gründen der Versicherungstechnik zurückgelegten Beträge"[8] erfasst werden. 8

---

4 Vgl. *Boetius*, Handbuch der versicherungstechnischen Rückstellungen, Köln 1996, Anm. 552; Baur, Die Periodisierung von Beitragseinnahmen und Schadenausgaben im aktienrechtlichen Jahresabschluß von Schaden- und Unfallversicherungsunternehmen, Karlsruhe 1984, S. 56 ff.; *Wels*, in: Prölss/v.d. Thüsen/Ziegler (Hrsg.), Die versicherungstechnischen Rückstellungen im Steuerrecht, 3. Aufl., Karlsruhe 1973, S. 42; *Weiße*, in: *Welzel/Reuffurth* (Hrsg.), Kompendium zu den Rechnungslegungsvorschriften 1973/74 für Versicherungsunternehmen, Karlsruhe 1975, S. 127; *Heinrichs*, Die Beitragsüberträge der größeren Schaden- und Unfallversicherungsunternehmen, Berlin 1961, S. 15.

5 Vgl. § 250 Abs. 1 HGB bzw. § 5 Abs. 5 Satz 1 Nr. 1 EStG; *Geib/Horbach*, in: KoRVU, Bd. I, J, Rn. 33 f.

6 Vgl. *Geib/Horbach*, in: KoRVU, Bd. 1, J, Rn. 35; Boetius, Handbuch der versicherungstechnischen Rückstellungen, Köln 1996, Anm. 558.

7 Vgl. FB 1 RechVersV, Passivseite Posten E I; *Wels*, in: Prölss/v.d. Thüsen/Ziegler (Hrsg.), Die versicherungstechnischen Rückstellungen im Steuerrecht, 3. Aufl, Karlsruhe 1973, S. 48.

8 Vgl. *Boetius*, in: Herrmann/Heuer/Raupach (Hrsg.), Einkommensteuer- und Körperschaftsteuergesetz, Kommentar, Köln, vor § 20 KStG, Rn. 25 ff.; *Boetius*, Handbuch der versicherungstechnischen Rückstellungen, Köln 1996, Anm. 142.

9 Von den in der Vorspalte ausgewiesenen Brutto-BÜ sind in derselben Vorspalte die RückV-Anteile abzusetzen, sodass in der Hauptspalte die Netto-BÜ ausgewiesen werden.[9] Schaden- und Unfallversicherungsunternehmen (SchVU) haben nunmehr im Anhang für das gesamte sG, das gesamte in Rückdeckung übernommene Versicherungsgeschäft (üG) und das gesamte Versicherungsgeschäft (VG) die versicherungstechnischen Bruttorückstellungen jeweils insgesamt anzugeben.[10]

3. Ermittlung der Beitragsüberträge

a) Überblick

10 Aus dem bilanziellen Charakter des BÜ als RAP folgt, dass der Zweck dieses Postens lediglich in der zeitlichen Abgrenzung von Beitragseinnahmen liegt, die im GJ vereinnahmt wurden,[11] aber Ertrag für eine bestimmte Zeit nach dem Bilanzstichtag darstellen. Gegenstand der Abgrenzung ist somit nicht die Bemessung der BÜ nach dem Umfang der in den nachfolgenden GJ voraussichtlich zu erbringenden Leistungen (Schadenaufwand/Betriebsaufwand) des VU. Für die Ermittlung der BÜ kommt es – im Gegensatz zu den Rückstellungen – somit nicht auf das Kriterium der Erforderlichkeit an; BÜ unterliegen grundsätzlich keiner Bewertung,[12] sodass sich ihre Höhe vom Grundsatz her nach dem Verhältnis der noch ausstehenden Gegenleistung zur gesamten Gegenleistung (Gewährung von Versicherungsschutz während des gesamten Versicherungszeitraums) bemisst.[13]

11 Maßstab für die Ermittlung der BÜ ist also die zeitraumbezogene Gewährung von Versicherungsschutz, d.h. die Verteilung des Versicherungsschutzes auf das GJ und nachfolgende Rechnungslegungszeiträume. Im Regelfall kann zudem von einem gleich bleibenden Risikoverlauf während eines Versicherungszeitraums, d.h. von einer im Zeitablauf gegebenen Proportionalität zwischen Gewährung von Versicherungsschutz und Beitrag, ausgegangen werden.

12 Bei der Berechnung der BÜ kann daher vereinfachend die auf nachfolgende Zeiträume zu übertragende Beitragseinnahme nach dem Verhältnis ermittelt werden,

9 Vgl. FB 1 RechVersV, Passivseite Posten E I.

10 Vgl. § 51 Abs. 4 Nr. 1 Buchst. h RechVersV.

11 Vgl. *Geib/Horbach*, in: KoRVU, Bd. I, J, Rn. 41.

12 Vgl. *Jäger/Lux/Richter*, D III, Rn. 3 der 2. Aufl.; *Boetius*, in: Herrmann/Heuer/Raupach (Hrsg.), Einkommensteuer- und Körperschaftsteuergesetz, Kommentar, Köln, Anhang zu §§ 20, 21, Rn. 15; *Wels*, in: Prölss/v.d. Thüsen/Ziegler (Hrsg.), Die versicherungstechnischen Rückstellungen im Steuerrecht, 3. Aufl., Karlsruhe 1973, S. 42, 48.

13 Vgl. auch BFH-Urteil v. 31.05.1967, I 208/63, BStBl. III, S. 607 f.

in dem zum Abschlussstichtag der noch nicht abgelaufene Teil des Versicherungszeitraums zum gesamten Versicherungszeitraum, für den der Beitrag vereinnahmt worden ist, steht.[14] Die BÜ sind auch dann zeitproportional zu ermitteln, wenn im Zeitraum der Berechnung bereits erkennbar ist, dass sie nicht ausreichen werden, um den in Folgeperioden zu erwartenden Schaden- und Kostenaufwand auszugleichen. Unter bestimmten Voraussetzungen wird in diesen Fällen die Bildung einer Rückstellung für drohende Verluste aus schwebenden VG (RdV) aus dem VG notwendig sein.[15]

In Versicherungszweigen (VZ) und -arten, in denen es an einer zeitlichen Proportionalität zwischen dem Risikoverlauf und dem Beitrag fehlt (z.B. in der Bauleistungsversicherung, in der das Risiko mit den zunehmend durchgeführten Baumaßnahmen ansteigt), ist bei der Berechnung der BÜ der im Zeitablauf unterschiedlichen Entwicklung des Risikos Rechnung zu tragen.[16] 13

Während die Notwendigkeit der Bildung von BÜ dem Grunde nach nie strittig gewesen ist, sind hinsichtlich der Bemessung der übertragungsfähigen Beitragsteile zahlreiche Zweifelsfragen aufgetreten, in deren Folge die Finanzverwaltung in einem koordinierten Ländererlass[17] die Grundsätze zur Bemessung der BÜ festgelegt hat. Hiernach sind die Beitragseinnahmen um „nicht übertragsfähige" Beitragsteile zu kürzen.[18] Weder die Rechnungslegungsvorschriften (ReV) für VU noch die Verlautbarungen der Bundesanstalt für Finanzdienstleistungsaufsicht (BaFin) sehen für die Bemessung der BÜ eine eigenständige Regelung vor, sodass die VU auch für die Handelsbilanz (HB) den für die Steuerbilanz (StB) maßgeblichen Ländererlass anwenden. Gleichwohl ist die Kürzung der Bemessungsgrundlagen für die Ermittlung der BÜ um „nicht übertragsfähige" Beitragsteile (sog. Kostenabzug) umstritten und wird als bilanzrechtlich nicht begründbar abgelehnt.[19] 14

14 Vgl. *Wels*, in: *Prölss*/v.d. Thüsen/Ziegler (Hrsg.), Die versicherungstechnischen Rückstellungen im Steuerrecht, 3. Aufl., Karlsruhe 1973, S. 47 f.

15 Vgl. hierzu im Einzelnen Rn. 389 ff.

16 Vgl. § 24 Satz 2 RechVersV.

17 Vgl. BdF v. 30.04.1974, VerBAV 1974, S. 118 = DB 1974, S. 1504.

18 Vgl. im Einzelnen die Ausführungen im Unterkapitel I.3.e) „Kürzung nicht übertragungsfähiger Beitragsteile".

19 Vgl. hierzu u.a. *Boetius*, Handbuch der versicherungstechnischen Rückstellungen, Köln 1996, Anm. 560; *Boetius*, in: Herrmann/Heuer/Raupach (Hrsg.), Einkommensteuer- und Körperschaftsteuergesetz, Kommentar, Köln, Anhang zu §§ 20, 21, Rn. 18.

b) Berechnungsmethoden der Bruttobeitragsüberträge im selbst abgeschlossenen Versicherungsgeschäft

aa) Einzelberechnung (Pro-rata-temporis-Methode)

15 Die Brutto-BÜ für das sG sind grundsätzlich für jeden Versicherungsvertrag (VV) einzeln zu berechnen.[20] Bei dieser Methode wird für jeden einzelnen VV der auf das Folgejahr bzw. die Folgejahre zu übertragende (noch nicht verdiente) Beitragsteil aufgrund der Zeitverhältnisse genau nach Tagen oder Monaten berechnet. Durch die IT-gestützte Erfassung wird diese Methode in Form des 1/360-Systems bzw. des 1/720-Systems fast ausschließlich angewendet, sodass die BÜ taggenau ermittelt werden können. Ausgangspunkt für die Berechnung der Brutto-BÜ sind grundsätzlich die im GJ gebuchten Beiträge oder Beitragsraten, soweit sie für den Versicherungszeitraum nach dem Bilanzstichtag bestimmt und übertragungsfähig sind.[21]

bb) Gruppenbewertungsverfahren

(1) Voraussetzungen

16 § 341e Abs. 3 HGB lässt Näherungsverfahren nur unter der Voraussetzung zu, dass eine Einzelbewertung oder Gruppenbewertung nicht möglich ist oder der damit verbundene Aufwand unverhältnismäßig hoch wäre und dass diese zu annähernd gleichen Ergebnissen wie Einzelberechnungen führen. Statistische Methoden, insb. Bruchteils- und Pauschalmethoden, stellen keine Näherungsverfahren i.S.d. § 341e Abs. 3 HGB dar. Sie fallen nach der Regierungsbegründung zu § 240 Abs. 4 HGB[22] unter die Gruppenbewertung. Voraussetzung für ihre Anwendung ist, dass es sich um gleichartige oder annähernd gleichwertige Passiva handelt. Obwohl im Gesetz nicht ausdrücklich erwähnt, sollten auch die statistischen Methoden nur angewendet werden, wenn anzunehmen ist, dass sie zu annähernd gleichen Ergebnissen führen wie die Einzelberechnungen, da sich in § 240 Abs. 4 HGB die Auffassung des Art. 57 Abs. 1 VersBiRiLi niederschlägt und Art. 57 Abs. 1 VersBiRiLi diese Voraussetzung anführt.

17 Bei Anwendung von statistischen Methoden zur Ermittlung der BÜ ist grundsätzlich nach dem Bruchteilsystem vorzugehen, wobei unterjährige Zahlungsweisen

20 Vgl. § 252 Abs. 1 Nr. 3 HGB.
21 Vgl. § 24 Satz 1 RechVersV.
22 Vgl. Begr.-RegE., BT-Drs. 12/5587, S. 18. Hier wird u.a. ausdrücklich auf die Umsetzung von Art. 57 Abs. 1 der Versicherungsbilanzrichtlinie hingewiesen.

und unterjährige Verträge berücksichtigt werden müssen. Nur in VZ bzw. -arten, in denen die Dauer der VV überwiegend kurzfristig oder nicht genau bestimmbar ist, können Pauschalmethoden angewendet werden.[23]

Der Berechnung der BÜ sind grundsätzlich „die am Ende des GJ vorhandenen Verträge“[24] zugrunde zu legen. Für die Berechnung sind demnach die sog. Bestandsbeiträge zum Bilanzstichtag und nicht die gebuchten Beiträge zu verwenden. Von den monatlich gebuchten Beiträgen kann dann ausgegangen werden, wenn die Stornobeiträge fälligkeitsgerecht[25] zugeordnet und die Beiträge für die unterjährigen Verträge gesondert erfasst werden.[26] Nur unter diesen Voraussetzungen ist eine zutreffende Ermittlung der BÜ auf der Grundlage von gebuchten Beiträgen sichergestellt.[27] 18

(2) Bruchteilmethode

Bei der Anwendung einer Bruchteilmethode werden die Beitragseinnahmen je nach Fälligkeit auf bestimmte, gleich große Zeitabschnitte (Monate oder Quartale) eines GJ aufgeteilt und die BÜ in Bruchteilen dieser Beträge ermittelt, wobei die Höhe dieser Bruchteile von der Größe der Zeitabschnitte abhängt. Die gebräuchlichen Ansätze sind die 1/24-, 1/12- und 1/8-Methode.[28] 19

Bei der 1/24-Methode unterstellt man, dass die Beiträge gleichmäßig während des ganzen Monats fällig werden und geht von der Monatsmitte als durchschnittlichem Fälligkeitstermin aus. Diese Methode führt dazu, dass – bei Übereinstimmung zwischen Kalender- und GJ – von den im Januar fälligen Beiträgen 1/24, von den Februar-Beiträgen 3/24, von den März-Beiträgen 5/24 usw. als BÜ zu behandeln sind, da sich z.B. bei angenommener Fälligkeit der Jahresbeiträge Mitte des Monats Januar der Versicherungszeitraum bis Mitte Januar des folgenden 20

23 Vgl. *Geib/Horbach*, in: KoRVU, Bd. I, J, Rn. 55 f.

24 Vgl. die entsprechenden Erläuterungen vor Umsetzung der VersBiRiLi in Nr. I P 3.1 Abs. 3 Satz 2 VUBR.

25 Die stornierten Beiträge dürften nicht nach den Stornozeitpunkten, sondern müssen nach den Fälligkeiten dieser Beiträge als Abzugsposten berücksichtigt werden; vgl. GB/BAV 1977, S. 43; GB/BAV 1983, S. 47.

26 Vgl. die entsprechende Bestimmung vor Umsetzung der VersBiRiLi in Nr. I P 3.1 Abs. 3 Satz 3 VUBR.

27 Vgl. auch *Heinrichs*, Die Beitragsüberträge der größeren Schaden- und Unfallversicherungsunternehmen, Berlin 1961 S. 30 ff.

28 Vgl. die Darstellung einiger Verfahren bei *Baur*, Die Periodisierung von Beitragseinnahmen und Schadenausgaben im aktienrechtlichen Jahresabschluß von Schaden- und Unfallversicherungsunternehmen, Karlsruhe 1984, S. 78 ff; *Geib/ Horbach*, in: KoRVU, Bd. I, J, Rn. 51.

Jahres erstrecken würde und deshalb der Beitrag für einen halben Monat des Folgejahres abzugrenzen ist.

21 Die 1/12-Methode geht von der Annahme aus, dass die Beitragsfälligkeiten im Wesentlichen am Monatsanfang liegen; von den Januar-Beiträgen wird kein BÜ gerechnet – weil er für den Versicherungszeitraum 01.01.–31.12. eines Jahres geleistet ist –, von den Februar-Beiträgen wird 1/12 – der auf Januar des Folgejahres entfallende Beitragsteil –, von den März-Beiträgen 2/12 usw. übertragen. Sofern die Beiträge jeweils am Ende eines Monats fällig werden, sind von den Januar-Beiträgen 1/12, von den Februar-Beiträgen 2/12 usw. als BÜ abzugrenzen.

22 Die 1/8-Methode unterstellt, dass die quartalsweise zusammengefassten Beitragseinnahmen jeweils eine durchschnittliche Fälligkeit zur Mitte eines Quartals haben. Von den Beiträgen im ersten Quartal wird bei dieser Methode 1/8, im zweiten Quartal 3/8, im dritten Quartal 5/8 und im vierten Quartal 7/8 der Errechnung der BÜ zugrunde gelegt. Die 1/8-Methode bietet sich insb. auch für das üG an, wenn der Rückversicherer (RückVR) die Fälligkeiten, Zahlungsweisen und Laufzeiten der Versicherungen beim Vorversicherer (VorVR) nicht kennt, sodass bei quartalsweiser Abrechnung die abgerechneten RückV-Beiträge der BÜ-Berechnung zugrunde gelegt werden können.

(3) Pauschalmethode

23 Eine Pauschalmethode kann nur in den VZ und -arten, in denen die Dauer der VV überwiegend kurzfristig ist, angewendet werden. Die Pauschalmethode stellt hier die zeit- und kostengünstigste Form der Berechnung der BÜ dar. Wie bei den anderen beschriebenen statistischen Methoden gilt auch hier der Grundsatz, dass die Pauschalmethode zu annähernd gleichen Ergebnissen wie eine genaue Einzelbewertung führen muss.[29]

24 Bei der Pauschalmethode werden die gesamten Beitragseinnahmen eines GJ mit einem bestimmten Prozentsatz, dem sog. BÜ-Satz, multipliziert. Das Ergebnis gibt den Teil der gesamten Beitragseinnahmen an, der als BÜ abgegrenzt und unter den versicherungstechnischen Rückstellungen auszuweisen ist.[30] Geht man z.B. bei der Pauschalmethode davon aus, dass sich die Beitragsfälligkeiten des betreffenden Versicherungsbestands (VB) etwa gleichmäßig über das ganze Jahr verteilen, so ist bei Jahresbeiträgen die mittlere Fälligkeit der 01.07., sodass sich

29 Vgl. § 341e Abs. 3 HGB; *Geib/Horbach*, in: KoRVU, Bd. I, J, Rn. 55.

30 Vgl. *Baur*, Die Periodisierung von Beitragseinnahmen und Schadenausgaben im aktienrechtlichen Jahresabschluß von Schaden- und Unfallversicherungsunternehmen, Karlsruhe 1984, S. 85.

für die Ermittlung der BÜ ein pauschaler BÜ-Satz von 50 % ergibt.[31] Besonderheiten ergeben sich, wenn in einem VZ vermehrt auch unterjährige Zahlungsweisen üblich sind. Hier werden i.d.R. andere Übertragssätze als 50 % anzuwenden sein.[32]

Die für den Ansatz der Brutto-BÜ angewendeten Pauschalsätze müssen nach Auffassung der BaFin alle drei bis vier Jahre auf ihre Angemessenheit hin untersucht werden. Außerdem sind zwischenzeitlich ins Gewicht fallende Veränderungen in der Bestandszusammensetzung eines VZ durch Anpassung des pauschalen Übertragssatzes zu berücksichtigen.[33] 25

cc) Näherungsverfahren

Die Verwendung von Näherungsverfahren ist gem. § 27 Abs. 1 RechVersV dann vorgesehen, wenn die das GJ betreffenden Informationen über die fälligen Beiträge aufgrund der Besonderheit des VG zum Zeitpunkt der Bilanzaufstellung zu einer ordnungsgemäßen Schätzung nicht ausreichen. 26

In VZ oder -arten, in denen nach Zeichnungsjahren (ZJ)[34] abgerechnet wird (z.B. in der Transportversicherung (TrV)) kann die sog. Nullstellungsmethode angewendet werden, bei der die versicherungstechnische Rückstellung aus dem Überschuss der in einem GJ eingenommenen Beiträge über die Zahlungen für VF und Aufwendungen für den Versicherungsbetrieb resultiert. Diese Rückstellung kann auch nach dem Standardsystem,[35] d.h. in Höhe eines bestimmten Prozentsatzes der Beitragseinnahmen, gebildet werden. Die letztgenannte Bilanzierungsmethode ist im Unterkapitel III.3.i) „Besonderheiten im Transportversicherungsgeschäft" ausführlich dargestellt. In der Kreditversicherung und im üG besteht zudem die Möglichkeit der zeitversetzten Bilanzierung nach § 27 Abs. 3 RechVersV. 27

31 Vgl. *Geib/Horbach*, in: KoRVU, Bd. I, J, Rn. 56.

32 Vgl. wegen Einzelheiten zur Berechnung der BÜ bei Anwendung der Pauschalmethode *Heinrichs*, Die Beitragsüberträge der größeren Schaden- und Unfallversicherungsunternehmen, Berlin 1961, S. 23 f.; vgl. zur Berechnung der BÜ bei kurzfristigen (unterjährigen) Versicherungsverträgen (VV) ebd., S. 27 ff.

33 Vgl. GB/BAV 1981, S. 47.

34 „Zeichnungsjahr ist das Geschäftsjahr, in dem die Versicherungsverträge in dem betreffenden Versicherungszweig oder der betreffenden Versicherungsart begonnen haben"; § 27 Abs. 2 Satz 4 RechVersV.

35 Vgl. § 27 Abs. 2 RechVersV.

c) Ermittlung der Bruttobeitragsüberträge für das in Rückdeckung übernommene Versicherungsgeschäft

28 Die Brutto-BÜ für das üG sind grundsätzlich nach den Aufgaben der VorVR zu ermitteln. Liegen für obligatorische Übernahmen keine oder nur unvollständige Aufgaben der VorVR vor, so sind die Brutto-BÜ unter Berücksichtigung der Beitragszahlungsperioden, der unterjährigen Zahlungsweisen und Verträge nach einer Bruchteilmethode oder nach der Pauschalmethode zu berechnen.[36]

29 Ist der sich hierbei ergebende Betrag niedriger als der Betrag, der sich bei Austritt des übernehmenden VU aus dem Prämienportefeuille (Kündigung) ergeben würde (d.h. der Anteil an den zu diesem Stichtag noch nicht verdienten Beiträgen, der an den Zedenten vertragsgemäß zurückgegeben werden muss [Portefeuille-Storno]), so ist nur im Fall der bereits ausgesprochenen oder zu erwartenden Kündigung des Rückversicherungsvertrags (RVV)[37] der letztere (höhere) Betrag maßgebend.[38]

30 Hinsichtlich der bei einer Bruchteilmethode zu berücksichtigenden Beitragszahlungsperioden ist sinnvollerweise nur die Berücksichtigung der Beitragszahlungsperioden der im RückV-Verkehr abgerechneten Beiträge gemeint.[39] Dem RückVR sind die Beitragszahlungsperioden beim ErstVR i.d.R. nicht bekannt.

31 Für das fakultative RückVG sind die Brutto-BÜ, soweit der VorVR einzeln abrechnet, grundsätzlich für jede Übernahme gesondert zu berechnen. Möglich ist hier aber auch die Anwendung statistischer Methoden, wenn diese zu annähernd gleichen Ergebnissen wie eine Einzelberechnung führen.[40]

32 Werden im fakultativen RückVG vom VorVR die Abgaben für einen bestimmten Zeitraum (z.B. Quartale) zusammengefasst abgerechnet, so ist wie beim obligatorischen RückVG zu verfahren.[41] Anteile für das üG kommen nur für die proportionale RückV in Betracht, d.h. für Quoten- und Summenexzedenten-RückV

36 Vgl. die entsprechenden Erläuterungen vor Umsetzung der VersBiRiLi in Nr. I P 3.1 Abs. 6 Satz 1 und Abs. 5 i.V.m. Abs. 2 VUBR.

37 Maßgebend ist der Zeitpunkt der inventurmäßigen Feststellung der BÜ. Vgl. dazu vor Umsetzung der VersBiRiLi die Bestimmung in Nr. I P 3.1 Abs. 6 Satz 2 VUBR; vgl. auch den Erlass des Finanzministeriums des Landes Nordrhein-Westfalen v. 19.08.1970.

38 Vgl. *Geib/Horbach*, in: KoRVU, Bd. 1, J, Rn. 57.

39 Vgl. *Weiße*, in: Welzel/Reuffurth (Hrsg,), Kompendium zu den Rechnungslegungsvorschriften 1973/1974 für Versicherungsunternehmen, Karlsruhe 1975,S. 128. *Weiße* fährt an dieser Stelle fort: „Es ist jedoch zu bezweifeln, dass dieses Verfahren allerdings zu einem vernünftigen Näherungswert für die Abgrenzung der Beitragseinnahmen des Rückversicherers führt, weil für das Verhältnis der ausstehenden Gegenleistung zur gesamten Gegenleistung die Abrechnungsperiode des Erstversicherers mit dem Rückversicherer keine Rolle spielt."

40 Vgl. § 341e Abs. 3 HGB.

41 Vgl. zu weiteren Einzelheiten zum in Rückdeckung gegebenen VG Rn. 50 ff.

oder für Kombinationen aus diesen Vertragsarten. Bei der nicht proportionalen RückV (Schadenexzedenten und Stop-loss-Verträge) entfällt die Berechnung von BÜ-Anteilen der RückVR, weil sich die RückV-Entgelte überwiegend auf das betreffende GJ beziehen (RückV-Entgelt für das GJ).

d) Ermittlung der Beitragsübertragsanteile für das in Rückdeckung gegebene Versicherungsgeschäft

Die in der Bilanz auf der Passivseite abzusetzenden RückV-Anteile sind die im GJ gebuchten RückV-Beiträge, soweit sie für den über den Bilanzstichtag hinausgehenden Versicherungszeitraum bestimmt und übertragsfähig sind.[42] 33

Wie bei den Brutto-BÜ für das üG bereits erläutert, kommen im RückVG BÜ nur für die proportionale RückV in Betracht. 34

Der Anteil der RückV an den Brutto-BÜ ist grundsätzlich entsprechend der Methode für die Bruttobeträge zu berechnen.[43] Damit soll den Besonderheiten bei VZ mit fehlender Proportionalität zwischen Risikoverlauf und Beitrag Rechnung getragen werden.[44] Ebenso wie die Bruttobeitragseinnahmen sollen die RückV-Beiträge entsprechend dem Risikoverlauf bzw. zeitanteilig erfolgsmäßig abgegrenzt werden. 35

Wegen der gegebenen Proportionalität werden die Ergebnisse aus der Berechnung der Brutto-BÜ auf die Ermittlung der RückV-Anteile übertragen. So ergibt sich der Anteil für die Quoten-RückV als das folgende Produkt: Bruttobeitrag mal BÜ-Satz mal RückV-Quotensatz. Bei Summenexzedenten-RückV und Kombinationen beider RückV-Vertragsarten ist der RückV-Anteil gleich dem Produkt aus Bruttobeitrag und BÜ-Satz, multipliziert mit dem v.H. Satz, der sich aus dem Verhältnis der RückV-Beiträge zu den Beitragseinnahmen ergibt. Die Ergebnisse sind noch um die anteiligen, nicht übertragsfähigen Beitragsanteile zu kürzen.[45] 36

Bei einer Kündigung des RückVV bis zum Zeitpunkt der inventurmäßigen Feststellung der BÜ ist eine Abgrenzung der RückV-Beiträge nicht sachgerecht und insofern der RückV-Anteil an den BÜ aus dem vertraglich vereinbarten Portefeuille-Stornosatz zu ermitteln. Dem trägt § 23 Satz 2 2. Hs. RechVersV Rechnung, der im Fall einer Kündigung die Ermittlung des RückV-Anteils aufgrund der vertraglichen Abmachung mit dem RückVR fordert. 37

42 Vgl. die Erläuterungen vor Umsetzung der VersBiRiLi in Nr. I P 3,1 Abs. 7 Satz 1 VUBR.
43 Vgl. § 23 Satz 2 1. Hs. RechVersV.
44 Vgl. Begr. zu § 23 RechVersV, BR-Drs. 823/94, S. 121 f.
45 Vgl. Rn. 50 ff.

38 Aus Gründen der Vorsicht erscheint es darüber hinaus geboten, den Portefeuille-Stornosatz auch dann anzusetzen, wenn eine Kündigung des RückVV zu erwarten ist und der aus dem Portefeuille-Stornosatz resultierende Betrag kleiner ist als ein zeitanteiliger oder risikoverlauforientierter Wert.[46]

39 Ein Anteil der RückVR an den BÜ entfällt, wenn zwischen VorVR und RückVR bei Beendigung des RückVV die Anwendung des sog. Clean-cut-Verfahrens vereinbart worden ist.[47] In diesem Fall sind die Anteile der RückV an den BÜ in den unter den Abrechnungsforderungen bzw. -verbindlichkeiten ausgewiesenen Abrechnungssalden enthalten. Wird dagegen das Clean-cut-Verfahren auch in Fällen fortlaufender Vertragsbeziehungen angewendet (sog. „unechtes" Clean-cut-Verfahren), d.h., mit dem Portefeuilleaustritt zum Ende einer Vertragsperiode wird auch gleichzeitig der Eintritt für die folgende Vertragsperiode vorgenommen, sind die sich zum Bilanzstichtag ergebenden RückV-Abrechnungssalden grundsätzlich zum Zwecke der Bilanzierung entsprechend zu korrigieren, d.h. die Anteile der RückV an den versicherungstechnischen Bruttorückstellungen bei diesen Rückstellungen auszuweisen. Aus Vereinfachungsgründen erscheint ein Ausweis der vorgenannten Posten unter den „Abrechnungsforderungen bzw. -verbindlichkeiten aus dem RückVG"[48] vertretbar, sofern hierdurch die Beurteilung der versicherungstechnischen Bruttorückstellungen und der RückV-Anteile an diesen Rückstellungen nicht verfälscht wird.[49]

e) Kürzung nicht übertragungsfähiger Beitragsteile

aa) Allgemeines

40 Die Notwendigkeit oder die Möglichkeit von Kürzungen nicht übertragungsfähiger Beitragsteile ist in § 341e Abs. 2 Nr. 1 HGB und § 24 RechVersV zwar nicht ausdrücklich angesprochen; ihre Formulierung steht einer Berechnung entsprechend der Regelung vor dem VersBiRiLiG jedoch nicht entgegen.[50] Vor Umset-

---

46 Vgl. *IDW* (Hrsg.), WP Handbuch 2006, 13. Aufl., Bd. I, Düsseldorf 2006, Rn. K 334 f. So auch *Geib/Horbach*, in: KoRVU, Bd. 1 I, J, Rn. 63.

47 Vgl. zum Clean-cut-Verfahren, insb. auch zum sog. „unechten" Clean-cut-Verfahren bei fortlaufenden Vertragsbeziehungen, die Ausführungen in: *Ellenbürger*, Beitrag B V. „Die versicherungstechnischen Posten des Jahresabschlusses der Rückversicherungsunternehmen".

48 Vgl. § 16 Satz 2 2. Hs. RechVersV; dazu auch *Stuirbrink/Schuster*, in: Beck Vers-Komm., München 1998, § 16 RechVersV, Rn. 5 f.

49 Vgl. *IDW* (Hrsg.), WP Handbuch 2006[13], Rn. K. 273.

50 Vgl. Begr. zu § 24 RechVersV mit Hinweis zur Steuerneutralität, BR-Drs. 823/94, S. 122 sowie Empfehlung der Ausschüsse, BR-Drs. 823/94, S. 1; vgl. *Wiedmann*, Bilanzrecht, 2. Aufl., München 2003, § 341e HGB, Rn. 32.

zung der VersBiRiLi waren als Brutto-BÜ nur solche Beiträge oder Beitragsraten in der Bilanz auszuweisen, die für einen nach dem Bilanzstichtag liegenden Versicherungszeitraum bestimmt und übertragungsfähig sind.[51] Genauere Ausführungen darüber, was übertragungsfähig ist, machten die VUBR nicht. Schon in der Vergangenheit sind jedoch hinsichtlich der Bemessung der übertragungsfähigen Beitragsteile zahlreiche Zweifelsfragen aufgetreten, worauf 1974 vom Bundesministerium der Finanzen (BdF) ein koordinierter Ländererlass verkündet wurde.[52] In einigen Verlautbarungen des Bundesaufsichtsamts für das Versicherungswesen (BAV) ist später dann auf einzelne Regelungen dieses Erlasses Bezug genommen bzw. sind Regelungen durch das BAV interpretiert worden.[53]

Zur Klärung des Wesens der übertragungsfähigen Beitragsteile ist, unabhängig vom Ländererlass, auf die allgemeinen Grundsätze der Rechnungsabgrenzung zurückzugreifen. Als passive RAP – und als solche sind BÜ zu betrachten[54] – sind nur solche Einnahmen vor dem Bilanzstichtag auszuweisen, die Ertrag für eine bestimmte Zeit nach diesem Tag darstellen.[55] 41

Boetius hält aus bilanzrechtlicher Sicht eine Differenzierung der Beiträge in einen der zeitpunktbezogenen Versicherungsleistung des VU zuzuordnenden Beitragsteil und einen zeitraumbezogenen Beitragsteil für nicht begründbar.[56] Er hält den Beitrag für ein unteilbares Entgelt einer Gesamtleistung des Versicherers (VR). Kalkulatorische Gesichtspunkte müssen seiner Ansicht nach unberücksichtigt bleiben.[57] 42

Die steuerrechtliche Bilanzierung beruht auf einem Urteil des Reichsfinanzhofs (RFH) v. 13.03.1930.[58] Danach wurde für die Berechnung des passiven RAP verlangt, die vereinnahmten Beiträge um die mit der Vereinnahmung zusammenhängenden Kosten zu kürzen und nur den verbleibenden Teil nach dem Verhältnis der auf das abgelaufene GJ und der auf die folgende Zeit entfallenden Versicherungsdauer zu verteilen. 43

51 Vgl. die Bestimmung vor Umsetzung der VersBiRiLi in Nr. I P 3.1 Abs. 1 VUBR

52 Vgl. BdF v. 30.04.1974, VerBAV 1974, S. 118.

53 Vgl. z.B. GB/BAV 1981, S. 47; GB/BAV 1982, S. 50; GB/BAV 1983, S. 47; GB/BAV 1984, S. 49; GB/BAV 1985, S. 51 f.; GB/BAV 1986, S. 49; GB/BAV 1989, S. 55; GB/BAV 1992, S. 55; GB/BAV 1997, S. 79.

54 Vgl. die Ausführungen unter Rn. 1 ff.

55 Vgl. § 250 Abs. 2 HGB und § 24 Satz 1 RechVersV

56 Vgl. *Boetius*, Handbuch der versicherungstechnischen Rückstellungen, Köln 1996, Anm. 560.

57 Vgl. *Boetius*, Handbuch der versicherungstechnischen Rückstellungen, Köln 1996, Anm. 560.

58 Vgl. RStBl. 1930, S. 396 ff.

44 Auch der Bundesfinanzhof (BFH) hat sich in seinen Urteilen v. 31.05.1967[59] und vom 25.09. 1968[60] mit der Bildung von RAP befasst und entschieden, dass es für die Ermittlung des zutreffenden RAP auf das zeitliche Verhältnis von Leistung und Gegenleistung i.S.d. Vertrags ankommt und nicht darauf, wann die durch die noch zu erbringende Gegenleistung verursachten Kosten anfallen. Die Höhe des passiven RAP bemisst sich somit ausschließlich nach dem Verhältnis der noch ausstehenden Gegenleistung zur gesamten Leistung. Für den Bereich der BÜ bei VU führte diese Auffassung dazu, dass als übertragungsfähige Beitragsteile solche angesehen werden, die der ausstehenden Gegenleistung des VU entsprechen.

45 Die wesentliche Leistung des VU besteht in der Gewährung von Versicherungsschutz. Daneben erbringt der VR aber auch Leistungen wie die Ausfertigung einer Police, Aufklärungs- und Beratungstätigkeit sowie den Beitragseinzug. Zur Ermittlung der Teile der Leistungen des VU, die zum Bilanzstichtag noch ausstehen, müssten nun in jedem VU genaue Analysen vorgenommen werden, welche Leistungen des VU bereits zu einem Zeitpunkt, d.h. zu Beginn des VV, erbracht werden und welche Leistungen des VU zeitraumbezogen zur Verfügung gestellt werden.[61]

bb) Regelung für das selbst abgeschlossene Versicherungsgeschäft

46 In der Praxis kommt der oben bereits genannte koordinierte Ländererlass zur Anwendung.[62] Danach ist im sG vom Tarifbeitrag, also dem Beitrag, der den Ratenzuschlag nicht enthält, bzw. von dem ihm entsprechenden Versicherungsentgelt auszugehen. Als nicht übertragungsfähige Einnahmeteile sind hiervon 85 % der Provisionen und sonstigen Bezüge der Vertreter zu kürzen. Aus der sich danach ergebenden, maßgeblichen Bemessungsgrundlage ist der BÜ zeitanteilig zu ermitteln. Der Erlass regelt auch die Fälle, in denen die Abschluss- und Inkassotätigkeit einschl. der Bestandspflege nicht ausschließlich von Vertretern auf Provisionsbasis durchgeführt wird. Dem Kürzungsbetrag sind dann Teile der Gehälter und sonstige Bezüge derjenigen Angestellten, die in den genannten Bereichen und zur Bestandspflege eingesetzt sind, insoweit zuzurechnen, als sie anstelle von Vertretern auf Provisionsbasis tätig wurden. In der Praxis wird meistens so verfahren, dass der nach den weiter oben dargelegten Verfahren errechnete BÜ um einen Kostensatz (Verhältnis von 85 % der Provisionen usw. zum Tarifbeitrag in %) gekürzt

59 Vgl. BStBl. III, S. 607.
60 Vgl. BStBl. II 1969, S. 18.
61 Vgl. *Geib/Horbach*, in: KoRVU, Bd. I, J, Rn. 68.
62 Vgl. BdF v. 30.04.1974, VerBAV, S. 118.

oder der absolute Kürzungsbetrag (85 % der Provisionen usw.) mit dem BÜ-Satz multipliziert und das Produkt vom BÜ abgezogen wird.

Der gewählte Weg für die Ermittlung der nicht übertragungsfähigen Teile der Beitragseinnahmen stellt eine Pauschalregelung dar. Mit ihr soll auch dem Verbot der Aktivierung von Abschlusskosten (gem. § 248 Abs. 1 Nr. 3 HGB), sei es durch aktive Abgrenzung oder Kürzung der passiv abzugrenzenden Einnahmen, entsprochen werden. 47

Ferner beinhaltet die Pauschalregelung auch den Ansatz der vorweg erbrachten Nebenleistungen mit den Vollkosten einschl. der Gemeinkosten. Die Pauschalregelung enthält damit einen durch Saldierung verschiedener Komponenten entwickelten Satz.[63] 48

Der Erlassregelung liegt ein Kompromiss der rechtlichen Beurteilung seitens der Finanzverwaltung, des Aufsichtsamts und der Versicherungswirtschaft zugrunde.[64] Ob man davon ausgehen kann, dass die handelsrechtlichen Vorschriften bezüglich des Begriffs der übertragungsfähigen Teile im GJ fällig gewordener Beiträge oder Beitragsraten mit der steuerlichen Regelung übereinstimmen,[65] erscheint zweifelhaft. 49

cc) Regelung für das Rückversicherungsgeschäft

Der von den Brutto-BÜ für das sG abzusetzende Anteil der RückVR ist nach dem Erlass entsprechend der für das üG getroffenen Regelung zu ermitteln. Die Bemessungsgrundlage für BÜ ergibt sich hier durch Abzug von 92,5 % der RückV-Provision vom RückV Beitrag. Der Erstversicherer (ErstVR) hat also bei der Ermittlung des Anteils für das in Rückdeckung gegebene VG von den im GJ verrechneten RückV-Beiträgen ebenfalls 92,5 % der erhaltenen RückV-Provision als nicht übertragungsfähige Teile zu kürzen. Der Grundgedanke bei dieser Regelung ist, dass der Netto-BÜ des ErstVR und der BÜ des RückVR zusammen nicht mehr als 100 % des Brutto-BÜ des ErstVR ausmachen sollen.[66] Von den RückV-Beiträgen sind vorweg ebenfalls Ratenzuschläge (im üG nach Aufgabe des VorVR) abzuziehen. 50

63 Vgl. *Wels*, in: Prölss/v.d. Thüsen/Ziegler (Hrsg.), Die versicherungstechnischen Rückstellungen im Steuerrecht, 3. Aufl., Karlsruhe 1973, S. 50 f.

64 Vgl. *Wels*, in: Prölss/v.d. Thüsen/Ziegler (Hrsg.), Die versicherungstechnischen Rückstellungen im Steuerrecht, 3. Aufl., Karlsruhe 1973, S. 50 f.

65 Vgl. *Welße*, in: Welzel/Reuffurth (Hrsg.), Kompendium zu den Rechnungslegungsvorschriften 1973/1974 für Versicherungsunternehmen, Karlsruhe 1975, S. 128.

66 Hierbei wird unterstellt, dass der RückVR den BÜ nach der gleichen Methode wie der ErstVR ermittelt oder ihn nach Aufgabe des ErstVR stellt.

51 Auch bei der Kürzung der RückV-Beiträge um 92,5 % der RückV-Provision handelt es sich um eine Pauschalregelung. Ihr liegt u.a. die Annahme zugrunde, dass die vom RückVR gezahlte Provision je zur Hälfte der Erstattung von Provisionen und sonstigen Bezügen der Vertreter einerseits und der Erstattung von anderen Kosten und ggf. der Vergütung von Gewinnanteilen andererseits dient.[67] Die Minderung der Summe aus Provisionen und sonstigen Bezügen der Vertreter um 15 % im Erstversicherungsgeschäft (ErstVG) reduziert sich deshalb auf 7,5 %, die von den gesamten RückV-Provisionen zu kürzen sind. Nicht zu den abzugsfähigen Beiträgen gehört die vom RückVR erstattete Feuerschutzsteuer. Das gleiche gilt für die dem ErstVR vom RückVR gesondert gutgeschriebenen Gewinnanteile und für gestaffelte Zusatzprovisionen.[68]

52 Die 92,5 %-Regelung dürfte jedoch nur dann zutreffend sein, wenn der RückVR eine pauschale RückV-Provision (Fest- oder Staffelprovision) vergütet, die nach der verrechneten RückV-Prämie bemessen und im voraus geleistet wird. Erstattet der RückVR dagegen dem ErstVR Originalkosten, so würden von den RückV-Beiträgen wie im ErstVG nur 85 % der erstatteten Provisionen und sonstigen Bezüge der Vertreter zu kürzen sein.[69] Das gilt sowohl für das abgegebene VG des ErstVR als auch für das üG des RückVR.

53 Vom RückVR gezahlte Maklercourtagen gehören zu den Originalkosten des RückVG. Sie sind daher wie die Originalkosten des ErstVR zu behandeln und wie bei diesem als „sonstige Bezüge der Vertreter“ nur mit 85 % zu kürzen.[70]

4. Ausweis der Beitragsüberträge in der Gewinn- und Verlustrechnung

54 Schaden- und Unfallversicherungsunternehmen haben in der Gewinn- und Verlustrechnung (GuV) die Veränderung der BÜ in zwei Posten auszuweisen. In dem Unterposten I 1c FB 2 bzw. FB 4 RechVersV „Veränderung der Bruttobeitragsüberträge“ ist der Unterschied zwischen den Brutto-BÜ am Anfang und am Ende des GJ auszuweisen. Analog ist bei dem Unterposten I 1d FB 2 bzw. FB 4

67 Vgl. *Gerathewohl*, Rückversicherung, Grundlage und Praxis, Bd. I, Karlsruhe 1976, S. 699 f.

68 Vgl. *Gerathewohl*, Rückversicherung, Grundlage und Praxis, Bd. I, Karlsruhe 1976, S. 701.

69 Vgl. *Gerathewohl*, Rückversicherung, Grundlage und Praxis, Bd. I, Karlsruhe 1976, S. 701; *Weiße*, in: Welzel/Reuffurth (Hrsg,), Kompendium zu den Rechnungslegungsvorschriften 1973/1974 für Versicherungsunternehmen, Karlsruhe 1975 S. 129.

70 Vgl. *Gerathewohl*, Rückversicherung, Grundlage und Praxis, Bd. I, Karlsruhe 1976, S. 701.

RechVersV „Veränderung des Anteils der Rückversicherer an den Beitragsüberträgen“ vorzugehen.[71]

Eine Ausnahme von diesem „Umsatzsaldoprinzip“, wie es *Welzel* nennt,[72] ist nur dann zugelassen, wenn BÜ am Schluss des Vorjahres (VJ) auf fremde Währung lauten. Die sich bei Umrechnung zu den Währungskursen am Ende des laufenden GJ ergebenden Währungskursgewinne oder -verluste sind ab- oder hinzuzusetzen[73] und in Anlehnung an die Bilanzierungspraxis vor Umsetzung der VersBiRiLi in der GuV unter Posten II 4 FB 2 bzw. Posten III 5 FB 4 RechVersV „Sonstige Erträge“ oder unter Posten II 5 FB 2 bzw. Posten III 6 FB 4 RechVersV „Sonstige Aufwendungen“ auszuweisen.[74] 55

Portefeuilleeintritts- und Portefeuilleaustrittsbeiträge aus dem üG werden nicht unter Veränderungen der Brutto-BÜ angegeben, sondern im Unterposten „Gebuchte Bruttobeiträge“ (Posten I 1a FB 2 bzw. 4 RechVersV) verrechnet.[75] Entsprechend sind die Portefeuilleeintritts- und Portefeuilleaustrittsbeiträge aus dem in Rückdeckung gegebenen VG unter dem Posten „Abgegebene Rückversicherungsbeiträge“ (Posten I 1b FB 2 bzw. 4 RechVersV) zu berücksichtigen.[76] 56

5. Angabepflichten im Anhang

In Ergänzung zu § 284 Abs. 2 Nr. 1 HGB haben VU gem. § 52 Nr. 1 Buchst. c RechVersV die Methoden der Ermittlung der einzelnen versicherungstechnischen Rückstellungen sowohl hinsichtlich der Bruttobeträge als auch der auf das in Rückdeckung gegebene VG entfallenden Beträge, jeweils gesondert für das sG und für das üG, anzugeben. Wesentliche Änderungen der Methoden gegenüber dem VJ sind zu erläutern. 57

Aus § 52 Nr. 1 Buchst. c RechVersV ergibt sich bei Abweichung der Bewertungsmethoden gegenüber dem VJ keine unmittelbare Verpflichtung zur Berichterstat- 58

71 Vgl. *IDW* (Hrsg.), WP Handbuch 2006[13], Rn. K 547.

72 Vgl. *Welzel*, VW 1968, S. 943.

73 Vgl. die Bestimmungen vor Umsetzung der VersBiRiLi in Nr. I 0.2 Abs. 1 i.V.m. Nr. II 1.3 Abs. 2 VUBR.

74 Vgl. *IDW* (Hrsg.), WP Handbuch 2006[13], Rn. K 620 und 627.

75 Portefeuilleeintrittsbeiträge werden zu den Beiträgen addiert (vgl. § 36 Abs. 3 Satz 1 Nr. 3 RechVersV), Portefeuilleaustrittsbeiträge werden hingegen von den Beiträgen abgesetzt (vgl. § 36 Abs. 3 Satz 2 RechVersV).

76 Portefeuilleeintrittsbeiträge erhöhen die abgegebenen Beiträge (vgl. § 37 Satz 1 Nr. 3 RechVersV), Portefeuilleaustrittsbeiträge werden hingegen von den abgegebenen Beiträgen abgesetzt (vgl. § 37 Satz 2 RechVersV).

tung über die Auswirkungen auf die Vermögens-, Finanz- und Ertragslage. Diese folgt jedoch bereits unmittelbar aus § 284 Abs. 2 Nr. 3 HGB.

59 Eine Anhangangabe für die Bilanzwerte der BÜ ist nicht erforderlich, sie ergibt sich jedoch teilweise aus einer Differenzrechnung der anderen anzugebenden Größen. Gemäß § 51 Abs. 4 Nr. 1 Buchst. a-c RechVersV sind die gebuchten bzw. die verdienten Bruttobeiträge und die verdienten Nettobeiträge, untergliedert in VZ-Gruppen, VZ und -arten gem. § 51 Abs. 4 Satz 3 RechVersV, aufzuführen und den entsprechenden VJ-Werten gegenüberzustellen.[77]

60 Zusätzlich ist bei Rückgriff auf Näherungsverfahren deren Verwendung im Anhang zu begründen. Werden der Berechnung Zahlen des vorangegangen GJ zugrunde gelegt, ist der Zeitraum und Umfang des zur Verfügung gestellten Datenmaterials anzugeben.[78]

6. Prüfung

61 Im Hinblick darauf, dass die BÜ in der Jahresbilanz eine Abgrenzung der noch nicht verdienten, fällig gewordenen Beitragsteile darstellen und in der GuV ihre Veränderung gegenüber dem VJ bei der Ermittlung der verdienten Beiträge für eigene Rechnung (f.e.R.) berücksichtigt wird,[79] kommt der Prüfung der BÜ erhebliche Bedeutung zu.

62 Als Grundlage der Prüfung dienen insb. Konten, Aufstellungen über die Ermittlung der BÜ, Unterlagen über Fremdwährungsgeschäfte sowie RückV-Abrechnungen.

63 Werden im sG BÜ nach der Methode der Einzelberechnung[80] (pro rata temporis) ermittelt, so ist zunächst zu prüfen, ob sichergestellt ist, dass alle Verträge und somit alle gebuchten Beiträge oder Beitragsraten vollständig erfasst werden. Hierzu ist auch der VB einer eingehenden Überprüfung zu unterziehen. Wichtig ist, dass er vollständig erfasst und nach VZ, Zahlungsweisen und Fälligkeiten gegliedert ist.

64 Diese Prüfung des VB ist auch bei Berechnung der BÜ durch Gruppenbewertungsverfahren von großer Bedeutung, da hier grundsätzlich „die am Ende des GJ vorhandenen Verträge" zugrunde gelegt werden.[81] Werden statt der sog. Bestands-

77 Größenabhängige Erleichterungen ergeben sich aus § 51 Abs. 4 Sätze 2 und. 4 RechVersV.

78 Vgl. § 27 Abs. 4 RechVersV.

79 Die verdienten Beiträge f.e.R. dienen als Bemessungsgrundlage bei der Ermittlung von Kontroll- oder Kennzahlen, z.B. der Schaden- und Verwaltungskostensätze.

80 Vgl. unter Rn. 15.

81 Vgl. die Bestimmungen vor Umsetzung der VersBiRiLi in Nr. I P 3.1 Abs. 3 Satz 2 VUBR.

beiträge jedoch die monatlich gebuchten Beiträge verwendet,[82] so ist zu prüfen, ob die Stornobeiträge ihrer Fälligkeit nach korrekt zeitlich zugeordnet und die Beiträge für unterjährige Verträge gesondert erfasst werden.

Es ist jeweils zu prüfen, ob die der Berechnung der BÜ zugrunde gelegten gebuchten Beiträge oder Bestandsbeiträge mit den sich aus dem VB ergebenen Größen übereinstimmen. 65

Erfolgt die Berechnung der BÜ nach dem Bruchteilsystem (z.B. Achtel-, Zwölftel- oder Vierundzwanzigstel-System), so ist zu prüfen, ob die in den einzelnen Monaten gebuchten Beiträge der Berechnung richtig zugrunde gelegt worden sind. Zu prüfen ist auch die Berücksichtigung unterjähriger Zahlungsweisen und unterjähriger Verträge. 66

Werden die BÜ, insb. bei VV mit kurzer Laufzeit, pauschal ermittelt, so sind die als Bemessungsgrundlage erfassten gebuchten Beiträge und die angewendeten Pauschalsätze zu prüfen. Es müssen für jeden VZ das Verhältnis der BÜ zu den Beiträgen ermittelt und die Kennzahlen kritisch mit den entsprechenden Daten der VJ verglichen werden. Soweit sich daraus größere Abweichungen erkennen lassen, sind die Ursachen hierfür zu klären.[83] Im Fall der Verwendung von Näherungsverfahren[84] ist zu prüfen, ob eine Einzel- oder Gruppenbewertung nicht möglich ist oder mit einem unverhältnismäßig hohen Aufwand verbunden wäre.[85] Bei der Bewertung mittels Näherungsverfahren sind die auf diese Weise ermittelten BÜ kritisch mit den entsprechenden Daten der VJ zu vergleichen. Soweit sich aus solchen Plausibilitätsprüfungen größere Abweichungen erkennen lassen, sind die Ursachen zu klären.[86] 67

Weitere Prüfungshandlungen erstrecken sich auf die rechnerische Richtigkeit der zeitlichen Abgrenzung sowie die sachlich und rechnerisch korrekte Kürzung der nicht übertragungsfähigen Beitragsteile entsprechend den aufsichtsbehördlichen Verlautbarungen und dem oben erläuterten Steuererlass. 68

Der Abschlussprüfer hat darauf zu achten, dass bei VV mit mehrjähriger Vertragsdauer, bei denen die Beiträge für die gesamte Vertragsdauer fällig werden (z.B. in der Kreditversicherung, der Allgemeinen Haftpflichtversicherung und den techni- 69

82 Vgl. die entsprechenden Erläuterungen vor Umsetzung der VersBiRiLi in Nr. I P 3.1 Abs. 3 Satz 3 VUBR.

83 Vgl. *IDW* (Hrsg.), WP Handbuch 2006[13], Rn. K 755 f.

84 Vgl. Rn. 16.

85 Vgl. § 341e Abs. 3 HGB.

86 Diese Notwendigkeit ergibt sich natürlich auch bei der Einzelberechnung, soweit sich z.B. in einzelnen VZ größere Änderungen ergeben.

schen Versicherungen), die BÜ korrekt ermittelt werden. Da Abschlussprovisionen hier nämlich ausschließlich im Zeitpunkt der Fälligkeit der Beiträge anfallen, sind diese auch nur im Vertragsabschlussjahr als nicht übertragungsfähige Beitragsteile zu berücksichtigen. Die übertragspflichtigen Beitragsteile sind in den Folgejahren dann ungekürzt abzugrenzen.

70 Insbesondere bei der Einzelberechnung ist anhand ausgewählter VV-Akten die richtige Ermittlung der BÜ in Stichproben zu prüfen.

71 Im üG sowie im in Rückdeckung gegebenen VG sind zur Prüfung die Aufgaben der VorVR sowie die RückVV und -abrechnungen heranzuziehen. Auch hier sind die abgesetzten, nicht übertragungsfähigen Beitragsteile sachlich und rechnerisch zu prüfen. Hat das VU die Bruchteil- oder die Pauschalmethode auf die in Frage kommenden Beiträge im üG angewendet, so ist bei der Prüfung ein Vergleich der ermittelten BÜ mit den vereinbarten Portefeuille-Stornosätzen vorzunehmen. Es ist darauf zu achten, dass im Fall einer zum Zeitpunkt der Ermittlung der BÜ bereits ausgesprochenen oder zu erwartenden Kündigung des RückVV der Portefeuille-Stornosatz anzuwenden ist, sofern die ermittelten BÜ niedriger sind als dieser.[87] Für die abzusetzenden Anteile der RückV im abgegebenen RückVG gilt Vorstehendes sinngem. entsprechend; im Fall der Kündigung des RückVV bis zum Zeitpunkt der inventurmäßigen Feststellung der BÜ ist der RückV-Anteil an den BÜ in jedem Fall aus dem vertraglich vereinbarten Portefeuille-Stornosatz zu ermitteln.

72 Da VU in erheblichem Maße Informationstechnologien zur Abwicklung ihrer Geschäftsprozesse einsetzen, ist neben den nachfolgend dargestellten Prüfungshandlungen auch eine Prüfung der zugrunde liegenden IT-Systeme[88] und des Internen Kontrollsystems (IKS)[89] unbedingt notwendiger Bestandteil der Prüfung. Das Ziel besteht darin, die ordnungsgemäße Erfassung und Verarbeitung aller Beiträge und Beitragsarten zu beurteilen.[90]

---

87 Vgl. die Erläuterungen vor Umsetzung der VersBiRiLi in Nr. I P 3.2 Abs. 2 Nr. 1 VUBR.

88 Vgl. hierzu *IDW Prüfungsstandard: Abschlussprüfung bei Einsatz von Informationstechnologie (IDW PS 330)* (Stand: 24.09.2002).

89 Vgl. hierzu *IDW Prüfungsstandard: Feststellung und Beurteilung von Fehlerrisiken und Reaktionen des Abschlussprüfers auf die beurteilten Fehlerrisiken (IDW PS 261)* (Stand: 09.09.2009).

90 Vgl. *IDW* (Hrsg.), WP Handbuch 2006[13], Rn. K 746 f.

II. Deckungsrückstellung

1. Charakter der Deckungsrückstellung bei Schaden- und Unfallversicherungsunternehmen und ihr Ausweis in der Bilanz

Nach § 341f Abs. 1 HGB werden Deckungsrückstellungen (DR) nicht nur bei Lebensversicherungsunternehmen (LVU), sondern auch bei SchVU, die VG nach Art der Lebensversicherung (LV) betreiben, gebildet. Bei diesen Geschäften ist das Risikogeschäft rechtlich oder faktisch mit Spar- und Entspargeschäften verbunden.[91] 73

Bei der Unfallversicherung (UnfallV) mit Prämienrückgewähr (UPR)[92] handelt es sich um ein solches VG. Daher gelten auch die die LV betreffenden Regelungen der §§ 11-11c VAG gem. § 11d VAG für die UPR entsprechend.[93] Auch Sachversicherungen gegen Einmalbeitrag, wie z.B. eine lebenslängliche Hausratversicherung, würden nach § 25 Abs. 6 Satz 1 RechVersV eine DR für eine künftig beitragsfreie Zeit benötigen.[94] 74

Die UPR unterscheidet sich von der normalen Einzel-UnfallV dadurch, dass alle eingezahlten Beiträge – mit Ausnahme etwaiger Zuschläge für unterjährige Beitragszahlung – ohne Rücksicht auf etwa bezahlte Unfallentschädigungen bei Erreichen eines bestimmten Alters oder bei vorzeitigem Tod des VN zuzüglich einer Überschussbeteiligung zurückerstattet werden.[95] Diese Versicherung stellt eine Kombination aus UnfallV- und LV-Elementen – bezogen auf den Rückgewährteil – dar, wobei der LV-Teil in versicherungstechnischer Hinsicht als kapitalbildende LV auf den Todes- und Erlebensfall mit gleichmäßig steigender Versicherungssumme interpretiert werden kann.[96] Für den hier integrierten Sparprozess ist eine DR zu bilden. 75

91 Siehe hierzu: *Farny*, Versicherungsbetriebslehre, 4. Aufl., Karlsruhe 2006, S. 54 f.

92 Hier wird der aufsichtsrechtliche Terminus nach § 11d VAG verwendet. In der Literatur findet sich auch der Begriff „Unfallversicherung mit Beitragsrückerstattung" (UBR).

93 Für einen ausführlichen Überblick, siehe *Präve*, in: Prölss, VAG-Kommentar, 12. Aufl., München 2005, S. 279.

94 Vgl. *Stuirbrink/Johannleweling/Faigle/Reich*, in: Beck Vers-Komm., München 1998, § 341f HGB, Rn. 2.

95 Vgl. *Riebesell*, in: Große/Schmidt (Hrsg.), Versicherungsenzyklopädie, Bd. 4, 4. Aufl., Wiesbaden 1991, S. 611 f. Die Rückgewähr findet entweder nur bei Tod, spätestens jedoch nach Vollendung eines bestimmten Lebensjahres (z.B. 65., 60. oder 55.) statt.

96 Vgl. BR-Drs. 23/94, S. 173.

76 Gemäß § 341g Abs. 5 HGB sind Rückstellungen für Versicherungsleistungen, die aufgrund rechtskräftigen Urteils, Vergleichs oder Anerkenntnisses in Form einer Rente zu erbringen sind, nach anerkannten versicherungsmathematischen Methoden zu berechnen. Gemäß § 11e VAG gelten die Vorschriften des § 11a VAG für die Berechnung der Renten-DR in den Sparten Kraftfahrzeug-Haftpflicht, Kraftfahrt-Unfall, Allgemeine Haftpflicht und Allgemeine Unfall entsprechend, d.h., auch hier sind die für die Berechnung der DR in der LV getroffenen Regelungen maßgebend. Die VU, die die UPR betreiben oder Rentenleistungen zu erbringen haben, müssen sicherstellen, dass neben der DeckRV, die gem. § 65 Abs. 1 VAG erlassen wurde, auch die Grundsätze der §§ 341f und 341g HGB eingehalten werden.[97]

77 Gemäß § 25 Abs. 6 RechVersV ist die Beitrags-DR in der UPR für die angesammelten und verzinsten Sparanteile unter dem Passivposten E II „Deckungsrückstellung" auszuweisen, während die Renten-DR im Posten E III „Rückstellungen für noch nicht abgewickelte Versicherungsfälle" erfasst werden.[98]

78 In der Vorspalte sind die Anteile des Rückversicherungsunternehmens (RückVU) offen von dem Bruttobetrag abzusetzen (vgl. Passivseite Posten E II bzw. E III FB 1 RechVersV).

2. Berechnung der Deckungsrückstellung

79 Gemäß § 252 Abs. 1 Nr. 3 HGB, § 25 Abs. 2 1. Hs. RechVersV sind die DR für jeden VV einzeln zu berechnen. Die hierbei zu berücksichtigenden handelsrechtlichen Vorschriften ergeben sich aus § 341f HGB und aus § 25 Abs. 4 RechVersV.

80 Auch hat ein von dem SchVU zu bestellender Verantwortlicher Aktuar sicherzustellen, dass die Grundsätze des § 341f HGB und der DeckRV bei der Berechnung der DR eingehalten werden.[99]

81 Gemäß § 341e Abs. 3 HGB sind Näherungsverfahren bei der Bewertung versicherungstechnischer Rückstellungen dann zulässig, wenn eine Einzel- oder Gruppenbewertung gem. § 252 Abs. 1 Nr. 3 bzw. § 240 Abs. 4 HGB nicht möglich oder mit unverhältnismäßig hohem Aufwand verbunden wäre und wenn anzunehmen ist, dass das Näherungsverfahren zu annähernd gleichen Ergebnissen wie die Ein-

97 Vgl. § 65 Abs. 4 VAG.

98 Vgl. Rn. 122.

99 Vgl. *Stuirbrink/Johannleweling/Faigle/Reich*, in: Beck Vers-Komm., München 1998, § 341f HGB, Rn. 68.

zelbewertung führt. Folgt man dem Willen des Gesetzgebers,[100] so gehören auch die Näherungsverfahren zur Berechnung der DR zu der Gruppenbewertung i.S.d. § 240 Abs. 4 HGB.

Die Brutto-DR für das üG betreffen auch das Lebens- oder Kranken-VG. Sie sind 82
nach den Rechnungsgrundlagen,[101] die sich aus den RückVV ergeben, zu berechnen. Dies gilt auch dann, wenn die Brutto-DR aufgrund von vertraglichen Abmachungen oder gesetzlichen Bestimmungen bei den VorVR verbleiben.

Der Anteil der RückVU an den Brutto-DR wird auf der Grundlage der RückVV 83
errechnet.

3. Ausweis der Veränderung der Deckungsrückstellung in der Gewinn- und Verlustrechnung

In der GuV werden Erträge aus der Verminderung und Aufwendungen aus der 84
Erhöhung der DR zusammen in einem Unterposten zu der „Veränderung der übrigen versicherungstechnischen Netto-Rückstellungen" ausgewiesen. Hierbei braucht in der Vorspalte der Anteil des RückVR nicht angegeben zu werden.[102]

Eine Zusammenfassung der Unterposten zu der „Veränderung der übrigen versi- 85
cherungstechnischen Netto-Rückstellungen" ist möglich, wenn die Beträge nicht wesentlich sind, oder zur Vergrößerung der Klarheit. Im letzteren Fall sind die Posten im Anhang gesondert auszuweisen.[103]

4. Angabepflichten im Anhang

Gemäß § 284 Abs. 2 Nr. 1 HGB i.V.m. § 52 Nr. 1 Buchst. c RechVersV haben 86
SchVU auch hinsichtlich der DR Angaben zu den Methoden der Ermittlung dieser Rückstellung zu machen.

Im Fall einer Zusammenfassung der GuV-Posten I 5a und 5b FB 2 bzw. 4 87
RechVersV zum Posten „Veränderung der übrigen versicherungstechnischen

100 Vgl. Begr. RegE, BT-Drs. 12/5587, S. 18. Hier wird u.a. ausdrücklich auf die Umsetzung von Art. 59 Abs. 1 der VersBiRiLi hingewiesen.

101 Vgl. zum Begriff der Rechnungsgrundlagen *Faigle*, in: Beck Vers-Komm., München 1998, § 341e HGB, Rn. 16.

102 Vgl. Posten I 5a FB 2 bzw. 4 RechVersV.

103 Vgl. § 3 Nr. 2 Doppelbuchst. aa und bb RechVersV.

Netto-Rückstellungen“ sind die Posten im Anhang gesondert auszuweisen, wenn die Zusammenfassung zur Klarheit beiträgt.[104]

5. Prüfung der Deckungsrückstellung

88 Im Rahmen des sG haben die DR bei SchVU zwar, quantitativ gesehen, geringe Bedeutung, doch haben diese VU – soweit es das selbst abgeschlossene Unfall-VG betrifft – gem. § 11a Abs. 3 Nr. 2 i.V.m. §§ 11d bzw. 11e VAG durch einen beauftragten mathematischen Sachverständigen, den Verantwortlichen Aktuar, unter der Bilanz die Richtigkeit der Berechnung ausdrücklich bestätigen zu lassen.[105]

89 Die Bestätigung des Verantwortlichen Aktuars enthebt den Abschlussprüfer nicht von seiner Verantwortlichkeit nach Handelsrecht.[106] Die PrüfV führt aus, dass der Abschlussprüfer Abweichungen von den durch den Aktuar gemachten Feststellungen zu vermerken hat.[107]

90 Hinsichtlich der einzelnen Prüfungshandlungen und -techniken verweisen wir auf die entsprechenden Darstellungen im Abschnitt über die DR der LVU;[108] sie sind sinngemäß anzuwenden.[109]

III. Rückstellung für noch nicht abgewickelte Versicherungsfälle (Schadenrückstellung)

1. Charakter und Zusammensetzung der Rückstellung für noch nicht abgewickelte Versicherungsfälle

91 Schadenrückstellungen dienen der Erfassung von dem Grund und/oder der Höhe nach ungewissen Verbindlichkeiten gegenüber VN bzw. gegenüber geschädigten Dritten aus realisierten wirtschaftlichen Risiken (wirtschaftliche Schäden), die in

104 Vgl. § 3 Nr. 2 Doppelbuchst. bb RechVersV.

105 Für kleinere Versicherungsvereine auf Gegenseitigkeit (VVaG) i.S.d. § 53 VAG gilt die Vorschrift gem. § 11a Abs. 3 Nr. 2 Satz 1 VAG nicht.

106 Vgl. § 11a Abs. 3 Nr. 2 VAG; so auch die Begründung zu § 25 RechVersV, BR-Drs. 823/94, S. 126.

107 Vgl. § 17 Abs. 1 PrüfV.

108 Vgl. *Husch*, Beitrag B I. „Die versicherungstechnischen Posten des Jahresabschlusses der Lebensversicherungsunternehmen“; *Minz/Richter*, in: HdV 1988, S. 585 ff.

109 Die Ausführungen hinsichtlich der Ansprüche für geleistete, rechnungsmäßig gedeckte Abschlussaufwendungen sind durch SchVU jedoch nicht anzuwenden.

VV von VU übernommen worden sind.[110] Die ungewissen Verbindlichkeiten müssen am Abschlussstichtag rechtlich entstanden oder wirtschaftlich bereits verursacht sein.[111] Die Schadenrückstellung ist damit eine Rückstellung für ungewisse Verbindlichkeiten i.S.d. § 249 Abs. 1 Satz 1 HGB. Am Bilanzstichtag besteht eine solche Verpflichtung des VR, soweit nicht alle bis zu diesem Zeitpunkt eingetretenen – und verursachten – VF reguliert sind.

Daher heißt es in § 341g Abs. 1 HGB, dass Rückstellungen zu bilden sind „für die Verpflichtungen aus den bis zum Ende des Geschäftsjahres eingetretenen, aber noch nicht abgewickelten Versicherungsfällen". Dabei „sind die gesamten Schadenregulierungsaufwendungen zu berücksichtigen". 92

Grundsätzlich setzen sich die am Bilanzstichtag bilanzierten Schadenrückstellungen des sG wie folgt zusammen:[112] 93

1. Teil-Schadenrückstellung für am Abschlussstichtag bekannte VF (ohne Renten-VF und bekannte Spätschäden);
2. Teil-Schadenrückstellung für am Abschlussstichtag bekannte Renten-VF (Renten-DR);
3. Teil-Schadenrückstellung für bekannte und unbekannte Spätschäden;
4. Teil-Schadenrückstellung für Schadenregulierungsaufwendungen (SchR-Aufwendungen).

Abweichend vom Saldierungsverbot sind von der Summe dieser vier Teil-Schadenrückstellungen die Forderungen aus Regresse, Provenues, Teilungsabkommen (RPT) aus bereits abgewickelten VF abzusetzen,[113] um die Bruttoschadenrückstellung zu erhalten, wie sie in der Bilanz unter der Passivseite Posten E III 1 in FB 1 RechVersV ausgewiesen wird. Forderungen aus RPT aus noch nicht abgewickelten VF sind dabei bereits im Rahmen der Bewertung der einzelnen Teil-Schadenrückstellungen als rückstellungsmindernde Merkmale zu berücksichtigen.[114] 94

110 Der Eintritt des versicherten Ereignisses wird im Versicherungsvertragsrecht als VF bezeichnet. Vgl. *Prölss*, in: Prölss/Martin (Hrsg.), VVG-Kommentar, 27. Aufl., München 2004, § 1 VVG, Rn. 31.

111 Vgl. *IDW* (Hrsg.), WP Handbuch 2006[13], Rn. E 87; *Biener/Berneke*, Bilanzrichtlinien-Gesetz, Düsseldorf 1986, § 249 HGB, Satz 78; BFH v. 20.03.1980, BStBl. II 1980, S. 298.

112 Vgl. *IDW Stellungnahme zur Rechnungslegung: Die Bewertung der Schadenrückstellung von Schaden-/Unfallversicherungsunternehmen (IDW RS VFA 3)* (Stand: 01.03.2010), Tz. 4.

113 Vgl. zu RPT-Forderungen Perlet, Rückstellungen für noch nicht abgewickelte Versicherungsfälle in Handels- und Steuerbilanz, Karlsruhe 1986, S. 64 ff.

114 Vgl. die Bestimmungen vor Umsetzung der VersBiRiLi in Nr. I P 3.3.1 Abs. 3 Satz 1 VUBR.

95 Die für noch nicht abgewickelte Rückkäufe, Rückgewährbeträge und Austrittsvergütungen gebildeten Rückstellungen sind gem. § 26 Abs. 1 RechVersV unter der Rückstellung für noch nicht abgewickelte VF auszuweisen.[115] Rückkäufe, Rückgewährbeträge und Austrittsvergütungen sind die Beträge, die dem VN aus den bis zum Bilanzstichtag vorzeitig gekündigten Verträgen oder abgelaufenen Verträgen geschäftsplanmäßig zu vergüten sind, aber bis zum Bilanzstichtag noch nicht ausgezahlt wurden.[116]

2. Ausweis in der Bilanz und der Gewinn- und Verlustrechnung

96 Schaden- und Unfallversicherungsunternehmen[117] weisen die Schadenrückstellungen auf der Passivseite der Bilanz unter Posten E III FB 1 RechVersV aus. Der Ausweis erfolgt netto unter Angabe des Bruttobetrags und des RückV-Anteils in der Vorspalte.[118] Eine Aufteilung der Schadenrückstellung nach sG und üG erfolgt in der Bilanz nicht.[119]

97 In FB 1 RechVersV ist für die Brutto-Renten-DR kein Davon-Vermerk vorgesehen.[120]

98 In der GuV ist die „Veränderung der Rückstellung für noch nicht abgewickelte Versicherungsfälle" in einem Unterposten zu den „Aufwendungen für Versicherungsfälle für eigene Rechnung"[121] auszuweisen. Der Ausweis erfolgt f.e.R. unter Angabe des Bruttobetrags und des Anteils der RückVR in der Vorspalte.

3. Ermittlung und Bewertung der Bruttoschadenrückstellung für das selbst abgeschlossene Versicherungsgeschäft

a) Grundsätze der Bewertung

99 Für die Schadenrückstellung als Rückstellung für ungewisse Verbindlichkeiten ergibt sich bereits aus § 252 Abs. 1 Nr. 3 HGB der Grundsatz der Einzelbewertung.

115 In FB 100 der BerVersV bleibt es bei dem gesonderten Ausweis.

116 Vgl. die Bestimmungen vor Umsetzung der VersBiRiLi in Nr. I P 3.3.2 Abs. 1 VUBR.

117 Vgl. zu den Besonderheiten im TrV-Geschäft, Rn. 182 ff.

118 Im Rahmen der Rechnungslegung gegenüber der BaFin werden gem. der BerVersV in FB 100 die Anteile der RückV an den versicherungstechnischen Rückstellungen nicht auf der Passivseite offen abgesetzt, sondern auf der Aktivseite unter Posten Nr. 6 aktiviert.

119 In FB 100 BerVersV werden die Rückstellungen für das sG und üG gesondert ausgewiesen.

120 In FB 100 BerVersV ist der Davon-Vermerk vorgesehen.

121 Vgl. Posten I 4 FB 2 und 4; Posten I 6 FB 3 RechVersV.

Hier heißt es: „Die Vermögensgegenstände und Schulden sind zum Abschlussstichtag einzeln zu bewerten". Dass Schadenrückstellungen Schulden i.S.d. § 252 Abs. 1 Nr. 3 HGB sind, ergibt sich aus dem Charakter der Schadenrückstellung: Das VU hat gegenüber dem VN oder einem geschädigten Dritten eine Verbindlichkeit, die aus dem VV resultiert und für die soweit Grund und/oder Höhe der Verpflichtung noch ungewiss sind, eine Rückstellung zu bilden ist. Dieses Prinzip der Einzelbewertung, wonach jeder noch nicht abgewickelte VF einzeln zu bewerten ist, ist ein Grundsatz ordnungsmäßiger Buchführung (GoB).[122]

Der Grundsatz der Einzelbewertung gilt nur für die Rückstellung für VF, die bis 100 zum Bilanzstichtag eingetreten und gemeldet sind (Teil-Schadenrückstellung für am Abschlussstichtag bekannte VF und Renten-VF) sowie für die Rückstellung für VF, die bis zum Bilanzstichtag eingetreten, aber erst bis zur Schließung des Schadenregisters gemeldet sind (Teil-Schadenrückstellung für bekannte Spätschäden). Zu den bekannten Spätschäden gehören neben den bis zur Schließung des Schadenregisters bekannt gewordenen Schäden des GJ auch die ursprünglich unbekannten, aber zwischenzeitlich bekannt gewordenen Schäden aus VJ.

Auf Rückstellungen für VF, die bis zum Bilanzstichtag eingetreten, aber bis zur 101 Schließung des Schadenregisters noch nicht gemeldet sind (Teil-Schadenrückstellung für unbekannte Spätschäden), ist die Einzelbewertung nicht anwendbar. Sie sind daher nach den Methoden der Gruppenbewertung oder der Pauschalbewertung zu bilden.[123]

Schadenrückstellungen unterscheiden sich von Verbindlichkeiten durch ihre 102 Ungewissheit. Sie sind daher grundsätzlich wie alle Rückstellungen in Höhe des nach vernünftiger kaufmännischer Beurteilung notwendigen Erfüllungsbetrags anzusetzen. Abweichend von den allgemeinen handelsrechtlichen Bewertungsvorschriften sind dabei die Wertverhältnisse am Abschlussstichtag zugrunde zu legen; eine Abzinsung nach § 253 Abs. 2 Satz 1 HGB hat zu unterbleiben.[124]

Für die Bemessung der Schadenrückstellungen stellt der Schadensachbearbeiter 103 die Schadenleistung, die für jeden einzelnen VF voraussichtlich künftig noch zu erbringen ist, aufgrund der Versicherungsbedingungen, der Schadenmeldungen,

122 Der Einzelbewertungsgrundsatz wird auch in der Regierungsbegründung zum VersBiRiLiG ausdrücklich als von VU zu beachtende, allgemeine Bilanzierungsvorschrift angeführt; vgl. Begr. RegE, BT-Drs. 12/5587, S. 27.

123 Vgl. *Geib/Horbach*, in: KoRVU, Bd. I, J, Rn. 99. § 341g Abs. 2 Satz 1 HGB schreibt für die unbekannten Spätschäden eine pauschale Bewertung vor. Auch bei der Teil-Schadenrückstellung für bekannte VF kann unter bestimmten Voraussetzungen eine Gruppen- oder eine Pauschalbewertung vorgenommen werden; vgl. hierzu Rn. 113 ff.

124 Vgl. § 341e Abs. 1 Satz 3 HGB.

der Polizeiberichte, der Prozessunterlagen und aufgrund von Sachverständigengutachten fest. Die einzelnen Schadenrückstellungen sind – ggf. unter Anrechnung geleisteter Teilzahlungen – gewissenhaft zu schätzen. Der Schadensachbearbeiter muss dabei alle Umstände des einzelnen Falls nach seinen Kenntnissen und Erfahrungen berücksichtigen.[125]

104 Jeder Schätzung haften von Natur aus bestimmte Unsicherheitsmomente an. Die Schätzung darf daher nicht risikoneutral im Sinne einer Gleichgewichtung von Chancen und Risiken durchgeführt werden, sie hat vielmehr unter Beachtung des bilanzrechtlichen Vorsichtsprinzips zu erfolgen, das durch § 341e Abs. 1 Satz 1 HGB besonderes Gewicht erhält. § 341e Abs. 1 Satz 1 HGB bestimmt, dass versicherungstechnische Rückstellungen auch insoweit zu bilden sind, „wie dies nach vernünftiger kaufmännischer Beurteilung notwendig ist, um die dauernde Erfüllbarkeit der Verpflichtungen aus den Versicherungsverträgen sicherzustellen". Durch vorsichtige Bewertung soll das Risiko vermindert werden, dass als Folge von (zu niedrigen) Fehlschätzungen ein zu hoher Gewinn ausgewiesen wird, der aufgrund von Ausschüttungen, Steuerzahlungen und anderen erfolgsabhängigen Ausgaben letztlich zu einer ungerechtfertigten Verminderung der Haftungssubstanz führen würde. Die Schätzung ist daher so vorzunehmen, dass mit hinreichender Wahrscheinlichkeit für jeden einzelnen VF die späteren Ausgaben die geschätzte Schadenrückstellung nicht überschreiten. Die den Schätzungen inhärenten Unsicherheiten werden bei der Bewertung durch angemessene Risikozuschläge berücksichtigt.[126] Bei einer ordnungsgemäßen Schätzung hängt der Umfang der durch das Gebot vorsichtiger Bewertung tendenziell entstehenden Abwicklungsüberschüsse vom Grad der Unsicherheit ab. Die Schätzreserven vermindern sich daher mit zunehmender Sicherheit, d.h. mit der steigenden Qualität der verfügbaren Informationen. Damit wird insb. auch dem Erfordernis der vernünftigen kaufmännischen Beurteilung Rechnung getragen, denn eine Beurteilung kann dann als vernünftig angesehen werden, wenn sie in sich schlüssig ist, sie sich also aus den objektiven Umständen des konkreten Einzelfalls ableiten lässt.[127]

105 Bedenken bestehen hingegen gegen eine Übernahme der Wertansätze aus der StB in die HB. Nach § 6 Abs. 1 Nr. 3a Buchst. a EStG besteht die Verpflichtung zur „realitätsnäheren Bewertung" von Schadenrückstellungen, wonach bei der Bewertung gleichartiger Verpflichtungen die Wahrscheinlichkeit der Inanspruchnahme auf Basis von Vergangenheitserfahrungen zu berücksichtigen ist. § 20 Abs. 2 KStG

125 Vgl. *Ziegler*, in: Prölss / v.d. Thüsen / Ziegler (Hrsg.), Die versicherungstechnischen Rückstellungen im Steuerrecht, 3. Aufl., Karlsruhe 1973, S. 103 sowie *IDW RS VFA 3,* Tz. 6.

126 Vgl. *IDW RS VFA 3*, Tz. 8.

127 Vgl. *ADS*, 6. Aufl., Stuttgart 1995 ff., § 253 HGB, Rn. 189.

führt des Weiteren aus, dass die Vergangenheitserfahrungen bei der Bewertung von Schadenrückstellungen für jeden VZ getrennt zu ermitteln sind und schließlich die Summe der einzeln bewerteten Schäden um einen bestimmten „Minderungsbetrag“ zu kürzen ist. Die in der Gesetzesbegründung zu § 20 Abs. 2 KStG und im Erlass des Bundesministeriums der Finanzen (BMF) v. 05.05.2000 hierzu vorgesehene Methode zur Ermittlung eines „Rückstellungsbedarfs“ führt grundsätzlich nicht zu einem Wert gem. § 341e Abs. 1 Satz 1 HGB. Sie ist rein vergangenheitsbezogen und berücksichtigt nicht genügend zwischenzeitlich veränderte Rahmenbedingungen. Gegenüber anerkannten mathematisch statistischen Verfahren (Chain-Ladder-Verfahren) können sich wesentliche Abweichungen ergeben. Aus prüferischer Sicht ist sicherzustellen, dass die handelsrechtlich gebildeten Rückstellungen betragsmäßig mind. den allgemein anerkannten mathematisch statistischen Verfahren genügen. Allenfalls für eine auf den risikoneutralen Erwartungswert künftiger Schadenzahlungen zuzuschlagende Vorsichtskomponente lässt sich eine vom einzelnen VF unabhängige, auf den Bestand bezogene Bewertung rechtfertigen.[128]

Pauschale Zu- und Abschläge sind mit dem System der Einzelbewertung nicht 106
vereinbar und damit grundsätzlich unzulässig.[129] In begründeten Ausnahmefällen kann jedoch bei einzeln ermittelten Schadenrückstellungen von dieser Regel abgewichen werden, z.B. wenn einzeln ermittelte Werte in einem pauschalen Verfahren korrigiert werden, um ergänzende Erkenntnisse zu berücksichtigen.[130] Allein der Hinweis auf Abwicklungsgewinne in der Vergangenheit, die steuerliche Bewertung oder die Rückstellungsbildung nach IFRS / US-GAAP reicht als Begründung nicht aus. Vielmehr müssen die Überlegungen und Argumente dargelegt werden, die im Einzelfall zur Anwendung von pauschalen Zu- oder Abschlägen geführt haben.[131] Auch ist darzustellen, auf welche Art und Weise gewährleistet ist, dass der korrigierte Bilanzwert den Ansprüchen des § 341e Abs. 1 Satz 1 HGB gerecht wird.

128 Vgl. *Leffson*, Die Grundsätze ordnungsmäßiger Buchführung, 7. Aufl., Düsseldorf 1987, S. 477 ff.

129 Vgl. GB / BaFin 2004, S. 166.

130 Vgl. *IDW RS VFA 3* Tz. 7. Siehe hierzu auch *Perlet/Baumgärtel*, in: Budde / Moxter / Offerhaus (Hrsg.), Handelsbilanzen und Steuerbilanzen, FS Beisse, Düsseldorf 1997, S. 393; Perlet, Rückstellungen für noch nicht abgewickelte Versicherungsfälle in Handels- und Steuerbilanz, Karlsruhe, S. 55 ff. Zum Erfordernis der Abweichung vom Einzelbewertungsgrundsatz siehe auch EuGH-Urteil v. 14.09.1999 bezüglich vor dem Bilanzstichtag entstandener Gewährleistungsverbindlichkeiten; vgl. BB 44 / 1999 v. 04.11.1999, S. 2291 ff.

131 Bspw. wenn Schadenregulierungsrichtlinien zu überhöhten Schadenrückstellungen führen und eine Korrektur sämtlicher Einzelrückstellungen zeitlich nicht darstellbar oder unzumutbar ist.

107 Im Rahmen der Berichterstattung sind alle notwendigen Angaben über die Bildung einer solchen pauschalen Anpassung sowie deren unterschiedliche Bildung im Zeitablauf für die einzelnen Zweige/Sparten und der diesen zugrunde liegenden Methoden zu machen.[132]

108 Bei der Bewertung der Rückstellungen für noch nicht abgewickelte VF sind die aus diesen VF zu erwartenden Erträge aus RPT insoweit abzusetzen,[133] als sie zweifelsfrei zu erwarten sind.[134]

109 § 341g Abs. 4 HGB bestimmt, dass bei Mitversicherungen die Schadenrückstellung der Höhe nach anteilig mind. derjenigen entsprechen muss, die der führende VR nach den Vorschriften oder der Übung in dem Land bilden muss, von dem aus er tätig ist.

b) Teil-Schadenrückstellung für bekannte Versicherungsfälle[135]

110 Teil-Schadenrückstellungen sind für bekannte, aber bis zum Abschlussstichtag noch nicht oder nicht abschließend regulierte VF zu bilden.[136]

111 Rückstellungen für VF, die bis zum Bilanzstichtag verursacht, aber bis zu diesem Zeitpunkt noch nicht gemeldet und somit nicht abgewickelt sind, werden in der Teil-Schadenrückstellung für Spätschäden erfasst. Versicherungsfälle, die zwischen dem Bilanzstichtag und dem Zeitpunkt der inventurmäßigen Feststellung der einzelnen VF (Schließung des Schadenregisters) bekannt geworden sind, werden hierbei als bekannte Spätschäden berücksichtigt.[137]

112 Versicherungsfälle, die sich nach dem Bilanzstichtag ereignet haben, werden bei der Ermittlung der Rückstellung für noch nicht abgewickelte VF nicht berücksichtigt. Führen jedoch z.B. Großschäden, die nach dem Bilanzstichtag, aber vor der Bilanzaufstellung angefallen sind, zu einem Verlust, so kann eine Angabe im Lagebericht nach § 289 Abs. 2 Nr. 1 HGB geboten sein.

113 Neben der grundsätzlich vorzunehmenden Einzelbewertung ist unter bestimmten Voraussetzungen auch eine Gruppenbewertung gem. der Regelung in § 240 Abs. 4

132 Vgl. Berichterstattung über das Jahresgespräch des VFA mit Vertretern der BaFin, FN-IDW 2006, S. 97 f.

133 Vgl. § 26 Abs. 2 Satz 1 RechVersV.

134 Vgl. die Erläuterungen vor Umsetzung der VersBiRiLi in Nr. I P 3.3.1 Abs. 3 Satz 1 2. Hs. VUBR.

135 Renten-VF sind nicht hier, sondern unter der Teil-Schadenrückstellung für Renten-VF (Renten-DR) erfasst; vgl. Rn. 122 ff.

136 Vgl. § 341g Abs. 1 HGB.

137 Vgl. unter Rn. 128 ff.

HGB bei der Schadenrückstellungsermittlung aus Wirtschaftlichkeitsgründen möglich.[138] Sie bietet sich insb. für die in großer Zahl auftretenden Klein- oder Normalschäden mit im Einzelfall niedrigen Schadenbeträgen an, auch wenn diese grundsätzlich einzeln bewertbar sind. Gleichartige und annähernd gleichwertige Klein- oder Normalschäden können entsprechend § 240 Abs. 4 HGB jeweils zu einer Gruppe zusammengefasst und mit dem gewogenen Durchschnittswert angesetzt werden.[139] Diese auf das Inventar bezogene Vorschrift ist nach § 256 Satz 2 HGB auch auf den Jahresabschluss (JA) anwendbar.

Eine Gruppenbewertung ist dann zulässig, wenn in einzelnen VZ und -arten homo- 114
gene Risiken vorliegen, deren bilanzmäßig individuelle Behandlung wirtschaftlich nicht zumutbar ist. Solche Bewertungsvereinfachungen sind bspw. auf Klein- und Normalschäden in der Kfz-Versicherung anzuwenden.[140] Eine Unterteilung der Kleinschäden in mehrere Gruppen erhöht die Genauigkeit der Schätzung.[141]

Die Ergänzung des § 240 Abs. 4 HGB wurde seinerzeit begründet mit der Umset- 115
zung von Bestimmungen der VersBiRiLi, denen zufolge bei der Bildung verschiedener versicherungstechnischer Rückstellungen[142] „statistische Methoden" zulässig sind, wenn anzunehmen ist, dass diese zu annähernd gleichen Ergebnissen führen wie die Einzelberechnungen.[143] Diese Regelung gilt aber von der Systematik her für alle Unternehmen und nicht nur für VU, für die diese Vorgehensweise anerkannter GoB ist. Demnach sollte die Gruppenbewertung so angelegt sein, dass die bei einer Einzelbewertung sich zwangsläufig ergebenden Schätzungsreserven erhalten bleiben.

Die mit der Gruppenbewertung verbundene Angabe von Unterschiedsbeträgen, 116
wenn sich bei Anwendung dieser Methode im Vergleich zu einer Bewertung zu einem aktuellen Börsenkurs oder Marktpreis ein erheblicher Unterschied ergibt,[144] wird bei den Schadenrückstellungen ohne Bedeutung sein. Da Schadenrückstellungen weder an der Börse gehandelt werden noch für sie ein Marktpreis feststellbar ist, entfällt diese Angabepflicht.[145] Auch Portefeuilleein- und -austritte führen

138 Vgl. *IDW RS VFA 3*, Tz. 9 ff.
139 Vgl. *IDW RS VFA 3*, Tz. 9.
140 Vgl. *IDW RS VFA 3*, Tz. 10 f.
141 Vgl. *Perlet*, Rückstellungen für noch nicht abgewickelte Versicherungsfälle in Handels- und Steuerbilanz, Karlsruhe 1986, S. 60 ff.
142 Lt. VersBiRiLi, die in der Gesetzesbegründung zitiert ist: BÜ, DÜ und Rückstellung für noch nicht abgewickelte VF.
143 Vgl. Begr.-RegE., BT-Drs. 12/5587, S. 18.
144 Vgl. § 284 Abs. 2 Nr. 4 HGB.
145 Vgl. *ADS*[6], § 284 HGB, Rn. 154.

nicht zu Marktpreisen i.S.d. § 284 Abs. 2 Nr. 4 HGB, da ein regelmäßiger Umsatz nicht stattfindet.[146]

117 Weiterhin kann vom Einzelbewertungsgrundsatz abweichend auf pauschalierte Einzelbewertungsverfahren abgestellt werden. Dies gilt für Sachverhalte, in denen eine Abweichung zu einer größeren Genauigkeit und einer objektiveren Bewertung führt. Pauschalierte Einzelbewertungsverfahren bieten sich insb. für gleichartige Schadenfälle an, die keine Großschäden darstellen. Bei gleichartigen Schadenfällen wirken sich in einem Kollektiv beobachtbare Risikoausgleichseffekte aus. Diese erlauben eine Objektivierung der subjektiven Erwartungen hinsichtlich der Eintrittswahrscheinlichkeit und -höhe auch für bekannte VF.[147] Es entspricht daher dem Einzelbewertungsgrundsatz, wenn die Höhe der erwarteten Schäden bei jedem Einzelfall geschätzt und zur Erhöhung der Prognosesicherheit bei der Ermittlung der Eintrittswahrscheinlichkeit auf statistische Erfahrungswerte bezüglich des Bestands von VF abgestellt wird. Dies ist bspw. dann der Fall, wenn die Eigenarten des VG (z.B. in der TrV) einer Einzelbewertung entgegenstehen.[148]

118 Abwicklungsergebnisse spielen im zeitlichen Ablauf der Schadenrückstellung eine entscheidende Rolle. Die Aufsichtsbehörde kritisiert sowohl hohe Abwicklungsgewinne als auch hohe Abwicklungsverluste.[149] Abwicklungsverluste werden grundsätzlich abgelehnt.[150] Naturgemäß besteht für VU mit Blick auf die quantitative Dimension der Schadenrückstellung ein erheblicher Beurteilungsspielraum; dieser Beurteilungsspielraum ist jedoch, wie oben ausgeführt, abhängig von der Qualität der verfügbaren Informationen, d.h. nach vernünftiger kaufmännischer Beurteilung, müssen Abwicklungsüberschüsse um so geringer werden, je größer die Sicherheit im Zeitpunkt der Schätzung ist. Damit kann aber nicht a priori ein fixer Prozentsatz vorgegeben werden. Neben dem Grad der verfügbaren Informationen ist hier insb. auch die Schadenstruktur von Bedeutung, die in ihrer Zusammensetzung nach Klein-, Mittel- und Großschäden, auch nach Sach- und Personenschäden von Jahr zu Jahr Veränderungen unterliegen kann und im Allgemeinen von VZ zu VZ und von Unternehmen zu Unternehmen verschieden sein dürfte.

119 Es ist nicht sachgerecht, absolute Abwicklungsmargen als Messlatte für die Angemessenheit von Schadenrückstellungen anzulegen. Diese Margen stellen lediglich

146 Vgl. *ADS*[6], § 253 HGB, Rn. 508.

147 Vgl. *IDW RS VFA 3*, Tz. 12.

148 Vgl. *IDW RS VFA 3*, Tz. 3.

149 Vgl. z.B. GB/BAV 1980, S. 48.

150 Vgl. GB/BaFin 2004, S. 166. Siehe auch *Golz* in der Buchbesprechung zu: Prölss/Schmidt/Frey, in: VerBAV 1984, S. 416.

Daten aus der Vergangenheit dar, die nicht ohne weiteres auf künftige Entwicklungen angewendet werden können.[151]

Das ehemalige BAV hat daher gegenüber dem Gesamtverband der Deutschen Versicherungswirtschaft e.V. (GDV) erklärt, dass es selbstverständlich ist, „dass die Beurteilung der Angemessenheit der für einen VZ gebildeten gesamten Schadenrückstellung allein aufgrund des Abwicklungsergebnisses unzulänglich ist und die Ceteris-paribus-Annahme die Ermittlung und Prüfung weiterer Kennzahlen erfordert".[152] 120

Für die Beurteilung der Angemessenheit der Rückstellungen (z.B. für den Abschlussprüfer) ist die Abwicklung pro VZ sowohl nach Bilanzjahren als auch nach Schadenanfalljahren zu betrachten.[153] Hohe Abwicklungsverluste über mehrere Jahre hinweg können als Anzeichen und Indiz für systematisch zu niedrige Rückstellungen gewertet werden. Hohe Abwicklungsergebnisse sollten Anlass dazu geben, u.a. auch die Reservierungsrichtlinien der VU kritisch zu durchleuchten.[154] 121

c) Teil-Schadenrückstellung für Rentenversicherungsfälle (Renten-DR)

Gemäß § 25 Abs. 6 Satz 2 RechVersV ist auch die Renten-DR in dem Posten „Rückstellung für noch nicht abgewickelte Versicherungsfälle" auszuweisen. 122

Die Teil-Schadenrückstellung für Renten-VF ist für jeden bis zum Bilanzstichtag eingetretenen und gemeldeten Renten-VF zu bilden, wenn eine Pflicht zur Rentenzahlung durch rechtskräftiges Urteil, Vergleich oder Anerkenntnis festgestellt worden ist.[155] Die Teil-Schadenrückstellung ist einzeln in Höhe des nach anerkannten versicherungsmathematischen Methoden ermittelten Barwerts der künftigen Rentenverpflichtung unter Berücksichtigung der geschäftsplanmäßig festgelegten Rechnungsgrundlagen (Sterbetafel, Zinsfuß usw.) zu berechnen.[156] 123

Dabei ist die Verordnung zur Berechnung der DR gem. § 65 Abs. 1 VAG verpflichtend anzuwenden und die vorgegebenen Parameter – z.B. bezüglich des Höchst- 124

151 Vgl. zu diesem gesamten Problemkomplex die Ausführungen bei *Perlet*, Rückstellungen für noch nicht abgewickelte Versicherungsfälle in Handels- und Steuerbilanz, Karlsruhe 1986, S. 109 ff.

152 Zitiert in GDV-Rundschreiben M Tgb. Nr. 68/89 v. 07.07.1989.

153 Vgl. GB/BaFin 2004, S. 166.

154 Vgl. *Geib/Horbach*, in: KoRVU, Bd. I, J, Rn. 113.

155 Vgl. § 341g Abs. 5 HGB und die Erläuterungen vor Umsetzung der VersBiRiLi in Nr. I P 3.3.1 Abs. 4 VUBR.

156 Vgl. §§ 341g Abs. 5 i.V.m. 253 Abs. 1 Satz 2 HGB.

zinssatzes – entsprechend zu berücksichtigen.[157] Auch hat das SchVU, wie das LVU, einen Verantwortlichen Aktuar zu bestellen, der u.a. für die gesetzlich vorgeschriebene Bemessung der Renten-DR Sorge zu tragen hat.[158]

125 Bei der Berechnung des Barwerts der Renten-DR sind künftige Rentenerhöhungen in der Höhe zu berücksichtigen, die sich aufgrund der bis zum Bilanzstichtag eingetretenen Tatsachen, welche die Bewertung beeinflussen, ergeben (z.B. Entwicklung der Arbeitslöhne).[159]

126 Wird der Renten-VF festgestellt, ist darauf zu achten, dass dieser VF rechtzeitig aus der Teil-Schadenrückstellung für bekannte VF bzw. Spätschäden in die Renten-DR überführt wird.[160]

127 Für Entschädigungen, die wahrscheinlich nur in Form einer Rente zu erbringen sind, ist eine Berechnung der Rückstellungsbeträge nach versicherungsmathematischen Methoden in § 341g HGB nicht vorgeschrieben. Eine solche erscheint allerdings sinnvoll, wenn sich die Höhe der Rückstellungen an den Barwert der zu erwartenden Rentenverpflichtungen anlehnt.[161]

d) Teil-Schadenrückstellung für Spätschäden

128 Teil-Schadenrückstellungen für VF, die bis zum Bilanzstichtag verursacht, aber dem VR noch nicht gemeldet sind und daher nicht abgewickelt sein können, umfassen die Nachmeldungsrückstellung und die Spätschadenrückstellung.

129 In der Nachmeldungsrückstellung werden die VF (Schäden) erfasst, die bis zum Bilanzstichtag verursacht und eingetreten, aber noch nicht gemeldet sind. Die Spätschadenrückstellung beinhaltet dagegen die VF, die bis zum Bilanzstichtag verursacht, aber noch nicht eingetreten sind. Diese Rückstellung hat eine besondere Bedeutung in der Vermögensschadenhaftpflichtversicherung. Hier hat der Haftpflicht-VR noch für Schäden aufzukommen, die erst nach „materiellem Versicherungsende" eintreten, wie z.B. aus unrichtigen Beratungen durch Rechtsanwälte, Notare und steuerberatende Berufe.[162]

---

157 Vgl. § 65 Abs. 4 VAG. Zur Anwendung der §§ 65 ff. VAG vgl. *Kölschbach*, in: Prölss: VAG-Kommentar[12], § 65 VAG, Rn. 39.

158 Vgl. §§ 11e i.V.m. 11a VAG.

159 Vgl. *Geib/Horbach*, in: KoRVU, Bd. I, J, Rn. 116.

160 Vgl. *Geib/Horbach*, in: KoRVU, Bd. I, J, Rn. 117.

161 Vgl. *Geib/Horbach*, in: KoRVU, Bd. I, J, Rn. 115.

162 Vgl. zur Differenzierung von Nachmeldungsrückstellungen und Spätschadenrückstellungen Schmidt-Salzer, IBNR und Spätschadenreservierung in der Allgemeinen Haftpflichtversicherung, Karlsruhe 1984, S. 20 ff.; vgl. außerdem *Boetius*, Handbuch der versicherungstechnischen Rückstellungen, Köln 1996, Anm. 975 ff.

In der Praxis wird meistens zwischen der hier sog. Nachmeldungs- und Spätschadenrückstellung nicht unterschieden. Daher werden auch in den folgenden Ausführungen beide Formen der Rückstellung für bis zum Bilanzstichtag verursachte, aber noch nicht gemeldete VF als Spätschadenrückstellung – auch als IBNR-Rückstellung („incurred but not reported“) bekannt – bezeichnet.[163] 130

Die Teil-Schadenrückstellung für Spätschäden umfasst auch die bis zum Bilanzstichtag eingetretenen oder verursachten, aber bis zu diesem Zeitpunkt noch nicht gemeldeten Renten-VF.[164] 131

Innerhalb der Teil-Schadenrückstellung für Spätschäden wird zwischen der Rückstellung für bekannte Spätschäden und der Rückstellung für unbekannte Spätschäden differenziert. 132

Bei den bekannten Spätschäden handelt es sich um solche VF, bei denen das Meldejahr (also das Jahr, in dem der VF dem VU bekannt wurde) später als das Anfalljahr (also das Jahr, in dem der VF eingetreten oder verursacht worden ist) liegt. Soweit es sich um VF des GJ handelt, die zwischen dem Bilanzstichtag und dem Zeitpunkt der inventurmäßigen Feststellung der einzelnen VF bekannt geworden sind, spricht man von bekannten Spätschäden des GJ. 133

Bei den übrigen Spätschäden handelt es sich um sog. unbekannte Spätschäden, d.h. Schäden, die bis zum Bilanzstichtag – entweder im GJ oder in VJ – angefallen oder verursacht worden sind, aber bis zur Schließung des Schadenregisters noch nicht gemeldet wurden.[165] 134

Die Rückstellungsbeträge für bekannte Spätschäden – des GJ oder der VJ – sind grundsätzlich einzeln zu bewerten. Aber auch für diese Rückstellungen ist eine Gruppenbewertung oder eine Anwendung des Pauschalverfahrens zulässig.[166] 135

Für die unbekannten Spätschäden schreibt § 341g Abs. 2 Satz 1 HGB eine pauschale Bewertung vor, wobei die Erfahrungen über die Anzahl von nach dem Abschlussstichtag gemeldeten VF und die Höhe der damit verbundenen Aufwendungen zu berücksichtigen sind.[167] Bei der Bewertung von Spätschadenrückstellungen werden daher regelmäßig mathematisch-statistische Verfahren angewendet, um aus den Erfahrungen der Vergangenheit eine Projizierung für die Zukunft vorzunehmen. Neben den Daten aus unternehmensinternen Quellen können dabei 136

163 Vgl. zur Schadenrückstellung für Spätschäden in der Rechtsschutzversicherung GB/BAV 1980, S. 40.
164 Vgl. die Erläuterungen vor Umsetzung der VersBiRiLi in Nr. I P 3.3.1 Abs. 5 Satz 1 VUBR.
165 Vgl. *Wiedmann*, Bilanzrecht, 2. Aufl., München 2003, § 341g HGB, Rn. 37.
166 Vgl. die Ausführungen unter Rn. 113 ff.
167 Vgl. § 341g Abs. 2 Satz 2 HGB.

auch solche aus externen Quellen herangezogen werden.[168] Die vor Umsetzung der VersBiRiLi von der BaFin entwickelte Schätzmethode kann weiterhin Anwendung finden.[169]

137 Diese Bewertungsverfahren beruhen auf der Annahme, dass sich aus der Regulierung der in der Vergangenheit eingetretenen Schäden ein Trend identifizieren lässt, der auch für die Zukunft unterstellt werden kann.

138 Um Gesetzmäßigkeiten der Vergangenheit in die Zukunft übertragen zu können, muss eine Risikoklassifizierung vorgenommen werden.[170] Dies ist am ehesten bei Versicherungsarten möglich, bei denen eine größtmögliche Homogenität der Daten hinsichtlich ihrer unterscheidbaren Merkmale und Eigenschaft vorliegt (z.B. Kraftfahrtkasko). Wie tief eine Klassifizierung möglich und sinnvoll ist, wird in der Praxis im Wesentlichen durch zwei Restriktionen bestimmt: Einerseits muss bei einer tiefen Untergliederung nach Auswahl und Klassifizierung der Daten die statistische Verlässlichkeit erhalten bleiben, andererseits muss bei einer weniger tiefen Untergliederung eine möglichst große Homogenität der Daten erhalten bleiben.

139 Als geeignete Bewertungsmethode werden im Allgemeinen mathematische Methoden angesehen, die z.B. auf dem Chain-Ladder-Verfahren beruhen (Cape-Cod- oder Bornhuetter-Ferguson-Verfahren): „Bei diesen Verfahren werden die in der Vergangenheit beobachteten Spätschäden zeilenweise nach dem Zeitraum der Schadenverursachung (Anfalljahr/ZJ) – und spaltenweise nach dem entsprechenden Abwicklungsjahr des Schadens (nach einem Jahr, nach zwei Jahren, nach drei Jahren usw.) in einer Tabelle zu einem sog. Abwicklungsdreieck zusammengefasst. Mittels einer Trendexploration wird anhand der Zahlungsströme der Vergangenheit die Gesamthöhe der Verpflichtungen für den betreffenden Abschlussstichtag ermittelt, woraus sich eine Schätzung für die Rückstellungshöhe ergibt.“[171] Hierbei verlangt eine vorsichtige Bewertung i.S.d. § 341e Abs. 1 Satz 1 HGB, dass – um Abwicklungsverluste zu vermeiden – ein Risikozuschlag auf den risikoneutralen Erwartungswert erhoben wird.

140 Eine solche Vorgehensweise bietet sich für die Ermittlung von Teilrückstellungen für eine Gruppe betragsmäßig niedriger Schäden an. Für Großschäden sind die einfachen statistischen Methoden als nicht geeignet anzusehen.[172]

---

168 Vgl. *IDW RS VFA 3*, Tz. 16 f.

169 Vgl. GB/BAV 1977, S. 43; *Geib/Horbach*, in: KoRVU, Bd. I J Rn. 123 ff. m.w.N.

170 Vgl. *IDW RS VFA 3*, Tz. 16.

171 Vgl. *IDW RS VFA 3*, Tz. 22.

172 Vgl. *IDW RS VFA 3*, Tz. 18 ff.

Es empfiehlt sich, sowohl die Rückstellung für die bekannten als auch die für die unbekannten Spätschäden jeweils getrennt jahrgangsweise abzuwickeln. Einmal in den Spätschadenrückstellungen berücksichtigte VF sind in den Folgejahren in dieser Rückstellung zu belassen, auch wenn inzwischen aus dem unbekannten ein bekannter VF geworden ist.[173] Es werden keine Umbuchungen zur Teil-Schadenrückstellung für am Bilanzstichtag bekannte VF vorgenommen.[174] 141

e) Teil-Schadenrückstellung für Schadenregulierungsaufwendungen

Die Teil-Schadenrückstellung für SchR-Aufwendungen ist für alle nach dem Bilanzstichtag voraussichtlich anfallenden Aufwendungen dieser Art zu bilden.[175] Bei der Bewertung sind grundsätzlich die gesamten SchR-Aufwendungen zu berücksichtigen.[176] Zudem heißt es in der Gesetzesbegründung, dass durch § 341g Abs. 1 HGB u.a. Art. 60 Abs. 1 Buchst. a und c der VersBiRiLi umgesetzt werden soll.[177] In Art. 60 Abs. 1 Buchst. c wird festgestellt, dass bei der Berechnung der Rückstellung die Schadenregulierungskosten (SchRK), gleich welchen Ursprungs, einzubeziehen sind. Bezweckt wird offensichtlich die Beibehaltung des vor Umsetzung der VersBiRiLi geltenden Rechts, denn die Regierungsbegründung führt aus, dass „wie bisher die auf den Schadensfall bezogenen Verwaltungskosten künftiger Geschäftsjahre in den Wertansatz nicht einzubeziehen sind".[178] Vor dem Hintergrund der steuerneutralen Umsetzung der EG-Richtlinie stellt dieser Hinweis auf das BMF-Schreiben v. 02.02.1973[179] und die dort vorgesehene Außerachtlassung von Schadenbearbeitungskosten (SchBK) ab.[180] 142

Für die handelsrechtliche Bilanzierung kommt es auf die Zuordnung der künftigen, erwarteten Zahlungen zur Regulierung bereits eingetretener Schäden an. Praktische Schwierigkeiten ergeben sich daraus, dass eine exakte Kostenzuordnung nicht möglich ist. Daher ist es nicht zu beanstanden, wenn die im BMF-Schreiben niedergelegten Grundsätze weiterhin Anwendung finden. 143

---

173 Vgl. die Bestimmungen vor Umsetzung der VersBiRiLi in Nr. I P 3.3.1 Abs. 5 Satz 3 VUBR.

174 Möglich sind lediglich Umbuchungen zur Teil-Schadenrückstellung für Renten-VF; siehe in diesem Zusammenhang auch Nw. 242 der BerVersV, z.B. Anm. 10 zu Nw. 242.

175 Vgl. dazu die Erläuterungen vor Umsetzung der VersBiRiLi in Nr. I P 3.3.1 Abs. 5 Satz 3 VUBR sowie auch: Ertragsteuerliche Behandlung der Schadenermittlungskosten (SchEK)- und SchBK bei VU, BMF-Schreiben v. 02.02.1973.

176 Vgl. § 341g Abs. 1 Satz 2 HGB.

177 Vgl. Begr. RegE., BT-Drs. 12/5587, S. 28.

178 Begr. RegE., BT-Drs. 12/5587, S. 28.

179 Vgl. DStZEild. 1973, S. 74 f.

180 *Boetius* legt die Gesetzesformulierung und -begründung dahingehend aus, dass die gesamten SchR-Aufwendungen zurückzustellen sind, vgl. *Boetius*, Handbuch der versicherungstechnischen Rückstellungen, Köln 1996, Anm. 1015.

144 Nach dem BMF-Schreiben werden die Schadenermittlung (SchE) und die Schadenbearbeitung (SchB) zusammen als SchR bezeichnet. Die Bemessungsgrundlage für eine Rückstellung für SchRK umfasst nach dem BMF-Schreiben daher sowohl SchEK als auch SchBK.[181]

145 Unter die Aufwendungen für die SchE sind „sämtliche Leistungen einzuordnen, die der Versicherungsnehmer, wenn er nicht versichert wäre, im Schadenfall selbst erbringen müsste oder veranlassen würde (z.B. die Besichtigung durch einen Sachverständigen oder der Schriftwechsel mit dem Geschädigten) und deren Kosten ihm beim Vorliegen eines Versicherungsverhältnisses eine Versicherungsgesellschaft gem. § 66 VVG zu erstatten hätte".[182] Somit gehören hierzu beim VU alle speziell durch den VF veranlassten Ausgaben, die aufgewendet werden, um die Versicherungsleistung dem Grunde und der Höhe nach festzustellen.[183]

146 Dies sind nach *Prüßmann/Uhrmann*[184]

a) die Gehalts-, Reise- und Gemeinkostenanteile für das Schadenpersonal im Innen- und Außendienst sowie Aufwendungen für freie Schadenregulierer

b) die im einzelnen Schadenfall erwachsenden Kosten für Gutachten aller Art, Gebühren für Auskunft und Hilfe von Behörden, Kosten für Materialunterlagen und ferner die Kosten eines Sachverständigenverfahrens.

147 Strittig ist im Einzelfall sowohl die Zurechnung von Gemeinkosten zum Bereich der SchR als auch die anschließende Aufteilung auf die SchE und SchB.[185]

148 Unter den Begriff der Aufwendungen für die SchB fallen insb. die anteiligen persönlichen und sachlichen Aufwendungen für[186]

– die Prüfung des Versicherungsverhältnisses (Beginn des Versicherungsschutzes, Beitragszahlung, Vertragsunterbrechung usw.) und daraus entstehende Deckungsprozesse,

181 Entsprechend betriebswirtschaftlicher Terminologie wird inzwischen jeweils nicht mehr von Kosten, sondern von Aufwendungen gesprochen.

182 *Prüßmann/Uhrmann*, VersR 1975, S. 390. Der Verweis auf § 66 VVG bezieht sich auf das Gesetz in der Fassung vom 26.03.2007. Im Rahmen der Reform des Versicherungsvertragsrechts wurde der § 66 VVG a.F. durch den § 85 VVG n.F. ersetzt (vgl. BT-Drs. 16/5862). Die obige Aussage besitzt jedoch trotz der Änderung weiterhin Gültigkeit.

183 Vgl. *Geib/Horbach*, in: KoRVU, Bd. I, J, Rn. 135.

184 Vgl. *Prüßmann/Uhrmann*, VersR 1975, S. 390.

185 Vgl. *Geib/Horbach*, in: KoRVU, Bd. I, J, Rn. 136 ff.

186 Vgl. BMF-Schreiben v. 02.02.1973 sowie *Prüßmann/Uhrmann*, VersR 1975, S. 390.

- die Behandlung der [elektronischen] Schadenakten (Anlage, Ablage, Archiv) sowie Dokumentation (z.B. in Tabellenkalkulationsprogrammen), Listenführung und Statistik,
- der Verkehr mit anderen Ressorts (Kasse, Buchhaltung, Verwaltung),
- die Abrechnung mit den RückVR und Mitversicherern (MitVR), Bearbeitung von Regressen und Ausgleichsansprüchen gegen Dritte bzw. deren VR,
- die Bearbeitung von Teilungsabkommen mit anderen VR und
- die Verwaltung von Renten.

Nicht zu den SchRK, sondern zu den bedingungsmäßigen Versicherungsleistun- 149
gen gehören die Aufwendungen in den folgenden Beispielen:

- Aufwendungen des VN zur Abwendung und Minderung des Schadens, soweit sie ihm zu ersetzen sind; Aufwendungen, die der VR dazu selbst macht (z.B. Rettungskosten); Belohnungen für besondere Leistungen zur Verhinderung oder Minderung von Einzelschäden; Kosten für die Konservierung beschädigter Gegenstände und Leistungen aus Verzug;
- speziell in der Verbundenen Gebäudeversicherung (VGV), der Verbundenen Hausratversicherung (VHV) und der Feuerversicherung gehören zu den Versicherungsleistungen die Aufwendungen für Aufräumungs- und Abbrucharbeiten sowie Feuerlöschkosten, soweit sie für den einzelnen Schadenfall angefallen sind;
- in der VGV, VHV, Einbruchdiebstahl- (ED-), Leitungswasser-, Glas-, Transport-, Maschinen- und Fahrzeugversicherung (Kasko) rechnen zu den Schadenleistungen auch die Belohnungen für die Wiederbeschaffung gestohlener Gegenstände sowie die Kosten für Notverglasungen;
- in der UnfallV gehören zu den Schadenleistungen die Kosten der Heilbehandlung sowie in der Heilkostenversicherung auch die Aufwendungen für Untersuchungen, Röntgenaufnahmen, Beobachtung und Behandlung in einem Krankenhaus, in der SportunfallV die Bergungskosten.

In den Haftpflichtversicherungen ist zu beachten, dass die Abwehr unbegründeter 150
Haftpflichtansprüche zwar zu den versicherungsvertraglichen Leistungen des VU gehört, die entsprechenden Aufwendungen jedoch im Rahmen der Rechnungslegung zu den SchR-Aufwendungen gezählt werden. Gleiches gilt auch für die entschädigungsgleichen Leistungen in der Rechtsschutzversicherung.

151 Zu den SchR-Aufwendungen gehören sowohl die Aufwendungen, die einzelnen VF direkt zugerechnet werden können, als auch jene Aufwendungen, die nur indirekt zugerechnet werden können. Dabei ist es nicht relevant, ob diese Aufwendungen außerhalb oder innerhalb des bilanzierenden VU entstehen – d.h., es sind sowohl interne als auch externe SchR-Aufwendungen zu erfassen.[187]

152 Direkte Aufwendungen sind diejenigen SchR-Aufwendungen, die sich ohne weiteres einem bestimmten VF zuordnen lassen. Hierzu gehören u.a. Anwalts-, Gerichts- und Prozesskosten, Honorare für betriebsfremde Schadenregulierer sowie Gehälter und Reisekosten der betriebseigenen Schadenregulierer.[188]

153 Indirekte Aufwendungen sind diejenigen SchR-Aufwendungen, die sich nicht ohne weiteres einzelnen VF zuordnen lassen. Die BaFin nennt hier Aufwendungen für die betriebseigenen Schadenbüros sowie für die betriebseigenen Schadenabteilungen zuzüglich der anteiligen Aufwendungen für die Zentralabteilungen des bilanzierenden VU.[189]

154 Nach dem BMF-Schreiben ist für die Berechnung der Rückstellung für SchR-Aufwendungen zunächst die Gesamtkostenrechnung nach Kostenbereichen (Funktionsbereichen) aufzugliedern.

155 Dabei sollen die Gemeinkosten nach dem Schlüssel für die Lohn- und Gehaltsaufwendungen verteilt werden.

156 Das BMF-Schreiben legt fest, dass aus dem Funktionsbereich der SchR (SchE und SchB) die den Herstellungskosten entsprechenden Kosten die Bemessungsgrundlage für die SchE-Aufwendungen bilden. Das BMF-Schreiben unterscheidet sodann zwischen einem sog. Einzelnachweis und einer Pauschalregelung, die bisher in der Praxis regelmäßig angewendet worden ist.

157 Ein Einzelnachweis ist entbehrlich, wenn nicht mehr als 80 % dieser Bemessungsgrundlage den SchE-Aufwendungen zugerechnet werden. Mindestens 20 % dieser Bemessungsgrundlage müssen also hiernach der SchB zugerechnet werden. Außerdem ist bei der Bilanzierung der Verpflichtung zur SchE davon auszugehen, dass bis zum Bilanzstichtag im Durchschnitt 25 % der SchE bereits durchgeführt sind.

158 Erfolgt die Berechnung der Rückstellung für SchR-Aufwendungen unter Zugrundelegung des durchschnittlichen Stückkostensatzes, der aus der Gesamtheit der im

187 Vgl. GB/BaFin 2004, S. 166.

188 Vgl. dazu die Aufzählung vor Umsetzung der VersBiRiLi in Nr. II 5 Abs. 5 Sätze 2 und 3 VUBR.

189 Vgl. die Erläuterungen vor Umsetzung der VersBiRiLi in Nr. II 5 Abs. 5 Sätze 4 und 5 VUBR.

GJ abgewickelten Schadenfälle abgeleitet wird, so ist der sich ergebende Betrag in dem Verhältnis zu erhöhen, in dem der durchschnittliche bilanzierte Schaden zum durchschnittlichen Schaden der Schadenfälle steht, die der Berechnung des Stückkostensatzes zugrunde liegen. Der errechnete Erhöhungsbetrag ist wegen der zum Schaden nicht proportional steigenden fixen Kosten um 20 % zu kürzen.

Bleiben bei dieser Rechnung die nach dem Bilanzstichtag in das Schadenregister aufgenommenen Schäden des abgelaufenen GJ außer Betracht, so kann in diesem Umfang die Rückstellung für SchR-Aufwendungen (SchE-Aufwendungen) anhand eines durchschnittlichen prozentualen Zuschlags zur Schadenrückstellung geschätzt werden. Das trifft insb. für die Spätschadenrückstellung zu. 159

Der BFH hatte in seinem Urteil v. 19.01.1972 eine Rückstellung für SchBK mit der Begründung abgelehnt, dass sich aus § 66 VVG a.F.[190] zwar eine Verpflichtung des VU zur SchE, nicht jedoch zur SchB ergebe. Außerdem wird in dem Urteil ausgeführt, dass eine Passivierung von SchBK zu einer Aufwandsrückstellung, also einer Rückstellung für eine betriebswirtschaftliche Verpflichtung gegen sich selbst, führe, die dem geltenden Recht (= AktG 1965) widerspreche. 160

Folgt man der Betrachtungsweise des BFH, so ist zunächst festzustellen, dass nach § 249 Abs. 2 HGB für sog. Aufwandsrückstellungen und damit möglicherweise auch für die SchBK ein grundsätzliches Passivierungsverbot besteht.[191] 161

Folgt man jedoch den – u.E. zutreffenden – Überlegungen von *Perlet*,[192] der ausführt, dass SchE und SchB unselbstständige Teilleistungen der SchR sind, die untrennbar mit der Hauptleistung in Form der Entschädigung verbunden sind, so kommt man zu dem Ergebnis, dass die bilanzielle Erfassung von SchB Aufwendungen nicht unter das Passivierungsverbot nach § 249 Abs. 2 HGB (Aufwandsrückstellungen) fällt. *Perlet* führt aus, dass es letztlich nicht darauf ankommen könne, ob für die SchE- und SchB-Ausgaben eine selbstständige zivilrechtliche Verpflichtung bestehe. Beide seien untrennbare Bestandteile der Verbindlichkeit Versicherungsleistung. 162

Daher – so führt *Perlet* weiter aus – folge das Recht und die Pflicht zur Passivierung von SchR-Ausgaben allein schon aus der Verpflichtung zur Versicherungsleistung. 163

190 Im Rahmen der Reform des Versicherungsvertragsrechts wurde der § 66 VVG a.F. durch den § 85 VVG n.F. ersetzt (vgl. BT-Drs. 16/5862).

191 Durch das Bilanzrechtsmodernisierungsgesetz (BilMoG) v. 25.05.2009 wurde das bisherige Passivierungswahlrecht aufgehoben.

192 Vgl. *Perlet*, Rückstellungen für noch nicht abgewickelte Versicherungsfälle in Handels- und Steuerbilanz, Karlsruhe 1986, S. 77 ff.

Die Berücksichtigung von SchR-Ausgaben sei daher keine Bilanzierungs-, sondern eine Bewertungsfrage der Schadenrückstellung.

164 Hinsichtlich der Bewertung spricht sich *Perlet* – in Übereinstimmung mit dem BMF-Schreiben v. 02.02.1973 – für eine Bewertung der Schadenrückstellung zu „Herstellungskosten" aus. Dabei würde der Verzicht auf die Passivierung einzelner Aufwendungen einen Verstoß gegen das Realisationsprinzip in Form eines überhöhten Ergebnisses darstellen.[193] Folgerichtig spricht sich Perlet für die Bewertung zu Vollkosten aus. Zu den „Herstellungskosten" der Verpflichtung der Abwicklung des VF gehörten daher auch die „Kosten" der SchE und SchB.

165 Auch *Hoyos/M. Ring*[194] kommen zu dem u.E. zutreffenden Ergebnis der Passivierungspflicht von SchBK. Sie vertreten die Meinung, dass unter den Rückstellungen für ungewisse Verbindlichkeiten nicht einzelne Verpflichtungen (aus einem Vertrag) als solche zurückzustellen sind, sondern die Aufwendungen, die zur Erfüllung einer Außenverpflichtung anfallen. Demnach ist es nicht entscheidend, ob eine bestimmte Leistung des VU gesondert einklagbar ist, sondern dass die Aufwendungen erforderlich sind, um eine Außenverpflichtung zu erfüllen.[195] Schadenbearbeitungskosten wären daher, weil sie zur Erfüllung der Verpflichtungen aus dem VV erforderlich sind, als Aufwendungen für unselbständige Nebenleistungen in den Rückstellungen für ungewisse Verbindlichkeiten (hier: Teil-Schadenrückstellung für SchRK) zurückzustellen.

f) Forderungen aus Regressen, Provenues und Teilungsabkommen

166 Von der Summe der Teil-Schadenrückstellungen sind Forderungen abzusetzen, soweit sie aktivierungsfähig sind und bereits abgewickelte VF betreffen. Hierbei handelt es sich um Forderungen, die entstanden sind, weil aufgrund geleisteter Entschädigungen Rückgriff genommen werden kann (Regresse), weil Ansprüche auf ein versichertes Objekt, für das Ersatz geleistet worden ist, existieren (Provenues) oder weil Teilungsabkommen mit anderen VU bestehen. Sie sollten mit dem Betrag abgezogen werden, in dessen Höhe ihre Realisierbarkeit feststeht oder zweifelsfrei bestimmbar ist. Bei Regressansprüchen ist dies im Allgemeinen erst dann der Fall, wenn ein rechtskräftiges Urteil, Anerkenntnis oder Vergleichsangebot des Schuldners vorliegt. Bei Teilungsabkommen gelten im Normalfall Ansprü-

193 Vgl. hierzu im Einzelnen *Perlet*, Rückstellungen für noch nicht abgewickelte Versicherungsfälle in Handels- und Steuerbilanz, Karlsruhe 1986, S. 79 ff.

194 Vgl. *Hoyos/M. Ring*, in: Beck Bil-Komm. 6. Aufl., München 2005, § 249 HGB, Rn. 27.

195 Vgl. *Hoyos/M. Ring*, in: Beck Bil-Komm.[6], § 249 HGB, Rn. 27; so auch *Boetius*, Handbuch der versicherungstechnischen Rückstellungen, Köln 1996, Anm. 1016.

che dann als realisierbar oder zweifelsfrei bestimmbar, wenn die Eintrittspflicht dem Grunde nach feststeht.[196]

RPT-Forderungen aus noch nicht abgewickelten VF sind bereits im Rahmen der Bewertung der einzelnen Teil-Schadenrückstellungen als rückstellungsmindernde Merkmale zu berücksichtigen.[197] Steuerrechtlich besteht nach § 6 Abs. 1 Nr. 3a Buchst. c EStG bei der Bewertung von Rückstellungen explizit die Verpflichtung, künftige Vorteile gegenzurechnen und insofern im Versicherungsbereich RPT und Mitversicherungen zu berücksichtigen. Die steuerliche Verfahrensweise entspricht der handelsrechtlichen Praxis. 167

§ 26 Abs. 2 Satz 1 RechVersV schreibt allgemein vor, dass RPT-Forderungen von der Rückstellung für noch nicht abgewickelte VF abzusetzen sind. In der Rechtsschutzversicherung gehören nach § 26 Abs. 2 Satz 2 RechVersV zu den Forderungen auch bestehende Forderungen an den Prozessgegner auf Erstattung der Kosten. 168

Soweit § 26 Abs. 2 RechVersV den Abzug aktivierungsfähiger Forderungen vorsieht, die bereits abgewickelte VF betreffen, handelt es sich um eine Ausweisvorschrift, die eine Ausnahme vom Saldierungsverbot in § 246 Abs. 2 Satz 1 HGB darstellt.[198] 169

g) Abzinsung von Schadenrückstellungen

Im Rahmen der allgemeinen Rückstellungsbewertung wurde durch das BilMoG v. 25.05.2009 eingeführt, dass Rückstellungen mit einer Restlaufzeit von mehr als einem Jahr verpflichtend mit dem ihrer Restlaufzeit entsprechenden, durchschnittlichen Marktzinssatz der vergangen sieben GJ zu diskontieren sind (§ 253 Abs. 2 Satz 1 HGB).[199] Gemäß § 341e Abs. 1 Satz 3 HGB sind diese allgemeinen handelsrechtlichen Bewertungsvorschriften nicht auf die versicherungstechnischen Rückstellungen anwendbar. Somit bleibt es bei der Beibehaltung der bisherigen 170

196 Vgl. *Geib/Horbach*, in: KoRVU, Bd. I, J, Rn. 103.

197 Vgl. Rn. 94.

198 Vgl. *KPMG* (Hrsg.), Rechnungslegung von Versicherungsunternehmen nach neuem Recht, Frankfurt a. M. 1994, S. 128; Boetius weist darauf hin, dass die Bestimmungen nach § 26 Abs. 2 RechVersV nicht zur Änderung allgemeiner Bilanzierungsgrundsätze führen können und somit das allgemeine handelsrechtliche Saldierungsverbot von § 246 Abs. 2 HGB nicht tangiert werden kann, vgl. *Boetius*, Handbuch der versicherungstechnischen Rückstellungen, Köln 1996, Anm. 956.

199 Zu der grundlegenden Diskussion zur Abzinsung von Rückstellungen für ungewisse Verbindlichkeiten vgl. die Vorauflage – 3. Ergänzungslieferung Mai 2008 – (Rn. 167 ff.).

Bewertungspraxis, eine Abzinsung nur dann vorzunehmen, wenn ein Zinsanteil im Gesamtbetrag enthalten ist.

171 Die Schadenrückstellungen sind mit dem geschätzten Gesamtbetrag der noch zu leistenden Schadenzahlungen zu bewerten. Da die Versicherungsleistungen, die aufgrund des VV mit dem VN vom VU erbracht werden, grundsätzlich keinen Zinsanteil enthalten,[200] ist in der HB – losgelöst von der Einschränkung des § 341e Abs. 1 Satz 3 HGB – eine Abzinsung der Schadenrückstellungen nicht geboten.

172 *Groh*[201] verweist zu Recht darauf, dass eine Abzinsung richtigerweise vorgenommen werden muss, um den Zinsanteil im Gesamtbetrag zu berücksichtigen. „Ein Zinsanteil aber ist vorhanden, wenn eine gewisse Verbindlichkeit auf einem Rechtsgeschäft beruht und der Gläubiger neben seiner Sach- oder Dienstleistung auch noch Kredit gewährt."[202] Dabei ist es nicht notwendig, dass dieses Kreditgeschäft als solches offen vereinbart ist. Die Aufspaltung beider Leistungen erfolgt durch Abzinsung des Gesamtbetrags. Die Zunahme der Rückstellung bis zur Endfälligkeit des Betrags spiegelt daher den Zinsaufwand wider.[203]

173 Diese Betrachtungsweise kann auf die Schadenrückstellung i.d.R. jedoch nicht angewendet werden. Die Versicherungsleistungen, die aufgrund des VV mit dem VN vom VU erbracht werden, enthalten keine – auch keine versteckte – Vergütung einer Kreditgewährung. Die Versicherungsleistungen stellen vielmehr einen Ersatz der beim VN oder einem Dritten entstandenen Schäden dar. Die Zeitspanne zwischen dem Schadeneintritt und der Schadenleistung durch das VU resultiert lediglich aus der Regulierung des VF, d.h. der Ermittlung der Höhe des entstandenen Schadens und der Bestimmung der Leistungspflicht des VU. Die Höhe der Versicherungsleistung ist grundsätzlich unabhängig vom Zeitpunkt der Leistung. Das Vorliegen der Zeitspanne rechtfertigt daher noch keine Fiktion der Kreditgewährung. Eine Abzinsung der Schadenrückstellung scheidet hiernach ebenso aus. Im Rahmen der Bewertung ist vielmehr die Endwertmethode anzuwenden, d.h., die Schadenrückstellungen werden am Ende des GJ mit dem geschätzten Gesamtbetrag der noch zu leistenden Schadenzahlungen bewertet.

174 Die generelle Abzinsungsverpflichtung in der StB[204] gilt für Schadenrückstellungen in der HB somit nur ausnahmsweise, z.B. für im Zusammenhang mit Prozes-

---

200 Vgl. *Perlet*, in: KPMG Nordtreu (Hrsg.), KPMG Nordtreu 1947 – 1997, FS KPMG Nordtreu, Hannover 1997, S. 120 f.; *Angerer*, in: Schwebler u.a. (Hrsg.), Dieter Farny und die Versicherungswissenschaft, FS Farny, Karlsruhe 1994, S. 39 f.

201 Vgl. *Groh*, BB 1988, S. 1919 ff.

202 *Groh*, BB 1988, S. 1921.

203 Vgl. *Groh*, BB 1988, S. 1921.

204 Vgl. § 6 Abs. 1 Nr. 3 EStG.

sen gesetzlich verzinsliche oder aufgrund vertraglicher Vereinbarungen verzinsliche Verbindlichkeiten.

h) Berücksichtigung von Preissteigerungen

Im Rahmen der allgemeinen Rückstellungsbewertung nach § 253 Abs. 1 Satz 2 HGB sollen künftige Preis- und Kostensteigerungen einbezogen werden.[205] Aus der Tatsache, dass nach § 341e Abs. 1 Satz 3 HGB bei der Bewertung von versicherungstechnischen Rückstellungen die Wertverhältnisse am Abschlussstichtag zugrunde zu legen sind,[206] kann u.E. kein grundsätzliches Verbot zur Berücksichtigung von Preissteigerungen bei der Bewertung von Schadenrückstellungen abgeleitet werden. Vielmehr soll die bisherige Bewertungspraxis auch nach Einführung des BilMoG beibehalten werden; somit gelten die grundsätzlichen Ausführungen/Ergebnisse hinsichtlich der Berücksichtigung von Preissteigerungen vor dem Inkrafttreten des BilMoG weiterhin. 175

Die Frage, ob am Bilanzstichtag erkennbare, künftige Preissteigerungen bei der Bewertung der Schadenrückstellung berücksichtigt werden müssen, ist auch für die Bemessung der Renten-DR von großer Bedeutung. 176

Während die Rechtsprechung zunächst einer Berücksichtigung künftiger Preissteigerungen nicht entgegenstand, lehnte der BFH seit seinem Urteil v. 19.02.1975[207] die Einbeziehung solcher Preissteigerungen unter Hinweis auf das Stichtagsprinzip und das Nominalwertprinzip ab.[208] Nach der Auffassung des BFH sind bei der Bewertung von Rückstellungen die Preisverhältnisse am Bilanzstichtag zugrunde zu legen. Kostensteigerungen, die erst nach dem Bilanzstichtag eintreten, werden danach nicht berücksichtigt. 177

Hinsichtlich der Bewertung von wertgesicherten Rentenverpflichtungen betont der BFH das Verursachungsprinzip. „Danach besteht kein Grundsatz ordnungsmäßiger Buchführung, wonach die künftigen Rentenerhöhungen bereits vor Eintritt des Ereignisses, an die die Wertsicherung knüpft (z.B. Erhöhung von Beamtenbezü- 178

205 Die Einbeziehung von Preis- und Kostensteigerungen ergibt sich aus dem zukunftsgerichteten Begriff „Erfüllungsbetrag", der in den § 253 Abs. 1 Satz 2 HGB durch das BilMoG eingeführt wurde. Vgl. BT-Drs. 16/10067, S. 52.

206 Der Gesetzgeber hat die VU von der Verpflichtung ausgenommen, künftige Kosten- und Preissteigerungen entsprechend § 253 Abs. 1 Satz 2 HGB bei der Bewertung von versicherungstechnischen Rückstellungen zu berücksichtigen. Siehe hierzu BT-Drs. 16/10067, S. 97.

207 Vgl. BFH v. 19.02.1975, BStBl. II, S. 480.

208 Vgl. zu dem Problemkomplex die Ausführungen bei Perlet, Rückstellungen für noch nicht abgewickelte Versicherungsfälle in Handels- und Steuerbilanz, Karlsruhe 1986, S. 117 ff. Hier werden auch weitere Urteile des BFH angeführt.

gen), bilanziert werden könnten."[209] Die Rechtsprechung, wonach Verpflichtungserhöhungen nicht Aufwand des Jahres der Vereinbarung der Rentenverbindlichkeit sind, sondern des Jahres, in dem sich die Wertsicherung aktualisiert, findet in der Literatur allgemeine Zustimmung.[210]

179 Strittig ist die Bewertung vor allem im Hinblick auf Rückstellungen, die nicht Rentenverpflichtungen verkörpern. Während die Finanzverwaltung im Zuge der BFH-Entscheidungen verlangt,[211] die Preisentwicklung in der Weise zu berücksichtigen, dass die Höhe des Erfüllungsbetrags an jedem Bilanzstichtag neu zu schätzen und der sich dann ergebende Fehlbetrag sofort in vollem Umfang nachzuholen ist, fordert die herrschende Literaturmeinung,[212] vor allem unter Betonung des Realisationsprinzips/Imparitätsprinzips, die Antizipation künftiger Lohn- und Preissteigerungen. „Da Rückstellungen mit dem Betrag anzusetzen sind, mit dem das Unternehmen künftig durch Ausgaben belastet sein wird, sind auch Preis- und Kostensteigerungen in die Bewertung mit einzubeziehen, soweit sie am Abschlussstichtag üblicherweise zu erwarten sind."[213] Somit sind nach dem Stichtagsprinzip auch die Leistungserhöhungen zu berücksichtigen, die am Bilanzstichtag erkennbar sind. Die Vorwegnahme künftiger Preissteigerungen verstößt auch nicht gegen das Nominalwertprinzip, da das Nominalwertprinzip nur Geldsummenschulden betrifft, nicht dagegen Geldwertschulden.[214]

180 Auch die Versicherungsaufsichtsbehörde hat in der Vergangenheit den Standpunkt vertreten, dass die Schadenrückstellungen so ausreichend bemessen werden müssen, dass Aufwendungen (Verluste) aus der Abwicklung dieser Rückstellungen nicht entstehen. Die Rückstellungen sind daher mind. mit dem Betrag anzusetzen, der für die endgültige Regulierung des Schadens erforderlich ist. Dieser muss auch die Beträge enthalten, die auf Preissteigerungen während der Abwicklungszeit entfallen, um regelmäßige Abwicklungsverluste auszuschließen.

---

209 *Perlet*, Rückstellungen für noch nicht abgewickelte Versicherungsfälle in Handels- und Steuerbilanz, Karlsruhe 1986, S. 117; vgl. hierzu BFH v. 13.11.1975, BStBl. II 1976, S. 142 sowie BFH v. 11.08.1967, BStBl. III, S. 699.

210 Vgl. *Perlet*, Rückstellungen für noch nicht abgewickelte Versicherungsfälle in Handels- und Steuerbilanz, Karlsruhe 1986 S. 118 m.w.N. sowie *Hoyos/M. Ring*, in: Beck Bil-Komm.[6], § 253 HGB, Rn. 58 und 84 m.w.N.

211 Vgl. BdF v. 14.06.1974, BB 1974, S. 821 und BdF v. 16.04.1981, BB 1981, S. 1129.

212 Vgl. *Perlet*, Rückstellungen für noch nicht abgewickelte Versicherungsfälle in Handels- und Steuerbilanz, Karlsruhe 1986, S. 118 m.w.N.

213 *ADS*[6], § 253 HGB, Rn. 196; vgl. auch *Hoyos/M. Ring*, in: Beck Bil-Komm.[6], § 253 HGB, Rn. 174.

214 Vgl. BFH v. 27.07.1967, BStBl. III, S. 690 ff.

Die VersBiRiLi schreibt eine Bildung der Schadenrückstellung in Höhe der voraussichtlich noch entstehenden Aufwendungen vor.[215] Verdeckte Abzinsungen, etwa derart, dass die Schadenrückstellungen mit einem geringeren Wert angesetzt werden, als für die endgültige Schadenabwicklung zu erwarten ist, sind unzulässig.[216] Sie würden auch gegen § 341e Abs. 1 Satz 1 HGB verstoßen, wonach versicherungstechnische Rückstellungen so zu bilden sind, dass die dauernde Erfüllbarkeit der Verpflichtungen aus den VV sichergestellt ist.[217] 181

i) Besonderheiten im Transportversicherungsgeschäft

„Transportversicherung ist eine Schadenversicherung der mit einem Transportmittel oder mit transportierten Gütern in Verbindung stehenden und im Vertrag bezeichneten Interessen gegen eine Vielzahl von Gefahren, die während der Dauer der Bewegung oder der Bewegungsbereitschaft vorhanden sind."[218] Nach Art des versicherten Interesses unterscheidet man im Wesentlichen die Kaskoversicherung (Versicherung des Transportmittels) und die Transportgüterversicherung (Versicherung der transportierten Güter).[219] Legt man bei der TrV die Wege zugrunde, die der Transport nimmt, so wird zwischen der Seetransport-, der Binnentransport- (Fluss- und Landtransport) und der Lufttransportversicherung unterschieden.[220] 182

Als Nebenzweig der TrV sind insb. die Valorenversicherung (Wertgegenstände), die gewerbliche Filmversicherung sowie die Reisegepäckversicherung zu nennen. Die Kraftfahrtversicherung und die Einheitsversicherung zählen heute nicht mehr zur TrV, haben sich jedoch aus ihr entwickelt. 183

Die Versicherungsabschlüsse erfolgen durch Einzelpolicen, Generalpolicen und Abschreibepolicen. 184

Bei den TrV handelt es sich vorwiegend um Versicherungen mit kurzfristiger Dauer. Während Warentransporte und Valorensendungen i.d.R. versichert werden, obschon weder der Risikobeginn noch das Risikoende genau ermittelt werden kann, sind die Versicherungen der Verkehrsmittel, insb. der Seeschiffe, meistens Zeitversicherungen, für die Beginn und Ende der Risikoübernahme festliegen. Die Schwierigkeiten in der Bestimmung der Reisedauer und damit von Beginn und Ende des Risikos ergeben sich im Hinblick auf die Gütertransporte meistens aus 185

---

215 Vgl. Art. 60 Abs. 1 Buchst. a VersBiRiLi.
216 Vgl. Art. 60 Abs. 1 Buchst. g VersBiRiLi.
217 Vgl. *Boetius*, Handbuch der versicherungstechnischen Rückstellungen, Köln 1996, Anm. 1035 f.
218 *Enge*, in: Versicherungsenzyklopädie 1991, Bd. 5, S. 406.
219 Vgl. Anlage 1 Abschn. C zur BerVersV unter der VZ-Kennzahl 19.
220 Vgl. zu Einteilungen *Enge*, in: Versicherungsenzyklopädie 1991, Bd. 5, S. 406 ff.

der Unbestimmtheit der Vor- und Nachreisen zu Lande sowie durch Zwischen- und Nachlagerungen, die sehr häufig beitragsfrei mitversichert sind.

186 Hinzu kommt, dass die TrV zu einem großen Teil von den Zeichnungsstellen erst mit erheblicher Verspätung angemeldet und auch abgerechnet werden. Das trifft vor allem für das ausländische Geschäft sowie für das Börsen-, Makler- und RückVG zu. Im üG, das für viele TrV einen erheblichen Umfang hat, werden in einer Vielzahl von Fällen bei Quoten- und auch bei Exzedentenverträgen keine genügenden Unterlagen (Borderos) mitgeliefert, sodass der RückVR im Zeitpunkt der Bilanzierung häufig entweder noch keine Abrechnung oder keine Klarheit über die abgerechneten RückV-Beiträge hat.

187 Die vorstehend gekennzeichneten technischen Schwierigkeiten lassen erkennen, dass die Rückstellungen für Transportversicherung (TrVR) in den meisten Fällen nicht in der Lage sind, zum Bilanzstichtag den verdienten Teil der Beitragseinnahmen von dem unverdienten Teil, der als BÜ zu stellen ist, zu trennen. Das gilt sowohl für die pauschale Methode als auch für die Berechnung der BÜ nach der Methode „pro rata temporis“ oder der Bruchteilmethode (z.B. 1/24-System). Die Unternehmen, die die BÜ getrennt passivieren, helfen sich dadurch, dass sie aus der Erfahrung gewonnene Pauschalsätze zur Bemessung der BÜ ansetzen. Da andererseits wegen der großen Entfernung im internationalen TrV-Geschäft häufig die Schäden erst sehr spät gemeldet werden und außerdem vom VR in vielen Fällen nicht festgestellt werden kann, zu welchem Zeitpunkt – ob im GJ oder im Folgejahr – der Schaden eingetreten ist, lassen sich die Schadenrückstellungen in der TrV im Einzelnen nur außerordentlich schwer schätzen. Der VR kann sich nur dadurch helfen, dass er das nicht fassbare Risiko durch einen pauschal geschätzten Betrag bei den Schadenrückstellungen berücksichtigt.

188 Dieser Eigenart der TrV wird in § 27 RechVersV Rechnung getragen, indem für die Ermittlung der Rückstellung für noch nicht abgewickelte VF Näherungs- und Vereinfachungsverfahren zugelassen werden. Voraussetzung für die Anwendung dieser Verfahren ist, dass zum Zeitpunkt der Bilanzaufstellung die das GJ betreffenden Informationen über die fälligen Beiträge oder die eingetretenen VF aufgrund der Besonderheiten des VG nicht zu einer ordnungsgemäßen Schätzung ausreichen.[221] In § 27 Abs. 2 Satz 1 RechVersV ist geregelt, dass in VZ, in denen nach ZJ abgerechnet wird, wie es in der TrV üblich ist, die BÜ zusammen mit der Rückstellung für noch nicht abgewickelte VF ausgewiesen werden. Damit wird ein Verfahren angesprochen, das allgemein als Standardsystem bzw. Englisches

221 Vgl. § 27 Abs. 1 Satz 1 RechVersV.

System bezeichnet wird. Diese Methode ist in der VersBiRiLi als Mitgliedstaatenwahlrecht vorgesehen.[222]

Bei diesem Verfahren werden in dem Jahr, in dem das Risiko vom VU gezeichnet wird (ZJ)[223], BÜ und Schadenrückstellung nicht ermittelt, sondern der Überschuss der eingenommenen Beiträge über die gezahlten Kosten und Schäden des ZJ (= GJ) als Schadenrückstellung passiviert, sodass im ersten Jahr weder ein Gewinn noch ein Verlust ausgewiesen wird (sog. Nullstellung). 189

Sobald ausreichende Informationen zur individuellen Ermittlung vorliegen, „spätestens am Ende des dritten auf das Zeichnungsjahr folgenden Jahres“,[224] ist die so gebildete Rückstellung durch eine einzeln zu ermittelnde Rückstellung für noch nicht abgewickelte VF zu ersetzen.[225] Der BFH hat seinerzeit eine individuelle Ermittlung vom zweiten Jahr ab gefordert.[226] Durch die ausdrückliche Kodifizierung einer Drei-Jahres-Frist in der RechVersV ergibt sich u.E. aufgrund der Maßgeblichkeit der Werte der HB für die StB auch die steuerliche Anerkennung der sich bei Anwendung der Drei-Jahres-Frist ergebenden Bilanzwerte. 190

Wenngleich diese Rückstellung vom Charakter her gleichermaßen die BÜ und die Schadenrückstellung verkörpert, erscheint es unter Beibehaltung der vor Umsetzung der VersBiRiLi geltenden Praxis angebracht,[227] diese unter der Rückstellung für noch nicht abgewickelte VF auszuweisen. Diese Behandlungsweise entspricht Art. 61 VersBiRiLi und der systematischen Einordnung der Vorschrift im Anschluss an § 26 RechVersV zur Rückstellung für noch nicht abgewickelte VF.[228] 191

Gibt es Anzeichen dafür, dass das Ergebnis der betrachteten ZJ schlechter als Null ist, ist der zur Erfüllung derzeitiger und zukünftiger Verpflichtungen notwendige Betrag zurückzustellen.[229] 192

In der TrV ist es – im Gegensatz zu anderen VZ, in denen nach dem GJ abgerechnet wird – üblich, Beiträge, Provisionen und Schäden demjenigen Jahr zuzurechnen, in dem die Versicherung gezeichnet worden ist (ZJ-System). Es wird also z.B. im GJ 2007 festgestellt, welche Beiträge in den Jahren 2003, 2004, 2005, 2006 und evtl. 2007 für Risiken (Versicherungen) vereinnahmt worden sind, die 193

222 Vgl. Art. 61 Abs. 1 VersBiRiLi.
223 Vgl. § 27 Abs. 2 Satz 4 RechVersV.
224 § 27 Abs. 2 Satz 3 RechVersV.
225 So auch Art. 61 Methode 1 VersBiRiLi.
226 Vgl. BFH-Urteil v. 30.09.1970 – I 124/65, in: BStBl. II 1971, S. 66-68.
227 Vgl. die Bestimmungen vor Umsetzung der VersBiRiLi in Nr. I P 3.3.1 Abs. 3 Satz 3 VUBR i.V.m. § 7 Abs. 4 Externe VUReV.
228 Vgl. *IDW* (Hrsg.), WP Handbuch 2006[13], Rn. K 339.25.
229 Vgl. § 27 Abs. 1 Satz 2 RechVersV.

im Jahre 2003 vom VU gezeichnet wurden. Die Summe dieser Beiträge ist die Beitragseinnahme des ZJ 2003. In gleicher Weise wird auch ermittelt, welche Versicherungsleistungen (Schadenzahlungen) für die in 2003 gezeichneten Risiken erbracht worden sind bzw. noch zu erbringen sind.

194 Diese Verfahrensweise macht deutlich, dass die in einem GJ vereinnahmten Beiträge in der TrV im Gegensatz zu anderen VZ nicht nur Beiträge enthalten, die diesem GJ (ZJ) selbst und den Folgejahren zuzurechnen sind, sondern teilweise auch Beiträge beinhalten, die früheren ZJ zuzurechnen sind. Sie werden als Nachverrechnungsbeiträge bezeichnet.

195 Die skizzierte Bilanzierung nach ZJ nach dem sog. Standardsystem bzw. Englischen System bedeutet also, dass die für ein ZJ an einem Bilanzstichtag ausgewiesene Rückstellung (Schadenrückstellung inkl. BÜ) so bemessen sein soll, dass sie zusammen mit den diesem ZJ zuzurechnenden – nach dem Bilanzstichtag eingehenden – Nachverrechnungsbeiträgen (vermindert um Nachverrechnungsprovisionen) ausreicht, um alle Aufwendungen, die mit den diesem ZJ zuzurechnenden Schäden zusammenhängen, zu decken.[230]

196 Im Rahmen des Standardsystems bzw. Englischen Systems werden verschiedene Methoden unterschieden, nach denen die Schadenrückstellung (inkl. BÜ) im Verhältnis zu den Beitragseinnahmen eines ZJ gebildet wird.

197 Im Ergebnis führen die Methoden dazu, dass die VU ihre versicherungstechnischen Rückstellungen (BÜ und Schadenrückstellungen zusammengenommen) mit einem variablen oder auch festen Prozentsatz – evtl. abgestuft nach verschiedenen Versicherungsarten innerhalb der TrV – der Betragseinnahmen eines GJ- bzw. ZJ im GJ und weiterhin in den Folgejahren bilden. Beispielsweise werden von den Beiträgen eines Jahres im GJ bzw. in den Folgejahren für dieses GJ folgende Prozentsätze zurückgestellt:

	Beispiel 1	Beispiel 2
	%	%
GJ (= ZJ)	90	60
1. Folgejahr	70	25
2. Folgejahr	50	10
3. Folgejahr	25	–
4. Folgejahr	10	–

230 Vgl. hierzu *Weisse*, WPg 1959, S. 173; *Geib/Horbach*, in: KoRVU, Bd. I, J, Rn. 169 ff.

Die in diesem Verfahren der Pauschalbewertung angewendeten Prozentsätze basieren auf Erkenntnissen über den Verlauf verschiedener ZJ in früheren GJ (unter Berücksichtigung der Nachverrechnungsbeiträge und -provisionen). Aktuelle Trendentwicklungen sind zu berücksichtigen, damit z.B. Abwicklungsverluste vermieden werden. 198

Zusätzlich werden vielfach neben den Pauschalrückstellungen in den Haupttransportversicherungsarten noch die Anteile des VU an bestimmten Großschäden gesondert in einzelbewerteten Schadenrückstellungen berücksichtigt. 199

Angesichts der Besonderheiten der TrV erscheint es angebracht, die BÜ und die Rückstellungen für noch nicht abgewickelte VF auch bei getrennter Passivierung immer als versicherungstechnische Rückstellung in ihrer Gesamtheit zu beurteilen. 200

j) Schadenschecks

Die Beiträge der am Bilanzstichtag ausgestellten, aber noch nicht eingelösten Schecks (Schadenschecks) sind – sofern sie nicht von den Guthaben bei Kreditinstituten abgesetzt werden – auf der Passivseite entweder unter dem Posten „Verbindlichkeiten gegenüber VN“[231] oder unter dem Posten „Sonstige Verbindlichkeiten“[232] oder unter dem Posten „Rückstellung für noch nicht abgewickelte Versicherungsfälle“[233] auszuweisen.[234] 201

Die Absetzung der Schadenschecks von den Guthaben bei Kreditinstituten hat den Nachteil, dass dieser Posten dadurch ins Negative „umkippen“ könnte und es zu einem Ausweis von Verbindlichkeiten kommen kann. Der Ausweis unter dem Posten „Sonstige Verbindlichkeiten“ ist daher vorzuziehen.[235] 202

4. Ermittlung und Bewertung der Bruttoschadenrückstellung für das in Rückdeckung übernommene Versicherungsgeschäft

Die Bruttoschadenrückstellung für das üG ist grundsätzlich anhand der Aufgaben der VorVR zu bilden.[236] Auch wenn der RückVR[237] in vielen Fällen keine oder 203

231 Passivseite I I FB 1 RechVersV.
232 Passivseite I V FB 1 RechVersV.
233 Passivseite Posten E III FB 1 RechVersV.
234 Vgl. die Bestimmungen vor Umsetzung der VersBiRiLi in Nr. I P 3.0 Abs. 4 Satz 3 VUBR.
235 Vgl. *Richter/Geib*, in: KoRVU, Bd. I, A, Rn. 230.
236 Vgl. die Bestimmung vor Umsetzung der VersBiRiLi in Nr. I P 3.0 Abs. 4 Satz 3 VUBR.
237 Hierunter fallen auch SchVU, soweit sie das indirekte VG betreiben.

kaum Informationen über einzelne VF des direkten VG hat, so gilt für ihn dennoch der Grundsatz der Einzelbewertung. Er gilt insoweit, als der RückVR für die Bewertung seiner Anteile an den Verpflichtungen des ErstVR zunächst dessen Aufgaben zugrunde legt.[238]

204 Ein RückVR darf die Aufgaben der VorVR jedoch nicht ungeprüft übernehmen. Vielmehr muss er eigene Erkenntnisse über die Angemessenheit der Aufgaben der VorVR in die Bewertung der Schadenrückstellung einfließen lassen. Seine Erkenntnisse können von VZ zu VZ differieren und auch hinsichtlich der Zuordnung der übernommenen Risiken zu geographischen Märkten unterschiedlich sein.[239] Wichtiges Instrument zur Gewinnung von eigenen Erkenntnissen über die Angemessenheit von Aufgaben der VorVR ist die Abwicklung der Schadenrückstellung nach Schadenanfalljahren bzw. ZJ. Die Anwendung dieses Kontrollinstruments setzt jedoch voraus, dass der VorVR die Aufgabe der Schadenrückstellungen und der Schadenzahlungen nach Schadenanfalljahren bzw. ZJ differenziert. Darüber hinaus ist es zur Gewinnung aussagefähiger Ergebnisse notwendig, dass die Beobachtung über genügend viele Schadenanfalljahre und ZJ erfolgt.

205 Zur angemessenen Dotierung der Schadenrückstellung beim RückVR sollten die Aufgaben der VorVR grundsätzlich erkennen lassen, inwieweit sie auch Spätschadenrückstellungen berücksichtigen.

206 Besonders problematisch ist die Bewertung der Schadenrückstellung für einen RückVR bzw. Schadenversicherer (SchVR), wenn er keine oder nur unvollständige Aufgaben der VorVR vorliegen hat. Er hat in diesen Fällen die Bruttoschadenrückstellungen selbst zu berechnen bzw. gewissenhaft zu schätzen.[240] Grundlage sind seine eigenen Kenntnisse des Markts und des VZ sowie seine vergangenheitsbezogenen Erkenntnisse über den betreffenden RückVV.

207 Ergibt sich aus eigenen Erfahrungen hinsichtlich eines RückVV, dass die von den VorVR aufgegebenen Rückstellungen aller Voraussicht nach nicht ausreichen werden, so hat der RückVR die aufgegebenen Rückstellungen um seiner Erkenntnis nach angemessene Zuschläge zu erhöhen.[241]

208 Diesen Zuschlägen, die u.a. auch die Spätschäden betreffen, ist besondere Bedeutung beizumessen. Denn Geldentwertung, veränderte Rechtsprechung usw. haben

238 Vgl. *Gerathewohl*, Rückversicherung, Grundlage und Praxis, Bd. I, Karlsruhe 1976, S. 689.

239 Vgl. zu den hier angesprochenen Problemen der Bilanzierung der Schadenrückstellungen durch RückVR *Gerathewohl*, Rückversicherung, Grundlage und Praxis, Bd. I, Karlsruhe 1976, S. 689 ff.

240 Vgl. die Bestimmungen vor Umsetzung der VersBiRiLi in Nr. I P 3.0 Abs. 4 Satz 5 VUBR.

241 Vgl. die Bestimmungen vor Umsetzung der VersBiRiLi in Nr. I P 3.0 Abs. 4 Satz 4 VUBR.

in der Vergangenheit häufig dazu geführt, dass die tatsächlich benötigte Rückstellung die vom VorVR aufgegebene Ursprungsschadenrückstellung um ein Vielfaches überstiegen hat.[242]

5. Anteile der Rückversicherer bzw. Retrozessionäre

Die Schadenrückstellung wird brutto ermittelt, d.h. einschl. des Anteils der RückV bzw. Retrozessionäre. Von der Bruttorückstellung ist der auf das in Rückdeckung gegebene VG entfallende Anteil in der Bilanz in der Vorspalte abzusetzen.[243] Dies gilt auch dann, wenn der RückVR für seinen Anteil an der Renten-DR für das sG ein Wertpapierdepot zugunsten des bilanzierenden – abgebenden – VU gestellt hat.[244] 209

Die Anteile der RückVR bzw. Retrozessionäre an den Bruttoschadenrückstellungen bestimmen sich nach den RückVV. Für das sG erfolgt die Berechnung auf Grundlage der eigenen Ermittlung der Bruttowertansätze, während für das üG die Berechnung auf Grundlage der Aufgaben der VorVR bzw. eigener Ermittlung der Bruttowertansätze vorgenommen wird. Bei Schadenexzedenten-RückVV mit variablen Beiträgen dürfen die Anteile der RückVR bzw. Retrozessionäre nicht mit den Beitragsverbindlichkeiten gegenüber den RückVR bzw. Retrozessionären verrechnet werden.[245] 210

6. Ermittlung der Beträge für noch nicht abgewickelte Rückkäufe, Rückgewährbeträge und Austrittsvergütungen

Hierunter sind Beträge zu verstehen, die den VN aus den bis zum Bilanzstichtag vorzeitig gekündigten Verträgen (Rückkauf)[246] oder abgelaufenen Verträgen (Rückgewähr)[247] geschäftsplanmäßig zu vergüten, aber zum Bilanzstichtag noch nicht ausgezahlt sind.[248] Austrittsvergütungen kommen bei SchVU nicht vor.[249] 211

242 Vgl. *Geib/Horbach*, in: KoRVU, Bd. I, J, Rn. 177 ff.
243 Passivseite Posten E III 2 FB 1 RechVersV.
244 Vgl. die Bestimmungen vor Umsetzung der VersBiRiLi in Nr. I P 3.0 Abs. 5 Satz 2 VUBR.
245 Vgl. die Bestimmungen vor Umsetzung der VersBiRiLi in Nr. I P 3.0 Abs. 6 und 7 VUBR.
246 Vgl. z.B. *Riebesell*, in: Große/Schmidt (Hrsg.), Versicherungsenzyklopädie 1991, Bd. 4, 4. Aufl., Wiesbaden 1991, S. 601 sowie § 7 Abs. 3 AUB 61.
247 Vgl. *Riebesell*, in: Große/Schmidt (Hrsg.), Versicherungsenzyklopädie 1991, Bd. 4, 4. Aufl., Wiesbaden 1991, S. 611 f.
248 Vgl. die Bestimmungen vor Umsetzung der VersBiRiLi in Nr. I P 3.3.2 Abs. 1 Satz 2 VUBR.
249 Die sog. Austrittsvergütung entspricht bei Pensionskassen (PK) bzw. Sterbekassen (StK) den Rückkaufswerten der anderen Geschäftszweige; vgl. die Bestimmungen vor Umsetzung der

Der vor Umsetzung der VersBiRiLi vorgeschriebene gesonderte Ausweis entfällt; diese Beträge sind nunmehr in der Rückstellung für noch nicht abgewickelte VF zu erfassen.[250]

212 Die Beträge beinhalten auch die mit den Rückkäufen bzw. der Rückgewähr zusammenhängenden Regulierungsaufwendungen. Die Vorschriften über die Teil-Schadenrückstellung für SchR-Aufwendungen sind hier sinngem. anzuwenden.[251]

213 Hinsichtlich des üG und des in Rückdeckung gegebenen VG gelten die unter 4. und 5. gemachten Ausführungen sinngemäß.

7. Angabepflichten im Anhang

214 Schaden- und Unfallversicherungsunternehmen haben hinsichtlich der Rückstellung für noch nicht abgewickelte VF im Anhang insb. folgende Angaben zu machen:

(1) § 284 Abs. 2 Nrn. 1 und 3 HGB, § 52 Nr. 1 Buchst. c RechVersV

215 Versicherungsunternehmen haben die Methoden der Ermittlung der einzelnen versicherungstechnischen Rückstellungen hinsichtlich der Bruttobeträge und der Beträge, die auf das in Rückdeckung gegebene VG entfallen, jeweils gesondert für das sG und das üG anzugeben. Wesentliche Änderungen der Methoden gegenüber dem VJ sind zu erläutern.

216 Auswirkungen von Änderungen der Methoden auf die Vermögens-, Finanz- und Ertragslage sind gem. § 284 Abs. 2 Nr. 3 HGB darzustellen.

(2) § 51 Abs. 4 Nr. 1 Buchst. h RechVersV

217 Die versicherungstechnischen Bruttorückstellungen sind insgesamt anzugeben, außerdem ist die Bruttorückstellung für noch nicht abgewickelte VF als Davon-Vermerk anzugeben.

218 Die Angaben sind jeweils für das sG, üG und das gesamte VG zu machen.[252] Sofern bestimmte Schwellenwerte überschritten werden, mind. jedoch für die drei wichtigsten VZ-Gruppen, -zweige oder -arten, ist der Betrag für das sG nach den

VersBiRiLi in Nr. I P 3.3.2 Abs. 3 VUBR.

250 Vgl. § 26 Abs. 1 Satz 1 2. Hs. RechVersV.

251 Vgl. die Bestimmungen vor Umsetzung der VersBiRiLi in Nr. I P 3.3.2 Abs. 1 Satz 3 VUBR.

252 Vgl. § 51 Abs. 4 Satz 1 Nr. 1 Buchst. h Doppelbuchst. aa RechVersV.

vorgeschrieben Zweiggruppen, Zweigen und Arten zu untergliedern.[253] Den Angaben sind die entsprechenden VJ-Zahlen gegenüberzustellen.[254]

(3) § 41 Abs. 5 RechVersV

Aufgrund der Umsetzung der VersBiRiLi in deutsches Recht sind im Anhang Erläuterungen des Abwicklungsergebnisses der Rückstellungen für noch nicht abgewickelte VF nach Art und Höhe zu geben, sofern das Abwicklungsergebnis erheblich ist.[255] 219

Vor Umsetzung der VersBiRiLi hatten die SchVU die Brutto- und Nettoschadenquoten für GJ-Schäden für jeden in FB III Externe Verordnung über die Rechnungslegung von Versicherungsunternehmen (VUReV) gesondert ausgewiesenen VZ des sG im Anhang anzugeben.[256] Durch Gegenüberstellung dieser Quoten und den aus der GuV ermittelten bilanziellen Schadenquoten konnten die jeweiligen Abwicklungsergebnisse annähernd ermittelt werden. Diese Angaben sind in der RechVersV nicht vorgesehen. Aus der gem. Posten I 4 der FB 2 und 4 RechVersV vorgesehenen Darstellung der Aufwendungen für VF lässt sich nicht erkennen, welches Abwicklungsergebnis sich für VJ-Rückstellungen ergibt, da sowohl die Zahlungen als auch die Rückstellungsveränderungen VJ- und GJ-Schäden betreffen. Die Zahlungen für VJ-Schäden sowie die Veränderung der Rückstellungen für VJ-Schäden stellen jedoch nur in Höhe des Abwicklungsergebnisses einen Aufwand oder Ertrag dar.[257] 220

Die Formulierung des § 41 Abs. 5 RechVersV „nach Art und Höhe" wirft die Fragen auf, ob die Abwicklungsergebnisse getrennt für die jeweiligen VZ darzustellen sind und was unter der Angabe der „Höhe" zu verstehen ist. Offen lässt die RechVersV auch, wann es sich um erhebliche Abwicklungsergebnisse handelt. 221

Die Konzeption der RechVersV wie der des VersBiRiLi, alle VZ-bezogenen Angaben in den gesonderten Anhangvorschriften zu regeln, spricht für die Absicht von Richtlinien- und Verordnungsgeber, die Abwicklungsergebnisse für das Gesamtgeschäft anzugeben.[258] Damit würde die Information über die Abwicklungsergeb- 222

253 Vgl. § 51 Abs. 4 Satz 4 RechVersV sowie zu den Ausführungen zu Anhangangaben vgl. *IDW* (Hrsg.), WP Handbuch 2006[13], Rn. K 408 ff.
254 Vgl. § 51 Abs. 4 Satz 1 RechVersV.
255 Vgl. Art. 38 Abs. 2 VersBiRiLi; vgl. hierzu auch *Geib/Ellenbürger/Kölschbach*, WPg 1992, S. 185.
256 Vgl. dazu § 13 Nr. 2 Satz 8 Externe VUReV.
257 Vgl. *Laaß*, WPg 1991, S. 589.
258 Vgl. *Wiedmann*, Bilanzrecht, 2. Aufl., München 2003, § 341g HGB, Rn. 16.

nisse je getrennt ausgewiesenem VZ des sG entfallen. In die Angabe einbezogen wären die Abwicklungsergebnisse aus dem üG.

223 Ähnlich wie in § 41 Abs. 5 RechVersV fordert § 277 Abs. 4 Satz 3 HGB die Erläuterung der aperiodischen Erfolgsbestandteile. Die diesbezüglichen Kommentierungen können daher hier entsprechende Anwendung finden. Zu beachten ist dabei jedoch, dass Abwicklungsergebnisse bei den Schadenrückstellungen wegen des Ungewissheitscharakters bei VU einen gewöhnlichen Sachverhalt darstellen. Insbesondere das versicherungsspezifische Vorsichtsprinzip des § 341e Abs. 1 Satz 1 HGB bei der Bemessung der versicherungstechnischen Rückstellungen wird i.d.R. zu Abwicklungsgewinnen führen.

224 Eine allgemein verbindliche Schwelle für die Erläuterungspflicht von Abwicklungsergebnissen gem. § 41 Abs. 5 RechVersV lässt sich nicht vorgeben. Weder aus den Gesetzesmaterialien noch aus der EG-Richtlinie lassen sich Hinweise dazu entnehmen, welche Größen als Beurteilungsmaßstab für die Frage der Erheblichkeit herangezogen werden können.

225 Maßstab für die Erheblichkeit können u.a. die Eingangsschadenrückstellungen bilden.

226 Andererseits lässt die systematische Einordnung der Vorschrift zur Angabe der Abwicklungsergebnisse in § 41 Abs. 5 RechVersV „Aufwendungen für Versicherungsfälle" darauf schließen, dass durch die Angabe weniger eine Aussage über die Qualität der gebildeten Schadenrückstellungen als vielmehr eine Kenntlichmachung periodenfremder Erfolgsbestandteile ermöglicht werden soll. Auch in der unveröffentlichten Begründung zum Vorschlag der VersBiRiLi aus dem Jahre 1987 heißt es: „In Abs. 3 wird insb. die Tatsache berücksichtigt, dass gelegentlich festgestellt wird, dass die Schadenreserven mitunter viele Jahre nach ihrer Bildung (vielleicht bei Spätschäden) stark nach oben berichtigt werden müssen. Breite Publizität haben in diesem Zusammenhang einige Haftpflicht-VF gefunden, die in den Vereinigten Staaten, bspw. i.V.m. Asbestose, eingetreten sind. Derartige Erhöhungen der Rückstellung für VF können das Gesamtergebnis eines VU wesentlich beeinflussen und verdienen deshalb Beachtung."

227 Bei der Frage, ob der Schadenaufwand oder das Gesamtergebnis durch Abwicklungsergebnisse wesentlich beeinflusst wird, kann u.E. Berücksichtigung finden, ob die Abwicklungsergebnisse eine einmalige Beeinflussung der Ergebnisgröße darstellen oder ob es sich um eine permanente, alljährlich in ähnlichem Umfang auftretende Erscheinung handelt. Ist letzteres der Fall, kann vorgebracht werden, dass wegen der gleichermaßen in den Vergleichsperioden auftretenden Effekte die

Vergleichbarkeit nicht beeinflusst wird. Zudem werden bei einer sehr vorsichtigen und konstanten Reservierungspolitik die tendenziell zu hoch ausgewiesenen Schadenaufwendungen durch Abwicklungsgewinne in derselben Periode wieder vermindert. Diese Argumentation ist jedoch angreifbar: Die tatsächliche Konstanz in der Reservierungspolitik wird erst bei der Abwicklung dieser neu gebildeten Schadenrückstellungen bekannt und damit nachprüfbar. Zudem wird in solchen Fällen, in denen in der Vergangenheit konstant hohe Abwicklungsergebnisse vorlagen, im Berichtsjahr jedoch nur noch ein geringes Abwicklungsergebnis eingetreten ist, die Vergleichbarkeit eingeschränkt, ohne dass es zu einer Angabe wegen wesentlicher Abwicklungsergebnisse im Berichtsjahr kommt, da in dem Berichtsjahr, für sich betrachtet, das Abwicklungsergebnis eben nicht mehr wesentlich ist.

Unter dem Hinweis auf die zuvor zitierte Begründung des Richtlinienvorschlages wird man allerdings eine Angabepflicht bei nur außergewöhnlich hohen Abwicklungsergebnissen vertreten können. 228

Hinsichtlich des Umfangs der Erläuterungen erscheint eine verbale Beschreibung der Relation des aperiodischen Anteils am Gesamtposten ausreichend.[259] 229

(4) § 27 Abs. 4 RechVersV

Die Anwendung eines der in § 27 RechVersV geregelten Näherungs- und Vereinfachungsverfahrens ist im Anhang anzugeben und zu begründen. Bei einer Änderung des angewendeten Verfahrens ist deren Einfluss auf die Vermögens-, Finanz- und Ertragslage darzulegen.[260] Sofern die Nullstellungsmethode oder das Standardsystem Anwendung gefunden haben, ist der Zeitraum bis zur Bildung einer nach allgemeinen Grundsätzen gebildeten Rückstellung für noch nicht abgewickelte VF anzugeben.[261] Bei der zeitversetzten Bilanzierung nach § 27 Abs. 3 RechVersV ist im Anhang anzugeben, um welchen Zeitraum das Jahr, dessen Zahlen ausgewiesen werden, dem GJ vorausgeht und welchen Umfang die betreffenden Geschäfte haben.[262] 230

(5) § 26 Abs. 2 Satz 3 RechVersV

Erreichen die abgesetzten Forderungen aus RPT einen größeren Umfang, so sind sie im Anhang anzugeben.[263] Die Anhangangabe betrifft u.E. nicht die Forde- 231

259 Vgl. *Förschle*, in: Beck Bil-Komm.[6], § 275 HGB, Anm. 226.
260 Vgl. § 27 Abs. 4 Satz 1 RechVersV.
261 Vgl. § 27 Abs. 4 Satz 2 RechVersV.
262 Vgl. § 27 Abs. 4 Satz 3 RechVersV.
263 Vgl. § 26 Abs. 2 Satz 3 RechVersV.

rungen aus RPT aus noch nicht abgewickelten VF, da diese nicht von der Schadenrückstellung abgesetzt, sondern – wie oben beschrieben – im Rahmen der Bewertung der einzelnen VF berücksichtigt werden. Zudem wird es durch die ausschließliche Angabe von Forderungen aus RPT von bereits abgewickelten VF möglich, den Umfang einer vom Gesetzgeber bewusst vorgeschriebenen Saldierung von getrennt aktivierungsfähigen Forderungen bei den Rückstellungen zu erkennen, soweit sie bedeutend sind. Außerdem spricht hierfür auch die Nw. 242 BerVersV,[264] wonach nur die RPT-Forderungen aus abgewickelten VF getrennt zu zeigen sind.[265]

8. Prüfung

a) Durchführung der Prüfung und Berichterstattung nach der Prüfungsberichteverordnung

232 Die Prüfung der Schadenrückstellungen stellt den Abschlussprüfer vor eine besonders schwierige Aufgabe, weil sich die richtige Bemessung der Schadenrückstellungen i.d.R. einer exakten Einzelberechnung entzieht und nur geschätzt werden kann. Da die ausreichende Bemessung der Rückstellung für noch nicht abgewickelte VF eine erhebliche Bedeutung für die Sicherstellung der dauernden Erfüllbarkeit der Verpflichtungen der VU aus den VV hat, wurde der Prüfung dieser Rückstellung und einer entsprechenden Berichterstattung durch den Abschlussprüfer von der Aufsichtsbehörde stets ein besonderer Wert beigemessen.

233 Auf der Grundlage des § 55a Abs. 1 Satz 1 Nr. 3 VAG hat die BaFin die PrüfV[266] erlassen. Diese führt bezüglich der Darstellung bzw. Prüfung von Rückstellungen für noch nicht abgewickelte VF bei SchVU Folgendes aus:

§ 17: „Versicherungstechnische Rückstellungen"

234 Abs. 2: „Zu den Berechnungs- und Bewertungsmethoden der Rückstellung für noch nicht abgewickelte Versicherungsfälle gem. § 341g HGB i.V.m. § 26 RechVersV … ist, insb. im Hinblick auf deren Angemessenheit, Stellung zu nehmen."

235 Abs. 3: „Sofern der Abschlussprüfer zur Beurteilung der versicherungstechnischen Rückstellungen einen unabhängigen Sachverständigen heranzieht, hat er dessen Namen im Prüfungsbericht zu nennen."

---

264 Vgl. Zeile 8 auf S. 2 von Nw. 242 BerVersV.
265 Vgl. *Wiedmann*, Bilanzrecht, 2. Aufl., München 2003, § 341g HGB, Rn. 6.
266 Vgl. BGBl. I 1998, S. 1209 ff.; VerBAV 1998, S. 174 ff.

§ 18: „Rückstellung für noch nicht abgewickelte Versicherungsfälle"

Abs. 1: „Für das selbst abgeschlossene Versicherungsgeschäft sind in der Schaden- und Unfallversicherung die Methoden der Ermittlung der Rückstellungen für die bis zum Bilanzstichtag eingetretenen und gemeldeten Schäden einschl. der Spätschäden, wiederauflebenden Schadenfälle, Großschäden und SchR-Aufwendungen für alle in § 51 Abs. 4 RechVersV genannten VZ-Gruppen, VZ und -arten darzustellen und zu beurteilen. Hierbei ist aufzuzeigen, in welcher Weise die je Schaden festgestellten Rückstellungsbeträge ermittelt wurden. Bei Anwendung von Pauschalmethoden ist auch anzugeben, wie die Anzahl der zugrunde gelegten offenen Schadenfälle ermittelt wurde. Über Art und Umfang der Prüfung der Rückstellung sind aussagefähige Angaben, insb. zu Ergebnissen einer etwaigen Schadenrevision des Unternehmens und anderen vom Prüfer zur Urteilsbildung getroffenen Maßnahmen zu machen. Zur Frage der ausreichenden Dotierung der zum Ende des Berichtsjahres ausgewiesenen Gesamtrückstellungen sowohl für die einzelnen Versicherungszweige als auch für das gesamte selbst abgeschlossene Versicherungsgeschäft ist unter Angabe des Beurteilungsmaßstabes Stellung zu nehmen. Bei der Beurteilung der Berechnungs- und Bewertungsmethoden der Rückstellungen für die in § 51 Abs. 4 RechVersV genannten Versicherungszweige ist die Abwicklung der Ursprungsschadenrückstellung und gegebenenfalls der Rückstellungen, insb. im Hinblick auf deren Angemessenheit, nach Zeichnungsjahren zu berücksichtigen." 236

Abs. 3: „Für das in Rückdeckung übernommene Versicherungsgeschäft sind die Methoden der Ermittlung der Rückstellung für alle Versicherungszweige gem. § 51 Abs. 4 RechVersV darzustellen und zu beurteilen. Wurde von den Aufgaben des Vorversicherers abgewichen, so ist hierzu Stellung zu nehmen." Zur Frage der ausreichenden Dotierung der zum Ende des Berichtsjahres ausgewiesenen Gesamtrückstellungen sowie für die einzelnen VZ, ist unter Angabe des Beurteilungsmaßstabes Stellung zu nehmen.[267] 237

Der Abschlussprüfer muss also unter Angabe der Beurteilungsmaßstäbe eindeutig Stellung nehmen, ob die Bemessung der zum Ende des Berichtsjahres ausgewiesenen Schadenrückstellung sowohl für die einzelnen VZ als auch für das gesamte sG und üG angemessen ist. Die BaFin hat dabei nicht näher definiert, was sie unter Beurteilungsmaßstäben versteht. 238

Die SchVU müssen im Rahmen der internen Rechnungslegung der BaFin in den Nw. 242 und 243 BerVersV für das sG die Abwicklung der vorjährigen Rückstel- 239

267 Vgl. § 18 Abs. 1 Satz 5 i.V.m. Abs. 3 Satz 3 PrüfV.

lung für noch nicht abgewickelte VF darstellen; darüber hinaus werden Aussagen zum Schadenaufwand für GJ-Schäden verlangt. Diese Nw. liefern auch Beurteilungsmaßstäbe für den Abschlussprüfer. Damit er zur Frage der ausreichenden Bemessung der Schadenrückstellungen Stellung nehmen kann, müssen jedoch durch ein darüber hinausgehendes Kennzahlensystem weitere Daten vorliegen. Insbesondere müssen neben der Abwicklung der VJ-Schadenrückstellungen auch die Abwicklung der Ursprungsschadenrückstellung nach Jahrgängen[268] sowie die bereinigten Schadenquoten, die den tatsächlichen Schadenaufwand (Zahlungen aller VJ und Restrückstellung zum Bilanzstichtag im Verhältnis zu den verdienten Beiträgen des entsprechenden Schadenjahrgangs) für die wesentlichen VZ und -arten darstellen, vorhanden sein.[269]

240 Die genannten Unterlagen sollten nach Möglichkeit durch die VU erstellt und zum Prüfungszeitpunkt vorliegen. Nur so kann unnütze Doppelarbeit vermieden werden.

241 Der *IDW PS 560* formuliert ergänzende Hinweise zur Berichterstattung.[270] Demnach ist die Zusammensetzung der Gesamtrückstellung nach Teilrückstellungen und nach VZ darzustellen und zu erläutern, wobei eine Aufteilung der Rückstellung für GJ- und VJ-VF vorzunehmen ist. In diesem Zusammenhang ist auf das Abwicklungsergebnis und die Ursachen bei wesentlichen Abwicklungsgewinnen oder -verlusten einzugehen. Auch sollen Art und Umfang der durchgeführten Prüfungshandlungen beschrieben werden. Im Interesse einer übersichtlichen Darstellung sollten die VZ-bezogenen Zahlendarstellungen in Anlagen erfolgen.[271]

242 Bei der Verwendung von pauschalen Zu- oder Abschlägen sind die der Bewertung zugrunde liegenden Verfahren und der daraus resultierende Gesamtbetrag darzustellen.[272]

b) Prüfungshandlungen

243 Die Grundsätze der Planung, der Durchführung und der Berichterstattung über die Prüfung der Schadenrückstellung aus Sicht des Berufsstands sind im *IDW PS 560*

268 Vgl. auch Nw. 242 BerVersV.

269 Siehe hierzu auch *IDW Prüfungsstandard: Die Prüfung der Schadenrückstellung im Rahmen der Jahresabschlussprüfung von Schaden-/Unfallversicherungsunternehmen (IDW PS 560)* (Stand: 09.12.2004).

270 Vgl. *IDW PS 560*, Tz. 51 ff.

271 Vgl. *IDW PS 560*, Tz. 52 f.

272 Vgl. *IDW PS 560*, Tz. 54.

niedergelegt.[273] Darüber hinaus werden Hinweise zur Prüfung der SchR-Prozesse, zur Durchführung aussagebezogener Prüfungshandlungen, zur Würdigung von Prüfungsnachweisen auf Basis mathematisch-statistischer Verfahren, zu den Besonderheiten der Prüfung der Schadenrückstellung sowie zur Prüfung der Risiken der künftigen Entwicklung gegeben.

Im Rahmen der Prüfungsplanung hat der Abschlussprüfer u.a. ausreichende 244
Kenntnisse über die Geschäftstätigkeit, das wirtschaftliche Umfeld[274] sowie die Funktionsfähigkeit des IKS zu erwerben.[275] Zu Beginn der Prüfung der Schadenrückstellung muss er sich einen Überblick über den Prozess der SchR und der SchB verschaffen. Hierzu gehört insb. die Erlangung des Verständnisses über Verfahren und Methoden zur Ermittlung der Schadenrückstellung. Diese Kenntnisse sollen den Abschlussprüfer in die Lage versetzen, die für die Entwicklung der Prüfungsstrategie und Prüfungsplanung relevanten Risikofaktoren zu identifizieren sowie zu analysieren und dienen als Grundvoraussetzung für die sachgerechte Wesentlichkeitsschätzungen. Bei der Beurteilung, ob die relevanten Risiken aus den VV durch das VU angemessen berücksichtigt wurden, hat der Abschlussprüfer die Veränderungen des wirtschaftlichen Umfelds, unternehmensexterne Risikofaktoren, die Zeichnungspolitik des VU, das Regulierungsverhalten, die Abläufe und Organisation der mit der Regulierung befassten Unternehmensbereiche und die Qualifikation der Schadensachbearbeiter zu beachten. Die Identifikation und Analyse der Risikofaktoren und ihrer Auswirkung auf das Fehlerrisiko ergeben Anhaltspunkte für die Beurteilung, welche Teilprozesse der SchB potenziell mit wesentlichen Fehlern oder mit Verstößen gegen die ReV behaftet sein können.[276] Die Grundlage für die vorläufige Risikoeinschätzung bilden die Risikobeurteilungen und Analysen des VU zum Grad der Erreichung seiner Unternehmensziele (z.B. in Bezug auf bestimmte Schaden- und/oder Abwicklungsquoten).[277] Auf Grundlage der vorläufigen Beurteilung der im SchB- und SchR-Prozess eingerichteten Kontrollmaßnahmen und ihrer Angemessenheit hat der Abschlussprüfer

273 Vgl. *IDW PS 560*, vgl. auch VFA, „Leitfaden zur Prüfung der Rückstellungen für noch nicht abgewickelte Versicherungsfälle der Schaden- und Unfall- sowie Rückversicherungsunternehmen", FN-IDW 1989, S. 57 ff.

274 Vgl. *IDW Prüfungsstandard: Kenntnisse über die Geschäftstätigkeit sowie das wirtschaftliche und rechtliche Umfeld des zu prüfenden Unternehmens im Rahmen der Abschlussprüfung (IDW PS 230)* (Stand: 08.12.2005).

275 Vgl. *IDW PS 560*, Tz. 5-14. Zu den Grundsätzen der Planung der Abschlussprüfung vgl. *IDW Prüfungsstandard: Grundsätze der Planung von Abschlussprüfungen (IDW PS 240)* (Stand: 09.09.2010); zur Prüfung des IKS vgl. *IDW PS 261*.

276 Vgl. *IDW PS 240*, Tz. 15.

277 Vgl. *IDW PS 560*, Tz. 7 f.

in einer angemessenen Kombination sowohl Systemprüfungen als auch aussagebezogene Prüfungshandlungen durchzuführen.

245 Bereits in der Planungsphase sind Wesentlichkeitsüberlegungen für die Prüfung der Schadenrückstellung relevant, da Art und Umfang der durchzuführenden Prüfungshandlungen für die einzelnen Teil-Schadenrückstellungen auf Basis von unterschiedlichen Wesentlichkeitsgrenzen bestimmt werden.[278] Demnach ist dem wechselseitigen Zusammenhang von Wesentlichkeitsgrenze und Prüfungsrisiko für jede der Teil-Schadenrückstellungen unter Beachtung der Zusammensetzung der einzelnen Grundgesamtheiten noch unerledigter Schadenfälle und ihrer VZ- und/oder -artspezifischen Besonderheiten Rechnung zu tragen. Bei der Bestimmung von Art und Umfang der Prüfungshandlungen sind auch zu beachten:[279]

- Art und Höhe der inhärenten Risiken für das VU insgesamt und für die Prüffelder Teil-Schadenrückstellungen
- die Erfahrungen aus vorangegangenen Prüfungen
- die Quelle und Verlässlichkeit der verfügbaren Informationen
- die Zusammensetzung des gesamten Verpflichtungsumfangs (Teilrückstellungen, Großschäden, Spätschäden) sowie
- VZ-spezifische Aspekte.

246 Zu Beginn der Prüfung verschafft sich der Abschlussprüfer zweckmäßigerweise Klarheit über die von den zu prüfenden Unternehmen angewendeten Grundsätze zur Ermittlung und Bewertung der Schadenrückstellungen sowie die Funktionsfähigkeit des IKS. Das Organisationssystem des Unternehmens muss die Sicherheit bieten, sämtliche VF zwangsläufig und zeitlich richtig zu erfassen. Bei Führung der sog. Schadenreservelisten und bei Abwicklung der Schäden durch IT-Systeme muss eine für den außenstehenden sachverständigen Dritten verständliche Verfahrensdokumentation vorliegen.

247 Da es sich bei der SchR fast ausschließlich um IT-gestützte Prozessabläufe handelt, sind die Grundsätze der Abschlussprüfung bei Einsatz von Informationstechnologie entsprechend zu beachten, soweit diese Daten in die IT-gestützte Rechnungslegung einbezogen werden.[280]

278 Vgl. *IDW Prüfungsstandard: Wesentlichkeit im Rahmen der Abschlussprüfung (IDW PS 250)* (Stand: 09.09.2010).

279 Vgl. *IDW PS 560*, Tz. 13 ff.

280 Vgl. *IDW PS 330.*

Der Abschlussprüfer holt durch die Systemprüfung des SchR-Prozesses Prüfungsnachweise über die angemessene Ausgestaltung (Aufbauprüfung) und die Wirksamkeit (Funktionsprüfung) des auf die Rechnungslegung bezogenen IKS ein. Die Aufnahme des SchR-Prozesses einschl. der zur Erfassung, Verarbeitung und Abbildung der Verpflichtungen aus den Schadenfällen eingesetzten IT ist dabei der Ausgangspunkt der Systemprüfung.[281] Im Rahmen der Aufbauprüfung hat der Abschlussprüfer den Prozess der SchR zu analysieren und dessen Ablauf mit den wesentlichen Bearbeitungs- und Kontrollschritten zu beurteilen. Mit Hilfe der Funktionsprüfung gelangt der Abschlussprüfer zu einem Urteil, ob die eingerichteten Kontrollen und Sicherungsmaßnahmen im Arbeitsablauf angemessen und wirksam ausgeführt werden. Durch stichprobenartige Überprüfung von erfolgten Verarbeitungs- und Kontrollvorgängen sowie durch Befragung und Beobachtung lässt sich die Funktionsfähigkeit des IKS beurteilen.[282] 248

Die Kontrollaktivitäten des Unternehmens im SchR-Prozess sind daraufhin zu beurteilen, ob und inwieweit sie geeignet sind, wesentliche Fehler in der Rechnungslegung zu verhindern bzw. aufzudecken und zu korrigieren. Die folgenden internen Kontrollen sind für die Ordnungsmäßigkeit und Verlässlichkeit der Rechnungslegung von besonderer Bedeutung:[283] 249

- Analysen: Analysen von Schadenursachen, -häufigkeiten, -verläufen und -entwicklungen sowie Abwicklungsergebnissen
- Vollständigkeitskontrollen: Wird sichergestellt, dass alle gemeldeten Schadenfälle erfasst und dem richtigen VZ zugeordnet werden?
- Bestandskontrollen: Besteht Deckungsschutz für den jeweiligen Schaden nach Art und Umfang sowie dem Grunde nach?
- Kontrolle auf sachliche und rechnerische Richtigkeit: Ist die Ermittlung der Schadenleistungen (Zahlungen/Rückstellungen) sach- und fachgerecht erfolgt? Werden Schadenrückstellungen regelmäßig auf Angemessenheit überprüft?
- Genehmigungskontrollen: Bestehen Kontrollen bei der Überschreitung von Regulierungsvollmachten?

---

281 Da es sich hierbei fast ausnahmslos um IT-gestützte Geschäftsprozesse handelt, sind – soweit diese Daten in die IT-gestützte Rechnungslegung Eingang finden und damit aufzeichnungspflichtige Geschäftsvorfälle abbilden – die Grundsätze der Abschlussprüfung bei Einsatz von Informationstechnologie entsprechend zu beachten. Vgl. dazu *IDW PS 330*.

282 Zur Aufbauprüfung und Funktionsprüfung des SchR-Prozesses vgl. ausführlich *IDW PS 560*, Tz. 15 ff.

283 Vgl. *IDW PS 560*, Tz. 23 f.

- Verarbeitungskontrollen: Bestehen automatische Reserveanpassungen, systemseitige Berechnungen von Schadenleistungen, maschinell ausgelöste Buchungen?
- Funktionstrennung: Funktionstrennung zwischen SchR, Schadenzahlung und Buchung des Schadenaufwandes?

250 Die Systemprüfung gibt Aufschluss darüber, in welchem Maße aussagebezogene Prüfungshandlungen durchgeführt werden müssen, um eine hinreichende Sicherheit darüber zu erhalten, dass die in der Rechnungslegung enthaltenen Aussagen keine wesentlich falschen Angaben enthalten. Hierzu werden weitere Prüfungsnachweise im Rahmen der aussagebezogenen Prüfungshandlungen einerseits durch analytische Prüfungshandlungen, aber auch durch Einzelfallprüfungen eingeholt.

251 Im Rahmen der analyseorientierten Prüfung werden vergleichende Kennzahlen und Benchmarks sowie die jahrgangsweise Abwicklung der VJ- und der Ursprungsschadenrückstellungen (Ablaufstatistik) betrachtet. Außerdem erlangen Verprobungsmethoden eine zunehmende Bedeutung. Wichtige Kennzahlen sind z.B. Abwicklungsgeschwindigkeit sowie – jeweils ursprünglich und bereinigt – Schadenquote, durchschnittlicher Schadenaufwand, Durchschnittsbetrag der zurückgestellten Schäden und Verhältnis der Schadenrückstellungen zu Schadenzahlungen bzw. zu den Beitragseinnahmen. Besondere Bedeutung ist den Abwicklungsergebnissen aus der Schadenrückstellung als entscheidendem Anhaltspunkt für die Angemessenheit der VJ-Rückstellungen beizumessen.

252 Einzelfallprüfungen liefern dem Abschlussprüfer, vor dem Hintergrund der aus der Prüfung des IKS und aus analytischen Prüfungshandlungen gewonnenen Prüfungsfeststellungen, einen abschließenden Einblick in den Ablauf des SchR-Prozesses. Im Rahmen der Einzelfallprüfung werden einzelne Schadenakten geprüft.[284] Hierdurch soll sich der Prüfer einen abschließenden Eindruck über die ordnungsgemäße Führung der Schadenakten und die Aktualität der gebildeten Rückstellungen verschaffen. Dabei ist insb. zu berücksichtigen, ob Rückstellungsveränderungen durch Zahlungen und Neuschätzungen ordnungsmäßig berücksichtigt worden sind.

253 Die Auswahl der zu prüfenden Einzelfälle ist unter Berücksichtigung der Angemessenheit und Wirksamkeit des IKS und des SchR-Prozesses insgesamt sowie der Zusammensetzung der Gesamtheit der Schadenrückstellungen nach pflichtgemäßem Ermessen des Abschlussprüfers zu treffen. Sofern der Prozess IT-gestützt

284 Vgl. *IDW PS 560*, Tz. 26 f. und 35 ff.

ist, bietet es sich an, für die Auswahl der Schadenakten neben der Höhe einzelner Rückstellungsbeträge anhand spezieller Selektionskritierien (z.B. Abwicklungsergebnis, Schadenanfalljahr, Schadenmeldejahr) auch besonders auffällige Einzelschäden für die Einzelfallprüfung auszuwählen.[285]

Darüber hinaus empfiehlt es sich, das Schadenregister mit der Saldenliste und dem Bilanzausweis, das Zahlungsregister mit Auszahlungsnachweisen und die Bilanznachweise mit den Spartenerfolgsrechnungen abzustimmen.[286] 254

Bei der Prüfung der Schadenrückstellungen dient der Einsatz mathematisch-statistischer Verfahren[287] zur Würdigung der in der Systemprüfung und den aussagebezogenen Prüfungshandlungen ermittelten Prüfungsnachweise. Anhand von statistischen Programmen werden dabei aus den Zahlungsreihen der Vergangenheit Zukunftswerte prognostiziert, die ein Beurteilungskriterium für die Rückstellungsbildung und damit für weitere Prüfungshandlungen sein können. 255

Die Ergebnisse dieser Auswertungen dürfen nicht unkritisch übernommen werden. Bei der Herleitung der Prognosewerte beschreitet jedes der Verfahren einen anderen Weg. Allen ist die Unterstellung gemeinsam, dass die vergangenheitsbezogenen Eingabedaten in bestimmter Weise ein stagnierendes oder trendbezogenes Verhalten zeigen. Demzufolge ist es für die sinnvolle Anwendung jedes der Prognosemodelle erforderlich, die Haltbarkeit der Modellannahmen anhand der Beobachtungsdaten zu überprüfen. Darüber hinaus ist die Frage, ob sich ein erkennbarer Trend auch in der Zukunft fortsetzen wird, kritisch zu prüfen. 256

Außerdem sollten in die Untersuchung der Angemessenheit der am Ende des zu prüfenden GJ gestellten Schadenrückstellung die Schadendaten für die VJ- und GJ-Schäden einbezogen sowie die Abwicklung der Teilschadenrückstellung für Spätschäden nach Anfalljahren berücksichtigt werden. Ergeben sich hierbei in Teilbereichen auffällige Abweichungen vom tatsächlichen Bedarf, so sind bei den nach einem Gruppenbewertungsverfahren und pauschal ermittelten Teilschadenrückstellungen die diesen Methoden zugrunde liegenden Faktoren zu überprüfen und erforderlichenfalls vom VU zu korrigieren. 257

Ein besonderes Augenmerk wird der Abschlussprüfer darauf richten, ob die in dem geprüften GJ angefallenen oder verursachten, jedoch erst in den Folgejahren dem VU gemeldeten VF (sog. Spätschäden) durch eine ausreichende Spätschaden-Rückstellung – auch IBNR-Rückstellung („incurred but not reported") genannt – 258

285 Vgl. *IDW PS 560*, Tz. 38.
286 Vgl. *IDW PS 560*, Tz. 40.
287 Vgl. *IDW PS 560*, Tz. 41 ff.

berücksichtigt worden sind. Es ist darauf zu achten, dass die zur Bemessung der Spätschaden-Rückstellung angewendeten Schätzmethoden (z.B. geschätzte Stückzahl an Spätschäden multipliziert mit der durchschnittlichen Schadenhöhe solcher Spätschäden) die Erfahrungen der Vergangenheit angemessen berücksichtigen und dass die für die Berechnungen verwendeten Daten richtig, vollständig und relevant sind.

259 Im Vergleich zu den VJ lässt sich die Schadenhäufigkeit des abgeschlossenen GJ, unter Berücksichtigung des veränderten Vertragsbestands, aufgrund der einzeln gemeldeten Schäden ermitteln. Bei der Schätzung des Durchschnittsbetrags je Schaden sind Preissteigerungen zu berücksichtigen. Pauschale globale Schätzungen sollten vermieden werden.

260 Die bereits genannten Abwicklungsergebnisse (brutto und netto) der Schadenrückstellungen hat der Abschlussprüfer je VZ bzw. -art einer sorgfältigen Prüfung zu unterziehen.[288] Aufmerksamkeit verdienen dabei nicht nur die VZ und -arten mit Abwicklungsverlusten, sondern auch diejenigen, in denen es zu hohen Abwicklungsgewinnen gekommen ist. Nach den Erkenntnissen aus der Entwicklung der verschiedenen Abwicklungsergebnisse über mehrere Jahre richten sich der weitere Prüfungsgang und die Auswahl der Prüfungsfelder.

261 Besser- bzw. Schlechterregulierungen (also Abwicklungsgewinne bzw. -verluste) können z.B. auf zu niedrige oder zu hohe einzeln bewertete Rückstellungen oder nicht zutreffend ermittelte Pauschalrückstellungen für unbekannte Spätschäden zurückzuführen sein. Sie können ihren Grund auch in Preissteigerungen, Lohnsteigerungen, einer Änderung in der Auffassung der Rechtsprechung, insb. in Hinsicht auf die Beurteilung des Schmerzensgeldes haben. Unter Umständen auftretende. bedeutende Abweichungen zwischen den Brutto- und Nettoabwicklungsergebnissen (z.B. brutto ein Abwicklungsverlust und netto ein Abwicklungsgewinn) sind zu klären. Auffällige Abwicklungsergebnisse sind auf jeden Fall mit den zuständigen Mitarbeitern zu besprechen.

262 Bei der Abwicklung der Ursprungsschadenrückstellungen und der Ermittlung der bereinigten Schadenquoten ist die Beobachtungsperiode je nach den Besonderheiten (z.B. Abwicklungsgeschwindigkeit) der einzelnen VZ und -arten zu wählen.

263 Der Abschlussprüfer hat die einzelnen Teil-Schadenrückstellungen für das sG sowie die Berücksichtigung der Forderungen aus RPT getrennt zu betrachten und die Einhaltung der jeweiligen Ermittlungs- und Bewertungsgrundsätze sowie -vorschriften zu prüfen. Hinsichtlich der von der Einzelschadenrückstellung abzu-

288 Vgl. hierzu *Minz/Richter*, in: HdV 1988, S. 583 ff.

ziehenden RPT-Forderungen hat sich der Abschlussprüfer davon zu überzeugen, dass diese durchsetzbar und damit aktivierbar sind und bereits abgewickelte VF betreffen.[289]

Wichtig ist, dass Regresse bei noch nicht abgewickelten Rückstellungen von den einzelnen Rückstellungsbeträgen abzusetzen sind und dass diese für erledigte VF jedoch gesondert auszuweisen sind. 264

Auf eine ordnungsgemäße Aktenführung ist zu achten. Die Schadenakten müssen vollständig sein. Zu den Schadenakten gehören z.B.: Schadenmeldungen, Polizeiberichte, Gutachten von Sachverständigen, Briefwechsel mit dem VN, dem Geschädigten und den Behörden, Vergleichserklärungen, Quittungen. Die Höhe der Rückstellung muss eindeutig aus der Akte ableitbar sein. 265

Die Bearbeitung der Schäden und die Festsetzung der Rückstellungen für noch nicht abgewickelte VF erfolgen in den SchR-Stellen bzw. den Schadenbüros der Geschäftsstellen oder der Hauptverwaltung. Die Geschäftsstellen regulieren im Allgemeinen nur die sog. Kleinschäden. Die Grenze für diese Klein- oder Bagatellschäden ist je nach Größe der Gesellschaft für die einzelnen VZ und -arten unterschiedlich geregelt. Größere Schäden und hauptsächlich Personenschäden müssen die Geschäftsstellen durchweg zur weiteren Bearbeitung an die Schadenabteilungen der Hauptverwaltungen geben. Die Höhe der Rückstellungen für Kleinschäden geben die Geschäftsstellen zu den festgelegten Terminen der Hauptverwaltung bekannt. 266

Jeder einzelne Schadenfall wird i.d.R. in einer Schadendatei erfasst. Diese Schadendateien enthalten Informationen über das Schadendatum, das Meldedatum, die Höhe der Rückstellung im Anfalljahr, die Zahlungen im laufenden GJ und die Höhe der aktuellen Rückstellung. Bei Schäden, die über mehrere Jahre abgewickelt werden, werden auch die kumulierten Zahlungen der VJ aufgeführt. Der Prüfer hat in ausreichenden Stichproben die Schadenakten mit der Schadendatei abzustimmen und sich von der Ordnungsmäßigkeit der Schadenakten zu überzeugen. Er hat sich von der ausreichenden Dotierung der Rückstellung und der Richtigkeit der geleisteten Zahlungen anhand der Belege und des Schriftwechsels zu überzeugen. Weiterhin hat er die Aktenführung zu beurteilen und auf die Einhaltung der internen Regulierungsanweisungen seitens des Sachbearbeiters zu achten. Bei der Stichprobenauswahl ist es sinnvoll, wenn der Prüfer anhand der vorhandenen Schadendatei Auswertungen vornimmt. Entweder stellt das VU für diese Auswertungen spezielle Listen zur Verfügung (z.B. über den Ausweis von 267

289 Vgl. *IDW PS 560*, Tz. 48 f.

erheblichen Rückstellungsveränderungen) oder der Prüfer verfügt über eine eigene Auswertungssoftware. So kann der Prüfer z.B. gezielt Schäden auswählen, die im GJ erhebliche Erhöhungen bzw. Verminderungen der Rückstellungen aufweisen. Diese Prüfung ist hilfreich zur Ermittlung und Begründung von auffallenden Abwicklungsergebnissen.

268 Die Prüfung des Schadenfalls erfolgt in den meisten Fällen mit Hilfe des vom VR genutzten Schadensystems und anhand von (elektronischen/physischen) Schadenakten. Hauptaugenmerk bei der Schadenaktenprüfung ist die ausreichende Dotierung der Rückstellung. In der Summenversicherung (z.B. Allgemeine Unfall, Hausrat) wird dies für den Prüfer i.d.R. anhand der Aktenführung nachvollziehbar sein. Problematisch ist dies z.B. in den Sparten Kraftfahrthaftpflicht und Allgemeine Haftpflicht. Wichtig ist hierbei, dass die Höhe der gebildeten Rückstellung durch detaillierte Rückstellungsberechnungen nachgewiesen ist. In der Regel stehen hierzu Arbeitsanweisungen und Standardformulare sowie Eingabeplausibilitäten in den Eingabemasken der Schadensysteme zur Verfügung. In Zweifelsfällen der ausreichenden Rückstellungsbemessung ist eine Besprechung mit dem für diesen Bereich zuständigen Mitarbeiter erforderlich.

269 Es ist darauf zu achten, dass Anpassungen der Rückstellung zeitnah erfolgen. Dies bedeutet, dass neuere Erkenntnisse zum Sachverhalt rechtzeitig berücksichtigt werden müssen. Dies ist besonders wichtig bei Erkenntnissen um den Bilanzstichtag bzw. das Schließungsdatum der Schadendatei. Aufgrund der Einzelbewertung der Schadenrückstellung ist darauf zu achten, dass jeder Schadenfall zum Bilanzstichtag überprüft wurde. Bei der Auswertung der Schadendatei ist daher auch auf Schäden zu achten, die seit Jahren eine unveränderte Rückstellungshöhe aufweisen.

270 Die zeitlich richtige Erfassung der Schäden (maßgebend für die Eingruppierung der Schäden ist immer das Anfalljahr) verursacht bei einer ordnungsgemäßen Führung der Schadendatei keine besonderen Schwierigkeiten.

271 Wird die Schadenrückstellung nicht nach den Grundsätzen der Einzelbewertung, sondern im Wege der Gruppenbewertung oder nach pauschalen Schätzmethoden ermittelt, so muss der Abschlussprüfer sich davon überzeugen, dass die hierfür notwendigen Voraussetzungen bei dem VU gegeben sind.[290] Pauschale Zu- oder Abschläge von einzeln ermittelten Schadenrückstellungen sind nur in begründeten Ausnahmefällen (z.B. wenn einzeln ermittelte Werte in einem pauschalen Verfahren korrigiert werden, um ergänzende Erkenntnisse zu berücksichtigen) zulässig.

290 Zur Zulässigkeit der Gruppen- oder pauschalierten Einzelbewertungsverfahren vgl. *IDW RS VFA 3*, Tz. 9 ff.

Die Anwendung von pauschalen Zu- oder Abschlägen ist im Prüfungsbericht (PrB) explizit zu erwähnen sowie hinreichend zu begründen und zu erläutern, sodass die Gründe für die Anwendung und die Vorgehensweise bei der Ermittlung der Höhe der Zu- und Abschläge nachvollzogen werden können. In der Begründung sind die Überlegungen und die Argumente darzustellen, die im Einzelfall zur Anwendung von pauschalen Zu- oder Abschlägen geführt haben. Ebenso ist darzulegen, auf welche Art und Weise sichergestellt wurde, dass der bilanzierende Betrag ausreicht, um – nach vernünftiger kaufmännischer Beurteilung – die dauernde Erfüllbarkeit der Verpflichtungen aus den VV sicherzustellen. Geschieht dies durch eine aktuarielle Schätzung der Rückstellung, muss die Rückstellung eine Risikomarge über den „Best Estimate" beinhalten, die in ausreichender Weise dem Zufalls-, Änderungs- und Schätzfehler sowie dem Modellrisiko der verwendeten Schätzmethode Rechnung trägt.[291] 272

Die Prüfung der in der Schadenrückstellung enthaltenen Rückstellung für SchR-Aufwendungen erstreckt sich insb. darauf, ob die in den einschlägigen Erlassen vorgesehenen Verfahren eingehalten und ob die zugrunde gelegten Daten ordnungsgemäß ermittelt worden sind. 273

Die Renten-DR ist daraufhin zu prüfen, ob die Berechnung in Übereinstimmung mit dem Geschäftsplan erfolgte. Es ist darauf zu achten, dass im GJ verrentete Schäden bei der Abwicklung der VJ-Rückstellungen berücksichtigt werden und dass die verrenteten Schäden bei der Stellung der Schadenrückstellungen nicht erneut erfasst werden. Es ist sicherzustellen, dass diese VF rechtzeitig aus der Schadenrückstellung in die Renten-DR überführt werden. 274

Zur Verarbeitung von Massendaten im Rahmen der Prüfung der Schadenrückstellung wird der Abschlussprüfer oftmals mit Selektions-Software arbeiten. 275

Die Prüfung der Rückstellungen muss sowohl für das Gesamtgeschäft als auch für den Selbstbehalt nach Abzug der Anteile der RückVR erfolgen. 276

Der Abschlussprüfer hat die Berechnung der auf die RückV entfallenden Anteile an den Bruttorückstellungen für noch nicht abgewickelte VF anhand der RückVV in angemessenen Stichproben zu prüfen. Er muss sich auch davon überzeugen, dass diese Beträge richtig in das Rechnungswesen übernommen und den RückVR richtig aufgegeben werden. 277

Für die noch nicht abgewickelten VF des üG (rück und retro) sind ebenfalls die Methoden der Ermittlung für die einzelnen VZ und arten darzustellen und kritisch 278

291 Vgl. Berichterstattung über das Jahresgespräch des VFA mit Vertretern der BaFin, FN-IDW 2006, S. 97 f.

zu würdigen. Die Abwicklung der VJ-Rückstellungen ist unter Berücksichtigung der Vertragsstatistiken in die Prüfung einzubeziehen. Soweit von den Aufgaben der VorVR abgewichen wurde, ist hierzu Stellung zu nehmen.

279 Hinsichtlich der Beträge für noch nicht abgewickelte Rückkäufe, Rückgewährbeträge und Austrittsvergütungen hat der Abschlussprüfer die Einhaltung der im Geschäftsplan festgehaltenen Ermittlungsmethoden und der anzuwendenden Bilanzierungs- und Bewertungsvorschriften in Stichproben zu prüfen.

280 In der GuV werden die Schadenleistungen für das GJ abzüglich der Erträge bzw. zuzüglich der Aufwendungen aus der Abwicklung der VJ-Schadenrückstellungen als Aufwendungen für VF ausgewiesen. Bei den Feststellungen der Schadenleistungen ist auf eine richtige Erfassung und Abgrenzung der Versicherungsleistungen von den Aufwendungen für die SchR zu achten. Diese Abgrenzung hat Bedeutung für die Berechnung der Rückstellung für SchR-Aufwendungen und für die Abrechnung mit dem RückVU, das sich i.d.R. nur an den Versicherungsleistungen im engeren Sinne und bestimmten Teilen der SchR-Aufwendungen beteiligt. Es ist zu prüfen, ob bei Ermittlung der Versicherungsleistungen die getroffenen Vereinbarungen sowie die Versicherungsbedingungen beachtet worden sind.

281 Der Versicherungsfachausschuss des Instituts der Wirtschaftsprüfer in Deutschland e.V. (VFA des IDW) hat zum Zweck der Hilfestellung bei der Prüfung der Rückstellungen für noch nicht abgewickelte VF der SchVU durch den Abschlussprüfer den folgenden Leitfaden aufgestellt.[292]

c) Leitfaden zur Prüfung der Schadenrückstellung

282 Die VU haben für ihre Verpflichtungen aus VF, die am Bilanzstichtag noch nicht abgewickelt sind, Rückstellungen zu bilden (Passivseite Posten E III „Rückstellung für noch nicht abgewickelte Versicherungsfälle“ FB 1 RechVersV). Diese Rückstellungen, kurz Schadenrückstellungen, sind einer der bedeutendsten Posten in den Bilanzen der Schaden- und Unfall- sowie RückVU. Der VFA des IDW hat zu ihrer Prüfung den nachfolgenden Leitfaden aufgestellt. Er soll über die Prüfungsstandards (PS) des IDW[293] hinaus den Wirtschaftsprüfern (WP) und ihren Mitarbeitern Hinweise für die Prüfung des Postens im Rahmen der JA-Prüfung geben. Der Leitfaden kann einerseits keinen Anspruch auf Vollständigkeit erhe-

292 Vgl. FN-IDW 1989, S. 57 = WPg 1989, S. 306 ff.

293 Insbesondere *IDW Prüfungsstandard: Ziele und allgemeine Grundsätze der Durchführung von Abschlussprüfungen (IDW PS 200)* (Stand: 28.06.2000), *IDW Prüfungsstandard: Rechnungslegungs- und Prüfungsgrundsätze für die Abschlussprüfung (IDW PS 201)* (Stand: 09.09.2009) und *IDW PS 560.*

ben, andererseits werden im Einzelfall nicht alle angegebenen Feststellungen relevant sein. Der Leitfaden soll Anregungen geben. Sein Ziel ist es, die Aufstellung eines Prüfungsplans für den Einzelfall zu erleichtern. Art und Umfang der Prüfungshandlungen sind jedoch jeweils eigenverantwortlich vom Abschlussprüfer festzulegen.

Gliederung

A. Selbst abgeschlossenes Versicherungsgeschäft
(Allein- und Führungsgeschäft sowie Beteiligungsgeschäft)

1. Grundsatzfragen zur Schadenerfassung und -bearbeitung

1.1 Wie werden die Schadenmeldungen erfasst?

1.2 Werden die Schadenanzeigen auf lückenlose Beantwortung der gestellten Fragen geprüft und überwacht?

1.3 Werden die Schadenmeldungen zügig bearbeitet oder bestehen Rückstände?

1.4 Ist sichergestellt, dass Deckung, Haftungsgrund und Haftungshöhe im Hinblick auf die Leistungspflicht durch das VU lückenlos geprüft werden?

1.5 Wurden Deckung, Haftungsgrund und Haftungshöhe im Rahmen der JA-Prüfung geprüft?

1.6 Ist sichergestellt, dass für jeden VF eine Schadenakte vorliegt?

1.7 Bestehen Kontrollen, die die Doppelanlage von Schadenakten verhindern?

1.8 Werden Schadenmeldungen / Schadenakten im Rahmen der Zuständigkeiten zügig weitergeleitet (z.B. von der Filialdirektion an die Direktion) oder bestehen Rückstände?

1.9 Sind die Beträge der einzeln bewerteten Anspruchspositionen eines Schadenfalls hinsichtlich der Berechnungs- bzw. Schätzungsgrundlagen entweder in den Schadenakten mit Datum und Handzeichen des Bearbeiters oder in sonstiger geeigneter Weise so dokumentiert, dass eine Nachprüfung in angemessener Zeit möglich ist?

1.10 Sind die Schadenakten übersichtlich und insgesamt ordnungsgemäß geführt?

1.11 Hat sich die Organisation der SchB geändert?

1.12 Wurde geprüft, ob die Limitgrenzen für die SchB der Außenstellen und die Limitgrenzen der zuständigen Mitarbeiter in der Direktion eingehalten worden sind?

1.13 Ist gewährleistet, dass in bestimmten Fällen die Höhe der Rückstellung durch eine zweite Person geprüft und bestätigt wurde?

2. *Ermittlung, Bewertung und Berechnung der Rückstellungen sowie deren Abwicklung*

2.1 Reservierungsgrundsätze

2.1.1 Liegen schriftliche Reservierungsgrundsätze vor?

2.1.2 Wurden die Reservierungsgrundsätze im zu prüfenden Jahr geändert?

2.1.3 Ist geprüft worden, ob die Reservierungsgrundsätze eingehalten wurden?

2.1.4 Wurden Abweichungen von den Reservierungsgrundsätzen sachlich begründet und schriftlich dokumentiert?

2.1.5 Ist über den Rahmen der schriftlichen Reservierungsgrundsätze hinaus eine Änderung der Reservepolitik erkennbar?

2.2 Welche Ermittlungs-, Bewertungs- bzw. Berechnungsmethoden werden für die Bildung der Rückstellungen zugrunde gelegt?

2.2.1 Bekannte VF – außer Renten-VF –

- Gruppenbewertung?
- Pauschalbewertung (z.B. Transport u.a.)?
- Sind zweifelsfrei zu erwartende Erträge aus RPT zu diesen VF bei der Bewertung der einzelnen Rückstellungsbeträge berücksichtigt worden?

2.2.2 Renten-VF

- Barwert der künftigen Rentenverpflichtungen?
- Sind nicht abgehobene Renten mit erfasst?

2.2.3 Bekannte Spätschäden (auch Renten-VF)

- Einzelbewertung?
- Gruppenbewertung?
- Sind zweifelsfrei zu erwartende Erträge aus RPT zu diesen VF bei der Bewertung der einzelnen Rückstellungsbeträge berücksichtigt worden?

2.2.4 Unbekannte Spätschäden (auch Renten-VF)

- Gruppenbewertung?
- Pauschalbewertung?

2.2.5 Schadenregulierungsaufwendungen

Externe

- Einzelbewertung?
- Pauschalbewertung?

Interne

- Pauschalbewertung?

2.2.6 Sind von der Summe der Teilrückstellungen (2.2.1-2.2.5) die aktivierungsfähigen Forderungen aus RPT zu *bereits abgewickelten* VF abgesetzt worden?

2.2.7 Wie sind die noch nicht eingelösten Schadenschecks bei der Bilanzierung behandelt worden?

2.3 Zu bekannten VF

2.3.1 Ist sichergestellt, dass die Einzel-Schadenrückstellungen laufend dem neuesten Erkenntnisstand angepasst werden?

2.3.2 Ist sichergestellt, dass sämtliche Einzelschadenrückstellungen zumindest einmal im Laufe des GJ überprüft werden?

2.3.3 Wann erfolgt die Anpassung (z.B. nach einer Teilzahlung bzw. zu bestimmten Terminen)?

2.3.4 Erfolgen Anpassungen generell nur zum Jahresende?

2.3.5 Ist gewährleistet, dass zum Bilanzstichtag alle wesentlichen Einzel-Schadenrückstellungen geprüft werden?

2.3.6 Wurde die Berechnungsmethode bei der Gruppenbewertung im zu prüfenden GJ geändert?
Wenn ja, führt die getroffene Änderung zu einem zutreffenden Ergebnis?

2.3.7 Sind die angewendeten Bilanzierungsgrundsätze bzw. Berechnungsmethoden für die Ermittlung der Schadenrückstellungen in den ZJ-Branchen (Transport u.a.) für das Anfalljahr und die Folgejahre vertretbar?

2.3.8 Wurde die Berechnung abgestimmt und geprüft?

2.3.9 Wurden – außer bei ZJ-Branchen – noch weitere Pauschalbewertungen vorgenommen?

2.3.10 Wird die Abgrenzung und Zuordnung der VF nach Schadenanfalljahren (Ereignis- oder Entstehungsjahr) bzw. nach ZJ generell eingehalten?

2.4 Zu bekannten Spätschäden

2.4.1 Welche Stopptermine wurden zur Trennung der bekannten – grundsätzlich einzeln zu bewertenden – GJ- bzw. VJ-Spätschäden zu den – pauschal oder im Wege der Gruppenbewertung zu ermittelnden –

unbekannten Spätschäden (GJ und VJ) für die einzelnen VZ/-arten festgelegt?

2.4.2 Wurden diese Termine für die grundsätzlich einzeln zu bewertenden Spätschäden eingehalten?

2.4.3 Die Fragen 2.3.1-2.3.5 gelten hier entsprechend.

2.5 Zu unbekannten Spätschäden

2.5.1 Wurde die Methode zur Ermittlung des Bedarfs für unbekannte Spätschäden im zu prüfenden GJ geändert?

2.5.2 Ist gewährleistet, dass bei der Berechnung der Rückstellungen für unbekannte Spätschäden berücksichtigt wurden

- Veränderung des Vertragsbestands?
- Preisänderungen?
- Veränderung der Schadenhäufigkeit?

2.5.3 Wurden ferner Sondereinflüsse zum Jahresende, wie z.B. schwere Stürme o.Ä., berücksichtigt?

2.6 Zu Renten-VF

2.6.1 Ist gewährleistet, dass in der Renten-DR alle Rentenfälle, zu denen die Pflicht zur Rentenzahlung festgestellt worden ist, erfasst sind?

2.6.2 Wurde geprüft, ob die Berechnung der Renten-DR dem von der BaFin genehmigten Geschäftsplan entspricht?

2.6.3 Besteht neben der Renten-DR eine Schadenrückstellung (z.B. für Dynamikerhöhungen, weitere Entschädigungen, Schmerzensgeld)?

2.6.4 Wie wurde diese ermittelt?

2.7 Zu SchR-Aufwendungen

Externe:

2.7.1 Wurden die Regulierungsaufwendungen individuell in Höhe des tatsächlich zu erwartenden Aufwandes geschätzt?

2.7.2 Wurden die Regulierungsaufwendungen im Wege des Zuschlags mit dem Gesamtbetrag der Rückstellung geschätzt?

2.7.3 Wurden die Regulierungsaufwendungen pauschal gem. BMF-Erlass v. 02.02.1973 ermittelt?

Interne:

2.7.4 Wurden die Regulierungsaufwendungen pauschal gem. BMF-Erlass v. 02.02.1973 ermittelt?

Externe und Interne:

2.7.5 Ist gewährleistet, dass bei der pauschalen Ermittlung der externen und internen Regulierungsaufwendungen nach dem BMF-Erlass keine eigenständigen Einzelreservierungen der externen Regulierungsaufwendungen vorgenommen werden?

2.8 Zur Abwicklung der Rückstellungen

2.8.1 Ist gewährleistet, dass die einzelnen Teilrückstellungen gesondert abgewickelt werden und zwar nach

2.8.1.1 bekannten VF

- Einzelbewertung?
- Gruppenbewertung?
- Pauschalbewertung?

2.8.1.2 Renten-VF

2.8.1.3 Spätschäden

- bekannte (Einzelbewertung)?
- unbekannte (Pauschalbewertung)?
- insgesamt?

2.8.1.4 Schadenregulierungsaufwendungen

2.8.1.5 Forderungen aus RPT

2.8.2 Wurden die absoluten und relativen Ergebnisse aus der Abwicklung der VJ-Rückstellungen (Gewinn bzw. Verlust zur jeweiligen Eingangsrückstellung) analysiert?

2.8.3 Wurden die Ergebnisse aus der Abwicklung der Ursprungsschadenrückstellungen in den jeweiligen Folgejahren analysiert?

2.8.4 Wurden bereinigte Schadenquoten zur Prüfung der Reservepolitik ermittelt und analysiert? (Schadenaufwand = geleistete Zahlungen im Anfalljahr und in den Folgejahren zuzüglich Restrückstellung am Bilanzstichtag im Verhältnis zu verdienten Beiträgen des Anfalljahres.)

2.8.5 Wurde analysiert, wie Abwicklungsverluste und hohe Abwicklungsgewinne entstanden sind?

2.8.6 Wurden die Erkenntnisse aus den Abwicklungsergebnissen bei der Bewertung der Rückstellungen für das zu prüfende GJ berücksichtigt?

2.8.7 Wurden bei der Abwicklung der Schadenrückstellungen in den VZ/-arten die Nachverrechnungsbeiträge/-provisionen einbezogen?

2.9 Ausland

2.9.1. Liegen für die einzelnen Länder des Auslands gesonderte Bewertungsgrundsätze vor?

2.9.2 Wurden die Bewertungsgrundsätze geprüft und sind sie vertretbar?

2.9.3 Wurden die Grundsätze eingehalten?

2.9.4 Wurden die den Euro-Umrechnungen zugrunde liegenden Fremdwährungskurse sowie die Umrechnungen selbst geprüft?

2.9.5 Werden die Rückstellungen für Auslandsschäden in Fremdwährungen oder in Euro abgewickelt?

3. Ergänzungen zum Führungsgeschäft

3.1 Ist sichergestellt, dass beim Führungsgeschäft nur eigene Anteile an den Schadenrückstellungen passiviert werden?

3.2 Ist sichergestellt, dass den beteiligten VU deren Anteile an den Schadenrückstellungen zügig und richtig aufgegeben werden?

4. Ergänzungen zum Beteiligungsgeschäft

4.1 Ist sichergestellt, dass die aufgegebenen Schadenrückstellungen für das Beteiligungsgeschäft lückenlos und richtig erfasst werden?

4.2 Wurde geprüft, ob die Rückstellungen zutreffend mit dem auf das beteiligte VU entfallenden Anteil passiviert worden sind?

4.3 Werden die Schadenrückstellungen zum Bilanzstichtag durch das VU erneut im Hinblick auf den aktuellen Erkenntnisstand geprüft?

4.4 Ist sichergestellt, dass bei fehlenden Reservemitteilungen die erforderlichen Angaben zur Einschätzung der Rückstellungen von den führenden VU angefordert werden?

4.5 Mussten Rückstellungen wegen fehlender Informationen durch das VU geschätzt werden?

4.6 Wurden Rückstellungen für Spätschäden (bekannte und unbekannte) durch das führende VU aufgegeben?

4.7 Wurden bei fehlenden Aufgaben des führenden VU Spätschäden pauschal geschätzt?

4.8 Wie wurden SchR-Aufwendungen berücksichtigt?

5. Verschiedene ergänzende Kennzahlen

5.1 Schadenzahlungen zu verdiente Beiträge

5.2 Schadenrückstellungen zu verdiente Beiträge

5.3 Gesamtschadenaufwand zu verdiente Beiträge = GJ-Schadenquote

5.4 Schadenrückstellungen zu Schadenzahlungen

5.5 Schadenhäufigkeit = Anzahl der gemeldeten Schäden zu Anzahl der VV

5.6 Abwicklungsgeschwindigkeit = Anzahl der erledigten Schäden zu Anzahl der gemeldeten Schäden

5.7 Durchschnittsschaden = Schadenaufwand (gezahlt und zurückgestellt, ohne Spätschäden) zu Anzahl der Schäden (ohne Spätschäden).

6. Schadenrevision

6.1 Wurden die Schadenabteilungen (Direktion und Außenstellen) durch die Schaden-/Innenrevision geprüft?

6.2 Erfolgte diese Prüfung unter Einbeziehung der geltenden Reservierungsgrundsätze und der Ermittlungs- und Bewertungsmethoden?

6.3 Liegen über Art, Umfang und Ergebnis dieser Prüfungen Berichte der Schaden- bzw. der Innenrevision vor?

6.4 Wurden die Ergebnisse der Prüfung durch die Innenrevision zur Beurteilung der ordnungsgemäßen Aktenführung und der Angemessenheit der Schadenrückstellungen herangezogen?

B. In Rückdeckung übernommenes Versicherungsgeschäft

1. Grundsatzfragen zu den laufenden Abrechnungen der VorVR

Im Hinblick auf eine ausreichende Bemessung der zu bildenden Schadenrückstellungen sind zunächst Fragen zur Erfassung und Buchung der laufenden Abrechnungen zu klären.

1.1 Ist sichergestellt, dass alle Verträge – sowohl laufende als auch ausgelaufene –, zu denen Leistungen aus der Vertragszeit zu erwarten sind, bei der Bildung der Rückstellung vollständig berücksichtigt werden?

1.2 Lagen zum Zeitpunkt der Aufstellung des JA für alle Verträge die Abrechnungen der VorVR für das laufende GJ vollständig vor oder standen bei Buchungsschluss noch Abrechnungen aus?

1.3 Welchen Zeitabschnitt des (zu bilanzierenden) GJ betreffen die ggf. fehlenden Abrechnungen?

1.4 Wurden bei fehlenden Abrechnungen des laufenden GJ unter Berücksichtigung etwaiger Schätzungen insgesamt jedoch vier Quartale einer Risikoperiode erfasst?

1.5 Wurden bei fehlenden Abrechnungen des laufenden GJ weniger als vier Quartale erfasst?

1.6 Ist sichergestellt, dass für das laufende GJ nicht mehr als vier Quartale gebucht worden sind?

1.7 Wurden die für das laufende GJ vorliegenden Abrechnungen – erforderlichenfalls ergänzt um Schätzungen – periodengerecht gebucht?

1.7.1 Anhand welcher Grundlagen wurden – unter Anlegung vorsichtiger Maßstäbe – die Schätzungen vorgenommen?

1.7.2 Wurde der jeweilige VJ-Abschnitt bei der Schätzung der fehlenden Abrechnungen zugrunde gelegt?

1.7.3 Wurden Vertragsänderungen entsprechend berücksichtigt?

1.8 Wurden Abrechnungen der VorVR im Bilanzjahr zeitversetzt gebucht?

1.8.1 Wurden im zu bilanzierenden GJ die gesamten Abrechnungen für das Bilanz-VJ – als Schätzung für das zu bilanzierende GJ – zeitversetzt gebucht?

1.8.2 Betrugen die Zeitverschiebungen weniger als ein Jahr (z.B. ein Quartal)?

1.9 Wurde geprüft, ob eine RdV zu bilden ist?

2. *Ermittlung der Rückstellungen sowie deren Abwicklung*

Grundsätze zur Ermittlung der Rückstellungen

2.1 Wurden grundsätzlich die von den VorVR aufgegebenen Beträge übernommen?

2.2 Wurden die Rückstellungen getrennt aufgegeben für das GJ und die VJ?

2.3 Sind die aufgegebenen Rückstellungen weiter aufgeteilt in

- Entschädigungsleistungen zu bekannten VF;
- bekannte Renten-VF;
- Spätschäden;
- anteilig zu erstattende (externe) SchR-Aufwendungen?

2.4 Sind die aufgegebenen Rückstellungen, sofern diese aufgrund der Erfahrungen der Vergangenheit voraussichtlich nicht ausreichen werden, um angemessene Zuschläge verstärkt worden?

2.5 Sind bei fehlenden Aufgaben der VorVR die Rückstellungen gewissenhaft geschätzt worden?

2.6 Ist sichergestellt, dass die Schadenrückstellungen dem neuesten Erkenntnisstand entsprechen?

2.7 Liegen für die einzelnen Verträge, getrennt nach VZ/-arten, jahrgangsweise Ablaufstatistiken vor?

2.8 Wurden bei Pauschalverstärkungen der aufgegebenen Rückstellungen die Ergebnisse aus den Vertrags-Ablaufstatistiken berücksichtigt?

2.9 Wurden bei der Schätzung fehlender Aufgaben die Ergebnisse aus den Vertrags-Ablaufstatistiken berücksichtigt?

2.10 Anhand welcher Unterlagen wurden Schätzungen bei fehlenden Vertrags-Ablaufstatistiken vorgenommen?

2.11 Ist sichergestellt, dass die Spätschadenrückstellungen – insb. für kurz vor Ablauf des GJ eingetretene Großschäden – ausreichend bemessen sind?

2.12 Auf welchen Stichtag sind die Rückstellungen bei zeitversetzter Buchung abgestellt?

2.13 Hat das VU die Rückstellungen für Schadenexzedentenverträge gesondert geprüft?

2.14 Ist sichergestellt, dass auch im Rahmen der Prüfung des JA eine gesonderte Prüfung der Rückstellungen für Schadenexzedentenverträge vorgenommen wurde?

2.15 Wurden die den Euro-Umrechnungen zugrunde liegenden Fremdwährungskurse sowie die Umrechnungen selbst geprüft?

2.16 Werden die Rückstellungen für Auslandsschäden in Fremdwährungen oder in Euro abgewickelt?

C. Abgegebenes Versicherungsgeschäft an Rückversicherer und Retrozessionäre

1. Grundsatzfragen zur vollständigen Erfassung und Bilanzierung der RückV-/Retrozessionsabgaben

1.1 Ist sichergestellt, dass für die Ermittlung der abgegebenen Anteile an den Bruttorückstellungen die Verträge – sowohl laufende als auch ausgelaufene –, zu denen Leistungen aus der Vertragszeit zu erwarten sind, vollständig berücksichtigt werden?

1.2 Liegen Grundsätze für fakultative Abgaben vor?

1.3 Ist sichergestellt, dass die für die Bearbeitung erstellten Vertragsspiegel mit den tatsächlichen Inhalten der aktuellen Verträge übereinstimmen?

1.4 Wurden im Rahmen der Abschlussprüfung der Vertragsspiegel mit den Originalverträgen abgestimmt?

1.5 Wurden die abzugebenden Anteile richtig und vollständig den RückVR / Retrozessionären aufgegeben?

1.6 Wurden die abzugebenden Anteile richtig und vollständig von den Bruttorückstellungen abgesetzt?

2. Ermittlung der von den Bruttorückstellungen auf die RückVR / Retrozessionäre entfallenden Anteile

2.1 Werden die abgegebenen Anteile in allen Fällen nach Maßgabe der in den einzelnen Verträgen jeweils getroffenen Regelungen ermittelt?

2.2 Wie wurden die abgegebenen Anteile an den nach der Pauschalwertmethode berechneten Rückstellungen in den ZJ-Branchen ermittelt?

2.3 Ist von dem VU und auch im Rahmen der JA-Prüfung geprüft worden, ob bei (Schaden-) Exzedenten-Verträgen Verpflichtungen aus Wiederauffüllungsbeiträgen bestehen?

2.4 Wie sind, sofern die Bruttoschadenrückstellung nach der Pauschalwertmethode ermittelt wurde, die über die Quoten-Abgaben hinausgehenden Bruttobeträge berücksichtigt worden?

2.5 Liegen für die einzelnen Verträge Statistiken über den bisherigen Verlauf – getrennt nach VZ und -arten – vor? (Dies gilt insb. für Schadenexzedenten-Verträge.)

IV. Rückstellung für Beitragsrückerstattung

1. Charakter der Rückstellung für Beitragsrückerstattung

283 „Die für die Überschussbeteiligung der Versicherten bestimmten Beträge sind, soweit sie den Versicherten nicht unmittelbar zugeteilt wurden, in eine Rückstellung für Beitragsrückerstattung einzustellen."[294] Bei den Beitragsrückerstattungen (BR) ist zwischen erfolgsabhängigen und erfolgsunabhängigen BR zu unterscheiden.[295] Was unter erfolgsabhängiger bzw. erfolgsunabhängiger BR zu verstehen ist, regeln § 28 Abs. 2 und Abs. 3 RechVersV.[296]

284 „Die erfolgsabhängige Beitragsrückerstattung umfasst die Beträge, die vom Gesamtergebnis, vom versicherungstechnischen Gewinn des gesamten Versicherungsgeschäfts, vom Ergebnis eines Versicherungszweiges oder einer Versicherungsart abhängig sind."[297]

285 „Die erfolgsunabhängige Beitragsrückerstattung umfasst die Beträge, die vom Schadenverlauf oder vom Gewinn eines oder mehrerer Versicherungsverträge abhängig oder die vertraglich vereinbart oder gesetzlich geregelt sind."[298]

294 § 56a Abs. 2 VAG.

295 Vgl. § 341e Abs. 2 Nr. 2 HGB.

296 Vgl. die Unterscheidung vor Umsetzung der VersBiRiLi in Nr. I P 3.5.1 Abs. 1 Satz 1 und 3.5.2 Abs. 1 Satz 1 VUBR.

297 § 28 Abs. 2 RechVersV.

298 § 28 Abs. 3 RechVersV. Zum Einbezug der BR, die vertraglich vereinbart oder gesetzlich geregelt sind, vgl. *IDW* (Hrsg.), WP Handbuch 2006[13], Rn. K 447.

Zu den erfolgsunabhängigen BR gehören z.B. Rückgewährbeiträge, die dem einzelnen VN dann vertraglich zustehen, wenn sein Vertrag in einem Versicherungsjahr schadenarm bzw. schadenfrei verläuft.[299] Sinn der letzteren vertragsbezogenen Rückvergütung ist u.a., den einzelnen VN für individuelle Schadenverhütungsmaßnahmen zu interessieren bzw. ihn zu veranlassen, kleinere – verwaltungskostenintensive – Schäden (Bagatellschäden) nicht zu melden.[300] 286

Als Rückstellungen werden am Bilanzstichtag im sG jeweils die BR ausgewiesen, die den VN bis dahin noch nicht gutgeschrieben worden sind.[301] 287

Im üG kennen SchVU nur erfolgsunabhängige BR, da auch bei der Beteiligung des RückVR an einer erfolgsabhängigen BR des ErstVR diese bei ihm zur erfolgsunabhängigen – weil von einem RückVV abhängigen – BR wird. 288

Grundsätzlich dürfen die der Rückstellung für BR zugewiesenen Beträge auch nur für die Überschussbeteiligung der Versicherten verwendet werden.[302] Das VU ist jedoch berechtigt, mit Zustimmung der Aufsichtsbehörde die Rückstellung für Beitragsrückerstattung (RfB), soweit sie nicht auf bereits festgelegte Überschussteile entfällt, in bestimmten Ausnahmefällen heranzuziehen.[303] 289

Die Regelungen zu der Behandlung der Schlussüberschussanteile, Schlusszahlungen und Bewertungsreserven innerhalb der RfB für LVU nach § 28 Abs. 6-7f RechVersV gelten analog für das nach Art der LV betriebene Schaden- und Unfall-VG.[304] 290

299 Vgl. *v.d. Thüsen/Kullak*, in: Prölss/v.d. Thüsen/Ziegler (Hrsg.), Die versicherungstechnischen Rückstellungen im Steuerrecht, 3. Aufl., Karlsruhe 1973, S. 128. Der Schadenfreiheitsrabatt in der Kraftfahrtversicherung setzt keine Rückstellungsbildung voraus. Die UnfallV mit BR fällt nicht hierunter. Bei ihr stellt die Rückgewähr eine Versicherungsleistung dar. Der VR deckt durch Erhebung erhöhter Beiträge seinen Bedarf aus dem Zinsertrag der angesammelten Beiträge und gewährt die eingezahlten Beiträge nach Vertragsablauf voll zurück.

300 Vgl. *v.d. Thüsen/Kullak*, in: Prölss/v.d. Thüsen/Ziegler (Hrsg.), Die versicherungstechnischen Rückstellungen im Steuerrecht, 3. Aufl., Karlsruhe 1973, S. 128.

301 Vgl. die Bestimmungen vor Umsetzung der VersBiRiLi in Nr. I P 3.5.1 Abs. 1 Satz 1 und 3.5.2 Abs. 1 Satz 1 VUBR.

302 Vgl. § 56a Abs. 3 Satz 1 VAG.

303 Vgl. § 56a Abs. 3 Sätze 2 und 3 VAG. Vgl. hierzu *Husch*, Beitrag B I. „Die versicherungstechnischen Posten des Jahresabschlusses der Lebensversicherungsunternehmen".

304 Vgl. § 28 Abs. 9 RechVersV. Vgl. hierzu *Husch*, Beitrag B I. „Die versicherungstechnischen Posten des Jahresabschlusses der Lebensversicherungsunternehmen".

2. Ausweis der Rückstellung für Beitragsrückerstattung in der Bilanz

291 Rückstellungen für Beitragsrückerstattungen „sind versicherungstechnische Rückstellungen, weil die Versicherungstechnik (Risikoverlauf) Grund für ihre Ansammlung ist."[305] Sie werden daher auch unter dem Posten Passivseite E IV FB 1 RechVersV als versicherungstechnische Rückstellungen ausgewiesen.[306] Eine Untergliederung der Rückstellung nach erfolgsabhängiger und erfolgsunabhängiger BR ist nicht vorgesehen. Der zusammengefasste Ausweis entspricht dem Gliederungsschema der VersBiRiLi.[307]

292 Soweit RückVU in dem in Rückdeckung gegebenen VG vertraglich an den BR beteiligt sind, sind die RückV-Anteile an den Bruttorückstellungen von dem berichtenden VU in der Vorspalte abzusetzen. In der Hauptspalte werden dann die Werte f.e.R. gezeigt.

293 Unter der RfB werden jeweils nur insoweit BR als Verpflichtungen ausgewiesen, als sie den VN am Bilanzstichtag noch nicht gutgeschrieben worden sind. Verzinslich angesammelte, also den VN gutgeschriebene Überschussanteile sowie fällige, jedoch noch nicht ausbezahlte Überschussanteile sind nicht unter der RfB, sondern unter dem Passivposten I I 1 „Verbindlichkeiten aus dem selbst abgeschlossenen Versicherungsgeschäft gegenüber Versicherungsnehmern" FB 1 RechVersV auszuweisen.[308]

294 Versicherungsunternehmen weisen ihren Anteil an den BR aus üG entsprechend dem Ausweis in der GuV,[309] unter der „Rückstellung für Beitragsrückerstattung" aus.

295 Voraussetzung für die Rückstellungsbildung ist gem. § 341e Abs. 2 Nr. 2 HGB, dass die ausschließliche Verwendung der Rückstellungsbeträge zur BR durch Gesetz, Satzung, geschäftsplanmäßige Erklärung oder vertragliche Vereinbarung gesichert ist. Die korrespondierende körperschaftsteuerliche Regelung des § 21 Abs. 2 Satz 1 KStG nennt abweichend von der handelsrechtlichen Regelung nur

305 *Boetius*, Handbuch der versicherungstechnischen Rückstellungen, Köln 1996, Anm. 197.

306 Vgl. auch § 28 RechVersV i.V.m. § 341e Abs. 2 Nr. 2 HGB.

307 Vgl. *IDW* (Hrsg.), WP Handbuch 2006[13], Rn. K 456.

308 In FB 100 Posten P 5a bzw. b der BerVersV werden die beiden Geschäftsbereiche dagegen getrennt betrachtet, wie auch vor Umsetzung der VersBiRiLi in FB I Externe VUReV; vgl. dazu § 28 Abs. 4 RechVersV.

309 Vgl. § 42 Abs. 2 Satz 1 RechVersV.

die Satzung und die geschäftsplanmäßige Erklärung als Voraussetzung für eine Rückstellungsbildung.[310]

Da die steuerliche Abzugsfähigkeit der erfolgsabhängigen BR voraussetzt, dass sie aus dem Überschuss des versicherungstechnischen Geschäfts stammen,[311] ist eine Sonderrechnung unter Beachtung von § 21 Abs. 1 Nr. 2 KStG für die Ermittlung der zulässigen Zuführung zur RfB durchzuführen.[312] 296

3. Rückstellung für erfolgsunabhängige Beitragsrückerstattung

Als Rückstellungen für erfolgsunabhängige BR werden – wie oben angegeben – im sG die vom Schadenverlauf oder dem Ergebnis eines oder mehrerer VV abhängigen BR ausgewiesen, soweit diese dem VN am Bilanzstichtag noch nicht gutgeschrieben worden sind.[313] 297

Die Erweiterung auf „mehrere Versicherungsverträge" dürfte wohl auf Fälle abstellen, in denen ein VN bei einem VU mehrere VV abgeschlossen hat und der Schadenverlauf sämtlicher Verträge für die BR maßgeblich sein soll.[314] 298

Sofern bei den einzelnen VV hinsichtlich der BR vereinbart sein sollte, dass die BR erst nach einem mehrjährigen Beobachtungszeitraum fällig wird, ist unter der Rückstellung für erfolgsunabhängige BR nur die nach Ablauf des Beobachtungszeitraums feststehende BR auszuweisen. Soweit in den Fällen eines mehrjährigen Beobachtungszeitraums vor Ablauf des Zeitraums vorsorglich Rückstellungen für die erfolgsunabhängige BR gebildet werden, sind diese auf der Passivseite unter dem Posten E VI „Sonstige versicherungstechnische Rückstellungen" FB 1 RechVersV auszuweisen.[315] Steht nach Ende des Beobachtungszeitraums der genaue Betrag der Rückstellung fest, so sind die auf der Passivseite unter Pos- 299

310 Vgl. *IDW* (Hrsg.), WP Handbuch 2006[13], Rn. K 450.

311 Einzelheiten siehe *v.d. Thüsen/Kullak*, in: Prölss/v.d. Thüsen/Ziegler (Hrsg.), Die versicherungstechnischen Rückstellungen im Steuerrecht, 3. Aufl., Karlsruhe 1973, S. 130 ff.; vgl. auch Schreiben des BdF v. 07.03.1978, BStBl. I, S. 160 ff. sowie das Schreiben des BMF v. 14.01.1984, BStBl. I 1985, S. 11.

312 Zur Überschussrechnung vgl. *Boetius*, in: Herrmann/Heuer/Raupach (Hrsg.), Einkommensteuer- und Körperschaftsteuergesetz, Köln, § 21 KStG, Rn. 26 ff.

313 Vgl. § 28 Abs. 3 RechVersV.

314 Vgl. *IDW* (Hrsg.), WP Handbuch 2006[13], Rn. K 447.

315 Vgl. § 31 Abs. 2 Nr. 3 RechVersV.

ten E VI FB 1 RechVersV vorsorglich gebildeten Rückstellungen in die RfB umzubuchen bzw., soweit sie überhöht waren, gewinnerhöhend aufzulösen.[316]

300 Die Dotierung der Rückstellung für erfolgsunabhängige BR erfolgt, wie die Dotierung für erfolgsabhängige BR, über Posten I 6 FB 2 und 4 RechVersV. Im Anhang sind die jeweiligen Beträge für erfolgsabhängige und erfolgsunabhängige BR jedoch getrennt anzugeben, wenn sie einen größeren Umfang erreichen.[317]

301 Vertragliche Beitragsnachverrechnungen sind insb. in den Technischen Versicherungen üblich. Beispiele für vom Schadenverlauf einzelner VV abhängige BR sind z.B. die Beitragsverrechnungen in der MaschinenV.

302 Da die VV durchweg bereits eine Kürzung für zu erwartende BR bei Fälligkeit der vorläufigen Jahresbeiträge vorsehen, dürfte sich jedoch in den meisten Fällen eine Rückstellung erübrigen.

4. Rückstellung für erfolgsabhängige Beitragsrückerstattung

303 Als erfolgsabhängig wird in der Bilanz neben der vertraglichen BR die satzungsgemäße BR ausgewiesen.

304 Vertragliche – d.h. auf versicherungsvertraglichen Vereinbarungen beruhende – erfolgsabhängige BR kommen z.B. in der UnfallV mit PR vor. Mit der BR wird hier dem Umstand Rechnung getragen, dass die Beiträge der VN so kalkuliert sind, dass die Kapitalanlageerträge – nach Abzug entsprechender Kapitalanlageaufwendungen –, die mit den im VU verbleibenden Beitragsteilen erwirtschaftet wurden, mind. ausreichen, um die Risikoleistungen des VR und dessen Verwaltungsaufwendungen zu decken. An weiteren, darüber hinaus erwirtschafteten Kapitalanlageerträgen (abzüglich anteiliger Kapitalanlageaufwendungen) werden die VN versicherungsvertragsmäßig durch die BR beteiligt. Die BR erfolgt in bestimmter Höhe aufgrund des gesondert ermittelten Rohüberschusses.[318]

305 Die erfolgsabhängige satzungsgemäße BR wird in der Schaden- und UnfallV insb. von VVaG und von ö.-r. VU gewährt. Angestrebt wird hier eine gerechte Behandlung der Versicherten (Mitglieder) dieser Institute durch Anpassung des

316 Vgl. Posten I 5b FB 2 und 4 RechVersV „Sonstige versicherungstechnische Netto-Rückstellungen".

317 Vgl. § 42 Abs. 3 RechVersV.

318 Vgl. *Geib/Horbach*, in: KoRVU, Bd. I, J, Rn. 259. Zur öffentlich-rechtlichen (ö.-r.) Selbstbindung des VU durch freiwillige Abgabe entsprechender geschäftsplanmäßiger Erklärungen vgl. *Boetius*, Handbuch der versicherungstechnischen Rückstellungen, Köln 1996, Anm. 508.

Versicherungsentgelts an den Bedarf. Im Gegensatz zur LV,[319] in der der Beitrag versicherungsmathematisch aufgrund der voraussichtlichen Erlebenserwartung der Versicherten berechnet wird, kann in der Schaden- und UnfallV der Beitrag nur aufgrund der Erfahrungen über den Schadenverlauf und die Entwicklung der Aufwendungen für den Versicherungsbetrieb sowie unter Beachtung des Wettbewerbs festgesetzt werden. Die Festsetzung der Beiträge erfolgt entweder im Umlageverfahren (mit Vorbeiträgen und Nachschüssen) oder in der Form fester Beiträge. Durch Gewährung einer BR soll den Versicherten trotz Vereinbarung „fester" Beiträge eine elastische, dem wechselnden Bedarf angepasste Beitragsgestaltung geboten werden.

Die BR wird den Versicherten durch Barauszahlung oder durch rechtsverbindliche 306
Gutschrift, durch Verrechnung gegen fällige Beiträge oder unter Umständen durch Erhöhung der Versicherungsleistung gewährt. Die Berechnung der BR-Beträge erfolgt im Allgemeinen mit einem v.H.-Satz der geleisteten Beiträge für das Versicherungsjahr, in dem der Überschuss entstanden ist.

Die zur BR bestimmten Überschussanteile können – je nach den Bestimmungen 307
der Satzung – entweder bereits bei der Aufstellung des JA in die RfB überführt oder zunächst als Bilanzgewinn ausgewiesen und im Folgejahr nach Beschlüssen der zuständigen Organe der Rückstellung für die satzungsgemäße BR zugewiesen werden. Soll die Auszahlung oder Verrechnung der zur Ausschüttung bestimmten Überschussanteile nicht im Folgejahr vorgenommen werden, ist es steuerlich erforderlich, dass die Satzung bestimmt, dass die Rückstellung für die satzungsgemäße BR ausschließlich für die Versicherten bestimmt ist. Außerdem ist steuerlich eine Frist von drei Jahren nach Feststellung des Überschusses für die Ausschüttung der BR an die Versicherten gesetzt.[320] Es existiert keine explizite Vorschrift zur Auflösung der RfB. In allen VZ sind allerdings die erfolgsabhängige und die erfolgsunabhängige RfB aufzulösen, soweit ein Höchstbetrag überschritten wird.[321]

5. Ausweis der Beitragsrückerstattung in der Gewinn- und Verlustrechnung

Sowohl im Bereich der erfolgsunabhängigen als auch der erfolgsabhängigen BR 308
werden Zuführungen zur RfB, zuzüglich der um entsprechende Gewinne vermin-

319 Vgl. hierzu *Husch*, Beitrag B I. „Die versicherungstechnischen Posten des Jahresabschlusses der Lebensversicherungsunternehmen".

320 Vgl. *Boetius*, Handbuch der versicherungstechnischen Rückstellungen, Köln 1996, Anm. 512; § 21 Abs. 2 Satz 2 Nr. 1 KStG.

321 Vgl. *Boetius*, Handbuch der versicherungstechnischen Rückstellungen, Köln 1996, Anm. 511.

derten Verluste aus der Abwicklung der aus dem vorhergehenden GJ übernommenen Rückstellungen, in der GuV unter den Aufwendungen für die erfolgsabhängige und erfolgsunabhängige BR f.e.R. ausgewiesen.[322] Die Rückstellung aus dem VJ ist grundsätzlich unverändert zu übernehmen; soweit diese VJ-Rückstellungen auf fremde Währung lauten, sollten sie zum Währungskurs am Ende des GJ umgerechnet werden. Gewinne und Verluste, die sich dabei ergeben, sind unter Posten II 4 (III 5) FB 2 (4) RechVersV „Sonstige Erträge" bzw. unter Posten II 5 (III 6) FB 2 (4) RechVersV „Sonstige Aufwendungen" auszuweisen.[323]

309 Von den Bruttoaufwendungen für die BR sind die Anteile der RückV abzusetzen.[324] Anteile der RückV an den Abwicklungsergebnissen der VJ-Bruttorückstellungen werden hierbei berücksichtigt.

310 Die bei der Bearbeitung der BR entstehenden Aufwendungen werden unter Posten I 7a FB 2 und 4 RechVersV „Bruttoaufwendungen für den Versicherungsbetrieb" ausgewiesen.

6. Angabepflichten im Anhang

311 Neben den allgemeinen Angaben zu den Methoden der Bilanzierung und Bewertung der einzelnen Bilanzposten sowie den Erläuterungen von wesentlichen Änderungen derselben[325] sind gem. § 42 Abs. 3 RechVersV die Aufwendungen für erfolgsunabhängige und erfolgsabhängige BR getrennt anzugeben, wenn sie einen größeren Umfang erreichen.

312 Angaben zur Entwicklung der RfB sind gem. § 28 Abs. 8 RechVersV nur für nach Art der LV betriebene SchVU erforderlich. Folgende Angaben sind in diesem Fall zu machen:[326]

1. Die Entwicklung (Anfangsbestand, Zuführungen, Entnahmen und Endbestand)
2. auf einzelne Überschussanteilsarten entfallende Teile der RfB
3. die festgesetzten Überschussanteile und ggf. der verwendete Ansammlungszinssatz unter Angabe des Zuteilungsjahres und

322 Vgl. § 42 Abs. 2 RechVersV; Posten I 6 FB 2 und 4 RechVersV.
323 Vgl. *IDW* (Hrsg.), WP Handbuch 2006[13], Rn. K 620 und 627.
324 Vgl. § 42 Abs. 2 Satz 2 RechVersV.
325 Vgl. § 284 Abs. 2 Nrn. 1 und 3 HGB.
326 Vgl. § 28 Abs. 9 RechVersV.

4. die Berechnungsverfahren des Schlussüberschussanteilsanteilsfonds sowie deren Rechnungsgrundlagen.

Die Angabe von VJ-Zahlen ist grundsätzlich nicht erforderlich.

7. Prüfung

Die Arbeit des Abschlussprüfers konzentriert sich hinsichtlich der Verwendung der RfB – soweit es die Entnahmen des GJ betrifft – auf die Prüfung des Verwendungszeitpunkts, die grundsätzliche Berechtigung einzelner VN sowie die im Einzelfall exakte Höhe der entsprechenden Zuteilung. 313

Bei den nicht ausgezahlten Verwendungsbeträgen, die also in verbindlich dem einzelnen VN zugeordneter Form im Unternehmen verbleiben, ergeben sich zu prüfende Querverbindungen, z.B. zur DR (UPR) oder zu den Verbindlichkeiten gegenüber VN aus gutgeschriebenen bzw. nicht abgehobenen Überschussanteilen. 314

Hinsichtlich der Zuweisung zur RfB sind sowohl § 56a VAG als auch die entsprechenden Satzungsbestimmungen bzw. die vertraglichen Vereinbarungen mit der vorgenommenen Bilanzierung abzustimmen. 315

Gemäß § 56a VAG hat der Aufsichtsrat (AR) bei Versicherungs-AG der Entscheidung des Vorstands, welche Beträge für die Überschussbeteiligung der Versicherten zurückzustellen sind, zuzustimmen. Auch bei anderen Rechtsformen kann die Satzung ein entsprechendes Zustimmungserfordernis vorsehen. Das Vorliegen der Zustimmung des AR ist zu prüfen, da eine Entscheidung des Vorstands schwebend unwirksam ist, bis der AR seine Genehmigung gegeben oder verweigert hat.[327] Wird der Zustimmungsbeschluss des AR nicht zeitlich vor dem Datum der Testaterteilung gefasst, so berücksichtigt der geprüfte JA bereits einen Sachverhalt, der zu seiner Wirksamkeit noch eines von der Feststellung des geprüften JA unabhängigen Beschlusses des AR bedarf.[328] 316

Die einzelvertraglichen Vereinbarungen sind vor allem Grundlage der Prüfung der erfolgsunabhängigen BR. Mit einzelnen Stichproben bei den verschiedenen hiervon betroffenen VZ (z.B. TrV, Technische Versicherungen, Einheit usw.) hat sich der Abschlussprüfer davon zu überzeugen, dass die Zuführung zur und die Verwendung bzw. Abwicklung der RfB vereinbarungsgemäß und in Übereinstimmung mit den oben dargestellten Bilanzierungsvorschriften erfolgte. Die Entwick- 317

327 Vgl. *Kölschbach*, in: Prölss: VAG-Kommentar[12], § 56a VAG, Rn. 11.

328 In diesem Fall kann es geboten sein, das Testat unter einer aufschiebenden Bedingung zu erteilen, vgl. *IDW* (Hrsg.), WP Handbuch 2006[13], Rn. K 784.

lung (inkl. Abwicklung) der Rückstellung ist im PrB darzustellen.[329] Der korrespondierende GuV-Posten ist stets in die Prüfung einzubeziehen.

318 Die erfolgsunabhängigen BR im üG sind anhand der RückVV und der Abrechnungen der RückVR zu prüfen. Ihre Entwicklung (inkl. Abwicklung) ist im PrB darzustellen.

319 Die vertragliche und die satzungsgemäße – erfolgsabhängige – BR sind insb. unter Heranziehung der Satzung und der Beschlüsse der Organe der Gesellschaft zu prüfen. Die Prüfung der Entnahmen und Zuführungen ist in Stichproben anhand der Belege (Auszahlungs- bzw. Gutschriftsbelege), Konten und Aufstellungen der Gesellschaft vorzunehmen.

320 Bei allen Rückstellungen sind die Anteile der RückV anhand der RückVV zu prüfen.

V. Schwankungsrückstellung

1. Charakter der Schwankungsrückstellung und ähnlicher Rückstellungen

321 Die Schwankungsrückstellung (SchwR) dient dem Ausgleich des jährlichen Schadenbedarfs, der auch im Fall eines homogenen und genügend großen versicherungstechnischen Kollektivs i.d.R. von Rechnungsperiode zu Rechnungsperiode schwankt. Definitionsgemäß beruht die Versicherung nicht nur auf dem Risikoausgleich im Kollektiv, sondern auch auf dem Risikoausgleich in der Zeit.[330] Der Ausgleich des jährlichen Schadenbedarfs vollzieht sich dabei über eine Reihe von GJ. Es müssen für jedes Kollektiv, für das eine SchwR gebildet wird, so viele GJ in die Betrachtung einbezogen werden, dass in diesem Ausgleichszeitraum mit angemessener statistischer Sicherheit angenommen werden kann, dass die Summe der Unterschäden gleich der Summe der Überschäden ist.[331] Das den Überlegungen zugrunde liegende versicherungstechnische Kollektiv kann somit über diesen Ausgleichszeitraum durchschnittlich mit gleichen (relativen) Schadenaufwendungen rechnen. Nach dem versicherungstechnischen Äquivalenzprinzip wird somit auch ein Ausgleich zwischen den Leistungen des VR und den Gegenleistungen der VN innerhalb dieses Ausgleichszeitraums herbeigeführt. Die Einbeziehung

329 Vgl. § 17 Abs. 1 PrüfV.

330 Vgl. *Farny*, in: Wittmann (Hrsg.), Handwörterbuch der Betriebswirtschaft, 5. Aufl., Stuttgart 1993, Sp. 4584.

331 Vgl. *Weiße*, WPg 1974, S. 471. Zur begrifflichen Abgrenzung vgl. im Einzelnen unter Rn. 350 f.

der SchwR in die versicherungstechnischen Rückstellungen entspricht somit dem Charakter der SchwR, nämlich, eine Rückstellung für ungewisse Verbindlichkeiten aus dem VG zu sein; sie ist Ausdruck der (noch ungewissen) Verbindlichkeit gegenüber dem Kollektiv der VN.[332]

Eine Einzelbewertung für jeden einzelnen VV scheidet daher für die SchwR aus. 322
Stattdessen ermittelt sich deren Wert ausschließlich nach versicherungsmathematischen Grundsätzen für ein Kollektiv an VV.

Nach § 341h Abs. 2 HGB wird die Bildung einer Rückstellung „für Risiken glei- 323
cher Art, bei denen der Ausgleich von Leistung und Gegenleistung wegen des hohen Schadenrisikos im Einzelfall nach versicherungsmathematischen Grundsätzen nicht im GJ, sondern nur in einem am Abschlussstichtag nicht bestimmbaren Zeitraum gefunden werden kann", vorgeschrieben. Unter diesen Rückstellungen, die der SchwR ähnlich sind, werden insb. die sog. „Großrisikenrückstellungen" verstanden, d.h. vor allem die Rückstellung für die Versicherung von Atomanlagen (Atomanlagenrückstellung), die Großrisikenrückstellung für die Produkthaftpflichtversicherung von Pharma-Risiken sowie die Großrisikenrückstellung für Terrorrisiken.

Großrisiken sind „Risiken, deren mögliche Höchstschäden infolge einer Kon- 324
zentration hoher Werte oder des Kumuls verschiedener Gefahren des gleichen Risikoobjekts mit großem Schadenmaximum (mpl = maximum possible loss) außergewöhnlich groß sind, während die Zahl der Risiken gering ist und vielfach die Schadenursache aus technologischen Gründen neuartig und/oder unbekannt ist."[333]

Aufgrund des Charakters der Großrisiken und aufgrund der rasanten technischen 325
Entwicklung ist eine statische, absolute Begriffsdefinition nicht möglich: Ein Risiko kann heute noch ein „Großrisiko" sein, morgen jedoch bereits ein „normales Risiko". So musste bspw. aufgrund des Schreibens des BdF v. 10. 12.1980[334] die Großrisikenrückstellung für die Versicherung von Großraumflugzeugen zum 31. 12.1980 aufgelöst werden. Der Auflösungsbetrag war der SchwR zuzuführen.

332 Vgl. *Boetius*, in: Herrmann/Heuer/Raupach (Hrsg.), Einkommensteuer- und Körperschaftsteuergesetz, Köln § 20 KStG, Rn. 3. Vgl. zur Übersicht über das Problem der Zuordnung der SchwR Karten, in: HdV 1988, S. 764 f.

333 *Ziegler*, in: Prölss/v.d. Thüsen/Ziegler (Hrsg.), Die versicherungstechnischen Rückstellungen im Steuerrecht, 3. Aufl, Karlsruhe 1973, S. 77.

334 Vgl. VerBAV 1981, S. 79.

2. Ausweis der Schwankungsrückstellung und ähnlicher Rückstellungen in der Bilanz und ihres Veränderungsbetrags in der Gewinn- und Verlustrechnung

326 Die SchwR wird gem. FB 1 RechVersV auf der Passivseite der Versicherungsbilanz unter Posten E V ausgewiesen. Da die Ermittlung der SchwR nur für den Selbstbehalt erfolgt, sieht FB 1 RechVersV – anders als bei den übrigen versicherungstechnischen Rückstellungen – keine Vorspalte für den Rückstellungsbetrag brutto und den Anteil für das in Rückdeckung gegebene VG vor.[335]

327 Die der SchwR ähnlichen Rückstellungen, werden gem. § 341h Abs. 2 HGB zusammen mit der SchwR auf der Passivseite unter Posten E V ausgewiesen.

328 In der GuV sind unter dem Posten „Veränderung der Schwankungsrückstellung und ähnlicher Rückstellungen“[336] der sich für die SchwR und für die dieser Rückstellung ähnlichen Rückstellungen ergebenden Unterschiedsbeträge zwischen den Bilanzwerten am Ende des VJ und am Ende des GJ auszuweisen.

3. Rechtliche Grundlagen und Voraussetzungen zur Bildung der Schwankungsrückstellung

329 Die Verpflichtung zur Bildung einer Rückstellung zum Ausgleich der Schwankungen im Schadenverlauf künftiger Jahre ist mit der Umsetzung der VersBiRiLi in § 341h Abs. 1 HGB gesetzlich verankert worden.

330 In § 341h Abs. 1 HGB wird aufgeführt, dass SchwR „insbesondere“ zu bilden sind, wenn

1. nach den Erfahrungen in dem betreffenden VZ mit erheblichen Schwankungen der jährlichen Aufwendungen für VF zu rechnen ist,
2. die Schwankungen nicht durch Beiträge ausgeglichen werden und
3. die Schwankungen nicht durch RückVV gedeckt sind.

331 Diese Voraussetzungen stimmen mit den steuerlichen Erfordernissen in § 20 KStG überein. Auf die diesbezügliche Kommentierung kann daher verwiesen werden.[337]

335 Es ist zu beachten, dass die Kostenquote zur Ermittlung der SchwR brutto ermittelt wird; vgl. im einzelnen Rn. 345.

336 Vgl. Posten I 10, FB 2 und 4 RechVersV.

337 Vgl. *Bögle*, Beitrag I: „Sonderfragen der Besteuerung von Versicherungsunternehmen“, Rn. 22; vgl. *Boetius*, in: Herrmann / Heuer / Raupach (Hrsg.), Einkommensteuer- und Körperschaftsteuergesetz, Jahr, Köln, § 20 KStG, Rn. 14–17.

Die SchwR wurde zwar schon relativ früh als versicherungsspezifisch notwendige Rückstellung anerkannt, doch waren die steuerliche und handelsrechtliche Zuordnung, die Voraussetzungen und der Umfang ihrer Bildung immer wieder umstritten.[338] Nach jahrelangen Erörterungen in den Fachgremien hat das BAV 1978 eine Anordnung zur Bildung der SchwR erlassen. Diese Anordnung wurde durch die BAV-Verordnung 1991 überarbeitet.[339] 332

Nach geltendem Recht enthalten § 29 RechVersV und die Anlage zu § 29 die einzelnen Bestimmungen zur Bildung der SchwR. Die Anlage zur RechVersV übernimmt inhaltlich die Grundsätze der früheren Anordnungen des BAV.[340] Bei Zweifelsfragen kann somit weiterhin die Kommentierung zu den Anordnungen herangezogen werden.[341] 333

Mathematische Grundüberlegungen bestimmen diese Anordnungen. Die aufgrund versicherungsmathematischer Methoden ermittelten Wertansätze der Rückstellung stellen nicht notwendigerweise den richtigen, wohl aber einen möglichen Näherungswert – nach den Erkenntnissen am Bilanzstichtag – dar. Nach h.M. ist diese mathematische Berechnungsmethode allen anderen Schätzmethoden vorzuziehen. Auswertungen von Vergangenheitsdaten nach den Grundsätzen der mathematisch-statistischen Verfahren erlauben nämlich mit hohen Wahrscheinlichkeiten Aussagen über die künftige Belastung eines VU (Schadenaufwendungen) aufgrund zufallsbedingter Schwankungen des Jahresbedarfs.[342] 334

a) Anwendungsbereich

Nach geltendem Recht gilt § 29 RechVersV unmittelbar für alle VU.[343] Die Vorschriften zur Bildung von SchwR sind auch von RückVU anzuwenden.[344] 335

338 Vgl. zur Entwicklung der SchwR *v.d. Thüsen/Kühne*, in: Prölss/v.d. Thüsen/Ziegler (Hrsg.), Die versicherungstechnischen Rückstellungen im Steuerrecht, 3. Aufl., Karlsruhe 1973, S. 57 ff.; vgl. des Weiteren *Weiße*, WPg 1974, S. 470 ff.; Nies, WPg 1973, S. 337 ff.; *Nies*, VW 1979, S. 156 ff.; *Karten*, in: v. Kalwar (Hrsg.), Sorgen – Vorsorgen – Versichern, FS Gehrhardt, Karlsruhe 1975, S. 215 ff.

339 Vgl. BAV-Rundschreiben 7/91, in: VerBAV 1991, S. 420 ff.

340 Vgl. Begr. zu § 29 RechVersV, BR-Drs. 823/94, S. 130 f.

341 Vgl. *IDW* (Hrsg.), WP Handbuch 2006[13], Rn. K 465; vgl. auch *Geib/Horbach*, in: KoRVU, Bd. I, J, Rn. 220.

342 Vgl. *Boetius*, in: Herrmann/Heuer/Raupach (Hrsg.), Einkommensteuer- und Körperschaftsteuergesetz, Köln, § 20 KStG, Rn. 24 ff.

343 Vgl. *Boetius*, in: Handbuch der versicherungstechnischen Rückstellungen, Köln 1996, Anm. 1123.

344 Vgl. Begr. zu § 29 RechVersV, BR-Drs. 823/94, S. 130 f.

b) Voraussetzungen zur Bildung einer Schwankungsrückstellung

336 Gemäß Anlage zu § 29 RechVersV, Abschn. I Nr. 1 haben SchVU in jedem VZ des sG und des üG, mit Ausnahme des in Rückdeckung übernommenen Lebens- und Kranken-VG, eine SchwR zu bilden, wenn

- die verdienten Beiträge im Durchschnitt der letzten drei GJ (inkl. Bilanzjahr) EUR 125.000 übersteigen,
- die Standardabweichung der Schadenquoten des Beobachtungszeitraums von der durchschnittlichen Schadenquote mind. fünf Prozentpunkte beträgt und
- die Summe aus Schaden- und Kostenquote mind. einmal im Beobachtungszeitraum 100 % überschritten hat.

337 Diese drei Bedingungen müssen für die einzelnen VZ jeweils gemeinsam erfüllt sein, um eine SchwR zu bilden. Ist eine dieser Voraussetzungen nicht mehr erfüllt, so ist die SchwR aufzulösen. Die Auflösung kann auf das Bilanzjahr und die folgenden vier GJ gleichmäßig verteilt werden.[345]

338 In § 29 Satz 2 RechVersV wurde die früher in Abschn. IV der Anordnung über die SchwR enthaltene Änderungs- und Widerrufklausel, die es der Aufsichtsbehörde ermöglicht, im Einzelfall Abweichungen zuzulassen, inhaltlich übernommen.

339 Was für Zwecke der SchwR als VZ anzusehen ist, richtet sich nicht nach der Untergliederung der zweigbezogenen Angaben im Anhang gem. § 51 Abs. 4 RechVersV. Gemäß Abschn. II Nr. 1 Abs. 1 der Anlage zu § 29 RechVersV liegt grundsätzlich ein VZ vor, wenn gem. § 4 Abs. 1 Satz 1 Nr. 1, § 5 Abs. 1 BerVersV bzw. für RückVR § 6 Satz 1 Nr. 3 BerVersV eine gesonderte versicherungstechnische GuV aufzustellen ist.

Im Zuge der Neufassung der BerVersV v. 11.04.2006[346] wurden die beiden Versicherungsarten Fahrzeugvoll- und Fahrzeugteilversicherung zu einer neuen Versicherungsart „Sonstige Kraftfahrtversicherung" zusammengefasst, für die gem. § 4 Abs. 1 Satz 1 Nr. 1 Buchst. c BerVersV nun zwingend eine gesonderte versicherungstechnische GuV aufzustellen ist. Die Aufstellung einer einzelnen gesonderten versicherungstechnischen GuV für die beiden Versicherungsarten Fahrzeugvoll- und Fahrzeugteilversicherung – die bisher verpflichtend war – kann durch deren Beibehaltung als eigenständige Versicherungsarten jetzt freiwillig vorgenommen werden.

345 Vgl. Abschn. I Nr. 7 Abs. 1 der Anlage zu § 29 RechVersV.
346 Vgl. BGBl. I 2006, Nr. 16, S. 622.

Ebenfalls freiwillig wird die Aufstellung einer gesonderten versicherungstechnischen GuV und Bildung einer SchwR für die Versicherungsart Kraftfahrtunfall: Durch die Umhängung vom VZ Kraftfahrt in den VZ Unfall können versicherungstechnische GuV sowie SchwR für letzteren insgesamt aufgestellt bzw. gebildet werden.

In jedem Fall gelten gem. Abschn. II Nr. 1 Abs. 2 der Anlage zu § 29 RechVersV als VZ

- die Feuer-Industrieversicherung einschl. der Feuer-Betriebsunterbrechungsversicherung.[347] Der Hinweis „unbeschadet einer weitergehenden Untergliederung" ermöglicht in diesem Fall eine getrennte Ermittlung der SchwR für die Feuer-Industrieversicherung einerseits und die Feuer-Betriebsunterbrechungsversicherung andererseits,
- die Landwirtschaftliche Feuerversicherung,
- die Kautionsversicherung,
  die Delkredereversicherung[348] und
- die Vertrauensschadenversicherung.[349]

Gemäß Abschn. II Nr. 1 Abs. 4 der Anlage zu § 29 RechVersV gelten nicht als VZ i.S.d. Bestimmungen der Anlage bestimmte Aggregationen von VZ; diese sind[350] 340

- die Feuerversicherung insgesamt,[351]
- die Kredit- und Kautionsversicherung insgesamt,[352]
- die sonstige Schadenversicherung,[353]
- die sonstige Sachversicherung,[354]
  die selbst abgeschlossene Kraftfahrtversicherung,
- die selbst abgeschlossenen Versicherungen insgesamt und
- die in Rückdeckung übernommenen Versicherungen insgesamt.

Maßgebend für die Berechnung der Standardabweichung ist ein Beobachtungszeitraum, der dem GJ vorausgeht und der 15 Jahre umfasst. Geschäftsjahre mit verdienten Beiträgen von EUR 125.000 und weniger bleiben unberücksichtigt. In 341

347 Versicherungsart-Kennzahl 08.1 und 23.1 gem. Anlage 1 Abschn. C zur BerVersV.
348 Versicherungsart-Kennzahl 20.2 gem. Anlage 1 Abschn. C zur BerVersV.
349 Versicherungsart-Kennzahl 29.6 gem. Anlage 1 Abschn. C zur BerVersV.
350 Vgl. auch *Boetius*, Handbuch der versicherungstechnischen Rückstellungen, Köln 1996, Anm. 1135.
351 Versicherungsart-Kennzahl 08 gem. Anlage 1 Abschn. C zur BerVersV.
352 Versicherungsart-Kennzahl 20 gem. Anlage 1 Abschn. C zur BerVersV.
353 Versicherungsart-Kennzahl 29 gem. Anlage 1 Abschn. C zur BerVersV.
354 Versicherungsart-Kennzahl 28 gem. Anlage 1 Abschn. C zur BerVersV.

der Hagel-, der Kredit- und Kautions- sowie der Vertrauensschadenversicherung umfasst der Beobachtungszeitraum die dem GJ vorausgehenden 30 Jahre.[355]

342 Der Beobachtungszeitraum liefert dabei eine Zufallsstichprobe, aus der die Standardabweichung – nach den zugrunde liegenden mathematischen Überlegungen zukunftsorientiert – errechnet wird.[356]

343 Betreibt ein VU einen VZ noch nicht während des gesamten Beobachtungszeitraums, mind. aber zehn GJ vor dem Bilanzjahr, so gelten jeweils sämtliche GJ als Beobachtungszeitraum (Abschn. II Nr. 3 Abs. 2). Schadenquoten aus den eigenen Unterlagen müssen allerdings für die GJ außer acht bleiben, für die die verdienten Beiträge f.e.R. in dem betreffenden VZ EUR 125.000 nicht übersteigen. Die fehlenden Schadenquoten im zehnjährigen Mindestbeobachtungszeitraum müssen dann durch Daten aus den GB / BaFin ersetzt werden.[357]

344 Die Schadenquote eines GJ errechnet sich als das Verhältnis der Aufwendungen für VF (inkl. SchR-Aufwendungen), der Aufwendung für die erfolgsabhängige – soweit gesetzlich vorgeschrieben – und die erfolgsunabhängige BR, die Aufwendungen für die Rückkäufe und Rückgewährbeträge sowie der Veränderungen der DR (Beitrags-DR) abzüglich des technischen Zinsertrags zu den verdienten Beiträgen des GJ.[358] Maßgebend sind jeweils die Beträge f.e.R. des VU. Die durchschnittliche Schadenquote ist das arithmetische Mittel der Schadenquoten des Beobachtungszeitraums (Abschn. II Nr. 4 Abs. 2).

345 Die Kostenquote i.S.d. Anlage zu § 29 RechVersV ist das Verhältnis der Aufwendungen für den Versicherungsbetrieb zuzüglich der Aufwendungen für Schadenverhütung und -bekämpfung sowie der Aufwendungen für die Feuerschutzsteuer[359], zu den verdienten Beiträgen – jeweils brutto, d.h. vor Abzug des Anteils der RückV. Die mittlere Kostenquote errechnet sich als das arithmetische Mittel der Kostenquoten des GJ sowie der zwei vorhergehenden GJ (Abschn. II Nr. 6 Abs. 2).

355 Vgl. Anlage zu § 29 RechVersV Abschn. II Nr. 3 Abs. 1.

356 Vgl. *Boetius*, Handbuch der versicherungstechnischen Rückstellungen, Köln 1996, Anm. 1137.

357 Vgl. Anlage zu § 29 RechVersV, Abschn. III Nr. 1 Abs. 1 sowie *Uhrmann*, StBp 1988, S. 189 f. Maßgebend sind hierbei jeweils die verfügbaren Schadenquoten der VZ bzw. -arten für VU in der Rechtsform des betreffenden VU.

358 Vgl. zum Begriff der verdienten Beiträge, insb. zu Nachschüssen bei VVaG, Abschn. II Nr. 9 der Anlage zu § 29 RechVersV.

359 Die Aufwendungen für Schadenverhütung und -bekämpfung fallen nach geltendem Recht unter die Verwaltungsaufwendungen (vgl. § 43 Abs. 3 Nr. 3 RechVersV) und werden in der GuV unter Posten Nr. I 7a der FB 2 und 4 RechVersV ausgewiesen. Die Feuerschutzsteuer wird im GuV-Posten I 8 FB 2 und 4 „Sonstige versicherungstechnische Aufwendungen f.e.R.“ ausgewiesen.

Die Anwendung der sog. Bruttokostenquote bei der Berechnung der SchwR erscheint gerechtfertigt, obwohl sie nur für den Selbstbehalt gebildet wird. Die in der GuV von den Bruttoaufwendungen für den Versicherungsbetrieb abzuziehenden RückV-Provisionen stellen in der Praxis nämlich weniger einen Ersatz von beim ErstVR angefallenen Originalaufwendungen dar, als vielmehr eine Korrektur zur Ermittlung des Preises für das Gut RückV (proportionale RückV).[360] 346

c) Höchstbetrag

Kernstück der Regelung bildet der Höchst- bzw. Sollbetrag der SchwR. Er beträgt das Viereinhalbfache, in der Hagel-, Kredit- und Kautions- sowie Vertrauensschadenversicherung das Sechsfache der Standardabweichung der Schadenquoten des Beobachtungszeitraums von der durchschnittlichen Schadenquote, multipliziert mit den verdienten Beiträgen des GJ (Abschn. I Nr. 2 Abs. 1), und entspricht so dem Barwert der wahrscheinlichen Überschäden des Ausgleichszeitraums. 347

Nach der Anlage zu § 29 RechVersV ist von diesem Wert ggf. das Dreifache der in den Beiträgen enthaltenen Sicherheitszuschläge zu kürzen (Abschn. I Nr. 2 Abs. 2). Dies gilt jedoch nicht in der Hagelversicherung. 348

Sicherheitszuschläge sind dabei die Beträge, die über den kalkulatorisch erforderlichen Risikobeitrag (mittlere Schadenquote) hinaus in den Beitrag eingearbeitet werden und ebenfalls zur Deckung von Schäden zur Verfügung stehen.[361] 349

d) Zuführungen

Der SchwR sind in jedem GJ, unabhängig vom Eintritt eines Über- oder Unterschadens, zunächst 3,5 % ihres jeweiligen Sollbetrags zuzuführen, bis dieser erreicht oder wieder erreicht ist (Abschn. I Nr. 3). Diese erfolgsunabhängige Zuführung, die sog. Zinszuführung, ist deshalb vorzunehmen, weil der Höchstbetrag der SchwR, wie oben erwähnt, als (bereinigter) Barwert der Überschäden ermittelt wurde. Um im Zeitpunkt des Schadenanfalls den Nennbetrag zur Verfügung zu haben, muss deshalb der Diskontierung entsprechend eine Aufzinsung (Zinszuführung) vorgenommen werden. 350

Tritt in einem GJ ein Unterschaden auf, so ist dieser Unterschaden zusätzlich der SchwR zuzuführen, bis ihr Sollbetrag erreicht oder wieder erreicht ist (Abschn. I 351

360 Vgl. zu diesem Problem allgemein *Farny*, ZfV 1963, S. 737; vgl. hierzu hinsichtlich der SchwR *Nies*, VW 1979, S. 165 sowie *Boetius*, Handbuch der versicherungstechnischen Rückstellungen, Köln 1996, Anm. 1141.

361 Vgl. *Boetius*, Handbuch der versicherungstechnischen Rückstellungen, Köln 1996, Anm. 1127.

Nr. 4). Ein Unterschaden liegt dann vor, wenn die Schadenquote des GJ die durchschnittliche Schadenquote des Beobachtungszeitraums unterschreitet. Der Betrag des Unterschadens errechnet sich dann aus der Differenz dieser beiden Quoten multipliziert mit den verdienten Beiträgen des GJ (Abschn. II Nr. 7).

e) Entnahmen

352 Ist in einem GJ ein Überschaden eingetreten, so ist dieser der SchwR zu entnehmen (Abschn. I Nr. 5). Ein Überschaden liegt dann vor, wenn die Schadenquote des GJ die durchschnittliche Schadenquote des Beobachtungszeitraums übersteigt. Der Betrag des Überschadens ergibt sich dann aus der Differenz dieser beiden Quoten multipliziert mit den verdienten Beiträgen des GJ (Abschn. II Nr. 8).

353 Der der SchwR zu entnehmende Betrag vermindert sich allerdings um 60 % des Sicherheitszuschlags (Abschn. I Nr. 5 und Satz 2). Diese Kürzung folgt aus der Berechnung des Höchstbetrags: Da die Sicherheitszuschläge der SchwR nicht zugeführt werden können, werden sie auch nicht aus ihr entnommen.[362]

f) Auflösungen

354 Sind die Voraussetzungen für die Bildung einer SchwR nach der Anlage zu § 29 RechVersV nicht mehr erfüllt, so ist die SchwR aufzulösen. Die Auflösung kann auf das GJ und die folgenden vier GJ gleichmäßig verteilt werden (Abschn. I Nr. 7 Abs. 1). Eine Auflösung kann nicht erfolgen, wenn abzusehen ist, dass das VU im folgenden GJ verpflichtet ist, wieder eine SchwR zu bilden (Abschn. I Nr. 7 Abs. 2).

355 Unterschreitet der Höchstbetrag die vorhandene SchwR, so ist sie um diese Differenz aufzulösen (Abschn. I Nr. 6). Einer solchen Auflösung muss eine eventuelle Überschadenentnahme vorausgegangen sein.[363]

g) Einzelfragen

aa) Neuaufnahme und Untergliederung von Versicherungszweigen

356 Ist für einen VZ i.S.d. Bestimmungen der Anlage zu § 29 RechVersV erstmals eine gesonderte versicherungstechnische GuV aufzustellen und sind die für einen mind. zehnjährigen Beobachtungszeitraum erforderlichen Schadenquoten

362 Vgl. *Boetius*, Handbuch der versicherungstechnischen Rückstellungen, Köln 1996, Anm. 1128.
363 Vgl. *Boetius*, Handbuch der versicherungstechnischen Rückstellungen, Köln 1996, Anm. 1129.

aus den eigenen Unterlagen ganz oder teilweise nicht zu ermitteln, so sind für die fehlenden GJ so lange die Schadenquoten aus den in GB/BaFin veröffentlichten Tabellen zu verwenden,[364] bis ein mind. zehnjähriger eigener Beobachtungszeitraum vorliegt (Abschn. III Nr. 1 Abs. 1). Schadenquoten aus den eigenen Unterlagen dürfen jedoch nur insoweit in die Berechnung einfließen, wie für den betreffenden VZ die verdienten Beiträge f.e.R. der einzelnen GJ EUR 125.000 übersteigen.[365]

Solange die zur Berechnung der mittleren Kostenquote erforderlichen Kosten- 357
quoten der beiden früheren GJ aus eigenen Geschäftsunterlagen nicht zu ermitteln sind, gilt als mittlere Kostenquote die Kostenquote des jeweiligen Bilanzjahres (Abschn. III Nr. 1 Abs. 2). Danach erfolgt ihre normale Berechnung nach Abschn. II Nr. 6 Abs. 2 der Anlage zu § 29 RechVersV.

Darüber hinaus kann gem. Abschn. II Nr. 1 Abs. 3 der Anlage zu § 29 RechVersV 358
auch für weitere VZ, -arten und -unterarten bei freiwilliger Aufstellung gesonderter versicherungstechnischer GuV eine SchwR gebildet werden. Für die Bildung einer SchwR ist nach der RechVersV grundsätzlich ein zehnjähriger eigener Beobachtungszeitraum – unter Berücksichtigung der Bagatellgrenze von EUR 125.000 bei den verdienten Beiträgen f.e.R. – notwendig. Von der BaFin veröffentlichte Schaden- und Kostenquoten dürfen nicht verwendet werden.[366] Ausgenommen von dieser Einschränkung sind VZ i.S.d. BerVersV, für die freiwillig eine gesonderte versicherungstechnische GuV erstellt wird. Auch bei Nichtvorliegen eines eigenen Beobachtungszeitraums können fehlende Schadenquoten durch die Daten aus den GB/BaFin ersetzt werden (Abschn. IV). Dies gilt für die VZ, die zum Zweck der Berichterstattung an die BaFin zur „Sonstigen Sachversicherung" verdichtet wurden.

Für eine einmal von einem VU gewählte freiwillige Aufstellung einer gesonderten 359
versicherungstechnischen GuV und Bildung einer SchwR gilt ein Stetigkeitsgebot, das als lex specialis zu den allgemeinen handelsrechtlichen Bestimmungen des § 252 Abs. 1 Nr. 6 HGB aufgefasst werden kann und diesem vorgeht. Die sich aus der freiwilligen Bildung der SchwR ergebende Untergliederung ist somit grundsätzlich beizubehalten. Änderungen sind nur mit Zustimmung der Aufsichtsbehörde zulässig.

364 Vgl. Rn. 343.
365 Vgl. *Uhrmann*, StBp 1988, S. 189.
366 Vgl. Abschn. III Nr. 2 Abs. 1 der Anlage zu § 29 RechVersV.

360 Bei der Untergliederung von VZ in weitere VZ, -arten oder -unterarten ist eine für den bisherigen VZ gebildete SchwR im Verhältnis der sich für die neuen VZ, -arten oder -unterarten ergebenden Sollbeträge aufzuteilen (Abschn. III Nr. 2 Abs. 1).

bb) Aufwendungen für Beitragsrückerstattung

361 Anders als der Wortlaut der BAV-Anordnung gem. Rundschreiben R 4/78 des BAV sind nach dem Wortlaut des Abschn. II Nr. 4 Abs. 1 der Anlage zu § 29 RechVersV bei der Berechnung der Schadenquote „Aufwendungen für die erfolgsabhängige, soweit gesetzlich vorgeschrieben, und die erfolgsunabhängige Beitragsrückerstattung“ zu berücksichtigen.[367] Dies entspricht jedoch auch dem Sinn der entsprechenden Regelung des Rundschreibens R 4/78.

cc) Verstärkung der Schwankungsrückstellung

362 Nach Auffassung der BaFin[368] ist eine Verstärkung der SchwR, z.B. durch Zuführung höherer Beträge, als sie sich durch die Berechnung gem. Anlage zu § 29 RechVersV ergeben, handels- und aufsichtsrechtlich unzulässig. Die BaFin hat als Begründung angeführt, dass die Anlage zu § 29 RechVersV die SchwR umfassend und abschließend regelt. In diesem Zusammenhang hat die BaFin darauf hingewiesen, dass eine zusätzliche Risikovorsorge durch VU, insb. in den Fällen, in denen der Sollbetrag der SchwR noch nicht erreicht ist, nicht als Zuführung der SchwR zu erfolgen hat, sondern als Dotierung der Rücklagen.[369]

363 Eine von der Berechnung gem. Anlage zu § 29 RechVersV abweichende (höhere) Dotierung der SchwR kann im Einzelfall durch die BaFin zugelassen werden, wenn die tatsächlichen Verhältnisse eine Änderung der Berechnungsgrundlagen erfordern oder die Regelung den Ausgleich der Schwankungen im jährlichen Schadenbedarf nicht oder nicht ausreichend gewährleistet.[370]

---

367 Zu erfolgsabhängigen und erfolgsunabhängigen BR vgl. unter Rn. 283 ff.

368 Vgl. VerBAV 1987, S. 78.

369 Anders zu beurteilen waren nach Auffassung der BaFin die den Sollbetrag nicht übersteigenden, versteuerten Rückstellungsbeträge, die nach der bis Ende 1977 geltenden Anordnung gebildet wurden (vgl. VerBAV 1987, S. 78).

370 Vgl. § 29 Satz 2 RechVersV.

4. Abgrenzung der Schwankungsrückstellung von der Rückstellung für drohende Verluste aus dem Versicherungsgeschäft

Während die SchwR insb. auch eine Ausgleichsfunktion ausübt, indem starke Ausschläge in der Schadenentwicklung nivelliert werden, berücksichtigt die RdV aus dem VG[371] nicht die zufallsbedingten (jährlichen) Abweichungen von Leistung und Gegenleistung, sondern absehbare, unzureichende Gegenleistungen (insb. Beiträge), für die ein Risikoausgleich in der Zeit nicht mehr zu erwarten ist. 364

5. Der Schwankungsrückstellung ähnliche Rückstellungen

Die der SchwR ähnlichen Rückstellungen, die sog. Großrisikenrückstellungen, dienen wie die SchwR dem Ausgleich des Zufallsrisikos, jedoch in dem versicherungstechnischen Ausnahmefall, dass sich (noch)[372] kein versicherungstechnisches Kollektiv – bestehend aus gleichartigen Risiken – finden lässt, das groß genug und homogen genug ist, einen Risikoausgleich innerhalb eines GJ zu ermöglichen. Da das Kollektiv der Risiken zu klein ist, werden solche Risiken nur versicherbar, wenn ein Ausgleich in der Zeit in der Weise geschaffen wird, dass über mehrere GJ in angemessener Weise Rückstellungen dotiert werden.[373] 365

In § 341h Abs. 2 HGB wird die Verpflichtung zur Bildung von Großrisikenrückstellungen kodifiziert.[374] In § 30 RechVersV, nach dessen Maßgabe die der SchwR ähnlichen Rückstellungen zu bilden sind, wurden inhaltlich die BAV-Rundschreiben R 1/81 über die Rückstellung für die Versicherung von Atomanlagen[375] und 8/91 über die Großrisikenrückstellung für die Produkthaftpflichtversicherung von Pharma-Risiken[376] im Wesentlichen übernommen. Die Intention des Verordnungsgebers, der bisherigen Praxis zu entsprechen,[377] ist bei Zweifelsfragen zu berücksichtigen. 366

371 Vgl. zu dieser Rückstellung die Ausführung unter Rn. 391 ff.

372 So wurden auch Großraumflugzeuge in den ersten Jahren ihres Aufkommens als Großrisiken behandelt. Entsprechende Großrisikenrückstellungen waren lt. Schreiben des BdF v. 10.12.1980, VerBAV 1981, S. 79, zum 31.12.1980 (bei abweichendem GJ zum Schluss des GJ 1980/81) aufzulösen. Seither sind diese Risiken in der SchwR berücksichtigt.

373 Vgl. *Weiße*, WPg 1974, S. 472.

374 Vgl. Begr.-RegE, BT-Drs. 12/5587, S. 28.

375 Vgl. VerBAV 1981, S. 122.

376 Vgl. VerBAV 1992, S. 37 f.

377 Vgl. Begr. zu § 30 RechVersV, BR-Drs. 823/94, S. 131.

367 Die Pharmarückstellung, die Atomanlagenrückstellung und die Rückstellung für Terrorrisiken treten an die Stelle einer SchwR in den betreffenden VZ.[378] Sind in einem GJ die Voraussetzungen nach § 341h Abs. 2 HGB zur Bildung einer Großrisikenrückstellung nicht mehr gegeben, ist die Großrisikenrückstellung in die SchwR zu überführen.[379]

368 Der Höchstbetrag der Atomanlagenrückstellung beträgt entweder 100 % der Sach- und Haftpflichtversicherungssumme für Kernenergieschäden, die das VU für die von ihm summenmäßig am höchsten versicherte Anlage auf eigene Rechnung übernommen hat, oder 25 % des Gesamtbetrags der Versicherungssumme für Kernenergieschäden, die das VU zur Versicherung solcher Anlagen auf eigene Rechnung übernommen hat.[380] Maßgebend ist der niedrigere der beiden Beträge.

369 Der Atomanlagenrückstellung sind jährlich 20 % ihres Höchstbetrags zuzuführen, bis diese Höhe erreicht oder – nach einer Entnahme – wieder erreicht ist. Jährlich sind jedoch nicht mehr als 75 % der verdienten Beiträge eines GJ, vermindert um die Aufwendungen für VF im GJ – jeweils f.e.R. –, zuzuführen.[381]

370 Übersteigen die Aufwendungen für VF 75 % der verdienten Beiträge – jeweils f.e.R. –, so ist die Atomanlagenrückstellung insoweit aufzulösen.[382]

371 Die Großrisikenrückstellung für die Produkthaftpflichtversicherung von Pharma-Risiken ist in § 30 Abs. 1 RechVersV i.V.m. § 341h Abs. 2 HGB geregelt. Hiernach beträgt der Höchstbetrag der Rückstellung jeweils das Fünfzehnfache der verdienten Beiträge des GJ f.e.R. Bis der Höchstbetrag erreicht oder – nach einer Entnahme – wieder erreicht ist, sind der Rückstellung jährlich 75 % „des Saldos aus verdienten Beiträgen und Aufwendungen für erfolgsabhängige Beitragsrückerstattung zuzuführen, vermindert um die Aufwendungen für Versicherungsfälle und die Aufwendungen für die erfolgsunabhängige Beitragsrückerstattung, jeweils für eigene Rechnung.“[383] Ist dieser Saldo negativ, so ist die Rückstellung um diesen Betrag aufzulösen.

372 Die Rückstellung für die Versicherung von Terrorrisiken wird für das sG und das üG gleichermaßen nach § 30 Abs. 2a RechVersV[384] i.V.m. § 341h Abs. 2 HGB gebildet. Hiernach ergibt sich der Höchstbetrag der Rückstellungen für das sG

378 Vgl. § 30 Abs. 3 Satz 1 RechVersV.
379 Vgl. § 30 Abs. 3 Satz 2 RechVersV.
380 Vgl. § 30 Abs. 2 Nr. 1 RechVersV.
381 Vgl. § 30 Abs. 2 Nr. 2 RechVersV.
382 Vgl. § 30 Abs. 2 Nr. 3 RechVersV.
383 Vgl. § 30 Abs. 1 Nrn. 1-3 RechVersV.
384 Der § 30 RechVersV wurde durch die Erste Verordnung zur Änderung der RechVersV v. 27.05.2003 um den Abs. 2a ergänzt. Vgl. BGBl. I 2003, S. 736.

von Terrorrisiken mit hohem Schadenaufwand jeweils aus dem Fünfzehnfachen der verdienten Beiträge des GJ f.e.R. Im üG entspricht dieser der jeweiligen Haftungshöchstsumme der f.e.R. übernommenen Risiken. Diesen Terrorrückstellungen sind, bis der Höchstbetrag nach § 30 Abs. 2a Nr. 1 RechVersV erreicht bzw. nach einer Auflösung wieder erreicht ist, jährlich 90 % des Saldos aus verdienten Beiträgen und Aufwendungen für die erfolgsabhängige BR, vermindert um die Aufwendungen für VF und die Aufwendungen für die erfolgsabhängige BR, jeweils f.e.R., zuzuführen.[385] Ist dieser Saldo negativ, so ist die Rückstellung um diesen Betrag aufzulösen.

Diese Regelung gilt unter den Voraussetzungen des § 341h Abs. 2 HGB für alle 373
VU, die Terrorrisiken zeichnen, auch wenn die Regelung in erster Linie auf die Bedürfnisse des Spezial-VR „Extremus" ausgerichtet ist. In wieweit eine Separierung von in Verträgen anderer VZ enthaltenen Terrorrisiken erforderlich ist, hängt von der Praktikabilität einer solchen Separierung ab.[386]

Die Bestimmungen der RechVersV zur Atomanlagenrückstellung, zur Pharma- 374
Rückstellung und zur Rückstellung für Terrorrisiken stellen keine abschließende Aufzählung möglicher Großrisikenrückstellungen dar. Unter den in § 341h Abs. 2 HGB genannten Voraussetzungen ist die Bildung weiterer Rückstellungen, etwa für Risiken aus Erdbeben oder anderen Naturkatastrophen, denkbar.[387]

6. Angabepflichten im Anhang

(1) § 51 Abs. 4 Nr. 1 Buchst. h Doppelbuchst. bb RechVersV

Die „Schwankungsrückstellung und ähnliche Rückstellungen" sind jeweils für das 375
gesamte sG, das gesamte üG und das gesamte VG anzugeben. Für das sG ist die Rückstellung in die in § 51 Abs. 4 Satz 3 Buchst. a-j RechVersV aufgeführten VZ und -arten zu untergliedern. Wegen der abweichenden Zweigbestimmungen ist eine Entsprechung mit den der Berechnung zugrunde liegenden Kollektiven nicht gegeben.[388] Probleme könnten sich dann ergeben, wenn davon ausgegangen wird, dass die SchwR für VZ, für die separate Anhangangaben nach der RechVersV erforderlich sind, gemeinsam berechnet werden muss. Dies könnte bspw. bei der

385 Vgl. § 30 Abs. 2a Nr. 2 RechVersV.

386 Vgl. *Boetius*, Handbuch der versicherungstechnischen Rückstellungen, Köln 1996, Anm. 711 ff.

387 Vgl. *IDW* (Hrsg.), WP Handbuch 2006[13], Rn. K 481; *Wiedmann*, Bilanzrecht, 2. Aufl., München 2003, § 341h HGB, Rn. 21.

388 Zur Gegenüberstellung der Bezeichnungen der verschiedenen VZ bzw. -arten vgl. unter Rn. 571 f.

Feuerversicherung und der Feuerbetriebsunterbrechungsversicherung (FBUV) der Fall sein. Abschnitt II Nr. 1 Abs. 2 der Anlage zu § 29 der RechVersV lässt eine weitergehende Unterteilung zu. Sollte eine weitergehende Unterteilung im Rahmen der Berechnung der SchwR nicht gewählt worden sein, dann ist der Gesamtbetrag in geeigneter Weise zu unterteilen, bspw. auf Grundlage der Verhältnisse der Beitragseinnahmen.

376 Gemäß § 51 Abs. 4 Nr. 1 Satz 4 RechVersV kann eine Untergliederung im Anhang entfallen, wenn gewisse Schwellenwerte nicht überschritten werden. Die Angaben sind jedoch auf jeden Fall für die drei wichtigsten VZ-Gruppen, VZ oder -arten zu machen.

(2) § 52 Nr. 1 Buchst. c RechVersV

377 Die Methoden zur Ermittlung der Rückstellungen sind anzugeben und wesentliche Änderungen sind zu erläutern; dabei ist ein Hinweis auf die Anwendung des § 341h HGB sowie die §§ 29 und 30 RechVersV ausreichend, sofern sich nicht ausnahmsweise Abweichungen ergeben haben.[389]

7. Prüfung

378 Ziel der Prüfung der SchwR und der Großrisikenrückstellungen ist die Feststellung, dass die Berechnung der Rückstellung nach den Vorschriften der §§ 29 und 30 RechVersV sowie der Anlage zu § 29 RechVersV erfolgte. Hält ein Unternehmen über die nach den Vorschriften zu bildende SchwR hinaus eine zusätzliche Risikovorsorge für angebracht, insb. weil der Sollbetrag der SchwR noch nicht erreicht ist, so kann der entsprechende Betrag nicht unter dem Posten SchwR ausgewiesen werden. Er ist unter dem Eigenkapital auszuweisen, wobei er als gesonderter Unterposten mit der Bezeichnung Schwankungsrücklage ausgewiesen werden kann.[390] Bei Vorliegen außergewöhnlicher Sachverhalte ist darüber hinaus zu prüfen, ob die Berechnungen zu einer Rückstellung führten, die den Anforderungen des § 341e Abs. 1 HGB genügt.

379 Nach Prüfungsfeldern lassen sich die Prüfungsschwerpunkte wie folgt gliedern:

1. Voraussetzungen der Rückstellungsbildung
2. Ermittlung der Basisdaten des Beobachtungszeitraums

---

389 Vgl. § 29 Satz 2 RechVersV.

390 Vgl. hierzu die Verlautbarung des BAV zur Verstärkung der SchwR, VerBAV 1987, S. 78 sowie *IDW* (Hrsg.), WP Handbuch 2006[13], Rn. K 785.

3. Ordnungsgemäße Verarbeitung der Basisdaten
4. Ausweis in Bilanz und GuV sowie Angaben im Anhang.

Zur Prüfung der *Voraussetzungen der Rückstellungsbildung* ist festzustellen, 380

- ob die drei Bildungsvoraussetzungen gem. Abschn. I Nr. 1 der Anlage zu § 29 RechVersV für die SchwR je VZ bzw. -art erfüllt sind (falls nein, ist nach Abschn. I Nr. 7 der Anlage zu § 29 RechVersV zu verfahren),
- ob für alle „Pflichtzweige" i.S.d. Bestimmungen der Anlage zu § 29 RechVersV, bei denen die drei Bildungsvoraussetzungen erfüllt sind, Rückstellungsberechnungen vorgenommen wurden,
- ob bei Rückstellungsbildung im fakultativen Anwendungsbereich der Anlage zu § 29 RechVersV die entsprechenden Regelungen befolgt wurden.[391]

Es hat sich bewährt, die Prüfung anhand einer mehrjährig zu verwendenden 381
Checkliste vorzunehmen. Besondere Aufmerksamkeiten erfordern die Fälle, in denen Rückstellungsberechnungen erstmalig erfolgen oder erstmalig nicht erfolgen, sowie die VZ mit geringen Beitragseinnahmen.

Da zutreffende Berechnungsergebnisse die Erhebung und Verwendung richtiger 382
Basisdaten des Beobachtungszeitraums voraussetzen, wird deutlich, dass Prüfungsmaßnahmen in diesem Bereich einen wichtigen Prüfungsschwerpunkt bilden.

Unter Basisdaten werden hier die verdienten Beiträge f.e.R. (Abschn. II Nr. 9), die 383
Schadenquote (Abschn. II Nr. 4 Abs. 1) sowie die Kostenquote (Abschn. II Nr. 6) verstanden.

Soweit die zutreffende Datenübernahme für die dem GJ vorangehenden Bilanz- 384
jahre des Beobachtungszeitraums sichergestellt ist, kann die Prüfung auf die Basisdaten des GJ beschränkt werden.

Bei der Prüfung sollten folgende Punkte (erhöhte Fehlermöglichkeit) besonders 385
beachtet werden:

- Die Schadenquote i.S.d. Anlage zu § 29 RechVersV ist anders als üblich definiert.
- Die Kostenquote ist aus den Bruttowerten, also ohne Abzug des Anteils der RückVR zu berechnen. Zu berücksichtigen sind dabei auch Aufwendungen für Schadenverhütung und -bekämpfung sowie die Feuerschutzsteuer.

Aus den Basisdaten sind nach Maßgabe der vorgegebenen Berechnungsschritte 386
Zwischen- und Endergebnisse zu berechnen. Soweit die Berechnungen IT-gestützt erfolgen, hat sich der Prüfer auf geeignete Weise Sicherheit zu verschaffen, dass

391 Siehe hierzu Rn. 362.

das zur Berechnung eingesetzte Programm eine ordnungsgemäße Verarbeitung aller im Unternehmen vorkommenden Konstellationen gewährleistet.[392] Etwaige Programmänderungen nach erstmaliger Anwendung der Software erfordern Prüfungshandlungen zur Beurteilung des Auswahl-, Änderungs- und Entwicklungsprozesses gem. *IDW PS 330*, Tz. 76 ff.

387 Falls ohne IT-Unterstützung gerechnet wird, werden von den VU regelmäßig Formulare verwendet, in denen die einzelnen Berechnungsschritte vorgegeben und erläutert sind. Hier sind neben den Vorgaben auch die Rechenoperationen Prüfungsgegenstand.

388 Immer hat sich der Prüfer davon zu überzeugen, dass die SchwR des GJ den Sollbetrag nicht übersteigt.

389 In diesem Zusammenhang kann die Verwendung IT-gestützter Prüfungstechniken (Computer-Assisted Audit Techniques (CAAT)) die Wirksamkeit und Wirtschaftlichkeit der Prüfung wesentlich erhöhen.[393] Der Einsatz von CAAT für Aufbau- und Funktionsprüfungen ist insb. in den Fällen empfehlenswert, in denen eine sehr große Zahl von Geschäftsvorfällen vorliegt bzw. die Prüfungsergebnisse durch Parallelberechnungen mittels mandantenunabhängig aufgebauter oder fortgeschriebener Datenbestände abgesichert werden.

390 Nach § 19 PrüfV ist im PrB darüber zu berichten, ob die Bestimmungen über Bildung, Höhe, Zuführung, Entnahme und Auflösung beachtet worden sind. Ferner ist anzugeben, in welchem Umfang und auf welche Art eine Nachprüfung erfolgt ist (zahlenmäßig oder nur systematisch).

VI. Sonstige versicherungstechnische Rückstellungen

1. Rückstellung für drohende Verluste aus dem Versicherungsgeschäft

a) Charakter der Rückstellung

391 Der handelsrechtliche Zwang zur Bildung von RdV aus schwebenden VG ergibt sich über die allgemeine Vorschrift des § 249 Abs. 1 Satz 1 HGB hinaus noch aus § 341e Abs. 2 Nr. 3 HGB.

---

392 Zur Beurteilung der Angemessenheit und Funktionsfähigkeit der Programmfunktionen sowie der im Programm vorhandenen IT-Kontrollen vgl. *IDW PS 330*, Tz. 72 ff.

393 Vgl. *IDW PS 330*, Tz. 94 ff.

Unter einem schwebenden Geschäft ist dabei hinsichtlich des VG ein zweiseitig verpflichtender VV zu verstehen, der auf einen Leistungsaustausch gerichtet ist, d.h. auf einen „Austausch" von „Erfüllung des Versicherungsschutzversprechens" und „Beitragszahlung", und der von einem der Vertragspartner noch nicht oder noch nicht vollständig erfüllt ist.[394] Der Schwebezustand beginnt mit Vertragsabschluss und endet mit Vertragserfüllung beider Beteiligter. 392

Nach den GoB werden Ansprüche und Verpflichtungen aus schwebenden Geschäften grundsätzlich nicht bilanziert.[395] Das Imparitätsprinzip gebietet jedoch, unrealisierte Verluste aus solchen schwebenden VG bereits dann zu erfassen, wenn ihr Eintritt droht. Die bloße Möglichkeit eines Verlusts reicht zur Antizipierung nicht aus. Es muss dagegen eine gewisse – unter Umständen aus der Erfahrung der Vergangenheit entlehnte – Wahrscheinlichkeit für den Eintritt eines Verlusts bestehen.[396] 393

Eine Rückstellung ist dann in der Höhe zu bilden, in der die Verpflichtung aus dem schwebenden VG den Wert des Gegenleistungsanspruchs übersteigt.[397] Da es sich bei dieser Größe nur um eine Schätzung handeln kann, sind die Bewertungsvorschriften in § 341e Abs. 1 HGB maßgebend, die besagen, dass die nach vernünftiger kaufmännischer Beurteilung notwendigen Beträge zurückzustellen sind, um die dauernde Erfüllbarkeit der Verpflichtungen aus den VV sicherzustellen. Die praktische Anwendung dieser Vorschrift bereitete VU gerade auch bei der RdV aus VG Probleme.[398] 394

In der StB ist die Berücksichtigung von RdV gem. § 5 Abs. 4a EstG unzulässig. Die steuerliche Nicht-Anerkennung der RdV ist kein Fall der umgekehrten Maßgeblichkeit (Maßgeblichkeit der StB für die HB).[399] Damit bleibt die handelsrechtliche Berücksichtigung von RdV unverändert. Lediglich der Maßgeblichkeitsgrundsatz der HB für die StB wird hinsichtlich der RdV aufgehoben. Damit fallen bis zur Abwicklung der schwebenden Geschäfte das handelsbilanzielle Ergebnis und das steuerpflichtige Einkommen auseinander. Das handelsbilanzielle Ergebnis fällt durch Zuführungen in steuerlich nicht anerkannte Rückstellungen niedri- 395

394 Vgl. allgemein zu dem Begriff des schwebenden Geschäfts m.w.N. *Hoyos/M. Ring*, in: Beck Bil Komm[6], § 249 HGB, Rn. 57 ff.

395 Vgl. BFH v. 20.01.1983, BStBl. II, S. 415.

396 Vgl. *Boetius*, Handbuch der versicherungstechnischen Rückstellungen, Köln 1996, Anm. 660.

397 Vgl. *Hoyos/M. Ring*, in: Beck Bil-Komm[6], § 249 HGB, Rn. 60.

398 Vgl. hierzu z.B. *Kayser/Rettig*, VW 1985, S. 250 ff.

399 Vgl. *HFA*, Verlautbarung: Auswirkungen der steuerlichen Nicht-Anerkennung von Rückstellungen für drohende Verluste aus schwebenden Geschäften auf den handelsrechtlichen Jahresabschluss, FN-IDW 1997, S. 553.

ger aus als das steuerpflichtige Einkommen. Dies kann zu einem Ausweis aktiver latenter Steuern führen.

396 Soweit ein VU über das VG hinaus (z.B. für den Kapitalanlagebereich) weitere RdV zu bilden hat, sind diese auf der Passivseite unter dem Posten G III FB 1 RechVersV „Sonstige Rückstellungen" auszuweisen.

b) Ausweis in der Bilanz und der Gewinn- und Verlustrechnung

397 Nach § 31 Abs. 1 Nr. 2 RechVersV gehört die RdV für die einzelnen VZ oder -arten des sG und des üG zu dem Posten „Sonstige versicherungstechnische Rückstellungen" (Passivseite Posten E VI FB 1 RechVersV). Erreicht die RdV einen größeren Umfang, ist sie gem. § 31 Abs. 1 Nr. 2 RechVersV in der Bilanz – als Unterposten oder Davon-Vermerk – oder im Anhang getrennt auszuweisen.

398 Da für die Bildung der RdV aus dem VG alleine die Aufwendungen und Erträge f.e.R. maßgebend sind,[400] entfällt in der Bilanz der Ausweis von Anteilen der RückV in der Vorspalte.

399 Zuführungen zu den RdV aus dem VG und Erträge aus der Auflösung der RdV aus dem VG werden saldiert unter dem Posten „Veränderungen der übrigen versicherungstechnischen Netto-Rückstellungen – Sonstige versicherungstechnische Netto-Rückstellungen" (Posten I 5b der FB 2 und 4 RechVersV) ausgewiesen.

c) Ermittlung und Bewertung der Rückstellung für drohende Verluste aus dem Versicherungsgeschäft

400 Wie oben bereits angeführt, ist es zur Bildung einer RdV aus dem VG notwendig, dass am Bilanzstichtag bereits ein Verlust mit hinreichender Wahrscheinlichkeit droht.

401 Grundsätzlich ist zwar von der Ausgeglichenheit von Leistung und Gegenleistung auch beim VG auszugehen,[401] da der Beitragskalkulation (Risikoprämienanteil)[402] das versicherungstechnische Äquivalenzprinzip zugrunde liegt oder liegen sollte,[403] doch kann es in bestimmten Fällen durchaus zu drohenden Verlusten kommen, d.h. zu Situationen, in denen die tatsächlichen Erfordernisse von dem bei der Beitragskalkulation erwarteten Bedarf abweichen:

---

400 Vgl. hierzu unter Rn. 414.

401 Vgl. *Nies*, StBp 1984, S. 130 f.; *Ziegler*, in: Prölss/v.d. Thüsen/Ziegler (Hrsg.), Die versicherungstechnischen Rückstellungen im Steuerrecht, 3. Aufl., Karlsruhe 1973, S. 90 f.

402 Vgl. hierzu *Karten*, Einzelrisiko, in: Versicherungsenzyklopädie 1991, Bd. II, S. 244 ff.

403 Vgl. *Karten*, Einzelrisiko, in: Versicherungsenzyklopädie 1991, Bd. II, S. 244 ff.

a) Der VR hat zunächst den Schaden und Kostenbedarf richtig angesetzt. Im Laufe des Gültigkeitszeitraums des Beitrags ergibt sich jedoch eine tatsächliche Abweichung von den erwarteten Werten. Grund hierfür kann z.B. der unerwartete Anstieg der Schadenhäufigkeit oder des Durchschnittsschadens sein. Ebenso könnte auch die Kostenentwicklung durch eine unerwartete Lohnpolitik zu einer tendenziellen Abweichung führen.

b) Der VR schätzt zwar die Kosten- und Schadenentwicklung richtig ein. Aus wettbewerblichen Gründen lässt sich aber ein ausreichender Beitrag nicht realisieren.

c) Der Beitrag wurde von Anfang an in unwissentlicher Falscheinschätzung der späteren Entwicklung zu niedrig festgesetzt.

Der VR hat eine RdV auch zu bilden, wenn er über mehrere Jahre hinweg regelmä- 402
ßig versicherungstechnische Nettoverluste vor Veränderung der SchwR erleidet.[404]

aa) Stichtagsprinzip

Maßgebend für die Bildung einer RdV sind die Verhältnisse am Bilanzstichtag, 403
wobei bis zur Bilanzaufstellung gewonnene bessere Erkenntnisse verwertet werden müssen.[405] Zu berücksichtigen ist dabei auch die vernünftig beurteilte Schadenentwicklung. Der Umstand einer steigenden Schadenquote ist nicht eine Frage der Ursache des Verlusts, sondern die Frage der Wahrscheinlichkeit des Verlusts.[406] Die Bildung einer RdV eröffnet nicht die Möglichkeit einer Abweichung vom Stichtagsprinzip. Dazu besteht auch keine Notwendigkeit, da nur der Informationsstand berücksichtigt wird, der die objektive Situation zum Bilanzstichtag aufhellt.[407]

Dem hier beschriebenen Stichtagsprinzip widerspricht es nicht, wenn künftige – 404
wahrscheinliche – Änderungen von Erfolgskomponenten (Aufwendungen oder Erträgen) bei der Rückstellungsbildung beachtet werden. Beispiele können hier künftige geplante oder bereits beschlossene Beitragsanpassungen, Bestandssanierungen und zu erwartende Veränderungen der Aufwendungen für den Versicherungsbetrieb sein.[408] Die Berücksichtigung solcher Entwicklungen bei der Ermittlung der wahrscheinlichen Höhe drohender künftiger Verluste zum Bilanzstichtag

404 Vgl. GB/BaFin 2004, S. 166 f.
405 Vgl. *Stuirbrink/Schuster*, in: Beck Vers-Komm., München 1998, § 341e HGB, Rn. 144 f.
406 Vgl. *Ziegler*, in: Prölss/v.d. Thusen/Ziegler (Hrsg.), Die versicherungstechnischen Rückstellungen im Steuerrecht, 3. Aufl., Karlsruhe 1973, S. 94.
407 Vgl. *Forster*, WPg 1971, S. 396.
408 Vgl. *Kayser/Rettig*, VW 1985, S. 251.

ist vielmehr zwingend und dient hier der Aufhellung der objektiven Situation zum Bilanzstichtag.

405 Das Stichtagsprinzip besagt auch, dass, wenn die RdV in der Höhe zu bilden sind, in der die Verpflichtungen des VU aus dem schwebenden VG den Wert des Gegenleistungsanspruchs übersteigen, diese Verpflichtungen und Gegenleistungen mit dem Wert zum Bilanzstichtag zu berücksichtigen sind. Eine Abzinsung aller künftigen Leistungen und Gegenleistungen – auf den Bilanzstichtag – kommt nicht in Betracht.[409]

bb) Abgrenzung zu anderen versicherungstechnischen Rückstellungen

406 Die Aufgabe der RdV kann nicht durch andere versicherungstechnische Rückstellungen übernommen werden.

407 Bei den BÜ handelt es sich um einen RAP, der der leistungsgerechten Abgrenzung der bereits vereinnahmten Beiträge dient. Die BÜ beziehen sich systematisch nur auf solche Leistungsabschnitte nach dem Bilanzstichtag, für die Beiträge bereits buchmäßig erfasst sind. Reichen die BÜ für diese Leistungsabschnitte nicht aus, so ist insoweit eine RdV zu bilden. Diese gilt darüber hinaus auch für weitere Leistungsabschnitte.[410]

408 Mit der Rückstellung für noch nicht abgewickelte VF wird der konkreten Leistungspflicht des VR aus der bereits realisierten Gefahr für die bis zum Bilanzstichtag verursachten oder eingetretenen, noch nicht abgewickelten Schäden Rechnung getragen. Auch die Teil-Schadenrückstellung für Spätschäden ist streng von der RdV zu trennen. Während Gegenstand von Spätschäden VF sind, die der Vergangenheit zuzuordnen sind, also vergangene, aber am Bilanzstichtag noch nicht bekannte VF, betrifft die RdV künftige Verluste aus zum Bilanzstichtag schwebenden Geschäften.[411]

409 Die SchwR korrigiert die zufallsbedingte Entstehung von Unter- bzw. Überschäden in den verschiedenen GJ. Sie übt eine Ausgleichsfunktion aus, indem sie insb. starke Ausschläge in der Schadenentwicklung nivelliert (Ausgleich des Zufallsrisikos in der Zeit). Das unterscheidet sie von der RdV, die gerade nicht dem Ausgleich zufallsbedingter Schwankungen in der Zeit dient, sondern vielmehr das

409 Vgl. zur Berücksichtigung von Kapitalanlageerträgen Rn. 426 f.

410 Vgl. zu den BÜ und der RdV aus dem VG nach dem Entwurf der VersBiRiLi *Horbach*, Der EG-Versicherungsbilanzrichtlinien-Entwurf, Bergisch Gladbach/Köln 1988, S. 62 ff.

411 Vgl. hierzu *Schmidt-Salzer*, IBNR und Spätschadenreservierung in der Allgemeinen Haftpflichtversicherung, Karlsruhe 1984, S. 120 ff.

Änderungs- und Irrtumsrisiko hinsichtlich eines Kollektivs von VV berücksichtigt. Änderungs- und Irrtumsrisiko sind dabei Elemente des versicherungstechnischen Risikos[412] und beziehen sich – wie auch das Zufallsrisiko – nur auf den Schadenbereich. Neben dem Schadenbereich werden bei der Bemessung der RdV aber auch andere Bereiche berücksichtigt, wie z.B. der Bereich betrieblicher Aufwendungen.[413]

cc) Einzelbewertung

Für RdV i.S.d. § 249 Abs. 1 HGB bzw. des § 341e Abs. 2 Nr. 3 HGB gilt grundsätzlich das Gebot der Einzelbewertung (§ 252 Abs. 1 Nr. 3 HGB). Das Gebot der Einzelbewertung schließt jedoch nicht aus, dass mehrere Geschäfte wirtschaftlich als Einheit zu betrachten sind.[414] Gerade bei der Ermittlung der RdV aus dem VG macht nur die Betrachtung einer Vielzahl von versicherungstechnischen Risiken als wirtschaftliche Einheit einen Sinn. Nach dem versicherungstechnischen Äquivalenzprinzip ist nämlich bei jedem einzelnen VV der jeweilige Schadenerwartungswert Grundlage der Beitragskalkulation. Der Schadenerwartungswert ist das Produkt aus der Wahrscheinlichkeit, mit der ein VF eintritt, und der erwarteten Höhe eines Schadens. Versicherbar sind in der Praxis nur solche Risiken, bei denen die Wahrscheinlichkeit des Eintritts eines VF kleiner als eins ist, d.h. der Schadeneintritt nicht sicher ist. Tritt nun zu einem VV ein Schaden auf, und zwar z.B. in der bei der Beitragskalkulation angenommenen Höhe, so errechnet sich hinsichtlich dieses Vertrags für das VU ein versicherungstechnischer Verlust. Ist ein anderer VV schadenfrei, ergibt sich für das VU hinsichtlich dieses Vertrags ein versicherungstechnischer Gewinn. Der Grundsatz von der Ausgeglichenheit von Leistung (Versicherungsschutz) und Gegenleistung (Beitrag) kann also von der Natur des VG her nicht für den einzelnen VV, sondern immer nur für eine Gesamtheit von VV gelten. 410

Dementsprechend ist auch für die Beurteilung eines drohenden Verlusts nicht der einzelne schwebende Vertrag maßgebend, sondern eine nach versicherungstechnischen Grundsätzen abgegrenzte Gesamtheit von Verträgen.[415] Zu fragen ist hier aber, wie eine nach „versicherungstechnischen Grundsätzen" abgegrenzte Risikogruppe gebildet wird.[416] 411

412 Vgl. hierzu *Farny*, Versicherungsbetriebslehre, 4. Aufl., Karlsruhe 2006, S. 83 ff.
413 Vgl. *Geib/Horbach*, in: KoRVU, Bd. I, J, Rn. 277.
414 Vgl. hierzu auch *Hoyos/M.Ring*, in: Beck Bil-Komm.[6], § 249 HGB, Anm. 65.
415 Vgl. *Nies*, StBp 1984, S. 130 ff.; a.A. Karten, VW 1973, S. 1425 und 1428.
416 Vgl. *Kayser/Rettig*, VW 1985, S. 250.

412 In § 341e Abs. 2 Nr. 3 HGB werden keine Ausführungen zur Abgrenzung von Risikogruppen zum Zwecke der Beurteilung eines drohenden Verlusts gemacht. Der Verordnungsgeber hat in § 31 Abs. 1 Nr. 2 RechVersV lediglich Ausweisfragen geregelt. Ob auch für die Bewertung auf die einzelnen VZ oder -arten abzustellen ist, bleibt offen. Ebenso enthalten die Begründungen des VersBiRiLiG oder der RechVersV keine Hinweise darauf, wie Risikokollektive zur Bewertung der RdV abzugrenzen sind.[417]

413 Zur Bildung von Risikogruppen kommt die Zweiggliederung des § 51 Abs. 4 Satz 3 RechVersV in Betracht. Diese kann allerdings zu Problemen bei der Aufschlüsselung für die detaillierte Gliederung in der Berichterstattung gegenüber der BaFin führen. Denkbar ist auch eine Ermittlung der RdV auf Basis der Kollektive, wie sie der SchwR zugrunde liegen, also in Anlehnung an die VZ gem. der Rechnungslegung gegenüber der BaFin.[418] Die Zulässigkeit einer Bildung von RdV über das gesamte Geschäft erscheint angesichts des Wortlautes von § 31 Abs. 1 Nr. 2 RechVersV fraglich.

dd) Bildung der Rückstellung nur für den Selbstbehalt

414 Zur Besonderheit des VG zählt, dass der VR zwar für den gesamten Schaden nach außen haftet und aufkommen muss, er jedoch durch die RückV zum Teil wieder entlastet wird. Verluste entstehen demzufolge nur aus dem im Selbstbehalt verbleibenden Anteil. Aus diesem Grunde werden auch die RdV von diesem Eigenbehalt gebildet, zumal die Verlusterwartung ohnehin eine Saldogröße zwischen künftigen Aufwendungen und Erträgen darstellt. Der Ausweis der Rückstellung f.e.R. stellt daher keinen Verstoß gegen das Saldierungsverbot des § 246 Abs. 2 Satz 1 HGB dar.

ee) Ermittlung des Werts der Leistung des Versicherungsunternehmens

415 Als Verlust aus dem schwebenden Geschäft ist allgemein die Differenz zwischen dem Wert der eigenen Leistung und dem der zu erwartenden Gegenleistung anzusehen.

417 Zu Überlegungen bezüglich einer zweigübergreifenden Betrachtung siehe *Mehring*, in: Mehring, Wolff (Hrsg.) Bewertungseinheiten im Jahresabschluß von Versicherungsunternehmen, FS Farny, Karlsruhe 1994, S. 96.

418 Vgl. Abschn. C der Anlage zur BerVersV i.V.m. Anlage zu § 29 RechVersV Abschn. II. Nr. 1 Abs. 1 sowie *IDW* (Hrsg.), WP Handbuch 2006[13], Rn. K 487.

Die Feststellung des Werts der Leistung des VU gestaltet sich jedoch problematisch. 416 Theoretisch besteht die Möglichkeit, entweder nur die Schadenaufwendungen in die Berechnung einzubeziehen oder aber auch Aufwendungen für den Versicherungsbetrieb zu berücksichtigen.

Gemäß Art. 58 i.V.m. Art. 26 VersBiRiLi sind Grundlage für die Berechnung der 417 RdV alle Aufwendungen für VF sowie die Verwaltungsaufwendungen.

Soweit es den Schadenbereich betrifft, können als Grundlage einer Schätzung Ver- 418 gangenheitserfahrungen herangezogen werden (z.B. Schadenquoten). Hierbei ist ein mehrjähriger Beobachtungszeitraum heranzuziehen, wenn keine wesentlichen Veränderungen der Zusammensetzung des VB erfolgt sind.[419] Durch die Betrachtung eines mehrjährigen Beobachtungszeitraums werden zufällige Schwankungen des Schadenaufwandes ausgeglichen; diesen ist ggf. durch eine SchwR Rechnung zu tragen.[420] Bei der Schätzung des zukünftigen Schadenaufwandes sind Trends und eingeleitete Maßnahmen zur Bestandssanierung und Beitragserhöhungen zu berücksichtigen.[421]

Eine Beschränkung nur auf den Schadenbereich stellt aber eine unzulässige Ein- 419 schränkung dar. Eine mögliche Ursache für drohende Verluste kann auch in der tendenziellen Entwicklung der betrieblichen Aufwendungen liegen, die Abweichungen von den kalkulierten Gegenleistungen hervorrufen können. Dieser Bereich würde dann völlig vernachlässigt.

Es ist jedoch fraglich, welche betrieblichen Aufwendungen für die Bemes- 420 sung der Leistungsverpflichtungen des VU anzusetzen sind. Die BFH-Urteile v. 19.07.1983[422] und v. 25.02.1986[423] sehen den Ansatz zu Vollkosten (Einzel- und Gemeinkosten) vor. Kalkulatorische Kosten sind hiernach jedoch nicht rückstellungsfähig. Das betrifft insb. die kalkulatorischen Mieten für die eigengenutzten Grundstücke und Bauten. Bei Außerachtlassen dieser kalkulatorischen Kosten sollten allerdings auch korrespondierende Mieterträge außer Acht bleiben, ansonsten tritt ein doppelter verlustmindernder Effekt ein.[424]

Zu ermitteln ist der Wert der Aufwendungen, die zur Bewirkung der Leistung 421 erforderlich sind.[425] Strittig ist in diesem Zusammenhang, ob die anfallenden

419 Vgl. *Telgenbüscher*, WPg 1995, S. 588.
420 Vgl. Ausführungen in Rn. 321 ff.
421 Vgl. *Telgenbüscher*, WPg 1995, S. 588.
422 Vgl. BFH v. 19.07.1983, BStBl. II 1984, S. 56.
423 Vgl. BFH v. 25.02.1986, BStBl. II, S. 788.
424 Vgl. *Telgenbüscher*, WPg 1995, S. 588.
425 Vgl. BFH v. 19.01.1972, BStBl. II, S. 392 ff.

Abschlussaufwendungen einen Beitrag zur Herstellung der Leistungsbereitschaft hinsichtlich der an dem Bilanzstichtag bestehenden VV leisten. Diese Frage wird in jüngster Zeit zunehmend verneint, sodass die Abschlussaufwendungen nicht mehr bei den Verwaltungsaufwendungen angesetzt werden.[426]

422 Wie im Schadenbereich, so bietet sich auch im Bereich der betrieblichen Aufwendungen eine Berechnung auf der Grundlage eines mehrjährigen Beobachtungszeitraums an.

423 Steigende Kosten sind bei der Berechnung allerdings nur insoweit zu berücksichtigen, wie sie bis zum Zeitpunkt der Bilanzerstellung bekannt sind. Demnach sind z.B. bei den Personalkosten i.d.R. nur bekannte Tariferhöhungen für die Berechnung relevant.

ff) Ermittlung des Werts der Gegenleistung

424 Neben der Feststellung des Werts der Leistung des VU ist zur Berechnung der RdV aus dem VG auch noch der Wert der Gegenleistung zu ermitteln. Die Tatsache, dass mit erwarteten künftigen Gegenleistungen auch noch nicht realisierte Erträge bei der Bemessung der RdV aus dem VG in die Überlegung mit einfließen, stellt keinen Verstoß gegen das Realisationsprinzip dar. Denn darzustellen ist nur der drohende Verlust, d.h. per definitionem ein Saldo aus erwarteten Erträgen und Aufwendungen. Damit sind auf jeden Fall auch immer erwartete künftige Erträge (z.B. in Form von Beiträgen der VN) zu berücksichtigen.[427] Während vom Grundsatz her die verdienten Beiträge f.e.R. weitgehend unstreitig als Wert der Gegenleistung des VN angesehen und akzeptiert werden, ist vor allem die Zurechnung von Kapitalerträgen strittig.

425 Hinsichtlich des Ansatzes der verdienten Beiträge wird lediglich die Frage diskutiert, ob Ratenzuschläge bei der Berechnung des Werts der Gegenleistung außer Ansatz bleiben sollten. Soweit die Ratenzuschläge Ersatz für die beim VU durch die mehrmalige jährliche Zahlungsweise entstandenen zusätzlichen Verwaltungsaufwendungen darstellen, sind sie als Teil des Beitrags des VN (Gegenleistung) anzusehen und einzurechnen, da auch die entsprechenden betrieblichen Aufwendungen bei der Ermittlung des Werts der Leistung des VU einbezogen werden. Soweit Ratenzuschläge jedoch Ersatz für entgangene Kapitalerträge darstellen, ergibt sich das grundsätzliche und strittige Problem der Zurechnung von Kapi-

426 Dies gilt insb. bei einjährigen Verträgen. Hier sind auch Inkassoaufwendungen nicht einzubeziehen. Bei mehrjährigen Verträgen sind die Abschluss- und Inkassoaufwendungen nur insoweit weiterhin anzusetzen, als sie in Zukunft für diese Verträge noch anfallen.

427 Vgl. *Geib/Horbach*, in: KoRVU, Bd. I, J, Rn. 288.

talerträgen zu den Gegenleistungen. Da eine Trennung des Ratenzuschlags in die beiden Komponenten Verwaltungskostenanteil und Kapitalertragsanteil in der Praxis jedoch schwer möglich und wirtschaftlich nicht vertretbar ist, ist grundsätzlich gegen den vollen Ansatz der verdienten Beiträge als Gegenleistung nichts einzuwenden – unabhängig von der Lösung des Problems der Zurechnung von Kapitalerträgen.

Zur Frage des Einbezugs von Kapitalanlageerträgen bei der Ermittlung des drohenden Verlusts enthält die RechVersV keine ausdrückliche Regelung. Diesbezüglich sind demnach allgemeine Erwägungen heranzuziehen. Danach kommt eine Berücksichtigung von Zinserträgen grundsätzlich nur insoweit in Betracht, wie Mittel aus dem betrachteten VG zufließen und diese zinsbringend angelegt werden können.[428] Die Berücksichtigung weiterer Zinserträge widerspräche dem Imparitätsprinzip.[429] 426

Die Einbeziehung von Kapitalanlageerträgen in den Saldierungsbereich entspricht auch der überwiegenden Literaturauffassung.[430] Gegen die Berücksichtigung von Kapitalanlageerträgen vorgebrachte Argumente[431] dürften durch den Beschluss des Großen Senats v. 23.06.1997 (GrS 2/93)[432] – sog. Apothekerfall – soweit entkräftet worden sein, dass nunmehr von einer h.M. für eine Einbeziehungspflicht von Kapitalanlageerträgen ausgegangen werden kann.[433] Nach Auffassung des Großen Senats ist der Saldierungsbereich bei der Drohverlustrückstellung, der wirtschaftlichen Betrachtungsweise entsprechend, weit zu ziehen. 427

gg) Restlaufzeit des Versicherungsbestands

Versicherungsverträge werden für eine bestimmte Dauer (Versicherungsperiode) abgeschlossen. Sie verlängern sich grundsätzlich automatisch, wenn sie nicht gekündigt werden. Die Versicherungsperiode kann, je nach VZ und Vertrag, von unterschiedlicher Dauer sein. Für den Bemessungszeitraum der RdV aus dem VG 428

---

428 Dabei findet nach § 341e Abs. 1 Satz 3 HGB die Abzinsungsregelung des § 253 Abs. 2 Satz 1 HGB keine Anwendung.

429 Siehe dazu *Geib/Wiedmann*, WPg 1994, S. 375 ff.; Boetius lehnt die Berücksichtigung grundsätzlich ab. Vgl. *Boetius*, Handbuch der versicherungstechnischen Rückstellungen, Köln 1996, Anm. 676.

430 Vgl. z.B. *Telgenbüscher*, WPg 1993, S. 586 m.w.N.

431 Vgl. z.B. *Boetius*, Handbuch der versicherungstechnischen Rückstellungen, Köln 1996, Anm. 676; *Kühnenberger*, Zur Bildung von Drohverlustrückstellungen bei Versicherungsunternehmen, VW 1990, S. 702.

432 Vgl. *Herzig/Rieck*, DB 1997, S. 1897-1900.

433 Vgl. bspw. zur Abzinsung *Herzig/Rieck*, DB 1997, S. 1885; *IDW RS HFA 4*, Tz. 26 und 41.

bildet aber die wirtschaftliche Dauer des Geschäfts die Grundlage.[434] Bemessungszeitraum ist grundsätzlich die Restlaufzeit der VV, soweit nicht vorzeitige, den weiteren Verlustprozess unterbindende Sanierungsmöglichkeiten bestehen. Da am Bewertungsstichtag noch nicht festgestellt werden kann, welche Restlaufzeit die im Bestand befindlichen Verträge tatsächlich haben, muss von den durchschnittlichen Werten der Vergangenheit ausgegangen werden. Dabei beträgt bei einjährigen Verträgen die durchschnittliche Restlaufzeit rein rechnerisch 0,5 Jahre. Je nach Verteilung der Vertragsabschlusszeiten auf das Jahr können sich auch andere durchschnittliche Restlaufzeiten ergeben. Bei mehrjährigen VV (insb. z.B. in den VZ ED, VHV und VGV) sind unternehmensindividuell Restlaufzeiten für die einzelnen VZ zu ermitteln. Bei beiden Vertragsarten sind Erfahrungswerte hinsichtlich der Kündigungsmöglichkeiten (z.B. bei Schadenfällen, bei Eigentumswechsel oder im gegenseitigen Einvernehmen nach § 11 VVG n.F.[435]) zu berücksichtigen.

hh) Berücksichtigung der Schwankungsrückstellung

429 Bei der Berechnung der RdV aus dem VG ist trotz der Tatsache, dass diese Rückstellung und die SchwR unterschiedliche Ursachen haben,[436] zu beachten, dass „künftige Überschäden, die aus den Mitteln der bis zum Bilanzstichtag gebildeten Rückstellung zum Ausgleich des schwankenden Jahresbedarfs zu decken sind, keinen künftigen Leistungsaufwand mehr darstellen können und deshalb auszuscheiden sind".[437] Damit wird der Tatsache Rechnung getragen, dass die RdV nicht dem Ausgleich des Zufallsrisikos in der Zeit dient.[438]

d) Angabepflichten im Anhang

430 Zusätzlich zu den allgemeinen Erläuterungen bezüglich der Methoden der Ermittlung der versicherungstechnischen Rückstellungen gem. § 52 Nr. 1 Buchst. c RechVersV ist die RdV, wenn sie einen größeren Umfang erreicht und nicht in der Bilanz als Unterposten oder Davon-Vermerk ausgewiesen wird, gem. § 31 Abs. 1 Nr. 2 RechVersV im Anhang getrennt auszuweisen. Dem Wortlaut dieser Vorschrift folgend, ist die Rückstellung bei der Beurteilung des Umfangs und beim Ausweis insgesamt und nicht je VZ oder -art zugrunde zu legen. Für die

434 Vgl. *Nies*, StBp 1984, S. 130/134; *Ziegler*, in: Prölss/v.d. Thüsen/ Ziegler, Die versicherungstechnischen Rückstellungen im Steuerrecht, 3. Aufl., Karlsruhe 1973, S. 96.

435 Im Rahmen der Reform des Versicherungsvertragsrechts wurde der § 8 VVG a.F. durch den § 11 VVG n.F. ersetzt (vgl. BT-Drs. 16/5862).

436 Vgl. Rn. 364 und 406.

437 Vgl. *Nies*, StBp 1984, S. 130 und 135.

438 Vgl. Rn. 406.

Beurteilung, ob es sich um einen größeren Umfang handelt, sollte das Verhältnis zum Betrag des gesamten Postens maßgeblich sein.[439]

e) Prüfung

Sowohl bei der Beurteilung, ob eine Rückstellung zu bilden ist als auch bei der Frage nach der Höhe der Rückstellung steht der Prüfer vor der Aufgabe, die von der Unternehmensleitung ermittelten Zahlen über die künftige Entwicklung zu beurteilen. Damit wird auch bei der Prüfung der RdV aus dem VG, wie bei vielen anderen Rückstellungen, große Sachkenntnis und Erfahrung des Prüfers vorausgesetzt. 431

Die Prüfung der RdV aus dem VG ist naturgemäß mit einigen Schwierigkeiten verbunden. Die Feststellung, ob in bestimmten VZ eine Rückstellungsbildung in Frage kommt, ist vom Prüfer dann aufgrund der Rechnung der abgelaufenen Perioden durch eine Analyse der Ergebnisse hinsichtlich ihrer Zukunftswirkung zu treffen (z.B. mit Hilfe einer Kennzahlenanalyse). Einmalige und zufällige Schadenereignisse können z.B. nicht Anlass für die Bildung einer RdV aus dem VG sein. 432

Besondere Hilfsmittel dürften vor allem die statistischen Unterlagen der VU sein, die auch Grundlage für die Kalkulation der Beiträge sind. 433

Die Schwierigkeiten bei der Bemessung der RdV aus dem VG sowie die fehlende steuerliche Anerkennung dürfen jedoch keinesfalls dazu führen, dass der handelsrechtlichen Bilanzierungspflicht für diese Rückstellung nicht nachgekommen wird.[440] 434

Die Rückstellung ist wie folgt zu untersuchen:[441] 435

- Ist das vom VU angewendete Berechnungsverfahren als solches sachgerecht und gewährleistet es, dass gem. dem Imparitätsprinzip die gesamten drohenden Verluste aus dem am Ende des GJ vorhandenen VB berücksichtigt werden? Zu prüfen ist, ob alle Leistungen des VU und alle Gegenleistungen an das VU in die Berechnung eingeflossen sind.
- Wird die Rückstellung jeweils für einzelne, korrekt nach versicherungstechnischen Kriterien abgegrenzte Risikogruppen (z.B. VZ und -arten) abgebildet?

439 Vgl. *Wiedmann*, Bilanzrecht, 2. Aufl., München 2003, § 341e HGB, Rn. 59.
440 Vgl. die Ausführungen unter Rn. 391 ff.
441 Vgl. *IDW* (Hrsg.), WP Handbuch 2006[13], Rn. K 786.

- Sind die einzelnen in die Berechnung eingeflossenen Zahlen der Vergangenheit korrekt?
- Inwieweit sind diese Vergangenheitsdaten für die Zukunft aussagekräftig oder sind aufgrund aktueller Entwicklungen Anpassungen notwendig?

2. Stornorückstellung

436 Zu den Beitragsforderungen an die VN und zu den bereits kassierten Beiträgen ist wegen Fortfalls oder Verminderung des technischen Risikos eine Stornorückstellung zu bilden. Die Stornorückstellung ist damit klar von den aktivisch abgesetzten Pauschalwertberichtigungen zu den Beitragsforderungen an VN abzugrenzen.[442] Während die Pauschalwertberichtigung dem allgemeinen Zahlungsausfallrisiko beim VN Rechnung trägt, berücksichtigt die Stornorückstellung den Fortfall oder die Verminderung des technischen Risikos, z.B. aufgrund der Kündigung des VN wegen Risiko- oder Wagniswegfalls (unaufklärbares Abhandenkommen einer versicherten Sache, Geschäftsaufgabe, Haushaltsauflösung usw.),[443] aufgrund des Todes des VN oder aufgrund der Kündigung nach einem VF.

437 Die Stornorückstellung wird nach § 31 Abs. 1 Nr. 1 RechVersV unter dem Posten „Sonstige versicherungstechnische Rückstellungen“ (Passivseite Posten E VI FB 1 RechVersV) ausgewiesen. Sie wird zu jedem Bilanzstichtag neu berechnet. Veränderungen gegenüber dem VJ sind in der GuV saldiert unter dem Posten „Veränderungen der übrigen versicherungstechnischen Netto-Rückstellungen – Sonstige versicherungstechnische Netto-Rückstellungen“ (Posten I 5b der FB 2 und 4 RechVersV), und nicht mehr unsaldiert, zu erfassen.

438 Wie bei den anderen versicherungstechnischen Rückstellungen, so wird auch bei der Stornorückstellung zunächst der Bruttobetrag in der Vorspalte ausgewiesen und der Anteil der RückVR anschließend abgesetzt, um in der Hauptspalte den Betrag f.e.R. zu zeigen.

439 Die Berechnung der Stornorückstellung erfordert die getrennte Behandlung zum einen der Beitragsforderungen und zum anderen der bereits kassierten Beiträge.[444]

440 Die Beitragsforderungen beinhalten sowohl Forderungen an VN aus noch nicht eingelösten Versicherungsscheinen, Nachträgen und Folgebeitragsrechnungen als auch Forderungen an Versicherungsvertreter aus belasteten, aber noch nicht ein-

442 Vgl. die Ausführungen unter Rn. 499.
443 Vgl. *Kollhosser*, in: Prölss/Martin (Hrsg.), VVG-Kommentar[27], § 68 VVG, Rn. 1 ff.
444 Vgl. § 31 Abs. 1 Nr. 1 RechVersV.

gelösten Versicherungsscheinen, Nachträgen und Folgebeitragsrechnungen. Die Stornorückstellung zu den Beitragsforderungen wird in Höhe eines bestimmten Prozentsatzes von den am Ende des GJ vorhandenen, wertzuberichtigenden Beitragsforderungen an die VN gebildet. Dieser Prozentsatz entspricht dem Verhältnis der im GJ aufgrund des Fortfalls oder der Verminderung des technischen Risikos erfolgten Stornierungen von im VJ fällig gewordenen, aber noch nicht bezahlten Beiträgen zu den Beitragsforderungen am Ende des VJ.[445]

Unter den wertzuberichtigenden Beitragsforderungen an die VN sind die auf die Zeit vom Fälligkeitszeitpunkt bis zum Abschlussstichtag entfallenden Beitragsteile dieser Forderungen zu verstehen. Zu ihrer Ermittlung sind sämtliche Beitragsforderungen nach Fälligkeiten zu untergliedern. 441

Von dem so errechneten Bruttobetrag der Stornorückstellung zu Beitragsforderungen wird der auf die proportionale RückV entfallende Anteil abgesetzt. Dieser Anteil ergibt sich in Höhe eines bestimmten Prozentsatzes des Bruttobetrags. Dieser Prozentsatz errechnet sich als Verhältnis der auf die proportionale RückV entfallenden Beiträge zu den gebuchten Bruttobeiträgen des gesamten sG.[446] Die nicht proportionale RückV (z.B. Schadenexzedenten-RückV) wird hier nicht berücksichtigt, da der RückVR i.d.R. nicht am Stornorisiko des ErstVR beteiligt ist. 442

Die kassierten Beiträge beinhalten sowohl die vom bilanzierenden VU bereits kassierten Beiträge als auch die Forderungen an Versicherungsvertreter aus bereits kassierten, aber noch nicht an das bilanzierende VU abgeführten Beiträgen. Die Stornorückstellung zu den kassierten Beiträgen wird in Höhe eines Prozentsatzes von den im GJ kassierten, wertzuberichtigenden fälligen Beiträgen des GJ gebildet. Dieser Prozentsatz entspricht dem Verhältnis der im GJ erfolgten Stornierungen der im VJ vom VU kassierten Beiträge zu den im VJ vom VU kassierten Beiträgen. 443

Der Betrag der wertzuberichtigenden, kassierten Beiträge ergibt sich durch Abzug der auf das folgende GJ entfallenden Teile der kassierten Beiträge von den gesamten kassierten Beiträgen. Der Abzugsbetrag kann mit Hilfe des durchschnittlichen Brutto-BÜ-Satzes (vor Kostenabzug) für das gesamte sG ermittelt werden.[447] 444

Wie bei den Beitragsforderungen, wird auch hier der auf das proportionale RückVG entfallende Anteil abgesetzt.[448] 445

445 Vgl. GB/BAV 1982, S. 51.
446 Vgl. GB/BAV 1982, S. 51.
447 Vgl. GB/BAV 1982, S. 51.
448 Vgl. Rn. 442.

446 Zur Berechnung der Stornorückstellung in der beschriebenen Weise fordert die BaFin:

- die Untergliederung der Beitragsforderungen nach Fälligkeiten und Zahlungsweisen sowie
- die Untergliederung der im GJ vorgenommenen Stornierungen nach Stornogründen, nach der Fälligkeit und danach, ob Beitragsforderungen oder kassierte Beiträge storniert wurden.[449]

447 In dieser Weise aufbereitete Daten ermöglichen es dem Abschlussprüfer, die Berechnung der Rückstellung nachzuvollziehen, Abstimmungen mit den Listungen über das tatsächliche Beitragsstorno vorzunehmen sowie Aussagen über die Angemessenheit der Rückstellung zu machen.

448 Im Anhang sind lediglich die allgemeinen Erläuterungen zu den Methoden der Ermittlung der versicherungstechnischen Rückstellungen gem. § 52 Nr. 1 Buchst. c RechVersV anzugeben.

3. Rückstellungen aufgrund der Verpflichtungen aus der Mitgliedschaft zur Verkehrsopferhilfe e.V.

449 Die §§ 12 ff. des Pflichtversicherungsgesetzes – „Gesetz über die Pflichtversicherung für Kraftfahrzeughalter" – v. 05.04.1965[450] haben die Grundlagen für den „Entschädigungsfonds für Schäden aus Kraftfahrzeugunfällen" festgelegt.

450 Ersatzansprüche aus Personen- und Sachschäden gegen Halter, Eigentümer oder Fahrer eines Kraftfahrzeugs könnten danach unter folgenden Voraussetzungen auch gegen den „Entschädigungsfonds" geltend gemacht werden:

1. wenn das Fahrzeug, durch dessen Gebrauch der Schaden verursacht worden ist, nicht ermittelt werden kann, auch wenn der Schaden vorsätzlich oder widerrechtlich herbeigeführt wurde;
2. wenn die gesetzlich erforderliche Haftpflichtversicherung aus irgendwelchen Gründen nicht besteht;
3. wenn ein VR keine Deckung gewährt, weil der Schaden vorsätzlich oder widerrechtlich herbeigeführt wurde;

449 Vgl. GB/BAV 1982, S. 51.

450 Vgl. BGBl. I 1965, S. 213; zuletzt geändert durch das Dritte Durchführungsgesetz/EWG zum VAG v. 21.07.1994 (BGBl. I, S. 1630, 1663).

4. wenn über das Vermögen des leistungspflichtigen VR ein Insolvenzverfahren eröffnet worden ist.[451]

Nach § 1 der „Verordnung über den Entschädigungsfonds für Schäden aus Kraftfahrzeugunfällen“ v. 14.12.1965[452] ist die Stellung des Entschädigungsfonds für Schäden aus Kraftfahrzeugunfällen nach den §§ 12 und 13 des Pflichtversicherungsgesetzes mit Wirkung v. 01.01.1966 dem rechtsfähigen Verein „Verkehrsopferhilfe e.V.“ in Hamburg (Verkehrsopferhilfe) zugewiesen worden. 451

Der Verein untersteht der Aufsicht des Bundesministers der Justiz. 452

Die Satzung des Vereins „Verkehrsopferhilfe e.V.“ hat der Bundesminister der Justiz durch die „Bekanntmachung über den Entschädigungsfonds für Schäden aus Kraftfahrzeugunfällen“ v. 03.01.1966 – BAnz 1 / 1966 – veröffentlicht. 453

Dem Verein „Verkehrsopferhilfe e.V.“ gehören die Mitgliedsunternehmen des GDV, die die Kraftfahrzeug-Haftpflichtversicherung betreiben, an.[453] 454

Zur Deckung der Schadenaufwendungen und der Verwaltungskosten haben die Mitgliedsunternehmen die erforderlichen Mittel zur Verfügung zu stellen. Für die Regulierung der Schäden erhebt die Verkehrsopferhilfe nach Bedarf entsprechende Umlagen von ihren Mitgliedern. Diese bemessen sich anhand der direkten Beitragseinnahmen des jeweils vorangegangenen Kalenderjahres in der Kraftfahrzeug-Haftpflichtversicherung und sind pro Kalenderjahr auf 0,5 % dieser Beitragseinnahmen begrenzt.[454] Die Verwaltungskosten werden jährlich nach Abschluss des GJ endgültig festgesetzt und ebenfalls auf die Mitglieder umgelegt. Die Berechnung der von den einzelnen Unternehmen zu übernehmenden Kosten erfolgt hierbei anteilig nach den Beiträgen des vorletzten Kalenderjahres im sG in der Kraftfahrzeug-Haftpflichtversicherung. 455

Für die jeweils am 31.12. noch unerledigten Schadenfälle gibt der Verein zu Beginn des folgenden Jahres den Mitgliedsunternehmen ihren Anteil an der Schadenrückstellung auf, der nach § 31 Abs. 2 Nr. 1 RechVersV auf der Passivseite unter Posten E VI „Sonstige versicherungstechnische Rückstellungen“ auszuweisen ist. 456

---

451 Zuerst übernahm der Verein „Solidarhilfe e.V.“ als Gemeinschaftsaufgabe im Fall des Konkurses eines seiner Mitglieder die Verpflichtungen aus noch nicht abgewickelten Kraftfahrzeug-Haftpflichtschäden. Die Solidarhilfe e.V. wurde 1994 aufgelöst. Diese Aufgaben wurden auf den Entschädigungsfonds übertragen. Vgl. Begr.-RegE., BT-Drs. 12/6959, S. 111.

452 Vgl. BGBl. I 1965, S. 2093; Änderungen der VO erfolgten durch Bekanntmachungen v. 23.01.1969, BAnz Nr. 19, sowie 01.06.1979, BAnz Nr. 111.

453 Vgl. *Fürstenwerth/Weiß*, Versicherungs-Alphabet (VA), 10. Aufl., Karlsruhe 2001, S. 204.

454 Vgl. § 13 Abs. 5 Pflichtversicherungsgesetz.

457 Die Zahlungen aufgrund der Mitgliedschaft im Verein Verkehrsopferhilfe e.V. sind in der GuV unter Posten I 8 FB 2 bzw. FB 4 RechVersV auszuweisen. Die Veränderung der gebildeten Rückstellung ist unter Posten I 5b FB 2 bzw. FB 4 RechVersV auszuweisen.

458 Die Rückstellungen für unerledigte Schadenfälle sowie die Umlagen für Schadenaufwendungen sind anhand der Aufgaben des Vereins, des Kontokorrentkontos und der Sachkonten zu prüfen.

459 Insbesondere ist zu beachten, dass Regulierungen im Auftrag der Verkehrsopferhilfe e.V. nicht als Aufwendungen für VF des VR, sondern als Forderungen an den Verein erfasst werden.

4. Rückstellung für unverbrauchte Beiträge aus ruhenden Kraftfahrtversicherungen und Fahrzeugrechtsschutzversicherungen

460 Für die Verträge in der Kraftfahrtversicherung gelten die „Allgemeinen Bedingungen für die Kraftfahrtversicherung (AKB)".

461 Nach § 5 der AKB wird der VV durch ein vorübergehend aus dem Verkehr gezogenes Fahrzeug (Stilllegung i.S.d. Straßenverkehrsrechts) nicht berührt. Der VN kann jedoch die Unterbrechung des Versicherungsschutzes verlangen, wenn er eine Abmeldebescheinigung der Zulassungsstelle vorlegt und die Stilllegung mind. zwei Wochen beträgt. Soweit eine Unterbrechung des Versicherungsschutzes beantragt wird, ruht die Kraftfahrtversicherung. Die gezahlten Beiträge gelten als „unverbraucht". Der VN hat dann einen Anspruch auf die für diesen Zeitraum von ihm gezahlten Beiträge, die meist später nach Beendigung der Stilllegung verrechnet werden.[455]

462 Für die unverbrauchten Beiträge aus ruhenden Kraftfahrtversicherungen ist eine Rückstellung zu bilden, die auf der Passivseite unter Posten E VI FB 1 RechVersV „Sonstige versicherungstechnische Rückstellungen" auszuweisen ist.[456] Die Beitragsguthaben sind einzeln je Vertrag nachzuweisen und zu ermitteln. Die Anteile der RückV (i.d.R. aus proportionaler RückV) werden entsprechend dem RückVV berechnet und in der Bilanz in der Vorspalte abgesetzt.

---

455 Auch wenn die Beträge bereits den VN gutgeschrieben wurden, sind diese hier unter den „Sonstigen versicherungstechnischen Rückstellungen" auszuweisen. Auf eine Umbuchung und entsprechenden Ausweis unter „Verbindlichkeiten aus selbst abgeschlossenem Geschäft gegenüber Versicherungsnehmern" wird verzichtet.

456 Vgl. § 31 Abs. 2 Nr. 2 RechVersV.

Die Fahrzeug-Rechtsschutzversicherung gewährt sowohl dem Eigentümer als auch dem Halter, Mieter, Entleiher und dem berechtigten Fahrer oder Insassen Versicherungsschutz für das im Versicherungsschein bezeichnete Fahrzeug. Auch in dieser Versicherungsart ist für die unverbrauchten Beiträge aufgrund der vorübergehenden Stilllegung des versicherten Fahrzeugs eine Rückstellung zu bilden. Diese ist auf der Passivseite unter Posten E VI FB 1 RechVersV „Sonstige versicherungstechnische Rückstellungen" auszuweisen.[457] 463

Die Rückstellung ist einzeln je Vertrag nachzuweisen und zu ermitteln. Die Anteile der RückVR sind entsprechend den RVV zu ermitteln und in der Bilanz in der Vorspalte abzusetzen. 464

Hinsichtlich der Ermittlung und des Ausweises der Rückstellung für unverbrauchte Beiträge gelten die für die Rechtsschutz-VU gemachten Ausführungen entsprechend. 465

Im üG ist anhand der Aufgaben der VorVR zu bilanzieren. 466

Unseres Erachtens sind Veränderungen der Rückstellungen für unverbrauchte Kraftfahrtversicherungen und Fahrzeug-Rechtsschutzversicherungen als jährlich abzuwickelnde Veränderungen in der GuV unter dem Posten „Veränderungen der übrigen versicherungstechnischen Netto-Rückstellungen" (Posten I 5b FB 2 und 4 RechVersV) auszuweisen.[458] 467

Im Anhang sind lediglich die allgemeinen Erläuterungen zur Methode der Ermittlung der versicherungstechnischen Rückstellungen gem. § 52 Nr. 1 Buchst. c RechVersV anzugeben. 468

5. Andere sonstige versicherungstechnische Rückstellungen

Unter „Sonstige versicherungstechnische Rückstellungen" sind gem. § 31 Abs. 2 Nr. 3 RechVersV auch die Rückstellungen für die erfolgsunabhängige BR auszuweisen, soweit sie vorsorglich bei einem mehrjährigen Beobachtungszeitraum vor Ablauf dieses Zeitraums gebildet werden.[459] 469

Weiterhin werden hier die Rückstellungen für RückV-Beiträge ausgewiesen. Diese Rückstellung betrifft Verpflichtungen, die sich im Zusammenhang mit Schadenexzedenten-Verträgen ergeben. Hierbei werden Beiträge vereinbart, deren Höhe vom 470

457 Vgl. § 31 Abs. 2 Nr. 2 RechVersV.
458 Vgl. *IDW* (Hrsg.), WP Handbuch 2006[13], Rn. K 557.
459 Vgl. hierzu die Ausführungen im Zusammenhang mit der Rückstellung für die erfolgsunabhängige BR.

Schadenverlauf während eines mehrjährigen Abrechnungszeitraums abhängig ist. Vor Ablauf dieses Zeitraums können sich Verpflichtungen ergeben, die zu passivieren sind.

471 Außerdem werden unter den sonstigen versicherungstechnischen Rückstellungen die Rückstellungen für Gewinnanteile ausgewiesen. Im üG werden mit den Zedenten bzw. VorVR häufig Gewinnanteilsabsprachen getroffen, die für einen mehrjährigen Abrechnungszeitraum ermittelt werden. Vor Ablauf des gesamten Zeitraums oder soweit noch keine endgültigen Daten vorliegen, können sich Verpflichtungen ergeben, die zu passivieren sind.

472 Unter den „Sonstigen versicherungstechnischen Rückstellungen" sind auch die Rückstellungen für Beitragsnachverrechnung gem. den Bedingungen zur Betriebsunterbrechungsversicherung auszuweisen.

473 Diese Rückstellungen werden einzeln je Vertrag zu ermitteln und nachzuweisen sein. Der Anteil der RückVR ist entsprechend den RückVV zu ermitteln und in der Bilanz in der Vorspalte abzusetzen.

474 Im üG ist anhand der Aufgaben der VorVR zu bilanzieren.

475 Im Anhang sind lediglich die allgemeinen Erläuterungen zu der Methode der Ermittlung der versicherungstechnischen Rückstellungen gem. § 52 Nr. 1 Buchst. c RechVersV anzugeben.

VII. Forderungen und Verbindlichkeiten aus dem selbst abgeschlossenen Versicherungsgeschäft

1. Inhalt und Ausweis der Forderungen und Verbindlichkeiten aus dem selbst abgeschlossenen Versicherungsgeschäft

476 Forderungen bzw. Verbindlichkeiten aus dem sG betreffen ausschließlich das vom bilanzierenden VU nach außen hin im eigenen Namen abgeschlossene ErstVG (direktes VG). Damit ist das sG hier nicht lediglich als Gegenstück zu dem üG anzusehen, sondern vielmehr als das selbst gezeichnete, direkte VG zu verstehen.[460] Das sog. Führungsfremdgeschäft, also das von dem bilanzierenden VU als führender Gesellschaft im Wege der offenen Mitversicherung an andere VU abgegebene VG, fällt nicht unter das hier ausgewiesene VG. Es stellt zwar sG – verstanden als

460 Vgl. *Welzel*, VW 1987, S. 440.

Gegenstück zu dem üG – dar, wird jedoch gem. § 17 Satz 2 RechVersV – soweit sich Forderungen oder Verbindlichkeiten zum Bilanzstichtag ergeben – unter FB I auf der Aktivseite unter Posten E III „Sonstige Forderungen“ bzw. auf der Passivseite unter Posten I V „Sonstige Verbindlichkeiten“ ausgewiesen. Es handelt sich nicht um nach außen hin selbst gezeichnetes, direktes VG.

Somit umfasst das sG i.S.d. FB 1 Aktivseite Posten E I bzw. Passivseite Posten I I 477

- das Alleingeschäft, d.h. das von dem bilanzierenden VU allein gezeichnete VG;
- das Führungseigengeschäft, d.h. die Anteile des VG, die von dem bilanzierenden VU als führender Gesellschaft als eigene Anteile gezeichnet worden sind;
- das Beteiligungsgeschäft, d.h. die Anteile des VG, die das bilanzierende VU im Wege der offenen Mitversicherung von anderen (führenden) VU erhalten hat.

Eine sog. stille Mitversicherung, also eine nicht dem VN gegenüber offen ausge- 478
wiesene Mitversicherung, wird wie eine RückV behandelt. Sich daraus ergebende Abrechnungssalden sind daher unter den Abrechnungsforderungen (FB 1 Aktivseite Posten E II RechVersV) bzw. -verbindlichkeiten (FB 1 Passivseite Posten I II RechVersV) aus dem RückVG auszuweisen.

Forderungen bzw. Verbindlichkeiten aus dem sG (FB 1 Aktivseite Posten E I bzw. 479
Passivseite Posten I I RechVersV) betreffen bei SchVU entweder die VN, die Versicherungsvermittler oder die Mitglieds- und Trägerunternehmen. Die Bilanzposten sind daher bei ihnen zu differenzieren in

1. Versicherungsnehmer,
2. Versicherungsvermittler und
3. Mitglieds- und Trägerunternehmen.

Eine weitere Unterteilung wird i.d.R. nicht erforderlich sein.

Unter den Forderungen aus dem sG an VN sind insb. Beitragsforderungen aus 480
uneingelösten Versicherungsscheinen, Nachträgen und Folgebeitragsrechnungen sowie sonstige Forderungen, wie Gebühren auszuweisen. Zu den VN zählen auch die Mitglieder eines VVaG. Hier sind auch Forderungen an VN auszuweisen, soweit sie aus abrechnungstechnischen Gründen den Versicherungsvermittlern belastet worden sind. Ein Ausweis dieser Forderungen bei dem Aktivposten „Forderungen aus dem selbst abgeschlossenen Versicherungsgeschäft an Versicherungsvermittler“ kommt nur dann in Betracht, wenn die Aussonderung der Forderungen an die VN nur mit einem unverhältnismäßig großen Aufwand durchgeführt werden kann.

481 Nicht unter diesem Aktivposten auszuweisen sind neben den Forderungen aus dem Führungsfremdgeschäft die Forderungen aus der Versicherungsvermittlung. Sie sind ebenfalls unter FB 1 Aktivseite Posten E III RechVersV „Sonstige Forderungen“ auszuweisen.

482 Unter den „Sonstigen Forderungen“ sind außerdem die rückständigen, d.h. fälligen Zinsen aus Darlehen und Vorauszahlungen auf Versicherungsscheine gegenüber den VN auszuweisen. Zinsforderungen, die auf die Zeit bis zum Abschlussstichtag entfallen, werden, in Abweichung vom Recht vor Umsetzung der VersBiRiLi, unter den RAP als Unterposten „Abgegrenzte Zinsen und Mieten“ erfasst.[461]

483 Forderungen aufgrund von RPT sind von der „Rückstellung für noch nicht abgewickelte Versicherungsfälle“ abzusetzen.[462]

484 Unter den „Verbindlichkeiten aus dem selbst abgeschlossenen VG gegenüber Versicherungsnehmern“ werden die im Voraus empfangenen Beiträge (einschl. Beitragsdepots), die erst nach dem Bilanzstichtag fällig werden, sowie sonstige Verbindlichkeiten gegenüber VN, wie gutgeschriebene Überschussanteile und nicht abgehobene BR, ausgewiesen. Soweit anwendbar, gelten die zu den Forderungen an VN gemachten Ausführungen sinngemäß.[463]

485 Unter den „Forderungen bzw. Verbindlichkeiten aus dem sG an bzw. gegenüber Versicherungsvermittlern“ sind Beträge auszuweisen, soweit sie im Zusammenhang mit folgenden Personenkreisen stehen:

- Freie Versicherungsvertreter, einschl. der am Bilanzstichtag bereits ausgeschiedenen
- Versicherungsmakler
- Versicherungsunternehmen (führende Gesellschaft) allein aufgrund eines offenen Beteiligungsgeschäfts
- angestellte Vertreter, einschl. der am Bilanzstichtag bereits Ausgeschiedenen.

486 Versicherungsunternehmen als führende Gesellschaften im offenen Beteiligungsgeschäft werden auch wegen der von der führenden Gesellschaft übernommenen Funktionen, wie Vertragsausfertigungen, Inkasso, SchR usw., als Vertreter behandelt (wirtschaftliche Betrachtungsweise).[464]

461 Vgl. § 20 RechVersV.
462 Vgl. § 26 Abs. 2 RechVersV.
463 Vgl. unter Rn. 480.
464 Vgl. *Richter/Geib*, WPg 1987, S. 192.

Zu den Forderungen aus dem sG gegenüber Versicherungsvermittlern bestehen keine gesonderten Vorschriften in der RechVersV. Es ist davon auszugehen, dass sich keine materiellen Änderungen im Vergleich zur Rechtslage vor Umsetzung der VersBiRiLi ergeben haben.[465] 487

Die Forderungen umfassen insb.: 488

- Provisionsvorschüsse, einschl. der vorausgezahlten Provisionen auf Versicherungen mit technischem Beginn im Folgejahr
- Provisionsrückforderungen
- Ansprüche auf kassierte, aber noch nicht abgeführte Beträge.

Die Verbindlichkeiten aus dem sG gegenüber Vermittlern umfassen die zu diesen Forderungen korrespondierenden Provisions- und anderen Verbindlichkeiten. 489

Die Aktivierung von vorausgezahlten Provisionen (Fälligkeit im Folgejahr) auf Versicherungen, deren technischer Beginn im Folgejahr liegt, dient der periodengerechten Zuordnung der Provisionsaufwendungen zu dem GJ, in dem die VV, die Grundlage für die Provisionen sind, dem VB zugehen. Entsteht allerdings der Rechtsanspruch des Vertreters auf die Provisionen bereits im GJ, obwohl der VV seinen technischen Beginn erst im Folgejahr hat, so ist eine Aktivierung aufgrund des § 248 Abs. 1 Nr. 3 HGB ausgeschlossen. Die entsprechenden Provisionen stellen Aufwand des GJ dar. Soweit der Rechtsanspruch des Vertreters auf die Provision im GJ entsteht und der VV ebenfalls im GJ seinen technischen Beginn hat, sind die Provisionen selbstverständlich Aufwand des GJ. 490

Die Provisionsaufwendungen werden jeweils als Bruttoaufwendungen für den Versicherungsbetrieb in der GuV unter Posten I 7a FB 2 und 4 RechVersV erfasst.[466] 491

Nicht unter den Forderungen bzw. Verbindlichkeiten aus dem sG an bzw. gegenüber Versicherungsvermittler(n) auszuweisen sind: 492

- Forderungen bzw. Verbindlichkeiten aus der Versicherungsvermittlung und dem Führungsfremdgeschäft (Ausweis unter FB 1 Aktivseite Posten E III „Sonstige Forderungen“[467] bzw. Passivseite Posten I V „Sonstige Verbindlichkeiten“)
- die VN betreffende Belastungen für noch nicht eingelöste Versicherungsscheine, Nachträge und Folgebeitragsrechnungen sowie Belastungen aus z.B. Zinsen und Gebühren (Ausweis unter FB 1 Aktivseite Posten E I 1 „Forderungen aus

465 Vgl. *IDW* (Hrsg.), WP Handbuch 2006[13], Rn. K 262.
466 Vgl. § 43 RechVersV.
467 Vgl. § 17 Satz 2 RechVersV.

dem selbst abgeschlossenen Versicherungsgeschäft an Versicherungsnehmer“ bzw. Ausweis unter FB 1 Aktivseite Posten E III „Sonstige Forderungen“)

- Darlehensforderungen an Versicherungsvertreter (Ausweis unter FB 1 Aktivseite Posten C III 3 „Hypotheken-, Grundschuld- und Rentenschuldforderungen“, FB 1 Aktivseite Posten C III 4b „Schuldscheinforderungen und Darlehen“ oder FB 1 Aktivseite Posten E III „Sonstige Forderungen“).

493 Gemäß § 4 Nr. 1 bzw. Nr. 2 RechVersV sind weiterhin die Forderungen an bzw. Verbindlichkeiten gegenüber verbundene(n) Unternehmen bzw. Unternehmen, mit denen ein Beteiligungsverhältnis besteht, jeweils zu den Posten „Forderungen aus dem selbst abgeschlossenen Versicherungsgeschäft“ bzw. „Verbindlichkeiten aus dem selbst abgeschlossenen Versicherungsgeschäft“ in einem Davon-Vermerk darzustellen.

2. Bewertung

494 Die Bewertung der Forderungen aus dem sG erfolgt grundsätzlich zum Nennwert. Die entsprechenden Verbindlichkeiten sind mit dem Rückzahlungsbetrag anzusetzen.[468]

495 Die Forderungen und Verbindlichkeiten sind grundsätzlich einzeln zu bewerten.[469] Uneinbringliche Forderungen sind abzuschreiben. In der Bilanz werden spezielle Kreditrisiken durch direkte Abschreibungen berücksichtigt. Es ist jedoch nichts dagegen einzuwenden, wenn diese Abschreibungen für interne Zwecke auf Wertberichtigungskonten erfasst werden und damit buchhalterisch die Höhe der ursprünglichen Forderungen und die Höhe der vorgenommenen Abschreibungen ersichtlich bleiben. Erst bei einem endgültigen Ausfall erfolgt bei diesem Verfahren die Ausbuchung einer Forderung. Eine Ausbuchung kann auch direkt erfolgen, wenn sichergestellt ist, dass die Forderungen in ihrer ursprünglichen und offenen Höhe solange festgehalten werden, bis der Ausfall endgültig feststeht.

496 Forderungsausfälle sind grundsätzlich in der GuV gem. § 48 Satz 2 Nr. 4 RechVersV im Posten II 5 FB 2 bzw. III 6 FB 4 RechVersV „Sonstige Aufwendungen“ zu erfassen.

497 Eingänge auf in VJ abgeschriebene Forderungen sind gem. § 47 Satz 2 Nr. 4 RechVersV im Posten II 4 FB 2 bzw. III 5 FB 4 RechVersV „Sonstige Erträge“ zu erfassen.

---

468 Vgl. § 253 Abs. 1 HGB.
469 Vgl. § 252 Abs. 1 Nr. 3 HGB.

Dieser Grundsatz wird allerdings bei der Ausbuchung uneinbringlich gewordener Beitragsforderungen an VN aus vorangegangenen GJ und dem aktuellen GJ durchbrochen. Diese Abschreibungen sind jeweils gem. § 48 Satz 2 Nr. 4 Buchst. b i.V.m. § 36 Abs. 2 Nr. 2 RechVersV im Posten I 1a FB 2 und 4 RechVersV „Gebuchte Bruttobeiträge“ als Abzugsposten zu behandeln. Entsprechend sind auch Eingänge auf in VJ abgeschriebene Beitragsforderungen an VN gem. § 47 Satz 2 Nr. 4 Buchst. b i.V.m. § 36 Abs. 1 Nr. 9 RechVersV unter dem Posten I 1a „Gebuchte Bruttobeiträge“ auszuweisen. 498

Pauschalwertberichtigungen kommen für folgende Forderungen in Betracht: 499

- Forderungen aus dem sG an VN wegen des Zahlungsausfallrisikos beim VN;
- noch nicht fällige Ansprüche an VN;
- Forderungen aus dem sG an Versicherungsvermittler wegen des
  a) Zahlungsausfallrisikos hinsichtlich der Provisionsvorschüsse und Provisionsrückforderungen,
  b) Veruntreuungsrisikos hinsichtlich der kassierten, aber noch nicht abgeführten Beträge,
  c) Zahlungsausfallrisikos beim VN, sofern der Versicherungsvermittler mit den uneingelösten Versicherungsscheinen, Nachträgen und Folgebeitragsrechnungen belastet ist und die Forderungen unter den „Forderungen an Versicherungsvermittler“ ausgewiesen wurden.[470]

Pauschalwertberichtigungen sind in Höhe der nach dem Bilanzstichtag voraussichtlich eintretenden Ausfälle unter Berücksichtigung der in der Vergangenheit gewonnenen Erfahrungen zu bilden. Grundlage hierzu bilden die VZ-weise zu erstellenden Statistiken über Zahlungsausfälle. Die so ermittelten Pauschalwertberichtigungssätze sollten laufend überprüft und angepasst werden. Dabei sind Pauschalwertberichtigungen auf Beitragsforderungen an VN nur insoweit zu bilden, als der Forderungsbetrag auf die Zeit bis zum Bilanzstichtag entfällt und die Ausfälle wirtschaftlich von dem bilanzierenden Unternehmen zu tragen sind. Den Beitragsforderungen, die auf die Zeit nach dem Bilanzstichtag entfallen, stehen auf der Passivseite die BÜ gegenüber. 500

Ein bestimmtes Verfahren zur Ermittlung der Pauschalwertberichtungen ist nicht vorgeschrieben. In der GuV ist die Veränderung der Pauschalwertberichtigung zu 501

470 Vgl. § 36 Abs. 2 Nr. 2 und § 48 Satz 2 Nr. 4 Buchst. b RechVersV.

den Beitragsforderungen an die VN bei dem GuV-Posten I 1a „Gebuchte Bruttobeiträge“ zu berücksichtigen.[471]

502 Die Bildung und Erhöhung der übrigen Wertberichtigungen ist in der GuV gem. § 48 Satz 2 Nr. 4 RechVersV im Posten II 5 FB 2 bzw. III 6 FB 4 RechVersV „Sonstige Aufwendungen“ und die Auflösung und Verminderung dieser Beträge gem. § 47 Satz 2 Nr. 4 RechVersV im Posten II 4 FB 2 bzw. III 5 FB 4 RechVersV „Sonstige Erträge“ zu erfassen.

3. Angabepflichten im Anhang

503 Wenn die Posten auf der Aktivseite E I 1 und E I 2 FB 1 RechVersV gem. § 3 Nr. 1 RechVersV zusammengefasst werden, weil hierdurch die Darstellung klarer wird, dann sind die zusammengefassten Posten im Anhang gesondert auszuweisen. Gleiches gilt für die Zusammenfassung der Posten auf der Passivseite I I 1 und I I 2.

504 Im Anhang sind darüber hinaus gem. § 284 Abs. 2 Nr. 1 HGB die auf die Posten der Bilanz angewendeten Bilanzierungs- und Bewertungsmethoden anzugeben. Abweichungen von bisher angewendeten Bilanzierungs- und Bewertungsmethoden sind anzugeben und zu begründen.[472] Der Einfluss auf die Vermögens-, Finanz- und Ertragslage ist darzustellen.

4. Prüfung

505 Die Forderungen und Verbindlichkeiten aus dem sG ergeben sich überwiegend aus den Abrechnungen (Bilanzen) der eigenen Vertriebsorganisation an die Direktionsbuchhaltung oder aus dem bei der Direktion geführten Zentralinkasso. Die Abrechnungen der Vertriebsorganisation enthalten neben diesen Forderungen und Verbindlichkeiten im Wesentlichen noch Bar- und Bankbestände, die durch Saldenbestätigungen bzw. Aufnahmeprotokolle nachgewiesen werden müssen. Diese sind den entsprechenden Posten der Bilanz des Unternehmens zuzuordnen, soweit es sich um rechtlich unselbstständige Geschäftsstellen handelt. Salden (Forderungen bzw. Verbindlichkeiten) eigener Geschäftsstellen an die Direktion dürfen in der Jahresbilanz nicht ausgewiesen werden.

471 Vgl. § 36 Abs. 2 Nr. 2 und § 48 Satz 2 Nr. 4 Buchst. b RechVersV.
472 Vgl. § 284 Abs. 2 Nr. 3 HGB.

Die Forderungen bzw. Verbindlichkeiten aus dem sG an Vermittler sind anhand der Monats- bzw. Quartalsabrechnungen der Vermittler, die damit ihre Salden belegen, zu prüfen. In der Regel wird in einer solchen Abrechnung der Saldo durch die kassierten, aber noch nicht abgeführten Beiträge, durch die noch nicht eingelösten Versicherungsscheine bzw. Folgebeitragsrechnungen sowie durch fehlende Gutschriften für Schadenzahlungen und zurückgegebene Dokumente nachgewiesen. Der Prüfer hat sich davon zu überzeugen, dass Last- und Gutschriften weder durch die Geschäftsstellenbuchhaltung noch die technischen Abteilungen unnötig verzögert werden. Er hat auch zu prüfen, dass die Abführung der kassierten Gelder ordnungsgemäß erfolgt und die von dem Vertreter laufend unterhaltenen Geldmittelbestände die vereinbarten Höchstgrenzen nicht übersteigen. Weiterhin sind die noch nicht eingelösten Versicherungsscheine und Folgebeitragsrechnungen darauf zu untersuchen, ob sich nicht überfällige Dokumente darunter befinden, für die z.B. das Mahnverfahren einzuleiten ist. Nach § 16 PrüfV ist auf Grundlage der bis zum Berichtszeitpunkt gewonnenen Erkenntnisse zu berichten, inwieweit die Forderungen aus dem sG an Vermittler bzw. VN bis zum Berichtszeitpunkt schon beglichen sind. Ferner sind bei der Forderungsbewertung die Abschreibungen und Wertberichtigungen sowie ihre Berechnungsmethode anzugeben. Auch die Provisionsgutschriften auf den Vertreterkonten sind in Stichproben zu prüfen. Dabei sind diese Gutschriften unter Zugrundelegung der Beitragsbelastungen bzw. des Inkassos mit den vertraglich vereinbarten Provisionssätzen abzustimmen. 506

Besonderer Wert ist auf eine einwandfreie Jahresabgrenzung zu legen, d.h., die Abschluss-, Inkasso- und Bestandspflegeprovision ist der Periodenrechnung zuzuordnen, in der der vertragliche Anspruch des Vertreters entstanden ist. 507

In diesem Zusammenhang müssen auch die Garantiekonten der Vertreter überprüft werden. In der Praxis werden zwei Methoden für die Buchung der garantierten Provisionen angewendet. Entweder wird der monatlich gezahlte Garantiebetrag sofort als Aufwand gebucht oder als Provisionsvorschuss unter den Forderungen an Vertreter erfasst. Wird die garantierte Provision als Vorschuss gebucht, ist darauf zu achten, dass in derselben Höhe zu Lasten des entsprechenden Kontos der Provisionsaufwand passiviert wird. Nach § 16 PrüfV ist ferner darüber zu berichten, ob die gestellten Sicherheiten für Provisionsvorschüsse und andere Forderungen ausreichend sind. 508

Ob garantierte Provisionen Vorschusscharakter haben, ist fraglich, weil es sich nicht um eine Vorleistung des VU auf eine vom Vertreter noch zu erbringende Leistung handelt. Provisionsaufwand in Höhe des garantierten Verdienstes fällt 509 immer an. Der Provisionsaufwand kann höher ausfallen als der Garantiebetrag, da die verdiente Provision den Garantiebetrag übersteigen kann.

510 Überfällige Vertretersalden sind abzuschreiben, soweit nicht ausreichende Sicherheiten vorhanden sind.

511 Die Forderungen aus dem sG an VN stammen i.d.R. aus Außenständen von uneingelösten Versicherungsscheinen und Folgebeitragsrechnungen sowie aus Dokumentenbeständen bei den Geschäftsstellen und der Direktion.

512 Die Rückstände bei VN aus dem sG sind, genau wie die Dokumentenbestände, nach Fälligkeiten aufzulisten. Im Rahmen einer Funktionsprüfung können die Saldenlisten mit den Konten und Registern abgestimmt werden.

513 Die Einzelforderungen sind dann hinsichtlich ihrer Abwicklung zu überprüfen. Dabei ist bei der Saldenprüfung anhand der Akten auch auf die Durchführung regelmäßiger Mahnungen, rechtzeitiger Inverzugsetzungen und Klageeinreichungen zur Vermeidung der Verjährung zu achten. Der Abschreibungsbedarf auf die Überfälligkeiten ist nach dem Aktenstand individuell festzustellen.

514 Auch die Saldenlisten der Guthaben von VN – Verbindlichkeiten gegenüber VN aus dem sG – können dann mit den Konten abgestimmt werden und die Einzelkonten können in Stichproben aktenmäßig überprüft werden.

VIII. Abrechnungsforderungen und -verbindlichkeiten aus dem Rückversicherungsgeschäft

Vergleiche hierzu die Ausführungen bei Ellenbürger, Beitrag B V. „Die versicherungstechnischen Posten des Jahresabschlusses der Rückversicherungsunternehmen“.

IX. Überblick über die Gewinn- und Verlustrechnung der Schaden- und Unfallversicherungsunternehmen

1. Aufbau

515 Schaden- und UnfallVU haben gem. § 2 Abs. 1 Nr. 1 RechVersV grundsätzlich, abweichend von § 275 HGB, ihre GuV nach FB 2 RechVersV aufzustellen. Soweit es sich um SchVU handelt, die auch das selbst abgeschlossene KrankenVG nach Art der LV betreiben, ist von diesen die GuV nach FB 4 RechVersV aufzustel-

len.[473] In beiden FB ist eine durchgehende Staffelrechnung vorgesehen, die seit Transformation der VersBiRiLi eine formale Trennung in eine versicherungstechnische und eine nicht versicherungstechnische Rechnung vornimmt. Für den versicherungstechnischen Teil der GuV wird eine weitere Differenzierung vorgenommen. Es ist eine versicherungstechnische Rechnung für das Allgemeine VG (Nicht-Lebens-VG) und eine für das Lebens-VG vorgesehen.

Die vor dem VersBiRiLiG in der Externen VUReV vorgeschriebene Spartenerfolgsrechnung entfällt nach geltendem Recht. Schaden- und UnfallVU haben grundsätzlich nur noch eine einheitliche GuV nach den oben aufgeführten Schemata zu erstellen, ohne dass für den versicherungstechnischen Teil der GuV, soweit bestimmte Größenkriterien erfüllt sind, für jeden VZ des sG und für jeden VZ des üG gesonderte Rechnungen aufzustellen sind. Die Spartenerfolgsrechnung wird nun durch die in § 51 RechVersV geforderten Anhangangaben ersetzt.[474] 516

2. Betriebswirtschaftliche Struktur der Gewinn- und Verlustrechnung

Die GuV der SchVU enthält, im Gegensatz zur handelsrechtlichen Gliederung der GuV nach dem Gesamtkostenverfahren (GKV)[475], weitgehend keine primären Aufwandsarten, also Aufwendungen in der Art, wie sie im Verkehr des VU mit seiner Umwelt entstehen.[476] In etwa vergleichbar mit dem Umsatzkostenverfahren (UKV)[477] erfolgt vielmehr weitgehend ein funktionsbereichsorientierter Ausweis (Sekundärprinzip), d.h., dass die primären Aufwandsarten für den Ausweis in der GuV bestimmten Bereichen oder Funktionen zugeordnet werden müssen. 517

Gemäß § 43 Abs. 1 RechVersV sind grundsätzlich die gesamten Personal- und Sachaufwendungen des Unternehmens den verschiedenen Funktionsbereichen zuzuordnen und als Funktionsbereichsaufwendungen in der GuV auszuweisen.[478] 518

Von besonderer Bedeutung ist der Ausweis des in Rückdeckung gegebenen VG in der GuV der SchVU. Die RückVR sind nach den vertraglichen Vereinbarungen an den Erträgen und Aufwendungen des ErstVR beteiligt. Versicherungstechnische Erträge und Aufwendungen sind überwiegend nach Abzug der auf das in 519

473 Vgl. § 2 Abs. 1 Nr. 4 RechVersV.

474 Vgl. *IDW* (Hrsg.), WP Handbuch 2006[13], Rn. K 521.

475 Vgl. § 275 Abs. 2 HGB.

476 Vgl. *Farny*, Buchführung und Periodenrechnung im Versicherungsunternehmen, 4. Aufl., Wiesbaden 1992, S. 139.

477 Vgl. § 275 Abs. 3 HGB.

478 Vgl. *IDW* (Hrsg.), WP Handbuch 2006[13], Rn. K 524.

Rückdeckung gegebene VG entfallenden Beträge nach dem Nettoprinzip auszuweisen. Bei den Beiträgen, den Aufwendungen für VF und den Aufwendungen für den Versicherungsbetrieb wird das sog. modifizierte Nettoprinzip[479] angewendet, d.h., von den in der Vorspalte ausgewiesenen Bruttobeträgen werden die Anteile der RückV offen abgesetzt und nur die Nettobeträge in der Hauptspalte ausgewiesen.[480]

X. Versicherungstechnische Posten der Gewinn- und Verlustrechnung im Einzelnen und Anhangangaben

1. Posten 1: Verdiente Beiträge für eigene Rechnung

520 Der Posten I 1 FB 2 bzw. FB 4 RechVersV „Verdiente Beiträge f.e.R." enthält vier Unterpositionen:

a) Gebuchte Bruttobeiträge

b) – Abgegebene RückV-Beiträge

= Gebuchte Beiträge f.e.R. (bzw. gebuchte Nettobeiträge)

c) +/– Veränderung der BÜ

d) +/– Veränderung des Anteils der RückVR an den Brutto-BÜ

= verdiente Beiträge f.e.R. (bzw. Verdiente Nettobeiträge)

a) Gebuchte Bruttobeiträge

521 Unter den gebuchten Beiträgen für das sG sind alle im GJ fällig gewordenen laufenden und einmaligen Beiträge ohne Rücksicht darauf zu erfassen, ob sie ganz oder teilweise einem anderen GJ zuzurechnen sind. Werden die tariflichen Jahresbeiträge allerdings vereinbarungsgemäß in Raten gezahlt, sind nur die im GJ fällig gewordenen Raten, einschl. der Ratenzuschläge, hier auszuweisen.[481] Auch etwaige Nachschüsse von VVaG gehören in diesen Posten.[482]

479 Vgl. *Richter*, in: Göppl/Henn (Hrsg.), Geld, Banken und Versicherungen, Bd. II, Königstein 1981, S. 887.

480 Vgl. *IDW* (Hrsg.), WP Handbuch 2006[13], Rn. K 522.

481 Vgl. § 36 Abs. 1 Nr. 1 RechVersV.

482 Vgl. § 36 Abs. 1 Nr. 4 RechVersV.

Unter den gebuchten Beiträgen aus dem sG sind auch die Nebenleistungen der VN, d.h. alle tarifmäßigen Aufnahmegebühren, Eintrittsgelder, Ausfertigungs- und Hebegebühren, Kreditprüfungsgebühren in der Kreditversicherung und ähnliche Leistungen, auch wenn sie ganz oder teilweise den Versicherungsvermittlern belassen werden, auszuweisen.[483] 522

Von vorausgezahlten Beiträgen, für die das bilanzierende VU lediglich die Verwahrung und Verwaltung übernommen hat (Beitragsdepots), sind allerdings nur die im GJ fällig gewordenen Beträge einzustellen. Bei VZ, die nach ZJ abgerechnet werden (TrV), sind auch die Nachverrechnungsbeiträge für frühere Jahre einzubeziehen.[484] 523

Im Führungs- und Beteiligungsgeschäft (offene Mitversicherung) sind nur die vom VU gezeichneten, einschl. der in einem Versicherungspool eingebrachten, Anteile hier auszuweisen.[485] 524

Saldierungen der gebuchten Beiträge etwa mit BR oder auch Aufwendungen für den Versicherungsbetrieb (wie Provisionen an die Versicherungsvermittler) sind nicht erlaubt.[486] Erlaubt sind dagegen Kürzungen der den VN aufgrund des VV zugebilligten Beitragsnachlässe, wie die Rabatte bei Gruppenversicherungen oder die Schadenfreiheitsrabatte in der Kraftfahrtversicherung, da die Beiträge in Höhe dieser Nachlässe und Rabatte erst gar nicht fällig werden. 525

Die Eingänge aus in vorausgegangenen GJ abgeschriebenen bzw. stornierten Beitragsforderungen sowie die Erträge aus der Auflösung und Verminderung der Pauschalwertberichtigungen sind den gebuchten Beiträgen hinzuzufügen.[487] Die Abschreibungen von uneinbringlich gewordenen Beitragsforderungen an die VN sowie die Aufwendungen aus der Bildung und Erhöhung der Pauschalwertberichtigung zu den Beitragsforderungen an die VN sind von den gebuchten Bruttobeiträgen abzusetzen.[488] Weiterhin hier abzusetzen ist die Versicherungssteuer, auch wenn sie nicht gesondert vom VN erhoben wird.[489] 526

Als gebuchte Beiträge aus dem üG sind die von den VorVR gutgeschriebenen Beiträge, einschl. eventueller Nebenleistungen der VN, sowie die von einem Versicherungspool übernommenen Beiträge auszuweisen.[490] 527

483 Vgl. § 36 Abs. 1 Nr. 1 RechVersV.
484 Vgl. § 36 Abs. 1 Nr. 5 RechVersV.
485 Vgl. § 36 Abs. 1 Nrn. 6-8 RechVersV.
486 Vgl. § 36 Abs. 2 Satz 2 RechVersV.
487 Vgl. § 36 Abs. 1 Nr. 9 RechVersV.
488 Vgl. § 36 Abs. 2 Satz 1 Nr. 2 RechVersV.
489 Vgl. § 36 Abs. 2 Satz 1 Nr. 1 RechVersV.
490 Vgl. § 36 Abs. 3 RechVersV.

528 Analog zu behandeln sind auch die Beiträge aus der sog. stillen Mitversicherung, da diese rechtlich eine Form der fakultativen RückV darstellt.[491] Die bei Abschluss oder Erhöhung des üG vom VorVR erhaltenen Portefeuille-Eintrittsbeiträge sind ebenfalls als gebuchte Beiträge aus dem üG zu erfassen.[492] Hiervon abzusetzen sind die bei Aufgabe oder Verminderung des üG an den VorVR abgeführten Portefeuille-Austrittsbeiträge.[493]

b) Abgegebene Rückversicherungsbeiträge

529 Als abgegebene RückV-Beiträge sind die dem RückV im Rahmen der Zession bzw. Retrozession gutgeschriebenen RückV-Beiträge, einschl. eventueller Nebenleistungen der VN, auszuweisen. Ausgewiesen werden hier auch die an Versicherungspools abgegebenen Beiträge.[494]

530 Die bei Abschluss oder Veränderung von passiven RückV abzugebenden Portefeuille-Eintrittsbeiträge sind den RückV-Beiträgen hinzuzufügen.[495] Umgekehrt sind die bei Aufgabe oder Veränderung von passiven RückV zu übernehmenden Portefeuille-Austrittsbeiträge von den RückV-Beiträgen abzusetzen.[496]

531 Wie bei den Bruttobeiträgen sind auch bei den abgegebenen RückV-Beiträgen Nachverrechnungsbeiträge nach ZJ oder Exzedentenaufgaben zu berücksichtigen.

532 Soweit der RückVR auch Abschreibungen auf Beiträge trägt, sind sie hier abzusetzen und Eingänge aus abgeschriebenen Beiträgen entsprechend wieder hinzuzusetzen.

c) Veränderung der Beitragsüberträge

533 Bezüglich der Ermittlung der BÜ wird auf die Ausführungen zu den versicherungstechnischen Posten der Bilanz verwiesen.[497] Abweichend vom Recht vor Umsetzung der VersBiRiLi ist in der GuV die Veränderung der BÜ in zwei Unterposten zu den „Verdienten Beiträgen für eigene Rechnung“ brutto und als Anteil des RückVR auszuweisen.

491 Hier erfährt der VN, im Gegensatz zur offenen Mitversicherung, nicht, dass der ErstVR andere VR intern am Risiko beteiligt; vgl. GB/BAV 1967, S. 31.
492 Vgl. § 36 Abs. 3 Satz 1 Nr. 3 RechVersV.
493 Vgl. § 36 Abs. 3 Satz 2 RechVersV.
494 Vgl. § 37 Satz 1 Nr. 2 RechVersV.
495 Vgl. § 37 Satz 1 Nr. 3 RechVersV.
496 Vgl. § 36 Abs. 3 Satz 2 RechVersV.
497 Vgl. unter Rn. 10 ff.

Der Posten „b) Abgegebene Rückversicherungsbeiträge“ wird offen mit „a) Gebuchte Bruttobeiträge“ saldiert; der Posten „d) Veränderung des Anteils der Rückversicherer an den Bruttobeitragsüberträgen“ wird offen mit „c) Veränderung der Bruttobeitragsüberträge“ saldiert. Die verdienten Beiträge f.e.R. ergeben sich als Saldo der beiden Restgrößen. 534

Unter der Veränderung der BÜ ist der Saldo aus den aufgelösten BÜ des VJ und den neu erfassten BÜ an das Folgejahr auszuweisen. Hierdurch werden die Beitragseinzahlungen der VJ, die das GJ betreffen, in diesem auch erfolgswirksam, wohingegen die Beitragseinzahlungen des GJ, die die Folgejahre betreffen, erfolgsneutral behandelt werden.[498] 535

Fremdwährungsposten im BÜ des VJ sind entsprechend der vor dem VersBiRiLiG geltenden Regelung in den VUBR auf den Kurs am Ende des GJ umzurechnen. Die sich ergebenden Währungskursgewinne oder -verluste sind bei den „Sonstigen Erträgen“[499] und „Sonstigen Aufwendungen“[500] auszuweisen.[501] 536

2. Posten 2: Technischer Zinsertrag für eigene Rechnung

Mit dem technischen Zinsertrag erfolgt eine Umbuchung eines Teils der Kapitalanlageerträge vom nicht versicherungstechnischen in den versicherungstechnischen Teil der GuV. Grundsätzlich betreffen die dergestalt transferierten Zinserträge gem. § 38 RechVersV: 537

- die Erträge aus den Kapitalanlagen (abzüglich der entsprechenden unmittelbaren Aufwendungen) des für die Brutto-Beitrags-DR für die selbst abgeschlossenen Schaden- und UnfallV nach Art der LV gebildeten Sicherungsvermögens[502];
- die Zinszuführungen zur Brutto-Renten-DR in den selbst abgeschlossenen Unfall- und Haftpflichtversicherungen;
- die Depotzinserträge aus den bei den VorVR in Höhe der Brutto-DR gestellten Sicherheiten für die in Rückdeckung übernommenen Lebens-, Kranken- sowie Schaden- und UnfallV nach Art der LV.

498 Vgl. *Farny*, Buchführung und Periodenrechnung im Versicherungsunternehmen, 4. Aufl., Wiesbaden 1992, S. 146.
499 Vgl. GuV Posten II 4 FB 2 bzw. III 5 FB 4 RechVersV.
500 Vgl. GuV-Posten II 5 FB 2 bzw. III 6 FB 4 RechVersV.
501 Hinsichtlich der Umrechnung von Fremdwährungsposten vgl. die Ausführungen unter Rn. 55.
502 Siehe hierzu auch § 25 Abs. 6 RechVersV.

538 Von den Beträgen sind die an die RückVR gezahlten Depotzinsen abzusetzen, soweit sie die einbehaltenen Sicherheiten für die Anteile der RückVR an den genannten versicherungstechnischen Bruttorückstellungen betreffen.[503] Hierauf wird auch explizit in § 48 Satz 2 Nr. 3 Satz 2 RechVersV hingewiesen, wonach die an die RückVR gezahlten Depotzinsen nicht als Zinsaufwendungen unter GuV-Posten II 5 FB 2 bzw. III 6 FB 4 RechVersV „Sonstige Aufwendungen" auszuweisen sind.

539 Als Gegenposten zur Umbuchung dient der GuV-Posten II 3 FB 2 bzw. III 4 FB 4 RechVersV „Technischer Zinsertrag". Der technische Zinsertrag wird an dieser Stelle brutto, in der versicherungstechnischen Rechnung jedoch f.e.R. ausgewiesen.

540 Gemäß § 38 Abs. 2 RechVersV sind im Anhang der Grund der Übertragung des technischen Zinsertrags und die Berechnungsgrundlage zu erläutern. Die Erläuterung des Grundes der Übertragung geschieht mit Verweis auf den Verordnungswortlaut; was in § 38 Abs. 2 RechVersV mit dem „Grund der Übertragung" gemeint ist, ist unklar.

3. Posten 3: Sonstige versicherungstechnische Erträge für eigene Rechnung

541 Unter diesem Posten der versicherungstechnischen Erfolgsrechnung sind alle nicht unter anderen Posten aufzuführenden versicherungstechnischen Erträge auszuweisen. Hierbei handelt es sich gem. § 40 Satz 1 Nr. 1 RechVersV insb. um:

- Mahngebühren und Verzugszinsen der VN und
- nicht abgehobene, verjährte BR.

542 Von den sonstigen versicherungstechnischen Erträgen sind gem. § 40 Satz 3 RechVersV die Anteile der RückVR abzusetzen.

4. Posten 4: Aufwendungen für Versicherungsfälle für eigene Rechnung

543 Die Aufwendungen für VF f.e.R. sind gem. Posten I 4 der FB 2 und 4 RechVersV aufzugliedern in:

- Zahlungen für VF und

503 Vgl. § 38 Abs. 1 Satz 2 RechVersV.

- Veränderung der Rückstellung für noch nicht abgewickelte VF.

Vom jeweiligen Bruttobetrag ist der Anteil der RückVR offen in der Vorspalte auszuweisen und dann in der Hauptspalte zu saldieren. 544

Die Zahlungen für VF setzen sich gem. § 41 Abs. 2 RechVersV zusammen aus:[504] 545

- Den gesamten Zahlungen für VF des GJ und der VJ
- Rentenzahlungen, Zahlungen für Rückkäufe und Rückgewährbeträge
- die dem Funktionsbereich „Regulierung von Versicherungsfällen, Rückkäufen und Rückgewährbeträgen" zugeordneten Personal- und Sachaufwendungen, bestehend aus externen und internen Regulierungsaufwendungen
- Schadenreserve-Austrittsvergütungen zum Ende des GJ für das üG.

Abzusetzen sind von diesen Aufwendungen Ersatzleistungen aufgrund von RPT sowie in der Rechtsschutzversicherung Zahlungen gem. § 26 Abs. 2 Satz 2 RechVersV. 546

Zu den externen Regulierungsaufwendungen gehören gem. § 41 Abs. 2 Satz 4 RechVersV insb. die Anwalts-, Gerichts- und Prozesskosten, Honorare für betriebsfremde Schadenregulierer sowie die Zusatzprovisionen für SchR an die Versicherungsvermittler. Als Regulierungsaufwendungen sind auch die Aufwendungen zur Abwehr unbegründeter Ansprüche in der Haftpflichtversicherung sowie die entschädigungsgleichen Aufwendungen in der Rechtsschutzversicherung, die durch die Betreuung der VN und der Anwälte sowie die Prüfung der Erfolgsaussichten entstehen, zu berücksichtigen. 547

Die Veränderung des Bruttobetrags der Rückstellung für noch nicht abgewickelte VF ergibt sich gem. § 41 Abs. 3 RechVersV aus der Differenz zwischen dem entsprechenden Wert am Ende des GJ und demjenigen am Anfang des GJ. 548

Hinsichtlich des Anteils des RückVR an den Zahlungen für VF verweist § 41 Abs. 4 RechVersV auf die entsprechende Anwendung der Vorschriften der Abs. 2 und 3. 549

Gemäß § 41 Abs. 5 RechVersV ist ein erhebliches Abwicklungsergebnis nach Art und Höhe zu erläutern.[505] In der Gesetzesbegründung wird darauf hingewiesen, 550

504 § 41 Abs. 2 RechVersV umschreibt den Inhalt des Postens „Zahlungen für VF" und übernimmt klarstellend Regelungen der Nr. II 5 Abs. 2 und 3 sowie II 6 VUBR.

505 Vgl. auch Rn. 219 ff.

dass hinsichtlich des Begriffs der „Erheblichkeit" keine allgemeingültige Größenordnung vorgegeben werden kann.[506]

551 Vor Umsetzung der VersBiRiLi hatten SchVU die Brutto- und Nettoschadenquoten für GJ-Schäden für jeden in FB III Externe VUReV gesondert ausgewiesenen VZ des sG im Anhang anzugeben.[507] Durch Gegenüberstellung dieser Quoten und den aus der GuV ermittelten bilanziellen Schadenquoten konnten die jeweiligen Abwicklungsergebnisse annähernd ermittelt werden. Diese Angaben sind in der RechVersV nicht vorgesehen. Aus der gem. Posten I 4 der FB 2 und 4 RechVersV vorgesehenen Darstellung der Aufwendungen für VF lässt sich nicht erkennen, welches Abwicklungsergebnis sich für VJ-Rückstellungen ergibt, da sowohl die Zahlungen als auch die Rückstellungsveränderungen VJ- und GJ-Schäden betreffen. Die Zahlungen für VJ-Schäden stellen jedoch nur in Höhe des Abwicklungsergebnisses einen Aufwand oder Ertrag dar.[508]

5. Posten 5: Veränderungen der übrigen versicherungstechnischen Netto-Rückstellungen

552 Der Posten erfasst u.a. die Beträge, die nach vor dem VersBiRiLiG geltendem Recht in den Posten „Erträge aus der Verminderung versicherungstechnischer Netto-Rückstellungen" sowie „Aufwendungen aus der Erhöhung versicherungstechnischer Netto-Rückstellungen" enthalten waren; es erfolgt somit nunmehr ein saldierter Ausweis dieser Beträge.

553 Hier auszuweisen ist folglich insb. die Veränderung der Netto-DR[509] und die Veränderung der Rückstellungen, die auf der Passivseite unter dem Posten E VI RechVersV „Sonstige versicherungstechnische Rückstellungen" ausgewiesen werden.

554 Die Veränderung der übrigen versicherungstechnischen Netto-Rückstellungen ist gem. FB 2 und 4 RechVersV zu unterteilen in:

a) Netto-DR

b) Sonstige versicherungstechnische Netto-Rückstellungen.

506 Vgl. BR-Drs. 823/94, S. 138.

507 Vgl. § 13 Nr. 2 Satz 8 Externe VUReV.

508 Vgl. *Laaß*, WPg 1991, S. 589; *IDW* (Hrsg.), WP Handbuch 2006[13], Rn. K 410.

509 Zum Inhalt des Postens E II „Deckungsrückstellung" bei SchVU vgl. die Erläuterungen zum entsprechenden Bilanzposten.

Gemäß Fn. 1 zu FB 2 bzw. Fn. 2 zu FB 4 entfallen die beiden Unterposten a und b, sofern ein Passivposten „Deckungsrückstellung" nicht vorhanden ist; der Posten erhält dann die Bezeichnung „5. Veränderung der sonstigen versicherungstechnischen Netto-Rückstellungen". 555

Im Fall einer Zusammenfassung der GuV Posten I 5a und 5b FB 2 bzw. 4 RechVersV zum Posten „Veränderung der übrigen versicherungstechnischen Netto-Rückstellungen"[510] sind die Posten im Anhang gesondert auszuweisen, wenn die Zusammenfassung zur Vergrößerung der Klarheit erfolgt.[511] 556

6. Posten 6: Aufwendungen für erfolgsabhängige und erfolgsunabhängige Beitragsrückerstattung für eigene Rechnung

Die SchVU weisen hier sowohl im Bereich der erfolgsabhängigen als auch der erfolgsunabhängigen BR grundsätzlich die Zuführungen zur Rückstellung für BR, zuzüglich der um entsprechende Gewinne verminderten Verluste aus der Abwicklung der aus dem vorhergehenden GJ übernommenen Rückstellungen aus.[512] Hiervon sind die Anteile der RückVR abzuziehen. 557

Erreichen die erfolgsabhängigen und erfolgsunabhängigen BR an die VN einen größeren Umfang, so sind sie gem. § 42 Abs. 3 RechVersV im Anhang anzugeben. 558

7. Posten 7: Aufwendungen für den Versicherungsbetrieb für eigene Rechnung

Der GuV-Posten Aufwendungen für den Versicherungsbetrieb f.e.R. enthält die den Funktionsbereichen 559

a) Abschluss von VV und

b) Verwaltung von VV

zugerechneten Personal- und Sachaufwendungen des Unternehmens zuzüglich der kalkulatorischen Mietaufwendungen für die eigengenutzten Grundstücke und Bauten.[513]

510 Das Wahlrecht ergibt sich aus § 3 Nr. 2 Buchst. a RechVersV.

511 Vgl. § 3 Nr. 2 Doppelbuchst. bb RechVersV.

512 Vgl. § 42 Abs. 2 Nrn. 1 und 2 RechVersV.

513 Zum Verfahren der Kostenverteilung auf die Funktionsbereiche vgl. *IDW* (Hrsg.), WP Handbuch 2006[13], Rn. K 525 ff. Zur Abgrenzung von Abschluss- und Verwaltungsaufwendungen vgl.

560 In der GuV ist die zusammengefasste Angabe von Abschluss- und Verwaltungsaufwendungen gem. § 43 Abs. 5 RechVersV vorgesehen, im Anhang sind diese Posten jedoch von SchVU gesondert anzugeben.

561 Von den Bruttoaufwendungen für den Versicherungsbetrieb werden die erhaltenen Provisionen und Gewinnbeteiligungen aus dem in Rückdeckung gegebenen VG offen abgesetzt. Hierzu gehören gem. § 43 Abs. 4 RechVersV auch die vom RückVR geleistete anteilige Erstattung der dem VorVR entstandenen originalen Aufwendungen für den Versicherungsbetrieb sowie die erhaltenen Aufbauzuschüsse.

562 Im Fall einer Zusammenfassung der GuV Posten I 7a und 7b FB 2 bzw. 4 RechVersV zum Posten „Aufwendungen für den Versicherungsbetrieb für eigene Rechnung“[514] sind die Posten im Anhang gesondert auszuweisen, wenn die Zusammenfassung zur Vergrößerung der Klarheit erfolgt.[515]

8. Posten 8: Sonstige versicherungstechnische Aufwendungen für eigene Rechnung

563 In diesem Posten werden die versicherungstechnischen Aufwendungen ausgewiesen, die nicht unter anderen Posten zu erfassen sind.[516] Der Posten korrespondiert daher mit dem Posten „Sonstige versicherungstechnische Erträge f.e.R.“.

564 Bei SchVU ist hier gem. § 44 Satz 1 Nr. 1 RechVersV insb. die Feuerschutzsteuer, auch insoweit sie an den VorVR erstattet wird, zu erfassen.

565 Weiterhin sind hier die Zahlungen aufgrund der Mitgliedschaft im Verein Verkehrsopferhilfe e.V. zu erfassen.[517]

566 Nicht mehr unter diesem GuV-Posten auszuweisen sind die Aufwendungen für Schadenverhütung und -bekämpfung.[518]

567 Gemäß § 44 Satz 3 RechVersV sind von den sonstigen versicherungstechnischen Aufwendungen die Anteile der RückVR abzusetzen.

Stuirbrink/Schuster, in: Beck Vers-Komm., München 1998, § 43 RechVersV, Rn. 26 ff.

514 Das Wahlrecht ergibt sich aus § 3 Nr. 2 Buchst. b RechVersV.

515 Vgl. § 3 Nr. 2 Doppelbuchst. bb RechVersV.

516 Vgl. § 44 Satz 1 RechVersV.

517 Vgl. hierzu Rn. 449 ff.

518 Diese Aufwendungen gehörten gem. VUBR II Nr. 0.4 Abs. 1 Satz 2 Ziffer 4 zu einem eigenen Funktionsbereich. Nach geltendem Recht fallen solche Aufwendungen jedoch vollständig unter die Verwaltungsaufwendungen (§ 43 Abs. 3 Nr. 3 RechVersV).

9. Posten 10: Veränderung der Schwankungsrückstellung und ähnlicher Rückstellungen

Unter diesem GuV-Posten ist der sich sowohl für die SchwR als auch für die dieser Rückstellung ähnlichen Rückstellungen ergebende Unterschiedsbetrag zwischen den Bilanzwerten am Ende des vorausgegangenen GJ und am Ende des aktuellen GJ auszuweisen.[519] 568

10. Anhangangaben

Grundsätzlich sind im Anhang gem. § 284 Abs. 2 Nr. 1 HGB die auf die Posten der GuV angewendeten Bilanzierungs- und Bewertungsmethoden anzugeben. Abweichungen von bisher angewendeten Bilanzierungs- und Bewertungsmethoden sind anzugeben und zu begründen.[520] Der Einfluss auf die Vermögens-, Finanz- und Ertragslage ist darzustellen. 569

Schaden- und Unfallversicherungsunternehmen haben gem. § 51 Abs. 4 Nr. 1 RechVersV im Anhang ihres JA folgende versicherungspezifischen Angaben zu machen: 570

(1) Die Angaben haben für das gesamte sG und das gesamte üG getrennt zu erfolgen. Eine Trennung kann unterbleiben, wenn die gebuchten Bruttobeiträge für das üG weniger als 10 % der gebuchten Bruttobeiträge für das gesamte VG ausmachen.

(2) Die Angaben haben für das sG für folgende VZ-Gruppen, VZ und -arten zu erfolgen:

- Unfall- und Krankenversicherung insgesamt;
  davon:
  - UnfallV
  - Krankenversicherung
- Haftpflichtversicherung
- Kraftfahrzeug-Haftpflichtversicherung
- sonstige Kraftfahrtversicherungen
- Feuer- und Sachversicherung;
  davon:

519 Siehe hierzu die Erläuterungen zum entsprechenden Bilanzposten.
520 Vgl. § 284 Abs. 2 Nr. 3 HGB.

  - Feuerversicherung
  - Verbundene Hausratversicherung
  - Verbundene Gebäudeversicherung
  - sonstige Sachversicherung
- Transport- und Luftfahrtversicherung
- Kredit- und Kautionsversicherung
- Rechtsschutzversicherung
- Beistandsleistungsversicherung
- sonstige Versicherungen.

571 Die RechVersV hat die Bezeichnungen aus Art. 63 der deutschen Fassung der VersBiRiLi fast wörtlich übernommen. Die Bezeichnungen der verschiedenen VZ bzw. -arten in § 51 Abs. 4 Nr. 1 Satz 3 RechVersV lassen sich der Anlage 1 Abschn. C der BerVersV wie folgt gegenüberstellen:

RechVersV	**BerVersV (VZ-Kz)**
UnfallV	03
KrankenV	02
Haftpflichtversicherung	04, 25
Kraftfahrzeug-Haftpflichtversicherung	05.1
sonstige Kraftfahrtversicherungen	05.2, 05.3,05.9
Feuerversicherung	08
VHV	13
VGV	14
sonstige Sachversicherung	09, 10, 11, 12, 15, 16, 17, 18, 21, 29.1
TrV	19
Luftfahrtversicherung	06
Kredit- und Kautionsversicherung	20
Rechtsschutzversicherung	07
Beistandsleistungsversicherung	24
sonstige Versicherungen	23, 29.3, 29.4, 29.6, 29.9

572 Die Einführung eines VZ 28 „Sonstige Sachversicherung“ für Zwecke der internen Rechnungslegung durch die Neufassung der BerVersV im April 2006[521] ändert an der obigen Zuordnung nichts: Abweichend von der für die externe Rechnungslegung maßgeblichen Abgrenzung der sonstigen Sachversicherung gehört gem.

521 Vgl. BGBl. I 2006, S. 622.

Anlage 1 Abschn. C der BerVersV auch der VZ 23 „Betriebsunterbrechungs-Versicherung“ zum VZ 28, während der VZ 29.1 „sonstige Sachschadenversicherung“ der BerVersV zufolge nicht der sonstigen Sachversicherung zugeordnet wird. Externe und interne Rechnungslegung sind in diesem Punkt inkonsistent.

Die zuvor bestehende Inkonsistenz hinsichtlich der Zuordnung der Versicherungsart Kraftfahrtunfall wurde hingegen durch die ebenfalls über die Neufassung der BerVersV erfolgte Umhängung vom VZ Kraftfahrt in den VZ Unfall behoben. 573

(3) Die Untergliederung nach VZ-Gruppen, VZ oder -arten des sG kann entfallen, sofern die gebuchten Bruttobeiträge in den einzelnen VZ-Gruppen, VZ oder -arten jeweils 10 Mio. EUR nicht übersteigen. Auf jeden Fall sind aber die Angaben für die drei wichtigsten – i.d.R. die am Beitragsanteil gemessen größten – VZ-Gruppen, VZ oder -arten zu machen. Die Befreiungsgrenze von 10 Mio. EUR gilt unabhängig von der Größe des VU. 574

(4) Es erfolgen keine gesonderten Angaben für einzelne VZ des üG. 575

(5) Schaden- und Unfallversicherungsunternehmen haben für das gesamte üG gem. § 51 Abs. 4 Nr. 1 Satz 1 RechVersV jeweils folgende Angaben zu machen: 576

(a) gebuchte Bruttobeiträge;

(b) verdiente Bruttobeiträge;

(c) verdiente Nettobeiträge;

(d) Bruttoaufwendungen für VF;

(e) Bruttoaufwendungen für den Versicherungsbetrieb;

(f) RückV-Saldo
= Anteil des RückVR an den verdienten Beiträgen, abzüglich des Anteils des RückVR an den Aufwendungen unter (d) und (e);

(g) versicherungstechnisches Ergebnis f.e.R.;

(h) versicherungstechnische Bruttorückstellungen

- insgesamt;
- Bruttorückstellung für noch nicht abgewickelte VF,
- SchwR und ähnliche Rückstellungen;

(i) Anzahl der mind. einjährigen VV (nur für das sG).

Alle Erstversicherungsunternehmen (ErstVU) – also auch die SchVU – haben gem. § 51 Abs. 4 Nr. 5 RechVersV die gebuchten Bruttobeiträge des sG nach folgender Herkunft zu untergliedern: 577

- Inland
- andere EU-Staaten sowie andere Vertragsstaaten des Abkommens über den Europäischen Wirtschaftsraum
- Drittländer.[522]

578 Zusätzlich sind nach § 51 Abs. 5 RechVersV Angaben über die Provisionen und sonstigen Bezüge der Versicherungsvertreter für das sG sowie Personalaufwendungen nach dem Muster 2 der RechVersV zu machen.

579 Die Angabe des RückV-Saldos (f) braucht im sG für die Feuer- und Sachversicherung nur insgesamt zu erfolgen.[523] Die Beträge der hierin enthaltenen Sach-VZ brauchen nicht gesondert genannt zu werden.

580 Der RückV-Saldo ist durch die Einführung der VersBiRiLi Element der externen Rechnungslegung von SchVU geworden. Sein Inhalt ist gem. § 51 Abs. 4 Nr. 1 Buchst. f RechVersV durch die Posten „Verdiente Beiträge", „Aufwendungen für VF und für den Versicherungsbetrieb" abschließend aufgezählt. Dagegen sind folgende Posten nicht im RückV-Saldo enthalten:

- Technischer Zinsertrag
- Veränderung der übrigen versicherungstechnischen Rückstellungen
- Aufwendungen für BR
- Feuerschutzsteuer
- freie Zinsen auf BÜ- und
- Schadenrückstellungs-Depots sowie Abrechnungssalden.

581 Damit ist der RückV-Saldo ein Posten sui generis. Er entspricht weder dem versicherungstechnischen Ergebnis noch dem betriebswirtschaftlichen Gesamtergebnis und auch nicht dem liquiden Saldo.

582 Dass zwar die bedeutendsten, aber nicht sämtliche Erfolgskomponenten im RückV-Saldo zu erfassen sind, ist dem Verordnungsgeber bewusst gewesen; denn in der Begründung der RechVersV wird darauf ausdrücklich hingewiesen.[524]

583 Die Beurteilung des „RückV-Saldos" muss unter Beachtung seines vorgeschriebenen Inhaltes erfolgen, um Fehlinterpretationen zu vermeiden.

---

522 Die Angabepflicht entfällt, wenn die gebuchten Bruttobeiträge in den einzelnen Herkunftsgebieten jeweils weniger als 5 % der gebuchten Bruttobeiträge im gesamten sG ausmachen (§ 51 Abs. 4 Nr. 5 Satz 2 RechVersV).

523 Vgl. § 51 Abs. 4 Satz 5 RechVersV.

524 Vgl. Begründung zu § 51 Abs. 4 RechVersV, in: v. Oos (Hrsg.), Materialen zur Rechnungslegung der Versicherungsunternehmen, Karlsruhe 1997, S. 510.

B V. Die versicherungstechnischen Posten des Jahresabschlusses der Rückversicherungsunternehmen

von WP/StB Dr. Frank Ellenbürger, München
*und WP/StB Dipl.-Kfm. Rainer Husch, Köln**

* Unter Mitarbeit von *Monika Fabry*, Köln.

I. Grundlagen

1. Begriffsbestimmung der Rückversicherung

1 Rückversicherung (RückV) ist ein auf Übernahme des versicherungstechnischen Risikos gerichteter Vertrag zwischen Erst- und Rückversicherer (RückVR) bzw. zwei RückVR und setzt immer die Existenz eines Erstversicherungsverhältnisses voraus.[1] Vertragspartner kann nur ein anderer Versicherer (VR) sein. Für den Versicherungsnehmer (VN) ist das Bestehen eines Rückversicherungsvertrags (RückVV) nicht erkennbar, und es bestehen auch keine Rechtsbeziehungen zwischen RückVR und VN. Hierdurch unterscheidet sich die RückV von der Mitversicherung.

2 Bei der Mitversicherung gewähren mehrere Erstversicherer (ErstVR) gemeinsam als Vertragspartner Versicherungsschutz für ein Risiko. Obwohl hier nur eine Versicherungspolice unterzeichnet wird, kommt zwischen dem VN und jedem Mitversicherer (MitVR) ein separater Versicherungsvertrag (VV) über den jeweils übernommenen Risikoanteil zustande. Das heißt es besteht zwischen jedem einzelnen MitVR und dem VN eine Rechtsbeziehung.

1 Vgl. *Gerathewohl* u.a., Rückversicherung, Grundlagen und Praxis, Bd. I, Karlsruhe 1976, S. 1.

2. Rechnungslegung

Den gesetzlichen Rahmen für die Rechnungslegung bilden das HGB, insb. mit den für Versicherungsunternehmen (VU) geltenden §§ 341-341p HGB sowie einige Vorschriften des VAG und des AktG. Daneben enthält die „Verordnung über die Rechnungslegung von Versicherungsunternehmen (RechVersV)“ Bestimmungen zur Rechnungslegung von VU. 3

Für die Rechnungslegung gelten gem. § 2 Abs. 1 Satz 2 RechVersV nur solche Unternehmen als Rückversicherungsunternehmen (RückVU), die ausschließlich die RückV betreiben. Eine Gesellschaft, die sowohl das Erst- als auch das Rückversicherungsgeschäft (RückVG) betreibt, hat ohne Rücksicht auf den Umfang des RückVG nach den für ErstVR geltenden Vorschriften und Formblättern (FB) Rechnung zu legen. Der Geschäftsbetrieb eines RückVU weist einige Besonderheiten auf, die sich auf die Rechnungslegung auswirken und deshalb spezieller Regelungen bedurften. 4

Die Aufstellungsfristen für den Jahresabschluss (JA), den Lagebericht (LB) und die Einberufung der Hauptversammlung (HV) bzw. Versammlung der obersten Vertretung für VU i.S.d. § 341a Abs. 5 HGB (d.h. VU, die ausschließlich die RückV zum Gegenstand haben, oder VU, deren Beiträge aus einem in Rückdeckung übernommenen Versicherungsgeschäft (üG) die Beiträge des selbst abgeschlossenen Versicherungsgeschäfts (sG) übersteigen) stellen sich wie folgt dar: Für RückVU, deren Geschäftsjahr (GJ) mit dem Kalenderjahr übereinstimmt, gilt für die Aufstellung des JA und des LB nach § 341a Abs. 5 HGB eine Frist von zehn Monaten, es sei denn, es handelt sich um ein kapitalmarktorientiertes RückVU, das einen organisierten Markt i.S.d. § 2 Abs. 5 WpHG in einem EU-Mitgliedstaat oder einem Vertragsstaat des Abkommens über den Europäischen Wirtschaftsraum in Anspruch nimmt und keine Kapitalgesellschaft i.S.d. § 327a HGB[2] ist. Dann gilt eine Frist von vier Monaten. 5

Bei abweichendem GJ – Bilanzierung zum 30. Juni. – gilt ebenfalls eine Aufstellungsfrist von vier Monaten. Der Grund für die unterschiedlichen Aufstellungsfristen bei Geschäftsjahresende 31. Dezember oder einem hiervon Abweichenden liegt darin, dass bei abweichendem GJ die RückVU die Versicherungstechnik zeitversetzt zum 31. Dezember buchen und damit verlängerte Fristen nicht mehr erforderlich sind. Im Zuge der Internationalisierung der Rechnungslegung haben 6

2 Gesellschaften i.S.d. § 327a HGB sind solche kapitalmarktorientierten RückVU, die ausschließlich zum Handel an einem organisierten Markt zugelassene Schuldtitel i.S.d. § 2 Abs. 1 Satz 1 Nr. 3 WpHG begeben, die eine Mindeststückelung von 50.000 Euro oder dem am Ausgabetag entsprechenden Gegenwert einer anderen Währung aufweisen.

die RückVU in der Praxis ihre GJ auf das Kalenderjahr umgestellt. Die Einberufung der HV bzw. Versammlung der obersten Vertretung muss in allen Fällen spätestens 14 Monate nach Ende des GJ erfolgen.

7 Die Offenlegungsfrist beträgt bei RückVU i.S.d. § 341a Abs. 5 HGB, die kapitalmarktorientiert sind und nicht in den Anwendungsbereich des § 327a HGB fallen, gem. § 341l Abs. l Satz 2 i.V.m. § 325 Abs. l HGB vier Monate nach dem Bilanzstichtag.

8 Für RückVU i.S.d. § 341a Abs. 5 HGB, die nicht kapitalmarktorientiert sind, oder aber solche, bei denen eine Kapitalmarktorientierung zwar vorliegt, die aber gleichzeitig die Kriterien des § 327a HGB erfüllen, da sie ausschließlich zum Handel an einem organisierten Markt zugelassene Schuldtitel i.S.d. § 2 Abs. 1 Satz 1 Nr. 3 WpHG begeben, die eine Mindeststückelung von 50.000 Euro oder dem am Ausgabetag entsprechenden Gegenwert in einer anderen Währung aufweisen, beträgt die Offenlegungsfrist 15 Monate nach dem Bilanzstichtag.[3] Maßgebend für die Wahrung der Frist ist die Einreichung der Unterlagen beim elektronischen Bundesanzeiger.[4]

9 Der JA ist in Euro zu erstellen.[5] Für international tätige RückVU ist die Währungsumrechnung daher von großer Bedeutung. Da das RückVU i.d.R. in der Landeswährung des Zedenten haftet, werden auch die Abrechnungen des RückVG in Originalwährung erfasst und gebucht, wobei eine Abrechnung mehrere Währungen enthalten und der Saldoausgleich wiederum in nur einer Währung erfolgen kann.[6]

10 Die Grundlagen der mit der Einführung des § 256a HGB im Zuge des Bilanzrechtsmodernisierungsgesetzes (BilMoG) erstmalig explizit gesetzlich geregelten Währungsumrechnung müssen im Anhang gem. § 284 Abs. 2 Nr. 2 HGB angegeben werden. Über die inhaltliche Ausgestaltung sowie Art und Umfang der Angaben gibt die Vorschrift keinen Hinweis.[7] Zumindest sind verbale Angaben zu den Umrechnungskursen, zur Behandlung der Währungskursgewinne und -verluste in der Gewinn- und Verlustrechnung (GuV) sowie zum Umfang der kongruenten Deckung zu machen.

---

3 Vgl. § 341 Abs. l Satz 2 i.V.m. § 325 Abs. l HGB für nicht kapitalmarktorientierte RückVU bzw. § 341l Abs. l Satz 2 i.V.m. § 327a HGB für RückVU, die unter § 327a HGB fallen.

4 Vgl. § 341 Abs. 1 Satz 1 i.V.m. § 325 Abs. 4 Satz 2 HGB.

5 Vgl. Art. 42 Abs. 1 EGHGB.

6 Vgl. *Geiger*, VW 1997, S. 894.

7 Vgl. *ADS*, 6. Aufl., Stuttgart 1995 ff., § 284 HGB, Rn. 96; *IDW* (Hrsg.), WP Handbuch 2006, 13. Aufl., Bd. I, Düsseldorf 2006, Rn. F 614.

In Einklang mit § 256a HGB werden die unterjährig in Originalwährung gebuchten Depots, Abrechnungen und die zum Jahresende ebenfalls in Originalwährung aufgegebenen versicherungstechnischen Rückstellungen mit den Kursen am Bilanzstichtag umgerechnet. Eine Vorschrift, die dieses Verfahren zwingend vorschreibt, ist nicht vorhanden. Um das versicherungstechnische Geschäft von den Schwankungen der Währungskurse freizuhalten, sind die zum Ende des Vorjahres (VJ) umgerechneten Depots, Abrechnungssalden und versicherungstechnischen Rückstellungen ebenso wie die in Fremdwährung geführten Kassen- und Bankbestände mit denselben Kursen am GJ-Ende anzusetzen. Die Unterschiedsbeträge gegenüber den in Euro umgerechneten VJ-Beträgen sind im nicht versicherungstechnischen Teil als Währungskursgewinn oder -verlust auszuweisen. Dabei dürfen innerhalb der gleichen Währung Verrechnungen erfolgen. Soweit es sich bei dem Überhang um Währungskursgewinne handelt, werden diese Beträge einer Rückstellung zugeführt, die ggf. zur Abdeckung zukünftiger Verlustüberhänge aus Währungskursveränderungen zu verwenden ist. 11

Um die Auswirkungen von Wechselkursänderungen auf die Bilanz des RückVU zu mindern, wenden international tätige RückVU das Prinzip der kongruenten Deckung an.[8] Hierbei sind die versicherungstechnischen Verbindlichkeiten in fremder Währung durch Vermögensgegenstände in entsprechender Währung gedeckt. Die allgemeinen Regeln zu Bewertungseinheiten gem. § 254 HGB finden hier ebenfalls Anwendung. Nur bei Ungleichheit der Aktiva und Passiva in der jeweiligen Währung ergibt sich aus der Umrechnung eine Kursdifferenz, die imparitätisch zu behandeln ist. 12

Rückversicherungsunternehmen haben gem. § 2 Abs. 1 Satz 1 RechVersV ihre Bilanzen nach FB 1 und ihre GuV nach FB 2 unter Berücksichtigung der für sie geltenden Anm. zu den FB aufzustellen. 13

3. Abrechnungsmodalitäten

In der Regel ergeben sich die Einzelheiten der Abrechnung aus dem RückVV. Die Abrechnungen des Zedenten dienen dem RückVU als Grundlage für die Erfassung und buchhalterische Verwaltung des versicherungstechnischen Geschäfts und die Abwicklung des Zahlungsverkehrs. Darüber hinaus nutzt das RückVU diese Informationen für diverse interne Auswertungen, z.B. Statistik über den Verlauf eines RückVV oder einer Geschäftsverbindung, Planung, Prognose, Underwriting, etc.[9] 14

8 Vgl. *Geiger*, VW 1997, S. 895.
9 Vgl. *Pfeiffer*, Einführung in die Rückversicherung, 5. Aufl., Wiesbaden 1999, S. 40.

Im Hinblick auf die Transparenz der Geschäfte werden für Verträge, die mehrere VZ oder verschiedene Währungen enthalten, i.d.R. getrennte oder detaillierte Abrechnungen aufgegeben. Bei international tätigen RückVU ist zu beachten, dass andere Länder eine Spartentrennung, wie sie in Deutschland üblich ist, meist nicht kennen. Daraus können sich in der Praxis Zuordnungsprobleme ergeben.

15 Aufgrund der unterschiedlichen Vertragskonstruktionen unterscheiden sich die Abrechnungsmodalitäten und -posten in der proportionalen und nicht proportionalen RückV. Bei der proportionalen RückV (Quote und Summenexzedent) ist das RückVU gem. dem von ihm akzeptierten Anteil sowohl an der Originalprämie als auch an allen anfallenden Schäden eines Risikos beteiligt. Im Gegensatz hierzu wird bei der nicht proportionalen RückV (Schadenexzedent und Stop Loss) das Entgelt für die Risikoübernahme unabhängig von der Originalprämie unter Berücksichtigung der individuellen Schadenvergangenheit ermittelt.

16 In der proportionalen RückV erfolgen die Abrechnungen in der Schaden-/Unfallversicherung überwiegend viertel- oder halbjährlich. In der Lebensversicherung (LV) ist das Vorgehen uneinheitlich: Während im Inland die Abrechnungen hauptsächlich jährlich erstellt werden, überwiegen im Ausland kürzere Abrechnungsperioden. Die Abrechnungen an das RückVU enthalten Informationen über RückV-Beiträge (GJ und Nachverrechnungsbeiträge für VJ), RückV-Provisionen, Steuern (z.B. Feuerschutzsteuer), Schadenaufwand (bezahlte Schäden, Schadenrückstellungen, Regresse, aufgeteilt nach Anfall- und Zeichnungsjahr), Gewinnanteile, Depots (Einbehalt und Freigabe), Zinsen und Portefeuille- bzw. Schadenreserve-Eintritte und Austritte, etc. Zusätzliche Auskünfte über die Art, die Höhe, die Anzahl, etc. der rückgedeckten Risiken, so genannte Borderos, sind in der fakultativen RückV und in der LV üblich.

17 Bei RückVU enthalten die unterjährig erteilten Abrechnungen i.d.R. keine Angaben über die Höhe der versicherungstechnischen Rückstellungen, sodass die Erstellung unterjähriger Abschlüsse erschwert wird. Hinzu kommt für international tätige RückVU, dass die Verträge während des GJ in der jeweiligen Originalwährung geführt und abgerechnet werden; gleiches gilt für die Kapitalanlagen. Hieraus ergibt sich für die Unternehmen eine zusätzliche Erschwernis bei der Aufstellung unterjähriger Abschlüsse.

18 Eine Ausnahme von den vertraglich vereinbarten, regelmäßigen Abrechnungsperioden bilden die Schadeneinschüsse, die unabhängig von dem jeweiligen Abrechnungszeitraum beim RückVU eingefordert werden können. Schadeneinschüsse werden bei großen Schäden eingefordert, wenn das ErstVU diese wegen ihrer Größe nicht erst in der nächsten Abrechnung, sondern sogleich erstattet haben

möchte.[10] Ab welcher Höhe ein Schadeneinschuss angefordert werden kann, ist im RückVV festgelegt.

In der nicht proportionalen RückV werden die Abrechnungen jährlich, nach Ende des Vertragsjahres, erteilt.[11] Die Abrechnungen enthalten i.d.R. nur Angaben über das Entgelt und die zur Berechnung des Entgelts notwendigen Bezugsgrößen (z.B. die Beitragseinnahme für den geschützten Versicherungsbestand (VB)). Schäden, die die Priorität des ErstVU überschreiten, von diesem jedoch noch nicht gezahlt wurden, werden dem RückVU in der Abrechnung nachrichtlich mitgeteilt. Schadenzahlungen werden mit dem RückVU i.d.R. erst dann abgerechnet, wenn die Zahlung des ErstVU die vereinbarte Priorität überschreitet. Unterjährig abgerechnet werden im nicht proportionalen Bereich nur die so genannten Mindest- und Vorausprämien, sodass die endgültige Abrechnung am Ende des Jahres als Adjustierungsprämie zu verstehen ist. 19

Das RückVU prüft, soweit es ihm möglich ist, die ihm erteilte Abrechnung und bestätigt den Saldo bzw. macht Einwendungen geltend. Der sich aus der Abrechnung ergebende liquide Saldo ist innerhalb einer bestimmten Frist (meistens kurzfristig) nach Anerkennung durch das RückVU auszugleichen. 20

Die Abrechnungen für das vom RückVU in Rückdeckung gegebene Geschäft (Retrozession) werden vom RückVR erstellt. Sie enthalten die auf den Abrechnungen der Zedenten basierenden versicherungstechnischen Aufwendungen und Erträge, wie sie sich aus seiner Buchhaltung ergeben. Da das RückVU in seiner Entscheidung frei ist, wie es sich selbst rückversichert, ist es bei der Retrozession weder an die vertragliche Form noch an die Bedingungen des von ihm gewährten RückV-Schutzes gebunden. 21

II. Bilanz

1. Die versicherungstechnischen Rückstellungen

a) Einleitung

Die versicherungstechnischen Rückstellungen sind in der Bilanz gem. FB 1 auszuweisen. Dabei werden in der Vorspalte von den brutto ausgewiesenen Beträgen die auf den Retrozessionär entfallenden Anteile offen abgesetzt (Modifiziertes 22

10 Vgl. *Gerathewohl* u.a., Rückversicherung, Grundlagen und Praxis, Bd. I, Karlsruhe 1976, S. 856.
11 Vgl. *Pfeiffer*, Einführung in die Rückversicherung, 5. Aufl., Wiesbaden 1999, S. 37.

Nettoprinzip).[12] In der Hauptspalte wird der entsprechende Nettobetrag ausgewiesen. Eine Ausnahme bildet die Schwankungsrückstellung (SchwR), die nur die Schwankungen im eigenen Schadenverlauf des RückVU ausgleichen soll und folglich auf Basis der Nettozahlen ermittelt wird. Weitere Ausnahmen sind die der SchwR ähnlichen Rückstellungen für Großrisiken (Atomanlagen- und Pharma-Produkthaftpflichtversicherung sowie Terrorrisiken), die ebenfalls nur netto berechnet und ausgewiesen werden.

23 Mit dieser Bilanzierungsform wird dem Verrechnungsverbot nach § 246 Abs. 2 HGB Rechnung getragen. Außerdem ist durch diese Darstellungsart der Geschäftsumfang mit dem Selbstbehalt im Verhältnis zur Eigenkapitalausstattung unmittelbar aus der Bilanz ersichtlich.

24 Im Anhang sind die Methoden der Ermittlung der versicherungstechnischen Rückstellungen anzugeben und wesentliche Änderungen der Methoden gegenüber dem vorangegangenen GJ zu erläutern.

b) Beitragsüberträge

25 Aus der fehlenden Übereinstimmung zwischen Versicherungsperiode und GJ von VU resultiert die Notwendigkeit, im GJ vereinnahmte, aber das Folgejahr betreffende Beitragsteile abzugrenzen. Nach § 341e Abs. 2 Nr. 1 HGB und § 24 Satz 1 RechVersV sind Beitragsüberträge (BÜ) der Teil der Beiträge, der als Ertrag für eine bestimmte Zeit nach dem Abschlussstichtag dem folgenden GJ oder den folgenden GJ zuzurechnen ist, soweit er nicht in einer anderen versicherungstechnischen Rückstellung auszuweisen ist. Für RückVU gilt ebenso wie für ErstVU, dass die BÜ für jeden VV einzeln[13] und zeitanteilig zu berechnen sind, wobei als VV das in einem RückVV beschriebene Rechtsverhältnis zwischen dem RückVU und dem Zedenten anzusehen ist. Im Allgemeinen teilt der Zedent dem RückVU die Höhe der BÜ für alle relevanten Verträge mit. Das RückVU hat den Angaben des Zedenten grundsätzlich zu folgen und die BÜ in der aufgegebenen Höhe zu bilanzieren.

26 Fehlen Zedentenaufgaben oder liegen sie nur unvollständig vor, so müssen die BÜ aufgrund von Näherungsverfahren ermittelt werden.[14] Ist der sich hierbei ergebende Betrag niedriger als der ggf. vertraglich vereinbarte Portefeuille-Stornosatz bei

12 Vgl. *Geib/Horbach*, in: Kommentar zu den Rechnungslegungsvorschriften für Versicherungsunternehmen (KoRVU), Bd. 1, Karlsruhe, 1991, Rn. 3.
13 Vgl. § 252 Abs. 1 Nr. 3 HGB.
14 Vgl. § 341e Abs. 3 HGB.

Vertragsbeendigung, so ist im Fall einer Kündigung der vertraglich vereinbarte Portefeuille-Stornosatz zur Ermittlung der BÜ heranzuziehen.[15]

Bei der Berechnung des Rechnungsabgrenzungspostens (RAP) „Beitragsüberträge“ haben auch RückVU zu beachten, dass die vereinnahmten Beiträge um die mit der Vereinnahmung zusammenhängenden Kosten zu kürzen sind. In Ermangelung einer handelsrechtlichen Vorschrift wird in der Praxis i.d.R. der koordinierte Ländererlass aus dem Jahr 1974[16] angewendet. Hiernach sind in der Schaden- und Unfall-RückV von den Brutto-BÜ 92,5 % der anteiligen Provisionen als nicht übertragungsfähige Einnahmeteile abzuziehen. Die Halbierung der in der Schaden- und Unfallerstversicherung nicht abzuziehenden Kostenanteile von 15 % auf 7,5 % basiert auf der Annahme, dass die RückV-Provision zu gleichen Teilen Vertreterprovisionen einerseits und sonstige Kosten sowie ggf. Gewinnanteile andererseits repräsentiert.[17] 27

c) Deckungsrückstellung

Bei den RückVU enthält dieser Posten die Deckungsrückstellung (DR) für die in Rückdeckung übernommenen LV und Krankenversicherungen (KV) als auch die Beitrags-DR für die lebenslängliche Hausratversicherung und die Unfallversicherung mit Beitragsrückgewähr.[18] Der Ausweis der von Schaden- und Unfall-ErstVU aufgegebenen Renten-DR erfolgt unter der „Rückstellung für noch nicht abgewickelte Versicherungsfälle“.[19] 28

Die Berechnung der DR für das in Rückdeckung übernommene LV- und KV-Geschäft richtet sich wie bei den ErstVU nach § 341f HGB und § 25 RechVersV. Nicht zur Anwendung kommen dagegen die Vorschriften der aufgrund des § 65 VAG erlassenen DeckRV bzw. der aufgrund des § 12c Abs. 1 VAG erlassenen KalV bei den Unternehmen, die ausschließlich die RückV betreiben.[20] Soweit Lebensversicherungsunternehmen (LVU) ein entsprechendes Versicherungsgeschäft (VG) in Rückdeckung übernehmen, lassen weder das VAG noch andere Gesetzesquellen eindeutig erkennen, ob die aufgrund § 341e Abs. 1 Satz 2 HGB für das sG zu beachtenden Verordnungen DeckRV und KalV ebenso für das üG 29

15 Vgl. *Gelb/Horbach*, in: Kommentar zu den Rechnungslegungsvorschriften für Versicherungsunternehmen (KoRVU), Rn. 57; § 23 Satz 2 2. Hs. RechVersV.
16 Vgl. bspw. Erlass FM NW vom 29.05.1974.
17 Vgl. *Weiße*, in: Welzel/Reuffurth (Hrsg.), Kompendium zu den Rechnungslegungsvorschriften 1973/74 für Versicherungsunternehmen, Kommentierung, Teil I, Karlsruhe 1975, S. 129.
18 Vgl. § 25 Abs. 6 Satz 1 RechVersV.
19 Vgl. § 25 Abs. 6 Satz 2 RechVersV.
20 Vgl. § 121a Abs. 1 VAG.

gelten. Im Allgemeinen bilden die RückVU DR i.H.d. von den ErstVU berechneten Anteile für das in Rückdeckung gegebene VG. Da es sich hierbei gem. § 23 RechVersV um die Beträge handelt, um die sich die Bruttobeträge der DR aufgrund der vertraglichen Abmachungen mit den RückVU mindern, ist für das von deutschen LV und KV übernommene VG gewährleistet, dass die genannten Verordnungen (VO) auch im Hinblick auf die von den RückVU gebildeten DR eingehalten werden. Gemäß § 67 VAG sind deutsche Zedenten verpflichtet, das anteilige Sicherungsvermögen auch für die in Rückdeckung gegebenen Versicherungen selbst aufzubewahren und zu verwalten.[21] Dieses Verfahren ist auch im Verhältnis zu ausländischen Zedenten vielfach gesetzlich vorgeschrieben oder wird vertraglich vereinbart.

30 Ist der an den Zedenten effektiv vergütete Abschlusskosten-Satz (Ako-Satz) höher als der von ihm bei der Ermittlung der DR angewandte Zillmersatz, so ist die Berechnung der DR beim Lebens-(Rück)VU von der Kalkulation des RückV-Beitrags abhängig. Fließen dem RückVU während der Laufzeit des RückVV über entsprechend höher kalkulierte Beiträge diese Ako in jedem Fall wieder zu, kann der Zillmerung ein höherer Satz zugrunde gelegt werden. Dies ist jedoch nicht vertretbar, wenn die Beiträge keinen Zuschlag enthalten und der Unterschiedsbetrag aus möglichen zukünftigen Sterblichkeitsgewinnen gedeckt werden soll. In diesem Fall würden durch die Anwendung eines höheren Zillmersatzes zukünftige Gewinne vereinnahmt, deren Realisierung keineswegs sicher ist.

31 Für Unternehmen, die ausschließlich die RückV betreiben, ist die Bestellung eines verantwortlichen Aktuars nicht vorgesehen. Entsprechend fehlt bei diesen Unternehmen eine Bestätigung über die richtige Berechnung der DR unter der Bilanz. Bei LVU und Krankenversicherungsunternehmen (KVU), die neben dem sG auch üG betreiben, erfolgt eine versicherungsmathematische Bestätigung der DR, die das üG einbezieht. Die in § 17 Abs. 1 PrüfV für ErstVU notwendigen Überprüfungen der DR (Einhaltung der handels- und aufsichtsrechtlichen Vorschriften über die bei der Berechnung der Rückstellungen zu verwendenden Rechnungsgrundlagen einschl. des dafür anzusetzenden Rechnungszinsfußes) können für RückVU nur eingeschränkt zur Anwendung kommen, da bei RückVU die hierzu notwendigen Einzeldaten meist nicht zur Verfügung stehen. Soweit Zedentenaufgaben vorliegen, wird sich die Prüfung auf Vollständigkeitskontrollen der übernomme-

21 Damit betrifft die Verpflichtung zur Depotstellung nicht ausschließlich die DR, sondern zunächst einmal alle gem. § 66 Abs. 1a VAG zum Sicherungsvermögen gehörenden versicherungstechnischen Rückstellungen. Im Zuge der Umsetzung der Richtlinie 2005/68/EG über die RückV wurden mit Wirkung zum 02.07.2007 sowohl die BÜ als auch die Rückstellung für noch nicht abgewickelte VF hiervon ausgenommen.

nen RückV-Bestände sowie auf Plausibilitätsprüfungen beschränken müssen. Nur wenn ausnahmsweise das RückVU selbst die DR ermittelt, sind Prüfungshandlungen im o.a. Umfang möglich und notwendig. Gleichwohl müssen Art und Umfang der Überprüfung durch den Abschlussprüfer insgesamt sicherstellen, dass die gesetzlichen Vorschriften mit hinreichender Sicherheit eingehalten werden. Entsprechende Berichtspflichten für den Prüfungsbericht (PrB) ergeben sich aus § 17 Abs. 1 der PrüfV. Sofern dem Abschlussprüfer die notwendigen Kenntnisse für die Überprüfung der DR fehlen, sollte ein versicherungsmathematischer Sachverständiger hinzugezogen werden. Handelt es sich dabei i.S.d. § 17 Abs. 3 PrüfV um einen unabhängigen Sachverständigen, ist dessen Name im PrB zu nennen.

In der Mehrzahl aller RückV-Abrechnungen wird die anteilige DR zum Jahresende 32
aufgegeben und als Depot in gleicher Höhe einbehalten. Durch diese Handhabung und die Bestimmung im Lebens-RückVV, dass insoweit die Leistung des RückVU bei Eintritt des Versicherungsfalls (VF) als erbracht gilt, hat der Abschlussprüfer den Nachweis für eine in ausreichender Höhe erfolgte Passivierung der anteiligen DR beim RückVU zu prüfen.

Die Angabepflichten im Anhang ergeben sich aus § 52 Nr. 1c RechVersV. Soweit 33
LVU VG in Rückdeckung übernehmen, ergeben sich weitere Angabepflichten gem. § 52 Nr. 2 RechVersV.

d) Rückstellung für noch nicht abgewickelte Versicherungsfälle

Für Verpflichtungen aus bis zum Ende des GJ eingetretenen, aber noch nicht abge- 34
wickelten VF ist eine Rückstellung (Schadenrückstellung) zu bilden.[22] Unter der Schadenrückstellung sind neben den am Bilanzstichtag bekannten VF die Renten-VF (Haftpflicht-, Unfall- und Kraftfahrt-(HUK)-Versicherung), die Spätschäden und die Schadenregulierungsaufwendungen zu berücksichtigen. Forderungen aus Regressen, Provenues, Teilungsabkommen (RPT) sind von der Schadenrückstellung abzusetzen. Die Rückstellung für noch nicht abgewickelte Rückkäufe, Rückgewährbeträge und Austrittsvergütungen ist ebenfalls bei der Rückstellung für noch nicht abgewickelte VF auszuweisen.[23] Maßgeblich für die Höhe der Rückstellungen sind grundsätzlich die Aufgaben der Zedenten.[24] Die vom Zedenten aufgegebenen Rückstellungen müssen auch die anteilig auf das RückVU entfallenden Spätschadenrückstellungen enthalten. Fehlen diese Informationen oder

22 Vgl. § 341g Abs. 1 Satz 1 HGB.
23 Vgl. § 26 Abs. 1 Satz 1 2. Hs. RechVersV.
24 Vgl. *Gerathewohl* u.a., Rückversicherung, Grundlagen und raxis, Bd. I, Karlsruhe 1976, S. 689.

sind sie unvollständig, sind die Rückstellungen vom RückVU selbst zu berechnen oder zu schätzen.

35 Hat das RückVU aufgrund der Erfahrung der Vergangenheit Kenntnis davon, dass die vom Zedenten aufgegebenen Schaden- und Spätschadenrückstellungen voraussichtlich nicht ausreichend sind, so sind diese um angemessene Zuschläge zu erhöhen.[25] Besondere Bedeutung haben diese Reserveverstärkungen bei Schadenexzedenten-Verträgen, da hier die Schadenentwicklung in einigen Sparten (z.B. Haftpflicht) auch nach Jahren noch deutlich zulasten des RückVU möglich ist. Die Erfahrung hat gezeigt, dass sich aus ursprünglichen Kleinschäden in späteren Jahren unerwartet größere Schäden ergeben können. Deshalb ermitteln die RückVU anhand von Statistiken, die den bisherigen Verlauf ihrer gezeichneten Schadenexzedenten-Portefeuilles aufzeigen, den zu erwartenden zusätzlichen Schadenaufwand. Die so ermittelten Beträge werden aus Gründen einer vorsichtigen Bilanzierung ebenfalls zurückgestellt und ggf., sollte das betreffende Portefeuille retrozediert worden sein, an ihre Retrozessionäre aufgegeben.

36 Gesetzliche Grundlage für alle notwendigen Reserveverstärkungen dieser Art ist § 341e Abs. 1 Satz 1 HGB. Danach müssen versicherungstechnische Rückstellungen auch insoweit gebildet werden, wie dies nach vernünftiger kaufmännischer Beurteilung notwendig ist, um die dauernde Erfüllbarkeit der Verpflichtungen aus den Versicherungen sicherzustellen.

e) Rückstellung für Beitragsrückerstattung

37 Die bei Kranken-VU und Schaden- und Unfallversicherungsunternehmen (SchVU) für erfolgsabhängige und erfolgsunabhängige Beitragsrückerstattung (BR) gebildete Rückstellung ist beim RückVU immer erfolgsunabhängig, da stets nicht das versicherungstechnische Ergebnis des VZ, sondern der einzelne Rück-VV Grundlage für die BR ist. Diese Beträge sind i.H.d. vom ErstVU aufgegebenen Anteile entsprechend dem Ausweis in der GuV unter der Rückstellung für Beitragsrückerstattung (RfB) auszuweisen.[26]

f) Schwankungsrückstellung und ähnliche Rückstellungen

38 Die Verpflichtung zur Bildung einer SchwR zum Ausgleich der Schwankungen im Schadenverlauf künftiger Jahre ist in § 341h Abs. 1 HGB verankert. Die einzelnen

---

25 Vgl. *Wiedmann*, Bilanzrecht, 2. Aufl., München 2003, § 341g, Anm. 24.

26 Vgl. *KPMG* (Hrsg.), Rechnungslegung von Versicherungsunternehmen nach neuem Recht, Frankfurt a. M. 1994, S. 134 f.

Bestimmungen zur Bildung der SchwR enthalten § 29 RechVersV und die Anlage zu § 29 RechVersV.

Die gem. § 341h Abs. 2 HGB zu bildenden, der SchwR ähnlichen Rückstellungen für Großrisiken sind ebenfalls hier auszuweisen. In § 30 RechVersV werden Rückstellungen für Atomanlagen- und Pharma-Produkthaftpflichtversicherung sowie Anwendungsfälle konkretisiert. Bei entsprechendem Bedarf sind aber grundsätzlich auch der SchwR ähnliche Rückstellungen für andere Risiken denkbar, soweit eine Berücksichtigung in der SchwR nicht erfolgt. 39

Die Methoden zur Ermittlung dieser Rückstellungen sowie wesentliche Änderungen sind nach § 51 Abs. 4 Satz 1 Nr. 1 Buchst. h) Doppelbuchst. bb) RechVersV jeweils untergliedert nach den VZ und -arten, für die gesonderte Berechnungen durchzuführen sind, im Anhang anzugeben. 40

g) Sonstige versicherungstechnische Rückstellungen

Unter diesem Posten sind sämtliche versicherungstechnischen Rückstellungen auszuweisen, für die kein separater Ausweis vorgesehen ist. Dazu gehören nach § 31 RechVersV insb.: 41

- Die Stornorückstellungen
- die Rückstellung für drohende Verluste aus schwebenden Versicherungsgeschäften (RdV)
- die Rückstellungen aufgrund der Verpflichtungen aus der Mitgliedschaft zur Solidarhilfe e.V. und Verkehrsopferhilfe e.V.
- die Rückstellung für unverbrauchte Beiträge aus ruhenden Kraftfahrtversicherungen und Fahrzeug-Rechtsschutzversicherungen
- die Rückstellung für die erfolgsunabhängige BR, soweit das RückVU daran teilnimmt.

Die Stornorückstellung ist für den Fall zu bilden, dass vom ErstVU bereits kassierte und an das RückVU weitergeleitete Beiträge wegen Minderung oder Fortfall von versicherten Risiken zurückgewährt werden müssen.[27] Aufgrund der zwischen ErstVU und RückVU bestehenden Schicksalsteilung sind die zuviel vereinnahmten Beiträge, soweit sie nicht in den BÜ enthalten sind, auch vom RückVU anteilig zurückzugeben (nur proportionale RückV). 42

27 Vgl. § 31 Abs. 1 Nr. 1 RechVersV.

43 Die RdV aus dem VG ist handelsrechtlich in den Fällen zu bilden, in denen am Bilanzstichtag absehbar ist, dass bis zum nächsten Kündigungstermin die Erträge nicht ausreichend zur Deckung der Aufwendungen sind. Die Ermittlung der drohenden Verluste erfolgt sinnvollerweise unter Berücksichtigung der anteiligen Zinserträge. Problematisch kann die Frage sein, ob die Berechnung auf Basis einzelner Verträge, eines VZ oder des ganzen Segments *(business unit)* erfolgt.

44 Der internationalen Gepflogenheit entspricht es, diese Berechnung auf Basis von VZ vorzunehmen. Da unter IFRS/US-GAAP jedoch die Berichterstattung im Sinne einer Segmentberichterstattung[28] erfolgt, die i.d.R. erheblich umfassender ist als die Zweiggliederung des § 51 Abs. 4 RechVersV, spricht vieles für eine Berechnung auf Basis von *business units*, da hierdurch (zumindest teilweise) Reziprozitätseffekte erfasst werden. Denkbar sind jedoch auch andere geeignete Kollektive.

45 Die Verluste müssen aus einem VZ drohen. Hinweise dazu, was als VZ oder -art für Zwecke der Bildung einer RdV zu verstehen ist, gibt die RechVersV nicht. In Betracht kommt die Zweiggliederung des § 51 Abs. 4 Satz 3 RechVersV. Denkbar ist auch eine Ermittlung auf Basis der Kollektive, wie sie der SchwR zugrunde liegen.

46 Aufgrund des Imparitätsprinzips müssen nicht abgerechnete und noch nicht fällige Gewinnanteile passiviert werden. Eine korrespondierende Aktivierung kann einen unzulässigen Ausweis nicht realisierter Gewinne darstellen, wenn sie nicht als Retrozessionsweitergabe erfolgt.

2. Forderungen und Verbindlichkeiten

a) Depotforderungen und Depotverbindlichkeiten

47 Unter den Depotforderungen aus dem üG werden die Forderungen an Vorversicherer (VorVR) i.H.d. von diesen einbehaltenen Sicherheiten ausgewiesen.[29] Die Depotforderungen dürfen weder mit anderen Forderungen an den VorVR zusammengefasst noch mit Verbindlichkeiten gegenüber dem VorVR aufgerechnet werden.[30]

---

28 Vgl. hierzu DRS 3-20, Segmentberichterstattung von VU, der sich an den international üblichen Segmentberichterstattungen von VU orientiert.

29 Vgl. § 13 Abs. 1 RechVersV.

30 Vgl. § 13 Abs. 2 RechVersV.

Unter den Depotverbindlichkeiten aus dem in Rückdeckung gegebenen VG werden die Verbindlichkeiten gegenüber Retrozessionären i.H.d. Beträge, die vom bilanzierenden RückVU als Sicherheit einbehalten oder ihm vom Retrozessionär für diesen Zweck belassen sind, ausgewiesen.[31] Die Depotverbindlichkeiten dürfen ebenfalls weder mit anderen Verbindlichkeiten gegenüber dem RückVU zusammengefasst noch mit Forderungen an das RückVU verrechnet werden.[32] 48

Bei den unter den Depotforderungen ausgewiesenen Forderungen handelt es sich um so genannte Bardepots. Wird die Hinterlegung von Wertpapieren beim Zedenten vereinbart, so sind diese nach § 13 Abs. 3 RechVersV beim RückVU unter den Kapitalanlagen auszuweisen (Anhangangabe gem. § 51 Abs. 3 Satz 3 RechVersV). 49

Die Depotstellung ist entweder durch gesetzliche Regelungen, Anordnungen der jeweiligen nationalen Versicherungsaufsichtsbehörden oder vertragliche Vereinbarungen auf freiwilliger Basis geregelt.[33] Als Beispiel für die gesetzliche Regelung, die gegenüber jedem RückVR Anwendung findet, ist § 67 VAG i.V.m. § 66 Abs. 6a Satz 3 VAG zu nennen, der vorschreibt, dass mit Ausnahme der BÜ und der Rückstellung für noch nicht abgewickelte Versicherungsfälle[34] – die Bruttowerte der versicherungstechnischen Rückstellungen vom ErstVR aufzubewahren und zu verwalten sind. Viele ausländische Versicherungsaufsichtsbehörden ordnen die Stellung von Sicherheiten allgemein oder speziell bei Vertragsverhältnissen mit ausländischen RückVU an. 50

Grundsätzlich können Depots für alle Arten von aufgegebenen versicherungstechnischen Rückstellungen vereinbart und gestellt werden. Üblicherweise werden von RückVU Depots gestellt für BÜ, DR und Schadenrückstellungen. Die erstmalige Stellung und spätere Veränderung der Depots wird immer erfolgsneutral über den liquiden Abrechnungssaldo verrechnet. Für die Führung des Depots bestehen zwei Möglichkeiten: entweder unterjährige, dem Abrechnungsturnus des RückVV angepasste Freigaben oder nur eine jährliche Freigabe und Einbehalt des Depots in dem Umfang, wie die bedeckten versicherungstechnischen Rückstellungen aufgelöst und entsprechend die neu gebildeten versicherungstechnischen Rückstellungen wieder bedeckt werden. 51

31 Vgl. § 33 Abs. 1 RechVersV.

32 Vgl. § 33 Abs. 2 RechVersV.

33 Vgl. *Gerathewohl* u.a., Rückversicherung, Grundlagen und Praxis, Bd. I, Karlsruhe 1976, S. 889 f.

34 Die Annahme gilt seit der Änderung des § 67 VAG durch das Achte Gesetz zur Änderung des VAG sowie zur Änderung des Finanzdienstleistungsaufsichtsgesetzes und anderer Vorschriften vom 28.05.2007 und ist am 02.06.2007 in Kraft getreten.

52 Die Depothöhe und die betreffende ausgewiesene Rückstellung müssen nicht zwingend betragsgleich sein. Beispielsweise wird vertraglich vereinbart, dass nur 90 % der Schadenrückstellung deponiert werden. Im Bereich des ausländischen Lebens-RückVG kann es zu Abweichungen kommen, weil ungezillmerte Depots gestellt werden müssen, während die entsprechenden DR gezillmert werden.

53 Rückversicherungsunternehmen sind i.d.R. bestrebt, ihre Depotforderungen niedrig zu halten, da diese für das RückVU einen geringeren Zufluss an Barmitteln bedeuten und üblicherweise die vereinbarte Verzinsung der Depots recht niedrig ist. Andererseits bedeutet die Stellung von Depots für das RückVU, dass es für den von ihm in Rückdeckung gegebenen Teil des Vertrags ebenfalls Depots einbehalten muss, da es andernfalls einseitig seine Liquidität durch den Abfluss von Barmitteln belastet.

54 Die von RückVU bei ihren VorVR gestellten Depots stellen rechtlich keine selbständigen, vom RückVV unabhängigen Ansprüche dar, sondern haben nur abrechnungstechnische Fälligkeitsbedeutung. Soweit das RückVU ein Depot gestellt hat, gilt die von ihm zu erbringende RückV-Leistung als erbracht; ein liquider Ausgleich zwischen VorVR und RückVU entfällt.

b) Abrechnungsforderungen und Abrechnungsverbindlichkeiten

55 Unter den Abrechnungsforderungen bzw. -verbindlichkeiten aus dem RückVG sind die sich aus den laufenden Abrechnungen mit den Vor- und RückVR und den RückV-Maklern ergebenden Forderungssalden bzw. Schuldsalden aus dem in Rückdeckung übernommenen und gegebenen VG auszuweisen.[35] Bei zum Abschlussstichtag gekündigten RückVV umfassen die Abrechnungssalden auch die auf diese entfallenden versicherungstechnischen Rückstellungen, sofern sie zum Abschlussstichtag abgelöst werden.[36]

56 Im Gegensatz zu den Depotforderungen bzw. -verbindlichkeiten ist hier eine Verrechnung von Forderungen mit Verbindlichkeiten gegenüber demselben Unternehmen insoweit zulässig, als sie aufrechenbar i.S.d. § 387 BGB sind, d.h. gegenseitig, gleichartig und fällig. Dabei ist für die Gleichartigkeit nicht Voraussetzung, dass sie in derselben Währung bestehen. Saldierungen unterschiedlicher Währungen gegenüber demselben Vertragspartner können vorgenommen werden, solange die freie Konvertierbarkeit und der ungehinderte Transfer des sich nach der Auf-

35 Vgl. § 16 Satz 1 und § 34 Satz 1 RechVersV.
36 Vgl. § 16 Satz 2 RechVersV.

rechnung ergebenden Nettosaldos gewährleistet ist oder der RückVV eine solche Abrechnungswährung vorsieht.

Eine Besonderheit im RückV-Abrechnungsverkehr ist das so genannte *Clean-cut*-Verfahren.[37] Bei diesem Verfahren werden vom VorVR am Ende des GJ die auf den Anteil des RückVU entfallenden versicherungstechnischen Rückstellungen nicht nur nachrichtlich angegeben, sondern als Portefeuille- und Reserve-Austritte innerhalb der Abrechnung dem RückVU belastet. Zu den gleichen Konditionen erfolgen dann per 1. Januar die entsprechenden Portefeuille- und Reserve-Eintritte. In der Praxis wird der VorVR zeitgleich oder in unmittelbarem Anschluss an die Jahresendabrechnung dem RückVU eine Abrechnung über die Portefeuille-Eintritte erteilen, die die liquide Verbindlichkeit aus den Portefeuille-Austritten ausgleicht. 57

Bei im Rahmen des *Clean-cut*-Verfahrens abgerechneten RückVV sind die Anteile der RückVU an den versicherungstechnischen Rückstellungen bei der Bilanzierung unter diesen auszuweisen. Die sich am Bilanzstichtag ergebenden Abrechnungssalden sind zu diesem Zweck entsprechend zu korrigieren. Aus Vereinfachungsgründen kann die Korrektur der RückV-Abrechnungssalden zum Zwecke der Bilanzierung unterbleiben, sofern hierdurch z.B. wegen geringer Auswirkung auf die Bilanzposten die Darstellung der versicherungstechnischen Bruttorückstellungen und der RückV-Anteile nicht verfälscht wird. 58

Bei Anwendung des *Clean-cut*-Verfahrens beruhen Abweichungen zwischen dem Rückzug zum 31. Dezember und dem Wiedereintritt zum 1. Januar auf vertraglich vereinbarten Anteilsänderungen der RückVU oder auf Änderungen in der Bestandszusammensetzung der rückgedeckten Risiken. Insoweit gelten die allgemeinen Grundsätze für Portefeuille-Änderungen. 59

III. Die versicherungstechnische Gewinn- und Verlustrechnung

1. Vollständigkeit

Wegen der geschäftsspezifischen Besonderheiten und der daraus resultierenden Abrechnungsmodalitäten hat das Vollständigkeitsgebot des § 246 Abs. 1 HGB bei RückVU besondere Bedeutung für die versicherungstechnischen Posten. Durch die Abhängigkeit von den Abrechnungen der VorVR muss beim RückVU ein Sys- 60

37 Vgl. *Gerathewohl* u.a., Rückversicherung, Grundlagen und Praxis, Bd. I, Karlsruhe 1976, S. 869 f.

tem interner und EDV-gestützter Kontrollen bestehen, das die Vollständigkeit der im JA enthaltenen versicherungstechnischen Erträge und Aufwendungen gewährleistet. Seitens des Abschlussprüfers müssen diese Kontrollen auf ihre Wirksamkeit hin überprüft werden. Darüber hinaus muss er sich durch Stichproben von der Vollständigkeit der abgerechneten Daten überzeugen.

61 Ausstehende Abrechnungen von VorVR sind zu schätzen, wobei der Grundsatz der vorsichtigen Bilanzierung zu beachten ist. Die Schätzung enthält nicht nur Rückstellungen, sondern auch Abrechnungsforderungen sowie die damit zusammenhängenden Posten der GuV. Eine Durchbrechung des Realisationsprinzips liegt in diesem Fall nicht vor. Durch die Schätzung wird ein periodengerechter Ausweis der versicherungstechnischen Posten angestrebt.

62 Für die Schätzung sollten die effektiven Zahlen der Vergangenheit sowie bereits vorliegende unterjährige Abrechnungen herangezogen werden. Hierbei ist der Grundsatz der Einzelbewertung zu beachten. Der Abschlussprüfer muss sich von der Schlüssigkeit der durchgeführten Schätzungen überzeugen. Durch einen von der Gesellschaft durchgeführten Vergleich der geschätzten und später tatsächlich abgerechneten Daten kann und sollte die Qualität der Schätzungen überprüft werden.

63 Ferner können Verträge um bis zu einem Jahr zeitversetzt gebucht werden. Es ist dann aber besonders darauf zu achten, dass die aus vorhandenen Abrechnungen für frühere Jahre ableitbaren versicherungstechnischen Rückstellungen in angemessener Höhe passiviert sind bzw. passiviert bleiben und absehbare Verluste antizipiert werden.

2. Die Besonderheiten einzelner Posten der Gewinn- und Verlustrechnung

64 Die Verträge in der RückV enthalten u.U. eine Reihe von Abrechnungsmodalitäten, die die Festlegung und/oder Zuordnung bestimmter Positionen in der versicherungstechnischen GuV des RückVU erschweren.

65 Hierzu zählen bspw. die Portefeuillebeiträge, die bei Abschluss, Veränderung oder Aufgabe des aktiven RückVG vom RückVU übernommen oder abgegeben werden. Diese sind als Beiträge auszuweisen bzw. davon abzusetzen.[38] Die im LV-Geschäft bei Aufnahme oder Erhöhung zu übernehmenden DR und die bei Aufgabe oder Verminderung abzugebenden DR sind unter den Veränderungen der

38 Vgl. § 36 Abs. 3 RechVersV.

übrigen versicherungstechnischen Nettorückstellungen im Unterposten a) „Nettorückstellung“ auszuweisen.

Schadenportefeuille-Ein- und -Austritte, die bei Abschluss, Veränderung oder Kündigung des RückVV zustande kommen, sind am Anfang bzw. zum Ende des GJ unter den Zahlungen für VF zu berücksichtigen.[39] 66

In einem nicht proportionalen RückVV erhält der RückVR – sofern vereinbart – eine Wiederauffüllungsprämie (WA-Prämie) für die Bereitstellung einer weiteren Haftstrecke. Diese ist erst dann fällig, wenn eine Schadenzahlung des RückVU erfolgt. Ist im üG aufgrund einer Schadenanmeldung am Bilanzstichtag eine WA-Prämie zu erwarten, ist diese als Abrechnungsforderung zu aktivieren oder die Schadenrückstellung entsprechend zu kürzen. Unter Umständen kann die Vorgehensweise der Schadenrückstellungskürzung zu (unechten) Abwicklungsverlusten führen, da der saldierte Posten (Schadenrückstellung abzüglich WA-Prämie) bei Auszahlung unsaldiert in den jeweiligen Posten der GuV auszuweisen ist. Für das abgegebene Geschäft ist hierfür eine Rückstellung für WA-Prämie zu bilden. Zur Vermeidung von Konsolidierungsdifferenzen erachten wir bei konzerninterner RückV eine spiegelbildliche Bilanzierung bei VU und RückVU in korrespondierenden Posten (z.B. Prämienverbindlichkeiten / Prämienforderungen) für zulässig. 67

Im Posten I 2 des FB 2 „Technischer Zinsertrag für eigene Rechnung“ sind von RückVU technische Zinserträge f.e.R. i.H.d. vom VorVR tatsächlich erhaltenen Depotzinsen für die DR auszuweisen.[40] Von diesen Zinserträgen sind die seitens des RückVU gezahlten Depotzinsen für die Anteile der Retrozessionäre abzusetzen.[41] Die so genannten freien Zinsen (Zinsen auf Depots für BÜ, Schadenrückstellungen, etc.) werden unter den Posten „Erträge aus Kapitalanlagen“ bzw. „Sonstige Aufwendungen“ ausgewiesen.[42] 68

Rückversicherungs-Provisionen werden in der proportionalen RückV gezahlt und im Allgemeinen als eine Beteiligung des RückVR an den Betriebsaufwendungen des VorVR angesehen.[43] Demnach wären die gezahlten RückV-Provisionen als Beteiligung an den Aufwendungen für den Abschluss von VV oder als Beteiligung an den Aufwendungen für die Verwaltung von VV des VorVR darzustellen. Da in der Praxis eine genaue Aufteilung nur in Ausnahmen möglich sein wird, ist es zulässig, die gesamten gezahlten RückV-Provisionen dem Bereich Verwaltung 69

39 Vgl. § 41 Abs. 2 Satz 2 RechVersV.
40 Vgl. § 38 Abs. 1 Satz 1 Nr. 3 RechVersV.
41 Vgl. § 38 Abs. 1 Satz 2 RechVersV.
42 Vgl. § 48 Satz 2 Nr. 3 RechVersV.
43 Vgl. *Pfeiffer*, Einführung in die Rückversicherung, 5. Aufl., Wiesbaden 1999, S. 32.

von VV zuzuordnen und auszuweisen (Posten I 7 in FB 2).[44] Dies gilt nicht, wenn eine anteilige Originalbeteiligung bei den Aufwendungen für Schadenregulierung der VF und den Aufwendungen für die Regulierung von Rückkäufen und Rückgewährbeträgen vereinbart ist. Dann sind diese Aufwendungen beim RückVU in den Posten I 4 in FB 2 „Aufwendungen für Versicherungsfälle für eigene Rechnung" einzubeziehen. Insoweit die Feuerschutzsteuer durch die RückV-Provision abgegolten wird, ist diese unter Posten I 8 bei den sonstigen versicherungstechnischen Aufwendungen f.e.R. auszuweisen.[45]

70 Für die Aufteilung der eigenen Verwaltungskosten auf die Funktionsbereiche enthält die RechVersV allgemeine Vorschriften,[46] die auch für RückVU gelten. Aufwendungen, die den einzelnen Funktionsbereichen nicht zugeordnet werden können, sind unter dem Posten „Sonstige Aufwendungen" auszuweisen. Die Zuordnung der Aufwendungen auf die Funktionsbereiche erfolgt unter Zugrundelegung des Verursachungsprinzips nach Möglichkeit unmittelbar. Soweit keine direkte Zurechnung auf einen Funktionsbereich möglich ist, ist die Verteilung grundsätzlich nach der Inanspruchnahme vorzunehmen.[47]

71 Bei RückVU umfassen die dem Funktionsbereich Versicherungsbetrieb zuzurechnenden Bruttoaufwendungen die Bearbeitung der aktiven RückV und der Retrozession sowie die an die VorVR gezahlten Provisionen. Hiervon sind die für das in Rückdeckung gegebene VG erhaltenen RückV-Provisionen abzusetzen. Die für die einzelnen VZ ausgewiesenen Nettoaufwendungen enthalten somit auch die internen Verwaltungskosten für das Retro-Geschäft.

72 Die Ausnahmeregelung, dass zulasten des allgemeinen Teils der GuV Sonderzuweisungen an die Rückstellung für noch nicht abgewickelte VF vorgenommen werden dürfen, ist in FB 2 (Anm. 2 zu Posten II 5) geregelt. Demnach dürfen international tätige RückVU Sonderzuführungen zur Rückstellung für noch nicht abgewickelte VF statt in der versicherungstechnischen Rechnung unter dem Posten „Veränderung der Rückstellung für noch nicht abgewickelte Versicherungsfälle" in der nicht versicherungstechnischen Rechnung unter dem Posten „Sonstige Aufwendungen" (Posten II 5 in FB 2) ausweisen. In diesem Fall sind die sonstigen Aufwendungen zu gliedern in „Sonderzuführung an die Rückstellung für noch nicht abgewickelte Versicherungsfälle" und „Übrige Aufwendungen".

---

44 Vgl. *Ellenbürger/Horbach/Kölschbach*, WPg 1996, S. 47.
45 Vgl. § 44 Satz 2 Nr. 1 RechVersV.
46 Vgl. § 43 Abs. 1 RechVersV.
47 Vgl. § 43 Abs. 1 Satz 4 RechVersV.

IV. Finanzrückversicherung

1. Allgemeines

In der Vergangenheit waren vermehrt Abschlüsse von Finanz-RückVV bzw. alternativem Risikotransfer zu verzeichnen. Die Kapazitätsverknappung und der Anstieg der Prämien für RückV im Haftpflicht- und Naturkatastrophen-Bereich, verursacht durch eine starke Zunahme versicherter Schäden, haben erheblich zu dieser Entwicklung beigetragen. Auch hat sich über die Jahre ein veränderter RückV-Bedarf ergeben. Große Versicherungskonzerne verfügen aufgrund ihrer Größe über ein ausgeglichenes Versicherungsportefeuille und benötigen daher weniger konventionelle RückV. Von ErstVU wird die Finanz-RückVV eingesetzt, um mit Hilfe hoher Selbstbehalte neben der SchwR einen Ausgleich in der Zeit herbeizuführen. 73

Grundsätzlich unterscheidet man bei der Finanz-RückV zwischen prospektiven und retrospektiven Verträgen.[48] Prospektive Finanz-RückVV beziehen sich auf Schäden, die zum Zeitpunkt des Abschlusses des Vertrags noch nicht eingetreten sind. Hier ist vor allem das *Financial Quota Share Agreement* zu nennen, das für ErstVU von Interesse ist, die in VZ mit hohen Abschlusskosten (z.B. Unfall) ihr Geschäft erweitern oder neu aufbauen möchten. Daneben gibt es noch z.B. so genannte *Funded Cover*-Verträge, die dem ErstVU einen Risikoausgleich (bzw. eine Glättung) seines versicherungstechnischen Ergebnisses über einen längeren Zeitraum ermöglichen. Retrospektive Finanz-RückVV beziehen sich dagegen auf Schäden, die zum Zeitpunkt des Vertragsabschlusses bereits eingetreten sind. Die gebräuchlichste Form ist der *Loss Portfolio Transfer* (LPT). Diese Vertragsform ist interessant für ErstVU, die sich aus einer Versicherungs-Sparte oder von einem bestimmten Markt zurückziehen wollen. Da der RückV-Markt und insb. der Markt für Finanz-RückV-Produkte ständigen Wandlungen unterliegen, geben die vorgenannten FinanzRückV-Produkte nur einen kleinen Ausschnitt möglicher Vertragsformen in diesem Bereich. 74

Eine im Zusammenhang mit Finanz-RückV entscheidende Frage ist die nach der Abgrenzung zu herkömmlicher RückV. Anhand der in der Literatur verwendeten Definition von RückV als „Versicherung der von dem VR übernommenen Gefahr“, lassen sich bestimmte Charakteristika ableiten. Hierzu zählen die Übernahme von oder Beteiligung an Versicherungsrisiken (in Abgrenzung zu Finanzrisiken), das Entschädigungsprinzip (Ausgleich nachteiliger Folgen versicherter Ereignisse) 75

48 Vgl. *Huth/Dietz/Angermayer*, VW 1998, S. 428 ff.

und die Unsicherheit. Wie diese Kriterien konkretisiert werden, richtet sich nach dem Beurteilungszweck und dem hierzu herangezogenen Regelwerk.

76 Die Beurteilung, ob es sich bei einem Vertrag um einen Finanz-RückVV handelt, kann aber nur bezogen auf jede einzelne Vertragsgestaltung individuell beurteilt werden. Bei dieser Beurteilung sind sämtliche Vertragsbestandteile in ihrer Vollständigkeit sowie alle relevanten Aspekte wie Motivation der Transaktion, Einbindung des Vertrags in das RückV-Programm usw. zu berücksichtigen.

2. Regelung im Aufsichtsrecht

a) VAG

77 Eine Prüfung i.S.d. Aufsichtsrechts zielt im Wesentlichen auf die Frage, ob es sich bei dem zu beurteilenden Vertrag überhaupt um einen RückVV (i.S.d. Aufsichtsrechts) handelt oder nicht. Entscheidend hierfür ist die Frage, ob der RückVV in hinreichendem Maße Risiko auf den RückVR überträgt. Ergänzend ist dann zu bestimmen, ob ein Finanz-RückVV vorliegt.

78 Vor der expliziten Regelung von RückVV und Finanz-RückVV im Besonderen im VAG wurde für aufsichtsrechtliche Zwecke auf die Definition von Finanz-RückVV lt. BerVersV zurückgegriffen. Hiernach handelt es sich bei Finanz-RückVV um RückVV, „bei denen die Finanzierungsfunktion für den Zedenten im Vordergrund steht und der Transfer von versicherungstechnischem Risiko auf den RückVR von untergeordneter Bedeutung ist".[49] Verträge, die als Finanzierungsgeschäfte gebucht werden und somit nicht die beabsichtigte bilanzielle Wirkung entfalten, sind davon nicht betroffen. Ein quantitativer Bewertungsmaßstab existierte nicht.

79 Mit Inkrafttreten der 8. VAG-Novelle vom 28.05.2007 (Achtes Gesetz zur Änderung des Versicherungsaufsichtsgesetzes sowie zur Änderung des Finanzdienstleistungsgesetzes und anderer Vorschriften) hat der Gesetzgeber in § 121e VAG eine Legaldefinition des Begriffs „Finanz-RückV" eingeführt, die aufgrund ihrer Verankerung im VAG zunächst für Zwecke der Aufsicht Gültigkeit besitzt und mit der zu wesentlichen Teilen die Vorgaben der RückV-Richtlinie umgesetzt wurden. Das Vorhandensein einer Legaldefinition ermöglicht der BaFin eine gezielte Beaufsichtigung von Verträgen mit begrenztem Risikotransfer.

80 Gemäß § 121e Abs. 1 Satz 1 VAG ist Finanz-RückV[50] definiert wie folgt:

49 Vgl. BerVersV Anl. 2, Erläuterung zur Nw. 240, Nr. 6.

50 Wir weisen darauf hin, dass die deutsche Übersetzung der EU-Richtlinie von der englischen Fassung abweicht, z.B. wurde *„timing risk"* mit „Risiko hinsichtlich der Abwicklungsdauer"

„Finanz-RückV ist eine RückV, bei der das übernommene wirtschaftliche Gesamtrisiko, das sich aus der Übernahme sowohl eines erheblichen versicherungstechnischen Risikos als auch des Risikos hinsichtlich der Abwicklungsdauer ergibt, die Prämiensumme über die Gesamtlaufzeit des VV um einen begrenzten, aber erheblichen Betrag übersteigt (hinreichender Risikotransfer), und dabei zumindest

1. Verzinsungsfaktoren (Zeitwert des Geldes) berücksichtigt werden oder
2. durch vertragliche Bestimmungen sichergestellt ist, dass die wirtschaftlichen Ergebnisse zwischen den Vertragsparteien über die Gesamtlaufzeit des Vertrags ausgeglichen werden, um einen gezielten Risikotransfer zu ermöglichen."

Die Formulierung im VAG macht deutlich, dass prinzipiell auch Verträge ohne hinreichenden Risikotransfer – vorbehaltlich der Vorschriften über versicherungsfremdes Geschäft – zum Geschäftsbetrieb eines Erst- und RückVU gehören können.[51] Sie bestätigt außerdem, dass Finanz-RückV aufsichtsrechtlich als RückV zu behandeln ist. 81

Grundsätzlich ist gem. § 121e Abs. 1 Satz 3 VAG über Finanz-RückVV und die im Rahmen des Geschäftsbetriebs abgeschlossenen Verträge ohne hinreichenden Risikotransfer der BaFin gesondert zu berichten. 82

Aufgrund der zentralen Bedeutung des Begriffs des „hinreichenden Risikotransfers" wurde das BMF mit § 121e Abs. 2 VAG ermächtigt, konkretisierende Regelungen zu den folgenden Aspekten zu erlassen: 83

- Unter welchen Voraussetzungen ein Risikotransfer als hinreichend anzusehen ist
- welche Mindestbestimmungen in jedem Finanz-RückVV enthalten sein müssen
- wie Unternehmen durch geeignete interne Verfahren den Risikotransfer unter einem Vertrag zu ermitteln haben
- wie interne Verwaltungs- und Rechnungslegungsverfahren auszugestalten sind, um eine zuverlässige Dokumentation der Verträge und ihrer Wirkungsweise sowie Transparenz in der Berichterstattung sicherzustellen, sowie
- zum genauen Inhalt und Umfang der Berichtspflichten über Finanz-RückVV und RückVV ohne ausreichenden Risikotransfer.[52]

übersetzt.

51 Vgl. § 121e Abs. 1 Satz 2 2. Hs. VAG.

52 Vgl. § 121e Abs. 2 VAG.

b) Finanzrückversicherungsverordnung

84 Mit Inkrafttreten der FinRVV[53] am 26.07.2008 hat das BMF von seiner Ermächtigung Gebrauch gemacht und konkretisierende Regelungen zum § 121e VAG geschaffen. In den Anwendungsbereich der FinRVV fallen vor allem VU mit Sitz im Inland und Niederlassungen von Erst- und RückVU eines Drittstaates i.S.v. § 105 Abs. 1 und § 121i Abs. 1 VAG.[54]

85 Die Definition der Finanz-RückV nach § 121e Abs. 1 Satz 1 VAG gibt wichtige Kriterien vor, erlaubt jedoch keine abschließende und trennscharfe Abgrenzung von RückVV. Da Finanz-RückVV weitgehend die gleichen Merkmale wie traditionelle RückVV aufweisen, sind ergänzend unternehmensinterne Kriterien notwendig. Nach § 3 FinRVV haben die VU demnach geeignete Kriterien zu entwickeln, nach denen sie zusätzlich zu den gesetzlichen Kriterien RückVV als Finanz-RückVV einordnen.

86 Die vom VU als Finanz-RückVV eingeordneten Verträge müssen einem Risikotransfertest unterzogen werden, soweit der Vertrag nicht für beide Vertragsparteien eine nur unwesentliche wirtschaftliche Bedeutung hat.[55] Die Gründe, die zu der Einschätzung geführt haben, dass eine nur unwesentliche Bedeutung vorliegt, sind von der jeweiligen Vertragspartei zu dokumentieren.[56] Im Rahmen des Risikotransfertests sind wirtschaftlich miteinander verbundene Verträge als wirtschaftliche Einheit zu betrachten.[57]

87 In der Nicht-LV liegt ein hinreichender Risikotransfer dann vor, wenn der RückVR durch eine Übernahme von versicherungstechnischem Risiko *(Underwriting Risk)* und von Zeitpunktrisiko *(Timing Risk)* mit einer Mindestwahrscheinlichkeit einen nicht unerheblichen Verlust erleiden wird.[58] Dies ist erfüllt, wenn der absolute Betrag des erwarteten Verlusts sich für den RückVR auf mind. 1 % des erwarteten Beitrags beläuft.[59]

88 Auch wenn der errechnete Wert für den erwarteten Verlust unter dieser Schwelle liegt, ist ein hinreichender Risikotransfer regelmäßig dann anzunehmen, wenn der RückVR den Originalbedingungen des VorVR folgt oder die Originalbedingungen zulasten des RückVR geändert wurden und einen versicherungstechnischen Risi-

53 Verordnung über Finanzrückversicherungsverträge und Verträge ohne hinreichenden Risikotransfer (Finanzrückversicherungsverordnung – FinRVV) vom 14.07.2008
54 Vgl. § 1 FinRVV.
55 Vgl. § 4 Abs. 1 Satz 1 FinRVV.
56 Vgl. § 4 Abs. 1 Satz 3 FinRVV.
57 Vgl. § 4 Abs. 1 Satz 2 FinRVV.
58 Vgl. § 4 Abs. 2 Satz 1 FinRVV.
59 Vgl. § 4 Abs. 2 Satz 1 Nr. 1 FinRVV.

kotransfer beinhalten.[60] Eine nur unwesentliche Abweichung zugunsten des RückVR sollte die Anwendung dieser Regelung nicht ausschließen. Auch lässt sich die Rückdeckung eines Teilrisikos aus den Originaldeckungen nicht als Abweichung im Sinne dieser Regelung ansehen. Dagegen findet die Regelung keine Anwendung, wenn der RückVR rein rechnerisch oder aus rechtlichen Gründen, bspw. aufgrund einer Verlustausgleichspflicht des VorVR, unter keinen Umständen einen Verlust erleiden kann.[61]

Für die LV und die KV, die nach Art der LV betrieben wird, sieht die VO hingegen keine quantitative Grenze für den hinreichenden Risikotransfer vor, sondern beschränkt sich gem. § 4 Abs. 3 FinRVV auf folgende qualitative Voraussetzungen, die kumulativ erfüllt werden müssen. 89

Der RückVR muss zum einen im Rahmen einer realistischen Betrachtung über die Gesamtlaufzeit des Vertrags mit einer Mindestwahrscheinlichkeit einen nicht unerheblichen Verlust erleiden. Dies ist insb. dann erfüllt, wenn der RückVR den Originalbedingungen des VR folgt oder diese nur zulasten des RückVR abgeändert werden. Zum anderen muss es sich um die Übernahme von Geschäft handeln, das nach den im Herkunftsstaat des VorVR geltenden Vorschriften als VG anerkannt ist. Schließlich müssen sämtliche Forderungen und Verbindlichkeiten des VorVR und des RückVR sowie alle aus einer Verrechnung herrührenden Salden aus dem Vertrag in einem sachlichen Zusammenhang mit dem Verlauf des zugrunde liegenden VG stehen. 90

Die Durchführung des Risikotransfertests hat zum Zeitpunkt des Vertragsschlusses sowie anlässlich und zum Zeitpunkt jeder wesentlichen Änderung des Vertragsinhalts zu erfolgen.[62] Zudem muss eine nachvollziehbare schriftliche Dokumentation des Risikotransfertests angefertigt werden.[63] Für Unternehmen, die nach internationalen Rechnungslegungsstandards bilanzieren und für RückVV in der Nicht-Lebens-RückV einen Risikotransfertest nach anderen geeigneten quantitativen Kriterien als dem Kriterium des *Expected Reinsurer's Deficit (ERD)*[64] durchführen, schafft § 5 Abs. 2 Satz 2 FinRVV eine Erleichterung. Danach gilt ein hinreichender Risikotransfer als nachgewiesen, wenn er nach den für die Rechnungslegung nach IFRS verwendeten Kriterien festgestellt 91

60 Vgl. § 4 Abs. 2 Satz 1 Nr. 2 FinRVV.
61 Vgl. § 4 Abs. 2 Satz 3 FinRVV.
62 Vgl. § 5 Abs. 1 Satz 1 FinRVV.
63 Vgl. § 5 Abs. 1 Satz 2 FinRVV.
64 Der ERD ergibt sich vereinfacht aus dem Produkt zweier Komponenten, der Verlustwahrscheinlichkeit („Frequency") und der durchschnittlichen Verlusthöhe („Severity") des Rück-VR unter einem Vertrag.

wurde und sowohl versicherungstechnisches Risiko als auch Zeitpunktrisiko übertragen werden.

92 Nach Durchführung des Risikotransfertests ist es dem VU möglich, eine Klassifikation des untersuchten Vertrags als Finanz-RückVV oder Vertrag ohne hinreichenden Risikotransfer vorzunehmen. Das VU hat der Aufsichtsbehörde jährlich jeweils in Schriftform oder in elektronischer Form eine Übersicht über alle jeweils bestehenden Finanz-RückVV und über alle Verträge ohne hinreichenden Risikotransfer zu übermitteln.[65]

3. Regelung im Handelsrecht

93 Für die handelsrechtliche Einstufung eines als RückVV bezeichneten Vertrags als VG existiert keine Legaldefinition im Handelsrecht. Im Folgenden werden eine Reihe von Kriterien skizziert, die ein VG zu erfüllen hat.

94 Ob ein Vertrag handelsrechtlich als RückVV zu bilanzieren ist oder nicht, bestimmt sich im ersten Schritt nach den geltenden handelsrechtlichen Rechnungslegungsvorschriften.[66] Auch bei der handelsrechtlichen Beurteilung nimmt die Frage des Risikotransfers, also ob durch den in Frage stehenden Vertrag in ausreichendem Umfang Risiken durch den RückVR übernommen werden, eine entscheidende Stellung ein.

95 Da es im Handelsrecht neben der bereits erwähnten Legaldefinition auch an einer eigenständigen Normierung des erforderlichen Risikotransfers sowie seiner Messung fehlt, ist zur Beurteilung dieser Frage im konkreten Einzelfall eine Orientierung an den allgemeinen handelsrechtlichen Grundsätzen einschl. der Grundsätze ordnungsmäßiger Buchführung (GoB) erforderlich. Aus den Grundsätzen der Bilanzwahrheit und der Notwendigkeit einer wirtschaftlichen Betrachtungsweise ergibt sich die Voraussetzung, dass ein Vertrag, der als RückVV gebucht wird, einen ausreichenden oder zumindest einen nicht unwesentlichen Risikotransfer enthalten muss. Zur näheren Ausgestaltung und Interpretation existieren verschiedene Möglichkeiten. Die Bezugnahme sowohl auf bestehende Regelungen anderer Rechtskreise wie auch auf aufsichtsrechtliche Bestimmungen kann als zulässig gelten, solange die handelsrechtlichen Grundsätze der ordnungsmäßigen Buchführung eingehalten werden.

65 Vgl. § 8 Satz 1 FinRVV.

66 Die Gesetzesbegründung zu § 121e VAG verneint Auswirkungen auf die Rechnungslegungsvorschriften ausdrücklich, vgl. RegE zur 8. VAG-Novelle, BT-Drs. 16/1937, S. 30.

Insbesondere vor Inkraftsetzung der FinRVV wurde von der Möglichkeit Gebrauch gemacht, auf bestehende Regelungen anderer Rechtskreise zurückzugreifen. Erfolgt ein solcher Rückgriff auf andere Rechnungslegungssysteme, so sind die Zielsetzungen dieser Rechnungslegungssysteme zu berücksichtigen. Als Beispiele, die als Vergleichsmaßstab für das deutsche Handelsrecht Relevanz besitzen, können die Regelungen der US-GAAP sowie der IFRS gelten. 96

Auf dieser Basis hat sich in der Vergangenheit eine gewisse Bilanzierungspraxis herausgebildet, ohne dass daraus eine zwingende Anwendung resultierte. Das Kriterium eines hinreichenden Transfers von Versicherungsrisiko ist hiernach dann erfüllt, wenn es wahrscheinlich ist, dass entweder die Höhe (*Underwriting* Risiko) oder der Zeitpunkt (*Timing* Risiko) von Leistungen des RückVR signifikant variieren. 97

Obwohl das Handelsrecht nicht auf die aufsichtsrechtliche Definition von (Finanz-) RückV Bezug nimmt, kann die aufsichtsrechtliche Definition auch zur Auslegung der handelsrecht-lichen Regeln hinzugezogen werden. Insbesondere wird i.d.R. der Nachweis eines hinreichenden Risikotransfers nach § 121e VAG und FinRVV auch als Nachweis für den ausreichenden Risikotransfer i.S.d. handelsrechtlichen JA ausreichen. 98

Ob ein Unternehmen zum Zwecke der handelsrechtlichen Bilanzierung auf aufsichtsrechtliche Vorschriften oder spezifische Regelungen eines anderen Rechtskreises zurückgreift, ist in den unternehmenseigenen Bilanzierungs- und Bewertungsgrundsätzen festzuhalten. Die handelsrechtliche Bilanzierung hat insb. sicherzustellen, dass alle bilanzierungsfähigen Rechte und Pflichten vollständig entsprechend dem wirtschaftlichen Gehalt des Vertrags abgebildet werden. Dabei kann eine Orientierung an den allgemeinen Grundsätzen für Nicht-VV sinnvoll erscheinen. Insbesondere kann sich die Notwendigkeit ergeben, Verpflichtungsüberschüsse aus einem RückVV zu passivieren. 99

4. Berichterstattung im Rahmen des Prüfungsberichts

a) Berichterstattung nach § 6 Abs. 2 und 3 PrüfV

Die PrüfV bestimmt allgemein, dass „über RückVV, bei denen die Finanzierungsfunktion für den Zedenten im Vordergrund steht und die Übertragung von versicherungstechnischem Risiko auf die RückVR von untergeordneter Bedeutung ist, […] unter Nennung der wesentlichen Vertragsinhalte und der Vertragspartner gesondert zu berichten" ist. Hiervon ausgenommen sind proportionale RückVV, 100 bei denen der RückVR i.H.d. übernommenen Risikos an allen Risiken beteiligt wird.[67]

b) Sachverhaltsgestaltende Maßnahmen

101 Unabhängig von der Frage des Risikotransfers muss im PrB ggf. eine Darstellung der Finanz-RückVV unter den sachverhaltsgestaltenden Maßnahmen i.S.v. § 321 Abs. 2 Satz 4 HGB erfolgen. Dies gilt bspw. bei *Surplus-Relief*-Verträgen, LPT, Verträgen zur Vorfinanzierung von Abschlusskosten, etc.

102 Für Verträge, die als *Deposit Accounting* gebucht werden, ist eine gesonderte Berichterstattung unter den sachverhaltsgestaltenden Maßnahmen entbehrlich.

V. Anhang und Lagebericht

1. Anhang

103 Nach § 51 Abs. 4 Nr. 6 RechVersV haben RückVU im Anhang die gebuchten Bruttobeiträge untergliedert nach dem Schaden- und UnfallVG und dem Leben-VG anzugeben. Gemäß § 52 Nr. 1 Buchst. c) RechVersV haben auch RückVU die Methoden der Ermittlung der einzelnen versicherungstechnischen Rückstellungen mit Ausnahme der RfB sowohl hinsichtlich der Bruttobeträge als auch der auf das in Rückdeckung gegebene VG entfallenden Beträge, jeweils gesondert für das sG und üG im Anhang anzugeben. Änderungen der Methoden gegenüber vorausgegangenen GJ sind zu erläutern.

2. Lagebericht[68]

104 Gemäß § 57 Abs. 2 Nr. 1 RechVersV sind im LB alle betriebenen VZ und -arten anzugeben. Außerdem ist ein Bericht über den Geschäftsverlauf der einzelnen VZ erforderlich.[69]

105 Gemäß § 289 Abs. 1 HGB sind im LB zumindest der Geschäftsverlauf und die Lage des Unternehmens so darzustellen, dass ein den tatsächlichen Verhältnissen entsprechendes Bild vermittelt wird; dabei ist auch auf die wesentlichen Chancen und Risiken der künftigen Entwicklung einzugehen. Der LB soll auch auf Vor-

67 Vgl. § 6 Abs. 3 PrüfV.

68 Zu den allgemeinen Ausführungen zum LB bei VU verweisen wir auf den Beitrag D.

69 Vgl. § 57 Abs. 2 Nr. 2 RechVersV.

gänge von besonderer Bedeutung, die nach dem Bilanzstichtag eingetreten sind, und die voraussichtliche Entwicklung der Gesellschaft eingehen sowie bestehende Zweigniederlassungen der Gesellschaft benennen.[70] Mit der Umsetzung der VersBiRiLi gilt § 289 Abs. 2 Nr. 3 HGB bezüglich der Angaben zum Bereich „Forschung und Entwicklung" auch für VU und RückVU. Diesen Aufwendungen kommt jedoch bei RückVU im Vergleich zu Industrieunternehmen eine geringere Bedeutung zu.

Nach § 315 Abs. 1 Satz 1 HGB i.V.m. DRS 15, Rn. 67 und Rn. 79 ist eine Berichterstattung über außerbilanzielle Finanzierungsinstrumente im Konzern-LB grundsätzlich auch für RückVV erforderlich, allerdings nur soweit diese auf vertraglichen Grundlagen zum Bilanzstichtag basieren. 106

70 Vgl. § 289 Abs. 2 Nr. 1, 2 und 4 HGB.

C. Die nicht versicherungstechnischen Posten des Jahresabschlusses

*von WP/StB Dipl.-Kfm. Werner Hölzl, München**

Randnummer

* In der vorliegenden Fassung unter Mitarbeit von RA *Ines Hofmann*, MBA und WP' in Dipl.-Kffr. (FH) *Kristina Kovčo*, beide Frankfurt a.M.

I. Vorbemerkungen

1 Wenngleich in der Bilanz eines Versicherungsunternehmens (VU) die „Versicherungstechnischen Posten“ der Eigenart und vor allem dem Volumen nach im Vordergrund stehen, so sind die nicht versicherungstechnischen Posten nicht etwa bedeutungslos und von ersteren losgelöst. Die Aktivposten bspw. gehören vielmehr weitgehend zum gebundenen Vermögen (§ 54 Abs. 3 VAG i.V.m. AnlV) und stellen insb. in der Form der Kapitalanlagen die vermögensmäßige Bedeckung der versicherungstechnischen Passiva dar. Aus diesem Zusammenhang resultieren eingehende Anlage- und Beleihungsvorschriften, aber auch Bewertungsvorschriften (vgl. §§ 341b ff. HGB).[1]

2 Die Erörterung der nicht versicherungstechnischen Posten des Jahresabschlusses folgt den im Rahmen der RechVersV erlassenen Formblättern, und zwar Formblatt 1 für die Bilanz und Formblätter 2-4 für die GuV.

II. Aktivseite der Bilanz

1. Aufwendungen für die Ingangsetzung und Erweiterung des Geschäftsbetriebs

a) Bilanzieller Charakter als Bilanzierungshilfe

3 Bislang ermöglichte der Gesetzgeber in § 269 HGB die Bilanzierung von nicht aktivierungsfähigen Aufwendungen für die Ingangsetzung und Erweiterung des

1 Die Rn. 123 ff. wurden an die Gesetzeslage angepasst. Zum Inhalt der Anlage- und Beleihungsvorschriften sowie ihrer Bedeutung für die Prüfung des JA von VU vgl. Beitrag E „Die Vorschriften über die Vermögensanlage und Kapitalausstattung“.

Geschäftsbetriebs in einer sog. Bilanzierungshilfe. Diese Möglichkeit wurde aus Gründen der besseren Vergleichbarkeit und Transparenz der Jahresabschlüsse mit dem Bilanzrechtsmodernisierungsgesetz[2] (BilMoG) aufgegeben.[3]

In der Vergangenheit – letztmalig jedoch in Jahresabschlüssen für vor dem 01.01.2010 endende Wirtschaftsjahre – nach § 269 Satz 1 HGB a.F. aktivierte Aufwendungen für die Ingangsetzung und Erweiterung des Geschäftsbetriebs dürfen gem. Art. 67 Abs. 5 Satz 1 EGHGB fortgeführt werden. Sie unterliegen auch weiterhin der 25%igen Abschreibung gem. § 282 HGB a.F. i.V.m. Art. 67 Abs. 5 Satz 1 EGHGB. Wird eine bereits gebildete und fortführungsfähige Bilanzierungshilfe nicht fortgeführt, so ist sie erfolgswirksam zu berücksichtigen.[4] Gleiches gilt auch für eine in diesem Zusammenhang gebildete latente Steuerrückstellung.[5] Wird hingegen von dem Fortführungswahlrecht nach Art. 67 Abs. 5 Satz 1 EGHGB Gebrauch gemacht, ist hierfür die bisher geltende Ausschüttungssperre nach § 269 Satz 2 HGB a.F. zu beachten.[6] 4

b) Ausweis von Bilanzierungshilfen

Abweichend von § 269 Satz 1 HGB hatten VU Aufwendungen für die Ingangsetzung und Erweiterung des Geschäftsbetriebs nicht gesondert vor dem Anlagevermögen, sondern gem. § 6 Abs. 1 Nr. 1 RechVersV a.F. als Teil der immateriellen Vermögensgegenstände auszuweisen. Dies gilt auch für fortgeführte Bilanzierungshilfen, da diese nach altem Recht gebildet wurden und deshalb auch den bisher geltenden handelsrechtlichen (Ausweis-)Regelungen unterliegen (Art. 67 Abs. 5 Satz 1 EGHGB i.V.m. §§ 269 Satz 1, 330 Abs. 3 Satz 4 HGB i.V.m. § 6 Abs. 1 Nr. 1 RechVersV a.F.). 5

Für Bilanzierungshilfen i.S.d. § 269 Satz 1 HGB a.F. sind allgemeine Anhangangaben nach § 284 Abs. 1 und 2 HGB erforderlich. 6

2 Der Bundestag hat mit abschließender Lesung vom 26.03.2009 das BilMoG in der Fassung vom 30.07.2008 verabschiedet. Erwartungsgemäß stimmte der Bundesrat dem Gesetzentwurf am 03.04.2009 zu, sodass das Gesetz am 29.05.2009 in Kraft treten konnte.

3 Vgl. BT-Drs. 16/10067, S. 64.

4 Vgl. BT-Drs. 16/10067, S. 98.

5 *ADS*, 6. Aufl., Stuttgart 1995, § 274 HGB, Rn. 12, 38.

6 Vgl. *IDW Stellungnahme zur Rechnungslegung: Übergangsregelungen des Bilanzrechtsmodernisierungsgesetzes (IDW RS HFA 28)* (Stand: 09.09.2010), Tz. 18.

c) Prüfung

7 Bei der Prüfung der aktivierten Ingangsetzungs- und Erweiterungsaufwendungen ist dabei eingehend zu untersuchen, ob die angesetzten Aufwendungen eindeutig der Ingangsetzung und Erweiterung des Geschäftsbetriebs zugeordnet werden können. Auf die Abgrenzung zu ohnehin aktivierungspflichtigen Aufwendungen (Anschaffungskosten) ist zu achten. Die Einhaltung der Ausschüttungssperre und der Vorschriften über die vorzunehmenden Abschreibungen ist ebenfalls zu prüfen.

2. Immaterielle Vermögensgegenstände

a) Bilanzieller Charakter immaterieller Vermögensgegenstände

8 Grundsätzlich besteht aus dem Vollständigkeitsgrundsatz des § 246 Abs. 1 Satz 1 HGB heraus eine Aktivierungspflicht für immaterielle Vermögensgegenstände. Für nicht entgeltlich erworbene (insb. selbst erstellte) immaterielle Vermögensgegenstände des Anlagevermögens bestand bislang gem. § 248 Abs. 2 HGB a.F. ein Aktivierungsverbot. Dieses wurde mit der Neuformulierung des § 248 Abs. 2 HGB teilweise abgeschafft, sodass künftig lediglich selbst geschaffene Marken, Drucktitel, Verlagsrechte, Kundenlisten oder vergleichbare Vermögensgegenstände einem Aktivierungsverbot unterliegen. Für andere selbst geschaffene immaterielle Vermögensgegenstände wird dem Bilanzersteller ein handelsrechtliches Ansatzwahlrecht zugestanden, § 248 Abs. 2 Satz 1 HGB n.F., während es steuerrechtlich jedoch auch für diese weiterhin beim Ansatzverbot bleibt, § 5 Abs. 2 EStG. Unentgeltlich erworbene immaterielle Vermögensgegenstände (z.B. durch Schenkung, Erbschaft[7]) hingegen werden von § 248 Abs. 2 Satz 1 HGB nicht erfasst, sodass für diese eine Aktivierungspflicht gem. § 246 Abs. 1 Satz 1 HGB besteht. Gleiches gilt sowohl für selbst geschaffene immaterielle Vermögensgegenstände des Umlaufvermögens[8] als auch entgeltlich erworbene immaterielle Vermögensgegenstände.

9 Als künftig aktivierbare immaterielle Vermögensgegenstände kommen bei VU Vertriebsstrukturen der Außenorganisation, aber auch der Versicherungsbestand und Individualsoftware in Betracht.[9] Verpflichtend als immaterieller Vermögensgegenstand zu aktivieren ist künftig auch ein positiver[10] entgeltlich erworbener

7 *Förschle/Usinger*, in: Beck Bil-Komm., 7. Aufl., München 2010, § 248 HGB, Rn. 13, der für die Beurteilung, ob ein Vermögensgegenstand selbst geschaffen ist, auf die bisherige Unterscheidung zwischen entgeltlich und nicht entgeltlich zurückgreift.

8 *ADS*[6], § 248 HGB, Rn. 23; *Förschle/Usinger*, in: Beck Bil-Komm.[7], § 248 HGB, Rn. 14.

9 *IDW* (Hrsg.), WP Handbuch 2006, 13. Aufl., Bd. I, Düsseldorf 2006, Rn. K 98 m.w.N.

10 *Förschle/Kroner*, in: Beck Bil-Komm.[7], § 246 HGB, Rn. 82.

Geschäfts- und Firmenwert (§ 246 Abs. 1 Satz 4 HGB), für den bisher ein Ansatzwahlrecht bestand, § 255 Abs. 4 HGB a.F.

Wegen der unterschiedlichen handels- und steuerrechtlichen Ansatzregelungen wird zum einen die Bildung latenter Steuern gem. § 274 HGB erforderlich. Darüber hinaus ist für LV-Unternehmen auf die Beachtung der Verordnung über die Mindestbeitragsrückerstattung in der Lebensversicherung (MindZV) hinzuweisen. Danach müssen LV-Unternehmen in Abhängigkeit von der Art der Erträge bis zu 90 % mind. für überschussberechtigte Versicherungsverträge in einer Rückstellung für Beitragsrückerstattung (RfB) bereitstellen, § 4 Abs. 3-5 MindZV. Die ertragswirksame Aktivierung immaterieller Vermögensgegenstände hat demnach zur Folge, dass Versicherungsnehmer – anders als die Anteilsgläubiger wegen der Ausschüttungssperre nach § 268 Abs. 8 HGB – an nicht realisierten Erträgen partizipieren. Um in diesem Zusammenhang eine Erhöhung der RfB zu verhindern, wird diskutiert, diese Erträge in einen dem Grundgedanken latenter Steuern angelehnten Posten für eine „latente RfB" einzustellen und sukzessiv der Abschreibung entsprechend aufzulösen. Auf der Individualisierungsebene des Versicherungsnehmers nach § 153 Abs. 2 Satz 2 VVG hingegen bleiben ausschüttungsgesperrte Beträge i.S.d. § 268 Abs. 8 HGB unberücksichtigt. Davon erfasst werden sowohl negative als auch positive Gewinne.[11] 10

Eine Aktivierung kommt in Betracht, wenn die Vermögensgegenstandseigenschaft zu bejahen ist.[12] Dies ist anzunehmen, sofern der Vermögensgegenstand – möglicherweise bereits vor Fertigstellung – nach der Verkehrsauffassung einzeln verwertbar ist.[13] Für Gewinne aus der Aktivierung immaterieller Vermögensgegenstände besteht eine Ausschüttungssperre, vgl. § 268 Abs. 8 Satz 1 HGB. 11

b) Bewertung aktivierungsfähiger immaterieller Vermögensgegenstände

Für die Erst- und Folgebewertung immaterieller Vermögensgegenstände ist zwischen entgeltlich erworbenen und selbst geschaffenen immateriellen Vermögensgegenständen zu differenzieren. 12

11 Nachdem der Versicherungsnehmer nach dem Regierungsentwurf zunächst nur an Erträgen aus der Aktivierung immaterieller Vermögensgegenstände nicht partizipieren durfte, erstreckt sich diese Individualisierungseinschränkung auf alle Beträge und somit auch auf Aufwendungen, BT-Drs. 16/12407, S. 11 und 77.

12 BT-Drs. 16/12407, S. 85; *Baumbach/Hopt,* HGB, § 248 Rn. 3; EU-Bilanzrichtlinie 78/990/EG Art. 9 C. I. Nr. 1.

13 BT-Drs. 16/10067, S. 50; *Förschle/Usinger*, in: Beck Bil-Komm.[7], § 248 HGB, Rn. 30.

13 Für entgeltlich erworbene immaterielle Vermögensgegenstände erfolgt gem. § 341b Abs. 1 Satz 1 HGB ein Ansatz nach den Vorschriften für Anlagevermögen mit den Anschaffungs- oder Herstellungskosten nach §§ 253 Abs. 1 Satz 1, 255 Abs. 2 Satz 2 und 3, Abs. 2a HGB.

14 Selbst geschaffene immaterielle Vermögensgegenstände hingegen sind mangels entsprechender versicherungsspezifischer Regelung in § 341b Abs. 1 HGB i.V.m. § 341a Abs. 1 Satz 1 HGB direkt nach den allgemeinen Bewertungsvorschriften aus §§ 253, 255 HGB zu bewerten. Während für selbst geschaffene immaterielle Vermögensgegenstände des Anlagevermögens eine Bewertung nach §§ 253 Abs. 1 Satz 1, 255 Abs. 2a i.V.m. Abs. 2 HGB erfolgt, finden auf solche des Umlaufvermögens die allgemeinen Vorschriften aus §§ 253 Abs. 1 Satz 1, 255 Abs. 2 HGB Anwendung. Außerdem sind unterschiedliche Abschreibungsvorschriften (§ 253 Abs. 3 HGB für Anlagevermögen, § 253 Abs. 4 HGB für Umlaufvermögen) zu beachten.

15 Bei immateriellen Vermögensgegenständen des Anlagevermögens sind Vertriebs- und Forschungskosten (§ 255 Abs. 2a HGB) gem. § 255 Abs. 2 Satz 4 HGB nicht aktivierbar.

16 Der Tatsache geschuldet, dass selbst geschaffenen immateriellen Vermögensgegenständen eine gewisse Unsicherheit hinsichtlich ihrer künftigen Nutzungsmöglichkeit und ihrem zugewiesenen objektiven Wert[14] anhaftet, ist bei ihrer Bewertung eine Abgrenzung zwischen Forschungs- und Entwicklungskosten vorzunehmen, § 255 Abs. 2a HGB.

17 Während Forschungskosten als noch nicht dem selbst geschaffenen Vermögensgegenstand ausreichend zurechenbar gelten, sind Entwicklungskosten aktivierungsfähig, § 255 Abs. 2a Satz 1 HGB. Damit orientiert sich der deutsche Gesetzgeber an Regelungen der internationalen Rechnungslegung[15] und knüpft bei der Abgrenzung von Forschungs- und Entwicklungskosten an die Anwendbarkeit vorangegangener Forschungsergebnisse oder die Anknüpfung an andere Wissensquellen an, mittels derer Güter oder Verfahren wesentlich verändert und (weiter-) entwickelt werden, § 255 Abs. 2a Satz 2 HGB.[16] Zu den nicht aktivierungsfähigen Forschungskosten zählen hingegen alle Aufwendungen, welche während der eigenständigen und planmäßigen Suche nach neuen wissenschaftlichen oder technischen Erkenntnissen anfallen, § 255 Abs. 2a Satz 3 HGB.

---

14 BT-Drs. 16/10067, S. 50.

15 Siehe IAS 38.52.

16 BT-Drs. 16/10067, S. 60.

Lassen sich Forschungs- und Entwicklungskosten nicht einwandfrei trennen, ist im Zweifel von aufwandswirksamen Forschungskosten auszugehen.[17] 18

Selbst geschaffene immaterielle Vermögensgegenstände des Umlaufvermögens sind gem. §§ 253 Abs. 1 Satz 1 i.V.m. § 255 Abs. 2 HGB mit ihren Herstellungskosten zu bewerten. Eine scharfe Trennung zwischen Forschungs- und Entwicklungskosten ist bei diesen – anders als bei der Bewertung von selbst geschaffenen immateriellen Vermögensgegenständen des Anlagevermögens nach § 255 Abs. 2a HGB – nicht vorgesehen. Danach sind Vermögensgegenstände des Umlaufvermögens mit denjenigen Herstellungskosten zu bewerten, die gem. § 255 Abs. 2 Satz 1 i.V.m. Satz 4 HGB keine Forschungskosten darstellen. Ob es sich bei den Herstellungskosten um Entwicklungskosten i.S.d. § 255 Abs. 2a HGB handelt, kann insofern dahingestellt bleiben. Immaterielle Vermögensgegenstände des Anlagevermögens sind hingegen allein mit ihren Herstellungskosten in Form von Entwicklungskosten zu bewerten, vgl. § 255 Abs. 2a i.V.m. § 255 Abs. 2 HGB. 19

c) Ausweis immaterieller Vermögensgegenstände

Gemäß § 6 Abs. 1 RechVersV i.V.m. Formblatt 1 sind im Posten „Immaterielle Vermögensgegenstände" jeweils gesondert auszuweisen: 20

- Selbst geschaffene gewerbliche Schutzrechte und ähnliche Rechte und Werte
- entgeltlich erworbene Konzessionen, gewerbliche Schutzrechte und ähnliche Rechte und Werte sowie Lizenzen an solchen Rechten und Werten
- Geschäfts- oder Firmenwert
- geleistete Anzahlungen.

Als selbst geschaffene gewerbliche Schutzrechte und ähnliche Rechte und Werte kommen u.a. in Betracht: 21

- Vertriebsstrukturen der Außenorganisation
- Versicherungsbestand und
- selbst erstellte Individualsoftware.

Zu den entgeltlich erworbenen Konzessionen, gewerblichen Schutzrechten und ähnlichen Rechten und Werten sowie Lizenzen an solchen Rechten und Werten nach § 6 Abs. 1 Nr. 2 RechVersV gehören u.a.: 22

17 BT-Drs. 16/10067, S. 60.

- Unter Umständen der im Rahmen eines Unternehmenskaufs erworbene Außendienst
- ein aktivierungsfähiger Versicherungsbestand
- Kaufpreis für den Erwerb eines Gesamt- oder Teil-Versicherungsbestands (VB) (§ 6 Abs. 1 Nr. 3 RechVersV)
- EDV-Software (sowohl Standard- als auch Individual-Software), sofern sie gegen Entgelt erworben wurde, sowie
- Anzahlungen auf sonstige immaterielle Vermögensgegenstände.

23 Für einen entgeltlich erworbenen Geschäfts- oder Firmenwert (§ 6 Abs. 1 Nr. 3 RechVersV) bestand gem. § 255 Abs. 4 Satz 1 HGB a.F. ein Bewertungswahlrecht. Angesetzt werden durfte der Unterschiedsbetrag, um den die für die Übernahme eines Unternehmens bewirkte Gegenleistung den Wert der einzelnen Vermögensgegenstände des Unternehmens abzüglich der Schulden im Zeitpunkt der Übernahme überstieg. Um die Vergleichbarkeit handelsrechtlicher Jahresabschlüsse zu verbessern, wurde dieses Wahlrecht ersatzlos gestrichen, sodass künftig der entgeltlich erworbene Geschäfts- und Firmenwert verpflichtend zu aktivieren und dabei höchstens mit den Anschaffungskosten zu bewerten sein wird, § 253 Abs. 1 Satz 1 HGB.

Der Geschäfts- und Firmenwert ist gem. § 253 Abs. 3 Satz 1 HGB planmäßig über seine individuelle Nutzungsdauer abzuschreiben. Hierbei kann sich in Übereinstimmung mit der Steuerbilanz an der Nutzungsdauer von 15 Jahren gem. § 7 Abs. 1 Satz 3 EStG orientiert werden. Jedoch werden bei der Annahme einer längeren Nutzungsdauer als 5 Jahre umfangreiche Anhangangaben zu den ihr zugrunde liegenden Gründen gem. § 285 Nr. 13 HGB erforderlich.[18]

24 Abschreibungen auf immaterielle Vermögensgegenstände sind, soweit möglich, den Funktionsbereichen zuzuordnen[19] und daher im versicherungstechnischen Teil der GuV auszuweisen.

d) Anhangangaben

25 Mit der Neukonzeption der Bilanzierung immaterieller Vermögensgegenstände wurden hierfür auch umfangreiche Anhangangaben in den Anforderungskatalog nach § 285 HGB aufgenommen, §§ 285 Nr. 22, 341a HGB i.V.m. § 51 Abs. 1 Satz 1 RechVersV. Es sind danach sowohl der Gesamtbetrag für Forschungs- und

18 *Ellrott*, in: Beck Bil-Komm.[7], § 285 HGB, Rn. 265.
19 *IDW* (Hrsg.), WP Handbuch 2006[13], Rn. K 101.

Entwicklungskosten als auch der auf die nach § 248 Abs. 2 HGB aktivierten[20], selbst geschaffenen immateriellen Vermögensgegenstände entfallende Betrag anzugeben. Die Angabe kann als Davon-Angabe des Gesamtbetrags i.S.d. § 4 RechVersV erfolgen.[21]

Darüber hinaus ist die Entwicklung der immateriellen Vermögensgegenstände im Rahmen des Anlagespiegels nach Muster 1 zur RechVersV wahlweise in der Bilanz oder im Anhang darzustellen, § 51 Abs. 2 RechVersV. Hierfür ist in Muster 1 das Nettoverfahren vorgesehen. Die Abschreibungsbeträge sind auf die Funktionsbereiche zu verteilen.[22] 26

e) Prüfung

Die Bewertung und Prüfung des Postens „Immaterielle Vermögensgegenstände" richtet sich nach den allgemeinen Grundsätzen. Im Rahmen der Prüfung der Aktivierungsfähigkeit immaterieller Vermögensgegenstände ist darauf zu achten, ob der selbst geschaffene Vermögensgegenstand als solcher identifizierbar und selbstständig verwertbar ist. 27

Hinsichtlich der Aktivierungspflicht ist bei der Prüfung auch zu untersuchen, ob der Vermögensgegenstand dazu bestimmt ist, dem Geschäftsbetrieb dauerhaft zu dienen, und damit zum Anlagevermögen gehört[23], § 247 Abs. 2 HGB. Dies deshalb, weil für immaterielle Vermögensgegenstände des Umlaufvermögens eine Aktivierungspflicht besteht, während immaterielle Vermögensgegenstände des Anlagevermögens einem Ansatzwahlrecht unterliegen, § 248 Abs. 2 HGB. 28

Anschließend ist auf der Ebene der Bewertung auf die korrekte Abgrenzung zwischen nicht aktivierungsfähigen Forschungskosten und aktivierbaren Herstellungskosten zu achten. Dabei sind sämtliche Aufwendungen gesondert zu beurteilen. Außerdem sind die entsprechend anzuwendenden Abschreibungsvorschriften sowie die Ausschüttungssperre nach § 268 Abs. 8 HGB zu beachten. 29

Bei der Prüfung der erstmaligen Bilanzierung eines erworbenen VB ist darauf zu achten, ob die Genehmigung der BaFin zur Bestandsübertragung (§ 14 Abs. 1 VAG) vorliegt und die i.d.R. mit übergehenden versicherungstechnischen Verbindlichkeiten sowie die zu bedeckenden Aktivwerte (Kapitalanlagen) sachgerecht

20 BT-Drs. 16/12407, S. 88.
21 *Ellrott*, in: Beck Bil-Komm.[7], § 285 HGB, Rn. 395.
22 *IDW* (Hrsg.), WP Handbuch 2006[13], Rn. K 101.
23 *IDW* (Hrsg.), WP Handbuch 2006[13], Rn. K 98.

eingebucht bzw. bilanziert wurden. In diesem Zusammenhang ist auf die umsatzsteuerrechtliche Relevanz von Bestandsübertragungen hinzuweisen.[24]

3. Kapitalanlagen

a) Allgemeines

30 Kapitalanlagen stellen das finanzielle Rückgrat eines VU dar und nehmen daher auch den umfangreichsten Teil der Aktiva von VU ein. Aufgrund dieser überragenden Bedeutung hat der Gesetzgeber von den allgemeinen handelsbilanzrechtlichen Vorschriften abweichende versicherungsspezifische Bilanzierungs- und Ausweisregelungen in den §§ 341 ff. HGB sowie in der RechVersV für VU vorgesehen.

31 Ergänzt werden diese Vorschriften durch spezielle versicherungsaufsichtsrechtliche Regelungen in der AnlV i.V.m. § 54 Abs. 3 VAG, welche die Grundsätze für die Anerkennung von Kapitalanlagen als deckungsfähiges gebundenes Vermögen konkretisieren.[25]

32 Seit dem 01.01.2002 besteht auch in Deutschland die Möglichkeit, betriebliche Altersvorsorge im Wege von Pensionsfonds anzubieten,[26] vgl. §§ 112 ff. VAG. Damit verbunden war die Zielsetzung des Gesetzgebers, arbeitgeberinitiierte Altersvorsorgeprodukte mit besseren Renditechancen als im Vergleich zu herkömmlichen Pensionskassen zu etablieren. Um der produktgestalterischen Vielfalt von individualisierten Pensionsplänen gerecht zu werden,[27] ermöglicht der Gesetzgeber die Bildung verschiedener interessengerechter Sondervermögen, § 115 Abs. 1 Satz 1 VAG. Diese bilden gemeinsam mit dem sonstigen gebundenen Vermögen das gebundene Vermögen eines Pensionsfonds, § 115 Abs. 1 Satz 2 VAG, mit dem die pensionsfondstechnischen Verbindlichkeiten nach Maßgabe der §§ 66 Abs. 1a Satz 1 i.V.m. 113 Abs. 1 VAG gedeckt werden.[28]

aa) Bilanzieller Charakter von Kapitalanlagen im Allgemeinen

33 Kapitalanlagen sind als Vermögensgegenstände gem. § 246 Abs. 1 HGB in die Bilanz aufzunehmen.

---

24 EuGH, Az. C-242/08.
25 Siehe hierzu Beitrag E.
26 BT-Drs. 14/1151.
27 *Weigel*, in: Prölss, VAG, 12. Aufl., München 2005, § 115, Rn. 4.
28 *Weigel*, in: Prölss, VAG12, § 115, Rn. 1.

Das für VU verbindliche Bilanzschema (§ 2 Abs. 1 Satz 1 HS 1 RechVersV i.V.m. Formblatt 1) unterscheidet – abweichend vom Gliederungsschema nach § 266 Abs. 2 HGB – nicht zwischen Anlage- und Umlaufvermögen. Lediglich zu Bewertungszwecken orientieren sich die versicherungsspezifischen Bilanzierungsvorschriften in den §§ 341b und 341c HGB an der herkömmlichen Unterscheidung nach der kurz- oder langfristigen Liquidierbarkeit einzelner Vermögensgegenstände.[29] 34

Zu den Kapitalanlagen gehören danach: 35

- Grundstücke, grundstücksgleiche Rechte und Bauten einschl. der Bauten auf fremden Grundstücken (siehe hierzu Kapitel II. 3. b) aa))
- Kapitalanlagen in verbundenen Unternehmen und Beteiligungen (siehe hierzu Kapitel II. 3. b) bb))
- sonstige Kapitalanlagen (siehe hierzu Kapitel II. 3. b) cc)) sowie
- Depotforderungen aus dem in Rückdeckung übernommenen Versicherungsgeschäft (siehe hierzu Kapitel II. 3. b) dd)).

bb) Versicherungsspezifische Bewertung von Kapitalanlagen

In den §§ 341b und 341c HGB ist für die einzelnen Unterposten der Kapitalanlagen explizit festgelegt, ob diese nach den für das Anlagevermögen oder für das Umlaufvermögen geltenden Vorschriften zu bewerten sind. 36

Danach werden Grundstücke, grundstücksgleiche Rechte und Bauten einschl. der Bauten auf fremden Grundstücken nach den für Anlagevermögen geltenden Vorschriften bewertet, § 341b Abs. 1 Satz 1 HGB. 37

Auch die nachfolgenden Kapitalanlagen sind vorbehaltlich §§ 341b Abs. 2 und 341c HGB nach den für das Anlagevermögen geltenden Vorschriften zu bewerten: 38

- Beteiligungen
- Anteile an verbundenen Unternehmen
- Ausleihungen an verbundene Unternehmen oder Unternehmen, mit denen ein Beteiligungsverhältnis besteht
- Namensschuldverschreibungen
- Hypothekendarlehen und andere Forderungen und Rechte

29 *Stöffler*, in: Beck Vers-Komm., München 1998, § 341b HGB, Rn. 1.

– sonstige Ausleihungen und Depotforderungen aus dem in Rückdeckung genommenen Versicherungsgeschäft.

39 Für Aktien, Investmentanteile sowie sonstige festverzinsliche und nicht festverzinsliche Wertpapiere gelten indes die Bewertungsvorschriften für Umlaufvermögen, § 341b Abs. 2 HGB. Etwas anderes soll nur dann gelten, wenn solche Vermögensgegenstände dem Geschäftsbetrieb dauerhaft i.S.d. § 247 Abs. 2 HGB zu dienen bestimmt sind. Maßgebend hierfür ist eine längere Verweildauer.[30]

40 Namenschuldverschreibungen, Hypothekendarlehen und andere Forderungen durften bisher anstelle mit den Anschaffungs- oder Herstellungskosten mit dem Nennwert bewertet werden, § 341c Abs. 1 HGB. Diese Sondervorschrift geht auf die Umsetzung der Versicherungsbilanzrichtlinie[31] zurück und ermöglicht den Mitgliedstaaten, für die Bewertung von Schuldverschreibungen und anderen festverzinslichen Wertpapieren ein Bewertungswahlrecht umzusetzen, welches auch die Nennwertbilanzierung solcher Vermögensgegenstände ermöglicht.

41 Für Hypothekendarlehen und andere Forderungen sieht die Richtlinie allerdings dem Wortlaut nach kein entsprechendes Wahlrecht vor, sodass der nationale Gesetzgeber auf das Betreiben der Europäischen Kommission im Rahmen eines EU-Vertragsverletzungsverfahrens hin gehalten war, den Wortlaut von § 341c HGB richtlinienkonform abzuändern. In einem Gesetzentwurf[32] (BRat-Drs. 518/10, vormals BRat-Drs. 155/10) wird daher zum einen vorgeschlagen, das Bewertungswahlrecht zur Nennwertbilanzierung für Hypothekendarlehen und andere Forderungen ersatzlos zu streichen, Art. 5 Nr. 1 des Entwurfs eines Gesetzes zur Umsetzung der geänderten Bankenrichtlinie und der geänderten Kapitaladäquanzrichtlinie vom 26.03.2010.

42 Daneben enthält § 341c Abs. 3 HGB n.F. für diese betroffenen Vermögensgegenstände ein vom allgemein geltenden Anschaffungskostenprinzip nach § 253 Abs. 1 HGB abweichendes Wahlrecht, nach dem bei der Bewertung die kumulierte Amortisation der Differenz zwischen den Anschaffungskosten und dem Rückzahlungsbetrag berücksichtigt werden darf, vgl. Art. 5 Nr. 2 des Entwurfs eines Gesetzes zur Umsetzung der geänderten Bankenrichtlinie und der geänderten Kapitaladäquanzrichtlinie vom 26.03.2010. Die kumulierte Amortisation ist dabei grundsätzlich unter Beachtung der Effektivzinsmethode zu ermitteln, wenngleich

30 *Kozikowski/Huber*, in: Beck Bil-Komm.[7], § 247 HGB, Rn. 353.

31 EU-Richtlinie 91/674/EWG, Art. 55 Abs. 1a.

32 Zum Zeitpunkt des Redaktionsschlusses liegt der Gesetzentwurf zur Entscheidung im Bundesrat vor. Eine Verabschiedung wird für den 24.09.2010 erwartet.

auch andere den GoB entsprechenden Methoden als zulässig angesehen werden.[33] Die Neuregelung soll in erster Linie langfristig orientierten Geschäftsmodellen eine sachgerechtere Bilanzierung und bilanzielle Abbildung von Agien und Disagien ermöglichen und damit die Funktion der bisherigen Nennwertbilanzierung erfüllen.[34] Agien und Disagien sind daher nicht mehr wie bisher in einem gesonderten Rechnungsabgrenzungsposten darzustellen, sondern direkt mit den fortgeführten Anschaffungskosten zu verrechnen.

Versicherungsaufsichtsrechtlich sind die handelsbilanziellen Bewertungsregelun- 43
gen auch für die Bewertung des gebundenen Vermögens gem. §§ 54 Abs. 1 und 115 Abs. 1 Satz 1 VAG allgemein und des Sicherungsvermögens i.S.d. § 66 Abs. 1 und 2 VAG im Besonderen maßgebend.[35]

cc) Ausweis von Kapitalanlagen im Allgemeinen

Gemäß § 2 Abs. 1 Satz 1 HS 1 RechVersV i.V.m. Formblatt 1, Aktiva C. I.-IV. sind 44
als Kapitalanlagen gesondert auszuweisen:

- Grundstücke, grundstücksgleiche Rechte und Bauten einschl. der Bauten auf fremden Grundstücken (Aktiva C. I.)
- Kapitalanlagen in verbundenen Unternehmen und Beteiligungen (Aktiva C. II.)
- sonstige Kapitalanlagen (Aktiva C. III.) sowie
- Depotforderungen aus dem in Rückdeckung übernommenen Versicherungsgeschäft (Aktiva C. IV.).

Hierbei handelt es sich ausschließlich um Kapitalanlagen auf Rechnung und Risi- 45
ko des VU, während Kapitalanlagen für Rechnung und Risiko von Inhabern von LV-Policen gem. § 2 Abs. 1 Satz 1 HS 1 RechVersV i.V.m. Formblatt 1, Aktiva D. getrennt auszuweisen sind (hierzu ausführlich II. Nr. 4)

dd) Anhangangaben

Die Anforderungen an die Art und den Umfang der erforderlichen Anhangangaben 46
ergeben sich grundsätzlich aus §§ 284, 285, 341a HGB i.V.m. § 51 Abs. 1 Satz 1 RechVersV und werden durch zusätzliche Pflichtangaben nach § 51 Abs. 1 Satz 2 i.V.m. Abs. 2-5 RechVersV ergänzt.

33 BRat-Drs. 155/10, S. 82.
34 BRat-Drs. 155/10, S. 82.
35 Vgl. hierzu *Lipowsky*, in: Prölss, VAG12, § 54, Rn. 21.

47 Sowohl für zum Anschaffungswert als auch zum Nennwert (siehe Rn. 40 ff.) ausgewiesene Kapitalanlagen ist jeweils auch der Zeitwert i.S.d. §§ 55[36] und 56 RechVersV anzugeben, § 54 Satz 1 RechVersV.

48 Die Zeitwerte von Kapitalanlagen – außer den Grundstücken und grundstücksgleichen Rechten[37] – bestimmen sich grundsätzlich nach dem Freiverkehrswert, § 56 Abs. 1 RechVersV. Diesen stellt bei börsengehandelten Kapitalanlagen der Börsenkurswert dar, während für alle anderen der Durchschnittsmarktwert am Bilanzstichtag maßgebend ist, § 56 Abs. 2 und 3 RechVersV. Bei veräußerten oder mit Veräußerungsabsicht gehaltenen Kapitalanlagen sind die angefallenen oder geschätzten Realisationsaufwendungen vom Freiverkehrswert abzusetzen, § 56 Abs. 4 RechVersV. Maximaler Zeitwert ist jedoch der realisierbare Wert, § 56 Abs. 5 RechVersV. Die der Zeitwertermittlung jeweils zugrunde liegenden Bewertungsmethoden sowie der Grund für ihre Anwendung sind im Anhang anzugeben, § 56 Abs. 6 RechVersV.

49 Außerdem ist die Entwicklung folgender Kapitalanlagen gem. § 51 Abs. 2 RechVersV i.V.m. Muster 1 zur RechVersV wahlweise als Teil der Bilanz oder des Anhangs darzustellen:

- Grundstücke, grundstücksgleiche Rechte und Bauten einschl. der Bauten auf fremden Grundstücken (Formblatt 1, Aktiva C. I.)
- Kapitalanlagen in verbundenen Unternehmen und Beteiligungen (Formblatt 1, Aktiva C. II.) sowie
- sonstige Kapitalanlagen (Formblatt 1, Aktiva C. III.).

50 Wie der gesamte Anlagespiegel ist die Entwicklung der Kapitalanlagen abweichend von § 268 Abs. 2 HGB nach der Nettomethode darzustellen, d.h. unter Fortführung der Buchwerte des Vorjahres. Eine entsprechende Regelung für Depotforderungen existiert indes nicht.

51 Keine Regelung findet sich für den Fall auftretender Währungskursdifferenzen, wenn Kapitalanlagen in Originalwährung statt in Euro gebucht werden. Die Währungskursunterschiede, die nicht zu den Erträgen oder Aufwendungen aus Kapitalanlagen zuzurechnen sind, können im Anlagespiegel nur in den Spalten Zu- oder Abschreibungen aufgeführt werden, da sie keine (mengenmäßigen) Zu-

---

36 Siehe für die Ermittlung des Zeitwerts von Grundstücken und grundstücksgleichen Rechten auch II. 3. b) aa).

37 Siehe für die Ermittlung des Zeitwerts von Grundstücken und grundstücksgleichen Rechten auch II. 3. b) aa).

oder Abgänge darstellen. Des Weiteren wird auf weiterführende Ausführungen in Kapitel D „Anhang und Lagebericht“ verwiesen.

ee) Prüfung von Kapitalanlagen im Allgemeinen

Im Rahmen der Prüfung von Kapitalanlagen liegt der Fokus zunächst auf der Bewertung, insb. auf der zutreffenden Ausübung von Bewertungswahlrechten. Unter anderem ist darauf zu achten, dass die *IDW RS VFA 1*[38] und *IDW RS VFA 2*[39] bei der Wertermittlung berücksichtigt wurden. 52

Die PrüfV[40] sieht darüber hinaus Berichterstattungspflichten für bestimmte Vermögensanlagen und Beteiligungen (§ 8 Abs. 2 Nr. 3 und 4 PrüfV), bei Verfügungsbeschränkungen (§ 8 Abs. 2 Nr. 5 PrüfV) und beim Einsatz derivativer Finanzinstrumente (§ 11 PrüfV) vor.[41] 53

Darüber hinaus ist von den Wirtschaftsprüfern das nach dem KonTraG[42] verpflichtend einzurichtende Risikofrüherkennungssystem zu prüfen, § 91 Abs. 2 AktG i.V.m. § 317 Abs. 4 HGB i.V.m. § 57 Abs. 1 Satz 3 VAG. Hierbei können die von der BaFin mit Rundschreiben 3/2009 festgelegten Mindestanforderungen für die Ausgestaltung des Risikomanagements (MaRisk (VA)) herangezogen werden; ebenso die Hinweise zur Anlage des gebundenen Vermögens von VU in Rundschreiben 15/2005. 54

Eine explizite Regelung ist in § 7 Abs. 2 VAG enthalten, welche durch das BaFin-Rundschreiben 3/2000 konkretisiert wurde. Danach haben VU Zulässigkeitsbegrenzungen bei Vorkäufen und Derivaten, Regelungen zur praktischen Abwicklung dieser Geschäfte und besondere Berichts und Mitteilungspflichten zu beachten. 55

Im Übrigen verweisen wir auf die Ausführungen zur Einrichtung und Prüfung von Überwachungssystemen in anderen Beiträgen dieses Buches. 56

38 *IDW Stellungnahme zur Rechnungslegung des Versicherungsfachausschusses: Bewertung und Ausweis von Wertpapieren und Namensschuldverschreibungen im Jahresabschluss von Versicherungen (IDW RS VFA 1)* (Stand: 17.12.1999).

39 *IDW Stellungnahme zur Rechnungslegung des Versicherungsfachausschusses: Auslegung des § 341b HGB (IDW RS VFA 2)* (Stand: 08.04.2002).

40 Verordnung über den Inhalt der Prüfungsberichte zu den Jahresabschlüssen von VU vom 03.06.1998, BGBl. I, S. 1209.

41 Zu Einzelheiten verweisen wir auf die Ausführungen in Beitrag E „Die Vorschriften über Vermögensanlage und Kapitalausstattung“.

42 Gesetz zur Kontrolle und Transparenz im Unternehmensbereich.

b) Arten der Kapitalanlagen

57 Als Kapitalanlagen sind gem. § 2 Abs. 1 Satz 1 HS 1 RechVersV i.V.m. Formblatt 1 im Bilanzposten Aktiva C. Grundstücke, grundstücksgleiche Rechte und Bauten einschl. der Bauten auf fremden Grundstücken (Aktiva C. I.), Kapitalanlagen in verbundenen Unternehmen und Beteiligungen (Aktiva C. II.) sowie sonstige Kapitalanlagen (Aktiva C. III.) und Depotforderungen aus dem in Rückdeckung genommenen Versicherungsgeschäft (Aktiva C. IV.) darzustellen. Kapitalanlagen für Rechnung und Risiko von Inhabern von fondsgebundenen Lebensversicherungen (LV) sind gem. § 2 Abs. 1 Satz 1 HS 1 RechVersV i.V.m. Formblatt 1 im Bilanzposten Aktiva D. gesondert auszuweisen.

aa) Grundstücke, grundstücksgleiche Rechte und Bauten einschließlich der Bauten auf fremden Grundstücken

(1) Bilanzieller Charakter

58 Gemäß § 2 Abs. 1 Satz 1 HS 1 RechVersV i.V.m. Formblatt 1 werden im Bilanzposten Aktiva C. I. die im wirtschaftlichen Eigentum i.S.d. § 246 Abs. 1 Satz 2 HGB eines VU stehenden bebauten und unbebauten Grundstücke, die Bauten auf eigenen und fremden Grundstücken, grundstücksgleiche Rechte, Vorauszahlungen auf Grundstücke und Anzahlungen auf Bauten sowie Planungskosten[43] und unter bestimmten Voraussetzungen Anteile an Grundstücksgesellschaften bürgerlichen Rechts ausgewiesen.[44]

59 Als Bauten auf fremden Grundstücken sind Wohn-, Geschäfts-, Fabrik- und andere Bauten auszuweisen, die aufgrund eines obligatorischen Vertrags auf nicht dem bilanzierenden VU gehörenden Grundstücken errichtet worden sind, unabhängig davon, ob sie wesentlicher Bestandteil dieser Grundstücke i.S.d. § 94 BGB werden oder nicht. Ebenso sind auch Vermögensgegenstände, die üblicherweise dem Grundbesitz als Zubehör i.S.d. § 97 Abs. 1 BGB unmittelbar dienen, wie z.B. Wasch- und Küchenmaschinen, Rasenmäher, Schneeräumgeräte, nicht hier, sondern bei der Betriebs- und Geschäftsausstattung auszuweisen.

60 Unter diesem Posten sind auch Anzahlungen auf Bauten auszuweisen. Anzahlungen sind Vorleistungen eines Vertragspartners auf im Übrigen noch schwebende

---

43 *IDW* (Hrsg.), WP Handbuch 2006[13], Rn. K 133.
44 *IDW* (Hrsg.), WP Handbuch 2006[13], Rn. K 140.

Geschäfte,[45] d.h. die Gegenleistung durch den Architekten oder Bauunternehmer ist noch nicht erfolgt.

Grundstücksgleiche Rechte, die wirtschaftlich und in vielerlei Hinsicht auch rechtlich den eigenen Grundstücken gleichkommen, sind nur solche Rechte, die bürgerlich-rechtlich wie Grundstücke behandelt werden, z.B. das Erbbaurecht; hingegen sind persönlich beschränkte Dienstbarkeiten und obligatorische Nutzungsrechte keine grundstücksgleichen Rechte.[46] 61

In diesem Posten sind auch Anteile an Grundstücksgesellschaften bürgerlichen Rechts (Gesamthandeigentum) auszuweisen, sofern sie nicht unter dem Posten „Beteiligungen" zu erfassen sind. Letzteres kommt für die Grundstücks-GbR in Betracht, die als solche am Rechtsverkehr teilnehmen und ein eigenes wirtschaftliches Risiko tragen. 62

Für den Zeitpunkt der Buchung von Zu- und Abgängen bei Grundstücken gelten die allgemeinen Grundsätze. Danach ist regelmäßig der Zeitpunkt des Übergangs von Nutzen und Lasten (wirtschaftlicher Eigentumsübergang) maßgeblich; der Zeitpunkt der rechtlichen Eigentumsübertragung (Eintragung im Grundbuch) ist insofern von Bedeutung, als dieser im Zweifel der späteste Zeitpunkt für die Buchung des Grundstücksübergangs ist. 63

Bisher bestand wegen der umgekehrten Maßgeblichkeit nach § 5 Abs. 1 Satz 2 EStG auch im Handelsbilanzrecht die Möglichkeit der gewinnmindernden Bildung sog. Sonderposten mit Rücklageanteil (§ 273 Satz 1 HGB a.F.) für Gewinne aus der Veräußerung von bestimmten Anlagegütern. Insbesondere war dies für Grundstücke gem. § 6b Abs. 3 Satz 1 EStG möglich. Mit dem BilMoG wurde diese Möglichkeit für die Zukunft abgeschafft.[47] Bereits in der Vergangenheit gebildete Sonderposten mit Rücklageanteil können beibehalten werden, Art. 67 Abs. 3 Satz 1 EGHGB. Die Auflösung erfolgt erfolgsneutral durch Einstellung in die Gewinnrücklage, Art. 67 Abs. 3 Satz 2 EGHGB. 64

(2) Bewertung von Grundstücken, grundstücksgleichen Rechten und Bauten einschließlich der Bauten auf fremden Grundstücken

Grundstücke, grundstücksgleiche Rechte und Bauten einschl. der Bauten auf fremden Grundstücken sind bei VU gem. §§ 341b Abs. 1, 253 Abs. 1 Satz 1 i.V.m. 3 Satz 1 HGB mit den Anschaffungs- oder Herstellungskosten zu bewerten. Zeitlich 65

45 Vgl. *ADS*[6], § 266 HGB, Rn. 59.
46 Vgl. *ADS*[6], § 266 HGB, Rn. 40.
47 BT-Drs. 16/12407, S. 15.

begrenzt nutzbare Vermögensgegenstände sind plan- und/oder außerplanmäßig abzuschreiben, § 253 Abs. 3 Satz 1 i.V.m. § 255 Abs. 1-3 HGB.

66 Zu den Anschaffungskosten zählen diejenigen Aufwendungen, die der Erwerber eines Vermögensgegenstands aufwendet, um diesen zu erwerben und ihn in betriebsbereiten Zustand zu versetzen, § 255 Abs. 1 HGB. Herstellungskosten hingegen sind die Aufwendungen, die für die Herstellung oder Erweiterung eines Vermögensgegenstands aufgewendet werden, § 255 Abs. 2 Satz 1 HGB.

67 Bei im Wege der Zwangsversteigerung erworbenen Grundstücken umfassen die Anschaffungskosten das Meistgebot zuzüglich Notarkosten und Grunderwerbsteuer sowie den nicht befriedigten Teil der gesicherten Hypothekenforderung und die aufgelaufene Zinsforderung.[48] Diese Definition der Anschaffungskosten entspricht auch dem BFH-Urteil vom 11.11.1987 (BStBl. 1988, S. 424). Die Obergrenze des Wertansatzes ist in diesem Fall durch den Verkehrswert des erworbenen Grundstücks bestimmt.

68 Zu den Anschaffungskosten von Grundstücken zählen auch die üblichen Nebenkosten wie Gerichts- und Notarkosten, Vermittlungsprovisionen, Vermessungsgebühren und die Grunderwerbsteuer.[49] Haben VU wegen der Umsatzsteuerbefreiung nach § 4 UStG keine oder nur eine geringe Möglichkeit zum Vorsteuerabzug, so ist die Umsatzsteuer ganz oder anteilig Bestandteil der Anschaffungs- oder Herstellungskosten.

(3) Ausweis von Grundstücken, grundstücksgleichen Rechten und Bauten einschließlich der Bauten auf fremden Grundstücken

69 Grundstücke, grundstücksgleiche Rechte und Bauten einschl. der Bauten auf fremden Grundstücken sind gem. § 2 Abs. 1 Satz 1 RechVersV i.V.m. Formblatt 1, Aktiva C. I. auszuweisen.

(4) Anhangangaben zu ausgewiesenen Grundstücken, grundstücksgleichen Rechten und Bauten einschließlich der Bauten auf fremden Grundstücken

70 Gemäß § 52 Nr. 1a RechVersV ist der Bilanzwert der eigengenutzten Grundstücke und Bauten im Anhang anzugeben.

48 In diesem Sinne auch *ADS*[6], § 255 HGB, Rn. 76 mit weiteren, auch abweichenden Hinweisen.
49 Vgl. *Ellrott/Brendt*, in: Beck Bil-Komm.[7], § 255 HGB, Rn. 71 f.

Für zu Anschaffungskosten ausgewiesene Grundstücke, grundstücksgleiche Rechte und Bauten einschl. der Bauten auf fremden Grundstücken sind ihre jeweiligen Zeitwerte nach § 54 Satz 1 und 2 i.V.m. § 55 RechVersV anzugeben. 71

Der Zeitwert nach § 55 RechVersV ergibt sich aus dem um Wertberichtigungen und angefallene oder geschätzte Realisierungsaufwendungen verminderten Marktwert, vgl. § 55 Abs. 1 i.V.m. 4 und 5 RechVersV. Der Marktwert stellt hierbei den unter fremden Dritten erzielbaren Wert dar und bildet damit einen Gleichklang mit der durch das BilMoG normierten Marktpreisdefinition nach § 255 Abs. 4 HGB.[50] 72

(5) Prüfung von Grundstücken, grundstücksgleichen Rechten und Bauten einschließlich der Bauten auf fremden Grundstücken

Zur Prüfung des Bestands an Grundstücken und grundstücksgleichen Rechten sind der Bestandsnachweis (EDV-Ausdruck, Bestandsliste oder -karten) sowie möglichst aktuelle Grundbuchauszüge heranzuziehen. Für den durch einen Treuhänder verwalteten Bestand ist dessen Bestätigung einzusehen und eine Abstimmung mit dem Deckungsstockverzeichnis vorzunehmen (Deckungsstock-Ist). 73

Beim An- und Verkauf von Grundstücken sowie bei der Bestellung und Aufgabe grundstücksgleicher Rechte sind die notariell beurkundeten Kaufverträge, Grundbuchauszüge, Grunderwerbsteuerbescheide, Gebührenrechnungen und andere geeignete Unterlagen einzusehen; die sich daraus ergebenden Informationen (Kaufpreis, Nebenkosten, Zeitpunkte des Übergangs u.a.) sind mit der Anlagenkartei und den Sachkonten abzustimmen. Außerdem ist zu prüfen, ob satzungsmäßige Bestimmungen beachtet wurden, insb. ob die erforderlichen Zustimmungen des AR vorliegen. 74

Die Herstellungskosten von in eigener Regie errichteten Gebäuden sind durch Einsichtnahme in Baurechnungen, Anforderungen von Abschlagszahlungen, Zahlungsbelege usw. zu prüfen; dabei ist auch die Aktivierung von Nebenkosten und Eigenleistungen (eigene Bauabteilung, Bauüberwachung u.Ä.) zu beachten. 75

Bei Abgängen sind die Erlöse mit dem Buchwert und damit realisierte Buchgewinne oder -verluste abzustimmen. Werden Gewinne gem. § 6b EStG, die in einen Sonderposten mit Rücklageanteil eingestellt wurden, zu einem späteren Zeitpunkt für den Erwerb von Grundstücken genutzt, so ist zu prüfen, ob die steuerlichen Voraussetzungen gegeben sind. 76

50 Vgl. für die Definition des Marktpreises BT-Drs. 16/10067, S. 133.

77 Die Abschreibungen sind hinsichtlich Angemessenheit, Berechnungsbasis (Grund und Boden, Übertragungen nach § 6b EStG, Wertgutachten) und Nutzungsdauer zu überprüfen. Insbesondere bei geringer Rendite empfiehlt sich die – später für die GuV ohnehin erforderliche – Durchsicht der Grundbesitzererfolgskonten, weil aktivierungspflichtige Aufwendungen als Unterhaltsaufwendungen behandelt worden sein können. Bei Objekten, die in früheren Jahren angeschafft wurden, sollten in Stichproben die neuesten Grundbuchauszüge eingesehen werden. Der Gesamtbestand am Bilanzstichtag ist mit den Konten und der Anlagenkartei abzustimmen.

78 Im Prüfungsbericht ist u.a. besonders auf die Vermögenslage des prüfungspflichtigen Unternehmens einzugehen, § 1 Abs. 1 i.V.m. § 8 PrüfV. In diesem Zusammenhang ist vor allem auch auf aufgelöste bzw. beibehaltene Sonderposten mit Rücklageanteil und gebildete Bewertungseinheiten einzugehen.

bb) Kapitalanlagen in verbundenen Unternehmen und Beteiligungen

79 Kapitalanlagen in verbundenen Unternehmen und Beteiligungen umfassen Anteile an verbundenen Unternehmen, Ausleihungen an verbundene Unternehmen und solche, mit denen ein Beteiligungsverhältnis besteht, ebenso wie sonstige Beteiligungen, vgl. § 2 Abs. 1 Satz 1 RechVersV i.V.m. Formblatt 1, Bilanzposten Aktiva C. II.

(1) Bilanzieller Charakter

(a) Anteile an verbundenen Unternehmen

80 Für den Begriff „verbundene Unternehmen" ist § 271 Abs. 2 HGB anzuwenden. Diese Vorschrift schafft für den Geltungsbereich des Dritten Buches des HGB einen eigenständigen Begriff, der von dem Begriff des § 15 AktG abweicht.[51]

81 Verbundene Unternehmen sind in den Konsolidierungskreis einbezogene Mutter- oder Tochterunternehmen nach § 290 HGB,[52] § 271 Abs. 2 HGB. Unternehmen, die nach § 296 HGB nicht in den Konzernabschluss einbezogen werden, gelten dennoch als verbundene Unternehmen, vgl. § 271 Abs. 2 letzter HS HGB. Gleiches gilt für Mutterunternehmen, die gem. § 290 Abs. 5 HGB keinen Konzernabschluss aufstellen müssen, weil auf die Einbeziehung sämtlicher Tochterunternehmen gem. § 296 HGB verzichtet werden kann.

---

51 *Kozikowski/Gutike*, in: Beck Bil-Komm.[7], § 271 HGB, Rn. 2.
52 *IDW* (Hrsg.), WP Handbuch 2006[13], Rn. F 176.

Die Vorschrift zur Beurteilung einer Mutter-Tochter-Beziehung als Vermögensgegenstand für die Einbeziehung in den Konzernabschluss wurde durch das BilMoG im Jahre 2009 grundlegend verändert. Entscheidendes Kriterium ist danach ein unmittelbarer oder mittelbarer beherrschender Einfluss eines (Mutter-)Unternehmens über ein anderes (Tochter-)Unternehmen (Kontrollkonzept). 82

Beherrschender Einfluss besteht nach § 290 Abs. 2 HGB stets und damit nicht abschließend bei Mehrheit der Stimmrechte (§ 290 Abs. 2 Nr. 1 HGB), bei einem bestehenden Beherrschungsverhältnis, aufgrund dessen auf die Personal- (§ 290 Abs. 2 Nr. 2 HGB) oder Finanz- und Geschäftspolitik (§ 290 Abs. 2 Nr. 3 HGB) eines anderen Unternehmens eingewirkt werden kann oder bei wirtschaftlicher Betrachtung die Mehrheit der Chancen und Risiken einer Zweckgesellschaft getragen werden (§ 290 Abs. 2 Nr. 4 Satz 1 HGB). Ausdrücklich aus dem Konsolidierungskreis ausgenommen sind hingegen Spezial-Sondervermögen i.S.d. § 2 Abs. 3 InvG. 83

Besonderheiten ergeben sich für einen an der Spitze eines Konzerns stehenden Versicherungsverein auf Gegenseitigkeit (VVaG) oder für ein öffentlich-rechtliches VU.[53] 84

Falls gleichzeitig die Merkmale einer Beteiligung vorliegen, geht der Ausweis unter „Anteile an verbundenen Unternehmen“ stets vor.[54] 85

Nicht zu den Anteilen an verbundenen Unternehmen gehören die daraus resultierenden Gewinnansprüche, die als Forderungen an verbundene Unternehmen zu behandeln und ggf. zu aktivieren sind.[55] 86

Unter dem Posten „Anteile an verbundenen Unternehmen“ sind auch die Anteile an einem herrschenden oder mit Mehrheit beteiligten Unternehmen auszuweisen, die in einem Davon-Vermerk nachrichtlich angegeben werden sollten. 87

(b) Ausleihungen an verbundene Unternehmen

Ausleihungen sind grundsätzlich nur Finanz- und Kapitalforderungen.[56] Sie sind, soweit sie zum Anlagevermögen gehören und dem bilanzierenden Unternehmen dauerhaft zu dienen bestimmt sind, gem. § 2 Abs. 1 Satz 1 RechVersV i.V.m. Formblatt 1, Aktiva C. II. 2. auszuweisen.[57] Erfüllen Ausleihungen neben den 88

53 *Richter/Geib,* WPg 1987, S. 190.
54 *IDW* (Hrsg.), WP Handbuch 2006[13], Rn. F 186.
55 *IDW* (Hrsg.), WP Handbuch 2006[13], Rn. F 187.
56 *IDW* (Hrsg.), WP Handbuch 2006[13], Rn. F 182, Abs. 2.
57 *IDW* (Hrsg.), WP Handbuch 2006[13], Rn. F 182.

Anforderungen von Ausleihungen an verbundene Unternehmen auch diejenigen von Ausleihungen an Unternehmen, mit denen ein Beteiligungsverhältnis besteht, sind diese vorrangig als Ausleihungen an verbundene Unternehmen auszuweisen.[58]

89 Im Übrigen wird auf die Ausführungen in Abschnitt „Sonstige Ausleihungen" verwiesen.

(c) Beteiligungen

(aa) Allgemeines

90 Der Begriff „Beteiligungen" ist in § 271 Abs. 1 Satz 1 HGB definiert. Danach sind Beteiligungen Anteile an anderen Unternehmen, die bestimmt sind, dem eigenen Geschäftsbetrieb durch Herstellung einer dauernden Verbindung zu jenen Unternehmen zu dienen. Dabei ist es unerheblich, ob die Anteile in Wertpapieren verbrieft sind oder nicht.[59]

91 Als Beteiligung gelten im Zweifel Anteile an einer Kapitalgesellschaft, deren Nennbeträge insgesamt den fünften Teil des Nennkapitals dieser Gesellschaft überschreiten, § 271 Abs. 1 Satz 3 HGB. Auf die Berechnung ist § 16 Abs. 2 und 4 AktG entsprechend anzuwenden.

92 Unterhalb von 20 % kann eine Beteiligung gegeben sein, wenn die Voraussetzungen von § 271 Abs. 1 Satz 1 HGB vorliegen.

93 Liegt eine Beteiligung vor, so ist stets zu prüfen, ob nicht auch der Tatbestand eines verbundenen Unternehmens i.S.v. § 271 Abs. 2 HGB vorliegt. Trifft dies zu, geht der Ausweis unter dem Posten „Anteile an verbundenen Unternehmen" vor.

94 Als Beteiligungen sind auszuweisen:

- Anteile an Kapitalgesellschaften (Aktien, GmbH-Anteile)
- Anteile an Personengesellschaften und Partenreedereien
- stille Beteiligungen und
- Anteile an Grundstücksgesellschaften bürgerlichen Rechts, sofern sie als solche am Rechtsverkehr teilnehmen und ein gewisses eigenes wirtschaftliches Risiko tragen.

---

58 *IDW* (Hrsg.), WP Handbuch 2006[13], Rn. F 182.

59 *Kozikowski/Gutike*, in: Beck Bil-Komm.[7], § 271 HGB, Rn. 1.

Geschäftsanteile an eingetragenen Genossenschaften gelten grundsätzlich nicht als Beteiligung, § 271 Abs. 1 Satz 5 HGB. Sie sind beim Posten „Andere Kapitalanlagen“ zu erfassen.[60] 95

Nicht als Beteiligung gelten weiter Ansprüche aus Betriebsgemeinschaften und die aus der Beteiligung erwachsenden Gewinnansprüche, weil diese keine Mitgliedschaftsrechte repräsentieren.[61] 96

(bb) Bilanzierungsvoraussetzungen von Beteiligungen

Die Bilanzierung von Anteilen an einem Unternehmen als Beteiligung hängt im Allgemeinen von zwei Voraussetzungen ab. Zum einen muss die Beteiligung dazu bestimmt sein, dauernd dem Geschäftsbetrieb der Gesellschaft zu dienen, zum anderen muss die Gesellschaft eine Beteiligungsabsicht haben. Für die Annahme eines Beteiligungsverhältnisses reicht es aus, dass die Gesellschaft mit der Beteiligung mehr verfolgt als nur eine angemessene Verzinsung,[62] oder dass die Anteile an dem anderen Unternehmen dem eigenen Geschäftsbetrieb nur mittelbar dienen, z.B. dadurch, dass die Anteile von einem abhängigen Unternehmen gehalten werden.[63] Merkmale können bei VU im Einzelnen sein: Branchenverwandtschaft (VU, Grundstücks-, Vermögensverwaltungsgesellschaften u.Ä.), unternehmerische Verbindungen (z.B. Rückversicherungsbeziehungen, gemeinsame Außendienste, Organisations- und Agenturverträge u.Ä.), personelle Verflechtungen im Vorstand und im AR sowie Funktionsausgliederungsverträge. 97

(cc) Zugang und Abgang von Beteiligungen

Es stellt sich die Frage, wann die Beteiligung an einer Kapitalgesellschaft zu- oder abgeht. Dies entscheidet sich danach, wann die Beteiligungsabsicht eintritt oder aufgegeben wird bzw. ob bei Neugründung oder Kapitalerhöhung die Anteilsrechte schon entstanden sind. Der Eintritt oder die Aufgabe der Beteiligungsabsicht ist durch geeignete Dokumentation nachzuweisen, z.B. durch Vorstands- oder Aufsichtsratsprotokolle oder Anzeigen an die BaFin. Die Einordnung ist auch für die Bewertung von Bedeutung (vgl. Rn. 36 ff.), da für Beteiligungen des Anlagevermögens das strenge Niederstwertprinzip nicht gilt. 98

---

60 Vgl. *Stuirbrink/Schuster*, in: Beck Vers-Komm., § 12 RechVersV, Rn. 4.
61 Vgl. *IDW* (Hrsg.), WP Handbuch 1996[12], Bd. I, S. 326.
62 Vgl. *ADS*[6], § 271, Rn. 19 und die dort genannten Indizien.
63 Vgl. *Kozikowski/Gutike*, in: Beck Bil-Komm.[7], § 271 HGB, Rn. 19.

99 Eine neu gegründete AG/GmbH besteht als solche nicht vor der Eintragung in das Handelsregister (§ 41 Abs. 1 AktG, § 7 Abs. 1 GmbHG). Die Aktien- bzw. Anteilsrechte entstehen erst zu diesem Zeitpunkt. In analoger Anwendung der Grundsätze zur Bilanzierung dieser Vorgänge bei der Beteiligungsgesellschaft können vom Beteiligten geleistete Zahlungen erst dann unter Beteiligungen gebucht werden, wenn die Gründung oder Kapitalerhöhung im Handelsregister eingetragen ist; vorher hat der Ausweis unter „Andere Vermögensgegenstände" zu erfolgen.

(dd) Organisationsfonds

100 Eine im Zusammenhang mit dem Posten „Beteiligungen" zu berücksichtigende Besonderheit bei VU stellt der Organisationsfonds i.S.d. § 5 Abs. 5 Nr. 3 VAG dar. Er besteht aus Mitteln, die von den Aktionären zur Deckung der für den Aufbau der Verwaltung und des Vertreternetzes erforderlichen Aufwendungen unter ausdrücklichem Verzicht auf Rückzahlung, Tilgung und Gewinnbeteiligung zusätzlich zu ihren Einlagen in das Unternehmen eingebracht werden.[64] Nach einvernehmlicher Auffassung stellt der Organisationsfonds in voller Höhe sowohl Eigenkapital als auch in versicherungsaufsichtsrechtlicher Hinsicht Eigenmittel i.S.d. § 53c Abs. 3 VAG dar.[65] Soweit ersichtlich, ist es seit Langem in der Versicherungswirtschaft üblich, Zahlungen für den Organisationsfonds auch handelsrechtlich als zusätzliche Anschaffungskosten für die betreffende Beteiligung zu aktivieren.[66] Diese Handhabung ist indirekt dadurch bestätigt worden, dass der Organisationsfonds beim empfangenden VU bis zu seiner eventuellen Verwendung als Kapitalrücklage auszuweisen ist; die Verwendung selbst ist unter „Entnahme aus der Kapitalrücklage" erfolgswirksam zu erfassen.

(d) Ausleihungen an Unternehmen, mit denen ein Beteiligungsverhältnis besteht

101 Ausleihungen sind gem. § 2 Abs. 1 Satz 1 RechVersV i.V.m. Formblatt 1, Aktiva C. II. 4. auszuweisen, soweit sie dem bilanzierenden Unternehmen dauerhaft zu dienen bestimmt sind und somit zum Anlagevermögen gem. § 247 Abs. 2 HGB gehören. Hierbei kann es sich um Ausleihungen i.S.v. Kapital- oder Finanzforde-

64 Vgl. *Präve*, in: Prölss, VAG[12], § 5, Rn. 29.
65 *Lipowsky*, in: Prölss, VAG[12], § 53c, Rn. 23.
66 Vgl. auch *Stöffler*, in: Beck Vers-Komm., § 341b HGB, Rn. 22.

rungen[67] an Beteiligungsunternehmen, aber auch um solche an beteiligten Unternehmen handeln.[68]

Erfüllen Ausleihungen neben den Anforderungen von Ausleihungen an verbundene Unternehmen auch diejenigen von Ausleihungen an Unternehmen, mit denen ein Beteiligungsverhältnis besteht, sind diese vorrangig als Ausleihungen an verbundene Unternehmen auszuweisen.[69] Auf die Erläuterungen im Abschnitt „Sonstige Ausleihungen" wird verwiesen. 102

(2) Bewertung von Kapitalanlagen in verbundenen Unternehmen und Beteiligungen

Gemäß § 341b Abs. 1 HGB sind für die Bewertung die Vorschriften für das Anlagevermögen nach § 253 Abs. 1 Satz 1, Abs. 3 i.V.m. § 255 Abs. 1 Satz 1 HGB maßgebend. 103

(a) Anteile an verbundenen Unternehmen

Anteile an verbundenen Unternehmen sind gem. § 341b Abs. 1 Satz 2 i.V.m. § 253 Abs. 1 Satz 1 HGB mit ihren Anschaffungskosten i.S.d. § 255 Abs. 1 HGB zu bilanzieren. 104

(b) Ausleihungen an verbundene Unternehmen

Ausleihungen an verbundene Unternehmen sind als Forderungen gem. § 255 Abs. 1 Satz 1 HGB mit ihrem Nennbetrag zu bilanzieren.[70] Die Nennwertbilanzierung nach § 341c Abs. 1 HGB ist nach seiner europarechtskonformen Anpassung für Forderungen nicht mehr zulässig.[71] 105

(c) Beteiligungen

Die Beteiligungen sind mit dem Einzahlungsbetrag zu bilanzieren. Am Bilanzstichtag noch nicht geleistete Einzahlungen sind zu aktivieren und als Verbindlichkeit zu passivieren, wenn sie eingefordert sind.[72] 106

---

67 *IDW* (Hrsg.), WP Handbuch 2006[13], Rn. F 182.
68 *IDW* (Hrsg.), WP Handbuch 2006[13], Rn. F 186.
69 *IDW* (Hrsg.), WP Handbuch 2006[13], Rn. F 182.
70 *Ellrott/Brendt*, in: Beck Bil-Komm.[7], § 255 HGB, Rn. 252.
71 Siehe Kapitel II. 3. a) bb), Rn. 40 ff.
72 Vgl. *Ellrott/Brendt*, in: Beck Bil-Komm.[7], § 255 HGB, Rn. 144 i.V.m. 45.

107 Beteiligungen sind nach den Grundsätzen der §§ 253, 254 HGB stets wie Anlagevermögen zu bewerten, § 341b Abs. 1 Satz 2 HGB. Zum Ansatz kommen die Anschaffungskosten, die bei einem Erwerb von Dritten den Kaufpreis zuzüglich Nebenkosten (Notarkosten, Provisionen und Spesen), nicht aber Aufwendungen umfassen, die der Vorbereitung der Entscheidung über den Erwerb dienten (z.B. Kosten eines Bewertungsgutachtens).[73] Bei Neugründung und Kapitalerhöhungen entsprechen die Anschaffungskosten dem Betrag der Einlage zuzüglich Nebenkosten. Leistungen auf einen Organisationsfonds werden ebenfalls mit dem Einzahlungsbetrag angesetzt. Beteiligungen in fremder Währung sind mit dem Devisenkurs des Anschaffungszeitpunkts, nicht jedoch zu jedem einzelnen Bilanzstichtag neu umzurechnen.[74]

108 Erträge aus Beteiligungen an Kapitalgesellschaften dürfen grundsätzlich erst in dem Jahr ausgewiesen werden, in dem ein den Anspruch begründender Beschluss der zuständigen Organe vorliegt.

109 Abweichend hat jedoch der EuGH in seinem Urteil vom 27.06.1996[75] Leitlinien zur Zulässigkeit zeitgleicher Vereinnahmung von Beteiligungserträgen verkündet. Sofern die Urteilsvoraussetzungen vorliegen, dürfen die fraglichen Gewinne in der Bilanz der Muttergesellschaft für das Geschäftsjahr (GJ) ausgewiesen werden, in dem sie von der Tochtergesellschaft zugewiesen wurden. Zentraler Punkt ist hiernach die Frage, ob im Jahresabschluss der Tochtergesellschaft der Muttergesellschaft ein Gewinn „zugewiesen“ worden ist. Wir gehen davon aus, dass es hierfür ausreicht, dass im Jahresabschluss der Tochtergesellschaft ein entsprechender Gewinn ausgewiesen ist, der zur Ausschüttung an die Muttergesellschaft zur Verfügung steht. Aus dem BGH-Urteil vom 12.01.1998 kann geschlossen werden, dass eine Verpflichtung zur phasengleichen Gewinnvereinnahmung bei Vorliegen o.g. Voraussetzungen vorliegt.[76] In der Entscheidung des BFH vom 26.11.1998 kommen allerdings Zweifel zum Ausdruck, ob allein die Reihenfolge der Jahresabschlüsse eine ausreichend sichere Aussage über den Zeitpunkt erlaubt, zu dem sich der Gewinnanspruch konkretisiert hat. Erträge aus Beteiligungen an Personengesellschaften sind grundsätzlich in dem Jahr auszuweisen, in dem sie entstanden sind.[77] Etwas anderes kann gelten, sofern die Gewinnverwendung von einem Beschluss der Gesellschafterversammlung abhängig ist.[78]

73 Vgl. *ADS*[6], § 253 HGB, Rn. 43.
74 Vgl. *ADS*[6], § 255 HGB, Rn. 64.
75 Urteil des EuGH vom 27.06.1996, DB 1996, S. 1400.
76 FN-IDW 1998, S. 179.
77 Vgl. *IDW Stellungnahme zur Rechnungslegung: Bilanzierung von Anteilen an Personenhandelsgesellschaften (IDW RS HFA 18)* (Stand: 06.09.2006), Tz. 13.
78 Vgl. *IDW RS HFA 18; ADS*[6], § 246 HGB, Rn. 224 ff.

Zur Beurteilung eines Abschreibungsbedarfs ist der innere Wert der Beteiligung zu bestimmen.[79] Dies erfolgt – sofern eine Ertragswertermittlung basierend auf internen Zahlen nicht möglich ist – mit Hilfe einer Unternehmensbewertung auf der Grundlage der Jahresabschlüsse der betreffenden Gesellschaft. Handelt es sich bei der Beteiligungsgesellschaft um ein VU, so sind die versicherungsspezifischen Eigenheiten (VB, nicht amortisierte Abschlusskosten (Ako), BR u.a.) entsprechend zu berücksichtigen. 110

(d) Ausleihungen an Unternehmen, mit denen ein Beteiligungsverhältnis besteht

Ausleihungen an Unternehmen, mit denen ein Beteiligungsverhältnis besteht, sind wie Forderungen nach § 253 Abs. 1 Satz 1 i.V.m. § 255 HGB mit dem Nennbetrag zu bilanzieren.[80] Die Nennwertbilanzierung nach § 341c Abs. 1 HGB n.F. ist für Forderungen nicht mehr zulässig.[81] 111

(3) Ausweis von Kapitalanlagen in verbundenen Unternehmen und Beteiligungen

Kapitalanlagen in verbundenen Unternehmen und Beteiligungen werden gem. § 2 Abs. 1 Satz 1 RechVersV i.V.m. Formblatt 1, Bilanzposten Aktiva C. II. dargestellt. 112

Der Posten setzt sich im Einzelnen wie folgt zusammen: 113

- Anteile an verbundenen Unternehmen
- Ausleihungen an verbundene Unternehmen
- Beteiligungen und
- Ausleihungen an Unternehmen, mit denen ein Beteiligungsverhältnis besteht.

79 Vgl. *IDW* (Hrsg.), WP Handbuch 2006[13], Rn. F 401 ff.; *IDW Stellungnahme zur Rechnungslegung: Anwendung der Grundsätze des IDW S 1 bei der Bewertung von Beteiligungen und sonstigen Unternehmensanteilen für die Zwecke eines handelsrechtlichen Jahresabschlusses (IDW RS HFA 10)* (Stand: 18.10.2005).

80 *Ellrott/Brendt*, in: Beck Bil-Komm.[7], § 255 HGB, Rn. 252.

81 Siehe II. 3. a) bb), Rn. 40 ff.

(4) Anhangangaben

114 Sowohl für zum Anschaffungswert als auch zum Nennwert (siehe Rn. 40) ausgewiesene Anteile an verbundenen Unternehmen und Beteiligungen ist jeweils auch der Zeitwert i.S.d. § 56 RechVersV anzugeben, § 54 Satz 1 RechVersV.

115 Außerdem ist die Entwicklung von Kapitalanlagen in verbundenen Unternehmen (Formblatt 1, Aktiva C. II.) und Beteiligungen (Formblatt 1, Aktiva C. I.) gem. § 51 Abs. 2 RechVersV i.V.m. Muster 1 zur RechVersV wahlweise als Teil der Bilanz oder des Anhangs darzustellen.

(5) Prüfung

(a) Anteile und Ausleihungen an verbundene Unternehmen

116 Im Rahmen der Prüfung von Anteilen und Ausleihungen an verbundene Unternehmen ist insb. darauf zu achten, ob der Konsolidierungskreis korrekt bestimmt wurde und die Vermögensgegenstände werthaltig sind.

(b) Beteiligungen

117 Zur Prüfung des Postens „Beteiligungen" ist ausgehend vom Bestandsnachweis des VU festzustellen, ob tatsächlich eine Beteiligungsabsicht vorliegt. Neben den unter Rn. 33 ff. genannten Merkmalen sollte geprüft werden, ob Mehrheits-, Abhängigkeits- und Konzernverhältnisse, Gewinnabführungs- und Beherrschungsverträge, eine Eingliederung, Stimmrechtpools oder Stimmrechtsenthaltungsvereinbarungen vorliegen; damit kann die erforderliche Unterteilung in Beteiligungen und Anteile an verbundenen Unternehmen vorgenommen und eine weitere Berichtspflicht festgestellt werden. Für den Nachweis des Vorhandenseins der Beteiligungen sind, wenn sie verbrieft sind, Aktienurkunden (meist Globalurkunden), Interimsscheine, Einlieferungs- oder Depotbestätigungen, anderenfalls Verträge und sonstige Unterlagen (Korrespondenz, HV-Protokolle usw.) einzusehen.

118 Die Zugänge sind anhand der Gründungsunterlagen, Kapitalerhöhungsbeschlüsse, Eintragungen im Handels- bzw. Seeschiffsregister, Einzahlungsnachweise u.a. zu prüfen; auf erforderliche Genehmigungen, z.B. des AR, ist zu achten.

119 Anhand der genannten Unterlagen ist ferner festzustellen, ob Volleinzahlungen vorliegen bzw. welche Resteinzahlungsverpflichtungen bestehen. Von Bedeutung ist auch die Feststellung, ob das VU der Mitteilungspflicht nach § 20 AktG nach-

gekommen ist, weil anderenfalls die Rechte aus den Aktien ruhen (§ 20 Abs. 7 AktG). Dies gilt nicht für Aktien einer börsennotierten Gesellschaft i.S.d. § 21 Abs. 2 WpHG.

Die Beteiligungserträge sind mit den erteilten Abrechnungen und HV-Beschlüssen abzustimmen und es ist darauf zu achten, dass die anrechnungsfähigen Steuern als zusätzlicher Beteiligungsertrag ausgewiesen werden. 120

Bezüglich der Bewertung sind die Beteiligungen daraufhin zu prüfen, ob sie höchstens mit den Anschaffungskosten angesetzt wurden oder ob aufgrund des niedrigeren inneren Werts bzw. durch nachhaltiges Sinken des Kurswerts Abschreibungen erforderlich sind. 121

(c) Ausleihungen an Unternehmen, mit denen ein Beteiligungsverhältnis besteht

Bei der Prüfung von Ausleihungen an Unternehmen, mit denen ein Beteiligungsverhältnis besteht, ist besonders auf die Werthaltigkeit der entsprechenden Forderungen zu achten. 122

cc) Sonstige Kapitalanlagen

Nach Formblatt 1 zur RechVersV umfassen die sonstigen Kapitalanlagen folgende Posten: 123

- Aktien, Investmentanteile und andere nicht festverzinsliche Wertpapiere
- Inhaberschuldverschreibungen und andere festverzinsliche Wertpapiere
- Hypotheken-, Grundschuld- und Rentenschuldforderungen
- Sonstige Ausleihungen:
  - Namensschuldverschreibungen
  - Schuldscheinforderungen und Darlehen
  - Darlehen und Vorauszahlungen auf Versicherungsscheine
  - Übrige Ausleihungen
  - Einlagen bei Kreditinstituten
  - Andere Kapitalanlagen.

Zum Inhalt der Posten vgl. §§ 7, 8 RechVersV. 124

(1) Aktien, Investmentanteile und andere nicht festverzinsliche Wertpapiere sowie Inhaberschuldverschreibungen und andere festverzinsliche Wertpapiere

(a) Ansatz, Bewertung und Ausweis

125 Für die Bewertung der unter diesem Bilanzposten erfassten Wertpapiere gilt als lex specialis die Vorschrift des § 341b Abs. 2 HGB. Die dort genannten Vorschriften des § 253 Abs. 1 Satz 1 (Anschaffungskostenprinzip), Abs. 4 (Niederstwertprinzip) HGB schreiben grundsätzlich die Bewertung der Wertpapiere wie Umlaufvermögen vor. Alternativ ist die Bewertung nach den für das Anlagevermögen geltenden Vorschriften möglich, sofern die Wertpapiere dazu bestimmt sind, dauernd dem Geschäftsbetrieb zu dienen, vgl. § 341b Abs. 2, HS 2 sowie *IDW RS VFA 2*, Rn. 5. Insbesondere muss das VU über anderweitige Liquiditätsreserven verfügen, die keinen anderen Beschränkungen unterliegen, die der Daueranlageabsicht entgegenstehen, vgl. *IDW RS VFA 2*, Rn. 5. Der Verweis auf § 253 Abs. 5 HGB regelt das Zuschreibungsgebot. Der Hinweis auf § 256 HGB bezieht sich auf Bewertungsvereinfachungsverfahren wie Veräußerungsfolgeunterstellungen und Gruppenbewertung, die für die Bewertung von Wertpapieren angewendet werden können.

126 Da Wertpapiere grundsätzlich wie Umlaufvermögen bewertet werden, ist die Bewertung nach den Regeln des strengen Niederstwertprinzips durchzuführen. Für die Wertpapiere mit Sonderausstattung und in „geschlossenen Reihen“ ergibt sich der Marktwert aus der Effektivverzinsung vergleichbarer Papiere (sog. Renditekurs). Durchschnittsbewertung ist zulässig (§§ 341b Abs. 2 Satz 1, 256 Satz 2 HGB).

127 Im Falle der Bewertung der Wertpapiere nach den für das Anlagevermögen geltenden Vorschriften sind bei der Bewertung die Regeln des gemilderten Niederstwertprinzips zu berücksichtigen.

128 Für die Bewertung und Prüfung ist zu unterscheiden zwischen Euro- und Fremdwährungspapieren, Papieren mit persönlicher und unpersönlicher Sonderausstattung sowie Wertpapieren in „geschlossenen Reihen“. Fremdwährungswertpapiere sind häufig bei professionellen Rückversicherungen (RückV) zum Zweck der Hinterlegung als Wertpapierdepots vorhanden. Sonderausstattung liegt vor, wenn zwischen Kreditinstitut/Emittent und VU eine von der normalen Laufzeit einer Schuldverschreibung abweichende, kürzere Laufzeit vereinbart wird. Lautet die Zusage vorzeitiger Rücknahme auf den Namen des VU, so liegt eine persönliche Sonderausstattung vor; ist die Rücknahmeerklärung blanko erteilt, so ist eine unpersönliche Sonderausstattung gegeben. Wegen der Zusage vorzeitiger Rück-

nahme sind diese Papiere nicht mehr mit den Papieren derselben Gattung vergleichbar, die an der Börse gehandelt werden. Unter Wertpapieren in „geschlossener Reihe“ versteht man Emissionen, die von Emittenten an einen bestimmten geschlossenen Abnehmerkreis, z.B. ein VU, verkauft werden. Diese Papiere werden zwar an der Börse notiert, jedoch finden i.d.R. keine oder nur geringe Umsätze zu nicht marktgerechten Konditionen statt.

Es kommt des Öfteren vor, dass VU ausländische Wertpapiere zur Bedeckung 129
der versicherungstechnischen Rückstellungen aus dem selbst abgeschlossenen oder in Rückdeckung übernommenen ausländischen Geschäft bei einer Depotstelle hinterlegen müssen und diese Wertpapiere staatlichen oder privatrechtlichen Verfügungsbeschränkungen unterliegen. Die hinterlegten Wertpapiere bleiben im Eigentum des hinterlegenden VU. Auch der Charakter der Wertpapiere wird durch die Hinterlegung nicht geändert. Die Verfügungsbeschränkungen haften nicht an den Wertpapieren, ihre Fungibilität wird nicht aufgehoben. Die Verfügungsbeschränkungen sind vielmehr dem bilanzierenden VU auferlegt. Die hinterlegten Wertpapiere sind daher – wie andere auch – unter diesem Posten zu bilanzieren und entsprechend zu bewerten.

Für ausländische Wertpapiere sind in der Praxis, insb. bei professionellen RückV, 130
zwei Methoden zur Durchführung der Bewertung anzutreffen. Entweder werden die ausländischen Papiere zum Devisenkassamittelkurs des Anschaffungszeitpunkts bzw. des ersten Bilanzstichtags in Euro (§ 244 HGB) umgerechnet (Euro-Anschaffungskosten)[82] und in Euro weitergeführt oder sie werden ständig in Originalwährung geführt und zu jedem Bilanzstichtag gem. § 256a Satz 1 HGB zum Devisenkassamittelkurs neu umgerechnet (Anschaffungskosten in Originalwährung). Nachdem es keine Vorschrift gibt, wonach in EUR gebucht werden muss, sondern nur eine Bestimmung, dass „die Bilanz in Euro“ aufzustellen ist (§ 244 HGB), können gegen die zweite Methode keine Einwendungen erhoben werden. Entscheidend ist dann, dass nach der hier vertretenen Auffassung das Niederstwertprinzip entweder an die Euro-Anschaffungskosten oder an die Fremdwährungsanschaffungskosten angelegt und die einmal gewählte Methode beibehalten bleibt. In der Literatur ist noch nicht abschließend diskutiert, ob handelsrechtlich gegenläufige Entwicklungen des Börsen- und des Devisenkurses (z.B. sinkender Börsenkurs und steigender Devisenkurs) gegeneinander kompensiert werden müssen, um den Abschreibungsbedarf festzustellen. Die Finanzverwaltung bejaht die Aufrechnungspflicht mit dem Argument, dass es sich nicht um zwei verschiedenartige Vorgänge, sondern um zwei Faktoren handelt, die gemeinsam den anzusetzen-

82 Vgl. *Küting/Mojadadr*, in: Küting/Pfitzer/Weber (Hrsg), Handbuch der Rechnungslegung Einzelabschluss, Bd. 2, 5. Aufl., Stuttgart 2002 ff., § 256a, Rn. 42.

den Wert bestimmen. Bedenken gegen die Neubewertung zu jedem Bilanzstichtag können bestehen, wenn hierdurch über die ursprünglichen Anschaffungskosten hinausgegangen wird.[83] Unseres Erachtens dürfte dies zulässig sein, soweit entsprechende Verbindlichkeiten in gleicher Währung bestehen. Im Zusammenhang mit der in § 256a HGB neu eingefügten Vorschrift zur Währungsumrechnung im Einzelabschluss wird in der Versicherungswirtschaft diskutiert, ob die bisher in der Praxis angewandten GoB im Zusammenhang mit der kongruenten Bedeckung weiterhin Gültigkeit haben. § 256a HGB sieht grundsätzlich eine imparitätische Berücksichtigung von Währungskursgewinnen und -verlusten vor.

131 Mit der Bilanzrechtsmodernisierung wurde die bereits handelsbilanziell anerkannte Möglichkeit[84] der Bildung von Bewertungseinheiten auch im Gesetz verankert, § 254 HGB. Danach können Vermögensgegenstände wie Aktien und Investmentanteile zum Ausgleich von Wertänderungen oder Zahlungsströme mit Finanzinstrumenten zusammengefasst werden. Voraussetzung hierfür ist, dass die sich ausgleichenden Risiken gegenläufig und vergleichbar sind, § 254 Satz 1 HGB. Hierbei werden an die Art der Risiken keine besonderen Anforderungen gestellt, sodass neben der Absicherung von Zins-, Währungs- und Ausfallrisiken[85] u.a. auch diejenige von Marktpreisrisiken[86] ermöglicht wird.

132 Mit der Neuregelung in § 254 Satz 1 HGB ist eine Durchbrechung des Anschaffungskostenprinzips nach § 253 Abs. 1 Satz 1 HGB vorgesehen. Soweit sich die abgesicherten Risiken ausgleichen, ist bei der Bildung von Bewertungseinheiten eine kompensatorische Betrachtung maßgeblich, während für den Teil, für den kein Ausgleich der Risiken erfolgt, auch weiterhin die allgemeinen Bewertungsvorschriften Anwendung finden.[87]

133 Bewertungseinheiten gliedern sich in Grund- und Sicherungsgeschäft. Während als Grundgeschäft u.a. jeder Vermögensgegenstand in Betracht kommt, ist eine Absicherung lediglich durch Finanzinstrumente möglich, § 254 Abs. 1 HGB.[88] Ausdrücklich als Sicherungsgeschäft werden Termingeschäfte zugelassen, vgl.

83 Vgl. hierzu und zur Bewertung bei kongruenter Bedeckung die Ausführungen in Beitrag B V.

84 *Clemm/Erle,* in: Beck Bil-Komm.6, § 253, Rn. 77.

85 BT-Drs. 16/12407, S. 8, 112.

86 Dies war während des parlamentarischen Verfahrens zwischenzeitlich als problematisch gesehen worden. Vgl. hierzu Stellungnahme des GDV e.V. vom 26.01.2010, S. 13; BT-Drs. 16/12407, S. 8, 112.

87 BT-Drs. 16/12407, S. 112.

88 Der ursprüngliche Referentenentwurf sah indes eine Kombinationsmöglichkeit auch mit Vermögensgegenständen, Schulden, schwebenden Geschäften und wahrscheinlich vorgesehenen Transaktionen vor, vgl. Referentenentwurf zum Bilanzrechtsmodernisierungsgesetz vom 08.11.2007, S. 118.

§ 254 Satz 2 HGB. Sowohl das Grund- als auch das Sicherungsgeschäft unterliegen hierbei vergleichbaren und gegenläufigen Risiken.[89]

Im Falle der Bildung von Bewertungseinheiten sind gem. § 285 Nr. 23 HGB zusätzliche Anhangangaben erforderlich. Anzugeben sind danach Einzelheiten zur Art und Höhe der abgesicherten Risiken des Grundgeschäfts sowie zur Ausgestaltung der Bewertungseinheiten (§ 285 Nr. 23a) und c) HGB). Darüber hinaus sind Ausführungen zu den abgesicherten Risiken hinsichtlich des Umfangs und deren Ausgleichswahrscheinlichkeit nebst Ermittlungsmethode darzustellen (§ 285 Nr. 23b) HGB). 134

(b) Prüfung

Zur Prüfung des Bestands an festverzinslichen und nicht festverzinslichen Wertpapieren sind die Bestandsnachweise des VU (EDV-Ausdruck, Bestandslisten) heranzuziehen. Für den durch einen Treuhänder verwalteten Bestand ist dessen Bestätigung einzusehen und eine Abstimmung mit dem Deckungsstockverzeichnis vorzunehmen (Deckungsstock-Ist). Der Bestand ist in Stichproben mit den Depotauszügen der Verwahrungsinstitute abzustimmen. Liegt Eigenverwahrung vor, so muss ein Bestandsaufnahmeprotokoll vorliegen, das ebenfalls mit den Bestandsnachweisen abzustimmen ist. Als Nachweis des Bestands an Publikumsfonds und Individualfonds liegen regelmäßig Rechenschaftsberichte und Abrechnungen der Fonds vor. Soweit diese Fonds Gewinne thesaurieren, liegen handelsrechtlich keine buchungspflichtigen Zugänge oder Erträge vor. 135

Für die Prüfung der Zu- und Abgänge ist es erforderlich, Bankabrechnungen und andere geeignete Unterlagen einzusehen, aus denen die Anschaffungskosten einschl. Nebenkosten, Stückzinsen, Sonderausstattungen u.Ä. oder die Erlöse und Buchwerte ersichtlich sind, aus denen Veräußerungsgewinne und -verluste abgeleitet werden können. 136

Im gleichen Arbeitsgang sollten die Zins- und Dividendeneingänge einschl. Steuerabzügen und Steuerguthaben sowie die Zinsrückstände überprüft werden. Bei den Dividendeneingängen ist, wie bereits bei den Beteiligungserträgen erwähnt, darauf zu achten, dass die anrechnungsfähigen Steuern als zusätzlicher Dividendenertrag ausgewiesen werden. 137

Ferner ist bei einer möglichen Verlustbeteiligung (stille Beteiligungen, Genussscheine, Nachränge) zu prüfen, ob und inwieweit das VU an einem beim Emitten- 138

89 BT-Drs. 16/12407, S. 112.

ten entstandenen Verlust partizipiert und ob ein daraus resultierendes Abschreibungserfordernis besteht. Die Prüfungshandlungen umfassen dabei insb. eine Analyse der Vertragsbedingungen der Eigenkapital- und Schuldinstrumente sowie die Analyse der wirtschaftlichen Lage des Emittenten.

139 Die Bewertung ist auf Einhaltung des strengen Niederstwertprinzips zu überprüfen, und zwar anhand der amtlichen Börsen- und ggf. Devisenkurse sowie mithilfe der von Banken aufgegebenen oder vom VU selbst ermittelten Renditekurse. Im letzteren Fall muss das Ermittlungsprinzip untersucht werden. Bei Fondsanteilen ist die Einhaltung des Niederstwertprinzips anhand der Rücknahmepreise für die Anteile nach Maßgabe der Fondsberichte zu prüfen.

140 Im Falle der Ausübung des Wahlrechts zur Bewertung der Wertpapiere nach den für das Anlagevermögen geltenden Vorschriften ist zu prüfen, ob eine voraussichtlich dauerhafte Wertminderung vorliegt, die eine Abschreibung gem. § 253 Abs. 3 Satz 3 HGB auslöst. Ein nachhaltiges Absinken des den Wertpapieren zum Abschlussstichtag beizulegenden Werts unter den Buchwert ist in diesem Zusammenhang eine dauernde Wertminderung.[90] Zur Beurteilung des Vorliegens einer dauernden Wertminderung hat das VU systematische Methoden zu verwenden sowie für die Beurteilung u.a. folgende Indizien heranzuziehen (vgl. *IDW RS VFA 2*, Tz. 19): Höhe der Differenz zwischen Buchwert und Zeitwert der Wertpapiere am Bilanzstichtag, bisherige Dauer einer bereits eingetretenen Wertminderung, stark abweichender Kursverlauf des Wertpapiers von der allgemeinen Kursentwicklung sowie erhebliche finanzielle Schwierigkeiten des Emittenten.[91]

141 Darüber hinaus sind die weiteren Veröffentlichungen des Berufstands zur Bewertung von Kapitalanlagen zu berücksichtigen (z.B. VFA zur Bewertung von Schuldtiteln des Kapitalanlagebestands von VU bei Ratingverschlechterungen[92]).

142 Im Rahmen der Prüfung von Bewertungseinheiten nach § 254 HGB ist besonders auf die Aufteilung des kompensatorischen Teils und desjenigen Teils, für den künftig kein Ausgleich gegenläufiger Risiken anzunehmen ist, einzugehen.[93] Die der Risikobewertung und der Aufteilung zugrunde liegende Ermittlungsmethode ist als Gegenstand der Prüfung zu berücksichtigen, nachzuvollziehen sowie als Anhangangabe zu würdigen.

90 Vgl. *IDW RS VFA 2*, Rn. 15.

91 Vgl. im Einzelnen *IDW RS VFA 2* und EB-Online über die 149. sowie 172. Sitzung des VFA.

92 Vgl. FN-IDW 2009, S. 699 f.

93 So auch *Kopatschek/Struffert/Wolfgarten*, KoR 2010, S. 272.

(2) Hypotheken-, Grundschuld- und Rentenschuldforderungen

(a) Charakter der Hypotheken-, Grundschuld- und Rentenschuldforderungen

Unter diesen Posten sind die Forderungen einzustellen, für die dem VU Pfandrechte an Grundstücken oder Schiffen bestellt worden sind und bei denen die Befriedigung allein durch Verwertung des belasteten Objekts gewährleistet ist (§ 9 RechVersV). Darlehen, die nur zusätzlich dinglich gesichert sind, wie z.B. Schuldscheindarlehen an privatrechtliche Unternehmen und Darlehen an Vorstand und Mitarbeiter, sind ebenso wie Tilgungsstreckungsdarlehen ohne dingliche Sicherung bei den Namensschuldverschreibungen, Schuldscheinforderungen und Darlehen auszuweisen. 143

Die Forderungen sind auch vor Eintragung der Pfandrechte im Grundbuch bzw. im Schiffsregister hier auszuweisen, sofern die hierüber abgeschlossenen Verträge notariell beurkundet und die Darlehensbeträge an den Darlehensnehmer oder treuhänderisch an einen Notar des Darlehensnehmers ausgezahlt worden sind (wirtschaftliche Betrachtungsweise). 144

(b) Bewertung und Ausweis von Hypotheken-, Grundschuld- und Rentenschuldforderungen

Die Hypotheken-, Grundschuld- und Rentenschuldforderungen sind gem. §§ 341b Abs. 1 Satz 2 i.V.m. § 253 Abs. 1 HGB mit den Anschaffungskosten zu bewerten. Bei grundpfandrechtlich gesicherten Forderungen ergeben sich die Anschaffungskosten nicht aus der nominellen Höhe der Hypothek oder Grundschuld, sondern aus der Höhe der zugrunde liegenden Forderung. 145

Die bisher gem. § 341c Abs. 1 HGB a.F. zulässige Nennwertbilanzierung für Hypothekendarlehen und andere Forderungen wurde ersatzlos gestrichen. Für nähere Ausführungen wird hierzu auf Rn. 41 verwiesen. 146

Gemäß § 341b Abs. 1 Satz 1 und 2 HGB ist der Posten wie Anlagevermögen, d.h. nach den Regeln des gemilderten Niederstwertprinzips, zu bewerten. Bei vorübergehender Wertminderung, z.B. infolge Unterverzinslichkeit, besteht gem. § 341b Abs. 1 Satz 3 i.V.m. § 253 Abs. 3 Satz 3 HGB ein Abschreibungswahlrecht. Bei voraussichtlich dauernder Wertminderung müssen außerplanmäßige Abschreibungen oder Wertberichtigungen vorgenommen werden, um diese Forderungen mit dem ihnen am Bilanzstichtag beizulegenden niedrigeren Wert anzusetzen (§ 253 Abs. 3 Satz 3). 147

(c) Prüfung

148 Zur Prüfung des Hypothekenbestands sind der Bestandsnachweis des VU (EDV-Ausdruck, Bestandsliste) sowie ggf. Bankbestätigungen heranzuziehen. Für den durch einen Treuhänder verwalteten Bestand ist dessen Bestätigung einzusehen und eine Abstimmung mit dem Deckungsstockverzeichnis vorzunehmen (Deckungsstock-Ist).

149 Die Zugänge des GJ sind anhand der Hypothekenakten zu überprüfen; zu diesem Zweck sind neben dem Nachweis der Auszahlung und dem Darlehensvertrag die notarielle Beurkundung der Grundpfandrechtsbestellung und der Grundbuchauszug über die erfolgte Eintragung einzusehen. Dabei ist zur Überprüfung der Bewertung, die primär vom tatsächlichen Wert der dinglichen Sicherheiten bestimmt wird, darauf zu achten, ob die Beleihungsbestimmungen,[94] eingeholte Schätzgutachten, Brandversicherungswerte sowie der Baufortschritt berücksichtigt und die erforderlichen Genehmigungen des Vorstands, des AR oder einer AR-Kommission eingeholt wurden. Falls die Realsicherheiten nicht werthaltig bzw. betragsmäßig nicht ausreichend sind, kann auch die sonstige Vermögenslage des Schuldners wertbestimmend sein.

150 Ein Damnum ist hinsichtlich Höhe, sofortiger Vereinnahmung und Abgrenzung zu prüfen.

151 Tilgungen sind i.d.R. mit den Tilgungsplänen, außerordentliche Rückzahlungen mit den Konditionen abzustimmen. Bei außerordentlichen Rückzahlungen ist darauf zu achten, ob z.B. ganz oder teilweise eine Verrechnung mit einer gleichzeitig bestehenden LV des Schuldners vorgenommen wurde; ggf. sind die Versicherungsakten heranzuziehen. Zweckmäßigerweise werden in diesem Zusammenhang auch das Zinssoll, der Zinseingang sowie der Zinsrückstand geprüft.

152 Bei der Prüfung des Anhangs sind die Verpflichtungen zur Angabe des Zeitwerts (§ 54 RechVersV), der dabei angewandten Bewertungsmethode (§ 56 Abs. 6 RechVersV) bezüglich Agio oder Disagio (§ 341c Abs. 2 HGB) und ggf. zu Organkrediten (§ 285 Nr. 9c HGB) zu beachten.

94 Vgl. Rundschreiben BAV R 2/75, VerBAV 1975, S. 103, Ziff. 6.3.

(3) Sonstige Ausleihungen

(a) Charakter und Zusammensetzung der „Sonstigen Ausleihungen“

153 Die „Sonstigen Ausleihungen“ umfassen die Namensschuldverschreibungen, Schuldscheinforderungen und Darlehen, die Darlehen und Vorauszahlungen auf Versicherungsscheine sowie die übrigen Ausleihungen.

154 Unter Namensschuldverschreibungen, Schuldscheinforderungen und Darlehen sind sämtliche Forderungen auszuweisen, bei denen die Kreditwürdigkeit des Schuldners im Vordergrund steht. Dabei ist es gleichgültig, ob und ggf. in welcher Weise sie gesichert sind.[95]

155 Die Namensschuldverschreibungen umfassen insb. die Namenspfandbriefe, Namenskommunalobligationen, die Namens-Landesbodenbriefe sowie Anleihen des Bundes, der Bundesländer und der Gemeinden (§ 10 Abs. 1 Nr. 1 RechVersV). Soweit es sich bei den Anleihen allerdings um Ausgleichsforderungen aus der Währungsreform von 1948 handelt, sind diese (gem. § 12 Satz 1 RechVersV) unter den „Anderen Kapitalanlagen“ auszuweisen.

156 Namenspapiere sind als langfristige Ausleihungen einzustufen. Schuldscheinforderungen sind ebenfalls keine Wertpapiere, sondern langfristige Forderungen. Die Übertragung auf einen Dritten ist nur durch Abtretung (§§ 398 ff. BGB), d.h. nach schuldrechtlichen Vorschriften, möglich. Die Verkehrsfähigkeit ist eingeschränkt, weil insb. Dritterwerber keinen Gutglaubensschutz genießen.

(b) Bewertung

157 Die Namensschuldverschreibungen, Schuldscheinforderungen und Darlehen sind somit entsprechend ihren Eigenschaften und ihrer Langfristigkeit gem. §§ 341b Abs. 1, 253 Abs. 1 HGB mit den Anschaffungskosten anzusetzen. Als solche gelten die für die Ausleihungen jeweils aufgewendeten Beträge. Eine Nennwertbilanzierung solcher Vermögensgegenstände kommt nach der europarechtskonformen Änderung des § 341c HGB nicht mehr in Betracht, vgl. hierzu Rn. 41 ff.

158 Auch bei diesem Posten können u.U. die Regeln des gemilderten Niederstwertprinzips zur Anwendung kommen; vgl. dazu Rn. 147. Es stellt sich die Frage, ob bei steigenden Marktzinssätzen außerplanmäßige Abschreibungen oder Wertberichtigungen wegen Unterverzinslichkeit vorgenommen werden können. Handelsrechtlich ist es einhellige Auffassung, dass geringe Verzinslichkeit (Unter-

95 Vgl. KoRVU, Bd. 1, Beitrag B, Rn. 52.

verzinsung) den Wert einer Forderung grundsätzlich mindert.[96] Die Ermittlung des niedrigeren beizulegenden Werts richtet sich dann nach § 255 Abs. 4 HGB. Ein Zwang zur außerplanmäßigen Abschreibung ist jedoch nur bei dauerhafter Wertminderung gegeben. Eine solche liegt dann nicht vor, wenn die Ausleihungen am Ende der Laufzeit voll zurückgezahlt werden und wenn außerdem davon ausgegangen werden kann, dass das VU nicht zu einer vorzeitigen Veräußerung gezwungen ist.

(c) Prüfung

159 Zur Prüfung des Bestands an Namensschuldverschreibungen, Schuldscheinforderungen und Darlehen sind die Bestandsnachweise des VU (EDV-Ausdruck, Bestandslisten) sowie Bestätigungen der Verwahrer heranzuziehen. Für den durch einen Treuhänder verwalteten Bestand ist dessen Bestätigung einzusehen und eine Abstimmung mit dem Deckungsstockverzeichnis vorzunehmen (Deckungsstock-Ist).

160 Die Zugänge des GJ sind – neben Bankabrechnungen und Zahlungsbelegen – mit den Darlehensakten, den Schuldscheinen, Namensschuldverschreibungen und Darlehensverträgen (oder Kopien davon, da sich die Originale vielfach in Verwahrung außer Haus, z.B. in Stahlfächern von Banken, befinden) sowie mit den Abtretungserklärungen abzustimmen. Bei den Abtretungserklärungen ist besonders darauf zu achten, ob eine vollzogene Abtretung vertraglich nicht etwa ausgeschlossen ist. Bei Darlehensgewährungen an Vertreter und Angestellte kommt die Einsichtnahme in Sicherungsübereignungsverträge, Kraftfahrzeugbriefe, LV-Policen u.Ä. hinzu. Auf das Vorliegen erforderlicher Genehmigungen, bspw. des AR, der Vermögensanlagekommission u.Ä., ist zu achten. Ein angefallenes Disagio ist hinsichtlich der Höhe, sofortiger Vereinnahmung und Abgrenzung zu überprüfen. Der Zinsen- und Tilgungsdienst sowie die zum Bilanzstichtag ermittelten Zinsrückstände und -abgrenzungen sind anhand der Konditionen, Tilgungspläne und anderer geeigneter Unterlagen zu überprüfen.

161 Bei der Prüfung der Bewertung ist auch die Notwendigkeit von Wertberichtigungen und Abschreibungen zu untersuchen. Hier ist insb. an Bonitätsrisiken bei Industriedarlehen, Emissionen von Finanzinstituten sowie Fremdwährungsdarlehen zu denken.

162 Die Anleihen gegen Bund und Länder sind mit den Nennwerten abzüglich zwischenzeitlicher Tilgungen und Rückzahlungen zu bewerten. Zur Prüfung des

96 Vgl. *Ellrott/Brendt*, in: Beck Bil-Komm.[7], § 255 HGB, Rn. 180.

Nachweises sind die Benachrichtigungen (Auszüge) der Schuldenverwaltungen einzusehen. Bewertungsrisiken sind bei den Anleihen gegen den Bund und die Länder nicht zu erwarten.

Als Darlehen und Vorauszahlungen auf Versicherungsscheine sind nur solche Posten auszuweisen, die aufgrund der Allgemeinen Versicherungsbedingungen (AVB) gewährt worden sind. Bei den Darlehen aus Versicherungsscheinen, auch Policendarlehen genannt, handelt es sich um verzinsliche, grundsätzlich rückzahlbare Darlehen in Höhe eines Teils der Summe der LV (Kapitalversicherung), die gewährt werden können, sobald die Versicherung rückkauffähig ist. Die Vorauszahlungen auf Versicherungsscheine stellen eine nicht rückzahlbare, teilweise Leistung der Versicherungssumme vor Eintritt des Versicherungsfalls in Leben und Unfall dar. Vorauszahlungen sollten hier nur ausgewiesen werden, wenn sie längerfristig und verzinslich sind; kurzfristige, unverzinsliche Abschlagszahlungen, die aus Kulanzgründen gezahlt werden, sind unter „Sonstige Forderungen" zu erfassen. 163

Eine LV ist in obigem Sinne rückkauffähig, wenn ein Deckungskapital vorhanden ist. Das Darlehen wird gewährt in Höhe des Rückkaufwerts ggf. abzüglich eines angemessenen Abzugs als pauschalierter Ersatz für Aufwendungen des VU. 164

Die Bewertung erfolgt zum Nennbetrag abzüglich zwischenzeitlicher Tilgungen. Soweit die Darlehen höchstens zum Rückkaufwert gewährt wurden, ist für das VU volle Deckung vorhanden. Für darüber hinausgehende Beträge sind ggf. Abschreibungen bzw. Wertberichtigungen vorzunehmen. Die Darlehen und Vorauszahlungen auf Versicherungsscheine und die Depotforderungen stellen Forderungen dar, denen zuzuordnende Passivposten (Deckungsrückstellungen (DR), andere technische Rückstellungen, insb. Schadenrückstellungen) gegenüberstehen. Bewertungsrisiken aus diesen Forderungen sind deshalb nicht gegeben. 165

Gemäß § 10 Abs. 2 Satz 1 RechVersV ist der Betrag der Darlehen und Vorauszahlungen auf Versicherungsscheine im Anhang anzugeben, falls er sich nicht aus der Bilanz ergibt. 166

Zur Prüfung des Bestands, der meist eine Vielzahl relativ kleiner Beträge umfasst, sind die Bestandsnachweise des VU (EDV Ausdruck, Bestandslisten) heranzuziehen. Für den durch einen Treuhänder verwalteten Bestand ist dessen Bestätigung einzusehen und eine Abstimmung mit dem Deckungsstockverzeichnis vorzunehmen (Deckungsstock-Ist). 167

Die Zugänge des GJ sind – neben den Bank- und Zahlungsbelegen – mit den Vertragsakten abzustimmen. Die Zinsen und Tilgungen sowie die Zinsrückstände sind 168 anhand der Konditionen und anderer geeigneter Unterlagen zu überprüfen. Erfolgt die Rückzahlung durch Verrechnung mit der Versicherungsleistung, so sind die entsprechenden Unterlagen, oftmals die Schadenakten, einzusehen; auf die Verrechnung bestehender Zinsrückstände ist zu achten.

169 Die übrigen Ausleihungen umfassen gem. § 10 Abs. 1 Nr. 4 RechVersV die Tilgungsstreckungsdarlehen sowie Darlehen und Gehaltsvorschüsse an Arbeitnehmer und freie Vertreter in Höhe von mehr als sechs Monatsbezügen, sofern es sich nicht – für den Fall der dinglichen Sicherung – um Hypotheken-, Grundschulden- und Rentenschuldforderungen handelt. Für den Ausweis der Mitarbeiterdarlehen unter dieser Position ist es ohne Bedeutung, ob eine Anlageabsicht vorliegt und eine angemessene Rendite erzielt wird. Was das Kriterium der Höhe (mehr als sechs Monatsbezüge) angeht, so ist der Zeitpunkt der Darlehensgewährung maßgeblich; sinkt der Darlehensstand später unter diese Grenze, so muss der Ausweis beibehalten werden. Zu den übrigen Ausleihungen gehören auch nicht börsenfähige oder als Inhaber- oder Orderpapiere ausgestaltete Genussscheine, da sie mangels Verbriefung oder Börsenfähigkeit nicht zu „Aktien, Investmentanteilen und anderen nicht festverzinslichen Wertpapieren" gehören und mangels Festverzinslichkeit auch nicht unter „Namensschuldverschreibungen" ausgewiesen werden können.[97]

(4) Einlagen bei Kreditinstituten

(a) Charakter und Zusammensetzung der Einlagen bei Kreditinstituten

170 Zu den Einlagen bei Kreditinstituten gehören zunächst die für eine bestimmte Zeit festgelegten Guthaben und Sparguthaben bei Kreditinstituten sowie Postbankguthaben (§ 11 Satz 1 RechVersV). Der Ablauf der Kündigungsfrist ist nicht geregelt; er kann aber, wie für § 250 Abs. 1 und 2 HGB auch, nur bedeuten, dass Anfang und Ende eines Zeitraums eindeutig festliegen, d.h. kalendermäßig bestimmt sind. Hieraus folgt, dass zu den Termingeldern auch Tagesgelder zu rechnen sind.[98]

171 Schließlich sind hier die zugunsten ausländischer Regierungen als Kaution hinterlegten Geldbestände auszuweisen (§ 11 Satz 2 RechVersV). Derartige Barkautionen fallen i.d.R. bei der Errichtung ausländischer Zweigniederlassungen an, über die im Ausland Versicherungsgeschäfte (VG) betrieben werden sollen.

97 Vgl. *Stuirbrink/Schuster*, in: Beck Vers-Komm., § 10 RechVersV, Rn. 15.
98 Vgl. KoRVU, Beitrag B, Rn. 170.

(b) Bewertung

Die Bewertung erfolgt zum Nennwert. Soweit erforderlich, sind Einzel- oder Pauschalwertberichtigungen vorzunehmen. Guthaben in Fremdwährung sind ggf. mit dem niedrigeren Geldkurs des Bilanzstichtags umzurechnen. Zur Angabe der Zeitwerte im Anhang vgl. §§ 54, 56 RechVersV. 172

(c) Prüfung

Der Nachweis der Bestände ergibt sich aus den Kontoauszügen oder Saldenbestätigungen der Kreditinstitute; zeitliche Buchungsunterschiede sind – im Gegensatz zu laufenden Guthaben bei Kreditinstituten – relativ selten. Es ist darauf zu achten, dass insb. die Zinsen (Zinsforderungen), aber auch die Spesen, die auf das abgelaufene GJ entfallen, periodengerecht abgegrenzt werden. 173

Bei VU kommt es häufig vor, dass Bankguthaben der eigenen Außenstellen (Bezirks-, Filialdirektionen u.Ä.) im Abrechnungssaldo gegenüber der Zentrale enthalten sind; eine entsprechende Ausgliederung auf den speziellen Bilanzposten ist vorzunehmen. 174

(5) Andere Kapitalanlagen

Bei den „Anderen Kapitalanlagen" handelt es sich um einen Sammelposten für solche Kapitalanlagen, deren Ausweis nicht unter einem anderen Posten vorzuziehen ist. Gemäß § 12 Satz 1 RechVersV sind hier auch die Ausgleichsforderungen aus der Währungsreform von 1948 auszuweisen. Zu den Anderen Kapitalanlagen gehören auch Anteile an eingetragenen Genossenschaftsanteilen, GmbH-Geschäftsanteile, soweit sie nicht Beteiligungen darstellen, und ggf. „Anteile an gemeinschaftlichen Kapitalanlagen".[99] 175

Die Tilgungen und Zinsen bei Ausgleichsforderungen sind durch die Benachrichtigung (Auszüge) der Bundes- und Landesschuldenverwaltungen sowie der Deutschen Bundesbank nachgewiesen. 176

Die anderen Kapitalanlagen sind gem. § 12 Satz 2 RechVersV im Anhang zu erläutern, wenn sie einen größeren Umfang haben. Zur Angabe der Zeitwerte im Anhang vgl. §§ 54, 56 RechVersV. 177

99 Vgl. dazu im Einzelnen *Stuirbrink/Schuster*, in: Beck Vers-Komm., § 12 RechVersV, Rn. 2 ff.

dd) Depotforderungen aus dem in Rückdeckung übernommenen Versicherungsgeschäft

178 Die Depotforderungen sind gesondert innerhalb der Kapitalanlagen auszuweisen. Damit soll zum Ausdruck kommen, dass Depotforderungen eine besondere Art der Kapitalanlage oder ein Kapitalanlage-Surrogat darstellen. Dementsprechend rechnen auch die erhaltenen Depotzinsen zu den Erträgen aus Kapitalanlagen.

179 Bei den Depotforderungen aus dem in Rückdeckung übernommenen Versicherungsgeschäft (üG) handelt es sich um Forderungen des berichtenden Unternehmens an Vorversicherer in Höhe der bei diesen als Depot gestellten Sicherheiten (§ 13 Abs. 1 RechVersV). Die Depotstellung erfolgt im Inland meist in Form des Bardepots. Ein Wertpapierdepot wird des Öfteren im ausländischen Geschäft, gelegentlich aber auch in der inländischen Lebens-RückV gestellt. Gemäß § 13 Abs. 3 RechVersV sind Wertpapiere, die im Eigentum des rückversichernden Unternehmens verblieben sind, nicht als Depotforderungen, sondern unter dem jeweiligen Kapitalanlageposten auszuweisen.

180 Die Höhe der gestellten Sicherheiten (Depots) richtet sich i.d.R. nach den anteiligen Beitragsüberträgen (BÜ), Schadenrückstellungen und DR. Zwischen verbundenen Unternehmen findet sich gelegentlich eine Depotstellung zu einem Pauschalbetrag. Es ist in zunehmendem Maße zu beobachten, dass bei Schaden- und UnfallVU keine Sicherheiten mehr für Schadenrückstellungen verlangt werden. In der Lebens-RückV entfällt eine Depotstellung für DR immer häufiger deswegen, weil die Rückversicherungsverträge (RückVV) auf Risikobasis abgeschlossen bzw. darauf umgestellt werden.

181 Wird in der Lebens-RückV ein Bardepot gestellt, so hat das berichtende Unternehmen, in diesem Fall der Rückversicherer, der Vorschrift des § 67 VAG zufolge im Endergebnis keine Sicherheiten „gestellt"; es handelt sich vielmehr um einen reinen Buchungsvorgang. Die Deckungswerte gehören nämlich dem Erstversicherer (ErstVR), der sie mit den zu diesem Zweck bei ihm belassenen Mitteln erworben hat.

182 Eine Aufrechnung von Depotforderungen mit Verbindlichkeiten gegenüber dem gleichen Unternehmen oder eine Zusammenfassung von Forderungen darf nach § 13 Abs. 2 RechVersV nicht vorgenommen werden.

183 Die Bewertung erfolgt grundsätzlich zum Nennwert. Ein niedrigerer Wert kann bspw. bei besonderen Währungs- und Auslandsrisiken in Betracht kommen. Fremdwährungsforderungen sind ggf. mit dem Devisenkurs des Bilanzstichtags umzurechnen.

Aufgrund der oben beschriebenen Usancen ist anhand der RückVV festzustellen, ob und in welcher Höhe Depots (Sicherheiten) zu stellen und wie sie zu verzinsen sind. Die relevanten Beträge finden ihre Bestätigung in den üblicherweise erteilten RückV-Abrechnungen bzw. Saldenbestätigungen, die einzusehen und mit den Konten abzustimmen sind. 184

4. Kapitalanlagen für Rechnung und Risiko von Inhabern von LV-Policen

Der Ausweis dieses Postens ist in § 14 RechVersV geregelt. Es handelt sich hierbei um Kapitalanlagen bei Formen der LV, bei denen sich der wirtschaftliche Wert des Vertrags nach Kapitalanlagen bestimmt, für die der Versicherungsnehmer das Anlagerisiko trägt. Der Entwicklung moderner LV-Produkte trägt § 14 RechVersV Rechnung, indem hier auch Anlagen aus indexgebundenen Verträgen erfasst werden, bei denen die Wertentwicklung an Aktien-, Währungs- oder andere Indizes gebunden ist.[100] 185

Für die Angaben im Anhang gilt zunächst § 14 Abs. 2 RechVersV. Außerdem sind gem. § 284 Abs. 2 Nr. 1 HGB auch die Bilanzierungs- und Bewertungsmethoden anzugeben, die den Angaben zu den „Übrigen Kapitalanlagen" gem. §§ 54 Nr. 2, 56 RechVersV entsprechen dürften. 186

5. Forderungen

a) Forderungen aus dem selbst abgeschlossenen Versicherungsgeschäft

Hierzu wird auf die Ausführungen im Beitrag „Die versicherungstechnischen Posten des Jahresabschlusses der Schaden- und Unfallversicherungsunternehmen" verwiesen. 187

100 Vgl. *Stuirbrink/Schuster*, in: Beck Vers-Komm., § 14 RechVersV, Rn. 4.

b) Abrechnungsforderungen aus dem Rückversicherungsgeschäft

188 Wir verweisen auf die Ausführungen in dem in vorstehender Rn. genannten Beitrag.

c) Sonstige Forderungen

189 Gemäß § 17 RechVersV sind hier Forderungen auszuweisen, die einem anderen Posten nicht zugeordnet werden können. Explizit werden folgende Forderungen genannt:

- Forderungen aus der Versicherungsvermittlung für andere VU
- Forderungen aus dem Führungsfremdgeschäft und aus sonstigen Dienstleistungsverträgen
- geleistete Kautionen;
- der einem VVaG als Gründungsstock zur Verfügung gestellte Betrag
- Forderungen an Mitglieds- und Trägerunternehmen, die nicht aus dem Versicherungsgeschäft herrühren.

190 Der Katalog des § 17 RechVersV ist nicht erschöpfend. Ergänzend seien folgende typische Posten genannt:

Forderungen an verbundene Unternehmen aus laufenden Verrechnungen nicht versicherungstechnischer Art sowie Konzern- und Organumlagen, Steuererstattungsansprüche, kurzfristige Vorauszahlungen auf Versicherungsscheine, Reisekosten- und andere Vorschüsse, verauslagte Schätzungskosten für Hypothekendarlehen, Mietkautionen, Heizkostenforderungen, Lieferantengutschriften, Kredite an Vorstands- und AR-Mitglieder gem. §§ 89, 115 AktG, sofern sie nicht bei dem Posten „Hypotheken-, Grundschuld- und Rentenschuldforderungen" auszuweisen sind, Darlehen und Gehaltsvorschüsse an Mitarbeiter (Arbeitnehmer, freie Versicherungsvertreter) bis zur Höhe von sechs Monatsbezügen, sofern sie nicht bei dem Posten „Hypotheken-, Grundschuld- und Rentenschuldforderungen" auszuweisen sind, vorausgezahlte Versicherungsleistungen, bei Pensions- und Sterbekassen Forderungen an Mitglieds- und Trägerunternehmen, soweit sie nicht aus dem Versicherungsgeschäft herrühren. Außerdem sind hier die fälligen Zins- und Mieterträge aus Kapitalanlagen auszuweisen.

191 Die Bewertung und Prüfung der genannten Posten erfolgt nach den allgemeinen Grundsätzen. Absatz 2-4.

6. Sonstige Vermögensgegenstände

a) Sachanlagen und Vorräte

Unter „Sachanlagen" sind gem. § 18 Abs. 1 RechVersV technische Anlagen und Maschinen, andere Anlagen, Betriebs- und Geschäftsausstattung sowie hierauf geleistete Anzahlungen und Anlagen im Bau auszuweisen. 192

Gemäß § 18 Abs. 2 RechVersV gehören zu den Vorräten insb. Betriebsstoffe, Büromaterial sowie hierauf geleistete Anzahlungen. 193

Gemäß § 341b Abs. 1 Satz 1 HGB sind Vorräte nach den Vorschriften für das Anlagevermögen zu bewerten. Gemäß § 256 Satz 2 i.V.m. § 240 Abs. 3 HGB ist auch der Ansatz von Festwerten zulässig. 194

b) Laufende Guthaben bei Kreditinstituten, Schecks und Kassenbestand

Unter den laufenden Guthaben bei Kreditinstituten sind, wie in der Postenbezeichnung zum Ausdruck kommt, nur die laufenden, ständig verfügbaren Guthaben zu erfassen, auch wenn sie aufsichtsrechtlich zum gebundenen Vermögen zählen. Die Einlagen bei Kreditinstituten sind gesondert innerhalb der Kapitalanlagen auszuweisen. 195

Die Beträge der am Bilanzstichtag vom VU ausgestellten, aber noch nicht eingelösten Schecks sowie der noch nicht ausgeführten Überweisungsaufträge sind entweder von den Guthaben bei Kreditinstituten abzusetzen oder unter den Posten „Rückstellung für noch nicht abgewickelte Versicherungsfälle", „Verbindlichkeiten aus dem selbst abgeschlossenen Versicherungsgeschäft gegenüber Versicherungsnehmern" oder „Sonstige Verbindlichkeiten" auszuweisen. Im Wesentlichen betrifft dies sog. Schaden- und Provisionsschecks. 196

Insbesondere bei professionellen RückV kommen häufig Fremdwährungskonten sowohl bei inländischen, hauptsächlich aber bei ausländischen Kreditinstituten vor, bei denen auch meist die für Depotstellungen benötigten ausländischen Wertpapiere beschafft werden. Guthaben in Fremdwährung sind aufgrund des Niederstwertprinzips ggf. mit dem niedrigeren Geldkurs des Bilanzstichtags umzurechnen. 197

Die Bewertung und Prüfung ist nach den allgemeinen Grundsätzen durchzuführen. Aus zeitlichen und entfernungsmäßigen Gründen können die üblichen Kontoauszüge zu den ausländischen Bankguthaben zum Bilanzstichtag im Zeitpunkt der Prüfung (noch) nicht vorliegen; in diesem Fall muss sich der Prüfer anhand 198 anderer geeigneter Unterlagen (z.B. Schriftwechsel, früherer Kontoauszug mit folgender Einzelbelegprüfung) vom Bestehen des Guthabens überzeugen.

199 Bei VU kommt es häufig vor, dass Bankguthaben – aber auch Kassen- und Postbankbestände – der eigenen Außenstellen (Bezirks-, Filialdirektionen u.Ä.) im Abrechnungssaldo gegenüber der Zentrale enthalten sind; eine entsprechende Ausgliederung auf den speziellen Bilanzposten ist vorzunehmen.

c) Andere Vermögensgegenstände

200 § 19 RechVersV enthält zu den „Anderen Vermögensgegenständen" lediglich die Vorschrift, dass diese im Anhang zu erläutern sind, wenn sie größeren Umfang haben.

201 Hier dürften alle Vermögensgegenstände auszuweisen sein, die keinem anderen Bilanzposten zugewiesen werden können. Insbesondere handelt es sich dabei um Ansprüche, die (noch) keine Forderungen darstellen, weil sie erst nach dem Bilanzstichtag rechtlich entstehen, bspw. Steuererstattungsansprüche, die erst durch Bescheid der Finanzbehörden rechtskräftig werden, oder Schadenersatzansprüche außerhalb des eigentlichen Versicherungsgeschäfts.[101]

7. Rechnungsabgrenzungsposten

a) Abgegrenzte Zinsen und Mieten

202 Hier sind die noch nicht fälligen Ansprüche aus Kapitalanlagen auszuweisen, während die fälligen Ansprüche Teil der „Sonstigen Forderungen" sind. Diese umfassen auch die im GJ gezahlten Stückzinsen, die noch nicht zu fälligen Ansprüchen geworden sind.

203 Der Posten ist grundsätzlich mit den Nominalbeträgen anzusetzen. Sind Ausfälle zu befürchten, sind angemessene Abschreibungen vorzunehmen. Ansprüche in Fremdwährung sind zum Devisenkassamittelkurs gem. § 256a Satz 1 HGB am Bilanzstichtag umzurechnen.

204 Die Prüfung erfolgt nach den allgemeinen Grundsätzen. Die Buchung der noch nicht fälligen Zinsen und Mieten erfolgt zeitanteilig, wobei meist von 360 Jahrestagen ausgegangen wird.[102]

101 Vgl. *Stöffler*, in: Beck Vers-Komm., § 19 RechVersV, Rn. 3 ff.
102 Vgl. *Stöffler*, in: Beck Vers-Komm., § 20 RechVersV, Rn. 4.

b) Sonstige Rechnungsabgrenzungsposten

Unverändert sind unter diesem Posten insb. auszuweisen: 205

1. Agio auf Namensschuldverschreibungen, Hypothekendarlehen und andere Forderungen (§ 341c Abs. 2 Satz 2 HGB)
2. vorausgezahlte Betriebsaufwendungen, wie z.B. Versicherungsbeiträge und Kraftfahrzeugsteuer
3. Baukostenzuschüsse für gemietete Geschäftsräume.

Vorausgezahlte Renten/Versicherungsleistungen sind nicht hier, sondern unter den Forderungen auszuweisen, da sie i.d.R. nicht zu Aufwand der Folgeperiode werden, da ihnen entsprechende Rückstellungen gegenüberstehen. 206

Gemäß § 341c Abs. 2 Satz 2 HGB sowie § 268 Abs. 6 i.V.m. § 250 Abs. 3 HGB sind bestimmte Angaben im Anhang zu machen. Im Übrigen gelten die allgemeinen Grundsätze.

8. Aktive latente Steuern

Die Vorschrift des § 274 HGB ist auch für VU anwendbar, da keine Ausnahmeregelung gem. § 341a Abs. 2 HGB vorliegt. 207

Latente Steuern werden auf Wertunterschiede von Vermögensgegenständen, Schulden und Rechnungsabgrenzungsposten zwischen Handels- und Steuerbilanz, die sich in späteren GJ voraussichtlich abbauen, abgegrenzt; ihre Bilanzierung dient dem Zweck der zutreffenden Darstellung der Vermögenslage.[103] Für die Bilanzierung aktiver latenter Steuern ist im Einzelabschluss gem. § 274 Abs. 1 Satz 2 HGB ein Wahlrecht vorgesehen. Die Regelungen zur Ausschüttungssperre gem. § 268 Abs. 8 HGB sind zu beachten. Mangels Besonderheiten für VU verweisen wir auf die allgemeine Literatur.[104] 208

Das Formblatt 1, RechVersV sieht im Zuge der Einführung von BilMoG den expliziten Ausweis der aktiven latenten Steuern unmittelbar nach den aktiven Rechnungsabgrenzungsposten vor. 209

---

103 Vgl. *Küting/Seel*, in: Küting/Pfitzer/Weber (Hrsg.), Das neue deutsche Bilanzrecht, Handbuch zur Anwendung des Bilanzrechtsmodernisierungsgesetzes (BilMoG), 2. Aufl., Stuttgart 2009, S. 502; BT-Drs. 16/10067, S. 146.

104 U.v.a. *Kozikowski/Fischer*, in: Beck Bil-Komm.[7], § 274 HGB.

9. Aktive Unterschiedsbeträge aus der Vermögensverrechnung

210 Der Bilanzposten umfasst den Betrag aus der Verrechnung, § 246 Abs. 2 Satz 2 HGB, um den der beizulegende Zeitwert von Vermögensgegenständen den Betrag der Schulden aus Altersversorgungsverpflichtungen i.S.d. § 246 Abs. 2 Satz 2 HGB übersteigt.

10. Nicht durch Eigenkapital gedeckter Fehlbetrag

211 Hier ist der nach § 268 Abs. 3 HGB entsprechende Betrag auszuweisen, um den der Jahresfehlbetrag die Summe der Eigenkapitalposten übersteigt, d.h. der Betrag der buchmäßigen Überschuldung.

11. Ausgleichsbetrag

212 Gemäß § 21 RechVersV haben Niederlassungen als letzten Posten der Aktivseite den Posten „Ausgleichsbetrag" einzufügen, wenn sich ein Überhang der Passivposten über die übrigen Aktivposten ergibt.

213 Dieser Posten betrifft ebenso wie der passive Ausgleichsbetrag (§ 35 RechVersV) ausschließlich die Bilanzen inländischer Niederlassungen ausländischer VU. Hierunter ist der Saldo des Verrechnungskontos aus dem Geschäftsverkehr mit der Generaldirektion (GD) sowie mit anderen ausländischen Niederlassungen der GD auszuweisen. Es kann also entweder nur eine Forderung oder nur eine Verbindlichkeit auftreten. Rechtlich handelt es sich nicht um eine echte Forderung oder Verbindlichkeit.

214 Als wichtigste Beträge im Saldo des Verrechnungskontos bleiben die Verrechnungen aus dem Dienstleistungsverkehr mit dem Hauptsitz bzw. anderen Niederlassungen.

215 Die Jahresergebnisse (Bilanzgewinn/-verlust) einer inländischen Niederlassung sind jeweils im folgenden GJ über das Verrechnungskonto aufzulösen.

216 Die Abrechnungssalden aus dem aktiven und passiven RückVG sind unter den gesonderten Posten Abrechnungsforderungen/-verbindlichkeiten aus dem RückVG auszuweisen. Dieser Ausweis soll auch dann gelten, wenn die RückVV von der ausländischen GD abgeschlossen worden sind.

Gemäß § 35 RechVersV sind Beträge, die als Eigenkapital gewidmet sind und keine feste Kaution darstellen, nicht im passiven Verrechnungssaldo, sondern unter dem Passivposten „Kapitalrücklage“ auszuweisen. 217

Zum Ausweis der festen Kaution vgl. Formblatt 1, Fußnote 3. 218

Die Bewertung erfolgt zum Nennwert. Die Prüfung ist regelmäßig nach allgemeinen Grundsätzen durchzuführen, wobei die Unterlagen über die Abrechnung mit der GD heranzuziehen sind. 219

III. Passivseite der Bilanz

1. Eigenkapital

a) Gezeichnetes Kapital

Bei der Versicherungs-AG ist gem. § 152 Abs. 1 Satz 1 AktG das Grundkapital als gezeichnetes Kapital auszuweisen. Das Grundkapital ist zum Nennbetrag anzusetzen, und zwar auch dann, wenn der volle Nennbetrag noch nicht eingezahlt ist. Der noch nicht einbezahlte Teil muss vom gezeichneten Kapital offen abgesetzt werden (§ 272 Abs. 1 Satz 3 HGB). Für jede Aktiengattung sind die Gesamtnennbeträge gesondert anzugeben (§ 152 Abs. 1 Satz 2 AktG). Das bedingte Kapital ist mit dem Nennbetrag zu vermerken (§ 152 Abs. 1 Satz 3 AktG), dagegen ist das genehmigte Kapital nur im Anhang anzugeben (§ 160 Abs. 1 Nr. 4 AktG). Bestehen Mehrstimmrechtsaktien, so sind beim Grundkapital die Gesamtstimmen der Mehrstimmrechtsaktien und die der übrigen Aktien zu vermerken (§ 152 Abs. 1 Satz 4 AktG). 220

Bei VVaG ist gem. Formblatt 1, Fußnote 3 anstelle des Postens „Gezeichnetes Kapital“ der „Gründungsstock“ auszuweisen. Der Gründungsstock dient als Gewährstock und als Betriebsstock (§ 22 Abs. 1 VAG). 221

Getilgt werden darf der Gründungsstock nur aus den Jahreseinnahmen und nur so weit, wie die Verlustrücklage des § 37 VAG angewachsen ist (§ 22 Abs. 4 VAG). Der Begriff der Jahreseinnahmen ist nicht gleichbedeutend mit dem Jahresüberschuss, wenn auch mit den Garanten vereinbart werden kann, dass nur aus Überschüssen getilgt werden darf.[105] Durch den Ausgleich mit der Verlustrücklage soll erreicht werden, dass Gründungsstock und Verlustrücklage zusammen immer den ursprünglichen Nominalbetrag des Gründungsstocks ergeben. Die Auffüllung der 222

105 Zu „Jahreseinnahmen“ vgl. *Weigel*, in: Prölss, VAG[12], § 22, Rn. 25.

Rücklage nach § 37 VAG muss aber nicht notwendigerweise zu einer Tilgung des Gründungsstocks führen; es kann auch vereinbart werden, dass die Tilgung langsamer als die Rücklagenansammlung erfolgen soll. Die Vereinbarung selbst soll in die Satzung aufgenommen werden (§ 22 Abs. 1 VAG).

223 Sobald die aktivierten Aufwendungen für die Ingangsetzung oder Erweiterung des Geschäftsbetriebs abgeschrieben sind, muss mit der Tilgung des Gründungsstocks begonnen werden (§ 22 Abs. 4 VAG). Reichen nach der Anlaufzeit die laufenden Einnahmen zur Deckung der laufenden Ausgaben nicht aus, so muss der Gründungsstock in Anspruch genommen werden, bevor eine Kürzung der Versicherungsansprüche vorgenommen wird. Diese Verlustdeckung entspricht der Garantiefunktion des Gründungsstocks.

224 Für die Höhe des Gründungsstocks gibt es keine allgemeinen Grundsätze; es gelten wie bei der Versicherungs-AG die Vorschriften über die Kapitalausstattung.[106] Zur Verfügung gestellt wird der Gründungsstock vor oder nach der Gründung durch Zeichnung von Anteilen durch die sog. „Garanten", die nicht Mitglieder zu sein brauchen. Ein Kündigungsrecht darf den Zeichnern des Gründungsstocks nicht eingeräumt werden (§ 22 Abs. 3 Satz 1 VAG). Die in der Zeichnungserklärung übernommene Verpflichtung wird erfüllt durch Barzahlung, Überweisung usw. Die Hingabe von Wechseln kann durch die Satzung gestattet werden (§ 22 Abs. 2 VAG). Durch die Hingabe von Mitteln für den Gründungsstock wird der „Garant" zum Darlehensgläubiger des Vereins, wenn nicht Schenkung vorliegt. Die Tilgung des Darlehens ist eine Frage der Vereinbarung; sie ist auch im Falle einer Schenkung vorzunehmen, und zwar durch Übertragung auf die Rücklage nach § 37 VAG.

225 Es kann auch vereinbart werden, dass nur der nicht aufgebrauchte Teil des Gründungsstocks zurückzuzahlen ist.[107]

226 Bei VU, die keine Kapitalgesellschaften oder VVaG sind, ist der dem gezeichneten Kapital entsprechende Posten auszuweisen (Formblatt 1, Fußnote 3).

227 Bei aufsichtspflichtigen inländischen Niederlassungen ausländischer VU tritt an die Stelle des gezeichneten Kapitals der Posten A. I. „Feste Kaution" (Formblatt 1, Fußnote 3), unter dem der Nennbetrag der gestellten festen Kaution auszuweisen ist.[108]

106 vgl. *Weigel*, in: Prölss, VAG[12], § 22, Rn. 19.
107 vgl. *Weigel*, in: Prölss, VAG[12], § 22, Rn. 22.
108 Vgl. *Stöffler*, in: Beck Vers-Komm., § 2 RechVersV, Rn. 13.

Bei nicht eingeforderten ausstehenden Einlagen auf das gezeichnete Kapital gem. § 272 Abs. 1 Satz 3 HGB treten bei Kapitalgesellschaften an die Stelle dieses Postens: 228

1. Eingefordertes Kapital		
a) gezeichnetes Kapital:		
b) davon ab: noch nicht eingeforderte ausstehende Einlagen		

Ist auf eine im GJ beschlossene Kapitalerhöhung bis zum Bilanzstichtag bereits eine Einzahlung geleistet, die konstitutiv wirkende Eintragung im Handelsregister (§ 189 AktG) jedoch noch nicht erfolgt, stellt sich die Frage, wo der erhaltene Einzahlungsbetrag auszuweisen ist. Ist die Kapitalerhöhung bei Bilanzaufstellung in das Handelsregister eingetragen und kann somit keine Anfechtung des Beschlusses mehr stattfinden, sollte der Betrag unter dem Posten „Eigenkapital" gesondert nach dem gezeichneten Kapital ausgewiesen werden. Ist die Eintragung bei Bilanzaufstellung noch nicht erfolgt, so erscheint der gesonderte Ausweis zwischen den Posten A. „Eigenkapital" und B. „Genussrechtskapital" sachgerecht; Voraussetzung ist allerdings, dass der Kapitalerhöhungsbeschluss nicht mehr anfechtbar ist. Ist der Kapitalerhöhungsbeschluss angefochten, seine Anfechtung noch möglich oder sogar wahrscheinlich, muss der Ausweis nach dem „Genussrechtskapital" (Posten B) als Sonderposten erfolgen. 229

Zur Prüfung des gezeichneten Kapitals sind insb. die Satzung, Handelsregisterauszüge, HV-Beschlüsse und ggf. Unterlagen über Einzahlungen und Einforderungen heranzuziehen. Auch ist bei Erst-VU zu prüfen, ob die Genehmigung der BaFin vorliegt, weil jede Veränderung des gezeichneten Kapitals eine Änderung der Satzung und damit des Geschäftsplans darstellt. 230

b) Ausstehende Einlagen auf das gezeichnete Kapital

Gemäß § 182 Abs. 4 Satz 2 AktG ist es bei VU mit entsprechender Satzungsermächtigung zulässig, dass voll und/oder teilweise eingezahlte Aktien gleichzeitig ausgegeben werden; sind ausstehende Einlagen am Bilanzstichtag zwar eingefordert, aber noch nicht eingezahlt, so ist der eingeforderte Betrag in der Bilanz zu vermerken (§ 272 Abs. 1 Satz 3 HGB). Bei VVaG sind anstelle der ausstehenden Einlagen die eigenen Wechsel der Zeichner („Garanten") des Gründungsstocks[109] aufzuführen, die auszustellen sind, wenn die in der Zeichnungserklärung über- 231

109 Fußnote 1) zu Formblatt 1.

nommene Verpflichtung noch nicht erfüllt ist.[110] Bei VU, die nicht AG oder VVaG sind, ist der den ausstehenden Einlagen auf das gezeichnete Kapital entsprechende Posten auszuweisen.

232 Durch das BilMoG wurde das bis dahin bestehende Wahlrecht gem. § 272 Abs. 1 Satz 2 und 3 HGB a.F., die nicht eingeforderten ausstehenden Einlagen von dem Posten „Gezeichnetes Kapital" offen abzusetzen oder gesondert auf der Aktivseite vor dem Anlagevermögen auszuweisen, abgeschafft, § 272 Abs. 1 Satz 3 HGB. Danach müssen nicht eingeforderte ausstehende Einlagen auf das gezeichnete Kapital[111] künftig zwingend auf der Passivseite der Bilanz ausgewiesen werden.[112] Sie sind von dem Posten „Gezeichnetes Kapital" offen abzusetzen, während der verbleibende Betrag – eingeforderter, jedoch nicht eingezahlter Einlagen – als „Eingefordertes Kapital" ausgewiesen wird, § 272 Abs. 1 Satz 3 HGB.

233 Aus Gründen der Vereinheitlichung und Vereinfachung sind künftig nicht eingeforderte ausstehende Einlagen gesondert vom gezeichneten Kapital in einer Vorspalte auszuweisen und der sich aus beiden ergebende Saldo als „Eingefordertes Kapital" in einer Hauptspalte darzustellen. Dem „Eingeforderten Kapital" ist ein entsprechender Aktivposten mit Forderungscharakter gegenüberzustellen und unter den Forderungen als „Eingeforderte Einlagen" auszuweisen. Die ausstehenden Einlagen sind wie andere Forderungen mit dem ihnen am Bilanzstichtag beizulegenden Wert zu bewerten. Grundsätzlich ist dies der Nennwert; uneinbringliche Einzahlungsforderungen sind abzuschreiben und zweifelhafte durch Einzelwertberichtigungen auf den beizulegenden Wert abzuwerten. Pauschalwertberichtigungen kommen i.d.R. angesichts der zahlreichen gesetzlichen Vorkehrungen zur Sicherstellung der ausstehenden Einlagen nicht in Betracht. Sind ausstehende Einlagen unter ihrem Nennwert anzusetzen, so ist in der Bilanz entweder der Nennbetrag gesondert zu vermerken oder die Einzelwertberichtigung offen abzusetzen.[113]

234 Mit der Streichung des Ausweiswahlrechts hinsichtlich nicht eingeforderter ausstehender Einlagen wurde dem Bilanzersteller auch die Möglichkeit genommen, ausstehende Einlagen im Wege des Brutto- oder Nettoausweises darzustellen.[114]

235 Für die Prüfung der ausstehenden Einlagen ist bei der AG das Aktienbuch die Ausgangsgrundlage, da nicht voll eingezahlte Aktien Namensaktien sein müssen (§ 10 Abs. 2 AktG), die unter Bezeichnung des Inhabers nach Namen, Wohnort und

110 Zu den Einzelheiten vgl. *Weigel*, in: Prölss, VAG[12], § 22, Rn. 11.
111 Vgl. BT-Drs. 16/12407, S. 87.
112 Vgl. BT-Drs. 16/10067, S. 65.
113 Vgl. *ADS*[6], § 272 HGB, Rn. 70.
114 BT-Drs. 16/10067, S. 65.

Beruf in das Aktienbuch der Gesellschaft einzutragen sind (§ 67 Abs. 1 AktG). Die Summe der eingetragenen Einzelbeträge ist mit dem Konto und dem Bilanzausweis abzustimmen. Die Beurteilung der Bonität des Schuldners ist nach den allgemeinen Grundsätzen sowie unter Berücksichtigung der Vorschriften der §§ 63 bis66 AktG und etwaiger Satzungsbestimmungen vorzunehmen.

Beim VVaG muss sich der Abschlussprüfer vom Vorliegen der Solawechsel und von der Einhaltung diesbezüglicher Satzungsbestimmungen vergewissern. 236

Teileinzahlungen sind auch bei Stückaktien zulässig, soweit diese auf den Namen lauten. 237

c) Kapitalrücklage

Zum Inhalt dieses Postens wird auf § 272 Abs. 2 HGB sowie auf § 150 und §§ 229 ff. AktG verwiesen. Zuführungen oder Entnahmen sind gem. § 152 Abs. 2 AktG entweder hier oder im Anhang anzugeben; das gilt gem. § 341a Abs. 4 HGB auch für VU, die nicht die Rechtsform der AG haben. 238

Von den inländischen Niederlassungen ausländischer VU sind hier die Beträge auszuweisen, die als Eigenkapital gewidmet sind. 239

Der Organisationsfonds gem. § 5 Abs. 5 Nr. 3 VAG stellt eine Kapitalrücklage gem. § 272 Abs. 2 Nr. 4 HGB dar. Dieser Rücklage sind grundsätzlich die im GJ angefallenen „Organisationsaufwendungen" zu entnehmen. 240

Der Organisationsfonds (§ 5 Abs. 5 Nr. 3 VAG) wird von den Aktionären/Zeichnern des Gründungsstocks unter ausdrücklichem Verzicht auf Rückzahlung, Tilgung und Gewinnbeteiligung zusätzlich zu ihren Einlagen erbracht, er stellt zweckgebundenes Eigenkapital dar und dient i.d.R. zum kurzfristigen Wertverzehr (z.B. Aufbau der Verwaltung und des Vertreternetzes). 241

Aufgrund seiner Zweckbindung nach § 5 Abs. 5 VAG darf der Organisationsfonds nicht zu den Eigenmitteln i.S.d. § 53c Abs. 1 VAG gerechnet werden. 242

Die Verwendung des Organisationsfonds ist nicht durch § 150 Abs. 2-4 AktG beschränkt, da er eine „Andere Zuzahlung" gem. § 272 Abs. 2 Nr. 4 HGB darstellt. 243

d) Gewinnrücklagen

Zum Inhalt dieses Postens wird auf § 272 Abs. 3 HGB verwiesen. Zuführungen und Entnahmen sind je Unterposten gem. § 152 Abs. 3 AktG entweder hier oder 244 im Anhang anzugeben. Das gilt gem. § 341a Abs. 4 HGB auch für VU, die nicht die Rechtsform der AG oder des kleineren Vereins haben.

aa) Gesetzliche Rücklage

245 Gemäß Fußnote 4 zu Formblatt 1 tritt an die Stelle dieses Postens bei öffentlich-rechtlichen VU der Posten A.III.1. „Sicherheitsrücklage“ und bei VVaG der Posten A.III.1. „Verlustrücklage“ gem. § 37 VAG.

246 Einstellungen und Entnahmen sind für die AG in § 150 AktG geregelt.

247 Die Rücklage nach § 37 VAG ersetzt bei VVaG die gesetzliche Rücklage, da § 150 AktG auf VVaG nicht anzuwenden ist. Der Mindestbetrag der Rücklage ist, da nicht gesetzlich vorgeschrieben, durch die Satzung zu bestimmen; von einer Höchstbetragsbegrenzung spricht das Gesetz nicht (anders als § 150 AktG). Entnahmen aus der Verlustrücklage sind nur zulässig „zur Deckung eines außergewöhnlichen Verlustes aus dem Geschäftsbetrieb“, und zwar ohne Rücksicht darauf, ob sie aus dem technischen Geschäft, aus der allgemeinen Kostensituation, aus Verlusten aus Kapitalanlagen usw. herrühren. Verpflichtet ist das Unternehmen zur Inanspruchnahme der Rücklage nicht; Verluste dürfen auch aus einer freien Rücklage, aus Umlagen, Nachschüssen usw. gedeckt werden. Umgekehrt kann die Verlustrücklage auch dann in Anspruch genommen werden, wenn freie Rücklagen vorhanden sind. Unter welchen Voraussetzungen Nachschüsse oder Umlagen ausgeschrieben werden dürfen, insb. inwieweit zuvor andere Deckungsmittel (Gründungsstock, Rücklagen) verwendet werden müssen, soll die Satzung bestimmen (§ 27 Abs. 1 VAG).[115]

bb) Rücklage für Anteile an einem herrschenden oder mit Mehrheit beteiligten Unternehmen

248 Inhalt, Bildung und Auflösung dieser Rücklage sind in § 272 Abs. 4 HGB geregelt.

cc) Satzungsmäßige Rücklagen

249 Dieser Unterposten stammt aus der Gliederungsvorschrift des § 266 Abs. 3 HGB und dürfte bei VU kaum anzutreffen sein.

---

115 Vgl. *Weigel*, in: Prölss, VAG[12], § 37, Rn. 7.

dd) Andere Gewinnrücklagen

Die Dotierung dieser Rücklagen erfolgt aus dem Jahresüberschuss, wobei bei AG § 58 AktG zu beachten ist. 250

Bei der Prüfung der Rücklagen ist festzustellen, ob die Gesellschaft ihre Zuweisungspflicht beachtet hat, ob der zulässige Rahmen nicht überschritten wurde und ob die Entnahmebestimmungen nicht verletzt worden sind. Dabei sind auch die Beschlüsse der zuständigen Organe heranzuziehen. Bei Verstoß gegen die Einstellungs- bzw. Entnahmebestimmungen droht gem. § 256 Abs. 1 Nr. 4 AktG die Nichtigkeit des Jahresabschlusses. 251

e) Gewinnvortrag / Verlustvortrag

Vgl. dazu Formblatt 1, Fußnoten 5 und 6a. 252

f) Jahresüberschuss / Jahresfehlbetrag

Für beide Posten gilt gem. Formblatt 1, Fußnoten 5 und 6a folgende Regelung: 253

- Alle VU

  Wird die Bilanz gem. § 268 Abs. 1 Satz 2 HGB unter Berücksichtigung der teilweisen Verwendung des Jahresergebnisses aufgestellt, so tritt an die Stelle der Posten A.IV. „Gewinnvortrag/Verlustvortrag“ und A. V. „Jahresüberschuss/Jahresfehlbetrag“ der Posten A.IV. „Bilanzgewinn/Bilanzverlust“. Ein vorhandener Gewinn- oder Verlustvortrag ist in den Posten „Bilanzgewinn/Bilanzverlust“ einzubeziehen und in der Bilanz oder im Anhang gesondert anzugeben.

- P/Sterbekasse (StK)

  Zu den Bilanzstichtagen, zu denen eine versicherungsmathematische Berechnung der DR nicht erfolgt, tritt an die Stelle der Posten A.IV. „Gewinnvortrag/Verlustvortrag“ und A. V. „Jahresüberschuss/Jahresfehlbetrag“ der Posten A.IV. „Gesamt-Ausgleichsposten“.

  Dieser „Gesamt-Ausgleichsposten“ setzt sich aus folgenden Unterposten zusammen:

  • Ausgleichsposten

  • Bilanzgewinn/Bilanzverlust zum …….

254 Der Unterposten „Ausgleichsposten“ dient dem Zweck, Bilanzsummengleichheit herzustellen. Der Posten kann sowohl negativ als auch positiv sein, je nachdem, ob ein rechnerischer Überschuss der Aufwendungen über die Erträge des GJ oder umgekehrt vorliegt. Unter dem Unterposten „Bilanzgewinn / Bilanzverlust zum ......“ ist der seit dem Bilanzstichtag, zu dem zuletzt eine versicherungsmathematische Berechnung der DR erfolgte, vorgetragene Bilanzgewinn / Bilanzverlust unter Angabe des Bilanzstichtags auszuweisen.

Ein Bilanzverlust ist mit dem Eigenkapital zu verrechnen. Soweit ein Fehlbetrag durch das gesamte vorhandene Eigenkapital nicht mehr gedeckt ist (= buchmäßige Überschuldung), muss der Posten auf der Aktivseite als ungedeckter Betrag gesondert ausgewiesen werden (§ 268 Abs. 3 HGB).

2. Genussrechtskapital

255 Genussrechte können unterschiedliche, meist steuerrechtlich orientierte Ausstattungen haben; die Unterschiede münden immer in Kriterien dafür ein, ob der Eigenkapital- oder der Fremdkapitalcharakter überwiegt. Die Unterscheidung ist für bilanzielle Zwecke irrelevant, da in Formblatt 1 der Ausweis des Genussrechtskapitals explizit geregelt ist.

256 Dominiert der Eigenkapitalcharakter, so stellt das Genussrechtskapital zwar kein reines Eigenkapital, aber eigenkapitalähnliches Kapital dar und zählt zu den Eigenmitteln, wenn es den Anforderungen des § 53c Abs. 3 Nr. 3a i.V.m. § 53c Abs. 3a und Abs. 3c VAG entspricht.

257 Der Ausweis der zu leistenden Verzinsung in der GuV ist nicht abschließend geregelt. Je nach Ausgestaltung des Genussrechtskapitals kommt die Verzinsung den Gewinnausschüttungen nahe oder stellt Zinsaufwand dar.

258 Entnahmen bzw. Wiederauffüllungen des Genussrechtskapitals sind entsprechend Formblatt 2, Fußnote 3 im Anschluss an die Bewegungen der Gewinnrücklagen darzustellen.

259 § 160 Abs. 1 Nr. 6 AktG schreibt für VU-AG vor, dass im Anhang Angaben zu machen sind über am Bilanzstichtag bestehende und im GJ neu entstandene Genussrechte; dies gilt gem. § 341a Abs. 4 HGB auch für VU, die nicht die Rechtsform der AG haben.

260 Außerdem ist gem. § 52 Nr. 1b RechVersV im Anhang anzugeben, in welcher Höhe das Genussrechtskapital innerhalb von zwei Jahren fällig wird.

Die Bewertung des Genussrechtskapitals hat mit dem Rückzahlungsbetrag (Nennbetrag) zu erfolgen. 261

Zur Prüfung sind die Unterlagen über die Ausstattung und Begebung des Genussrechtskapitals heranzuziehen. Der dominierende Charakter als Eigen- oder Fremdkapital und der sachgerechte Ausweis der Ausschüttungen sind eingehend zu untersuchen, wobei die steuerliche Behandlung der Ausschüttung/Verzinsung wesentliche Aufschlüsse geben kann. 262

3. Nachrangige Verbindlichkeiten

In dem Posten sind gem. § 22 RechVersV solche Verbindlichkeiten auszuweisen, die im Falle der Liquidation oder des Konkurses erst nach den Forderungen der anderen Gläubiger erfüllt werden dürfen.[116] Er ist bisher bei VU selten anzutreffen. 263

Unter den Voraussetzungen des § 53c Abs. 3 Satz 1 Nr. 3, Absätze 3b und 3c VAG ist das entsprechende Kapital den Eigenmitteln der VU zuzurechnen. Gleichwohl ist der Ausweis dieses Postens unabhängig von der Anerkennung als Eigenmittel. 264

4. Sonderposten mit Rücklageanteil

Die Bilanzierung von Sonderposten mit Rücklageanteil vollzog sich bis zum Inkrafttreten des BilMoG auch bei VU nach den allgemeinen Grundsätzen. 265

In den Sonderposten mit Rücklageanteil durften bis zum Inkrafttreten des BilMoG gem. § 281 Abs. 1 Satz 1 HGB a.F. auch die allein nach steuerrechtlichen Vorschriften vorgenommenen Abschreibungen (§ 254 HGB) als Wertberichtigungen insoweit eingestellt werden, als diese die handelsrechtlich zulässigen Abschreibungen (§ 253 i.V.m. § 279 HGB a.F.) überstiegen. 266

Im Zuge des BilMoG und der Aufgabe der umgekehrten Maßgeblichkeit wurden die Regelung des § 273 HGB a.F. zum Sonderposten mit Rücklageanteil ebenso wie §§ 279 Abs. 2, 281 HGB a.F. zur Zulässigkeit und Berücksichtigung steuerrechtlicher Abschreibungen aufgehoben. Die korrespondierenden Übergangsvorschriften finden sich in Art. 67 Abs. 3 und 4 EGHGB n.F., die auch für VU gelten. Entsprechend wurde der Sonderposten mit Rücklagenanteil im Formblatt 1 aufgehoben und die Anhangangabe gem. § 51 Abs. 6 RechVersV gestrichen.

116 Vgl. *Stöffler*, in: Beck Vers-Komm., § 22 RechVersV, Rn. 3.

5. Andere Rückstellungen

a) Rückstellungen für Pensionen und ähnliche Verpflichtungen

267 Für den Inhalt und die Bewertung sowie für die Prüfung dieses Bilanzpostens gelten die allgemeinen Grundsätze mit der Besonderheit, dass die gesamte Zuführung zu dieser Rückstellung bis auf den Zinsanteil Bestandteil der gesamten Personal- und Sachaufwendungen ist, die gem. § 43 Abs. 1 RechVersV in die Kostenverteilung einzubeziehen und bestimmten Funktionsbereichen zuzuordnen sind. Die Zinszuführungen sind gem. § 48 Nr. 3 RechVersV in den sonstigen Aufwendungen auszuweisen.

b) Steuerrückstellungen

268 Für den Inhalt und die Bewertung sowie für die Prüfung dieses Bilanzpostens gelten die allgemeinen Grundsätze; dies gilt auch für die passive Steuerabgrenzung, bei der es für VU keine Besonderheiten gibt.

269 Werden in Fällen der gewerbesteuerlichen und umsatzsteuerlichen Organschaft Organumlagen für diese Steuern vorgenommen, so sind diese direkt über Verrechnungskonten zu buchen und ggf. in der Bilanz unter Forderungen / Verbindlichkeiten auszuweisen.

270 Für die Bewertung und Prüfung gelten die allgemeinen Grundsätze.

c) Sonstige Rückstellungen

271 Hierunter sind alle nicht gesondert auszuweisenden, nicht versicherungsspezifischen Rückstellungen zu erfassen.

Dazu gehören u.a.:

1. Die Rückstellung für unterlassene Instandhaltungsaufwendungen (z.B. für Grundstücke), die im folgenden GJ innerhalb von drei Monaten nachgeholt werden
2. die Rückstellung für Aufwendungen für den JA
3. die Rückstellung für Urlaubsverpflichtungen
4. die Rückstellung für Tantiemen
5. die Rückstellung für Gewinnbeteiligungen der Versicherungsvertreter

6. die Rückstellung für drohende Verluste aus dem allgemeinen Geschäft
7. die Rückstellung für Abschlussprovisionen (auch UnfallVU); sofern die noch nicht verdienten Provisionsteile bevorschusst werden, kann diese Rückstellung mit den Provisionsvorschüssen verrechnet werden; eine Verrechnung mit den noch nicht fälligen Ansprüchen an VN ist nicht zulässig
8. die Rückstellung für Jubiläumsaufwendungen
9. die Rückstellung für Vorruhestandsleistungen
10. die Rückstellung für Altersteilzeit
11. Rückstellungen für Provisionen und Versicherungssteuer auf Beitragsaußenstände
12. die Rückstellung für Währungsrisiken
13. die Rückstellung für nicht abgerechnete Aufwendungen für den Grundbesitz
14. die Rückstellung für Ausgleichsansprüche der Vertreter gem. § 89b HGB.

Für die Bilanzierung dieser Rückstellungen sind die zu § 249 HGB entwickelten Grundsätze maßgeblich. Für die Bewertung gilt § 253 Abs. 1 Satz 2 HGB, d.h. die Rückstellungen sind in Höhe des nach vernünftiger kaufmännischer Beurteilung notwendigen Erfüllungsbetrags anzusetzen und gem. § 253 Abs. 2 Satz 1 HGB bei einer Restlaufzeit von mehr als einem Jahr mit dem laufzeitadäquaten, durchschnittlichen Marktzinssatz der vergangenen sieben GJ abzuzinsen. Der Erfüllungsbetrag ist der Betrag, der für die Erfüllung der Verbindlichkeit aufgebracht werden muss, wobei auch künftige Preis- und Kostensteigerungen mit zu berücksichtigen sind.[117] 272

Die Zuführungen zu den sonstigen Rückstellungen sind in der GuV den entsprechenden Aufwandsposten zuzuordnen, im Wesentlichen also den „Aufwendungen für den Versicherungsbetrieb“ oder den „Sonstigen Aufwendungen“. Erträge aus der Auflösung sind hingegen einheitlich im GuV-Posten „Sonstige Erträge“ zu erfassen. 273

Für sonstige Rückstellungen mit nicht unerheblichem Umfang bestehen gem. § 285 Nr. 12 HGB Erläuterungspflichten im Anhang. 274

117 BR-Drs. (344/08): Gesetzesentwurf der Bundesregierung, Entwurf eines Gesetzes zur Modernisierung des Bilanzrechts (Bilanzrechtsmodernisierungsgesetz – BilMoG) vom 23.05.2008, S. 112.

6. Andere Verbindlichkeiten

a) Verbindlichkeiten aus dem selbst abgeschlossenen Versicherungsgeschäft

275 Hierzu wird auf die Ausführungen im Beitrag „Die versicherungstechnischen Posten des Jahresabschlusses der Schaden- und Unfallversicherungsunternehmen" verwiesen.

b) Abrechnungsverbindlichkeiten aus dem Rückversicherungsgeschäft

276 Wir verweisen auf die Ausführungen in dem in vorstehender Rn. genannten Beitrag.

c) Anleihen

277 Bei den Anleihen ist nach Formblatt 1 der konvertible Anteil als Davon-Vermerk anzugeben. Im Übrigen gelten die allgemeinen Grundsätze.

d) Verbindlichkeiten gegenüber Kreditinstituten

278 Für Ausweis, Bewertung und Prüfung gelten die allgemeinen Grundsätze. Verbindlichkeiten aus Hypotheken-, Grund- und Rentenschulden, die in Abt. III des Grundbuchs eingetragen sind, sind nicht hier, sondern unter den „Sonstigen Verbindlichkeiten" auszuweisen.

e) Sonstige Verbindlichkeiten

279 Unter den „Sonstigen Verbindlichkeiten" sind alle Verbindlichkeiten zu erfassen, die nicht unter einem anderen Bilanzposten auszuweisen sind. Bezüglich der in Formblatt 1 vorgeschriebenen Davon-Vermerke gilt Folgendes:

- In den Vermerk „davon aus Steuern" sind alle von dem bilanzierenden VU geschuldeten Steuern einzubeziehen, soweit sie hier nicht unter dem Posten G II „Steuerrückstellungen" auszuweisen sind. In den Vermerk sind auch die einbehaltenen Steuerabzugsbeträge (z.B. LSt) einzubeziehen, obwohl das bilanzierende VU selbst nicht Steuerschuldner ist.
- In den Vermerk „davon im Rahmen der sozialen Sicherheit" sind alle Verbindlichkeiten gegenüber Arbeitnehmern (auch früheren) einzubeziehen, die dazu

dienen, diese sozial (insb. im Ruhestand, bei Arbeitslosigkeit, bei Invalidität und Krankheit) abzusichern. Hierzu gehören in erster Linie einbehaltene, aber noch nicht abgeführte Beiträge zur Sozialversicherung, zu Ersatzkassen und Zusatzversorgungseinrichtungen sowie Verpflichtungen aus Abfindungen und Vorruhestandsregelungen.

Bezüglich der Verbindlichkeiten gegenüber der ausländischen GD wird auf die zusammengefasste Darstellung zum Ausgleichsbetrag in Abschnitt a) der Aktivseite verwiesen. Ein Passivsaldo ist gem. § 35 RechVersV als letzter Posten der Passivseite auszuweisen. 280

Die Bewertung der Verbindlichkeiten erfolgt nach § 253 Abs. 1 Satz 2 HGB; Verbindlichkeiten sind zu ihrem Erfüllungsbetrag, Rentenverpflichtungen zu ihrem Barwert anzusetzen. 281

Der Erfüllungsbetrag ist i.d.R. identisch mit der Höhe des Betrags, zu dem die Verbindlichkeit eingegangen wurde. Wenn Ausgabebetrag und Erfüllungsbetrag nicht übereinstimmen, was bei VU selten vorkommen dürfte (denkbar z.B. bei Wechseln oder Hypothekendarlehen), kann (steuerlich muss) der Unterschiedsbetrag aus dem höheren Rückzahlungsbetrag und dem niedrigeren Ausgabebetrag aktiv abgegrenzt und auf die Laufzeit der Schuld verteilt werden. 282

Eine Abzinsung unverzinslicher oder niedrig verzinslicher Verbindlichkeiten, auch unverzinslicher Kaufpreisraten, ist nicht möglich. 283

Die unter den „Sonstigen Verbindlichkeiten" enthaltenen Rentenverpflichtungen (Rentenschulden, Kaufpreis- und Leibrenten) werden mit dem Barwert angesetzt. Die Laufzeit der Renten ist gegebenenfalls anhand von Sterbetafeln nach mathematischen Grundsätzen zu ermitteln. 284

Die Prüfung der Verbindlichkeiten, der Veränderungen im Berichtsjahr, der Tilgungen und Abwicklungen bis zum Prüfungsstichtag und ihrer vollständigen Erfassung richtet sich nach den allgemeinen Grundsätzen. 285

Inwieweit es notwendig ist, bei VU zur Prüfung des Nachweises der Verbindlichkeiten Saldenbestätigungen heranzuziehen, hängt von der Art der Verbindlichkeiten, dem bestehenden internen Kontrollsystem und der Dauer der Abwicklung der Verbindlichkeiten ab. 286

7. Rechnungsabgrenzungsposten

Als Rechnungsabgrenzungsposten sind hier nach § 250 Abs. 2 HGB nur Einnahmen vor dem Abschlussstichtag, soweit sie Ertrag für eine bestimmte Zeit nach 287 diesem Tag darstellen, auszuweisen. Inhaltlich umfassen die passiven Rechnungsabgrenzungsposten bei VU vor allem Disagiobeträge und im Voraus empfangene Mieten und Zinsen. Was das Disagio betrifft, so stellt es den Unterschied zwischen Rückzahlungs- und Auszahlungsbetrag bei der Begebung von Namensschuldverschreibungen, Hypothekendarlehen und anderen Forderungen dar (§ 341c Abs. 2 Satz 1 HGB). Disagiobeträge dürfen nur bis zur Höhe der Begebungskosten als Ertrag des GJ behandelt werden. Das Disagio ist zu passivieren und auf die Laufzeit der entsprechenden Darlehen zu verteilen. Sofern die vereinbarte Laufzeit durch Sondertilgungen vermindert wird, ist der Wertansatz des Disagios entsprechend zu berichtigen. Als Laufzeit gilt die Zeit von der Begebung bis zur ersten Kündigungsmöglichkeit. Bezüglich der Begebungskosten kann es sich nur um Vermögensverwaltungskosten für die Neuanlage der in Frage stehenden Darlehen handeln. Die laufenden Verwaltungskosten bleiben unberücksichtigt.

8. Passive latente Steuern

288 Im Rahmen der Einführung des BilMoG wurden die passiven latenten Steuern als gesonderter Posten in das Formblatt 1, Passiva Bilanzposten L. RechVersV eingefügt. Die Vorschrift des § 274 HGB ist auch für VU anzuwenden, da keine Ausnahmeregelung gem. § 341a Abs. 2 HGB vorliegt. Aufgrund fehlender Besonderheiten für VU verweisen wir auf die allgemeine Literatur.[118]

9. Gemeinsame Vorschriften für Forderungen und Verbindlichkeiten

a) Aufrechnung

289 Gleichartige Forderungen und Verbindlichkeiten zwischen denselben Personen können saldiert werden, wenn sich die Forderungen und Verbindlichkeiten aufrechenbar gegenüberstehen (§ 387 BGB). Eine Verrechnung erscheint auch dann zulässig, wenn die jeweiligen Zeitpunkte der Fälligkeit der Forderung und der Erfüllbarkeit der Verbindlichkeit nur unwesentlich voneinander abweichen und im Übrigen die Voraussetzungen des § 387 BGB vorliegen; ungleichartige Forderungen und Verbindlichkeiten, insb. bei unterschiedlicher Fristigkeit, unterliegen stets dem Verrechnungsverbot.

118 Vgl. u.v.a. *Kozikowski/Fischer*, in: Beck Bil-Komm.[7], § 274 HGB.

Die Aufrechnungsmöglichkeit gilt gem. §§ 13 Abs. 2, 33 Abs. 2 RechVersV nicht für Depotforderungen und Depotverbindlichkeiten. 290

b) Davon-Vermerke

Gemäß § 4 RechVersV sind bei allen in Frage kommenden Posten die Forderungen und Verbindlichkeiten gegenüber 291

- verbundenen Unternehmen,
- Unternehmen, mit denen ein Beteiligungsverhältnis besteht,

  durch einen Davon-Vermerk mit Angabe des entsprechenden (Teil-)Betrags kenntlich zu machen. Dabei sind diese Forderungen und Verbindlichkeiten bei dem Posten oder Unterposten auszuweisen, zu dem sie ihrem Inhalt nach gehören.

Liegt außer einem Beteiligungsverhältnis auch der Tatbestand eines verbundenen Unternehmens vor, hat der Charakter des verbundenen Unternehmens für die Vermerkpflicht den Vorrang. 292

Die Definition der vorgenannten Unternehmen ergibt sich aus § 271 Abs. 2 HGB. 293

Nach herrschender Meinung sollten die Vorjahres(VJ)-Zahlen auch bei den vorjährigen Davon-Vermerken angegeben werden. Würde dies nicht geschehen, könnte der Eindruck entstehen, dass z.B. im VJ keine Forderungen an verbundene Unternehmen bestanden hätten; dieser Anforderung an die Klarheit des JA ist zuzustimmen. 294

10. Haftungsverhältnisse

Sofern nicht eine Passivierung erforderlich ist, sind nach § 51 Abs. 3 RechVersV die Haftungsverhältnisse im Anhang anzugeben, und zwar unter gesonderter Angabe der Haftungsverhältnisse gegenüber verbundenen Unternehmen. Ein Vermerk unter der Bilanz kommt nicht in Betracht, da § 268 Abs. 7 HGB bei VU nicht anzuwenden ist (§ 341a Abs. 2 HGB). 295

Gemäß § 251 HGB kommen folgende Haftungsverhältnisse in Betracht: 296

- Verbindlichkeiten aus der Begebung und Übertragung von Wechseln (Wechselobligo)
- Verbindlichkeiten aus Bürgschaften, Wechsel- und Scheckbürgschaften

- Verbindlichkeiten aus Gewährleistungsverträgen
- Haftungsverhältnisse aus der Bestellung von Sicherheiten für fremde Verbindlichkeiten.

297 Für die Ermittlung und Bewertung der angabepflichtigen Beträge sowie für ihre Prüfung gelten die allgemeinen Grundsätze.

IV. Gewinn- und Verlustrechnung

298 In § 2 Abs. 1 RechVersV sind für die Darstellung der GuV drei Schemata vorgeschrieben, nämlich das Formblatt 2 für Schaden- und Unfall-VR sowie für die RückVU, das Formblatt 3 für Personen-VR sowie das Formblatt 4 für Lebens-VR oder Schaden- und Unfall-VR, die auch das selbst abgeschlossene Unfall- bzw. Krankenversicherungsgeschäft nach Art der LV betreiben. Bezüglich der nicht technischen Posten unterscheiden sich die Formblätter nur dadurch, dass bei den Personen-VU (Formblätter 3 und 4) die Erträge und Aufwendungen für Kapitalanlagen innerhalb der technischen GuV ausgewiesen werden, während diese Posten bei den Nicht-Personen-VU im nicht versicherungstechnischen Teil der GuV gezeigt werden. Alle übrigen nicht technischen Posten werden einheitlich im allgemeinen Teil der GuV ausgewiesen.

299 Hinsichtlich der Zuordnung der Erträge und Aufwendungen aus Kapitalanlagen sind bei der Verwendung des Formblatts 4 die Vorschriften §§ 45 Abs. 1, 46 Abs. 1 RechVersV zu beachten.

300 Die nachstehenden Ausführungen zur GuV folgen dem Formblatt 2.

1. Erträge aus Kapitalanlagen

301 Die gesamten Erträge aus Kapitalanlagen werden brutto an dieser Stelle in fünf verschiedenen Unterposten vereinnahmt; aus dem Gesamtbetrag der hier auszuweisenden Kapitalerträge abzüglich der Aufwendungen für Kapitalanlagen ist bei Schaden- und Unfallversicherungsunternehmen (SchVU) und RückVU der technische Zinsertrag in der Vorspalte in Abzug zu bringen. Soweit Kapitalerträge von verbundenen Unternehmen stammen, sind diese nachrichtlich zu vermerken.

a) Erträge aus Beteiligungen

302 Hier sind sämtliche Erträge aus Anteilen an verbundenen Unternehmen (Aktiva C.II.1.) und Beteiligungen (Aktiva C.II.3.) auszuweisen, es sei denn, es liegen

mit diesen Unternehmen Gewinngemeinschaften, Gewinnabführungs- oder Teilgewinnabführungsverträge vor, für die ein Sonderausweis vorgesehen ist.[119]

Erträge aus Beteiligungen an Kapitalgesellschaften sind grundsätzlich erst in dem Jahr zu vereinnahmen, in dem über die Ausschüttung Beschluss gefasst wurde; anders verhält es sich beim Gewinnanteil aus der Beteiligung an einer Personengesellschaft, der zum Bilanzstichtag der Beteiligungsgesellschaft dem Gesellschafter zuzurechnen ist. Zur phasengleichen Vereinnahmung von Dividenden bei Mehrheitsbeteiligung an einer Kapitalgesellschaft verweisen wir auf Rn. 109 f. 303

b) Erträge aus anderen Kapitalanlagen

aa) Erträge aus Grundstücken, grundstücksgleichen Rechten und Bauten einschließlich der Bauten auf fremden Grundstücken

Dieser Ertragsposten enthält sowohl die Mieterträge aus Fremdvermietung als auch die kalkulatorische Eigenmiete des vom VU selbst genutzten Grundbesitzes (§ 45 Abs. 2 RechVersV). Die kalkulatorischen Mieten haben sich grundsätzlich an der jeweiligen ortsüblichen Miete zu orientieren. 304

Die hier ausgewiesene kalkulatorische Eigenmiete geht in den Verwaltungskostenblock als Raummietaufwand ein, wo er den verschiedenen versicherungstechnischen und nicht technischen Kostenbereichen zuzuordnen ist (vgl. § 43 Abs. 1 RechVersV). Alle Aufwendungen für den Grundbesitz werden bei den Aufwendungen für die Verwaltung der Kapitalanlagen, Zinsaufwendungen und sonstigen Aufwendungen für die Kapitalanlagen (Unterposten a) ausgewiesen. Für Erträge aus verbundenen Unternehmen besteht Vermerkpflicht. 305

bb) Erträge aus anderen Kapitalanlagen

Hier sind alle laufenden Erträge aus Kapitalanlagen auszuweisen, sofern sie nicht zu anderen Ertragspositionen gehören. 306

Zu den hier auszuweisenden laufenden Erträgen gehören auch die erhaltenen Depotzinsen sowie die Bereitstellungszinsen für bereits zugesagte, aber noch nicht valutierte Hypothekendarlehen. Erträge aus Anteilen an verbundenen Unternehmen, die keine Beteiligungen darstellen, sind als Vermerk kenntlich zu machen. Außerdem werden hier die Erträge aus der Auflösung von Disagiobeträgen aus 307

119 Vgl. Rn. 323.

Hypotheken und Darlehen ausgewiesen; der Aufwand aus der Auflösung ist wie bisher hier abzusetzen, um die Darstellung einer zutreffenden Durchschnittsverzinsung sicherzustellen.

c) Erträge aus Zuschreibungen

308 Hier sind die Erträge aus der zulässigen Höherbewertung von Kapitalanlagen (buchmäßige Gewinne), die insb. bei der Auflösung und Verminderung von Einzel- und Pauschalwertberichtigungen und der Rückgängigmachung von Abschreibungen entstehen, auszuweisen.

309 Das Wertaufholungsgebot des § 253 Abs. 5 HGB ist auch für VU anwendbar (§ 341b Abs. 2 HGB).

d) Gewinne aus dem Abgang von Kapitalanlagen

310 In diesem Posten sind die bei der Veräußerung von Kapitalanlagen und bei der Einlösung von Wertpapieren entstandenen Buchgewinne auszuweisen.

e) Erträge aus Gewinngemeinschaften, Gewinnabführungs- und Teilgewinnabführungsverträgen

311 Bestehen Gewinngemeinschaften, Gewinnabführungs- oder Teilgewinnabführungsverträge mit anderen Unternehmen, so sind diese Erträge stets hier auszuweisen.

f) Erträge aus der Auflösung des Sonderpostens mit Rücklageanteil

312 Hier sind nur die Erträge aus der Auflösung des Sonderpostens mit Rücklageanteil auszuweisen, die die Kapitalanlagen betreffen. Diese Regelung wurde getroffen, um den Reinertrag aus Kapitalanlagen direkt aus der GuV ermitteln zu können. Die entsprechenden Erträge, die nicht die Kapitalanlagen betreffen, sind dagegen unter dem Posten „Sonstige Erträge“ auszuweisen. Da das Formblatt 2 diesen Posten nach der Überarbeitung aufgrund des BilMoG nicht mehr vorsieht, ist ein solcher bei Vorliegen eines entsprechenden Geschäftsvorfalls einzufügen.

313 Durch das BilMoG wurde die Möglichkeit der Bildung steuermotivierter Sonderposten mit Rücklageanteil abgeschafft. Für bereits in früheren GJ gebildete Sonderposten besteht gem. Art. 67 Abs. 3 Satz 1 EGHGB ein Wahlrecht, diese unter Beachtung der bisher geltenden Rechtslage fortzuführen. In diesem Fall sind Auflösungen dieser Posten in künftigen Perioden in der GuV als „Erträge aus der Auflösung des

Sonderpostens mit Rücklageanteil“ auch weiterhin erfolgswirksam zu erfassen und entsprechend auszuweisen. Wird vom Beibehaltungswahlrecht indes kein Gebrauch gemacht, sind Auflösungen erfolgsneutral direkt in die Gewinnrücklage einzustellen, Art. 67 Abs. 3 Satz 2 EGHGB. Ein Ausweis in der GuV erfolgt nicht.

2. Aufwendungen für Kapitalanlagen

a) Aufwendungen für die Verwaltung von Kapitalanlagen, Zinsaufwendungen und sonstige Aufwendungen für die Kapitalanlagen

Als Aufwendungen für die Verwaltung der Kapitalanlagen sind gem. § 46 Abs. 2 RechVersV die diesem Funktionsbereich zugeordneten Personal- und Sachaufwendungen auszuweisen. Bei inländischen Niederlassungen ausländischer VU – sofern diese nach deutschen Rechnungslegungsvorschriften bilanzieren – gehört hierzu auch der Teil des Zentralverwaltungsaufwands, der von der GD der Verwaltung der Kapitalanlagen zugeordnet worden ist. 314

Es handelt sich hierbei um den aus dem gesamten Verwaltungskostenblock abgegrenzten Kostenbereich der Verwaltung der Kapitalanlagen. Sie enthalten nicht nur die direkt diesem Kostenbereich zurechenbaren Personal- und Sachkosten, sondern auch die mit Hilfe von Schlüsseln dieser Aufwandsart zuzurechnenden Gemeinkosten.[120] 315

Zu den Zinsaufwendungen und sonstigen Aufwendungen für Kapitalanlagen gehören gem. § 46 Abs. 3 RechVersV insb. die Aufwendungen für Grundstücke, grundstücksgleiche Rechte und Bauten einschl. der Bauten auf fremden Grundstücken, wie z.B. Betriebskosten, Instandhaltungskosten, Mietausfallrisiken, Abgaben und Versicherungsbeiträge; ferner Depotgebühren, Vergütungen an den Treuhänder für den Deckungsstock sowie Schuldzinsen für Hypotheken auf den eigenen Grundbesitz. Zu den sonstigen Aufwendungen gehören auch Verluste aus Anteilen an Personengesellschaften. 316

Bei der Prüfung der Kosten der Verwaltung der Kapitalanlagen ist auf die Verteilung der gesamten Verwaltungskosten (Betriebsabrechnung) einzugehen und festzustellen, ob die Zuordnung der Kosten auf diesen Bereich möglichst objektiven Kostenverteilungsgrundsätzen entspricht. Für die Berichterstattung gilt § 9 PrüfV. 317

120 Vgl. dazu Beitrag B IV.

Im Übrigen gelten die allgemeinen Grundsätze, insb. auch, was die Prüfung der Grundstücksbewirtschaftungskosten betrifft.

b) Abschreibungen auf Kapitalanlagen

318 Unter diesem Posten sind die gesamten Abschreibungen auf die Kapitalanlagen gem. § 253 HGB auszuweisen; sie setzen sich wie folgt zusammen:

- Außerplanmäßige Abschreibungen gem. § 253 Abs. 3 Satz 3 HGB
- übrige Abschreibungen gem. § 253 Abs. 3 Sätze 1 und 2, Abs. 4 Sätze 1 und 2 HGB.

319 Zu den Abschreibungen gehören auch die Aufwendungen aus der Bildung und Erhöhung von Einzel- und Pauschalwertberichtigungen auf Kapitalanlagen.

320 Die Prüfung der Abschreibungen erfolgt regelmäßig im Zusammenhang mit der Prüfung der entsprechenden Aktivposten.

c) Verluste aus dem Abgang von Kapitalanlagen

321 Hier sind die bei der Veräußerung von Kapitalanlagen entstandenen Verluste auszuweisen, ebenso wie bei Gebäuden die Verluste infolge von Zerstörung oder Abriss ohne Wiederaufbau.

d) Aufwendungen aus Verlustübernahme

322 Der Posten betrifft die nach § 302 AktG zu übernehmenden Verluste, aber auch die Verluste, die aufgrund entsprechender Verträge mit Unternehmen anderer Rechtsform oder freiwillig übernommen wurden.

323 Die „Übernahme“ von Verlusten aus der Beteiligung an Personengesellschaften, wozu auch Partenreedereien gehören, ist nicht unter diesem Posten, sondern unter den „Aufwendungen für die Verwaltung der Kapitalanlagen“ und „Sonstigen Aufwendungen“ auszuweisen.

3. Technischer Zinsertrag

324 Der von Schaden- und Unfall- sowie Rück-VU von den Gesamterträgen und -aufwendungen aus Kapitalanlagen abzuziehende technische Zinsertrag entspricht dem Zinsbedarf bestimmter versicherungstechnischer Passiva, und zwar der

Renten-DR, der Beitrags-DR (z.B. in der Unfallsversicherung mit Beitragsrückerstattung (UBR)) und der DR für das in Rückdeckung übernommene LV- und KV-Geschäft. Zum Inhalt des Postens und den Angabepflichten im Anhang vgl. § 38 RechVersV.

4. Sonstige Erträge

Dieser Posten dient der Aufnahme der Erträge des allgemeinen Teils der GuV, deren Ausweis nicht bei einem anderen Posten vorgesehen ist. 325

Gemäß § 47 Nr. 4 RechVersV sind Erträge aus Eingängen aus abgeschriebenen oder stornierten Forderungen sowie aus der Verminderung der Pauschalwertberichtigungen zu Forderungen nicht hier, sondern im Posten „Gebuchte Brutto-Beiträge" auszuweisen, soweit es sich um Forderungen an VN handelt; soweit solche Erträge aus zu den Kapitalanlagen gehörenden Forderungen herrühren, erfolgt der Ausweis im Posten „Erträge aus Zuschreibungen". 326

In den „Sonstigen Erträgen" sind insb. die folgenden Posten zu erfassen: 327

1. Erträge aus (= erhaltene Vergütung für) Dienstleistungen, die für verbundene und andere Unternehmen erbracht worden sind:

   a) Erträge aus dem Führungsfremdgeschäft: Hierbei handelt es sich um die Arbeits- und Überweisungsprovisionen, die das bilanzierende VU als führende Gesellschaft von beteiligten VU erhalten hat.

   b) Erträge aus sonstigen erbrachten Dienstleistungen:

      1. Versicherungsvermittlung

      2. übrige erbrachte Dienstleistungen.

2. Währungsgewinne; sie dürfen nur innerhalb der gleichen Währung mit entsprechenden Verlusten verrechnet werden. Dieser allgemein übliche Ausweis entspricht den früheren Stellungnahmen des BAV.

3. Erträge aus der Auflösung von „Anderen Rückstellungen", wie z.B. der Pensionsrückstellung und RückDV aus dem allgemeinen Geschäft; bei der Pensionsrückstellung allerdings nur, soweit sich diese vor Zinszuführung insgesamt mindert. Ansonsten erfolgt die Verrechnung mit der Zuführung und der Ausweis des Netto-Aufwands nach Maßgabe der Kostenverteilung.

4. Übrige Erträge:

   a) Erträge aus der Veräußerung von Teilen der Betriebs- und Geschäftsausstattung

   b) erhaltene Kontokorrentzinsen aus dem Abrechnungsverkehr mit RückV und anderen

   c) sonstige Zinsen und ähnliche Erträge, sofern sie nicht aus Kapitalanlagen herrühren

   d) Erträge aufgrund von Eingängen aus in vorausgegangenen GJ abgeschriebenen Forderungen (ohne solche aus abgeschriebenen bzw. stornierten Beitragsforderungen, die unter dem Posten „Gebuchte Brutto-Beiträge" auszuweisen sind)

   e) Erträge aus der Auflösung oder Verminderung von Pauschalwertberichtigungen zu:

      1. Forderungen an Versicherungsvertreter

      2. Abrechnungsforderungen aus dem RückVG

      3. sonstigen Forderungen.

328 Eine Verrechnung der Erträge – ausgenommen die Erträge gem. Ziff. 2 – mit entsprechenden Aufwendungen ist nicht zulässig.

329 Zu den sonstigen Erträgen zählen auch die Erträge aus der Auflösung von Sonderposten mit Rücklageanteil, die nicht den Kapitalanlagenbereich betreffen. Dies hat allerdings nur noch Gültigkeit für Altfälle seit Einführung des BilMoG, vgl. Art. 67 Abs. 3 Satz 1 EGHGB.

330 Für gemeinschaftliche Abteilungen und gemeinsam genutzte Einrichtungen in Gleichordnungs- oder Unterordnungskonzernen ist es für die Behandlung von Aufwendungen für gemeinschaftliches Personal sachgerecht, dass die gesamten Personalaufwendungen bei den VU auszuweisen sind, bei denen formale Anstellungsverträge vorliegen; entsprechend sind die den Tochter- oder Schwestergesellschaften belasteten Dienstleistungen als Erträge aus Dienstleistungen für andere Unternehmen auszuweisen.

331 Die Währungsgewinne umfassen auch solche, die aus der Umrechnung versicherungstechnischer Posten resultieren.

332 Die Zinserträge, die nicht Kapitalanlagen betreffen, stammen häufig aus dem Kontokorrentverkehr mit RückV oder mit Konzernunternehmen.

Bei Obergesellschaften sind hier auch die Erträge aus Konzern-(Organ-)umlagen zu erfassen; soweit es sich dabei um Steuerumlagen handelt, erfolgt eine Kürzung oder offene Absetzung beim Steueraufwand. 333

Die Prüfung des Postens „Sonstige Erträge" erfolgt überwiegend im Zusammenhang mit den entsprechenden Bilanzposten; im Übrigen gelten die allgemeinen Grundsätze. Die Erträge aus Dienstleistungen sind zusammen mit den Aufwendungen für erbrachte Dienstleistungen zu prüfen. 334

5. Sonstige Aufwendungen

Gemäß § 48 RechVersV sind in diesem Posten die nicht versicherungstechnischen Aufwendungen auszuweisen, die einem anderen Posten nicht zugeordnet werden können. Insbesondere sind folgende Posten genannt: 335

1. Personal- und Sachaufwendungen, die den Funktionsbereichen gem. § 43 Abs. 1 Nr. 1-4 nicht zugeordnet werden können
2. Zinsaufwendungen einschl. der Zinszuführungen zur Pensionsrückstellung
3. Abschreibungen auf Forderungen sowie Aufwendungen aus der Bildung und Erhöhung von Pauschalwertberichtigungen, soweit es sich nicht um Kapitalanlagenforderungen oder Beitragsforderungen handelt
4. Zentralverwaltungsaufwendungen, die inländischen Niederlassungen von ihren ausländischen GD in Rechnung gestellt werden.

Die unter 1. genannten Personal- und Sachaufwendungen umfassen Abschreibungen sowie übrige Aufwendungen. Folgende Abschreibungen sind hier auszuweisen:[121] 336

1. Abschreibung des entgeltlich erworbenen Geschäfts- oder Firmenwerts gem. § 246 Abs. 1 Satz 4 i.V.m. § 253 Abs. 3 HGB
2. Abschreibungen auf sonstige immaterielle Vermögensgegenstände, insb. auf entgeltlich erworbene Software oder auf den Kaufpreis eines Versicherungsbestands
3. Abschreibungen auf die Betriebs- und Geschäftsausstattung, unabhängig davon, ob die Gegenstände ganz oder teilweise zur Erbringung von Dienstleistungen für andere Unternehmen genutzt werden.

121 Vgl. *Stöffler*, in: Beck Vers-Komm., § 48 RechVersV, Rn. 3 und *Stuirbrink/Fischer*, § 43 RechVersV, Rn. 12.

337 Die Prüfung der Abschreibungen erfolgt regelmäßig bei den entsprechenden Aktivposten nach den allgemeinen Grundsätzen.

338 Zu den übrigen Aufwendungen gehören insb. folgende Aufwendungen:

1. Aufwendungen für Dienstleistungen, die für verbundene und andere Unternehmen erbracht worden sind (Führungsfremdgeschäft, Versicherungsvermittlung, übrige)
2. Währungskursverluste: Sie dürfen nur innerhalb der gleichen Valuta mit Währungskursgewinnen verrechnet werden.
3. Aufwendungen, die das Unternehmen als Ganzes betreffen
4. Kaufpreis für einen Gesamt- oder Teil-VB, auch soweit dieser in Raten gezahlt wird, sofern er nicht aktiviert worden ist
5. restliche Aufwendungen, wie z.B. Verluste bei der Veräußerung von Teilen der Betriebs- und Geschäftsausstattung.

339 Eine Verrechnung der Aufwendungen mit entsprechenden Erträgen ist nicht zulässig.

340 Die Aufwendungen für Dienstleistungen an verbundene und andere Unternehmen, die auch anteilige Aufwendungen für Altersversorgung und Unterstützung sowie Abschreibungen umfassen, sind unter Anwendung kostenrechnerischer Grundsätze und mithilfe möglichst objektiver Schlüssel innerhalb der Kostenrechnung des VU zu ermitteln und unter diesem Posten auszuweisen.

341 Aufwendungen (Vergütungen) für Dienstleistungen, die von verbundenen und anderen Unternehmen bezogen wurden, sind dagegen entsprechend den Funktionsbereichen unter den in Betracht kommenden Aufwandsposten auszuweisen.

342 Zu den Aufwendungen, die das Unternehmen als Ganzes betreffen, gehören:[122]

- Aufwendungen für die allgemeine Rechts- und Steuerberatung
- Aufwendungen für die Hauptversammlung oder ein vergleichbares Organ
- Aufwendungen für den Druckbericht
- Vergütungen für die Mitglieder des AR oder eines vergleichbaren Organs und des Beirats

122 Vgl. *Stöffler*, in: Beck Vers-Komm., § 48 RechVersV, Rn. 10.

- Gebühren oder sonstige Vergütungen für die Abschlussprüfung und für Gutachter
- Entgelt für die Veröffentlichung des Jahresabschlusses und des Lageberichts im Bundesanzeiger
- Spenden
- Versicherungsaufsichtsgebühren
- Beiträge für die Versicherungsfachverbände.

In der Praxis können weitere Aufwendungen als „Sonstige Aufwendungen" der allgemeinen Rechnung in Betracht kommen; zu denken ist dabei insb. an Entwicklungs- und Beratungskosten, die sowohl die allgemeine Unternehmensorganisation als auch die Datenverarbeitung des VU betreffen. Bei solchen Entwicklungskosten dürfte es dann nicht gerechtfertigt sein, sie bereits den einzelnen Funktionsbereichen des versicherungstechnischen oder Kapitalanlagengeschäfts zu belasten, wenn sie mit dem aktuell betriebenen Versicherungsgeschäft nicht in unmittelbarem Zusammenhang stehen. 343

Gemäß Formblatt 2, Fußnote 2 dürfen international tätige RückVU Sonderzuweisungen zur Rückstellung für noch nicht abgewickelte Versicherungsfälle statt in der versicherungstechnischen Rechnung unter dem Posten „Veränderung der Rückstellung für noch nicht abgewickelte Versicherungsfälle" hier ausweisen; in diesem Fall ist der Posten zu untergliedern in: 344

- Sonderzuführungen zur Rückstellung für noch nicht abgewickelte Versicherungsfälle
- übrige Aufwendungen.

Die Zinsaufwendungen umfassen insb.: 345

- Kontokorrentzinsen aus dem Abrechnungsverkehr
- Schuldzinsen für sonstige Verbindlichkeiten, wie z.B. für Vertreterkautionen und Beitragsdepots
- Zinsen auf das Genussrechtskapital
- Zinsanteil der Zuführung zur Pensionsrückstellung (§ 48 Nr. 3 RechVersV).

Die Prüfung der Zinsaufwendungen erfolgt nach allgemeinen Grundsätzen. Für die Zinsen aus dem Kontokorrentverkehr sind die Abrechnungen, für die Zinszuführungen zu Pensionsrückstellungen u.Ä. die mathematischen Gutachten/Berechnungen heranzuziehen. 346

347 Die Abschreibungen auf Forderungen sowie die Aufwendungen aus der Bildung und Erhöhung der Pauschalwertberichtigung betreffen folgende Posten:

- Forderungen an Versicherungsvertreter, insb. aus Provisionsvorschüssen und Provisionsrückforderungen sowie aus Reisekostenvorschüssen
- Abrechnungsforderungen aus dem RückVG
- sonstige Forderungen
- andere Vermögensgegenstände.

348 Die Prüfung der Abschreibungen erfolgt bei den entsprechenden Aktivposten nach den allgemeinen Grundsätzen.

6. Ergebnis der normalen Geschäftstätigkeit

349 Das Ergebnis der normalen Geschäftstätigkeit enthält als Zwischensumme das versicherungstechnische und nicht versicherungstechnische Ergebnis vor Berücksichtigung des außerordentlichen Ergebnisses, der Ertragsteuern und sonstigen Steuern sowie der Erträge aus Verlustübernahme und der Aufwendungen aus Gewinnabführung aus Gewinngemeinschaften, Gewinnabführungs- und Teilgewinnabführungsverträgen.

7. Außerordentliches Ergebnis

350 Der Posten „Außerordentliches Ergebnis" ist der Saldo der gesondert auszuweisenden Unterposten „Außerordentliche Erträge" und „Außerordentliche Aufwendungen". Unter diesen Posten fallen die Erträge und Aufwendungen, die außerhalb der gewöhnlichen Geschäftstätigkeit des VU anfallen. Dazu gehören zum einen solche Erträge und Aufwendungen, die nicht in der Geschäftstätigkeit des bilanzierenden VU, sondern im Verhalten Dritter oder durch höhere Gewalt begründet sind. Daneben sind auch diejenigen Aufwendungen und Erträge im außerordentlichen Ergebnis zu erfassen, die aus der Anwendung der Neuregelung aus dem BilMoG herrühren, vgl. Art. 67 Abs. 7 i.V.m. 66 Abs. 1-5 EGHGB. Periodenfremde Erträge und Aufwendungen sind hier nur auszuweisen, soweit sie außerhalb der gewöhnlichen Geschäftstätigkeit anfallen.

351 In Anlehnung an die herrschende Meinung sind die genannten Posten auch bei VU eng auszulegen. Es muss sich also um Aufwendungen und Erträge handeln, die nur in seltenen (Ausnahme-)Fällen anfallen. Dazu zählen folgende Beispiele:

Außerordentliche Erträge:

- Erlös aus dem Verkauf eines Gesamt- oder Teil-VB
- Gesellschafterzuschüsse zum Verlustausgleich
- Gläubigerverzichte bei Sanierungen.

Außerordentliche Aufwendungen:

- Aufwendungen zur Durchführung von Betriebsaufspaltungen
- Verluste aufgrund von Enteignungen
- Sozialaufwendungen bei Schließung eines Teilbetriebs
- Bußgelder und Geldstrafen.

Außerordentliche Aufwendungen und Erträge können aber auch aus erheblichen 352
Umstrukturierungen, wie z.B. der Aufgabe von Geschäftszweigen oder der Aufgabe einer Außendienstorganisation, resultieren.

Die Prüfung erfolgt nach allgemeinen Grundsätzen. 353

8. Steuern vom Einkommen und vom Ertrag

Hier sind auszuweisen: 354

- die für das GJ gezahlten und zurückgestellten Beträge
- der Steuermehraufwand für vorausgegangene GJ

  die Zuführungen zu den passiven latenten Steuern gem. § 274 Abs. 1 Satz 1 HGB.

Steuernachzahlungen und -erstattungen für (mehrere) GJ können saldiert wer- 355
den;[123] allerdings nur Steuerarten, die unter dem gleichen Posten auszuweisen sind. Dies kann u.U. dazu führen, dass ein negativer Steueraufwand (Überschuss der Erstattungen) zu zeigen ist; bei wesentlichen Erstattungen oder Auflösungen von Rückstellungen ist es wünschenswert, bereits innerhalb dieses Postens eine Untergliederung vorzunehmen oder einen Davon-Vermerk zu machen.[124]

123 Vgl. *Förschle*, in: Beck Bil-Komm.[7], § 275 HGB, Rn. 253 m.w.N.
124 Vgl. *ADS*[6], § 275 HGB, Rn. 189.

356 Zum Ausweis von Steuerumlagen („Organschaftsumlagen“) zwischen Obergesellschaft und Organgesellschaften wird auf die allgemeine Literatur verwiesen.[125] Danach besteht einerseits die Möglichkeit, die weiterbelasteten Steuerbeträge bei diesem Posten abzusetzen bzw. zuzusetzen. Diese Darstellungsform hat den Vorteil, dass sie die tatsächliche Steuerbelastung am klarsten erkennen lässt.

357 Die andere Ausweismöglichkeit besteht darin, dass die Ober- und die Untergesellschaft den Steueraufwand ausweisen, der auf sie als Steuerschuldner entfällt. Die Organschaftsumlagen, die keinen originären Steueraufwand darstellen, werden dann bei der Obergesellschaft unter den „Sonstigen Erträgen“ und bei der Organgesellschaft unter den „Sonstigen Aufwendungen“ der allgemeinen GuV erfasst. Bei dieser Ausweismöglichkeit ist in jedem Fall eine Erläuterung im Anhang erforderlich.

358 Hinsichtlich der latenten Steuern verweisen wir auf die allgemeine Literatur.[126]

9. Sonstige Steuern

359 Hierzu gehören insb. die Gewerbekapitalsteuer, die GrSt, die USt und die Kraftfahrzeugsteuer für betriebseigene Kraftfahrzeuge.

360 Die Feuerschutzsteuer ist beim Posten „Sonstige versicherungstechnische Aufwendungen f.e.R.“ zu erfassen.

10. Erträge aus Verlustübernahme

361 Hierher gehören sowohl der dem VU zustehende Verlustausgleich gem. § 302 AktG als auch freiwillige oder auf anderen Verträgen beruhende Verlustübernahmen.

11. Aufgrund einer Gewinngemeinschaft, eines Gewinnabführungs- und eines Teilgewinnabführungsvertrags abgeführte Gewinne

362 Dieser Posten betrifft VU, die aufgrund von Unternehmensverträgen i.S.v. §§ 291 ff. AktG Gewinne an ihre Vertragspartner abzuführen haben. Bei der

125 Vgl. *Förschle*, in: Beck Bil-Komm.[7], § 275 HGB, Rn. 191 ff. m.w.N.; *ADS*[6], § 275 HGB, Rn. 255 ff.

126 Vgl. u.v.a. *Kozikowski/Fischer*, in: Beck Bil-Komm.[7], § 274 HGB.

Ermittlung des Gewinnabführungsbetrags sind die Gewinnansprüche der VN sowie ggf. die gesetzliche und satzungsmäßige Zuführung zu den Rücklagen zu berücksichtigen.

12. Jahresüberschuss / Jahresfehlbetrag

Die Formblätter 2, 3 und 4 sehen jeweils nach dem Jahresüberschuss / Jahresfehl- 363
betrag die Ergänzung der GuV vor, falls sich Veränderungen von Kapital- und Gewinnrücklagen sowie des Genussrechtskapitals ergeben haben. Nach Formblatt 3, Fußnote 3 tritt bei Pensions- und Sterbekassen an die Stelle des Postens „Jahresüberschuss / Jahresfehlbetrag“ der Posten „Überschuss / Fehlbetrag“, falls zum Abschlussstichtag keine versicherungsmathematische Berechnung der DR erfolgt ist.

D. Anhang und Lagebericht

von WP Dr. Andreas Freiling, Frankfurt a.M.[*]

Randnummer

---

[*] Unter Mitarbeit von Dipl.-Kffr. *Kati Rehm*, Stuttgart, und Dipl.-Betriebswirtin *Anja Gaidatzis*, Frankfurt a.M.

I. Vorbemerkungen

1 Nach § 264 Abs. 1 Satz 1 HGB haben die gesetzlichen Vertreter einer Kapitalgesellschaft den Jahresabschluss (JA) um einen Anhang zu erweitern, der mit der Bilanz und der Gewinn- und Verlustrechnung (GuV) eine Einheit bildet. Der Anhang ist ein gleichberechtigter und untrennbarer Teil des JA. Darüber hinaus ist neben dem JA ein Lagebericht (LB) zu erstellen. Der LB ist ein eigenständiges Instrument der Berichterstattung, das den JA durch zusätzliche Informationen ergänzen soll. Neben der ursprünglichen Aufgabe, die Adressaten der externen Rechnungslegung über den Geschäftsverlauf und die Lage der Gesellschaft, insb. im Hinblick auf deren voraussichtliche Entwicklung, zu informieren, entwickelte sich der LB in den letzten Jahren zunehmend zu einem Instrument der Kommunikation mit den Anteilseignern.[1] Bedingt wurde dies insb. durch die veränderten Informationsbedürfnisse der Teilnehmer an den Kapitalmärkten.

2 Aufgrund zahlreicher Unternehmenszusammenbrüche und -schieflagen in den 90er Jahren hat der deutsche Gesetzgeber mit der Einführung des KonTraG[2] im Jahre 1998 weit reichende Maßnahmen zur Verbesserung der Unternehmensführung und -überwachung ergriffen. Im Zuge des KonTraG wurden verschiedene aktien- und handelsrechtliche Vorschriften modifiziert sowie neue Pflichten zur risikoorientierten Berichterstattung eingeführt. So sollen z.B. zusätzliche Angaben im Anhang den Rechnungslegungsadressaten einen verbesserten Einblick in die personellen Verflechtungen von Leitungs- und Aufsichtsorganen sowie in die Beteiligungsstruktur börsennotierter Kapitalgesellschaften gewähren. Darüber hinaus wurde die LB-Erstattung um einen „auf die Risiken der künftigen Entwicklung" abstellenden Berichtsbestandteil erweitert (Risikobericht).

3 Auch mit Verabschiedung des TransPuG[3] im Jahre 2002, dessen Zielsetzung in der Verbesserung der Informationsversorgung gegenüber dem Aufsichtsrat (AR) bestand, ging eine Erweiterung der Angabepflichten im Anhang einher. Mit dem TransPuG wurde § 161 AktG neu eingeführt, aufgrund dessen AR und Vorstand einer börsennotierten Gesellschaft verpflichtet sind, jährlich eine sog. Entsprechenserklärung abzugeben. Mit dieser Erklärung soll die Einhaltung der vom Bundesministerium der Justiz (BMJ) bekannt gemachten Empfehlungen der „Regie-

---

1 Vgl. *Rodewald*, BB 2001, S. 2155 ff.

2 „Gesetz zur Kontrolle und Transparenz im Unternehmensbereich (KonTraG)", BGBl. I 1998, S. 786 ff.; vgl. hierzu *Böcking/Orth*, DB 1998, S. 1241 ff.

3 „Gesetz zur weiteren Reform des Aktien- und Bilanzrechts, zu Transparenz und Publizität (Transparenz- und Publizitätsgesetz)", BGBl. I 2002, S. 2681 ff.; vgl. hierzu *Pfitzer/Oser/Orth*, DB 2002, S. 157 ff.

rungskommission Corporate Governance Kodex“, dokumentiert werden.[4] Über die Abgabe der Entsprechenserklärung ist nunmehr im Anhang zu berichten.

Mit Inkrafttreten des Bilanzrechtsreformgesetzes (BilReG)[5] im Jahre 2004 wurde ein weiterer Schritt zur Modernisierung des Handelsbilanzrechts unternommen. Erstmals waren deutsche kapitalmarktorientierte Mutterunternehmen (MU) zur Konzernrechnungslegung nach IFRS verpflichtet. Neben dieser zentralen Neuerung wurden insb. in Umsetzung der modifizierten 4. und 7. EU-Richtlinie sowie der „Fair-Value-Richtlinie“ neue Angabepflichten im Anhang bezüglich des Honorars des Abschlussprüfers (AP) sowie zu derivativen Finanzinstrumenten eingeführt. Daneben hat der Gesetzgeber die Vorschriften zur handelsrechtlichen LB-Erstattung umfassend erweitert und neu strukturiert. Hiervon betroffen war insb. das Verhältnis der Berichtsteile Prognose- und Risikobericht. Diese werden seit dem BilReG gemeinsam in § 289 Abs. 1 Satz 4 HGB geregelt und um eine obligatorische Chancenberichterstattung ergänzt. 4

Mit dem VorstOG (Gesetz über die Offenlegung von Vorstandsvergütungen, Vorstandsvergütungs-Offenlegungsgesetz), das am 11.08.2005 in Kraft getreten ist, hat der Gesetzgeber die in der Praxis bislang nur unzureichend befolgte Empfehlung 4.2.4 des Deutschen Corporate Governance Kodex (DCGK)[6] in zwingendes Recht umgesetzt: seitdem sind künftig die Bezüge von Vorstandsmitgliedern börsennotierter AG (i.S.d. § 3 Abs. 2 AktG) individualisiert offenzulegen. Die Hauptversammlung kann die Gesellschaft jedoch durch einen entsprechenden Beschluss von dieser Pflicht befreien. Wesentliche Ziele des VorstOG waren die Erhöhung der Transparenz der Vorstandsvergütungen sowie der Anlegerschutz. Insbesondere sollte den Adressaten der externen Rechnungslegung die Beurteilung erleichtert werden, ob der AR seiner Pflicht nach § 87 Abs. 1 AktG, die Bezüge des Vorstands in einem angemessenen Verhältnis zu dessen Aufgaben und zur Lage der Gesellschaft festzulegen, nachgekommen ist. 5

4 Zur Entsprechenserklärung im Einzelnen vgl. *Orth/Wader*, in: Pfitzer/Oser/Orth (Hrsg.), Deutscher Corporate Governance Kodex. Ein Handbuch für Entscheidungsträger, 2. Aufl., Stuttgart 2005, S. 305 ff.

5 „Gesetz zur Einführung internationaler Rechnungslegungsstandards und zur Sicherung der Qualität der Abschlussprüfung (Bilanzrechtsreformgesetz – BilReG)“, BGBl. I 2004, S. 3166. Vgl. *Pfitzer/Oser/Orth* (Hrsg.), Reform des Aktien-, Bilanz- und Aufsichtsrechts, 3. Aufl., Stuttgart 2008, S. 32 ff.

6 Vgl. zum DCGK *Pfitzer/Oser*, in: Pfitzer/Oser/Orth (Hrsg.), Deutscher Corporate Governance Kodex. Ein Handbuch für Entscheidungsträger, 2. Aufl., Stuttgart 2005.

6 Die größte deutsche Bilanzrechtsreform der letzen Jahre ist am 29.05.2009 mit dem Bilanzrechtsmodernisierungsgesetz (BilMoG) in Kraft getreten.[7] Ziel des Gesetzes ist es, das Handelsrecht zu modernisieren und damit eine Bilanzierungsgrundlage zu schaffen, die dauerhaft und vollwertig in den Wettbewerb mit den IFRS treten kann. Allerdings sollen die Eckpunkte des HGB beibehalten werden und die HGB-Bilanz sowohl Grundlage der Ausschüttungsbemessung als auch der steuerlichen Gewinnermittlung bleiben. Neben den Ansatz- und Bewertungsvorschriften werden durch das BilMoG auch die Anforderungen an die Berichterstattung im Anhang erheblich erweitert. Insbesondere gewinnen die Angabepflichten nach § 285 HGB (Sonstige Pflichtangaben) durch das BilMoG an Bedeutung. Sie werden um eine Vielzahl an Informationen erweitert, die teilweise bereits für Geschäftsjahre (GJ), die nach dem 31.12.2008 beginnen, anzugeben waren. Die durch das BilMoG vorgesehenen Änderungen sind jedoch grundsätzlich erstmals für GJ anzuwenden, die nach dem 31.12.2009 beginnen.

II. Rechtsgrundlagen zur Aufstellung von Anhang und Lagebericht

1. Aufstellungspflicht

7 Versicherungsunternehmen (VU) haben gem. § 341a Abs. 1 HGB den aus Bilanz, GuV und Anhang bestehenden JA sowie den LB grundsätzlich nach den für große Kapitalgesellschaften geltenden Vorschriften aufzustellen. Die Erstellung hat damit rechtsform- und größenunabhängig zu erfolgen. Gemäß § 341a Abs. 1 HGB beträgt die Aufstellungsfrist vier Monate.

2. Überblick über die anzuwendenden Vorschriften

a) Anhang

8 Der Inhalt des Anhangs bestimmt sich nach den allgemeinen sowie den versicherungsspezifischen Vorschriften des HGB, der RechVersV sowie für Versicherungs-AG nach dem AktG.

§ 341a Abs. 1 HGB verweist grundsätzlich auf die Anwendung der für große Kapitalgesellschaften geltenden Anhangvorschriften. Regelungen des HGB, die mit den

7 Vgl. Gesetz zur Modernisierung des Bilanzrechts (Bilanzrechtsmodernisierungsgesetz – BilMoG), BGBl. XXVII 2009, S. 1102.

Grundsätzen der Versicherungsrechnungslegung nicht vereinbar sind, werden in § 341a Abs. 2 HGB von der Anwendung ausgenommen, z.B. § 285 Nr. 8 Buchst. b HGB (Angabepflichten bei Anwendung des Umsatzkostenverfahrens). Soweit es sich bei dem VU um eine AG handelt, sind darüber hinaus die Vorschriften des AktG zu beachten, insb. § 160 AktG. Versicherungsspezifischen Besonderheiten wird in den §§ 51-56 RechVersV Rechnung getragen. Von besonderer Bedeutung ist hierbei die Pflicht zur Angabe der Zeitwerte von Kapitalanlagen im Anhang.

Erleichterungen bei der Aufstellung des Anhangs, die den kleinen und mittelgroßen Kapitalgesellschaften nach §§ 274a, 276 Satz 2 und 288 HGB eingeräumt werden, gelten für VU nicht, da diese ihren JA grundsätzlich größenunabhängig aufzustellen haben. Lediglich kleineren VU i.S.d. § 61 Abs. 1 RechVersV (Abb. 1) werden in § 62 Abs. 1 Satz 2 Nr. 3 RechVersV Erleichterungen gewährt. Danach brauchen die §§ 52-56 RechVersV nicht angewendet zu werden. Hierdurch entfällt z.B. die Pflicht zur Angabe der Zeitwerte von Kapitalanlagen im Anhang. 9

Versicherungsunternehmen i.S.d. § 61 Abs. 1 RechVersV sind:
1. Versicherungsvereine auf Gegenseitigkeit (VVaG), die weder die Haftpflichtversicherung noch die Kredit- und Kautionsversicherung betreiben und deren Satzung vorsieht, dass Nachschüsse vorbehalten sind oder Versicherungsansprüche gekürzt werden dürfen, soweit es sich um: – Schaden-, Unfall- und Krankenversicherungsvereine handelt, deren Bruttobeiträge aus dem Versicherungsgeschäft in den zwölf Monaten vor dem Abschlussstichtag mind. zur Hälfte auf das Mitglieder-Versicherungsgeschäft entfallen und 1 Mio. Euro nicht überschreiten; – Lebensversicherungsvereine handelt, deren gebuchte Bruttobeiträge in drei aufeinanderfolgenden GJ jeweils nicht den Betrag von 500.000 Euro überschreiten; wird dieser Betrag in drei aufeinanderfolgenden Jahren überschritten, so werden die oben genannten Vorschriften des HGB vom vierten Jahr an angewendet.
2. Versicherungsunternehmen, die ausschließlich touristische Beistandsleistungen erbringen, wenn deren Tätigkeit örtlich beschränkt ist und ausschließlich aus Naturalleistungen besteht und die jährlichen Bruttobeiträge nicht den Betrag von 200.000 Euro überschreiten.

Versicherungsunternehmen i.S.d. § 61 Abs. 1 RechVersV sind:
3. Schaden- und Unfall- sowie Krankenversicherungsvereine, die mit einem anderen Versicherungsverein vereinbart haben, dass dieser alle Versicherungsverträge rückversichert oder die Erfüllung der Verbindlichkeiten aus den Versicherungsverträgen übernimmt.
4. Pensionskassen (PK) bzw. Sterbekassen (StK), deren Bruttobeiträge im vorausgegangenen GJ 7,5 Mio. Euro oder, deren Bilanzsumme am Abschlussstichtag des vorausgegangenen GJ 125 Mio. Euro nicht überstiegen haben.

Abb. 1: VU i.S.v. § 61 Abs. 1 RechVersV

b) Lagebericht

10 Versicherungsunternehmen haben gem. § 341a Abs. 1 i.V.m. § 289 HGB größen- und rechtsformunabhängig einen LB aufzustellen, der als eigenständiger Bestandteil der Rechnungslegung eine reine Informationsfunktion erfüllt. Dabei soll der LB die Angaben im JA verdichten sowie zeitlich und sachlich ergänzen. Die Ergänzung erfolgt insb. durch die Einbeziehung von Prognosen und sog. Nachtragsinformationen (Informationen über Sachverhalte zwischen Bilanzstichtag und Erstellung des JA) sowie durch Informationen zur gesamten Lage des Unternehmens, z.B. zur Personal- oder Absatzlage.[8] In diesem Zusammenhang sind die Vorschriften der §§ 289 HGB und 57 RechVersV zu beachten.

Zur Konkretisierung der gesetzlichen Vorschriften hat der Deutsche Standardisierungsrat (DSR) DRS 15[9] verabschiedet, der aufgrund des eingeschränkten Aufgabenbereiches des DSR zunächst nur auf den Konzern-LB anzuwenden ist. Eine Anwendung auf den LB nach § 289 HGB wird lediglich empfohlen.[10] Spezielle Vorgaben zum Inhalt des Risikoberichts für einen Versicherungskonzern ergeben sich aus dem Deutschen Rechnungslegungsstandard DRS 5-20[11] i.V.m. DRS 5[12].

8 Vgl. *Baetge/Kirsch/Thiele*, Bilanzen, 10. Aufl., Düsseldorf 2009, S. 725 f.

9 *Deutscher Rechnungslegungs Standard Nr. 15 (DRS 15): Lageberichterstattung* (Stand: 05.01.2010).

10 Die vom DSR verfassten und vom BMJ bekannt gemachten DRS betreffen grundsätzlich die Konzernrechnungslegung (Grundsätze ordnungsmäßiger Buchführungs-Vermutung (GoB-Vermutung)), gleichwohl enthalten sie z.T. auch Empfehlungen für die Rechnungslegung und Berichterstattung im Einzelabschluss; vgl. DRS 15, Rn. 5.

11 *Deutscher Rechnungslegungs Standard Nr. 5-20: Risikoberichterstattung von Versicherungsunternehmen (DRS 5-20)* (Stand: 05.01.2010).

12 *Deutscher Rechnungslegungs Standard Nr. 5: Risikoberichterstattung (DRS 5)* (Stand: 05.01.2010).

Auch die Vorschriften dieses Standards können für den LB nur als Empfehlung gelten.

Versicherungs-AG müssen darüber hinaus die Vorschrift des § 312 Abs. 3 Satz 3 AktG beachten, wonach die Schlusserklärung eines ggf. erstellten Berichts des Vorstands über Beziehungen zu verbundenen Unternehmen (Abhängigkeitsbericht) in den LB aufzunehmen ist.

Den VU i.S.d. § 61 Abs. 1 RechVersV (Abb. 1) werden in § 62 Abs. 1 Satz 2 Nr. 2 RechVersV Erleichterungen bei der Aufstellung ihres LB gewährt. So reduzieren sich die versicherungsspezifischen Angaben auf den Katalog nach § 57 Abs. 2 RechVersV. Anzugeben sind die betriebenen Versicherungszweige und -arten im selbst abgeschlossenen Geschäft (saG) und im in Rückdeckung übernommenen Versicherungsgeschäft (üG), außerdem ist Bericht zu erstatten über den Geschäftsverlauf in den einzelnen Versicherungszweiggruppen, -zweigen und -arten.[13] 11

III. Grundsätze zur Aufstellung des Anhangs

1. Aufgabe und Bedeutung des Anhangs

Als integrierter Bestandteil des JA steht der Anhang in einer Wechselbeziehung zu Bilanz und GuV, d.h., er dient zu deren Verständnis und Ergänzung. Ihm kommt eine wichtige Teilaufgabe im Rahmen der Informationsvermittlungsfunktion des JA zu..[14] 12

Die materielle Bedeutung sowie Inhalt und Umfang des Anhangs bestimmen sich danach, dass der JA „klar und übersichtlich" sein muss (§ 243 Abs. 2 HGB) und „unter Beachtung der GoB ein den tatsächlichen Verhältnissen entsprechendes Bild der Vermögens-, Finanz- und Ertragslage der Kapitalgesellschaft" zu vermitteln hat (Generalnorm nach § 264 Abs. 2 Satz 1 HGB). Weder die Bilanz noch die GuV können für sich allein das in dieser Generalnorm geforderte Bild vermitteln. Erst die Erläuterungen und Angaben im Anhang können und müssen das geforderte Bild so vervollständigen, dass die Generalnorm verwirklicht ist.[15]

Die Aufgabe des Anhangs besteht im Wesentlichen in den Funktionen der Interpretation, Ergänzung, Korrektur und Entlastung:[16] 13

13 Vgl. Rn. 146.
14 Vgl. *Baetge/Kirsch/Thiele*, Bilanzen, 10. Aufl., Düsseldorf 2009, S. 691 f.
15 Vgl. *Küting/Pfitzer/Weber*, Handbuch der Rechnungslegung, 5. Aufl., §§ 284-288 HGB, Rn. 1.
16 Beispielsweise sinngemäß vgl. *ADS*, 6. Aufl., Stuttgart 1995 ff., § 284 HGB, Rn. 11 ff.

- Im Rahmen der **Interpretationsfunktion** soll durch die Bereitstellung ergänzender, zusätzlicher Informationen die Interpretationsfähigkeit von Bilanz und GuV verbessert werden (Informationsvermittlung). Anhangangaben in diesem Sinne betreffen u.a. die Erläuterung bestimmter Bilanz- und GuV-Posten, z.B. durch zahlreiche Einzelangaben, Beschreibung der angewendeten Bilanzierungs-, Bewertungs- und Ermittlungsmethoden, Angabe und Begründung von Methodenänderungen sowie Angaben über die Ausübung von Wahlrechten.

  Soweit der Anhang Informationen über nicht bilanzierungsfähige Sachverhalte enthält, erfüllt er eine **Ergänzungsfunktion**. Dies zeigt sich z.B. in der Pflicht zur Angabe der Zeitwerte der Kapitalanlagen, die zum Anschaffungswert in der Bilanz ausgewiesen werden (§ 54 RechVersV).

- Eine besondere Ausprägung erfährt die Ergänzungsfunktion bei der Vermittlung zusätzlicher Informationen **(Korrekturfunktion)**, wenn besondere Umstände dazu führen, dass der JA kein den tatsächlichen Verhältnissen entsprechendes Bild der Vermögens-, Finanz- und Ertragslage vermittelt (§ 264 Abs. 2 Satz 2 HGB).

- Eine Entlastung der Bilanz und GuV liegt dann vor **(Entlastungsfunktion)**, wenn in den Anhang bestimmte Angaben und Erläuterungen aufgenommen werden, die wahlweise entweder in der Bilanz bzw. in der GuV oder im Anhang (Wahlpflichtangaben) zu machen sind. Durch die Auslagerung von zahlreichen Informationen in den Anhang erhöht sich die Übersichtlichkeit von Bilanz und GuV.

2. Umfang

14 Der Gesetzgeber schreibt für den Anhang einen Mindestumfang vor, der freiwillig erweitert werden darf. Allerdings ist zu beachten, dass auch die freiwilligen Angaben als Bestandteil des Anhangs der Prüfungs- und Offenlegungspflicht unterliegen. Es kann insofern nicht zwischen gesetzlichen und freiwilligen Angaben differenziert werden.[17]

15 Nach den gesetzlichen Vorschriften sind die Anhangangaben ihrer Art nach in Pflichtangaben, Wahlpflichtangaben, zusätzliche (Pflicht-)Angaben und freiwillige Angaben zu unterscheiden. Der gesetzlich vorgesehene Mindestumfang

17 Sollen die Angaben der Prüfung nicht unterliegen, dürfen sie im Anhang nicht erscheinen und sind – deutlich abgesetzt – im prüfungsfreien Teil des vom Unternehmen verfassten „Geschäftsberichts" zu platzieren. Vgl. *ADS*[6], § 284 HGB, Rn. 36.

erstreckt sich dabei auf die (zusätzlichen) Pflichtangaben sowie die Wahlpflichtangaben, soweit die in Frage stehende Angabe im Anhang gemacht wird.

- **Pflichtangaben**

  Als Pflichtangaben werden Angaben i.w.S. bezeichnet, die in jedem JA grundsätzlich nur im Anhang zu machen sind. Sie beziehen sich mit unterschiedlichen Anforderungen und Inhalten auf einzelne Bilanz- und GuV-Posten oder auf Informationen, die sich aus diesen nicht entnehmen lassen, z.B. angewendete Bewertungs- und Abschreibungsmethoden.

- **Wahlpflichtangaben (Darstellungswahlrechte)**

  Wahlpflichtangaben sind solche Pflichtangaben bzw. Davon-Vermerke oder auch Posten/Unterposten der Bilanz/GuV, die wahlweise entweder in die Bilanz bzw. GuV oder in den Anhang aufzunehmen sind. Darstellungswahlrechte werden an verschiedenen Stellen des HGB und AktG bzw. in den Formblättern der RechVersV ausdrücklich eingeräumt. Die Entscheidung über die Ausweis- bzw. Darstellungswahl wird wesentlich mitbestimmt durch das Gebot der Klarheit und Übersichtlichkeit der einzelnen Teile des JA.

  Bei unterschiedlicher Ausnutzung bzw. beim Wechsel der eingeräumten Darstellungsmöglichkeiten von einem zum anderen GJ ist der Grundsatz der Darstellungsstetigkeit zu beachten (hierzu Rn. 19).

- **Zusätzliche (Pflicht-)Angaben**

  Hierunter fallen Angaben, die notwendigerweise gem. § 264 Abs. 2 Satz 2 HGB nur dann zu machen sind, wenn der JA ein den tatsächlichen Verhältnissen entsprechendes Bild der Vermögens-, Finanz- und Ertragslage des VU nicht vermittelt. Näheres hierzu siehe unter Rn. 31-36.

- **Freiwillige Angaben**

  Es handelt sich hierbei um Angaben, die über die gesetzlichen Anforderungen hinausgehen. Den Adressaten des JA werden damit zusätzliche Informationen zur Verfügung gestellt. Die freiwilligen Angaben unterliegen wie die übrigen Angaben der Offenlegungs- und Prüfungspflicht des AP. Freiwillige Angaben müssen geeignet sein, dem JA-Adressaten Informationen zu vermitteln, die den JA unter Beachtung des Grundsatzes der Klarheit und Wesentlichkeit zusätzlich erläutern.[18] Als freiwillige Angaben bieten sich zusätzliche Erläuterungen zu den einzelnen Abschlussposten sowie ergänzende Darstellungen zur Vermö-

---

18 Vgl. *Ellrott*, in: Beck Bil-Komm., 7. Aufl., München 2010, § 284 HGB, Rn. 81.

gens-, Finanz- und Ertragslage an. Der Erläuterung der Finanzlage dient z.B. eine Kapitalflussrechnung, die Ertragslage wird z.B. durch eine Segmentberichterstattung erläutert.[19]

3. Form und Gliederung des Anhangs

16 Eine bestimmte Form oder Gliederung ist für den Anhang nicht vorgeschrieben. Maßgebend für die Angaben und Aussagen im Anhang sind generell die in §§ 243 und 264 Abs. 2 HGB verankerten Grundsätze für den JA. Hiernach hat die Berichterstattung dem Grundsatz der Klarheit und Übersichtlichkeit zu entsprechen. Die Forderung nach Klarheit und Übersichtlichkeit wird bei der Fülle der zu liefernden Informationen jedoch nur dann zu erfüllen sein, wenn die Angaben zweckentsprechend und sachbezogen sind, d.h. insb. in einer für den Leser überschaubaren, nachvollziehbaren Art und Weise strukturiert und gegliedert werden. Damit ist eine Gliederung nach sachlichen Gesichtspunkten geboten.

Vor diesem Hintergrund kann der Anhang bspw. wie folgt gegliedert werden:[20]

I.	Allgemeine Angaben zum JA und zu Bilanzierungs- und Bewertungsmethoden und Grundlagen für die Währungsumrechnung
II.	Angaben zur Bilanz und GuV
	1. Bilanz
	2. GuV
III.	Sonstige Angaben
IV.	Organmitglieder

17 Der Anhang ist als solcher zu kennzeichnen. Sein Inhalt ist von dem des LB oder einer über den Rahmen der gesetzlichen Vorschriften hinausgehenden freiwilligen Berichterstattung unmissverständlich abzugrenzen.

---

19 Kapitalflussrechnung und Segmentberichterstattung waren bislang eigenständige Bestandteile des Konzernabschlusses kapitalmarktorientierter MU. Für GJ, die nach dem 01.01.2005 beginnen, stellt die Kapitalflussrechnung nunmehr einen Pflichtbestandteil für alle MU dar, die zur Aufstellung eines Konzernabschlusses verpflichtet sind. Die Segmentberichterstattung hingegen ist künftig kein Pflichtbestandteil des Konzernabschlusses. Unternehmen, die jedoch freiwillig eine Kapitalflussrechnung oder Segmentberichterstattung erstellen, sollen DRS 2-20 und DRS 3-20 beachten. Dies gilt aufgrund ihrer „Ausstrahlungswirkung" auch für die Anwendung im Einzelabschluss. Vgl. *Küting/Pfitzer/Weber*, Handbuch der Rechnungslegung[5], §§ 284-288 HGB, Rn. 5

20 Vgl. *Ellrott*, in: Beck Bil-Komm.[7],§ 284 HGB, Rn. 30.

Ein Überblick über die bei der Aufstellung des Anhangs zu beachtenden Vorschriften sowie Ausführungen zum Inhalt der jeweiligen Anhangangabe finden sich in einer tabellarischen Übersicht unter Rn. 31 ff.

4. Grundsätze der Berichterstattung

a) Allgemeine Berichtsgrundsätze

Da der Anhang mit der Bilanz und der GuV eine Einheit bildet, ist auch für den Anhang die Generalnorm für den JA maßgeblich. Infolgedessen hat der JA unter Beachtung der GoB ein den tatsächlichen Verhältnissen entsprechendes Bild der Vermögens-, Finanz- und Ertragslage des Unternehmens zu vermitteln. Die Berichterstattung muss daher insb. folgenden Grundsätzen Rechnung tragen: 18

- Grundsatz der Wahrheit
- Grundsatz der Übersichtlichkeit
- Grundsatz der Klarheit
- Grundsatz der Vollständigkeit.

Unterschiedlich beurteilt wird die Frage der Anwendung des Gebots der Darstellungsstetigkeit. Nach § 265 Abs. 1 HGB ist die Form der Darstellung, insb. die Gliederung der aufeinander folgenden Bilanzen und GuV, beizubehalten, soweit nicht in Ausnahmefällen wegen besonderer Umstände Abweichungen erforderlich sind. Der Anhang wird in dieser Vorschrift nicht ausdrücklich erwähnt. Zur Frage, ob das Gebot der Darstellungsstetigkeit dennoch auch für den Anhang gilt, gehen die Auffassungen im Schrifttum z.T. auseinander. Nach h.M. muss das Gebot für den Anhang nicht beachtet werden,[21] sodass Abweichungen bei der Darstellung zulässig sind bzw. das berichtende Unternehmen bei der Gliederung nicht an das Vorjahr (VJ) gebunden ist. Aus praktischer Sicht empfiehlt es sich jedoch, eine einmal gewählte Gliederung, soweit sie sich als zweckmäßig erwiesen hat, in der Folgezeit beizubehalten.[22] 19

21 Vgl. *ADS*[6], § 284 HGB, Rn. 27; *Coenenberg*, DB 1986, S. 1581 ff., *Schülen*, WPg 1987, S. 223; *IDW* (Hrsg.), WP Handbuch 2006, Bd. I, 13. Aufl., Düsseldorf 2006, Rn. F 572; anderer Auffassung: *Deutscher Rechnungslegungs Standard Nr. 13: Grundsatz der Stetigkeit und Berichtigung von Fehlern (DRS 13)* (Stand: 13.08.2005), DRS 13.3 i.V.m. 22; vgl. *Ellrott*, in: Beck Bil-Komm.[7], § 284, Rn. 26.

22 Vgl. *IDW* (Hrsg.), WP Handbuch 2006[13], Rn. F 572; *ADS*[6], § 284 HGB, Rn. 27.

20 Ändert sich bei erstmaliger Anwendung der durch das BilMoG geänderten Vorschriften die bisherige Form der Darstellung, ist § 265 Abs. 1 HGB bei der erstmaligen Aufstellung eines JA nach den geänderten Vorschriften nicht anzuwenden.[23]

b) Einzelfragen

aa) Angabe erheblicher oder größerer Beträge

21 An verschiedenen Stellen des HGB werden nur Angaben verlangt, wenn es sich um „erhebliche Beträge" handelt, Beträge „von Bedeutung" sind, sie „einen nicht unerheblichen Umfang" haben oder, wenn „erhebliche Unterschiede" bestehen. Da sich allgemeine Kriterien zu diesen Begriffen in der Praxis nicht herausgebildet haben, ist die Zielsetzung der jeweiligen Vorschrift entscheidend, ferner die Bedeutung, die die Angabe oder Nicht-Angabe für die Adressaten des JA haben kann.[24]

Soweit nach den Vorschriften der RechVersV die Angabe der in bestimmten Bilanz- und GuV-Posten enthaltenen „größeren Beträge" verlangt wird, ist die Frage, ob es sich um „größere Beträge" handelt, nach der Bedeutung zu beurteilen, die der einzelne in Betracht kommende Betrag im Verhältnis zum Betrag des gesamten Postens hat, sofern dieser „nicht unwesentlich" ist.[25]

bb) Vergleichszahlen des Vorjahres

22 Die Vergleichszahlen des VJ sind – aufgrund der fehlenden Bezugnahme von § 265 Abs. 2 HGB auf den Anhang – im Anhang grundsätzlich nicht angabepflichtig. Ausnahmen bestehen dann, wenn in Ausübung der gesetzlich vorgesehenen Ausweiswahlrechte Angaben im Anhang statt in der Bilanz bzw. der GuV gemacht werden oder, wenn bei Inanspruchnahme von § 3 RechVersV die zusammengefassten Posten im Anhang ausgewiesen werden. Darüber hinaus haben VU insb. aufgrund von § 51 Abs. 4 Satz 1 RechVersV zahlreichen im Anhang spartenbezogen darzustellenden Bilanz- und GuV-Posten die entsprechenden VJ-Beträge gegenüberzustellen.

---

23 Vgl. Art. 67 Abs. 8 Satz 1 EGHGB.

24 Vgl. *IDW* (Hrsg.), WP Handbuch 2006[13], Rn. F 578; zum Problem der Wesentlichkeit im Anhang vgl. *Küting/Pfitzer/Weber*, Handbuch der Rechnungslegung[5], §§ 284-288 HGB, Rn. 7 ff.

25 Vgl. auch vormals die VUBR IV, 1987, Nr. 3.

Die Anpassung der VJ-Zahlen aus Gründen der Vergleichbarkeit ist bei erstmaliger Anwendung der durch das BilMoG geänderten Vorschriften nicht erforderlich. Hierauf muss allerdings im Anhang hingewiesen werden.[26] 23

cc) Bezugnahme auf Gesetzesvorschriften

Bei den textlichen Ausführungen im Anhang – z.B. zu den angewendeten Bilanzierungs- und Bewertungsmethoden – ist eine Bezugnahme auf Paragraphen nicht ausgeschlossen. Sie darf jedoch nicht dazu führen, dass die jeweiligen Darlegungen nur unter Heranziehung der zitierten gesetzlichen Vorschriften verständlich sind. 24

dd) Fehlanzeigen

Über das Nicht-Vorliegen angabepflichtiger Sachverhalte braucht nicht berichtet zu werden. Der Verzicht auf die Angabe bedeutet, dass solche nicht vorliegen. Soweit jedoch über Auswirkungen bestimmter Maßnahmen (z.B. Änderung der Bewertung) zu berichten ist, solche jedoch nicht feststellbar sind, ist anzugeben, dass keine Auswirkungen eingetreten sind.[27] 25

ee) Verweise auf Angaben im Vorjahr

Alle Angaben sind entsprechend den gesetzlichen Verpflichtungen für jedes GJ erneut zu machen. Verweisungen auf Angaben im VJ entbinden nicht von der jeweiligen Angabepflicht. 26

5. Formen von Anhangangaben

Nach der an den Anhang gestellten Informationsaufgabe werden je nach Art der Anforderungen an die zu vermittelnden Informationen unterschiedliche Legalbegriffe verwendet. Danach stellen sich die einzelnen Formen der Anhangangaben i.w.S. mit ihrer Bedeutung wie folgt dar: 27

26 Vgl. Art. 67 Abs. 8 Satz 2 EGHGB.
27 Vgl. *ADS*[6], § 284 HGB, Rn. 21.

Angabe	Oberbegriff für alle Arten der Anforderung an eine Berichterstattung im Anhang; verbaler oder zahlenmäßiger Hinweis auf Tatsachen, Daten, Namen und dergleichen.
Aufgliederung	Quantitative Segmentierung einer Größe in einzelne Komponenten.
Ausweis	In der Regel zahlenmäßige Nennung von Beträgen.
Begründung	Verbale Offenlegung der Grundlagen, Argumente, Motive und Ursachen zu einem bestimmten Sachverhalt bzw. Vorgang.
Darstellung	Verbale und/oder zahlenmäßige Angabe oder Aufbereitung eines Sachverhalts, verbunden mit einer Aufgliederung, Erläuterung, ggf. auch Begründung.
Erläuterung	Verbale und/oder zahlenmäßige Kommentierung über Inhalt, Zustandekommen, Verursachung oder Charakter von Beträgen und Posten.

6. Tabellarische Übersicht über den Inhalt des Anhangs

28 In der unter Rn. 31 ff. folgenden Übersicht sind die gesetzlich und durch die RechVersV für den Anhang vorgesehenen Angaben, Aufgliederungen, Erläuterungen und dgl. im Einzelnen – systematisch gegliedert – dargestellt. Die Übersicht dient dem Zweck, sowohl bei der Aufstellung als auch bei der Prüfung des Anhangs die vollständige Berücksichtigung der für alle VU sowie für den jeweiligen Geschäftszweig geltenden Vorschriften zu ermöglichen.

29 Neben den Rechtsgrundlagen ist der wesentliche Inhalt der Vorschriften in der Spalte „Angabepflichten" wiedergegeben. Die für VU aufgrund von § 341a Abs. 2 HGB von der Anwendung ausgenommenen Vorschriften sind nicht aufgeführt.

Die in der Spalte „Anm. siehe Rn." erscheinenden Rn. verweisen auf die anschließend unter dem Kapitel III. folgenden bzw. an einer anderen Stelle dieses Beitrags niedergelegten Ausführungen zu bestimmten Angabepflichten.

Die tabellarische Übersicht ist wie folgt gegliedert: 30

Sachliche Gliederung der Anhangangaben		Rn.
a)	Angaben zur Gliederung des JA sowie zu den Bilanzierungs- und Bewertungsmethoden	31
b)	Angaben zur Aktivseite der Bilanz	32
c)	Angaben zur Passivseite der Bilanz	33
d)	Angaben zur GuV	34
e)	Sonstige Angaben	35
f)	Geschäftszweigbezogene Angaben	36

31

Gesetzliche Grundlage	Angabepflichten	Rn.	Darstellung im Jahresabschluss
a)	**Angaben zur Gliederung des JA sowie zu den Bilanzierungs- und Bewertungsmethoden**		
§ 264 Abs. 2 Satz 2 HGB	**Generalnorm** Führen besondere Umstände dazu, dass der JA ein den tatsächlichen Verhältnissen entsprechendes Bild der Vermögens-, Finanz- und Ertragslage nicht vermittelt, so sind im Anhang zusätzliche Angaben zu machen.	50	Anhang
§ 265 Abs. 1 Satz 2 HGB	**Darstellungsstetigkeit** Angabe und Begründung von Abweichungen vom Grundsatz der Stetigkeit in der Gliederung der Bilanz und GuV bzw. hinsichtlich der Form der Darstellung.	19	Anhang
§ 265 Abs. 2 Satz 1 und 2 HGB	**Vergleichbarkeit mit dem Vorjahr / Anpassung der Vorjahreszahlen** Angabe und Erläuterung für nicht vergleichbare Beträge des GJ mit denen des VJ sowie Angabe und Erläuterung einer ggf. erfolgten Anpassung von VJ-Beträgen.	22	Anhang

Gesetzliche Grundlage	Angabepflichten	Rn.	Darstellung im Jahres-abschluss
§ 265 Abs. 2 Satz 3 HGB	**Vermerk bzw. Angabe der Mitzugehörigkeit zu anderen Posten der Bilanz** Fällt ein Vermögensgegenstand oder eine Schuld unter mehrere Posten der Bilanz, so ist die Mitzugehörigkeit zu anderen Posten bei dem Posten, unter dem der Ausweis erfolgt ist, zu vermerken oder im Anhang anzugeben, wenn dies zur Aufstellung eines klaren und übersichtlichen JA erforderlich ist.		Bilanz oder Anhang
§ 265 Abs. 4 Satz 2 HGB	**Mehrere Geschäftszweige** Sind mehrere Geschäftszweige vorhanden und bedingt dies die Gliederung des JA nach verschiedenen Gliederungsvorschriften, so ist der JA nach der für einen Geschäftszweig vorgeschriebenen Gliederung aufzustellen und nach der für die anderen Geschäftszweige vorgeschriebenen Gliederung zu ergänzen. Die Ergänzung ist im Anhang anzugeben und zu begründen. Zu beachten ist § 53 RechVersV, der diese Vorschrift de facto ersetzt.		Anhang
§ 284 Abs. 2 Nr. 1 HGB	**Bilanzierungs- und Bewertungsmethoden** Angabe der auf die Posten der Bilanz und der GuV angewendeten Bilanzierungs- und Bewertungsmethoden. Zu beachten sind die zusätzlichen Angabepflichten gem. § 52 Nr. 1 Buchst. c und 2 Buchst. a RechVersV.	38-40	Anhang

Gesetzliche Grundlage	Angabepflichten	Rn.	Darstellung im Jahresabschluss
§ 62 Abs. 1 RechVersV	**Angabe von aus Vereinfachungsgründen zusammengefassten Posten** Angabe der Beträge von wesentlicher Bedeutung für die Vermittlung eines den tatsächlichen Verhältnissen entsprechenden Bildes der Vermögens-, Finanz- und Ertragslage bei der Vornahme von Zusammenfassungen in den Formblättern 1-4 nach Maßgabe von § 62 Abs. 1 Nrn. 1 und 2 RechVersV.		Bilanz oder Anhang
§ 3 Nr. 2 Buchst. bb RechVersV	**Aufgliederung zusammengefasster Bilanz- und GuV-Posten** Gesonderter Ausweis der aus Gründen der Klarheit der Darstellung nach § 3 RechVersV zusammengefassten Unterposten von Bilanz bzw. GuV		Anhang
§ 52 Nr. 1 Buchst. c RechVersV	**Versicherungstechnische Rückstellungen** In Ergänzung der Angaben nach § 284 Abs. 2 Nrn. 1 und 3 HGB sind die Methoden der Ermittlung der einzelnen versicherungstechnischen Rückstellungen mit Ausnahme der Rückstellung für Beitragsrückerstattung (RfB) sowohl hinsichtlich der Bruttobeträge als auch hinsichtlich der auf das in Rückdeckung gegebene Versicherungsgeschäft entfallenden Beträge, jeweils gesondert für das saG und das üG, im Anhang anzugeben; wesentliche Änderungen der Methoden gegenüber dem vorausgegangenen GJ sind zu erläutern. Von Lebensversicherungsunternehmen (LVU) und PK/StK ist darüber hinaus § 52 Nr. 2 Buchst. a RechVersV zu beachten.	41	Anhang

Gesetzliche Grundlage	Angabepflichten	Rn.	Darstellung im Jahresabschluss
§ 284 Abs. 2 Nr. 3 HGB	**Abweichungen von Bilanzierungs- und Bewertungsmethoden** Im Anhang müssen Abweichungen von Bilanzierungs- und Bewertungsmethoden angegeben und begründet werden; deren Einfluss auf die Vermögens-, Finanz- und Ertragslage ist gesondert darzustellen. Zu beachten ist § 52 Nr. 1 Buchst. c RechVersV.	42-46	Anhang
§ 284 Abs. 2 Nr. 4 HGB	**Angaben bei Bewertungsvereinfachungsverfahren** Ausweis der Unterschiedsbeträge bei Anwendung einer Bewertungsmethode nach § 240 Abs. 4 oder § 256 Satz 1 HGB pauschal für die jeweilige Gruppe, wenn die Bewertung im Vergleich zu einer Bewertung auf der Grundlage des letzten vor dem Abschlussstichtag bekannten Börsenkurses oder Marktpreises einen erheblichen Unterschied aufweist.	47	Anhang
§ 284 Abs. 2 Nr. 2 HGB	**Währungsumrechnung** Angabe der Grundlagen für die Fremdwährungsumrechnung.	48	Anhang
§ 284 Abs. 2 Nr. 5 HGB	**Fremdkapitalzinsen in Herstellungskosten** Angaben über die Einbeziehung von Zinsen für Fremdkapital in die Herstellungskosten. Die Vorschrift besitzt für VU keine praktische Relevanz.		Anhang

Gesetzliche Grundlage	Angabepflichten	Rn.	Darstellung im Jahresabschluss
§ 285 Satz 1 Nr. 5 HGB a.F.	**Ergebniseinfluss steuerlicher Wertansätze** Angabe des Ausmaßes, in dem das Jahresergebnis dadurch beeinflusst wurde, dass bei Vermögensgegenständen im GJ oder in früheren GJ Abschreibungen nach §§ 254, 280 Abs. 2 HGB a.F. aufgrund steuerrechtlicher Vorschriften vorgenommen oder beibehalten wurden oder ein Sonderposten nach § 273 HGB a.F. gebildet wurde; ferner das Ausmaß erheblicher künftiger Belastungen, die sich aus einer solchen Bewertung ergeben. Mit BilMoG ist die Vorschrift nur anzuwenden bei Ausübung des Wahlrechts, Sonderposten mit Rücklageanteil nach den §§ 247 Abs. 3 bzw. 273 HGB a.F. oder niedrigere Wertansätze von Vermögensgegenständen aufgrund von Abschreibungen nach §§ 254 bzw. 279 Abs. 2 HGB a.F., die in JA für das vor dem 01.01.2010 beginnende GJ erfasst wurden, beizubehalten.	49	Anhang

32

Gesetzliche Grundlage	Angabepflichten	Rn.	Darstellung im Jahres-abschluss
b)	**Angaben zur Aktivseite der Bilanz**		
§ 51 Abs. 2 RechVersV	**Anlagenspiegel (Muster 1)** Im Anhang ist anstelle der in § 268 Abs. 2 HGB vorgeschriebenen Angaben die Entwicklung der Aktivposten B und C I-III des Formblatts 1 nach dem Muster 1 der RechVersV darzustellen, sofern keine entsprechende Darstellung in der Bilanz erfolgt.	51	Bilanz oder Anhang
§ 285 Nr. 22 HGB	**Angabe zum Gesamtbetrag der Forschungs- und Entwicklungskosten** Im Fall einer Aktivierung von Entwicklungskosten nach § 248 Abs. 2 HGB sind der Gesamtbetrag der Forschungs- und Entwicklungskosten sowie der davon auf die selbst erstellten immateriellen Vermögensgegenstände des Anlagevermögens entfallende Betrag anzugeben.		Anhang
	I. Immaterielle Vermögensgegenstände		
§ 269 Satz 1 2. Halbsatz HGB	**Aufwendungen für die Ingangsetzung und Erweiterung des Geschäftsbetriebs** Erläuterung des Posteninhalts.	52-53	Anhang
§ 6 Abs. 2 RechVersV	**Immaterielle Vermögensgegenstände** Die Entwicklung der einzelnen Posten der immateriellen Vermögensgegenstände ist darzustellen. Dabei sind, ausgehend von den Bilanzwerten am Ende des vorhergehenden GJ, die Zugänge, Abgänge, Umbuchungen, die Zuschreibungen und Abschreibungen im GJ sowie die Bilanzwerte am Ende des GJ jeweils gesondert aufzuführen.		Bilanz oder Anhang

Gesetzliche Grundlage	Angabepflichten	Rn.	Darstellung im Jahresabschluss
§ 285 Nr. 13 HGB	**Angaben zur Abschreibungsdauer eines Geschäfts- oder Firmenwerts** Es sind die Gründe, die die Annahme einer betrieblichen Nutzungsdauer eines entgeltlich erworbenen Geschäfts- oder Firmenwerts von mehr als fünf Jahren rechtfertigen, gesondert zu erläutern. Ein Hinweis auf eine steuerrechtliche Abschreibungsdauer gem. § 7 Abs. 1 EstG gilt nicht als ausreichend. Eine für Zwecke der handelsrechtlichen Rechnungslegung eigenständige Beurteilung muss nachvollziehbar dargelegt werden.		Anhang
§ 285 Nr. 28 HGB	**Gesamtbetrag der ausschüttungsgesperrten Beträge i.S.d. § 268 Abs. 8 HGB** Zum Schutz der Gläubiger sind im Anhang die Beträge aus der Aktivierung selbst geschaffener immaterieller Vermögensgegenstände des Anlagevermögens und latenter Steuern ebenso wie Beträge aus der Zeitwertbewertung anzugeben.		Anhang
	II. Kapitalanlagen		
§ 285 Nr. 26 HGB	**Angaben zu Anteilen oder Anlageaktien in Investmentvermögen** Es sind gesonderte Angaben zu Anteilen oder Anlageaktien an inländischem Investmentvermögen nach § 1 InvG oder vergleichbaren ausländischen Investmentanteilen nach § 2 Abs. 9 InvG von mehr als 10 % zu machen.	54-58	
§ 285 Nr. 23 HGB	**Erläuterung von Bewertungseinheiten** Sofern nach § 254 HGB Bewertungseinheiten zur Absicherung von Risiken gebildet wurden, sind die Bewertungseinheiten sowie die abgesicherten Risiken anzugeben.	59-63	Anhang oder LB

Gesetzliche Grundlage	Angabepflichten	Rn.	Darstellung im Jahresabschluss
§ 54 RechVersV	**Zeitwert der Kapitalanlagen** Für zum Anschaffungswert oder zum Nennwert ausgewiesene Kapitalanlagen ist im Anhang jeweils der Zeitwert anzugeben. Zudem sind die Gesamtsumme der Anschaffungskosten der in die Überschussbeteiligung einzubeziehenden Kapitalanlagen, die Gesamtsumme des beizulegenden Zeitwerts selbiger Kapitalanlagen und der sich daraus ergebende Saldo anzugeben.	64-80	Anhang
§ 55 Abs. 7 RechVersV	**Zeitwert der Grundstücke** Es sind die Bewertungsmethode und die entsprechende Zuordnung der Grundstücke und Bauten nach dem Jahr, in dem ihre Bewertung erfolgte, anzugeben.	66-69	Anhang
§ 56 Abs. 6 RechVersV	**Zeitwert der übrigen Kapitalanlagen** Es sind die jeweils angewendete Bewertungsmethode sowie der Grund für ihre Anwendung anzugeben.	70-74	Anhang
§ 285 Nr. 18 HGB	**Angaben zu nicht zum niedrigeren Zeitwert bewerteten Finanzinstrumenten** Sofern für bestimmte Finanzinstrumente, die den Finanzanlagen des Anlagevermögens zuzurechnen sind, eine außerplanmäßige Abschreibung nach § 253 Abs. 3 Satz 4 HGB unterblieben ist, müssen der Buchwert und der beizulegende Zeitwert der Vermögensgegenstände sowie die Gründe für das Unterlassen der Abschreibung unter Angabe konkreter Anhaltspunkte, die darauf hindeuten, dass die Wertminderung voraussichtlich nicht dauerhaft ist, angegeben werden.	75-77	Anhang

Gesetzliche Grundlage	Angabepflichten	Rn.	Darstellung im Jahres-abschluss
§ 285 Nr. 19 HGB	**Angabe für nicht zum Zeitwert bilanzierte derivative Finanzinstrumente** Für jede Kategorie derivativer Finanzinstrumente, die nicht zum beizulegenden Zeitwert bewertet wurden, sind der Art und der Umfang, deren beizulegender Zeitwert (sofern sich dieser nicht nach § 255 Abs. 4 HGB verlässlich ermitteln lässt), deren Buchwert (unter Angabe des Bilanzpostens, in dem er sich niederschlägt) sowie die Gründe, warum der beizulegende Zeitwert nicht bestimmt werden kann, zu erläutern.	78-80	Anhang
1. Grundstücke			
§ 52 Nr. 1 Buchst. a RechVersV	**Grundstücke, grundstücksgleiche Rechte und Bauten einschl. der Bauten auf fremden Grundstücken** Angabe des Bilanzwerts der vom VU im Rahmen seiner Tätigkeit genutzten eigenen Grundstücke und Bauten.		Anhang
2. Kapitalanlagen in verbundene Unternehmen und Beteiligungen			
§ 285 Nrn. 11, 11a HGB	**Anteilsbesitz** Angabe von Name und Sitz anderer Unternehmen, von denen die Kapitalgesellschaft oder eine für ihre Rechnung handelnde Person mind. 20 % der Anteile besitzt; außerdem sind die Höhe des Anteils am Kapital, das Eigenkapital und das Ergebnis des letzten GJ dieser Unternehmen, für das ein JA vorliegt, anzugeben; auf die Berechnung der Anteile ist § 16 Abs. 2 und 4 AktG entsprechend anzuwenden; ferner sind von börsennotierten Kapitalgesellschaften zusätzlich alle Beteiligungen an großen Kapitalgesellschaften anzugeben, die 5 % der Stimmrechte überschreiten.	82	Anhang

Gesetzliche Grundlage	Angabepflichten	Rn.	Darstellung im Jahresabschluss
§ 286 Abs. 3 HGB	**Anwendung der Schutzklausel** Die Angaben nach § 285 Nr. 11 HGB können gem. § 286 Abs. 3 Satz 1 HGB unterbleiben, soweit sie: 1. für die Darstellung der Vermögens-, Finanz- und Ertragslage der Kapitalgesellschaft nach § 264 Abs. 2 HGB von untergeordneter Bedeutung sind oder 2. nach vernünftiger kaufmännischer Beurteilung geeignet sind, der Kapitalgesellschaft oder dem anderen Unternehmen einen erheblichen Nachteil zuzufügen. Die Angabe des Eigenkapitals und des Jahresergebnisses kann unterbleiben, wenn das Unternehmen, über das zu berichten ist, seinen JA nicht offenzulegen hat und die berichtende Kapitalgesellschaft weniger als die Hälfte der Anteile besitzt (§ 286 Abs. 3 Satz 2 HGB). Eine Unterlassung der Angaben nach § 285 Nr. 11 HGB kann bei kapitalmarktorientierten Unternehmen nicht damit begründet werden, dass die Angaben nach vernünftiger kaufmännischer Beurteilung geeignet sind, der Kapitalgesellschaft oder dem anderen Unternehmen einen erheblichen Nachteil zuzufügen (§ 286 Abs. 3 Satz 3 HGB). Die Anwendung der Ausnahmeregelung nach § 286 Abs. 3 Satz 1 Nr. 2 HGB ist im Anhang anzugeben (§ 286 Abs. 3 Satz 4 HGB).		Anhang
III. Sonstige Kapitalanlagen			
§ 10 Abs. 2 Satz 1 RechVersV	**Sonstige Ausleihungen** Der Betrag der Darlehen und Vorauszahlungen auf Versicherungsscheine nach § 10 Abs. 1 Nr. 3 ist im Anhang anzugeben, wenn er sich nicht aus der Bilanz ergibt.		Bilanz oder Anhang

Gesetzliche Grundlage	Angabepflichten	Rn.	Darstellung im Jahresabschluss
§ 10 Abs. 2 Satz 2 RechVersV	**Sonstige Ausleihungen** Die übrigen Ausleihungen nach § 10 Abs. 1 Nr. 4 sind aufzugliedern, wenn sie einen größeren Umfang haben.		Anhang
§ 12 Satz 2 RechVersV	**Andere Kapitalanlagen** Erläuterung der anderen Kapitalanlagen, wenn sie einen größeren Umfang haben.		Anhang
	IV. Kapitalanlagen für Rechnung und Risiko von Inhabern von Lebensversicherungspolicen		
§ 14 Abs. 2 RechVersV	Kapitalanlagen für Rechnung und Risiko von Inhabern von Lebensversicherungspolicen Angabe der Zusammensetzung des Anlagestocks und der Zahl der Anteileinheiten zum Abschlussstichtag.		Anhang
	V. Sonstige Vermögensgegenstände		
§ 19 RechVersV	**Andere Vermögensgegenstände** Erläuterung des Postens „Andere Vermögensgegenstände", wenn er einen größeren Umfang hat.		Anhang
§ 268 Abs. 4 Satz 2 HGB	**Aktive antizipative Abgrenzungsposten** Werden unter dem Posten „Sonstige Vermögensgegenstände" Beträge für Vermögensgegenstände ausgewiesen, die erst nach dem Abschlussstichtag rechtlich entstehen, so müssen Beträge, die einen größeren Umfang haben, im Anhang erläutert werden.	89	Anhang

Gesetzliche Grundlage	Angabepflichten	Rn.	Darstellung im Jahresabschluss
	VI. Rechnungsabgrenzung		
§ 341c Abs. 2 Satz 2 HGB	**Aktiver Unterschiedsbetrag** Ein nach § 341c Abs. 2 HGB in den Rechnungsabgrenzungsposten auf der Aktivseite (wahlweise) aufgenommener Unterschiedsbetrag ist planmäßig aufzulösen und in seiner jeweiligen Höhe in der Bilanz oder im Anhang gesondert anzugeben.	81	Bilanz oder Anhang
§ 268 Abs. 6 HGB	**Aktive Rechnungsabgrenzung** Ein nach § 250 Abs. 3 HGB in den Rechnungsabgrenzungsposten auf der Aktivseite aufgenommener Unterschiedsbetrag (Disagio) ist in der Bilanz gesondert auszuweisen oder im Anhang anzugeben.		Bilanz oder Anhang

33

Gesetzliche Grundlage	Angabepflichten	Rn.	Darstellung im Jahres-abschluss
c)	**Angaben zur Passivseite der Bilanz**		
	I. Eigenkapital		
	1. Gezeichnetes Kapital		
	Nur von AG zu machende Angaben über:		
§ 160 Abs. 1 Nr. 1 AktG	– Vorratsaktien;		Anhang
§ 160 Abs. 1 Nr. 2 AktG	– eigene Aktien;		Anhang
§ 160 Abs. 1 Nr. 3 AktG	– Zahl und (bei Nennbetragsaktien) Nennbetrag der Aktien jeder Gattung sowie – gesondert – Aktien, die bei einer bedingten Kapitalerhöhung oder einem genehmigten Kapital im GJ gezeichnet wurden;		Anhang oder Bilanz
§ 160 Abs. 1 Nr. 4 AktG	– genehmigtes Kapital.		Anhang
	2. Kapitalrücklage		
§ 152 Abs. 2 AktG	**Kapitalrücklage** Zu dem Posten „Kapitalrücklage" sind in der Bilanz oder im Anhang gesondert anzugeben: – der Betrag, der während des GJ eingestellt wurde; – der Betrag, der für das GJ entnommen wird. Gemäß § 341a Abs. 4 HGB findet § 152 Abs. 2 AktG entsprechend Anwendung auf VU, die nicht AG, KGaA oder kleinere Vereine sind.		Bilanz oder Anhang

Gesetzliche Grundlage	Angabepflichten	Rn.	Darstellung im Jahresabschluss
	3. Gewinnrücklagen		
§ 152 Abs. 3 AktG	**Gewinnrücklage** Zu den einzelnen Posten der Gewinnrücklagen sind in der Bilanz oder im Anhang jeweils gesondert anzugeben: – die Beträge, die die Hauptversammlung aus dem Bilanzgewinn des VJ eingestellt hat; – die Beträge, die aus dem Jahresüberschuss des GJ eingestellt werden; – die Beträge, die für das GJ entnommen werden. Gemäß § 341a Abs. 4 HGB findet § 152 Abs. 3 AktG entsprechend Anwendung auf VU, die nicht AG, KGaA oder kleinere Vereine sind.		Bilanz oder Anhang
§ 58 Abs. 2a AktG	**Eigenkapitalanteil von Wertaufholungen** Vorstand und AR (bei AG, KGaA) können den Eigenkapitalanteil von Wertaufholungen bei Vermögensgegenständen des Anlage- und Umlaufvermögens und von bei der steuerrechtlichen Gewinnermittlung gebildeten Passivposten, die nicht im Sonderposten mit Rücklageanteil ausgewiesen werden dürfen, in andere Gewinnrücklagen einstellen. Der Betrag dieser Rücklagen ist entweder in der Bilanz gesondert auszuweisen oder im Anhang anzugeben.		Bilanz oder Anhang

Gesetzliche Grundlage	Angabepflichten	Rn.	Darstellung im Jahresabschluss
	4. Gewinnvortrag/Verlustvortrag; Jahresüberschuss/Jahresfehlbetrag		
§ 268 Abs. 1 Satz 2 HGB sowie Fn. 5 des Formblatts 1 der RechVersV	**Angabe Gewinn- und Verlustvortrag** Wird die Bilanz unter Berücksichtigung der teilweisen Verwendung des Jahresergebnisses aufgestellt, so tritt an die Stelle der Posten „Jahresüberschuss/Jahresfehlbetrag" und „Gewinnvortrag/Verlustvortrag" der Posten „Bilanzgewinn/Bilanzverlust"; ein vorhandener Gewinn- oder Verlustvortrag ist in den Posten „Bilanzgewinn/Bilanzverlust" einzubeziehen und in der Bilanz oder im Anhang gesondert anzugeben.		Bilanz oder Anhang
	II. Genussrechtskapital		
§ 52 Nr. 1 Buchst. b RechVersV	**Genussrechtskapital** Angabe, in welcher Höhe das Genussrechtskapital vor Ablauf von zwei Jahren fällig wird.		Anhang
§ 160 Abs. 1 Nr. 6 AktG	**Genussscheine u.Ä.** Es sind Angaben über Genussrechte, Rechte aus Besserungsscheinen und ähnliche Rechte unter Angabe der Art und Zahl der jeweiligen Rechte sowie der im GJ neu entstandenen Rechte zu machen. Gemäß § 341a Abs. 4 HGB findet § 160 Abs. 1 Nr. 6 AktG entsprechend Anwendung auf VU, die nicht AG, KGaA oder kleinere Vereine sind.		Anhang

Gesetzliche Grundlage	Angabepflichten	Rn.	Darstellung im Jahresabschluss
IV. Versicherungstechnische Rückstellungen			
1. Rückstellung für noch nicht abgewickelte Versicherungsfälle			
§ 26 Abs. 2 RechVersV	**Abgesetzte Forderungen** Forderungen aus Regressen, Provenues und Teilungsabkommen sind von der Rückstellung für noch nicht abgewickelte Versicherungsfälle abzusetzen. In der Rechtsschutzversicherung gehören zu diesen Forderungen auch bestehende Forderungen an Prozessgegner auf Erstattung der Kosten. Erreichen die abgesetzten Forderungen einen größeren Umfang, so sind sie im Anhang anzugeben.		Anhang
§ 27 Abs. 4 RechVersV	**Näherungs- und Vereinfachungsverfahren** Die Anwendung eines Verfahrens nach § 27 Abs. 2 oder 3 RechVersV ist im Anhang anzugeben und zu begründen; bei Änderung des angewendeten Verfahrens ist ihr Einfluss auf die Vermögens-, Finanz- und Ertragslage im Anhang darzulegen. Bei der Anwendung eines Verfahrens nach Abs. 2 ist im Anhang der Zeitraum bis zur Bildung einer nach den allgemeinen Grundsätzen ermittelten Rückstellung für noch nicht abgewickelte Versicherungsfälle anzugeben. Bei der Anwendung des Verfahrens nach Abs. 3 ist im Anhang anzugeben, um welchen Zeitraum das Jahr, dessen Zahlen ausgewiesen werden, dem GJ vorausgeht und welchen Umfang die betreffenden Geschäfte haben.		Anhang

Gesetzliche Grundlage	Angabepflichten	Rn.	Darstellung im Jahresabschluss
	2. Rückstellung für Beitragsrückerstattung		
§ 28 Abs. 8 und 9 RechVersV	**Rückstellung für erfolgsabhängige und erfolgsunabhängige Beitragsrückerstattung** Lebensversicherungsunternehmen und PK/StK haben für das saG im Anhang in tabellarischer Form anzugeben: 1. die Entwicklung (Anfangsbestand, Zuführungen, Entnahmen, Endbestand) der RfB; 2. die Teile der RfB, die entfallen auf: a) bereits festgelegte, aber noch nicht zugeteilte laufende Überschussanteile; b) bereits festgelegte, aber noch nicht zugeteilte Schlussüberschussanteile; c) den Fonds für Schlussüberschussanteile (ohne die Beträge, die nach Buchst. b) anzugeben sind); 3. für die einzelnen Abrechnungsverbände/Bestandsgruppen die festgesetzten Überschussanteile und ggf. den verwendeten Ansammlungszinssatz unter Angabe des Zuteilungsjahres; 4. die Verfahren zur Berechnung des Schlussüberschussanteilfonds sowie die gewählten Rechnungsgrundlagen. Diese Vorschriften gelten für die nach Art der Lebensversicherung (LV) betriebene Schaden- und Unfallversicherung (SchVU) entsprechend.		Anhang

Gesetzliche Grundlage	Angabepflichten	Rn.	Darstellung im Jahres-abschluss
3. Sonstige versicherungstechnische Rückstellungen			
§ 31 Abs. 1 Nr. 2 RechVersV	Sonstige versicherungstechnische Rückstellungen Erreicht die Rückstellung für drohende Verluste aus schwebenden Geschäften einen größeren Umfang, so ist sie in der Bilanz oder im Anhang getrennt auszuweisen.		Bilanz oder Anhang
V. Andere Rückstellungen			
Art. 67 Abs. 2 EGHGB	Pensionsrückstellungen Im Anhang sind die in der Bilanz nicht ausgewiesenen Rückstellungen für laufende Pensionen, Anwartschaften auf Pensionen und ähnliche Verpflichtungen anzugeben		Anhang
§ 285 Nr. 24 HGB	Angabe zur Berechnung von Rückstellungen für Pensionen und ähnliche Verpflichtungen Hinsichtlich der Bewertung von Pensionsrückstellungen sind das angewendete versicherungsmathematische Berechnungsverfahren und die grundlegenden Berechnungsprämissen (Zinssatz, Lohn- und Gehaltssteigerungen, Sterbetafel) anzugeben.		Anhang
§ 285 Nr. 25 HGB	**Saldierung von Schulden aus Altersversorgungsverpflichtungen mit Planvermögen** Für den Fall der Verrechnung von Vermögensgegenständen und Schulden nach § 246 Abs. 2 HGB sind Anschaffungskosten und beizulegender Zeitwert der verrechneten Vermögensgegenstände ebenso wie der Erfüllungsbetrag der Schulden und die verrechneten Aufwendungen und Erträge im Anhang anzugeben. Zudem sind gem. § 285 Nr. 20 Buchst. a HGB die bei der Bestimmung des beizulegenden Zeitwerts zugrunde gelegten Annahmen und Methoden anzugeben.		Anhang

Gesetzliche Grundlage	Angabepflichten	Rn.	Darstellung im Jahres-abschluss
§ 285 Nr. 29 HGB	**Angaben zu latenten Steuern** Im Anhang sind gesondert die Differenzen sowie steuerlichen Verlustvorträge anzugeben, die auf latente Steuern abgegrenzt worden sind. Zudem ist anzugeben, mit welchen Steuersätzen die Bewertung erfolgt ist.	83	Anhang
§ 285 Nr. 12 HGB	**Sonstige Rückstellungen** Rückstellungen, die in der Bilanz unter dem Posten „Sonstige Rückstellungen" nicht gesondert ausgewiesen werden, sind im Anhang zu erläutern, wenn sie einen nicht unerheblichen Umfang haben.	84	Anhang
§ 285 Nr. 1 HGB	**Verbindlichkeiten** Anzugeben sind: a) der Gesamtbetrag der Verbindlichkeiten mit einer Restlaufzeit von mehr als fünf Jahren, b) der Gesamtbetrag der Verbindlichkeiten, die durch Pfandrechte oder ähnliche Rechte gesichert sind, unter Angabe von Art und Form der Sicherheiten.	85-88	Anhang
§ 285 Nr. 2 HGB	**Konkretisierung der Angaben zu den Verbindlichkeiten** Die sich ergänzenden Angaben nach Nr. 1 und Nr. 2 werden künftig an einer gemeinsamen Stelle im Anhang dargestellt. Die Zusammenfassung der Angaben in einem Verbindlichkeitenspiegel ist dabei zu empfehlen.		Anhang

Gesetzliche Grundlage	Angabepflichten	Rn.	Darstellung im Jahres-abschluss
VI. Andere Verbindlichkeiten			
§ 160 Abs. 1 Nr. 5 AktG	**Wandelschuldverschreibungen u.Ä.** Angaben über die Zahl der Bezugsrechte der Wandelschuldverschreibungen und vergleichbaren Wertpapiere unter Angabe der Rechte, die sie verbriefen.Diese Vorschrift gilt nur für AG.		Anhang
§ 268 Abs. 5 Satz 3 HGB	**Passive antizipative Abgrenzungsposten** Erläuterung von als „Verbindlichkeiten" ausgewiesenen Beträgen, die erst nach dem Abschlussstichtag rechtlich entstehen, sofern sie einen größeren Umfang haben.	88	Anhang
VII. Rechnungsabgrenzungsposten			
§ 341c Abs. 2 Satz 1 HGB	**Passiver Unterschiedsbetrag** Ein nach § 341c Abs. 2 HGB in den Rechnungsabgrenzungsposten auf der Passivseite aufgenommener Unterschiedsbetrag ist planmäßig aufzulösen und in seiner jeweiligen Höhe in der Bilanz oder im Anhang gesondert anzugeben.	81	Bilanz oder Anhang

34

Gesetzliche Grundlage	Angabepflichten	Rn.	Darstellung im Jahresabschluss
d)	**Angaben zur Gewinn- und Verlustrechnung**		
§ 51 Abs. 4 Nr. 5 RechVersV	Gebuchte Bruttobeiträge Erstversicherungsunternehmen (ErstVU) haben die gebuchten Bruttobeiträge des saG nach ihrer Herkunft wie folgt zu untergliedern: a) aus dem Inland; b) aus den übrigen EG/EWR-Staaten; c) aus Drittländern. Die Angaben können entfallen, sofern die gebuchten Bruttobeiträge in den einzelnen Herkunftsgebieten jeweils weniger als 5 % der gebuchten Bruttobeiträge für das gesamte saG ausmachen.	118 ff.	
§ 41 Abs. 5 RechVersV	**Aufwendungen für Versicherungsfälle für eigene Rechnung** Das Ergebnis aus der Abwicklung der aus dem vorhergehenden GJ übernommenen Rückstellung für noch nicht abgewickelte Versicherungsfälle muss im Anhang erläutert werden, sofern es erheblich ist.		Anhang
§ 42 Abs. 3 RechVersV	**Aufwendungen für erfolgsabhängige und erfolgsunabhängige Beitragsrückerstattungen für eigene Rechnung** Erreichen die erfolgsabhängigen und die erfolgsunabhängigen Beitragsrückerstattungen an die Versicherungsnehmer (VN) einen größeren Umfang, so sind sie im Anhang getrennt anzugeben.		Anhang
§ 51 Abs. 5 RechVersV	**Muster 2** An Stelle der Angaben nach § 285 Nr. 8 Buchst. b HGB sind Angaben über die Provisionen und sonstigen Bezüge der Versicherungsvertreter für das saG sowie Personalaufwendungen nach Muster 2 zu machen.	115	Anhang

Gesetzliche Grundlage	Angabepflichten	Rn.	Darstellung im Jahresabschluss
§ 277 Abs. 3 Satz 1 HGB	**Außerplanmäßige Abschreibungen** Außerplanmäßige Abschreibungen nach § 253 Abs. 3 Sätze 3und 4 HGB sind jeweils gesondert auszuweisen oder im Anhang anzugeben.		GuV oder Anhang
§ 277 Abs. 4 Sätze 1 und 2 HGB	**Außerordentliche Aufwendungen / Erträge** Unter den Posten „Außerordentliche Aufwendungen" und „Außerordentliche Erträge" erfasste Aufwendungen und Erträge sind hinsichtlich ihres Betrags und ihrer Art im Anhang zu erläutern, soweit die ausgewiesenen Beträge für die Beurteilung der Ertragslage nicht von untergeordneter Bedeutung sind.	112	Anhang
§ 277 Abs. 4 Satz 3 HGB	**Periodenfremde Aufwendungen / Erträge** Aufwendungen und Erträge von nicht untergeordneter Bedeutung, die einem anderen GJ zuzurechnen sind, müssen im Anhang hinsichtlich ihres Betrags und ihrer Art erläutert werden.	112	Anhang
§ 277 Abs. 5 Satz 1 HGB	**Aufwendungen/ Erträge aus der Abzinsung von Rückstellungen** In der GuV sind jeweils gesondert unter dem Posten „Sonstige Zinsen und Ähnliche Erträge" bzw. „Zinsen und ähnliche Aufwendungen" die Erträge / Aufwendungen aus der Abzinsung von Rückstellungen auszuweisen.		GuV
§ 277 Abs. 5 Satz 2 HGB	**Aufwendungen / Erträge aus der Währungsumrechnung** In der GuV sind jeweils gesondert unter dem Posten „Sonstige betriebliche Erträge" bzw. „Sonstige betriebliche Aufwendungen" die Erträge / Aufwendungen aus der Währungsumrechnung auszuweisen.	48	GuV

Gesetzliche Grundlage	Angabepflichten	Rn.	Darstellung im Jahres-abschluss
Art. 67 Abs. 7 EGHGB	**Aufwendungen / Erträge aus der Umstellung auf das neue HGB** In der GuV sind unsaldiert unter dem Posten „Außerordentliche Erträge“ bzw. „Außerordentliche Aufwendungen“ die Erträge / Aufwendungen aus der Umstellung auf das neue HGB (Art. 66 f. EGHGB) auszuweisen.		GuV
§ 285 Nr. 6 HGB	**Aufteilung der Ertragsteuern** Im Anhang ist anzugeben, in welchem Umfang die Steuern vom Einkommen und vom Ertrag das Ergebnis der gewöhnlichen Geschäftstätigkeit und das außerordentliche Ergebnis belasten.	113	Anhang
§ 158 Abs. 1 Satz 2 AktG	**Überleitung zum Bilanzergebnis** Die GuV ist nach dem Jahresüberschuss / Jahresfehlbetrag um den Gewinn- bzw. Verlustvortrag und die Entnahmen aus und Einstellungen in Rücklagen sowie den Bilanzgewinn/-verlust zu ergänzen. Diese Angabe kann auch im Anhang erfolgen. Beachte: Dieses gilt nur für AG.		GuV oder Anhang

35

Gesetzliche Grundlage	Angabepflichten	Rn.	Darstellung im Jahresabschluss
e)	**Sonstige Angaben**		
§ 160 Abs. 1 Nr. 7 AktG	**Wechselseitige Beteiligung** In jedem Anhang sind Angaben über das Bestehen einer wechselseitigen Beteiligung unter Angabe des Unternehmens zu machen. Beachte: Dieses gilt nur für AG.		Anhang
§ 160 Abs. 1 Nr. 8 AktG	**Mitteilungspflichtige Beteiligung** In jedem Anhang sind Angaben über das Bestehen einer Beteiligung an der Gesellschaft, die ihr nach § 20 Abs. 1 oder 4 AktG oder nach § 21 Abs. 1 oder 1a WpHG mitgeteilt worden ist, zu machen; dabei ist der nach § 20 Abs. 6 AktG oder nach § 26 Abs. 1 WpHG veröffentlichte Inhalt der Mitteilung anzugeben. Beachte: Dieses gilt nur für AG.		Anhang
§ 240 Satz 3 AktG	**Kapitalherabsetzung** Im Anhang ist zu erläutern, ob und in welcher Höhe die aus der Kapitalherabsetzung und aus der Auflösung von Gewinnrücklagen gewonnenen Beträge: 1. zum Ausgleich von Wertminderungen, 2. zur Deckung von sonstigen Verlusten oder 3. zur Einstellung in die Kapitalrücklage verwendet werden. Beachte: Dieses gilt nur für AG.		Anhang
§ 261 Abs. 1 Sätze 3 und 4 AktG	**Sonderprüfung wegen unzulässiger Unterbewertung** Verschiedene Angabepflichten zur Bilanzierung der durch Sonderprüfer festgestellten unzulässigen Unterbewertungen. Beachte: Dieses gilt nur für AG.		Anhang

Gesetzliche Grundlage	Angabepflichten	Rn.	Darstellung im Jahres-abschluss
§ 285 Nr. 7 HGB	**Anzahl der Mitarbeiter** Angabe der durchschnittlichen Zahl der während des GJ beschäftigten Arbeitnehmer getrennt nach Gruppen.	90	Anhang
§ 285 Nr. 9 Buchst. a HGB	**Bezüge aktiver Organmitglieder** Im Anhang sind für die Mitglieder des Geschäftsführungsorgans, eines AR, eines Beirats oder einer ähnlichen Einrichtung jeweils für jede Personengruppe die für die Tätigkeit im GJ gewährten Gesamtbezüge anzugeben. In die Gesamtbezüge sind auch Bezüge einzurechnen, die nicht ausgezahlt, sondern in Ansprüche anderer Art umgewandelt oder zur Erhöhung anderer Ansprüche verwendet werden. Außer den Bezügen für das GJ sind die weiteren Bezüge anzugeben, die im GJ gewährt, bisher aber in keinem JA angegeben worden sind. Bezugsrechte und sonstige aktienbasierte Vergütungen sind mit ihrer Anzahl und dem beizulegenden Zeitwert zum Zeitpunkt ihrer Gewährung anzugeben; spätere Wertveränderungen, die auf einer Änderung der Ausübungsbedingungen beruhen, sind zu berücksichtigen. Börsennotierte AG haben gem. § 285 Nr. 9 Buchst. a Sätze 5-8 HGB zusätzlich unter Namensnennung die Bezüge jedes einzelnen Vorstandsmitglieds, aufgeteilt nach erfolgsunabhängigen und erfolgsbezogenen Komponenten sowie Komponenten mit langfristiger Anreizwirkung, gesondert anzugeben.	91-95	Anhang

Gesetzliche Grundlage	Angabepflichten	Rn.	Darstellung im Jahresabschluss
	Dies gilt auch für Leistungen, die dem Vorstandsmitglied für den Fall der Beendigung seiner Tätigkeit zugesagt worden sind. Hierbei ist der wesentliche Inhalt der Zusagen darzustellen, wenn sie in ihrer rechtlichen Ausgestaltung von den Arbeitnehmern erteilten Zusagen nicht unerheblich abweichen. Leistungen, die dem einzelnen Vorstandsmitglied von einem Dritten im Hinblick auf seine Tätigkeit als Vorstandsmitglied zugesagt oder im GJ gewährt worden sind, sind ebenfalls anzugeben. Enthält der JA weitergehende Angaben zu bestimmten Bezügen, sind auch diese zusätzlich einzeln anzugeben. Bei Gesellschaften, die keine börsennotierten AG sind, können die in § 285 Nr. 9 Buchst. a HGB verlangten Angaben über die Gesamtbezüge der dort bezeichneten Personen gem. § 286 Abs. 4 HGB unterblieben, wenn sich anhand dieser Angaben die Bezüge eines Mitglieds dieser Organe feststellen lassen. Die in § 285 Nr. 9 Buchst. a Sätze 5-8 HGB verlangten Angaben können gem. § 286 Abs. 5 HGB unterbleiben, wenn die Hauptversammlung dies beschlossen hat. Ein Beschluss, der höchstens für fünf Jahre gefasst werden kann, bedarf einer Mehrheit, die mind. drei Viertel des bei der Beschlussfassung vertretenen Grundkapitals umfasst.		

Gesetzliche Grundlage	Angabepflichten	Rn.	Darstellung im Jahresabschluss
§ 285 Nr. 9 Buchst. b Sätze 1 und 2 HGB	**Bezüge früherer Organmitglieder** Im Anhang sind für die Mitglieder des Geschäftsführungsorgans, eines AR, eines Beirats oder einer ähnlichen Einrichtung jeweils für die Personengruppe die Gesamtbezüge der früheren Mitglieder der bezeichneten Organe und ihrer Hinterbliebenen anzugeben. § 285 Nr. 9 Buchst. a Sätze 2 und 3 HGB ist entsprechend anzuwenden. Bei Gesellschaften, die keine börsennotierten AG sind, können die in § 285 Nr. 9 Buchst. b HGB verlangten Angaben über die Gesamtbezüge der dort bezeichneten Personen gem. § 286 Abs. 4 HGB unterblieben, wenn sich anhand dieser Angaben die Bezüge eines Mitglieds dieser Organe feststellen lassen.	91-95	Anhang
§ 285 Nr. 9 Buchst. b Satz 3 HGB	**Pensionsrückstellungen bzw. Fehlbetrag für frühere Organmitglieder** Im Anhang ist der Betrag der für diese Personengruppe gebildeten Rückstellungen für laufende Pensionen und Anwartschaften auf Pensionen und der Betrag der für diese Verpflichtungen nicht gebildeten Rückstellungen anzugeben. Bei Gesellschaften, die keine börsennotierten AG sind, können die in § 285 Nr. 9 Buchst. b HGB verlangten Angaben über die Gesamtbezüge der dort bezeichneten Personen gem. § 286 Abs. 4 HGB unterblieben, wenn sich anhand dieser Angaben die Bezüge eines Mitglieds dieser Organe feststellen lassen.	91-95	Anhang

Gesetzliche Grundlage	Angabepflichten	Rn.	Darstellung im Jahresabschluss
§ 285 Nr. 9 Buchst. c HGB	**Gewährte Vorschüsse und Kredite** Im Anhang sind für die Mitglieder des Geschäftsführungsorgans, eines AR, eines Beirats oder einer ähnlichen Einrichtung jeweils für die Personengruppe die gewährten Vorschüsse und Kredite unter Angabe der Zinssätze, der wesentlichen Bedingungen und der ggf. im GJ zurückgezahlten Beträge sowie die zugunsten dieser Personen eingegangenen Haftungsverhältnisse anzugeben.	91-95	Anhang
§ 285 Nr. 10 HGB	**Namen der Geschäftsführer und Aufsichtsratsmitglieder** Im Anhang sind alle Mitglieder des Geschäftsführungsorgans und eines AR, auch wenn sie im GJ oder später ausgeschieden sind, mit dem Familiennamen und mind. einem ausgeschriebenen Vornamen anzugeben, einschl. des ausgeübten Berufs und bei börsennotierten Gesellschaften auch der Mitgliedschaft in Aufsichtsräten und anderen Kontrollgremien i.S.d. § 125 Abs. 1 Satz 5 AktG. Der Vorsitzende eines AR, seine Stellvertreter und ein etwaiger Vorsitzender des Geschäftsführungsorgans sind als solche zu bezeichnen.		Anhang
§ 285 Nr. 11a HGB	**Unbeschränkt haftender Gesellschafter** Im Anhang sind Name, Sitz und Rechtsform der Unternehmen, deren unbeschränkt haftender Gesellschafter die Kapitalgesellschaft ist, anzugeben.		Anhang

Gesetzliche Grundlage	Angabepflichten	Rn.	Darstellung im Jahres-abschluss
§ 285 Nr. 14 HGB	**Mutterunternehmen bei Konzern-zugehörigkeit** Im Anhang sind der Name und Sitz des MU der Kapitalgesellschaft, das den Konzernabschluss für den größten Kreis von Unternehmen aufstellt, und ihres MU, das den Konzernabschluss für den kleinsten Kreis von Unternehmen aufstellt, sowie im Fall der Offenlegung der von diesen MU aufgestellten Konzernabschlüsse der Ort, wo diese erhältlich sind, anzugeben.		Anhang
§ 285 Nr. 21 HGB	**Angabe zu nicht marktüblichen Geschäften mit nahe stehenden Unternehmen und Personen** Sofern es im GJ zu wesentlichen Geschäften mit nahe stehenden Unternehmen und Personen gekommen ist, die zu nicht marktüblichen Bedingungen erfolgt sind, ist über diese Geschäfte zu berichten. Zudem sind Angaben zur Art der Beziehung, zum Wert der Geschäfte sowie zu weiteren Punkten, sofern diese für die Beurteilung der Finanzlage von Bedeutung sind, erforderlich.	99-104	Anhang

Gesetzliche Grundlage	Angabepflichten	Rn.	Darstellung im Jahresabschluss
§ 291 Abs. 2 Nr. 3 HGB	**Ausländisches Mutterunternehmen bei befreiendem Konzernabschluss** Der Konzernabschluss und der Konzern-LB eines MU mit Sitz in einem Mitgliedstaat der EG haben befreiende Wirkung, wenn der Anhang des JA des zu befreienden Unternehmens folgende Angaben enthält: a) Name und Sitz des MU, das den befreienden Konzernabschluss und Konzern-LB aufstellt, b) einen Hinweis auf die Befreiung von der Verpflichtung, einen Konzernabschluss und Konzern-LB aufzustellen und c) eine Erläuterung der im befreienden Konzernabschluss vom deutschen Recht abweichend angewendeten Bilanzierungs-, Bewertungs- und Konsolidierungsmethoden.		Anhang
§ 51 Abs. 3 RechVersV	**Haftungsverhältnisse** Anstelle der in § 268 Abs. 7 HGB vorgeschriebenen Angaben sind die in § 251 HGB bezeichneten Haftungsverhältnisse jeweils gesondert unter Angabe der gewährten Pfandrechte und sonstigen Sicherheiten anzugeben. Bestehen solche Verpflichtungen gegenüber verbundenen Unternehmen, so sind sie gesondert anzugeben. Der Bilanzwert der verpfändeten, zur Sicherung übertragenen oder hinterlegten Vermögensgegenstände, für die im Konkurs Aus- oder Absonderungsrechte geltend gemacht werden können, mit Ausnahme der Bestände des Sicherungsvermögens nach § 66 VAG, ist in einer Summe anzugeben und dem Betrag des vorangegangenen GJ gegenüberzustellen.	105-107	Anhang

Gesetzliche Grundlage	Angabepflichten	Rn.	Darstellung im Jahres-abschluss
§ 285 Nr. 27 HGB	**Risiko der Inanspruchnahme aus Haftungsverhältnissen** Für nach § 251 HGB unter der Bilanz oder nach § 268 Abs. 7 1. Halbsatz HGB im Anhang ausgewiesene Verbindlichkeiten und Haftungsverhältnisse sind die Gründe der Einschätzung des Risikos der Inanspruchnahme anzugeben.	107	Anhang
§ 285 Nr. 3 HGB	**Außerbilanzielle Geschäfte** Die nicht in der Bilanz enthaltenen Geschäfte sind im Anhang aufzuführen, sofern diese Angabe für die Beurteilung der Finanzlage erforderlich ist.	108-111	Anhang
§ 285 Nr. 3a HGB	**Sonstige finanzielle Verpflichtungen** Im Anhang ist der Gesamtbetrag der sonstigen finanziellen Verpflichtungen anzugeben, die nicht in der Bilanz erscheinen und auch nicht nach § 251 HGB anzugeben sind, sofern diese Angabe für die Beurteilung der Finanzlage von Bedeutung ist; davon sind Verpflichtungen gegenüber verbundenen Unternehmen gesondert anzugeben. § 285 Nr. 3a HGB gilt bei VU mit der Maßgabe, dass die Angaben für solche finanzielle Verpflichtungen nicht zu machen sind, die im Rahmen des Versicherungsgeschäfts entstehen (§ 341a Abs. 2 Satz 5 HGB).	96	Bilanz oder Anhang
§ 285 Nr. 27 HGB	**Erweiterte Angabe für Eventualverbindlichkeiten** Für Haftungsverhältnisse sowie nach § 251 HGB unter der Bilanz ausgewiesene oder nach § 268 Abs. 7 HGB im Anhang angegebene Verbindlichkeiten sind die Gründe der Einschätzung des Risikos der Inanspruchnahme anzugeben.		Anhang

Gesetzliche Grundlage	Angabepflichten	Rn.	Darstellung im Jahresabschluss
§ 285 Nr. 16 HGB	**Angabe zur Corporate Governance-Erklärung** Im Anhang ist anzugeben, dass die nach § 161 AktG vorgeschriebene Erklärung abgegeben und den Aktionären zugänglich gemacht worden ist. Beachte: Dieses gilt nur für börsennotierte AG.	97	Anhang
§ 285 Nr. 17 HGB	**Honorare des Abschlussprüfers** Alle Kapitalgesellschaften haben für den AP i.S.d. § 319 Abs. 1 Sätze 1 und 2 HGB das für das GJ berechnete Gesamthonorar für: – die Abschlussprüfung, – sonstige Bestätigungs- oder Bewertungsleistungen, – Steuerberatungsleistungen und – sonstige Leistungen im Anhang anzugeben, soweit die Angaben nicht in einem das Unternehmen einbeziehenden Konzernabschluss enthalten sind.	98	Anhang

36

Gesetzliche Grundlage	Angabepflichten	Rn.	Darstellung im Jahresabschluss
f)	**Geschäftszweigbezogene Angaben**		
	1. Schaden- und Unfallversicherungsunternehmen		
§ 51 Abs. 4 Nr. 1 RechVersV	**Spartenpublizität** Versicherungsunternehmen haben für das gesamte saG, das gesamte üG und das gesamte Versicherungsgeschäft jeweils die nachfolgend aufgezeigten Angaben zu machen und diese für das saG nach den aufgezeigten Versicherungszweiggruppen, zweigen oder -arten zu untergliedern: – gebuchte Bruttobeiträge; – verdiente Bruttobeiträge; – verdiente Nettobeiträge; – Bruttoaufwendungen für Versicherungsfälle; – Bruttoaufwendungen für den Versicherungsbetrieb; – Rückversicherungssaldo;* – versicherungstechnisches Ergebnis für eigene Rechnung (f.e.R.); – versicherungstechnische Bruttorückstellungen insgesamt, davon Bruttorückstellung für noch nicht abgewickelte Versicherungsfälle sowie Schwankungsrückstellung und ähnliche Rückstellungen; – Anzahl der mind. einjährigen Versicherungsverträge (nur für das sG). – Vereinfachungen zur Spartenpublizität enthält § 51 Abs. 4 Sätze 2 und 4 RechVersV.	116-119	Anhang

* Saldo aus den verdienten Beträgen des Rückversicherers und den Anteilen des Rückversicherers an den Bruttoaufwendungen für Versicherungsfälle und für den Versicherungsbetrieb

Gesetzliche Grundlage	Angabepflichten	Rn.	Darstellung im Jahres-abschluss
§ 38 Abs. 2 RechVersV	**Technischer Zinsertrag für eigene Rechnung** Versicherungsunternehmen haben die in § 38 Abs. 1 RechVersV bezeichneten Zinserträge in die versicherungstechnische Rechnung zu übertragen. Der Grund der Übertragung und die Berechnungsgrundlage sind im Anhang zu erläutern.		Anhang
§ 43 Abs. 5 RechVersV	**Aufwendungen für den Versicherungsbetrieb für eigene Rechnung** Versicherungsunternehmen haben die Abschluss- und Verwaltungsaufwendungen zusammengefasst unter dem Posten „Bruttoaufwendungen für den Versicherungsbetrieb" auszuweisen. Im Anhang sind diese Posten jedoch gesondert anzugeben.		Anhang
§ 53 Satz 2 RechVersV	**Anhangangaben bei Betrieb mehrerer Geschäftszweige** Versicherungsunternehmen, die auch das selbst abgeschlossene Krankenversicherungsgeschäft nach Art der LV betreiben, haben die für den Anhang vorgeschriebenen Angaben gesondert auch für das Krankenversicherungsgeschäft zu machen.		Anhang
Fn. 3 des Formblatts 2	**Angaben bei Weglassen von GuV-Posten** Die Angaben ab Posten II 15 („Gewinnvortrag/Verlustvortrag aus dem Vorjahr") können statt in der nicht versicherungstechnischen Rechnung auch im Anhang gemacht werden.		GuV oder Anhang
Fn. 9 des Formblatts 4	**Angaben bei Weglassen von GuV-Posten** Die Angaben ab Posten III 16 („Gewinnvortrag/ Verlustvortrag aus dem Vorjahr") können statt in der nicht versicherungstechnischen Rechnung auch im Anhang gemacht werden.		GuV oder Anhang

Gesetzliche Grundlage	Angabepflichten	Rn.	Darstellung im Jahresabschluss
	2. Lebensversicherungsunternehmen		
§ 51 Abs. 4 Nr. 2 RechVersV	**Spartenpublizität** Lebensversicherungsunternehmen haben die nachfolgenden Angaben zu machen: – gebuchte Bruttobeiträge, getrennt nach dem saG und dem üG (die Trennung kann entfallen, sofern die gebuchten Bruttobeiträge für das üG weniger als 10 % der gebuchten Bruttobeiträge für das gesamte Versicherungsgeschäft ausmachen); – Untergliederung der gebuchten Bruttobeiträge des saG nach folgenden Gruppen: 1. a) Einzelversicherungen; b) Kollektivversicherungen; 2. a) laufende Beiträge; b) Einmalbeiträge; 3. a) Verträge mit Gewinn beteiligungen; b) Verträge ohne Gewinn beteiligungen; c) Verträge, bei denen das Kapitalanlagerisiko von den VN getragen wird. Die Untergliederung kann entfallen, sofern die gebuchten Bruttobeiträge in den einzelnen Untergruppen jeweils 10 % der gebuchten Bruttobeiträge für das gesamte saG nicht übersteigen. – Rückversicherungssaldo zuzüglich der Veränderung des Anteils der Rückversicherer an der Brutto-Deckungsrückstellung.	118	Anhang
§ 14 Abs. 2 RechVersV	**Anlagestock** Angabe der Zusammensetzung des Anlagestocks und der Zahl der Anteileinheiten zum Abschlussstichtag.		Anhang

Gesetzliche Grundlage	**Angabepflichten**	**Rn.**	**Darstellung im Jahresabschluss**
§ 28 Abs. 8 RechVersV	**Rückstellung für Beitragsrückerstattung** Lebensversicherungsunternehmen haben für das saG folgende Angaben in tabellarischer Form zu machen: – Entwicklung (Anfangsbestand, Zuführungen, Entnahmen, Endbestand) der RfB; – Teile der RfB, die entfallen auf: 1. bereits festgelegte, aber noch nicht zugeteilte laufende Überschussanteile; 2. bereits festgelegte, aber noch nicht zugeteilte Schlussüberschussanteile und Schlusszahlungen; 3. bereits festgelegte, aber noch nicht zugeteilte Beträge für die Mindestbeteiligung an Bewertungsreserven; 4. bereits festgelegte, aber noch nicht zugeteilte Beträge zur Beteiligung an Bewertungsreserven (ohne die unter 3. genannten Beträge); 5. den Teil des Schlussüberschussanteilfonds, der für die Finanzierung von Gewinnrenten zurückgestellt wird (ohne die unter a. genannten Beträge); 6. den Fonds für Schlussüberschussanteile, der für die Finanzierung von Schlussüberschussanteilen und Schlusszahlungen zurückgestellt wird (ohne die unter 2. und 5. genannten Beträge); 7. den Teil des Schlussüberschussanteilfonds, der für die Finanzierung der Mindestbeteiligung an Bewertungsreserven zurückgestellt wird (ohne die unter 3. genannten Beträge); 8. den ungebundenen Teil (RfB ohne die unter 1.-7. genannten Beträge); – für die einzelnen Abrechnungsverbände/Bestandsgruppen die festgesetzten Überschussanteile und ggf. der verwendete Ansammlungszinssatz unter Angabe des Zuteilungsjahres; – die Verfahren zur Berechnung des Schlussüberschussanteilfonds sowie die gewählten Rechnungsgrundlagen.		Anhang

Gesetzliche Grundlage	Angabepflichten	Rn.	Darstellung im Jahresabschluss
§ 52 Nr. 2 Buchst. a RechVersV	**Versicherungstechnische Rückstellungen** Angabe der zur Berechnung der versicherungstechnischen Rückstellungen, einschl. der darin enthaltenen Überschussanteile, verwendeten versicherungsmathematischen Methoden und Berechnungsgrundlagen.		Anhang
§ 52 Nr. 2 Buchst. b RechVersV	**Verbindlichkeiten aus dem selbst abgeschlossenen Versicherungsgeschäft** Angabe der im Unterposten „Verbindlichkeiten aus dem saG gegenüber Versicherungsnehmern“ enthaltenen verzinslich angesammelten Überschussanteile.		Anhang
Fn. 4 des Formblatts 3	**Angaben bei Weglassen von GuV-Posten** Die Angaben ab Posten II 12 („Gewinnvortrag / Verlustvortrag aus dem Vorjahr“) können statt in der nicht versicherungstechnischen Rechnung auch im Anhang gemacht werden.		GuV oder Anhang
Fn. 9 des Formblatts 4	**Angaben bei Weglassen von GuV-Posten** Die Angaben ab Posten III 16 („Gewinnvortrag/ Verlustvortrag aus dem Vorjahr“) können statt in der nicht versicherungstechnischen Rechnung auch im Anhang gemacht werden.		GuV oder Anhang
§ 53 Satz 1 RechVersV	**Anhangangaben bei Betrieb mehrerer Geschäftszweige** Lebensversicherungsunternehmen, die auch das selbst abgeschlossene Unfallversicherungsgeschäft betreiben, haben die für den Anhang vorgeschriebenen Angaben auch für das selbst abgeschlossene Unfallversicherungsgeschäft zu machen.		Anhang

Gesetzliche Grundlage	Angabepflichten	Rn.	Darstellung im Jahresabschluss
3. Pensionskassen bzw. Sterbekassen			
§ 51 Abs. 4 Nr. 3 RechVersV	**Spartenpublizität** Pensions- bzw. Sterbekassen haben die nachfolgend aufgezeigten Angaben zu machen: – Untergliederung der gebuchten Bruttobeiträge nach folgenden Gruppen: 1. a) Einzelversicherungen; b) Kollektivversicherungen; 2. a) laufende Beiträge; b) Einmalbeiträge; 3. a) Pensionsversicherungen; b) Sterbegeldversicherungen; c) Zusatzversicherungen. Die Untergliederung kann entfallen, sofern die gebuchten Bruttobeiträge in den einzelnen Untergruppen jeweils 10 % der gebuchten Bruttobeiträge für das gesamte saG nicht übersteigen. – Rückversicherungssaldo. Sogenannte deregulierte PK** haben die gebuchten Bruttobeiträge zu untergliedern nach: a) Verträge ohne Gewinnbeteiligung; b) Verträge mit Gewinnbeteiligung.		Anhang
§ 52 Nr. 2 Buchst. a RechVersV	**Versicherungstechnische Rückstellungen** Angabe der zur Berechnung der versicherungstechnischen Rückstellungen, einschl. der darin enthaltenen Überschussanteile, verwendeten versicherungsmathematischen Methoden und Berechnungsgrundlagen.		Anhang

** Vgl. zum Begriff Fn. 159

Gesetzliche Grundlage	Angabepflichten	Rn.	Darstellung im Jahresabschluss
§ 28 Abs. 8 RechVersV	**Rückstellung für Beitragsrückerstattung** Pensions- und Sterbekassen haben für das saG folgende Angaben zu machen: – Entwicklung (Anfangsbestand, Zuführungen, Entnahmen, Endbestand) der RfB, – Teile der RfB, die entfallen auf: 1. bereits festgelegte, aber noch nicht zugeteilte laufende Überschussanteile; 2. bereits festgelegte, aber noch nicht zugeteilte Schlussüberschussanteile und Schlusszahlungen; 3. bereits festgelegte, aber noch nicht zugeteilte Beträge für die Mindestbeteiligung an Bewertungsreserven; 4. bereits festgelegte, aber noch nicht zugeteilte Beträge zur Beteiligung an Bewertungsreserven (ohne die unter 3. genannten Beträge); 5. den Teil des Schlussüberschussanteilfonds, der für die Finanzierung von Gewinnrenten zurückgestellt wird (ohne die unter a. genannten Beträge); 6. den Fonds für Schlussüberschussanteile, der für die Finanzierung von Schlussüberschussanteilen und Schlusszahlungen zurückgestellt wird (ohne die unter 2. und 5. genannten Beträge); 7. den Teil des Schlussüberschussanteilfonds, der für die Finanzierung der Mindestbeteiligung an Bewertungsreserven zurückgestellt wird (ohne die unter 3. genannten Beträge); 8. den ungebundenen Teil (RfB ohne die unter 1.-7. genannten Beträge); für die einzelnen Abrechnungsverbände/Bestandsgruppen die festgesetzten Überschussanteile und ggf. der verwendete Ansammlungszinssatz unter Angabe des Zuteilungsjahres; – die Verfahren zur Berechnung des Schlussüberschussanteilfonds sowie die gewählten Rechnungsgrundlagen.		Anhang

Gesetzliche Grundlage	Angabepflichten	Rn.	Darstellung im Jahresabschluss
§ 52 Nr. 2 Buchst. b RechVersV	Verbindlichkeiten aus dem selbst abgeschlossenen Versicherungsgeschäft Angabe der im Unterposten „Verbindlichkeiten aus dem selbst abgeschlossenen Versicherungsgeschäft gegenüber Versicherungsnehmern“ enthaltenen, verzinslich angesammelten Überschussanteile.		Anhang
Fn. 4 des Formblatts 3	Angaben bei Weglassen von GuV-Posten Die Angaben ab Posten II 12 („Gewinnvortrag/Verlustvortrag aus dem Vorjahr“) können statt in der nicht versicherungstechnischen Rechnung auch im Anhang gemacht werden.		GuV oder Anhang
§ 51 Abs. 4 Nr. 4 RechVersV	**Spartenpublizität** Krankenversicherungsunternehmen (KVU) haben die nachfolgend aufgezeigten Angaben zu machen: – Untergliederung der gebuchten Bruttobeiträge des saG sowie der Beiträge aus der Rückstellung für erfolgsabhängige Beitragsrückerstattung nach folgenden Gruppen: 1. a) Einzelversicherungen; b) Gruppenversicherungen; 2. a) laufende Beiträge; b) Einmalbeiträge; 3. a) Krankheitskostenvollversicherungen; b) Krankentagegeldversicherungen; c) selbstständige Krankenhaustagegeldversicherungen; d) sonstige selbstständige Teilversicherungen; e) Pflegepflichtversicherungen; f) Beihilfeablöseversicherungen; g) Restschuld-/Lohnfortzahlungsversicherungen; h) Auslandsreisekrankenversicherungen;	118	Anhang

Gesetzliche Grundlage	Angabepflichten	Rn.	Darstellung im Jahresabschluss
4. Krankenversicherungsunternehmen			
	4. der in Nrn. 1-3 enthaltene Beitragszuschlag nach § 12a VAG; – Rückversicherungssaldo; – Zahl der versicherten natürlichen Personen, insgesamt und aufgeteilt auf: 1. Krankheitskostenvollversicherungen; 2. Krankentagegeldversicherungen; 3. selbstständige Krankenhaustagegeldversicherungen; 4. sonstige selbstständige Teilversicherungen; 5. Pflegepflichtversicherungen; 6. Beihilfeablöseversicherungen. – Zerlegung der RfB und Betrag nach § 12a VAG nach Muster 6.		
Fn. 4 des Formblatts 3	**Angaben bei Weglassen von GuV-Posten** Die Angaben ab Posten II 12 („Gewinnvortrag/Verlustvortrag aus dem Vorjahr“) können statt in der nicht versicherungstechnischen Rechnung auch im Anhang gemacht werden		GuV oder Anhang
5. Rückversicherungsunternehmen			
§ 51 Abs. 4 Nr. 6 RechVersV	**Spartenpublizität** Rückversicherungsunternehmen (RückVU) haben die gebuchten Bruttobeiträge untergliedert nach dem Schaden- und Unfallversicherungsgeschäft und dem Lebensversicherungsgeschäft anzugeben.	118	Anhang

Gesetzliche Grundlage	Angabepflichten	Rn.	Darstellung im Jahresabschluss
§ 38 Abs. 2 RechVersV	**Technischer Zinsertrag für eigene Rechnung** Rückversicherungsunternehmen haben die in § 38 Abs. 1 RechVersV bezeichneten Zinserträge in die versicherungstechnische Rechnung zu übertragen. Der Grund der Übertragung und die Berechnungsgrundlage sind im Anhang zu erläutern.		Anhang
Fn. 3 des Formblatts 2	**Angaben bei Weglassen von GuV-Posten** Die Angaben ab Posten II 15 („Gewinnvortrag/Verlustvortrag aus dem Vorjahr") können statt in der nicht versicherungstechnischen Rechnung auch im Anhang gemacht werden.		GuV oder Anhang

7. Erläuterungen zu bestimmten Anhangangaben

37 Nachfolgend wird auf bestimmte, in der tabellarischen Übersicht dargestellte Angabepflichten eingegangen, zu denen sich sowohl bei der Aufstellung des Anhangs als auch bei dessen Prüfung Fragen und Probleme ergeben können.

a) Bilanzierungs- und Bewertungsmethoden

38 Nach § 284 Abs. 2 Nr. 1 HGB sind die auf die Posten der Bilanz und der GuV angewendeten Bilanzierungs- und Bewertungsmethoden im Anhang anzugeben. Die Bilanzierungsmethoden umfassen diejenigen Entscheidungen, die den Ansatz in der Bilanz oder der GuV zum Gegenstand haben; Bewertungsverfahren hingegen sind als bestimmte, in ihrem Ablauf definierte Verfahren der Wertfindung definiert, zu denen auch die Abschreibungsmethoden gehören.[28] Den Umfang, die Form und die Reihenfolge der Angaben regelt das Gesetz nicht. Die Erläuterungen können jedoch mit denen der einzelnen Bilanzposten und Posten der GuV verbunden werden.

28 Vgl. *IDW* (Hrsg.), WP Handbuch 2006[13], Rn. F 592.

Im Hinblick auf die Klarheit der Darstellung sind die Angaben grundsätzlich auf das Wesentliche zu beschränken und Zusammenfassungen dort vorzunehmen, wo gleiche Sachverhalte vorliegen. Entsprechend ist eine geschlossene Darstellung von sachlich zusammengehörigen Aussagen sinnvoll, u.U. sogar geboten.[29]

Bilanzierungsmethoden sind nur dann anzugeben, wenn Alternativen für die Bilanzierung bestehen oder, wenn Sonderfälle[30] zur Anwendung kommen und sie deshalb einer ausdrücklichen Erwähnung bedürfen.[31] In Betracht kommen in erster Linie Bilanzierungswahlrechte dem Grunde nach; sie ergeben sich aus Ansatzvorschriften, die ein Wahlrecht einräumen, bestimmte Aktiv- oder Passivposten zu bilanzieren.[32] Das HGB in der Fassung des BilMoG sieht dabei insb. folgende Ansatzwahlrechte vor:

- Selbst geschaffene immaterielle Vermögensgegenstände des Anlagevermögens (§ 248 Abs. 1 Satz 2 HGB)
- Pensionsrückstellungen für sog. Altzusagen und mittelbare/unmittelbare oder ähnliche Verpflichtungen (§ 249 Abs. 1 Satz 1 i.V.m. Art. 28 EGHGB)
- Einstellung eines Disagios in den aktiven Rechnungsabgrenzungsposten (§ 250 Abs. 3 HGB)
- Aktive latente Steuern (§ 274 Abs. 1 Satz 2 HGB)
- Unsaldierter Ausweis aktiver und passiver latenter Steuern (§ 274 Abs. 1 Satz 3 HGB).

Angabepflichtig ist in diesem Zusammenhang auch die Art der Bilanzaufstellung, d.h., ob die Bilanz vor Ergebnisverwendung oder unter Berücksichtigung der vollständigen bzw. teilweisen Ergebnisverwendung aufgestellt wurde.[33]

Die Angaben zu Bilanzierungsmethoden umfassen unter Beachtung des Grundsatzes der Wesentlichkeit in bestimmten Fällen Erläuterungen zum Zeitpunkt der Bilanzierung. Wann ein Vermögensgegenstand zu aktivieren bzw. eine Schuld zu passivieren ist, hängt im Rahmen der GoB von verschiedenen Voraussetzungen ab. Sofern diese Voraussetzungen nicht eindeutig erfüllt sind, müssen die Grund-

29 Vgl. *Küting/Pfitzer/Weber*, Handbuch der Rechnungslegung[5], §§ 284-288 HGB, Rn. 62.
30 Ein Sonderfall liegt bspw. dann vor, wenn die Zuordnung eines Gegenstands zu einem bestimmten Posten der Bilanz nicht eindeutig feststellbar ist.
31 Vgl. *IDW* (Hrsg.), WP Handbuch 2006[13], Rn. F 595.
32 Vgl. *Ellrott*, in: Beck Bil-Komm.[7], § 284 HGB, Rn. 87.
33 Vgl. *Ellrott*, in: Beck Bil-Komm.[7], § 284 HGB, Rn. 88.

sätze angegeben werden, nach denen die Voraussetzungen für die Bilanzierung als erfüllt angesehen werden.[34]

Die Ausübung von Wahlrechten bezüglich des Ausweises in der Bilanz bzw. in der GuV oder im Anhang (z.B. Disagio nach § 250 Abs. 3 HGB) ist nicht berichtspflichtig, da auf die Ausübung dieser Wahlrechte bereits implizit aus dem JA geschlossen werden kann. Eine gesonderte Erläuterung ist insofern nicht notwendig.

Aus den Angaben soll ferner erkennbar werden, dass und ggf. aus welchen Gründen von den Wahlrechten Gebrauch bzw. nicht Gebrauch gemacht wurde. In Fällen, in denen es sich um unwesentliche Beträge handelt, kann entsprechend dem Grundsatz der Wesentlichkeit auf Angaben verzichtet werden.[35]

39 Gegenüber den Bilanzierungsmethoden, die sich auf die Bilanzierung dem Grunde nach beziehen, bezeichnen Bewertungsmethoden sämtliche Verfahren zur Ermittlung von Wertansätzen, die den GoB entsprechen (Bilanzierung der Höhe nach).[36] Die Angaben zu den Bewertungsmethoden dienen dabei in erster Linie dazu, ein den tatsächlichen Verhältnissen entsprechendes Bild der Vermögens-, Finanz- und Ertragslage des VU zu vermitteln.[37] Aus den Ausführungen muss hervorgehen, welche nach dem Gesetz zulässigen Methoden angewendet werden; allgemein gehaltene Bemerkungen reichen nicht aus.[38] Die Angaben können, um Wiederholungen zu vermeiden, für mehrere Bilanzposten zusammengefasst werden, was nur dann möglich ist, wenn für diese die gleiche Bewertungsmethode Anwendung findet.

Der Begriff der Bewertungsmethode schließt auch die Angabe von Abschreibungsmethoden ein. Sowohl hinsichtlich der Höhe des Wertansatzes als auch hinsichtlich der Wahl des jeweiligen Ermittlungsverfahrens räumt das HGB an zahlreichen Stellen Wahlrechte ein, über deren Ausübung berichtet werden muss. Dazu gehören bspw. folgende Bewertungswahlrechte:[39]

- Ansatz des Festwerts (§ 240 Abs. 3 Satz 1 i.V.m. § 256 Satz 2 HGB)
- Gruppenbewertung (§ 240 Abs. 4 i.V.m. § 256 Satz 2 HGB)
- Bemessung der Herstellungskosten (§ 255 Abs. 2 Satz 3 HGB)
- Nominalwertbilanzierung (§ 341c Abs. 1 HGB).

34 Vgl. *Ellrott*, in: Beck Bil-Komm.[7], § 284 HGB, Rn. 91.
35 Vgl. *IDW* (Hrsg.), WP Handbuch 2006[13], Rn. F 598.
36 Vgl. *Ellrott*, in: Beck Bil-Komm.[7], § 284 HGB, Rn. 100.
37 Vgl. *IDW* (Hrsg.), WP Handbuch 2006[13], Rn. F 599.
38 Vgl. *Küting / Pfitzer / Weber*, Handbuch der Rechnungslegung[5], §§ 284-288 HGB, Rn. 93.
39 Vgl. *Ellrott*, in: Beck Bil-Komm.[7], § 284 HGB, Rn. 101.

Die Pflicht zur Angabe der Bewertungsmethoden gilt nicht nur für die Aktivseite, sondern auch für die Passivseite der Bilanz. In Betracht kommen dabei z.B. Angaben zum Sonderposten mit Rücklageanteil oder zu den sonstigen nicht versicherungstechnischen Rückstellungen – davon insb. die Rückstellung für Pensionen und ähnliche Verpflichtungen –, wobei der nicht durch Rückstellungen gedeckte Teil der Versorgungsverpflichtung nach Art. 28 Abs. 2 EGHGB gesondert anzugeben ist. 40

Über die allgemeine Verpflichtung des § 284 Abs. 2 Nr. 1 HGB hinaus bestehen spezielle Regelungen für versicherungstechnische Rückstellungen. So sind gem. § 52 Nr. 1 Buchst. c RechVersV in Ergänzung der Angaben nach § 284 Abs. 2 Nr. 1 HGB die Methoden der Ermittlung der einzelnen versicherungstechnischen Rückstellungen mit Ausnahme der RfB sowohl hinsichtlich der Bruttobeträge als auch hinsichtlich der auf das in Rückdeckung gegebene Versicherungsgeschäft entfallenden Beträge, jeweils gesondert für das saG und das üG, anzugeben. 41

Lebensversicherungsunternehmen sowie PK / StK haben darüber hinaus gem. § 52 Nr. 2 Buchst. a RechVersV die zur Berechnung der versicherungstechnischen Rückstellungen, einschl. der darin enthaltenen Überschussanteile, verwendeten mathematischen Methoden und Berechnungsgrundlagen anzugeben.

Da die Bilanzierungs- und Bewertungsmethoden im Grundsatz stetig anzuwenden sind, müssen nach § 284 Abs. 2 Nr. 3 HGB Unterbrechungen der Bewertungsstetigkeit und Abweichungen von bisher angewendeten Bilanzierungsmethoden sowohl angegeben als auch begründet werden.[40] Ferner ist deren Einfluss auf die Vermögens-, Finanz- und Ertragslage gesondert darzustellen. 42

Damit soll der Bilanzleser Abweichungen vom Stetigkeitsgrundsatz nicht nur erkennen können, sondern auch eine Erklärung der die Abweichungen rechtfertigenden Umstände erhalten und über Auswirkungen dieser Maßnahmen informiert werden.

Eine Abweichung von Bilanzierungsmethoden kann im Rahmen der Ansatzwahlrechte erfolgen. Diese unterliegen nicht dem Stetigkeitsgebot des § 252 Abs. 1 Nr. 6 HGB, sodass ein Wechsel der Bilanzierungsmethoden keinen Beschränkungen unterliegt.[41] 43

---

40 Abweichungen liegen vor, wenn die Grundsätze des Regelfalls nicht eingehalten werden oder, wenn im zeitlichen Ablauf bisher angewendete Methoden und Grundsätze nicht mehr beibehalten werden.

41 Vgl. *Ellrott*, in: Beck Bil-Komm.[7], § 284, Rn. 146.

44 Zu den Abweichungen von Bewertungsmethoden gehören die nach § 252 Abs. 2 HGB zulässigen Ausnahmen von den allgemeinen Bewertungsgrundsätzen des § 252 Abs. 1 HGB. Insbesondere sind Abweichungen von in der Vergangenheit wahrgenommenen Bewertungswahlrechten anzugeben und zu begründen.[42] Keine Abweichung der Bewertungsmethode liegt dann vor, wenn sich eine notwendige Änderung der Bewertung unmittelbar aus dem Gesetz ergibt.

Im Rahmen der Angabepflicht ist nur über die Änderung der Methode und nicht über die Änderung der Verhältnisse zu berichten. Sofern z.B. bei der Bewertung wegen geänderter Verhältnisse nicht mehr die Anschaffungskosten, sondern niedrigere Stichtagskurse zum Ansatz kommen, haben sich zwar die Verhältnisse geändert, nicht aber die verwendete „Niederstwertmethode".[43] Eine Änderung von Methoden kann nur dann vorliegen, wenn hierzu rechtlich eine Möglichkeit (ein Wahlrecht) besteht.[44]

Die Angabepflicht umfasst den jeweiligen betroffenen Posten und die Beschreibung der Abweichungen gegenüber den Methoden des VJ. Liegen keine Abweichungen vor, braucht eine Fehlanzeige nicht abgegeben zu werden.

45 Die Abweichungen von Bilanzierungs- und Bewertungsmethoden sind nicht nur anzugeben, sondern auch zu begründen. Demnach müssen die Tatbestände, die zur Abweichung geführt haben oder, aus denen das VU den Wechsel der Bilanzierungs- und Bewertungsmethode vorgenommen hat, dargelegt werden.[45]

Es muss grundsätzlich über alle Abweichungen berichtet werden, denn auf eine Größenordnung stellt das Gesetz nicht ab. Aus dem Grundsatz der Wesentlichkeit von Angaben kann allerdings abgeleitet werden, dass unbedeutende Abweichungen nicht erörtert werden müssen.[46]

In Ergänzung der Angaben nach § 284 Abs. 2 Nr. 3 HGB sind auch die Bestimmungen des § 52 Nr. 1c RechVersV von Bedeutung. Ändern sich danach die Methoden der Ermittlung der einzelnen versicherungstechnischen Rückstellungen mit Ausnahme der RfB, so sind gem. § 52 Nr. 1c RechVersV wesentliche Änderungen der Methoden gegenüber dem vorausgegangenen GJ zu erläutern.

---

42 Vgl. *IDW* (Hrsg.), WP Handbuch 2006[13], Rn. F 617; *Ellrott*, in: Beck Bil-Komm.[7], § 284 HGB, Rn. 151; ADS ordnen dagegen das Abweichen von den in § 252 Abs. 1 HGB geregelten, allgemeinen Bewertungsgrundsätzen den Angaben nach § 284 Abs. 2 Nr. 1 HGB zu, vgl. *ADS*[6], § 284, Rn. 114.

43 Vgl. *Küting/Pfitzer/Weber*, Handbuch der Rechnungslegung[5], §§ 284-288 HGB, Rn. 113.

44 Vgl. *Küting/Pfitzer/Weber*, Handbuch der Rechnungslegung[5], §§ 284-288 HGB, Rn. 126.

45 Vgl. *Ellrott*, in: Beck Bil-Komm.[7], § 284 HGB, Rn. 143.

46 Vgl. *IDW* (Hrsg.), WP Handbuch 2006[13]. Rn. F 618; *Ellrott*, in: Beck Bil-Komm.[7], § 284 HGB, Rn. 143.

Neben der Angabe und der Begründung von Abweichungen von Bilanzierungs- und Bewertungsmethoden ist der Einfluss dieser Abweichungen auf die Vermögens-, Finanz- und Ertragslage gesondert darzustellen. Dabei ist darzustellen, ob die Abweichung zu einer Erhöhung oder Verminderung des Gesamtvermögens oder der Schulden geführt hat, und welche Auswirkungen sich hierdurch für das Jahresergebnis vor Gewinnsteuern ergeben haben. Es kommt dabei auf die Angabe der Richtung des Einflusses an. Zahlenmäßige Angaben brauchen grundsätzlich nicht gemacht zu werden; es genügt eine verbale Berichterstattung.[47] Betragsmäßige Angaben sind allerdings immer dann erforderlich, wenn die verbale Aussage unter den gegebenen Umständen unzureichend ist.[48] 46

Die gesonderte Darstellung des Einflusses bedeutet, dass die Angaben nicht in anderen Ausführungen untergehen dürfen, sondern als solche erkennbar sein müssen. Die Art der Darstellung ist nicht vorgeschrieben.[49]

Die Verpflichtung der Darstellung des Einflusses von Abweichungen geht nicht über die in § 284 Abs. 2 Nr. 3 1. Halbsatz HGB geforderte Angabe und Begründung von Abweichungen hinaus. Auswirkungen anderer Faktoren, die keine Abweichung von Bilanzierungs- und Bewertungsmethoden darstellen, brauchen demnach auch nicht hinsichtlich ihres Einflusses auf die Vermögens-, Finanz- und Ertragslage erläutert zu werden.[50]

Ändern sich bei erstmaliger Anwendung der durch das BilMoG geänderten Vorschriften die bisher angewendeten Bewertungsmethoden, ist eine Angabe nach § 284 Abs. 2 Nr. 3 HGB bei der erstmaligen Aufstellung des JA nach den geänderten Vorschriften nicht erforderlich.[51]

b) Unterschiedsbeträge bei der Anwendung von Bewertungsvereinfachungsverfahren

Eine der Aufdeckung von Bewertungsreserven dienende Vorschrift stellt § 284 Abs. 2 Nr. 4 HGB dar. Danach sind bei Anwendung einer Bewertungsmethode nach § 240 Abs. 4 (Gruppenbewertung) oder § 256 Satz 1 HGB (Verbrauchsfolgeverfahren) im Anhang die Unterschiedsbeträge pauschal für die jeweilige Gruppe auszuweisen, wenn die Bewertung im Vergleich zu einer Bewertung auf der 47

47 Vgl. *Ellrott*, in: Beck Bil-Komm.[7], § 284 HGB, Rn. 170.
48 Vgl. *Küting/Pfitzer/Weber*, Handbuch der Rechnungslegung[5], §§ 284-288 HGB, Rn. 121.
49 Vgl. *Küting/Pfitzer/Weber*, Handbuch der Rechnungslegung[5], §§ 284-288 HGB, Rn. 126.
50 Vgl. *ADS*[6], § 284 HGB, Rn. 143.
51 Vgl. Art. 67 Abs. 8 Satz 1 EGHGB.

Grundlage des letzten vor dem Abschlussstichtag bekannten Börsenkurses oder Marktpreises einen erheblichen Unterschied aufweist.

Der Ausweis des Unterschiedsbetrags ist für die jeweilige Gruppe zu ermitteln. Damit knüpft das Gesetz begrifflich an § 240 Abs. 4 HGB an.[52] Für alle in einer derartigen Gruppe bewerteten Vermögensgegenstände ist der Unterschiedsbetrag zum Börsenkurs oder Marktpreis anzugeben. Von der Gruppe ist nach § 284 Abs. 2 Nr. 4 HGB auch für die Beurteilung der Frage auszugehen, ob der Unterschiedsbetrag erheblich ist.

Zur Feststellung des Unterschiedsbetrags ist zunächst eine Vergleichsbewertung aufgrund desselben Mengengerüstes, das der Bilanzbewertung zugrunde liegt, vorzunehmen. Zur Vermeidung einer aufwendigen Neuberechnung der tatsächlichen Anschaffungskosten hat die Bewertung auf der Grundlage des zuletzt bekannten Börsen- oder Marktpreises zu erfolgen. In Anbetracht möglicher, zwischenzeitlich eingetretener Preissteigerungen kann der ermittelte Wert über dem Anschaffungswert liegen. In diesem Fall muss es zulässig sein, vorsichtig bemessene Abschläge vornehmen zu können.[53]

Ist kein Börsen- oder Marktpreis feststellbar, so entfällt die Angabepflicht. Dies trifft bei VU regelmäßig auf die Schadenrückstellungen zu, da diese weder an einer Börse noch auf einem Markt gehandelt werden.

c) Grundlagen der Währungsumrechnung

48 Gemäß § 284 Abs. 2 Nr. 2 HGB sind die Grundlagen für die vorgenommene Fremdwährungsumrechnung anzugeben. Das Gesetz gibt keinen Hinweis zu Art und Umfang der erforderlichen Angaben. Für die verbale Beschreibung der Umrechnungsgrundlagen werden bei VU folgende Aussagen in Betracht kommen können:

- Angabe der angewendeten Umrechnungskurse sowohl für die Bilanz als auch für die GuV (z.B. Bilanzstichtagskurse, historische Kurse, ggf. Devisenkurse zum Zeitpunkt des Ertragszuflusses)
- Angabe des Bewertungsstichtags
- ob das Prinzip der (währungs-)kongruenten Deckung beachtet wurde
- ob die kongruierenden Aktiva und Passiva nach den Grundsätzen der Einzelbewertung oder als Einheit bewertet werden

52 Vgl. *ADS*[6], § 284 HGB, Rn. 152.
53 Vgl. *ADS*[6], § 284 HGB, Rn. 153.

- ob jede Währung für sich betrachtet wird (d.h. Währungsgewinne und -verluste nur innerhalb der gleichen Währung verrechnet werden), oder, ob eine Saldierung von Über- und Unterdeckungen über alle Währungen erfolgt
- ob für nicht realisierte Währungskursgewinne (nach Verrechnung aller Währungen) u.U. eine Rückstellung für Währungskursdifferenzen gebildet wurde.

d) Angabepflichten gem. § 285 Satz 1 Nr. 5 HGB a.F.

Ergebniseinfluss steuerlicher Wertansätze (§ 285 Satz 1 Nr. 5 HGB a.F.) 49

Vor der Einführung des BilMoG waren nach § 285 Satz 1 Nr. 5 HGB a.F. im Anhang Angaben über das Ausmaß zu machen, in dem das Jahresergebnis dadurch beeinflusst wurde, dass bei Vermögensgegenständen im GJ oder früheren GJ Abschreibungen nach §§ 254, 280 Abs. 2 HGB a.F. aufgrund steuerrechtlicher Vorschriften vorgenommen oder beibehalten wurden oder, dass ein Sonderposten nach § 273 HGB a.F. gebildet wurde. Ferner war das Ausmaß erheblicher künftiger Belastungen anzugeben, die sich aus einer solchen Bewertung ergeben.

Mit der Einführung des BilMoG wurde das Prinzip der umgekehrten Maßgeblichkeit aufgehoben. Steuerrechtliche Vorschriften entfalten grundsätzlich keine Auswirkungen mehr auf die handelsrechtliche Rechnungslegung, sodass die Vorschrift des § 285 Satz 1 Nr. 5 HGB a.F. aufgehoben wurde. Nach Art. 66 Abs. 5 EGHGB ist die Vorschrift letztmals auf JA für das vor dem 01.01.2010 beginnende GJ anzuwenden. Nach den durch das BilMoG geänderten Vorschriften besteht nun ein Wahlrecht, Sonderposten mit Rücklageanteil nach §§ 247 Abs. 3, 273 HGB a.F. oder niedrigere Wertansätze von Vermögensgegenständen aufgrund vorgenommener Abschreibungen nach §§ 254, 279 Abs. 2 HGB a.F., die in GJ bilanziert bzw. vorgenommen wurden, die vor dem 01.01.2009 begonnen haben, unter Anwendungen der für sie geltenden Vorschriften in der bis zum 28.05.2009 geltenden Fassung fortzuführen.[54] Wird von dem Wahlrecht Gebrauch gemacht, ist § 285 Satz 1 Nr. 5 HGB a.F. weiter anzuwenden.

Grundsätzlich sind dabei nicht nur die Auswirkungen der im GJ vorgenommenen Maßnahmen, sondern auch die Auswirkungen aus den VJ zu erfassen.

Haben die steuerrechtlichen Abschreibungen (und unterlassenen Wertaufholungen) sowie die gebildeten Sonderposten mit Rücklageanteil in der Zukunft erhebliche Belastungen zur Folge, so ist auch deren Ausmaß anzugeben. Ausgangsgröße fur die Erlauterung des Ausmaßes der Beeinflussung ist das Jahresergebnis,

54 Vgl. Art. 67 Abs. 3 Satz 1 EGHGB.

wie es in der GuV ausgewiesen ist. § 285 Satz 1 Nr. 5 HGB a.F. verlangt nicht die Angabe eines exakten Betrags. Zur Angabe des Ausmaßes genügt die verbale Beschreibung des sich aus den Steuervergünstigungen ergebenden Effekts. Auch, wenn keine exakte Betragsangabe gefordert ist, muss dennoch deutlich werden, in welchem Umfang das Jahresergebnis beeinflusst wurde.[55]

§ 285 Satz 1 Nr. 5 HGB a.F. verlangt die Anhangangabe nur für solche künftigen Belastungen des Jahresergebnisses, die erheblich (wesentlich) sind. Was als wesentlich anzusehen ist, hängt vom Einzelfall ab; der absolute Betrag der künftigen Belastungen wird nur ausnahmsweise bestimmend sein. Als Bezugsgrößen in Frage kommen z.B. das Eigenkapital, die Rückstellungen und Verbindlichkeiten oder die Vermögens- und Finanzlage. Das Jahresergebnis selbst wird nicht heranzuziehen sein, da es zum Fälligkeitszeitpunkt der bis dahin aufgeschobenen Steuerschuld regelmäßig positiv beeinflusst wird.[56]

e) Zusätzliche Angaben in besonderen Fällen (§ 264 Abs. 2 Satz 2 HGB)

50 Die Bestimmungen des § 264 Abs. 2 Satz 2 HGB stellen eine „Auffangvorschrift" dar, die dann greift, wenn der JA trotz Beachtung aller Einzelvorschriften und der GoB aufgrund besonderer Umstände ein den tatsächlichen Verhältnissen entsprechendes Bild i.S.d. § 264 Abs. 1 Satz 1 HGB (Generalnorm) nicht vermittelt und zusätzliche Angaben erforderlich sind. Hierfür werden im Wesentlichen Sachverhalte von außergewöhnlicher Bedeutung und einmaliger Art in Betracht kommen, für die sonst keine Erläuterungspflicht besteht.[57]

Eine Erläuterungspflicht besteht z.B. dann, wenn das Jahresergebnis durch sachverhaltsgestaltende Maßnahmen (z.B. Sale-and-Lease-Back-Transaktionen)[58] in so erheblichem Ausmaß beeinflusst ist, dass ohne zusätzliche Angaben ein falsches Bild der Ertragslage entstünde.[59] Eine Angabepflicht kann auch dann in Betracht kommen, wenn durch die Bildung oder Auflösung stiller Reserven die tatsächliche wirtschaftliche Entwicklung des Unternehmens verborgen bliebe bzw. sogar umgekehrt würde. Angabepflichtig wäre darüber hinaus die Tatsache, dass von Dritten überlassene Mittel ausdrücklich aus zukünftigen Gewinnen zurückzuzah-

55 Vgl. *IDW* (Hrsg.), WP Handbuch 2006[13], Rn. F 723 mit Formulierungsvorschlägen.
56 Vgl. *Küting / Pfitzer / Weber*, Handbuch der Rechnungslegung[5], §§ 284-288 HGB, Rn. 214.
57 Vgl. *IDW* (Hrsg.), WP Handbuch 2006[13], Rn. F 840 ff.
58 Zur Definition und weiteren Beispielen vgl. *IDW Prüfungsstandard: Grundsätze ordnungsmäßiger Berichterstattung bei Abschlussprüfungen (IDW PS 450)* (Stand: 09.09.2009), Tz. 94 ff.
59 Vgl. *Förschle / Deubert*, in: Beck Bil-Komm.[7], § 264 HGB, Rn. 50.

len und die Rückzahlungsverpflichtungen daher vor einer Gewinnerzielung nicht zu passivieren sind.[60]

f) Entwicklung der Kapitalanlagen nach Muster 1

Gemäß § 51 Abs. 2 RechVersV ist anstelle der in § 268 Abs. 2 HGB vorgeschriebenen Angaben über die Entwicklung der Aktivposten B und C I-III des Formblatts 1 nach dem Muster 1 der RechVersV zu berichten, soweit keine entsprechende Darstellung in der Bilanz erfolgt.[61] 51

Das Muster 1 orientiert sich in seiner vertikalen Gliederung an der Gliederung der betreffenden Posten (B, C I-III) in der Bilanz. Lediglich die immateriellen Vermögensgegenstände sind – sofern dies nicht in der Bilanz erfolgt ist – detaillierter aufzugliedern in die Unterposten:

- Aufwendungen für die Ingangsetzung und Erweiterung des Geschäftsbetriebs nach § 269 Abs. 1 Satz 1 HGB
- entgeltlich erworbener Geschäfts- oder Firmenwert
- sonstige immaterielle Vermögensgegenstände.

Die horizontale Gliederung von Muster 1 erfolgt nach folgendem Schema:

Bilanzwerte VJ	Zugänge	Umbuchungen	Abgänge	Zuschreibungen	Abschreibungen	Bilanzwerte GJ

Im Gegensatz zu der in § 268 Abs. 2 HGB vorgeschriebenen Bruttomethode wird bei VU die sog. Nettomethode (Fortführung der Buchwerte der VJ-Bilanz) vorgeschrieben. Während bei der Bruttomethode von den Anschaffungs- und Herstellungskosten auszugehen ist, setzt die Nettomethode bei den Bilanzwerten, d.h. den fortgeführten Anschaffungs- und Herstellungskosten der VJ-Bilanz, an.

Veränderungen von Pauschalwertberichtigungen zu Kapitalanlagen, die Forderungen verkörpern, sind unter den Spalten „Abschreibungen" (bei Neubildung oder Erhöhung) bzw. „Zuschreibungen" (bei Auflösung oder Verminderung) zu erfassen.

Aufgrund des spezifischen Charakters des Postens „Einlagen bei Kreditinstituten" ist jeweils nur der Saldo der Zu- und Abgänge während des GJ als Zu- oder Abgang anzugeben und kein getrennter Ausweis der Zu- und Abgänge vorzunehmen.

60 Zu den Angaben im Zusammenhang mit Genussrechten vgl. *IDW Stellungnahme HFA 1/1994: Zur Behandlung von Genussrechten im Jahresabschluss von Kapitalgesellschaften,* Nr. 2.1.3.

61 Vgl. hierzu *Treuberg/Angermayer*, Jahresabschluß von Versicherungsunternehmen, 1. Aufl., Stuttgart 1995, S. 503.

Werden Kapitalanlagen in Originalwährung statt in Euro gebucht, sind Währungskursunterschiede in den Spalten Zu- oder Abschreibungen aufzuführen, da sie keine (mengenmäßigen) Zu- oder Abgänge darstellen. Da Währungskursdifferenzen jedoch in den Posten „Sonstige Erträge“ bzw. „Sonstige Aufwendungen“ gebucht werden, resultiert aus dieser Vorgehensweise, dass die Summe der jeweiligen Spalte nicht mit dem entsprechenden Unterposten in der GuV („Erträge aus Kapitalanlagen„ bzw. „Aufwendungen für Kapitalanlagen“) übereinstimmt. Aus Gründen der Klarheit sollten daher die jeweiligen Beträge der Währungskursunterschiede entweder nachrichtlich vermerkt oder in einer zusätzlichen Spalte für Währungskursdifferenzen gezeigt werden.[62]

g) Aufwendungen für die Ingangsetzung und Erweiterung des Geschäftsbetriebs

52 Vor der Einführung des BilMoG konnten VU nach § 269 Satz 1 1. Halbsatz HGB a.F. Aufwendungen für die Ingangsetzung und Erweiterung des Geschäftsbetriebs als Bilanzierungshilfe aktivieren und mussten diesen Umstand nach § 269 Satz 1 2. Halbsatz HGB a.F. im Anhang erläutern. Die Erläuterungen sollten erkennen lassen, durch welche Maßnahmen die aktivierten Aufwendungen hervorgerufen wurden und wofür sie angefallen sind. Ferner war anzugeben, ob das Verbot der Aktivierung von Gründungskosten (§ 248 Abs. 1 HGB) beachtet und die Bestimmungen über die Abschreibungen (§ 282 HGB a.F.) eingehalten wurden.

53 Die Vorschrift wurde durch das BilMoG gestrichen. Nach Art. 66 Abs. 5 EGHGB ist § 269 HGB letztmals auf GJ anzuwenden, die vor dem 01.01.2010 beginnen. Allerdings kann das VU das Wahlrecht in Anspruch nehmen, eine Bilanzierungshilfe, die für ein vor dem 01.01.2009 beginnendes GJ gebildet worden ist, nach den bis zum 28.05.2009 geltenden Vorschriften fortzuführen. Für diesen Fall ist gem. § 268 Abs. 2 a.F. die Entwicklung des Postens „Aufwendungen für die Ingangsetzung und Erweiterung des Geschäftsbetriebs“ in der Bilanz oder im Anhang darzustellen.[63]

h) Angaben zu Anteilen oder Anlageaktien an Investmentvermögen

54 Sofern das Unternehmen mehr als 10 % der Anteile oder Anlageaktien in inländischem Investmentvermögen i.S.d. § 1 InvG oder vergleichbaren ausländischen

62 Vgl. *Stuirbrink/Schuster*, in: Beck Vers-Komm., 1. Aufl., München 1998, § 51 RechVersV, Rn. 11.
63 Vgl. Art. 67 Abs. 5 i.V.m. Art. 66 Abs. 3 Satz 6 EGHGB.

Investmentanteilen i.S.d. § 2 Abs. 9 InvG besitzt[64], sind gem. § 285 Nr. 26 HGB im Anhang die Anlageziele, ihr Wert i.S.d. § 36 InvG und die Differenz zum Buchwert, die im GJ erfolgten Ausschüttungen sowie Beschränkungen in der Möglichkeit der täglichen Rückgabe anzugeben. Zudem sind ggf. die Gründe für das Unterlassen einer Abschreibung gem. § 253 Abs. 3 Satz 4 HGB i.V.m. § 341b Abs. 2 Satz 2 HGB sowie die Gründe für die Annahme einer voraussichtlich nicht dauerhaften Wertminderung anzugeben. Bei umfangreichem Anteilsbesitz an Investmentvermögen empfiehlt sich die Angabe in Form einer tabellarischen Aufstellung. Fehlanzeigen sind nicht erforderlich.[65]

Als Anlageziele sind die Fondskategorien, wie z.B. Aktienfonds, Rentenfonds, 55
Immobilienfonds oder Hedgefonds, zu verstehen.[66] Die Grundlage für die Angabe bilden die nach § 43 Abs. 4 Nr. 1 InvG in den Vertragsbedingungen festgelegten Anlagegrundsätze und die Anlagepolitik. Eine Zusammenfassung gleicher Anteile oder Anlageaktien ist dabei möglich.[67]

Außerdem ist der Wert der Anteile i.S.d. § 36 InvG oder vergleichbarer ausländi- 56
scher Vorschriften (d.h. nicht der Anteilswert pro Stück) sowie die Differenz zum Buchwert anzugeben, um dem Abschlussadressaten eine Einschätzung des Risikos zu ermöglichen. Auch hier ist eine Zusammenfassung gleicher Anteile oder Anlageaktien mit gleichen Anlagezielen möglich. Die Ermittlung des angabepflichtigen Werts der Anteile oder Anlageaktien basiert auf der börsentäglichen Marktwertermittlung und erfolgt durch die Depotbank oder Kapitalanlagegesellschaft. Bei Anteilen an ausländischem Investmentvermögen muss der Wert entsprechend § 36 InvG ermittelt worden sein. Des Weiteren müssen stille Reserven/stille Lasten durch die Angabe der Differenz zwischen dem Marktwert i.S.d. § 36 InvG und dem Buchwert der Anteile oder Anteilsaktien offengelegt werden. Diese Angabepflicht kann z.B. durch eine Gegenüberstellung von Marktwerten i.S.d. § 36 InvG und den entsprechenden Buchwerten, zusammengefasst nach Investmentvermögen mit gleichen Anlage- bzw. Fondskategorien, erfüllt werden. Für die Angabe der im GJ erfolgten Ausschüttungen kommt es auf den Zufluss der Ausschüttung im GJ an. Diese kann von der Ausschüttung für das GJ abweichen, da diese i.d.R. erst nach dem Stichtag zur Auszahlungen kommt. Nicht angabepflichtig sind die Bestandteile der Ausschüttung sowie die vom Fonds thesaurierten Erträge.

Die Beschränkungen in der Möglichkeit der täglichen Rückgabe von Anteilen 57
oder Anlageaktien, die in den Fondsbedingungen enthalten sein müssen, sind zu

64 Vgl. Begr. RegE, BT-Drucks. 16/10067, S. 74.
65 Vgl. *Ellrott*, in: Beck Bil-Komm.[7],§ 285, Rn. 440.
66 Vgl. *Ellrott*, in: Beck Bil-Komm.[7],§ 285, Rn. 440.
67 Vgl. *Ellrott*, in: Beck Bil-Komm.[7],§ 285, Rn. 444.

erläutern, um dem Abschlussadressaten eine Möglichkeit zur Einschätzung des Liquiditätsrisikos zu geben.

58 Im Fall der Zuordnung der Anteile oder Anlageaktien zum Anlagevermögen gem. § 341 Abs. 2 Satz 2 HGB und der Bewertung nach dem gemilderten Niederstwertprinzip sind ggf. die Gründe für das Unterlassen einer Abschreibung gem. § 253 Abs. 3 Satz 4 HGB i.V.m. § 341b Abs. 2 Satz 2 HGB im Anhang anzugeben. Dabei ist es nicht ausreichend, das Unterlassen mit einer nicht vorliegenden dauerhaften Wertminderung zu begründen. Es sind die Ursachen für den niedrigeren Wert der Anteile oder Anlageaktien, die Anhaltspunkte für die Annahme einer voraussichtlich nicht dauerhaften Wertminderung sowie die Untersuchung einer Abschreibungsnotwendigkeit nach den geltenden Kriterien zu erläutern.[68]

i) Erläuterung von Bewertungseinheiten

59 Die Vorschrift des § 285 Nr. 23 HGB fordert umfangreiche Angaben für den Fall der Bildung von Bewertungseinheiten nach § 254 HGB. Im Anhang ist anzugeben, mit welchem Betrag welche Risiken in welche Bewertungseinheiten einbezogen wurden. Dabei sind die in den Bewertungseinheiten abgesicherten Risiken zu quantifizieren und die Effektivität der Bewertungseinheit ist zu erläutern. Die Angabe bezieht sich auf am Abschlussstichtag bestehende Bewertungseinheiten, d.h., während der Berichtsperiode bereits aufgelöste Bewertungseinheiten sind nicht berichtspflichtig.[69]

60 Nach § 285 Nr. 23 Buchst. a HGB ist der Betrag anzugeben, mit dem Vermögensgegenstände, Schulden, schwebende Geschäfte sowie mit hoher Wahrscheinlichkeit erwartete Transaktionen zur Absicherung welcher Risiken in eine Bewertungseinheit einbezogen worden sind. Die Art der gebildeten Bewertungseinheiten ist anzugeben. Der Gesetzgeber zieht hierbei Mikro-Hedge, Makro-Hedge und Portfolio-Hedge[70] in Betracht. Dem folgt die Angabe der Art des abgesicherten Risikos, nämlich, ob es sich um ein Wertänderungsrisiko (z.B. Preisänderungsrisiko, Zinsrisiko, Währungsrisiko, Bonitätsrisiko oder Liquiditätsrisiko) oder Zahlungsstromänderungsrisiko, z.B. aufgrund variabler Zinssätze, handelt. Zu jeder Risikoart ist zudem jeweils die Art der in die Bewertungseinheit einbezogenen bilanzierten Vermögensgegenstände oder Schulden, der nicht bilanzierten schwe-

68 Zur Untersuchung der voraussichtlichen Wertentwicklung der in Investmentvermögen enthaltenen Vermögensgegenstände sowie der zu prüfenden Kriterien vgl. *IDW RS VFA 2*.

69 Vgl. *Scharpf*, in: Küting/Pfitzer/Weber (Hrsg.), Das neue deutsche Bilanzrecht, 2. Aufl., Stuttgart 2009, S. 226.

70 Zur Definition siehe *Scharpf/Schaber*, Handbuch Bankbilanz, 3. Aufl., Düsseldorf 2009, S. 309.

benden Geschäfte sowie mit hoher Wahrscheinlichkeit erwarteter Transaktionen anzugeben. Des Weiteren fordert die Vorschrift die Angabe des Betrags des einbezogenen Grundgeschäfts, wobei die Nennung einer Größenordnung ausreichend erscheint.[71] Bei den bilanzierten Vermögensgegenständen und Schulden ist dies regelmäßig der Buchwert am Abschlussstichtag, bei den einbezogenen schwebenden Geschäften der Betrag der Leistung oder Gegenleistung. Für die Betragsangabe der mit hoher Wahrscheinlichkeit erwarteten Transaktionen ist auf den beizulegenden Zeitwert abzustellen. Die angabepflichtige Höhe der mit Bewertungseinheiten abgesicherten Risiken ergibt sich aus der unterlassenen Abwertung der Vermögensgegenstände und unterlassenen Höherbewertung der Schulden bzw. unterlassenen Bildung einer Drohverlustrückstellung auch bei schwebenden Geschäften. Bei mit hoher Wahrscheinlichkeit erwarteten Transaktionen bemisst sich die Höhe des Risikos nach den erwarteten nachteiligen Wert- oder Zahlungsstromänderungen des zukünftigen Verlustgeschäfts. Sind die Risiken nicht quantifizierbar, ist die Bildung einer Bewertungseinheit nicht zulässig. [72]

Für die abgesicherten Risiken sind nach § 285 Nr. 23 Buchst. b HGB Angaben zur 61
Wirksamkeit der am Bilanzstichtag bestehenden Bewertungseinheiten zu machen. Für jede abgesicherte Risikoart ist anzugeben, warum, in welchem Umfang und für welchen Zeitraum sich die gegenläufigen Wertänderung (Fair Value Hedge) und Zahlungsstromänderungen (Cash Flow Hedge) künftig voraussichtlich ausgleichen, einschl. der Methode der Ermittlung. Als Gründe können z.B. genannt werden, dass Grund- und Sicherungsgeschäft dem gleichen Risiko ausgesetzt sind, dass das Sicherungsgeschäft keine anderen Risiken als das Grundgeschäft aufweist oder, dass sich die Parameter von beiden entsprechen. Die Angabe zum Umfang der gegenläufigen Wert- und Zahlungsstromänderungen ist nur erforderlich, wenn bei einem Grundgeschäft nur ein Teil der Risiken abgesichert ist. Hinsichtlich der prospektiven Wirksamkeit kann die Dauer des Zeitraums, für welchen sich die gegenläufigen Wert- oder Zahlungsstromänderungen ausgleichen werden, mit dem Ende der Bewertungseinheit ermittelt werden. Ist ein zeitliches Ende nicht zu bestimmen, ist dies ebenfalls zu erläutern. Schließlich sind die Methoden der Messung der Effektivität einer Bewertungseinheit anzugeben.[73]

Nach § 285 Nr. 23 Buchst. c HGB werden besondere Erläuterungen der mit hoher 62
Wahrscheinlichkeit erwarteten Transaktionen gefordert, da es sich hierbei um antizipative Bewertungseinheiten handelt, deren Zulässigkeit an spezielle Anforde-

71 Vgl. *Ellrott*, in: Beck Bil-Komm.[7], § 285, Rn. 402 ff.
72 Vgl. *Ellrott*, in: Beck Bil-Komm.[7], § 285, Rn. 402 ff.
73 Vgl. *Ellrott*, in: Beck Bil-Komm.[7], § 285, Rn. 406 ff.

rungen geknüpft ist.[74] Anzugeben sind die Art des zukünftigen Grundgeschäfts, eine Einschätzung über den Grad der Eintrittswahrscheinlichkeit der Transaktion sowie Art und Designation des Sicherungsgeschäfts, da dieses bei Einbeziehung einer erwarteten Transaktion in eine Bewertungseinheit bereits abgeschlossen sein muss.[75]

63 Die nach § 285 Nr. 23 HGB geforderten Angaben können alternativ auch im LB gemacht werden, da sich teilweise Überschneidungen mit der Berichterstattung nach § 289 Abs. 2 Nr. 2 und Abs. 5 HGB ergeben. Ein Verweis im Anhang auf die Berichterstattung im LB ist nicht explizit vorgeschrieben, aber zu empfehlen.[76]

j) Angabe von Zeitwerten

64 Gemäß § 54 RechVersV ist im Anhang jeweils der Zeitwert für die zum Anschaffungswert oder zum Nennwert ausgewiesenen Kapitalanlagen anzugeben. Dies jedoch nicht in einer Gesamtsumme, sondern entsprechend der Darstellung der Kapitalanlagen in der Bilanz. Zudem sind die Gesamtsumme der Anschaffungskosten der in der Überschussbeteiligung einzubeziehenden Kapitalanlagen, die Gesamtsumme des beiliegenden Zeitwerts selbiger Kapitalanlagen und der sich daraus ergebende Saldo anzugeben. Für den Konzernabschluss besteht die Pflicht zur Angabe der Zeitwerte der Kapitalanlagen nicht. Auch Kapitalanlagen der fondsgebundenen und indexgebundenen LV sind nicht in die Zeitwertangabe einzubeziehen, da diese bereits in der Bilanz mit ihren Zeitwerten ausgewiesen werden (§ 341d HGB).

65 Der anzugebende Zeitwert ist grundsätzlich absatzmarktorientiert zu bestimmen. Die Ermittlung des Zeitwerts erfolgt für Grundstücke, grundstücksgleiche Rechte und Bauten einschließl. der Bauten auf fremden Grundstücken gem. den Bestimmungen des § 55 RechVersV und für die übrigen Kapitalanlagen gem. den Bestimmungen des § 56 RechVersV.

66 Für die Bewertung von Grundstücken, grundstücksgleichen Rechten und Bauten einschl. der Bauten auf fremden Grundstücken mit ihrem Zeitwert ist grundsätzlich vom Marktwert zum Zeitpunkt der Bewertung auszugehen.[77] Der Marktwert ist dabei im Wege einer Schätzung festzustellen, die mind. alle fünf Jahre für jedes einzelne Grundstück oder Gebäude nach einer allgemein anerkannten Methode vorzunehmen ist, wobei planmäßige Abschreibungen nach § 253 Abs. 2 Satz 1

74 Vgl. *Scharpf*, in: Küting/Pfitzer/Weber, Das neue deutsche Bilanzrecht, 2. Aufl., S. 226.
75 Vgl. *Ellrott*, in: Beck Bil-Komm.[7], § 285, Rn. 409.
76 Vgl. Begr RegE, BT-Drucks. 16/10067, S. 1.
77 Zur Definition des Marktwerts vgl. § 55 Abs. 2 RechVersV.

HGB unberücksichtigt zu lassen sind (§ 55 Abs. 3 RechVersV). Als Methoden zur Marktwertermittlung kommen insb. die in der Wertermittlungsverordnung[78] vorgesehenen Ertragswertverfahren, Sachwertverfahren und Vergleichswertverfahren in Betracht. In der Regel wird jedoch der Marktwert der Grundstücke mittels eines Ertragswertverfahrens bestimmt.

Hat sich der Marktwert seit der letzten Schätzung eines Grundstücks oder Gebäudes vermindert, so ist eine entsprechende Wertberichtigung vorzunehmen. Der berichtigte Marktwert ist bis zur nächsten vorzunehmenden Marktwertfeststellung beizubehalten (§ 55 Abs. 4 RechVersV). 67

Sind zum Zeitpunkt der Bilanzaufstellung Grundstücke oder Gebäude verkauft worden oder sollen sie in nächster Zeit verkauft werden, so ist der ermittelte Marktwert um die angefallenen bzw. voraussichtlichen Realisierungsaufwendungen zu vermindern (§ 55 Abs. 5 RechVersV). Die Marktwertermittlung orientiert sich insoweit am vorgesehenen Verwendungszweck der Grundstücke und Gebäude. 68

Zusammenfassend ergibt sich für die Ermittlung des Marktwerts von Grundstücken und Gebäuden folgendes Ermittlungsschema:[79]

	Geschätzter Marktwert (ohne Berücksichtigung planmäßiger Abschreibungen)
–	etwaige Wertminderungen seit der letzten Schätzung
–	(voraussichtliche) Realisierungsaufwendungen bei (geplantem) Verkauf
=	Zeitwert der Grundstücke und Gebäude

Abb. 2: Die Ermittlung des Zeitwerts von Grundstücken und Gebäuden

Ist die Bestimmung des Marktwerts eines Grundstücks oder Gebäudes nicht möglich, muss von den Anschaffungs- und Herstellungskosten ausgegangen werden (§ 55 Abs. 6 RechVersV). Eine unmittelbare Übernahme des (ursprünglichen) Bilanzwerts entspricht dabei jedoch nicht dem Regelungszweck. Aus diesem Grund sind die Anschaffungs- und Herstellungskosten mit Hilfe von Indexverfahren (z.B. Baukostenindex) fortzuschreiben und damit auf geeignete Zeitwerte überzuleiten. 69

78 Vgl. BGBl. I 1988, S. 2209.

79 Vgl. von *Treuberg/Angermayer*, Jahresabschluß von Versicherungsunternehmen, 1. Aufl., Stuttgart 1995, S. 507.

70 Der Zeitwert der übrigen Kapitalanlagen ermittelt sich als Freiverkehrswert. Bei an einer zugelassenen Börse notierten Kapitalanlagen handelt es sich bei dem Freiverkehrswert regelmäßig um den Börsenkurswert am Abschlussstichtag oder, wenn der Abschlussstichtag kein Börsentag ist, um den Börsenkurswert am letzten diesem Zeitpunkt vorausgehenden Börsentag (§ 56 Abs. 2 RechVersV).

Kapitalanlagen, die nicht an einer Börse notiert werden, sind – sofern für diese ein Markt vorhanden ist – mit dem Durchschnittswert, zu dem sie zum Abschlussstichtag oder, wenn der Abschlussstichtag kein Markttag ist, am letzten diesem Zeitpunkt vorausgehenden Markttag gehandelt wurden, zu bewerten (§56 Abs. 3 RechVersV).

71 Im Sinne einer verwendungszweckorientierten Bewertung ist der Freiverkehrswert um die angefallenen oder geschätzten Realisierungsaufwendungen zu vermindern, sofern zum Zeitpunkt der Bilanzaufstellung Kapitalanlagen veräußert worden sind oder die Absicht besteht, sie in nächster Zeit zu veräußern (§ 56 Abs. 4 RechVersV).

Bei der Bewertung ist stets zu beachten, dass die Kapitalanlagen höchstens mit ihrem voraussichtlich realisierbaren Wert unter Berücksichtigung des Grundsatzes der Vorsicht zu bewerten sind (§ 56 Abs. 5 RechVersV).

Zusammenfassend ergibt sich für die Ermittlung des Zeitwerts der übrigen Kapitalanlagen folgendes Schema: [80]

Freiverkehrswert	
	• Börsenkurswert oder
	• gehandelter Durchschnittswert am Markt
–	(voraussichtliche) Realisierungsaufwendungen bei (geplantem) Verkauf
=	Zeitwert der übrigen Kapitalanlagen

Abb. 3: Die Ermittlung des Zeitwerts der übrigen Kapitalanlagen

72 Bei Beteiligungen oder Anteilen an verbundenen Unternehmen werden Börsenkurse i.d.R. kaum verfügbar sein bzw. nur in den wenigsten Fällen zu einer angemessenen Zeitbewertung führen. Dies gilt insb. dann, wenn nur eine geringe Anzahl von Anteilen an Kapitalgesellschaften an der Börse gehandelt wird, weil

80 Vgl. von *Treuberg/Angermayer*, Jahresabschluß von Versicherungsunternehmen, 1. Aufl., Stuttgart 1995, S. 508.

sich die Mehrheit der Anteile in der Hand des geprüften VU bzw. der entsprechenden Versicherungsgruppe befinden oder an anderer Stelle dem Markt entzogen sind. Da der Marktpreis der börslich gehandelten Anteile hier deutlich von dem Marktpreis der als Beteiligung gehandelten Anteile abweichen kann, wird der Freiverkehrswert in diesen Fällen durch den Börsenkurswert nicht angemessen repräsentiert. Eine Bewertung nach § 56 Abs. 2 oder 3 RechVersV kommt daher nicht in Betracht.

Zur Bestimmung des Zeitwerts einer nicht börsennotierten Beteiligung bzw. eines nicht börsennotierten Anteils an verbundenen Unternehmen ist grundsätzlich das Ertragswertverfahren nach *IDW RS HFA 10*[81] heranzuziehen.[82] Bei den anderen Kapitalanlagen können für die Ermittlung des Zeitwerts weitgehend die gleichen Verfahren herangezogen werden, wie sie für die Feststellung eines niedrigeren beizulegenden Werts am Abschlussstichtag gem. §§ 253 Abs. 3 Satz 3 und 253 Abs. 4 HGB Anwendung finden.[83] 73

Zusätzlich zur Angabe des Zeitwerts müssen im Anhang Angaben bezüglich der verwendeten Bewertungsmethode gemacht werden. 74

So sind gem. § 55 Abs. 7 RechVersV für Grundstücke und Bauten die Bewertungsmethode und die entsprechende Zuordnung nach dem Jahr, in dem ihre Bewertung erfolgte, anzugeben. Hierbei wird i.d.R. die Angabe genügen, in welchem Umfang, in welchem GJ eine Zeitwertermittlung erfolgte.[84]

Bei den übrigen Kapitalanlagen ist gem. § 56 Abs. 6 RechVersV neben der jeweils angewendeten Bewertungsmethode der Grund für ihre Anwendung anzugeben. Hierbei wird ein Hinweis auf die Verwendung von Börsenkurswerten, Marktpreisen oder anderen Methoden ausreichen. Allerdings besteht keine Pflicht zur Angabe der Bewertungsmethode für jede einzelne Kapitalanlageart. Eine Begründung für die angewendete Bewertungsmethode wird nur dann erforderlich sein, wenn eine nicht in § 56 RechVersV ausdrücklich genannte Methode (Börsenkurswert, Marktwert) angewendet wurde.

---

81 Vgl. *Kupke/Nestler*, BB 2003, S. 2671.

82 *IDW Stellungnahme zur Rechnungslegung: Anwendung der Grundsätze des IDW S 1 bei der Bewertung von Beteiligungen und sonstigen Unternehmensanteilen für die Zwecke eines handelsrechtlichen Jahresabschlusses (IDW RS HFA 10)* (Stand: 18.10.2005).

83 Vgl. für die Wertfindung von Zero-Schuldscheindarlehen oder Zero-Namensschuldverschreibungen *IDW Rechnungslegungshinweis: Angabe von Zeitwerten gem. § 54 ff. RechVersV bei sogenannten „Zero-Schuldscheinen" oder „Zero-Namensschuldverschreibungen" (IDW RH VFA 1.001)* (Stand: 24.03.2000).

84 Bezugsgrößen können die Buchwerte oder die Zeitwerte der Grundstücke sein. Die jeweils gewährte Bezugsgröße ist anzugeben.

75 Gemäß § 285 Nr. 18 HGB sind im Anhang Angaben für zu den Finanzanlagen gehörende Finanzinstrumente (§ 266 Abs. 2 A. III. HGB) zu machen, die in der Bilanz über ihrem beizulegenden Zeitwert ausgewiesen werden. Diese Vorschrift gilt uneingeschränkt auch für VU und Pensionsfonds.

Eine handelsrechtliche Definition des Begriffs „Finanzinstrument" existiert nicht. Auch die zugrunde liegenden europäischen Richtlinien lassen dies offen. Der Gesetzgeber hat auf eine Definition bewusst verzichtet, da Finanzinstrumente schwer zu definieren sind und der dynamischen Fortentwicklung von Finanzinstrumenten auf den Finanz- und Kapitalmärkten Rechnung getragen werden soll. Nach *IDW RH HFA 1.005*[85] gelten als Finanzinstrumente die Vermögensgegenstände und Schulden, die auf vertraglicher Basis zu Geldzahlungen oder zum Zugang bzw. Abgang von anderen Finanzinstrumenten führen. Eigenkapitalinstrumente beim Emittenten stellen keine Finanzinstrumente dar. Der Begriff „Finanzinstrumente" umfasst demnach alle in § 266 Abs. 2 A. III. HGB genannten Vermögensgegenstände, eine Beschränkung der Anhangangaben auf Finanzinstrumente i.S.d. § 1 Abs. 11 KWG bzw. § 2 Abs. 2b WpHG ist somit nicht ausreichend.

Die Angabepflicht bezieht sich auf die Offenlegung der Ausübung des Wahlrechts nach §§ 253 Abs. 3 Satz 3, das bei nur vorübergehender Wertminderung von Vermögensgegenständen, die Finanzanlagen sind, ein Wertbeibehaltungswahlrecht begründet. Bei voraussichtlich dauernder Wertminderung besteht eine Pflicht zur außerplanmäßigen Abschreibung.

76 Für diejenigen Kapitalanlagen, für die ein VU vom Wahlrecht zur Nennwertbilanzierung gem. § 341c HGB Gebrauch macht, findet diese Angabepflicht keine Anwendung, da der Wortlaut des Gesetzes eine unterlassene Abschreibung nach § 253 Abs. 3 Satz 3 HGB voraussetzt. Nach § 341b Abs. 1 Satz 3 HGB ist § 253 Abs. 3 Satz 4 HGB, soweit es sich um eine voraussichtlich vorübergehende Wertminderung handelt, ausschließlich auf diejenigen Vermögensgegenstände anzuwenden, die explizit in § 341b Abs. 1 Satz 2 HGB genannt sind. Insofern gilt das Wertbeibehaltungswahlrecht des § 253 Abs. 2 Satz 4 HGB für Namensschuldverschreibungen, Hypothekendarlehen und andere Forderungen nur vorbehaltlich der Bilanzierung nach § 341c HGB.[86]

77 Neben den Angaben über den Buchwert und den beizulegenden Zeitwert der einzelnen betroffenen Vermögensgegenstände bzw. gleichartigen Gruppen von

85 *IDW Rechnungslegungshinweis: Anhangangaben nach § 285 Nr. 18 und 19 HGB zu bestimmten Finanzinstrumenten (IDW RH HFA 1.005)* (Stand: 24.11.2010), Tz. 3.

86 Vgl. *IDW* (Hrsg.), WP Handbuch[13], Rn. K 124.

Vermögensgegenständen sind die Gründe für das (teilweise) Unterlassen einer Abschreibung gem. § 253 Abs. 3 Satz 3 HGB und die Anhaltspunkte, die auf eine nur vorübergehende Wertminderung schließen lassen, zu nennen. Ein möglicher Anhaltspunkt wären z.B. Erwartungen hinsichtlich der künftigen Steigerung des beizulegenden Zeitwerts aufgrund bereits eingeleiteter Maßnahmen des Unternehmens.

Die Angabe des beizulegenden Zeitwerts ist im Gegensatz zu der nach § 54 RechVersV geforderten Zeitwertangabe nur dann erforderlich, wenn ein solcher für Zwecke der Bewertung ermittelt werden musste, d.h. am Abschlussstichtag Anhaltspunkte vorlagen, dass der Zeitwert unter dem Buchwert des Finanzinstruments lag. Dabei kann die Angabe von Buchwert und beizulegendem Zeitwert in angemessenen Gruppierungen entsprechend der jeweils angegebenen (gleichartigen) Begründung für die Nicht-Vornahme einer Abschreibung erfolgen. Bei der Bildung dieser Gruppierungen darf es jedoch zu keiner Verrechnung von stillen Reserven und stillen Lasten kommen. Folglich sind in die Gruppierung nur solche Finanzanlagen einzubeziehen, bei denen der Buchwert den beizulegenden Zeitwert übersteigt.

Ist eine Abschreibung wegen voraussichtlich nur vorübergehender Wertminderung einer Finanzanlage unterlassen worden, sind die entsprechenden Anhaltspunkte hierfür anzugeben.[87] Das bedeutet z.B., dass Angaben über feststellbare Werterhöhungen zwischen dem Abschlussstichtag und dem Zeitpunkt der Erstellung des JA, über fundierte nachvollziehbare Erwartungen und Chancen hinsichtlich zukünftiger Werterhöhungen (z.B. wegen vorliegender Anlaufverluste), über die Kurzfristigkeit von Ergebnisschwankungen bei Beteiligungen oder Anteilen an verbundenen Unternehmen sowie über eingeleitete bzw. geplante Maßnahmen (z.B. Kostensenkungsprogramm), die voraussichtlich zu einer Steigerung des beizulegenden Zeitwerts führen werden, erforderlich sind.

Auch für derivative Finanzinstrumente bestehen zusätzliche Angabepflichten, 78
insb. hinsichtlich ihres beizulegenden Zeitwerts. Dies betrifft auch die in strukturierte Finanzinstrumente eingebetteten Derivate, die nach den Regelungen des *IDW RS HFA 22*[88] vom Basisvertrag abzuspalten sind.[89] Die Angabepflicht umfasst sowohl Informationen zu Art und Umfang der eingesetzten Finanzinstrumente

87 Zur Beurteilung einer Wertminderung vgl. *IDW Stellungnahme zur Rechnungslegung: Auslegung des § 341b HGB (neu) (IDW RS VFA 2)* (Stand: 08.04.2002), Tz. 14 ff.

88 Vgl. *IDW Stellungnahme zur Rechnungslegung: Zur einheitlichen oder getrennten handelsrechtlichen Bilanzierung strukturierter Finanzinstrumente (IDW RS HFA 22)* (Stand: 02.09.2008), Tz. 25.

89 Vgl. *IDW RS HFA 22*, Tz. 25.

(§ 285 Nr. 19 Buchst. a HGB) als auch die Angabe des beizulegenden Zeitwerts der betreffenden Finanzinstrumente, soweit dieser verlässlich ermittelbar ist. Anzugeben sind auch die Bewertungsmethode (§ 285 Nr. 19 Buchst. b HGB), ein ggf. erfasster Buchwert sowie der Bilanzposten, in dem dieser erfasst wurde (§ 285 Nr. 19 Buchst. c HGB). Kann der beizulegende Zeitwert nicht ermittelt werden, sind die Gründe hierfür anzugeben (§ 285 Nr. 19 Buchst. d HGB).

Derivative Finanzinstrumente sind als Fest- oder Optionspreisgeschäfte ausgestaltete Termingeschäfte, deren Wert von einer Basisvariablen abhängt, die durch Geldzahlungen oder Zu- bzw. Abgang von anderen Finanzinstrumenten erfüllt werden können und deren Erfüllung auch auf Nettobasis möglich ist.[90] Der Begriff „derivative Finanzinstrumente" umfasst auch Verträge über den Erwerb oder die Veräußerung von Waren, bei denen jede der Vertragsparteien zur Abgeltung in bar oder durch ein anderes Finanzinstrument berechtigt ist. Ausgenommen hiervon sind Verträge, die den erwarteten Bedarf absichern, der sich aus Erwerb, Veräußerung oder dem eigenen Gebrauch ergibt, sofern eine derartige Absicht bei Begründung des Geschäfts bestand, zum Zeitpunkt des Abschlusses fortbesteht und der Vertrag mit der Lieferung der Ware als erfüllt gilt.

Zu den derivativen Finanzinstrumenten zählen Optionen, Futures, Forwards und Swaps. In Anlehnung an § 1 Abs. 11 Nr. 2 Satz 4 KWG lassen sich die derivativen Finanzinstrumente entsprechend der ihnen zugrunde liegenden Risiken in folgende Kategorien untergliedern:

- Zinsbezogene Geschäfte
- währungsbezogene Geschäfte
- aktien-/indexbezogene Geschäfte und
- sonstige Geschäfte.

Sind die Derivate Gegenstand eines Sicherungsgeschäfts und mit dem Grundgeschäft zu einer Einheit gem. § 254 HGB zusammengefasst, greifen die Angabepflichten nach § 285 Nr. 23 HGB.

79 Für die Darstellung der Art und des Umfangs von derivativen Finanzinstrumenten im Anhang ist es unerheblich, ob es sich bei den Finanzinstrumenten um bilanzwirksame oder bilanzunwirksame schwebende Geschäfte handelt.[91]

---

90 Vgl. *IDW RH HFA 1.005*, Tz. 45.
91 Vgl. *Sultana/Willeke*, StuB 2005, S. 955.

Erläuterungen zur Art der eingesetzten Finanzinstrumente orientieren sich üblicherweise an den sog. Derivatekategorien. Die Darstellung des Umfangs derivativer Finanzinstrumente erfordert die Angabe ihres Nominalwerts. Quantitative Angaben sind allerdings nur für die og. Kategorien derivativer Finanzinstrumente notwendig. Bezüglich der derivativen Finanzinstrumente innerhalb einer Kategorie reichen verbale Erläuterungen.

Neben den Angaben zu Art und Umfang der nicht zum beizulegenden Zeitwert 80
bilanzierten derivativen Finanzinstrumente muss der Anhang folgende Informationen enthalten:

- Beizulegender Zeitwert unter Angabe der angewendeten Bewertungsmethode sowie
- ein ggf. vorhandener Buchwert (z.B. aktivierte bzw. passivierte Optionsprämien, zu bildende Rückstellungen für drohende Verluste aus schwebenden Geschäften, aus der täglichen Abrechnung resultierende Variation Margins für Futures) und der Bilanzposten, in dem dieser erfasst wurde, sowie
- die Gründe, weshalb der beizulegende Zeitwert nicht bestimmt werden kann.

k) Unterschiedsbetrag nach § 341c Abs. 2 HGB

Namensschuldverschreibungen, Hypothekendarlehen und andere Forderungen 81
werden häufig mit einem Agio oder Disagio begeben bzw. von einem Dritten erworben. Sie dürften nach § 341c Abs. 1 HGB a.F. mit ihrem Nennbetrag angesetzt werden. Dieses Wahlrecht ist nicht nur auf die vom VU selbst begründeten Forderungen, sondern auch auf erworbene Forderungen anzuwenden.[92] Durch das Gesetz zur Umsetzung der geänderten Bankenrichtlinie und der geänderten Kapitaladäquanzrichtlinie[93] gilt das Wahlrecht zur Nennwertbilanzierung ab dem 01.01.2011 nur noch für Namensschuldverschreibungen. Bei Hypothekendarlehen und anderen Forderungen dürfen gem. § 341c Abs. 3 HGB n.F. die Anschaffungskosten zuzüglich oder abzüglich der kumulierten Amortisation einer Differenz zwischen den Anschaffungskosten und dem Rückzahlungsbetrag unter Anwendung der Effektivzinsmethode angesetzt werden.

Ist der Nennbetrag höher als die Anschaffungskosten, muss der Unterschiedsbetrag zwingend als passiver Rechnungsabgrenzungsposten ausgewiesen werden. Ist

92 Vgl. von *Treuberg / Angermayer*, Jahresabschluß von Versicherungsunternehmen, 1. Aufl., Stuttgart 1995, S. 505.
93 BGBl. 2010, S. 1592 ff.

dagegen der Nennbetrag niedriger als die Anschaffungskosten, so darf der Unterschiedsbetrag als aktiver Rechnungsabgrenzungsposten ausgewiesen werden.

In beiden Fällen ist der Unterschiedsbetrag nach § 341c Abs. 2 HGB planmäßig aufzulösen und in seiner jeweiligen Höhe entweder in der Bilanz oder im Anhang gesondert anzugeben. Darüber hinaus verlangt § 341c Abs. 2 HGB keine weitere Erläuterung. Auf die Methode der planmäßigen Auflösung ist im Rahmen der Angaben zu den angewendeten Bewertungsmethoden nach § 284 Abs. 2 Nr. 1 HGB einzugehen.

Klarstellend ist darauf hinzuweisen, dass es sich bei den in Frage stehenden Anhangangaben jeweils um die Summe der aktivischen bzw. passivischen Unterschiedsbeträge handelt. Da eine Verrechnung dieser aktivischen und passivischen Unterschiedsbeträge weder im Gesetz noch in der RechVersV ausdrücklich vorgesehen ist, ist das Verrechnungsverbot des § 246 Abs. 2 HGB zu beachten.

l) Angaben zu Unternehmen, an denen ein Anteilsbesitz von mindestens 20 % oder Stimmrechte in Höhe von mindestens 5 % bestehen

82 Der Kreis der Unternehmen, zu denen die in § 285 Nr. 11 HGB vorgeschriebenen Angaben zu machen sind, umfasst alle in- und ausländischen Unternehmen, an denen das VU oder eine für Rechnung des VU handelnde Person 20 % der Anteile oder mehr besitzt, unabhängig davon, ob eine Beteiligung i.S.d. § 271 Abs. 1 HGB vorliegt. Bei der Berechnung der Anteilsquote sind nach den Zurechnungsregelungen des § 16 Abs. 4 AktG auch die mittelbar gehaltenen Anteile zu berücksichtigen und die von der anderen Gesellschaft ggf. gehaltenen eigenen Anteile vom Nennkapital gem. § 16 Abs. 2 AktG abzusetzen.

Der Umfang des Anteilsbesitzes bestimmt sich nach den Verhältnissen am Bilanzstichtag der Gesellschaft, die die Angaben gem. § 285 Nr. 11 HGB in ihren Anhang aufzunehmen hat. Der Inhalt der Berichterstattung setzt sich aus folgenden Einzelangaben über das beteiligte Unternehmen zusammen:[94]

- Name und Sitz (entsprechend Handelsregistereintragung)
- Höhe des Anteils am Kapital (in %)
- Eigenkapital und Ergebnis des letzten GJ, für das ein JA vorliegt.

94 Zu den Einzelheiten vgl. *Ellrott*, in: Beck Bil-Komm.[7], § 285 HGB, Rn. 215 ff.

Darüber hinaus sind von börsennotierten VU zusätzlich alle Beteiligungen an großen Kapitalgesellschaften anzugeben, die 5 % der Stimmrechte überschreiten.

Hinsichtlich der in § 286 HGB im Einzelnen getroffenen Ausnahmeregelungen, die das Unterlassen der Angaben nach § 285 Nr. 11 HGB in bestimmten Fällen gestatten, wird auf die gesetzlichen Vorschriften verwiesen.

m) Angaben zu latenten Steuern

Die Angabepflicht nach § 285 Nr. 29 HGB wird immer dann ausgelöst, wenn 83 zum Abschlussstichtag Differenzen zwischen den Werten der Handelsbilanz und denen der Steuerbilanz bestehen, die sich in späteren GJ abbauen (zeitliche und quasi-permanente Differenzen). Die Vorschrift verlangt die Angabe, auf welchen Differenzen zwischen handelsrechtlichem und steuerrechtlichem Bilanzansatz oder steuerlichen Verlustvorträgen die latenten Steuern beruhen. Ferner ist die Art des Vermögensgegenstands, des Rechnungsabgrenzungspostens oder des Schuldpostens sowie die Art der Differenz (aktivisch oder passivisch) anzugeben. Zudem sind die bei der Bewertung verwendeten Steuersätze berichtspflichtig. Hierbei ist auf den unternehmensindividuellen Steuersatz abzustellen, der sich aus KSt und GewSt zusammensetzt. Änderungen des Steuersatzes gegenüber dem VJ sind ebenfalls anzugeben.[95]

n) Erläuterung der sonstigen Rückstellungen

Gegenstand der Erläuterungspflicht des § 285 Nr. 12 HGB sind die in der Bilanz 84 im Posten „Sonstige Rückstellungen“ zusammengefasst ausgewiesenen Rückstellungen, sofern sie einen nicht unerheblichen Umfang haben. Die Anhangangabe ist dann nicht notwendig, wenn in Ausübung des Wahlrechts nach § 265 Abs. 5 HGB der Posten „Sonstige Rückstellungen“ entsprechend untergliedert wird.

Die Erläuterung muss über eine reine Sachverhaltsdarstellung hinausgehen und sollte weitergehende Erklärungen über den wesentlichen Inhalt des Rückstellungspostens geben. Anzugeben sind die Art der gebildeten Rückstellungen, der Zweck, für den sie gebildet wurden oder die für die Bildung maßgebenden Gründe.[96] Da es sich um erhebliche Posten handeln muss, sind Aussagen zur Größenordnung in Form einer verbalen Umschreibung erforderlich.[97] Ob eine Rückstellung erheblichen Umfang hat, ist aus dem Gesamtbild der Bilanz (unter besonderer Berück-

95 Vgl. *Ellrott*, in: Beck Bil-Komm.[7], § 285, Rn. 474.
96 Vgl. *IDW* (Hrsg.), WP Handbuch[13], Rn. F 644; *ADS*[6], § 285 HGB, Rn. 242.
97 Vgl. *Ellrott*, in: Beck Bil-Komm.[7], § 285 HGB, Rn. 241.

sichtigung des Umfangs des Eigenkapitals und des Jahresergebnisses) und unter Berücksichtigung der übrigen sonstigen Rückstellungen zu beurteilen. Ergibt sich dabei, dass bereits der Gesamtbetrag der sonstigen Rückstellungen unerheblich ist, entfällt die Pflicht zur Erläuterung eines Einzelbetrags.[98]

Obwohl Zahlenangaben gesetzlich nicht gefordert sind, kann es im Einzelfall erforderlich sein, die größten Posten der sonstigen Rückstellungen größenmäßig zu kennzeichnen, nämlich dann, wenn ohne diese Angabe die Information ohne Aussagekraft wäre.

o) Angaben zu Verbindlichkeiten

85 Gemäß § 285 Nr. 1 HGB sind zu den in der Bilanz ausgewiesenen Verbindlichkeiten

a) der Gesamtbetrag der Verbindlichkeiten mit einer Restlaufzeit von mehr als fünf Jahren und

b) der Gesamtbetrag der Verbindlichkeiten, die durch Pfandrechte oder ähnliche Rechte gesichert sind, unter Angabe von Art und Form der Sicherheiten

im Anhang anzugeben.

Die Angabepflicht des § 285 Nr. 1 Buchst. a HGB bezieht sich nur auf Verbindlichkeiten, d.h., Rückstellungen werden von der Angabepflicht nicht erfasst. Die Restlaufzeit stellt den zwischen dem Abschlussstichtag und dem voraussichtlichen, vereinbarten oder gesetzlich festgelegten Fälligkeitstermin liegenden Zeitraum dar. Damit sind Verbindlichkeiten, für die ursprünglich ein langfristiges Ziel von mehr als fünf Jahren vereinbart worden war, nicht mehr angabepflichtig, wenn die bis zur Fälligkeit noch verbleibende Zeit inzwischen unter fünf Jahren liegt.[99]

Im Hinblick auf die nach § 285 Nr. 1 Buchst. b HGB erforderlichen Angaben sind nicht nur Grundpfandrechte, sondern im Interesse einer wirtschaftlichen Betrachtungsweise alle Pfandrechte oder ähnlichen Rechte anzugeben. Die Berichtspflicht erstreckt sich nur auf die von dem VU für eigene Verbindlichkeiten gewährten Sicherheiten.[100] Sicherheiten für fremde Verbindlichkeiten sind als Haftungsverhältnisse gesondert anzugeben (§ 51 Abs. 3 RechVersV). Als Sicherheiten kommen dabei insb. Grundpfandrechte, Pfandbestellungen, Sicherungsübereignun-

---

98 Vgl. *Ellrott*, in: Beck Bil-Komm.[7], § 285 HGB, Rn. 241.

99 Vgl. *ADS*[6], § 285 HGB, Rn. 10.

100 Vgl. *IDW* (Hrsg.), WP Handbuch 2006[13], Rn. F 655 ff.

gen und -abtretungen, Eigentumsvorbehalte sowie Nießbrauchbestellungen in Betracht.

Für die Berechnung des Gesamtbetrags ist nicht der ggf. höhere Betrag der Sicherung, sondern der in der Bilanz für die gesicherte Verbindlichkeit ausgewiesene Betrag maßgeblich.[101]

Die in § 285 Nr. 1 HGB verlangten Angaben sind gem. § 285 Nr. 2 HGB für jeden Posten der Verbindlichkeiten in einem Verbindlichkeitenspiegel im Anhang aufzugliedern. 86

Im Hinblick auf die u.U. umfangreichen Angaben zu den Verbindlichkeiten kann es empfehlenswert sein, die einzelnen Posten der Verbindlichkeiten in Form eines Verbindlichkeitenspiegels mit allen Einzelangaben aufzuführen.[102] Hierbei werden zu jedem Posten der Verbindlichkeiten die zugehörigen Angaben zu den Restlaufzeiten und zu der Besicherung gemacht. Zu jedem Posten der Verbindlichkeiten sind die ihn betreffenden Sicherheiten nach Art und Form anzugeben. Haftet eine Sicherheit für mehrere Verbindlichkeiten, so ist die Art der Sicherheit bei jedem der in Betracht kommenden Posten anzugeben.[103]

Lebensversicherungsunternehmen sowie PK/StK haben darüber hinaus die im Posten „Verbindlichkeiten aus dem selbst abgeschlossenen Versicherungsgeschäft gegenüber Versicherungsnehmern" enthaltenen verzinslich angesammelten Überschussanteile im Anhang anzugeben (§ 52 Nr. 2 Buchst. b RechVersV). 87

Zusätzlich sind nach § 268 Abs. 5 Satz 3 HGB innerhalb der Verbindlichkeiten ausgewiesene Beträge für erst nach dem Bilanzstichtag rechtlich entstehende Verbindlichkeiten im Anhang zu erläutern, soweit sie einen größeren Umfang haben. Gemeint sind hiermit die antizipativen passiven Rechnungsabgrenzungsposten, z.B. Verpflichtungen aus Miet- und Pachtverträgen, die einen vor dem Abschlussstichtag liegenden Zeitraum mit umfassen, aber erst im neuen GJ fällig werden.[104] Es sind keine genauen betragsmäßigen, wohl aber größenordnungsmäßige Angaben erforderlich, die verbal gegeben werden können. 88

Ist die rechtliche Entstehung einer Schuld noch ungewiss, so ist diese allenfalls unter den Rückstellungen auszuweisen, die aber nicht unter die Erläuterungs-

101 Vgl. *ADS*[6], § 285 HGB, Rn. 20.
102 Vgl. SABI 3/1986 Abschnitt 4.
103 Vgl. *ADS*[6], § 285 HGB, Rn. 26.
104 Vgl. *IDW* (Hrsg.), WP Handbuch 2006[13], Rn. F 658; *Küting/Pfitzer/Weber*, Handbuch der Rechnungslegung[5], § 268 HGB, Rn. 217; anderer Auffassung *Kozikowski/Schubert*, in: Beck Bil-Komm.[7], § 268 HGB, Rn. 108.

pflicht fallen. In der Praxis werden nur wenige Fälle in Betracht kommen, bei denen die o.g. Anhangvorschrift greift.

89 Die Erläuterungspflicht erstreckt sich nach dem Wortlaut von § 268 Abs. 4 Satz 2 HGB auch auf sog. antizipative Forderungen, die einen größeren Umfang haben. Abzustellen ist insb. auf solche Beträge, die zwar bereits als realisiert anzusehen sind, aber erst nach dem Abschlussstichtag entstehen (i.S.v. „in Rechnung gestellt werden können“) bzw. fällig[105] sind. Hierunter fallen z.B. Gewinnausschüttungsansprüche, die bei Kapitalgesellschaften erst nach der Beschlussfassung über die Gewinnverwendung entstehen, Schadenersatzansprüche sowie Rückdeckungsansprüche aus LV. Darüber hinaus kommen auch Steuererstattungsansprüche in Betracht, die bei bestimmten Steuerarten (KSt, GewSt) erst mit Ablauf des Kalenderjahres entstehen.[106] Als Erläuterungen kommen insb. die Bezeichnung des zugrunde liegenden Sachverhalts und eine Aussage über die zeitlich versetzte, rechtliche Entstehung in Betracht.

p) Durchschnittliche Zahl der Arbeitnehmer

90 Zur Angabe der durchschnittlichen Zahl der während des GJ beschäftigten Arbeitnehmer nach Gruppen enthält § 285 Nr. 7 HGB keine Aussage über die Art der Ermittlung. Hierzu kann der zur Umschreibung der Größenklassen in § 267 Abs. 5 HGB bestimmte Berechnungsmodus übernommen werden (Durchschnitt als vierter Teil der Summe aus den Zahlen der jeweils am Quartalsende beschäftigten Arbeitnehmer). Der Durchschnitt kann auch als zwölfter Teil der Summe aus den Zahlen der am Ende eines jeden Monats des GJ beschäftigten Arbeitnehmer ermittelt werden.

Der Begriff des Arbeitnehmers bestimmt sich nach den allgemeinen Grundsätzen des Arbeitsrechts. Danach sind als Arbeitnehmer alle Personen anzusehen, die in einem Arbeitsverhältnis stehen und eine vom Arbeitgeber abhängige, weisungsgebundene Tätigkeit ausüben. Arbeitnehmer sind somit auch Teilzeitbeschäftigte, Heimarbeiter, Aushilfen und behinderte Personen. Nicht mitzuzählen sind die den Grundwehrdienst leistenden Wehrpflichtigen, die zur Berufsausbildung beschäftigten Mitarbeiter, gesetzliche Vertreter der Gesellschaft oder Vertreter eines gesellschaftsrechtlichen Aufsichtsorgans. Mitarbeiter mit Mehrfachverträgen innerhalb eines Versicherungskonzerns müssen bei jedem Unternehmen voll mitgezählt werden; die Anzahl dieser Mitarbeiter sollte jedoch vermerkt werden.

105 Vgl. *ADS*[6], § 268, Rn. 106.
106 Vgl. *Kozikowski/Schubert*, in: Beck Bil-Komm.[7], § 268 HGB, Rn. 95.

Für die Gruppenbildung können folgende Abgrenzungskriterien in Betracht kommen: Innendienst/Außendienst, Hauptverwaltung/Niederlassungen, ferner die weitere Unterteilung nach tariflich und außertariflich bezahlten Mitarbeitern sowie nach Geschlechtern.

q) Angabe der gewährten Bezüge und bestimmter anderer Leistungen an Organmitglieder

91 Anzugeben sind jeweils getrennt nach Organen die Gesamtbezüge von Vorstand bzw. Geschäftsführung, AR, eines Beirats oder einer ähnlichen Einrichtung, die ein Mitglied in seiner Eigenschaft als Mitglied eines der genannten Organe oder Gremien während bzw. für die Zeit seiner Mitgliedschaft erhält. Die Gesamtbezüge umfassen Gehälter, Gewinnbeteiligungen, Bezugsrechte und sonstige aktienbasierte Vergütungen, Aufwandsentschädigungen, Versicherungsentgelte, Provisionen und Nebenleistungen jeder Art.[107]

92 Bei der Angabe der Bezüge muss es sich um unmittelbare Leistungen der berichtenden Gesellschaft an das Organmitglied handeln. Bezüge des Vorstands bzw. der Geschäftsführung, die nicht von der Gesellschaft, sondern von verbundenen Unternehmen mit Sitz im In- oder Ausland gewährt werden, sind nicht angabepflichtig. Werden jedoch Bezüge von verbundenen Unternehmen auf die Bezüge gem. dem Dienstvertrag zwischen der berichtenden Gesellschaft und dem Organmitglied angerechnet, so gehören sie zu den angabepflichtigen Vergütungen des berichtenden Unternehmens.[108]

Im Rahmen der Angaben zu den an die Organe gewährten Vorschüsse und Kredite sind gem. § 285 Nr. 9 Buchst. c HGB die während des GJ eingetretenen Veränderungen einzubeziehen. Damit fallen auch die innerhalb des GJ gewährten und zurückgezahlten Vorschüsse und Kredite in die Angabepflicht.[109]

Den Organmitgliedern gewährte Darlehen/Vorauszahlungen auf die beim VU abgeschlossenen Lebens- oder Unfallversicherungsverträge fallen u.E. ebenso unter die Offenlegungspflicht i.S.d. § 285 Nr. 9 Buchst. c HGB, da jede Art von Kredit anzugeben ist.[110]

---

107 Vgl. zur Individualisierung der Vorstandsbezüge *IDW* (Hrsg.), WP Handbuch 2006[13], Rn. S. 640, F 745 ff. sowie *Ellrott*, in: Beck Bil-Komm.[7], § 285 HGB, Rn. 160.

108 Vgl. *Ellrott*, in: Beck Bil-Komm.[7], § 285 HGB, Rn. 169.

109 Vgl. *Küting/Pfitzer/Weber*, Handbuch der Rechnungslegung[5], §§ 284-288 HGB, Rn. 272.

110 Vgl. *Ellrott*, in: Beck Bil-Komm.[7], § 285 HGB, Rn. 192; *IDW* (Hrsg.), WP Handbuch 2006[13], Rn. F 771; *ADS*[6], § 285 HGB, Rn. 200.

93 Alle nach § 285 Nr. 9 Buchst. a-c HGB geforderten Angaben sind jeweils getrennt für jede Personengruppe zu machen (Vorstand/Geschäftsführung, AR, Beirat und ähnliche Einrichtungen).[111]

Hinsichtlich der Frage, ob es sich bei „Beiräten und ähnlichen Einrichtungen" um Organe handelt, die in die Berichtspflicht einzubeziehen sind, ist darauf abzustellen, ob die Einrichtung auf Organebene besteht und zumindest teilweise Funktionen hat, die üblicherweise von einem AR wahrgenommen werden.

94 Anders zu beurteilen ist demgegenüber die Rechtsstellung des für die inländische Niederlassung eines VU außerhalb der EG/EWR nach § 106 Abs. 3 Satz 1 VAG bestellten Hauptbevollmächtigten. Er fällt nicht unter den Begriff des Geschäftsführungsorgans i.S.v. § 285 Nr. 9 HGB und ist auch nicht als „ähnliche Einrichtung" i.S.d. Vorschrift anzusehen, weil sich seine Stellung und Vertretungsmacht weder aus der Verfassung (Satzung) des ausländischen VU noch aus dem Gesellschaftsrecht, sondern nur aus dem VAG ableiten lässt. Für ihn entfällt deshalb die Offenlegungspflicht hinsichtlich der Gesamtbezüge und Kredite i.S.d. § 285 Nr. 9 Buchst. a und c HGB.[112]

95 Gemäß § 286 Abs. 4 HGB kann – mit Ausnahme der börsennotierten AG – eine Angabe der Organbezüge (§ 285 Nr. 9 Buchst. a und b HGB) unterbleiben, wenn sich anhand dieser Angaben die Bezüge eines Mitglieds dieser Organe feststellen lassen. Abzustellen ist dabei auf die Perspektive der Informationsempfänger. Soweit z.B. die in Betracht kommenden Organe jeweils nur aus einem Mitglied bestehen, steht die Anwendung der Schutzvorschrift des § 286 Abs. 4 HGB außer Zweifel.[113] In allen anderen Fällen ist die Bestimmung grundsätzlich eng auszulegen und auf solche Fälle zu beschränken, in denen die Bezüge weiterer Personen bekanntermaßen von dritter Seite (z.B. dem MU) gewährt werden.[114] Nach Auffassung des BMJ kann die Angabe immer dann unterbleiben, wenn die Größenordnung der Bezüge eines Mitglieds geschätzt werden kann. Dies gelte nur dann nicht, wenn zwischen den einzelnen Organmitgliedern Unterschiede von solchem Gewicht bestehen, dass die einzelnen Bezüge wesentlich von dem durch

111 Nach § 285 Nr. 9a Satz 5 HGB sind im Anhang zum JA börsennotierter AG – neben der Angabe der Gesamtbezüge – die Bezüge jedes einzelnen Mitglieds des Vorstands jeweils unter Namensnennung individualisiert anzugeben. Hierbei muss die Angabe getrennt nach erfolgsunabhängigen und erfolgsbezogenen Vergütungsbestandteilen sowie nach Komponenten mit langfristiger Anreizwirkung erfolgen. Diese Angabepflicht wurde durch das in 2005 verabschiedete VorstOG eingeführt, vgl. im Einzelnen hierzu *van Kann*, DStR 2005, S. 1496.

112 Vgl. Koch, VersR 1986, S. 401 ff.

113 Vgl. *ADS*[6], § 286, Rn. 54.

114 Vgl. *IDW* (Hrsg.), WP Handbuch 2006[13], Rn. F 762 ff.; *Pfitzer*/Wirth, DB 1994, S. 1937.

den Rechenvorgang gefundenen Durchschnittsbetrag abweichen.[115] Der Verzicht auf die gem. § 285 Nr. 9 Buchst. a Satz 5 HGB individualisierten Angaben für börsennotierte AG ist jedoch nur zulässig, wenn dies durch die Hauptversammlung mit einer Mehrheit beschlossen wird, die mind. 75 % des bei der Beschlussfassung vertretenen Kapitals repräsentiert.[116]

r) Gesamtbetrag der sonstigen finanziellen Verpflichtungen

Gemäß § 285 Nr. 3a HGB ist im Anhang von VU der Gesamtbetrag der sonstigen finanziellen Verpflichtungen anzugeben, die nicht in der Bilanz erscheinen und auch nicht nach § 251 HGB anzugeben sind. Bei VU sind diese Angaben jedoch gem. § 341a Abs. 2 Satz 5 HGB nur für solche finanziellen Verpflichtungen notwendig, die nicht im Rahmen des Versicherungsgeschäfts entstehen. Dies heißt allerdings nicht, dass VU eine Angabe der sonstigen finanziellen Verpflichtungen grundsätzlich mit dem Hinweis vermeiden können, dass sie gem. § 7 Abs. 2 VAG keine Geschäfte betreiben dürfen, die nicht mit dem Versicherungsgeschäft im Zusammenhang stehen.[117] 96

Als sonstige finanzielle Verpflichtungen sind grundsätzlich nur zukünftige Belastungen der Liquidität zu verstehen, denen sich das Unternehmen aus eigenem Willen, aus rechtlichen oder aus wirtschaftlichen Gründen nicht entziehen kann. Sachleistungsverpflichtungen zählen nicht zu den angabepflichtigen Sachverhalten.

Die Angabe des Gesamtbetrags der sonstigen finanziellen Verpflichtungen nach § 285 Nr. 3a HGB muss nur erfolgen, sofern sie für die Beurteilung der Finanzlage des bilanzierenden Unternehmens von Bedeutung ist. Dabei muss die Angabe des Gesamtbetrags von Bedeutung sein, nicht jede einzelne finanzielle Verpflichtung.[118] Wenn der Einblick in die tatsächlichen Verhältnisse der Finanzlage anders nicht vermittelt werden kann, sind ggf. nach den Grundsätzen des § 264 Abs. 2 Satz 2 HGB zusätzliche Angaben (Untergliederungen, Erläuterungen) zu machen. Verpflichtungen gegenüber verbundenen Unternehmen sind gesondert anzugeben.

Mit der Angabepflicht der sonstigen finanziellen Verpflichtungen sollen Informationsdefizite ausgeglichen werden, die daraus resultieren, dass z.B. schwebende Geschäfte und die sich daraus ergebenden Belastungen nicht bilanziert werden dürfen, soweit nicht ein Verpflichtungsüberhang besteht. Damit kommen vor allem

115 Vgl. BMJ, DB 1995, S. 639.

116 Vgl. *IDW* (Hrsg.), WP Handbuch 2006[13], Rn. F 7.

117 Vgl. *Ellenbürger/Horbach/Kölschbach*, WPg 1996, S. 115.

118 Vgl. *Küting/Pfitzer/Weber*, Handbuch der Rechnungslegung[5], §§ 284-288 HGB, Rn. 155.

Verpflichtungen aus schwebenden Rechtsgeschäften in Betracht, die noch keinen Niederschlag in der Bilanz gefunden haben, aber künftig zu einer wesentlichen Belastung der Finanzlage führen können.[119] Als Beispiele für derartige, aus der Bilanz nicht ersichtliche finanzielle Verpflichtungen, die in den Gesamtbetrag aufzunehmen sind, kommen in Betracht:[120]

- Mehrjährige Verpflichtungen aus Miet- und Leasingverträgen
- Verpflichtungen aus langfristigen Abnahmeverträgen
- vertragliche Verpflichtungen aus Finanzgeschäften (z.B. Termin- und Optionsgeschäfte)
- Verpflichtung zur Abführung von Liquiditätsüberschüssen
- schwebende Verpflichtungen aus Investitionsvorhaben
- Verpflichtungen aus Unternehmensverträgen nach § 291 AktG
- Verpflichtungen zur Verlustabdeckung bei Beteiligungsgesellschaften
- Resteinzahlungs- und Nachschussverpflichtungen zum Anteilsbesitz an anderen Unternehmen und Mithaftung für nicht eingezahlte Anteile anderer Beteiligter
- anstehende Großreparaturen, soweit keine Aufwandsrückstellungen gebildet wurden.

Bei VU greift die Angabepflicht insb. im Zusammenhang mit den Kapitalanlagen. Zu denken ist dabei an finanzielle Verpflichtungen aus dem Geschäft mit derivativen Finanzinstrumenten und Vorkäufen.[121]

Eine Angabepflicht kann des Weiteren aus der Pflichtmitgliedschaft der LVU und KVU in einem Sicherungsfonds und der entsprechenden Beitragspflicht an den Sicherungsfonds resultieren.[122] Die Beiträge sollen die Fehlbeträge der übernommenen Versicherungsverträge und die durch die Tätigkeit des Sicherungsfonds entstandenen Kosten decken. Die VU sind verpflichtet, Jahresbeiträge und ggf. Sonderbeiträge zu leisten. Diese Beitragspflichten sind in die Angabepflicht der sonstigen finanziellen Verpflichtungen im Anhang einzubeziehen. Dem steht nicht

---

119 Vgl. *ADS*⁶,§ 285 HGB, Rn. 32.

120 Vgl. *Ellrott*, in: Beck Bil-Komm.⁷, § 285 HGB, Rn. 40 ff.

121 Vgl. zu den hieraus resultierenden Angabepflichten detailliert *Scharpf/Epperlein*, DB 1994, S. 1629 ff.; *Scharpf*/Luz, Risikomanagement, Bilanzierung und Aufsicht von Finanzderivaten, 2. Aufl., Stuttgart 2000, S. 790 ff.

122 Vgl. allgemein zur Einführung der Sicherungsfonds Eilert, VW 2005, S. 115 ff.

entgegen, dass die Beiträge als Anlage nach § 1 Abs. 1 und § 2 Abs. 3 AnlV aktivierungsfähig sind.[123]

Die Bewertung der finanziellen Verpflichtungen hat der von Verbindlichkeiten und Rückstellungen zu entsprechen.[124]

Keine Angabepflicht besteht gem. § 285 Nr. 3a HGB, sofern außerbilanzielle Geschäfte nach § 285 Nr. 3 HGB offengelegt werden.[125] Die anzugebenden Verpflichtungen dürfen nicht mit Gegenansprüchen oder Steuerminderungen saldiert werden.

s) Angaben zum Corporate Governance Kodex

Vorstand und AR von börsennotierten VU erklären gem. § 161 AktG jährlich, dass den vom BMJ im amtlichen Teil des elektronischen Bundesanzeigers bekannt gemachten Empfehlungen der „Regierungskommission Deutscher Corporate Governance Kodex" entsprochen wurde und wird bzw., welche Empfehlungen nicht angewendet wurden oder werden und warum nicht. Die Angabe nach § 285 Nr. 16 HGB soll den JA-Adressaten darüber informieren, dass die Erklärung abgegeben und wo sie öffentlich dauerhaft zugänglich gemacht wurde.[126] 97

t) Angabe des Honorars für den Abschlussprüfer

Die Vorschrift wurde durch das BilMoG neu gefasst, der persönliche Anwendungsbereich erweitert und der sachliche Anwendungsbereich geändert. Die Angabe ist gem. § 341a Abs. 1 HGB von allen VU in jedem Anhang zu machen. Dies gilt auch für einen freiwillig offen gelegten IFRS-Einzelabschluss gem. § 325 Abs. 2a HGB. 98

Mit dieser Anhangangabe bezweckt der Gesetzgeber die Gewährleistung und Stärkung der Unabhängigkeit und Objektivität des AP und die Vermeidung einer potenziellen Besorgnis der Befangenheit im Rahmen des Transparenzgebots. Nach dem Sinn und Zweck der Vorschrift ist eine Aufgliederung des Gesamthonorars in die in § 285 Nr. 17 HGB genannten Vergütungselemente erforderlich. Entsprechend ist eine Trennung in Honorare für

- die Abschlussprüfungsleistungen,
- andere Bestätigungsleistungen,

123 Vgl. *IDW* (Hrsg.), WP Handbuch 2006[13], Rn. K 130.
124 Vgl. *Ellrott*, in: Beck Bil-Komm.[7], § 285 HGB, Rn. 30.
125 Vgl. *Ellrott*, in: Beck Bil-Komm.[7], § 285 HGB, Rn. 41.
126 Vgl. *Ellrott*, in: Beck Bil-Komm.[7], § 285 HGB, Rn. 281.

- Steuerberatungsleistungen und
- sonstige Leistungen

vorzunehmen. Die Angabe eines einzigen Betrags ist nicht zulässig.[127] Bei gemeinschaftlichen Prüfungen (Joint Audits) sind die Angaben im Hinblick auf den Sinn und Zweck der Vorschrift für jeden AP getrennt zu machen.

Es sind ausschließlich die Honorare angabepflichtig, die der bestellte und mit der Durchführung der Abschlussprüfung beauftragte AP i.S.d. § 318 HGB erhalten bzw. für erbrachte Dienstleistungen noch zu beanspruchen hat. Auch durch verbundene Unternehmen des AP erbrachte Leistungen sind im Rahmen der Angabepflicht zu erfassen, nicht jedoch Leistungen von Unternehmen, mit denen der AP in einem sog. internationalen Verbund bzw. Netzwerk zusammen arbeitet.[128]

Als Honorar ist das für das GJ berechnete Gesamthonorar zu verstehen, welches in der GuV als Aufwand erfasst wird. Eingeschlossen ist dabei der berechnete Auslagenersatz (Fahrtkosten, Übernachtungskosten, Berichts- und Schreibkosten), nicht jedoch die als Vorsteuer abzugsfähige Umsatzsteuer.[129] Die Anforderungen zur Ausgestaltung der Anhangangabe werden in *IDW RS HFA 36* erläutert. Danach sind in die Leistungen für die Abschlussprüfung auch Honorare für Leistungen einzubeziehen, die dem AP gesetzlich obliegen, wie z.B. die Prüfung des Risikofrüherkennungssystems, die Prüfung des Abhängigkeitsberichts nach § 313 AktG oder die Prüfung nach § 53 HGrG, soweit diese in der GuV als Aufwand erfasst sind. Ist der Prüfer des JA eines MU gleichzeitig Prüfer des Konzernabschlusses, ist im Anhang nur das für die Prüfung des JA zu leistende Honorar anzugeben. Werden vom AP auch sog. Konzernpackages geprüft und bestätigt, so sind die hierfür gewährten Honorare ebenfalls anzugeben.

Unter den „anderen Bestätigungsleistungen" sind alle anderen berufstypischen Prüfungsleistungen außerhalb der Prüfung des JA zu erfassen, für die der AP gem. § 48 Abs. 1 i.V.m. § 2 Abs. 1 WPO das Berufssiegel führen kann und muss[130], d.h., die lediglich in (zeitlichem) Zusammenhang mit oder in Ergänzung zur Abschlussprüfung durchgeführt wurden, z.B. freiwillige Prüfungen analog zu § 317 Abs. 4 HGB. Darüber hinaus sind dieser Kategorie u.a. Honorare für Prüfungen nach UmwG und andere gesondert beauftragte Prüfungen nach Spezialgesetzen sowie prüferische Durchsichten oder Prüfungen von Zwischenabschlüssen zuzurechnen.

127 Vgl. *IDW Stellungnahme zur Rechnungslegung: Anhangangaben nach §§ 285 Nr. 17, 314 Abs. 1 Nr. 9 HGB über das Abschlussprüferhonorar (IDW RS HFA 36)* (Stand: 11.03.2010), Tz. 11.

128 Vgl. *Sultana/Willeke*, StuB 2005, S. 954.

129 Vgl. *IDW RS HFA 36,* Tz. 8 ff.

130 Vgl. umfassend *IDW* (Hrsg.), WP Handbuch 2006[13], Rn. D 1 ff.

Der Vergütungsbestandteil „Steuerberatungsleistungen“ umfasst sämtliche Vergütungen für Leistungen gem. § 1 StBerG.

Unter die „sonstigen Leistungen“ sind schließlich diejenigen Leistungen zu fassen, die nicht unter den zuvor genannten Vergütungskategorien zu subsumieren sind (Auffangtatbestand). Hierzu gehören z.B. Honorare für Schulungsmaßnahmen, Personalberatung oder prüfungsnahe Beratungsleistungen.

Maßgebend für die Abgrenzung der anzugebenden Honorare ist das für das GJ (ggf. Rumpf-GJ) berechnete Honorar entsprechend der Aufwandserfassung beim Unternehmen. Für gesetzliche Abschlussprüfungen besteht eine Rückstellungspflicht, sodass der Aufwand für das zu prüfende GJ grundsätzlich periodengerecht erfasst wird, auch, wenn die Leistung (teilweise) erst nach dem Abschlussstichtag erbracht bzw. in einem vorangehenden GJ vereinbart wird. Spätere Nachzahlungen oder die Auflösung von Rückstellungen stehen einer (korrekten) Anhangangabe nicht entgegen. Bei den übrigen Leistungen wird regelmäßig auf den Zeitpunkt der Leistungserbringung abzustellen sein.

Die Angaben dürfen unterbleiben, soweit sie in einem das Unternehmen einbeziehenden Konzernanhang enthalten sind und der AP des Unternehmens mit dem Konzern-AP identisch ist. Ist dies nicht der Fall, muss im Konzernanhang neben dem angabepflichtigen Gesamthonorar des Konzern-AP eine gesonderte Angabe der Honorare des AP des einbezogenen Unternehmens in Form eines Davon-Vermerks erfolgen, um die befreiende Wirkung zu erreichen.[131] Wird ein Tochterunternehmen in den Konzernabschluss einbezogen, ist die Angabe im Anhang zu machen.

u) Angaben zu nahe stehenden Personen

Mit der Einführung des BilMoG werden gem. §§ 285 Nr. 21 bzw. 314 Abs. 1 99
Nr. 13 HGB Angaben zu Geschäften mit nahe stehenden Personen im (Konzern-) Anhang verlangt. Nach § 285 Nr. 21 HGB müssen alle VU im Anhang mind. alle wesentlichen Geschäfte mit nahe stehenden Personen, die nicht zu marktüblichen Bedingungen abgeschlossen wurden, einschl. der Art der Beziehung, des Werts des Geschäfts sowie weiterer Angaben, die für die Beurteilung der Finanzlage notwendig sind, offenlegen.[132] Alternativ kann auch eine Angabe über alle Geschäfte

131 Vgl. *Ellrott*, in: Beck Bil-Komm.[7], § 285 HGB, Rn. 305.

132 Vgl. *IDW Stellungnahme zur Rechnungslegung: Anhangangaben nach §§ 285 Nr. 21, 314 Abs. 1 Nr. 13 HGB zu Geschäften mit nahe stehenden Unternehmen und Personen (IDW RS HFA 33)* (Stand: 09.09.2010), Tz. 2.

mit nahe stehenden Personen erfolgen, ohne dass eine Aufgliederung in marktübliche und marktunübliche Geschäfte notwendig ist.[133]

100 Der Begriff des Geschäfts umfasst nach *IDW RS HFA 33* nicht nur Rechtsgeschäfte, sondern alle Maßnahmen, die eine entgeltliche oder unentgeltliche Übertragung oder Nutzung von Vermögensgegenständen oder Schulden zum Gegenstand haben.[134] Demnach sind alle rechtlichen und wirtschaftlichen Transaktionen mit nahe stehenden Unternehmen und Personen, die einen Einfluss auf die Finanzlage des Bilanzierenden haben, auf ihre Marktüblichkeit hin zu prüfen.[135]

101 Ob eine Person zum bilanzierenden Unternehmen nahe stehend ist, bestimmt sich nach den in IAS 24.9 genannten Kriterien. Als nahe stehend sind demnach u.a. die folgenden Unternehmen und natürlichen Personen zu verstehen:

- Unternehmen und natürliche Personen, die das berichtspflichtige Unternehmen direkt oder indirekt über Zwischenstufen beherrschen (z.B. das direkte sowie alle übergeordneten MU) (IAS 24.9(a)(i));
- Unternehmen, die von dem berichtspflichtigen Unternehmen direkt oder indirekt beherrscht, maßgeblich beeinflusst oder gemeinschaftlich geführt werden (d.h. unmittelbare und mittelbare Tochterunternehmen, assoziierte Unternehmen und Gemeinschaftsunternehmen) (IAS 24.9(a)-(c));
- Unternehmen, die direkt oder indirekt unter derselben Beherrschung wie das berichtspflichtige Unternehmen stehen (z.B. direkte und indirekte Schwesterunternehmen, Gemeinschaftsunternehmen unter derselben gemeinschaftlichen Führung, assoziierte Unternehmen unter demselben maßgeblichen Einfluss) (IAS 24.9(a)(i));
- Personen in Schlüsselpositionen des berichtspflichtigen Unternehmens sowie dessen direkten oder indirekten MU (z.B. Mitglieder des Geschäftsführungs- und des Aufsichtsorgans, nicht die Mitglieder der zweiten Führungsebene) (IAS 24.9(d));
- nahe Familienangehörige einer natürlichen Person, die das berichtspflichtige Unternehmen beherrscht, gemeinschaftlich führt oder maßgeblich beeinflusst (IAS 24.9(e) i.V.m. 9(a)).

102 Im Zusammenhang mit der Abgrenzung von Geschäftsvorfällen, die zu marktunüblichen Bedingungen abgeschlossen wurden, wird ebenfalls auf IAS 24 zurück-

133 Vgl. *Rimmelspacher*/Fey, WPg 2010, S. 180 f.
134 Vgl. *IDW RS HFA 33,* Tz. 4.
135 Vgl. *Petersen*/*Zwirner*, KoR Beihefter 1/5.

gegriffen. Beispielhaft können nach IAS 24.20 die folgenden Geschäftsvorfälle aufgezählt werden:

- Käufe/Verkäufe von fertigen und unfertigen Gütern
- Käufe/Verkäufe von Grundstücken, Bauten und anderen Vermögenswerten
- Geleistete oder bezogene Dienstleistungen
- Leasingverhältnisse
- Gewährung von Bürgschaften und Sicherheiten.

Hinsichtlich der Beurteilung der Marktüblichkeit der getätigten Geschäfte ist im Rahmen eines Drittvergleichs zu prüfen, ob sie zu den gleichen Konditionen mit einem unabhängigen fremden Dritten abgeschlossen worden wären. Als Vergleichsgrundlagen können die für die Beurteilung des Vorliegens einer verdeckten Gewinnausschüttung entwickelten Kriterien herangezogen werden.[136] 103

Nicht unter den Anwendungsbereich der Vorschrift fallen unterlassene Rechtsgeschäfte und Maßnahmen sowie Geschäfte mit und zwischen mittel- oder unmittelbar in hundertprozentigem Anteilsbesitz stehenden und in einen Konzernabschluss einbezogenen Unternehmen. 104

v) Haftungsverhältnisse

Gemäß § 51 Abs. 3 RechVersV sind anstelle der in § 268 Abs. 7 HGB vorgeschriebenen Angaben die in § 251 HGB bezeichneten Haftungsverhältnisse jeweils gesondert unter Angabe der gewährten Pfandrechte und sonstigen Sicherheiten offenzulegen. Der Bilanzwert der verpfändeten, zur Sicherung übertragenen oder hinterlegten Vermögensgegenstände, für die im Insolvenzfall Aus- oder Absonderungsrechte geltend gemacht werden können (mit Ausnahme der Bestände des Sicherungsvermögens nach § 66 VAG), ist in einer Summe anzugeben und dem Betrag des vorangegangenen GJ gegenüberzustellen. 105

Als Haftungsverhältnisse i.S.d. § 251 HGB kommen Verbindlichkeiten aus der Begebung und Übertragung von Wechseln, Bürgschaften, Wechsel- und Scheckbürgschaften, Gewährleistungsverträgen sowie Haftungsverhältnisse aus der Bestellung von Sicherheiten für fremde Verbindlichkeiten in Betracht.[137] 106

---

136 Vgl. *IDW RS HFA 33*, Tz. 11.

137 Vgl. *Strickmann*, in: Kessler/Leinen/Strickmann (Hrsg.), Handbuch Bilanzrechtsmodernisierungsgesetz, Freiburg 2009, S. 529.

107 Durch das BilMoG wurden die Angabepflichten nach § 285 Nr. 27 HGB eingeführt. Anzugeben sind demnach zusätzlich die Gründe der Einschätzung des Risikos der Inanspruchnahme. Die Erläuterung, dass mit einer Inanspruchnahme nicht zu rechnen ist, ist nicht ausreichend. Vielmehr sind die Wahrscheinlichkeit sowie der voraussichtliche Zeitpunkt der Inanspruchnahme hinreichend konkret unter Berücksichtigung von Regress- oder Erstattungsansprüchen anzugeben. Zudem sind die Entscheidungsgründe zu erläutern, weshalb die Haftungsverhältnisse nicht passiviert wurden. Die Angaben haben sich auf den Abschlussstichtag zu beziehen. Eine Angabe ist auch erforderlich, wenn das Risiko nicht bestimmt werden kann.[138]

Zu den anzugebenden Sicherheiten zählen hierbei insb. Pfandrechte an beweglichen Sachen und Rechten, Grundpfandrechte (Grund- und Rentenschulden, Hypotheken, Schiffshypotheken und Reallasten), Eigentumsvorbehalt, Sicherungsübereignung sowie Sicherungsabtretung.[139]

w) Angabe zu außerbilanziellen Geschäften

108 Gemäß § 285 Nr. 3 HGB sind im Anhang Art und Zweck sowie Risiken und Vorteile von nicht in der Bilanz enthaltenen Geschäften anzugeben, soweit dies für die Beurteilung der Finanzlage notwendig ist. Unter Geschäften versteht man alle Transaktionen wirtschaftlicher und rechtlicher Art. Mit der Einführung der Vorschrift bezweckt der Gesetzgeber eine Verbesserung der Transparenz und eine Erweiterung der Darstellung der Finanzlage.

109 Gemäß *IDW RS HFA 32*[140] liegt ein nicht in der Bilanz enthaltenes Geschäft vor, wenn der „Bilanzierende durch ein Rechtsgeschäft bzw. eine Maßnahme Vorteile oder Risiken übernimmt, ohne dass dies zum Ansatz von Vermögensgegenständen oder Schulden führt." Als Beispiele nennt *IDW RS HFA 32:*[141]

- Factoring und Asset-Backed-Securities-Transaktionen (ABS-Transaktionen)
- Unechte Pensionsgeschäfte
- Operating-Lease-Verhältnisse

138 Vgl. *Ellrott*, in: Beck Bil-Komm.[7], § 285 HGB, Rn. 455 ff.

139 Vgl. *Stuirbrink/Schuster*, in: Beck Vers- Komm.1, § 51 RechVersV, Rn. 14; *ADS*[6], § 268 HGB, Rn. 126.

140 *IDW Stellungnahme zur Rechnungslegung: Anhangangaben nach §§ 285 Nr. 3, 314 Abs. 1 Nr. 2 HGB zu nicht in der Bilanz enthaltenen Geschäften (IDW RS HFA 32)* (Stand: 09.09.2010).

141 Vgl. *IDW RS HFA 32,* Tz. 8.

- Sale-and-lease-back-Geschäfte bei Vorliegen von Operating-Leasing
- Verdeckte Leasinggeschäfte
- Konsignationslagervereinbarungen
- Auslagerung von betrieblichen Funktionen.

Nach der Gesetzesbegründung fallen auch schwebende Geschäfte in den Anwendungsbereich der Vorschrift. Hierunter sind auch die Haftungsverhältnisse und sonstigen finanziellen Verbindlichkeiten zu verstehen, deren Angabepflicht sich bereits aus § 285 Nr. 27 HGB bzw. § 285 Nr. 3a HGB ergibt. 110

Geschäfte im Rahmen des gewöhnlichen Geschäftsbetriebs (z.B. im Zusammenhang mit Lieferungen und Leistungen, die Beschaffung von Sachanlagen und Vorräten, laufende Instandhaltungsmaßnahmen) sind nicht berichtspflichtig. 111

x) Aufwendungen und Erträge (außerordentlich und periodenfremd)

Außerordentliche Erträge und Aufwendungen werden in § 277 Abs. 4 Satz 2 HGB geregelt. Demnach sind diese Posten hinsichtlich ihres Betrags und ihrer Art im Anhang zu erläutern, soweit die ausgewiesenen Beträge für die Beurteilung der Ertragslage nicht von untergeordneter Bedeutung sind. 112

Außerordentliche Erträge und außerordentliche Aufwendungen sind Erträge und Aufwendungen außerhalb der gewöhnlichen Geschäftstätigkeit des VU (§ 277 Abs. 4 Satz 1 HGB). Der Begriff „gewöhnliche Geschäftstätigkeit“ entspricht der „normalen Geschäftstätigkeit“.

Mit der Formulierung des § 277 Abs. 4 Satz 2 HGB, wonach außerordentliche Aufwendungen und Erträge immer dann, wenn sie für die Beurteilung der Ertragslage nicht von untergeordneter Bedeutung sind, erläutert werden müssen, wird zum Ausdruck gebracht, dass die Schwelle für die Erläuterungspflicht niedriger anzusetzen ist, als wenn die Formulierung „von Bedeutung“ lauten würde.[142] Im Zweifel ist auf das Interesse abzustellen, das ein vernünftig urteilender Adressat der Rechnungslegung, insb. ein gegenwärtiger oder künftiger Aktionär/Gesellschafter, aber auch die Öffentlichkeit an einer entsprechenden Erläuterung haben könnten.[143]

142 Vgl. *ADS*⁶, § 277 HGB, Rn. 83.
143 Vgl. *ADS*⁶, § 277 HGB, Rn. 83.

Da nur solche Beträge zu erläutern sind, die für die Beurteilung der Ertragslage von nicht untergeordneter Bedeutung sind, wird sich die Aufzählung auf wesentliche Einzelbeträge der Posten „Außerordentliche Aufwendungen“ und „Außerordentliche Erträge“ beschränken können. Eine Angabe der Größenordnung der Beträge erscheint dabei ausreichend.[144]

113 Exemplarisch sei an dieser Stelle die Aufteilung der Ertragsteuern zu nennen. Gemäß § 285 Nr. 6 HGB ist im Anhang anzugeben, in welchem Umfang die Steuern vom Einkommen und Ertrag das Ergebnis der gewöhnlichen Geschäftstätigkeit und das außerordentliche Ergebnis belasten. Diese Angabe setzt ein analytisches Verfahren mit Ursachenbetrachtung und entsprechender Zuordnung voraus.[145]

Die Angabe hat grundsätzlich nur dann zu erfolgen, wenn in der GuV ein außerordentliches Ergebnis ausgewiesen wird und ein Ertragsteueraufwand entstanden ist.[146] Entsteht kein Ertragsteueraufwand, weil beide Ergebnisbestandteile null oder negativ sind oder das negative Ergebnis des einen Bereiches das positive Ergebnis des anderen Bereiches überwiegt, so entfällt die Angabepflicht.[147]

§ 285 Nr. 6 HGB schreibt keine bestimmte Art der Darstellung vor. Es ist der Umfang anzugeben, mit dem die Steuern vom Einkommen und Ertrag die bezeichneten Ergebnisse belasten. Genaue Betragsangaben sind ebenso wenig erforderlich wie eine Differenzierung nach Steuerarten.[148] Es genügt, wenn die Größenordnung (Bruchteile, Prozentzahlen), mit der die Steuern vom Einkommen und Ertrag die beiden Ergebnisse belasten, verbal angegeben wird. Da keine betragsmäßigen Angaben gefordert sind, bedarf es insofern auch keiner exakten Aufteilung der angefallenen Steuern auf die Ergebnisbereiche.

Hat ein negatives außerordentliches Ergebnis zu einer Minderung des Steueraufwands geführt, so belastet der ausgewiesene Steueraufwand nur das Ergebnis der normalen Geschäftstätigkeit. Dies ist entsprechend zum Ausdruck zu bringen.[149] Gleiches gilt für den umgekehrten Fall. Eine Angabe darüber, in welchem Umfang das negative außerordentliche Ergebnis den Steueraufwand auf

144 Vgl. *Förschle*, in: Beck Bil-Komm.[7], § 275 HGB, Rn. 226; *ADS*[6], § 277 HGB, Rn. 85.

145 Vgl. diesbezüglich kritisch zum deutschen Steuersystem *Küting/Pfitzer/Weber*, Handbuch der Rechnungslegung[5], §§ 284-288 HGB, Rn. 224.

146 Vgl. *ADS*[6], § 277 HGB, Rn. 128.

147 Vgl. *Ellrott*, in: Beck Bil-Komm.[7],§ 285, Rn. 120.

148 Vgl. *IDW* (Hrsg.), WP Handbuch[13], Rn. F 731; *ADS*[6], § 277 HGB, Rn. 130 f.

149 Vgl. *IDW* (Hrsg.), WP Handbuch[13], Rn. F 732.

das Ergebnis der normalen Geschäftstätigkeit vermindert hat, fordert § 285 Nr. 6 HGB nicht.[150]

Einkommensbestandteile, die keiner Steuer unterliegen (steuerfreie Erträge), sind herauszurechnen und bei der Steueraufteilung zu berücksichtigen.[151] Gleiches gilt für nicht abzugsfähige Betriebsausgaben oder die Hinzurechnungen bzw. Kürzungen nach §§ 8 und 9 GewStG.[152]

Erträge und Aufwendungen, die einem anderen GJ zuzuordnen sind (periodenfremd) und nicht außerordentliche Posten i.S.d. § 277 Abs. 4 Satz 1 HGB darstellen, sind im Allgemeinen unter den Posten auszuweisen, unter die sie fallen würden, wenn sie nicht periodenfremd wären. § 277 Abs. 4 Satz 3 HGB verlangt für die periodenfremden Aufwendungen und Erträge die gleiche Erläuterungspflicht im Anhang wie für die außerordentlichen Posten, d.h., sie sind hinsichtlich ihres Betrags und ihrer Art zu erläutern, soweit die ausgewiesenen Beträge für die Beurteilung der Ertragslage nicht von untergeordneter Bedeutung sind. 114

Hierbei sind nur solche Posten zu erläutern, die das nicht versicherungstechnische Geschäft betreffen. Als solche kommen z.B. in Betracht:[153]

- Kostenerstattungen sowie Rückvergütungen und Gutschriften für frühere GJ
- Steuererstattungen aufgrund eines Verlustrücktrags (§ 10d EStG) oder aus anderen Gründen
- Steuernachzahlungen für VJ, die nicht durch Rückstellungen gedeckt waren
- außerplanmäßige Abschreibungen, mit denen in früheren Jahren eingetretenen, aber nicht erkannten Verlusten und Risiken Rechnung getragen wird
- Eingänge auf abgeschriebene Forderungen
- Erträge aus der Auflösung freigewordener Rückstellungen sowie
- Nachzahlungen an Mitarbeiter für VJ.

150 Vgl. *IDW* (Hrsg.), WP Handbuch[13], Rn. F 732.
151 Vgl. *ADS*[6], § 277 HGB, Rn. 134.
152 Vgl. *ADS*[6], § 277 HGB, Rn. 134.
153 Vgl. *ADS*[6], § 277 HGB, Rn. 87.

y) Muster 2

115 Versicherungsunternehmen haben gem. § 51 Abs. 5 RechVersV anstelle der Angaben nach § 285 Nr. 8 Buchst. b HGB (Personalaufwand des GJ, gegliedert nach Löhnen und Gehälter, sozialen Abgaben und Aufwendungen für Altersversorgung und für Unterstützung) Angaben über die

- Provisionen und sonstigen Bezüge der Versicherungsvertreter für das saG sowie
- Personalaufwendungen

nach dem Muster 2 der RechVersV zu machen.

Diese Angaben konkretisieren sich im Einzelnen wie folgt:

1. Provisionen jeglicher Art der Versicherungsvertreter i.S.d. § 92 HGB für das saG;
2. sonstige Bezüge der Versicherungsvertreter i.S.d. § 92 HGB;
3. Löhne und Gehälter;
4. soziale Abgaben und Aufwendungen für Unterstützung und
5. Aufwendungen für Altersversorgung.

Die aufgeführten Angaben sind jeweils für das VJ und das GJ zu machen.

z) Spartenpublizität

116 Gemäß § 51 Abs. 4 RechVersV sind für SchVU, LVU, PK/StK, KVU und Rück-VU anstelle der in § 285 Nr. 4 HGB (Aufgliederung der Umsatzerlöse) vorgeschriebenen Angaben zusätzliche Erläuterungen erforderlich.

117 Schaden- und Unfallversicherungsunternehmen haben gem. § 51 Abs. 4 Nr. 1 RechVersV die in Abb. 4 aufgezeigten Angaben für

- das gesamte saG,
- das gesamte üG und
- das gesamte Versicherungsgeschäft

zu machen. Für das saG sind die erforderlichen Angaben darüber hinaus in bestimmte Versicherungszweiggruppen, -zweige und -arten zu untergliedern.

Angaben im Anhang von Schaden- und Unfallversicherungsunternehmen	**Untergliederung der Angaben des selbst abgeschlossenen Geschäfts in Versicherungszweiggruppen, -zweige und -arten**
1. Gebuchte Bruttobeiträge 2. Verdiente Bruttobeiträge 3. Verdiente Nettobeiträge 4. Bruttoaufwendungen für Versicherungsfälle 5. Bruttoaufwendungen für den Versicherungsbetrieb 6. Rückversicherungssaldo** (= Saldo aus den verdienten Beiträgen des Rückversicherers und den Anteilen des Rückver sicherers an den unter den vorstehenden Ziffern 4 und 5 genannten versicherungstech nischen Aufwendungen) 7. Versicherungstechnisches Ergebnis f.e.R. 8. Versicherungstechnische Brutto-rückstellungen Insgesamt, davon: a) Bruttorückstellung für noch nicht abgewickelte Versicherungsfälle b) Schwankungsrückstellung und ähnliche Rückstellungen 9) Anzahl der mind. einjährigen Versicherungsverträge (nur für das saG)	1. Unfall- und Krankenver sicherung, davon: a) Unfallversicherung b) Krankenversicherung 2. Haftpflichtversicherung 3. Kraftfahrzeug-Haftpflicht-versicherung 4. Sonstige Kraftfahrt versicherungen 5. Feuer- und Sach versicherung, davon: a) Feuerversicherung b) Verbundene Hausrat versicherung c) Verbundene Gebäude versicherung d) Sonstige Sachversicherung 6. Transport- und Luftfahrt versicherung 7. Kredit- und Kautions versicherung 8. Rechtsschutzversicherung 9. Beistandsleistungsversicherung 10. Sonstige Versicherungen

Abb. 4: Anhangangaben von SchVU im Einzelnen sowie die für die Gliederung des saG beachtlichen Versicherungszweiggruppen, -zweige und -arten[154]

154 Die Angabe des Rückversicherungssaldos braucht für die Feuer- und Sachversicherung nur insgesamt gemacht zu werden.

** Vgl. zum Begriff Fn. 159

Die Angaben können unter bestimmten Voraussetzungen teilweise verkürzt werden.[155] Sofern die gebuchten Bruttobeiträge für das üG weniger als 10 % der gebuchten Bruttobeiträge für das gesamte Versicherungsgeschäft ausmachen, kann die Trennung der Angaben zwischen dem saG und dem üG entfallen und es brauchen nur die Angaben für das gesamte Versicherungsgeschäft gemacht zu werden. Die Untergliederung nach Versicherungszweiggruppen, -zweigen und -arten des saG kann entfallen, sofern die gebuchten Bruttobeiträge in den einzelnen Versicherungszweiggruppen, -zweigen oder -arten jeweils 10 Mio. Euro nicht übersteigen; auf jeden Fall sind aber die Angaben für die drei wichtigsten Versicherungszweiggruppen, -zweige oder -arten zu machen.

118 Ebenso wie die SchVU unterliegen nach § 51 Abs. 4 Nrn. 2-6 RechVersV auch LVU, PK/StK, KVU sowie RückVU der Pflicht, in ihrem Anhang eine Reihe von Angaben über das Versicherungsgeschäft offenzulegen, und zwar insb. die gebuchten Bruttobeiträge.

Die in Abb. 5 aufgezeigten Angaben können unter bestimmten Voraussetzungen teilweise entfallen. So kann bei LVU auf die Untergliederung der gebuchten Bruttobeiträge gem. den Ziffern 1-3 verzichtet werden, sofern die gebuchten Bruttobeiträge in den einzelnen Gruppen jeweils 10 % der gebuchten Bruttobeiträge für das gesamte saG nicht übersteigen (§ 51 Abs. 4 Nr. 2 Buchst. a Satz 4 RechVersV). Gleiches gilt gem. § 51 Abs. 4 Nr. 3 Buchst. a RechVersV für die Untergliederung der gebuchten Bruttobeiträge von PK/StK.

Darüber hinaus kann bei LVU die Trennung der Angaben in saG und üG gem. § 51 Abs. 4 Nr. 2 Buchst. a Satz 2 RechVersV entfallen, sofern die gebuchten Bruttobeiträge für das üG weniger als 10 % der gebuchten Bruttobeiträge für das gesamte Versicherungsgeschäft ausmachen.

155 Vgl. § 51 Abs. 4 Nr. 2 RechVersV.

Angaben im Anhang von	
Lebensversicherungsunternehmen	**Pensions- und Sterbekassen*****
Gebuchte Bruttobeiträge des saG, untergliedert nach folgenden Gruppen: 1. gebuchte Bruttobeiträge aus a) Einzelversicherungen b) Kollektivversicherungen 2. gebuchte Bruttobeiträge, untergliedert nach a) laufenden Beiträgen b) Einmalbeiträgen 3. gebuchte Bruttobeiträge, untergliedert nach Beiträgen im Rahmen von Verträgen a) ohne Gewinnbeteiligung b) mit Gewinnbeteiligung c) bei denen das Kapitalanlagerisiko von den Versicherungsnehmern getragen wird des üG Rückversicherungssaldo zuzüglich der Veränderung des Anteils der Rückversicherer an der Brutto-Deckungsrückstellung	Gebuchte Bruttobeiträge, untergliedert nach folgenden Gruppen 1. gebuchte Bruttobeiträge aus a) Einzelversicherungen b) Kollektivversicherungen 2. gebuchte Bruttobeiträge, untergliedert nach a) laufenden Beiträgen b) Einmalbeiträgen 3. gebuchte Bruttobeiträge aus a) Pensionsversicherungen b) Sterbegeldversicherungen c) Zusatzversicherungen Rückversicherungssaldo zuzüglich der Veränderung des Anteils der Rückversicherer an der Brutto-Deckungsrückstellung Bei deregulierten PK i.S.d. § 118b VAG**** zusätzlich Untergliederung der Bruttobeiträge nach a) Verträgen ohne Gewinn beteiligung b) Verträgen mit Gewinnbeteiligung

Abb. 5: Anhangangaben von LVU und PK/StK

*** Vormals PK von erheblicher wirtschaftlicher Bedeutung i.S.d. § 156a VAG. Mit Gesetz v. 29.08.2005, BGBl. I, S. 2546 wurden die bisher in § 156a Abs. 2 VAG und in der „Verordnung zur Bestimmung von Pensionskassen als Unternehmen von erheblicher wirtschaftlicher Bedeutung" enthaltenen Regeln zur Abgrenzung von regulierten und deregulierten PK ersetzt. Vgl. zu den aufsichtsrechtlichen Neuerungen Baumeister, DB 2005, S. 2076.

**** Nicht vorhandene Versicherungsarten müssen nicht aufgeführt werden.

Angaben im Anhang von Krankenversicherungsunternehmen***
Gebuchte Bruttobeiträge des saG sowie die Beiträge aus der Rückstellung für erfolgsabhängige Beitragsrückerstattung, jeweils untergliedert nach folgenden Gruppen: 1. gebuchte Bruttobeiträge aus a) Einzelversicherungen b) Gruppenversicherungen 2. gebuchte Bruttobeiträge, untergliedert nach a) laufenden Beiträgen b) Einmalbeiträgen 3. gebuchte Bruttobeiträge aus a) Krankheitskostenvollversicherungen b) Krankentagegeldversicherungen c) selbstständigen Krankenhaustagegeldversicherungen d) sonstigen selbstständigen Teilversicherungen e) Pflegepflichtversicherungen f) Beihilfeablöseversicherungen g) Restschuld / Lohnfortzahlungsversicherungen h) Auslandsreisekrankenversicherungen 4. der in Nrn. 1-3 enthaltene Beitragszuschlag nach § 12 Abs. 4a VAG Rückversicherungssaldo zuzüglich der Veränderung des Anteils der Rückversicherer an der Brutto-Deckungsrückstellung
Zahl der versicherten natürlichen Personen, insgesamt und aufgeteilt****** auf a) Krankheitskostenvollversicherungen b) Krankentagegeldversicherungen c) selbstständige Krankenhaustagegeldversicherungen d) sonstige selbstständige Teilversicherungen e) Pflegepflichtversicherungen f) Beihilfeablöseversicherungen Zerlegung der RfB und den Betrag nach § 12a VAG (Überzins) nach Muster 6 der RechVersV

Abb. 6: Anhangangaben von KVU

***** Bei der Aufteilung sind Mehrfachberücksichtigungen möglich. Bei der Angabe der Zahl der versicherten Personen insgesamt sind die versicherten Personen jedoch nur einmal zu berücksichtigen.

****** In diesem Zusammenhang ist § 328 Abs. 1 und 2 HGB zu beachten. Vgl. dazu: *Ellrott / Grottel*, in: Beck Bil-Komm.[7], § 328 HGB, Rn. 11 f., 18.

Rückversicherungsunternehmen haben ihre gebuchten Bruttobeiträge untergliedert nach dem

- Schaden- und Unfallversicherungsgeschäft und dem
- Lebensversicherungsgeschäft

anzugeben.

Darüber hinaus müssen ErstVU die gebuchten Bruttobeiträge des saG gem. § 51 Abs. 4 Nr. 5 RechVersV nach der Beitragsherkunft wie folgt untergliedern: 119

a) aus dem Inland,

b) aus den übrigen Mitgliedstaaten der EG sowie anderen Vertragsstaaten des Abkommens über den EWR,

c) aus Drittländern.

Die Angaben können entfallen, sofern die gebuchten Bruttobeiträge in den einzelnen Herkunftsgebieten jeweils weniger als 5 % der gebuchten Bruttobeiträge für das gesamte saG ausmachen.

IV. Grundsätze zur Aufstellung des Lageberichts

1. Aufgabe und Bedeutung des Lageberichts

Der neben dem JA zu erstellende LB[156] ist ein eigenständiger Bestandteil der handelsrechtlichen Rechungslegung. Ihm kommt die Aufgabe zu, losgelöst von den einzelnen Posten des JA, einen umfassenden Überblick über die wirtschaftliche Lage und das Gesamtbild des Unternehmens zu geben.[157] 120

Der LB dient unter Berücksichtigung der rechtlichen Rahmenbedingungen der Information der Stakeholder des Unternehmens.[158] Im Rahmen dieser Informationsfunktion[159] soll er dem JA diejenigen Informationen ergänzend hinzufügen, die dieser aufgrund seiner Periodenbezogenheit oder aus anderen Gründen nicht erbringen kann. Die zusätzlichen Informationen betreffen in erster Linie die Lage und den Geschäftsverlauf des Unternehmens sowie die Einschätzung der Chancen- und Risikosituation des Unternehmens. Weiterhin erfüllt der LB durch die

156 Zu den Rechtsgrundlagen vgl. Rn. 7 f.

157 Vgl. *ADS*[6], § 289 HGB, Rn. 12, 17

158 Vgl. *ADS*[6], § 289 HGB, Rn. 17; zu den Informationsanforderungen der Stakeholder als Adressaten des LB vgl. *Kirsch/Köhrmann*, Beck HdR, B 500, Rn. 3.

159 Vgl. Begr.RegE, BT-Drucks. 10/317, S. 94.

Offenlegung des Erfolgs des Managements als Verwalter fremden Vermögens gegenüber den Eigentümern der Unternehmung eine Rechenschaftsfunktion.[160]

Neben der Informations- und der Rechenschaftsfunktion werden dem LB folgende weitere Funktionen zugeschrieben:[161]

- **Ergänzungsfunktion:**
  Der LB vermittelt über den JA hinausgehende Informationen, die für die Einschätzung der gesamten wirtschaftlichen Lage seitens der Adressaten der Rechnungslegung ergänzend benötigt werden.
- **Verdichtungsfunktion:**
  Der LB reduziert die quantitativen Angaben und Feststellungen des (retrospektiven) JA auf die wesentlichen Erkenntnisse und kommentiert diese (prospektiv) in Worten.
- **Beurteilungsfunktion:**
  Neben der retrospektiven Beurteilung des Geschäftsverlaufs des Unternehmens ist die Unternehmensleitung im Rahmen der zukunftsorientierten Prognose- und Risikoberichterstattung gezwungen, aus Annahmen und Erwartungen Schlussfolgerungen hinsichtlich der voraussichtlichen Entwicklung des Unternehmens abzuleiten und diese offenzulegen.

2. Formelle und materielle Anforderungen an die Berichterstattung

121 Der LB ist als solcher zu kennzeichnen und vom JA, insb. vom Anhang, klar abzugrenzen.[162] Er ist von den gesetzlichen Vertretern des VU aufzustellen. Diese sind für den Inhalt des LB gemeinsam verantwortlich.[163]

122 Die Berichterstattung im LB hat sich an den damit verbundenen Informations- und Rechenschaftszwecken zu orientieren. Folglich hat der LB den Grundsätzen einer getreuen und gewissenhaften Rechenschaftslegung zu entsprechen, d.h., die Berichterstattung muss vollständig, richtig und klar sein.[164] Weitere Grundsätze für die

160 Vgl. *ADS*[6], § 289 HGB, Rn. 19.

161 Vgl. *Kirsch/Köhrmann*, in: Beck HdR, B 500, Rn. 4 ff.

162 Vgl. *Ellrott*, in: Beck Bil-Komm.[7], § 289 HGB, Rn. 6.

163 Vgl. *ADS*[6], § 289 HGB, Rn. 50.

164 Zur Entwicklung von Grundsätzen ordnungsmäßiger LB-Erstattung vgl. *Baetge/Fischer/Paskert*, Der Lagebericht, Stuttgart 1989, S. 16 ff.; *ADS*[6], § 289 Rn. 38 f; *Kirsch/Köhrmann*, in: HdR, B 500, Rn. 27.

LB-Erstattung formuliert DRS 15.[165] Danach soll der LB den Adressaten die Sicht der Unternehmensleitung vermitteln und alle bis zum Berichtszeitpunkt bekannten Ereignisse, Entscheidungen und Faktoren, die einen wesentlichen Einfluss auf die weitere Wertentwicklung des Unternehmens haben könnten, darstellen.[166]

Dem Grundsatz der Vollständigkeit entsprechend hat der LB aus Sicht der Unter- 123
nehmensleitung sämtliche wesentliche Informationen zu vermitteln, damit ein verständiger Adressat den Geschäftsverlauf des abgelaufenen Jahres, die Lage des Unternehmens und die voraussichtliche Entwicklung unter Einfluss der wesentlichen Chancen und Risiken beurteilen kann.[167]

Der LB entspricht dem Grundsatz der Richtigkeit bzw. Verlässlichkeit, wenn die 124
Informationen zutreffend und nachvollziehbar sind. Dies bedingt, dass die Angaben plausibel, konsistent und frei von Widersprüchen gegenüber dem Abschluss sowie allgemein bekannten Wirtschaftsdaten sein müssen. Darüber hinaus sind zukunftsbezogene Aussagen klar von stichtags- und vergangenheitsbezogenen Aussagen zu trennen und die wesentlichen zukunftsbezogenen Prämissen offenzulegen.[168]

Der Grundsatz der Klarheit und Übersichtlichkeit verlangt, dass die Angaben im 125
LB klar, eindeutig und in verständlicher Form gemacht werden. Dies erfordert insb. einen Aufbau des LB, der in übersichtlicher Weise die wesentlichen Aussagen und bedeutsamen Sachverhalte in angemessenem Detaillierungsgrad hervorhebt.[169]

Wie für den Anhang gilt für den LB analog der in § 265 Abs. 1 HGB niedergelegte 126
allgemeine Grundsatz der Darstellungsstetigkeit, um eine Vergleichbarkeit der LB zu ermöglichen.[170] Die Form der Darstellungen ist beizubehalten, soweit nicht in Ausnahmefällen aufgrund besonderer Umstände Abweichungen erforderlich sind. Zu wesentlichen zahlenmäßigen Angaben sind VJ-Zahlen anzugeben. Diese sind im Fall von Unstetigkeiten für Zwecke einer Mehrperiodendarstellung anzupassen oder hinreichend zu erläutern.[171]

---

165 Zur Bedeutung der durch das DRSC herausgegebenen Standards für den LB nach § 289 HGB vgl. Rn. 10.

166 Vgl. DRS 15.28-35; *Fink/Keck*, KoR 2005, S. 140.

167 Vgl. DRS 15.9-13; die inhaltlichen Anforderungen implizieren auch den Grundsatz der Wesentlichkeit, vgl. *ADS*[6], § 289, Rn. 40.

168 Vgl. DRS 15.14-19; *ADS*[6], § 289, Rn. 43 f.

169 Vgl. DRS 15.20 ff.; *Ellrott*, in: Beck Bil-Komm.[7], § 289 HGB, Rn. 12.

170 Vgl. *Ellrott*, in: Beck Bil-Komm.[7], § 289 HGB, Rn. 13.

171 Vgl. DRS 15.22-27.

127 Im Gegensatz zum Anhang enthalten die Vorschriften zum LB keine dem § 286 Abs. 1 HGB vergleichbare Schutzklausel. Dennoch wird regelmäßig eine analoge Anwendung dieser Klausel bejaht.[172] Grenzen findet die Berichterstattung demzufolge, wenn berechtigte Interessen der Berichtspflicht entgegenstehen, was insb. bei aus Konkurrenzgründen geheim zu haltenden Projekten (Konkurrenzschutzklausel) möglich ist.[173] Keine Anwendung findet die Schutzklausel indes im Rahmen der Berichterstattung über wesentliche, insb. bestandsgefährdende Risiken, auch, wenn sich deren Offenlegung nachteilig für das Unternehmen auswirken kann.[174]

128 Aus der mit dem BilReG kodifizierten Pflicht zur ausgewogenen und umfassenden Analyse des Geschäftsverlaufs und der Lage des Unternehmens nach § 289 Abs. 1 Satz 2 HGB wird mit DRS 15.28 der auf dem Management Approach basierende Grundsatz der Information der Sicht der Unternehmensleitung abgeleitet.[175] Demnach ist bei den einzelnen Aspekten der Berichterstattung die Einschätzung und Beurteilung durch die Unternehmensleitung in den Vordergrund zu stellen. [176]

129 Ebenso neu formuliert wurde mit DRS 15.30 ff. der Grundsatz der Konzentration auf die nachhaltige Wertschaffung, wodurch Elemente des Value Reporting Eingang in die LB-Erstattung finden sollen.[177] Dazu sind alle im Berichtszeitpunkt bekannten Ereignisse, Entscheidungen und Faktoren anzugeben und zu erläutern, die aus Sicht der Unternehmensleitung einen wesentlichen Einfluss auf die weitere Wertentwicklung des Unternehmens haben können. [178]

3. Inhalt des Lageberichts

130 Die inhaltlichen Anforderungen an den LB von VU bestimmen sich nach § 289 HGB und § 57 RechVersV. Konkretisiert werden die gesetzlichen Vorgaben durch

172 Vgl. *ADS*[6], § 289 Rn. 54; *IDW* (Hrsg.), WP Handbuch[13], Rn. F 861; anderer Auffassung *Ellrott*, in: Beck Bil-Komm.[7], § 289 HGB, Rn. 14.

173 Vgl. *Küting/Pfitzer/Weber*, Handbuch der Rechnungslegung[5], § 289, Rn. 29.

174 Vgl. die Ausführungen zum Prognose- und Risikobericht, Rn. 143 ff.; *IDW* (Hrsg.), WP Handbuch[13], Rn. F 878.

175 Vgl. *Buchheim/Knorr*, WPg 2006, S. 417; befürwortend aufgrund einer erhöhten Entscheidungsrelevanz *Fink/Keck*, KoR 2005, S. 140; den Grundsatz als redundant einschätzend vgl. *Greinert*, KoR 2004, S. 56.

176 Vgl. DRS 15.28 f.

177 Vgl. *Buchheim/Knorr*, WPg 2006, S. 417 f.; den Grundsatz wegen fehlender gesetzlicher Grundlage ablehnend vgl. *Greinert*, KoR 2004, S. 56 f.

178 Vgl. DRS. 15.30-35.

die Ausführungen der *IDW RH HFA 1.005* und *1.007*[179], des DRS 15, sowie für die Risikoberichterstattung durch die Ausführungen des DRS 5-20 i.V.m. DRS 5.[180] Im Einzelnen ergeben sich hieraus folgende Berichtsgegenstände:

a) Angaben zu Geschäftsverlauf und Lage des Versicherungsunternehmens

Gemäß § 289 Abs. 1 Satz 1 HGB sind im LB der Geschäftsverlauf einschl. des Geschäftsergebnisses und die Lage des VU so darzustellen, dass ein den tatsächlichen Verhältnissen entsprechendes Bild vermittelt wird. In die ausgewogene und umfassende, dem Umfang und der Komplexität der Geschäftstätigkeit entsprechende Analyse des Geschäftsverlaufs und der Lage des VU sind auch die für die Geschäftstätigkeit bedeutsamsten finanziellen und nicht finanziellen Leistungsindikatoren einzubeziehen und unter Bezugnahme auf den JA zu erläutern (§ 289 Abs. 1 Sätze 2-3 sowie Abs. 3 HGB).[181] 131

Die Begriffe „Geschäftsverlauf" und „Lage" werden im Gesetz nicht definiert. Sie lassen sich in der Berichterstattung nur schwer voneinander abgrenzen, insb. weil eine Ursache-Wirkungs-Beziehung zwischen den Ereignissen und Entwicklungen des Geschäftsverlaufs und der sich daraus ergebenden Lage des Unternehmens besteht. Aus einer integrierten Darstellung muss jedoch ersichtlich sein, wie das GJ aus der Sicht des Unternehmens verlaufen ist und, wie sich die Situation am Abschlussstichtag darstellt.[182] 132

Zur Darstellung des vergangenheitsorientierten, zeitraumbezogenen Geschäftsverlaufs ist – ausgehend von der Geschäftstätigkeit des VU und dessen Rahmenbedingungen – ein Überblick über den Geschäftsverlauf auf Basis der gesamtwirtschaftlichen und branchenspezifischen Rahmenbedingungen zu geben. Die

179 Die durch das Übernahmerichtlinie-Umsetzungsgesetz v. 13.07.2006 zusätzlich in § 289 Abs. 4 HGB geforderten Angabepflichten bei AG und KGaA, die einen organisierten Markt i.S.d. § 2 Abs. 7 WpÜG durch von ihnen angegebene Aktien in Anspruch nehmen, werden durch DRS 15a – Übernahmerechtliche Angaben und Erläuterungen im Konzern-LB konkretisiert.

180 Aus Sicht des Berufsstands entfalten DRS 15, DRS 5 und DRS 5-20 auch für den LB nach § 289 HGB Bedeutung. Dementsprechend wurde die *IDW Stellungnahme zur Rechnungslegung: Aufstellung des Lageberichts (IDW RS HFA 1)* vor dem Hintergrund der Standards des DRSC zum LB aufgehoben. Die IDW Rechnungslegungshinweise *IDW RH HFA 1.005* und *1.007* befassen sich mit Einzelfragen, soweit diese nicht von den Regelungen des DRSC aufgegriffen wurden. Vgl. FN-IDW 2005, S. 530; *IDW RH HFA 1.007*, Tz. 2 f.; *Tesch/Wißmann*, Lageberichterstattung nach HGB, Weinheim 2006, S. 12, 41 f.

181 Zu den Erweiterungen der LB-Erstattung in § 289 HGB durch das BilReG vgl. *Pfitzer/Oser/Orth* (Hrsg.), Reform des Aktien-, Bilanz- und Aufsichtsrechts, 2. Aufl., Stuttgart 2006, S. 101 f.

182 Vgl. *IDW* (Hrsg.), WP Handbuch[13], Rn. F 863.

Unternehmensleitung hat einzuschätzen, wie sich die Entwicklung der Gesamtwirtschaft und der Branche auf den Geschäftsverlauf ausgewirkt hat. Darüber hinaus ist von der Unternehmensleitung zu beurteilen, ob die Geschäftsentwicklung insgesamt günstig oder ungünstig verlaufen ist.[183] Die Erläuterungen zur Lage des VU bedingen in sachlicher Hinsicht die Darstellung eines den tatsächlichen Verhältnissen entsprechenden Bildes der Gesellschaft insgesamt. Damit gehen sie über das in Bilanz, GuV und Anhang vermittelte Bild der Vermögens-, Finanz- und Ertragslage hinaus.[184] In zeitlicher Hinsicht ist die Berichterstattung über die Lage des VU notwendigerweise dynamisch,[185] d.h., bei den Darstellungen zur Vermögens-, Finanz- und Ertragslage ist auf Ereignisse und Entwicklungen einzugehen, die für den Geschäftsverlauf ursächlich waren.[186]

133 Zu den einzelnen Dimensionen der Lage des VU schreibt DRS 15 folgende Darstellungen vor:[187]

- Hinsichtlich der Ertragslage sind die Ergebnisentwicklung, die Ergebnisstruktur und ihre wesentlichen Quellen zu erläutern, wobei insb. Veränderungen für das abgelaufene GJ, Trends und ungewöhnliche oder nicht wiederkehrende Ereignisse, die die Ertragslage nachhaltig beeinflussen, auch quantitativ darzustellen sind.
- Zur Finanzlage sind auf Basis der Grundsätze und Ziele des Finanzmanagements Erläuterungen zur Kapitalstruktur, zu außerbilanziellen Finanzierungsinstrumenten und Investitionen sowie zur Entwicklung der Liquidität des VU im Laufe sowie am Ende des GJ erforderlich. Die Fähigkeit des Unternehmens, seine Zahlungsverpflichtungen zu erfüllen, ist hierbei in den Mittelpunkt der Ausführungen zu stellen.
- Bezüglich der Vermögenslage sind Höhe und Zusammensetzung des Vermögens sowie wesentliche Abweichungen gegenüber dem VJ darzustellen; dies gilt auch für außerbilanzielle Finanzierungsinstrumente, deren möglichen künftigen Auswirkungen zu erläutern sind, soweit sie einen erheblichen Einfluss auf die wirtschaftliche Lage des Unternehmens haben können.

---

183 Vgl. *IDW* (Hrsg.), WP Handbuch[13], Rn. F 864; DRS 15.36-44.

184 Zum Begriff der Lage i.S.v. § 289 HGB vgl. *ADS*[6], § 289, Rn. 81 f.; *Küting/Pfitzer/Weber*, Handbuch der Rechnungslegung[5], § 289, Rn. 44 ff.

185 Vgl. *ADS*[6], § 289, Rn. 83 ff.

186 Vgl. DRS 15.45-49.

187 Zu den Details der Berichterstattung vgl. DRS 15.49-80; praxisorientiert *Tesch/Wißmann*, Lageberichterstattung nach HGB, Weinheim 2006, S. 56 ff.

134 In die Analyse des Geschäftsverlaufs ist nach § 289 Abs. 1 Satz 1 HGB explizit das Geschäftsergebnis einzubeziehen. Dem Sinn und Zweck der Regelung entsprechend ist dazu auf das Jahresergebnis i.S.d. § 275 Abs. 2 Nr. 20 bzw. Abs. 3 Nr. 19 HGB und auf die für dieses Ergebnis maßgeblichen Ergebniskomponenten, -strukturen und -trends einzugehen. Sofern zur Unternehmenssteuerung eine andere Kennzahl, z.B. Earnings before Interest and Tax (EBIT) oder Earnings before Interest, Tax, Depreciation and Amortisation (EBITDA), zur Anwendung kommt, soll diese ergänzend dargestellt werden.[188]

135 Nach § 289 Abs. 1 Satz 3 HGB in der Fassung des BilReG sind in die Analyse des Geschäftsverlaufs und der Lage auch die bedeutsamsten finanziellen Leistungsindikatoren einzubeziehen und unter Bezugnahme auf Beträge und Angaben im Abschluss zu erläutern. Der Begriff der finanziellen Leistungsindikatoren umfasst Kennzahlen, wie sie auch im Rahmen der Abschlussanalyse Anwendung finden. Dazu zählen u.a. Ergebniskomponenten (z.B. Ergebnis aus Kapitalanlagen, Schadenquote), Liquiditätskennzahlen (z.B. Cashflow) oder Renditekennziffern, wie sie in der Unternehmenssteuerung zum Einsatz kommen. Die verwendeten Kennzahlen sind zu definieren und aus den Zahlen des JA überzuleiten.[189]

136 Da VU nach § 341a Abs. 1 HGB den JA und den LB nach den für große Kapitalgesellschaften geltenden Vorschriften aufzustellen haben, sind sie darüber hinaus gem. § 289 Abs. 3 HGB grundsätzlich verpflichtet, auch nicht finanzielle Leistungsindikatoren in die Analyse des Geschäftsverlaufs einzubeziehen, sofern diese für das Verständnis des Geschäftsverlaufs oder der Lage von Bedeutung sind. Die Berichterstattung soll die Prognostizierbarkeit künftiger Erträge erhöhen und brancheninterne Vergleiche ermöglichen. Dabei ist zu beachten, dass durch die Darstellungen der Bezug zur Vermögens-, Finanz- und Ertragslage gewahrt bleibt und die wirtschaftliche Lage nicht in den Hintergrund gerückt wird. Neben den im Gesetz beispielhaft genannten Angaben zu Umwelt- und Arbeitnehmerbelangen kommen bei VU Angaben zur Entwicklung des Kundenstammes, zum Humankapital, zum Beschwerdemanagement oder zur gesellschaftlichen Reputation des Unternehmens in Frage.[190]

137 Nach Auffassung der Bundesanstalt für Finanzdienstleistungsaufsicht (BaFin) ist insb. auch auf folgende Ereignisse einzugehen:

---

188 Vgl. *IDW RH HFA 1.007*, Tz. 6; *IDW* (Hrsg.), WP Handbuch[13], Rn. F 867.

189 Vgl. Begr.RegE, BT-Drucks. 15/3419, S. 30; *IDW RH HFA 1.007*, Tz. 7 f.; *IDW* (Hrsg.), WP Handbuch[13], Rn. F 866; zu einer auf DRS 15 basierenden Übersicht vgl. *Tesch/Wißmann*, Lageberichterstattung nach HGB, Weinheim 2006, S. 73 f.

190 Vgl. Begr.RegE, BT-Drucks. 15/3419, S. 31; *IDW RH HFA 1.007*, Tz. 9 ff.; *IDW* (Hrsg.), WP Handbuch[13], Rn. F 869 ff.

- Abschluss von Unternehmensverträgen (§§ 291 ff. AktG)
- Aufgabe des Going-Concern-Prinzips (§ 252 Abs. 1 Nr. 2 HGB)
- Liquidationsbeschluss.[191]

Auch in dem Fall, dass ein VU wegen nicht ausreichender Eigenmittelausstattung zur Vorlage eines Solvabilitäts- oder Finanzierungsplans gem. § 81b VAG verpflichtet ist, dürfte eine Aufnahme in den LB geboten sein.[192]

138 Die versicherungsspezifischen Anforderungen an die Berichterstattung über den Geschäftsverlauf und die Lage des Unternehmens im LB werden in § 57 RechVersV geregelt. Die dort geforderten Angaben sind erforderlich, damit der LB – wie es § 289 Abs. 1 HGB vorsieht – ein den tatsächlichen Verhältnissen entsprechendes Bild vermittelt.[193] Im Einzelnen ergeben sich dabei folgende Angaben:

Alle Versicherungsunternehmen

139 Im LB sind:

- die betriebenen Versicherungszweige und -arten im saG und im üG anzugeben (§ 57 Abs. 2 Nr. 1 RechVersV);
- Informationen über den Geschäftsverlauf in den einzelnen Versicherungszweiggruppen, -zweigen und -arten des saG zu liefern; ferner ist über den Geschäftsverlauf in den einzelnen betriebenen Versicherungszweigen des üG zu berichten (§ 57 Abs. 2 Nr. 2 RechVersV).

Hinsichtlich des Geschäftsverlaufs sind die wesentlichen den Geschäftsverlauf der einzelnen Versicherungszweige, -zweiggruppen bzw. -arten im letzten GJ bestimmenden Faktoren verbal und zahlenmäßig darzustellen. Regelmäßig wird hierbei über die Beitragsentwicklung, den Schadenverlauf, die Beteiligung der Rückversicherung an den Ergebnissen und die Kostenentwicklung zu berichten sein. Darüber hinaus können Bestandssanierungen und drohende Verluste in einzelnen Versicherungszweigen und -arten berichtspflichtig werden.[194] Gegebenenfalls ist darüber zu berichten, wie sich Tarifänderungen auf das Ergebnis ausgewirkt haben. Da im LB hinsichtlich der Untergliederung der Berichterstattung keine Bagatellgrenzen

191 Vgl. *Rockel u.a.*, Versicherungsbilanzen, Rechnungslegung nach HGB, US-GAAP und IFRS, 1. Aufl., Stuttgart 2007, S. 266.

192 Vgl. *Rocke u.a.*, Versicherungsbilanzen, Rechnungslegung nach HGB, US-GAAP und IFRS, 1. Aufl., Stuttgart 2007, S. 266 f.

193 Vgl. BR-Drucks. 823/94, S. 149.

194 Vgl. *Stuirbrink/Schuster*, in: Beck Vers-Komm.1, § 57 RechVersV, Rn. 19.

bestehen, ist grundsätzlich über sämtliche Versicherungszweige, im saG auch über Versicherungsarten, zu berichten.[195]

Versicherungsvereine auf Gegenseitigkeit

Von VVaG ist zusätzlich zu erläutern, in welcher Weise ein erhobener Nachschuss ermittelt wurde (§ 57 Abs. 3 RechVersV). 140

Lebensversicherungsunternehmen sowie Pensions- und Sterbekassen

Von den LVU sowie den PK/StK sind zusätzlich die Versicherungsbestände im saG gem. § 57 Abs. 4 RechVersV aufzugliedern, und zwar von: 141

1. LVU nach dem Muster 3;
2. PK nach dem Muster 4 und, sofern sie Sterbegeld- oder Zusatzversicherungen haben, auch nach Muster 5;
3. StK nach Muster 5.

Bei LVU sowie PK/StK ist die richtige Fortschreibung und Erfassung der Versicherungsbestände im Hinblick auf die richtige Ermittlung der versicherungstechnischen Rückstellungen, insb. zur Berechnung der Deckungsrückstellung, sowie im Hinblick auf die zutreffende Erfassung der damit in Verbindung stehenden Erträge und Aufwendungen von besonderer Bedeutung.

Versicherungsunternehmen, die im selbst abgeschlossenen Versicherungsgeschäft mehrere Geschäftszweige betreiben

Lebensversicherungsunternehmen, die auch das selbst abgeschlossene Unfallversicherungsgeschäft betreiben, haben die für den LB vorgeschriebenen Angaben gesondert auch für das selbst abgeschlossene Unfallversicherungsgeschäft zu machen. Schaden- und Unfallversicherungsunternehmen, die auch das selbst abgeschlossene Krankenversicherungsgeschäft nach Art der LV betreiben, haben die für den LB vorgeschriebenen Angaben gesondert auch für das Krankenversicherungsgeschäft zu machen (§ 57 Abs. 5 RechVersV). Diese Bestimmung entspricht dem in Art. 33 Abs. 2 und 3 Versicherungsbilanzrichtlinie enthaltenen Prinzip, wonach VU gesonderte Angaben für einen von ihnen betriebenen zweiten Geschäftszweig machen müssen. 142

195 Vgl. *IDW* (Hrsg.), WP Handbuch[13], Rn. K 79; vgl. kritisch *Stuirbrink/Schuster*, in: Beck Vers-Komm.1,§ 57 RechVersV, Rn. 19.

b) Prognose- und Risikobericht

143 § 289 Abs. 1 Satz 4 HGB zufolge ist im LB die voraussichtliche Entwicklung des VU mit ihren wesentlichen Chancen und Risiken zu erläutern und zu beurteilen; zugrunde liegende Annahmen sind anzugeben.[196]

Mit der Neufassung durch das BilReG wurde die bisherige Trennung zwischen der Berichterstattung über die Risiken der künftigen Entwicklung und der Berichterstattung über die voraussichtliche Entwicklung aufgegeben. Insofern erscheint die Darstellung von positiven und negativen künftigen Entwicklungsmöglichkeiten – Chancen und Risiken – in einem integrierten Prognose- und Risikobericht sachgerecht.[197] Innerhalb der Berichterstattung ist indes eine klare Trennung von Chancen und Risiken geboten, d.h., Chancen und Risiken dürfen nicht „saldiert" dargestellt werden.[198] Die Angabe der Annahmen, die der Einschätzung der voraussichtlichen Entwicklung zugrunde liegen, soll es den Adressaten ermöglichen, die Plausibilität der Prognosen im Zeitablauf zu beurteilen.[199] Gegenstand der Berichtspflicht sind generell Einschätzungen und Erwartungen für all jene Bereiche, die auch für die Berichterstattung über Geschäftsverlauf und Lage von Bedeutung sind.[200] Berichtspflichtig sind – unter Beachtung des Wesentlichkeitsgrundsatzes – erwartete Entwicklungen, die sich günstig oder ungünstig auf Geschäftsverlauf und Lage des Unternehmens auswirken können und mit einer erheblichen, nicht notwendigerweise überwiegenden Wahrscheinlichkeit erwartet werden. Zwingend berichtspflichtig sind sowohl Risiken, die den Fortbestand des VU in Frage stellen, also zu einer Abkehr vom Grundsatz der Unternehmensfortführung führen, als auch Risiken, die eine deutliche Gefährdung des VU erkennen lassen.[201] Die Erwartungen der Unternehmensleitung werden unter Einbeziehung der Konjunktur- und Branchenaussichten sowie positiver oder negativer Entwicklungstrends

---

196 Zu einer Darstellung der alten wie neuen Rechtslage sowie einem Interpretationsansatz der Neuregelung vgl. *Kaiser*, WPg 2005, S. 405 ff.; *Kajüter*, BB 2004, S. 427 ff.

197 Vgl. *Pfitzer/Oser/Orth*, DB 2004, S. 2597; vgl. ausführlich *Kirsch/Scheele*, WPg 2005, S. 1151 ff.; *IDW* (Hrsg.), WP Handbuch[13], Rn. F 873; für einen selbstständigen Chancen- und Risikobericht neben einem Prognosebericht vgl. *Ellrott*, in: Beck Bil-Komm.[7],§ 289, Rn. 43; Kajüter, BB 2004, S. 430 f.; DRS 15.91; DRS 5-20.17.

198 Vgl. *Kirsch/Scheele*, WPg 2005, S. 1153; *IDW* (Hrsg.), WP Handbuch[13], Rn. F 885. Zur Frage, inwiefern Risiken, die im Rahmen der bilanziellen Vorsorge bereits im Abschluss berücksichtigt sind, oder Risiken und Chancen, die durch Sicherungsgeschäfte auf Dritte übertragen wurden, zu berücksichtigen sind vgl. Kajüter, BB 2004, S. 429 f.

199 Vgl. Begr.RegE, BT-Drucks. 15/3419, S. 30.

200 Vgl. *IDW* (Hrsg.), WP Handbuch[13], Rn. F 875.

201 Vgl. *Küting/Hütten*, AG 1997, S. 252 ff.; *Moxter*, BB 1997, S. 723; *Dörner/Bischof*, WPg 1999, S. 448 ff.; *Ellrott*, in: Beck Bil-Komm.[7], § 285, Rn. 53 f.; *IDW* (Hrsg.), WP Handbuch[13], Rn. F 880 ff.; vgl. *IDW* (Hrsg.) WP Handbuch[13], Rn. L 652.

zu einer Gesamtaussage verdichtet; die Entwicklungen der Ertrags- und Finanzlage sind zumindest als positiver oder negativer Trend zu beschreiben.[202]

Nach h.M. ist für die Chancen- und Risikoberichterstattung ein Prognosezeitraum 144
von zwei Jahren zugrunde zu legen. Für bestandsgefährdende Risiken wird der zur Unternehmensfortführungsprognose unterstellte kürzere Zeitraum von zwölf Monaten für adäquat gehalten.[203] In zeitlicher Hinsicht ist weiter zu beachten, dass das Stichtagsprinzip für die LB-Erstattung nicht gilt, sodass auch Entwicklungen angabepflichtig sind, die nach dem Bilanzstichtag eingetreten oder erkennbar geworden sind.[204]

Für die Berichterstattung über Risiken der künftigen Entwicklung von VU gibt 145
DRS 5-20 i.V.m. DRS 5 einen Mindestrahmen vor. Als Risiko gilt dabei generell die Möglichkeit von negativen künftigen Abweichungen der wirtschaftlichen Lage des Unternehmens.[205] Neben den Risiken, die sich aus jedweder unternehmerischen Tätigkeit ergeben, ist die Risikolage eines VU primär durch die Tatsache gekennzeichnet, dass die Prämien zu Beginn einer Versicherungsperiode vereinnahmt werden, während die zugesagten Leistungen stochastischer Natur sind. Insgesamt können die Risiken eines VU wie folgt kategorisiert werden:[206]

– Risiken aus Kapitalanlagen
  - Marktrisiko (Zinsänderungsrisiken, Risiken aus Aktien und sonstigen Eigenkapitalpositionen sowie Währungsrisiken),
  - Bonitätsrisiko,
  - Liquiditätsrisiko.
– Versicherungstechnische Risiken
  - Prämien-/Schadenrisiko in der SchVU,
  - Prämien-/Versicherungsleistungsrisiko in der Lebens-/Krankenversicherung,
  - Zinsgarantierisiko in Versicherungszweigen mit garantierten Zinsleistungen,
  - Reserverisiko hinsichtlich der versicherungstechnischen Rückstellungen.

202 Vgl. *Tesch/Wißmann*, Lageberichterstattung nach HGB, Weinheim 2006, S. 73 ff.; vgl. zu Berichtsinhalt und -intensität auch *Kajüter*, BB 2004, S. 429 f.
203 Vgl. *Küting/Pfitzer/Weber*, Handbuch der Rechnungslegung[5], § 289, Rn. 63; DRS 15.87; DRS 5.23 und DRS 5-20.12 i.V.m. DRS 5.24.
204 Vgl. *ADS*[6], § 289 HGB, Rn. 18 m. E. nicht einschlägig; für Risiken bei VU siehe DRS 5-20.19.
205 Vgl. DRS 5.9.
206 Vgl. DRS 5-20.3.

- Risiken aus dem Ausfall von Forderungen aus dem Versicherungsgeschäft
- Operationale Risiken
- Sonstige Risiken.

Im Rahmen der Berichterstattung sind die Kategorien zunächst unternehmensspezifisch inhaltlich zu konkretisieren und die organisatorische wie funktionale Ausgestaltung des Risikomanagementsystems zu beschreiben.[207] Über die Kategorien ist jeweils gesondert quantitativ zu berichten, soweit dies nach anerkannten und verlässlichen Methoden möglich ist. Abzustellen ist hierbei auf die vom VU intern angewendeten Risikomodelle. Liegen derartige Modelle nicht vor, gibt der Standard für die einzelnen Kategorien Mindestoffenlegungspflichten vor.[208] Die gesamte Risikosituation ist zusammenfassend quantitativ anhand der aufsichtsrechtlichen Solvabilitätsanforderungen und der zur Deckung vorhandenen Eigenmittel offenzulegen.[209]

146 Mit dem BilReG wurde die zukunftsorientierte Berichterstattung im LB um eine Darstellung der Chancen der künftigen Entwicklung erweitert. Ziel war es, den Gehalt des LB an entscheidungsrelevanten Informationen zu erhöhen und den Investoren hierdurch Soll-Ist-Vergleiche zu ermöglichen.[210] Komplementär zur Risikoberichterstattung sollen die Adressaten über die Bandbreiten der vom VU erwarteten positiven Entwicklungen bestimmter Bezugsgrößen (z.B. Renditekennzahlen, Marktstellung) informiert werden.[211]

c) Einzelangaben

147 Der LB soll gem. § 289 Abs. 2 HGB auch auf Folgendes eingehen:

- Vorgänge von besonderer Bedeutung, die nach dem Schluss des GJ eingetreten sind;
- im Bezug auf die Verwendung von Finanzinstrumenten durch das VU (sofern dies für die Beurteilung der Lage oder der voraussichtlichen Entwicklung von Belang ist):

207 Vgl. DRS 5-20.8; zur Definition des Begriffs Risikomanagement sowie zu den Anforderungen an die Berichterstattung vgl. DRS 5.9 sowie DRS 5.28 f.

208 Vgl. dazu DRS 5-20.6-11 sowie zu den Details der Berichterstattung über die einzelnen Risikokategorien mit geeigneten Quantifizierungsmethoden DRS 5-20.21-37.

209 Vgl. DRS 5-20.38 f.

210 Vgl. Begr.RegE, BT-Drucks. 15/3419, S. 30.

211 Vgl. *IDW* (Hrsg.), WP Handbuch[13], Rn. F 884; zu einer Definition des Chancen-Begriffs sowie Berichtspflichten vgl. DRS 15.8 und DRS 15.84 ff.; zu Implikationen der Erweiterung der Berichtspflicht vgl. *Kaiser*, DB 2005, S. 345 ff.

a) die Risikomanagementziele und -methoden des VU einschl. ihrer Methoden zur Absicherung aller wichtigen Arten von Transaktionen, die im Rahmen der Bilanzierung von Sicherungsgeschäften erfasst werden, sowie

b) die Preisänderungs-, Ausfall- und Liquiditätsrisiken sowie die Risiken aus Zahlungsstromschwankungen, denen die Gesellschaft ausgesetzt ist;

- den Bereich der Forschung und Entwicklung;
- bestehende Zweigniederlassungen der Gesellschaft;
- die Grundzüge des Vergütungssystems des VU für die in § 285 Nr. 9 HGB genannten Gesamtbezüge, soweit es sich um eine börsennotierte AG handelt.

Die „Sollvorschriften" des § 289 Abs. 2 HGB verlangen nach h.M. stets dann (schon nach § 289 Abs. 1 HGB) zwingend eine Berichterstattung, wenn die anzugebenden Sachverhalte bei vernünftiger kaufmännischer Beurteilung wichtige Informationen für den Berichtsempfänger darstellen.[212]

Vorgänge von besonderer Bedeutung nach Schluss des Geschäftsjahre

Sinn und Zweck des sog. Nachtragsberichts ist es, den LB-Adressaten eine fehlerfreie Beurteilung von Lage und Aussichten des VU zu ermöglichen, wenn zwischen dem Abschlussstichtag und der Berichterstellung bedeutende Veränderungen eingetreten sind.[213] Ein Vorgang ist dann von besonderer Bedeutung, wenn er, hätte er sich bereits vor Ablauf des GJ vollzogen, eine andere Darstellung der Vermögens-, Finanz- und Ertragslage des VU erfordert hätte. Dabei ist auch über noch nicht abgeschlossene Vorgänge, die eine abweichende Darstellung der wirtschaftlichen Lage zur Folge haben können, zu berichten.[214] In der Praxis umfasst diese Angabe z.B. Informationen über Großschäden, über den Erwerb oder Verkauf wesentlicher Beteiligungen und über Änderungen der Rechtsform. Neben diesen Ereignissen können wesentliche Änderungen der Rahmenbedingungen für die Geschäftstätigkeit eines VU berichtswürdig werden. Zu denken wäre in diesem Zusammenhang z.B. an Währungskursveränderungen, Änderungen in der Gesetzgebung oder der gesamtwirtschaftlichen Entwicklung.[215] 148

212 Vgl. *ADS*[6], § 289 Rn. 94 ff.; *IDW* (Hrsg.), WP Handbuch[13], Rn. F 887.

213 Folglich umfasst die Berichtspflicht hier nur wertbeeinflussende Tatsachen, nicht werterhellende Tatsachen, vgl. *Küting/Pfitzer/Weber*, Handbuch der Rechnungslegung[5], § 289, Rn. 81 f.

214 Vgl. DRS 15.81 f.

215 Vgl. *Stuirbrink/Schuster*, in: Beck Vers.-Komm.1, § 57 RechVersV, Rn. 8; siehe auch Rn. 137.

Angaben zu Risiken aus Finanzinstrumenten

149 Die im Zuge des BilReG eingeführten, auf europäischen Vorgaben basierenden Berichtspflichten erzwingen Angaben über Risiken aus Finanzinstrumenten und deren Absicherung.[216]

In Abhängigkeit von Art, Umfang und Struktur der Risiken sind hinsichtlich der Risikomanagementziele und -methoden (§ 289 Abs. 2 Nr. 2 Buchst. a HGB) folgende, regelmäßig verbale Erläuterungen notwendig:[217]

- grundsätzliche Aussagen zur Risikobereitschaft des VU
- eine Darstellung der Sicherungsziele
- die Beschreibung der Grundgeschäfte
- eine Darstellung wesentlicher sonstiger Elemente (z.B. Kontrahentenlimite)
- bei antizipativem Hedging (Absicherung geplanter, noch nicht kontrahierter Transaktionen) die Nennung der Tatsache als solche.

Ebenfalls in Abhängigkeit der individuellen Risikostruktur des VU sind Erläuterungen zu den in § 289 Abs. 2 Nr. 2 Buchst. b HGB aufgeführten Risikokategorien, also zu Preisänderungs-, Ausfall- und Liquiditätsrisiken sowie zu Risiken aus Zahlungsstromschwankungen, geboten.[218] Diese Erläuterungen umfassen z.B. Angaben zum Umfang von Währungsrisiken, zu „Klumpenrisiken" oder zu Refinanzierungsrisiken, soweit es sich um offene, nicht durch Sicherungsgeschäfte gedeckte Risiken handelt.[219]

Forschung und Entwicklung

150 Angaben zum Forschungs- und Entwicklungsbereich verfolgen den Zweck, die Unternehmen zur Darlegung von Informationen zu veranlassen, die für die Beurteilung der Zukunftsaussichten eines Unternehmens und damit für die Lagebeurteilung von Bedeutung sind.[220] Die Verpflichtung zur Berichterstattung über den Bereich Forschung und Entwicklung richtet sich naturgemäß an solche Gesellschaften, die in größerem Umfang eigene Forschung und Entwicklung betreiben und deren Produkte aus patentrechtlichen Gründen oder anderen Restriktionen nicht ohne Weiteres von Mitbewerbern adaptiert werden können. Versicherungs-

216 Vgl. *Böcking*, BB 2005, Beilage 3, S. 5; zur Definition des Begriffs Finanzinstrumente vgl. Rn. 75.
217 Vgl. *IDW RH HFA 1.005*, Tz. 33.
218 Zu einer Konkretisierung der Kategorien vgl. *IDW RH HFA 1.005*, Tz. 36.
219 Vgl. *IDW RH HFA 1.005*, Tz. 37.
220 Vgl. *ADS*[6], § 289 HGB, Rn. 113.

unternehmen betreiben nach diesem Verständnis keine Forschung und Entwicklung und haben demnach auch nicht darüber zu berichten.[221]

Bestehende Zweigniederlassungen der Gesellschaft

151 In Hinblick auf den Zweigniederlassungsbericht sind die Orte der im In- und Ausland bestehenden Zweigniederlassungen anzugeben. Abweichende Firmierungen, die die Zugehörigkeit zur Hauptniederlassung nicht erkennen lassen, sollten ebenfalls erwähnt werden. Darüber hinaus sind wesentliche Veränderungen gegenüber dem VJ anzugeben. Bei Gesellschaften mit vielen Niederlassungen erscheint eine zusammenfassende Darstellung nach geografischen und/oder segmentbezogenen Gesichtspunkten sachgerecht; die Nennung des Ortes ist hierbei nur für alle wesentlichen Niederlassungen erforderlich.[222]

Angaben zum Vergütungssystem von Mitgliedern des Vorstands und des Aufsichtsrats (nur für börsennotierte AG)

152 Die mit dem Vorstandsvergütungs-Offenlegungsgesetz (VorstOG) eingeführte Berichtspflicht[223] für börsennotierte Gesellschaften zu den Grundzügen des Vergütungssystems für die in § 285 Nr. 9 HGB genannten Gesamtbezüge des Vorstands und des AR (oder einer ähnlichen Einrichtung) dient der Erläuterung der einzelnen Vergütungsparameter und der Zusammensetzung der Vorstandsbezüge einschl. bestehender Anreizpläne. Unter die Offenlegungspflicht fallen Erläuterungen zu den erfolgsabhängigen und erfolgsbezogenen Komponenten sowie zu den Komponenten mit langfristigen Anreizwirkungen einschl. der einzelnen Parameter der Erfolgsbindung. Weiterhin sollen Angaben über die Bedingungen, an die Aktienoptionen und ähnliche Bezugsrechte sowie Bonusleistungen geknüpft sind, gemacht werden. In Ausnahmefällen können Angaben zur Vergütungsstruktur unterbleiben, soweit sie nach vernünftiger kaufmännischer Beurteilung geeignet sind, dem VU einen erheblichen Nachteil zuzufügen. Dies betrifft Fälle, in denen Anreize an Ziele des VU geknüpft sind, die nicht notwendigerweise zur Veröffentlichung bestimmt sind, z.B. die Steigerung der Erträge in einem bestimmten Geschäftsfeld oder in einem regionalen Absatzmarkt.[224] Werden die nach § 285 Nr. 9 Buchst. a Sätze 5-9 HGB erforderlichen Angaben (individualisierte Offenlegung der Vorstandsvergütungen) im LB gemacht, kann insoweit eine Angabe im Anhang unterbleiben.

221 Vgl. *Stuirbrink/Schuster*, in: Beck Vers.-Komm.1, § 57 RechVersV, Rn. 15.
222 Vgl. *ADS*[6], §289 HGB, Rn. 123 f., 127.
223 Vgl. Rn. 5.
224 Vgl. Begr. Gesetzentwurf, BT-Drucks. 15/5577, S. 8.

Angaben zum Internen Kontroll- und Risikomanagementsystem (nur für börsennotierte AG)

153 Mit der Einführung des BilMoG wurden die Vorschriften zur LB-Erstattung um § 289 Abs. 5 HGB erweitert. Im Rahmen der LB-Erstattung müssen kapitalmarktorientierte Unternehmen i.S.d. § 264d HGB die wesentlichen Merkmale des vorhandenen Internen Kontroll- und Risikomanagementsystems im Hinblick auf den Rechnungslegungsprozess beschreiben. Angaben zur Effektivität sind nicht zu machen. Der Gesetzgeber stellt keine weiteren Anforderungen an die Einrichtung oder die inhaltliche Ausgestaltung. Sofern kein Internes Kontroll- oder Risikomanagementsystem besteht, ist dies anzugeben.

154 Der Umfang der Beschreibung ist abhängig von der Größe und den individuellen Gegebenheiten des jeweiligen Unternehmens. Das Interne Kontrollsystem umfasst z.B. die Grundsätze, Verfahren und Maßnahmen zur Sicherung der Wirksamkeit und Wirtschaftlichkeit der Rechnungslegung, zur Sicherung der Ordnungsmäßigkeit der Rechnungslegung sowie zur Sicherung der Einhaltung der maßgeblichen rechtlichen Vorschriften. Die Ausführungen zum Risikomanagementsystem können zusammen mit den Ausführungen zum allgemeinen Risikomanagement nach § 289 Abs. 2 Nr. 2 HGB innerhalb des Chancen- und Risikoberichts zusammengefasst werden, wenn dies die Klarheit des LB nicht beeinträchtigt. [225]

Erklärung zur Unternehmensfortführung (nur für börsennotierte AG)

155 Von börsennotierten AG sowie AG, die auf eigene Veranlassung im Freiverkehr notiert sind, aber außerdem andere Wertpapiere als Aktien zum Handel an einem organisierten Markt ausgegeben haben, ist nach § 289a HGB eine Erklärung zur Unternehmensfortführung als eigenständiger Abschnitt des LB abzugeben.

156 Nach Abs. 2 der Vorschrift beinhaltet die Erklärung folgende Punkte:

- Erklärung nach § 161 AktG (Nr. 1)
- relevante Angaben zu Unternehmensführungspraktiken, die über die gesetzlichen Anforderungen hinaus angewendet werden (Nr. 2)
- Beschreibung der Arbeitsweise von Vorstand und AR sowie der Zusammensetzung und Arbeitsweise von deren Ausschüssen (Nr. 3).

225 Vgl. *Philipps*, Rechnungslegung nach BilMoG, Wiesbaden 2010, S. 304 f.

Nach § 289a Abs. 2 Nr. 2 HGB sind Hinweise anzugeben, wo die Dokumente über die angewendeten Unternehmensführungspraktiken öffentlich zugänglich gemacht wurden, da eine Veröffentlichung dieser Informationen bereits im Zusammenhang mit der Angabe zum Corporate Governance Kodex nach § 161 AktG verlangt wird. 157

Die nach Nr. 3 geforderten Angaben müssen bereits nach § 285 Nr. 10 HGB gemacht werden, sodass an dieser Stelle die Offenlegung von Informationen über die Zusammensetzung der Ausschüsse des Vorstands und des AR in Anlehnung an die Angabe nach § 285 Nr. 10 HGB zu empfehlen ist. [226]

Schlusserklärung des Abhängigkeitsberichts

Von VU in der Rechtsform der AG, die einen sog. Abhängigkeitsbericht gem. § 312 AktG zu erstatten haben, ist die Schlusserklärung gem. § 312 Abs. 3 Satz 3 AktG in den LB aufzunehmen. 158

V. Zusammenfassung von Jahresabschluss und Lagebericht im Geschäftsbericht

1. Bezeichnung

Die einzelnen Bestandteile der Rechnungslegung können in einem selbstständigen Druckstück, dem Geschäftsbericht, zusammengefasst werden.[227] Je nach Bestimmungszweck handelt es sich hierbei um eine vorgeschriebene oder freiwillige Veröffentlichung bzw. Vervielfältigung i.S.v. § 328 HGB.[228] 159

226 Vgl. *Philipps*, Rechnungslegung nach BilMoG, Wiesbaden 2010, S. 314 f.

227 Geschäftsbericht ist die praxisübliche Bezeichnung für das von Unternehmen meist jährlich publizierte Druckstück, in dem regelmäßig bestimmte offenlegungs- bzw. vorlagepflichtige Unterlagen sowie darüber hinausgehende freiwillige Informationen abgedruckt sind. Vgl. *Küting/Hütten*, in: Lück (Hrsg.), Lexikon der Rechnungslegung und Abschlussprüfung, 4. Aufl., München und Wien 1998, S. 308.

228 Sofern Geschäftsberichte der Erfüllung von Publizitätspflichten dienen, die auf Gesetz (bei VU z.B. auch zur Einreichung bei der Aufsichtsbehörde sowie zur Übersendung an die VN nach § 55 Abs. 2 und 3 VAG), Gesellschaftsvertrag bzw. Satzung beruhen, kommt § 328 Abs. 1 und 3 HGB zur Anwendung, d.h., die Angaben müssen vollständig und richtig sein. Geschäftsberichte fallen unter § 328 Abs. 2 HGB, sofern sie zur freiwilligen Information der Allgemeinheit oder bestimmter Dritter dienen. Vgl. *ADS*[6], § 328 HGB, Rn. 2 ff.; *Ellrott/Grottel*, in: Beck Bil-Komm.[7], § 328 HGB, Rn. 1 f.; *Küting/Pfitzer/Weber*, Handbuch der Rechnungslegung[5], § 328, Rn. 11 ff.

2. Aufbau und Gliederung

160 Äußerer Aufbau und Gliederung des Geschäftsberichts sind unmittelbar an keine Vorschriften gebunden, d.h., die VU haben grundsätzlich Gestaltungsfreiheit. Generell muss die Gesamtgliederung des Geschäftsberichts überschaubar sein, allerdings sollten sich die einzelnen Teilbereiche der Rechnungslegung klar voneinander abheben. Eindeutig zu trennen sind insb. die Angaben im Anhang von den Darstellungen im LB.[229] Anhang und LB sind als solche zu kennzeichnen, wobei der Anhang mit der Bilanz und der GuV so zu verbinden ist, dass er als Bestandteil des JA erkannt werden kann.

161 In den Geschäftsbericht aufgenommene freiwillige Angaben und Informationen, die über den Rahmen der gesetzlich vorgeschriebenen Berichterstattung hinausgehen und nicht der Publizität nach §§ 325 und 328 f. HGB unterliegen sollen, sind, soweit der Geschäftsbericht auch zur Erfüllung der Pflichtpublizität verwendet wird, in einem gesonderten Teil des Geschäftsberichts aufzunehmen, der z.B. als „Bericht des Vorstands" bezeichnet werden kann. Sofern hierunter auch der LB eingeordnet wird, empfiehlt es sich, den LB als solchen durch eine besondere Überschrift zu kennzeichnen und von den übrigen, im Vorstandsbericht gelieferten freiwilligen Informationen, die dem LB vorangestellt werden sollten, klar abzugrenzen.[230]

162 Grundsätzlich sind die für den Anhang und den LB vorgeschriebenen Angaben und Erläuterungen jeweils geschlossen darzustellen, d.h., sie dürfen nicht über mehrere Teile des Geschäftsberichts verstreut werden. Dem steht ausnahmsweise nichts entgegen, wenn bestimmte Angaben bzw. tabellarische Darstellungen, die u.U. den Textfluss stören würden, an anderer Stelle des Geschäftsberichts wiedergegeben werden. Für die Ausgliederung und Darstellung an einer für die jeweilige Angabeart geeigneten anderen Stelle des Geschäftsberichts kommen z.B. in Betracht:

---

229 Vgl. Rn. 121.

230 Vgl. *ADS*[6], § 328 HGB, Rn. 38 f., 85; *Ellrott/Grottel*, in: Beck Bil-Komm.[7], § 328 HGB, Rn. 16; *IDW* (Hrsg.), WP Handbuch[13], Rn. F 579, 849.

Zum Anhang	Zum Lagebericht
– Nennung der Mitglieder des AR, eines Beirats und des Vorstands (§ 285 Nr. 10 HGB) – Entwicklung der Kapitalanlagen nach Muster 1 der RechVersV – Angabe der Provisionen und sonstige Bezüge der Versicherungsvertreter, Personalaufwendungen nach Muster 2 der RechVersV.	– Angabe der betriebenen Versicherungszweige, -zweiggruppen und -arten im saG und im üG (§ 57 Abs. 4 RechVersV) – Aufgliederung der Versicherungsbestände nach den Mustern 3-5 (§ 57 Abs. 4 RechVersV).

Voraussetzung ist jedoch, dass im Anhang bzw. LB auf den Inhalt der ausgegliederten Teile sowie auf die Seitenzahlen der Fundstellen eindeutig verwiesen und bei den ausgegliederten Teilen der Zusammenhang mit Anhang und LB durch eine Überschrift (z.B. „Weitere Angaben zum Anhang/LB") deutlich gemacht wird.[231] Im Rahmen der Offenlegung nach § 325 Abs. 2 HGB müssen bei Bekanntmachung im Bundesanzeiger an die Stelle der Verweisungen im Anhang und LB die entsprechenden Angaben bzw. Darstellungen treten.[232]

Zur Gliederung der einzelnen Bestandteile der Rechenschaftslegung im Geschäftsbericht finden sich in Schrifttum und Praxis unterschiedliche Vorschläge und Vorgehensweisen. Wegen des sachlichen Zusammenhangs der einzelnen Teilbereiche der Rechenschaftslegung erscheint für deren Abfolge der nachstehend aufgezeigte Gliederungsvorschlag zweckmäßig:[233] 163

231 Vgl. hierzu die Verlautbarung des Bundesaufsichtsamtes für das Versicherungswesen (BAV) zur Gestaltung des „Druckberichts" mit weiteren Hinweisen, in: VerBAV, 1989, S. 114; für die Nennung der Mitglieder von Vorstand und AR vgl. auch *IDW* (Hrsg.), WP Handbuch[13], Rn. F 557, F 571.

232 Vgl. *IDW* (Hrsg.), WP Handbuch[13], Rn. F. 557.

233 Vgl. *IDW* (Hrsg.), WP Handbuch[13], Rn. F 556, F 849; *ADS*[6], § 289 HGB, Rn. 36.

I.	Bericht des AR
II.	Bericht des Vorstands 1. Allgemeiner Teil a) Darlegungen zur allgemeinen wirtschaftlichen Entwicklung der Volkswirtschaft und / oder der Branche b) Darstellung des Unternehmens (zu a), jeweils unter Einschluss von Bildern, Tabellen, Grafiken u.Ä. 2. Lagebericht i.S.d. § 289 HGB 3. Bilanz und GuV 4. Anhang i.S.d. §§ 284-288 HGB 5. Bestätigungsvermerk des AP6 6. Gewinnverwendungsvorschlag / Gewinnverwendungsbeschluss

164 Die Platzierung des Gewinnverwendungsvorschlags/-beschlusses im Geschäftsbericht kann unterschiedlich vorgenommen werden. Als Alternativen kommen in Frage:[234]

- gesonderte Darstellung im Anschluss an den im vorderen Bereich des Geschäftsberichts – vor dem JA – angeordneten LB
- gesonderte Darstellung nach dem Anhang als letzter Teil der Rechenschaftslegung des Vorstands
- Darstellung im Anhang unter deutlicher Abhebung von dessen Inhalt durch eine entsprechende Überschrift.

3. Unterzeichnung des Jahresabschlusses und Bestätigungsvermerk

165 Gemäß § 245 Satz 1 HGB ist der JA unter Angabe des Datums von allen Vorstandsmitgliedern zu unterzeichnen. Hierbei ist entscheidend, wer bei der Aufstellung des JA Amtsträger ist. Die Unterschriften müssen den JA räumlich abschließen und erkennen lassen, dass sie sich auf Bilanz, GuV und Anhang beziehen. Die Unterzeichnung hat daher am Ende der GuV oder unter dem Anhang zu erfolgen.[235]

---

234 Vgl. *ADS*[6], § 325 HGB, Rn. 51, § 328 HGB, Rn. 104 ff.; *Ellrott/Grottel*, in: Beck Bil-Komm.[7], § 328 HGB, Rn. 20.

235 Vgl. *ADS*[6], § 245 HGB, Rn. 3, 6, 12; *IDW* (Hrsg.), WP Handbuch[13], Rn. F 6, F 558.

Eine besondere Unterzeichnung des LB, dessen Inhalt durch die Unterzeichnung des JA regelmäßig mit abgedeckt wird, ist gesetzlich nicht vorgeschrieben.[236]

Der gem. § 322 HGB zum JA und LB erteilte Bestätigungsvermerk oder der Ver- 166
merk über seine Versagung wird i.d.R. im Anschluss an den Anhang – nach den Unterschriften der Vorstandsmitglieder des VU – abzugeben sein. Der Bestätigungsvermerk oder der Vermerk über seine Versagung ist unter Angabe von Ort und Tag zu unterzeichnen (§ 322 Abs. 7 Satz 1 HGB). Der Tag der Unterzeichnung wird regelmäßig mit dem Datum des Prüfungsberichts (PrB) zusammenfallen.[237] Die Frage des Zeitpunkts der Abgabe des Bestätigungsvermerks ist im Gesetz nicht geregelt. Voraussetzung ist lediglich, dass die Prüfung zu einem abschließenden Ergebnis geführt hat (§ 322 Abs. 1 Satz 1 HGB) und abgeschlossen ist, ohne dass damit auch der PrB bereits angefertigt ist.[238]

VI. Prüfung sowie Behandlung von Anhang und Lagebericht im Prüfungsbericht

1. Prüfungspflicht

Für alle in den Geltungsbereich des HGB fallenden VU bestimmt sich die Pflicht 167
zur Prüfung von JA und LB sowie zur Erstattung des PrB unabhängig von ihrer Größe und Rechtsform nach § 341k Abs. 1 Satz 1 i.V.m. §§ 316 ff. HGB.[239] Dabei hat der AP in den Fällen des § 321 Abs. 1 Satz 3 HGB (Redepflicht) die Aufsichtsbehörde unverzüglich zu unterrichten (§ 341k Abs. 3 HGB).

Von der Prüfungspflicht ausgenommen sind lediglich VU i.S.d. § 341 Abs. 1 Satz 2 HGB oder § 61 Abs. 1 RechVersV, die nicht unter den Anwendungsbereich der Versicherungsbilanzrichtlinie fallen. Auf diese sind die Vorschriften über die Prüfung nicht anzuwenden.[240]

236 Vgl. *IDW* (Hrsg.), WP Handbuch[13], Rn. F 850.

237 Vgl. *Förschle/Küster*, In: Beck Bil Komm.[7], § 322 HGB, Rn. 156.

238 Vgl. *ADS*[6], § 322 HGB, Rn. 69 f.

239 Darüber hinaus hat der Prüfer bei der Prüfung des JA gem. § 57 Abs. 1 Satz 1 VAG festzustellen, ob das VU die dort genannten aufsichtsrechtlichen Anzeigepflichten sowie Anforderungen aus den Vorschriften zur zusätzlichen Beaufsichtigung von Versicherungsgruppen und von VU, die Finanzkonglomeraten angehören, und die Verpflichtungen nach § 14 des Geldwäschegesetzes, erfüllt hat. Detailliert vgl. *IDW* (Hrsg.), WP Handbuch[13], Rn. K 731 ff.

240 Vgl. *IDW* (Hrsg.), WP Handbuch[13], Rn. K 724.

2. Umfang, Art und Durchführung der Prüfung

a) Prüfung des Anhangs

168 Die Prüfung des JA (einschl. des Anhangs) erstreckt sich nach Maßgabe des § 317 Abs. 1 Satz 2 HGB darauf, ob die gesetzlichen Vorschriften und die sie ergänzende Bestimmungen des Gesellschaftsvertrags oder der Satzung beachtet wurden. Demnach unterliegen sämtliche Darstellungen im Anhang – auch freiwillige Zusatzangaben – vollständig der Prüfungspflicht.[241] Bei der Prüfung des Anhangs, der i.d.R. erst zum Ende der Abschlussprüfung in der endgültigen Fassung vorliegt, wird sich der Prüfer überwiegend auf die Feststellungen und Ergebnisse stützen, die er bei der Prüfung der einzelnen Posten der Bilanz und GuV, der Beteiligungsverhältnisse und der Beziehungen zu verbundenen Unternehmen i.S.d. HGB bzw. AktG, ferner der Rechtsgrundlagen des Unternehmens sowie sonstiger Anhangangaben in den Arbeitspapieren festgehalten hat. Die Vielzahl der für den Anhang vorgeschriebenen Angaben erfordert besondere Überlegungen sowohl zur Prüfungstechnik, bezogen auf den JA insgesamt, als auch zur sinnvollen Gestaltung der Arbeitspapiere. Art und Umfang der Prüfung der Anhangangaben hängen somit weitgehend von den vorausgegangenen Prüfungshandlungen und den dazu angefertigten Aufzeichnungen ab.[242]

169 Hinsichtlich der bei der Prüfung des Anhangs zu beachtenden Vorschriften zu den einzelnen Angaben und deren Inhalt wird auf die im Abschnitt III.6. dargestellte tabellarische Übersicht sowie auf die sich unter III.7. (Rn. 37 ff.) anschließenden Erörterungen bestimmter Angabepflichten verwiesen.

b) Prüfung des Lageberichts

170 Gemäß § 317 Abs. 2 HGB ist der LB dahingehend zu prüfen,

- ob er mit dem JA und den bei der Prüfung gewonnenen Erkenntnissen des AP im Einklang steht,
- ob er insgesamt eine zutreffende Vorstellung von der Lage des Unternehmens vermittelt und

---

241 Einzige Ausnahme ist die Corporate Governance Kodex-Entsprechenserklärung nach § 161 AktG, sofern sie anstelle der Angabe nach § 285 Nr. 16 HGB vollständig in den Anhang aufgenommen wird. Vgl. *Förschle/Almeling*, in: Beck Bil-Komm.[7], § 317 HGB, Rn. 12; zu den Pflichten des AP im Zusammenhang mit der Entsprechenserklärung vgl. *IDW Prüfungsstandard: Auswirkungen des Deutschen Corporate Governance Kodex auf die Abschlussprüfung (IDW PS 345)* (Stand: 09.09.2010), Tz. 1-35.

242 Vgl. *ADS*[6], § 317 HGB, Rn. 27.

– ob die Chancen und Risiken der künftigen Entwicklung zutreffend dargestellt sind.

Hinsichtlich Gegenstand und Umfang der LB-Prüfung bei VU ergeben sich nach *IDW PS 350*[243] weitere Anforderungen aus den §§ 321 und 322 HGB sowie der Prüfungsberichteverordnung (PrüfV)[244].

Gegenstand der LB-Prüfung sind alle erforderlichen Bestandteile des LB eines VU nach § 289 HGB sowie § 57 RechVersV. Soweit der LB weitere gesetzliche oder freiwillige Informationen enthält, unterliegen auch diese der uneingeschränkten Prüfungspflicht. Dagegen sind weitere in den Geschäftsbericht aufgenommene Informationen, die erkennbar losgelöst von JA und LB gegeben werden, nicht Bestandteil der Prüfung.[245] 171

Der LB ist daraufhin zu prüfen, ob er mit dem JA in Einklang steht, d.h., er darf kein Bild der Lage des VU vermitteln, das von dem durch den JA gegebenen Bild der Vermögens-, Finanz- und Ertragslage abweicht. Die Beurteilung des AP bezieht sich hierbei primär auf Sachverhalte, die im abgelaufenen GJ realisiert wurden und dementsprechend Eingang in den JA gefunden haben, mithin Aussagen zu Geschäftsverlauf und Lage des VU.[246] 172

Gleichermaßen hat der AP festzustellen, ob der LB mit den bei der Prüfung gewonnenen Erkenntnissen in Einklang steht. Dazu nimmt der Prüfer zu Beginn der Prüfung anhand der zur Verfügung stehenden Informationen eine vorläufige Beurteilung der Lage des VU vor, auf Basis derer er Prüfungsrisiken identifiziert, Prüfungsschwerpunkte setzt und Prüfungshandlungen festlegt. Diese Einschätzung ist mit den im weiteren Verlauf der Prüfung gewonnenen Erkenntnissen zu präzisieren, damit der Prüfer die Übereinstimmung des im JA vermittelten Bildes der Vermögens-, Finanz- und Ertragslage mit den tatsächlichen Verhältnissen beurteilen kann.[247] 173

243 Vgl. *IDW Prüfungsstandard: Prüfung des Lagebericht (IDW PS 350)* (Stand: 09.09.2009), Tz. 5; *Förschle/Almeling*, in: Beck Bil-Komm.[7], § 317 HGB, Rn. 6.

244 „Verordnung über den Inhalt der Prüfungsberichte zu den Jahresabschlüssen von Versicherungsunternehmen", BGBl. I 1998, S. 1209 ff.

245 Allerdings ist eine Richtigstellung zu veranlassen, wenn der AP bei Wahrnehmung seiner Aufgaben feststellt, dass diese sonstigen Informationen einen falschen Eindruck von der Situation des Unternehmens vermitteln. Vgl. *IDW PS 350*, Tz. 10 f.; allgemein zum Prüfungsgegenstand vgl. *ADS*[6], § 317 HGB, Rn. 162.

246 Vgl. *ADS*[6], § 317 HGB, Rn. 164; *IDW* (Hrsg.), WP Handbuch[13], Rn. R 636.

247 Vgl. *IDW PS 350*, Tz. 14 f.; *ADS*[6], § 317 HGB, Rn. 165; *IDW* (Hrsg.), WP Handbuch[13], Rn. R 639 f.

174 Darüber hinaus hat der AP in Form eines Positivbefundes zu beurteilen, ob der LB insgesamt nach seiner Auffassung eine zutreffende Vorstellung von der Lage des VU vermittelt.[248] Hinsichtlich der Objektivierung der Ausführungen des Vorstands im LB kommt dieser Gesamtwürdigung der Lage des Unternehmens durch den Prüfer i.V.m. der nach § 321 Abs. 1 Satz 2 HGB im PrB darüber abzugebenden Stellungnahme[249] besondere Bedeutung zu.[250]

175 Nach § 317 Abs. 1 Satz 2 HGB ist in diesem Zusammenhang explizit zu beurteilen, ob die wesentlichen Chancen und Risiken der künftigen Entwicklung zutreffend dargestellt sind. Die Prüfung dieser prognostischen Angaben und Wertungen erstreckt sich auf das unternehmensinterne Planungssystem, die den Prognosen zugrunde liegenden Annahmen, die angewendeten Prognosemodelle sowie auf Darstellungsform und Wortwahl.[251] Hierbei ist eine am Gesetzeswortlaut orientierte Darstellung in Form eines integrierten Risiko- und Prognoseberichts im Gegensatz zu der von DRS 15 geforderten, getrennten Berichterstattung nicht berichtspflichtig.[252] Einer besonders kritischen Prüfung sind zukunftsorientierte Angaben im Falle wirtschaftlicher Schwierigkeiten zu unterziehen.[253]

176 Hinsichtlich der neu aufgenommenen Verpflichtung der Einbeziehung nicht finanzieller Leistungsindikatoren in die Analyse des Geschäftsverlaufs und der Lage stellt sich die Frage, inwieweit bei deren Prüfung ein anderer Maßstab anzulegen ist als bei der Prüfung finanzieller Leistungsindikatoren. Da die Berichterstattungspflicht von der Bedeutung dieser Faktoren für das Verständnis des Geschäftsverlaufs oder der Lage abhängt, ist davon auszugehen, dass der Ermessensspielraum der Geschäftsleitung im Zweifel größer ist als bei finanziellen Leistungsindikatoren. Trotzdem hat der AP, z.B. durch Befragungen der Unternehmensleitung oder anhand einer Durchsicht von Unterlagen zu Marketingaktivitäten, festzustellen, ob alle relevanten Informationen in die Berichterstattung aufgenommen wurden. Allerdings ist auch zu prüfen, inwiefern durch eine zu umfangreiche Berichterstattung der Grundsatz der Klarheit und Übersichtlichkeit verletzt wurde oder der LB keine zutreffende Vorstellung der Lage vermittelt.[254]

---

248 Vgl. *ADS*[6], § 317 HGB, Rn. 171 f.

249 Vgl. Rn. 186.

250 Vgl. *Förschle/Almeling*, in: Beck Bil-Komm.[7], § 317 HGB, Rn. 56; *Hommelhoff*, BB 1998, S. 2570 f.

251 Vgl. *IDW PS 350*, Tz. 22-26; insb. zur Berücksichtigung von Chancen vgl. *Kaiser*, DB 2005, S. 2309 ff.; vgl. allgemein *IDW* (Hrsg.), WP Handbuch[13], Rn. R 647 ff.

252 Vgl. *Pfitzer/Oser/Orth* (Hrsg.), Reform des Aktien-, Bilanz- und Aufsichtsrechts, 2. Aufl., Stuttgart 2006, S. 118 f.

253 Vgl. *IDW* (Hrsg.), WP Handbuch[13], Rn. R 652 f.

254 Vgl. *IDW* (Hrsg.), WP Handbuch[13], Rn. R 668 ff.

Bezüglich der Vorgänge von besonderer Bedeutung nach dem Abschlussstichtag hat der AP geeignete Prüfungshandlungen vorzunehmen, um entsprechende Informationen über Auswirkungen von Ereignissen zwischen dem Abschlussstichtag und dem Datum des Bestätigungsvermerks zu erhalten. Nach *IDW PS 350* kommen als Prüfungshandlungen insb. in Betracht:[255] 177

- Durchsicht von Zwischenberichten
- Durchsicht von Protokollen über Sitzungen der gesetzlichen Vertreter, der Aufsichtsgremien sowie über Gesellschafterversammlungen
- Befragungen der gesetzlichen Vertreter und anderer Auskunftspersonen
- Durchsicht von Berichten der Innenrevision
- Durchsicht der Aufwendungen für Rechtsberatung und andere Sachverständige zwecks Erlangung von Hinweisen auf wichtige Verträge, Prozesse oder sonstige Ereignisse
- Beschaffung von neuen Informationen über den Stand schwebender Geschäfte sowie über laufende bzw. drohende Rechtsstreitigkeiten
- Beschaffung von Informationen über den Stand der steuerlichen Verhältnisse (Veranlagungen, Außenprüfung).

Dabei hat der AP darauf zu achten, dass sich die von der Unternehmensleitung abzugebende Vollständigkeitserklärung auch auf den LB bezieht.

Im Zusammenhang mit den Angabepflichten zu Risikomanagementzielen und 178
-methoden sowie Risiken, jeweils in Bezug auf die Verwendung von Finanzinstrumenten, ist eine Beurteilung erforderlich, inwieweit die Darstellungen vollständig sind und einen Beitrag zur Vermittlung eines zutreffenden Bildes der tatsächlichen Verhältnisse im Unternehmen leisten. Dazu ist neben den Prüfungshandlungen zu Chancen und Risiken *IDW PS 340*[256] analog anzuwenden. Der AP braucht jedoch nicht zu prüfen, wie das Management auf die identifizierten Risiken reagiert hat, z.B., welche Maßnahmen zur Begrenzung von Risiken ergriffen wurden.[257]

Im Übrigen wird auf die Darstellung in Abschnitt IV (Rn. 120 - Rn. 156) verwiesen; die dort aufgeführten Berichtspflichten sind auch für die Prüfung maßgeblich. 179

255 Vgl. *IDW PS 350*, Tz. 27 f.

256 *IDW Prüfungsstandard: Die Prüfung des Risikofrüherkennungssystems nach § 317 Abs. 4 HGB (IDW PS 340)* (Stand: 11.09.2000).

257 Vgl. *IDW PS 350*, Tz. 30; *IDW* (Hrsg.), WP Handbuch[13], Rn. R 660 ff.

Zu weiterführenden Hinweisen hinsichtlich Prüfungsumfang und Prüfungshandlungen wird auf *IDW PS 350* sowie die einschlägige Literatur[258] verwiesen.

3. Aussagen im Prüfungsbericht

180 Neben den Bestimmungen in § 321 HGB zu dem vom AP zu erstattenden PrB wird dessen inhaltliche Ausgestaltung für VU auf Basis des § 55a Abs. 1 Satz 1 Nr. 3 VAG durch die PrüfV um branchen- und aufsichtsrechtliche Normen ergänzt.[259] Des Weiteren ist *IDW PS 450* zu beachten. [260]

Im PrB hat der AP über Art und Umfang sowie über das Ergebnis der Prüfung schriftlich mit der gebotenen Klarheit zu berichten (§ 321 Abs. 1 Satz 1 HGB). Es ist darzustellen, ob Buchführung, weitere geprüfte Unterlagen sowie JA und LB den gesetzlichen Vorschriften und den ergänzenden Bestimmungen des Gesellschaftsvertrags oder der Satzung entsprechen (§ 321 Abs. 2 Satz 1 HGB). Dabei sind die für die Aussagen des LB bedeutenden Annahmen und übrigen Prognoseelemente darzustellen und zu würdigen. Entspricht der LB nach dem Urteil des AP nicht den gesetzlichen, gesellschaftsvertraglichen oder satzungsmäßigen Bestimmungen, muss der AP auf diese Mängel im PrB hinweisen, selbst, wenn diese Beanstandungen noch nicht zu einer Einschränkung des Bestätigungsvermerks führen.[261]

181 Vorweg ist nach § 321 Abs. 1 Satz 2 HGB im PrB zu der Beurteilung der Lage des Unternehmens durch die gesetzlichen Vertreter Stellung zu nehmen. Hierbei ist insb. auf die Beurteilung des Fortbestands und der künftigen Entwicklung des Unternehmens unter Berücksichtigung des LB einzugehen, soweit die geprüften Unterlagen und der LB eine solche Beurteilung erlauben. Der AP hat dabei in seinem Bericht diejenigen Angaben im LB hervorzuheben, die für die Beurteilung der Lage durch die Berichtsadressaten wesentlich sind. Die Hervorhebungen können durch analysierende Darstellungen wesentlicher Aspekte der wirtschaftlichen Lage ergänzt werden. Dabei können auch vertiefende Erläuterungen und die Angabe von Ursachen zu den einzelnen Entwicklungen sowie eine kritische

258 Vgl. z.B. *Förschle/Almeling*, in: Beck Bil-Komm.[7], § 317 HGB, Rn. 55 ff.; *IDW* (Hrsg.), WP Handbuch[13], Rn. R 631 ff.

259 *IDW Prüfungsstandard: Grundsätze ordnungsmäßiger Berichterstattung bei Abschlussprüfungen (IDW PS 450)* (Stand: 09.09.2009).

260 Vgl. *IDW* (Hrsg.), WP Handbuch[13], Rn. K 740 f.

261 Vgl. *IDW PS 350,* Tz. 32.

Würdigung der zugrunde gelegten Annahmen angezeigt sein, nicht jedoch eigene Prognoserechnungen des AP.[262]

Außerdem ist nach § 321 Abs. 1 Satz 3 HGB darzustellen, ob bei Durchführung der Prüfung Unrichtigkeiten und Verstöße gegen die gesetzlichen Vorschriften und Tatsachen festgestellt worden sind, die den Bestand des geprüften Unternehmens gefährden oder seine Entwicklung wesentlich beeinträchtigen. Der AP hat in seinen Feststellungen zur Beurteilung der Lage durch die gesetzlichen Vertreter erforderlichenfalls eigene Akzente zu setzen und auf ihm wesentlich erscheinende Punkte ggf. ausführlicher einzugehen, als dies im zu veröffentlichenden LB gefordert werden muss.[263]

Abgesehen von der Vorwegberichterstattung zum LB in einem eigenen Abschnitt 182
des PrB empfiehlt es sich, die zum Anhang und zum LB getroffenen Feststellungen jeweils in einen gesonderten Abschnitt bzw. Unterabschnitt des Hauptteils des PrB aufzunehmen, ohne dass hierbei nochmals auf alle Einzelheiten der im Anhang und LB gelieferten Informationen und Angaben einzugehen ist.[264] Allerdings bietet es sich im Interesse einer sachlich zusammenhängenden Erläuterung der JA-Posten an, Anhangangaben, die bestimmte Posten der Bilanz und der GuV betreffen, in die Besprechung der jeweiligen Bilanz- und GuV-Posten einzubeziehen.

Sofern für bestimmte Anhangangaben eine besondere Darstellungs-, Aufgliederungs- oder Erläuterungspflicht vorgegeben ist, kann hierüber im PrB gleichfalls unter dem jeweiligen Abschnitt des Haupt- oder Erläuterungsteils berichtet werden, z.B. über die Entwicklung der Kapitalanlagen, Personalaufwendungen, sonstige finanzielle Verpflichtungen, die in § 251 HGB bezeichneten Haftungsverhältnisse oder den Organmitgliedern gewährte Vorschüsse und Kredite.

Auf eine Reihe der für den LB vorgeschriebenen Angaben und Darstellungen muss 183
ohnehin im Hauptteil des PrB eingegangen werden.[265] Dies gilt z.B. für

- die Entwicklung des Versicherungsbestands,
- die betriebenen Versicherungszweige und -arten sowie
- den Geschäftsverlauf in den einzelnen Versicherungszweigen.

262 Vgl. *IDW PS 450,* Tz. 29; *IDW* (Hrsg.), WP Handbuch[13], Rn. Q 87 ff.
263 Vgl. *IDW PS 350,* Tz. 33.
264 Zu einer an die Gliederung der PrüfV angelehnten Gliederung des PrB für VU vgl. *IDW* (Hrsg.), WP Handbuch[13], Rn. K 791.
265 Vgl. *IDW* (Hrsg.), WP Handbuch[13], Rn. K 791 ff.

184 Hat die Prüfung des Anhangs und des LB zu keinen Beanstandungen geführt, genügen grundsätzliche Aussagen des AP darüber, ob den jeweiligen Erfordernissen der Rechenschaftslegung entsprochen worden ist.

Bei einer nach sachlichen Kriterien geordneten Zusammenfassung der einzelnen Angabe- und Berichtspflichten werden im Wesentlichen folgende Feststellungen in den Hauptteil des PrB aufzunehmen sein:

Zum Anhang,

- ob hinsichtlich des Ausweises, der Bilanzierung und der Bewertung bzw. Ermittlung der einzelnen Posten der Bilanz und GuV die erforderlichen Angaben, Aufgliederungen, Darstellungen, Erläuterungen und Begründungen gemacht worden sind,
- ob die ergänzenden Angaben (z.B. Anteilsbesitz, Unternehmensverbindungen, Haftungsverhältnisse, gestellte Sicherheiten, Organe, Arbeitnehmerschaft) vollständig und zutreffend erfolgt sind und
- ob erforderlichenfalls zusätzliche Angaben zur Vermittlung eines den tatsächlichen Verhältnissen entsprechenden Bildes der Vermögens-, Finanz- und Ertragslage in den Anhang aufgenommen worden sind.

Zum Lagebericht,[266]

- ob der LB mit dem JA und den bei der Prüfung gewonnenen Erkenntnissen des AP im Einklang steht,
- ob der LB insgesamt eine zutreffende Vorstellung von der Lage des Unternehmens vermittelt (§ 317 Abs. 2 Satz 1 HGB),
- ob die Prüfung nach §317 Abs. 2 Satz 2 HGB zu dem Ergebnis geführt hat, dass im LB die wesentlichen Chancen und Risiken der künftigen Entwicklung zutreffend dargestellt sind, und
- ob die Angaben nach § 289 Abs. 2 HGB sowie ggf. weiterer gesetzlicher Vorschriften (z.B. § 312 Abs. 3 Satz 3 AktG) vollständig und zutreffend sind.

266 Vgl. *IDW PS 450,* Tz. 71.

4. Bestätigungsvermerk

Für den Bestätigungsvermerk gelten die Regelungen des § 322 HGB sowie *IDW PS 400*[267]; versicherungsspezifische Regelungen existieren nicht.[268] 185

Sofern nach dem abschließenden Ergebnis der Prüfung keine Einwendungen zu erheben sind, hat der AP einen uneingeschränkten Bestätigungsvermerk zu erteilen. Dessen Inhalte ergeben sich aus § 322 Abs. 1-3 sowie Abs. 6 HGB. So soll der Bestätigungsvermerk z.B. neben einer Beschreibung von Gegenstand, Art und Umfang der Prüfung auch eine Beurteilung des Prüfungsergebnisses enthalten.

Hinsichtlich des LB ist darauf einzugehen, ob dieser nach dem Urteil des AP mit dem JA in Einklang steht und insgesamt ein zutreffendes Bild von der Lage des Unternehmens vermittelt. Erforderlich ist darüber hinaus der Hinweis, ob die Chancen und Risiken der künftigen Entwicklung zutreffend dargestellt sind (§ 322 Abs. 6 HGB). 186

Mit dem uneingeschränkten Bestätigungsvermerk wird in Zusammenfassung der sich aus den §§ 317, 321 und 322 HGB zu treffenden Prüfungsfeststellungen zum Ausdruck gebracht, dass der LB insgesamt nach der Beurteilung des AP eine zutreffende Vorstellung von der Lage des Unternehmens vermittelt und die Chancen und Risiken der künftigen Entwicklung zutreffend dargestellt sind.[269] Unabhängig davon, ob der LB eine ausreichende Darstellung ggf. bestehender bestandsgefährdender Risiken enthält, hat der AP nach § 322 Abs. 2 Satz 3 HGB auf den Fortbestand des Unternehmens gefährdende, im Rahmen der Prüfung festgestellte Risiken gesondert einzugehen. Der Bestätigungsvermerk ist im Hinblick auf den LB einzuschränken oder zu versagen, wenn Einwendungen zu erheben sind. Dies kann z.B. der Fall sein, wenn ein LB entgegen der gesetzlichen Verpflichtung nicht aufgestellt wurde, wenn wesentliche Informationselemente fehlen oder in Widerspruch zu den geprüften Unterlagen stehen, wenn der AP eine wesentliche prognostische Aussage nicht für plausibel hält oder, wenn der AP bestimmte Sachverhalte nicht beurteilen kann.[270] Sind die Auswirkungen von Prüfungshemmnissen so wesentlich, dass der AP nach Ausschöpfung aller angemessenen Möglichkeiten zur Klärung des Sachverhalts nicht in der Lage ist, ein Prüfungsurteil abzugeben, hat er einen sog. Nicht-Erteilungsvermerk nach § 322

267 *IDW Prüfungsstandards: Grundsätze für die ordnungsmäßige Erteilung von Bestätigungsvermerken bei Abschlussprüfungen (IDW PS 400)* (Stand: 23.06.2010).

268 Vgl. *IDW* (Hrsg.), WP Handbuch[13], Rn. K. 796.

269 Vgl. *IDW PS 350,* Tz. 34.

270 Vgl. *IDW PS 350,* Tz. 36; *Förschle/Küster*, in: Beck Bil-Komm.[7], § 322 HGB, Rn. 61, 67.

Abs. 2 Nr. 4, Abs. 5 HGB zu erteilen, mit dem der Bestätigungsvermerk als versagt gilt.[271]

187 Der Bestätigungsvermerk oder der Vermerk über seine Versagung ist in den PrB aufzunehmen (§ 322 Abs. 7 Satz 2 HGB).

VII. Offenlegung

1. Offenlegungspflicht

a) Grundsatz

188 Gemäß § 341l Abs. 1 i.V.m. § 325 Abs. 2-5, §§ 328, 329 Abs. 1 HGB haben alle rechnungslegungspflichtigen VU grundsätzlich die für große Kapitalgesellschaften maßgebenden Vorschriften über die Offenlegung zu beachten.

b) Erleichterungen

189 Versicherungsunternehmen i.S.d. § 61 Abs. 1 RechVersV sind von der Offenlegungspflicht nach § 341l HGB befreit, um eine im Verhältnis zur Größe des VU unangemessene Belastung zu vermeiden. Zu den in Frage kommenden Unternehmen gehören kleinere VVaG sowie PK/StK, soweit sie die in § 61 Abs. 1 RechVersV genannten Schwellenwerte nicht überschreiten.[272]

c) Niederlassungen ausländischer Versicherungsunternehmen

190 Die Offenlegungspflichten von Niederlassungen ausländischer VU sind davon abhängig, ob diese zum Betrieb des Direktversicherungsgeschäfts der Erlaubnis durch die deutsche Versicherungsaufsichtsbehörde bedürfen.

191 Erlaubnispflichtig sind VU stets dann, wenn es sich um Niederlassungen von VU mit Sitz außerhalb eines Staates der EU oder des EWR-Abkommens handelt (§ 105 VAG). Darüber hinaus besteht eine Erlaubnispflicht für Niederlassungen von VU mit Sitz in einem anderen Staat der EU oder des EWR-Abkommens, die jedoch nicht dem Anwendungsbereich der Richtlinien des Rats der EG auf dem Gebiete des Versicherungswesens unterliegen (§ 110d VAG). Es handelt sich hier-

271 Zu dem durch das BilReG eingeführten sog. Nicht-Erteilungsvermerk vgl. *Pfitzer/Oser/Orth* (Hrsg.), Reform des Aktien-, Bilanz- und Aufsichtsrechts, 2. Aufl., Stuttgart, 2006, S. 127 f.

272 Vgl. hierzu ausführlich Abb. 1, Rn. 9.

bei i.d.R. um Niederlassungen ausländischer PK/StK sowie VVaG mit geringem Prämienaufkommen.

Mit dem Erfordernis der Erlaubnispflicht sind Niederlassungen von ausländischen VU gem. § 341l Abs. 2 HGB inländischen VU gleichgestellt, d.h., sie müssen die Vorschriften über die Offenlegung uneingeschränkt beachten.

Darüber hinaus besteht nach § 106 Abs. 2 Satz 4 Nr. 1 VAG die Verpflichtung, auch den JA und den LB der Hauptniederlassung jedem Versicherten auf Verlangen zuzusenden.

Nicht erlaubnispflichtig sind dagegen Niederlassungen von VU mit Sitz in einem 192
anderen Staat der EU oder des EWR-Abkommens, die unter den Anwendungsbereich der Richtlinien des Rats der EG auf dem Gebiet des Versicherungswesens fallen (§ 110a VAG). Diese Niederlassungen sind nicht rechnungs- und offenlegungspflichtig. Die Verpflichtung nach § 106 Abs. 2 Satz 4 Nr. 1 VAG, den JA und LB der Hauptniederlassung jedem Versicherten auf Verlangen in deutscher Sprache zu übersenden, gilt gem. § 110a Abs. 4 Nr. 4 VAG nicht für EU/EWR-Niederlassungen.

d) Sonstige Pflichten

Darüber hinaus haben VU gem. § 55 Abs. 3 VAG in dem GJ, das dem Berichtsjahr 193
folgt, jedem Versicherten auf Verlangen den JA und den LB zu übersenden.

Für den Fall, dass über das Vermögen des VU ein Insolvenzverfahren eröffnet oder der Antrag auf Eröffnung mangels Masse abgewiesen wird, bietet der mit dem BilReG eingeführte § 321a HGB Gläubigern oder Gesellschaftern grundsätzlich die Möglichkeit, Einsicht in die PrB über die gesetzliche Abschlussprüfung der letzten drei GJ zu nehmen.[273]

2. Offenzulegende Unterlagen

Versicherungsunternehmen haben gem. § 341l Abs. 1 Satz 1 i.V.m. § 325 HGB 194

- den JA und den LB,
- den Bericht des AR,

273 Vgl. *Pfitzer/Oser/Orth* (Hrsg.), Reform des Aktien-, Bilanz- und Aufsichtsrechts, 2. Aufl., Stuttgart 2006, S. 125 ff.

- den Bestätigungsvermerk oder Vermerk über dessen Versagung und, soweit nicht aus dem JA ersichtlich,
- das Jahresergebnis,
- den Vorschlag für die Verwendung des Jahresergebnisses,
- den Beschluss über die Verwendung des Jahresergebnisses und
- die Entsprechenserklärung zum Corporate Governance Kodex nach § 161 AktG durch börsennotierte VU

nach § 325 Abs. 2-5 (Bundesanzeigerpublizität), §§ 328, 329 Abs. 1 HGB offenzulegen.[274] Die bezeichneten Unterlagen sind zunächst im elektronischen Bundesanzeiger bekanntzumachen.

195 Form und Inhalt der Unterlagen bei der Offenlegung regelt § 328 HGB, der von VU uneingeschränkt zu beachten ist. Der Betreiber des elektronischen Bundesanzeigers prüft, ob die einzureichenden Unterlagen vollständig und, sofern vorgeschrieben, bekannt gemacht worden sind (§ 329 Abs. 1 HGB).

196 Werden außerdem freiwillige Veröffentlichungen vorgenommen, die nicht durch Gesetz, Gesellschaftsvertrag oder Satzung vorgeschrieben sind, und wird dabei von der für vorgeschriebene Veröffentlichungen normierten Handhabung abgewichen, so ist in der Überschrift darauf hinzuweisen, dass es sich nicht um eine der gesetzlichen Form entsprechende Veröffentlichung handelt. Der Bestätigungsvermerk darf dann nicht beigefügt werden. Bei einer gesetzlich vorgeschriebenen Abschlussprüfung ist in diesen Fällen aber anzugeben, zu welcher in § 322 Abs. 2 Satz 1 HGB genannten, zusammenfassenden Beurteilung des Prüfungsergebnisses der AP in Bezug auf den in gesetzlicher Form erstellten Abschluss gelangt ist und, ob der Bestätigungsvermerk einen Hinweis auf besondere Umstände nach § 322 Abs. 3 Satz 2 HGB enthält. Ferner ist anzugeben, ob die Unterlagen bei dem Betreiber des elektronischen Bundesanzeigers eingereicht worden sind (§ 328 Abs. 2 HGB).

3. Offenlegungsfrist

197 § 325 Abs. 1 Satz 1 HGB verlangt, dass die Offenlegung „unverzüglich nach (…) Vorlage an die Gesellschafter, jedoch spätestens vor Ablauf des zwölften Monats des dem Abschlussstichtag nachfolgenden GJ“ zu erfolgen hat. Gemäß § 325

274 Vgl. *IDW* (Hrsg.), WP Handbuch[13], Rn. K 45.

Abs. 4 HGB ist für die Wahrung der Frist der Zeitpunkt der Einreichung der Unterlagen beim Bundesanzeiger maßgebend.

Für VU i.S.d. § 341a Abs. 5 HGB, die ausschließlich oder schwerpunktmäßig die Rückversicherung betreiben, beträgt die Frist für die Einreichung der offenlegungspflichtigen Unterlagen beim elektronischen Bundesanzeiger 15 Monate (§ 341l Abs. 1 Satz 2 HGB), es sei denn, das RückVU ist eine Kapitalgesellschaft, die einen organisierten Markt i.S.d. § 2 Abs. 5 WpHG in einem Mitgliedstaat der EU oder einem Vertragsstaat des Abkommens über den EWR in Anspruch nimmt. In diesem Fall beträgt die Frist vier Monate. Dabei gilt die Erleichterungsregelung des § 327a HGB.

E. Die Vorschriften über Vermögensanlage und Kapitalausstattung

von WP Dr. Andreas Freiling, Frankfurt a.M. *

Randnummer

* Unter Mitarbeit von *Dr. Stefan Schweinberger* und Dipl.-Kffr. *Kati Rehm*, beide Stuttgart.

I. Vorbemerkung

Gesetzliche Grundlage für die Vermögensanlage und Kapitalausstattung von Erst- und Rückversicherungsunternehmen (RückVU), Pensionsfonds und Versicherungs-Zweckgesellschaften bilden zunächst die Vorschriften der §§ 53c-54d, §§ 65-79a, § 104g, § 104q, §§ 113-116, § 121b, § 121d, § 121e sowie § 121g VAG. Diese Vorschriften nehmen zugleich eine zentrale Stellung im Rahmen der Finanzaufsicht der Bundesanstalt für Finanzdienstleistungsaufsicht (BaFin) ein.[1] Aufgrund des mit der Finanzaufsicht verknüpften Sitzlandprinzips sind Normadressaten der Bestimmungen zur Vermögensanlage und Kapitalausstattung 1

- die Erstversicherungsunternehmen (ErstVU) und Pensionsfonds, die in der BRD ihren Sitz haben (§ 1 Abs. 1 VAG) sowie

1 Zur Abgrenzung von Finanzaufsicht und Rechtsaufsicht vgl. *Büchner*, Die Abgrenzung der Finanzaufsicht von der sonstigen Rechtsaufsicht im deutschen Versicherungsaufsichtsrecht, Münster 2002.

- deren Zweigniederlassungen im Ausland (§ 85 Satz 1 VAG),
- Niederlassungen von Unternehmen mit Sitz außerhalb der EG/EWR (§§ 105 Abs. 3, 106 Abs. 2, 106b Abs. 2, 110 VAG),
- Rückversicherungsunternehmen mit satzungsmäßigem Sitz oder Hauptverwaltung in der BRD (§ 119 Abs. 1 VAG) sowie
- Versicherungs-Zweckgesellschaften mit Sitz oder Hauptverwaltung in der BRD (§ 121g VAG).

2 Die Finanzaufsicht über die Vermögensanlage von VU erklärt sich vor dem Hintergrund, dass die Versicherungsnehmer (VN) das Entgelt für die Risikoübernahme traditionell im Voraus zu entrichten haben. Aufsichtsrechtlich wird daher die Notwendigkeit gesehen, die Vermögensanlage so zu gestalten, dass die jederzeitige Erfüllung der Leistungsverpflichtungen, die aus der Risikoübernahme resultieren, gewährleistet ist.[2]

3 Die Vorschriften über die Vermögensanlage sind im Wesentlichen in den §§ 54-54d VAG niedergelegt. Die zentrale Vorschrift bildet § 54 VAG, in dem die allgemeinen Anlagegrundsätze und darüber hinaus ein Katalog der grundsätzlich zulässigen Kapitalanlagekategorien enthalten ist. Einen speziellen Katalog zulässiger Vermögensanlagen gibt die Verordnung zur Anlage des gebundenen Vermögens (Anlageverordnung (AnlV)) v. 20.12.2001 (BGBl. I, S. 3913) vor.[3] Ergänzt werden die gesetzlichen Bestimmungen durch die Rundschreiben R 15/2005 (Hinweise zur Anlage des gebundenen Vermögens) sowie R 11/2005 (Anordnung betreffend die Anzeige-, Berichts- und Mitteilungspflichten über die gesamten Vermögensanlagen).[4]

Infolge von Änderungen im Investmentgesetz, aber auch im Vorgriff auf die kommenden Regelungen im Zuge von Solvency II wurde die AnlV zwischenzeitlich mehrmals geändert. Die letzte Anpassung an aktuelle Entwicklungen erfolgte durch die Dritte Verordnung zur Änderung der AnlV v. 29.06.2010 (BGBl. I, S. 841), die am 01.07.2010 in Kraft getreten ist.

4 Die Vorschriften zur Kapitalausstattung regeln sich nach den Vorgaben des § 53c VAG, die durch die Kapitalausstattungsverordnung (KapAusstV) v. 13.12.1983 (BGBl. I, S. 1451) konkretisiert werden. Wesentliche Änderungen dieser Vorschriften ergaben sich letztmalig durch das „Gesetz zur Umsetzung aufsichts-

2 Vgl. *Lipowsky*, in: Prölss, VAG-Kommentar, 12. Aufl., München 2005, vor § 53c VAG, Rn. 16.

3 Für Pensionsfonds gilt die „Verordnung über die Anlage des gebundenen Vermögens von Pensionsfonds“ v. 21.12.2001 (BGBl. I, S. 4185).

4 Die bisher maßgeblichen Rundschreiben R 29/2002 sowie R 30/2002 sind aufgehoben.

rechtlicher Bestimmungen zur Sanierung und Liquidation von VU und Kreditinstituten" (BGBl. I 2003, S. 2478), das zum 01.01.2004 in Kraft trat. Insbesondere wurde hierdurch der Katalog der zulässigen Eigenmittel in § 53c VAG überarbeitet. Darüber hinaus erfolgten entsprechende Anpassungen in der KapAusstV. Nähere Vorschriften hierzu enthält das Rundschreiben der BaFin R 4/2005. Mit diesen Maßnahmen wurde das Projekt Solvency I der Europäischen Kommission, das vornehmlich der Harmonisierung der EU-weiten Solvabilitätsvorschriften diente, in nationales Recht transformiert. Weitere Änderungen der Solvabilitätsvorschriften sind im Zuge des Solvency II-Projekts zu erwarten, mit dem die Europäische Kommission die Finanzaufsicht über VU grundlegend reformieren will. Hierzu wurde in einem ersten Schritt am 05.05.2009 vom Europäischen Rat für Wirtschaft und Finanzen eine Rahmenrichtlinie verabschiedet, die in den Folgejahren mittels Durchführungsbestimmungen und Anwendungshinweisen in nationales Recht zu transformieren ist.

In Umsetzung der Richtlinie 98/78/EG über die zusätzliche Beaufsichtigung der einer Versicherungsgruppe angehörenden VU erstreckt sich die Aufsicht über die Solvenz der VU nicht nur auf die Finanzlage eines einzelnen Unternehmens (Solo-Aufsicht), sondern auch auf die Beaufsichtigung der Unternehmen in einer Gruppe (Solo-Plus-Aufsicht). Wesentliches Ziel einer solchen Gruppenaufsicht ist die Berechnung einer bereinigten Solvabilität i.S.d. § 104g VAG. Die zugehörigen Regelungen finden sich in der auf Basis des § 104g Abs. 2 VAG erlassenen Solvabilitätsbereinigungs-Verordnung (SolBerV) v. 20.12.2001 (BGBl. I, S. 4173), die durch das Rundschreiben der BaFin R 4/2009 ergänzt wird.[5]

Durch das Finanzkonglomeraterichtlinie-Umsetzungsgesetz v. 21.12.2004 (BGBl. I, S. 3610) gelten zudem Vorschriften zur Kapitalausstattung von Finanzgruppen mit branchenübergreifenden Tätigkeiten (Finanzkonglomerate). Ziel dieser Regelungen ist die Sicherstellung einer ausreichenden Eigenmittelausstattung von Finanzkonglomeraten in Ergänzung zu den bestehenden Anforderungen an eine angemessene Kapitalausstattung auf Einzel- und Gruppenebene. Die zugehörige gesetzliche Regelung findet sich in § 104q VAG und wird konkretisiert durch die Vorgaben der Finanzkonglomerate-Solvabilitäts-Verordnung (FkSolV) v. 02.09.2005 (BGBl. I, S. 2688).

Mit Umsetzung der siebenten VAG-Novelle v. 15.12.2004 (BGBl. I, S. 2546) wur- 5
de die Aufsicht über RückVU grundlegend reformiert und intensiviert. Seitdem haben auch RückVU explizit Solvabilitätsanforderungen zu erfüllen. Die zuge-

5 Das bisher maßgebliche Rundschreiben R 20/2002 sowie das zwischenzeitlich verlautbarte R 2/2006 sind aufgehoben.

hörigen Regelungen finden sich in der Rückversicherungs-Kapitalausstattungs-Verordnung (RückKapAusstV) v. 23.09.2005 (BGBl. I, S. 3018). Im Zuge der achten VAG-Novelle v. 28.05.2007 (BGBl. I, S. 923) wurden die bereits bestehenden Vorschriften zur Aufsicht über RückVU erweitert. Seither beschränkt sich die Nachweispflicht der Berechnung einer bereinigten Solvabilität nicht mehr allein auf ErstVU, sondern umfasst zugleich RückVU mit Sitz im Inland. Zudem wurden mit Neufassung des § 121e VAG Regelungen zur Definition und Abgrenzung von Finanz-Rückversicherungsverträgen (Finanz-RückVV) geschaffen, die durch die Finanz-RückV-Verordnung v. 14.07.2008 (BGBl. I, S. 1291) konkretisiert werden. Zusammen mit der Einführung des neu geschaffenen § 121g VAG, der die Aufsicht über Versicherungs-Zweckgesellschaften regelt, bestehen seitdem auch Vorschriften zur aufsichtsrechtlichen Abgrenzung von RückVV und Verträgen ohne hinreichenden Risikotransfer.

II. Die aufsichtsrechtlichen Rahmenbedingungen zur Vermögensanlage

1. Allgemeine Anlagegrundsätze

6 Die allgemeinen Grundsätze der Vermögensanlage von VU sind in § 54 Abs. 1 VAG niedergelegt. Diese erstrecken sich in ihrem Anwendungsbereich auf das gebundene Vermögen, d.h. die Bestände des Sicherungsvermögens und das sonstige gebundene Vermögen. Das bedeutet zugleich, dass VU bezüglich der Anlage ihres freien Vermögens uneingeschränkt entscheiden können und keinen speziellen aufsichtsrechtlichen Vorschriften unterliegen.[6]

Nach § 54 Abs. 1 VAG haben VU das gebundene Vermögen unter Berücksichtigung der Art der betriebenen VG sowie der Unternehmensstruktur so anzulegen, dass möglichst große Sicherheit und Rentabilität bei jederzeitiger Liquidität des VU unter Wahrung angemessener Mischung und Streuung erreicht wird. Als wesentliche Anlagegrundsätze ergeben sich gem. dieser Generalnorm der Vermögensanlage damit:

6 Die BaFin verweist jedoch ausdrücklich auf ihre Befugnis, Anordnungen treffen zu können, sofern eine Vermögensanlage die Zahlungsfähigkeit des VU gefährden kann (§ 81b Abs. 3 VAG) und Beteiligungen an nicht unter Versicherungsaufsicht stehende Unternehmen zu untersagen, die nach ihrer Art oder ihrem Umfang geeignet sind, das VU zu gefährden. Vgl. R 15/2005, Abschn. I.

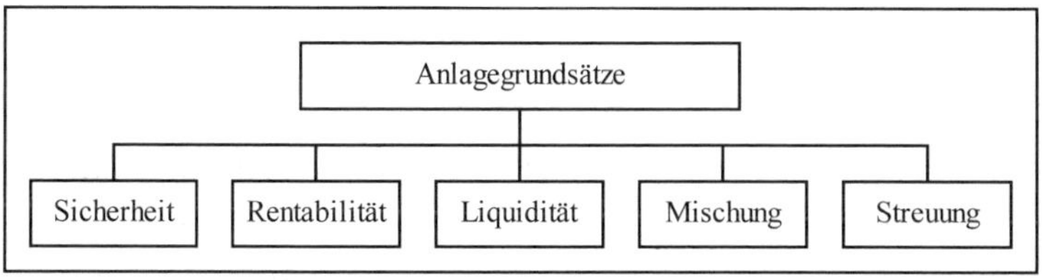

Abb. 1: Anlagegrundsätze nach § 54 Abs. 1 VAG

Die gesetzliche Verankerung unterstreicht die Bedeutung dieser Anlagegrundsätze. Die BaFin hat für ihre Anwendung mit dem Rundschreiben R 15/2005 weiterführende Erläuterungen gegeben.

Rückversicherungsunternehmen und Versicherungs-Zweckgesellschaften

Diese allgemeinen Grundsätze für die Anlage des gebundenen Vermögens finden 7
auch auf RückVU Anwendung, ohne dass jedoch bestimmte Anlagearten oder quantitative Anlagebegrenzungen vorgegeben werden. Nach § 121b Abs. 1 VAG sind die Vermögensbestände, die der Sicherstellung der dauernden Erfüllbarkeit der Verpflichtungen aus den RückV-Verhältnissen dienen,[7] so anzulegen, dass möglichst große Sicherheit und Rentabilität bei jederzeitiger Liquidität unter Wahrung angemessener Mischung und Streuung erreicht wird. Zugleich ist auf eine ausreichende Währungskongruenz zu achten. Die Angemessenheit von Mischung und Streuung ist unter Berücksichtigung der jeweiligen Besonderheiten des entsprechenden RückVU zu beurteilen. Dabei sind insb. die Kapitalausstattung und die gesamte Finanzsituation des Unternehmens und dessen Konzernstruktur[8] zu berücksichtigen. Ungeachtet der Einschränkungen zur Angemessenheit von Mischung und Streuung decken sich die Anforderungen an das qualifizierte Vermögen von RückVU mit den Anforderungen an das gebundene Vermögen von ErstVU. Die für das gebundene Vermögen von ErstVU geltende AnlV findet jedoch keine Anwendung auf RückVU, sodass diese auch in Anlagen außerhalb

7 Es sind die gesamten versicherungstechnischen Passiva zu bedecken. Diese umfassen gem. § 121b Abs. 2 VAG die versicherungstechnischen Rückstellungen, die aus RückV-Verhältnissen entstandenen Verbindlichkeiten und die passiven Rechnungsabgrenzungsposten. Die Anteile, die auf Retrozessionare und auf zum Geschäftsbetrieb zugelassene Zweckgesellschaften entfallen, bleiben hier außer Betracht. Vgl. auch R 6/2005, Teil B Abschn. II Nr. 2.

8 Damit wird dem Umstand Rechnung getragen, dass die Aktiva eines RückVU, das zugleich Holdinggesellschaft ist, regelmäßig durch Beteiligungsbuchwerte an Konzernunternehmen geprägt sind. Beteiligungen an Konzernunternehmen können daher insoweit zur Bedeckung der versicherungstechnischen Passiva herangezogen werden, als keine anderen Vermögenswerte zur Bedeckung zur Verfügung stehen.

des für ErstVU vorgegebenen Anlagekatalogs investieren können.[9] Gleichwohl sind für die nähere Bestimmung der einzelnen allgemeinen Anlagegrundsätze die Regelungen des Rundschreibens R 15/2005 unter Berücksichtigung der Besonderheiten des Rückversicherungsgeschäfts (RückVG) und der besonderen gesetzlich vorgegebenen Aspekte zu Mischung und Streuung heranzuziehen.[10]

Unter Mischungs- und Streuungsaspekten gilt im Hinblick auf die Kapitalausstattung und Finanzsituation eines RückVU, dass sich dessen Risikotragfähigkeit insb. nach der Eigenmittelrelation richtet. Die Anforderungen an den Grad von Mischung und Streuung müssen insofern bei schwächerer Eigenmittelrelation steigen. So wird die BaFin regelmäßig ein besonderes Augenmerk auf solche Unternehmen richten, bei denen eine Anlageart die Grenze von 50 % des qualifizierten Vermögens übersteigt bzw. das qualifizierte Vermögen zu mehr als 20 % in einem Unternehmen oder einer Unternehmensgruppe angelegt ist.[11]

Da Versicherungs-Zweckgesellschaften gem. § 121g VAG nicht als RückVU klassifiziert werden, bestehen für diese eigenständige Regelungen zur Kapitalanlage. Gemäß § 121g Abs. 2 Satz 2 VAG beschränken sich aber die Vorschriften auf den allgemeinen Anlagegrundsatz, dass die zur Bedeckung der versicherungstechnischen Risiken dienenden Vermögensbestände in ausreichend sichere und liquide Vermögenswerte anzulegen sind.

Sicherheit

8 Der Grundsatz der Sicherheit wird in § 54 Abs. 1 VAG an erster Stelle genannt und hat im Verhältnis zu den anderen Anlagezielen oberste Priorität. Dies ist vor dem Hintergrund zu sehen, dass die Sicherheit der Vermögensanlagen die Qualität des Versicherungsschutzes bestimmt. Nur das Vorhandensein sicherer Vermögensanlagen stellt eine Garantie für die Erfüllbarkeit der abgeschlossenen VV und den Schutz der VN vor Vermögensverlusten dar.[12]

Das Ziel der Sicherheit hat dabei zwei Dimensionen. Es erfordert zum einen die Sicherung des Nominalwerts der Anlagen, d.h. der betreffende Vermögenswert muss fristgerecht und vollständig liquidiert werden können. Inwieweit dies realisiert werden kann, ist nicht nur bei Erwerb, sondern auch während der gesamten

9 Vgl. R 6/2005, Teil B Abschn. II Nr. 2 Buchst. a.

10 Die entsprechende Verweisung gilt nur insoweit, als keine quotenmäßigen Beschränkungen durch das Rundschreiben R 15/2005 vorgegeben werden.

11 Vgl. R 6/2005, Teil B Abschn. II Nr. 2 Buchst. a.

12 Vgl. R 15/2005, Abschn. II Nr. 1 Buchst. a. Das Gebot der Sicherheit erstreckt sich dabei sowohl auf die einzelne Anlage als auch auf den gesamten Anlagenbestand.

Dauer der Anlage zu überprüfen. Zum anderen bedeutet Sicherheit auch Erhaltung der Substanz der Vermögensanlagen. Rein spekulative Anlagen scheiden aus.[13]

Um dem Sicherheitsgrundsatz entsprechen zu können, muss ferner jede Vermögensanlage zu jedem Zeitpunkt uneingeschränkt veräußerbar sein, d.h. das Verfügungsrecht über eine Vermögensanlage – z.B. über Zustimmungsvorbehalte – darf grundsätzlich nicht beschränkt sein.[14]

Werden Vermögensanlagen, wie z.B. börsennotierte Inhaberschuldverschreibungen, marktüblich einem Rating unterzogen, sind hinsichtlich der Beurteilung ihrer Sicherheit die Bewertungen anerkannter Ratingagenturen zu berücksichtigen. Soweit Vermögensanlagen über ein Investment-Grade-Rating[15] verfügen, eignen sich diese grundsätzlich für die Zuführung zum gebundenen Vermögen.[16] Eine Zuführung zum gebundenen Vermögen ist jedoch dann nicht zulässig, wenn andere Umstände oder Risiken, wie z.B. negative Unternehmensnachrichten oder Marktentwicklungen, zu einer abweichenden negativen Beurteilung führen. Demgegenüber dürfen Vermögensanlagen, die im Einzelfall nicht über ein Rating verfügen, dem gebundenen Vermögen zugeführt werden, sofern das VU eine eigene positive Beurteilung des Sicherheitsniveaus nachweist. Voraussetzung hierfür ist, dass das VU über die für die Beurteilung notwendigen personellen und fachlichen Voraussetzungen verfügt. Ein Investment-Grade-Rating bzw. eine dieser Risikokategorie entsprechende eigenständige Beurteilung von Vermögensanlagen ist mind. einmal jährlich sowie unterjährig bei anderen negativen Umständen zu überprüfen.[17] Die Überprüfung ist nachprüfbar zu dokumentieren.

Auch bei indirekt gehaltenen Vermögenswerten ist der Grundsatz der Anlagesicherheit zu beachten. So sind bei Anlagen in Anteilen an inländischen Son-

13 Vgl. R 15/2005, Abschn. II Nr. 1 Buchst. a.

14 Entsprechend sind Beteiligungen an geschlossenen Fonds, bei denen keine jederzeitige Rückkaufsverpflichtung der Anteile besteht, aufgrund fehlender Fungibilität der Anteile grundsätzlich nicht für die Anlage im gebundenen Vermögen geeignet. Eine Ausnahme gilt für geschlossene Fonds, die sich hauptsächlich an institutionelle Anleger richten. Vgl. R 15/2005, Abschn. II Nr. 2 Buchst. b sowie den in § 2 Abs. 1 Nr. 14c AnlV genannten Spezialfall. Ebensowenig sind gesellschaftsvertraglich vereinbarte Einschränkungen der Fungibilität von Gesellschaftsanteilen zulässig. Vgl. hierzu die entsprechenden Musterformulierungen der BaFin zum Ausschluss von Verfügungsbeschränkungen bei Gesellschaftsanteilen, VerBAV 2002, S. 103.

15 Langfristige Ratings BBB- nach S&P und Fitch bzw. Baa3 nach Moody's und kurzfristige Ratings A-3 nach S&P, F3 nach Fitch oder Prime 3 nach Moody's oder besser.

16 Bei zwei unterschiedlichen Ratings ist das Rating mit der niedrigeren Bewertung maßgebend. Bei drei oder mehr Ratings, die zu unterschiedlichen Beurteilungen führen, ist von den beiden besten die schlechtere Bonitätsbewertung heranzuziehen. Vgl. R 15/2005, Abschn. II Nr. 1 Buchst. c.

17 Vgl. R 15/2005, Abschn. II Nr. 2 Buchst. c.

dervermögen und Investment-AG sowie ausländischen Investmentgesellschaften nicht nur die Fonds- bzw. Gesellschaftsanteile insgesamt zu betrachten, sondern vielmehr jeder einzelne indirekt gehaltene Vermögenswert. Es ist nicht ausreichend, wenn das Fonds- oder Gesellschaftsvermögen nur überwiegend sicher ist. So ist bei Spezialfonds eine vertragliche Vereinbarung zu treffen, dass das Fonds- bzw. Gesellschaftsmanagement den Grundsatz der Anlagesicherheit beachtet. Sofern Vermögensanlagen marktüblich einem Rating unterzogen werden, hat das VU darüber hinaus sicherzustellen, dass grundsätzlich nur von anerkannten Ratingagenturen bewertete Anlagen mit einem Investment-Grade-Rating bzw. für den Fall, dass ein Rating nicht vorliegt, Anlagen, deren Sicherheit nachprüfbar positiv beurteilt wurde, von der Gesellschaft erworben werden. Das VU hat dabei regelmäßig zu prüfen, ob das Fondsmanagement diese Prinzipien seinen Anlageentscheidungen zugrunde legt. Auch bei Publikumsfonds ist anhand deren Berichtsunterlagen zu prüfen, ob der Grundsatz der Anlagesicherheit eingehalten wird; ggf. vorliegende Bewertungen der Fonds durch Ratingagenturen sind zu berücksichtigen.[18]

Bei ausreichender Risikotragfähigkeit kann auch im Rahmen des Anlagekatalogs des § 2 Abs. 1 AnlV in sog. High-Yield-Anleihen investiert werden. Hierbei handelt es sich um als Schuldverschreibungen ausgestaltete langfristige Fremdfinanzierungsinstrumente, die aufgrund schlechter Schuldnerbonität eine überdurchschnittliche Verzinsung bieten. Dies sind i.d.R. Anleihen, deren Emittenten die Schwelle zu einem Investment-Grade-Rating nicht erreichen.[19] Nach Auffassung der BaFin müssen solche Anleihen jedoch mind. ein Rating von B- nach Standard & Poors und Fitch bzw. von B3 nach Moody's aufweisen, um dem gebundenen Vermögen zugeführt werden zu können. Darüber hinaus ist das Rating mind. vierteljährlich zu überprüfen. Der direkt und indirekt gehaltene Anteil an High-Yield-Anleihen ist auf 5 % jeweils des Sicherungsvermögens und des sonstigen gebundenen Vermögens zu begrenzen und zusätzlich auf die Risikokapitalquote nach § 3 Abs. 3 AnlV anzurechnen.[20]

Rentabilität

9 Die Forderung nach größtmöglicher Rentabilität ist nach R 15/2005 dann erfüllt, wenn die Vermögensanlagen unter Berücksichtigung der Sicherheits- und Liqui-

---

18 Vgl. R 15/2005, Abschn. II Nr. 2 Buchst. d.

19 Vgl. *Krüger/Wehling*, in: Schwebler/Knauth/Simmert (Hrsg.), Kapitalmärkte: Aktuelle Anlage- und Absicherungsmöglichkeiten für Versicherungsunternehmen, Karlsruhe 2001, S. 207.

20 Vgl. R 15/2005, Abschn. II Nr. 1 Buchst. e.

ditätserfordernisse sowie der Kapitalmarktlage einen nachhaltigen Ertrag erzielen. Eine bestimmte Mindestrendite wird dabei nicht vorgegeben, jedoch sind renditelose Vermögensanlagen mit dem Ziel der Rentabilität nicht vereinbar und daher im gebundenen Vermögen unzulässig.[21]

Liquidität

Der Grundsatz der jederzeitigen Liquidität erfordert eine Zusammensetzung des 10 Bestands an Vermögenswerten in der Weise, dass jederzeit betriebsnotwendige liquide Mittel oder ohne Schwierigkeit liquidierbare Anlagen zur unverzüglichen Erfüllung der fälligen Zahlungsverpflichtungen des Unternehmens vorhanden sind. Der Umfang dieser Mittel, der aus Rentabilitätsgesichtspunkten möglichst gering sein sollte, richtet sich gem. § 54 Abs. 1 VAG sowohl nach der Art der betriebenen VG als auch nach der gegebenen Unternehmensstruktur.[22] Die Notwendigkeit einer ausreichenden Liquidität wird besonders vor dem Hintergrund deutlich, dass es den VU nur im Ausnahmefall gestattet ist, Fremdmittel aufzunehmen.[23]

Mischung

Das Erfordernis der Mischung verlangt die Verteilung des Vermögens auf 11 verschiedene Anlagearten, um anlagetypische Risiken durch einen Risikoausgleich zu begrenzen. Dabei darf grundsätzlich keine einzelne Anlageart[24] vorherrschen.

21 Vgl. R 15/2005, Abschn. II Nr. 2 Buchst. a.

22 Voraussetzung hierfür ist grundsätzlich eine umfassende Finanz- und Liquiditätsplanung. Vgl. R 15/2005, Abschn. II Nr. 3 Buchst. a.

23 Nach Auffassung der BaFin ist die Kreditaufnahme durch VU zur Erwerbsvorbereitung oder Sicherung von Kapitalanlagen gestattet, wenn und soweit sie auf der Grundlage einer kaufmännisch vernünftigen Finanzplanung erfolgt und einen nach Art, Umfang und Fristigkeit auch für VU vertretbaren Rahmen nicht überschreitet. Darüber hinaus ist der Einsatz von Fremdmitteln nur in Ausnahmefällen möglich, z.B. bei kurzfristigen Liquiditätshilfen und kurzfristigen Überziehungskrediten, bei Inanspruchnahme verbilligter, öffentlicher Kredite zum Wohnungsbau sowie beim Erwerb belasteter Grundstücke. VerBAV 1995, S. 215. Kritisch gegenüber der Auffassung der BaFin: *Präve*, in: Prölss, VAG-Kommentar[12], § 7 VAG, Rn. 28.

24 Dabei bilden nicht unbedingt die einzelnen Nummern des Anlagekatalogs des § 2 AnlV eine Anlageart, sondern sie werden mit anderen Nummern zusammengefasst. So sind bspw. die Anlagen des § 2 Abs. 1 Nr. 9, 12 und 13 zusammen mit Anlagen in Sondervermögen mit besonderen oder zusätzlichen Risiken einer sog. Risikokapitalquote unterworfen.

Hiervon kann in der Regel ausgegangen werden, wenn keine Anlageart mehr als 50 % des Anlagebestands[25] ausmacht (allgemeine Mischungsquote).[26]

Neben dem generellen Erfordernis angemessener Mischung setzt § 3 Abs. 2-5 AnlV spezielle Mischungsquoten[27] fest, die die Obergrenzen für einzelne Anlagearten festlegen[28], z.B.

- direkte oder indirekte Anlagen in Sondervermögen mit besonderen oder zusätzlichen Risiken (§ 3 Abs. 2 Nr. 2 und 3 AnlV),
- direkte oder indirekte Anlagen in Eigenkapitaltitel oder ihnen ähnliche Instrumente (§ 3 Abs. 3 AnlV),
- direkte oder indirekte Anlagen in Immobilien (§ 3 Abs. 5 AnlV).

Die allgemeinen wie auch die speziellen Mischungsquoten der AnlV gelten ausnahmslos auch für Anlagebestände von geringem Umfang.

§ 2 Abs. 2 AnlV gestattet die Anlage des gebundenen Vermögens in Vermögenswerte, die über den Anlagekatalog des § 2 Abs. 1 AnlV hinausgehen oder dessen Voraussetzungen nicht erfüllen oder die Mischungsquoten des § 3 AnlV überschreiten (sog. Öffnungsklausel). Diese Anlagen werden wiederum auf jeweils 5 % des Sicherungsvermögens und des sonstigen gebundenen Vermögens beschränkt. Diese Anlagegrenze kann mit Genehmigung der BaFin auf 10 % erhöht werden.

Streuung

12 Das Ziel der Streuung erfordert die Verteilung der Anlagen auf verschiedene Schuldner und Objekte. Nach R 15/2005 sollten bei ortsgebundenen Anlagen Schwerpunktbildungen, bei einzelnen Schuldnern Anlagehäufungen vermieden werden. Darüber hinaus sollte eine Konzentration von Aktien und Beteiligungen auf eine Branche oder wenige verwandte Branchen unterbleiben.[29]

---

25 Die 50 %-Quote bezieht sich dabei jeweils auf das Sicherungsvermögen und das sonstige gebundene Vermögen. Nach R 15/2005 wird die BaFin Überschreitungen der allgemeinen Quote im sonstigen gebundenen Vermögen aus Praktikabilitätsgründen nicht beanstanden, wenn nach Addition der Werte des Sicherungsvermögens und des sonstigen gebundenen Vermögens eine Überschreitung der 50 %-Quote nicht mehr festgestellt wird.

26 Vgl. R 15/2005, Abschn. II Nr. 4 Buchst. a.

27 Die speziellen Mischungsquoten gelten wiederum jeweils für das Sicherungsvermögen und das sonstige gebundene Vermögen.

28 Siehe im Einzelnen die Ausführungen zu den jeweiligen Anlagearten unter II. 6. Für eine Übersicht vgl. *Lipowsky*, in: Prölss, VAG-Kommentar[12], nach § 54a VAG, § 1 AnlV, Rn. 4.

29 In die Prüfung der Angemessenheit der Streuung sind auch Kumulrisiken einzubeziehen, die sich durch Adressenausfallrisiken im Rahmen von ABS und CLN oder anderen indirekten Engagements ergeben können.

Der allgemeine Streuungsgrundsatz wird für die Anlage bei ein und demselben Schuldner durch die Streuungsregelung in § 4 AnlV konkretisiert. Danach dürfen die Anlagen bei einem Schuldner grundsätzlich 5 % des gebundenen Vermögens nicht übersteigen.[30] Darüber hinaus sind spezielle Streuungsquoten bezüglich einzelner Anlagearten zu beachten. Dies betrifft bspw. Darlehen gegenüber öffentlich-rechtlichen Körperschaften (§ 4 Abs. 2 Satz 1 AnlV), Eigenkapitaltitel und ihnen ähnliche Instrumente (§ 4 Abs. 4 AnlV) und Anlagen in Immobilien (§ 4 Abs. 5 AnlV). Eine spezielle Streuungsquote gilt zudem für Anlagen bei Konzernunternehmen: Gemäß § 4 Abs. 3 AnlV dürfen auf ein und denselben Konzern entfallende Anlagen nicht mehr als 3 % des gebundenen Vermögens betragen.

2. Kongruenzprinzip und Belegenheit

Das Kongruenzprinzip ist ein wichtiger Eckpfeiler der Kapitalanlagevorschriften. 13
Der in § 5 AnlV geregelte Grundsatz besagt, dass das gebundene Vermögen in Vermögenswerten anzulegen ist, die auf die gleiche Währung lauten, in der die Versicherungsverpflichtungen erfüllt werden müssen. Damit wird der Zweck verfolgt, etwaige Gefährdungen der Erfüllbarkeit von Verpflichtungen weitestgehend auszuschließen, die sich bei nicht kongruenter Anlage aus einer gegenläufigen Entwicklung von Anlage- und Verpflichtungswährung ergeben können.[31]

Bestimmungen zur Währung bestimmter Anlagen enthält § 5 Satz 2 AnlV. So gelten bspw. Grundstücke und grundstücksgleiche Rechte als in der Währung des Landes angelegt, in dem sie belegen sind. Einzelheiten zum Kongruenzprinzip, insb. die Bestimmung der erforderlichen Bedeckungswährung sowie Ausnahmen vom Grundsatz der Währungskongruenz, werden in der Anlage Teil C des VAG (Kongruenzregeln) näher ausgeführt. Auf eine kongruente Bedeckung kann verzichtet werden, wenn

- die Währung eines Nicht EWR-Staates zur Anlage ungeeignet ist, insb. weil sie Transferbeschränkungen unterliegt, oder
- die anzulegenden Vermögenswerte nicht mehr als 7 % der Anlagegegenstände ausmachen, die in anderer Währung angelegt sind.

30 Anlagen in Sondervermögen bzw. Investment-AG gelten nicht als Anlagen bei ein und demselben Aussteller, wenn die Anlagen im Sondervermögen bzw. in der Gesellschaft ausreichend gestreut sind. Allerdings sind auf die allgemeine Streuungsquote von 5 % des gebundenen Vermögens die Anlagen der zehn größten Aussteller in einem Sondervermögen bzw. in der Gesellschaft anzurechnen.

31 Vgl. *Lipowsky*, in: Prölss, VAG-Kommentar[12], nach § 54a VAG, § 4 AnlV, Rn. 2.

Darüber hinaus können bei grundsätzlich fortbestehender Verpflichtung zur währungskongruenten Bedeckung bei jeder Währung, die kongruent zu bedecken ist, jeweils 20 % des Sicherungsvermögens und des sonstigen gebundenen Vermögens inkongruent angelegt werden. Im sonstigen gebundenen Vermögen gilt für Verpflichtungen, die auf die Währung eines EWR-Vertragsstaates lauten, dessen Währung nicht der Euro ist, auch eine Bedeckung von bis zu 50 % in auf Euro lautenden Vermögenswerten als kongruente Bedeckung, soweit dies nach vernünftiger kaufmännischer Beurteilung gerechtfertigt ist.

14 Der Grundsatz der Belegenheit dient der Sicherstellung der tatsächlichen Realisierbarkeit des gebundenen Vermögens. So sind die versicherungstechnischen Rückstellungen grundsätzlich mit Vermögenswerten gleicher oder ähnlicher Lokalität zu bedecken. Der Grundsatz der Belegenheit ist nicht explizit geregelt, spiegelt sich aber implizit in den Regelungen der AnlV wider. So darf das gebundene Vermögen im Rahmen der in § 2 AnlV genannten Anlagekategorien vielfach nur in Anlagen, die in Staaten des EWR oder der Organisation for Economic Co-operation and Development (OECD) belegen sind, investiert werden. Ausnahmen betreffen an organisierten Märkten zum Handel zugelassene Fremdkapitaltitel (§ 2 Abs. 1 Nr. 7 Buchst. c, Nr. 9 Buchst. b und Nr. 10 Buchst. b AnlV) und entsprechend gehandelte Eigenkapitaltitel (§ 2 Abs. 1 Nr. 12 AnlV), die auch außerhalb von Staaten des EWR oder der OECD belegen sein dürfen.

3. Anlagemanagement und interne Kontrollverfahren

15 In § 1 Abs. 2 AnlV ist der Grundsatz enthalten, dass VU die Einhaltung der Anlagegrundsätze durch ein qualifiziertes Anlagemanagement, geeignete interne Kapitalanlagegrundsätze und Kontrollverfahren, eine strategische und taktische Anlagepolitik sowie weitere organisatorische Maßnahmen sicherzustellen haben. Hierzu gehört auch die Beobachtung von Risiken, die aus dem Zusammenspiel von Vermögenswerten und versicherungstechnischen Passiva resultieren. Zugleich ist die Elastizität des Anlagebestands gegenüber bestimmten Kapitalmarktszenarien und Investitionsbedingungen zu prüfen. Einzelheiten zu diesem qualitativen Anlagegrundsatz sind im Rundschreiben R 15/2005 geregelt.[32]

Rückversicherungsunternehmen müssen für den Bereich der Vermögensanlagen über angemessene interne Abläufe und ein funktionsfähiges Risikomanagement verfügen. Obwohl RückVU hinsichtlich ihrer Vermögensanlage nicht den qualita-

32 Vgl. hierzu *Freiling/Gehringer*, VW 2005, S. 1142.

tiven und quantitativen Vorgaben der für ErstVU geltenden AnlV unterliegen, sind an sie in mind. demselben Maße wie bei ErstVU besondere Anforderungen an das Anlagemanagement und an interne Kontrollverfahren zu stellen. Insofern gelten für RückVU analog die Anforderungen des Rundschreibens R 15/2005 zum Anlagemanagement und die internen Kontrollverfahren.[33]

Bei den im Rundschreiben R 15/2005 genannten Vorgaben zum Anlagemanagement und den internen Kontrollverfahren handelt es sich grundsätzlich um die Konkretisierung der im Rundschreiben R 3/2009 „Aufsichtsrechtliche Mindestanforderungen an das Risikomanagement" (MaRisk VA) enthaltenen Regelungen.[34] Dies gilt insb. für die Vorgaben im Bereich der Aufbau- und Ablauforganisation, auf deren Gültigkeit in Nr. 3 des Rundschreibens R 3/2009 explizit verwiesen wird. Bei den anderen Elementen eines Risikomanagementsystems sind ergänzend die im Rundschreiben R 3/2009 genannten Anforderungen zu beachten. Dies betrifft neben der internen Revision und den internen Kontrollverfahren insb. die Ausführungen zum Steuerungs- und Kontrollsystems eines Versicherers (VR) und dem hiermit verbundenen Risikotragfähigkeitssystem.

Das Anlagemanagement hat die anlagebezogenen Risiken,[35] die die Erfüllbarkeit der versicherungstechnischen Verpflichtungen gefährden können, zu identifizieren, offenzulegen und mittels geeigneter Methoden zu bewerten, zu steuern und zu kontrollieren. Hierzu bedarf es eines gut strukturierten, disziplinierten und transparenten Anlageprozesses. Folgende Grundsätze sollten dabei zwingend berücksichtigt werden:[36] 16

- Definition einer strategischen Anlagepolitik durch den Vorstand
- Entwicklung einer taktischen Anlagepolitik
- Umsetzung der Anlagepolitik durch ein risikoadäquates, personell und sachlich entsprechend ausgestattetes Anlagemanagement (Front Office)
- laufende Kontrolle der Anlagetätigkeit durch den Vorstand oder ein von ihm beauftragtes Organ

33 Vgl. R 6/2005, Abschn. B II Nr. 3.
34 Zu den Einzelheiten des Rundschreibens R 3/2009 vgl. Kapitel IV 5.c.
35 Hierbei handelt es sich um Marktrisiken, Kreditrisiken, Konzentrationsrisiken, Liquiditätsrisiken, Währungsrisiken, operationelle und rechtliche Risiken.
36 Vgl. im Einzelnen R 15/2005, Abschn. IX 1.d.

- Einrichtung einer Wertpapiertechnik, einschl. der Bereiche, die für die Überwachung, Abrechnung und Kontrolle von Transaktionen zuständig sind (Back-Office)[37]
- angemessene Verfahren zur Messung und Bewertung des Anlageergebnisses
- vollständiger und zeitnaher Informationsaustausch über die Anlagetätigkeit zwischen den verschiedenen Ebenen und Organen des Unternehmens
- interne Verfahren zur Überprüfung der Angemessenheit der Anlagepolitik und der angewandten Verfahren
- effektive Prüfungs- und Überwachungsverfahren, um Schwachstellen bei der Kontrolle der Anlagetätigkeit und der Einhaltung gesetzlicher, aufsichtsbehördlicher und innerbetrieblicher Vorschriften frühzeitig zu identifizieren
- Verfahren, durch die die Abhängigkeit und Anfälligkeit in Bezug auf Mitarbeiter und Systeme identifiziert und kontrolliert werden können.

Die Mitarbeiter sind von den Grundsätzen zur Kapitalanlage zu informieren. Der Vorstand hat die Angemessenheit der gesamten Anlagepolitik mind. einmal jährlich zu überprüfen.

17 Bei der Festlegung einer Anlagestrategie ist insb. auf die Art der Verpflichtungen des VU abzustellen. Aufgrund dessen sind eine umfangreiche Analyse der Risiken auf Aktiv- und Passivseite sowie das Verhältnis beider Seiten zueinander Voraussetzung für die Konzeption der Anlagepolitik und ihrer Umsetzung.[38] Diese Analyse hat dabei u.a. sog. Stresstests gegenüber einer Reihe von Kapitalmarktszenarien und Investitionsbedingungen sowie die Auswirkungen auf das gebundene Vermögen zu enthalten. Dabei kann auf standardisierte Ansätze und eigene Berechnungsmethoden zurückgegriffen werden.

Bei Stresstests handelt es sich um ein Analyseinstrument, das überprüft, ob bei einer simulierten Wertminderung der Kapitalanlagen das VU noch in der Lage ist, ohne Gegenmaßnahmen die gegenüber den VN eingegangenen Verpflichtungen zu erfüllen. Der Stresstest ist somit ein Frühwarnsystem, das die Unternehmen im Fall des Nicht Bestehens veranlassen soll, Maßnahmen zur Steigerung der Risikotragfähigkeit zu ergreifen, um gegen möglicherweise zukünftig eintretende

37 Entscheidend ist hierbei die Trennung von Front- und Back-Office. Auf Ebene des Vorstands ist wiederum die Verantwortung für das Anlagemanagement und das Gesamtrisikomanagement zu trennen. Vgl. Rundschreiben R 15/2005, Abschn. IX 3.e.

38 Dies ist Aufgabe des sog. Asset-Liability-Managements. Vgl. hierzu u.a. *Albrecht,* Asset Liability Management bei Versicherungen, Mannheimer Manuskripte zu Risikotheorie, Portfolio Management und Versicherungswirtschaft Nr. 134, Mannheim 2001.

Kapitalmarktkrisen gewappnet zu sein.[39] Die BaFin gibt hierzu in ihrem Rundschreiben R 1/2004 vier durchzuführende Stresstestszenarien mit entsprechenden Parametern vor.[40]

Zur Konkretisierung der Anlagestrategie sind innerbetriebliche Kapitalanlage- 18
richtlinien zu formulieren.[41] Wichtige Punkte sind dabei die Formulierung der Anlageziele, die Definition der zugelassenen Vermögensanlagen und ihrer volumenmäßigen Grenzen, Vorgaben hinsichtlich der Qualifikation der Mitarbeiter sowie der Funktionstrennung der entsprechenden Organisationseinheiten. Des Weiteren sollen Verfahren zur Beurteilung der Qualität der Organisation, der internen Kontrollen und des Risikomanagements einschl. des Asset-Liability-Managements installiert werden.

Insbesondere sind angemessene Berichts- und Kontrollsysteme[42] einzurichten, die die Einhaltung der festgelegten Anlagepolitik sowie der gesetzlichen und aufsichtsbehördlichen Vorschriften gewährleisten. Sofern das Kapitalanlagemanagement auf einen externen Vermögensverwalter übertragen wurde, ist vom Vorstand sicherzustellen, dass das VU selbst in der Lage ist, die Leistungen dieses Verwalters auch mit Blick auf die von ihm gemachten Vorgaben zu überwachen. Darüber hinaus ist die Durchführung eines risikogerechten Reportings durch den Vermögensverwalter zu gewährleisten.[43]

Grundsätzlich kann aufgrund der Verschiedenheit der VG der Umfang der vor- 19
gegebenen Anforderungen an das Kapitalanlagemanagement je nach Volumen, Struktur und Art des betriebenen VG bei den Unternehmen unterschiedlich sein.[44] Folgende Grundsätze für das Anlagemanagement gelten jedoch für alle VU:

- Verantwortung des Vorstands
- Notwendigkeit einer vorausschauenden Anlagepolitik

39 Vgl. *Hein/Mayer-Wegelin,* VW 2003, S. 908-915.

40 Vgl. die Ausführungen im Rundschreiben R 1/2004, Abschn. A. Die ursprünglich im Rundschreiben vorgesehenen Szenarien (Renten mit 10 %, Aktien mit 35 % und Renten/Aktien mit jeweils 5 % und 20 %) wurden in den Folgejahren dahingehend geändert, dass bei Aktien nicht mehr ein pauschaler, sondern ein nach Indexstand differenzierender Stresstest durchzuführen ist. Zudem wurde ein zusätzliches Aktien/Immobilien-Szenario eingeführt, bei dem Immobilien mit einem unterstellten Wertverlust von 10 % zu belasten sind.

41 Vgl. R 15/2005, Abschn. IX 2.

42 Vgl. zur detaillierten Ausgestaltung R 15/2005, Abschn. IX 3.

43 Zur Übertragung des Risikomanagements auf ein Konzernunternehmen vgl. R 15/2005, Abschn. IX Nr. 3 Buchst. d.

44 Bei kleineren VU kann im Einzelfall mit Zustimmung der BaFin von der Anwendung der Vorschriften des R 15/2005, Abschn. IX abgesehen werden.

- Trennung der Aufgabenbereiche
- Risikosteuerung und -kontrolle.

Die Prüfung der Unabhängigkeit, Angemessenheit und Effektivität des Kapitalanlagemanagements, insb. der Wirksamkeit der internen Kontrollen in Bezug auf die Messung, Begrenzung und Berichterstattung von Risiken, ist Aufgabe der internen Revision. Sie hat zudem die Einhaltung der Risikogrenzen zu prüfen und die Zuverlässigkeit und Zeitnähe der Berichterstattung an die entsprechenden Unternehmensorgane zu bewerten. Darüber hinaus sollte sie zumindest einmal jährlich den Anlagebestand sowie die dokumentierten Anlagegrundsätze und -verfahren im Hinblick auf die Einhaltung der durch die BaFin vorgegebenen Pflichten des Unternehmens überprüfen. Aufgrund dieser Anforderungen an die interne Revision ist sicherzustellen, dass diese unabhängig und personell adäquat ausgestattet ist.

4. Anzeigepflichten

20 Der Erwerb oder die Anlage von Vermögensgegenständen durch VU unterliegen der Anzeigepflicht gegenüber der BaFin. Diese ergibt sich aus § 54 Abs. 4 VAG und wird im Rundschreiben R 11/2005 erläutert. Grundsätzlich ist die Anzeigepflicht unabhängig davon, ob der anzuzeigende Erwerb bzw. die anzuzeigende Anlage dem gebundenen oder freien Vermögen zuzuordnen ist.[45]

21 Gemäß § 54 Abs. 4 VAG sind Anzeigen bis zum Ende des auf den Erwerb oder die Anlage folgenden Monats vorzunehmen für

- den Erwerb von Beteiligungen (bei Beteiligungen in Aktien oder sonstigen Anteilen jedoch nur, wenn der Nennwert der Beteiligung 10 % des Nennkapitals der fremden Gesellschaft übersteigt),[46]
- Anlagen bei einem verbundenen Unternehmen i.S.d. § 15 AktG.

5. Berichtspflichten

22 Die Berichtspflichten von VU sind in §§ 54d, 66 Abs. 3a und Abs. 6 VAG geregelt und umfassen periodisch wiederkehrende Meldungen gegenüber der BaFin. Die Berichterstattung hat sich grundsätzlich sowohl auf das gebundene als auch

45 Vgl. R 11/2005, Abschn. A I.

46 Dabei werden Beteiligungen mehrerer zu einem Konzern i.S.d. § 18 AktG gehörender VU und des herrschenden Unternehmens an einer Gesellschaft zusammengerechnet.

auf das freie Vermögen zu erstrecken. Gemäß § 54d VAG haben VU dabei über ihre gesamten Vermögensanlagen, aufgegliedert in Neuanlagen und Bestände, zu berichten.[47] Die Berichterstattung muss auf bestimmten Vordrucken (Nachweisungen 670 und 673[48] nebst Anlagen)[49] erfolgen, die zusammengefasst einzureichen sind. Die Berichte sind unverzüglich, spätestens bis zum Ende des auf das Kalendervierteljahr folgenden Monats einzureichen.[50] Für die Erstellung der Nachweisungen gelten die Vorschriften aus der Verordnung über die Berichterstattung der VU gegenüber der BaFin (BerVersV) v. 29.03.2006 (BGBl. I, S. 622), Anlage 2 Abschn. C. Dementsprechend ist eine Einreichung in elektronischer oder in maschinenlesbarer Form vorgesehen.[51]

Auch derivative Finanzinstrumente werden in die Berichterstattung einbezogen. Zum Umfang der Geschäfte mit derivativen Finanzinstrumenten gem. § 7 Abs. 2 Satz 2 VAG erfolgt die Berichterstattung auf den Meldungen gem. den Anlagen 2-4 des Rundschreibens R 3/2000. Die Meldungen 1-3 sind dabei kalendervierteljährlich bis zum Ende des auf das Berichtsvierteljahr folgenden Monats einzureichen.[52]

Gemäß § 1 Abs. 2 AnlV haben VU ein geeignetes Anlagemanagement sowie interne Kontrollverfahren einzurichten. Die hieraus resultierenden Berichtspflichten gegenüber der BaFin ergeben sich aus dem Rundschreiben R 15/2005. Der BaFin sind danach jährlich, spätestens zwei Monate nach Ende des Kalenderjahres folgende Informationen zur Verfügung zu stellen: 23

- Eine allgemeine Beschreibung der für das laufende Geschäftsjahr beabsichtigten Anlagepolitik und des geplanten Anlagebestands einschl. einer Beschreibung der Risiken des Anlagebestands
- die aktuellen innerbetrieblichen Kapitalanlagerichtlinien
- eine Beschreibung des Asset-Liability-Managements.

47 Diese Berichtspflicht haben gem. § 121a Abs. 1 VAG auch RückVU zu erfüllen.

48 Die Nachweisung 673 ist nur einzureichen, wenn ein Unternehmen die dort aufgeführten Anlagen – High-Yield-Anleihen, strukturierte Produkte, ABS und CLN und andere Anlagen, die der Übertragung von Kreditrisiken dienen, oder Hedgefonds – im Bestand hat.

49 Für eine Übersicht der einzureichenden Vordrucke vgl. das Rundschreiben R 11/2005, Abschn. F.

50 Zu den Erleichterungsmöglichkeiten für kleinere VU vgl. Rundschreiben R 11/2005, Abschn. E.

51 Entsprechendes gilt nach der Verordnung über die Berichterstattung von Pensionsfonds gegenüber der BaFin v. 25.10.2005 (BGBl. I, S. 3048), Anlage 2 Abschn. C, auch für Pensionsfonds.

52 Zudem sind Mitteilungen erforderlich, sofern sich die vom VU zu erstellenden internen Grundsätze hinsichtlich der Durchführung von Geschäften mit derivativen Finanzinstrumenten ändern. Vgl. die Ausführungen zum Rundschreiben R 3/2000, Abschn. B 2.

Wesentliche Änderungen innerhalb des Geschäftsjahres sind unverzüglich anzuzeigen.

Die Berichtspflichten bezüglich der aufgrund des Rundschreibens R 15/2005 geforderten Stresstests werden durch das Rundschreiben R 1/2004 konkretisiert. Eine bestimmte Form wird nicht vorgegeben.[53]

24 Der Deutschen Bundesbank haben VU gem. § 14 i.V.m. § 2 Abs. 2 KWG vierteljährlich alle Millionenkredite zu melden.

6. Spezielle Anlagevorschriften

a) Allgemeines

25 In § 54 Abs. 2 VAG wird ein Katalog der grundsätzlich zulässigen Anlagekategorien für das gebundene Vermögen von VU festgelegt. Danach sind ausschließlich folgende Anlagekategorien für die Bedeckung der versicherungstechnischen Rückstellungen zugelassen:

- Darlehensforderungen, Schuldverschreibungen und Genussrechte
- Schuldbuchforderungen
- Aktien
- Beteiligungen
- Grundstücke und grundstücksgleiche Rechte
- Anteile an Sondervermögen und Investment-AG, sofern diese einer öffentlichen Aufsicht unterliegen
- laufende Guthaben und Einlagen bei Kreditinstituten
- weitere von den EU-Richtlinien zugelassene Anlageformen.[54]

Ein ausführlicher Katalog der zulässigen Anlagearten findet sich in § 2 AnlV.[55] Die Erläuterungen dieser Vorschriften beschränken sich im Folgenden auf schwerpunktmäßig zusammengefasste Bemerkungen.

53 Vgl. die Ausführungen zum Rundschreiben R 1/2004, Abschn. B.

54 Art. 21 oder 22 der Dritten Richtlinie Schadenversicherung bzw. Art. 23 oder 24 der Dritten Richtlinie Lebensversicherung.

55 Für Pensionsfonds gilt entsprechend die „Verordnung für die Anlage des gebundenen Vermögens von Pensionsfonds“ v. 21.12.2001 (BGBl. I, S. 4185).

Bei Vorliegen außergewöhnlicher Umstände darf das gebundene Vermögen darüber hinaus im Einzelfall und mit Erlaubnis der BaFin auch in anderen Vermögenswerten angelegt werden.[56]

Die Vorschriften des § 54 Abs. 2 VAG und des § 2 Abs. 1 VAG erstrecken sich in ihrem Anwendungsbereich lediglich auf das gebundene Vermögen, d.h. die Bestände des Sicherungsvermögens gem. § 66 VAG und das sonstige gebundene Vermögen gem. § 54 Abs. 5 VAG.

Das Sicherungsvermögen entspricht der Gesamtheit derjenigen Vermögensgegenstände, die der Bedeckung der versicherungstechnischen Passiva im Mindestumfang des § 66 Abs. 1a VAG dienen. Die zur Bestimmung des Sicherungsvermögens maßgeblichen Bilanzwerte sind gem. § 66 Abs. 1a Satz 2 VAG als Bruttogrößen, d.h. vor Abzug der Anteile für das in Rückdeckung gegebene VG, anzusetzen.[57] Der Soll-Betrag des sonstigen gebundenen Vermögens umfasst gem. § 54 Abs. 5 VAG die Vermögenswerte außerhalb des Sicherungsvermögens in Höhe der versicherungstechnischen Rückstellungen sowie der aus Versicherungsverhältnissen entstandenen Verbindlichkeiten und Rechnungsabgrenzungsposten. Dabei sind die Nettobeträge anzusetzen, d.h. die Anteile der RückVR sind hier von den Bilanzwerten abzusetzen.[58] Beim Abzug der RückV-Anteile sind auch Anteile von zum Geschäftsbetrieb zugelassenen Versicherungs-Zweckgesellschaften zu berücksichtigen. Forderungen an Zweckgesellschaften mit Sitz in einem Drittstaat dürfen hingegen nur dann von den Bilanzwerten abgezogen werden, wenn die Gesellschaft im Sitzland entsprechend den Anforderungen des § 121g VAG zum Geschäftsbetrieb staatlich zugelassen und beaufsichtigt wird und über eine vergleichbare Ausstattung mit Kapitalanlagen verfügt. 26

Der Sollbetrag kann reduziert werden bis zur Höhe von 50 % der um die Wertberichtigung geminderten, in den letzten drei Monaten fällig gewordenen Beitragsforderungen aus dem selbst abgeschlossenen Geschäft (saG). Verbindlichkeiten

56 Vgl. *Kaulbach*, in: Fahr/Kaulbach/Bähr, VAG-Kommentar, 4. Aufl., München 2007, § 54 VAG, Rn. 21.

57 In der Schaden- und Unfallversicherung ist indes zu beachten, dass gem. § 66 Abs. 6a VAG die Anteile der RückVR sowie von zum Geschäftsbetrieb zugelassenen Versicherungs-Zweckgesellschaften auch ohne Eintragung in das Vermögensverzeichnis zum Sicherungsvermögen gehören. Die Bruttoreservierungspflicht besteht somit ausschließlich für das Geschäft der Lebens- und Krankenversicherung und damit verwandter Sparten, sofern es sich hier laut Satz 3 nicht um Beitragsüberträge und die Rückstellung für noch nicht abgewickelte Versicherungsfälle handelt.

58 Der Abzug der RückV-Anteile setzt voraus, dass für die RückV ein hinreichender Risikotransfer festgestellt werden kann. Diesbezüglich sind die Regelungen des § 121e VAG und der sie konkretisierenden Finanz-RückV-Verordnung zu beachten.

und Rückstellungen aus RückV-Verhältnissen bleiben außer Betracht, soweit ihnen aus demselben RückV-Verhältnis Forderungen gegenüberstehen.

Die folgende Übersicht gibt einen Überblick über den Umfang des Sicherungsvermögens und des sonstigen gebundenen Vermögens:

	Sicherungs-vermögen (brutto)	Sonstiges gebundenes Vermögen (netto)
Beitragsüberträge	X	
Deckungsrückstellung	X	
Rückstellung für noch nicht abgewickelte Versicherungsfälle und Rückkäufe	X	
Erfolgsunabhängige Rückstellung für Beitragsrückerstattung (RfB) sowie der Teil der erfolgsabhängigen RfB, der auf festgelegte, aber noch nicht zugeteilte Überschussanteile entfällt (festgelegte RfB)	X	
RfB für noch nicht festgelegte Überschussanteile (freie RfB)		X
Rückstellung für unverbrauchte Beiträge aus ruhenden VV	X	
Verbleibende versicherungstechnische Rückstellungen (insb. Schwankungsrückstellungen (SchwR) u.Ä.)		X
Verbindlichkeiten aus dem selbst abgeschlossenen Geschäft gegenüber VN	X	
Rückerstattungsbeträge aus Verträgen, die nicht zustande gekommen sind oder aufgehoben wurden (sonstige Verbindlichkeiten)	X	
Verbindlichkeiten in Zusammenhang mit dem RückVG, denen aus demselben RückV-Verhältnis keine Forderungen gegenüberstehen		X

b) Die Anlage in Darlehensforderungen, Schuldverschreibungen und Genussrechten

aa) Hypotheken und Grundschulden

§ 2 Abs. 1 Nr. 1 AnlV lässt solche Forderungen als Kapitalanlagen zu, für die ein Grundpfandrecht (Hypothek, Grundschuld) an einem in einem Staat des EWR oder einem Vollmitgliedsstaat der OECD belegenen Grundstück oder grundstücksgleichen Recht besteht. Voraussetzung ist, dass die Grundpfandrechte den Erfordernissen der §§ 14 und 16 Abs. 1-3 PfandBG, Erbbaurechte den Anforderungen des § 13 Abs. 2 PfandBG genügen oder die entsprechenden Vorschriften des anderen Staates erfüllen. In Betracht kommen damit lediglich echte Realkredite, d.h. Darlehen, die durch ein Grundpfandrecht gesichert sind und deren Verzinsung und Rückzahlung jederzeit unabhängig von der Person des Kreditnehmers durch das Beleihungsobjekt gesichert sind. Das Grundpfandrecht muss im Grundbuch eingetragen oder der Brief dem Gläubiger ausgehändigt sein. 27

Im Rahmen dieser gesetzlichen Bestimmungen hat gem. Rundschreiben R 15/2005[59] jedes VU Beleihungs- und Wertermittlungsgrundsätze für seinen eigenen Geschäftsbetrieb aufzustellen und zu beachten. Bei der Feststellung des Beleihungswerts sind nur die dauernden Eigenschaften des Grundstücks und der Ertrag zu berücksichtigen, den das Grundstück bei ordnungsmäßiger Wirtschaft jedem Besitzer nachhaltig gewähren kann (§ 16 Abs. 2 PfandBG). Die Beleihung sollte erstrangig sein und darf 60 % des ermittelten Beleihungswerts nicht übersteigen (§ 14 PfandBG).[60] Soweit dem PfandBG entsprechende gesetzliche Regelungen in anderen Mitgliedsstaaten des EWR oder der OECD abweichende Beleihungsgrenzen vorsehen, dürfen diese im Fall höherer Grenzen zugrunde gelegt werden. Im Fall niedrigerer Beleihungsgrenzen sind diese zwingend anzuwenden.[61] 28

Nach den vom Gesamtverband der deutschen Versicherungswirtschaft e. V. (GDV) und vom Verband der Lebensversicherungsunternehmen (LVU) erarbeiteten Musterbeleihungsgrundsätzen muss der Festsetzung des Beleihungswerts eine Ermittlung des Verkaufswerts durch einen Sachverständigen vorausgehen.[62] Die- 29

59 Vgl. R 15/2005, Abschn. III Nr. 1.
60 Bei Überschreitung der 60 %-Grenze können grundpfandrechtlich gesicherte Darlehen nur über die Öffnungsklausel dem gebundenen Vermögen zugeführt werden.
61 Vgl. R 15/2005, Abschn. III Nr. 1.
62 Vgl. *Schwebler*, Vermögensanlagepraxis in der Versicherungswirtschaft, 2. Aufl., Karlsruhe 1991, S. 757 ff.

ser Verkaufswert kann aus dem Ertrags- oder Sachwert oder dem Mittel zwischen Sachwert[63] und Ertragswert gebildet werden. Erfahrungsgemäß orientiert sich die Beurteilung des Werts von ganz oder überwiegend eigengenutzten Einfamilienhäusern und Eigentumswohnungen am Sachwertverfahren. Für Renditeobjekte hat sich das Ertragswertverfahren grundsätzlich als sachgerecht erwiesen.

Bei der Ermittlung des Beleihungswerts ist ein Sicherheitsabschlag in Höhe von 10 % aus der Summe von Bau- und Bodenwert vorzunehmen.[64]

Die Kapitalisierung des Ertragswerts soll grundsätzlich aus dem nachhaltig erzielbaren Mietertrag abzüglich Bewirtschaftungskosten (Einfamilienhäuser 20-30 %, Mehrfamilienhäuser 25-35 %) mit einem Rechnungszins von 5 % erfolgen.[65]

bb) Wertpapierdarlehen und sonstige Forderungen

30 Bei der Wertpapierleihe überträgt der Verleiher dem Entleiher üblicherweise Schuldverschreibungen oder Aktien[66] für eine bestimmte Zeit aus seinem Bestand. Der Entleiher verpflichtet sich, nach Ablauf der Leihfrist, Wertpapiere gleicher Ausstattung und Menge zurück zu übertragen. Rechtlich handelt es sich hierbei um ein besichertes Sachdarlehen i.S.d. § 607 BGB.[67] Werden von VU Wertpapierdarlehen vergeben, muss der jeweilige Rückzahlungsanspruch entsprechend den Regelungen des § 54 Abs. 1-3 InvG oder gleichwertiger Vorschriften eines anderen Mitgliedstaates des EWR oder der OECD gesichert werden. Danach dürfen Kapitalanlagegesellschaften (KAG) Wertpapiere nur verleihen, wenn sie eine ausreichende Sicherheit erhalten, die in Form einer Geldleistung, durch Verpfändung oder Abtretung von Forderungen oder durch Verpfändung oder Übereignung von Wertpapieren erbracht werden kann.

---

63 Der Sachwert setzt sich zusammen aus dem Boden- und dem Bauwert.

64 Die Unternehmen können jedoch auch die bisherige Praxis eines Sicherheitsabschlags in Höhe von 25 % des Bauwerts beibehalten.

65 Vgl. § 7 der vom GDV veröffentlichten Musterbeleihungsgrundsätze für Grundstücke und grundstücksgleiche Rechte.

66 Wertpapierdarlehen können auch dann dem Sicherungsvermögen zugeordnet werden, wenn es sich um voll eingezahlte Aktien handelt, die in einem Drittstaat zum amtlichen Handel zugelassen sind und als solche nur im sonstigen gebundenen Vermögen geführt werden dürfen (§ 2 Abs. 1 Nr. 12 AnlV).

67 Das Entleihen von Wertpapieren ist für VU unzulässig, da dies als Darlehensaufnahme unter das Verbot der Fremdmittelaufnahme fällt. Vgl. GB/BAV 1994, Teil A, S. 24.

Soweit entsprechende gesetzliche Regelungen in anderen Mitgliedsstaaten des EWR oder der OECD andere Beleihungsgrenzen vorsehen, dürfen diese im Fall höherer Grenzen zugrunde gelegt werden, niedrigere Beleihungsgrenzen sind zwingend anzuwenden.[68]

Wertpapierdarlehen, die die genannten Voraussetzungen nicht erfüllen oder nicht besichert sind, können dem gebundenen Vermögen lediglich über die Öffnungsklausel des § 2 Abs. 2 AnlV zugeführt werden. Es gilt zudem der Anlagegrundsatz des § 3 Abs. 1 AnlV, wonach die Vergabe von Wertpapierdarlehen auf ein vorsichtiges Maß zu beschränken ist. Sofern Wertpapierdarlehen mit Aktien besichert werden, sind diese auf die Risikokapitalquote des § 3 Abs. 3 AnlV anzurechnen.

Gemäß § 2 Abs. 1 Nr. 2 Buchst. b AnlV können auch sonstige Forderungen, die 31
durch Verpfändung oder Sicherungsübertragung von Schuldverschreibungen i.S.d. § 2 Abs. 1 Nr. 6 oder 7 AnlV besichert sind, dem gebundenen Vermögen zugeordnet werden. Damit sind zugunsten der ErstVU verpfändete Wertpapierdepots bei RückVU für das gebundene Vermögen geeignet.[69]

Bei echten Pensionsgeschäften (§ 340b Abs. 2 HGB), bei denen VU als Pensionsnehmer gegen Zahlung eines Betrags zur Sicherheit Wertpapiere vom Pensionsgeber übertragen bekommen und sich gleichzeitig verpflichtet haben, die Wertpapiere vereinbarungsgemäß zurück zu übertragen, hat das VU eine Forderung in Höhe des für die Übertragung gezahlten Betrags gegenüber dem Pensionsgeber. Bei entsprechender Besicherung ist diese Forderung sicherungsvermögensfähig.

cc) Darlehen

Die Vergabe von Darlehen ist nach Maßgabe von § 2 Abs. 1 Nr. 3 und 4 AnlV 32
gestattet. Unter die Forderungen aus Darlehen, die grundsätzlich nicht wertpapiermäßig verbrieft sind, fallen auch Schuldscheindarlehen.[70] Die gesetzliche Regelung differenziert nach Schuldnergruppen und stellt jeweils unterschiedliche Anforderungen an die Besicherung der Darlehensforderung:

68 Vgl. R 15/2005, Abschn. III Nr. 2.
69 Vgl. R 15/2005, Abschn. III Nr. 2.
70 Vgl. *Lipowsky*, in: Prölss, VAG-Kommentar[12], nach § 54a VAG, § 1 AnlV, Rn. 9.

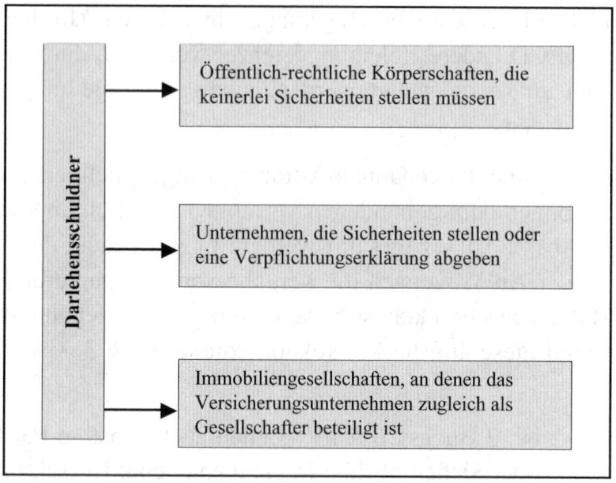

Abb. 2: Schuldnergruppen nach § 2 Abs. 1 Nr. 3 und 4 AnlV

Zu den öffentlich-rechtlichen Körperschaften, die keinerlei Sicherheiten stellen müssen, gehören

- Bund, Länder, Gemeinden und Gemeindeverbände,
- Staaten des EWR oder der OECD sowie deren Regionalregierungen oder örtliche Gebietskörperschaften,[71]
- internationale Organisationen, denen die BRD als Vollmitglied angehört.

Für diese Darlehen gilt nach der besonderen Streuungsvorschrift des § 4 Abs. 2 Satz 1 AnlV eine Höchstgrenze hinsichtlich der Anlage bei einem Schuldner von 30 % des gebundenen Vermögens.[72]

33 Bei einer Darlehensgewährung an Unternehmen müssen folgende Voraussetzungen kumulativ gegeben sein:

- Sitz in einem Staat des EWR oder der OECD
- kein Kreditinstitut[73]

71 Ausgenommen sind Darlehen an ausländische Regionalregierungen oder örtliche Gebietskörperschaften, deren Risikogewichtung mehr als 20 % gem. Art. 86 Abs. 3 Buchst. a der Richtlinie 2006/48/EG über die Aufnahme und Ausübung der Tätigkeit der Kreditinstitute beträgt.

72 Zulässig sind zudem Darlehen, sofern für deren Verzinsung und Rückzahlung entsprechend den Anforderungen des § 2 Abs. 1 Nr. 3 Buchst. e AnlV entweder Kreditinstitute oder öffentlich-rechtliche Institutionen die volle Gewährleistung übernommen haben oder das damit verbundene Ausfallrisiko von VU getragen wird.

73 Einlagen bei Kreditinstituten – so auch Darlehen – gelten als Anlage i.S.d. § 2 Abs. 1 Nr. 18 AnlV.

- Gewährleistung der vereinbarten Zins- und Tilgungsleistungen durch die bisherige und künftige Entwicklung der Ertrags- und Vermögenslage des Unternehmens
- ausreichende Besicherung.

Als ausreichende Besicherung sind erstrangige Grundpfandrechte anzusehen. Im Rundschreiben R 15/2005 wird in diesem Zusammenhang darauf hingewiesen, dass eine vorsichtige Bemessung des Beleihungswerts erforderlich ist. Dabei sind ein ausreichender Sicherheitsabschlag vorzunehmen und die Belastung bei industrieller oder gewerblicher Nutzung auf maximal 40 % und bei Wohnungsgrundbesitz auf maximal 60 % des Beleihungswerts zu begrenzen.[74]

In Betracht kommen auch verpfändete oder zur Sicherheit übertragene Forderun- 34
gen oder zum amtlichen Handel zugelassene oder in einen organisierten Markt einbezogene Wertpapiere, soweit diese auch unmittelbar dem gebundenen Vermögen zugeführt werden könnten.[75] Eine Darlehensgewährung aufgrund der Zusage, auch allen anderen Gläubigern keine (besseren) Sicherheiten zu stellen (Negativerklärung), ist jedoch nur dann zulässig, wenn und solange der Darlehensnehmer bereits aufgrund seines Status die Gewähr für die Verzinsung und Rückzahlung des Darlehens bietet (§ 2 Abs. 1 Nr. 4 Buchst. a Doppelbuchst. cc AnlV). Es muss sich dabei um einen Schuldner von erstklassiger Bonität handeln.

Die Prüfung der Bonität der Darlehensschuldner im Sinne von § 2 Abs. 1 Nr. 4 35
Buchst. a AnlV hat nach anerkannten Grundsätzen der Kreditbeurteilung zu erfolgen. Die BaFin orientiert sich dabei regelmäßig am Kreditleitfaden des GDV.[76] Den Ausführungen des Rundschreibens R 15/2005 zufolge ist maßgeblich, dass die Unternehmenskennzahlen den dort aufgeführten Mindestanforderungen genügen und die Mindesteigenkapitalquoten eingehalten werden.[77]

Alternativ kann die Bonität der Darlehensnehmer, soweit diese keine Konzernunternehmen i.S.d. § 18 AktG sind, anhand von Langfristratings anerkannter Ratingagenturen beurteilt werden. Dabei ist es notwendig, dass bei Vergabe des Darlehens ein Investment-Grade-Rating des Schuldners vorliegt. Darüber hinaus dürfen nicht andere Umstände und Risiken, wie z.B. negative Marktentwicklungen, eine abweichende negative Beurteilung der Bonität erfordern. Das Rating ist mind. ein mal jährlich zu überprüfen und zu dokumentieren. Wird dabei festgestellt, dass die

74 Vgl. R 15/2005, Abschn. III Nr. 3c.

75 Bei Besicherung durch volatile Wertpapiere sind vorsichtige Beleihungsgrenzen anzusetzen.

76 Vgl. *GDV* (Hrsg.), Grundsätze für die Vergabe von Unternehmenskrediten durch Versicherungsgesellschaften – Schuldscheindarlehen, 4. Aufl. Berlin 2006.

77 Vgl. R 15/2005, Abschn. III Nr. 3c.

Bonität eines Schuldners unter ein Investment-Grade-Rating abgestuft wurde bzw. droht der Verlust der Investment-Grade-Qualität, kann das Darlehen dem gebundenen Vermögen nur dann über die Öffnungsklausel zugeordnet werden, wenn eine hinreichende Sicherheit gegeben scheint.[78]

36 Darlehen dürfen für eine Zuordnung zum gebundenen Vermögen auch an Immobiliengesellschaften i.S.d. § 2 Abs. 1 Nr. 14 Buchst. a AnlV vergeben werden, an denen das VU als Gesellschafter beteiligt ist. Voraussetzung hierfür ist, dass die Darlehen die Erfordernisse des § 69 Abs. 1 Satz 1 und 2 InvG erfüllen. Zu den einzelnen Voraussetzungen zählen neben dem Beteiligungserfordernis insb., dass

- die Darlehensbedingungen marktgerecht sind,
- das Darlehen ausreichend besichert ist,
- bei Veräußerung der Beteiligung die Rückzahlung des Darlehens innerhalb von sechs Monaten nach der Veräußerung vereinbart ist,
- die Summe der gewährten Darlehen nicht 50 % des Werts der von der Immobiliengesellschaft gehaltenen Grundstücke übersteigt.

An Immobiliengesellschaften gewährte Darlehen unterliegen zusammen mit anderen direkten oder indirekten Anlagen in Immobilien gem. § 2 Abs. 1 Nr. 14 AnlV einer besonderen Mischungsquote von maximal 25 % des gebundenen Vermögens.

dd) Schuldverschreibungen

37 Die Anlage in Inhaberschuldverschreibungen und Namensschuldverschreibungen ist in § 2 Abs. 1 Nr. 6-8 AnlV geregelt. Grundsätzlich wird dabei zwischen Schuldverschreibungen mit besonderer gesetzlicher Deckungsmasse, notierten Schuldverschreibungen und anderen Schuldverschreibungen unterschieden.

(1) Schuldverschreibungen mit kraft Gesetz bestehender Deckungsmasse

38 Zu dieser Kategorie zählen Pfandbriefe und Kommunalobligationen sowie andere Schuldverschreibungen, sofern das die Schuldverschreibung emittierende Kreditinstitut seinen Sitz in einem Staat des EWR oder der OECD hat und einer besonderen öffentlichen Aufsicht unterliegt. Entscheidendes Kriterium ist hierbei die kraft Gesetzes bestehende besondere Deckungsmasse. Darunter ist die Anlage des durch die Ausgabe der Schuldverschreibungen erlangten Kapitals in Vermögensgegenstände zu verstehen, die ihrerseits zur Deckung der Verbindlichkeiten

78 Vgl. R 15/2005, Abschn. III Nr. 3c.

aus den Schuldverschreibungen während ihrer Laufzeit dienen und bei Ausfall des Ausstellers die vorrangige Befriedigung fälliger Rückzahlungsansprüche und Zinsen sichern sollen.[79] Die Besicherung der Mittel für die Emission der Schuldverschreibungen darf nur im Rahmen besonderer gesetzlicher Bestimmungen erfolgen.

Die Anlage in diesen Schuldverschreibungen bei ein und demselben Kreditinstitut ist bis zu einer Grenze von 15 % des gebundenen Vermögens zulässig.

(2) Notierte Schuldverschreibungen

Schuldverschreibungen, die in einen organisierten Markt nach § 2 Abs. 5 WpHG[80] 39
oder nach gleichwertigen Vorschriften eines anderen Mitgliedstaates des EWR oder der OECD einbezogen sind, eignen sich stets für eine Zuführung zum gebundenen Vermögen (§ 2 Abs. 1 Nr. 7 Buchst. a AnlV). Den Anforderungen eines organisierten Marktes entsprechen in Deutschland der Amtliche Markt und der Geregelte Markt, nicht aber der Freiverkehr.

Anlagen in Schuldverschreibungen, die außerhalb des EWR zum amtlichen Handel zugelassen oder in einen organisierten Markt einbezogen sind, sollen gem. § 3 Abs. 1 AnlV auf ein vorsichtiges Maß beschränkt werden. Alle anderen zulässigen Schuldverschreibungen unterliegen der allgemeinen Mischungsquote von 50 % des gebundenen Vermögens.

(3) Andere Schuldverschreibungen

Unter diese Kategorie fallen gem. § 2 Abs. 1 Nr. 8 AnlV solche Schuldverschrei- 40
bungen, die weder in einen organisierten Markt einbezogen noch an einer Börse in einem Staat außerhalb des EWR zum amtlichen Handel zugelassen bzw. in einen organisierten Markt einbezogen sind. Schuldverschreibungen ohne gesetzliche Deckungsmasse sind danach ebenso für die Anlage im gebundenen Vermögen geeignet. Der Anteil dieser Anlagen ist gem. § 3 Abs. 1 AnlV auf ein vorsichtiges Maß zu beschränken.

Bei Schuldverschreibungen, die außerhalb des EWR im amtlichen Handel notiert oder dort in einen organisierten Markt einbezogen sind (§ 2 Abs. 1 Nr. 7 Buchst. c AnlV) sowie bei Schuldverschreibungen gem. § 2 Abs. 1 Nr. 8 AnlV ist der Prü-

79 Vgl. *Lipowsky*, in: Prölss, VAG-Kommentar[12], nach § 54a VAG, § 1 AnlV, Rn. 33.

80 Von einem organisierten Markt ist dann auszugehen, wenn dieser von staatlich anerkannten Stellen geregelt und überwacht wird, regelmäßig stattfindet und für das Publikum unmittelbar oder mittelbar zugänglich ist.

fung ihrer Sicherheit besondere Beachtung beizumessen.[81] So sind sowohl beim Erwerb als auch im Rahmen der laufenden Überwachung der Anlage die gegenwärtige und künftige Entwicklung der Volkswirtschaft des betreffenden Staates und die politischen Risiken zu berücksichtigen. Darüber hinaus muss geprüft werden, ob der Transfer von Zins- und Tilgungsleistungen tatsächlich und rechtlich problemlos möglich ist. Gegebenenfalls müssen Transfergenehmigungen oder dahingehende verbindliche Erklärungen der obersten Devisenstellen des betreffenden Staates eingeholt werden.[82]

ee) Forderungen aus nachrangigen Verbindlichkeiten und Genussrechten

41 Forderungen aus nachrangigen Verbindlichkeiten sind dadurch gekennzeichnet, dass sie weder besichert noch von den Einlagensicherungseinrichtungen der Kreditwirtschaft erfasst werden. In der Insolvenz gehen sie den Forderungen der übrigen Gläubiger im Rang nach. Die Regelungen des § 2 Abs. 1 Nr. 9 AnlV gelten für alle Arten von nachrangigen Verbindlichkeiten gegen Unternehmen mit Sitz in einem Staat des EWR oder der OECD, zu denen bspw. auch als notierte Wertpapiere verbriefte nachrangige Forderungen zählen. Zudem darf auch in Anlagen investiert werden, die außerhalb von Staaten des EWR an organisierten Märkten zum Handel zugelassen sind. Von den Regelungen des § 2 Abs. 1 Nr. 9 AnlV werden aber auch Genussrechte erfasst, d.h. schuldrechtliche Ansprüche auf aktionärstypische Vermögensrechte mit dividendenabhängiger Ausschüttung.

Aufgrund des erhöhten Risikos dieser Anlageform fordert R 15/2005 für nachrangige Darlehen sowie für verbriefte nachrangige Forderungen, die nicht in einen organisierten Markt einbezogen sind, die Vorlage eines Jahresabschlusses, der in entsprechender Anwendung der für Kapitalgesellschaften geltenden Vorschriften aufgestellt und geprüft ist. Zusätzlich ist an jedem weiteren Bilanzstichtag ein solcher Jahresabschluss vorzulegen.[83] Die Analyse der Jahresabschlüsse durch das VU ist sowohl vor ihrem Erwerb als auch während der gesamten Anlagedauer notwendiger Bestandteil der Prüfung dieser Vermögensanlagen. Diese Regelungen gelten auch für Genussrechte, die nicht an einem organisierten Markt gehandelt werden, da eine Bewertung des Unternehmens durch einen organisierten Markt nicht gegeben ist.

81 Vgl. R 15/2005, Abschn. III Nr. 4.
82 Vgl. R 15/2005, Abschn. III Nr. 6.
83 Vgl. R 15/2005, Abschn. III Nr. 7 b.

Nachrangige Forderungen und Genussrechte sind als Risikokapitalanlagen auf die Risikokapitalquote nach § 3 Abs. 3 AnlV[84] anzurechnen. Zudem gilt für diese zusammen mit Aktien und sonstigen Beteiligungen i.S.d. § 2 Abs. 1 Nr. 12 und 13 AnlV eine besondere Streuungsquote von 1 % des gebundenen Vermögens. Für nachrangige Forderungen bzw. Genussrechte bei geeigneten Kreditinstituten i.S.d. § 2 Abs. 1 Nr. 18 Buchst. b AnlV gilt die Streuungsbeschränkung des § 4 Abs. 4 AnlV allerdings nicht. Diese Anlagen unterliegen nach § 4 Abs. 2 Nr. 2 AnlV einer gesonderten Quote von 15 % des gebundenen Vermögens. 42

ff) Asset-Backed-Securities und Credit-Linked-Notes

Gemäß § 2 Abs. 1 Nr. 10 AnlV ist auch die Anlage in forderungsbesicherte Wertpapiere (Asset-Backed-Securities (ABS))[85] oder sonstige mit Kreditrisiken verknüpfte Finanzinstrumente (Credit-Linked-Notes (CLN)) zulässig, sofern diese ein den Anforderungen des § 54 Abs. 1 VAG entsprechendes Sicherheitsniveau aufweisen. Voraussetzung für die Anlage im gebundenen Vermögen ist grundsätzlich, dass das emittierende Unternehmen, 43

- seinen Sitz in einem Staat des EWR oder der OECD hat,
- kein Kreditinstitut ist und
- aufgrund der Besicherung im Rahmen eines Treuhandvertrags Verzinsung und Rückzahlung des Darlehens gewährleistet sind.

Versicherungsunternehmen dürfen auch in ABS-Papiere oder CLN-Anlagen investieren, die außerhalb von Staaten des EWR an organisierten Märkten zum Handel zugelassen sind.

Da ABS-Papiere oder CLN-Anlagen Kreditrisiken enthalten, deren Übernahme als versicherungsfremdes Geschäft grundsätzlich unzulässig ist, setzt eine Zuordnung dieser Instrumente zum gebundenen Vermögen die Einhaltung der im Rundschrei-

84 Demnach darf der Anteil der direkt und indirekt gehaltenen Anlagen in Forderungen aus nachrangigen Verbindlichkeiten, Genussrechten, Aktien und Beteiligungen i.S.d. § 2 Abs. 1 Nr. 9, 12 und 13 AnlV zusammen mit Anlagen in Sondervermögen mit besonderen oder zusätzlichen Risiken i.S.d. § 3 Abs. 2 Nr. 2 und 3 AnlV insgesamt 35 % des gebundenen Vermögens nicht übersteigen. Auf diese Quote sind zusätzlich auch Wertpapierdarlehen i.S.d. § 2 Abs. 1 Nr. 2 Buchst. a AnlV anzurechnen, soweit diese mit Aktien besichert sind.

85 ABS sind Wertpapiere oder Schuldscheine, die Zahlungsansprüche gegen eine ausschließlich zu diesem Zweck gegründete Zweckgesellschaft (Special Purpose Vehicle) zum Gegenstand haben. Die Zahlungsansprüche werden durch einen Bestand unverbriefter Forderungen gedeckt, die auf die Zweckgesellschaft übertragen werden und im Wesentlichen den Inhabern der ABS als Haftungsgrundlage zur Verfügung stehen.

ben R 1/2002 genannten Anforderungen voraus. Zudem gilt für solche Anlagen gem. § 3 Abs. 2 Nr. 1 AnlV eine gesonderte Mischungsquote in Höhe von 7,5 % des gebundenen Vermögens.

c) Die Anlage in Aktien und Beteiligungen

44 Das gebundene Vermögen darf gem. § 2 Abs. 1 Nr. 12 AnlV in voll eingezahlte[86] Aktien angelegt werden, die in einen organisierten Markt einbezogen sind oder an einer Börse in einem Staat außerhalb des EWR gehandelt werden. Aktienzertifikate und Aktienindexzertifikate können hingegen nur über die Öffnungsklausel dem gebundenen Vermögen zugeführt werden, da das VU bei diesen Instrumenten keine mit dem Aktienerwerb vergleichbare gesellschaftsrechtliche Position erwirbt.[87] Nicht an organisierten Märkten gehandelte Aktien fallen unter die Regelung des § 2 Abs. 1 Nr. 13 AnlV und werden als Anlagen in Beteiligungswerte interpretiert.

45 Unter die Regelung des § 2 Abs. 1 Nr. 13 AnlV fallen ausweislich voll eingezahlte, nicht an organisierten Märkten gehandelte Aktien, GmbH- und Kommanditanteile sowie stille Beteiligungen. Der Katalog der zulässigen Formen der Gesellschaftsanteile und Beteiligungen ist abschließend. Aus diesem Grund müssen Anlagen in eine Gesellschaftsform, die die Rechtsordnung eines anderen Mitgliedstaates des EWR oder der OECD vorsieht, in ihren rechtstypischen Merkmalen den aufgeführten Beteiligungsformen im Wesentlichen entsprechen. Bei den Beteiligungen muss es sich insb. um ein Unternehmen handeln, das über ein Geschäftsmodell verfügt, im Zuge dessen explizit unternehmerische Risiken eingegangen werden. Zudem muss das Beteiligungsunternehmen folgende Voraussetzungen kumulativ erfüllen:

- Sitz in einem Staat des EWR oder der OECD
- Vorlage eines Jahresabschlusses, der nach den für Kapitalgesellschaften geltenden Vorschriften aufgestellt und geprüft worden ist
- Verpflichtung, auch künftig zu jedem Bilanzstichtag entsprechende Abschlüsse vorzulegen.

In Betracht kommen nur solche Beteiligungen, bei denen der Verlust des Anlegers auf den Wert der Beteiligung begrenzt ist. Dementsprechend sind Beteiligungen, die zu einer unbeschränkten Haftung des Anlegers führen können,[88] unzulässig.

---

86 Teileingezahlte Papiere können dem gebundenen Vermögen auf der Grundlage der Öffnungsklausel (§ 2 Abs. 2 AnlV) oder mit Genehmigung der BaFin (§ 2 Abs. 3 AnlV) zugeführt werden.

87 GB/BAV 2000, Teil A, S. 42.

88 Zu denken ist hier insb. an Personengesellschaften ohne Haftungsbeschränkung.

Ferner fordert der Grundsatz der Sicherheit, dass jeder Vermögensgegenstand des gebundenen Vermögens jederzeit uneingeschränkt veräußerbar sein muss. Das bedeutet, dass z.B. gesellschaftsvertraglich vereinbarte Einschränkungen der Fungibilität einer Zuführung dieser Anteile zum gebundenen Vermögen entgegenstehen.[89]

Die Besonderheit von Beteiligungen liegt aber in der fehlenden bzw. mangels institutionalisierter Märkte relativ stark eingeschränkten Fungibilität. Aufgrund dieser Einschränkung muss ein entsprechender Ausgleich bei der Sicherheit und Rentabilität der Gesellschaftsanteile gegeben sein. Das VU hat die Anlage vor Erwerb umfassend zu prüfen und danach laufend zu überwachen. Vor dem Erwerb von Unternehmensbeteiligungen ist sicherzustellen, dass das betreffende Beteiligungsunternehmen solide finanziert ist und dass seine nach Unternehmensgegenstand, Marktstellung und Absatzlage zu beurteilende Ertragskraft hinreichende Gewähr dafür bietet, dass sich das Beteiligungsunternehmen auch künftig wirtschaftlichen Veränderungen anpassen kann. Inwieweit auch nach dem Anteilserwerb die Anlageziele der Sicherheit und Rentabilität gegeben sind, muss durch genaue Beobachtung, laufende Kontrolle und Betreuung fest- bzw. sichergestellt werden.

Ausgeschlossen von einer Anlage im gebundenen Vermögen sind in jedem Fall Beteiligungen an Gesellschaften, auf die Teile des Geschäftsbetriebs des VU im Wege der Funktionsausgliederung übertragen wurden oder die in unmittelbarem Zusammenhang mit dem Betrieb von VG stehende Tätigkeiten für das VU ausführen. Eine Beteiligung ist auch dann für die Anlage im gebundenen Vermögen unzulässig, wenn der VR nur mittelbar über eine Holding an einem Unternehmen beteiligt ist, auf das er Funktionen übertragen hat. Damit sollen Umgehungen der gesetzlichen Regelung durch Zwischenschaltung einer Holding vermieden werden.[90]

Beteiligungen an Konzernunternehmen sind für die Anlage im gebundenen Vermögen ebenso nicht zulässig. Dies schließt auch Anlagen in Aktien eines Konzernunternehmens mit ein, deren Anteile an organisierten Märkten gehandelt werden. Der Zweck des gebundenen Vermögens besteht in der Gewährleistung der Erfüllbarkeit der Verpflichtungen gegenüber den VN. Diesem Zweck werden Beteiligungen an Konzernunternehmen regelmäßig nicht gerecht, da die Werthaltigkeit des Beteiligungsbuchwerts bei wirtschaftlichen Schwierigkeiten des VU stark beeinträchtigt sein kann. Auch erweisen sich Beteiligungen an Konzern-

89 Vgl. GB/BAV 2000, Teil A, S. 42.
90 Vgl. GB/BAV 1999, Teil A, S. 58.

unternehmen vielfach als nicht ausreichend fungibel, da es sich zumeist um strategische Beteiligungen handelt.

Entsprechend der Regelung des § 2 Abs. 4 Nr. 3 und 4 AnlV dürfen die genannten Anlagen auch nicht im Rahmen der Öffnungsklausel dem gebundenen Vermögen zugeführt werden. Zulässig ist allerdings eine Zuführung von Anteilen an Investmentfonds, die ihrerseits Aktien von Konzernunternehmen enthalten, sofern die Sondervermögen eine hinreichende Mischung und Streuung aufweisen.[91]

46 Für Aktien und Beteiligungswerte sind spezielle Streuungsvorschriften zu beachten. So dürfen gem. § 4 Abs. 4 AnlV Anlagen in Aktien und Beteiligungswerten zusammen mit Anlagen in Genussrechten und nachrangigen Forderungen bei ein und demselben Unternehmen nicht mehr als 1 % des gebundenen Vermögens betragen. Bei Beteiligungen an Holdinggesellschaften – auch bei mehrstufigen Beteiligungsstrukturen – bezieht sich die Quote auf die durchgerechneten Anlagen des VU bei dem Zielunternehmen.[92]

Diese Durchrechnung ist auch im Rahmen der „Private-Equity“-Anlageformen von Bedeutung. Hierunter fallen bspw. außerbörsliche Beteiligungsengagements,[93] die mit dem Ziel eingegangen werden, die Beteiligung baldmöglichst mit Gewinn zu veräußern. Erwirbt das VU Anteile von sog. Private-Equity-Fondsgesellschaften, die ihrerseits unmittelbar oder mittelbar in nicht börsennotierte Unternehmen investieren, ist es insb. bei solchen Anlagen unumgänglich, dass das VU ein eigenes angemessenes Anlagemanagement vorhält, um die Risiken entsprechender Beteiligungsengagements beurteilen zu können.

Aktien und Beteiligungen sind auf die Risikokapitalquote des § 3 Abs. 3 AnlV anzurechnen, wonach in Aktien und Beteiligungen einschl. Nachrangdarlehen und Genussrechten sowie in Sondervermögen mit besonderen Risiken maximal 35 % des gebundenen Vermögens investiert werden dürfen. Allerdings darf der Anteil der Nachrangdarlehen und Genussrechte, soweit diese nicht an organisierten Märkten gehandelt werden, einschl. der Beteiligungswerte nicht mehr als 15 % des gebundenen Vermögens betragen.

---

91 Dies gilt unter der Voraussetzung, dass unter Wahrung einer angemessenen Risikomischung durch Abbildung eines anerkannten Wertpapierindex eine passive Anlagestrategie verfolgt wird. Vgl. R 15/2005, Abschn. III Nr. 7e.

92 Entscheidend ist damit der Beteiligungsanteil am Zielunternehmen, nicht jedoch der Anteil an der zwischengeschalteten Holdinggesellschaft.

93 Als Beispiele sind Venture-Capital-, Wachstums-, Expansions- oder Übernahmefinanzierungen nebst Mezzanine- oder Bridgefinanzierungen zu nennen.

d) Die Anlage in Grundstücken und grundstücksgleichen Rechten

Gemäß § 2 Abs. 1 Nr. 14 Buchst. a AnlV kann eine Vermögensanlage 47

- in bebaute, in Bebauung befindliche oder zur alsbaldigen Bebauung bestimmte, in einem Mitgliedstaat des EWR oder der OECD belegene Grundstücke,
- in dort belegenen grundstücksgleichen Rechten sowie
- in Anteilen an einem Unternehmen, dessen alleiniger Zweck der Erwerb, die Bebauung und Verwaltung von in einem solchen Staat belegenen Grundstücken oder grundstücksgleichen Rechten ist (Grundstücksgesellschaft),

erfolgen. Der Erwerb grundpfandrechtlich belasteter Grundstücke ist möglich; nachträgliche Belastungen, die nicht der Erwerbsfinanzierung dienen, sind jedoch aufgrund der Einschränkungen bezüglich einer Kreditaufnahme durch VU nicht zulässig.[94]

Die Angemessenheit des Kaufpreises ist vom VU gem. § 2 Abs. 1 Nr. 14 Buchst. a AnlV auf der Grundlage des Gutachtens eines vereidigten Sachverständigen oder in vergleichbarer Weise zu prüfen. In Betracht kommen in diesem Zusammenhang bspw. Gutachten von kommunalen Gutachterausschüssen.[95] Andere Gutachten können nur bei vergleichbarer Qualität herangezogen werden. Eine gutachterliche Bewertung durch eigene Fachkräfte ist nur zulässig, wenn insb. folgende Voraussetzungen erfüllt sind:[96] 48

Eine eigene Bau- oder Hypothekenabteilung mit erfahrenen eigenen Architekten oder Grundstückssachverständigen

- ein ausreichend großes Grundstücks- bzw. Hypothekenneugeschäft
- Weisungsfreiheit des sachverständigen Mitarbeiters
- Besichtigung des Grundstücks
- Beachtung der einschlägigen Vorschriften (u.a. Baugesetzbuch, Wertermittlungsverordnung, Wertermittlungsrichtlinien)
- Berücksichtigung der einschlägigen Literatur zur Verkehrswertermittlung und etwa vorhandener Kaufpreissammlungen und Mietspiegel der jeweiligen Gemeinde.

94 Vgl. GB/BAV 1995, Teil A, S. 56.
95 Vgl. *Lipowsky*, in: Prölss, VAG-Kommentar[12], nach § 54a VAG, § 1 AnlV, Rn. 49.
96 Vgl. GB/BAV 1991, Teil A, S. 61.

Das VU hat der BaFin die Angemessenheit des Kaufpreises, auf Verlangen durch Vorlage des Gutachtens, nachzuweisen.[97] Die Zuordnung eines Grundstückes zum gebundenen Vermögen ist nur dann zulässig, wenn ein angemessener Kaufpreis gezahlt wurde. Als unangemessen gilt ein Preis, der den Verkehrswert erheblich übersteigt.[98]

49 Des Weiteren darf das gebundene Vermögen gem. § 2 Abs. 1 Nr. 14 Buchst. b AnlV auch in Anteile einer Real-Estate-Investment-Trust-(REIT-)AG oder einer vergleichbaren Kapitalgesellschaft mit Sitz in einem Staat des EWR oder der OECD investiert werden, sofern im letzteren Fall die Voraussetzungen des REIT-Gesetzes oder die vergleichbaren Vorschriften des anderen Staates erfüllt werden. Zulässig ist zudem die Anlage in Anteilen an geschlossenen Immobilienfonds unter den Voraussetzungen des § 2 Abs. 1 Nr. 14 Buchst. c AnlV. Demnach muss es sich um eine Investmentgesellschaft mit Sitz in einem Staat des EWR handeln, die zum Schutz der Anleger einer öffentlichen Aufsicht unterliegt und bei der das Vermögen auf durchgerechneter Grundlage mind. zu 80 % aus Grundstücken und grundstücksgleichen Rechten und bis zu 20 % aus Anlagen i.S.d. § 80 InvG besteht. Zudem müssen die Anteile an dem Fonds frei übertragbar sein.

50 Insgesamt darf die Anlage in Grundstücke, grundstücksgleiche Rechte sowie bei Grundstücksgesellschaften einschl. gewährter Gesellschafterdarlehen zusammen mit den getätigten Anlagen bei REIT-Gesellschaften und in Immobilien-Sondervermögen die Grenze von jeweils 25 % des Sicherungsvermögens und des sonstigen gebundenen Vermögens nicht übersteigen (§ 3 Abs. 5 AnlV).

Vor dem Hintergrund des Grundsatzes der Streuung ist die Anlage in ein einzelnes Grundstück, grundstücksgleiches Recht oder in die Beteiligung an einer Grundstücksgesellschaft auf jeweils 10 % des Sicherungsvermögens und des sonstigen gebundenen Vermögens beschränkt (§ 4 Abs. 5 AnlV). Die gleiche Grenze gilt für mehrere rechtlich selbstständige Grundstücke zusammen, wenn sie wirtschaftlich eine Einheit bilden.

e) Die Anlage in Investmentanteilen

51 Die AnlV unterscheidet bei der Anlage in Investmentanteile zwischen Anteilen an inländischen Sondervermögen (§ 2 Abs. 1 Nr. 15 AnlV), Anlageaktien einer

97 Vgl. R 15/2005, Abschn. III Nr. 8 a.
98 Vgl. GB/BAV 1998, Teil A, S. 63.

inländischen Investment-AG (§ 2 Abs. 1 Nr. 16 AnlV) und ausländischen Investmentanteilen, die von einer Investmentgesellschaft mit Sitz in einem anderen Staat des EWR ausgegeben werden (§ 2 Abs. 1 Nr. 17 AnlV).

Grundsätzlich sind VU verpflichtet, die Einhaltung der allgemeinen Anlagegrundsätze des § 54 Abs. 1 VAG durch die KAG sicherzustellen. Insbesondere haben die VU zu gewährleisten, dass das Fondsmanagement in seiner Anlagepolitik den Grundsatz der Anlagesicherheit beachtet. Der für VU an erster Stelle stehende Grundsatz der Anlagesicherheit gilt nicht für den jeweils gehaltenen Fondsanteil, sondern für jeden einzelnen Vermögensgegenstand des Sondervermögens. Soweit für das Sondervermögen bestimmte Vermögensanlagen marktüblich einem Rating unterzogen werden, ist sicherzustellen, dass grundsätzlich nur von anerkannten Ratingagenturen klassifizierte Vermögensanlagen, die über ein Investment-Grade-Rating verfügen, von der das Sondervermögen verwaltenden Gesellschaft erworben werden. Die Einhaltung des Grundsatzes der Anlagesicherheit ist vom VU in regelmäßigen Abständen zu prüfen.[99] Bei Anteilen an Spezialfonds ist dies bei der Gestaltung der Vertragsbedingungen und der Mitwirkung im Anlageausschuss sicherzustellen. Der Nachweis über die Einhaltung der allgemeinen Anlagegrundsätze gegenüber der BaFin hat anhand von Anlagerichtlinien („Investment Guidelines"), Verkaufsprospekten, Vertragsbedingungen oder evtl. Nebenabreden („Side Letters") zu erfolgen.

aa) Anteile an inländischen Sondervermögen

Für die Anlage des gebundenen Vermögens sind gem. § 2 Abs. 1 Nr. 15 AnlV 52
Anteile an inländischen Sondervermögen nach § 2 Abs. 2 und 3 InvG zulässig. Mit dieser Vorschrift werden sämtliche von einer inländischen KAG aufgelegten und nach dem Investmentgesetz zulässigen Sondervermögen erfasst. Kennzeichnend für Sondervermögen sind ihre Verwaltung durch eine KAG für Rechnung der Anleger sowie das Recht der Anleger zur Rückgabe der Anteile.

Das Investmentgesetz unterscheidet dabei richtlinienkonforme von nicht richt- 53
linienkonformen Sondervermögen im Sinne der sog. OGAW-Richtlinie[100].

99 Vgl. R 15/2005.

100 Richtlinie über Organismen für gemeinsame Anlagen in Wertpapieren 85/611/EWG (EG-Investmentrichtlinie).

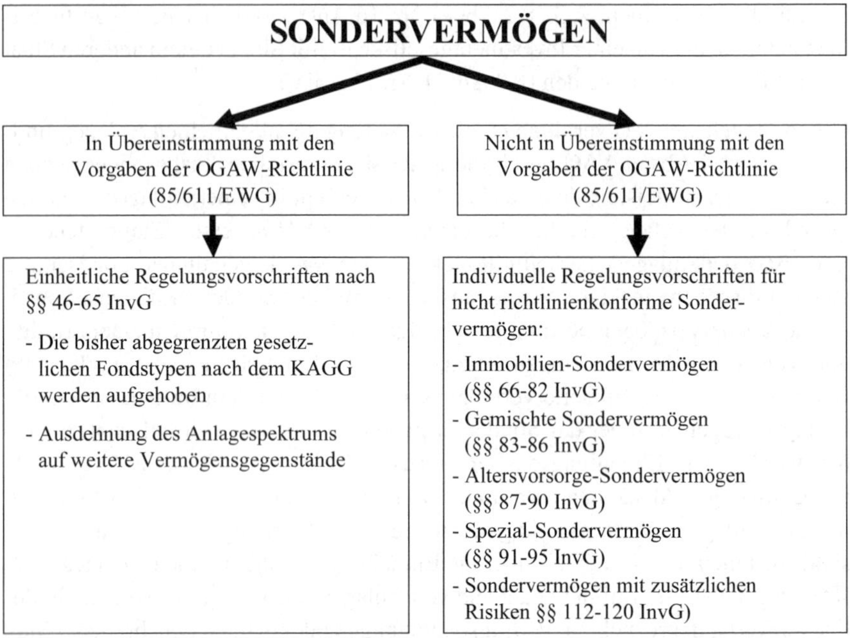

Abb. 3: Sondervermögen im Sinne der OGAW-Richtlinie

Für alle Sondervermögen gilt der Katalog der zulässigen Anlagen gem. § 2 Abs. 4 InvG, die unter bestimmten Restriktionen in einem Sondervermögen kombiniert werden können.[101] Zu ihnen gehören Wertpapiere, Geldmarktinstrumente, Derivate[102], Bankguthaben, Immobilien, Beteiligungen an Immobilien-Gesellschaften und Investmentanteile (§ 2 Abs. 4 Nr. 1-7 InvG).

54 Der Verweis der AnlV auf die Vorschriften des Investmentgesetzes ermöglicht die Anlage in sowohl richtlinienkonformen als auch nicht richtlinienkonformen Sondervermögen i.S.d. OGAW-Richtlinie. Ausgenommen sind, mangels hinreichender Fungibilität, Altersvorsorge-Sondervermögen nach den §§ 87-90 InvG.

55 Eine quantitative Begrenzung für die Anlage in Anteilen an Sondervermögen leitet sich aus den im Sondervermögen gehaltenen Vermögenswerten ab. Die allgemeine Mischungsquote sowie die speziellen Mischungsquoten des § 3 AnlV

101 Zu den Anlagevorschriften vgl. *Sindelar*, ÖBA 2004, S. 720 f.

102 Reine Derivatefonds sind grundsätzlich zulässig, soweit sich das Marktrisikopotenzial des Fonds hierbei höchstens verdoppelt. Zu Einzelheiten vgl. DerivateV v. 06.02.2004 (BGBl. I, S. 153). Andernfalls handelt es sich um ein Sondervermögen mit zusätzlichen Risiken.

für bestimmte Anlageklassen gelten auch für die indirekt über Fonds gehaltenen Vermögenswerte. Das heißt, dass z.B. über Sondervermögen gehaltene Aktien in die Risikokapitalquote nach § 3 Abs. 3 AnlV einzubeziehen sind.

Voraussetzung für diese sog. Durchrechnung der in den Sondervermögen enthaltenen Vermögensgegenstände auf die speziellen Mischungsquoten des § 3 AnlV ist, dass die Vermögensstruktur des Fonds transparent ist, d.h. das VU muss zeitnah über die Zusammensetzung des Sondervermögens informiert sein.[103] Andernfalls müssen die Sondervermögen voll auf diese Quoten angerechnet werden, soweit ihre Vertragsbedingungen, Verkaufsprospekte oder entsprechende Zusatzvereinbarungen keine quantitativen Obergrenzen für die jeweiligen Anlagen enthalten.

bb) Anteile an Investmentaktiengesellschaften

Eine Investment-AG ist eine organisationsrechtliche Form des Investmentfonds. 56
Ihr Unternehmensgegenstand besteht in der Anlage und Verwaltung des Gesellschaftsvermögens nach dem Grundsatz der Risikomischung mit dem Ziel der Gewinnbeteiligung der Anteilseigner. Dabei ist die Investment-AG auf die durch § 2 Abs. 4 InvG vorgegebenen Anlageobjekte beschränkt, soweit es sich nicht um Immobilien und Beteiligungen an Immobiliengesellschaften handelt. Als AG unterliegt die Investment-AG vorbehaltlich abweichender Bestimmungen im InvG den Vorschriften des Aktiengesetzes (AktG).

§ 2 Abs. 1 Nr. 16 AnlV erlaubt die Anlage in Anlageaktien, die von inländischen 57
Investment-AG emittiert werden. Hinsichtlich einer quantitativen Begrenzung gilt das Durchrechnungsprinzip, d.h. die von der Investment-AG gehaltenen Vermögenswerte sind in die durch § 3 AnlV vorgegebenen Mischungsquoten einzubeziehen.

cc) Ausländische Investmentanteile

Die Anlage des gebundenen Vermögens in ausländischen Investmentanteilen wird 58
durch die Vorschrift des § 2 Abs. 1 Nr. 17 AnlV erfasst. Dabei muss die betreffende Investmentgesellschaft in einem anderen Staat des EWR belegen sein und dort einer öffentlichen Aufsicht unterliegen. Weitere Voraussetzung ist, dass das ausländische Investmentvermögen hinsichtlich seiner Anlagepolitik Anforderungen zu erfüllen hat, die zumindest denen für inländische Sondervermögen ähnlich

103 Vgl. R 15/2005, Abschn. V Nr. 2.

sind.[104] Die Anleger müssen darüber hinaus berechtigt sein, die Auszahlung ihres Vermögensanteils zu verlangen. Auch hier gilt hinsichtlich der quantitativen Anlagegrenzen das Durchrechnungsprinzip.

dd) Anlagen in Sondervermögen mit zusätzlichen oder besonderen Risiken

59 Bei Anlagen in Anteilen an inländischen Sondervermögen, an Investment-AG oder in ausländischen Investmentanteilen darf gem. § 3 Abs. 2 Nr. 2 AnlV auch in Sondervermögen mit zusätzlichen Risiken i.S.d. §§ 112 und 113 InvG investiert werden. Dies betrifft direkte Anlagen in Single- oder Dach-Hedgefonds[105], in gemischten Sondervermögen enthaltene Hedgefondsanteile sowie die indirekte Anlage in Produkte, deren Ertrag oder Rückzahlung an Hedgefonds gebunden ist (z.B. strukturierte Produkte). Sie sind für das gebundene Vermögen im Hinblick auf das mit dieser Anlageform verbundene hohe Risiko nur unter folgenden Voraussetzungen zulässig:[106]

- Einhaltung der allgemeinen Anlagegrundsätze des § 54 Abs. 1 VAG, wobei dem Grundsatz der Anlagesicherheit höchste Priorität einzuräumen ist
- ausreichende Risikotragfähigkeit des VU i.S.d. Rundschreibens R 15/2005
- Analyse der rechtlichen und wirtschaftlichen Risiken vor Erwerb und während der gesamten Anlagedauer
- Begrenzung des möglichen Verlusts des VU auf den Wert des Engagements (keine Nachschusspflicht)
- im Hinblick auf das Verbot der Anlage in beweglichen Sachen muss sichergestellt sein, dass physische Lieferungen ausgeschlossen sind.

60 Die direkte und indirekte Anlage in Hedgefonds oder Dach-Hedgefonds wird aufgrund des mit dieser Anlageform verbundenen Risikos des Totalverlusts des eingesetzten Kapitals auf jeweils 5 % des Sicherungsvermögens und des sonstigen gebundenen Vermögens begrenzt. Entsprechend sind dieser Quote auch die in

104 Vgl. R 15/2005, Abschn. III Nr. 9 Buchst. c.

105 Beim Single-Hedgefonds wählt der Investor einen Hedgefonds aus, der sein Geld direkt nach einer bestimmten Strategie anlegt. Im Fall von Dach-Hedgefonds wird das investierte Kapital nicht direkt angelegt, sondern der Investmentfonds investiert wiederum in verschiedene Hedgefonds.

106 Vgl. R 7/2004, Abschn. A.

gemischten Sondervermögen enthaltenen Hedgefondsanteile[107] sowie strukturierte Produkte, soweit über diese in Hedgefonds investiert wird, anteilig zuzurechnen. Falls Anlagen in Hedgefonds über Investment-AG oder über ausländische Investmentanteile bestehen, sind diese Anlagen ebenfalls bei der 5 %-Quote zu berücksichtigen.

Die Anlage in einen einzigen Single-Hedgefonds ist unter Risikogesichtspunkten auf 1 % des gebundenen Vermögens begrenzt. Es darf zudem nicht in mehr als zwei Single-Hedgefonds vom gleichen Emittenten oder Fondsmanager investiert werden. Die Anlage in Hedgefonds, die selbst mehr als 50 % ihrer Mittel in anderen Zielfonds anlegen, ist nicht zulässig. Die Investition in einen einzelnen, entsprechend der Vorschrift des § 113 Abs. 4 InvG diversifizierten Dach-Hedgefonds kann in Höhe von bis zu 5 % des gebundenen Vermögens erfolgen. Dies gilt entsprechend für breit diversifizierte, strukturierte Produkte.[108]

Die Anlage in Hedgefonds ist ausschließlich VU gestattet, die über ausreichende personelle und organisatorische Ressourcen im Hinblick auf den Anlageprozess und das Risikomanagement verfügen. Insbesondere sind interne Grundsätze und Verfahren für Anlagen in Hedgefonds und ihr Risikomanagement im Unternehmen zu etablieren, die u.a. festlegen, welche Mitarbeiter mit der Investition betraut werden und in welchen Fällen eine Einzelgenehmigung des Vorstands erforderlich ist. Die entsprechenden innerbetrieblichen Richtlinien sind in die der BaFin vorzulegenden Anlagerichtlinien nach Rundschreiben R 15/2005 zu integrieren. 61

Vor der direkten oder indirekten Anlage in Hedgefonds müssen dem VU mind. folgende Informationen[109] zur Verfügung stehen:[110] 62

- Informationen zur Organisation, zum Management, zur Anlagepolitik, zum Risikomanagement und zur Depotbank
- Angaben zu Anlagebeschränkungen und zur Liquidität

107 Voraussetzung ist eine transparente Vermögensstruktur des Sondervermögens. Ist dies nicht der Fall, ist der gesetzlich bzw. satzungsmäßig maximal zulässige Anteil für Anlagen in Hedgefonds auf die Mischungsquote anzurechnen.

108 Die Diversifikationsvorgaben gelten nicht, sofern es sich um sog. einfach strukturierte Produkte i.S.d. Rundschreibens R 3/1999 handelt.

109 Bei der Anlage in Dach-Hedgefonds sind diese Informationen bezogen auf den Dach-Hedgefonds einzuholen. Entsprechend entfallen die Angaben zu Leverage und Leerverkäufen, da diese nicht durchgeführt werden dürfen. Bei der Anlage in Anteilen an gemischten Sondervermögen sind die Informationen bezogen auf das gemischte Sondervermögen einzuholen. Bei strukturierten Produkten müssen zusätzlich Ausstattungsmerkmale und Funktionsweise des Instruments bekannt sein.

110 Dabei kann unterstützend auf die Fragenkataloge des Bundesverbands Alternativer Investments zurückgegriffen werden.

- Angaben zum Umfang des Leverage und zu Leerverkäufen
- der letzte Jahres- und Halbjahresbericht
- Vertragsbedingungen, Satzung und Verkaufsprospekte.

Im Hinblick auf die Komplexität und den möglichen Totalverlust dieser Produkte sind vor der Investitionsentscheidung zusätzlich strukturelle Informationen über den Fonds einzuholen.[111] Bei der Anlage in strukturierten Produkten, die die Risiken eines Hedgefonds ganz oder teilweise übernehmen, sind entsprechende Informationen über an diese Produkte gebundene Hedgefonds einzuholen. Darüber hinaus ist dem Emittentenrisiko aus dem zugrunde liegenden Kassainstrument Rechnung zu tragen.

Die Gründe für eine konkrete Investition und ggf. vorhandene Diversifizierungseffekte sind nachvollziehbar zu dokumentieren.

63 Dem mit der Anlage in Hedgefonds verbundenen erhöhten Risiko ist durch ein angemessenes und wirksames Risikomanagement[112] zu begegnen. Hedgefonds sind laufend zu überwachen, damit eine zeitnahe Reaktion auf Veränderungen im Risikoprofil gewährleistet ist. Ebenso ist die laufende Überwachung der Einhaltung der Anlagestrategien der KAG sicherzustellen und zu dokumentieren. Dach-Hedgefonds sind hinsichtlich ihres Risikoprofils laufend zu überwachen, jedoch kann von der Überwachung der Zielfonds abgesehen werden. Zusätzlich müssen VU von der KAG die regelmäßige Vorlage von allgemein anerkannten Risikokennziffern verlangen. Die Ermittlungsmethoden dieser Kennzahlen sind vom VU anzugeben und zu erläutern.

Der Gesamtvorstand und der Aufsichtsrat sind über Risiken, Inhalt, Umfang und Ergebnis aller Anlagen in Hedgefonds mind. quartalsweise zu informieren.

64 Bei Anlagen in Anteilen an inländischen Sondervermögen, an Investment-AG oder in ausländischen Investmentanteilen darf gem. § 3 Abs. 2 Nr. 3 AnlV auch in mit Rohstoffrisiken verbundene Anlagen investiert werden. Für diese Anlagen gilt eine eigene Mischungsquote von 5 % des gebundenen Vermögens, unter die auch Anlagen in strukturierte Finanzinstrumente fallen, deren Ertrag oder Rückzahlung an Rohstoffrisiken gebunden sind. Werden mit Rohstoffrisiken verknüpfte

111 Hierzu zählen Angaben zu den Anlagearten, Unternehmensinformationen, Angaben zum Personal oder Angaben zum Investitions- und Entscheidungsprozess sowie detaillierte Angaben zu Strategie, Risikomessung und Risikomanagement, zum Bewertungsprozess, zur Performance, zum Berichtswesen und zu den Gebühren.

112 Das Risikomanagement kann auch an ein geeignetes Unternehmen ausgelagert werden, vgl. *Widmann/Korkow,* VW 2004, S. 1894.

Anlagen getätigt, sind hinsichtlich Risikomanagement und Anlageprozess grundsätzlich die gleichen Anforderungen wie bei Anlagen in Hedgefonds zu beachten.

Sämtliche direkte und indirekte Anlagen in Hedgefonds wie auch mit Rohstoffrisiken verknüpfte Anlagen werden zusätzlich in die Risikokapitalquote nach § 3 Abs. 3 AnlV einbezogen. Zudem besitzt die BaFin das Recht, Investitionen in Risikokapitalanlagen auf jeweils 10 % des Sicherungsvermögens und des sonstigen gebundenen Vermögens zu begrenzen, wenn es zur Wahrung der Belange der Versicherten erforderlich erscheint. 65

Kongruente Bedeckung von Anlagen in Investmentanteilen

Gemäß § 5 AnlV ist das gebundene Vermögen grundsätzlich, d.h. zu mind. 80 % in Vermögenswerten anzulegen, die auf die gleiche Währung lauten, in der die Versicherungen erfüllt werden müssen. Das sog. Prinzip der kongruenten Bedeckung setzt bei der Anlageart „Anteile an Sondervermögen" gem. dem Rundschreiben R 15/2005 eine Übereinstimmung der Währung der Vermögenswerte im Fonds mit der Währung der Fondsanteile und der Währung der zu bedeckenden Verpflichtungen voraus. 66

Zur Bestimmung der maßgeblichen Währung schreibt § 5 AnlV vor, dass Aktien und Anteile grundsätzlich als in der Währung angelegt gelten, in der sie in einen organisierten Markt einbezogen sind. Nicht in einen organisierten Markt einbezogene Aktien und Anteile gelten als in der Währung des Landes angelegt, in dem der Aussteller der Anteile seinen Sitz hat. Letztgenannte Regelung kann jedoch nicht dahingehend ausgelegt werden, dass allein die Währung der Fondsanteile ausschlaggebend ist. 67

Das Rundschreiben R 15/2005 hat diese Thematik aufgegriffen und näher ausgeführt. Danach muss für die Feststellung kongruenter Bedeckung stets untersucht werden, ob die Währung der Fondsanteile mit der Währung des Fondsvermögens übereinstimmt. 68

Im Einzelnen können dabei folgende Fälle unterschieden werden, die danach differenzieren, inwieweit vertragliche Vereinbarungen über die Fondszusammensetzung bestehen und welchen Inhalt diese ggf. haben:

Fall 1: Vereinbarung fester Prozentsätze

Die mit der KAG getroffene vertragliche Vereinbarung kann allgemein oder unter Nennung bestimmter Prozentsätze vorschreiben, in welchen Währungen das Fondsvermögen anzulegen ist. In diesem Fall können Verpflichtungen gegenüber VN in der Währung der Fondsanteile bis zur Höhe des vertraglich festgelegten 69

Anteils dieser Währung am Fondsvermögen durch Anteilscheine des Fonds kongruent bedeckt werden.

Dies gilt stets unter der Voraussetzung, dass die vertraglich vereinbarte mit der tatsächlichen Währungszusammensetzung des Fondsvermögens übereinstimmt. Eine vorübergehende Abweichung ist in engen Grenzen bis maximal sechs Monate zulässig.

Fall 2: Überwiegende Anlage in der Währung der Fondsanteile

70 Soweit die vertraglichen Vereinbarungen eine überwiegende Anlage in Vermögenswerten in der Währung der Fondsanteile vorsehen, können mind. 50 % der Fondsanteile zur Bedeckung von Verbindlichkeiten in der Währung der Fondsanteile herangezogen werden. Ein höherer Anteil kann dann in Anrechnung gebracht werden, wenn das jeweilige VU den Nachweis erbringt, dass ein entsprechend höherer Anteil (als 50 %) an Vermögenswerten in der Währung der Fondsanteile im Fonds vorhanden ist.

Fall 3: Keine vertraglichen Regelungen

71 Soweit keine vertraglichen Regelungen bestehen, ist die tatsächliche Währungszusammensetzung des Fonds maßgeblich. Auch hier gilt, dass Fondsanteile lediglich bis zur Höhe des tatsächlichen Anteils von Vermögenswerten in der Währung der Fondsanteile am Fondsvermögen zur kongruenten Bedeckung von Verpflichtungen in der Währung der Fondsanteile herangezogen werden.

Fall 4: Völliges Abweichen der Währungen

72 Soweit die Vermögenswerte des Fonds in einer anderen Währung als der Währung der Fondsanteile angelegt sind, ist eine kongruente Bedeckung der Verpflichtungen durch die Fondsanteile grundsätzlich nicht möglich. Eine Ausnahme besteht jedoch dann, wenn der Umtausch der Vermögensanteile in die Währung der Fondsanteile in vollem Umfang währungsgesichert ist.

f) Die Anlage in laufenden Guthaben und Einlagen bei Kreditinstituten

73 Nach § 2 Abs. 1 Nr. 18 AnlV können solche Anlagen bei Kreditinstituten dem gebundenen Vermögen zugeordnet werden, die nicht bereits einer anderen Nummer des Anlagenkatalogs in § 2 Abs. 1 AnlV zugerechnet werden konnten (z.B.

Tages-, Termin- und Festgelder, Spareinlagen, Darlehen, Namensschuldverschreibungen ohne gesetzliche Deckungsmasse, Sparbriefe sowie laufende Guthaben). Die Vorschrift hat damit subsidiären Charakter. Nicht geeignet sind Anlagen in Bausparverträgen.

Im Einzelnen nennt § 2 Abs. 1 Nr. 18 AnlV Anlagen bei

- der Europäischen Zentralbank,
- der Zentralnotenbank eines anderen Mitgliedstaates des EWR oder der OECD,
- einem geeigneten Kreditinstitut mit Sitz in einem Staat des EWR, wobei ein Kreditinstitut dann als geeignet eingestuft wird, wenn es den Anforderungen der Richtlinie 2006/48/EG (Bankenrichtlinie) unterliegt und dem jeweiligen VU schriftlich bestätigt, dass es die an ihrem Sitz geltenden Vorschriften über Eigenkapital und Liquidität der Kreditinstitute einhält,[113]
- einem öffentlich-rechtlichen Kreditinstitut, das nach Art. 2 Abs. 3 der Bankenrichtlinie von deren Geltungsbereich ausgenommen ist, wie z.B. die Kreditanstalt für Wiederaufbau,
- multilateralen Entwicklungsbanken, die nach Art. 86 Abs. 2 der Bankenrichtlinie ein Risikogewicht von 0 % erhalten.

Mit Ausnahme der Europäischen Zentralbank und den Zentralnotenbanken besteht für die genannten Kreditinstitute eine spezielle Streuungsvorschrift, wonach Anlagen bei ein und demselben Kreditinstitut maximal 15 % des gebundenen Vermögens betragen dürfen.

g) Exkurs: Derivative Finanzinstrumente

Das Ausmaß der Risiken und Volatilitäten an den nationalen und internationalen Finanzmärkten hat bei den VU zu einem steigenden Bedarf an derivativen Finanzgeschäften geführt. Vor diesem Hintergrund setzen VU derivative Finanzinstrumente zur Absicherung von Kapitalanlagen gegen die aus Zins- und Kursschwankungen resultierenden Verlustrisiken, aber auch zur Erwerbsvorbereitung und zur Ertragsvermehrung ein. Derivative Finanzinstrumente ermöglichen somit einerseits die Begrenzung von Risiken und eröffnen andererseits neue Anlageperspektiven.[114] 74

113 Gemäß R 15/2005 ist diese Regelung in regelmäßigen Abständen von längstens einem Jahr einzuholen. Vgl. Abschn. III Nr. 10b.

114 Derivative Finanzinstrumente können jedoch bei unsachgemäßem Einsatz rasch auch zu erheblichen Verlusten führen. Vgl. *Steffen*, in: Mehring/Wolff (Hrsg.), Risk Management von Versicherungsunternehmen bei derivativen Finanzinstrumenten, FS Farny, Karlsruhe 1994, S. 143.

aa) Rechtliche Rahmenbedingungen des Einsatzes derivativer Finanzinstrumente

75 Die versicherungsaufsichtsrechtlichen Rahmenbedingungen des Einsatzes derivativer Finanzinstrumente sind in § 7 VAG geregelt. Gemäß § 7 Abs. 2 Satz 1 VAG dürfen VU neben VG nur solche Geschäfte betreiben, die hiermit in unmittelbarem Zusammenhang stehen (Singularitätsprinzip). Versicherungsunternehmen sollen danach keinen Risiken ausgesetzt werden, die nicht zwangsläufig mit dem Betrieb von VG verbunden sind und die die Solvabilität beeinträchtigen können. Vor diesem Hintergrund wird für den Bereich derivativer Finanzgeschäfte in § 7 Abs. 2 Satz 2 VAG klarstellend geregelt, dass ein unmittelbarer Zusammenhang mit dem VG bei Termingeschäften und Geschäften mit Optionen und ähnlichen Finanzinstrumenten dann anzunehmen ist, wenn

- sie der Absicherung gegen Kurs- oder Zinsänderungsrisiken bei vorhandenen Vermögenswerten oder
- dem späteren Erwerb von Wertpapieren dienen sollen oder
- wenn aus vorhandenen Wertpapieren ein zusätzlicher Ertrag erzielt werden soll, ohne dass bei Erfüllung von Lieferverpflichtungen eine Unterdeckung des gebundenen Vermögens eintreten kann.

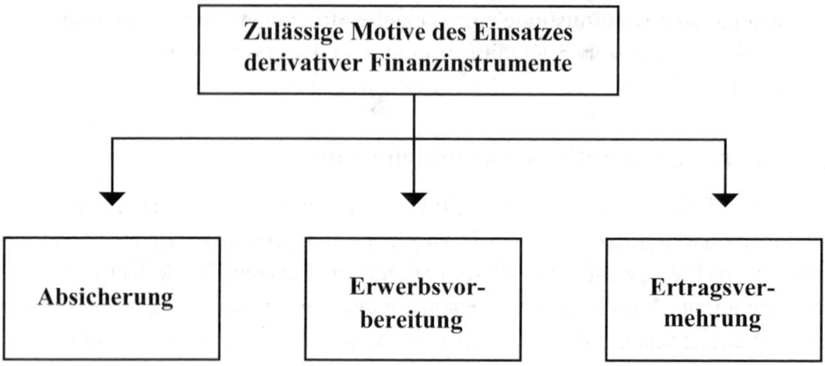

Abb. 4: Zulässige Motive des Einsatzes derivativer Finanzinstrumente

Der Abschluss von Finanzgeschäften zur Absicherung gegen Zins- oder Währungsrisiken im Portefeuille des VR ist grundsätzlich nicht anders zu beurteilen als bspw. der Abschluss einer Feuerversicherung für ein dem VU gehörendes Gebäude. Ähnliches gilt für Geschäfte, die einen späteren Wertpapierkauf vorbereiten. Das Bemühen, aus vorhandenen Wertpapieren einen zusätzlichen, d.h. über die normale Kapitalmarktrendite hinausgehenden, Ertrag zu erzielen, ist Ziel der Vermögensverwaltung eines jeden VU. Letzteres ist jedoch immer mit Risiken verbunden. Soweit hieraus eine Unterdeckung des gebundenen Vermögens resultieren kann, unterliegt das Geschäft dem Verbot von § 7 Abs. 2 Satz 1 VAG. Mit den gesetzlich festgelegten Voraussetzungen für den Einsatz derivativer Finanzinstrumente wird damit insgesamt auf die (möglichen) Gefahren des jeweiligen Geschäfts abgestellt, sodass ein rein spekulativer Einsatz derivativer Finanzinstrumente nicht möglich ist. Ebenso sind Leerverkäufe nicht zulässig. 76

Die nach § 7 Abs. 2 Satz 2 VAG zulässigen derivativen Finanzinstrumente sind im Gegensatz zu den nach § 2 Abs. 1 AnlV zulässigen Instrumenten keine Kapitalanlagen, sondern stellen lediglich Hilfsgeschäfte im Rahmen des Kapitalanlagemanagements dar. Darüber hinaus ist der Einsatz von derivativen Finanzinstrumenten nicht zulässig. 77

Mit dem Rundschreiben R 3/2000[115] wird die Vorschrift des § 7 Abs. 2 VAG konkretisiert und aufgezeigt, unter welchen Voraussetzungen die Anforderungen der gesetzlichen Regelung als erfüllt angesehen werden können. Dabei ist dem Rundschreiben als Anhang eine Auflistung der derivativen Finanzinstrumente beigefügt, die von der BaFin als zulässig erachtet werden. Diese Übersicht stellt jedoch keine abschließende Aufzählung dar; vielmehr ist die Zulässigkeit von nicht erwähnten Derivaten im Einzelfall nach den Regelungen des § 7 Abs. 2 Satz 2 VAG sowie den Hinweisen der Rundschreiben R 3/2000 und R 3/1999 zu beurteilen.[116]

115 Das Rundschreiben R 3/2000 hebt das bis dahin geltende Rundschreiben R 7/1995 auf.
116 Vgl. GB/BAV 2000, S. 41.

bb) Anwendungsbereich des Einsatzes von derivativen Finanzinstrumenten

(1) Absicherungsgeschäfte

Charakterisierung

78 Von Absicherungstransaktionen[117] im Sinne von § 7 Abs. 2 Satz 2 VAG ist nach R 3/2000 stets dann auszugehen, wenn Derivate[118] dazu genutzt werden, um

- den Bestand an aktivierten Vermögensgegenständen gegenüber Kurs- oder Zinsänderungsrisiken ganz oder teilweise abzusichern[119] oder
- den Bilanzansatz von versicherungstechnischen Rückstellungen und Verbindlichkeiten von durch Wechselkursrisiken ggf. entstehenden Mehraufwendungen freizuhalten.

79 Nach R 3/2000 sind somit nicht nur Aktien oder festverzinsliche Wertpapiere als absicherungsfähig anzusehen, sondern auch weitere Arten von Vermögensgegenständen mit einem Kurs- oder Zinsänderungsrisiko.[120] Als solche kämen bspw. Namensschuldverschreibungen, Schuldscheindarlehen, Hypothekenforderungen und Investmentzertifikate in Betracht. So könnten etwa Schuldscheindarlehen zur Vermeidung einer zukünftigen nachhaltigen Unterverzinsung (d.h. wenn die Verzinsung der Kapitalanlage unter dem Marktzins bzw. der Marktzinserwartung liegt) abgesichert werden.

---

117 Vgl. hierzu R 3/2000, Abschn. II Nr. 3a.

118 Zu derivativen Finanzinstrumenten gehören nach R 3/2000 alle Geschäfte, deren Preis sich von einem zugrunde liegenden Handelsgegenstand (Aktien, festverzinsliche Wertpapiere und Devisen), Referenzpreis, Referenzzins oder Referenzindex ableitet. Derivative Finanzinstrumente bestehen entweder aus zweiseitig bindenden Verträgen (Termingeschäftsmerkmal) oder aus einseitig verpflichtenden Rechtsgeschäften (Optionsmerkmal). Bei auf Handelsgegenstände gerichteten Finanzinstrumenten kann im Fälligkeitszeitpunkt eine tatsächliche Lieferung des Handelsgegenstands (Physical Delivery) oder ein an aktuellen Marktpreisen orientierter Zahlungsausgleich (Cash Settlement) erfolgen. Vgl. in diesem Zusammenhang auch § 1 Abs. 11 Satz 4 KWG.

119 Kurs- oder Zinsänderungsrisiken umfassen dabei sowohl das Risiko von Wertänderungen der abzusichernden Vermögenswerte als auch das Risiko von Schwankungen zukünftiger Zahlungsströme.

120 Zu den handelsrechtlichen Voraussetzungen zur Abbildung von Sicherungsbeziehungen vgl. *Entwurf IDW Stellungnahme zur Rechnungslegung: Handelsrechtliche Bilanzierung von Bewertungseinheiten (IDW ERS HFA 35)* (Stand: 23.07.2010).

Grundsätzlich nicht absicherungsfähig sind Ansprüche aus schwebenden Geschäften. Allerdings kann das Glattstellen bzw. Schließen einer Derivateposition häufig nur durch das Eingehen einer entsprechenden Gegenposition erfolgen.[121] 80

Ferner stellt R 3/2000 klar, dass es der mit § 7 Abs. 2 VAG verfolgte Gesetzeszweck auch erlaubt, Passivposten abzusichern. So können Rückstellungen und Verbindlichkeiten in Fremdwährung durch den Einsatz derivativer Finanzinstrumente gegen Währungskursschwankungen abgesichert werden. Regelmäßig wird es sich bei den abzusichernden Posten jedoch nur um solche Passivposten handeln, die nicht durch entsprechende Posten auf der Aktivseite kongruent bedeckt sind, denn nur bei einer inkongruenten Bedeckung besteht insoweit ein Währungskursrisiko. 81

Absicherungsfähig nach R 3/2000 sind nicht nur zukünftige Kursschwankungen (Bewertungsrisiko), sondern auch Zinsänderungsrisiken in Form schwankender zukünftiger Zahlungsströme (Cashflow-Risiko). Somit können bspw. Floating-Rate-Notes gegen sinkende Zinsen abgesichert werden. 82

Versicherungsunternehmen müssen das abzusichernde Risiko identifizieren und eindeutig dokumentieren, wie die Absicherung mithilfe des eingesetzten Finanzinstruments erfolgen soll. Gemäß R 3/2000 ist es Aufgabe der Geschäftsführung, innerbetriebliche Richtlinien für die Durchführung von Geschäften mit Finanzderivaten aufzustellen sowie deren Beachtung und regelmäßige Überprüfung sicherzustellen. 83

Vom Rundschreiben nicht geregelt wird die Absicherung von Verbindlichkeiten gegen das Zinsänderungsrisiko. Eine solche Absicherung ist bei VU regelmäßig nicht erforderlich, da deren Kreditaufnahme aufsichtsrechtlich stark eingeschränkt ist.[122] 84

Grundsätzlich muss sich jede abzusichernde Position im Zeitpunkt der Eingehung des Sicherungsgeschäfts und während der Laufzeit des zur Absicherung eingesetzten derivativen Finanzinstruments im Bestand befinden (Absicherungszusammenhang), d.h. die abzusichernden Bilanzpositionen müssen jederzeit den entsprechenden Volumina des Sicherungsinstruments gegenüberstehen. Die Absicherung zukünftiger, heute noch nicht abgeschlossener, aber fest geplanter und mit hoher Wahrscheinlichkeit auch tatsächlich eintretender Grundgeschäfte wird als antizipatives Hedging bezeichnet. Antizipative Hedgegeschäfte für erst noch 85

121 Vgl. *Scharpf/Luz*, Risikomanagement, Bilanzierung und Aufsicht von Finanzderivaten, Stuttgart 2000, S. 29.

122 Beim Eingehen von Verbindlichkeiten sind die Hinweise zum Fremdmitteleinsatz durch VU, VerBAV 1995, S. 215, zu beachten.

zu erwerbende Bestände sind – abgesehen von direkten Erwerbsvorbereitungsgeschäften – grundsätzlich unzulässig.[123]

86 Entscheidet sich das VU, den Absicherungszusammenhang aufzuheben, indem z.B. die gegen Kurs- oder Zinsrisiken gesicherten Wertpapiere verkauft werden, muss nach R 3/2000 das Sicherungsinstrument ebenfalls verkauft oder glattgestellt[124] werden, soweit es nicht anderen Sicherungszwecken zugeführt oder als Erwerbsvorbereitungsgeschäft eingesetzt wird.[125] Eine anderweitige Zuordnung ist bspw. bei einem Zinsswap dann problematisch, wenn dieser im Zeitpunkt der Aufhebung des Absicherungszusammenhangs einen negativen Marktwert hat. Hier kann sich der Verdacht aufdrängen, dass die anderweitige Zuordnung deshalb erfolgt ist, um einen Verlust aus dem Schließen des Swap (negativer Marktwert = zu leistende Close-out-Zahlung) nicht ausweisen zu müssen. Eine solche Vorgehensweise dient nicht der Absicherung finanzieller Risiken aus Kapitalanlagen und ist daher nicht zulässig. Es empfiehlt sich deshalb, das Vorgehen für die Auflösungen von Absicherungszusammenhängen sowie die anderweitigen Zuordnungen von derivativen Sicherungsgeschäften in internen Richtlinien[126] explizit zu regeln.

Absicherung von Spezialfonds

87 In der Praxis schließen VU im eigenen Namen und auf eigene Rechnung derivative Finanzgeschäfte ab, die der Absicherung von Risiken aus Einzelanlagen oder aus Teilbeständen von Wertpapieren innerhalb eines Spezialfonds dienen. Grundsätzlich sind Sicherungsgeschäfte nur dann möglich, wenn die zu sichernde Anlage Bestandteil der bilanzierten Aktiva ist. Der Anteil des VU an dem Spezialfonds wird durch die Anteilscheine (Investmentanteile) dokumentiert, die bei dem VU aktiviert sind. Absicherungsgeschäfte können sich auf diese Anteilscheine beziehen, soweit sie einem Kursrisiko unterliegen, das mit dem Risiko der im Spezialfonds befindlichen Wertpapiere korrespondiert. Es ist deshalb zulässig, wenn ein VU sich gegen den Wertverlust der Anteilscheine durch ein entsprechendes deriva-

123 Vgl. Verlautbarung der BaFin „Hinweise zum Einsatz von Receiver Forward Swaps, Long Receiver Swaptions und Credit Default Swaps bei Versicherungsunternehmen und Pensionsfonds" v. 14.09.2005. Danach können unter bestimmten Voraussetzungen insb. Receiver-Forward-Swaps und Long-Receiver-Swaptions auch über die Laufzeit der im Bestand befindlichen Vermögenswerte als Absicherungsgeschäfte eingesetzt werden.

124 Glattstellen bedeutet, dass ein Gegengeschäft zu gleichen Konditionen (Basispreis, Restlaufzeit, Kontraktanzahl) abgeschlossen wird.

125 Dies ist entsprechend zu dokumentieren.

126 Mindestbestandteile solcher interner Vorgaben sollten sein: die Definition der Anlässe zur Auflösung von Sicherungsbeziehungen, Kompetenzregelungen, die Einhaltung des Vier-Augen-Prinzips sowie die Anforderungen an die Dokumentation.

tives Finanzgeschäft absichert.[127] Dies bedarf allerdings einer laufenden Überwachung im Rahmen eines institutionalisierten Risikomanagements.

Anwendungsbeispiele

Als geeignete Absicherungsstrategien im Sinne von § 7 Abs. 2 VAG kommen nach dem Rundschreiben R 3/2000 für die Aktivseite bspw. in Betracht: 88

- Kauf von Verkaufsoptionen (Long Put)
- Verkauf von Futures
- Zins-, Währungs- und kombinierte Zins-Währungsswaps
- Kauf eines Floor
- Verkauf eines Forward-Rate-Agreement
- Kauf einer Option, in einen Swap als Festzinsempfänger (Long-Receiver-Swaption) oder Festzinszahler (Long-Payer-Swaption) einzutreten
- Tausch der Wertentwicklung einer Aktie gegen die eines Zinsträgers (Equity-Zinsswap)
- Receiver-Forward-Swaps
- Long-Receiver-Swaptions.

Durch den Kauf einer Verkaufsoption werden die im Portefeuille befindlichen Wertpapiere gegen sinkende Kurse abgesichert. Gleiches gilt für den Verkauf eines Future. Die Nennung von Währungs- und kombinierten Zins-Währungsswaps macht deutlich, dass nach Auffassung der BaFin auch mit Währungskursrisiken behaftete Aktiva abgesichert werden können, obgleich dies nicht explizit im Rundschreiben zum Ausdruck kommt.

Für die Absicherung der Passivseite gegen Währungskursschwankungen können u.a. folgende Instrumente zum Einsatz kommen: 89

- Kauf von Kaufoptionen (Long Call)
- Kauf von (Währungs-)Futures
- Währungs- und kombinierte Zins-Währungsswaps
- Kauf eines Cap.

127 Vgl. *Scharpf/Luz,* Risikomanagement, Bilanzierung und Aufsicht von Finanzderivaten, Stuttgart 2000, S. 33.

Beim Kauf einer Kaufoption ist zu beachten, dass ein Erwerb von Optionen, deren Basispreis zum Zeitpunkt des Erwerbs der Option mehr als 15 % über dem Kassakurs liegt, nicht zulässig ist.

Der Kauf von Swaptions ist nur dann möglich, wenn ein Underlying vorhanden ist.

Grenzen

90 Der Umfang der durch derivative Finanzinstrumente abgesicherten Bilanzpositionen darf maximal 100 % des Bestands an Vermögenswerten sowie in Fremdwährung gehaltenen Rückstellungen und Verbindlichkeiten, die nicht durch Kapitalanlagen kongruent bedeckt sind, betragen. Die genannte volumenmäßige Begrenzung ist auf den Buchwert des Bestands zu beziehen. Es ist jedoch zu beachten, dass sich eine Absicherung des Bewertungsrisikos normalerweise auf die Marktwerte und nicht auf die Buchwerte bezieht.

Die Überwachung der Einhaltung der Grenze in Höhe von 100 % durch die BaFin erfolgt anhand der von den VU bei der BaFin einzureichenden Meldungen (Anlage zum R 3/2000). Aufgrund der kumulativen Zahlenangaben kann im Einzelfall ein Überschreiten der 100 %-Grenze bei einem einzelnen Wertpapierposten allein anhand der Meldungen nicht ohne weiteres erkannt werden.

91 Dynamische Absicherungen[128] sind nur dann wirksam, wenn das Volumen der Sicherungsgeschäfte laufend angepasst wird. Hier kann sich die oben genannte Grenze von 100 % als Problem erweisen, wenn für eine effiziente wertmäßige Absicherung das Volumen der Sicherungsgeschäfte das Volumen der Grundgeschäfte aufgrund des Hedge-Ratio übersteigen muss.

92 Die Anwendung des Grundsatzes der kongruenten Bedeckung gem. § 5 AnlV bei Sicherungsgeschäften mit derivativen Finanzinstrumenten wird durch die in Anlage C Nr. 6 VAG enthaltenen Fallkonstellationen beschrieben. Soweit auf der Aktivseite z.B. Währungsswaps zur Absicherung von Währungskursschwankungen zum Einsatz kommen, gilt auch hier, dass sich der Umfang nur auf diejenigen Aktiva erstrecken darf, die nicht dem Grundsatz der kongruenten Bedeckung Rechnung tragen.

128 Bezüglich des Zeitpunkts, zu dem ein Grundgeschäft abgesichert werden soll, wird danach unterschieden, ob dieser Zeitpunkt fest vorgegeben oder ob während einer vorgegebenen Haltedauer eine Risikoabsicherung gegeben sein soll. Bei einer dynamischen Absicherung wird zu jedem denkbaren Zeitpunkt während der Haltedauer die Absicherung risikooptional angepasst.

(2) Erwerbsvorbereitungsgeschäfte

Charakterisierung

Derivative Finanzinstrumente können nach § 7 Abs. 2 Satz 2 VAG auch dem künftigen Erwerb eines Wertpapiers dienen. Erwerbsvorbereitung[129] bedeutet nach Auffassung der BaFin, dass sich das VU die konkrete Möglichkeit verschafft, zu einem in der Zukunft liegenden Zeitpunkt bestimmte Wertpapiere zu erwerben. Mithilfe des Kaufs einer Kaufoption kann das VU, z.B. für den künftigen Erwerbszeitpunkt (Ausübung der Kaufoption), den Höchstkurs des zu erwerbenden Wertpapiers festlegen. 93

Sonderfall Vorkauf

Vorausdispositionen durch sog. Vorkäufe,[130] bei denen der Kauf eines Wertpapiers auf Termin erfolgt, sind Erwerbsvorbereitungsgeschäfte.[131] Ein Vorkauf wird danach regelmäßig vorliegen, wenn das Hinausschieben des Valutierungszeitpunkts von den Parteien gewollt und nicht lediglich technisch bedingt ist.[132] 94

Vorkäufe sind nur bei Vorliegen bestimmter Voraussetzungen als Erwerbsvorbereitungsgeschäfte zulässig:[133]

- Vorkäufe müssen in der Absicht getätigt werden, unterjährige Liquiditätsschwankungen auszugleichen, Marktstörungen zu vermeiden oder die Anlagepolitik zu verstetigen. Vorkäufe zu Spekulationszwecken sind unzulässig. Insbesondere dürfen sie nicht mit der Absicht geschlossen werden, die Werte alsbald wieder zu verkaufen, um dadurch einen Gewinn zu erzielen.
- Vorkäufe dürfen allenfalls in einer Höhe getätigt werden, die durch den zu erwartenden Liquiditätszufluss zum Zeitpunkt der Valutierung gedeckt wird.
- Die Zeitspanne zwischen dem Zeitpunkt des Vertragsabschlusses und der vereinbarten Valutierung darf grundsätzlich ein Jahr nicht überschreiten. Die Vereinbarung einer längeren Zeitspanne ist der BaFin anzuzeigen.

---

129 Vgl. hierzu R 3/2000, Abschn. A II Nr. 3b.

130 Vgl. hierzu auch VerBAV 1982, S. 472.

131 Vorkäufe sind nach der Definition des R 3/2000 verbindlich abgeschlossene Geschäfte, bei denen der Zinssatz bei Vertragsabschluss fest vereinbart und lediglich der Valutierungszeitpunkt hinausgeschoben wird. Vgl. R 3/2000, Abschn. A I Nr. 2.

132 Vgl. GB/BAV 1996, Teil A, S. 59.

133 Vgl. hierzu R 3/2000, Abschn. A I Nr. 3.

Anwendungsbeispiele

95 Neben Vorkäufen sind bei VU insb. die folgenden Erwerbsvorbereitungsstrategien anzutreffen:

- Käufe von Kaufoptionen und
- Käufe von Zins-, Aktien- und Währungsfutures.

Für den Kauf einer Kaufoption gilt die Einschränkung, dass Optionen, die zum Erwerbszeitpunkt mehr als 15 % über dem Kassakurs liegen, nicht zulässig sind.

Grenzen

96 Vorkäufe (inkl. Prolongationen) über eine Zeitspanne von bis zu einem Jahr sind auf 7,5 %, Vorkäufe mit einer darüber hinausgehenden Zeitspanne auf 5 % des Bestands der Kapitalanlagen am letzten Bilanzstichtag begrenzt. Die volumenmäßige Begrenzung ist auf den Buchwert des Bestands zu beziehen. Insgesamt dürfen Vorkäufe 10 % des genannten Bestands nicht übersteigen. Bei der Berechnung der Quoten werden bereits geschlossene Positionen nicht berücksichtigt.[134]

Sonderfall: Erwerbsvorbereitung durch einen Short Put

97 Eine Sonderform der Erwerbsvorbereitung stellt ein Short Put (Verkauf einer Verkaufsoption) dar, da die Entscheidung, ob und ggf. wann der Erwerbsvorgang stattfindet, nicht durch das VU bestimmt wird. Der Short Put ist aufgrund der mit ihm verbundenen zusätzlichen Risiken nur unter besonderen Voraussetzungen und in sehr engen Grenzen zulässig:[135]

- Der Basispreis für Optionen muss so gewählt werden, dass bei der erwarteten Kursentwicklung der Wertpapiere (Basiswerte) mit ihrer Ausübung zu rechnen ist.
- Bei Verkauf der Verkaufsoption ist nachprüfbar zu dokumentieren, bis zu welchem Kurs das Unternehmen bereit ist, die Wertpapiere zu übernehmen. Die Wahl des Kurses muss erkennen lassen, dass tatsächlich der Erwerb der Wertpapiere das dem Verkauf der Verkaufsoption zugrunde liegende Motiv darstellt und nicht lediglich eine Ertragsvermehrung durch Vereinnahmung der Optionsprämie oder von Teilen davon beabsichtigt ist. Dies ist der Fall, wenn

134 Geschlossene Positionen sind der BaFin lediglich in den Meldungen nachrichtlich mitzuteilen, damit diese einen Überblick über den Gesamtumfang der Vorkäufe erhält.

135 Vgl. hierzu R 3/2000, Abschn. A II Nr. 3.

Abnahmebereitschaft mind. bis zu einem Kurs von Basispreis abzüglich Optionsprämie dokumentiert wird.

- Glattstellungen vor Erreichen des oben genannten Grenzpreises für die Abnahmebereitschaft sind grundsätzlich unzulässig und bei Dokumentation besonders zu kennzeichnen und zu begründen.[136]
- Der Verkauf von Verkaufsoptionen ist nur insoweit zulässig, als die daraus resultierenden Abnahmeverpflichtungen durch den zu erwartenden Liquiditätszufluss gedeckt werden können.

Das Gewinn- und Verlustprofil eines Short Put bei Ausübung bzw. Verfall der Option wird in nachfolgender Abbildung aufgezeigt. Der im zweiten Aufzählungspunkt genannte Grenzpreis für die Abnahmebereitschaft wird als Break-Even-Kurs bezeichnet. Eine Ausübung durch den Optionsinhaber (Kontrahent) bzw. eine Glattstellung ist dann für das VU vorteilhaft, wenn der Kurs des Basisobjekts (z.B. Wertpapier) oberhalb des Break-Even-Kurses liegt. Bei Unterschreiten des Break-Even-Kurses entsteht für das VU ein Verlust. 98

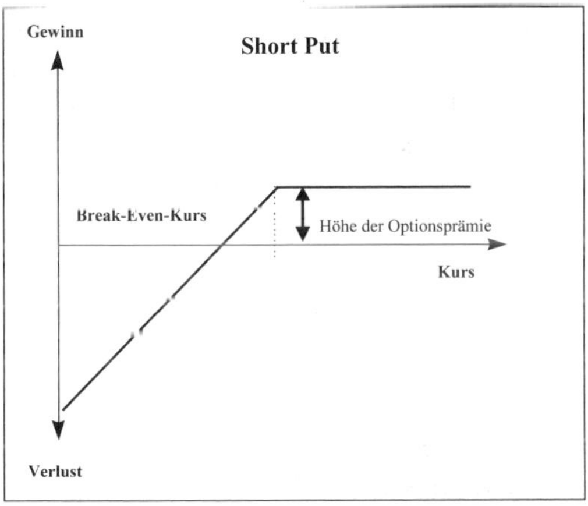

Abb. 5: Short Put

136 Glattstellungen können dann notwendig werden, wenn eine von der ursprünglichen Marktprognose abweichende aufwärtsgerichtete Kursentwicklung eintritt, die einen Strategiewechsel erfordert. Zur Realisierung des geplanten Wertpapiererwerbs erscheint es dann sinnvoll, den Short Put rechtzeitig glattzustellen und im Anschluss die Erwerbsvorbereitung mittels eines Long Call (Kauf einer Kaufoption) umzusetzen. Vgl. *Demoliere/Johannsen,* in: Schwebler/Knauth/Simmert (Hrsg.), Kapitalmärkte: Aktuelle Anlage- und Absicherungsmöglichkeiten für Versicherungsunternehmen, Karlsruhe 2001, S. 67 ff.

Der Verkauf von Verkaufsoptionen darf nur in engen Grenzen vorgenommen werden. Geschäfte mit Short Puts sind insgesamt auf 1,5 %, Geschäfte mit Short Puts auf Aktien auf 0,5 % des Kapitalanlagenbestands beschränkt. Bei Multi-Tranchen-Anleihen müssen nur die im laufenden Jahr möglichen Andienungen auf die Short-Put-Quote angerechnet werden. Durch diese Regelung wird vermieden, dass die Quote schon allein durch laufende Multi-Tranchen-Geschäfte ausgeschöpft wird.

Abgrenzung Erwerbsvorbereitung Spekulation

99 Problematisch ist die nachträgliche Beurteilung, ob ein Geschäft der Erwerbsvorbereitung oder der (unzulässigen) Spekulation dienen sollte. Diese Frage stellt sich vor allem dann, wenn die Ausübung eines Finanzgeschäfts aufgrund der eingetretenen Marktentwicklung wirtschaftlich nicht mehr sinnvoll war. Ferner kann sich die Anlagestrategie geändert haben, sodass ein ursprünglich eingegangenes Finanzgeschäft durch ein Gegengeschäft (mit Gewinn) glattgestellt werden muss.

Es ist daher erforderlich, dass sich die Absicht der Erwerbsvorbereitung jederzeit belegen lässt. Dies kann dadurch erfolgen, dass die Erwerbsvorbereitung Bestandteil der Geschäftspolitik (Strategie) ist. Von der BaFin ist in diesem Zusammenhang eine exakte und für sachverständige Dritte jederzeit nachvollziehbare Dokumentation des Anlagezwecks vorgeschrieben, aus der die Verbindung zum Grundgeschäft klar hervorgeht. Auch die Erwerbsvorbereitungsgeschäfte sind im Rahmen interner Richtlinien hinreichend präzise zu regeln.

(3) Ertragsvermehrungsgeschäfte

Charakterisierung

100 Ein VU kann gem. § 7 Abs. 2 Satz 2 VAG derivative Finanzinstrumente auch dazu einsetzen, den vorhandenen Bestand an Wertpapieren zur Erzielung von Zusatzerträgen zu nutzen. Ein entsprechender Ertrag kann bspw. dadurch erzielt werden, dass das VU die im Bestand befindlichen Wertpapiere als Stillhalter bei Optionsgeschäften einsetzt (Short Call). Dies darf nach § 7 Abs. 2 VAG jedoch nicht dazu führen, dass eine Unterdeckung des gebundenen Vermögens entsteht, dessen Höhe sich grundsätzlich aus der Höhe der zu bedeckenden Passiva bestimmt. Der Bestand des gebundenen Vermögens muss bei Ertragsvermehrungsgeschäften daher stets so bemessen sein, dass selbst bei einer Lieferverpflichtung, die aus der Stillhalterposition resultieren kann, keine Unterdeckung des gebundenen Vermögens eintritt.

Anwendungsbeispiele

Als zulässige Ertragsvermehrungsgeschäfte kommen der Verkauf von Kaufoptionen (Short Call) sowie Zins-, Währungs- und kombinierte Zins-Währungs-Swaps in Betracht. Dagegen ist der Verkauf von Futures nicht den Ertragsvermehrungsgeschäften zuzurechnen, da dieser allein der Absicherung zugeordnet wird. Der Kauf einer Kaufoption, der Kauf von Futures und der Verkauf von Verkaufsoptionen sind keine geeigneten Geschäfte zur Erzielung von Zusatzerträgen. Sie scheiden als Ertragsvermehrungsgeschäfte aus, weil nur ein vorhandener Bestand zur Ertragsvermehrung eingesetzt werden darf. 101

Auch der Verkauf von Optionen in einem Swap als Festzinsempfänger (Short-Receiver-Swaption) oder Festzinszahler (Short-Payer-Swaption) gilt als Ertragsvermehrungsgeschäft.[137] Die Zulässigkeit von Swaptions wird von der BaFin nur dann bejaht, wenn ein Underlying vorhanden ist.[138]

Als Ertragsvermehrungsgeschäfte kommen nach Ansicht der BaFin zusätzlich Equity-Equity-Swaps sowie der Verkauf von Caps infrage.[139]

Grenzen

Ertragsvermehrungsgeschäfte sind nach R 3/2000 auf 7,5 % des Bestands der Kapitalanlagen am letzten Bilanzstichtag beschränkt. 102

In den Bestand sind auch Wertpapiere einzubeziehen, die im Rahmen eines Wertpapierleihgeschäfts verliehen worden sind, sofern sichergestellt ist, dass sich diese Wertpapiere zum Zeitpunkt einer möglichen Ausübung der verkauften Kaufoption wieder im Besitz des verleihenden VU befinden. Dies stellt keinen Leerverkauf dar, da ein Anspruch auf rechtzeitige Rückübertragung der verliehenen Papiere besteht.[140]

(4) Abgrenzung Ertragsvermehrung – Spekulation

Wie bei den Erwerbsvorbereitungsgeschäften stellt sich die Abgrenzung zwischen Ertragsvermehrung und reiner Spekulation als problematisch dar. In diesem Zusammenhang verweisen wir auf die obigen Ausführungen. 103

137 Vgl. R 3/2000, Anlage 1.
138 Vgl. *Wehling*, VW 2000, S. 1755.
139 Vgl. R 3/2000, Anlage 1.
140 Vgl. *GDV* (Hrsg.), Kapitalanlagenausschuss der Versicherungswirtschaft, Tgb.-Nr. 192/95, B. III Nr. 3.

cc) Kombinierte Strategien

Charakterisierung

104 Eine „kombinierte Strategie" ist die Verbindung verschiedener Geschäftsarten zur Verfolgung eines einheitlichen Anlageziels (z.B. Zero-Cost-Collar oder die Kombination zweier Zinsswaps). Die Beurteilung der Zulässigkeit kombinierter Strategien ist nicht anhand der jeweiligen Grundbestandteile, sondern anhand der insgesamt verfolgten strategischen Zielsetzung vorzunehmen, da bei derartigen Strategien nur die Kombination verschiedener Produkte dem angestrebten Sicherungszweck entspricht.

Kombinierte Strategien sind nur insoweit zulässig, solange das VU durch ihren Einsatz nicht größeren wirtschaftlichen Risiken ausgesetzt wird, als hätte es entweder keine derivativen Finanzinstrumente oder lediglich die für Absicherung, Erwerbsvorbereitung oder Ertragsvermehrung zulässigen Instrumente eingesetzt.[141] Dabei sind Positionen, deren wirtschaftliche Auswirkungen reinen Kassatransaktionen entsprechen, nicht als risikoerhöhend anzusehen.

105 Von der Ebene der strategischen Betrachtung ist abzuweichen, wenn

- die Bedingung „Grundbestandteil einer kombinierten Strategie ist ein einzelnes Basisinstrument, dem alle weiteren Bestandteile eindeutig und für einen Dritten nachvollziehbar zugeordnet sind" zu verneinen ist oder
- die kombinierte Strategie nicht eindeutig einem der drei zulässigen Geschäfte Absicherung, Erwerbsvorbereitung oder Ertragsvermehrung zugerechnet werden kann.

In diesem Fall ist die gewählte Strategie nur dann zulässig, wenn jeder der Grundbestandteile zulässig ist und den angestrebten Zweck (Absicherung, Erwerbsvorbereitung, Ertragsvermehrung) erfüllt.[142]

Anwendungsbeispiele

106 Grundsätzlich sind verschiedene Kombinationsgeschäfte denkbar. So kann z.B. durch den gleichzeitigen Kauf von Kaufoptionen und Verkauf von Verkaufsoptionen eine dem Terminkauf vergleichbare Sicherungswirkung erzielt werden.[143]

141 Vgl. R 3/2000, Abschn. A II Nr. 4.
142 Vgl. R 3/2000, Abschn. A II Nr. 4.
143 Vgl. *Scharpf/Luz,* Risikomanagement, Bilanzierung und Aufsicht von Finanzderivaten, Stuttgart 2000, S. 42 ff.

Terminkäufe und -verkäufe entsprechen in ihrer wirtschaftlichen Auswirkung Kassatransaktionen. Da sich Terminkäufe (Long Future) über die Kombination einer gekauften Kaufoption (Long Call) und einer verkauften Verkaufsoption (Short Put) synthetisch darstellen lassen, sind derartige Kombinationsgeschäfte zur Herstellung einer synthetischen Long Position zulässig, soweit die wirtschaftlich hergestellte Position (Long Future) zulässig ist. Entsprechendes gilt für synthetische Short Positionen (Short Future), die sich aus der Kombination einer verkauften Kaufoption (Short Call) und einer gekauften Verkaufsoption (Long Put) darstellen lassen. Voraussetzung ist jedoch, dass diese Kombinationsgeschäfte und ihr Zweck in den internen Richtlinien des VU ausreichend präzise geregelt sind und bei Geschäftsabschluss dokumentiert werden.[144] 107

In R 3/2000 werden als Beispiele der Einsatz eines Zero-Cost-Collar (Absicherung durch den Kauf eines Put, der durch den Verkauf eines Call finanziert wird) oder die Kombination von zwei Zinsswaps (Laufzeitenänderung zur Absicherung von Zinsänderungsrisiken) aufgeführt.

Es ist zu beachten, dass nach dem Wortlaut des R 3/2000 kombinierte Strategien, die neben anderen Bestandteilen auch den Verkauf von Verkaufsoptionen zum Inhalt haben (Short Put-Kombinationen), nicht den Ertragsvermehrungsgeschäften zugeordnet werden können. Ein zusätzlicher Ertrag darf gem. § 7 Abs. 2 Satz 2 VAG nur aus vorhandenen Wertpapieren erzielt werden. Kombinationen mit einem Short Put können dagegen lediglich zur Absicherung oder Erwerbsvorbereitung eingesetzt werden. Die Regelungen über den Einsatz von Short Puts zur Erwerbsvorbereitung gelten dabei entsprechend. Absicherungen mit kombinierten Strategien, die offene Short Put-Positionen enthalten, sind zur Absicherung ungeeignet.

Grenzen

In R 3/2000 wird darauf hingewiesen, dass kombinierte Strategien mit einfacher Gewichtung in die Messung der volumenmäßigen Begrenzungen eingehen, wenn die folgenden Bedingungen erfüllt sind: 108

- Grundbestandteil einer kombinierten Strategie ist ein einzelnes Basisinstrument, dem alle weiteren Bestandteile eindeutig und für einen Dritten nachvollziehbar zugeordnet sind.
- Die kombinierte Strategie wird vor Vertragsschluss in ihre Bestandteile zerlegt und bewertet; Zerlegung und Bewertung werden dokumentiert. Mit der

144 Vgl. *Scharpf/Luz*, Risikomanagement, Bilanzierung und Aufsicht von Finanzderivaten, Stuttgart 2000, S. 43.

Zerlegung und Bewertung kann auch ein qualifiziertes Kreditinstitut beauftragt werden, mit dem selbst keine Geschäfte im derivativen Bereich getätigt werden. In diesem Fall sind die Übertragung sowie die Spezifikation der erforderlichen Aufgaben im Rahmen eines Dienstleistungsvertrags zu dokumentieren.

- Die kombinierte Strategie wird eindeutig einem der drei zulässigen Geschäfte Absicherung, Erwerbsvorbereitung oder Ertragsvermehrung zugerechnet. Die Zuordnung hat bei Abschluss des Vertrags zu erfolgen.

Soweit die erste oder dritte Bedingung nicht erfüllt ist und auf die Ebene der Grundbestandteile der gewählten Strategie übergegangen werden muss, sind die Grundbestandteile einzeln auf die zulässigen volumenmäßigen Begrenzungen anzurechnen.

dd) Indexgeschäfte

109 Geregelt wird in R 3/2000 auch die Frage, inwieweit Options- und Future-Geschäfte auf einen Wertpapierindex zulässig sind.[145] Danach kommen Indexgeschäfte als Absicherungs- sowie Erwerbsvorbereitungsgeschäfte infrage.

Beim Abschluss von Options- oder Future-Geschäften auf einen Wertpapierindex als Absicherungsgeschäft – hier ist insb. an die Absicherung von Portfoliorisiken über Aktienindex-Instrumente zu denken – muss nachgewiesen werden, dass eine Korrelation der Wertentwicklung von Index und abgesichertem Bestand besteht, d.h. dass die Wertänderungen des abgesicherten Bestands an Vermögenswerten „nahezu vollständig“ mit den Änderungen des Wertpapierindex korrelieren. Hiervon ist auszugehen, wenn die Struktur des Portfolios an Vermögensgegenständen „im Wesentlichen“ mit der des Wertpapierindexes übereinstimmt.

Options- oder Future-Geschäfte auf einen Index sind als Erwerbsvorbereitungsgeschäfte nur zulässig, wenn die physische Lieferung von dem Index zugrunde liegenden Wertpapieren vereinbart wurde. Dabei ist die nahezu vollständige Korrelation der Wertentwicklung der zu liefernden Wertpapiere mit der Entwicklung des Index nachzuweisen. Ein Ausgleich der nicht lieferbaren Spitzen ist jedoch möglich. Grundsätzlich ist es ausreichend, dass die Erwerbsvorbereitung im Wege eines Aktivtausches stattfindet, d.h. dass der zuvor erworbene Index-Future verkauft wird und in einem engen zeitlichen Zusammenhang Wertpapiere gekauft werden, die eine nahezu vollständige Korrelation zur Entwicklung des Indexes aufweisen. Erforderlich ist dabei die nachprüfbare Dokumentation des Zusammenhangs der abgeschlossenen Geschäfte für die BaFin.

145 Vgl. R 3/2000, Abschn. A II Nr. 5.

Die beschriebenen Korrelationen müssen nachhaltig sein, allerdings dürfte eine vollständige Korrelation nur in Ausnahmefällen erreicht werden. Die in R 3/2000 verwendeten Begriffe „nahezu vollständig" und „im Wesentlichen" sind nicht näher bestimmt und damit auslegungsbedürftig. 110

ee) Strukturierte Produkte

Strukturierte Produkte sind Vermögensgegenstände mit Forderungscharakter oder Verbindlichkeiten, die im Vergleich zu nicht strukturierten Produkten hinsichtlich ihrer Verzinsung, ihrer Laufzeit oder ihrer Rückzahlung besondere Ausstattungsmerkmale aufweisen.[146] In der Regel ist dabei ein zinstragendes Kassainstrument mit einem oder mehreren derivativen Finanzinstrumenten fest zu einer rechtlichen und wirtschaftlichen Einheit verbunden, d.h. die einzelnen Bestandteile eines strukturierten Produkts sind nicht getrennt voneinander handelbar.[147] Dem steht nicht entgegen, dass die einzelnen Bestandteile gegen Marktwertschwankungen abgesichert werden oder ihrerseits als Sicherungsinstrument dienen können. Unter die Definition strukturierter Produkte fallen z.B. Anlagen mit Schuldner- oder Gläubigerkündigungsrechten, optionale Multi-Tranchen-Anleihen, Reverse-Floater, Step-Up-Anleihen, Anleihen mit Währungswahlrecht oder Schuldscheindarlehen mit dem Recht, am Laufzeitende anstatt des Nennbetrags Aktien zurückzugeben usw. Nicht als strukturiertes Produkt zu klassifizieren sind hingegen traditionelle Optionsanleihen, die in Anleihe und Optionsschein zerlegt und getrennt voneinander gehandelt werden können. 111

Die Regelungen des Derivate-Rundschreibens R 3/2000 sind auf die in strukturierten Produkten enthaltenen Derivate grundsätzlich anzuwenden, unabhängig davon, ob das strukturierte Produkt für die Anlage des gebundenen Vermögens geeignet ist. Ausgenommen von den Regelungen des Rundschreibens R 3/2000 sind „einfach" strukturierte Produkte, die gegenüber den nach § 2 AnlV zulässigen Kapitalanlagen kein messbares zusätzliches Risiko aufweisen. 112

Dies wird gem. Rundschreiben R 3/1999 regelmäßig dann der Fall sein, wenn

- das strukturierte Produkt aus der Verbindung eines Kassainstruments mit einem – oder mehreren gleichartigen, derselben Risikokategorie angehörenden – derivativen Finanzinstrument(en) besteht,
- eine Kapitalgarantie gewährt wird,

146 Vgl. *IDW Stellungnahme zur Rechnungslegung: Zur einheitlichen oder getrennten handelsrechtlichen Bilanzierung strukturierter Finanzinstrumente (IDW RS HFA 22)* (Stand: 02.09.2008).

147 Vgl. R 3/1999, Abschn. A I.

- eine Negativverzinsung ausgeschlossen ist und
- weder Liefer- noch Abnahmeverpflichtungen für Vermögenswerte begründet werden.[148]

Sind diese Voraussetzungen nicht gegeben, handelt es sich um ein komplex strukturiertes Produkt. Das Rundschreiben R 3/2000 findet entsprechend Anwendung auf die in diesen Instrumenten eingebetteten Derivate.

113 Für die Anlage im gebundenen Vermögen eignen sich strukturierte Produkte nur dann, wenn sie den Anforderungen des § 54 VAG an Sicherheit, Rentabilität und Liquidität genügen. Gewährt das strukturierte Produkt eine Kapitalgarantie und wird eine Negativverzinsung ausgeschlossen, sind diese Anforderungen als erfüllt anzusehen.[149] Die Zuordnung strukturierter Produkte zum Anlagenkatalog des § 2 AnlV bestimmt sich dabei nach der Rechtsnatur des Kassainstruments.

Die Gewährung einer Kapitalgarantie bedeutet, dass das eingesetzte Kapital bei Fälligkeit in der Währung, auf die das strukturierte Produkt lautet, voll zum Nennwert zurückgezahlt werden muss, wobei vorher erfolgte Zins-, Bonus- oder sonstige Zahlungen nicht auf den Rückzahlungsbetrag angerechnet werden dürfen. Dabei ist es nicht zwingend notwendig, dass diese Garantie auch während der Laufzeit besteht. Der Ausschluss einer Negativverzinsung bedeutet, dass das VU keinesfalls zur Zahlung von Zinsen verpflichtet sein darf.

Begründet ein strukturiertes Produkt eine Abnahmeverpflichtung, so muss gewährleistet sein, dass die abzunehmenden Werte derselben Anlageart angehören, eine Kapitalgarantie gewähren und eine Negativverzinsung ausgeschlossen ist. Wird durch das strukturierte Produkt eine Lieferverpflichtung begründet, ist der Erwerb nur möglich, soweit sich die zu liefernden Vermögenswerte bei Vertragsabschluss und während der gesamten Laufzeit im Bestand des VU befinden.

Anlagen, die diese Voraussetzungen nicht erfüllen, können dem gebundenen Vermögen auch über die Öffnungsklausel grundsätzlich nicht zugeführt werden, da die allgemeinen Anlagegrundsätze des § 54 Abs. 1 VAG auch im Rahmen der Öffnungsklausel zu beachten sind. Allerdings dürfte eine Zuführung von Produkten ohne Kapitalgarantie über die Öffnungsklausel möglich sein, wenn die Summe der garantierten Zahlungsströme mind. den Nominalbetrag erreicht.[150] Dies ist z.B. dann der Fall, wenn ein fünfjähriges, an die Performance eines Indexes geknüpftes

148 Vgl. R 3/1999, Abschn. A II.
149 Vgl. R 3/1999, Abschn. B I.
150 Vgl. R 3/1999, Abschn. B III.

Schuldscheindarlehen eine Kapitalgarantie von 90 % und eine Mindestverzinsung von 2 % p.a. gewährt.[151]

Zu beachten bei einer Anlage in strukturierten Produkten sind die im Kapitalanlagerundschreiben R 15 / 2005 konkretisierten allgemeinen Anlagegrundsätze.[152] So erfordert der Grundsatz der Sicherheit, dass Anlagen mit einer im Verhältnis zur marktüblichen Verzinsung sehr geringen Verzinsung oder einer Nullverzinsung eine Laufzeit von maximal zwölf Jahren nicht überschreiten dürfen und der Barwert der Kapitalgarantie mind. 50 % des eingesetzten Kapitals entsprechen muss, da sonst die Aushöhlung der wirtschaftlichen Substanz droht. Vermögensanlagen mit einer solchen Niedrigverzinsung, deren Gesamtrendite im Wesentlichen aus einer anderen Ertragsquelle, wie z.B. aus einem Aktienportfolio, erwirtschaftet werden soll, dürfen aus Rentabilitätsgesichtspunkten nur in geringem Umfang und unter Berücksichtigung der Risikotragfähigkeit des Unternehmens erworben werden. 114

Strukturierte Produkte, die dem Anwendungsbereich des Rundschreibens R 3 / 2000 unterliegen (komplexe strukturierte Produkte), dürfen nur im Rahmen der Volumenbegrenzungen für Erwerbsvorbereitungs- und Ertragsvermehrungsgeschäfte des Rundschreibens R 3 / 2000 erworben werden. Strukturierte Produkte können nicht zur Absicherung eingesetzt werden, da Absicherung einen bereits vorhandenen Bestand an Vermögenswerten voraussetzt, der abgesichert werden soll. Der gleichzeitige Erwerb von Kassainstrument und Derivat als strukturiertes Produkt erfüllt diese Definition nicht.[153] Die Mischungs- und Streuungsregelungen des § 54 VAG und der AnlV gelten für alle strukturierten Produkte des gebundenen Vermögens. 115

Grundsätzlich bedingt das Rundschreiben R 3 / 1999 eine Trennung strukturierter Produkte in ihre Bestandteile,[154] die eine Unterscheidung einfacher strukturierter Produkte von komplexen strukturierten Produkten erlaubt. Damit sind strukturierte Produkte, deren Trennung aufgrund ihrer komplexen Struktur aus technischen Gründen nicht möglich ist, für den Erwerb des gebundenen Vermögens nicht zulässig. Erst mit der Trennung ist eine Identifizierung der dem Produkt innewohnenden Risiken möglich. Bei komplexen strukturierten Produkten sind VU durch die Vorgaben zum Risikomanagement i.S.d. Rundschreibens R 3 / 2000 ohnehin zur regelmäßigen Bewertung verpflichtet. 116

151 Vgl. *Krüger*, VW 1999, S. 1357.
152 Vgl. dazu im Detail R 15 / 2005, Abschn. A II.
153 Vgl. R 3 / 1999, Abschn. A II 1.
154 Zur Trennung für bilanzielle Zwecke vgl. *IDW RS HFA 22*.

ff) Indexzertifikate

117 Indexzertifikate sind Inhaberschuldverschreibungen ohne Zinskupons, bei denen der Emissionskurs und der Schlussabrechnungsbetrag prozentual zu einem Wertpapierindex bzw. dem Wert eines vom Emittenten individuell zusammengestellten Aktienportfolios in Bezug gesetzt werden, wobei die Gewinnmöglichkeit nach oben durch einen Cap begrenzt sein kann (Cap-Zertifikate).[155] Die Frage, ob es sich bei diesen Instrumenten um Derivate handelt, wird von der BaFin verneint,[156] da es ihnen am ausschließlich aleatorischen Charakter fehlt. Insbesondere weisen Indexzertifikate nicht das den Derivaten inhärente Risiko auf, mit einem vergleichsweise geringen Kapitaleinsatz erhebliche Risiken einzugehen.

Indexzertifikate ohne Gewinnbegrenzung unterliegen daher nicht den Vorschriften der Rundschreiben R 3/99 und R 3/2000. Eine Zuordnung zu den Aktien nach § 2 Abs. 1 Nr. 12 oder 13 AnlV ist nicht sachgerecht, da die mit dem Aktienerwerb verbundenen gesellschaftsrechtlichen Positionen bei Indexzertifikaten nicht vorliegen. Ebenso wenig kommt eine Subsumtion unter die Inhaberschuldverschreibungen nach § 2 Abs. 1 Nr. 7 oder 8 AnlV in Betracht, da das den Schuldverschreibungen innewohnende Versprechen der vollständigen Kapitalrückzahlung nicht vorliegt. Zudem erfolgen keine Zinszahlungen. Die Zuführung zum gebundenen Vermögen kann daher ausschließlich über die Öffnungsklausel des § 2 Abs. 2 AnlV erfolgen.

118 Bei Indexzertifikaten mit einer Gewinnbegrenzung ist die in der Definition des Rundschreibens R 3/99 geforderte Verbindung eines Kassainstruments mit einem derivativen Finanzinstrument zu einer festen rechtlichen und wirtschaftlichen Verbindung gegeben, womit das Rundschreiben anwendbar ist und auch die Voraussetzungen des Rundschreibens R 3/2000 zu erfüllen sind. Im Hinblick auf das mit einer Direktanlage in Aktien vergleichbare Risiko ist jedoch die Anwendung des Rundschreibens R 3/2000 nicht geboten, sodass Indexzertifikate wie einfach strukturierte Produkte i.S.d. R 3/1999 zu behandeln sind. Da jedoch bei diesen Produkten eine Kapitalgarantie nicht gewährt wird und die Summe der garantierten Zahlungsströme nicht mind. den Nominalbetrag erreicht, dürften sie entsprechend der Regelungen des Rundschreibens R 3/1999 nicht dem gebundenen Vermögen zugeführt werden. Diese Vorgehensweise stünde jedoch im Widerspruch zur Behandlung von Indexzertifikaten ohne Gewinnbegrenzung, sodass eine Ausnahme von den Anforderungen des Rundschreibens gewährt wird. Indexzertifikate

155 Vgl. *Reiner*, Derivative Finanzinstrumente im Recht, Baden-Baden 2002, S. 35.
156 Vgl. GB/BAV 2000, S. 43.

mit einer Gewinnbegrenzung können damit über die Öffnungsklausel des § 2 Abs. 2 AnlV dem gebundenen Vermögen zugeführt werden.

gg) Kreditderivate

Gemäß Rundschreiben R 3/2000 zählen zu den Geschäften mit Derivaten ausschließlich Finanzderivate, deren Gegenstand Marktpreisrisiken, wie z.B. Zins-, Währungs- oder Aktienkursrisiken, sind. Im Hinblick auf die gestiegene Bedeutung einer Absicherung gegen Bonitätsrisiken und die internationale Gleichbehandlung von Kreditderivaten und Finanzderivaten gelten allerdings auch Credit-Default-Swaps als Absicherungsgeschäfte.[157] Hierbei handelt es sich um Vereinbarungen, bei denen der Sicherungsnehmer gegenüber dem Sicherungsgeber gegen Zahlung einer periodischen oder einmaligen Risikoprämie einen Anspruch auf eine Ausgleichszahlung bei Eintritt eines vertraglich festgelegten Kreditereignisses (z.B. Ausfall oder Abstufung des Bonitätsratings eines Schuldners) bei einem Referenzaktivum hat. Der Anspruch des Sicherungsnehmers auf die Ausgleichzahlung verfällt, wenn das Kreditereignis bis zur Fälligkeit nicht eintritt. 119

Durch die Anlage in Kreditderivaten können ausstellerfremde Bonitäts- und Kreditrisiken vom VU übernommen werden, ohne den zugrunde liegenden Kredit oder die Anleihe zu erwerben. Die versicherungsmäßige Übernahme von Kreditrisiken ist jedoch nur VU gestattet, die zur Kreditversicherung zugelassen sind. Alle anderen VU dürfen gem. Rundschreiben R 1/2002 Kreditrisiken nur insoweit übernehmen, als diese in ein Kassainstrument eingebettet sind. Dies ist bei CLN und ABS der Fall. Dabei darf das innerhalb der Kapitalanlage bestehende Kreditrisiko nicht von wesentlicher Bedeutung sein. 120

Credit-Linked-Notes sind von einem Sicherungsnehmer emittierte Schuldverschreibungen oder Schuldscheindarlehen, deren Verzinsung und/oder Rückzahlung zum Nennwert bei Fälligkeit nur erfolgt, wenn ein vertraglich definiertes Kreditereignis, wie z.B. der Ausfall eines Schuldners, bei einem Referenzaktivum oder -portfolio nicht eintritt. Bei Eintritt des vereinbarten Kreditereignisses erfolgt eine Rückzahlung zum Restbuchwert des Referenzaktivums bzw. -portfolios.

Asset-Backed-Securities sind Wertpapiere oder Schuldscheindarlehen, die Zahlungsansprüche gegen eine ausschließlich dem Zweck der ABS-Transaktion[158]

157 Siehe Verlautbarung der BaFin „Hinweise zum Einsatz von Receiver Forward Swaps, Long Receiver Swaptions und Credit Default Swaps bei Versicherungsunternehmen und Pensionsfonds“ v. 14.09.2005.

158 Bei einer ABS-Transaktion verkauft ein Unternehmen oder Kreditinstitut (Verkäufer/Originator) i.d.R. einen Forderungspool mit möglichst gleichartigen Forderungen (Assets) an eine

dienende Zweckgesellschaft (SPV) zum Gegenstand haben. Die Zahlungsansprüche werden durch einen Bestand an Forderungen gedeckt, die auf die SPV übertragen werden und im Wesentlichen den Inhabern der ABS als Haftungsgrundlage zur Verfügung stehen (Collateral Pool). Das Ausfallrisiko der Forderungen kann jedoch auch mittels eines Kreditderivats (z.B. durch einen Credit-Default-Swap) synthetisch auf die Zweckgesellschaft übertragen werden, ohne dass die Forderungen selbst auf die SPV übergehen.

121 Von einem nicht wesentlichen eingebetteten Kreditrisiko i.S.d. R 1/2002 kann bei CLN und ABS grundsätzlich dann ausgegangen werden, wenn das Kassainstrument mind. über ein externes Investment-Grade-Rating einer anerkannten Ratingagentur verfügt. Dies ist dann nicht ausreichend, wenn andere Umstände oder Risiken eine abweichende negative Beurteilung des Kreditrisikos nahelegen oder ein Speculative-Grade-Rating einer anderen anerkannten Ratingagentur vorliegt (Split-Rating). Sofern kein externes Rating des Kassainstruments vorliegt, müssen die Bonität des Referenzaktivums oder -portfolios bzw. des Collateral Pools sowie das Ausfallrisiko der gesamten Anlage nachprüfbar positiv beurteilt werden. Bei einem Forderungsausfall im Collateral Pool bzw. einem Eintritt des definierten Kreditereignisses muss zusätzlich eine Hebelwirkung[159] im Hinblick auf die Rückzahlung ausgeschlossen sein.[160]

122 Sofern CLN und ABS dem gebundenen Vermögen zugeführt werden sollen, unterliegen sie den allgemeinen Anforderungen des § 54 Abs. 1 VAG an die Sicherheit, Rentabilität und Liquidität der Vermögensanlage. Dabei ist dem Grundsatz der Sicherheit höchste Priorität einzuräumen. Aufgrund dessen sind die Bestandteile dieser Instrumente vor dem Erwerb und regelmäßig während der Anlagedauer nachprüfbar umfassend auf rechtliche und wirtschaftliche Risiken zu untersuchen. Insbesondere ist bei ABS das Risiko-Rendite-Profil der Tranche, in die investiert werden soll, mit dem Verhältnis der Größe aller Tranchen zum Collateral Pool abzugleichen. Dieser ist auf seine Zusammensetzung nach Arten und Merkmalen der Forderungen, ihrer durchschnittlichen gewichteten Bonität, den zu erwartenden Zahlungsströmen und voraussichtlichen Ausfallwahrscheinlichkeiten zu überprüfen. Bei synthetischen Produkten sind unter Berücksichtigung der Erkenntnisse von anerkannten Ratingagenturen die aus den eingebetteten Kreditderivaten resultierenden Risiken für die Verzinsung und Rückzahlung der Anlage zu analysieren.

Finanzierungsgesellschaft, das sog. Special Purpose Vehicle (SPV). Das SPV refinanziert den zu zahlenden Kaufpreis über die Begebung von Wertpapieren (Securitization).

159 Eine Hebelwirkung liegt dann vor, wenn der Ausfall eines Schuldners zu einem überproportionalen Ausfall der Rückzahlung des Kassainstruments führen kann.

160 Vgl. hierzu R 1/2002, Abschn. A I.

Zur Identifikation aller innewohnenden Risiken, zu deren Bewertung und zum Nachweis, dass die eingebetteten Kreditrisiken nicht von wesentlicher Bedeutung sind, sind die Produkte in ihre Bestandteile aufzuspalten.[161] Außerdem ist die Zerlegung Voraussetzung für die Identifikation weiterer enthaltener Derivate, die ggf. den Anforderungen des § 7 Abs. 2 Satz 2 VAG bzw. dem Rundschreiben R 3/2000 unterliegen. Mit der Zerlegung kann auch ein qualifiziertes Kreditinstitut oder Wertpapierdienstleistungsunternehmen beauftragt werden, das jedoch keinerlei Einschränkungen hinsichtlich seiner fachlichen Unabhängigkeit unterliegen darf, insb. weder Emittent der CLN oder der ABS noch ein mit diesem verbundenes Unternehmen i.S.d. § 15 AktG bzw. § 271 Abs. 2 HGB sein darf.

Credit-Linked-Notes und ABS, die dem gebundenen Vermögen zugeführt werden sollen, müssen mind. ein Investment-Grade-Rating einer anerkannten Ratingagentur aufweisen. Dies ist für den Fall nicht ausreichend, wenn andere Umstände oder Risiken eine abweichende negative Beurteilung der Sicherheit der Vermögensanlage erfordern oder ein sog. Split-Rating vorliegt. Darüber hinaus muss bei einem Forderungsausfall im Collateral Pool bzw. beim Eintritt des vertraglich definierten Kreditereignisses im Referenzportfolio eine Hebelwirkung im Hinblick auf Verzinsung und Rückzahlung der Vermögensanlage ausgeschlossen sein.

Produkte, die über kein externes Investment-Grade-Rating einer anerkannten Ratingagentur oder über ein Split-Rating verfügen, dürfen nur bei nachprüfbar zu dokumentierender, positiver Beurteilung der Bonität des Forderungsbestands und der Sicherheit und Rentabilität der gesamten Anlage im Rahmen der Öffnungsklausel des § 2 Abs. 2 AnlV dem gebundenen Vermögen zugeführt werden.

Aufgrund der erhöhten Anforderungen an die Sicherheit der Vermögensanlage ist ein angemessenes und wirksames Risikomanagement Voraussetzung für den Erwerb von CLN und ABS. Das Rating ist mind. jährlich, bei negativen Marktentwicklungen auch unterjährig zu überprüfen. Mit dem Risikomanagement kann unter Berücksichtigung derselben Voraussetzungen, die für das die Produkte zerlegende Institut gelten, auch ein externes Kreditinstitut oder Wertpapierdienstleistungsunternehmen beauftragt werden. Für eine ordnungsgemäße Durchführung der Geschäfte sind interne Richtlinien und Verfahren festzulegen, deren Einhaltung und regelmäßige Überprüfung zu gewährleisten ist.

Die den Anforderungen entsprechenden CLN und ABS sind ausgehend von der Rechtsnatur des Kassainstruments (Schuldverschreibung oder Schuldscheindarlehen) und unabhängig von der Art des Referenzaktivums bzw. der im Refe

161 Vgl. R 1/2002, Abschn. B I.

renzportfolio oder Collateral Pool enthaltenen Vermögenswerte in den Anlagekatalog des § 2 Abs. 1 AnlV einzuordnen.[162] Sind die im Referenzportfolio bzw. Collateral Pool enthaltenen Vermögenswerte jedoch für die Direktanlage gem. § 2 Abs. 4 AnlV – mit Ausnahme von Konsumenten- und Betriebsmittelkrediten[163] – ausgeschlossen, ist eine Zuordnung dieser Produkte zum gebundenen Vermögen nicht zulässig.

123 Unabhängig von den für die jeweilige Anlageart geltenden Mischungsgrenzen sind CLN und ABS nur zur vorsichtigen Beimischung geeignet. Ihr Anteil darf gem. § 3 Abs. 2 Nr. 1 AnlV insgesamt jeweils 7,5 % des Sicherungsvermögens und des sonstigen gebundenen Vermögens nicht übersteigen.

hh) Unzulässige Geschäfte

124 Nach § 7 Abs. 2 Satz 2 VAG sind Geschäfte mit derivativen Finanzinstrumenten, die nicht den dort genannten Motiven dienen, nicht zulässig.

Unzulässig sind insb. Leergeschäfte,[164] d.h.

- der Leerverkauf von Aktien bzw. festverzinslichen Wertpapieren ohne einen entsprechenden vorhandenen Wertpapierbestand oder
- Erwerbsvorbereitungsgeschäfte, bei denen entsprechende Wertpapierbestände nicht aufgebaut werden.

Kaufoptionen dürfen dementsprechend nur verkauft werden (der Stillhalter hat bei Ausübung durch den Inhaber die Basisobjekte zu liefern), wenn die den Gegenstand des Optionsgeschäfts bildenden Vermögenswerte (Basiswerte) im Zeitpunkt des Verkaufs (und während der Laufzeit der Option) zum Portefeuille gehören. Diese Vermögenswerte dürfen während der Laufzeit der Kaufoption nicht veräußert werden. Verkaufsoptionen dürfen nur gekauft werden, wenn sich die den Gegenstand des Optionsgeschäfts bildenden Vermögenswerte (mit Ausnahme der Wertpapierindizes) im Zeitpunkt des Erwerbs der Verkaufsoption im Portefeuille befinden.

---

162 Ist bei CLN das Kassainstrument eine Schuldverschreibung, erfolgt die Zuordnung gem. § 2 Abs. 1 Nr. 7 oder Nr. 8 AnlV, für von geeigneten Kreditinstituten begebene Schuldscheindarlehen gilt § 2 Abs. 1 Nr. 18b AnlV. ABS-Schuldscheindarlehen sind nach § 2 Abs. 1 Nr. 10 AnlV zuzuordnen, bei ABS-Schuldverschreibungen kommt eine Zuordnung gem. § 2 Abs. 1 Nr. 7 oder Nr. 8 AnlV infrage.

163 Forderungen aus Konsumenten- und Betriebsmittelkrediten sind üblicherweise Bestandteile des Forderungspools bei ABS-Transaktionen und werden daher durch das Rundschreiben R 1/2002 akzeptiert, obwohl eine Direktanlage ausgeschlossen ist.

164 Vgl. hierzu R 3/2000, Abschn. A II Nr. 3.

Ausgeschlossen sind ferner Arbitragegeschäfte, da diese nach Ansicht der BaFin den Aufbau reiner Handelspositionen bedeuten.

III. Die Prüfung der Einhaltung der Vermögensanlagevorschriften durch den Abschlussprüfer

Die Würdigung der Vorschriften über die Vermögensanlage aus der Sicht des Abschlussprüfers zieht die Frage nach sich, inwieweit sich der Wirtschaftsprüfer im Rahmen der Jahresabschlussprüfung auch mit der Einhaltung der gesetzlichen und aufsichtsbehördlichen Anlagevorschriften befassen muss. 125

Aus dem gesetzlichen Prüfungsauftrag ergeben sich diesbezüglich keine unmittelbaren Hinweise. Gemäß § 341k Abs. 1 i.V.m. § 317 HGB ist der Jahresabschluss unter Einbeziehung der Buchführung und des Lageberichts zu prüfen. Insbesondere hat der Prüfer bei der Prüfung des Lageberichts die entsprechende Risikoberichterstattung gem. DRS 5-20 hinsichtlich der Risiken aus Kapitalanlagen sowie die Darstellung der Risikomanagementziele und -methoden bzgl. Finanzinstrumenten einschl. der Methoden zur Absicherung aller wichtigen Arten von Transaktionen, die im Rahmen der Bilanzierung von Sicherungsgeschäften erfasst werden, auf ihre korrekte Darstellung hin zu beurteilen.[165] Ebenso besteht gem. § 57 Abs. 1 Satz 3 VAG eine Pflicht zur Prüfung des Risikofrüherkennungssystems bei allen VU, auf die § 91 Abs. 2 AktG anzuwenden ist.[166]

Darüber hinaus obliegt dem Prüfer gem. § 57 Abs. 1 VAG die Feststellung, ob die Anzeigepflichten nach § 13b Abs. 1 und 4, § 13c Abs. 1 und 4, § 13d Nr. 1-5, § 13e, die Anforderungen nach den §§ 104d und 104g Abs. 1, § 104q Abs. 1 Satz 1, Abs. 2 Satz 2-4 und Abs. 3-9 und § 104r Abs. 1, 3 und 4 VAG, jeweils auch in Verbindung mit einer Rechtsverordnung nach § 104g Abs. 2, § 104q Abs. 1 Satz 2 und § 104r Abs. 2, sowie die Verpflichtungen nach § 57 Abs. 1a VAG erfüllt worden sind.

Auf der Grundlage von § 55a Abs. 1 Nr. 3 VAG gilt darüber hinaus die Verordnung über den Inhalt der Prüfungsberichte zu den Jahresabschlüssen von VU (Prüfungsberichteverordnung (PrüfV)) v. 03.06.1998 (BGBl. I, S. 1209). Nach der Begründung zur PrüfV soll die Berichterstattung des Abschlussprüfers grundsätzlich nur 126

165 Zur Lageberichterstattung siehe Beitrag D. Anhang und Lagebericht.

166 Dies betrifft alle VU in der Rechtsform einer AG sowie über die Verweisung nach § 34 Satz 2 VAG alle Versicherungsvereine auf Gegenseitigkeit (VVaG) und nach § 156 Abs. 2 VAG alle öffentlich-rechtlichen VU. Ausgenommen sind lediglich kleinere VVaG, die nach § 53 Abs. 1 VAG nicht verpflichtet sind, ein Risikofrüherkennungssystem einzurichten. Vgl. zur Prüfung des Risikofrüherkennungssystems Beitrag H1. Grundsätze für die Prüfung von VU.

Angaben über die Einhaltung der für die Rechnungslegung geltenden gesetzlichen Vorschriften enthalten. Vorschriften zur Berichterstattung über die Einhaltung der gesetzlichen Vorschriften sowie der hierzu verlautbarten, aufsichtsbehördlichen Grundsätze und der satzungsmäßigen Bestimmungen hinsichtlich der Vermögensanlage von VU ergeben sich aus der PrüfV zunächst nicht. § 8 Abs. 1 PrüfV fordert jedoch allgemein die Darstellung der Vermögenslage unter Angabe aller entscheidungsrelevanten Umstände. Bei richtiger Anwendung des § 8 Abs. 1 PrüfV können die Kapitalanlagevorschriften bei der Prüfung nicht außer Acht gelassen werden. Eine Berichterstattung sollte danach stets bei schwerwiegenden Verstößen stattfinden, wie z.B. bei Verletzung des Gebots der Mischung oder der Streuung.

Lediglich bei den Pensionskassen ist ausdrücklich über Konditionen, Umfang und Sicherheit von Anlagen bei Mitglieds- und Trägerunternehmen zu berichten (§ 8 Abs. 3 PrüfV).

127 Gemäß § 11 Abs. 1 PrüfV ist über Art, Umfang und Entwicklung der Geschäfte mit derivativen Finanzinstrumente jeweils getrennt nach den einzelnen Gruppen von Derivaten zu berichten. Konkret ergeben sich dabei folgende Erfordernisse:

- Überprüfen der Voraussetzungen des § 7 Abs. 2 Satz 2 VAG
- Darstellung des Ergebnisses aus den Derivategeschäften
- Darstellung der Ergebnisauswirkungen in den einzelnen Bilanz- und GuV-Posten
- Aufführen derjenigen Bilanz- und GuV-Posten, denen Beträge aus derivativen Geschäften zugeordnet wurden
- Darlegung der Bewertungsmethoden.

128 Darüber hinaus hat der Abschlussprüfer gem. § 11 Abs. 2 PrüfV die Risiken, insb. Bonitäts-, Zinsänderungs- und Währungsrisiken, für alle Gruppen von Derivaten getrennt darzustellen sowie die Vorkehrungen zu ihrer Begrenzung zu erläutern. Bei Geschäften außerhalb der Börse kommt der Feststellung der Bonität des Vertragspartners besondere Bedeutung zu. Im Rahmen der Darstellung nach § 11 Abs. 2 Satz 3 PrüfV ist es auch erforderlich, dass der Prüfer über die Art und Weise der Feststellung der Bonität (z.B. über das Rating) berichtet. Ferner ist nach § 11 Abs. 3 PrüfV vom Abschlussprüfer das Kontrollsystem für den Abschluss, die Abwicklung und die Erfassung von Derivaten zu beurteilen. Besonderes Augenmerk ist dabei auf das Buchungssystem, die Kompetenz- und Zeichnungsbefugnisse sowie die Befolgung von Arbeitsanweisungen der Geschäftsleitung und die Berichterstattung gegenüber dem Vorstand und Aufsichtsrat zu legen. Es ist zu erläutern, ob das Kontrollsystem jederzeit einen Überblick über diese Geschäfte

erlaubt. Zusätzlich ist über die Einhaltung der Anforderungen an Mitarbeitergeschäfte in Derivaten zu berichten.

Nach der „Redepflicht" des Abschlussprüfers (§ 321 Abs. 1 Satz 3 HGB) hat dieser über bei Durchführung der Prüfung festgestellten Unrichtigkeiten oder Verstöße gegen gesetzliche Vorschriften sowie Tatsachen zu berichten, die den Bestand des geprüften Unternehmens oder des Konzerns gefährden oder seine Entwicklung wesentlich beeinträchtigen können oder die schwerwiegende Verstöße der gesetzlichen Vertreter oder von Arbeitnehmern gegen Gesetz, Gesellschaftsvertrag oder die Satzung erkennen lassen. 129

Die Unterrichtungspflicht des Abschlussprüfers besteht auch unmittelbar gegenüber der Aufsichtsbehörde (§ 341k Abs. 3 HGB). Sie hat in den Fällen des § 321 Abs. 1 Satz 3 HGB unverzüglich zu erfolgen. Die Mitteilung des Abschlussprüfers an die Aufsichtsbehörde wird sich auf die Angaben beschränken können, aufgrund welcher der in § 321 Abs. 1 Satz 3 HGB genannten Sachverhalte die Redepflicht ausgeübt wird. Bei darüber hinausgehenden Unterrichtungen sollte der Behörde auch die diesbezügliche Auffassung der Organe des VU mitgeteilt werden. 130

IV. Die Vorschriften über die Kapitalausstattung der Versicherungsunternehmen

1. Einführung

Die Regelungen zur Kapitalausstattung der VU mit freien unbelasteten Eigenmitteln finden sich zunächst in § 53c VAG und der Kapitalausstattungsverordnung (KapAusstV) nebst zugehörigem Rundschreiben R 4/2005. Ziel dieser Vorschriften ist die Sicherstellung der dauernden Erfüllbarkeit von Verpflichtungen aus Verträgen durch freie unbelastete Eigenmittel. 131

Maßstab für die geforderte Leistungsfähigkeit des einzelnen VU ist die sog. Solo-Solvabilität. Vereinfachend ist hierunter die Relation des Geschäftsvolumens des jeweiligen VU zu den ihm zur Verfügung stehenden Eigenmitteln zu verstehen. Bemessungsgrundlage und Höhe der Eigenmittelanforderungen hängen dabei von den betriebenen Sparten ab.[167]

Da die Solvenz- und allgemeine Finanzlage eines VU durch seine Zugehörigkeit zu einer Versicherungsgruppe nachhaltig beeinflusst oder einer starken Belastung ausgesetzt sein kann, gelten für Erst- und RückVU in einer Gruppe zusätzliche 132

167 Vgl. *Lipowsky*, in: Prölss, VAG-Kommentar[12], vor § 53c VAG, Rn. 9.

Eigenmittelanforderungen im Sinne einer bereinigten Solvabilität oder Gruppensolvabilität.[168] Insbesondere durch die aufgrund der Ermächtigungsgrundlage des § 104g VAG erlassene Solvabilitätsbereinigungs-Verordnung (SolBerV) v. 20.12.2001 (BGBl. I, S. 4173) werden Berechnungsmethoden für eine bereinigte Solvabilität vorgegeben, wobei nach Errechnung der erforderlichen Eigenmittel der Gruppe auf die wirtschaftliche Substanz, die den einzelnen Vermögenspositionen der verschiedenen Gruppenunternehmen zugrunde liegt, abgestellt wird.[169] Darüber hinaus konkretisiert die BaFin die Berechnungsmodalitäten der bereinigten Solvabilität im Rundschreiben R 4/2009. Die Vorschriften zur Eigenmittelausstattung des Einzelunternehmens werden durch die Berücksichtigung der jeweiligen Konzernstruktur lediglich ergänzt, nicht aber ersetzt. Des Weiteren stehen neben der Überwachung der bereinigten Solvabilität die Beaufsichtigung gruppeninterner Geschäfte sowie die Offenlegung und Kontrolle von Informationen als Instrumente der Gruppenaufsicht (Solo-Plus-Aufsicht) zur Verfügung.

133 Um die Umgehung der Branchenvorschriften durch die Mehrfachbelegung mit Eigenmitteln in sog. Finanzkonglomeraten, d.h. branchenübergreifend tätigen Finanzgruppen, auszuschließen, gelten für die Unternehmen einer Finanzgruppe seit Dezember 2004 zusätzliche Regelungen hinsichtlich ihrer Eigenmittelausstattung.[170] Neben die Vorschriften zur Kapitalausstattung auf Einzelunternehmens- und Gruppenebene treten damit weitere Eigenmittelvorschriften auf Ebene des Finanzkonglomerats.[171] Ergänzt werden diese Regelungen durch Vorschriften zur Vermeidung von Risikokonzentrationen sowie zur Beaufsichtigung von gruppeninternen Transaktionen innerhalb der Finanzgruppe.

Die Vorschriften zur Eigenmittelausstattung auf Konglomeratsebene sind vor dem Hintergrund zu sehen, dass bei einer Einzelbetrachtung sowohl die Risikoaktiva als auch die Eigenmittel für die Banken- und Wertpapierdienstleistungsbranche einerseits und die Versicherungsbranche andererseits unterschiedlich definiert sind. Dies kann dazu führen, dass innerhalb eines Finanzkonglomerats gleiche Risiken (z.B. Zinsänderungsrisiken aus festverzinslichen Wertpapieren) mit unterschiedlichen Eigenmitteln zu belegen sind, je nachdem, ob sie von der „Bank-

168 Siehe Richtlinie 98/78/EG bzw. „Gesetz zur Änderung des Versicherungsaufsichtsgesetzes, insb. zur Durchführung der EG-Richtlinie 98/76/EG vom 27.10.1998 über die zusätzliche Beaufsichtigung der einer Versicherungsgruppe angehörenden Versicherungsunternehmen sowie zur Umstellung von Vorschriften auf Euro“ v. 21.12.2000 (BGBl. I, S. 1857).

169 BR-Drucks. 534/00, S. 2.

170 Vgl. Finanzkonglomeraterichtlinie-Umsetzungsgesetz v. 21.12.2004 (BGBl. I, S. 3610).

171 Die Berechnung der Finanzkonglomerate-Solvabilität wird konkretisiert durch die Verordnung über die Angemessenheit der Eigenmittelausstattung von Finanzkonglomeraten (Finanzkonglomerate-Solvabilitäts-Verordnung – FkSolV) v. 02.09.2005 (BGBl. I, S. 2688).

seite" oder der „Versicherungsseite" eingegangen werden. Die daraus in der Praxis entstehenden internen Arbitrageeffekte sollen durch die Eigenmittelvorschriften auf Konglomeratsebene beseitigt werden.

2. Solo-Solvabilität

a) Allgemeine Grundsätze zur Berechnung der Solo-Solvabilität

Die erforderliche Soll-Größe an Eigenmitteln (Sicherheitspolster), über die das 134
VU während des laufenden Betriebs stets verfügen muss, wird in § 53c Abs. 1 VAG zum einen durch die vom Geschäftsumfang abhängige, geforderte Solvabilitätsspanne[172] zum Ausdruck gebracht. Da freie unbelastete Eigenmittel (Ist-Solvabilität) mind. in Höhe der geforderten Solvabilitätsspanne zu bilden sind, folgt daraus folgendes Verhältnis:

$$\frac{\text{Eigenmittel}}{\text{Solvabilitätsspanne}} \geq 1$$

Zum anderen sind neben der Solvabilitätsspanne noch zwei weitere Sollgrößen 135
festgelegt, die mit Eigenmitteln belegt sein müssen. Es handelt sich dabei um den Garantiefonds (§ 53c Abs. 1 Satz 2 VAG) und den Mindestgarantiefonds (§§ 2 und 5 KapAusstV).

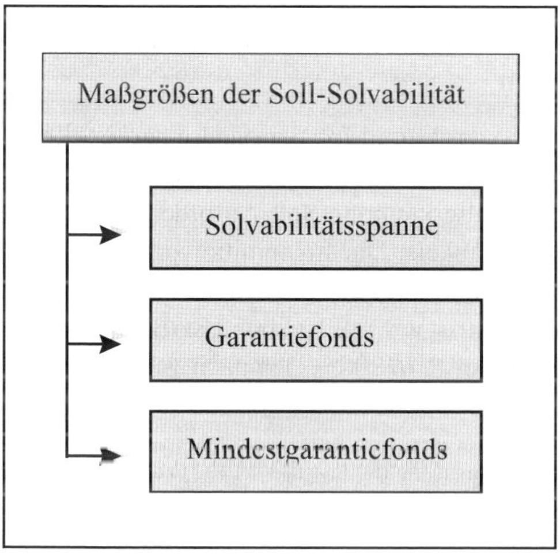

Abb. 6: Maßgrößen der Soll-Solvabilität

172 Obwohl der Begriff „Solvabilitätsspanne" eine Bandbreite von Werten suggeriert, bezieht sich der Begriff nur auf eine betragsmäßige Größe, die in Relation zum Geschäftsvolumen ermittelt wird.

Die Eigenmittel und die Solvabilitätsgrößen berechnen sich aufgrund des handelsrechtlichen Jahresabschlusses des jeweils letzten Geschäftsjahres (§ 53c Abs. 4 VAG).

136 Die Vorschriften zur Solvabilität sind grundsätzlich von allen VU mit Sitz im Inland zu erfüllen.[173] Darüber hinaus obliegt die Pflicht zur Einhaltung der Solvabilitätsvorschriften auch Niederlassungen von Unternehmen mit Sitz außerhalb der EU/EWR.[174] Die Solvabilitätsvorschriften gelten indes nicht für

- öffentlich-rechtliche Unternehmen, die ausschließlich die Alters-, Invaliditäts- und Hinterbliebenenversorgung zum Gegenstand haben (§ 1a Abs. 1 VAG)
- Versicherungs-Holdinggesellschaften, die nicht das Erst- oder RückVG betreiben (§ 1b Abs. 1 und Abs. 2 VAG)
- kleinere Vereine entsprechend den Voraussetzungen des § 156a VAG
- von der Aufsicht freigestellte, kleinste Vereine (§ 157a VAG)
- Versorgungskassen gem. § 159 VAG.

Für Pensionsfonds gelten hinsichtlich ihrer Kapitalausstattung die Sondervorschrift des § 114 VAG und die hierzu erlassene Pensionsfonds-Kapitalausstattungsverordnung v. 20.12.2001 (BGBl. I, S. 4180).

b) Rückversicherungsunternehmen und Versicherungs-Zweckgesellschaften

137 Auch für RückVU gilt der Grundsatz der dauernden Erfüllbarkeit von Verpflichtungen aus Verträgen. Mit der siebten VAG-Novelle v. 15.12.2004 (BGBl. I, S. 3416) wurden erstmalig konkrete Soll-Anforderungen an die Eigenmittel von RückVU gesetzlich verankert: Die Eigenmittelvorschriften des § 53c VAG sind nunmehr entsprechend bei RückVU anzuwenden. Näher bestimmt werden diese durch die RückKapAusstV v. 12.10.2005 (BGBl. I, S. 3018) sowie durch das Rundschreiben der BaFin R 6/2005. Demnach gelten die für das Schaden- und

173 Unternehmen mit Sitz in einem Mitgliedstaat der EU bzw. einem Vertragsstaat des EWR unterliegen entsprechend dem Sitzlandprinzip auch mit ihren Niederlassungen in Deutschland den Solvabilitätsvorschriften ihres Sitzlandes.

174 Für Niederlassungen von schweizerischen SchadenVU haben die schweizerischen Solvabilitätsvorschriften Geltung, soweit diese Normen die Kapitalausstattung entsprechend den EG-Richtlinien vorsehen. Vgl. § 1 Nr. 4 der Verordnung zur Durchführung der Richtlinie des Rats v. 20.06.1991 über die Anwendung des Abkommens zwischen der EWG und der Schweizerischen Eidgenossenschaft betreffend die Direktversicherung mit Ausnahme der Lebensversicherung.

Unfall-ErstVG bestehenden Solvabilitätsvorschriften grundsätzlich auch für das Geschäft der RückVU.[175]

Gemäß § 1 RückKapAusstV finden für die Berechnung und Höhe der Solvabilitätsspanne bei RückVU die für Nicht LV-Sparten relevanten Vorschriften der KapAusstV entsprechend Anwendung. Als Garantiefonds sind gem. § 2 RückKapAusstV mind. 3,2 Mio. Euro vorzuhalten.

Da Versicherungs-Zweckgesellschaften gem. § 121g VAG nicht als RückVU gewertet werden, gelten für diese eigenständige Regelungen zur Kapitalausstattung. Um die dauernde Erfüllbarkeit aus RückVV mit dem ErstVU oder RückVU stets sicherstellen zu können, muss gem. § 121g Abs. 3 VAG der Zeitwert der gehaltenen Kapitalanlagen zu jeder Zeit die Schadensrisiken aus dem RückVV übersteigen. Dies kann auch durch geeignete Sicherungsinstrumente gewährleistet werden, über deren Eignung die Aufsichtsbehörde entscheidet.

c) Berechnung der Solvabilitätsspanne

Das Soll an Eigenmitteln ist in der KapAusstV vorgeschrieben (Solvabilitäts-Soll). Diesem Betrag müssen die Eigenmittel mind. entsprechen. Zur Höhe und Berechnung des Solvabilitäts-Solls ist grundsätzlich zwischen Nicht LVU und LVU zu unterscheiden. 138

aa) Nicht Lebensversicherungsunternehmen

Die Berechnung der Solvabilitätsspanne basiert gem. § 1 Abs. 1 KapAusstV alternativ auf zwei Größen, nämlich 139

- dem Beitragsindex oder
- dem Schadenindex.

Ausgangspunkt für den Beitragsindex sind die Beiträge des letzten Geschäftsjahres, für den Schadenindex die durchschnittlichen Aufwendungen für Versicherungsfälle der letzten drei (sieben[176]) Geschäftsjahre. Maßgebend für die Solvabilitätsspanne ist dabei der jeweils höhere Index.

Bei einem neu gegründeten VU muss die Berechnung nach dem ersten Geschäftsjahr bis zum Ende des dritten bzw. siebten Geschäftsjahres nach dem Beitrags-

175 Die Übergangsvorschriften des § 123b VAG sind zwischenzeitlich entfallen.

176 Dies gilt bei VU, die im Wesentlichen die Sturm-, Hagel- oder Frostversicherung betreiben. Vgl. § 1 Abs. 1 Satz 2 KapAusstVO.

index erfolgen; erst im folgenden Geschäftsjahr kann sie alternativ auch nach dem Schadenindex vorgenommen werden.

Übernimmt ein VU einen Bestand, so sind sowohl die Beiträge als auch die Aufwendungen für Versicherungsfälle für diesen Bestand bei der Berechnung der Solvabilitätsspanne einzubeziehen, d.h. in die Solvabilitätsspanne fließen auch Beträge aus Zeiträumen vor der Bestandsübernahme ein.

140 Der Beitragsindex ermittelt sich nach § 1 Abs. 2 KapAusstV wie folgt:

Ausgangspunkt der Berechnung des Beitragsindexes sind die Brutto-Beiträge[177] einschl. Nebenleistungen, wie z.B. Aufnahme- oder Ausfertigungsgebühren. Abzusetzen sind hiervon die in den Beiträgen kalkulatorisch enthaltenen Steuern und Gebühren, die als bestimmbare, risikofremde Beitragsbestandteile vereinnahmt werden, sowie die im letzten Geschäftsjahr stornierten Beiträge. Von dem verbleibenden Betrag werden bis zum Betrag von 57,5 Mio. Euro 18 %, von dem darüber hinausgehenden Betrag 16 % ermittelt. Die Summe dieser Ergebnisse wird mit dem Prozentsatz des Schadenselbstbehaltes, mind. jedoch mit 50 %[178] multipliziert. Der Schadenselbstbehalt ergibt sich aus dem Verhältnis der Aufwendungen für Versicherungsfälle für eigene Rechnung (f.e.R.) zu den Bruttoaufwendungen für Versicherungsfälle für die letzten drei Geschäftsjahre und für das gesamte VG. Bei Ermittlung der Selbstbehaltsquote dürfen auf Antrag des VU und mit Zustimmung der Aufsichtsbehörde auch Beträge als RückV-Anteil berücksichtigt werden, die von zum Geschäftsbetrieb zugelassenen Versicherungs-Zweckgesellschaften eingefordert werden können. Forderungen von Zweckgesellschaften mit Sitz in einem Drittstaat dürfen hingegen nur dann berücksichtigt werden, wenn die Gesellschaft im Sitzland entsprechend den Anforderungen des § 121g VAG zum Geschäftsbetrieb staatlich zugelassen und beaufsichtigt wird und über eine vergleichbare Ausstattung mit Kapitalanlagen verfügt.

177 Maßgebend ist der jeweils höhere Betrag der gebuchten bzw. verdienten Bruttobeiträge. Darüber hinaus sind für die Sparten Luftfahrt-, See-, Binnensee- und Flussschifffahrtshaftpflicht sowie die Allgemeine Haftpflicht die Beiträge um 50 % zu erhöhen. Die Zuweisung der Beiträge zu den einzelnen Sparten kann mit Zustimmung der BaFin mittels statistischer Verfahren erfolgen.

178 Die RückV wird damit mit maximal 50 % berücksichtigt, soweit für die RückV ein hinreichender Risikotransfer festgestellt werden kann. Diesbezüglich sind die Regelungen des § 121e VAG und der sie konkretisierenden Finanz-RückV-Verordnung zu beachten.

	Bruttobeiträge des letzten Geschäftsjahres einschl. Nebenleistungen aus dem • selbst abgeschlossenen VG • in Rückdeckung übernommenen VG
./.	Gesamtbetrag der stornierten Beiträge sowie die auf die Beiträge entfallenden Steuern (z.B. Feuerschutzsteuer) und Gebühren
=	Beitragsgröße, die betragsmäßig aufzuteilen ist
	Aufteilung bis 57,5 Mio. Euro × 18 % + über 57,5 Mio. Euro × 16 %
=	Zwischensumme
×	$\frac{\text{Aufwendungen für Versicherungsfälle f.e.R.}}{\text{Bruttoaufwendungen für Versicherungsfälle}}$; mind. jedoch 50 %
=	Beitragsindex

Die Ermittlung des Schadenindexes stellt sich gem. § 1 Abs. 3 KapAusstV wie 141
folgt dar:

Bei der Berechnung des Schadenindexes sind die Bruttoschadenzahlungen[179] für Versicherungsfälle in dem Drei- bzw. Sieben-Jahres-Zeitraum und die am Ende des letzten Geschäftsjahres gebildeten Bruttorückstellungen für noch nicht abgewickelte Versicherungsfälle für das gesamte VG zu addieren. Von dieser Summe sind die während des maßgeblichen Zeitraums erzielten Erträge aus Regressen sowie die zu Beginn des Zeitraums vorhandenen Bruttorückstellungen für noch nicht abgewickelte Versicherungsfälle für das gesamte VG abzusetzen.[180] Der verbleibende Betrag ist durch die entsprechende Anzahl der Jahre des Betrachtungszeitraums zu teilen. Von dem Ergebnis sind bis zum Betrag von 40,3 Mio. Euro

179 In den Sparten nach Anlage A Nr. 18 zum VAG (z.B. Verkehrsservice) entspricht die Summe der Bruttozahlungen für Versicherungsfälle den Kosten, die dem VU aus der erbrachten Beistandsleistung erwachsen.

180 Für die Sparten Luftfahrt-, See-, Binnensee- und Flussschifffahrtshaftpflicht sowie die Allgemeine Haftpflicht ist der Betrag um 50 % zu erhöhen, die Zuweisung zu den jeweiligen Sparten kann mit Zustimmung der BaFin mittels statistischer Verfahren erfolgen.

26 %, von dem darüber hinausgehenden Betrag 23 % zu ermitteln. In der gleichen Weise, wie beim Beitragsindex der Selbstbehalt aus dem Schadenaufwand f.e.R. zugrunde gelegt wird, ist beim Schadenindex von diesem Betrag der Anteil anzusetzen, der dem Selbstbehalt entspricht, mind. aber 50 %.

	Bruttoschadenzahlungen für Versicherungsfälle der letzten 3 bzw. 7 Geschäftsjahre
+	Bruttorückstellungen für noch nicht abgewickelte Versicherungsfälle am Ende des letzten Geschäftsjahres
./.	Erträge aus Regressen
./.	Bruttorückstellungen für noch nicht abgewickelte Versicherungsfälle zu Beginn des Betrachtungszeitraums
=	Zwischensumme 1
:	Zahl der zugrunde gelegten Geschäftsjahre
=	Zwischensumme 2 (durchschnittlicher Schadenaufwand)
	Aufteilung: bis 40,3 Mio. Euro × 26 % + über 40,3 Mio. Euro × 23 %
=	Zwischensumme 3
×	$\frac{\text{Aufwendungen für Versicherungsfälle f.e.R.}}{\text{Bruttoaufwendungen für Versicherungsfälle}}$; mind. jedoch 50 %
=	Schadenindex

142 Bei Krankenversicherungen, die nach Art der Lebensversicherung (LV) betrieben werden, sind die Prozentsätze auf ein Drittel zu kürzen, soweit die Voraussetzungen des § 1 Abs. 4 KapAusstV vorliegen:

- die Beiträge werden auf der Grundlage von Wahrscheinlichkeitstafeln nach versicherungsmathematischen Grundsätzen berechnet
- es wird eine Alterungsrückstellung gebildet
- es wird ein angemessener Sicherheitszuschlag erhoben

- nach den allgemeinen Versicherungsbedingungen ist das Kündigungsrecht des VU spätestens nach Ablauf des dritten Versicherungsjahres ausgeschlossen und eine Erhöhung der Beiträge oder eine Herabsetzung der Leistungen mit Wirkung für bestehende Versicherungen vorbehalten.

Die Prozentsätze betragen damit beim Beitragsindex 6 % bzw. 5,33 % und beim Schadenindex 8,67 % bzw. 7,67 %.

Sofern die auf Grundlage des Beitragsindexes oder des Schadenindexes berechnete Solvabilitätsspanne geringer als die des Vorjahres ist, da ein VU im Vergleich zum Vorjahr weniger oder keine VV abgeschlossen hat, ist für die Höhe der Solvabilitätsspanne mind. der Betrag maßgeblich, der sich aus der Multiplikation der Solvabilitätsspanne des Vorjahres mit dem Quotienten aus 143

- dem höheren Wert aus der Nettoschadenrückstellung und 50 % der Bruttoschadenrückstellung am Ende des letzten Geschäftsjahres und
- dem höheren Wert aus der Nettoschadenrückstellung und 50 % der Bruttoschadenrückstellung zu Beginn des letzten Geschäftsjahres

ergibt. Dabei darf der Quotient der Rückstellungen höchstens Eins betragen.

bb) Lebensversicherungsunternehmen

Die Berechnung der Solvabilitätsspanne für LVU ist in § 4 KapAusstV geregelt. 144
Dabei wird grundsätzlich unterschieden zwischen

- Kapital- und Rentenversicherungen (§ 4 Abs. 1 KapAusstV)
- fondsgebundenen Versicherungen (§ 4 Abs. 2 KapAusstV)
- Zusatzrisiken zur LV (§ 4 Abs. 3 KapAusstV)
- Kapitalisierungsgeschäften (§ 4 Abs. 4 KapAusstV)
- Tontinengeschäften (§ 4 Abs. 5 KapAusstV) sowie
- Geschäften der Verwaltung von Versorgungseinrichtungen (§ 4 Abs. 6 KapAusstV).

(1) Kapital- und Rentenversicherungen

Bei LVU richtet sich die Höhe der Solvabilitätsspanne grundsätzlich nach der 145
Höhe der mathematischen Reserven und dem Risikokapital.[181] Dabei fallen unter

181 Sofern das ErstVU auch in Rückdeckung übernommenes Lebens-VG betreibt, sind für dieses Geschäft gem. § 4a KapAusstVO die für Nicht LV-Sparten relevanten Solvabilitätsvorschriften zu beachten.

die mathematischen Reserven die Deckungsrückstellung sowie die um die Kostenanteile verminderten Beitragsüberträge. Das Risikokapital stellt denjenigen Teil der Versicherungssumme (VS) dar, der durch die Deckungsrückstellungen noch nicht gedeckt ist.

Die Solvabilitätsspanne errechnet sich aus der Summe zweier Teilkomponenten: Zunächst werden 4 % der Brutto-Deckungsrückstellung und die um die Kostenanteile verminderten Brutto-Beitragsüberträge aus dem gesamten Geschäft addiert. Die Summe ist mit dem Selbstbehaltsquotienten

$$\frac{(\text{Deckungsrückstellung f.e.R.} + \text{um Kostenanteile verminderte Beitragsüberträge f.e.R.})}{(\text{Brutto - Deckungsrückstellung} + \text{um Kostenanteile verminderte Brutto - Beitragsüberträge})}$$

zu multiplizieren, mind. aber mit 85 % (§ 4 Abs. 1 Buchst. a KapAusstV).[182] Die RückV wird somit maximal zu 15 % berücksichtigt.[183] Bei der Ermittlung der Selbstbehaltsquote dürfen auf Antrag des VU und mit Zustimmung der Aufsichtsbehörde auch Beträge als RückV-Anteil berücksichtigt werden, die von zum Geschäftsbetrieb zugelassenen Versicherungs-Zweckgesellschaften eingefordert werden können. Forderungen von Zweckgesellschaften mit Sitz in einem Drittstaat dürfen hingegen nur dann berücksichtigt werden, wenn die Gesellschaft im Sitzland entsprechend den Anforderungen des § 121g VAG zum Geschäftsbetrieb staatlich zugelassen und beaufsichtigt wird und über eine vergleichbare Ausstattung mit Kapitalanlagen verfügt.

Zu dem sich ergebenden Betrag sind gem. § 4 Abs. 1 Buchst. b KapAusstV 0,3 %[184] des Risikokapitals aus dem gesamten VG (brutto), multipliziert mit mind. 50 % oder dem höheren, wie folgt zu ermittelnden Verhältnissatz, hinzuzuzählen:[185]

$$\frac{\text{Risikokapital f.e.R.}}{\text{Brutto - Risikokapital}}$$

182 Die Berechnungsgrößen beziehen sich jeweils auf das letzte Geschäftsjahr und das gesamte VG.

183 Auch hier ist für die Anerkennung der RückV ein hinreichender Risikotransfer erforderlich. Entsprechend sind die Regelungen des § 121e VAG und der sie konkretisierenden Finanz-RückV-Verordnung zu beachten.

184 Bei kurzfristigen Versicherungen auf den Todesfall mit einer vertraglichen Höchstlaufzeit von drei Jahren ermäßigt sich der Prozentsatz von 0,3 % auf 0,1 % und bei einer vertraglichen Laufzeit von mehr als drei und bis zu fünf Jahren von 0,3 % auf 0,15 %. Bei einjährigen Versicherungen auf den Todesfall, deren jährliche Erneuerung für einen bestimmten Zeitraum vertraglich vereinbart ist, wird die vertragliche Gesamtlaufzeit zugrunde gelegt.

185 Die Berechnungsgrößen beziehen sich jeweils auf das letzte Geschäftsjahr und das gesamte VG.

Das Risikokapital eines VV ist die Differenz zwischen der zugesagten VS, die bei Eintritt des Versicherungsfalls an dem für die Berechnung der Solvabilitätsspanne maßgebenden Stichtag fällig würde, und der Summe aus der vorhandenen Brutto-Deckungsrückstellung und den um die Kostenanteile verminderten Brutto-Beitragsüberträgen.

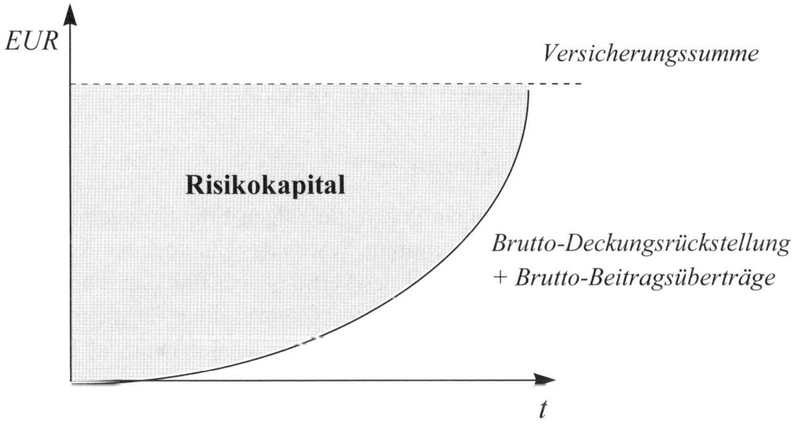

Abb. 7: Risikokapital

Bezüglich der Ermittlung des Risikokapitals sind darüber hinaus folgende Besonderheiten zu beachten:

- Können bei versicherten Personen verschiedene Ereignisse Leistungspflichten des VR auslösen, so ist für jedes Ereignis ein Risikokapital gesondert zu ermitteln. Dabei ist von der Annahme auszugehen, dass das entsprechende Ereignis sofort oder, wenn vertraglich ein Termin festgesetzt ist, zu diesem eintritt. Von den so ermittelten Beträgen ist der höchste Betrag als Risikokapital für die versicherte Person anzusetzen. Das Risikokapital eines Vertrags ist die Summe der Risikokapitalien für die in diesem Vertrag versicherten Personen.
- Bei aufgeschobenen Leistungen tritt deren Barwert an die Stelle der VS. Der Barwert von aufgeschobenen Leistungen ist mit den gleichen Rechnungsgrundlagen wie die Deckungsrückstellung, jedoch ohne Berücksichtigung einer Ausscheideordnung zu berechnen. Besteht bei einem der zu berücksichtigenden Ereignisse bis zum Eintritt der Leistungspflicht die Verpflichtung zur Zahlung von Beiträgen, ist deren Barwert vom Barwert der aufgeschobenen Leistungen abzuziehen, für dessen Berechnung Entsprechendes gilt.

- Näherungsverfahren zur Berechnung des Risikokapitals sind zulässig, wenn sie keine niedrigeren Beträge als die genaue Berechnung ergeben können.
- Negatives Risikokapital ist mit Null anzusetzen.

Sofern sich das Risikokapital nach § 4 Abs. 1 Buchst. b KapAusstV nicht ermitteln lässt, ist stattdessen ein gleichwertiges Berechnungsverfahren zu verwenden, das dem getragenen Risiko des Unternehmens in geeigneter Weise Rechnung trägt. Das Berechnungsverfahren ist dabei der Aufsichtsbehörde spätestens bei Vorlage der Solvabilitätsübersicht mitzuteilen (§ 4 Abs. 1a KapAusstV).

(2) Fondsgebundene Versicherungen

146 Bei fondsgebundenen Versicherungen gelten die obigen Erläuterungen nur insoweit, als das VU ein Anlagerisiko übernimmt. Soweit das Unternehmen kein Anlagerisiko übernimmt, jedoch die Laufzeit des Vertrags über fünf Jahre hinausgeht und der im Beitrag eingerechnete Verwaltungskostenzuschlag für mehr als fünf Jahre festgelegt wird, tritt an die Stelle der oben genannten 4 % nunmehr 1 %. Sind diese Voraussetzungen nicht erfüllt, d.h. das Unternehmen trägt kein Anlagerisiko und auch der Verwaltungskostenzuschlag ist nicht für mehr als fünf Jahre festgelegt, beträgt die Solvabilitätsspanne 25 % der entsprechenden, diesen Verträgen zurechenbaren Nettoverwaltungskosten des letzten Geschäftsjahres.

Die Ausführungen zu § 4 Abs. 1 Buchst. b KapAusstV gelten nur insoweit, als das VU ein Sterblichkeitsrisiko übernimmt (§ 4 Abs. 2 KapAusstV).

(3) Zusatzrisiken zur Lebensversicherung

147 Für Zusatzrisiken zur LV gem. § 6 Abs. 4 VAG bemisst sich die Solvabilitätsspanne nach den auf die Zusatzrisiken entfallenden Beiträgen. Die Vorschriften des § 1 Abs. 2 KapAusstV über den Beitragsindex gelten entsprechend (§ 4 Abs. 3 KapAusstV).

(4) Kapitalisierungsgeschäfte

148 Bei Kapitalisierungsgeschäften gem. § 1 Abs. 4 Satz 2 VAG beträgt die Solvabilitätsspanne 4 % der mathematischen Reserven (§ 4 Abs. 4 KapAusstV).

(5) Tontinengeschäfte

149 Bei Tontinengeschäften beläuft sich die Solvabilitätsspanne auf 1 % des Vermögens der Gemeinschaften (§ 4 Abs. 5 KapAusstV).

(6) Geschäfte der Verwaltung von Versorgungseinrichtungen

Bei Geschäften der Verwaltung von Versorgungseinrichtungen gem. § 1 Abs. 4 Satz 3 und 4 VAG beträgt die Solvabilitätsspanne 4 % der mathematischen Reserven, soweit das Unternehmen das Kapitalanlagerisiko übernimmt. 150

Sofern das Unternehmen kein Kapitalanlagerisiko trägt, die Laufzeit des Verwaltungsvertrags mit Festlegung der Verwaltungskosten jedoch über fünf Jahre hinausgeht, vermindert sich die Solvabilitätsspanne auf 1 %. Trägt das Unternehmen kein Kapitalanlagerisiko und sind die Verwaltungskosten nicht für mehr als fünf Jahre festgelegt, beträgt die Solvabilitätsspanne 25 % der entsprechenden, diesen Verträgen zurechenbaren Nettoverwaltungskosten des letzten Geschäftsjahres.

(7) Pensions- und Sterbekassen

Für Pensions- und Sterbekassen regeln §§ 8 und 8a KapAusstV Besonderheiten. 151
Im Wesentlichen handelt es sich dabei um

- die Reduzierung der Solvabilitätsspanne bei Sterbekassen, deren jährliche Beiträge 500.000 Euro nicht übersteigen (§ 8 Abs. 3 KapAusstV) sowie
- selbstständige Werte für den Mindestbetrag des Garantiefonds bei Sterbe- und Pensionskassen (§ 8a KapAusstV).

d) Anrechnungen auf die Solvabilitätsspanne (Ist-Solvabilität)

§ 53c Abs. 3-3e VAG enthält Regelungen zu den anrechenbaren Ist-Beträgen. Die 152
die Solvabilitätsspanne bedeckenden Eigenmittel dürfen nicht mit dem Begriff des Eigenkapitals gleichgesetzt werden, da der Begriff der Eigenmittel über das handelsrechtliche Eigenkapital hinausgeht. Unter dem Begriff „Eigenmittel" ist das „Sicherheitskapital" zu verstehen, das zur Gewährleistung der dauernden Erfüllbarkeit der Verpflichtungen aus VV von jedem VU gefordert wird.[186] Die erforderlichen freien und unbelasteten Eigenmittel umfassen im Wesentlichen, neben den handelsrechtlichen Eigenkapitalbeträgen, auch funktionsgleiches Fremdkapital, gewisse stille Reserven, das Nachschusspotenzial bei VVaG sowie bei LVU darüber hinaus freie Teile der Rückstellung für Beitragsrückerstattung. Demgegenüber gibt es Eigenkapitalbeträge, die nicht zu den bedeckenden Eigenmitteln gehören, wie etwa der Organisationsfonds und unter bestimmten Voraussetzungen auch

186 Vgl. *Lipowsky*, in: Prölss, VAG-Kommentar[12], § 53c VAG, Rn. 19.

Genussrechtskapital. Ausreichende Eigenmittel sind zu jedem Zeitpunkt durch das VU vorzuhalten.

Als Eigenmittel sind gem. § 53c Abs. 3 VAG folgende Komponenten anzusehen:[187]

1. a) Bei AG das eingezahlte Grundkapital abzüglich des Betrags der eigenen Aktien

   b) bei VVaG der eingezahlte Gründungsstock

   c) bei öffentlich-rechtlichen VU die dem eingezahlten Grundkapital bei AG entsprechenden Posten

2. die Kapitalrücklage und die Gewinnrücklagen[188]

3. der sich nach Abzug der auszuschüttenden Dividenden ergebende Gewinnvortrag

3a) Kapital, das gegen Gewährung von Genussrechten eingezahlt ist[189]

3b) Kapital, das aufgrund der Eingehung nachrangiger Verbindlichkeiten eingezahlt ist[190]

4. bei LVU die Rückstellung für Beitragsrückerstattung, sofern sie zur Deckung von Verlusten herangezogen werden darf und soweit sie nicht auf bereits festgelegte Überschussanteile entfällt.

153 Auf Antrag und mit Zustimmung der Aufsichtsbehörde können folgende Positionen zusätzlich als Eigenmittel angerechnet werden:[191]

---

187 Hierbei handelt es sich um einen abschließenden Katalog an Eigenmitteln.

188 Allerdings ist zu beachten, dass der Organisationsfonds – obwohl handelsrechtlich als „freie“ Rücklage eingestuft – für die Anrechnung als Eigenmittel bei der Solvabilitätsspanne nicht in Betracht kommt. Dies wird in R 4/2005 damit begründet, dass es sich um Eigenkapital handelt, das gem. § 5 Abs. 5 Nr. 5 VAG mit einer besonderen Zweckbestimmung belastet ist.

189 Hierzu enthält § 53c Abs. 3a VAG einen umfangreichen, kumulativ zu erfüllenden Voraussetzungskatalog bezüglich der Verlusttragfähigkeit und der zeitlichen Verfügbarkeit für die Anrechnungsmöglichkeit auf die Solvabilitätsspanne.

190 Die Anrechnung dieses Kapitals auf die Ist-Solvabilität ist nur bei Vorliegen der in § 53c Abs. 3b VAG genannten Voraussetzungen möglich. Der Gesamtbetrag des Genussrechtskapitals und der nachrangigen Verbindlichkeiten kann bis zu 50 % der eingezahlten Eigenmittel und bis zu 50 % der geforderten Solvabilitätsspanne in Anrechnung gebracht werden. Davon dürfen höchstens 25 % auf nachrangige Darlehen mit fester Laufzeit entfallen.

191 Mittel gem. Nr. 5a und 5b können den Eigenmitteln höchstens bis zu einem Betrag von 50 % des jeweils niedrigeren Betrags der Eigenmittel und der geforderten Solvabilitätsspanne zugerechnet werden.

5. a) die Hälfte des nicht eingezahlten Grundkapitals, soweit mind. 25 % des Grundkapitals eingezahlt sind[192]

   b) bei VVaG und nach dem Gegenseitigkeitsgrundsatz arbeitenden, öffentlich-rechtlichen VU, soweit sie kein LV-VG betreiben, die Hälfte der Differenz zwischen den satzungsmäßig in einem Geschäftsjahr zulässigen Nachschüssen und den tatsächlich geforderten Nachschüssen

   c) die stillen Nettoreserven aus der Bewertung der Aktiva, d.h. nur der positive Saldo aus stillen Reserven und stillen Lasten; darüber hinaus dürfen diese stillen Reserven keinen Ausnahmecharakter besitzen[193]

   d) bei LVU die nicht durch Zillmerung berücksichtigten, aber in den Beitrag eingerechneten Abschlusskosten; die Ermittlung ergibt sich nach den Bestimmungen in § 6 KapAusstV.[194]

Von den anrechenbaren Eigenmitteln sind der um die auszuschüttende Dividende erhöhte Verlustvortrag und die in der Bilanz ausgewiesenen immateriellen Werte[195] abzusetzen, insb. ein aktivierter Geschäfts- oder Firmenwert (§ 246 Abs. 1 Satz 4 HGB). 154

Darüber hinaus sind von den anrechenbaren Eigenmitteln gem. § 53c Abs. 3d und 3e VAG folgende Beträge abzuziehen: 155

- Beteiligungen i.S.d. § 104a Abs. 2 Nr. 1 Satz 2 VAG an Kreditinstituten, Finanzdienstleistungsinstituten und Finanzunternehmen i.S.d. KWG sowie anderen ErstVU, RückVU und Versicherungs-Holdinggesellschaften i.S.d. VAG

  Forderungen aus Genussrechten und nachrangigen Verbindlichkeiten gegenüber o.g. Unternehmen, an denen das VU eine Beteiligung hält oder mit denen es in einer horizontalen Unternehmensgruppe verbunden ist.

192 Dies gilt entsprechend für den Gründungsstock bzw. bei öffentlich-rechtlichen VU für den dem Grundkapital bei AG entsprechenden Posten.

193 Zu den Einzelheiten der Ermittlung der stillen Reserven ohne Ausnahmecharakter vgl. R 4/2005, Abschn. A III Nr. 4.

194 Die im Beitrag eingerechneten Abschlusskosten und die sich durch Zillmerung der Deckungsrückstellung ergebenden Beträge sind grundsätzlich gleich, insofern entsteht für das selbst abgeschlossene Geschäft i.d.R. kein Unterschiedsbetrag, der den Eigenmitteln zurechenbar wäre. Auch für übernommenes RückVG wird dies eher selten der Fall sein, da nach den Rechnungsgrundlagen des RückVV gezillmert wird. Vgl. *Lipowsky*, in: Prölss, VAG-Kommentar[12], § 53c VAG, Rn. 30c.

195 Dies gilt laut R 4/2005 auch für aktivierte latente Steuern.

Dies ist dann nicht notwendig, wenn das VU in die Berechnung der bereinigten Solvabilität nach den Vorschriften der Solvabilitätsbereinigungs-Verordnung (SolBerV) bzw. auf Konglomeratsebene nach den Vorschriften der FkSolV einbezogen wird. Die Aufsichtsbehörde kann zudem das VU auf Antrag vom Abzug dieser Positionen befreien, sofern das VU

- Anteile an den genannten Unternehmen nur vorübergehend zum Zweck der finanziellen Unterstützung hinsichtlich Sanierung und Rettung dieser Unternehmen oder
- im Fall der Beteiligung an Kreditinstituten, Finanzdienstleistungsinstituten und Finanzunternehmen eine alternative Berechnungsmethode gem. den Vorgaben der Richtlinie 2002/87/EG (Finanzkonglomeraterichtlinie)

verwendet.[196]

Weitere Einzelheiten zur Ermittlung der anrechenbaren Eigenmittel enthalten die Erläuterungen zur Muster-Solvabilitätsübersicht in den Anlagen des Rundschreibens R 4/2005.

156 Bei Unterschreiten der Solvabilitätsspanne muss das VU gem. § 81b Abs. 1 VAG der Aufsichtsbehörde auf Verlangen einen Plan zur Wiederherstellung gesunder Finanzverhältnisse (Solvabilitätsplan) zur Genehmigung vorlegen. Der Solvabilitätsplan kann dabei Maßnahmen zur Veränderung der Ist-Solvabilität (z.B. Eigenkapitalerhöhungen) oder auch der Soll-Solvabilität (z.B. erhöhte Rückversicherungsnahme) vorsehen.[197] Bei einer drohenden Verschlechterung der Finanzverhältnisse kann unter außergewöhnlichen Bedingungen die freie Verfügung über die Vermögensgegenstände des Unternehmens eingeschränkt oder untersagt werden.

e) Garantiefonds und Mindestgarantiefonds

157 Der Garantiefonds ist neben der Solvabilitätsspanne eine in gesetzlich vorgeschriebener Weise zu ermittelnde Sollgröße, die mit Eigenmitteln zu bedecken ist. Gemäß § 53c Abs. 1 Satz 2 VAG beträgt deren Höhe unabhängig vom betreffenden VU ein Drittel der Solvabilitätsspanne. Bei Unterschreitung des Garantiefonds

196 Eine Berechnung auf Grundlage des konsolidierten Abschlusses darf nur erfolgen, sofern die Ausgestaltung des integrierten Managements und der internen Kontrollen qualitativ und quantitativ zufriedenstellend sind. Die gewählte Methode ist stetig anzuwenden.

197 Vgl. *Farny*, Versicherungsbetriebslehre, 4. Aufl., Karlsruhe 2006, S. 782.

werden strenge aufsichtsrechtliche Maßnahmen ausgelöst. Gemäß § 81b Abs. 2 VAG kann die Aufsichtsbehörde die Vorlage eines Finanzierungsplans zur kurzfristigen Beschaffung der erforderlichen Eigenmittel verlangen. Der Plan erstreckt sich somit allein auf die Beeinflussung der Ist-Solvabilität. Darüber hinaus kann die Aufsichtsbehörde die freie Verfügung über die Vermögensgegenstände des VU einschränken oder untersagen.

Der Mindestgarantiefonds stellt als Mindestbetrag des Garantiefonds einen abso- 158
luten Betrag dar, der den geschäftsvolumenabhängigen Garantiefonds auch unterschreiten kann.[198] Für LVU in der Rechtsform der AG beträgt er mind. 3,5 Mio. Euro (§ 5 Abs. 1 KapAusstV). Bei VVaG verringert sich dieser Mindestbetrag um 25 %.

Bei Nicht LVU bemisst sich die Höhe des Mindestbetrags des Garantiefonds in Abhängigkeit der jeweiligen Sparte, grundsätzlich jedoch auf mind. 2,3 Mio. Euro.[199] Bei VVaG verringert sich der Betrag des Mindestgarantiefonds jeweils um 25 %. Ferner verringert er sich auf mind. 0,6 Mio. Euro, wenn die jährlichen Beiträge des VVaG in drei aufeinander folgenden Jahren jeweils 5,0 Mio. Euro nicht überschritten haben.

Eigenmittel in Höhe des Mindestbetrags des Garantiefonds müssen bereits bei Aufnahme des Geschäftsbetriebs zur Verfügung stehen (§ 5 Abs. 4 VAG). Gleiches gilt bei der Ausdehnung des Geschäftsbetriebs auf andere Versicherungssparten (§ 13 Abs. 2 VAG).

Im seltenen Fall, dass die Eigenmittel den Mindestgarantiefonds unterschreiten, kommen wie beim Garantiefonds die Regelungen des § 81b Abs. 2 VAG zur Anwendung.

Sofern der Soll-Betrag des Garantiefonds und auch die Solvabilitätsspanne nicht 159
unterschritten werden, aber dennoch Anzeichen vorliegen, dass die dauernde Erfüllbarkeit der VV gefährdet ist, hat das VU der Aufsichtsbehörde auf Verlangen einen finanziellen Sanierungsplan vorzulegen, der für die nächsten drei Geschäftsjahre gem. § 81b Abs. 2a VAG mind. folgende Angaben enthalten muss:

198 Da der Mindestgarantiefonds als Anfangskapital bei einem neu gegründeten VU zur Verfügung stehen muss, ist es wenig sinnvoll, eine in Bezug zu den Risiken des Unternehmens stehende Größe zu definieren, da die notwendigen Parameter bei einem neu gegründeten Unternehmen nicht vorhanden oder wenig aussagekräftig sind.

199 Vgl. zur Höhe der einzelnen Beträge § 2 KapAusstVO. Sofern das ErstVU auch ein in Rückdeckung übernommenes Geschäft betreibt, bei dem die in § 2 KapAusstVO genannten Wesentlichkeitsgrenzen überschritten werden, erhöht sich der Mindestgarantiefonds auf 3,2 Mio. Euro.

- Schätzungen der Betriebskosten, insb. laufende allgemeine Ausgaben und Provisionen
- detaillierte Aufstellung der geschätzten Erträge und Aufwendungen für das ErstVG sowie die übernommenen und übertragenen RückVG
- Bilanzprognose
- Schätzungen der Finanzmittel, mit denen die Versicherungsverbindlichkeiten und die geforderte Solvabilitätsspanne bedeckt werden sollen
- Ausführungen zur RückV-Politik insgesamt.

Darüber hinaus kann die Aufsichtsbehörde von einem VU eine höhere Solvabilitätsspanne fordern als sich gem. § 53c VAG i.V.m. der KapAusstV ergibt, sofern die Prüfung des Sanierungsplans Anzeichen erkennen lässt, dass sich die finanzielle Lage des Unternehmens weiter verschlechtert und hierdurch die Rechte der VN gefährdet sind.[200] Des Weiteren kann die Aufsichtsbehörde zur Wahrung der Rechte der VN die Abwertung der für die Eigenmittel infrage kommenden Positionen verlangen, sofern sich deren Marktwert im Geschäftsjahr erheblich geändert hat, sowie die Berücksichtigung von abgeschlossenen RückVV bei der Ermittlung der Solvabilitätsspanne einschränken.

f) Melde- und Vorlagepflichten

160 Gemäß § 53c Abs. 4 VAG sind VU verpflichtet, der Aufsichtsbehörde jährlich zusammen mit dem Jahresabschluss und dem Lagebericht eine Berechnung der Solvabilitätsspanne vorzulegen und die Eigenmittel nachzuweisen.

Die Form der Berechnung der Solvabilitätsspanne und des Nachweises der Eigenmittel soll nach den von der BaFin mit Rundschreiben R 4/2005 aufgestellten Mustern erfolgen.

161 Soweit ein VU nicht mehr über die erforderliche Solvabilität verfügt bzw. den Soll-Betrag des Garantiefonds unterschreitet, hat es sofort geeignete Maßnahmen zur Wiederherstellung der Solvabilität einzuleiten und die BaFin spätestens mit der Vorlage der einzureichenden Unterlagen gem. § 81b Abs. 1 und 2 VAG darüber zu unterrichten.

200 Vgl. *Kollhosser*, in: Prölss, VAG-Kommentar[12], § 81b VAG, Rn. 9a.

3. Bereinigte Solvabilität (Gruppensolvabilität)

a) Anwendungsbereich

Die für das einzelne VU bestehenden Solvabilitätsvorschriften werden durch eine gruppenorientierte Betrachtung der Solvabilität (bereinigte Solvabilität) ergänzt. Die Berechnung der bereinigten Solvabilität umfasst die Ermittlung einer versicherungsgruppenbezogenen Soll-Größe (Solvabilitätsanforderung) sowie einer Ist-Größe (Eigenmittel). Bei der Ermittlung der Ist-Größe ist sicherzustellen, dass die Mehrfachbelegung von Eigenmitteln sowie gruppeninterne Kapitalschöpfung ausgeschlossen ist.[201] 162

Den Vorschriften zur Ermittlung einer bereinigten Solvabilität unterliegen gem. § 104g Abs. 1 VAG Erst- und RückVU,

- die beteiligte Unternehmen mind. eines Erst- oder RückVU oder Erst- oder RückVU eines Drittstaates gem. § 105 Abs. 1 VAG sind oder
- die Tochterunternehmen einer Versicherungs-Holdinggesellschaft, eines Erst- oder RückVU eines Drittstaates gem. § 105 Abs. 1 VAG sind.

Mit dem Begriff „beteiligtes Unternehmen“ ist das in der Gruppe übergeordnete Unternehmen gemeint. Beteiligte Unternehmen sind gem. § 104a Abs. 2 Nr. 1 VAG zunächst Mutterunternehmen. Dies sind Mutterunternehmen i.S.d. § 290 HGB, aber auch alle Unternehmen, die tatsächlich einen beherrschenden Einfluss auf ein anderes Unternehmen ausüben, ohne dass es auf die Rechtsform oder den Sitz ankommt. Ferner fallen unter die Definition „beteiligtes Unternehmen“ die Unternehmen, die eine Beteiligung nach Maßgabe des § 271 Abs. 1 Satz 1 HGB oder mind. 20 % der Stimmrechte oder des Kapitals halten, unabhängig davon, ob diese unmittelbar oder mittelbar gehalten werden.[202] Des Weiteren sind beteiligte Unternehmen auch Unternehmen, die einer horizontalen Unternehmensgruppe angehören. Hierbei handelt es sich um Unternehmen, die gemeinsam aufgrund satzungsmäßiger oder vertraglicher Vereinbarungen unter einheitlicher Leitung stehen oder bei denen sich ihre Verwaltungs-, Leitungs- oder Aufsichtsorgane mehrheitlich aus denselben Personen zusammensetzen.

Tochterunternehmen werden zunächst i.S.d. § 290 HGB definiert. Darüber hinaus gelten solche Unternehmen als Tochterunternehmen, auf die tatsächlich ein beherrschender Einfluss ausgeübt wird, ohne dass es auf die Rechtsform oder den Sitz des Unternehmens ankommt.

201 Vgl. die Ausführungen im Rundschreiben R 4/2009.
202 Vgl. *Bähr*, in: Fahr/Kaulbach/Bähr, VAG-Kommentar[4], § 104a VAG, Rn. 4 ff.

b) Berechnung der bereinigten Solvabilität

163 Die Vorschriften zur Ermittlung der bereinigten Solvabilität finden sich in der aufgrund § 104g Abs. 2 VAG erlassenen SolBerV. Diese unterscheidet zwischen Vorschriften für beteiligte Unternehmen gem. § 104a Abs. 1. Nr. 1 VAG und Vorschriften für Tochterunternehmen i.S.d. § 104a Abs. 1 Nr. 2 VAG. Der Gesetzgeber gewährleistet damit, dass auch Versicherungsgruppen, bei denen eine Versicherungs-Holdinggesellschaft oder ein ErstVU oder RückVU eines Drittstaates an der Spitze stehen, eine bereinigte Solvabilität zu berechnen haben. Von der Nachweispflicht des § 104g Abs. 1 VAG werden sowohl ErstVU als auch RückVU erfasst. Die Ermittlung der bereinigten Solvabilität erfolgt unter anteiliger Einbeziehung aller verbundenen bzw. beteiligten Unternehmen, unabhängig davon, ob unmittelbare oder mittelbare Beteiligungsverhältnisse zwischen den entsprechenden Unternehmen bestehen. Die Berechnung selbst erfolgt im Fall des § 104a Abs. 1 Nr. 1 VAG auf Ebene des beteiligten Unternehmens bzw. im Fall des § 104a Abs. 1 Nr. 2 VAG auf Ebene des jeweiligen Mutterunternehmens.

Zur Berechnung der bereinigten Solvabilität sind nach § 1 SolBerV folgende Methoden zulässig:

- Berechnung auf Grundlage eines konsolidierten Abschlusses (ggf. mit Ergänzungsrechnungen)
- Berechnung auf Grundlage der Einzelabschlüsse nach der Abzugs- und Aggregationsmethode.

Die bereinigte Solvabilität ist grundsätzlich auf Grundlage eines konsolidierten Abschlusses zu ermitteln. Kapitalmarktorientierte Mutterunternehmen sind nach § 315a HGB verpflichtet, einen Konzernabschluss nach internationalen Rechnungslegungsstandards (IFRS) zu erstellen.[203] Insoweit kann auch ein nach IFRS erstellter Konzernabschluss Grundlage für die Berechnung der bereinigten Sol-

203 Vgl. Art. 4 der EU-Verordnung betreffend die Anwendung internationaler Rechnungslegungsstandards v. 19.07.2002 (ABl. EG Nr. L 243), S. 1. Dabei ist hinsichtlich der Behandlung der versicherungstechnischen Verpflichtungen Folgendes anzumerken: Die für VV geltende IFRS-Vorschrift (IFRS 4) stellt nur eine Übergangslösung dar. Sie ermöglicht den Unternehmen – bis auf wenige Ausnahmen – die Fortführung ihrer bislang angewendeten Bilanzierungsvorschriften. VU, die ihren Abschluss bereits vor Inkrafttreten der IAS-Verordnung nach internationalen Grundsätzen aufgestellt haben, sind hinsichtlich der Bilanzierung ihrer versicherungstechnischen Verpflichtungen mangels einer eigenständigen Regelung i.d.R. auf die Vorschriften der US-GAAP ausgewichen, die nunmehr nach IFRS 4 BC 83 weiterhin angewendet werden dürfen. Darüber hinaus besteht auch ein Wahlrecht für nicht kapitalmarktorientierte Mutterunternehmen, einen Konzernabschluss nach IFRS zu erstellen. Zu den Regelungen der EU-Verordnung bzw. der Umsetzung durch den deutschen Gesetzgeber durch das BilReG vgl. *Pfitzer/Oser/Orth*, Reform des Aktien-, Bilanz- und Aufsichtsrechts, Stuttgart 2005.

vabilität sein. Sofern ein Konzernabschluss den Voraussetzungen der SolBerV bezüglich konsolidierter Abschlüsse nicht oder nicht vollständig genügt, sind Ergänzungsrechnungen auf Grundlage der Einzelabschlüsse der einzubeziehenden Unternehmen vorzunehmen.

Wird ein konsolidierter Abschluss nicht aufgestellt bzw. liegt eine entsprechende Genehmigung der Aufsichtsbehörde vor, kann die bereinigte Solvabilität auch auf Basis der Einzelabschlüsse nach der Abzugs- und Aggregationsmethode berechnet werden.

Bei der Berechnung der bereinigten Solvabilität auf Grundlage eines konsolidier- 164
ten Abschlusses sind zunächst die auch im Rahmen der Solo-Solvabilität zu ermittelnden zulässigen Eigenmittel gem. § 53c VAG sowie die Solvabilitätsanforderung (Solvabilitätsspanne) gem. der KapAusstV auf Basis des konsolidierten Abschlusses zu bestimmen (§§ 9 und 17 SolBerV). Dabei ist sicherzustellen, dass die nach § 2 SolBerV in die Berechnung einzubeziehenden Unternehmen auch in den Konzernabschluss einbezogen wurden und nicht aufgrund eines ggf. bestehenden Konsolidierungsverbots bzw. -wahlrechts unberücksichtigt blieben. Alternativ kann die Solvabilitätsspanne als Summe der auf der Basis der Einzelabschlüsse ermittelten Werte, gewichtet nach ihrem jeweiligen Anteil im Konzernabschluss, ermittelt werden. Zur Berechnung der bereinigten Solvabilität ist dann die Solvabilitätsspanne von den zulässigen Eigenmitteln abzuziehen. Die bereinigte Solvabilität ist somit der Teil der zulässigen Eigenmittel, der die Solvabilitätsspanne übersteigt.

Die bei der Berechnung der bereinigten Solvabilität anrechenbaren Eigenmittel werden zunächst durch die Vorschrift des § 53c VAG determiniert. Für gezeichnete, jedoch nicht eingezahlte Teile des Kapitals von verbundenen ErstVU[204] sowie die freien Teile der Rückstellung für Beitragsrückerstattung bei LVU gilt jedoch, dass diese nur insoweit bei der bereinigten Solvabilität zu berücksichtigen sind, als es zur Bedeckung der Solo-Solvabilität des jeweiligen einzelnen Unternehmens erforderlich ist.

Eine Mehrfachberücksichtigung von gem. § 53c VAG zulässigen Eigenmitteln bei der Berechnung der bereinigten Solvabilität ist auszuschließen. Hierzu sind die Buchwerte der Vermögensgegenstände, die bei dem einer Versicherungsgruppe übergeordneten Unternehmen bilanziert werden, bei der Ermittlung der bereinigten Solvabilität nicht zu berücksichtigen, soweit ihnen gem. § 53c VAG zulässige Eigenmittel bei einem seiner verbundenen Unternehmen gegenüberste-

204 Gezeichnete, jedoch nicht eingezahlte Kapitalanteile, die zu einer Verbindlichkeit für ein VU in der Gruppe führen können, dürfen nicht berücksichtigt werden.

hen.[205] Gleiches gilt für die Buchwerte von Vermögensgegenständen in einem der verbundenen Unternehmen, denen nach § 53c VAG zulässige Eigenmittel in dem übergeordneten Unternehmen oder einem anderen verbundenen Unternehmen gegenüberstehen.

Darüber hinaus müssen bei der Berechnung der bereinigten Solvabilität aus der Gegenfinanzierung zwischen verbundenen bzw. beteiligten Unternehmen stammende Eigenmittel unberücksichtigt bleiben.[206] Danach ist eine Berücksichtigung derjenigen nach § 53c VAG zulässigen Eigenmittel ausgeschlossen, die aus der Gegenfinanzierung zwischen dem einer Versicherungsgruppe übergeordneten Unternehmen und einem seiner verbundenen Unternehmen oder aber aus der Gegenfinanzierung zwischen zwei seiner verbundenen Unternehmen stammen.

165 Um eine Benachteiligung derjenigen Unternehmen zu vermeiden, die ihren Konzernabschluss nach handelsrechtlichen Vorschriften aufstellen, gegenüber denjenigen, die im Konzernabschluss nach den Vorschriften der IFRS bilanzieren, ergab sich bislang die Notwendigkeit einer Korrektur bezüglich der SchwR gem. § 9 Abs. 5 bzw. § 17 Abs. 5 SolBerV. Mit Umsetzung der Ersten Verordnung zur Änderung der SolBerV v. 20.03.2006 (BGBl. I, S. 562) ist diese Regelung entfallen. Die bisherige Regelung sah vor, dass im Fall eines nach internationalen Grundsätzen der Rechnungslegung aufgestellten Konzernabschlusses die Eigenmittel um die Position der SchwR und ihr ähnliche Rückstellungen zu kürzen sind. Denn Rückstellungen dieser Form werden in internationalen Abschlüssen traditionell dem Eigenkapital zugerechnet, während die handelsrechtlichen Vorschriften eine Zurechnung zum Fremdkapital vorsehen. Um eine Benachteiligung derjenigen Unternehmen zu vermeiden, die keinen befreienden Konzernabschluss nach der alten Regelung des § 292a HGB aufstellen durften, war bislang eine Korrektur der Eigenmittel um die Position der SchwR geboten.[207] Die Neuregelung des § 315a HGB sieht nunmehr vor, dass sämtliche Unternehmen, d.h. auch nicht kapitalmarktorientierte Unternehmen einen befreienden Konzernabschluss nach den Vorschriften der IFRS aufstellen dürfen. Eine Korrektur der Eigenmittel um die Position der SchwR ist somit nicht mehr notwendig.

166 Im Zusammenhang mit der Verpflichtung, die in der Bilanz ausgewiesenen immateriellen Vermögensgegenstände von den zulässigen Eigenmitteln abzuziehen, ergeben sich zwei weitere Fragestellungen. Zunächst stellt sich die Frage nach dem Abzug aktivierter latenter Steuern. Hierzu schreibt die BaFin im Rundschreiben

205 Vgl. zum Kreis der zu berücksichtigenden Unternehmen § 3 bzw. § 12 SolBerV.
206 Vgl. zum Kreis der zu berücksichtigenden Unternehmen § 4 bzw. § 13 SolBerV.
207 Vgl. *Kölschbach*, in: Prölss, VAG-Kommentar[12], nach § 104g VAG, Rn. 37.

R 4/2009 vor, diese entsprechend der Vorgehensweise bei der Ermittlung der Solo-Solvabilität als immaterielle Vermögensgegenstände von den zulässigen Eigenmitteln abzusetzen.[208] Offen bleibt nach den aufsichtsrechtlichen Vorgaben, ob hierbei nur aktive latente Steuern aus den Einzelabschlüssen zu berücksichtigen sind oder auch ein Abzug latenter Steuern aus konzernspezifischen Sachverhalten (z.B. Zwischenergebniseliminierung) geboten ist. Da die entsprechenden Vorschriften des Rundschreibens ausschließlich auf die handelsrechtliche Vorschrift des § 274 Abs. 2 HGB, nicht aber auf die für Konzerne maßgebliche Regelung des § 306 Satz 1 HGB verweisen, kann ein Abzug nach derzeitiger Rechtslage unterbleiben.[209]

Darüber hinaus stellt sich die Frage, ob ein nach IFRS aktivierter „Present Value of Future Profits" (PVFP) als immaterieller Vermögenswert von den nach § 53c VAG zulässigen Eigenmitteln abzuziehen ist. Die Aktivierung dieses Postens ist beim Erwerb eines LVU vorgesehen, um die zum Akquisitionszeitpunkt zu erwartenden Gewinne aus dem laufenden Bestand zu erfassen. Zum Zeitpunkt des Unternehmenserwerbs beim erworbenen Unternehmen ggf. aktivierte Abschlusskosten sind – gegenläufig zur Aktivierung des PVFP – aufzulösen. Um die Gleichbehandlung von bereits länger zum Konsolidierungskreis zugehörigen und neu hinzugekommenen Unternehmen zu gewährleisten, erscheint es insofern sachgerecht, auf den Abzug des PVFP zu verzichten.[210] 167

Eine Ermittlung der bereinigten Solvabilität auf Grundlage der Einzelabschlüsse nach § 10 bzw. § 18 SolBerV (Abzugs- und Aggregationsmethode) richtet sich zunächst grundsätzlich nach den Vorschriften, die für die Berechnung der Solo-Solvabilität der einzelnen VU gelten. Auch hier sind die Solvabilitätsanforderung und die nach § 53c VAG zulässigen anrechenbaren Eigenmittel zu ermitteln, wobei direkt auf die im Einzelabschluss ermittelten Werte zurückgegriffen werden kann. Die zulässigen Eigenmittel sind wiederum um mehrfach berücksichtigte Eigenmittel sowie um aus der gruppeninternen Gegenfinanzierung stammende Eigenmittel zu bereinigen. Die Berechnung der bereinigten Solvabilität erfolgt dann in drei Schritten: Zunächst wird die Summe aus den zulässigen Eigenmitteln des überge- 168

208 Kritisch *Kölschbach*, in: Prölss, VAG-Kommentar[12], nach § 104g VAG, Rn. 38. Danach sollte die Abzugsverpflichtung auf den nach handelsrechtlichen Vorschriften ohnehin zu ermittelnden Saldo aus aktiven und passiven latenten Steuern beschränkt werden.

209 Vgl. *Freiling/Gehringer*, VW 2004, S. 1736.

210 Vgl. *Kölschbach*, in: Prölss, VAG-Kommentar[12], nach § 104g VAG, Rn. 39. Dagegen spricht allerdings, dass sich erstens in solchen Bestandswerten neben dem Entgelt für die bereits vorfinanzierten Abschlusskosten auch das Entgelt für die erwarteten Abwicklungsgewinne widerspiegelt und dass zweitens Bestandswerte auch im Rahmen der Solo-Solvabilität von den Eigenmitteln abzusetzen sind.

ordneten Unternehmens und den der Höhe der Beteiligung[211] an seinen verbundenen Unternehmen entsprechenden Eigenmitteln gebildet. Danach erfolgt die Summenbildung entsprechend für die Solvabilitätsspannen. In einem dritten Schritt wird die bereinigte Solvabilität als Differenz zwischen der Summe der zulässigen Eigenmittel und der Summe der Solvabilitätsspannen ermittelt.

169 Weist ein Tochterunternehmen eine unzureichende Solvabilität auf, ist diese unabhängig von der Berechnungsmethode der bereinigten Solvabilität in voller Höhe zu berücksichtigen. Sofern sich die Haftung des Mutterunternehmens ausschließlich auf den am Tochterunternehmen gehaltenen Kapitalanteil bezieht, kann mit Genehmigung der BaFin die unzureichende Solvabilität anteilig berücksichtigt werden.

170 Die Berechnung der bereinigten Solvabilität ist nach Prüfung der in die Berechnung einbezogenen Abschlüsse durch den Abschlussprüfer vom VU jährlich unverzüglich, spätestens jedoch zwölf Monate nach Ende des Geschäftsjahres bei der BaFin einzureichen.[212] Ergibt sich als Ergebnis der Berechnung, dass die bereinigte Solvabilität unzureichend ist oder zu werden droht, ergreift die Aufsichtsbehörde Maßnahmen nach § 81b VAG auf Ebene des betreffenden VU.

4. Finanzkonglomerate-Solvabilität

a) Definitionen

171 Ein Hauptziel der Vorschriften zur zusätzlichen Beaufsichtigung von Finanzkonglomeraten (§§ 104k ff. VAG) besteht darin, auf Ebene des Finanzkonglomerats eine Eigenmittelausstattung sicherzustellen, die den Risiken einer branchenübergreifend tätigen Unternehmensgruppe angemessen Rechnung trägt. So soll – wie schon auf Versicherungsgruppenebene – auf Konglomeratsebene insb. die Mehrfachbelegung von Eigenmitteln und jede gruppeninterne Eigenmittelschöpfung ausgeschlossen werden. Die Anforderungen an eine angemessene Eigenmittelausstattung auf Einzelinstituts- und Gruppenebene bleiben von den Vorschriften zur Eigenmittelausstattung auf Konglomeratsebene unberührt.

§ 104k Nr. 4 VAG definiert das Finanzkonglomerat als eine Gruppe von Unternehmen,

– die aus einem Mutterunternehmen, seinen Tochterunternehmen und den Unternehmen, an denen das Mutter- oder Tochterunternehmen eine Beteiligung i.S.d.

211 Auch mittelbare Beteiligungen sind dabei zu berücksichtigen.

212 Das Rundschreiben R 4/2009 enthält hierfür die entsprechenden Vordrucke mit zusätzlichen Erläuterungen.

§ 271 HGB hält, besteht oder aus Unternehmen, die zu einer horizontalen Unternehmensgruppe zusammengefasst sind,

- an deren Spitze ein beaufsichtigtes Finanzkonglomeratsunternehmen (FKU) steht, bei dem es sich um das Mutterunternehmen eines Unternehmens der Finanzbranche (dem steht eine Beteiligung an einem solchen Unternehmen gleich) oder ein Unternehmen, das mit einem anderen Unternehmen der Banken- und Wertpapierdienstleistungsbranche oder der Versicherungsbranche zu einer horizontalen Unternehmensgruppe zusammengefasst ist, handelt; steht kein beaufsichtigtes FKU an der Spitze, ist jedoch ein entsprechendes Tochterunternehmen vorhanden, so ist die Gruppe gleichwohl ein Finanzkonglomerat, wenn sie vorwiegend in der Finanzbranche tätig ist,
- der mind. ein Unternehmen der Versicherungsbranche sowie mind. ein Unternehmen der Banken- und Wertpapierdienstleistungsbranche angehören und
- in der die konsolidierte oder aggregierte Tätigkeit sowohl in der Versicherungsbranche als auch in der Banken- und Wertpapierdienstleistungsbranche erheblich ist.[213]

Das Kriterium „vorwiegend in der Finanzbranche tätig" ist nach § 104n Abs. 2 VAG auszulegen, wonach der Anteil der Bilanzsumme der in der Finanzbranche tätigen Unternehmen der Gruppe an der Bilanzsumme der Gruppe insgesamt mehr als 40 % betragen muss.

„Erheblich" sind nach § 104n Abs. 3 VAG die branchenübergreifenden Tätigkeiten einer Gruppe, wenn

- der Anteil der Bilanzsumme der Unternehmen der Versicherungsbranche an der Bilanzsumme aller gruppenangehörigen Unternehmen beider Finanzbranchen und der Anteil der Solvabilitätsanforderungen der Unternehmen der Versicherungsbranche an den Gesamtsolvabilitätsanforderungen aller gruppenangehörigen Unternehmen beider Finanzbranchen im Durchschnitt mehr als 10 % beträgt und
- der Anteil der Bilanzsumme der Unternehmen der Banken- und Wertpapierdienstleistungsbranche an der Bilanzsumme aller gruppenangehörigen Unternehmen beider Finanzbranchen und der Anteil der Solvabilitätsanforderungen[214] der Unternehmen der Banken- und Wertpapierdienstleistungsbranche an

213 Die Ermittlung und Feststellung eines Finanzkonglomerats erfolgt dabei durch die Aufsichtsbehörde.

214 Die Solvabilitätsanforderungen einer Finanzbranche sind grundsätzlich nach den jeweilig lokal geltenden Solvabilitätsvorschriften der regulierten Unternehmen einer Gruppe zu ermitteln. Dabei sind Eigenmittel in der Höhe anzusetzen, die zur Einhaltung der Solvabilitätsvorschriften

den Gesamtsolvabilitätsanforderungen aller gruppenangehörigen Unternehmen beider Finanzbranchen im Durchschnitt mehr als 10 % beträgt oder

- die Bilanzsumme der Unternehmen in der Versicherungsbranche sowie der Unternehmen in der Banken- und Wertpapierdienstleistungsbranche jeweils 6 Mrd. Euro übersteigen.

Versicherungs-Holdinggesellschaften werden dabei der Versicherungsbranche, Finanz-Holdinggesellschaften der Banken- und Wertpapierdienstleistungsbranche zugerechnet. Gemischte Versicherungsholdinggesellschaften, gemischte Unternehmen nach § 1 Abs. 3b KWG sowie KAG bleiben unberücksichtigt, da sie nicht unter die Definition der Finanzbranche fallen.

Bei der Berechnung der Bilanzsummen ist wie folgt vorzugehen: Anteile eines VU an einem Unternehmen der Banken- und Wertpapierdienstleistungsbranche werden in Höhe des Buchwerts von der Bilanzsumme des VU abgezogen und in Höhe des durchgerechneten Anteils an der Bilanzsumme der Banken- und Wertpapierdienstleistungsbranche zugerechnet.[215] Indirekte Beteiligungen an einem in der Banken- und Wertpapierdienstleistungsbranche tätigen Unternehmen sind entsprechend durchzurechnen und der Banken- und Wertpapierdienstleistungsbranche zuzuordnen. Gleiches gilt analog für Beteiligungen an Unternehmen der Versicherungsbranche. Wird ein Konzernabschluss für eine Untergruppe von Unternehmen aufgestellt, die ausschließlich in einer Finanzbranche tätig sind, ist dieser für die Zurechnung heranzuziehen. Außerbilanzielle Posten bleiben bei der Ermittlung der Bilanzsummen außer Betracht.

Das übergeordnete FKU ist nach § 104q Abs. 3 Satz 6 VAG das an der Spitze des Konglomerats stehende Unternehmen der am stärksten vertretenen Finanzbranche. Steht an der Spitze eine gemischte Finanzholding-Gesellschaft, bestimmt sich das übergeordnete FKU nach der höchsten Bilanzsumme des beaufsichtigten Tochterunternehmens in der am stärksten vertretenen Finanzbranche. Maßgebend ist die aufsichtsrechtliche Wertigkeit des jeweiligen Unternehmens, nicht die vorliegende Konzernstruktur. Abweichend davon kann die Aufsichtsbehörde ein anderes Unternehmen als übergeordnetes FKU bestimmen. Hierfür kommt auch eine gemischte Finanzholding-Gesellschaft in Betracht. Das übergeordnete FKU ist für die angemessene Eigenmittelausstattung des Konglomerats verantwortlich.

notwendig ist. Die Solvabilitätsanforderungen von Unternehmen, an denen nur eine Beteiligung gehalten wird, sind quotal zu berücksichtigen. Sofern konsolidierte Solvabilitätsanforderungen für eine Untergruppe erstellt werden, sind diese heranzuziehen. Zusätzliche Eigenmittelanforderungen, z.B. zur Unterlegung von Großkreditüberschreitungen, sind zu berücksichtigen.

215 Die Vorgehensweise bei Beteiligungsunternehmen ist entsprechend auf Tochterunternehmen anzuwenden.

Mit folgendem Prüfungsschema kann festgestellt werden, in welchen Fällen ein Finanzkonglomerat vorliegt:

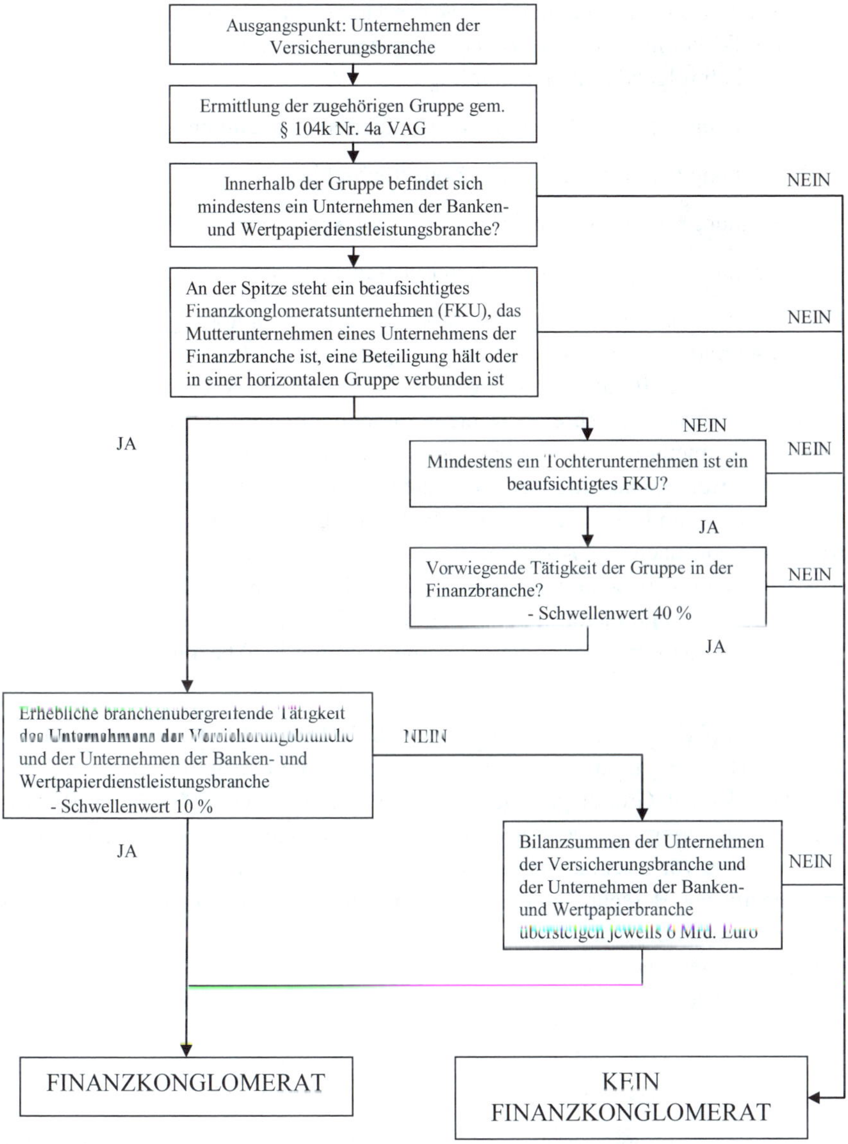

b) Vorschriften zur Berechnung der Finanzkonglomerate-Solvabilität

172 Die Solvabilitätsanforderungen auf Konglomeratsebene werden durch die gem. § 104q Abs. 1 Satz 2 VAG am 02.09.2005 erlassene FkSolV konkretisiert. Gemäß § 4 FkSolV kommen für die Berechnung der Finanzkonglomerate-Solvabilität grundsätzlich folgende Methoden infrage:

- Berechnung auf Grundlage einer konsolidierten Betrachtung
- Berechnung auf Grundlage eines Konzernabschlusses
- Berechnung auf Grundlage der Abzugs- und Aggregationsmethode
- Berechnung auf Grundlage der Kombinationsmethode.[216]

Die anzuwendende Berechnungsmethode wird nach Anhörung des übergeordneten FKU von der Aufsichtsbehörde festgelegt. Steht eine gemischte Finanz-Holdinggesellschaft an der Spitze einer Unternehmensgruppe, deren beaufsichtigte Unternehmen ihren Sitz nicht ausschließlich im Inland haben, ist die Berechnungsmethode frei wählbar; sie ist jedoch der Aufsichtsbehörde und der Deutschen Bundesbank anzuzeigen. In die Eigenmittelberechnung sind dabei das übergeordnete und die ihm nachgeordneten FKU einzubeziehen, d.h. ErstVU, Kreditinstitute nach § 1 Abs. 1 KWG, Finanzdienstleistungsinstitute nach § 1 Abs. 1a KWG, gemischte Finanz-Holdinggesellschaften, KAG und Investment-AG sowie die konglomeratsangehörigen RückVU, Versicherungsholding-Gesellschaften, Finanzunternehmen und Unternehmen mit bankbezogenen Dienstleistungen.

173 Als Standardberechnungsmethode für die Solvabilität auf Konglomeratsebene wird die Berechnung auf Grundlage einer konsolidierten Betrachtung gem. § 5 FkSolV oder auf Grundlage eines Konzernabschlusses gem. § 5a FkSolV vorgegeben, wobei ggf. notwendige Ergänzungsrechnungen auf Grundlage der Einzelabschlüsse vorzunehmen sind. Dies ist z.B. dann notwendig, wenn die branchenspezifische Berechnung nicht alle einzubeziehenden Unternehmen erfasst oder bei der Berechnung nicht alle Berechnungsschritte berücksichtigt werden, die erforderlich sind, um die konglomeratsinterne Kapitalschöpfung vollständig herauszurechnen.

---

216 Die nach der EU-Richtlinie darüber hinaus zulässige Buchwert-/Anforderungsabzugsmethode wurde nicht in deutsches Recht umgesetzt.

Die Berechnung der Finanzkonglomerate-Solvabilität auf Grundlage einer konsolidierten Betrachtung gem. § 5 FkSolV erfolgt im Einzelnen wie folgt:

Zunächst müssen die zulässigen Eigenmittel jeweils für die einzubeziehenden FKU

- der Banken- und Wertpapierdienstleistungsbranche nach § 10 i.V.m. § 10a Abs. 6 oder Abs. 7 KWG und
- der Versicherungsbranche nach § 53c VAG i.V.m. den entsprechenden Vorschriften zur Berechnung der bereinigten Solvabilität auf Grundlage des konsolidierten Abschlusses

bestimmt werden. Dabei sind die Mehrfachbelegung von zulässigen Eigenmitteln sowie jegliche gruppeninterne Kapitalschöpfung, die aus einer Gegenfinanzierung der Konglomeratsunternehmen stammt, auszuschließen. Gegenfinanzierungen liegen insb. dann vor, wenn ein FKU unmittelbar oder mittelbar eine Beteiligung an einem anderen FKU hält. Dies ist auch dann der Fall, wenn dieses Unternehmen einem anderen konglomeratszugehörigen Unternehmen, das seinerseits zulässige Eigenmittel des erstgenannten Unternehmens hält, Darlehen gewährt. Entsprechende Sachverhalte sind nach der Vorschrift des § 5 Abs. 3 FkSolV bei der Berechnung der Finanzkonglomerate-Solvabilität zu bereinigen.

In einem zweiten Schritt sind die Solvabilitätsanforderungen für die jeweilige Branche nach Maßgabe des § 10 Abs. 1 KWG bzw. der Vorschriften der SolBerV bezüglich der Berechnung der bereinigten Solvabilität auf Grundlage des konsolidierten Abschlusses zu ermitteln. Für unbeaufsichtigte nachgeordnete Unternehmen wird dabei eine fiktive Solvabilitätsanforderung berechnet (§ 3 Abs. 7 FkSolV). Schließlich ist die Differenz aus der Summe der zulässigen Eigenmittel und der Summe der Solvabilitätsanforderungen zu bilden; diese stellt dann die Solvabilität auf Finanzkonglomeratsebene dar.

Mit Umsetzung der Ersten Verordnung zur Änderung der FkSolV v. 21.07.2008 174
(BGBl. I, S. 1377) kann die Berechnung der Finanzkonglomerate-Solvabilität auch auf Grundlage eines Konzernabschlusses gem. § 5a FkSolV durchgeführt werden. Im Unterschied zur Berechnung auf Grundlage einer konsolidierten Betrachtung gem. § 5 FkSolV wird damit eine Berechnungsmethode zugelassen, die auf einem für das gesamte Finanzkonglomerat erstellten Konzernabschluss aufsetzt. Die zulässigen Eigenmittel sind dann auf der Grundlage des nach handelsrechtlichen Vorschriften oder nach IFRS aufgestellten Konzernabschlusses nach Maßgabe der §§ 10 und 10a KWG i.V.m. der Solvabilitätsverordnung und des § 53c VAG i.V.m. der SolBerV zu ermitteln. Entsprechend sind auch die Solvabilitätsanforderungen

auf Grundlage des Konzernabschlusses unter Beachtung der jeweils relevanten Solvabilitätsverordnungen zu berechnen, wobei für unbeaufsichtigte, nachgeordnete Unternehmen fiktive Solvabilitätsspannen angesetzt werden müssen.

175 Bei der Ermittlung der Solvabilität auf Konglomeratsebene nach der Abzugs- und Aggregationsmethode (§ 6 FkSolV) bilden die Einzelabschlüsse der einzubeziehenden Unternehmen die Berechnungsgrundlage. Bei der Ermittlung der Berechnungskomponenten, d.h. der zulässigen Eigenmittel und der (ggf. fiktiven) Solvabilitätsanforderung, ist auf die branchenspezifischen Eigenmittel- und Solvabilitätsvorschriften, die für das einzelne Unternehmen gelten, abzustellen. Die Mehrfachbelegung von Eigenmitteln sowie eine aus der Gegenfinanzierung zwischen Konglomeratsunternehmen resultierende, gruppeninterne Kapitalschöpfung sind auszuschließen. Die Finanzkonglomerate-Solvabilität ergibt sich wiederum aus der Differenz zwischen der Summe der für jedes einzelne einzubeziehende Unternehmen zulässigen Eigenmittel und der Summe der entsprechenden Solvabilitätsanforderungen. Die zulässigen Eigenmittel und Solvabilitätsanforderungen sind dabei anteilsmäßig, d.h. jeweils in Höhe des gehaltenen Anteils, zu berücksichtigen.

176 Bei der Ermittlung der Finanzkonglomerate-Solvabilität auf Basis der Kombinationsmethode werden die jeweiligen zulässigen Eigenmittel bzw. Solvabilitätsanforderungen für eine Finanzbranche mittels einer konsolidierten Berechnung, für die andere Finanzbranche mittels der Abzugs- und Aggregationsmethode berechnet (§ 7 FkSolV). Die Differenz aus den so ermittelten zulässigen Eigenmitteln und den Solvabilitätsanforderungen ergibt die Solvabilität des Konglomerats.

177 Die Aufsichtsbehörde kann zusätzlich einen Korrekturposten auf die Eigenmittel des Finanzkonglomerats festsetzen, wenn eine Gefahr für die Solvabilität des Finanzkonglomerats besteht oder bedeutende gruppeninterne Transaktionen oder Risikokonzentrationen die Finanzlage des Finanzkonglomerats gefährden (§ 104q Abs. 5 VAG).

Entsprechen bei einem Finanzkonglomerat die Eigenmittel nicht den Anforderungen, so kann die Aufsichtsbehörde nach einer erfolglosen Abmahnung Maßnahmen, die einen zusätzlichen Eigenmittelabfluss verhindern, gegen das übergeordnete FKU bzw. die gemischte Finanzholding-Gesellschaft treffen (§ 104t VAG). Des Weiteren kann die Aufsichtsbehörde einer gemischten Finanzholding-Gesellschaft die Stimmrechtsausübung an dem übergeordneten und den anderen nachgeordneten FKU unter bestimmten Umständen untersagen (§ 104u VAG).

Darüber hinaus sind die in die Eigenmittelberechnung auf Konglomeratsebene einzubeziehenden Unternehmen verpflichtet, eine ordnungsgemäße Organisation und angemessene interne Kontrollverfahren einzurichten, damit die für die Berechnung erforderlichen Daten entsprechend zusammengestellt, weitergeleitet und auf ihre Richtigkeit geprüft werden können.

5. Inhalte des Solvency II-Projekts

a) Hintergrund und Zielsetzung

Das von der EU-Kommission geführte Projekt Solvency II hat eine grundlegende Reform der Finanzaufsicht über VU zum Ziel. Auslöser der Reform sind – neben Harmonisierungsbestrebungen zur Verwirklichung eines einheitlichen Binnenmarktes – festgestellte Schwächen des bisherigen Solvabilitätssystems, das in einem intensiven Wettbewerb von Versicherungs- und Finanzmärkten nach Ansicht der Europäischen Kommission keinen angemessenen Schutz der Versicherten leisten kann.[217] Konkret äußern sich diese Bedenken bspw. in der Ermittlung der Kapitalanforderungen, die grundsätzlich einer einfachen, formelbasierten Berechnung auf Basis des Geschäftsvolumens oder der versicherungstechnischen Passiva folgt, ohne hierbei explizit die mit der Kapitalanlage verbundenen Risiken zu berücksichtigen. Die Zielsetzung des Solvency II-Projekts besteht daher zunächst darin, die Kapitalanforderungen in einem stärkeren Maße risikoorientiert zu bestimmen. Zugleich sollen Anreize zur Entwicklung eigener Risikomanagementsysteme gesetzt werden, die in Einklang mit den aufsichtsrechtlich gesetzten Kapitalanforderungen eine risikoorientierte Allokation der zur Verfügung stehenden Eigenmittel bewirken. Zur Stärkung des Wettbewerbs sind schließlich umfangreiche Publizitätspflichten vorgesehen. So soll bspw. über die Erfüllung der Kapitalanforderungen nicht nur die Aufsicht, sondern auch die Öffentlichkeit informiert werden. 178

Die mit den Zielsetzungen verbundenen Inhalte des Solvency II-Projekts werden häufig anhand einer „Drei-Säulen-Struktur“ der folgenden Form veranschaulicht.[218] 179

217 Vgl. *Farny*, Versicherungsbetriebslehre, 4. Aufl., Karlsruhe 2006, S. 806.
218 Vgl. *Knauth/Schubert*, VW 2003, S. 902.

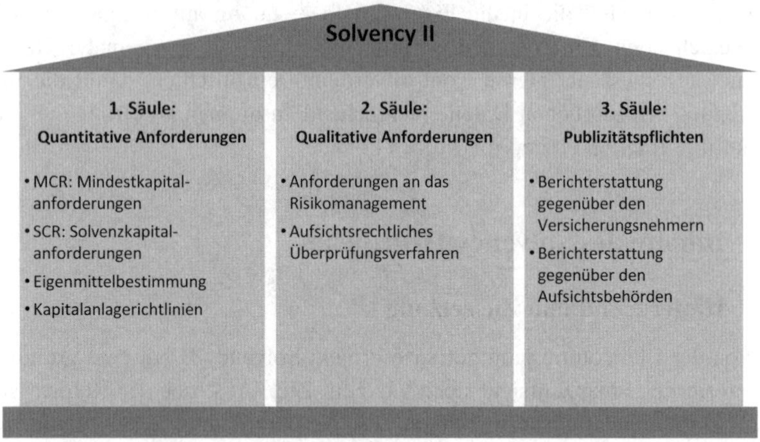

Abb. 8: „Drei-Säulen-Struktur" von Solvency II

180 Die erste Säule behandelt quantitative Fragestellungen zur Kapitalausstattung und Kapitalanlage. Sie enthält entsprechend die zur Bewertung von Aktiva und Passiva notwendigen Vorschriften, insb. zu den versicherungstechnischen Rückstellungen und zu den vorhandenen Eigenmitteln. Das Solvency Capital Requirement (SCR) beschreibt dabei die aufsichtsrechtlich geforderte Zielkapitalausstattung. Sie kann entweder mithilfe einer Standardformel oder anhand von internen Modellen, die vom VR entwickelt und von der Aufsicht genehmigt worden sind, berechnet werden. Beim Minimum Capital Requirement (MCR) handelt es sich um die aufsichtsrechtlich vorgegebene Untergrenze des zu haltenden Solvenzkapitals, das zugleich die letzte aufsichtsrechtliche Eingriffsschwelle markiert, bevor dem Unternehmen die Erlaubnis zum Geschäftsbetrieb entzogen wird.

Die zweite Säule behandelt die qualitativen Vorgaben im Rahmen der Finanzaufsicht. Hier werden insb. Anforderungen an die Ausgestaltung von Risikomanagementsystemen formuliert. So müssen VU bspw. den Nachweis einer Risikostrategie, einer angemessenen Aufbau- und Ablauforganisation, eines internen Steuerungs- und Kontrollsystems und einer internen Revision führen. Es gilt dabei der Grundsatz einer doppelten Proportionalität bzw. Verhältnismäßigkeit, d.h. VU und Aufsichtsbehörde haben die aufsichtsrechtlichen Vorgaben jeweils proportional zum Umfang des Geschäftsbetriebs und den dabei eingegangenen Risiken umzusetzen bzw. deren Einhaltung zu überprüfen.

In der dritten Säule werden schließlich die Publizitätspflichten behandelt, die gegenüber der Öffentlichkeit und gegenüber den Aufsichtsbehörden zu erfüllen sind. Hiernach haben VU bspw. einen Solvenzbericht mit Angaben zur Geschäftstätigkeit, zum Risikomanagementsystem und zum verwendeten Berechnungsmodell offenzulegen. Zudem sind quantitative Angaben zu den Kapitalanforderungen und deren Erfüllung zu machen. Auch von der Aufsichtsbehörde verordnete Kapitalzuschläge müssen angegeben werden.

Die Umsetzung des Solvency II-Projekts erfolgt im Rahmen eines dreistufigen 181
Gesetzgebungsverfahrens. Auf der ersten Ebene dieses Verfahrens (Level 1) werden die im Rahmen von Solvency II vorgesehenen Neuregelungen in ihren Grundsätzen bestimmt und in einer Rahmenrichtlinie zusammengefasst. Der erste Schritt dieses Verfahrens wurde mit der formalen Annahme einer „Richtlinie betreffend die Aufnahme und Ausübung der Versicherungs- und der Rückversicherungstätigkeit (Solvabilität II)“ durch den Europäischen Rat für Wirtschaft und Finanzen und das Europäische Parlament am 05.05.2009 abgeschlossen.[219] Auf der zweiten Ebene des Verfahrens (Level 2) werden Durchführungsbestimmungen erarbeitet, die zur Umsetzung der in der Rahmenrichtlinie enthaltenen Grundsätze erforderlich sind. Dies erfolgt im Rahmen des Solvency II-Projekts vornehmlich mit Unterstützung des Committee of European Insurance and Occupational Pensions Supervisors (CEIOPS), das seine finalen Empfehlungen zu den Durchführungsbestimmungen am 08.04.2010 der Europäischen Kommission übermittelt hat. Schließlich sind auf der dritten Ebene des Verfahrens (Level 3) entsprechende Anwendungshinweise zu erarbeiten, die letztlich der Umsetzung der Grundsätze und Durchführungsbestimmungen in nationales Recht dienen. Dieser letzte Schritt soll bis Ende 2012 abgeschlossen sein.

b) Vorgaben der Rahmenrichtlinie

Die Rahmenrichtlinie enthält nicht nur Vorgaben zur Gestaltung der zukünftigen 182
Finanzaufsicht, sondern ersetzt zugleich dreizehn bereits bestehende Richtlinien zur Regulierung des Versicherungssektors. Dies schließt auch Vorgaben zur Beaufsichtigung von Versicherungsgruppen mit ein. Der Anwendungsbereich der Rahmenrichtlinie erstreckt sich auf sämtliche Erst- und RückVU im EG/EWR-Raum mit Ausnahme von kleineren VU und Einrichtungen der betrieblichen Altersvorsorge (Art. 2-12).

219 Richtlinie 2009/138/EG des Europäischen Parlaments und des Rats v. 25.11.2009.

183 Die Solvenzkapitalanforderungen können entweder anhand einer Standardformel oder mithilfe eines internen Modells berechnet werden (Art. 100). Bei der Berechnung des SCR sind grundsätzlich sämtliche Risiken des aktuellen Vertragsbestands und des in den nächsten zwölf Monaten erwarteten Neugeschäfts zu berücksichtigen (Art. 101). Soweit es den aktuellen Vertragsbestand betrifft, sind nur unerwartete Verluste zu quantifizieren.[220] Das SCR hat unabhängig von der verwendeten Berechnungsmethodik dem 99,5 %-Quantil der Basiseigenmittel zu entsprechen, wobei für die Eigenmittel ein Prognosezeitraum von einem Jahr zugrunde zu legen ist (Art. 101). Die Berechnung des SCR ist mind. jährlich vorzunehmen (Art. 102). Bei der Berechnung sind mind. die jeweils spartenrelevanten versicherungstechnischen Risiken, das Marktrisiko, das Kreditrisiko und das operationelle Risiko zu berücksichtigen (Art. 101), die in der folgenden Abbildung definiert werden.

versicherungs-technisches Risiko	Versicherungstechnische Risiken bezeichnen das Risiko, dass bedingt durch Zufall, Irrtum oder Änderung der tatsächliche Aufwand für Schäden und Leistungen vom erwarteten Aufwand abweicht.
Marktrisiko	Marktrisiken bezeichnen das Risiko, dass sich direkt oder indirekt aus Schwankungen in der Höhe bzw. in der Volatilität der Marktpreise für die Vermögenswerte und Verbindlichkeiten ergibt. Das Marktrisiko schließt das Währungskursrisiko und das Zinsänderungsrisiko ein.
Kreditrisiko	Kreditrisiken bezeichnen das Risiko, das sich aufgrund eines Ausfalls oder aufgrund einer Veränderung der Bonität oder der Bewertung von Bonität (Credit-Spread) von Wertpapieremittenten, Gegenparteien und anderen Schuldnern ergibt, gegenüber denen das Unternehmen Forderungen hat.
operationelles Risiko	Operationelle Risiken bezeichnen das Risiko von Verlusten aufgrund von unzugänglichen oder fehlgeschlagenen internen Prozessen oder aus mitarbeiter- und systembedingten oder externen Vorfällen.

Abb. 9: Definition der Risikoarten

Sofern bei der Ermittlung des SCR die Standardformel verwendet wird, berechnet sich das SCR aus den Basiskapitalanforderungen zuzüglich der Kapitalanforderungen für das operationelle Risiko (Art. 104). Da sich im Fall eintretender Verluste die passiven latenten Steuern reduzieren und darüber hinaus die Überschussbeteiligung entsprechend gesenkt werden kann, sind von der Gesamtkapitalanforderung noch die hiermit verbundenen risikominimierenden Effekte abzuziehen. Zudem müssen bei der Bestimmung der Gesamtkapitalanforderung die zwischen den Risiken bestehenden Korrelationen berücksichtigt werden. Zur Ver-

220 Denn die Berücksichtigung der (vom Markt) erwarteten Verluste erfolgt bereits explizit oder implizit durch die Bewertung des Nettovermögens mit dem beizulegenden Zeitwert.

meidung prozyklischer Effekte sind bei Eigenkapitaltiteln die Kapitalanforderungen nach Maßgabe eines Preisindexes zu berechnen (Art. 106).

Interne Modelle dürfen auf Ebene des Gesamtunternehmens, aber auch für einzelne Risikomodule oder einzelne Geschäftseinheiten bzw. Sparten eingesetzt werden (Art. 112). Der Einsatz von internen Modellen darf nur nach vorheriger Genehmigung durch die Aufsichtsbehörde erfolgen. Hierbei sind bestimmte Standards zu erfüllen, insb. hinsichtlich der Datenqualität, der Methodik, Validierung und Dokumentation (Art. 120-125). Werden interne Modelle nur partiell eingesetzt, sind darüber hinaus die Gründe für den eingeschränkten Einsatzbereich anzugeben, die relative Vorteilhaftigkeit gegenüber der Standardformel und die Einhaltung der Grundsätze zur Berechnung des SCR zu belegen (Art. 113). Die Rückkehr zur Standardformel ist nur in Ausnahmefällen erlaubt (Art. 117).

Das MCR ist im Unterschied zum SCR nicht auf Basis des 99,5 %-Quantils, sondern unter Verwendung des 85 %-Quantils der Basiseigenmittel zu berechnen (Art. 129). Zugleich bestehen absolute Untergrenzen für das MCR, nämlich 2,2 Mio. Euro im Bereich der Schaden- und Unfallversicherung und 3,2 Mio. Euro im Bereich der LV sowie für RückVU. Soweit die vorgegebenen Untergrenzen nicht verletzt werden, darf das MCR nicht weniger als 25 % und nicht mehr als 45 % des SCR betragen. Im Unterschied zum SCR ist das MCR mind. einmal pro Quartal zu berechnen.

Bei den Eigenmitteln ist zunächst zwischen Basiseigenmitteln und ergänzenden 184
Eigenmitteln zu unterscheiden. Die Basiseigenmittel berechnen sich als Überschuss der Vermögenswerte über die Verpflichtungen zuzüglich der nachrangigen Verbindlichkeiten und abzüglich der vom VR gehaltenen eigenen Anteile (Art. 88). Dabei sind sämtliche Vermögenswerte und Verpflichtungen zum beizulegenden Zeitwert zu bewerten, wobei im Fall der Verpflichtungen das eigene Bonitätsrisiko nicht zu berücksichtigen ist (Art. 75). Die Bewertung der versicherungstechnischen Passiva kann wahlweise zu ihrem besten Schätzwert zuzüglich einer Risikomarge oder mittels replizierender Finanzinstrumente vorgenommen werden (Art. 77). Der beste Schätzwert ist dabei als Barwert der zukünftigen wahrscheinlichkeitsgewichteten Zahlungsströme ohne Berücksichtigung der RückV-Anteile zu bestimmen; letztere sind separat anzusetzen. Die Risikomarge entspricht den Opportunitätskosten der für die versicherungstechnischen Passiva vorzuhaltenden Eigenmittel nach Maßgabe des SCR. Soweit die für die Überschussbeteiligung reservierten Beträge nicht als Basiseigenmittel höchster Qualität („Tier 1"-Kapital) eingestuft werden, sind diese den versicherungstechnischen Passiva zuzurechnen (Art. 78). Bei der Bewertung der versicherungstechnischen Passiva sind zudem

Inflationseffekte und aus Optionen resultierende Werteffekte zu berücksichtigen (Art. 78 und 79). Die Bewertung hat auf Kollektivbasis zu erfolgen (Art. 80). In der folgenden Abbildung wird der Zusammenhang zwischen den Kapitalanforderungen und den in einer Solvenzbilanz zu ermittelnden Eigenmitteln verdeutlicht.

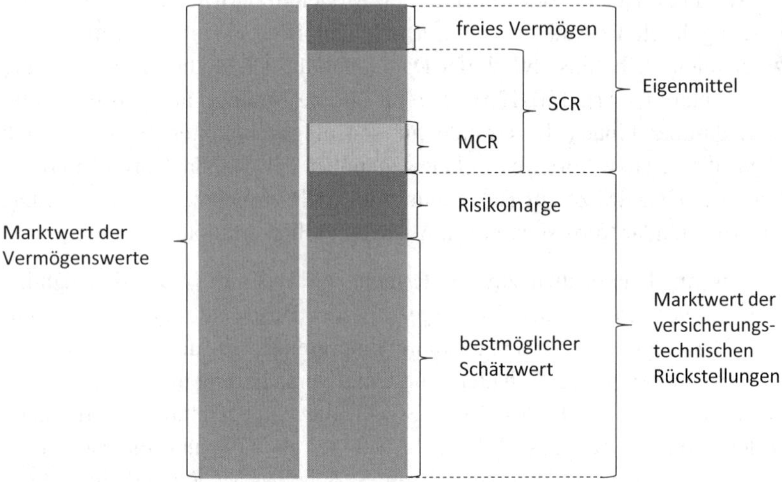

Abb. 10: Bestimmung der Eigenmittel

Im Unterschied zu den Basiseigenmitteln umfassen die ergänzenden Eigenmittel jene finanziellen Mittel, die dem VR noch nicht zugeflossen sind. Hierzu zählen bspw. noch nicht eingezahltes Eigenkapital, noch nicht in Anspruch genommene Kreditgarantien oder von VN in den nächsten zwölf Monaten einforderbare Nachschusszahlungen (Art. 89). Die ergänzenden Eigenmittel bedürfen einer aufsichtsrechtlichen Genehmigung (Art. 90). Sämtliche Eigenmittel sind nach ihrer Fähigkeit zur Verlusttragung zu klassifizieren (Art. 93). Dabei werden Basiseigenmittel, die

a) über eine unbegrenzte Laufzeit verfügen,

b) nachrangig zu bedienen sind,

c) frei von Rückzahlungs- und

d) laufenden Bedienungsverpflichtungen sowie

e) sonstigen Belastungen sind,

als Eigenmittel höchster Qualität („Tier 1"-Kapital) gewertet (Art. 94). Basiseigenmittel, die nur die Kriterien (b), (c), (d) und (e) erfüllen, sind hingegen als „Tier 2"-Kapital zu klassifizieren. Werden weitere Kriterien nicht erfüllt, können Basiseigenmittel nur als „Tier 3"-Kapital eingestuft werden. Ergänzende Eigenmittel stellen lediglich „Tier 2"-Kapital oder „Tier 3"-Kapital dar. Eine Einstufung in die „Tier 2"-Kategorie kommt dabei nur infrage, wenn sämtliche Kriterien der Verlusttragfähigkeit erfüllt werden.

Zur Bedeckung des SCR können nur Basiseigenmittel und ergänzende Eigenmittel herangezogen werden (Art. 98 und 100). Allerdings ist zu beachten, dass zur Bedeckung des SCR der Anteil des „Tier-1"-Kapitals mind. ein Drittel der Gesamteigenmittel betragen muss. Zugleich darf der Anteil des „Tier 3"-Kapitals höchstens ein Drittel der Gesamteigenmittel betragen. Das MCR darf hingegen ausschließlich mit Basiseigenmitteln bedeckt werden, wobei die gesamten Basiseigenmittel mind. zur Hälfte aus „Tier 1"-Kapital bestehen müssen (Art. 98 und 128).

Die Rahmenrichtlinie enthält keine quantitativen Vorgaben hinsichtlich der Kapitalanlage.[221] Es gelten ausschließlich qualitative Vorgaben i.S.d. Prudent Person Principle (Art. 132 und 133). Demnach ist grundsätzlich eine vom Vorsichtsprinzip geleitete Kapitalanlage vorzunehmen. Es gelten die allgemeinen Anlagegrundsätze der Sicherheit, Rentabilität und Liquidität unter Berücksichtigung einer angemessenen Mischung und Streuung der Vermögenswerte. Zudem ist der Grundsatz der Belegenheit zu beachten. Derivative Finanzinstrumente dürfen nur zu Absicherungszwecken oder zur Portfoliooptimierung eingesetzt werden. In Anlagen, die nicht zum Handel auf regulierten Finanzmärkten zugelassen sind, darf nur zurückhaltend investiert werden.

185 Neben diesen der ersten Säule zuzurechnenden quantitativen Anforderungen ergeben sich für die VR qualitative Anforderungen zur Gestaltung ihrer Geschäftstätigkeit aus der zweiten Säule. Zunächst trägt die Geschäftsführung die alleinige Verantwortung zur Einhaltung der in der Rahmenrichtlinie enthaltenen Vorgaben (Art. 40). Darüber hinaus hat jeder VR ein der Geschäftstätigkeit angemessenes Governance-System einzurichten, das sich durch eine transparente Organisationsstruktur und eine effiziente Informationsübermittlung auszeichnet (Art. 41). Ein effizientes Governance-System erfordert zunächst die Einrichtung eines Risikomanagementsystems, eines internen Kontrollsystems, einer internen Revision und

221 Die Notwendigkeit quantitativer Anlagebeschränkungen erweist sich insofern als obsolet, als durch die risikotheoretisch begründeten Kapitalanforderungen bereits implizit Anreize einer risikominimierenden Kapitalanlage gesetzt werden.

einer versicherungsmathematischen Funktion (Art. 44 und 46-48). Im Governance-System sind zudem Funktionen und Prozesse zu Fragen der betrieblichen Funktionsauslagerung (Outsourcing) und der eigenen Risiko- und Solvenzeinschätzung (Own Risk and Solvency Assessment) zu integrieren (Art. 45 und 49). Schließlich müssen sich die wesentlichen Entscheidungsträger des Unternehmens als zuverlässig und fachlich geeignet erweisen (Art. 42 und 43).

Die der zweiten Säule zugerechneten qualitativen Anforderungen umfassen aber auch Vorgaben zum aufsichtsrechtlichen Überprüfungsverfahren. Zunächst wird als allgemeine Zielsetzung der Versicherungsaufsicht der Schutz der VN definiert (Art. 27). Die Aufsichtsbehörden haben bei ihrer Tätigkeit zusätzlich die Auswirkungen auf die Stabilität des Finanzsystems und damit verbundene Fragen der Prozyklität (Art. 28) sowie das Proportionalitätsprinzip (Art. 29) zu berücksichtigen. Eingriffsrechte der Aufsichtsbehörden existieren im Fall einer unzureichenden Höhe der versicherungstechnischen Passiva oder bei Unterschreitung des SCR oder MCR. Bei einer unzureichenden Höhe der versicherungstechnischen Passiva können die Aufsichtsbehörden den VR die freie Verfügung über die Vermögenswerte untersagen (Art. 137). Sofern es zu einer Unterdeckung des SCR kommt, hat der VR innerhalb von zwei Monaten nach Feststellung einen Sanierungsplan vorzulegen (Art. 138). Innerhalb von sechs Monaten nach Feststellung muss dann eine Aufstockung der Eigenmittel oder Absenkung des Risikoprofils erfolgen. Bei Verletzung des MCR halbieren sich die jeweiligen Fristen (Art. 139). Zudem besitzen die Aufsichtsbehörden bei Verletzung der SCR-Anforderungen oder der für das Governance-System vorgesehenen Anforderungen das Recht, einen Kapitalzuschlag auf das SCR vorzunehmen (Art. 37).

186 Nach den in der dritten Säule enthaltenen Anforderungen müssen VU jährlich Informationen über ihre Solvabilität und Finanzlage veröffentlichen (Art. 51). Diese Informationen können der Öffentlichkeit als eigenständiger Bericht oder mit Verweis auf bereits bestehende Publikationen zugänglich gemacht werden. Die Veröffentlichungspflicht umfasst Beschreibungen zur Geschäftstätigkeit und finanziellen Performance, zum Governance-System und zu den einzelnen Risiken sowie zu den Vermögenswerten, versicherungstechnischen Passiva und sonstigen Verpflichtungen. Zudem sind die Qualität und Beträge der Eigenmittel, das SCR und MCR sowie damit verbundene Verletzungen einschl. aufsichtsrechtlich verhängter Kapitalzuschläge anzugeben. Für die den Aufsichtsbehörden zu übermittelnden Informationen gilt die allgemeine Anforderung, dass diese geeignet sein müssen, um die in der Rahmenrichtlinie enthaltenen Vorgaben hinsichtlich ihrer Einhaltung überprüfen zu können (Art. 35).

c) Umsetzung der Vorgaben in nationales Recht

Mit Verabschiedung der neunten VAG-Novelle v. 23.12.2007 (BGBl. I, S. 3248), deren Regelungen zum 01.01.2008 in Kraft getreten sind, wurden erstmals Elemente des zukünftigen Aufsichtssystems im nationalen Recht verankert. So enthält § 64a VAG Regelungen zur ordnungsgemäßen Geschäftsorganisation, die der Umsetzung der in der zweiten Säule von Solvency II enthaltenen Vorgaben zum Risikomanagement dienen.[222] Gemäß den Regelungen des § 64a VAG setzt eine ordnungsgemäße Geschäftsorganisation neben der Einrichtung einer ordnungsgemäßen Verwaltung und Buchführung insb. ein angemessenes Risikomanagement voraus, zu dessen Umsetzung folgende Maßnahmen erforderlich sind: 187

- Entwicklung einer auf die Steuerung des Unternehmens abgestimmten Risikostrategie unter Beachtung des Proportionalitätsprinzips
- Schaffung von aufbau- und ablauforganisatorischen Regelungen zur Kontrolle der wesentlichen Unternehmensprozesse
- Einrichtung eines geeigneten internen Steuerungs- und Kontrollsystems, das neben einem Risikotragfähigkeitskonzept und einem Risikokontrollprozess auch angemessene Kommunikations- und Berichtsprozesse umfasst;
- Schaffung einer internen Revision zur Überprüfung der Geschäftsorganisation.

Der Zusammenhang zwischen den für ein Risikomanagement erforderlichen Maßnahmen wird in der folgenden Abbildung verdeutlicht.

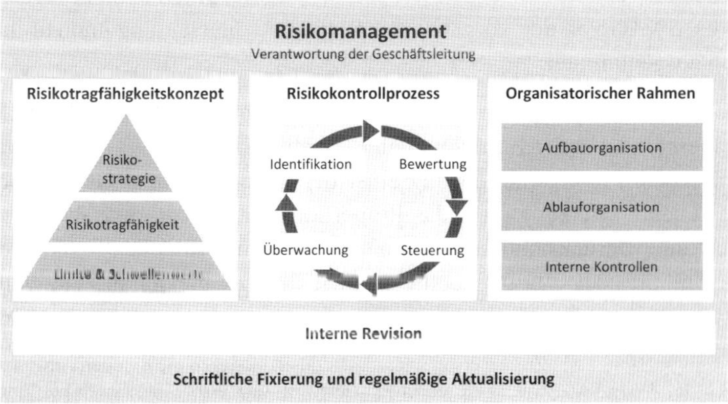

Abb.11: Elemente eines Risikomanagementsystems

222 Zum Risikomanagement in VU vgl. auch *Gehringer*, in: Bürkle (Hrsg.), Compliance in Versicherungsunternehmen, München 2009, S. 163-194.

Ihre Konkretisierung finden diese Regelungen in dem von der BaFin am 22.01.2009 veröffentlichten Rundschreiben R 3/2009 „Aufsichtsrechtliche Mindestanforderungen an das Risikomanagement“ (MaRisk). Der Anwendungsbereich des § 64a VAG und der MaRisk erstreckt sich auf

- ErstVU und Pensionsfonds[223] mit Sitz in der BRD sowie deren Niederlassungen im EG/EWR-Raum;
- VU aus Drittstaaten gem. § 105 VAG sowie Niederlassungen von VU gem. § 110d VAG;
- RückVU mit Sitz in der BRD gem. § 119 VAG sowie aus Drittstaaten gem. § 121i VAG;
- Versicherungs-Holdinggesellschaften gem. § 1b VAG, die übergeordnete Unternehmen einer Versicherungsgruppe sind.

In Konkretisierung des § 104s VAG, der besondere organisatorische Pflichten für Finanzkonglomerate vorschreibt, haben auch gemischte Finanzholding-Gesellschaften, die nach § 104q Abs. 3 Satz 8 VAG als übergeordnetes FKU bestimmt wurden, die Anforderungen der MaRisk zu beachten. Zudem muss sichergestellt sein, dass auch auf Gruppen- bzw. Konglomeratsebene ein angemessenes Risikomanagement vorhanden ist (MaRisk, Nr. 2).

Ausnahmen im Anwendungsbereich bestehen für kleinere Pensionskassen in der Rechtsform des VVaG, für Schaden-, Unfall- und Krankenversicherungsvereine i.S.d. § 53 Abs. 1 VAG sowie für Sterbekassen. Diese Unternehmen werden gem. § 64a Abs. 5 VAG von den Vorgaben zur Risikoberichterstattung und zur internen Revision ausgenommen.[224]

188 Im Ergebnis erstreckt sich damit der Anwendungsbereich auf sämtliche VU, ohne hierbei kleinere VU oder Einrichtungen der betrieblichen Altersvorsorge explizit auszuschließen. Zur Gewährleistung einer der Größe und dem Geschäftsbetrieb angemessenen Umsetzung dient das Proportionalitätsprinzip, wonach die Anforderungen unter Berücksichtigung der unternehmensindividuellen Risiken, der Art und des Umfangs des Geschäftsbetriebs sowie der Komplexität des Geschäftsmo-

223 In den Anwendungsbereich eingeschlossen sind auch Pensionskassen gem. § 118a VAG. Unterstützungskassen sowie Zusatzversorgungskassen fallen hingegen nicht in den Anwendungsbereich des § 64a VAG. Unklar ist jedoch, inwiefern Zusatzversorgungskassen bei Einrichtung separater Abrechnungsverbände gem. § 1a Abs. 2 VAG entsprechende Vorgaben des § 64a VAG einhalten müssen.

224 Zudem besteht für Einrichtungen der betrieblichen Altersvorsorge die Ausnahmeregelung, dass diese bei sämtlichen Regelungen des Rundschreibens zu Limiten, Risikokapital und sonstigen quantitativen Größen auf eine Zeitwertbilanzierung verzichten können.

dells zu erfüllen sind (MaRisk, Nr. 4). Dabei ist zugleich der Grundsatz der Materialität zu beachten, d.h. das Risikomanagement muss nur auf wesentliche Risiken abstellen. Der Begriff „wesentlich" wird hier wirkungsbezogen definiert und umfasst somit Risiken, die sich nachhaltig negativ auf die Wirtschafts-, Finanz- oder Ertragslage des Unternehmens auswirken (MaRisk, Nr. 5). Hiervon unberührt sind allerdings mind. die folgenden Risikokategorien zu berücksichtigen:

- Versicherungstechnisches Risiko
- Marktrisiko
- Kreditrisiko (einschl. Länderrisiko)
- operationelles Risiko
- Liquiditätsrisiko
- Konzentrationsrisiko
- strategisches Risiko
- Reputationsrisiko.

Die Gesamtverantwortung für eine ordnungsgemäße Geschäftsorganisation einschl. eines Risikomanagements trägt die Geschäftsleitung (MaRisk, Nr. 6). Als Ausgangspunkt für das gesamte Risikomanagementsystem muss sie zunächst eine mit der Geschäftsstrategie konsistente Risikostrategie festlegen. Die Risikostrategie soll die aus der Geschäftsstrategie resultierenden Risiken beschreiben und so gestaltet sein, dass eine operative Steuerung der Risiken an diese anknüpfen kann (MaRisk, Nr. 7). Hierzu ist auf die Art, den Umfang, die Herkunft und den Zeithorizont der Risiken sowie auf das damit verbundene Risikotragfähigkeitskonzept einzugehen. Geschäfts- und Risikostrategie sind mind. einmal im Geschäftsjahr zu überprüfen und – soweit notwendig – anzupassen. Die Geschäftsleitung ist zudem für die Verzahnung der einzelnen Elemente des Risikomanagements verantwortlich. Sie muss in diesem Sinne darauf achten, dass die Risikostrategie hierarchisch „von oben nach unten" im operativen Tagesgeschäft umgesetzt wird und die Risiken des operativen Tagesgeschäfts gleichzeitig hierarchisch „von unten nach oben" berichtet werden.

Im Einklang mit der festgesetzten Risikostrategie ist das interne Steuerungs- und Kontrollsystem auszugestalten. Ein zentrales Element des Steuerungs- und Kontrollsystems bildet der Risikokontrollprozess, der sich aus den Elementen der Identifikation, der Analyse und Bewertung, der Steuerung und der Überwachung von Risiken zusammensetzt (MaRisk, Nr. 7.3.2). 189

Die Identifizierung der Risiken bildet den ersten Schritt im Risikokontrollprozess. Ziel der Risikoidentifikation ist es, sämtliche aus der Geschäftstätigkeit resultierenden Risiken zu erfassen und die zugehörigen Einflussgrößen (Risikotreiber) und Wirkungsgrößen (Risikobezugsgrößen) zu definieren (MaRisk, Nr. 7.3.2.1). Als Risikotreiber kommen grundsätzlich interne und externe Einflussfaktoren infrage, bspw. die Geschäftstätigkeit und Organisationsstruktur des Unternehmens sowie branchen- und marktspezifische Entwicklungen im Umfeld des Unternehmens. Risikobezugsgrößen müssen hingegen Größen darstellen, mit denen sich die negativen Auswirkungen der Risiken auf die Wirtschafts-, Finanz- oder Ertragslage abschätzen lassen, bspw. bilanzielle Größen wie Eigenmittel, Prämienbeiträge oder andere Ertragsgrößen.

Der Risikoidentifikation schließt sich die Analyse und Bewertung der Risiken an. Ziel ist eine qualitative und quantitative Einschätzung potenzieller Zielabweichungen für die als wesentlich eingestuften Risikobezugsgrößen (MaRisk, Nr. 7.3.2.2). Soweit die Risiken in ihren Auswirkungen quantifizierbar sind, kann dies bspw. durch die Schätzung von Wahrscheinlichkeitsverteilungen erfolgen. Um eine Abschätzung für das Gesamtrisiko vornehmen zu können, sind zugleich entsprechende Risikokorrelationen zu bestimmen. Die Bewertung der Risiken hat sich in ihrem Zeithorizont am festgelegten Planungshorizont des Unternehmens auszurichten, grundsätzlich aber einer Einjahresbetrachtung zu folgen.

Nachdem die Risiken identifiziert und in ihren Auswirkungen qualitativ und quantitativ bewertet wurden, sind im Rahmen der Risikosteuerung regelmäßig Entscheidungen zu treffen, ob die identifizierten und analysierten Risiken akzeptiert, vermieden oder reduziert werden sollen (MaRisk, Nr. 7.3.2.3). Dies erfordert in einem ersten Schritt die Festlegung einer Sollgröße maximal zulässiger Zielabweichungen. Soweit die Risiken quantifizierbar sind, ist diese Sollgröße aus der Risikotragfähigkeit des Unternehmens abzuleiten. Die Risikotragfähigkeit beschreibt dabei die Fähigkeit des Unternehmens, Verluste aus den identifizierten Risiken zu absorbieren, ohne dass hierdurch das Unternehmen in seiner Existenz gefährdet ist. Sie bestimmt sich über das Risikokapital, d.h. über die zur Risikodeckung verfügbaren Eigenmittel (MaRisk, Nr. 7.3.1). Soweit technisch möglich, ist das Risikokapital auf Grundlage einer ökonomischen bzw. marktnahen Bewertung zu ermitteln, was wiederum eine Bewertung der maßgeblichen Bilanzpositionen mit ihrem beizulegenden Zeitwert voraussetzt.[225] Das zur Verfügung stehende Risikokapital muss anschließend auf die einzelnen Organisationsbereiche und Risiko-

225 Da die im Rahmen von Solvency II vorgesehenen Regelungen zur Bestimmung der Eigenmittel noch nicht in Kraft getreten sind, kann eine Bewertung zum beizulegenden Zeitwert allenfalls empfohlen werden. In diesem Sinne hat daher jedes Unternehmen zu prüfen, ob eine marktnahe

kategorien verteilt werden, d.h. es sind für die operativen Steuerungsebenen entsprechende Risikolimite zu definieren. Risikolimite markieren dabei den für die operativen Bereiche vorhandenen Entscheidungsspielraum, d.h. den Umfang, in dem Risiken eingegangen werden dürfen, ohne die Existenz des VU zu gefährden.

Die Festlegung und Verteilung des Risikokapitals wird im Rundschreiben als Risikotragfähigkeitskonzept beschrieben und dient der operativen Umsetzung einer risikoorientierten Unternehmenssteuerung in Einklang mit Solvency II. Zum Zweck der Risikosteuerung ist das Risikotragfähigkeitskonzept durch eine Risikoüberwachung zu ergänzen, da sich geeignete Steuerungsmaßnahmen nur treffen lassen, wenn die Risikobezugsgrößen in ihren Soll- und Ist-Ausprägungen verglichen und analysiert werden. Die Risikoüberwachung dient daher der Kontrolle der im Rahmen des Risikotragfähigkeitskonzepts definierten Sollgrößen bzw. der operativ gesetzten Risikolimite (MaRisk, Nr. 7.3.2.4). Aus dem Soll-Ist-Vergleich der Risikopositionen können die entsprechenden Steuerungsmaßnahmen abgeleitet werden.

Die folgende Abbildung verdeutlicht die Funktionsweise des Risikotragfähigkeitskonzepts.

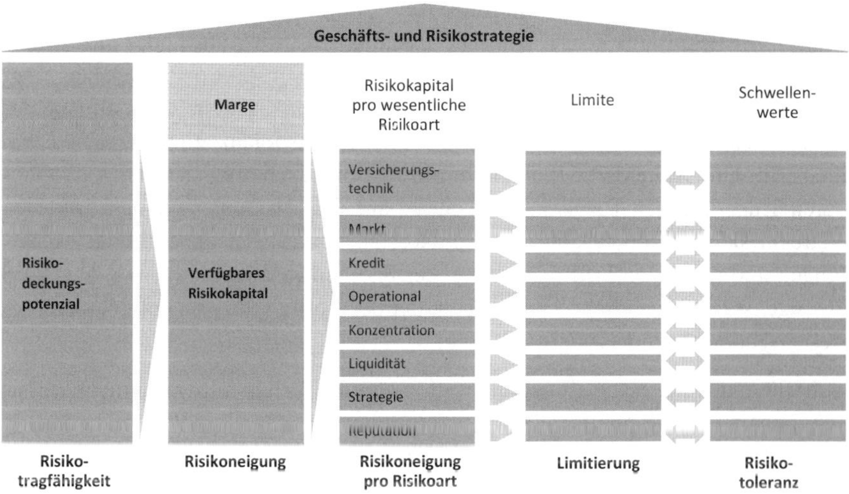

Abb. 12: Funktionsweise des Risikotragfähigkeitskonzepts

Bewertung zu einer Verbesserung des Risikomanagements beiträgt (MaRisk, Nr. 1 und 7.2.2). Für Einrichtungen der betrieblichen Altersvorsorge gilt diese Empfehlung zunächst nicht.

Der Risikokontrollprozess ist durch geeignete Kommunikations- und Berichtsprozesse zu unterstützen. Dies erfordert einerseits die Förderung einer unternehmensinternen Risikokultur (MaRisk, Nr. 7.3.2.4) und andererseits die Etablierung eines geeigneten Berichtswesens (MaRisk, Nr. 7.3.4). Es ist ein Risikobericht anzufertigen, der der Geschäftsleitung zu übermitteln ist und die wesentlichen Ziele des Risikomanagements und der Methoden der Risikobewertung beschreibt, der einen Soll-Ist-Vergleich der Risikopositionen enthält und entsprechende Maßnahmen der Risikosteuerung erläutert. Zudem besteht die gesetzliche Verpflichtung gem. § 55c VAG, den Risikobericht spätestens einen Monat nach Einreichung bei der Geschäftsleitung der BaFin vorzulegen.

190 Das interne Steuerungs- und Kontrollsystem muss durch aufbau- und ablauforganisatorische Regelungen ergänzt werden, die auf eine Kontrolle der wesentlichen Unternehmensprozesse abzielen und auch interne Kontrollen beinhalten (MaRisk, Nr. 7.2 und 7.5). Zur Umsetzung einer angemessenen Aufbauorganisation ist auf allen Unternehmensebenen eine klare Funktionstrennung zur Vermeidung von Interessenkonflikten vorzunehmen, d.h. es dürfen nicht dieselben Personen bzw. Stellen für den Aufbau und die Kontrolle von Risikopositionen verantwortlich sein (MaRisk, Nr. 7.2.1). Insbesondere ist eine unabhängige Risikokontrollfunktion einzurichten, die den Risikokontrollprozess koordiniert und die Einhaltung der gesetzten Risikolimite überwacht. Die Risikokontrollfunktion findet ihre Unterstützung in der internen Revision, die zwar nicht als institutionelle Einheit, aber zumindest in ihrer Funktion vorhanden sein muss (MaRisk, Nr. 7.4). Aufgabe der internen Revision ist die Überprüfung der Geschäftsorganisation des Unternehmens. Im Unterschied zur Risikokontrollfunktion beschränkt sich der Aufgabenbereich der internen Revision nicht allein auf das Risikomanagement, sondern erstreckt sich auf die gesamte Geschäftsorganisation. Über die Prüfungsfeststellungen und geplanten Prüfungsthemen der internen Revision ist gem. § 55c VAG ein eigenständiger Bericht anzufertigen, der der BaFin spätestens mit dem aufgestellten Jahresabschluss vorzulegen ist.

Zur Unterstützung der Aufbauorganisation werden für die mit wesentlichen Risiken behafteten Geschäftsabläufe ablauforganisatorische Regelungen gefordert (MaRisk, Nr. 7.2.2). Zu diesen Abläufen zählen zumindest das versicherungstechnische Geschäft, die Reservierung, das Kapitalanlagemanagement (einschl. Asset-Liability-Management) und das passive RückV-Management. Für das Kapitalanlage- und RückV-Management sind die entsprechenden, bereits bestehenden Verordnungen und Rundschreiben unbeschadet der MaRisk zwingend zu beachten.

V. Die Prüfung der Einhaltung der Kapitalausstattungsvorschriften durch den Abschlussprüfer

In der PrüfV gibt es keine direkten Hinweise, dass der Abschlussprüfer zur Solvabilität im Prüfungsbericht Stellung nehmen soll. In der Begründung zur PrüfV wird darauf verwiesen, dass sich die Prüfungshandlungen des Abschlussprüfers grundsätzlich auf die Einhaltung der handelsrechtlichen Rechnungslegungsvorschriften (§ 341k HGB) sowie bestimmter Anzeigepflichten (§ 57 VAG) erstrecken. 191

Auf Ebene der bereinigten Solvabilität und der Finanzkonglomerate-Solvabilität hat der Prüfer gem. § 57 Abs. 1 Satz 1 VAG festzustellen, ob das jeweilige VU die Anforderungen an die Berechnung der bereinigten Solvabilität bzw. der Finanzkonglomerate-Solvabilität erfüllt. Der Abschlussprüfer hat zu beurteilen, ob das Finanzkonglomerat insgesamt über angemessene Eigenmittel verfügt. Er hat weiterhin zu prüfen, ob das übergeordnete FKU die entsprechenden Anzeigepflichten (§ 104q Abs. 2 VAG) gegenüber der BaFin und der Deutschen Bundesbank erfüllt hat. Die Ergebnisse der Prüfung sind in den Prüfungsbericht aufzunehmen. 192

Darüber hinausgehende Prüfungen gehören nur insoweit zu der Abschlussprüfung, als sich Rückwirkungen auf den Jahresabschluss oder Lagebericht ergeben. Allerdings ist zu bedenken, dass der Prüfungsbericht als Informationsinstrument auch anderen Adressaten als der BaFin zugeleitet wird, wie bspw. dem Aufsichtsrat. Da die Frage der Solvabilität zugleich Auswirkungen auf die Vermögens-, Finanz- und Ertragslage hat, wird sich der Prüfer regelmäßig ein Bild über die Einhaltung der Solvabilitätsvorschriften machen. Inwieweit er dies im Prüfungsbericht darlegt, bleibt seinem pflichtgemäßen Ermessen überlassen. Vor dem Hintergrund der Prüfungs- und Berichterstattungspflicht über die bereinigte Solvabilität bzw. die Finanzkonglomerate-Solvabilität scheint es u.E. jedoch sachgerecht, auf die Ausstattung des VU mit Eigenmitteln sowie das Verhältnis zwischen den freien unbelasteten Eigenmitteln und der Solvabilitätsspanne im Prüfungsbericht einzugehen. Auf jeden Fall sollte über eine ggf. vorhandene Unterdeckung berichtet werden. 193

Entsprechend den Prüfungspflichten zur Einhaltung der Solo-Solvabilität besteht gegenwärtig ebenso keine gesetzliche Verpflichtung zur Prüfung der in § 64a VAG enthaltenen Anforderungen an das Risikomanagement. Während sich in der PrüfV keine unmittelbaren Hinweise zur Prüfungspflicht finden, ist gem. § 57 Abs. 1 Satz 3 VAG ausschließlich zu prüfen, inwiefern die in § 91 Abs. 2 AktG formulierten Anforderungen an das Risikofrüherkennungssystem erfüllt sind. Das Risikofrüherkennungssystem stellt aber nur eine Teilkomponente des Risikomanagements dar. Eine Prüfung entsprechend den Regelungen des KWG (§ 29 194

Abs. 1 Satz 2 KWG i.V.m. § 25a Abs. 1 Satz 3 KWG), wonach bei der Prüfung des Jahresabschlusses von Kreditinstituten auch zu beurteilen und zu berichten ist, inwiefern das Risikomanagement angemessen ist, besteht folglich für VU nicht. Um der Gefahr einer Erwartungslücke in Bezug auf den Prüfungsumfang bei VU entgegenzuwirken, empfiehlt daher der Versicherungsfachausschuss des Instituts der Wirtschaftsprüfer in Deutschland e.V., im Prüfungsbericht den Umfang der Prüfungshandlungen klarzustellen.[226]

226 Vgl. FN-IDW 1-2/2010, S. 39.

F. Der Konzernabschluss von Versicherungsunternehmen

von WP/StB Dr. Frank Ellenbürger, München
und WP/StB Dipl.-Kfm. Rainer Husch, Köln

Randnummer

I. Rechnungslegung im Versicherungskonzern

1. Konzernverbindungen in der Versicherungswirtschaft

1 Konzernverbindungen in der deutschen Versicherungswirtschaft gehen zum einen auf den gesetzlich geregelten Spartentrennungsgrundsatz zurück,[1] dessen Einhaltung Voraussetzung für die Erteilung der Genehmigung zur Aufnahme

1 Vgl. *Farny*, in: Hübner/Helten/Albrecht (Hrsg.), Recht und Ökonomie der Versicherung, FS Lorenz, Karlsruhe 1994, S. 207.

des Geschäftsbetriebs durch die Bundesanstalt für Finanzdienstleistungsaufsicht (BaFin) ist. Aufgrund des Spartentrennungsgrundsatzes darf ein einzelnes Versicherungsunternehmen (VU) nicht alle Versicherungszweige (VZ) betreiben. So schließt nach § 8 Abs. 1a VAG der Betrieb der Lebensversicherung (LV) den Betrieb anderer Versicherungssparten aus. Das Gleiche gilt für den Betrieb der substitutiven Krankenversicherung (KV) nach § 12 Abs. 1 VAG und den Betrieb anderer Versicherungssparten.[2]

Um unter möglichst optimaler Ausnutzung der vorhandenen Ressourcen, insb. des Vertriebssystems, eine umfangreiche Produktpalette anbieten zu können, sind die VU dazu übergegangen, bestimmte Geschäfte über rechtlich selbstständige Tochtergesellschaften zu betreiben. Diese Form der Dienstleistungsbündelung beinhaltet keinen Verstoß gegen den Grundsatz der Spartentrennung.[3]

Neben diesen, aus dem Versicherungsgeschäft (VG) herrührenden Gründen für 2
die bestehenden Konzernstrukturen sind zum anderen in der Unternehmensorganisation begründete Überlegungen getreten. So bietet es sich an, bestimmte Verwaltungs- und/oder Dienstleistungsfunktionen durch Ausgliederung auf rechtlich selbstständige Unternehmen zu zentralisieren. Dies gilt auch für bestimmte Vertriebswege.

Seit Beginn der 80er Jahre beschränken sich Versicherungskonzerne nicht mehr 3
auf das VG, sondern es ist eine Tendenz zum Allfinanzangebot zu erkennen. Neben Versicherungsleistungen werden bspw. auch Bankprodukte angeboten. Die Erweiterung des Angebots um versicherungsfremde Finanzdienstleistungen erfordert die Gründung oder den Erwerb von Anteilen an Tochtergesellschaften, da § 7 Abs. 2 VAG den Betrieb von versicherungsfremden Geschäften durch ein VU grundsätzlich nicht zulasst. Aus den reinen Versicherungskonzernen werden so Allfinanz-Konzerne.[4] Innerhalb dieser Konzerne kommt es auch zur Zusammenlegung bestimmter Geschäftsfelder, bspw. der Vermögensverwaltung (Asset Management), um das notwendige Geschäftsvolumen für das internationale Geschäft zu erreichen.

Die zentrale Leitung bestehender Versicherungskonzerne wird überwiegend durch 4
sog. Holdinggesellschaften wahrgenommen, die i.d.R. Nicht VU in der Rechtsform einer Aktiengesellschaft (AG) sind. Neben den Beteiligungen an den VU können sie zugleich auch versicherungsfremde Aktivitäten, wie Finanzdienstleistungen, steuern.

2 Vgl. *Farny*, Versicherungsbetriebslehre, 4. Aufl., Karlsruhe 2006, S. 232 f.
3 Vgl. *Dreher*, in: Hübner/Helten/Albrecht (Hrsg.), FS Lorenz, Karlsruhe 1994, S. 177 f.
4 Vgl. *Farny*, Versicherungsbetriebslehre 2006, 4. Aufl., Karlsruhe 2006, S. 247.

Die aktienrechtliche Konzerndefinition des § 18 AktG stellt auf das Kriterium der einheitlichen Leitung ab. Ein Konzern liegt immer dann vor, wenn

- ein herrschendes und ein oder mehrere abhängige Unternehmen unter der einheitlichen Leitung des herrschenden Unternehmens zusammengefasst werden (Unterordnungskonzern) oder wenn
- rechtlich selbstständige Unternehmen ohne Abhängigkeitsverhältnis unter einheitlicher Leitung stehen (Gleichordnungskonzern).

5 Die Pflicht zur Konzernrechnungslegung knüpft zwar nicht an die aktienrechtliche Konzerndefinition an, sondern an das Vorliegen der Voraussetzungen nach § 290 HGB. Das in § 290 Abs. 1 HGB geregelte Konzept der einheitlichen Leitung entspricht jedoch weitgehend dem aktienrechtlichen Konzernbegriff.[5]

2. Gesetzliche Grundlagen

a) Pflicht zur Konzernrechnungslegung

6 Versicherungsunternehmen i.S.v. § 341 HGB und Versicherungsholdinggesellschaften i.S.v. § 341i Abs. 2 HGB sind gem. § 341i Abs. 1 HGB unabhängig von ihrer Rechtsform und Größe zur Konzernrechnungslegung, d.h. zur Aufstellung eines Konzernabschlusses (KA) und eines Konzern-Lageberichts (LB), verpflichtet, falls sie Mutterunternehmen (MU) i.S.d. § 290 HGB sind und die übrigen Voraussetzungen zur Konzernrechnungslegung erfüllt sind. Grundsätzlich gelten die handelsrechtlichen Vorschriften für große Kapitalgesellschaften der §§ 290-315a HGB; den Besonderheiten der VU wird durch die §§ 341i und 341j HGB Rechnung getragen.

7 Von den Vorschriften zur Konzernrechnungslegung nach dem PublG werden VU gem. § 11 Abs. 5 Satz 1 PublG ausgenommen.

8 Gemäß § 341i Abs. 2 HGB sind die ergänzenden Vorschriften für VU zum KA auch auf sog. Versicherungsholdinggesellschaften anzuwenden.

Das sind solche Unternehmen, deren einziger oder hauptsächlicher Zweck darin besteht, Beteiligungen an Tochterunternehmen zu erwerben, zu verwalten und rentabel zu machen, sofern es sich bei diesen Tochterunternehmen ausschließlich oder überwiegend um VU handelt. Tochterunternehmen, die keine VU sind und in wesentlichem Maße Tätigkeiten im Rahmen von Funktionsausgliederungs- oder

5 Vgl. z.B. *ADS*, 6. Aufl., Stuttgart 1995 ff., § 290 HGB, Rn. 12 ff.

Dienstleistungsbeziehungen mit anderen Konzernunternehmen wahrnehmen, sind dem VG zuzurechnen. Sie stellen – lediglich rechtlich – ausgegliederte Einheiten des Versicherungsbetriebs dar. Auf eine rein zahlenmäßige Mehrheit kommt es nicht an.[6]

Ein Mutter-/Tochter-Verhältnis i.S.d. § 290 Abs. 1 HGB besteht nach Inkrafttreten des Bilanzrechtsmodernisierungsgesetz (BilMoG) dann, wenn ein Unternehmen auf ein anderes Unternehmen (Tochterunternehmen) unmittelbar oder mittelbar einen beherrschenden Einfluss ausüben kann. Dieses kann als gegeben angesehen werden, wenn ein Unternehmen die Möglichkeit hat, die Finanz- und Geschäftspolitik eines Unternehmens dauerhaft zu bestimmen.[7] 9

§ 290 Abs. 2 HGB führt vier typisierende Tatbestände an, die zu der Vermutung eines beherrschenden Einflusses führen:

- die Mehrheit der Stimmrechte der Gesellschafter
- die Mehrheit der Organbestellungsrechte i.V.m. einer Gesellschafterstellung
- die Bestimmung der Finanz- und Geschäftspolitik aufgrund eines Beherrschungsvertrags oder Bestimmungen der Satzung
- das Tragen der Mehrheit der Risiken und Chancen einer Zweckgesellschaft.

Die Aufzählung in § 290 Abs. 2 HGB ist alternativ. Es ist für ein Mutter-Tochter-Verhältnis ausreichend, wenn eine der Bedingungen gegeben ist.

Durch die Einführung des BilMoG wurde die Nr. 4 des § 290 Abs. 2 HGB neu aufgenommen. Es sollen nunmehr unter dem Aspekt der wirtschaftlichen Betrachtungsweise auch Zweckgesellschaften konsolidiert werden. Zweckgesellschaften dienen der Erreichung eines eng begrenzten und genau definierten Ziels des MU, das bei wirtschaftlicher Betrachtung die Mehrheit der Chancen und Risiken trägt. Bei einer asymmetrischen Chancen- und Risikoverteilung bilden die Risiken das entscheidende Kriterium.[8] Es erfolgt eine Anlehnung an SIC 12.

Explizit ausgenommen von der Konsolidierungspflicht werden in § 290 Abs. 2 Nr. 4 Satz 2 HGB Spezial-Sondervermögen i.S.d. § 2 Abs. 3 InvG, zu denen auch die von VU üblicherweise verwendeten Spezialfonds gehören. Hierunter fallen definitionsgemäß alle Sondervermögen, deren Anteile aufgrund schriftlicher Ver-

6 Vgl. *IDW* (Hrsg.), WP Handbuch 2006, 13. Aufl., Bd. I, Düsseldorf 2006, Rn. K 649.

7 Vgl. *Kozikowski/Ritter*, in: Beck Bil-Komm., 7. Aufl., München 2010, § 290 HGB, Rn. 25; BT-Drs. 16/12407, S. 89.

8 Vgl. BT-Drs. 16/12407, S. 89.

einbarungen mit der jeweiligen Kapitalanlagegesellschaft und i.d.R. von institutionellen Anlegern gehalten werden; eine Anlage durch natürliche Personen ist gesetzlich ausgeschlossen.[9] Der Bezugnahme auf § 2 Abs. 3 InvG entsprechend sind ausschließlich inländische Spezialfonds von der Ausnahme betroffen.[10] Es ist aber – aufgrund der anderenfalls gegebenen Diskriminierung – davon auszugehen, dass auch ausländische Spezialfonds hierunter fallen, wenn sie eine der Definition in § 2 Abs. 3 InvG entsprechende Ausgestaltung aufweisen. Dazu passt, dass die lt. Gesetzesbegründung zum Regierungsentwurf (RegE) als Surrogat für die Konsolidierung eingeführten Anhangangaben nach § 314 Abs. 1 Nr. 18 HGB für bestimmte Anteile an Investmentvermögen deutlich weiter gefasst sind.[11]

10 Von der Aufstellung eines KA und eines Konzern-LB kann abgesehen werden, wenn das MU selbst als Tochtergesellschaft in einen übergeordneten KA / Konzern-LB einbezogen wird und diesem KA / Konzern-LB befreiende Wirkung nach den §§ 291 und 292 HGB zukommt. § 291 HGB regelt die befreienden KA für MU mit Sitz im Inland und im EWR; § 292 HGB enthält eine Ermächtigung zum Erlass einer Rechtsverordnung, in der die Anforderungen enthalten sind, die an Unternehmen mit Sitz außerhalb des Europäischen Wirtschaftsraums (EWR) zu stellen sind, die einen befreienden KA aufstellen wollen.[12]

11 Gemäß § 315a HGB müssen MU, die einen organisierten Markt i.S.d. § 2 Abs. 5 WpHG in Anspruch nehmen (§ 315a Abs. 1 HGB) bzw. die Zulassung eines Wertpapiers i.S.d. § 2 Abs. 1 Satz 1 WpHG zum Handel an einem solchen Markt bereits beantragt haben (§ 315a Abs. 2 HGB), einen KA nach IFRS erstellen.[13]

Für alle nicht kapitalmarktorientierten MU i.S.d. obigen Absatzes besteht das Wahlrecht, einen IFRS-KA gem. § 315a Abs. 1 HGB aufzustellen, der von der Pflicht zur handelsrechtlichen Konzernrechnungslegung befreit.[14]

---

9 Vgl. § 2 Abs. 3 InvG.

10 Vgl. *Schurbohm-Ebneth/Zoeger*, DB 2009, Beilage 5, S. 54.

11 Vgl. *Schurbohm-Ebneth/Zoeger*, DB 2009, Beilage 5, S. 54; BT-Drs. 16/12407, S. 89 f. sowie BT-Drs. 16/10067, S. 73 f.

12 Siehe im Einzelnen: *IDW* (Hrsg.), WP Handbuch 2006[13], Rn. M 79 f.

13 Diese Gesetzesvorschrift wurde durch das Bilanzrechtsreformgesetz vom 04.12.2004 eingeführt und war erstmals auf Geschäftsjahre (GJ) anzuwenden, die am oder nach dem 01.01.2005 beginnen. Eine Ausnahme davon galt für Unternehmen, von denen lediglich Schuldtitel zum Handel an einem geregelten Markt zugelassen waren oder von denen Wertpapiere zum öffentlichen Handel in einem Drittstaat zugelassen waren und die zu diesem Zweck seit dem GJ, das vor dem 11.09.2002 begann, international anerkannte Rechnungslegungsstandards, insb. US-GAAP, angewendet haben. Solche Unternehmen mussten § 315a HGB erst für GJ anwenden, die nach dem 31.12.2006 begonnen haben.

14 Vgl. § 315a Abs. 3 HGB.

Aufgrund der rechtsformunabhängigen Verpflichtung zur Konzernrechnungslegung nach § 341i Abs. 1 Satz 1 HGB ist § 315a HGB auch auf Versicherungsvereine auf Gegenseitigkeit (VVaG) anzuwenden.

Im Falle der Erstellung eines KA nach internationalen Rechnungslegungsstandards gem. § 315a Abs. 1 HGB gelten abweichend von § 341j Abs. 1 Satz 1 HGB neben § 315a HGB und den dortigen Verweisen nur ausgewählte Bestimmungen. Dies sind zum einen Bestimmungen zum Anwendungsbereich der versicherungsspezifischen Vorschriften (§§ 341 und 341i Abs. 2 HGB), zum anderen solche, die die Verpflichtung und die Frist zur Aufstellung eines KA (§ 341i Abs. 1 und 3 Satz 1 HGB sowie § 341j Abs. 1 Satz 1 HGB i.V.m. den §§ 290-292 HGB) und dessen Vorlage an den Aufsichtsrat (AR) (§ 341j Abs. 3 HGB i.V.m. § 170 Abs. 1 und 3 AktG) sowie die Hauptversammlung (HV) (§ 341i Abs. 4 HGB) regeln. Darüber hinaus sind auch Vorschriften anzuwenden, die die Prüfung, Offenlegung sowie die straf- und bußgeldrechtliche Bewehrung (§§ 341k-341p HGB) betreffen.[15] Die Vorschriften zur Konzernrechnungslegung der RechVersV und RechPensV finden nach § 341j Abs. 1 Satz 4 2. Hs. keine Anwendung.

Da VU gem. § 341i Abs. 1 Satz 1 HGB größenunabhängig zur Konzernrechnungs- 12
legung verpflichtet sind, findet § 293 HGB über die größenabhängige Befreiung von der Konzernrechnungslegungspflicht keine Anwendung.[16]

Um unangemessene Belastungen im Verhältnis zu ihrer Größe zu vermeiden, werden bestimmte kleinere VU, die nicht unter den Anwendungsbereich der VersBiRiLi fallen, von der Anwendung der Vorschriften über den KA befreit. Für die in § 61 RechVersV angeführten VU sind die Vorschriften über den KA nicht anzuwenden.

Die Verpflichtung zur rechtsformunabhängigen Konzernrechnungslegung stammt 13
aus der VersBiRiLi und wird damit begründet, dass in den Mitgliedstaaten Konzerne unterschiedlicher Rechtsformen miteinander im Wettbewerb stehen. Mit demselben Argument fordert die VersBiRiLi die größenunabhängige Verpflichtung zur Konzernrechnungslegung.

15 Vgl. § 341j Abs. 1 Satz 4 HGB; BT-Drucksache 15/3419, S. 50.
16 Vgl. § 341j Abs. 1 Satz 2 HGB.

b) Besonderheiten in VVaG-Gleichordnungskonzernen[17]

14 Für VVaG sind Konzerne von Bedeutung, an deren Spitze mehrere Gegenseitigkeitsvereine gleichgeordnet sind.[18] Aktienrechtlich liegt ein Konzern auch dann vor, wenn rechtlich selbstständige Unternehmen unter einheitlicher Leitung zusammengefasst sind, ohne dass zwischen ihnen ein Abhängigkeitsverhältnis besteht (sog. Gleichordnungskonzern).[19] Beim Gleichordnungskonzern entsteht einheitliche Leitung der Unternehmen nicht aufgrund der Beherrschungsmacht durch ein Unternehmen, sondern einheitliche Leitung ist „auf freiwilliger Basis vergemeinschaftet“.[20] Dies geschieht in der Praxis in erster Linie durch eine Personenidentität in den jeweiligen Vorständen der VVaG, die als Konzernobergesellschaft agieren. So kommt es bspw. zu Verträgen, bei denen die obersten Vertretungen beider VVaG vereinbaren, dass die jeweiligen Aufsichtsräte beide Vorstände personenidentisch besetzen. Zusätzlich kann der Grad der Vergemeinschaftung im VVaG-Gleichordnungskonzern noch dadurch gesteigert werden, dass ein gemeinsames Konzernleitungsgremium die Leitung ausübt.

15 Handelsrechtlich sind die gleichgeordneten VVaG grundsätzlich gem. § 341i Abs. 1 i.V.m. § 290 HGB jeweils zur Aufstellung von Teil-KA verpflichtet, in welche sie und ihre Tochterunternehmen einzubeziehen sind.[21] Mangels handelsrechtlicher Regelungen zum Gleichordnungskonzern ist es fraglich, inwiefern zwei oder mehr VVaG, die in einem Gleichordnungskonzern unter einheitlicher Leitung stehen, durch die Aufstellung eines KA und Konzern-LB für den Gleichordnungskonzern von der jeweiligen Aufstellung eines Teil-KA befreit werden können. Dieses Bedürfnis kann vor allem vor dem Hintergrund der Beurteilung des Gesamtkonzerns durch Rating-Agenturen bestehen. Aufgrund von personellen Verflechtungen in Stabs- und Linienabteilungen und gegenseitigen An- und Verkäufen wird es für die Rating-Agentur auf Basis des Teil-KA eines VVaG schwerer sein, die *„claims paying ability“* wahr und richtig zu bewerten.[22] Der KA hat insb. vor diesem Hintergrund eine höhere Aussagekraft. Ob ein aufgestellter KA für einen VVaG-Gleichordnungskonzern befreiend wirken kann und damit für die

---

17 Für Erläuterungen zum VVaG vgl. auch § 15 ff. VAG.

18 Vgl. dazu ausführlich *Peiner*, in: Peiner (Hrsg.), Grundlagen des Versicherungsvereins auf Gegenseitigkeit, Karlsruhe 1995, S. 189 f.; Gleichordnungskonzerne können auch durch Unternehmen anderer Rechtsformen gebildet werden; in der Versicherungspraxis haben sie jedoch nicht die Bedeutung wie bei VVaG.

19 Vgl. § 18 Abs. 2 AktG.

20 Vgl. *ADS*[6], § 18 AktG, Rn. 77.

21 Für die Konzernrechnungslegung von VU findet das PublG keine Anwendung (explizit in § 11 PublG). Gemäß § 16 Satz 2 VAG i.V.m. § 341i HGB gilt auch für die Konzernrechnungslegung der VVaG das HGB.

22 Vgl. *Görg/Kölschbach*, BB 2000, S. 607.

einzelnen VVaG kein Teil-KA mehr erstellt werden muss, muss anhand der Regelungen des HGB geprüft werden.

Die Voraussetzungen für die Befreiung eines nach § 290 HGB konzernrechnungslegungspflichtigen Unternehmens nennt § 291 HGB. Nach Abs. 1 muss zwischen dem Unternehmen, dessen KA und Konzern-LB befreiende Wirkung entfalten soll, und dem Unternehmen, das von der Konzernrechnungslegungspflicht zu befreien ist, ein Mutter-Tochter-Verhältnis bestehen (Satz 1). Da jedoch bei einem VVaG die Versicherungsnehmer (VN) Eigentümer des VU sind, kommt eine Mutter-Tochter-Beziehung schon aufgrund der Rechtsform nicht in Betracht. Gleiches gilt für die weiteren Tatbestände des § 291 Abs. 2 HGB, die erkennbar auch von einer Unterordnungsbeziehung ausgehen. Insofern kommt der Befreiungstatbestand des § 291 HGB für VVaG-Gleichordnungskonzerne nicht in Betracht. 16

Das Gleiche gilt für Konzernabschlüsse nach IFRS gem. § 315a HGB.[23] Ob nämlich ein Unternehmen MU und i.S.d. Bestimmung zur Aufstellung eines KA verpflichtet ist, richtet sich weiterhin nach den §§ 290-293 HGB. 17

c) Auf den Konzernabschluss und -lagebericht anzuwendende Regelungen

Die für die Konzernrechnungslegung von VU bzw. Versicherungsholdinggesellschaften anzuwendenden ergänzenden Vorschriften für VU sind wie für die Einzelrechnungslegung im HGB (§§ 341i und j HGB) sowie gem. § 330 Abs. 3 Satz 4 HGB in der RechVersV (§§ 58-60 RechVersV) konzentriert. 18

Wenngleich Versicherungsholdinggesellschaften dem Wortlaut des § 1 RechVersV zufolge nicht unmittelbar unter den Anwendungsbereich der §§ 58-60 RechVersV fallen, erscheint die Anwendung dieser Vorschriften auch für sie sachgerecht und entspricht der Konzeption der VersBiRiLi, die grundsätzlich die Anwendung sämtlicher, den konsolidierten Abschluss von VU betreffender Vorschriften für Versicherungsholdinggesellschaften vorsieht.[24]

§ 341i HGB regelt die rechtsform- und größenunabhängige Konzernrechnungslegungspflicht (Abs. 1 und 2) und enthält die Regelungen zu den Aufstellungs- und Vorlagefristen (Abs. 3 und 4). Besondere Vorschriften für Zwischenabschlüsse im Hinblick auf die Halbjahresfinanzberichterstattung bestehen für VU nicht. Es wird daher auf die einschlägigen Regelungen der §§ 37v-37z WpHG verwiesen.

23 Es dürfte den IFRS jedoch nicht entgegenstehen, auch gleichgeordnete Unternehmen und deren Tochterunternehmen in den KA einzubeziehen. Vgl. *Görg/Kölschbach*, DB 2000, S. 610.

24 Vgl. *IDW* (Hrsg.), WP Handbuch 2006[13], Rn. K 659.

§ 341j Abs. 1 Satz 1 HGB schreibt die grundsätzliche Anwendung der allgemeinen Vorschriften zur Konzernrechnungslegung von Kapitalgesellschaften (§§ 290-315a HGB) vor.

19 Ausgenommen werden in § 341j Abs. 1 Satz 2 HGB lediglich:

- die größenabhängige Befreiung von der Konzernrechnungslegungspflicht in § 293 HGB
- der Verweis auf die anzuwendenden allgemeinen Vorschriften zum Einzelabschluss (EA) in § 298 Abs. 1 HGB. An dessen Stelle verweist § 341j Abs. 1 Satz 1 HGB auf die Anwendung der ergänzenden Vorschriften für den EA von VU (§§ 341a-341h HGB) sowie entsprechend auf die für die Rechtsform und Geschäftszweige der einbezogenen Unternehmen geltenden Vorschriften für große Kapitalgesellschaften, soweit die Eigenart des KA keine Abweichung bedingt
- die Möglichkeit der Zusammenfassung von Vorräten in einem Bilanzposten (§ 298 Abs. 2 HGB) sowie
- die Aufgliederung der Umsatzerlöse im Anhang nach § 314 Abs. 1 Nr. 3 HGB. An deren Stelle tritt die in § 59 Abs. 3 RechVersV geforderte Untergliederung der gebuchten Brutto-Beiträge.

20 In modifizierter Form sind auf den KA die folgenden Vorschriften anzuwenden:

- Die in § 314 Abs. 1 Nr. 2a HGB geforderte Angabe der sonstigen finanziellen Verpflichtungen braucht gem. § 341j Abs. 1 Satz 3 HGB nicht für solche zu erfolgen, die i.R.d. VG entstehen.
- Im Falle der Erstellung eines KA nach internationalen Rechnungslegungsstandards gem. § 315a Abs. 1 HGB sind abweichend von § 341j Abs. 1 Satz 1 HGB nur die §§ 290-292 HGB zur Verpflichtung zur Aufstellung eines KA, zur befreienden Wirkung von EU/EWR-KA sowie zur Rechtsverordnungsermächtigung für befreiende KA von Tochterunternehmen, deren MU ihren Sitz außerhalb der EU haben sowie schließlich § 315a HGB anzuwenden.[25]
- Von der Eliminierung von Zwischenergebnissen gem. § 304 Abs. 1 HGB kann über § 304 Abs. 2 HGB hinausgehend auch dann abgesehen werden, wenn die zugrunde liegenden Lieferungen und Leistungen zu marktüblichen Konditionen vorgenommen wurden und sie Rechtsansprüche von VN begründet haben.[26]

---

25 Vgl. *IDW* (Hrsg.), WP Handbuch 2006 I[13], Rn. 663.
26 Vgl. Rn. 74.

Die für den KA von VU und Versicherungsholdinggesellschaften anzuwendenden Formblätter (FB) für die Bilanz und die Gewinn- und Verlustrechnung (GuV) regelt § 58 Abs. 1-3 RechVersV.[27] 21

Im Übrigen sind die für den EA geltenden §§ 3-50 RechVersV (außer den §§ 21 und 35 RechVersV über den Ausweis des Ausgleichsbetrags bei Niederlassungen) auch für den KA anzuwenden, sofern dessen Eigenart keine Abweichung bedingt.[28]

Die §§ 59 und 60 RechVersV enthalten die HGB-Vorschriften ergänzende Regelungen zum Konzernanhang und zum Konzern-LB.[29]

d) Fristen und Zwischenabschlüsse

Für den KA und den Konzern-LB eines VU bzw. einer Versicherungsholdinggesellschaft gelten – wie für den EA – branchenspezifische Fristen. 22

Versicherungsunternehmen wird gegenüber den Unternehmen anderer Branchen eine Fristverlängerung zur Aufstellung des KA eingeräumt: Gemäß § 341i Abs. 3 Satz 1 HGB sind der KA und der Konzern-LB eines VU abweichend von § 290 Abs. 1 HGB innerhalb von zwei Monaten nach Ablauf der Aufstellungsfrist für den zuletzt aufzustellenden und in den KA einzubeziehenden Abschluss aufzustellen und dem KA-Prüfer vorzulegen. Diese Frist ist durch § 341i Abs. 3 Satz 1 1. Hs. HGB zunächst jedoch auf höchstens zwölf Monate nach dem Stichtag des KA beschränkt. Falls es sich bei dem MU um eine Kapitalgesellschaft i.S.d. § 325 Abs. 4 Satz 1 HGB und nicht zugleich i.S.v. § 327a HGB handelt,[30] verkürzt sich diese Frist gem. § 341i Abs. 3 Satz 1 2. Hs. HGB auf vier Monate.

Soweit lediglich inländische Erstversicherer (ErstVR) in den KA einbezogen werden, beträgt die Aufstellungsfrist somit vier Monate.[31] Gehört dem Konsoli-

27 Vgl. Rn. 109 ff. zur Konzernbilanz und Rn. 112 ff. zur Konzern-GuV.

28 Vgl. § 58 Abs. 4 RechVersV.

29 Vgl. Rn. 118 ff. zum Konzernanhang und Rn. 139 ff. zum Konzern-LB.

30 Dies betrifft Kapitalgesellschaften, die einen organisierten Markt i.S.d. § 2 Abs. 5 WpHG durch von ihr ausgegebene Wertpapiere i.S.d. § 2 Abs. 1 Satz 1 WpHG in einem Mitgliedstaat der EU oder einem Vertragsstaat des Abkommens über den EWR in Anspruch nehmen und die nicht ausschließlich zum Handel an einem organisierten Markt zugelassene Schuldtitel i.S.d. § 2 Abs. 1 Satz 3 WpHG mit einer Mindeststückelung von 50.000 Euro oder dem am Ausgabetag entsprechenden Gegenwert einer anderen Währung begeben.

31 Vgl. § 341a Abs. 1 i.V.m. § 341i Abs. 3 Satz 1 HGB.

dierungskreis ein Rückversicherungsunternehmen (RückVU) an, so kann sich die Frist auf zwölf Monate verlängern.[32]

23 Versicherungsunternehmen, die einen KA und einen Konzern-LB aufstellen, haben diese Unterlagen der Aufsichtsbehörde unverzüglich einzureichen.[33] Der Aufsichtsbehörde soll es damit ermöglicht werden, im Interesse einer vollständigen Beurteilung der wirtschaftlichen und finanziellen Lage des VU auch Informationen über die Konzernrechnungslegung zu erhalten.[34]

Diese aufsichtsrechtliche Regelung gilt bereits aufgrund ihres Wortlauts nicht für Holdinggesellschaften und gehört folgerichtig nicht zu den gem. § 16 Satz 2 VAG auf Versicherungsholdinggesellschaften anzuwendenden VAG-Vorschriften.

24 Vorgänge von besonderer Bedeutung für die Vermögens-, Finanz- und Ertragslage eines mit abweichendem Abschlussstichtag in den KA einbezogenen Unternehmens, die zwischen dem Abschlussstichtag dieses Unternehmens und dem Abschlussstichtag des KA eingetreten sind, sind in der Konzernbilanz und der Konzern-GuV zu berücksichtigen oder im Konzernanhang anzugeben.[35] Zur Berücksichtigung der Besonderheiten des VG wird die in § 299 Abs. 2 Satz 2 HGB gewährte Toleranzfrist für den Zwischenabschluss von drei Monaten durch § 341i Abs. 3 Satz 2 HGB auf sechs Monate verlängert.

25 Für inländische Versicherungskonzerne ist diese Vorschrift insb. in zwei Fällen von Bedeutung. Sie ermöglicht es zum einen, im KA eines ErstVR, dessen Geschäftsjahr (GJ) mit dem Kalenderjahr übereinstimmt, einen Rückversicherer (RückVR) als Tochterunternehmen einzubeziehen, dessen GJ am 30. Juni des GJ endet, ohne einen Zwischenabschluss aufzustellen. Sie ermöglicht es vice versa auch, dass im KA eines RückVR, der seinen Jahresabschluss (JA) und damit auch den KA zum 30. Juni aufstellt, ErstVR, deren GJ mit dem Kalenderjahr übereinstimmt, als Tochterunternehmen ohne Aufstellung eines Zwischenabschlusses einbezogen werden.

26 Neben der bereits erwähnten Verpflichtung der VU zur Einreichung von KA und Konzern-LB bei der Aufsichtsbehörde (§ 55 Abs. 2 Satz 2 VAG) bestehen weitere Vorlagepflichten.

---

32 Vgl. § 341a Abs. 5 i.V.m. § 341i Abs. 3 Satz 1 HGB: Dies gilt aber nur dann, wenn es sich bei dem RückVU um ein nicht kapitalmarktorientiertes Unternehmen handelt oder eine Kapitalmarktorientierung i.S.d. § 327a HGB vorliegt.

33 Vgl. § 55 Abs. 2 Satz 2 VAG.

34 Vgl. BT-Drs. 12/5587, S. 32.

35 Vgl. § 299 Abs. 3 HGB.

Der Vorstand eines VU in der Rechtsform der AG muss dem AR gem. § 170 Abs. 1 AktG den KA und Konzern-LB unverzüglich nach der Aufstellung vorlegen. Darüber hinaus hat der AR eines VU in der Rechtsform einer AG gem. § 170 Abs. 3 AktG von den Prüfungsberichten (PrB) Kenntnis zu nehmen. Für VU, die keine AG sind, sind diese Vorschriften gem. § 341j Abs. 3 HGB entsprechend anzuwenden.we 27

Gemäß § 341i Abs. 4 HGB sind der KA und der Konzern-LB – abweichend von § 175 Abs. 1 Satz 1 AktG – spätestens der nächsten nach Ablauf der Aufstellungsfrist für den KA und den Konzern-LB einzuberufenden HV, die einen JA des MU entgegennimmt oder festzustellen hat, vorzulegen. 28

e) Offenlegung

Versicherungsunternehmen, die MU sind, haben, abweichend von § 325 Abs. 3 HGB, unverzüglich nach der HV oder der dieser entsprechenden Versammlung der obersten Vertretung, welcher der KA und Konzern-LB vorzulegen sind, jedoch spätestens vor Ablauf des dieser Versammlung folgenden Monats beim elektronischen Bundesanzeiger einzureichen:[36] 29

- KA und Konzern-LB, mit Ausnahme der Aufstellung des Anteilsbesitzes;
- Bestätigungsvermerk oder Vermerk über dessen Versagung.

Die von § 325 Abs. 3 HGB abweichende Regelung gilt nicht für Versicherungsholdinggesellschaften. Diese gelten gem. § 341i Abs. 2 HGB ausschließlich i.S.d. fünften Titels des zweiten Unterabschnitts des vierten Abschnitts des dritten Buchs des HGB über KA und Konzern-LB als VU, nicht jedoch i.S.d. siebenten Titels über die Offenlegung.

II. Allgemeine Grundsätze der Konzernrechnungslegung

1. Vorbemerkung

Aufgabe des KA ist es, die Vermögens-, Finanz- und Ertragslage der einbezogenen Unternehmen so darzustellen, als ob diese Unternehmen insgesamt ein einziges Unternehmen wären.[37] 30

36 Vgl. § 341l Abs. 2 HGB.
37 Vgl. § 297 Abs. 3 Satz 1 HGB.

31 Aus dem Grundgedanken der wirtschaftlichen Einheit resultieren sowohl die Verpflichtung zu einer einheitlichen Bilanzierung und Bewertung im KA als auch die anzuwendenden Konsolidierungsmaßnahmen (Kapitalkonsolidierung, Schuldenkonsolidierung, Aufwands- und Ertragskonsolidierung sowie Zwischenergebniseliminierung). Für VU gelten dabei – sieht man von den Regelungen in § 300 Abs. 2 Satz 3 HGB zum Ansatz und in § 308 Abs. 2 Satz 2 HGB zur Bewertung ab – die allgemeinen Grundsätze. Dies gilt auch für die Regelungen zum Bilanzeid nach § 297 Abs. 2 Satz 4 bzw. § 315 Abs. 1 Satz 6 HGB.

32 Auf versicherungsspezifische Fragestellungen hinsichtlich der einheitlichen Bilanzierung und Bewertung wird nachfolgend eingegangen. Nicht erörtert werden in diesem Beitrag Fragen der Fremdwährungsumrechnung im KA. Hierzu sei auf die vorhandene allgemeine Literatur verwiesen. Die Grundlagen für die Umrechnung sind im Konzernanhang anzugeben.[38]

33 Bei den anzuwendenden Konsolidierungsmethoden ergeben sich versicherungsspezifische Fragestellungen insb. bei der Schuldenkonsolidierung[39] und bei der Aufwands- und Ertragskonsolidierung.[40] Auf Einzelfragen der Kapitalkonsolidierung, zur Bilanzierung von Anteilen an assoziierten Unternehmen und zur Zwischenergebniseliminierung wird nachfolgend eingegangen.

2. Konsolidierungskreis

34 In den KA sind das MU und alle in- und ausländischen Tochterunternehmen einzubeziehen, sofern nicht die Möglichkeiten des Verzichts auf eine Einbeziehung vorliegen.[41]

35 Die Diskussionen um eine Einbeziehung bei abweichender Tätigkeit eines Tochterunternehmens, z.B. im Zusammenhang mit sog. Allfinanzkonzernen und der Einbeziehung von Banken in den KA von VU et vice versa, sind durch den Wegfall des § 295 HGB zu den Einbeziehungsverboten i.R.d. Bilanzrechtsreformgesetzes hinfällig geworden.

36 Von der Einbeziehung eines Tochterunternehmens kann nach § 296 HGB abgesehen werden (Wahlrecht), wenn

38 Vgl. § 313 Abs. 1 Nr. 2 HGB.
39 Vgl. Rn. 73 ff.
40 Vgl. Rn. 89 ff.
41 Vgl. § 296 HGB.

- die Rechte des MU in Bezug auf das Vermögen oder die Geschäftsführung dieses Unternehmens erheblich und andauernd eingeschränkt sind,
- die erforderlichen Informationen nur mit unverhältnismäßig hohen Kosten oder Verzögerungen zu erhalten sind oder
- die Anteile ausschließlich zum Zwecke der Weiterveräußerung gehalten werden.

Ferner braucht ein Tochterunternehmen dann nicht einbezogen zu werden, wenn die Einbeziehung für die Vermittlung eines den tatsächlichen Verhältnissen entsprechenden Bildes der Vermögens-, Finanz- und Ertragslage von untergeordneter Bedeutung ist. Liegt diese Voraussetzung bei mehreren Unternehmen vor, so ist stets auf die Gesamtheit dieser Unternehmen abzustellen.

Wenn es sich nicht um einen „reinen" Versicherungskonzern, sondern um einen Mischkonzern handelt, d.h. die im Konzern zusammengeschlossenen Unternehmen sind überwiegend Nicht VU, gelten für die Abgrenzung des Konsolidierungskreises die allgemeinen Grundsätze. Zusätzliche Angaben im Anhang werden i.d.R. erforderlich sein, um ein den tatsächlichen Verhältnissen entsprechendes Bild der Vermögens-, Finanz- und Ertragslage des Konzerns zu vermitteln. 37

3. Einheitliche Bilanzierung und Bewertung

a) Grundsätze der Vollständigkeit und der einheitlichen Bilanzierung

Im KA ist der JA des MU mit den JA der einbezogenen Tochterunternehmen zusammenzufassen.[42] 38

Bilanzierungspflichten, Bilanzierungswahlrechte und Bilanzierungsverbote im KA richten sich nach den auf den EA des MU anzuwendenden Vorschriften. Grundsätzlich sind in den handelsrechtlichen KA die Vermögensgegenstände, Schulden und Rechnungsabgrenzungsposten (RAP) sowie die Aufwendungen und Erträge der in den KA einbezogenen Unternehmen, unabhängig von ihrer Berücksichtigung in den EA dieser Unternehmen, vollständig aufzunehmen, es sei denn, dass für das MU ein Bilanzierungsverbot oder ein Bilanzierungswahlrecht besteht.[43] 39

42 Dies schließt eine Erstellung des KA auf Basis einer originären Konzernbuchführung nicht aus. Vgl. dazu auch *Richter/Säglitz,* in: Autoren (Hrsg.), Rechnungslegung – Warum und Wie, FS Clemm, München 1996, S. 311 ff; § 300 Abs. 1 Satz 1 HGB.

43 Vgl. § 300 Abs. 2 Satz 1 HGB.

40 Die nach dem Recht des MU zulässigen Bilanzierungswahlrechte können im KA unabhängig von der Ausübung in den EA des MU bzw. der Tochterunternehmen neu ausgeübt werden.[44]

Die Übernahme der Bilanzposten der einbezogenen Unternehmen ist nur zulässig, soweit die Eigenart des KA keine Abweichungen bedingt bzw. soweit sich aus den sonstigen Vorschriften zur Konzernrechnungslegung nichts anderes ergibt.[45]

Von praktischer Bedeutung sind hier u.a. solche Sachverhalte, die nach der Einheitstheorie für den KA anders zu beurteilen sind als im EA. So darf z.B. Software, die ein Konzernunternehmen entwickelt und an ein anderes einbezogenes Unternehmen veräußert hat, im KA, der auf die wirtschaftliche Einheit abstellt, nicht aktiviert werden.[46]

b) Versicherungsspezifische Ausnahmen vom Grundsatz der einheitlichen Bilanzierung

41 Abweichend von dem Grundsatz des § 300 Abs. 2 Satz 1 HGB sieht Satz 3 vor, dass Ansätze, die auf der Anwendung von für Kreditinstitute oder VU wegen der Besonderheiten des Geschäftszweigs geltenden Vorschriften beruhen, beibehalten werden dürfen; auf die Anwendung dieser Ausnahme ist im Konzernanhang hinzuweisen.

Grundlage für diese Vorschrift bildet Art. 66 Nr. 6 der VersBiRiLi, wonach der Grundsatz der einheitlichen Bewertung[47] keine Anwendung findet auf die Gegenstände des

- Passivvermögens, deren Bewertung durch die einbezogenen Unternehmen auf der Anwendung von versicherungsspezifischen Vorschriften beruhen,
- Aktivvermögens, deren Wertänderungen darüber hinaus Rechte von VN beeinflussen oder begründen.

Diese dem Wortlaut nach nur auf die Bewertung bezogene Regelung wurde in ihrer Transformation sinnvollerweise auch auf Bilanzansätze übertragen.[48]

---

44 Vgl. § 300 Abs. 2 Satz 2 HGB.
45 Vgl. § 300 Abs. 1 Satz 2 2. Hs. HGB.
46 Vgl. § 341j Abs. 1 Satz 1 i.V.m. § 341a Abs. 1 und § 248 Abs. 2 HGB.
47 Vgl. Art. 29 der 7. EG-Richtlinie.
48 Vgl. Begr. RegE. zu Art. 1 Nr. 4 VersBiRiLiG, BT-Drs. 12/5587, S. 19; dazu auch *Geib/Ellenbürger/Kölschbach*, WPg 1992, S. 230 f.

Für die inländischen Versicherungs-Tochterunternehmen in Versicherungskonzernen ist die Ausnahmevorschrift ohne Bedeutung, da ohnehin dieselben Ansatzvorschriften Anwendung finden. Sie ermöglicht es jedoch, dass für die ausländischen Tochterunternehmen hinsichtlich des Bilanzansatzes u.a. versicherungstechnischer Rückstellungen das jeweilige Landesrecht und nicht das Recht des MU maßgeblich ist. Voraussetzung ist jedoch, dass es sich dabei um wegen der Besonderheiten des Geschäftszweigs geltende Vorschriften handelt. Aus dem in der Regierungsbegründung angeführten Beispiel der Schwankungsrückstellung (SchwR) sowie der zugrunde liegenden Vorschrift der VersBiRiLi geht hervor, dass die Erleichterungsvorschrift auch bei der Einbeziehung von VU in den KA eines VU in Anspruch genommen werden kann.[49] 42

Die Ausnahmeregelung beschränkt sich nicht auf die Beibehaltung eines Ansatzes, bspw. aktivierter Abschlussaufwendungen, sondern bezieht sich auch auf den Nicht Ansatz von Aktiva und Passiva. So kann bspw. im KA auf den Ansatz einer SchwR für ein (ausländisches) Tochterunternehmen verzichtet werden, wenn nach dem für das Tochterunternehmen maßgeblichen Recht die Bildung einer SchwR nicht zulassig ist.[50]

c) Grundsatz der einheitlichen Bewertung

Entsprechend der Regelung zur einheitlichen Bilanzierung bestimmt § 308 Abs. 1 HGB, dass die nach § 300 Abs. 2 HGB übernommenen Vermögensgegenstände und Schulden im KA nach den auf den JA des MU anwendbaren Vorschriften einheitlich zu bewerten sind.[51] Auch hierbei können bestehende Bewertungswahlrechte unabhängig von ihrer Ausübung in den einbezogenen EA neu ausgeübt werden.[52] 43

Abweichungen von den auf den JA des MU angewendeten Bewertungsmethoden sind im Konzernanhang anzugeben und zu begründen.[53]

Durch die Verpflichtung zu einer einheitlichen Bewertung wird sichergestellt, dass im KA als dem Abschluss der wirtschaftlichen Einheit grundsätzlich unter- 44

49 Vgl. Begr. RegE. zu Art. 1 Nr. 4 VersBiRiLiG, BT-Drs. 12/5587, S. 19; anders zur einheitlichen Bewertung im KA von Kreditinstituten *Krumnow* u.a., Rechnungslegung der Kreditinstitute, § 340i und j HGB, Rn. 169.

50 Vgl. Begr. RegE. zu Art. 1 Nr. 4 VersBiRiLiG, S. 19.

51 Vgl. § 308 Abs. 1 Satz 1 HGB.

52 Vgl. § 308 Abs. 1 Satz 2 HGB.

53 Vgl. § 308 Abs. 1 Satz 3 HGB.

schiedliche, nach dem Recht des MU zulässige Bewertungsmethoden nur insoweit nebeneinander angewendet werden, wie diese Möglichkeit auch im JA eines einzelnen VU besteht.

45 Das Recht zur Neuausübung von Bewertungswahlrechten im KA findet seine Begrenzung in dem Gebot der Bewertungsstetigkeit.[54] Aus dem Gebot der Stetigkeit folgt, dass angewendete Bewertungsmethoden auch in den Folgejahren beibehalten werden müssen, soweit nicht in begründeten Ausnahmefällen eine Neuausübung der bestehenden Wahlrechte erfolgen kann. Abweichungen sind im Konzernanhang anzugeben und zu begründen; deren Einfluss auf die Vermögens-, Finanz- und Ertragslage des Konzerns ist gesondert darzustellen.[55]

46 Weicht die Methode der Ermittlung der Wertansätze in den EA der einbezogenen Unternehmen von den auf den KA anzuwendenden Bewertungsmethoden ab, so hat für Zwecke der Konzernrechnungslegung eine Anpassung zu erfolgen. Das heißt, dass die abweichend bewerteten Vermögensgegenstände und Schulden nach den auf den KA angewendeten Bewertungsmethoden neu zu bewerten und mit den neuen Wertansätzen in den KA zu übernehmen sind.[56]

Auf eine Anpassung kann in folgenden Fällen verzichtet werden:

- Wertansätze, die auf der Anwendung von für Kreditinstitute oder VU wegen der Besonderheiten des Geschäftszweigs geltenden Vorschriften beruhen, dürfen beibehalten werden; hierauf ist im Konzernanhang hinzuweisen;[57]
- Bewertungsanpassungen von untergeordneter Bedeutung können unterbleiben;[58]
- Bewertungsanpassungen können in besonderen Ausnahmefällen unterbleiben; sie sind im Konzernanhang anzugeben und zu begründen.[59]

Auf die versicherungsspezifischen Fragen zur einheitlichen Bewertung, insb. § 308 Abs. 2 Satz 2 HGB, wird im Folgenden eingegangen. Im Übrigen kann auf die einschlägige Literatur verwiesen werden.

54 Vgl. § 341j Abs. 1 Satz 1 i.V.m. § 341a Abs. 1 und § 252 Abs. 1 Nr. 6 HGB.
55 Vgl. § 313 Abs. 1 Nr. 3 HGB.
56 Vgl. § 308 Abs. 2 Satz 1 HGB.
57 Vgl. § 308 Abs. 2 Satz 2 HGB.
58 Vgl. § 308 Abs. 2 Satz 3 HGB.
59 Vgl. § 308 Abs. 2 Satz 4 HGB.

d) Einzelfragen zur einheitlichen Bewertung

Neben der in § 300 Abs. 2 Satz 3 HGB enthaltenen versicherungsspezifischen Ausnahme vom Grundsatz der einheitlichen Bilanzierung[60] kommen durch die Anwendung des § 341j Abs. 1 Satz 1 i.V.m. §§ 341a-341h HGB sowie des § 308 Abs. 2 Satz 2 HGB auch besondere Bewertungsvorschriften für den KA der VU zum Zuge. 47

Gemäß § 341j Abs. 1 Satz 1 HGB sind auf den KA eines VU die §§ 341a-341h HGB entsprechend anzuwenden. Das bedeutet zunächst, dass die auf den EA des VU anzuwendenden besonderen Bewertungsvorschriften – entsprechend dem Grundsatz der einheitlichen Bewertung nach dem Recht des MU – auch für den KA anzuwenden sind.

In konsequenter Anwendung des Grundsatzes der einheitlichen Bewertung bedeutet dies, dass im KA eines VU Wertpapiere nach den für VU geltenden Vorschriften der §§ 341b und 341c HGB zu bewerten sind, auch soweit sie von in den KA einbezogenen Nicht VU gehalten werden. Diese weite Auslegung wird jedoch einhellig abgelehnt.[61] Diese Regelungen stellen besondere Bewertungsvorschriften für die von VU gehaltenen Wertpapiere dar. Wertpapiere von in den KA einbezogenen Unternehmen anderer Geschäftszweige sind nach den allgemeinen Grundsätzen zu bewerten.[62] 48

Gemäß § 308 Abs. 2 Satz 2 HGB dürfen Wertansätze, die auf der Anwendung von für Kreditinstitute oder VU wegen der Besonderheiten des Geschäftszweigs geltenden Vorschriften beruhen, im KA beibehalten werden. Auf die Anwendung dieser Ausnahmevorschrift ist im Konzernanhang hinzuweisen. 49

Diese Regelung hat in erster Linie für die in den KA einbezogenen ausländischen Versicherungs-Tochterunternehmen Bedeutung. 50

Soweit in den EA dieser Tochterunternehmen Wertansätze enthalten sind, die auf der Anwendung von versicherungsspezifischen Vorschriften beruhen, dürfen diese Wertansätze in Durchbrechung des Grundsatzes der einheitlichen Bewertung unverändert in den KA übernommen werden. Dabei ist jedoch zu beachten, dass von der Vorschrift des § 308 Abs. 2 Satz 2 HGB nur solche Wertansätze erfasst sind, die tatsachlich aufgrund von Besonderheiten des Geschäftszweigs nur für VU gelten, während allgemeingültige Vorschriften, die auch für VU – etwa durch

60 Vgl. Rn. 41 f.
61 Vgl. *Geib/König*, WPg 1987, S. 667.
62 Vgl. *IDW* (Hrsg.), WP Handbuch 2006[13], Rn. K 704.

eine Verweisung oder explizite Aufnahme in die entsprechenden gesetzlichen Vorschriften – gelten, nicht unverändert übernommen werden dürfen.[63]

Die zur einheitlichen Bilanzierung getroffene Feststellung, dass von der Ausnahmeregelung auch bei Einbezug eines VU in einen Versicherungs-KA Gebrauch gemacht werden kann,[64] gilt wegen der Regelung in der VersBiRiLi auch für die Möglichkeit, versicherungsspezifische Wertansätze beizubehalten. Da es sich bei dieser Möglichkeit der Beibehaltung abweichender Werte um eine Erleichterung handelt, kann u.E. eine einheitliche Inanspruchnahme nicht gefordert werden. Davon unberührt bleibt der Grundsatz der zeitlichen Stetigkeit gem. § 252 Abs. 1 Nr. 6 i.V.m. §§ 341j Abs. 1 Satz 1 und 341a Abs. 1 HGB.

51 Von Bedeutung ist § 308 Abs. 2 Satz 2 HGB darüber hinaus in den Fällen, in denen ein VU in einen KA einbezogen wird, der durch ein MU erstellt wird, das selbst nicht VU ist. Durch § 308 Abs. 2 Satz 2 HGB ist in diesem Fall sichergestellt, dass die in den EA der inländischen Versicherungs-Tochterunternehmen enthaltenen versicherungsspezifischen Wertansätze (z.B. nach dem strengen Niederstwertprinzip bewertete Wertpapiere) unverändert aus den EA in den KA übernommen werden können.

52 Die Einführung des § 308a HGB soll die Umrechnung von auf ausländische Währung lautenden Abschlüssen für Zwecke der Aufstellung handelsrechtlicher Konzernabschlüsse vereinfachen und vereinheitlichen.[65]

e) Organisatorische Voraussetzungen

53 Soweit die Anforderungen an eine einheitliche Bilanzierung und Bewertung nicht bereits bei der Aufstellung der EA der einbezogenen Unternehmen berücksichtigt werden bzw. berücksichtigt werden können, ist durch eine Überleitungsrechnung für Zwecke der Konzernrechnungslegung eine sog. Handelsbilanz II (HB II) zu erstellen.

Hierzu werden regelmäßig Richtlinien für die Erstellung eines JA für Konsolidierungszwecke in Form eines Handbuchs erforderlich sein, die von dem MU ggf. unter Beratung durch den Abschlussprüfer zu erstellen sind. Zusätzlich sind jährlich Einzelfragen bzw. bilanzpolitische Entscheidungen für den Konzern durch Einzelanweisungen zu regeln. Darüber hinaus ist insb. bei umfangreichen Konzernbeziehungen ein einheitliches Formularwesen aufzubauen.

63 Vgl. *IDW* (Hrsg.), WP Handbuch 2006[13], Rn. K 707.
64 Vgl. Rn. 41.
65 Vgl. BT-Drs. 16/10067, S. 83.

Korrekturen in der HB II gegenüber der HB I kommen grundsätzlich in folgenden Bereichen vor:

- Gliederung
- Bilanzansatz
- Bewertung
- Währungsumrechnung.

Die Überleitungsrechnung zur Erstellung der HB II muss so beschaffen sein, dass sich dieser Abschluss vollständig und eindeutig aus dem EA des einbezogenen Unternehmens und der Überleitungsrechnung ergibt. Dabei ist zu beachten, dass die Bewertungsanpassungen und die ggf. dadurch verursachten latenten Steuern (§ 274 HGB) in den Folgeperioden fortzuschreiben sind.

Durch diese Änderungen entfernt sich die HB II mehr oder weniger weit von der HB I. Sie ist, als Ergebnis einer statistischen Nebenrechnung (Konzernbuchführung), die Bilanz, die der Konsolidierung zugrunde gelegt wird. Sie ist keine Grundlage für Gewinnausschüttungen, für die Haftung gegenüber Dritten oder für die Besteuerung. Sie bedarf keiner Feststellung oder Billigung eines Leitungsorgans und wird nicht offengelegt.

Die Anpassungen in der HB II können statistisch erfasst und als Nebenrechnung von Jahr zu Jahr weitergeführt werden. Die Anpassungen können sehr bald ein Ausmaß erreichen, das die Einrichtung einer besonderen „Konzernbuchführung", in der die von der HB I abweichenden Posten zusammengefasst und nach den Richtlinien des MU bilanziert werden, zweckmäßig erscheinen lässt. Die Überleitung der HB I zur HB II muss jederzeit nachvollziehbar sein.

Die Überleitungsrechnung ist i.R.d. KA-Prüfung zu prüfen.[66]

4. Kapitalkonsolidierung

Werden Aktiva und Passiva der in den KA einbezogenen Unternehmen additiv 51
zusammengefasst, so kommt es im KA insoweit zu Doppelerfassungen von Nettovermögen, als die Posten „Beteiligungen" der MU und die hinter ihnen stehenden Posten in den Bilanzen der Tochterunternehmen nur zwei verschiedene Erscheinungsformen derselben Sache sind. Der Beseitigung dieser Doppelerfassung dient die Kapitalkonsolidierung.

66 Vgl. § 317 Abs. 3 HGB.

Dabei wird zwischen der Erst- und Folgekonsolidierung unterschieden. Die Aufrechnung des Beteiligungsbuchwerts erfolgt grundsätzlich zu jedem Stichtag mit dem Betrag des anteiligen Eigenkapitals, das sich im Zeitpunkt der erstmaligen Einbeziehung ergibt (Erstkonsolidierung). Ein Unterschiedsbetrag aus der Erstkonsolidierung wird entsprechend seinem materiellen Inhalt in der Konzernbilanz Aktiva und Passiva zugeordnet und in den Folgekonsolidierungen nach den allgemeinen Bewertungs- und Abschreibungsregeln erfolgswirksam abgeschrieben oder aufgelöst.

Für alle in den KA i.R.d. Vollkonsolidierung einbezogenen Tochterunternehmen hat die Kapitalkonsolidierung gem. § 301 HGB zu erfolgen. Durch die Neufassung des § 301 Abs. 1 Satz 2 HGB ist nunmehr die Neubewertungsmethode die allein zulässige Methode der Kapitalkonsolidierung. Die Buchwertmethode ist nicht mehr erlaubt.

55 Bei der Kapitalkonsolidierung nach § 301 HGB können für VU spezifische Problemstellungen auftreten.

56 Die BaFin verlangt bei der Gründung eines VU die Stellung eines sog. Organisationsfonds. Bei dem Organisationsfonds handelt es sich um „andere Zuzahlungen" gem. § 272 Abs. 2 Nr. 4 HGB und damit um eine Kapitalrücklage. Der Posten ist in die Erstkonsolidierung einzubeziehen. Soweit in den Folgeperioden bei dem Tochterunternehmen Verluste entstehen, die im EA durch eine Entnahme aus dem Organisationsfonds „ausgeglichen" werden, hat im KA eine Verrechnung mit den Konzerngewinnrücklagen bzw. für die nicht dem MU gehörenden Anteile eine Verrechnung im Ausgleichsposten für Anteile anderer Gesellschafter zu erfolgen. Die Entnahme aus dem Organisationsfonds ist im KA rückgängig zu machen; die Kapitalkonsolidierung ist durch den Vorgang nicht berührt.

57 Zweifelsfragen können sich auch bei der Berücksichtigung der ausstehenden Einlagen der einbezogenen Tochterunternehmen in die Kapitalkonsolidierung ergeben. Ausstehende Einlagen kommen wegen des relativ geringen Liquiditätsbedarfs bei VU in der Praxis relativ häufig vor. Sie stellen rechtlich Forderungen an die Gesellschafter dar; wirtschaftlich sind sie ein Korrekturposten zum Eigenkapital.

Sofern es sich um eingeforderte, ausstehende Einlagen handelt, haben diese Beträge vorrangig Forderungscharakter; sie sind in die Schuldenkonsolidierung einzubeziehen, soweit sie Verbindlichkeiten einbezogener Konzernunternehmen darstellen.

Noch nicht eingeforderte, ausstehende Einlagen haben den Charakter eines Korrekturpostens zum Eigenkapital. Sie sind mit dem gezeichneten Kapital zu verrechnen werden. Aus Sicht des Konzerns bedeuten die ausstehenden Einlagen hier keine zusätzliche „Liquiditätsreserve".

Nach § 301 HGB hat eine Aufdeckung der stillen Reserven und Lasten des Tochterunternehmens im Zeitpunkt der Erstkonsolidierung zu erfolgen. 58

Sofern es sich bei dem zu konsolidierenden Tochterunternehmen um ein VU handelt, welches die VN über eine erfolgsabhängige Beitragsrückerstattung (BR) am Erfolg beteiligt, stellt sich die Frage, ob zu berücksichtigen ist, dass die bei einer Veräußerung der entsprechenden Vermögensgegenstände realisierten, stillen Reserven i.R.d. Überschusszuweisung überwiegend der Rückstellung für Beitragsrückerstattung (RfB) zugeführt werden.

Im Schrifttum wurde hierzu bislang die Auffassung vertreten, dass die RfB unverändert aus dem EA übernommen werden kann. Begründet wird dies damit, dass sich die Gewinnbeteiligung der VN ausschließlich nach dem handelsrechtlichen Ergebnis des Tochterunternehmens richtet. Nur in dieser Höhe besteht aus Sicht des Konzerns eine Verpflichtung gegenüber Dritten. Die RfB kann damit unverändert aus dem EA übernommen werden.[67] Allerdings wird es als sachgerecht angesehen, einen Ausgleichsposten zu dem ansonsten zu hoch ausgewiesenen Konzerneigenkapital zu bilden, mind. jedoch entsprechende Angaben im Konzernanhang zu machen.[68]

Entsprechend der Berücksichtigung latenter Steuern bei der Aufdeckung stiller Reserven[69] halten wir es für erforderlich, zur wirtschaftlich zutreffenden Bemessung der stillen Reserven und Lasten bei der Bestimmung der Zeitwerte die Auswirkungen aus der Beteiligung der VN an den stillen Reserven im EA zu berücksichtigen.

Entsprechend dem Ausweis der Rückstellung bei mehrjährigem Beobachtungszeitraum,[70] sollte die Rückstellung für latente BR unter dem Posten „Sonstige versicherungstechnische Rückstellungen" ausgewiesen werden.

---

67 Vgl. *IDW* (Hrsg.), WP Handbuch 2006[13], Rn. K 713; *Angermayer/Oser*, VW 1996, S. 957.

68 Vgl. *IDW* (Hrsg.), WP Handbuch 2006[13], Rn. K 713; *Angermayer/Oser*, VW 1996, S. 957, halten einen Hinweis im Konzernanhang für ausreichend.

69 Vgl. dazu *ADS*[6], § 301 HGB, Rn. 94.

70 Vgl. § 31 Abs. 2 Nr. 3 RechVersV.

5. Bilanzierung assoziierter Unternehmen

59 Gemäß § 311 Abs. 1 HGB wird ein „assoziiertes Unternehmen" wie folgt definiert: Ein nicht in den KA einbezogenes Unternehmen ist als assoziiertes Unternehmen eines in den KA einbezogenen Unternehmens zu betrachten, wenn dieses Konzernunternehmen an ihm nach § 271 Abs. 1 HGB beteiligt ist und einen maßgeblichen Einfluss auf seine Geschäfts- und Finanzpolitik ausübt. Ein maßgeblicher Einfluss wird vermutet, wenn mit der Beteiligung mind. 20 % der Stimmrechte verbunden sind.

Zur Regelung der Bilanzierung von Anteilen an assoziierten Unternehmen im KA hat das Deutsche Rechnungslegungs Standards Committee e.V. (DRSC) im April 2001 den allgemeinen DRS 8 veröffentlicht.

60 Der Begriff des assoziierten Unternehmens existiert im deutschen Handelsrecht nur im Zusammenhang mit der Konzernrechnungslegung nach §§ 290 ff. HGB; den Vorschriften des EA ist er fremd. Im Ausland kennt man den Begriff des assoziierten Unternehmens schon länger. Er wird dort sowohl im EA als auch im KA verwendet. Die Definition des assoziierten Unternehmens, wie sie insb. im angelsächsischen Bereich verwendet wird, deckt sich jedoch nicht vollständig mit der Legaldefinition nach § 311 Abs. 1 HGB. International wird regelmäßig auf die Möglichkeit der Ausübung des maßgeblichen Einflusses abgestellt; nach HGB ist die tatsächliche Ausübung des maßgeblichen Einflusses Voraussetzung für die Qualifikation eines Beteiligungsunternehmens als assoziiertes Unternehmen und die daraus resultierende Anwendung der Equity-Methode (§ 312 HGB).[71]

61 Die Frage, ob es sich bei der Equity-Methode um eine spezielle Konsolidierungsmethode oder eine Sonderform der Beteiligungsbewertung handelt, braucht hier nicht diskutiert zu werden. Zu diesem Thema kann, ebenso wie zur Definition des maßgeblichen Einflusses und zur Grundkonzeption der Equity-Methode, auf die umfangreiche allgemeine Literatur verwiesen werden.[72]

62 Im Einzelfall kann es strittig sein, ob der maßgebliche Einfluss tatsächlich ausgeübt wird. Für Versicherungskonzerne lassen sich folgende grundsätzliche Überlegungen anstellen:

71 Bei der Erstkonsolidierung ist gem. § 312 Abs. 1 Satz 1 HGB nur die Buchwertmethode zulässig. Vgl. *Melcher/Murer,* DB 2010, S. 1598.

72 Nach dem Grundkonzept der *Equity*-Methode wird der Wertansatz der Beteiligung, ausgehend von den Anschaffungskosten, in den Folgejahren entsprechend der Entwicklung des anteiligen bilanziellen Eigenkapitals des assoziierten Unternehmens fortgeschrieben.

Soweit ein inländisches Konzernunternehmen bei einem VU mind. 20 % der Stimmrechte hält, wird regelmäßig davon auszugehen sein, dass ein maßgeblicher Einfluss auch tatsächlich ausgeübt wird. Solche Beteiligungen, die oft ihren Grund in der Spartentrennung oder in lokalen Gegebenheiten haben, stehen zumeist in enger Verbindung zur eigenen Geschäftstätigkeit und werden dementsprechend beeinflusst.

Beteiligungen inländischer Konzernunternehmen an Nicht VU, die mit einem 63 Stimmrechtsanteil von mind. 20 % verbunden sind, werden nur selten den Beteiligungen an assoziierten Unternehmen zuzurechnen sein. Hier wird zumeist der Gedanke der Vermögensanlage vorrangig sein.

Soweit ein Tochterunternehmen aufgrund des § 296 HGB nicht konsolidiert wird, 64 kann eine Einbeziehung in den KA nach § 312 HGB als assoziiertes Unternehmen erforderlich sein. Es ist stets im Einzelfall zu prüfen, ob ein maßgeblicher Einfluss vorliegt. Liegt ein solcher vor, so muss das nicht vollkonsolidierte Tochterunternehmen at-equity in den KA einbezogen werden, es sei denn, die Voraussetzung des § 311 Abs. 2 HGB ist erfüllt.

Beteiligungen an ausländischen Konzernunternehmen sind nach den gleichen 65 Kriterien zu beurteilen wie die Beteiligungen an inländischen Konzerntöchtern. Gegebenenfalls kann dies zu einer vom nationalen Abschluss abweichenden Klassifizierung und Bewertung i.R.d. HB II führen.

6. Zwischenergebniseliminierung

In den KA zu übernehmende Vermögensgegenstände, die ganz oder teilweise 66 aus Lieferungen oder Leistungen anderer in den KA einbezogener Unternehmen herrühren, sind in der Konzernbilanz gem. § 304 Abs. 1 HGB mit einem Betrag anzusetzen, zu dem sie in der auf den Stichtag des KA aufgestellten Jahresbilanz dieses Unternehmens angesetzt werden könnten, wenn die in den KA einbezogenen Unternehmen auch rechtlich ein einziges Unternehmen bilden würden.

Danach sind Zwischengewinne, aber auch Zwischenverluste, die bei konzerninternen Lieferungen und Leistungen entstanden sind, im KA zu eliminieren.

Die Vorschrift des § 304 HGB hat für VU, die sich nicht mit der Bearbeitung und Verarbeitung von Erzeugnissen beschäftigen, regelmäßig nicht die Bedeutung, die ihr in anderen Wirtschaftsbereichen zukommt.

Zwischenergebnisse entstehen bei VU bei der Übertragung und Abtretung von Grundstücken, Beteiligungen, Schuldscheinforderungen, Namensschuldverschreibungen, Wertpapieren oder von Software und Gegenständen der Betriebs- und Geschäftsausstattung zu einem vom Buchwert des Verkäufers abweichenden Verkaufspreis.

67 Das ehemals für Unternehmen aller Wirtschaftszweige geltende Wahlrecht zur Unterlassung der Zwischenergebniseliminierung, wenn die Lieferungen und Leistungen zu üblichen Marktbedingungen vorgenommen worden sind und zugleich die Eliminierung einen unverhältnismäßig hohen Aufwand erfordern würde, ist durch das TransPuG entfallen.

68 Nach § 341j Abs. 2 HGB gilt aber für VU und Versicherungsholdinggesellschaften, dass von der Zwischenergebniseliminierung abgesehen werden kann, wenn die zugrunde liegenden Lieferungen und Leistungen zu marktüblichen Konditionen vorgenommen wurden und sie Rechtsansprüche von VN begründet haben.

69 Mit dem Tatbestand „Rechtsansprüche der VN begründet haben" wird dem Zusammenhang bestimmter Verpflichtungen gegenüber den VN mit den Ergebnissen bestimmter Geschäfte Rechnung getragen. Das betrifft die Zuführung zur Rückstellung für die (erfolgsabhängige) BR. Die RfB sind unverändert aus den EA zu übernehmen, da sie aus Sicht des Konzerns Verpflichtungen gegenüber Dritten, den VN, darstellen.[73] Bei einer Zwischenergebniseliminierung würde ein mit der „Mittelverwendung" (in Form der BR) korrespondierender „Mittelzufluss" (aus dem Zwischengewinn) erst in einer Folgeperiode ausgewiesen, worin eine Verletzung des Grundsatzes der Abgrenzung der Sache nach gesehen werden könnte.[74] Einem derartigen Zweck des § 341j Abs. 2 HGB i.V.m. dem Grundsatz der wirtschaftlichen Einheit entspricht es auch, solche Gewinne von der Zwischenergebniseliminierung auszunehmen, die nicht beim VU selbst, sondern bei einem Tochterunternehmen entstanden sind, dem VU aber als Dividendenerträge zugutegekommen sind und damit mittelbar Rechtsansprüche der VN begründet haben.

70 Ein Verzicht auf die Zwischenergebniseliminierung ist anzugeben und bei wesentlicher Bedeutung im Anhang zu erläutern. § 341j Abs. 2 HGB enthält zwar keine explizite Verpflichtung zur Anhangangabe; u.E. folgt eine solche Verpflichtung allerdings alleine schon aus der wesentlichen Abweichung von Konzern-GoB durch einen Verzicht auf eine Zwischenergebniseliminierung. Zur Darstellung eines den tatsächlichen Verhältnissen entsprechenden Bildes der Vermögens-, Finanz- und Ertragslage des Konzerns i.S.d. § 297 Abs. 2 HGB ist eine Anhan-

---

73 Im Ergebnis ebenso *Brünglinghaus/Kubick-Winter*, in: KoRVU, Bd. I, K, Rn. 81.

74 Vgl. *Wollmert*, Die Konzernrechnungslegung von Versicherungsunternehmen als Informationsinstrument, Marburg 1992, S. 66.

gangabe und bei wesentlicher Bedeutung eine Erläuterung im Anhang jedenfalls erforderlich.

Bei der Eliminierung von Zwischenergebnissen ist zwischen Vorgängen zu unterscheiden, die unmittelbar das Konzernjahresergebnis betreffen, und Vorgängen, die bereits in früheren Jahren erfolgswirksam eliminiert wurden und nicht noch einmal das Konzernjahresergebnis beeinflussen dürfen. 71

Im Konzernjahresergebnis (Konzernjahresüberschuss oder -fehlbetrag) wirken sich alle Eliminierungsvorgänge des Konzern-GJ aus, aber auch die Realisierung von in Vorjahren (VJ) neutralisierten Zwischenergebnissen. Einmal eliminierte Ergebnisse dürfen bis zu ihrer Realisierung das Konzernjahresergebnis nicht mehr beeinflussen; sie müssen erfolgsneutral vorgetragen werden, d.h., sie sind im „Gewinnvortrag" oder „Verlustvortrag" zu verrechnen bzw. in den „Konzerngewinnrücklagen".

Ergänzend sei hier darauf hingewiesen, dass die Eliminierung von Zwischenergebnissen ausschließlich zu Gunsten oder zu Lasten des Konzernergebnisses durchgeführt wird. Der anderen Gesellschaftern zustehende Gewinn bzw. der auf diese entfallende Verlust wird hiervon nicht berührt. Der Ergebnisanspruch der außenstehenden Gesellschafter besteht jeweils gegenüber dem einzelnen Unternehmen und basiert auf dem Ergebnis des jeweiligen EA. 72

7. Schuldenkonsolidierung

a) Rechtsgrundlagen

Die Schuldenkonsolidierung ist in § 303 HGB geregelt: 73

1. Ausleihungen und andere Forderungen, Rückstellungen und Verbindlichkeiten zwischen den in den KA einbezogenen Unternehmen sowie entsprechende RAP sind wegzulassen;

2. Absatz 1 braucht nicht angewendet zu werden, wenn die wegzulassenden Beträge für die Vermittlung eines den tatsächlichen Verhältnissen entsprechenden Bildes der Vermögens-, Finanz- und Ertragslage des Konzerns nur von untergeordneter Bedeutung sind.

Anders als bei der Zwischenergebniseliminierung kann die Schuldenkonsolidierung unter Rückgriff auf § 341j Abs. 2 HGB auch dann nicht unterbleiben, wenn durch die zugrunde liegenden Geschäfte Rechtsansprüche der VN begründet worden sind, die Voraussetzung des § 303 Abs. 2 HGB aber nicht erfüllt ist. 74

75 Da sich normalerweise die Ansprüche und Verpflichtungen in gleicher Höhe gegenüberstehen, erfolgt die Aufrechnung ohne Einfluss auf das Konzernergebnis. Denkbar sind jedoch auch Fälle, in denen sich abweichende Wertansätze gegenüberstehen, die einer erfolgswirksamen Schuldenkonsolidierung bedürfen.

b) Relevante Bilanzposten

76 Die Schuldenkonsolidierung betrifft im Wesentlichen nachfolgende Bilanzposten, die sich zu vier Gruppen zusammenfassen lassen:

1. Posten, für die keinerlei versicherungsspezifische Besonderheiten gelten (Einlagen bei Kreditinstituten, Sonstige Forderungen, Sonstige Vermögensgegenstände, Verbindlichkeiten gegenüber Kreditinstituten sowie Sonstige Verbindlichkeiten);
2. Posten, für die spezielle Bewertungsvorschriften gelten (Hypotheken-, Grundschuld- und Rentenschuldforderungen sowie die Namensschuldverschreibungen, Schuldscheinforderungen und Darlehen, jeweils mit dem korrespondierenden Passivposten);
3. Versicherungsspezifische Forderungen und Verbindlichkeiten (Depotforderungen/-verbindlichkeiten, Abrechnungsforderungen/-verbindlichkeiten aus dem Rückversicherungsgeschäft (RückVG), Forderungen/Verbindlichkeiten aus dem selbst abgeschlossenen Versicherungsgeschäft (sG) sowie Darlehen und Vorauszahlungen auf Versicherungsscheine);
4. Versicherungstechnische Rückstellungen (Beitragsüberträge (BÜ), Deckungsrückstellungen (DR), Rückstellungen für noch nicht abgewickelte Versicherungsfälle (VF), RfB und sonstige versicherungstechnische Rückstellungen).

77 Ergänzend sei darauf hingewiesen, dass VU die in § 251 HGB bezeichneten Haftungsverhältnisse nicht unter der Bilanz, sondern im Anhang anzugeben haben (§ 51 Abs. 3 RechVersV). Selbstverständlich gilt auch hier die Pflicht zur Schuldenkonsolidierung.

78 Zu den unter (1) angeführten Posten kann auf die allgemeine Literatur zur Schuldenkonsolidierung verwiesen werden.

79 Dies gilt grundsätzlich auch für die der Gruppe (2) zugeordneten Posten.

Gemäß § 341c Abs. 2 Satz 1 HGB ergibt sich, dass ein VU als Gläubiger den Unterschiedsbetrag zwischen Rückforderungs- und Auszahlungsbetrag durch passive Rechnungsabgrenzung auf die Laufzeit zu verteilen hat. Für den Schuldner hingegen gilt § 250 Abs. 3 HGB, der ein Wahlrecht hinsichtlich der aktivischen Abgrenzung des Unterschiedsbetrags vorsieht. Aus dem Zusammentreffen von Aktivierungswahlrecht und Passivierungspflicht sowie einer ggf. unterschiedlichen Auflösung können sich erfolgswirksame Konsolidierungsvorgänge ergeben.

Sofern nicht durch entsprechende Konzernrichtlinien auf der HB II-Ebene eine einheitliche Bilanzierung erfolgt, d.h. der Schuldner verpflichtet wird, vom Wahlrecht der Abgrenzung Gebrauch zu machen und die Auflösung über die Laufzeit zu verteilen, müssen die Differenzen im KA erfolgswirksam eliminiert werden.

Von den versicherungsspezifischen Posten (3) sind die Forderungen und Verbind- 80
lichkeiten aus dem selbst abgeschlossenen Geschäft (saG) sowie die Darlehen und Vorauszahlungen auf Versicherungsscheine von untergeordneter Bedeutung. Solche konzerninternen Geschäftsbeziehungen sind denkbar, aber selten. Konsolidierungstechnische Probleme ergeben sich hieraus nicht. Bei der Verrechnung der Abrechnungsforderungen und -verbindlichkeiten aus dem RückVG ergeben sich bei zeitversetzter Buchung des in Rückdeckung übernommenen Versicherungsgeschäfts (üG) zwangsläufig „Differenzen". Auf ihre Behandlung wird im Abschnitt „Konsolidierungsdifferenzen" eingegangen. Nachfolgend werden deshalb nur die mit der Verrechnung der versicherungstechnischen Rückstellungen verbundenen Besonderheiten behandelt.

c) Versicherungstechnische Rückstellungen

Innerhalb der versicherungstechnischen Rückstellungen sind die konzerninternen 81
RückV-Beziehungen zu eliminieren.

Gemäß dem FB 1 werden die versicherungstechnischen Rückstellungen in der Bilanz 82
netto ausgewiesen. Formal geschieht dies, indem von den Brutto-Rückstellungen in einer Vorspalte die Anteile für das in Rückdeckung gegebene VG offen abgesetzt werden. Durchbrochen wird dieses Prinzip nur bei der SchwR, die stets nur für den Selbstbehalt berechnet wird.

Im Ergebnis können die netto ausgewiesenen versicherungstechnischen Rück- 83
stellungen durch eine Addition in die Konzernbilanz übernommen werden; die summarische Erfassung der in den Vorspalten ausgewiesenen Brutto-Beträge bzw. RückV-Anteile würde jedoch aus der Sicht der Einheitstheorie zu einer unzulässigen Bilanzaufblähung führen. Demzufolge sind die vom Vorversicherer (VorVR) an konsolidierte Unternehmen abgegebenen RückV-Anteile mit den beim RückVR aus dem üG passivierten, entsprechenden Rückstellungen zu saldieren und die Rückstellungen des ErstVR ungekürzt um konzerninterne RückV anzusetzen.

d) Konsolidierungsdifferenzen

84 Das Problem der Schuldenkonsolidierung liegt in der zeitlich und betragsmäßig ungleichen Erfassung der Geschäftsvorfälle.

85 Während der ErstVR seine abgegebene RückV periodengerecht ausweist, erfasst der RückVR häufig das üG zeitversetzt. In diesen Fällen kann es aufgrund der zeitlichen Buchungsunterschiede zu keinem betragsgleichen Ausweis kommen. Innerhalb eines Konzerns sollte demzufolge stets zeitgleich abgerechnet und bilanziert werden. Lässt sich dies nicht praktizieren, so muss bei zeitversetzt üG bei der übernehmenden Gesellschaft der auf dem zeitlichen Buchungsunterschied beruhende Differenzbetrag grundsätzlich ergebniswirksam eliminiert werden.

Der Unterschiedsbetrag aus zeitversetzt übernommener und zeitgleich abgegebener RückV ist bei den Abrechnungsforderungen oder Abrechnungsverbindlichkeiten aus dem RückVG zu berücksichtigen.

86 Ähnliche Probleme wie bei zeitversetzt gebuchtem RückVG ergeben sich auch bei der Konsolidierung eines Tochterunternehmens, dessen Bilanzstichtag von dem Stichtag des KA abweicht. Sofern Vorgänge, die zwischen dem Abschlussstichtag des Tochterunternehmens und dem des KA liegen, nicht in der Konzernbilanz berücksichtigt werden – sei es, dass sie nicht von besonderer Bedeutung sind oder dass die Angabe im Anhang erfolgt[75] –, ergeben sich zwangsläufig Differenzen bei der Schuldenkonsolidierung.

Es ist fraglich, wie diese Vorgänge bei der Schuldenkonsolidierung zu berücksichtigen sind. Legt man die allgemeinen Grundsätze zur Behandlung zeitlicher Buchungsunterschiede zugrunde, so bedeutet dies regelmäßig eine erfolgswirksame Berücksichtigung dieser Differenzbeträge im KA. Bei Vorgängen von besonderer Bedeutung, die zwischen dem Abschlussstichtag des Tochterunternehmens und dem des KA eintreten, ist die Berücksichtigung in der Konzernbilanz und der Konzern-GuV der Angabe im Konzernanhang im Interesse der Aussagefähigkeit des KA vorzuziehen.

Im Übrigen handelt es sich hier jedoch um zeitliche Buchungsunterschiede i.e.S., die in der Konzernbilanz erfolgsneutral zu berücksichtigen sind.[76] Nur so ist sichergestellt, dass das Konzernergebnis nicht durch derartige, in den einzelnen Perioden schwankende Beträge verzerrt wird.

75 Vgl. § 299 Abs. 3 HGB.

76 Vgl. *IDW* (Hrsg.), WP Handbuch 2006[13], Rn. M 527.

Diese Überlegungen sind im Einzelfall auch auf die Konsolidierung des zeitversetzten RückVG übertragbar. In diesem Fall ist die angewendete Bilanzierungsmethode im Konzernanhang zu erläutern; bei wesentlichen Beträgen können zusätzliche Erläuterungen gem. § 297 Abs. 2 Satz 3 HGB erforderlich sein.

Betragsdifferenzen lassen – soweit sie nicht auf zeitversetzter Bilanzierung beruhen – i.d.R. auf Bearbeitungsfehler schließen. Nur in Ausnahmefällen werden in den EA der konsolidierten Unternehmen Forderungen an Konzernunternehmen wertberichtigt sein. Diese Wertberichtigungen sind ergebniswirksam zurückzunehmen.[77] 87

Konsolidierungsdifferenzen können auch aus der Währungsumrechnung resultieren; sie entstehen immer dann, wenn keine konzerneinheitlichen Währungsparitäten vorliegen. Im bilateralen Abrechnungsverkehr der Muttergesellschaft mit ihren Tochtergesellschaften kann man dies durch Soll-Verrechnungskurse ausschließen. Stehen die ausländischen Tochtergesellschaften untereinander in Geschäftsbeziehung und sind die in der Konsolidierungswährung umgerechneten Salden nicht kongruent, muss geprüft werden, ob die Differenzen tatsächlich nur auf Währungsbuchungen zurückzuführen sind oder ob echte Abrechnungsdifferenzen vorliegen.[78] 88

8. Aufwands- und Ertragskonsolidierung

a) Rechtsgrundlagen

Nach § 305 Abs. 1 HGB sind bei den Umsatzerlösen die Erlöse aus konzerninternen Lieferungen und Leistungen und bei den sonstigen konzerninternen Geschäftsvorfällen alle Erträge aus Lieferungen und Leistungen mit den jeweils auf sie entfallenden Aufwendungen zu verrechnen. Von dieser Verrechnung kann abgesehen werden, wenn die wegzulassenden Beträge für die Vermittlung eines den tatsächlichen Verhältnissen entsprechenden Bildes der Vermögens-, Finanz- und Ertragslage nur von untergeordneter Bedeutung sind.[79] 89

Für VU bedeutet dies, dass in der Konzern-GuV im versicherungstechnischen Bereich alle korrespondierenden Brutto- und RückV-Beträge aus konzerninternen RückV-Beziehungen verrechnet werden; im allgemeinen Teil sind die Erträge und 90

77 Vgl. *ADS*[6], § 303 HGB, Rn. 35 und 42.
78 Vgl. *ADS*[6], § 303 HGB, Rn. 36 und 43.
79 Vgl. § 305 Abs. 2 HGB.

Aufwendungen aus dem konzerninternen sonstigen Leistungsaustausch zu konsolidieren.

91 Hinsichtlich der Grundlagen der Aufwands- und Ertragskonsolidierung kann auf die allgemeine Literatur verwiesen werden; ebenso im Zusammenhang mit der Konsolidierung der nicht versicherungstechnischen Posten.[80]

Im Folgenden wird deshalb in erster Linie auf die Konsolidierungsmaßnahmen bei den versicherungstechnischen GuV-Posten eingegangen und auf Einzelfragen der Konzern-GuV hingewiesen.

b) Relevante versicherungstechnische Posten der Gewinn- und Verlustrechnung

92 Auch die versicherungstechnischen Posten der GuV lassen sich unter Konsolidierungsaspekten zu bestimmten Gruppen zusammenfassen:

1. Posten, die als Netto-Beträge summarisch übernommen werden können (Veränderung der Netto-BÜ des Lebens-VG, technischer Zinsertrag für eigene Rechnung (f.e.R.), Veränderung der SchwR und ähnlicher Rückstellungen, sonstige versicherungstechnische Erträge f.e.R., Veränderung der übrigen versicherungstechnischen Netto-Rückstellungen mit Ausnahme des Lebens-VG, Aufwendungen für erfolgsabhängige und erfolgsunabhängige BR f.e.R., sonstige versicherungstechnische Aufwendungen f.e.R.)
2. Posten, die in die Konzern-GuV explizit als Brutto-Beträge unter offener Absetzung der Rück-Beträge eingehen (gebuchte Brutto-Beiträge / abgegebene RückV-Beiträge, Veränderung der Brutto-BÜ im Schaden- und Unfall-VG / Veränderung des Anteils der RückVR an den Brutto-BÜ im Schaden- und Unfall-VG, Zahlungen für VF, Veränderung der Rückstellung für noch nicht abgewickelte VF, Brutto-Aufwendungen für den Versicherungsbetrieb / erhaltene RückV-Provisionen aus dem in Rückdeckung gegebenen VG, Veränderung der DR im Lebens-VG).

93 Die Netto-Beträge der unter (1) aufgeführten Posten können summarisch übernommen werden, wohingegen bei den unter (2) angeführten GuV-Posten die konzerninternen RückV-Beziehungen eliminiert werden müssen. In Fällen, in denen Versicherungskonzerne ihre RückV über ein dem Konzern zugehöriges RückVU abwickeln, kann es sich hierbei um erhebliche Beträge handeln.

80 Vgl. z.B. *ADS*[6], Kommentierung zu § 305 HGB; *IDW* (Hrsg.), WP Handbuch 2006[13], Rn. M 537 ff.

Für Zwecke der Differenzierung der gebuchten Brutto-Beiträge im Anhang nach sG und üG muss die Verrechnung von einer Umgliederung begleitet werden.[81] 94

Aus der Konsolidierung der Erträge/Aufwendungen für Kapitalanlagen ergeben sich keine versicherungsspezifischen Besonderheiten.[82] 95

c) Einzelfragen

aa) Technischer Zins

Bei der Konsolidierung des technischen Zinses ist zwischen Schaden- und Unfall-VG einerseits und Kranken-VG und Lebens-VG andererseits zu unterscheiden. 96

Bei der konzerninternen RückV im Sachgeschäft erhält der RückV Depotzinsen für die in Rückdeckung übernommene DR. Diese werden als „Erträge aus anderen Kapitalanlagen" in der nicht versicherungstechnischen Rechnung (FB 2 II.1.b.bb) erfasst und in dieser Höhe in die versicherungstechnische Rechnung (FB 2 II.3) umgebucht. Ist der technische Zins identisch mit dem Originalzins, so erfolgt eine Verrechnung der beiden GuV-Positionen. Der technische Zinsertrag (FB 2. I.2) selbst muss nicht konsolidiert werden, da er nur f.e.R. in die Konzern-GuV eingeht und der Brutto-Betrag beim RückV mit dem RückV-Anteil beim VorVR zum Ausgleich auf Netto-Basis kommt. Wird der technische Zins jedoch rechnungsmäßig angesetzt, so stehen sich die Zinsen innerhalb der „Erträge aus anderen Kapitalanlagen" beim RückV und der technische Zinsertrag nicht kongruent gegenüber. Bei der Konsolidierung ist die Differenz mit dem technischen Zinsertrag f.e.R. zu verrechnen. 97

In der Kranken- und Lebens-RückV sind die gezahlten und empfangenen Depotzinsen Bestandteile der versicherungstechnischen GuV. Die Konsolidierung erfolgt zwischen den „Erträgen aus anderen Kapitalanlagen" und den „Sonstigen versicherungstechnischen Aufwendungen". 98

bb) Dienstleistungserträge/-aufwendungen

In Versicherungskonzernen erbringen häufig konsolidierte VU Dienstleistungen für andere Konzernunternehmen. Im EA dieser VU werden die Aufwendungen für diese Dienstleistungen unter den „sonstigen Aufwendungen" erfasst, die empfangenen Gegenleistungen als „sonstige Erträge". Das die Dienstleistung emp- 99

81 Vgl. § 59 Abs. 3 RechVersV.

82 Wegen der Besonderheiten hinsichtlich der Depotzinserträge aus dem üG aufgrund der Verrechnung mit dem technischen Zinsertrag vgl. Rn. 101 ff.

fangende Unternehmen weist die Aufwendungen im versicherungstechnischen Bereich in den jeweiligen Funktionsbereichen – z.B. Aufwendungen für den Versicherungsbetrieb – aus.

100 Entsprechend dem Einheitsgrundsatz sind die Erträge und Aufwendungen im KA so auszuweisen, wie sie im Abschluss eines auch rechtlich einheitlichen Unternehmens auszuweisen wären. Somit ist auch der Ausweis von Aufwendungen für Dienstleistungen und Erträgen aus Dienstleistungen innerhalb des Konzerns zurückzunehmen.

101 Bei diesem Vorgehen handelt es sich systematisch nicht um einen Konsolidierungsvorgang, sondern um eine sonstige Verrechnung, da ausschließlich die Aufwendungen (sonstige Aufwendungen) und Erträge (sonstige Erträge) des leistenden Unternehmens verrechnet werden. Entsprechend ist auch bei konzerninternen Dienstleistungen von Nicht VU zu verfahren.

cc) Ergebnisübernahmen im Konzern

102 Die Konsolidierung der Ergebnisse der in den KA einbezogenen Beteiligungen ist keine versicherungsspezifische Fragestellung. In Anbetracht der Bedeutung werden die Grundzüge der Ergebnisübernahme im KA kurz dargelegt.

103 Konzernunternehmen sind teilweise durch Ergebnisübernahmeverträge miteinander verbunden. In diesen Fällen sind die bei der Muttergesellschaft ausgewiesenen Erträge aus Gewinngemeinschaften, Gewinnabführungs- und Teilgewinnabführungsverträgen mit den bei der Tochtergesellschaft ausgewiesenen Gewinnabführungen zu verrechnen. Im Verlustfall sind die Aufwendungen aus Verlustübernahme mit den Erträgen aus Verlustübernahme zu verrechnen.

Die Beträge sind dann nicht identisch, wenn Ausgleichszahlungen an außenstehende Aktionäre zu leisten sind. In diesen Fällen muss die Ausgleichszahlung in den der Ergebnisverwendung zuzurechnenden Posten „anderen Gesellschaftern zustehender Gewinn" umgegliedert werden.

104 Besteht kein Ergebnisübernahmevertrag, so ist bei der Muttergesellschaft der Unterposten „Erträge aus Beteiligungen" angesprochen. Die Erträge von konsolidierten Konzernunternehmen sind mit dem Jahresergebnis zu verrechnen. Dies ist bei periodengleicher Gewinnvereinnahmung unproblematisch.

Werden die Gewinne dagegen nicht im Jahr der Gewinnerzielung, sondern im nächsten Jahr der Gewinnausschüttung übernommen (periodenverschobene Dividendenvereinnahmung), so erscheint in diesen Fällen der gleiche Gewinn im ersten Jahr im Abschluss des Tochterunternehmens und im zweiten Jahr in dem des MU. Im Rahmen der Konsolidierung ist diese, aus der Phasenverschiebung zwischen Gewinnerzielung und -vereinnahmung beruhende Auswirkung zu beseitigen, weil sonst der gleiche Gewinn im Jahresergebnis zweier aufeinanderfolgender Konzern-GJ enthalten wäre. Aus Konzernsicht sind diese vereinnahmten Beteiligungserträge im VJ erzielte Gewinne, die weder ausgeschüttet noch einer Rücklage zugeführt worden sind. Entsprechend sind sie aus den betreffenden Ertragsposten in den Ergebnisvortrag bzw. in die Gewinnrücklagen umzugliedern.

9. Latente Steuern

§ 306 HGB regelt die Abgrenzung latenter Steuern im KA. Die Neufassung des § 306 HGB folgt der des § 274 HGB durch das BilMoG. § 274 HGB liegt nunmehr das *Temporary*-Konzept des IAS 12 zugrunde; der bisher verfolgte GuV-orientierte Ansatz (*Timing*-Konzept) wurde aufgegeben. 105

Im Unterschied zur Bilanzierung latenter Steuern nach § 274 HGB, wonach nur für einen passivischen Überhang latenter Steuern eine Ansatzpflicht besteht, während für einen aktivischen Überhang ein Ansatzwahlrecht gilt, besteht für zusätzliche latente Steuern, die sich aus Konsolidierungsmaßnahmen ergeben, gem. § 306 Satz 1 HGB sowohl für passivische als auch für aktivische Überhänge eine Ansatzpflicht. Es ist demzufolge von großer praktischer Bedeutung, ob Sachverhalte, die zu latenten Steuern führen, der Ebene der EA zuzuordnen sind oder ob es sich um Abgrenzungen infolge von Konsolidierungsmaßnahmen i.S.v. § 306 HGB handelt. 106

Nach dem Wortlaut des § 306 Satz 1 HGB kommt eine Steuerabgrenzung nach dieser Vorschrift nur für Maßnahmen in Betracht, die nach den Vorschriften des „Vierten Titels" im Unterabschnitt „KA und Konzern-LB" durchgeführt wurden. Maßnahmen dieser Art sind:[83] 107

1. Kapitalkonsolidierung (§ 301 HGB)
2. Schuldenkonsolidierung (§ 303 HGB)
3. Eliminierung von Zwischenergebnissen (§ 304 HGB)
4. Aufwands- und Ertragskonsolidierung (§ 305 HGB).

83 Vgl. auch *ADS*[6], § 306 HGB, Rn. 20 ff.

108 Maßnahmen, die bei der Erstellung eines KA aufgrund von Differenzen zwischen den handelsrechtlichen und den steuerlichen Wertansätzen zu einer Steuerabgrenzung nach § 274 i.V.m. § 298 Abs. 1 HGB führen, sind:

1. Anpassungen aufgrund eines abweichenden Bilanzstichtages (§ 299 HGB) und
2. Vereinheitlichung der Bewertung (§ 308 HGB).

Durch die Einführung des § 308a HGB ist nunmehr geregelt, dass die Posten der Bilanz mit Ausnahme des Eigenkapitals zum Devisenkassamittelkurs am Abschlussstichtag in Euro umzurechnen sind. Die Posten der GuV sind gem. § 308a Satz 2 HGB zum Durchschnittskurs in Euro umzurechnen. Sollten sich Umrechnungsdifferenzen ergeben, sind diese erfolgsneutral innerhalb des Eigenkapitals auszuweisen. Eine etwaige (teilweise) Veräußerung des Tochterunternehmens hat zur Folge, dass der Posten in entsprechender Höhe ergebniswirksam aufzulösen ist. Da die Währungsumrechnung keine Konsolidierungsmaßnahme i.S.d. §§ 300 ff. HGB ist, hat dies zur Folge, dass kein Anwendungsfall des § 306 vorliegt.[84]

Gemäß § 306 Sätze 3 und 4 HGB sind Differenzen aus dem erstmaligen Ansatz eines nach § 301 Abs. 3 HGB verbleibenden Unterschiedsbetrags sowie Differenzen, die sich zwischen dem steuerlichen Wertansatz einer Beteiligung an einem Tochterunternehmen, assoziierten Unternehmen oder einem Gemeinschaftsunternehmen und dem handelsrechtlichen Wertansatz des im KA angesetzten Nettovermögens ergeben, nicht in die Ermittlung der latenten Steuern einzubeziehen.

109 Zur Regelung der Bilanzierung latenter Steuern im KA hat das DRSC im Januar 2002 den allgemeinen DRS 10 veröffentlicht. Dieser wurde mit der DRÄS 4 Art. 8 vom 04.02.2010 außer Kraft gesetzt. Die Aussetzung betrifft gem. Art. 12 erstmals GJ, die nach dem 31.12.2009 beginnen. Zwischenzeitlich wurde DRS 10 durch den am 08.06.2010 vom DSR veröffentlichten und am 03.09.2010 gem. § 342 Abs. 2 HGB durch das Bundesministerium der Justiz im Bundesanzeiger (Nr. 133a) bekannt gemachten DRS 18 ersetzt. DRS 18 ist erstmals auf GJ anzuwenden, die nach dem 31.12.2010 beginnen.

84 Vgl. *Kozikowski/Schubert*, in: Beck Bil-Komm.[7], § 306 HGB, Rn. 9.

III. Die Konzernbilanz und die Konzern- Gewinn- und Verlustrechnung

1. Konzernbilanz

Für den KA von VU und Versicherungsholdinggesellschaften schreibt § 58 Abs. 1 Satz 1 RechVersV die Verwendung des Bilanzschemas zum EA von VU (FB 1) vor. 110

Abweichungen sind zulässig bzw. geboten, soweit dies die Konzernrechnungslegungsvorschriften bedingen. 111 Dabei handelt es sich insb. um den Ausgleichsposten für die Anteile anderer Gesellschafter,[85] Anteile am MU, die einem konsolidierten Tochterunternehmen gehören („Rückbeteiligung"),[86] Beteiligungen an assoziierten Unternehmen[87] sowie den Unterschiedsbetrag aus der Bewertung von assoziierten Unternehmen nach der Equity-Methode.[88] Die Fn. zu FB 1 sind auch für die Zwecke der Konzernbilanz zu berücksichtigen. Das heißt, dass z.B. bei Konsolidierung eines Krankenversicherungsunternehmens (KVU) die RfB in „1. Erfolgsabhängige" und „2. Erfolgsunabhängige" zu untergliedern ist; die bei den übrigen VU bilanzierten RfB sind entsprechend aufzuteilen. Die Aufteilung der RfB kann auch darüber hinaus, unabhängig vom Einbezug eines KVU in den KA, aus Gründen der Klarheit geboten sein: Der Verordnungsgeber hat von einer Untergliederung der RfB für den EA in FB 1 in „erfolgsabhängige" und „erfolgsunabhängige" abgesehen, da in den spartengetrennten Lebensversicherungsunternehmen (LVU) und Schaden- und Unfallversicherungsunternehmen (SchVU) jeweils nur eine dieser Rückerstattungsarten von besonderer Bedeutung ist. Dies ist bei einer Konsolidierung dieser Unternehmen aus Konzernsicht i.d.R. nicht der Fall. Dem unterschiedlichen Charakter der Erfolgsabhängigen und Erfolgsunabhängigen BR sollte u.E., analog zur Regelung für KVU und entsprechend der Anhangvorschrift zu den korrespondierenden Aufwandsposten[89], durch einen gesonderten Ausweis der Rückstellungsarten in der Bilanz oder im Anhang Rechnung getragen werden.[90]

Die Aufstellung der Konzernbilanz unter Berücksichtigung einer teilweisen Verwendung des Konzernjahresergebnisses ist möglich,[91] erscheint aber wegen der

85 Vgl. § 307 Abs. 1 Satz 1 HGB.
86 Vgl. § 301 Abs. 4 HGB, BT-Drs. 16/10067, S. 82.
87 Vgl. § 311 Abs. 1 HGB.
88 Vgl. § 312 Abs. 1 HGB; vgl. auch *IDW* (Hrsg.), WP Handbuch 2006[13], Rn. M 225-233.
89 Vgl. §§ 42 Abs. 3 i.V.m. 58 Abs. 4 Nr. 2 RechVersV.
90 Vgl. auch *IDW* (Hrsg.), WP Handbuch 2006[13], Rn. K 669.
91 Vgl. § 58 Abs. 4 RechVersV i.V.m. Fn. 5 zu FB 1 und Fn. 9 zu FB 4.

fehlenden Ausschüttungsbemessungsfunktion des KA nur wenig sinnvoll. Im Übrigen sind auf die Konzernbilanz die §§ 3-20 und 22-34 RechVersV entsprechend anzuwenden, soweit die Eigenart des KA keine Abweichungen bedingt.[92]

112 Darüber hinaus kann der Betrieb mehrerer Geschäftszweige im Konzern, wie etwa bei Allfinanz-Konzernen, dazu führen, dass die für VU geltende Gliederung um Posten der nach für die anderen Geschäftszweige geltenden Gliederungen zu ergänzen ist.

Wird ein Konzern, an dessen Spitze ein VU steht, von den Aktivitäten eines anderen Geschäftszweigs dominiert, kann zur Vermittlung eines den tatsächlichen Verhältnissen entsprechenden Bildes des Konzerns in Abweichung von § 58 Abs. 1 Satz 1 RechVersV die Anwendung einer auf diesen Geschäftszweig zugeschnittenen Gliederung geboten sein, wie bspw. das für Kreditinstitute geltende Gliederungsschema.[93] In diesem Fall sollte eine Erläuterung im Anhang erfolgen.

2. Konzern-Gewinn- und Verlustrechnung

113 Für die Konzern-GuV schreibt § 58 Abs. 1 Satz 1 RechVersV grundsätzlich die Anwendung des FB 4 vor, soweit die Besonderheiten des Konzerns keine Abweichung bedingen. Die Ausführungen zur Konzernbilanz beim Betrieb abweichender Geschäftszweige gelten für die GuV entsprechend.

Die Konzern-GuV setzt sich im Prinzip aus drei Teilrechnungen zusammen:

1. Versicherungstechnische Rechnung für das Schaden- und Unfall-VG
2. Versicherungstechnische Rechnung für das Lebens-VG und Kranken-VG
3. Nicht versicherungstechnische Rechnung.

114 Je nach den im Konzern betriebenen VG sind die Überschriften der Teilrechnungen bzw. einzelner Posten entsprechend anzupassen:

- SchVU: Fn. 1 und 3 zu FB 4
- KVU: § 58 Abs. 2 RechVersV
- International tätige RückVU: Fn. 2 zu FB 2[94]
- Pensionskasse (PK)/SterbeKasse (StK): Fn. 2, 3 und 4 Anm. a zu FB 3.[95]

92 Vgl. § 58 Abs. 4 RechVersV.
93 Vgl. *Krumnow* u.a., Rechnungslegung der Kreditinstitute, § 340i und j HGB, Rn. 101.
94 Vgl. § 58 Abs. 1 Satz 2 RechVersV.
95 Vgl. § 58 Abs. 1 Satz 3 RechVersV.

Bei KA von VVaG sowie öffentlich-rechtlichen (ö.-r.) VU ist außerdem die Fn. 3 Buchst. a und b zum FB 2 zu beachten.[96] Dies setzt allerdings voraus, dass die Konzern-GuV unter Berücksichtigung einer teilweisen Verwendung des Konzernjahresergebnisses aufgestellt wird. Das erscheint jedoch wegen der fehlenden Ausschüttungsbemessungsfunktion des KA, unabhängig von der Rechtsform, wenig sinnvoll.[97] 115

Das FB 4 sieht, je nach Herkunft der Kapitalanlageerträge und -aufwendungen, deren getrennten Ausweis in der versicherungstechnischen Rechnung für das Lebens- und Kranken-VG einerseits und in der nicht versicherungstechnischen Rechnung andererseits vor. Abweichend davon dürfen die gesamten Erträge aus und Aufwendungen für Kapitalanlagen in der Konzern-GuV zusammen, und zwar in der nicht versicherungstechnischen Rechnung, ausgewiesen werden. Die Erträge aus und Aufwendungen für Kapitalanlagen der konsolidierten LVU und KVU sind als Saldo in die versicherungstechnische Rechnung für das Lebens- und Kranken-VG zu transferieren. 116

Die entsprechenden Änderungen im Gliederungsschema sind in § 58 Abs. 3 Satz 3 RechVersV sowie in den Fn. 6-8 zum FB 4 geregelt.

Problematisch erscheint die Beschränkung des Zinstransfers auf die einbezogenen LVU und KVU. Da aus Gründen der Klarheit und Vergleichbarkeit gleiche Sachverhalte im KA gleich behandelt werden sollen, ist das von einbezogenen SchVU sowie RückVU übernommene Lebens- und Kranken-VG u.E. grundsätzlich zusammen mit dem von einbezogenen LVU und KVU betriebenen VG in der versicherungstechnischen Rechnung für das Lebens- und Kranken-VG auszuweisen. Für das von einbezogenen SchVU sowie RückVU übernommene Lebens- und Kranken-VG ist indessen ein Zinstransfer in § 58 Abs. 3 RechVersV explizit nicht vorgesehen. Um Verzerrungen im Ausweis des versicherungstechnischen Ergebnisses im Lebens- und Kranken-VG zu vermeiden, sollte in analoger Anwendung des § 58 Abs. 3 RechVersV die Möglichkeit des Transfers weiterer Kapitalanlageerträge zulässig sein. Auch der § 58 Abs. 3 RechVersV zugrunde liegende Art. 67 VersBiRiLi ist insofern weiter gefasst.

Bei Konzernen, die von wesentlichen RückV-Aktivitäten geprägt sind, kann auch ein Ausweis des gesamten übernommenen Lebens-VG in der versicherungstechnischen Rechnung für das Schaden- und Unfall-VG als sachgerecht angesehen werden. Dieses Vorgehen entspricht dem bei RückVU.[98] Eine Orientierung aus- 117

96 Vgl. ebd.
97 Vgl. *IDW* (Hrsg.), WP Handbuch 2006[13], Rn. M 543 m.w.N.
98 Vgl. § 2 Abs. 1 Satz 1 Nr. 1 RechVersV.

schließlich an den VZ der in den KA einbezogenen, rechtlichen Einheiten entspricht indessen nicht dem Einheitsgedanken.

118 Soweit die Eigenart des KA keine Abweichungen bedingt, sind auf die einzelnen Posten der Konzern-GuV die §§ 36-50 RechVersV entsprechend anzuwenden.[99]

IV. Der Konzernanhang

119 Der Konzernanhang ist gem. § 297 Abs. 1 HGB Bestandteil des KA. Die in den Konzernanhang von VU aufzunehmenden Angaben sind in § 59 RechVersV geregelt. Dies gilt analog auch für den Konzernanhang von Versicherungsholdinggesellschaften.[100]

120 Die in den §§ 313 und 314 HGB für den Konzernanhang geforderten Angaben sind, von zwei Ausnahmen abgesehen, auch in den Konzernanhang von VU bzw. Versicherungsholdinggesellschaften aufzunehmen.[101]

Anstelle der Aufgliederung der Umsatzerlöse nach § 314 Abs. 1 Nr. 3 HGB[102] sind die gebuchten Brutto-Beiträge zu untergliedern nach den in § 59 Abs. 3 RechVersV vorgegebenen Kriterien:

- nach:
  - a) sG und
  - b) üG
- für das selbst abgeschlossene Geschäft:
  - a) nach der Art des VG:
    - 1) Lebens-VG
    - 2) Kranken-VG
    - 3) Schaden- und Unfall-VG.
  - b) nach regionaler Herkunft:
    - 1) Inland
    - 2) übrige Mitgliedstaaten der EU und des EWR
    - 3) Drittländer.

---

99 Vgl. § 58 Abs. 4 RechVersV.
100 Vgl. Rn. 18.
101 Vgl. § 59 Abs. 1 RechVersV.
102 Vgl. § 341j Abs. 1 Satz 2 HGB.

- Der Gesamtbetrag der sonstigen finanziellen Verpflichtungen nach § 314 Abs. 1 Nr. 2a HGB ist nur für solche Verpflichtungen anzugeben, die nicht i.R.d. VG entstehen.[103]

Gemäß § 341j Abs. 1 i.V.m. § 313 Abs. 1 Satz 1 HGB sind in den Konzernanhang die Angaben aufzunehmen, die zu Einzelposten der Konzernbilanz oder zur Konzern-GuV vorgeschrieben oder die im Konzernanhang zu machen sind, weil sie in Ausübung eines Wahlrechts nicht in die Konzernbilanz oder in die Konzern-GuV aufgenommen worden sind. Gemäß § 58 Abs. 4 RechVersV sind dies bei VU insb. die in den §§ 3-20, 22-34 und 36-50 RechVersV zu den einzelnen Posten vorgeschriebenen Angaben. Von der Angabe kann abgesehen werden, soweit sich aus der Eigenart des KA Abweichungen ergeben.[104] Demnach sind Bestimmungen, die speziell die Informationsbedürfnisse hinsichtlich des EA betreffen von der Anwendung ausgenommen. Es handelt sich dabei um solche Informationen, die darauf ausgerichtet sind, den VN Informationen zu liefern, die unmittelbar ihre Ansprüche gegenüber den einzelnen VU betreffen.[105] Dies sind insb.: 121

- Angaben zu der Zusammensetzung des Anlagestocks sowie der Zahl der Anteilseinheiten zum Abschlussstichtag bzgl. der Kapitalanlagen für Rechnung und Risiko von Inhabern von LV-Policen (§ 14 Abs. 2 RechVersV)
- Angaben zur RfB in der LV (§ 28 Abs. 8 RechVersV).

Die übrigen für den EA geregelten Angaben sind nicht speziell auf die Informationsfunktion des EA ausgerichtet und sind damit auch im Konzernanhang zu machen.[106] 122

Die Vorschriften des Abschnitts 5 RechVersV zum Einzelanhang (§§ 51-56 RechVersV) finden mangels Verweises in den §§ 58 und 59 RechVersV keine Anwendung auf den Konzernanhang. Das bedeutet, dass für die Kapitalanlagen des Konzerns deren Zeitwert im Konzernanhang nicht anzugeben ist. Auch die detaillierten Angaben zu VZ-Gruppen, -Zweigen und -Arten gem. § 51 Abs. 4 RechVersV sind nicht zu machen. 123

Sofern über die in § 314 Abs. 1 Nr. 10 und Nr. 11 HGB geforderten Angaben hinaus freiwillig im Konzernanhang Angaben zum Zeitwert gemacht werden, ist darauf zu achten, dass derartige freiwillige Angaben den gleichen Anforderungen wie die Pflichtangaben unterliegen und weder sinnentstellend wirken noch irre-

103 Vgl. § 341j Abs. 1 Satz 3 HGB.
104 Vgl. § 58 Abs. 4 RechVersV.
105 Vgl. *Ellenbürger/Horbach/Kölschbach*, WPg 1996, S. 117.
106 Vgl. im Einzelnen ebd.

führen dürfen. Wegen der vom JA-Leser erwarteten Parallelität zur Angabe in den EA gelten für die Ermittlung des Zeitwerts im KA dieselben Grundsätze. Darüber hinausgehend ist der Einheitsgrundsatz des § 297 Abs. 3 Satz 1 HGB zu beachten, wonach die Darstellung so zu erfolgen hat, als ob die konzerneinbezogenen Unternehmen insgesamt ein einziges Unternehmen wären.

Bezüglich der Angabe ergeben sich damit zwei Konsequenzen:

1. Im Rahmen der Kapitalkonsolidierung werden die im EA des MU ausgewiesenen Anteile an den einbezogenen Unternehmen durch die einzelnen Vermögensgegenstände, Schulden, etc. des einbezogenen Unternehmens ersetzt. Damit werden auch die Kapitalanlagen des einbezogenen Unternehmens in den KA übernommen. Im Konzernanhang sind somit die Zeitwerte der Beteiligungen an den einbezogenen Unternehmen durch die Zeitwerte der Kapitalanlagen der einbezogenen Unternehmen zu ersetzen. Eine rein additive Zusammenfassung der Zeitwerte der in den KA einbezogenen Unternehmen ist nicht zulässig;

2. Aus dem Einheitsgrundsatz ergibt sich, dass die Zeitwerte auch von solchen einbezogenen Unternehmen, an denen das Konzernunternehmen weniger als 100 % der Anteile hält, in ihrem vollen Umfang und nicht anteilsmäßig zu ermitteln sind. Auch im EA werden auf die Bewertungsreserven entfallende latente Steuerlasten oder BR nicht berücksichtigt. Dem steht ein gesonderter Ausweis der auf andere Gesellschafter entfallenden stillen Reserven nicht entgegen. Sofern dennoch die Zeitwerte von Tochterunternehmen nur anteilig einbezogen werden, ist auf diese Art der Ermittlung gesondert hinzuweisen.

124 Durch die Umsetzung des BilReG haben alle konzernrechnungslegungspflichtigen Unternehmen gem. § 297 Abs. 1 HGB neben der Konzernbilanz, -GuV sowie dem -anhang eine Kapitalflussrechnung und einen Eigenkapitalspiegel zu erstellen. Kapitalmarktorientierte MU sind darüber hinaus gem. § 315a Abs. 1 und 2 HGB i.V.m. IFRS 8[107] verpflichtet, den Konzernanhang um eine Segmentberichterstattung zu erweitern. Auch die freiwillige Aufstellung eines KA nach internationalen Rechnungslegungsstandards gem. § 315a Abs. 3 HGB i.V.m. IFRS 8 verpflichtet zur Erstellung einer Segmentberichterstattung, sofern IFRS 8.2 einschlägig ist. Gemäß IFRS 8.3 müssen bei einer freiwilligen Segmentberichterstattung die Anforderungen dieses Standards vollständig erfüllt sein. IFRS 8 bestimmt ausdrücklich, dass die Angaben nicht als Segmentinformationen bezeichnet werden

107 IFRS 8 ersetzt IAS 14 und ist erstmals in der Berichtsperiode eines am 01.01.2009 oder danach beginnenden GJ anzuwenden.

dürfen, sofern sie nicht vollumfänglich[108] IFRS 8 entsprechen. Für konzernrechnungslegungspflichtige Unternehmen, die nicht unter die Anwendung des § 315a Abs. 1 oder 2 HGB fallen und auch nicht von dem Wahlrecht gem. § 315a Abs. 3 HGB zur freiwilligen Aufstellung eines KA nach internationalen Rechnungslegungsstandards Gebrauch machen, besteht gem. § 297 Abs. 1 Satz 2 ein Wahlrecht zur Erstellung einer Segmentberichterstattung. Darüber hinausgehende gesetzliche Vorgaben zur Ausgestaltung der Segmentberichterstattung, der Kapitalflussrechnung bzw. des Eigenkapitalspiegels fehlen; diese Regelungslücke soll unter Heranziehung international anerkannter Rechnungslegungsgrundsätze und der Empfehlungen des DRSC geschlossen werden.[109] Weder die IFRS noch die US-GAAP gehen derzeit – von Einzelaussagen abgesehen – auf die branchenspezifischen Besonderheiten von VU bei Segmentberichterstattungen, Kapitalflussrechnungen und Eigenkapitalspiegeln ein. Das DRSC hat im Dezember 1999 – in Anlehnung an die allgemeinen internationalen Standards zur Kapitalflussrechnung und Segmentberichterstattung – zwei Standards verabschiedet (DRS 2-20: Zur Kapitalflussrechnung von VU; DRS 3-20: Zur Segmentberichterstattung von VU). Sie ergänzen die allgemeinen Standards des DRSC (DRS 2: Kapitalflussrechnung; DRS 3: Segmentberichterstattung), um versicherungsspezifischen Besonderheiten Rechnung zu tragen. Zur Darstellung des Eigenkapitalspiegels hat das DRSC im April 2001 den allgemeinen DRS 7 veröffentlicht.

Die grundsätzlich für alle Kaufleute in § 251 HGB enthaltene Vorschrift zur Anga- 125
be von Haftungsverhältnissen unter der Bilanz sowie das grundsätzlich für Kapitalgesellschaften in § 268 Abs. 7 HGB geregelte Wahlrecht, die in § 251 HGB geregelten Haftungsverhältnisse unter der Bilanz oder im Anhang anzugeben, ist für den JA von VU in § 51 Abs. 3 Sätze 1 und 2 RechVersV geregelt: VU haben demgemäß die in § 251 HGB bezeichneten Haftungsverhältnisse im Anhang anzugeben. Die Bestimmungen der §§ 251 und 268 Abs. 7 HGB werden in § 341a Abs. 2 Satz 2 HGB von der Anwendung ausgenommen; an ihre Stelle tritt die Regelung in § 51 Abs. 3 RechVersV. Für den Konzernanhang von VU wird in § 59 RechVersV die Angabe der Haftungsverhältnisse jedoch nicht explizit geregelt. Ob sich eine Angabepflicht allein aus der allgemeineren Vorschrift des § 341j Abs. 1 Satz 1 i.V.m. § 341a Abs. 2 Satz 2 HGB ergibt, ist zumindest fraglich. Das aus dem Wortlaut des § 59 Abs. 1 RechVersV herleitbare Ergebnis, Haftungsverhältnisse im Konzernanhang nicht anzugeben, ist unbefriedigend. Es hätte zur Folge, dass die künftigen finanziellen Belastungen aus Haftungsverhältnissen mit in

108 Vgl. IFRS 8.3.
109 Vgl. *Ernst/Seibert/Stuckert* (Hrsg.), KonTraG, KapAEG, StückAG, EuroEG, Düsseldorf 1998, S. 93.

den Gesamtbetrag der sonstigen finanziellen Verpflichtungen gem. § 341j Abs. 1 Satz 3 i.V.m. § 314 Abs. 1 Nr. 2a HGB einzubeziehen wären. Das entspräche zwar den Mindestanforderungen der VersBiRiLi[110], würde jedoch von der generellen Regelung für den KA von Nicht VU gem. § 298 Abs. 1 i.V.m. § 268 Abs. 7 HGB sowie der versicherungsspezifischen Regelung in § 51 Abs. 3 Sätze 1 und 2 RechVersV für den EA abweichen. Gründe für die Ungleichbehandlung dieser gleichartigen Sachverhalte sind u.E. nicht gegeben. Vielmehr dürfte bei der Abfassung der RechVersV übersehen worden sein, dass mit der Regelung zu den Haftungsverhältnissen in Abschnitt 5 der RechVersV (Anhang) eine Angabepflicht für den Konzernanhang von VU nicht abgedeckt wird. Auf jeden Fall ist eine analoge Anwendung des § 51 Abs. 3 RechVersV auf den KA daher sachgerecht.[111]

Entsprechend den Regeln zum EA sind auch im KA von VU die Verbindlichkeiten mit einer Restlaufzeit von mehr als fünf Jahren sowie die besonders gesicherten Verbindlichkeiten anzugeben.[112]

126 Gesondert vorgeschrieben ist in § 59 Abs. 2 RechVersV für den Konzernanhang der Anlagespiegel gem. Muster 1. Die Darstellung beschränkt sich allerdings, in Übereinstimmung mit der VersBiRiLi, auf die Posten

- immaterielle Vermögensgegenstände,
- Grundstücke, grundstücksgleiche Rechte und Bauten und
- Kapitalanlagen in verbundenen Unternehmen und Beteiligungen.

Die Darstellung der Entwicklung der im Muster 1 aufgeführten Aktivposten bedingt, dass Anlagebewegungen zwischen den konsolidierten Gesellschaften rückgängig gemacht werden. Erfolgten Transaktionen zu Buchwerten, so sind allein die Zu- und Abgänge zu verrechnen; entstanden aus diesen Transaktionen jedoch Zwischenergebnisse, so müssen diese bei den Zugängen entsprechend korrigiert und ggf. die Abschreibungen angepasst werden.

Bei Versicherungskonzernen kann es insb. bei den Finanzanlagen zu konzerninternen Geschäftsvorfällen kommen, die grundsätzlich zu eliminieren sind.

127 Zur Technik der Konsolidierung kann auf die allgemeine Literatur zum konsolidierten Anlagespiegel und zur Zwischenergebniseliminierung verwiesen werden.[113]

110 Vgl. Art. 65 Abs. 1 VersBiRiLi i.V.m. Art. 34 Nr. 7 der 7. EU-Richtlinie, die nicht zwischen Haftungsverhältnissen und sonstigen finanziellen Verpflichtungen unterscheidet.

111 Vgl. *Ellenbürger/Horbach/Kölschbach*, WPg 1996, S. 118.

112 Vgl. § 58 Abs. 4 RechVersV.

113 Vgl. *ADS*[6], § 298, HGB Rn. 115 ff.; *IDW* (Hrsg.), WP Handbuch 2006[13], Rn. M 213 ff.

Auch zum Konzernbilanzposten „Grundstücke, grundstücksgleiche Rechte und Bauten…" sind entsprechend § 52 Nr. 1 Buchst. a RechVersV die eigengenutzten Grundstücke und Bauten anzugeben (§ 59 Abs. 4 RechVersV). Wenngleich es sich aus dem Wortlaut der Vorschrift nicht explizit ergibt, spricht ihr Sinn und Zweck dafür, dass sich das Kriterium der Eigennutzung auf die Tätigkeit i.R.d. Konzerns bezieht, also, dass auch an konsolidierte Unternehmen zur Nutzung überlassene Grundstücke und Bauten unter die Angabepflicht fallen. Es sollen die Werte der Grundstücke und Bauten kenntlich gemacht werden, die durch die Eigennutzung an den Konzern gebunden sind und weniger den Charakter von Kapital- als von Sachanlagen haben. 128

Ergänzend sei darauf hingewiesen, dass sich aus der Anwendung der Buchwertmethode bei der Erstkonsolidierung von *at-equity*-bilanzierten Unternehmen ein aktivischer Unterschiedsbetrag ergeben kann, der in der Konzernbilanz beim Posten „Beteiligungen an assoziierten Unternehmen" zu vermerken ist. Alternativ kann eine entsprechende Angabe im Anhang erfolgen.[114] 129

Damit ergeben sich für den Konzernanhang von VU und analog von Versicherungsholdinggesellschaften folgende Angabepflichten: 130

Allgemeine Angaben zur Bilanzierung und Bewertung: 131

§ 341j Abs. 1 Satz 1 i.V.m. § 297 Abs. 2 Satz 3 HGB	Zusätzliche Angaben zur Vermittlung eines den tatsächlichen Verhältnissen entsprechenden Bildes der Vermögens-, Finanz- und Ertragslage, sofern dies notwendig ist (Generalnorm).
§ 341j Abs. 1 Satz 1 i.V.m. § 341a Abs. 1 i.V.m. § 265 Abs. 1 Satz 2 HGB	Angabe und Begründung von Abweichungen von der Darstellungsstetigkeit.
§ 341j Abs. 1 Satz 1 i.V.m. § 341a Abs. 1 i.V.m. § 265 Abs. 2 Sätze 2 und 3 HGB	Angabe und Erläuterung für nicht vergleichbare Beträge des GJ mit denen des VJ und Erläuterung einer Anpassung von VJ-Beträgen.
§ 341j Abs. 1 Satz 1 i.V.m. § 341a Abs. 1 i.V.m. § 265 Abs. 4 HGB	Angabe und Begründung einer durch mehrere Geschäftszweige bedingten Ergänzung der Gliederung des KA.
§ 341j Abs. 1 Satz 1 i.V.m. § 297 Abs. 3 Sätze 4 und 5 HGB	Angabe und Begründung bei Abweichung von den auf den vorhergehenden KA angewendeten Konsolidierungsmethoden.

114 Vgl. § 312 Abs. 1 Satz 2 HGB.

	Angabe des Einflusses der Abweichung auf die Vermögens-, Finanz- und Ertragslage.
§ 341j Abs. 1 Satz 1 i.V.m. § 299 Abs. 3 HGB	Angabe von Vorgängen von besonderer Bedeutung bei abweichenden Abschlussstichtagen und fehlendem Zwischenabschluss.
	Alternative Berücksichtigung in der Konzernbilanz bzw. der Konzern-GuV möglich.
§ 341j Abs. 1 Satz 1 i.V.m. § 300 Abs. 2 Satz 3 bzw. § 308 Abs. 2 Satz 2 HGB	Hinweis auf Beibehaltung von Ansätzen / Wertansätzen, die auf der Anwendung der besonderen Vorschriften für VU oder Kreditinstitute beruhen.
§ 341j Abs. 1 Satz 1 i.V.m. § 308 Abs. 1 Satz 3 HGB	Angabe und Begründung der Abweichungen von den auf den JA des MU angewendeten Bewertungsmethoden.
§ 341j Abs. 1 Satz 1 i.V.m. § 308 Abs. 2 Satz 4 HGB	Angabe und Begründung von in Ausnahmefällen zulässigen Abweichungen von der „einheitlichen Bewertung“.
§ 341j Abs. 1 Satz 1 i.V.m. § 312 Abs. 1 Satz 2 HGB	Angabe des Unterschiedsbetrags bei Anwendung der *Equity*-Methode.
§ 341j Abs. 1 Satz 1 i.V.m. § 312 Abs. 3 Satz 2 HGB	Angabe des gewählten Zeitpunktes zur Ermittlung des Unterschiedsbetrags bei Anwendung der *Equity*-Methode innerhalb von zwölf Monaten.
§ 341j Abs. 1 Satz 1 i.V.m. § 312 Abs. 5 Satz 2 HGB	Angabe des Verzichts auf Anpassung an die einheitliche Bewertung bei Anwendung der *Equity*-Methode.
§ 341j Abs. 1 Satz 1 i.V.m. § 313 Abs. 1 Satz 2 Nr. 1 HGB	Angabe der angewendeten Bilanzierungs- und Bewertungsmethoden. Unter anderem Hinweis, ob Wertpapiere der dauernden Vermögensanlage gewidmet wurden (§ 341b Abs. 2 Satz 1 HGB).
§ 341j Abs. 1 Satz 1 i.V.m. § 313 Abs. 1 Satz 2 Nr. 2 HGB	Angabe der Grundlagen für die Fremdwährungsumrechnung.

§ 341j Abs. 1 Satz 1 i.V.m. § 313 Abs. 1 Satz 2 Nr. 3 HGB	Angabe und Begründung von Abweichungen von Bilanzierungs-, Bewertungs- und Konsolidierungsmethoden. Gesonderte Darstellung des Einflusses auf die Vermögens-, Finanz- und Ertragslage des Konzerns.
§ 341j Abs. 1 Satz 1 i.V.m. § 310 Abs. 2 HGB	Bei anteilsmäßiger Konsolidierung: Anhangangaben der §§ 297-301 HGB, §§ 303-306 HGB, § 308 HGB, § 308a HGB und § 309 HGB sind erforderlich.
§ 58 Abs. 4 Nr. 2 i.V.m. § 27 Abs. 4 Satz 3 RechVersV	Angaben bei zeitversetzter Bilanzierung.

Angaben zur Aktivseite der Bilanz: 132

§ 341j Abs. 1 Satz 1 i.V.m. § 304 Abs. 2 HGB	Angabe des Verzichts auf die Zwischenergebniseliminierung. Erläuterung des Verzichts bei wesentlichem Einfluss auf die Vermögens-, Finanz- und Ertragslage des Konzerns.
§ 59 Abs. 2 RechVersV	Angaben nach Muster 1 RechVersV nur für: – „Immaterielle Vermögensgegenstände" (erfüllt auch die Pflicht nach § 6 Abs. 2 RechVersV); – „Grundstücke, grundstücksgleiche Rechte und Bauten einschl. der Bauten auf fremden Grundstücken"; – die Unterposten des Postens „Kapitalanlagen in verbundenen Unternehmen und Beteiligungen".
	Alternative Darstellung in der Bilanz möglich.
§ 341j Abs. 1 Satz 1 i.V.m. § 314 Abs. 1 Nr. 14 HGB	Im Fall der Aktivierung selbst geschaffener immaterieller Vermögensgegenstände des Anlagevermögens gem. § 248 Abs. 2 HGB Angabe des Gesamtbetrags der Forschungs- und Entwicklungskosten des GJ der in den KA einbezogenen Unternehmen sowie des davon auf die selbst geschaffenen immateriellen Vermögensgegenstände des Anlagevermögens entfallenden Betrags.

§ 341j Abs. 1 Satz 1 i.V.m. § 314 Abs. 1 Nr. 20 HGB	Angabe der Gründe, welche die Annahme einer betrieblichen Nutzungsdauer eines in der Konzernbilanz ausgewiesenen, entgeltlich erworbenen Geschäfts- oder Firmenwerts aus der Kapitalkonsolidierung von mehr als fünf Jahren rechtfertigen.
§ 341j Abs. 1 Satz 3 i.V.m. § 59 Abs. 4 RechVersV	Angabe des Bilanzwerts der von VU im Rahmen ihrer Tätigkeit genutzten eigenen Grundstücke und Gebäude.
§ 58 Abs. 4 Nr. 1 i.V.m. § 3 Nr. 1 Buchst. a RechVersV	Gesonderter Ausweis der aus Gründen der Klarheit der Darstellung zusammengefassten Unterposten der Bilanzposition C. II. (Kapitalanlagen in verbundenen Unternehmen und Beteiligungen).
§ 58 Abs. 4 Nr. 1 i.V.m. § 3 Nr. 1 Buchst. b RechVersV	Gesonderter Ausweis der aus Gründen der Klarheit der Darstellung zusammengefassten Unterposten der Bilanzposition C. III. (Sonstige Kapitalanlagen).
§ 341j Abs. 1 Satz 1 i.V.m. § 314 Abs. 1 Nr. 10 HGB	Gesonderte Angabe für zu den Finanzanlagen gehörende Finanzinstrumente (§ 266 Abs. 2 A. III. HGB), die in der Konzernbilanz über ihrem beizulegenden Zeitwert ausgewiesen werden, da eine außerplanmäßige Abschreibung gem. § 253 Abs. 3 Satz 4 HGB unterblieben ist, a) der Buchwert und der beizulegende Zeitwert der einzelnen Vermögensgegenstände oder angemessener Gruppierungen sowie b) die Gründe für das Unterlassen einer Abschreibung einschl. der Anhaltspunkte, die darauf hindeuten, dass die Wertminderung voraussichtlich nicht von Dauer ist
	Hinweis: Für solche Kapitalanlagen, für die ein VU gem. § 341c HGB vom Wahlrecht zur Nennwertbilanzierung Gebrauch macht, findet die Anhangangabepflicht nach § 285 Satz 1 Nr. 18 HGB keine Anwendung.

§ 58 Abs. 4 Nr. 2 i.V.m. § 10 Abs. 2 Satz 1 RechVersV	Angabe des Betrags der Darlehen und Vorauszahlungen auf Versicherungsscheine.
	Alternative Darstellung in der Bilanz möglich.
§ 341j Abs. 1 Satz 1 i.V.m. § 341a Abs. 1 i.V.m. § 265 Abs. 3 Satz 1 HGB	Angabe der Mitzugehörigkeit zu Posten C. II. der Bilanz: – Hypotheken, Grundschuld- und Rentenschuldforderungen; – Einlagen bei Kreditinstituten; – Andere Kapitalanlagen; – Depotforderungen aus dem üG.
	Alternative Darstellung in der Bilanz möglich.
§ 341j Abs. 1 Satz 3 i.V.m. § 313 Abs. 1 Satz 1 HGB i.V.m. § 58 Abs. 4 Nr. 2 i.V.m. § 10 Abs. 2 Satz 2 RechVersV	Aufgliederung der „Übrigen Ausleihungen", sofern diese einen größeren Umfang haben.
§ 341j Abs. 1 Satz 3 i.V.m. § 313 Abs. 1 Satz 1 HGB i.V.m. § 58 Abs. 4 Nr. 2 i.V.m. § 12 RechVersV	Erläuterung der „Anderen Kapitalanlagen", sofern diese einen größeren Umfang haben.
§ 341j Abs. 1 Satz 1 i.V.m. § 314 Abs. 1 Nr. 11 HGB	Angabe für jede Kategorie nicht zum beizulegenden Zeitwert bilanzierter derivativer Finanzinstrumente: a) deren Art und Umfang; b) deren beizulegender Zeitwert, soweit er sich nach § 255 Abs. 4 HGB verlässlich ermitteln lässt, unter Angabe der angewendeten Bewertungsmethode; c) deren Buchwert und der Bilanzposten, in welchem der Buchwert, soweit vorhanden, erfasst ist sowie d) die Gründe dafür, warum der beizulegende Zeitwert nicht bestimmt werden kann.

	Hinweis: Da es keine abschließende und verbindliche Definition der Begriffe „Finanzinstrumente" und „derivative Finanzinstrumente" gibt, sind im Anhang die Grundlagen der gewählten Abgrenzung und Definitionen anzugeben.
§ 341j Abs. 1 Satz 1 i.V.m. § 314 Abs. 1 Nr. 12 HGB	Angabe für gem. § 340e Abs. 3 Satz 1 HGB mit dem beizulegenden Zeitwert bewertete Finanzinstrumente: a) der grundlegenden Annahmen, die der Bestimmung des beizulegenden Zeitwerts mit Hilfe allgemein anerkannter Bewertungsmethoden zugrunde gelegt wurden sowie b) Umfang und Art jeder Kategorie derivativer Finanzinstrumente einschl. der wesentlichen Bedingungen, welche die Höhe, den Zeitpunkt und die Sicherheit künftiger Zahlungsströme beeinflussen können.
§ 341j Abs. 1 Satz 1 i.V.m. § 314 Abs. 1 Nr. 18 HGB	Angabe zu den in der Konzernbilanz ausgewiesenen Anteilen oder Anlageaktien an inländischem Investmentvermögen i.S.d. § 1 InvG oder an vergleichbaren ausländischen Investmentanteilen i.S.d. § 2 Abs. 9 InvG von mehr als 10 %, aufgegliedert nach Anlagezielen: – Marktwert i.S.d. § 36 InvG oder vergleichbarer ausländischer Vorschriften; – Differenz zum Buchwert; – für das GJ erfolgte Ausschüttungen; – Beschränkungen in der Möglichkeit der täglichen Rückgabe sowie – Gründe für das Unterlassen einer Abschreibung gem. § 253 Abs. 3 Satz 4 HGB einschl. der Anhaltspunkte, die darauf hindeuten, dass die Wertminderung voraussichtlich nicht von Dauer ist. Insoweit erfolgt keine Angabe gem. § 314 Abs. 1 Nr. 10 HGB.

§ 341j Abs. 1 Satz 1 i.V.m. § 314 Abs. 1 Nr. 15 HGB	Angabe bei der Bildung von Bewertungseinheiten nach § 254 HGB: a) mit welchem Betrag jeweils Vermögensgegenstände, Schulden, schwebende Geschäfte und mit hoher Wahrscheinlichkeit erwartete Transaktionen zur Absicherung welcher Risiken in welche Arten von Bewertungseinheiten einbezogen sind sowie die Höhe der mit Bewertungseinheiten abgesicherten Risiken; b) für die jeweils abgesicherten Risiken, warum, in welchem Umfang und für welchen Zeitraum sich die gegenläufigen Wertänderungen oder Zahlungsströme künftig voraussichtlich ausgleichen, einschl. der Methode der Ermittlung; c) eine Erläuterung der mit hoher Wahrscheinlichkeit erwarteten Transaktionen, die in Bewertungseinheiten einbezogen wurden. – Alternative Angabe im LB.
§ 58 Abs. 4 Nr. 1 i.V.m. § 3 Nr. 1 Buchst. c RechVersV	Gesonderter Ausweis der aus Gründen der Klarheit der Darstellung zusammengefassten Unterposten der Bilanzposition E. I. (Forderungen aus dem sG).
§ 341j Abs. 1 Sätze 1 und 2 i.V.m. § 341a Abs. 1 i.V.m. § 268 Abs. 4 Satz 2 HGB	Erläuterung der unter den „sonstigen Vermögensgegenständen" ausgewiesenen größeren Beträge für Vermögensgegenstände, die erst nach dem Abschlussstichtag rechtlich entstehen.
§ 341j Abs. 1 Satz 1 i.V.m. § 314 Abs. 1 Nr. 7 HGB	Angaben zu eigenen Aktien des MU: – Zahl – Nennbetrag – Kapitalanteil.

§ 341j Abs. 1 Satz 1 HGB i.V.m. § 160 Abs. 1 Nr. 2 AktG	AG: Angaben zu eigenen Aktien.
§ 341j Abs. 1 Satz 3 i.V.m. § 313 Abs. 1 Satz 1 HGB i.V.m. § 58 Abs. 4 Nr. 2 i.V.m. § 19 RechVersV	Erläuterung des Postens „andere Vermögensgegenstände", sofern er einen größeren Umfang hat.
§ 341j Abs. 1 Satz 1 i.V.m. § 306 Satz 1 HGB	Angabe des nach § 306 Satz 1 HGB (Steuerabgrenzung) gebildeten Postens in der Bilanz. Zusammenfassung mit Posten nach § 274 HGB möglich.
§ 341j Abs. 1 Satz 1 i.V.m. § 341a Abs. 1 i.V.m. § 274 Abs. 2 Satz 3 HGB	Der Aufwand oder Ertrag aus der Veränderung bilanzierter latenter Steuern ist in der GuV gesondert unter dem Posten „Steuern vom Einkommen und vom Ertrag" auszuweisen. Zusammenfassung mit Posten ist nach § 306 HGB möglich.
§ 342 Abs. 2 HGB i.V.m. DRS 10	Außerkraftsetzung des DRS 10 gem. DRÄS 4 Art. 8 vom 04.02.2010 mit Wirkung für GJ, die nach dem 31.12.2009 beginnen. Der DRS 10 ist durch den am 08.06.2010 vom DSR veröffentlichten und am 03.09.2010 gem. § 342 Abs. 2 HGB durch das BMJ im Bundesanzeiger (Nr. 133a) bekannt gemachten DRS 18 ersetzt worden.
§ 341j Abs. 1 Satz 1 i.V.m. § 341a Abs. 1 i.V.m. § 268 Abs. 6 HGB	Angabe eines nach § 250 Abs. 3 HGB in den RAP aufgenommenen Unterschiedsbetrags. Alternative Darstellung in der Bilanz möglich.
§ 341j Abs. 1 Satz 1 i.V.m. § 341c Abs. 2 Satz 2 HGB	Angabe des in den RAP eingestellten Unterschiedsbetrags zwischen niedrigerem Nennbetrag und Anschaffungskosten bei zum Nennbetrag angesetzten bestimmten Kapitalanlagen.
	Alternative Darstellung in der Bilanz möglich.

Angaben zur Passivseite der Bilanz: 133

§ 341j Abs. 1 Satz 1 HGB i.V.m. § 160 Abs. 1 Nr. 1 AktG	AG und Kommanditgesellschaft auf Aktien (KGaA): Angaben zu Vorratsaktien: – Bestand und Zugang; – bei Verwertung den Erlös und seine Verwendung.
§ 341j Abs. 1 Satz 1 HGB i.V.m. § 160 Abs. 1 Nr. 3 AktG	AG und KGaA: Angaben über Zahl und Nennbetrag der Aktien jeder Gattung sowie – gesondert – Bezugsaktien bei bedingter Kapitalerhöhung oder genehmigtem Kapital.
	Alternative Darstellung in der Bilanz möglich.
§ 341j Abs. 1 Satz 1 HGB i.V.m. § 160 Abs. 1 Nr. 4 AktG	AG und KGaA: Angaben über das genehmigte Kapital.
§ 341j Abs. 1 Satz 1 i.V.m. § 341a Abs. 4 1. Hs. HGB i.V.m. § 152 Abs. 2 AktG	Angaben über Veränderungen der Kapitalrücklage: – während des GJ eingestellter Betrag; – für das GJ entnommener Betrag.
	Alternative Darstellung in der Bilanz möglich.
§ 341j Abs. 1 Satz 1 i.V.m. § 341a Abs. 4 1. Hs. HGB i.V.m. § 152 Abs. 3 AktG	Angaben über Veränderungen der Gewinnrücklagen: – die Beträge, die die HV aus dem Bilanzgewinn des VJ eingestellt hat; – die Beträge, die aus dem Jahresüberschuss des GJ eingestellt werden; – die Beträge, die für das GJ entnommen werden. Alternative Darstellung in der Bilanz möglich.
§ 341j Abs. 1 Satz 1 HGB i.V.m. § 58 Abs. 2a Satz 2 AktG	AG und KGaA: Angabe des Betrags der Rücklage gem. § 58 Abs. 2a Satz 2 AktG (u.a. Eigenkapitalanteil von Wertaufholungen). Alternative Darstellung in der Bilanz möglich.

§ 341j Abs. 1 Satz 1 i.V.m. § 341a Abs. 1 i.V.m. § 268 Abs. 1 Satz 2 2. Hs. HGB; FB 1 Fn. 5 RechVersV	Gesonderte Angabe eines Gewinn- oder Verlustvortrags bei Aufstellung der Bilanz unter teilweiser Berücksichtigung des Jahresergebnisses. Alternative Darstellung in der Bilanz möglich.
§ 342 Abs. 2 HGB i.V.m. DRS 7	Darstellung der Entwicklung des Konzerneigenkapitals und Darstellung des Konzerngesamtergebnisses (Eigenkapitalspiegel).
§ 341j Abs. 1 Satz 1 i.V.m. § 313 Abs. 1 Satz 1 HGB i.V.m. § 58 Abs. 4 Nr. 2 i.V.m. § 27 Abs. 4 Satz 1 RechVersV	Versicherungstechnische Rückstellungen: Angabe und Begründung für die Anwendung von Näherungs- bzw. Vereinfachungsverfahren in den Fällen des § 27 Abs. 1 RechVersV; Darlegung des Einflusses der Änderung des angewendeten Verfahrens auf die Vermögens-, Finanz- und Ertragslage.
§ 341j Abs. 1 Satz 1 i.V.m. § 313 Abs. 1 Satz 1 HGB i.V.m. § 58 Abs. 4 Nr. 2 i.V.m. § 27 Abs. 4 Satz 2 RechVersV	Angabe des Zeitraums bis zur Bildung einer nach allgemeinen Grundsätzen gebildeten Rückstellung für noch nicht abgewickelte VF, sofern die Nullstellungsmethode oder das Standardsystem Anwendung findet.
§ 341j Abs. 1 Satz 1 i.V.m. § 313 Abs. 1 Satz 1 HGB i.V.m. § 58 Abs. 4 Nr. 2 i.V.m. § 26 Abs. 2 Satz 3 RechVersV	Angabe der von der Rückstellung für noch nicht abgewickelte VF abgesetzten Forderungen aus Regressen, Provenues und Teilungsabkommen (RPT), sofern sie einen größeren Umfang erreichen.
Art. 28 Abs. 2 EGHGB	Angabe des Betrags nicht passivierter Pensionsrückstellungen und ähnlicher Verpflichtungen (Altzusagen) einschl. mittelbarer Verpflichtungen.
§ 341j Abs. 1 Satz 1 i.V.m. § 341a Abs. 1 i.V.m. § 274 Abs. 1 Satz 1 HGB	Angabe für voraussichtliche Steuerbelastung nachfolgende GJ als passivische latente Steuern in der Bilanz.
	Zusammenfassung mit Posten nach § 306 HGB möglich.

§ 341j Abs. 1 Satz 1 i.V.m. § 313 Abs. 1 Satz 1 HGB i.V.m. § 58 Abs. 4 Nr. 2 i.V.m. § 31 Abs. 1 Nr. 2 RechVersV	Erreicht die Rückstellung für drohende Verluste aus schwebenden Versicherungsgeschäften (RdV) einen größeren Umfang, so ist sie getrennt von den „sonstigen versicherungstechnischen Rückstellungen" auszuweisen
	Alternative Darstellung in der Bilanz möglich
§ 341j Abs. 1 Satz 1 i.V.m. § 314 Abs. 1 Nr. 16 HGB	Angabe zu den in der Konzernbilanz ausgewiesenen Rückstellungen für Pensionen und ähnliche Verpflichtungen – das angewendete versicherungsmathematische Berechnungsverfahren und – die grundlegenden Annahmen der Berechnung, wie Zinssatz, erwartete Lohn- und Gehaltssteigerungen und zugrunde gelegte Sterbetafeln.
§ 341j Abs. 1 Satz 1 i.V.m. § 314 Abs. 1 Nr. 17 HGB	Angaben im Fall der Verrechnung von in der Konzernbilanz ausgewiesenen Vermögensgegenständen und Schulden aus Altersversorgungsverpflichtungen nach § 246 Abs. 2 Satz 2 HGB: – die Anschaffungskosten; – der beizulegende Zeitwert der verrechneten Vermögensgegenstände; – der Erfüllungsbetrag der verrechneten Schuld; – die verrechneten Aufwendungen und Erträge. Angabe der grundlegenden Annahmen, die der Bestimmung des beizulegenden Zeitwerts mit Hilfe allgemein anerkannter Bewertungsmethoden zugrunde gelegt wurden (§ 314 Abs. 1 Nr. 17 2. Hs. i.V.m. § 314 Abs. 1 Nr. 12a HGB).

§ 341j Abs. 1 Satz 1 i.V.m. § 313 Abs. 1 Satz 1 HGB i.V.m. § 58 Abs. 4 Nr. 1 i.V.m. § 3 Nr. 2 Buchst. bb RechVersV	Gesonderter Ausweis der aus Gründen der Klarheit der Darstellung zusammengefassten Unterposten der Bilanzposition G. (Andere Rückstellungen).
§ 341j Abs. 1 Satz 1 i.V.m. § 314 Abs. 1 Nr. 1 HGB	Angabe des Gesamtbetrags der Verbindlichkeiten mit einer Restlaufzeit von mehr als fünf Jahren.
	Angabe des Gesamtbetrags der durch Pfandrechte oder ähnliche Rechte gesicherten Verbindlichkeiten, einschl. Art und Form der Sicherheiten.
§ 341j Abs. 1 Satz 1 i.V.m. § 313 Abs. 1 Satz 1 HGB i.V.m. § 58 Abs. 4 Nr. 1 i.V.m. § 3 Nr. 1e RechVersV	Gesonderter Ausweis der aus Gründen der Klarheit der Darstellung zusammengefassten Unterposten der Bilanzposition I Nr. I. (Verbindlichkeiten aus dem sG).
§ 341j Abs. 1 Satz 1 i.V.m. § 306 Satz 1 HGB	Angabe der nach § 306 Satz 1 HGB (Steuerabgrenzung) gebildeten Posten (Passive latente Steuern).
	Zusammenfassung mit Posten nach § 274 HGB möglich.
§ 341j Abs. 1 Satz 1 i.V.m. § 314 Abs. 1 Nr. 21 HGB	Angabe, auf welchen Differenzen oder steuerlichen Verlustvorträgen die latenten Steuern beruhen und mit welchen Steuersätzen die Bewertung erfolgt ist. Ein neuer DRS (DRS 10 ist außer Kraft gesetzt) zu latenten Steuern nach BilMoG mit ggf. über das HGB hinausgehenden Angabepflichten ist am 08.06.2010 als DRS 18 veröffentlicht und am 03.09.2010 gem. § 342 Abs. 2 HGB durch das BMJ im Bundesanzeiger (Nr. 133a) bekannt gemacht worden.

§ 342 Abs. 2 HGB i.V.m. DRS 10	Außerkraftsetzung des DRS 10 gem. DRÄS 4 Art. 8 vom 04.02.2010 mit Wirkung für GJ, die nach dem 31.12.2009 beginnen. DRS 10 ist zwischenzeitlich durch den am 08.06.2010 vom DSR veröffentlichten und am 03.09.2010 gem. § 342 Abs. 2 HGB durch das BMJ im Bundesanzeiger (Nr. 133a) bekannt gemachten DRS 18 ersetzt worden.
§ 341j Abs. 1 Satz 1 i.V.m. § 341a Abs. 1 i.V.m. § 268 Abs. 5 Satz 3 HGB	Erläuterung der Verbindlichkeiten, die erst nach dem Abschlussstichtag entstehen, wenn sie einen größeren Umfang haben.
§ 341j Abs. 1 Satz 1 HGB i.V.m. § 160 Abs. 1 Nr. 5 AktG	AG und KGaA: Angaben der Zahl der Bezugsrechte gem. § 192 Abs. 2 Nr. 3 AktG, Wandelschuldverschreibungen und vergleichbaren Wertpapieren unter Angabe der Rechte, die sie verbriefen. Nur für VU in der Rechtsform der AG und der KGaA.
§ 341j Abs. 1 Satz 1 HGB i.V.m. § 160 Abs. 1 Nr. 6 AktG	AG und KGaA: Genussrechte, Rechte aus Besserungsscheinen und ähnliche Rechte unter Angabe der Art und Zahl der jeweiligen Rechte sowie der im GJ neu entstandenen Rechte.
§ 341j Abs. 1 Satz 1 i.V.m. § 341a Abs. 4 2. Hs. i.V.m. § 160 Abs. 1 Nr. 6 AktG	VU anderer Rechtsformen als AG, KGaA, kleinere Vereine: Art und Zahl der Genussrechte sowie der im GJ neu entstandenen Genussrechte.
§ 341j Abs. 1 Satz 1 i.V.m. § 341c Abs. 2 Satz 1 HGB	Angabe des in den RAP eingestellten Unterschiedsbetrags zwischen höherem Nennbetrag und Anschaffungskosten bestimmter Kapitalanlagen. Alternative Darstellung in der Bilanz möglich.

§ 341j Abs. 1 Satz 1 i.V.m. § 314 Abs. 1 Nr. 2 HGB	Angabe über Art und Zweck sowie Risiken und Vorteilen von nicht in der Konzernbilanz enthaltenen Geschäften des MU und der in den KA einbezogenen Tochterunternehmen. Es werden dieselben Angaben verlangt wie in § 285 Nr. 3 HGB.
§ 341j Abs. 1 Satz 3 i.V.m. § 314 Abs. 1 Nr. 2a HGB	Angabe des Gesamtbetrags der sonstigen finanziellen Verpflichtungen, die nicht in der Konzernbilanz erscheinen oder als Haftungsverhältnisse i.S.d. § 251 HGB angegeben werden, sofern die Angabe für die Beurteilung der Finanzlage von Bedeutung ist. Die Angabe ist nicht zu machen für solche finanziellen Verpflichtungen, die i.R.d. VG entstehen. Angabe der in § 251 HGB bezeichneten Haftungsverhältnisse. Aus dem Wortlaut keine Verpflichtung; jedoch in Analogie zum KA von Nicht VU (§ 298 Abs. 1 i.V.m. § 268 Abs. 7 HGB a.F.) sowie JA von VU (§ 51 Abs. 3 Satz 1 RechVersV) gesonderte Angabe erforderlich. Gesonderte Angabe der sonstigen finanziellen Verpflichtungen und der Haftungsverhältnisse gem. § 251 HGB, die gegenüber Tochterunternehmen bestehen, die nicht in den KA einbezogen werden.
§ 341j Abs. 1 Satz 1 i.V.m. § 314 Abs. 1 Nr. 19 HGB	Angabe der Gründe für die Einschätzung des Risikos der Inanspruchnahme aus Haftungsverhältnissen i.S.d. § 251 HGB.

§ 341j Abs. 1 Satz 1 HGB i.V.m. § 314 Abs. 1 Nr. 13 HGB	Angabe zumindest der nicht zu marktüblichen Bedingungen zustande gekommenen Geschäfte des MU und seiner Tochterunternehmen, soweit sie wesentlich sind, mit nahestehenden Unternehmen und Personen, einschl. Angaben zur Art der Beziehung, zum Wert der Geschäfte sowie weiterer Angaben, die für die Beurteilung der Finanzlage des Konzerns notwendig sind. Ausgenommen sind Geschäfte mit und zwischen mittel- oder unmittelbar in 100 %-igem Anteilsbesitz stehenden, in einen KA einbezogenen Unternehmen. Angaben über Geschäfte können nach Geschäftsarten zusammengefasst werden, sofern die getrennte Angabe für die Beurteilung der Auswirkungen auf die Finanzlage des Konzerns nicht notwendig ist.

Angaben zur GuV: 134

§ 59 Abs. 3 RechVersV	Angabe der gebuchten Brutto-Beiträge, untergliedert nach dem saG und üG.
	Zusätzliche Untergliederung für das sG nach der Art des VG und nach der Herkunft.*
§ 341j Abs. 1 i.V.m. § 313 Abs. 1 Satz 1 HGB i.V.m. § 58 Abs. 4 Nr. 2 i.V.m. § 38 Abs. 2 RechVersV	Für Schaden- und UnfallVU sowie RückVU: Erläuterungen zum technischen Zinsertrag.
§ 341j Abs. 1 i.V.m. § 313 Abs. 1 Satz 1 HGB i.V.m. § 58 Abs. 4 Nr. 2 i.V.m. § 41 Abs. 5 RechVersV	Erläuterung eines erheblichen Abwicklungsergebnisses der aus dem VJ übernommenen Rückstellung für noch nicht abgewickelte VF.

* Vgl. Rn. 120.

§ 341j Abs. 1 i.V.m. § 313 Abs. 1 Satz 1 HGB i.V.m. § 58 Abs. 4 Nr. 2 i.V.m. § 3 Nr. 2 Buchst. bb RechVersV	Gesonderter Ausweis der aus Gründen der Klarheit der Darstellung zusammengefassten Unterposten der GuV-Posten: – Veränderung der übrigen versicherungstechnischen Nettorückstellungen; – Aufwendungen für den Versicherungsbetrieb f.e.R.; – Erträge aus Kapitalanlagen; – Aufwendungen für Kapitalanlagen.
§ 341j Abs. 1 Satz 3 i.V.m. § 313 Abs. 1 Satz 1 HGB i.V.m. § 58 Abs. 4 Nr. 2 i.V.m. § 42 Abs. 3 RechVersV	Getrennte Angabe der erfolgsabhängigen und erfolgsunabhängigen BR an die VN, sofern sie einen größeren Umfang erreichen.
§ 341j Abs. 1 Satz 3 i.V.m. § 313 Abs. 1 Satz 1 HGB i.V.m. § 58 Abs. 4 Nr. 2 i.V.m. § 43 Abs. 5 RechVersV	Für Schaden- und UnfallVU: Gesonderte Angabe der unter dem Posten „Bruttoaufwendungen für den Versicherungsbetrieb" ausgewiesenen Abschluss- und Verwaltungsaufwendungen.
§ 341j Abs. 1 Satz 1 i.V.m. § 341a Abs. 1 i.V.m. § 277 Abs. 3 Satz 1 HGB	Angabe der Abschreibungen gem. § 253 Abs. 3 Sätze 3 und 4 HGB. Alternative Darstellung in der GuV möglich.
§ 341j Abs. 1 Satz 1 i.V.m. § 341a Abs. 1 i.V.m. § 277 Abs. 4 Satz 2 HGB	Die Posten „außerordentliche Aufwendungen" und „außerordentliche Erträge" sind hinsichtlich ihres Betrags und ihrer Art zu erläutern, sofern sie für die Beurteilung der Ertragslage nicht von untergeordneter Bedeutung sind.
§ 341j Abs. 1 Satz 1 i.V.m. § 341a Abs. 1 i.V.m. § 277 Abs. 4 Satz 3 HGB	Erläuterung periodenfremder Erträge und Aufwendungen, sofern sie für die Beurteilung der Ertragslage nicht von untergeordneter Bedeutung sind.
§ 58 Abs. 1 Satz 1 RechVersV i.V.m. FB 4 Fn. 9 RechVersV	Für alle KA: Angaben ab GuV Posten III.16. Alternative Darstellung in der GuV möglich.

§ 58 Abs. 1 Satz 2 i.V.m. FB 2 Fn. 3 bzw. FB 3 Fn. 4 RechVersV	Bedingen die Fn. zu den FB oder die Besonderheiten des Konzerns Abweichungen vom FB 4, sind die entsprechenden Fn. Anzuwenden. Die abweichenden Positionen können im Anhang angegeben werden.
	Alternative Darstellung in der GuV möglich.
§ 341j Abs. 1 Satz 1 HGB i.V.m. § 158 Abs. 1 Satz 2 AktG	AG und KGaA: Überleitung des Jahresüberschusses / Jahresfehlbetrags zum Bilanzgewinn / Bilanzverlust.
	Alternative Darstellung in der GuV möglich.
§ 341j Abs. 1 Satz 1 HGB i.V.m. § 240 Satz 3 AktG	AG und KGaA: Erläuterung, ob und in welcher Höhe die aus der Kapitalherabsetzung und aus der Auflösung von Gewinnrücklagen gewonnenen Beträge: 1. zum Ausgleich von Wertminderungen; 2. zur Deckung von sonstigen Verlusten oder 3. zur Einstellung in die Kapitalrücklage verwendet werden.

Angaben zu Beteiligungsverhältnissen und Konsolidierung: 135

§ 341j Abs. 1 Satz 1 HGB i.V.m. § 160 Abs. 1 Nr. 7 AktG	AG und KGaA: Angabe über das Bestehen einer wechselseitigen Beteiligung unter Angabe des Unternehmens
§ 341j Abs. 1 Satz 1 HGB i.V.m. § 160 Abs. 1 Nr. 8 AktG	AG und KGaA: Angabe über das Bestehen einer Beteiligung, die nach § 20 Abs. 1 oder Abs. 4 AktG oder nach § 21 Abs. 1 oder Abs. 1a WpHG mitgeteilt worden ist, dabei ist der nach § 20 Abs. 6 AktG oder der nach § 26 Abs. 1 WpHG veröffentlichte Inhalt der Mitteilung anzugeben
§ 341j Abs. 1 Satz 1 HGB i.V.m. § 261 Abs. 1 Sätze 3 und 4 AktG	AG und KGaA. Angaben, die nach einer Sonderprüfung wegen unzulässiger Unterbewertung in bestimmten Fällen zu machen sind.
	Gilt nach § 36 Satz 3 VAG auch für VVaG.

§ 341j Abs. 1 Satz 1 i.V.m. § 294 Abs. 2 HGB	Angaben zur Ermöglichung eines sinnvollen Vergleichs aufeinanderfolgender KA bei wesentlicher Änderung des Konsolidierungskreises.
	Alternative Darstellung in Bilanz und GuV durch Anpassung der VJ-Zahlen möglich.
§ 341j Abs. 1 Satz 1 i.V.m. § 296 Abs. 3 HGB	Begründung der Nicht Einbeziehung eines Tochterunternehmens aufgrund der Einbeziehungswahlrechte gem. § 296 Abs. 1 und 2 HGB.
§ 341j Abs. 1 Satz 1 i.V.m. § 301 Abs. 2 Satz 1 HGB	Angabe des für die Wertansätze bei der erstmaligen Kapitalkonsolidierung maßgeblichen Zeitpunktes.
§ 341j Abs. 1 Satz 1 i.V.m. § 301 Abs. 3 Satz 2 HGB	Erläuterung des Unterschiedsbetrags aus der Kapitalkonsolidierung und wesentlicher Änderungen gegenüber dem VJ.
§ 341j Abs. 1 Satz 1 i.V.m. § 313 Abs. 2 Nr. 1 HGB	Name, Sitz und Kapitalanteil an Tochterunternehmen (auch indirekte Anteile).
	Der zur Einbeziehung verpflichtende Sachverhalt (außer Stimmrechtsmehrheit).
	Die Angaben sind auch zu Tochterunternehmen zu machen, die nach § 296 HGB nicht einbezogen worden sind.
	Möglichkeit zur Anwendung der Schutzklausel.** (Keine Anwendung der Schutzklausel für Unternehmen, wenn ein MU oder eines seiner Tochterunternehmen kapitalmarktorientiert sind i.S.d. § 264d HGB).***
§ 341j Abs. 1 Satz 1 i.V.m. § 313 Abs. 2 Nr. 2 Satz 1 HGB	Angaben zu assoziierten Unternehmen Möglichkeit zur Anwendung der Schutzklausel (§ 313 Abs. 3 HGB).
§ 341j Abs. 1 Satz 1 i.V.m. § 313 Abs. 2 Nr. 2 Satz 2 HGB	Angabe und Begründung der Nicht Anwendung der Sondervorschriften für assoziierte Unternehmen.
	Möglichkeit zur Anwendung der Schutzklausel gem. § 313 Abs. 3 HGB.

** Vgl. § 313 Abs. 3 HGB.

*** Vgl. § 286 Abs. 3 Satz 3 HGB.

§ 341j Abs. 1 Satz 1 i.V.m. § 313 Abs. 2 Nr. 4 HGB	Erforderliche Angaben zu Unternehmen, an denen ein Anteilbesitz von mind. 20 % besteht.
	Möglichkeit zur Anwendung der Schutzklausel gem. § 313 Abs. 3 HGB.
§ 341j Abs. 1 Satz 1 i.V.m. § 313 Abs. 3 Satz 2 HGB	Angabe der Anwendung der Schutzklausel des § 313 Abs. 3 Sätze 1 und 2 HGB.
§ 341j Abs. 1 Satz 1 HGB i.V.m. § 286 Abs. 1 HGB bzw. § 160 Abs. 2 AktG	Beachtung der Schutzklausel zum Wohl der BRD oder eines ihrer Länder.
§ 342 Abs. 2 HGB i.V.m. DRS 4, Rn. 52-61	Detaillierte Angaben zu Unternehmenserwerben im KA.
§ 342 Abs. 2 HGB i.V.m. DRS 8, Tz. 47-49	Detaillierte Angaben zur Bilanzierung von Anteilen an assoziierten Unternehmen im KA.
§ 342 Abs. 2 HGB i.V.m. DRS 9, Tz. 20-26	Detaillierte Angaben zur Bilanzierung von Anteilen an Gemeinschaftsunternehmen im KA.

Sonstige Angaben: 136

§ 341j Abs. 1 Satz 1 i.V.m. § 314 Abs. 1 Nr. 4 1. Hs. HGB	Angabe der durchschnittlichen Anzahl der Arbeitnehmer der in den KA einbezogenen Unternehmen während des GJ, getrennt nach Gruppen.
	Angabe des im GJ verursachten Personalaufwandes (Alternativangabe in der Konzern-GuV).
§ 341j Abs. 1 Satz 1 i.V.m. § 314 Abs. 1 Nr. 4 2. Hs. HGB	Gesonderte Angabe für gem. § 310 HGB nur anteilsmäßig einbezogene Unternehmen.
§ 341j Abs. 1 Satz 1 i.V.m. § 314 Abs. 1 Nr. 6 Buchst. a HGB	Angabe der Bezüge von Organmitgliedern (auch unter Einbezug sonstiger aktienbasierter Vergütungen).
	Bei börsennotierten AG gesonderte Angabe der Bezüge jedes einzelnen Vorstandsmitglieds (unter Namensnennung).*
§ 341j Abs. 1 Satz 1 i.V.m. § 314 Abs. 1 Nr. 6 Buchst. b HGB	Angabe der Bezüge früherer Organmitglieder und ihrer Hinterbliebenen sowie des Betrags der für diesen Personenkreis gebildeten und nicht gebildeten Pensionsrückstellungen.

* Vgl. § 285 Satz 1 Nr. 9a, Sätze 5-9 HGB.

§ 341j Abs. 1 Satz 1 i.V.m. § 314 Abs. 1 Nr. 6 Buchst. c HGB	Angabe der Vorschüsse, Kredite und Haftungsverhältnisse zugunsten von Organmitgliedern Angabe der: – Zinssätze; – wesentlichen Bedingungen; – im GJ zurückgezahlten Beträge; – eingegangenen Haftungsverhältnisse.
§ 341j Abs. 1 Satz 1 i.V.m. § 314 Abs. 1 Nr. 8 HGB	Angabe für jedes in den KA einbezogene, börsennotierte Unternehmen, das die nach § 161 AktG vorgeschriebene Erklärung zum Corporate Governance Kodex abgegeben hat, und wo sie öffentlich gemacht worden ist.
§ 341j Abs. 1 Satz 1 i.V.m. § 314 Abs. 1 Nr. 9 HGB	Angabe des vom Abschlussprüfer für das GJ berechnete Gesamthonorar, aufgeschlüsselt in das Honorar für: – die Abschlussprüfung; – andere Bestätigungsleistungen; – Steuerberatungsleistungen; – sonstige Leistungen.
§ 341j Abs. 1 Satz 1 i.V.m. § 297 Abs. 1 Satz 2 HGB	Aufstellung einer Kapitalflussrechnung.
§ 341j Abs. 1 Satz 1 i.V.m. § 341a Abs. 1 i.V.m. § 264 Abs. 3 Nr. 4 HGB	Angabe der Befreiung eines Tochterunternehmens.
§ 342 Abs. 2 HGB i.V.m. DRS 11, Tz. 7-15	Berichterstattung über Beziehungen zu nahestehenden Personen.
§ 341j Abs. 1 Satz 1 HGB i.V.m. § 261 Abs. 1 Sätze 3 und 4 AktG	AG: Angaben, die nach einer Sonderprüfung wegen unzulässiger Unterbewertung in bestimmten Fällen zu machen sind. Gilt nach § 36 Satz 1 VAG auch für VVaG.

Der Konzernanhang ist als Bestandteil des KA im elektronischen Bundesanzeiger einzureichen und bekanntzumachen. 137

Nach § 298 Abs. 3 HGB dürfen der Konzernanhang und der Anhang des JA des MU zusammengefasst werden. In diesem Fall müssen der KA und der Abschluss des MU auch gemeinsam offen gelegt werden. Aus dem zusammengefassten Anhang muss ersichtlich sein, welche Angaben sich auf den Konzern bzw. auf das MU beziehen.[115] 138

V. Der Konzernlagebericht

Versicherungsunternehmen und Versicherungsholdinggesellschaften haben unabhängig von ihrer Rechtsform und Größe neben dem KA einen Konzern-LB aufzustellen. Der Konzern-LB muss die Anforderungen an die Berichterstattung im LB in mind. gleichem Maße erfüllen. 139

Der Konzern-LB ist ein eigenständiges, von der LB-Erstattung der dem Konzern angehörenden Unternehmen grundsätzlich losgelöstes Informationsinstrument für die wirtschaftliche Einheit „Konzern". Daraus folgt, dass sich die Berichterstattung auf den Gesamtkonzern zu beziehen hat und nicht lediglich als Kumulation der LB der einzelnen Konzernunternehmen angesehen werden kann.

Der Inhalt des Konzern-LB wird für VU und analog für Versicherungsholdinggesellschaften[116] in § 60 RechVersV festgelegt. Im Konzern-LB sind gem. § 315 Abs. 1 und 2 HGB der Geschäftsverlauf, einschließl. des Geschäftsergebnisses und die Lage des Konzerns so darzustellen, dass ein den tatsächlichen Verhältnissen entsprechendes Bild vermittelt wird. Er hat eine ausgewogene und umfassende Analyse unter Einbeziehung von wesentlichen finanziellen und nicht finanziellen Leistungsindikatoren zu enthalten. Ferner ist auch die voraussichtliche Entwicklung mit ihren wesentlichen Chancen und Risiken zu beurteilen und zu begründen sowie die zugrunde liegenden Annahmen anzugeben sind.[117] Auch für die Darstellung der künftigen Entwicklung mit ihren wesentlichen Chancen und Risiken des Konzerns ist zu beachten, dass der LB sich auf den Gesamtkonzern bezieht und keine Kumulation der LB der einzelnen Konzernunternehmen darstellt. 140

Nach § 315 Abs. 2 HGB besteht auch Berichterstattungspflicht für Vorgänge von besonderer Bedeutung, die nach dem Schluss des Konzern-GJ eingetreten sind sowie über die Verwendung von Finanzinstrumenten durch den Konzern, sofern

115 Vgl. § 298 Abs. 3 Satz 3 HGB.
116 Vgl. Rn. 18.
117 Vgl. Reg. Begr. zum § 315 HGB.

dies für die Beurteilung der Lage oder der voraussichtlichen Entwicklung von Bedeutung ist. Nach § 315 Abs. 2 Nr. 2a HGB soll der Konzern-LB in Bezug auf die Verwendung von Finanzinstrumenten zunächst auf die Risikomanagementziele und Methoden der Gesellschaft eingehen, einschließl. der Methoden zur Absicherung aller wichtigen Arten von Transaktionen, die i.R.d. Bilanzierung von Sicherungsgeschäften erfasst werden. Darüber hinaus ist gem. § 315 Abs. 2 Nr. 2b HGB über die Preisänderungs-, Ausfall- und Liquiditätsrisiken sowie die Risiken aus Zahlungsstromschwankungen zu berichten, denen die Gesellschaft ausgesetzt ist. Außerdem sind Angaben zu dem Vergütungssystem für die in § 314 Abs. 1 Nr. 6 HGB genannten Personen zu machen, soweit es sich bei dem MU um eine börsennotierte AG handelt. Ferner sind gem. § 315 Abs. 2 Nr. 5 HGB die wesentlichen Merkmale des internen Kontroll- und Risikomanagementsystems im Hinblick auf den Konzernrechnungslegungsprozess anzugeben, sofern eines der in den KA einbezogenen Tochterunternehmen oder das MU kapitalmarktorientiert i.S.d. § 264d HGB ist.

Angaben über den Bereich Forschung und Entwicklung werden sich i.d.R. aufgrund der Gegebenheiten bei VU erübrigen.[118]

Bei der Darstellung des Geschäftsverlaufs und der Lage sowie der voraussichtlichen Entwicklung des Konzerns mit ihren wesentlichen Chancen und Risiken sind über den Kreis der vollkonsolidierten Unternehmen hinausgehend auch die gem. § 296 HGB nicht in den KA einbezogenen Tochterunternehmen, die quotal konsolidierten Unternehmen sowie die assoziierten Unternehmen aufzunehmen, sofern diese für die Lage des Konzerns von wesentlicher Bedeutung sind.

Die Mindestanforderungen an die Berichterstattung im Konzern-LB werden durch den DRS 15 und hinsichtlich der Risikoberichterstattung durch DRS 5 bzw. 5-20 für VU konkretisiert. DRS 15 ist von allen Unternehmen anzuwenden, die gesetzlich zur Aufstellung eines Konzern-LB verpflichtet sind oder freiwillig einen solchen aufstellen. Hierdurch ist der DRS 15 auch von Unternehmen, die einen KA nach internationalen Rechnungslegungsstandards (RS) erstellen, verbindlich anzuwenden.

141 Zusätzlich fordert § 60 RechVersV von VU und analog von Versicherungsholdinggesellschaften für den Konzern-LB:

- die Angabe der betriebenen VZ des sG und des üG und
- einen Bericht über den Geschäftsverlauf im selbst abgeschlossenen Lebens-, Kranken- sowie Schaden- und Unfall-VG sowie im üG.

118 Vgl. BT-Drs. 12/5587, S. 25.

Die darüber hinausgehenden, für den Einzel-LB in § 57 RechVersV geforderten Angaben sind im Konzern-LB nicht zu machen. 142

Der Konzern-LB kann – wie der Konzernanhang – mit dem LB des den KA aufstellenden MU zusammengefasst werden.[119] Auch bei einer Zusammenfassung des Konzern-LB mit dem LB des MU darf nicht ohne Weiteres von einer Deckungsgleichheit zwischen der Lage des Konzerns und der des MU ausgegangen werden; eine differenzierende, auf die jeweiligen Besonderheiten eingehende Berichterstattung ist unentbehrlich. 143

VI. Konzernabschlussprüfung und Konzernprüfungsbericht

1. Prüfungspflicht

Gemäß § 341k Abs. 2 i.V.m. § 318 HGB wird der Abschlussprüfer des KA vom AR des MU gewählt. Wenn kein Abschlussprüfer für den KA bestellt wird, gilt als Abschlussprüfer des KA der Prüfer als bestellt, der für die Prüfung des in den KA einbezogenen JA des MU bestellt worden ist.[120] 144

2. Gegenstand und Umfang der Prüfung

Gegenstand und Umfang der KA-Prüfung ergeben sich aus § 341k Abs. 1 i.V.m. § 317 HGB. 145

a) Prüfung der Konzernrechnungslegung

Die Prüfung des KA hat sich darauf zu erstrecken, ob die gesetzlichen Vorschriften und die sie ergänzenden Bestimmungen des Gesellschaftsvertrags oder der Satzung beachtet worden sind. Die Prüfung ist so anzulegen, dass Unrichtigkeiten und Verstöße gegen diese Bestimmungen, die sich auf die Darstellung eines den tatsächlichen Verhältnissen entsprechenden Bildes der Vermögens-, Finanz- und Ertragslage des Konzerns wesentlich auswirken, bei gewissenhafter Berufsausübung erkannt werden.[121] 146

Der Konzern-LB ist darauf zu prüfen, ob er mit dem KA sowie mit den bei der Prüfung gewonnenen Erkenntnissen des Abschlussprüfers in Einklang steht und ob der Konzern-LB insgesamt eine zutreffende Vorstellung von der Lage des Kon-

119 Vgl. § 315 Abs. 3 i.V.m. § 298 Abs. 3 HGB.
120 Vgl. § 318 Abs. 2 HGB.
121 Vgl. § 317 Abs. 1 HGB.

zerns vermittelt. Dabei ist auch zu prüfen, ob die Chancen und Risiken der zukünftigen Entwicklung des Konzerns zutreffend dargestellt worden sind.[122]

Der Abschlussprüfer des KA hat auch die im KA zusammengefassten JA, insb. die konsolidierungsbedingten Anpassungen, in entsprechender Anwendung des § 317 Abs. 1 HGB zu prüfen. Sollten die JA von einem anderen Abschlussprüfer geprüft worden sein, hat dessen Arbeit der KA-Prüfer gem. § 317 Abs. 3 Satz 2 HGB zu überprüfen und dies entsprechend zu dokumentieren. Die Prüfung der Konzernrechnungslegung bei Versicherungskonzernen beinhaltet neben der Einhaltung der §§ 290-315a HGB auch die Frage, inwieweit geschäftszweigspezifische Vorschriften – vor allem §§ 341i und 341j HGB sowie §§ 58-60 RechVersV – beachtet wurden.

147 Die Schwerpunkte der Prüfung des KA sind:

- die vollständige Einbeziehung aller zum Konsolidierungskreis gehörenden Tochterunternehmen
- die Einhaltung der gesetzlichen Aufstellungsfristen und die Beachtung der Vorschriften zum Stichtag
- die vollständige Erfassung aller Vermögensgegenstände, Schulden und RAP sowie der Erträge und Aufwendungen der in den KA einbezogenen Unternehmen
- die vollständige und richtige Kapitalkonsolidierung
- die vollständige und richtige Schuldenkonsolidierung
- die vollständige und richtige Aufwands- und Ertragskonsolidierung
- die vollständige und richtige Eliminierung von Zwischenergebnissen;
- die vollständige und richtige Ermittlung der latenten Steuern i.S.d. § 306 HGB
- die Zulässigkeit eventuell in Anspruch genommener Ausnahmeregelungen und die Vollständigkeit und Richtigkeit der hiermit verbundenen Anhangangaben
- die generelle Vollständigkeit und Richtigkeit der Angaben im Anhang
- die Angaben im LB.

148 Über allen Einzelfragen steht die Beachtung der allgemeinen Grundsätze der Klarheit, Übersichtlichkeit und Stetigkeit sowie der Generalnorm des § 297 Abs. 2 HGB, nach der der KA unter Beachtung der GoB ein den tatsächlichen Verhältnis-

122 Vgl. § 317 Abs. 2 HGB.

sen entsprechendes Bild der Vermögens-, Finanz- und Ertragslage des Konzerns zu vermitteln hat.

b) Prüfung der einbezogenen Jahresabschlüsse

Der KA-Prüfer muss insb. prüfen, ob einheitliche Ansatz- und Bewertungsvorschriften zur Anwendung kamen. 149

Dies wird im Allgemeinen als HB II-Prüfung bezeichnet. Die HB II-Prüfung verlangt sowohl Kenntnis der Bilanzierungs- und Bewertungsgrundsätze für den KA als auch detaillierte Kenntnisse des zugrunde liegenden JA. Der KA-Prüfer sollte sich deshalb insb. bei den Abschlüssen ausländischer Tochterunternehmen stets auf eine enge Zusammenarbeit mit den jeweiligen Abschlussprüfern der EA stützen können.

Um die einbezogenen EA beurteilen oder ggf. prüfen zu können, hat der KA-Prüfer das Recht, die PrB der einbezogenen Tochterunternehmen einzusehen und von den Abschlussprüfern ggf. erforderliche Aufklärungen und Nachweise zu verlangen.[123] 150

Der internationale Prüfungsstandard ISA 600 *„Special Considerations-Audits of Group Financial Statements (Including the Work of Component Auditors)"* enthält Anforderungen und Hinweise für die risikoorientierte Prüfung von Konzernabschlüssen. ISA 600 ist für GJ ab dem 15.12.2009 anzuwenden. Gemäß § 317 Abs. 5 HGB besteht aber eine Anwendungspflicht erst nach Annahme des Standards durch die Europäische Kommission; diese ist bisher noch nicht erfolgt.

ISA 600 gibt detaillierte Anforderungen an die Verwertung von Ergebnissen der Prüfer von Teileinheiten für den Konzernprüfer. Der KA-Prüfer muss beurteilen, ob die Prüfer der Teileinheiten den Anforderungen an Abschlussprüfer genügen und diese Erkenntnisse in seine Prüfung mit einbeziehen.

Ferner hat der bisherige KA-Prüfer dem neuen Abschlussprüfer auf schriftliche Anfrage über das Ergebnis der bisherigen Prüfung zu berichten.[124] 151

c) Prüfung des Konzernlageberichts

Für die Prüfung des Konzern-LB können als zusätzliche Informationsquellen vorliegende LB und PrB der einzelnen Tochterunternehmen dienen. Dies gilt unab- 152

123 Vgl. § 320 Abs. 3 HGB.
124 Vgl. § 320 Abs. 4 HGB.

hängig von deren Einbeziehung in den KA.[125] Werden der Konzern-LB und der LB des MU zusammengefasst, muss der zusammengefasste LB alle Informationen enthalten, die notwendig sind, um einerseits die Lage des MU und andererseits die Lage des Konzerns abzubilden. Sofern Tochterunternehmen keine oder nur unvollständige LB erstellen, hat der KA-Prüfer weitere Informationen anzufordern. Seitens des Abschlussprüfers ist darauf zu achten, dass durch diese Zusammenfassung kein Informationsverlust eintritt.[126]

d) Prüfung des Risikofrüherkennungssystems

153 Die Überwachungs- und Organisationspflichten i.S.d. § 290 HGB bei MU sind i.R.d. bestehenden gesellschaftsrechtlichen Möglichkeiten konzernweit zu verstehen, sofern von Tochterunternehmen Entwicklungen ausgehen können, die den Fortbestand des MU gefährden.[127] Dies bedeutet, dass vom MU, das gem. § 91 Abs. 2 AktG ein Risikofrüherkennungssystem einzurichten hat[128], Maßnahmen zu treffen sind, mit denen die Risikoerkennung, die Risikoanalyse und die Risikokommunikation im Konzern sichergestellt werden. Das MU hat alle Informations- und Gestaltungsrechte (Gesellschafterstellung, Organmitgliedschaften, übrige vertragliche Rechte) auszuschöpfen, um Informationen im erforderlichen Umfang zu beschaffen und sicherzustellen, dass bei Tochterunternehmen die nach § 91 Abs. 2 AktG erforderlichen Maßnahmen eingerichtet werden. Davon unberührt bleiben Organisationspflichten der Geschäftsleitung eines Tochterunternehmens, das z.B. selbst in den Anwendungsbereich von § 91 Abs. 2 AktG fällt sowie die Überwachungspflichten der jeweiligen Organmitglieder. In das Risikofrüherkennungssystem einzubeziehen sind sowohl Bestandsgefährdungen der Tochterunternehmen als auch Risiken aus gesellschaftsrechtlichen und gesellschaftsvertraglichen Verpflichtungen (z.B. Verlustausgleichsverpflichtungen).

154 Der Abschlussprüfer hat die vom Vorstand getroffenen Maßnahmen zur konzernweiten Erfassung und Kommunikation der für das börsennotierte MU bestandsgefährdenden Risiken in seine Prüfung nach § 317 Abs. 4 HGB einzubeziehen. Feststellungen der Prüfer von Tochterunternehmen aufgrund einer nach § 317 Abs. 4 HGB oder einer vertraglichen Erweiterung des Prüfungsauftrags durchge-

125 Vgl. *IDW Prüfungsstandard: Prüfung des Lageberichts (IDW PS 350)* (Stand: 09.09.2009) Tz. 27.

126 Vgl. *IDW PS 350*, Tz. 28.

127 Vgl. auch im Folgenden *IDW Prüfungsstandard: Die Prüfung des Risikofrüherkennungssystems nach § 317 Abs. 4 HGB (IDW PS 340)* (Stand: 11.09.2000), Tz. 34 ff.

128 Die Einrichtung eines Risikofrüherkennungssystems gilt unabhängig von der Rechtsform für alle VU.

führten Prüfung des Risikofrüherkennungssystems können im Falle hinreichender fachlicher Kompetenz und beruflicher Qualifikation verwertet werden. Informationen zur Risikoerfassung bei den in den KA einbezogenen Unternehmen sind in die Abstimmung mit den Abschlussprüfern dieser Unternehmen aufzunehmen. Die spezifische Konzernsicht kann jedoch weitere Prüfungshandlungen erfordern.

3. Bestätigungsvermerk

Der Abschlussprüfer hat das Ergebnis der Prüfung in einem Bestätigungsvermerk zum KA zusammenzufassen. Der Bestätigungsvermerk zum KA entspricht weitgehend demjenigen zum EA. Dieser hat eine Beschreibung von Gegenstand, Art und Umfang der Prüfung sowie eine Beurteilung des Prüfungsergebnisses zu enthalten. Gegenüber dem Bestätigungsvermerk zum EA wird empfohlen, den Bestätigungsvermerk zum KA um Angaben zu Prüfungsumfang, um Hinweise auf die Prüfung der Abgrenzung des Konsolidierungskreises, der angewendeten Konsolidierungsgrundsätze und der in den KA einbezogenen JA zu ergänzen.[129] Im Rahmen der Beurteilung des Prüfungsergebnisses ergeben sich daraus zusätzliche Ausführungen, wenn ein Zwischenabschluss für ein in den KA einbezogenes Unternehmen mit abweichendem Abschlussstichtag nicht aufgestellt wurde.[130] Wenn sich der KA-Prüfer bei seiner Prüfung von in den KA einbezogenen JA auf die Prüfungsergebnisse anderer Abschlussprüfer nach Maßgabe von § 317 Abs. 3 Satz 2 HGB gestützt hat, sind hierauf hinweisende Angaben zum Prüfungsumfang nicht sachgerecht; aufgrund der gesetzlichen Festlegung zur Qualifikation, zur Unabhängigkeit und zur Haftung des anderen Abschlussprüfers besteht keine zusätzliche Informationsnotwendigkeit.[131] Hat der Abschlussprüfer keine Einwendungen zu erheben, so hat er im Bestätigungsvermerk zu erklären, dass die von ihm nach § 317 HGB durchgeführte Prüfung zu keinen Einwendungen geführt hat und dass der von den gesetzlichen Vertretern der Muttergesellschaft aufgestellte KA aufgrund der bei der Prüfung gewonnenen Erkenntnisse des Abschlussprüfers nach seiner Beurteilung unter Beachtung der GoB ein den tatsächlichen Verhältnissen entsprechendes Bild der Vermögens-, Finanz- und Ertragslage des Konzerns vermittelt.[132] 155

129 Vgl. *IDW Prüfungsstandard: Grundsätze für die ordnungsmäßige Erteilung von Bestätigungsvermerken bei Abschlussprüfungen (IDW PS 400)* (Stand: 24.11.2010), Tz. 91.

130 Vgl. § 341i Abs. 3 Satz 2 i.V.m. § 299 Abs. 2 HGB; *IDW PS 400*, Tz. 92.

131 Vgl. *IDW PS 400*, Tz. 93.

132 Vgl. § 322 Abs. 3 HGB.

Die Beurteilung des Prüfungsergebnisses soll allgemein verständlich und problemorientiert unter Berücksichtigung des Umstands erfolgen, dass die gesetzlichen Vertreter den Abschluss zu verantworten haben. Auf Risiken, die den Fortbestand des Konzerns gefährden, ist gesondert einzugehen.[133]

Des Weiteren ist im Bestätigungsvermerk darauf einzugehen, ob der Konzern-LB insgesamt nach der Beurteilung des Abschlussprüfers eine zutreffende Vorstellung von der Lage des Konzerns vermittelt. Dabei ist auch darauf einzugehen, ob die Risiken der künftigen Entwicklung zutreffend dargestellt sind.[134]

156 Hat der KA-Prüfer nach dem abschließenden Ergebnis seiner Prüfung Einwendungen zu erheben, so muss er den Bestätigungsvermerk einschränken oder versagen. Die Versagung ist durch einen Vermerk zum KA, der nicht mehr als Bestätigungsvermerk zu bezeichnen ist, zu erklären. Sowohl die Einschränkung als auch die Versagung ist zu begründen. Einschränkungen sind so darzustellen, dass ihre Tragweite erkennbar wird.[135] Bei KA-Prüfungen können sich Einwendungen des KA-Prüfers bspw. auch beziehen auf die Abgrenzung des Konsolidierungskreises, die Wahl des Abschlussstichtages, die Aufbereitung der konsolidierten JA, Abweichungen von der konzerneinheitlichen Bilanzierung und Bewertung, die Konsolidierungsmaßnahmen und die Behandlung der sich daraus ergebenden Steuerabgrenzungen im KA, den Wertansatz der Beteiligungen an assoziierten Unternehmen und die Behandlung dabei entstehender Unterschiedsbeträge, die anteilsmäßige Konsolidierung, die Auskunft- und Vorlagepflichten des MU und der Tochterunternehmen sowie eine nicht ausreichende Dokumentation der Konsolidierung und der sie vorbereitenden Maßnahmen.[136] Einwendungen gegen den KA ergeben sich nur dann aus Einwendungen gegen die in den KA einbezogenen JA, wenn die festgestellten Mängel der EA nicht i.R.d. Konsolidierung behoben wurden und für den KA von wesentlicher Bedeutung sind.[137]

157 Der Bestätigungsvermerk – oder ggf. der Vermerk über seine Versagung – sind vom KA-Prüfer unter Angabe von Ort und Tag zu unterzeichnen; er ist auch in den PrB aufzunehmen.[138]

158 Der Konzernanhang und der Anhang des MU sowie der Konzern-LB und der LB des MU können nach den Vorschriften der §§ 298 Abs. 3 und 315 Abs. 3 HGB

133 Vgl. § 322 Abs. 2 HGB.
134 Vgl. ebd.
135 Vgl. § 322 Abs. 4 HGB.
136 Vgl. *IDW PS 400*, Tz. 94.
137 Vgl. *IDW PS 400*, Tz. 95.
138 Vgl. § 322 Abs. 7 HGB.

zusammengefasst werden; bei Ausübung dieses Wahlrechts dürfen auch die PrB und die Bestätigungsvermerke jeweils zusammengefasst werden.[139]

4. Der Konzernprüfungsbericht

Über die Prüfung des KA ist schriftlich Bericht zu erstatten.[140] Der Abschlussprüfer hat im PrB gem. § 321 Abs. 4a HGB seine Unabhängigkeit zu bestätigen. 159

Der PrB ist dem AR des MU auszuhändigen.[141] Dem Vorstand ist zuvor die Gelegenheit zur Stellungnahme zu geben. Bei Versicherungskonzernen hat der Vorstand darüber hinaus eine weitere Ausfertigung des Berichts der BaFin vorzulegen.[142] 160

Der Inhalt des Konzern-PrB richtet sich nach der PrB-Verordnung des BaFin vom 03.06.1998 (PrüfV). Wegen der Eigenart der Konzern-PrB sind nicht alle Vorschriften der auf den EA ausgerichteten Verordnung auch auf Konzern-PrB anzuwenden. Sie sind in dem Maße auf Konzern-PrB zu übertragen, wie dies für die Beurteilung der Vermögens-, Finanz- und Ertragslage eines Konzerns sinnvoll und von Bedeutung ist.[143] Der Konzern-PrB muss gem. § 1 Abs. 1 PrüfV so übersichtlich und vollständig sein, dass aus ihm die Vermögens-, Finanz- und Ertragslage des VU mit hinreichender Klarheit ersichtlich ist. Er muss Ausführungen enthalten, die einen Überblick über die Lage des Konzerns vermitteln; dabei kann auf die Ausführungen im PrB eines einzelnen konzernangehörigen VU verwiesen werden, wenn die Lage des Konzerns durch dieses überwiegend bestimmt wird und der Gegenstand des Verweises im Konzern-PrB selbst hinreichend dargestellt ist.[144] 161

Soweit Vorschriften der PrüfV dem nicht entgegenstehen, sind bei dem Inhalt der Konzern-PrB bei VU die im *IDW PS 450*[145] niedergelegten „Grundsätze ordnungsmäßiger Berichterstattung bei Abschlussprüfungen" zu beachten. Zur Berichterstattung bei KA-Prüfungen führt der *IDW PS 450* Folgendes aus: 162

139 Vgl. *IDW PS 400*, Tz. 96.

140 Vgl. § 321 Abs. 1 und 2 HGB.

141 Vgl. § 321 Abs. 5 Satz 2 HGB.

142 Vgl. § 59 VAG. Zu den besonderen Berichtspflichten gegenüber der Aufsichtsbehörde siehe Rn. 166 f.

143 Vgl. unveröffentlichte Begründung zu § 1 Abs. 5 PrüfV.

144 Vgl. § 1 Abs. 5 PrüfV.

145 *IDW Prüfungsstandard: Grundsätze ordnungsmäßiger Berichterstattung bei Abschlussprüfungen (IDW PS 450)* (Stand: 09.09.2009).

Kapitel 5: PrB zur KA-Prüfung

Tz. 118

Über die KA-Prüfung ist grundsätzlich unabhängig von der Berichterstattung über die Prüfung des JA des MU selbstständig zu berichten. Hierbei gelten die allgemeinen Berichtsgrundsätze. Soweit die nachstehenden konzernspezifischen Ausführungen dem nicht entgegenstehen, sind die Abschn. 2-4 sinngemäß anzuwenden.

Kapitel 5.1: Prüfungsauftrag

Tz. 119

Die Ausführungen zur Wahl und Beauftragung[146] *müssen – sofern kein KA-Prüfer gewählt wird – auch Angaben zur Fiktion der Bestellung nach § 318 Abs. 2 HGB enthalten.*[147]

Kapitel 5.2: Grundsätzliche Feststellungen

Tz. 120

Die geprüften Unterlagen i.S.v. § 321 Abs. 1 Satz 2 HGB umfassen im Fall der Prüfung des KA auch die nach § 317 Abs. 3 HGB zu prüfenden, im KA zusammengefassten JA.

Tz. 121

Die Pflicht zur Berichterstattung nach § 321 Abs. 1 Satz 3 HGB bezieht sich auch auf Tatsachen, die anlässlich der KA-Prüfung bei dem MU oder bei einbezogenen Tochterunternehmen festgestellt werden. Der Verzicht auf die Berichterstattung unter Aufnahme eines Hinweises auf eine bereits zum EA des MU erfüllte Berichtspflicht ist im Konzern-PrB nur zulässig, wenn der KA-Prüfer zugleich Abschlussprüfer des MU ist.

Kapitel 5.3: Gegenstand, Art und Umfang der Prüfung

Tz. 122

Zum Gegenstand der KA-Prüfung ist zu nennen, nach welchen Rechnungslegungsgrundsätzen die zu prüfende Konzernrechnungslegung aufgestellt wurde.

---

146 Vgl. unter Rn. 145.

147 Anm. der Verfasser: § 341k Abs. 2 Satz 1 HGB bestimmt für VU, dass der KA-Prüfer vom AR bestimmt wird.

Tz. 123

Es ist anzugeben, dass sich die KA-Prüfung auf die Prüfung des Konsolidierungskreises, der Ordnungsmäßigkeit der in den KA einbezogenen JA sowie die getroffenen Konsolidierungsmaßnahmen erstreckt. Ferner ist darauf einzugehen, dass die Beachtung der gesetzlichen Vorschriften und der sie ergänzenden Bestimmungen des Gesellschaftsvertrags oder der Satzung des MU geprüft wurde,[148] *wenn im KA zusammengefasste JA bisher ungeprüft sind. Entsprechendes gilt für die konsolidierungsbedingten Anpassungen. Es ist darzustellen, dass der Abschlussprüfer auch die Überleitung der JA – z.B. in den Fällen der § 264 Abs. 3, § 264b HGB – auf die für den KA geltenden Vorschriften (sog. HB II, §§ 300 Abs. 2, 308 HGB) geprüft hat.*

Tz. 124

Die Feststellung, ob die verlangten Aufklärungen und Nachweise erbracht wurden, hat sich auf die in § 320 Abs. 3 HGB geregelten Vorlage-, Duldungs- und Auskunftspflichten der gesetzlichen Vertreter des MU und der Tochterunternehmen sowie der Abschlussprüfer dieser Unternehmen zu beziehen.

Kapitel 5.4: Feststellungen und Erläuterungen zur Konzernrechnungslegung
Kapitel 5.4.1: Konsolidierungskreis und KA-Stichtag

Tz. 125

Der Kreis der in den KA einbezogenen Unternehmen (§§ 294, 296 HGB) ist grundsätzlich aus dem Konzernanhang (Angaben nach § 313 Abs. 2 HGB) ersichtlich. Der PrB kann sich deshalb auf die Feststellung beschränken, dass diese Angaben zutreffend sind. Enthalten die zu prüfenden Unterlagen keine ausreichende und vollständige Aufstellung, so ist dies – unbeschadet möglicher Konsequenzen für das Prüfungsurteil – im PrB zu beanstanden und zu erläutern.

Tz. 126

Darüber hinaus ist festzustellen, ob die Vorschriften zur Nicht Einbeziehung (§ 296 HGB), zur Quotenkonsolidierung (§ 310 HGB) und zur Equity-Bilanzierung (§§ 311, 312 HGB) beachtet wurden. Ferner ist auf die Stetigkeit der Abgrenzung des Konsolidierungskreises und ggf. auf Veränderungen im Konsolidierungskreis gegenüber dem VJ einzugehen.

148 Vgl. § 317 Abs. 3 Satz 1 i.V.m. Abs. 1 Satz 2 HGB.

Tz. 127

Weichen die Stichtage der JA der einbezogenen Tochterunternehmen vom Stichtag des KA ab (§ 299 Abs. 3 HGB) und wurde zur Einbeziehung in den KA kein Zwischenabschluss gem. § 299 Abs. 2 Satz 2 HGB erstellt, ist festzustellen, ob die Voraussetzungen hierfür vorgelegen haben und ob auf Vorgänge von besonderer Bedeutung für die Vermögens-, Finanz- und Ertragslage des Tochterunternehmens zwischen diesen Stichtagen eingegangen wurde. Daneben ist zu erläutern, inwieweit sich aus der Nicht Erstellung eines Zwischenabschlusses Unsicherheiten ergeben.

Kapitel 5.4.2: Ordnungsmäßigkeit der in den KA einbezogenen Abschlüsse

Tz. 128

Im Konzern-PrB ist auch auf die Ergebnisse der Prüfung nach § 317 Abs. 3 HGB einzugehen und festzustellen, ob die in den KA einbezogenen JA ordnungsmäßig sind. Wesentliche Einwendungen gegen die Ordnungsmäßigkeit dieser JA sind in den Konzern-PrB aufzunehmen.

Tz. 129

[entfallen in der Fassung vom 09.09.2009]

Tz. 130

Darüber hinaus ist anzugeben, ob die Anpassung der JA der einzubeziehenden Unternehmen an die konzerneinheitliche Bilanzierung und Bewertung im KA (HB II, §§ 300 Abs. 2, 308 HGB) ordnungsgemäß durchgeführt wurde.

Tz. 131

Im Fall der Einbeziehung von Abschlüssen ausländischer Unternehmen in den KA ist auch über die sich hieraus ergebenden Besonderheiten bei der Beurteilung der Ordnungsmäßigkeit der einbezogenen Abschlüsse und deren Prüfung sowie über die Anpassungen an die konzerneinheitliche Bilanzierung und Bewertung zu berichten.

Kapitel 5.4.3: KA
Kapitel 5.4.3.1: Ordnungsmäßigkeit des KA

Tz. 132

Der KA-Prüfer hat im Konzern-PrB festzustellen, ob der KA den gesetzlichen Vorschriften und den ergänzenden Bestimmungen des Gesellschaftsvertrags oder der Satzung des MU entspricht.[149]

149 Vgl. § 321 Abs. 2 Satz 1 HGB.

Tz. 133

Es ist insb. festzustellen, ob der KA ordnungsmäßig aus den einbezogenen Abschlüssen abgeleitet wurde, d.h., ob die angewendeten Konsolidierungsmethoden den gesetzlichen Vorschriften entsprechen und somit deren Ordnungsmäßigkeit gegeben ist. Hierzu gehört auch die Feststellung, ob die Konsolidierungsbuchungen zutreffend fortgeführt wurden.

Tz. 134

Sofern im KA ein gesetzliches Wahlrecht abweichend von einer durch das BMJ bekannt gemachten Empfehlung des DRSC zur Anwendung der Grundsätze über die Konzernrechnungslegung[150] *ausgeübt wird, begründet dies keine Einwendung des KA-Prüfers gegen die Ordnungsmäßigkeit der Konzernrechnungslegung. Der KA-Prüfer hat jedoch im PrB auf eine solche Abweichung hinzuweisen.*

Tz. 135

Zum Konzernanhang ist festzustellen, ob die gesetzlich geforderten Angaben vollständig und zutreffend sind. Enthält der KA weitere Elemente (z.B. Segmentberichterstattung gem. § 297 Abs. 1 Satz 2 HGB), so ist eine Feststellung auch zu deren Ordnungsmäßigkeit zu treffen.

Kapitel 5.4.3.2: Gesamtaussage des KA

Tz. 136

Der KA-Prüfer hat auch auf die im Bestätigungsvermerk abzugebende Erklärung einzugehen, ob der KA nach Beurteilung des KA-Prüfers unter Beachtung der Grundsätze ordnungsmäßiger Buchführung ein den tatsächlichen Verhältnissen entsprechendes Bild der Vermögens-, Finanz- und Ertragslage des Konzerns vermittelt. Hierbei ist § 321 Abs. 2 Satz 3 HGB entsprechend auf die Gesamtaussage des KA, wie sie sich aus dem Zusammenwirken von Konzernbilanz, Konzern-GuV, Konzernanhang, Kapitalflussrechnung und Eigenkapitalspiegel (ggf. ergänzt um Segmentberichterstattung) ergibt, abzustellen.

Tz. 137

Bei der Beurteilung der Gesamtaussage ist über die Berichterstattung in entsprechender Anwendung der Tz. 72 ff. hinaus auch darauf einzugehen, wie sich i.R.d. Konsolidierung ausgeübte Wahlrechte, ausgenutzte Ermessensspielräume sowie

---

150 Vgl. *IDW Prüfungsstandard: Rechnungslegungs- und Prüfungsgrundsätze für die Abschlussprüfung (IDW PS 201)* (Stand: 09.09.2009), Tz. 12.

sachverhaltsgestaltende Maßnahmen auf die Darstellung der Vermögens-, Finanz- und Ertragslage des Konzerns auswirken. Beispiele dafür können sein:

- *Abgrenzung des Konsolidierungskreises*
- *Behandlung von Differenzen aus der Zwischenergebniseliminierung (auch bei assoziierten Unternehmen) und der Schuldenkonsolidierung*
- *Behandlung aktivischer latenter Steuern in der HB II: Auswirkung der Aktivierung oder unterlassener Aktivierung.*

Kapitel 5.5: Zusammengefasster PrB für JA und KA

Tz. 138

Wird der KA zusammen mit dem JA des MU oder mit einem von diesem aufgestellten EA nach § 325 Abs. 2a HGB bekannt gemacht, so können die Vermerke des Abschlussprüfers nach § 322 HGB zu beiden Abschlüssen zusammengefasst werden; in diesem Fall können auch die jeweiligen PrB zusammengefasst werden.[151] *Der zusammengefasste PrB muss dabei allen Anforderungen genügen, die für getrennte Berichterstattung gelten. Das bedeutet insb., dass die Feststellungen z.B. nach § 321 Abs. 1 Sätze 2 und 3, Abs. 2 HGB sowohl für den JA des MU als auch für den KA zu treffen sind. Von der Zusammenfassung der Bestätigungsvermerke und PrB empfiehlt es sich allerdings nur dann Gebrauch zu machen, wenn die Rechnungslegung gemeinsame Teile aufweist, d.h., wenn z.B. nach § 298 Abs. 3 HGB der Konzernanhang und der Anhang des MU bzw. gem. § 315 Abs. 3 HGB der Konzern-LB und der LB des MU zusammengefasst werden.*

163 Wenngleich im Wortlaut des § 1 Abs. 6 PrüfV nicht erwähnt, sind der KA und der Konzern-LB in der vom Abschlussprüfer bestätigten Fassung sowie eine Ausfertigung oder Ablichtung der unterschriebenen Vollständigkeitserklärung beizufügen. Jedenfalls sind aufgrund *IDW PS 450* dem Konzern-PrB der KA und grundsätzlich auch der Konzern-LB als Anlagen beizufügen.[152] Wurde bei verbundenen Unternehmen ein KA oder Abhängigkeitsbericht nicht erstellt oder ein Tochterunternehmen nicht in den KA einbezogen, sind die Gründe hierfür darzulegen.[153] Bei den Gründen für die Nicht Erstellung eines KA oder Abhängigkeitsberichts sind nicht nur die gesetzlich vorgesehenen Gründe (z.B.

151 Vgl. § 325 Abs. 3a Satz 2 HGB.

152 Vgl. *IDW PS 450,* Tz. 88 i.V.m. Tz. 96.

153 Vgl. § 5 Abs. 2 PrüfV.

Beherrschungsvertrag), sondern auch besondere vertragliche Regelungen anzuführen, die das Ziel haben, eine vorhandene Leitungsmacht nicht auszuüben (Entherrschungsverträge).[154]

Nach § 298 Abs. 3 Sätze 1 und 2 HGB ist eine Zusammenfassung der PrB (und 164
der Bestätigungsvermerke) zum EA des MU und zum KA zulässig, wenn der Konzernanhang und der Anhang des MU zulässigerweise zusammengefasst und der KA und der EA gemeinsam offengelegt werden.

Der zusammengefasste Bericht muss dabei allen Anforderungen genügen, die für die einzelne, getrennte Berichterstattung gelten.[155]

5. Besondere Berichtspflichten gegenüber der Aufsichtsbehörde

Stellt der Abschlussprüfer bei Durchführung der Prüfung 165

- Unrichtigkeiten oder
- Verstöße gegen gesetzliche Vorschriften sowie
- Tatsachen fest,

die

- den Bestand des Konzerns gefährden oder
- seine Entwicklung beeinträchtigen können oder
- die schwerwiegende Verstöße der gesetzlichen Vertreter oder von Arbeitnehmern gegen Gesetz, Gesellschaftsvertrag oder die Satzung darstellen,

so hat er hierüber nicht nur im Rahmen seiner schriftlichen Berichterstattung gem. § 321 HGB zu informieren,[156] sondern darüber hinaus auch die Aufsichtsbehörde unverzüglich zu unterrichten (§ 341k Abs. 3 HGB).

Ergänzend sei an dieser Stelle auf die erweiterten Berichtspflichten des Abschluss- 166
prüfers eines Erstversicherungsunternehmen (ErstVU) verwiesen, der gleichzeitig ein Unternehmen prüft, das mit dem ErstVU eine sich aus einem Kontrollverhältnis ergebende, enge Verbindung nach § 8 Abs. 1 Satz 4 Nr. 2 VAG unterhält

154 Vgl. unveröffentlichte Begründung zu § 5 Abs. 2 PrüfV.
155 Vgl. *IDW PS 450*, Tz. 116.
156 Vgl. § 321 Abs. 1 Satz 3 HGB.

(§ 57 Abs. 1 Satz 4 VAG). Wenn er bei diesem Unternehmen Feststellungen trifft, die den oben genannten entsprechen, und wenn die festgestellten Tatsachen die Ausübung der Tätigkeit des VU wesentlich beeinträchtigen können, hat er die Aufsichtsbehörde zu unterrichten.

G. Internationalisierung der Rechnungslegung von Versicherungsunternehmen

*von WP/StB Dr. Frank Ellenbürger, München**

* Unter Mitarbeit von *Dr. Joachim Kölschbach*, Köln.

I. Einführung

1 Eine Vielzahl von Versicherungsunternehmen (VU) ist heute international tätig, ihre Jahresabschlüsse (JA) sind jedoch vielfach nicht vergleichbar. Selbst innerhalb der EU, in der die Rechnungslegung von VU durch die Versicherungsbilanzrichtlinie (VersBiRiLi) geregelt ist, weichen die Bilanzierungs- und Bewertungsmethoden in JA und Konzernabschlüssen (KA) von VU unterschiedlicher Staaten voneinander ab. Von den umfänglichen Mitgliedstaaten-Wahlrechten in den europäischen Bilanzrichtlinien sind bei der Umsetzung durch die Mitgliedstaaten in der Summe fast alle in Anspruch genommen worden.[1] Selbst in so wichtigen Bereichen wie der Erfassung von Prämieneinnahmen, der Bewertung von Kapitalanlagen sowie dem Gewinnausweis in der Lebensversicherung (LV) können die VU in der EU unterschiedliche Methoden anwenden. Angesichts der Wahlrechte in den EU-Richtlinien und den unterschiedlichen Zwecksetzungen der Rechnungslegung in den einzelnen Mitgliedstaaten kann von der Existenz einer einheitlichen Rechnungslegung in der EU nicht gesprochen werden.

2 Seit der Veröffentlichung der Verordnung (VO) 1606/2002[2] sind kapitalmarktorientierte Unternehmen nunmehr verpflichtet, ab dem 01.01.2005 ihren KA nach denjenigen International Financial Reporting Standards (IFRS) zu erstellen, die zuvor das entsprechende EU-Endorsement-Verfahren durchlaufen haben.

3 Die IFRS enthalten keine abschließenden Vorschriften zum Ansatz und zur Bewertung versicherungstechnischer Rückstellungen. In der Praxis finden hierfür vielfach die Regelungen der United States General Accepted Accounting Principles (US-GAAP) zu den versicherungstechnischen Rückstellungen Anwendung, deren

1 Vgl. *KPMG* (Hrsg.), Options in European Insurance Accounting Rules, Köln 1999, S. 16.
2 Vgl. Verordnung (EG) Nr. 1606/2002 des Europäischen Parlaments und des Rates vom 19.07.2002 betreffend die Anwendung internationaler Rechnungslegungsstandards.

fortgeführte Anwendung auch IFRS 4 zulässt. Sie werden daher unter IV. ausführlich dargestellt. Im Juli 2010 wurde vom International Accounting Standards Board (IASB) ein Exposure Draft veröffentlicht.[3]

II. Konzernabschluss nach § 315a HGB und europäische Entwicklungen

Nach § 315a HGB[4] müssen Mutterunternehmen (MU), die einen organisierten Markt i.S.d. § 2 Abs. 1 Satz 1 WpHG in Anspruch nehmen oder eine Zulassung zum Handel an einem solchen Markt beantragt haben, für Geschäftsjahre (GJ), die am oder nach dem 01.01.2005 beginnen, einen KA nach IFRS erstellen.[5] 4

Mutterunternehmen, die nicht die Voraussetzungen des § 315a Abs. 1 oder Abs. 2 HGB erfüllen, haben ein Wahlrecht. Wird das Wahlrecht positiv ausgeübt, d.h. das Unternehmen entscheidet sich für eine Bilanzierung nach IFRS, sind alle Standards verbindlich anzuwenden.[6] Das MU muss dann für Zwecke der Bilanzierung keinen KA nach HGB erstellen. 5

Mutterunternehmen i.S.d. § 315a HGB sind im Wesentlichen alle Kapitalgesellschaften, die MU nach § 290 Abs. 1 oder Abs. 2 HGB sind.[7] Aufgrund der Verweisung des § 341j Satz 1 HGB gilt dies auch für VU i.S.d. § 341 Abs. 1 HGB und Versicherungsholdinggesellschaften i.S.d. § 341i Abs. 2 HGB. Damit haben auch Versicherungsvereine auf Gegenseitigkeit (VVaG) die Möglichkeit oder Verpflichtung, wenn sie die Voraussetzung erfüllen, einen KA nach § 315a HGB aufzustellen. 6

Wird der KA nach internationalen Rechnungslegungsstandards gem. § 315a Abs. 1 HGB erstellt, sind abweichend von § 341j Abs. 1 Satz 1 HGB nur die §§ 290-292 HGB zur Verpflichtung zur Aufstellung eines KA, zur befreienden Wirkung von EU/EWR-KA sowie zur Rechtsverordnungsermächtigung für befreiende KA von Tochterunternehmen, deren MU ihren Sitz außerhalb der EU haben, sowie § 315a HGB anzuwenden. 7

---

3 Siehe *Ellenbürger/Kölschbach*, VW 2010, 1303 ff. und S. 1230 ff.

4 Einführung durch das Bilanzrechtsreformgesetz (BilReG) v. 04.12.2004 (vgl. BGBl. I 2004 Nr. 65, S. 3166).

5 Bis zur Einführung des § 315a HGB war es börsennotierten Unternehmen gem. § 292a HGB gestattet, einen befreienden KA nach international anerkannten Rechnungslegungsgrundsätzen aufzustellen. Diese Regelung galt für Abschlüsse bis zum 31.12.2004. Für weitergehende Übergangsregelung siehe Art. 58 Abs. 5 Satz. 2 EGHGB

6 Vgl. § 315a Abs. 3 Satz 2 HGB.

7 Ferner zählen zu den MU auch Nicht Kapitalgesellschaften, die nach § 11 Abs. 3 PublG zur Konzernrechnungslegung verpflichtet sind.

8 Durch den § 341j Abs. 1 Satz 4 HGB wird klargestellt, dass die Vorschriften des § 315a HGB über den IFRS-KA auch im Bereich der Rechnungslegung der VU und Pensionsfonds Anwendung finden. Entsprechend zu § 315a Abs. 1 HGB schließt § 341j Abs. 1 Satz 4 HGB im Falle eines IFRS-KA eine Anwendung der handelsrechtlichen Vorschriften über die Rechnungslegung von Versicherungskonzernen im Wesentlichen aus. Anwendbar bleiben lediglich die Bestimmungen, die den Anwendungsbereich der versicherungsspezifischen Bestimmungen (§§ 341, 341i Abs. 2 HGB), die Verpflichtung und Frist zur Aufstellung des KA (§ 341i Abs. 1 und Abs. 3 Satz 1 HGB, § 341j Abs. 1 Satz 1 i.V.m. §§ 290-292 HGB), die Vorlagepflichten an den Aufsichtsrat (AR) und die Hauptversammlung (HV) (§ 341j Abs. 3 HGB und § 341i Abs. 4 HGB) regeln, sowie die Vorschriften zur Prüfung, Offenlegung und straf- und bußgeldrechtliche Bewehrung (§§ 341k ff. HGB).[8]

III. Bilanzierung von Versicherungsverträgen nach IFRS

1. Vorbemerkung

9 Am 31.03.2004 hat das IASB mit dem IFRS 4: *Insurance Contracts* erstmals einen Standard für Versicherungsverträge (VV) veröffentlicht. Vorausgegangen waren dem IFRS 4 zwei Veröffentlichungen des International Accounting Standards Committee (IASC), der Vorgängerorganisation des IASB: ein Diskussionspapier und ein Draft Statement of Principles (DSOP). Den beiden Vorschlägen lag für Vermögenswerte und Schulden aus VV noch eine Zeitwertbilanzierung zugrunde.[9] Das IASB hat angesichts der bestehenden Bedenken, ob eine Zeitwertbilanzierung das Versicherungsgeschäft (VG) überhaupt angemessen abzubilden vermag[10] und wegen der vielen unbeantworteten Fragen hinsichtlich einer zuverlässigen Umsetzung beschlossen, dass ein Übergang auf die Zeitwertbilanzierung bis zum Jahre 2005 von den VU nicht gefordert werden kann.

10 Nachdem abzusehen war, dass bis zur verpflichtenden Einführung der IFRS für KA kapitalmarktorientierter Unternehmen in der EU ab dem GJ 2005 eine rechtzeitige Beendigung des Projektes nicht gelingen würde, hat das IASB das Projekt in zwei Phasen aufgeteilt:[11] Phase I stellt mit IFRS 4 nur eine Übergangsregelung

8 Vgl. Begr. RegE BilReg v. 21.04.2004.
9 Vgl. DSOP, 3.3 f.
10 Vgl. bspw. *Meyer*, Aktuelle Fragen der Versicherungswirtschaft, Karlsruhe 2003, S. 119-137; *Perlet*, BFuP 2003, S. 441-456 sowie diverse Beiträge in „Rechnungslegung von Versicherungsunternehmen“ (FS Richter), Düsseldorf 2001.
11 Vgl. *Engeländer/Kölschbach*, VW 2004, S. 574.

bis zum Abschluss der Phase II dar,[12] die es den Unternehmen ermöglicht, weitestgehend ihre derzeitige Bilanzierungspraxis bei VV fortzuführen bis im Rahmen der Phase II ein endgültiger Standard veröffentlicht wird. Ein Mindestmaß an Transparenz und Vergleichbarkeit soll bereits in Phase I über erläuternde Angaben im Anhang bzgl. der Art und des Ausmaßes der Risiken aus VV herbeigeführt werden.[13] Die Vorschriften des IFRS 4 betreffen Unternehmen, die bereits nach IFRS bilanzieren und wegen der nicht vorhandenen IFRS-Regelungen für die versicherungsspezifischen Posten die US-GAAP heranziehen,[14] und Unternehmen, die bei der erstmaligen Bilanzierung nach IFRS i.S.v. IFRS 1 grundsätzlich die bisherigen handelsrechtlichen Bilanzierungsmethoden für VV beibehalten sollen.

2. Anwendungsbereich und Definition von Versicherungsverträgen

IFRS 4 findet Anwendung auf sämtliche VV, die ein Unternehmen als Versicherer (VR) abschließt, einschl. der Rückversicherung (RückV). Ob ein VU gegeben ist, ist unerheblich. Für Rückversicherungsverträge (RückVV) regelt IFRS 4 die Bilanzierung für beide Vertragspartner. Bei Erstversicherungsverträgen (ErstVV) bzw. bei den unter IFRS 4 fallenden Finanzinstrumenten mit ermessensabhängiger Überschussbeteiligung (*financial instruments with a discretionary participation feature*) unterliegt nur die Bilanzierung beim VR bzw. beim Anbieter des Finanzproduktes IFRS 4.[15] Erstversicherungsnehmer und Käufer der Finanzprodukte werden nicht vom Anwendungsbereich erfasst.[16] 11

Die Definition von VV setzt den Transfer von signifikanten versicherungstechnischen Risiken voraus. Fast alle in Deutschland üblichen Versicherungsprodukte dürften diese Definition erfüllen.[17] Der Standard findet keine Anwendung auf andere Vermögenswerte und Schulden eines VU, z.B. auf Kapitalanlagen, die in erster Linie nach IAS 39 bzw. IAS 40 und IAS 16 zu bilanzieren sind. 12

---

12 Vgl. IFRS 4.BC4-6.

13 Vgl. IFRS 4.36 ff.

14 Siehe dazu IV. Bilanzierung von Versicherungsgeschäften nach US-GAAP.

15 Vgl. IFRS 4.2; VR ist nach der Definition des IFRS 4 jede Partei eines VV, die Versicherungsrisiko übernimmt, unabhängig davon, ob es sich um ein beaufsichtigtes VU handelt oder nicht.

16 Versicherungsnehmer (VN) haben eigene Bilanzierungsmethoden gem. IAS 8.10-12 zu entwickeln; vgl. auch IASB Update Februar 2002; Sparer haben IAS 39 anzuwenden.

17 Vgl. *Kölschbach*, ZVersWiss 2004, S. 679.

13 Darüber hinaus bieten viele VR im kontinentaleuropäischen und angelsächsischen Ausland Sparprodukte[18] an, die wegen des fehlenden Transfers von signifikanten Versicherungsrisiken die Definition eines VV nicht erfüllen. Hierbei handelt es sich um Finanzinstrumente, die häufig aufgrund ihrer Langfristigkeit und erfolgsabhängigen Überschussbeteiligung Lebensversicherungsprodukten ähneln. Das IASB hat beschlossen, dass angesichts der noch fehlenden konzeptionellen Klarheit über die Bilanzierung von Überschussbeteiligungen auch diese Verträge, sofern sie eine ermessensabhängige Überschussbeteiligung enthalten, von IFRS 4 erfasst werden.[19] Finanzinstrumente ohne ermessensabhängige Überschussbeteiligung und ohne Transfer eines signifikanten Versicherungsrisikos gehören dagegen in den Anwendungsbereich von IAS 32, IAS 39 und IAS 18.

14 Unabhängig davon, ob sie die Definition eines VV erfüllen, sind nach IFRS 4.4 vom Anwendungsbereich des IFRS 4 ausgeschlossen:

- vom Hersteller gewährte Produktgarantien
- Versorgungsleistungen, die von Arbeitgebern zugesagt wurden
- bei Unternehmenszusammenschlüssen gewährte, von der zukünftigen Entwicklung abhängige Zahlungsansprüche oder Verpflichtungen (*contingent consideration*)
- vertragliche Rechte und Ansprüche, die von der zukünftigen Nutzung von bzw. Nutzungsrechten an nichtfinanziellen Vermögenswerten abhängen
- die aus dem Transfer anderer finanzieller Vermögenswerte und Schulden resultierenden Finanzgarantien gem. IAS 39, da ihr Regelungsgehalt bereits durch andere Standards abgedeckt ist.

15 Ein VV ist in IFRS 4 Appendix A definiert und beschreibt diesen als „einen Vertrag, nach dem eine Partei (der VR) ein signifikantes Versicherungsrisiko von einer anderen Partei (dem VN) übernimmt, indem sie vereinbart, dem VN eine Entschädigung zu leisten, wenn ein spezifiziertes ungewisses zukünftiges Ereignis (das versicherte Ereignis) den VN nachteilig betrifft."

16 Ein Versicherungsrisiko ist in IFRS 4 sehr weit definiert als „jedes auf eine andere Partei übertragene Risiko, das nicht Finanzrisiko ist".[20] Als Finanzrisiko gilt dem-

18 Es handelt sich im Wesentlichen um Kapitalisierungsgeschäfte i.S.d. § 1 Abs. 4 Satz 2 VAG, aber auch um formal als VV geltende Verträge mit insignifikantem Versicherungsschutz, z.B. bestimmte Formen der Finanz-RückV.

19 Vgl. IFRS 4.2, sog. *financial instruments with a discretionary participation feature.*

20 Vgl. IFRS 4, Appendix A.

nach jedes Risiko, das aus einer Veränderung von finanziellen Variablen oder nicht finanziellen parteiunspezifischen Variablen resultiert.[21]

Kosten- oder Stornorisiken, die aus VV resultieren, stellen beim VR mangels Transfers für diesen kein Versicherungsrisiko dar. Wird dieses Risiko jedoch von dem VR auf einen RückV übertragen, entsteht in der Terminologie des IFRS 4 Versicherungsrisiko. Da vom RückVR aber kein vom Vorversicherer (VorVR) schon übernommenes Versicherungsrisiko getragen wird, sondern ein originär erst bei diesem entstandenes Risiko, handelt es sich daher nicht um eine Rück-[22], sondern um eine Erstversicherung (ErstV)[23], d.h. nur der RückV muss seinen Vertrag nach IFRS 4 bewerten, wenn der Vertrag nicht auch sonst schon vorhandenes Versicherungsrisiko überträgt. 17

Ein Versicherungsrisiko gilt als signifikant, wenn ein VR in Fällen kommerzieller Bedeutung (*commercial substance*) signifikante zusätzliche Leistungen zu erbringen hat. In bestimmten Fällen kann entscheidend sein, dass das Ereignis einen signifikanten Schaden für den VN hervorruft, d.h. das Abweichungsrisiko beim VN selbst und nicht die Nettoleistung des VR entscheidend ist.[24] Als Fälle mit kommerzieller Bedeutung gelten solche, die eine wahrnehmbare Wirkung auf die wirtschaftliche Sicht des Geschäfts haben (IFRS 4.B23), d.h. Ereignisse, deren Eintrittsmöglichkeit im Wirtschaftsleben Entscheidungen beeinflusst und für die Marktteilnehmer z.B. explizit zusätzliche Mittel für Versicherungsschutz ausgeben. 18

Generell muss für jeden einzelnen VV ein Transfer von signifikantem Versicherungsrisiko vorliegen. Ansonsten könnte bei einer hinreichenden Bestandsgröße bzw. einer negativen Korrelation der VV miteinander das Kriterium der Signifikanz bezogen auf das Portofeuille des VR als nicht mehr gegeben angesehen werden.[25] Bei homogenen Beständen kann aus Vereinfachungsgründen die Überprüfung auf typische Verträge beschränkt werden. 19

Die Definition des IFRS 4 verlangt, dass der Vertrag eine Entschädigung nur im Fall eines für den VN nachteiligen Ereignisses vorsieht (versichertes Interesse). In den Fällen, in denen kein versichertes Interesse vorliegt, muss der VV einen Leistungsvorbehalt vorsehen. Wenn ein Produkt zwar eine Zahlung bei Eintritt bestimmter Ereignisse verbrieft, diese aber keine Entschädigung für ein nachtei- 20

21 Ein versichertes Ereignis gilt in diesem Zusammenhang als eine parteispezifische, nicht finanzielle Variable.
22 IFRS 4 definiert RückV als Übernahme der Schäden aus vom Zedenten abgeschlossenen Verträgen.
23 Vgl. IFRS 4.B24(b).
24 Vgl. IFRS 4.B24(c).
25 Vgl. IFRS 4.B25.

liges Ereignis darstellt, führt dies für sich genommen noch nicht zu einem (Rück) VV.[26] Auch konzerninterne Patronatserklärungen, die nicht auf eine Entschädigung beim Gläubiger abstellen, sondern auf die Ausstattung des Schuldners mit finanziellen Mitteln, fallen nicht unter den Anwendungsbereich des IFRS 4. Bei Lebensversicherungsverträgen (LVV) wird dagegen widerlegbar unterstellt, dass stets ein versichertes Interesse vorliegt, obwohl hier regelmäßig kein Leistungsvorbehalt bei fehlendem versicherten Interesse vorgesehen ist.[27]

21 Hauptsächliches Merkmal eines VV ist die Bezugnahme auf ein „spezifiziertes ungewisses zukünftiges Ereignis" – das versicherte Ereignis als Auslöser für eine Leistung. Die Ungewissheit kann sich auf den Eintritt, den Zeitpunkt des Eintritts oder den Umfang der Folgen beziehen.[28] Qualifizierendes Ereignis kann auch das Bekanntwerden des Schadenausmaßes[29] oder das Erleben eines Zeitpunktes sein. Letztgenanntes kann z.B. in Erlebensfallversicherungen der Fall sein, die den VN gegen die wirtschaftlichen Folgen des längeren Lebens absichern.[30]

22 Ein einmal als VV klassifizierter Vertrag bleibt bis zur Erfüllung aller Rechte und Pflichten ein VV.[31] Verträge ohne signifikantes Versicherungsrisiko zu Beginn, das im späteren Vertragsverlauf erwartungsgemäß signifikant wird, sind bereits zu Beginn als VV einzuordnen. Ein Beispiel hierfür sind aufgeschobene Rentenversicherungen mit äußerst langen Aufschubzeiten, bei denen bei Beendigung während der Aufschubzeit, auch im Todesfall, der Zeitwert des Rentenanspruchs gezahlt wird.[32]

23 Im Wesentlichen sind alle Verträge, die nach deutschem Aufsichts-, Vertrags- oder Steuerrecht als Versicherungen akzeptiert sind, auch VV i.S.v. IFRS 4. Auch nach deutschem Recht ist – abgesehen von der Lebensversicherung (LV) – wegen des Bereicherungsverbotes[33] ein versichertes Interesse erforderlich.

26 Vgl. IFRS 4.B14.
27 Vgl. IFRS 4.B18(c).
28 Vgl. IFRS 4.B2.
29 Vgl. IFRS 4.B4.
30 Vgl. IFRS 4.B18(d).
31 Vgl. IFRS 4.B30.
32 Dieser Sachverhalt wird in IFRS 4 entgegen dem Exposure Draft nicht mehr explizit geregelt. Gleiches gilt für die Folge von Erhöhungen des Versicherungsrisikos. Wenn ursprünglich nicht als VV klassifizierte Verträge durch diese Änderung nunmehr signifikantes Versicherungsrisiko enthalten, sind auch sie als VV zu behandeln.
33 Vgl. § 200 VVG sowie § 1 VVG mit der Vorgabe, dass ein bestehendes Risiko abgesichert werden muss.

3. Zerlegung von Versicherungsverträgen

Viele Versicherungsprodukte lassen sich gedanklich in eine Einlagenkomponente[34] und eine Versicherungskomponente aufspalten. Bei einem Gesamtbeitrag für alle Leistungen ist eine Entflechtung üblicherweise nicht möglich. IFRS 4 gibt in einigen Fällen die Möglichkeit, Einlagenkomponenten in VV zu entflechten und konsistent mit Finanzinstrumenten zu behandeln. Dann wird nur die nach der Entflechtung im Vertrag verbleibende Versicherungskomponente gem. IFRS 4 behandelt. Die Einlagenkomponente ist dann nach IAS 39 zu bewerten. Für die Zerlegung von VV kann es ein Verbot, eine Verpflichtung oder ein Wahlrecht der Entflechtung geben. 24

Wenn eine getrennte Bewertung der Einlagenkomponente möglich ist, darf diese entflochten werden.[35] Das ist besonders dann der Fall, wenn die Einlagenkomponente künstlich mit einem VV verbunden ist, aber auch als eigenständiger Vertrag bestehen könnte. 25

Die Entflechtung von Einlagenkomponenten ist nach IFRS 4 zwingend vorzunehmen, wenn eine getrennte Bewertung der Einlagenkomponente möglich ist und darüber hinaus Rechte und Pflichten aus der Einlagenkomponente nach der bislang angewandten Bilanzierungsmethode dem Grunde nach nicht angesetzt werden, aber nach IFRS anzusetzen wären. Demgegenüber stellt IFRS keine Anforderungen an die Bilanzierung der Höhe nach, d.h. eine Pflicht zur Zerlegung wird nicht allein dadurch ausgelöst, weil die (zu entflechtende) Verpflichtung nach IAS 39 zu einem höheren Wert anzusetzen wäre, als sie ohne Entflechtung nach IFRS 4 ausgewiesen wird.[36] Als Beispiel für eine mögliche Verpflichtung zur Entflechtung führt IFRS 4.IG Example 3 einen RückVV mit Ergebnisrechnung (*experience account*) an, also einen Anspruch des RückVR, über die Zeit durch die Beiträge jede Leistung wieder erstattet zu bekommen. Sofern die Bilanzierungs- und Bewertungsmethoden des Zedenten es erlauben würden, die Erstattung als Erträge zu erfassen, ohne die daraus resultierende Verpflichtung anzusetzen, ist eine Entflechtung erforderlich.[37] Da das Handelsrecht ein Gebot der Vollständigkeit[38] bzw. ein Gebot zur Bildung von Rückstellungen für drohende Verluste aus schwebenden Versicherungsgeschäften (RdV)[39] enthält, sind die Voraussetzungen 26

34 Eine Einlagenkomponente ist eine nicht derivative Vertragskomponente, die eigenständig in den Anwendungsbereich von IAS 39 fallen würde.

35 Vgl. IFRS 4.10.

36 Vgl. IFRS 4.10(a).

37 Vgl. IFRS 4.11.

38 Vgl. § 246 Abs. 1 Satz 1 HGB.

39 Vgl. § 249 Abs. 1 Satz 1 HGB.

des IFRS 4.10 für eine Zerlegungspflicht bei Unternehmen, die derzeit nach HGB bilanzieren, regelmäßig nicht erfüllt.

27 Wenn die Einlagenkomponente nicht gesondert bewertet werden kann, ist eine Entflechtung verboten.[40] Sofern auf eine Entflechtung verzichtet werden kann und der Vertrag insgesamt als VV bilanziert wird, sind sämtliche hieraus resultierende Zahlungsströme beim Angemessenheitstest für Verbindlichkeiten zu berücksichtigen.

28 Nach IAS 39.11 sind bestimmte in Finanzinstrumente eingebettete Derivate zu separieren, mit dem Zeitwert zu bewerten und Änderungen des Zeitwerts in der Gewinn- und Verlustrechnung (GuV) zu erfassen. Dies gilt auch für in VV eingebettete Derivate. Sofern der eingebettete Vertragsteil jedoch selbst die Definition eines VV erfüllt, ist er nicht zu separieren.[41] In anderen Fällen, die das Vorliegen eines separierungspflichtigen eingebetteten Derivates vermuten lassen, erscheint es angezeigt, die eingebettete Komponente auf die Erfüllung der Definition in IAS 39.9 zu überprüfen. Die im Rahmen von IAS 39 erfolgte Erläuterung des Begriffs „Derivat" anhand von auf internationalen Märkten gehandelten Beispielen von Finanzinstrumenten ist bei der Analyse komplexer Versicherungsprodukte häufig nicht hilfreich. Vielmehr ist der wirtschaftliche Charakter im Einzelfall anhand der Definition zu überprüfen. Die durch IFRS 4.8 bzw. IAS 39.AG33(g) ausgesprochene Befreiung bestimmter Rückkaufsrechte konventioneller oder fondsgebundener LVV von der Separierungspflicht ist zumeist schon darin begründet, dass solche Rechte ihrerseits nicht die Definition eines Derivats erfüllen.

29 In VV eingebettete Derivate und nach IAS 39 zu separierende Derivate fallen in den Anwendungsbereich von IFRS 7.[42] Entsprechend hat die Angabe ihres Zeitwerts im Anhang zu erfolgen.[43] Nicht anzugeben sind dementsprechend Zeitwerte von nicht separierten eingebetteten Derivaten. Soweit sie nicht schon zusammen mit dem Grundvertrag zum beizulegenden Zeitwert ausgewiesen werden, sind hierzu aber Angaben über das enthaltene Marktrisiko zu machen.[44]

40 Vgl. IFRS 4.15.

41 Vgl. IFRS 4.7. Die Ausnahme von der Separierungspflicht ist insoweit als eine Klarstellung zu verstehen, als VV erst gar nicht die Definition eines Derivats nach IAS 39.9 erfüllen.

42 Vgl. IAS 7.3 (d).

43 Vgl. IFRS 7.25.

44 Vgl. IFRS 4.39.

4. Bilanzierungsmethoden

Das IASB hat darauf verzichtet, mit IFRS 4 für die Übergangsregelung eine einheitliche Rechnungslegung festzulegen. Die bisherigen Bilanzierungsmethoden für VV sind grundsätzlich beizubehalten, unabhängig davon, ob bereits ein IFRS-Abschluss erstellt wurde und IFRS 4 erstmals angewandt wird oder ob insgesamt erstmals ein IFRS-Abschluss erstellt wird. Die Beibehaltung der bisherigen Bilanzierungsmethoden wird in IFRS 4 nicht ausdrücklich geregelt, vielmehr wird festgelegt, dass IAS 8.10-12, die die Vorgehensweise für den Fall von Regelungslücken in den IFRS festlegen, nicht anzuwenden sind. Nach IFRS 4.35 i.V.m. IFRS 4.34(e) gilt Entsprechendes für Sparverträge mit ermessensabhängiger Überschussbeteiligung. Das heißt, sofern bisher schon ein IFRS-Abschluss erstellt wurde und mangels Vorschriften für die Versicherungstechnik auf US-GAAP zurückgegriffen wurde, sind diese als bisherige Bilanzierungsmethode fortzuführen. Sofern erstmals ein IFRS-Abschluss erstellt wird und für die Versicherungstechnik zuvor die Vorschriften des HGB einschlägig waren, sind diese beizubehalten. 30

IFRS 4 schreibt jedoch einige wenige Änderungen vor. Rückstellungen für Verpflichtungen aus noch nicht bestehenden Verträgen dürfen nach dem IFRS-Rahmenkonzept nicht gebildet werden. Großrisiken- und Schwankungsrückstellungen, soweit sie zur Deckung von Leistungen noch nicht abgeschlossener zukünftiger Verträge vorgesehen sind, dürfen gem. IFRS 4.14(a) demnach nicht als Ruckstellung, sondern nur als Rücklage bilanziert werden. Die *Implementation Guidance* zu IFRS 4 betont jedoch die Bedeutung solch wichtiger Informationen für die Beurteilung der Unternehmenslage und die Notwendigkeit für Anhangangaben zu Katastrophenrisiken und zyklischen Risiken.[45] 31

Eine wesentliche Mindestanforderung des IFRS 4 ist der zu jedem Abschlussstichtag durchzuführende Angemessenheitstest (*liability adequacy test*) für Rückstellungen nach IFRS 4.15-19. Demnach muss die verwendete Bilanzierungsmethode dazu führen, dass die Rückstellung zu jeder Zeit mind. dem Barwert der jeweils für die Zukunft erwarteten Zahlungsströme entspricht. Der Ansatz des Erwartungswerts (bester Schätzwert) genügt; d.h. die Bewertung muss nicht vorsichtig sein. Es werden keine Vorgaben zum Diskontierungszins gemacht. Die im Einklang mit dem HGB[46] entwickelten Bilanzierungsmethoden werden regelmäßig dieser Mindestanforderung genugen. Sollte die bisher angewandte Bilanzierungsmetho- 32

45 Vgl. IFRS 4.IG55-58.

46 Vgl. §§ 252 Abs. 1 Nr. 4, 341e Abs. 1, 341g HGB, § 25 RechVersV und § 5 DeckRV.

de nicht sicherstellen, dass die Rückstellung stets einen Mindestwert im obigen Sinne erreicht, ist der Mindestwert nach IAS 37 zu bestimmen.[47]

33 IFRS 4 verlangt eine Bruttobilanzierung des RückVG. Versicherungstechnische Verpflichtungen dürfen nicht mit Forderungen aus RückVV saldiert werden. Wenn objektive Hinweise auf die Nicht Erfüllung der Ansprüche vorliegen und sich diese Minderung verlässlich schätzen lässt (*impairment*),[48] sind die aktivierten Ansprüche aus der passiven RückV einschl. der Rückversicherungsanteile an den versicherungstechnischen Rückstellungen nach IFRS 4.20 als nicht werthaltig anzusehen. In diesem Fall sind die Buchwerte entsprechend zu mindern.

34 Eine Änderung der Bilanzierungsmethoden ist nur zulässig, wenn sie zu einer relevanteren oder zuverlässigeren Informationsvermittlung im JA führt, ohne das jeweils andere Kriterium zu beeinträchtigen.[49] IFRS 4 erlaubt grundsätzlich Änderungen der Bilanzierungsmethoden für VV, und zwar sowohl bei erstmaliger Anwendung von IFRS als auch zu nachfolgenden Bilanzierungszeitpunkten.[50] Einschränkungen für bestimmte Änderungen sind in IFRS 4.24-29 enthalten.

35 Bei der Bewertung von Rückstellungen verbietet IFRS 4.27 grundsätzlich den Übergang auf die Berücksichtigung unternehmensindividueller, d.h. auf dem individuellen Kapitalanlageportefeuille beruhender Zinsannahmen zur Bestimmung des Diskontierungszinses, wenn bisher unternehmensunabhängige Zinssätze verwendet wurden. Eine von den erwarteten zukünftigen, individuellen Kapitalanlageerträgen abhängige Bewertung wird als weniger relevant und verlässlich angenommen. Durch die Formulierung als widerlegbare Vermutung dürfen aber auch aus erwarteten Kapitalerträgen abgeleitete Zinsannahmen eingeführt werden, wenn die in IFRS 4.28 angegebenen Kriterien erfüllt sind. Ein Übergang z.B. auf US-GAAP kann eine Verbesserung i.S.d. IFRS 4 darstellen, wenn die bisherige Methode (z.B. unter HGB) nicht aktuelle Marktzinssätze, sondern aufsichtsrechtlich vorgegebene, sehr konservative, langfristige Annahmen vorschreibt. Das IASB hält es jedoch für „hochgradig unwahrscheinlich“, dass ein Wechsel auf aus erwarteten Kapitalerträgen abgeleitete Zinssätze begründet werden kann, wenn diese Zinssätze unmittelbar die Erstbewertung des Vertrags bestimmen.[51] Die Anwendung klassischer Formen der Bestandswertermittlung (z.B. *embedded value*) ist nicht zulässig, wenn sie nicht schon angewandt werden.

47 Vgl. IFRS 4.17(b).

48 Diese Vorschrift ersetzt zwar die Prüfung nach IAS 36, aber nicht eine evtl. in der bisherigen Bilanzierungsmethode vorgesehene Prüfung.

49 Vgl. IFRS 4.22.

50 Vgl. IFRS 4.21.

51 Vgl. IFRS 4.29.

Bei Bedarf erlaubt es der Standard, die aus US-GAAP stammende Schattenbilanzierung (*shadow accounting*) einzuführen bzw. beizubehalten.[52] Unter Schattenbilanzierung wird verstanden, bei nach IAS 39.55(b) angesetzten, unrealisierten Gewinnen und Verlusten aus Vermögenswerten die Rückstellung für Beitragsrückerstattung (RfB)[53] so in der Bilanz anzusetzen, wie es bei entsprechenden realisierten Gewinnen oder Verlusten der Fall wäre. Die zugehörige Anpassung der RfB wird vergleichbar mit den korrespondierenden unrealisierten Gewinnen und Verlusten direkt im Eigenkapital berücksichtigt.[54] Die ergebniswirksame Zuführung zur RfB bestimmt sich hingegen allein aufgrund der ergebniswirksam erfassten realisierten Gewinne und Verluste. Die Behandlung der von unrealisierten Gewinnen und Verlusten betroffenen versicherungstechnischen Posten erfolgt damit wie die nach IAS 12.58(a) ebenso betroffenen Ertragsteuern (latenten Steuern). 36

Im Fall eines Wechsels der Bilanzierungsmethoden erfolgen die Angaben im Anhang nach den Regelungen des IAS 8, da sich die in IFRS 4 enthaltene Ausnahmeregelung von IFRS 4 hierauf nicht bezieht. 37

Andere Vorgaben oder Einschränkungen zur Änderung der bisherigen Bilanzierungsmethoden werden nicht getroffen. Eine Abzinsung von Rückstellungen oder Reduzierung von Vorsichtskomponenten wird nicht gefordert. Regelungen zur Aktivierung oder Nicht Aktivierung von Abschlusskosten werden nicht getroffen. 38

Das IASB hat es abgelehnt, den VU spezielle Regelungen im Bereich der Kapitalanlagen einzuräumen. Die Bilanzierung von Kapitalanlagen erfolgt, wie auch für Unternehmen anderer Branchen, nach IAS 39 grundsätzlich zu beizulegenden Zeitwerten.[55] Zeitwertbilanzierung der Kapitalanlagen bedeutet, dass sich z.B. ein Zinsanstieg auf der Aktivseite durch niedrigere Zeitwerte bei den festverzinslichen Kapitalanlagen niederschlägt, während die Passivseite, wegen der marktunabhängigen Abzinsung, mit einem aufsichtsrechtlich bestimmten Zinssatz – wenn überhaupt eine Abzinsung erfolgt – hiervon nicht berührt wird. Vorstellbar wäre auch, die versicherungstechnischen Rückstellungen mit einem Marktzins abzuzinsen. IFRS 4 lässt dies ebenfalls zu. Nach IFRS 4.24 darf für frei vom Unternehmen zu 39

52 Vgl. IFRS 4.30.
53 Ein weiterer Bilanzposten in Deutschland kann die Drohverlustrückstellung sein. Nach US-GAAP sind auch die abgegrenzten Abschlusskosten, die Deckungsrückstellung (DR) und die immateriellen Vermögenswerte betroffen.
54 Zur möglichen bestehenden Pflicht der Bildung einer Rückstellung für latente Beitragsrückerstattungen (BR) im Rahmen der Schattenbilanzierung siehe die Ausführungen zur ermessensabhängigen Überschussbeteiligung.
55 Der Großteil der Kapitalanlagen von VU ist der Kategorie „zur Veräußerung verfügbar" zugeordnet und damit zu Zeitwerten zu bewerten.

wählende Teilbestände von versicherungstechnischen Rückstellungen eine Bewertung auf Basis der jeweils aktuellen Annahmen zum Abschlussstichtag eingeführt werden. Eine Vorgabe für die in Frage kommenden Teilbestände oder zur Bestimmung der Marktzinsen macht IFRS 4 allerdings nicht, lässt jedoch gleichzeitig Vereinfachungsmethoden zu, z.B. eine Zusammenfassung innerhalb bestimmter Zeiträume erwarteter Zahlungsströme.[56]

40 Bei Änderung der Bewertungsmethode für die versicherungstechnischen Passiva gestattet IFRS 4 als Übergangslösung, auch bislang anders eingruppierte Kapitalanlagen in die Kategorie *at fair value through profit or loss* umzugruppieren, sodass sich gegenläufige Wertentwicklungen – zumindest soweit sich die Zahlungsströme entsprechen – ausgleichen.[57] Diese Neueinstufung ist eine Änderung der Rechnungslegungsmethode und IAS 8 ist anzuwenden.

41 Es besteht ebenfalls die Möglichkeit, diese Effekte, statt einer Umgruppierung, durch Anhangangaben zu erläutern, evtl. durch Angabe von Alternativwerten, die die Korrespondenz von Aktiva und Passiva verdeutlichen.[58]

5. Sonderregeln für Verträge mit Überschussbeteiligung

42 IFRS 4 definiert anhand spezieller Kriterien den neuen Begriff der ermessensabhängigen Überschussbeteiligung (*discretionary participation feature*).[59] Die ermessensabhängige Überschussbeteiligung entspricht einem vertraglichen Anspruch auf signifikante Zusatzleistungen (die in jeder beliebigen Form, z.B. auch in Form von Sachleistungen oder Beitragsverrechnungen, erbracht werden können), bei dem die vertraglichen Klauseln zur Bestimmung der Zusatzleistung auf den Überschuss des Unternehmens oder eines Teilbestands oder auf einen Teil des Überschusses wie Zins- oder Sterblichkeitsüberschuss Bezug nehmen. Der Vertrag muss die Bestimmung der Höhe oder wenigstens des Zuteilungszeitpunktes der zusätzlichen Leistungen nach ausdrücklich in das freie Ermessen des VR stellen.

43 Damit beinhalten z.B. fondsgebundene Leistungen, die an einen internen Fonds oder an gehaltene Fondsanteile anschließen, keine ermessensabhängige Überschussbeteiligung, da es bei diesen normalerweise am Ermessen mangelt. Genauso werden Zusatzleistungen, die gänzlich im Ermessen des VR liegen, ohne dass

56 Vgl. IFRS 4.BC176.
57 Vgl. IFRS 4.45.
58 Vgl. IFRS 4.IG47.
59 Vgl. IFRS 4, Appendix A.

der Vertrag eine Bindung an den Überschuss des VR beinhaltet, von der Definition nicht erfasst.[60]

Die Regelungen für die ermessensabhängige Überschussbeteiligung in IFRS 4 zielen vor allem auf die Beseitigung eines britischen Phänomens, nämlich der Möglichkeit, Überschüsse, über deren Aufteilung zwischen VR und VN noch nicht entschieden wurde, in einem besonderen Bilanzposten zwischen Eigenkapital und Fremdkapital auszuweisen (*fund for future appropriation*). Im Fall von VV mit ermessensabhängiger Überschussbeteiligung verbietet IFRS 4.34 einen solchen Ausweis. Der noch nicht zugeordnete Betrag darf nur in den Kategorien Eigenkapital und Fremdkapital ausgewiesen werden. Abgesehen davon kann jede bestehende Bilanzierungsmethode zur Behandlung der ermessensabhängigen Überschussbeteiligung weiter verwendet werden. Jedoch sind zukünftige mögliche Ansprüche der VN aufgrund der ermessensabhängigen Überschussbeteiligung, die nicht als Verbindlichkeit klassifiziert wurden, in einer gesonderten Kategorie des Eigenkapitals auszuweisen.[61] 44

Bei einer im handelsrechtlichen JA angesetzten gebundenen RfB handelt es sich auch nach IFRS 4 um eine zu passivierende Verpflichtung. Eine im handelsrechtlichen JA gebildete freie RfB ist im Rahmen der Fortführung der Bilanzierungsmethoden weiterzuführen. Letztgenannte könnte theoretisch aufgelöst werden, wenn dies eine Verbesserung der Relevanz bedeutete. Angesichts der Tatsache, dass die freie RfB über § 56a Abs. 3 Satz 1 VAG einer Verwendungssicherung zugunsten der VN unterliegt, kann diese Voraussetzung allerdings als nicht erfüllt angesehen werden. 45

Bei Finanzinstrumenten mit ermessensabhängiger Überschussbeteiligung bestimmt IFRS 4.35(b) für den Fall, dass ein Teil des Anspruchs der VN aus der ermessensabhängigen Überschussbeteiligung als Eigenkapital gezeigt wird, dass die sich unter IFRS 4 ergebende Gesamtrückstellung für den Vertrag mind. so hoch sein muss, wie sie sich bei einer isolierten Anwendung von IAS 39, ggf. in Verbindung mit IAS 18, auf den garantierten Teil ergeben würde. Dies bewirkt insb., dass anfängliche Abschlusskosten nur beschränkt berücksichtigt werden können, nämlich soweit IAS 39 bzw. IAS 18 dies für den garantierten Teil erlauben. 46

Wird hingegen die ermessensabhängige Überschussbeteiligung vollständig als Rückstellung bilanziert, ist auf diesen Vertrag ausschließlich IFRS 4 anzuwenden. Ein Vergleich mit einem Wert nach IAS 39 ist nicht notwendig. Das IASB erkennt 47

60 Vgl. IFRS 4.BC162 mit Hinweis auf die in den USA typischen *Universal-life*-Verträge, bei denen die Zinszuteilung allein im Ermessen des VR liegt.

61 Vgl. IFRS 4.34.

in diesem Fall den Angemessenheitstest für die Rückstellungen als ausreichend an.[62]

48 Für alle Finanzinstrumente mit ermessensabhängiger Überschussbeteiligung sind die Anhangangabepflichten gem. IFRS 7 verpflichtend. Nach IFRS 7.25 ist der Zeitwert von Spar- bzw. Kapitalisierungsverträgen im Anhang anzugeben. Soweit der Zeitwert eines Finanzinstruments mit ermessensabhängiger Überschussbeteiligung für die Anhangangaben nicht zuverlässig bestimmt werden kann, können stattdessen qualitative Angaben gemacht werden.[63] Die Beiträge für solche Verträge dürfen als Ertrag gezeigt werden, soweit dies bisher schon geschehen ist.[64]

49 Wie Bewertungsunterschiede zwischen IFRS-Konzernbilanz und dem für die Überschussbeteiligung maßgeblichen, handelsrechtlichen JA zu bewerten sind, wird im Standard nicht vorgegeben.[65] Vorschriften zur Überschussbeteiligung und BR im VAG betreffen unmittelbar nur den Teil der Überschüsse aus dem handelsrechtlichen Einzelabschluss (EA). Gemäß § 56a Abs. 1 Satz 1 VAG bestimmt der Vorstand mit Zustimmung des AR, welche Beträge zurückzustellen sind. Im Rahmen einer Fortführung der derzeitigen Bilanzierungsmethode wird die handelsrechtliche Komponente des § 56a VAG – Absätze 1 und 2 ohne die gesellschaftsrechtlichen Vorgaben – als Teil dieser fortzuführenden Bilanzierungsmethode gesehen. Damit besteht die Notwendigkeit, im IFRS-Abschluss vorab ausgewiesene Überschüsse bzw. unrealisierte Gewinne bei der Bildung der RfB zu berücksichtigen. Das ergibt sich des Weiteren aus dem allgemeinen Vollständigkeitsgebot in § 246 Abs. 1 Satz 1 HGB sowie den allgemeinen Bilanzierungsgrundsätzen für versicherungstechnische Rückstellungen in § 341e Abs. 1 HGB. Die im Rahmen von US-GAAP zu bilanzierende Rückstellung für latente BR (einschl. der im Rahmen der Schattenbilanzierung) ist auch in einem IFRS-KA zu bilden. Gleiches gilt für die Aufspaltung der RfB. Wurde diese bislang auf Basis des Rohüberschusses vorgenommen, so erfolgt sie im Rahmen eines IFRS-Abschlusses auf Basis des sich hier ergebenden Rohüberschusses.

6. Anhangangaben

50 Da IFRS 4 weitestgehend die Fortführung der bisherigen Bilanzierungsmethoden zulässt, soll ein Mindestmaß an Transparenz und Vergleichbarkeit der Abschluss-

62 Vgl. IFRS 4.35(a).
63 Vgl. IFRS 7.29(b).
64 Vgl. IFRS 4.35(c).
65 Vgl. IFRS 4.BC160.

informationen durch Anhangangaben hergestellt werden. Zwei Prinzipien müssen die Angaben im Anhang nach IFRS 4 genügen:

- Die aus VV stammenden Beträge des JA müssen identifiziert und erläutert werden[66]
- der VR hat Angaben zu machen, die es den Adressaten seines Abschlusses ermöglichen, Art und Ausmaß der Risiken aufgrund von VV zu beurteilen.[67]

IFRS 4 konkretisiert das erste Prinzip wie folgt:[68] 51

- Bilanzierungs- und Bewertungsmethoden für VV und zugehörige Vermögenswerte, Verbindlichkeiten, Erträge und Aufwendungen sind darzulegen.
- Angesetzte Vermögenswerte, Verbindlichkeiten, Erträge und Aufwendungen (und, wenn zur Darstellung der Kapitalflussrechnung die direkte Methode verwendet wird, Cashflows), die sich aus VV ergeben, sind anzugeben.[69]
- Wenn der VR ein Zedent ist, muss er die erfolgswirksam erfassten Gewinne und Verluste aus der RückV-Nahme und, falls die Gewinne und Verluste abgegrenzt und getilgt werden, die Tilgung für die Berichtsperiode und die ungetilgt verbleibenden Beträge am Anfang und Ende der Periode offen legen.[70]
- Die verwendeten Verfahren zur Bestimmung von Annahmen, die die größte Auswirkung auf die Bewertung der angesetzten Beträge der oben genannten Posten haben, sind anzugeben. Sofern es durchführbar ist, hat der VR zahlenmäßige Angaben dieser Annahmen zu geben.
- Auswirkungen von Änderungen der zur Bewertung von Versicherungsvermögenswerten und Versicherungsverbindlichkeiten verwendeten Annahmen sind anzugeben, wobei der Effekt jeder einzelnen Änderung, der sich wesentlich auf den Abschluss auswirkt, gesondert aufgezeigt werden soll.
- Überleitungsrechnungen der Änderungen der Versicherungsverbindlichkeiten, Rückversicherungsvermögenswerten und, sofern vorhanden, zugehöriger abgegrenzter Abschlusskosten.[71]

---

66 Vgl. IFRS 4.36.

67 Die Angabepflichten des zweiten Prinzips wurden durch den im August 2005 veröffentlichten IFRS 7 „Financial Instruments: Disclosures“ inhaltlich modifiziert; vgl. IFRS 4.38.

68 Vgl. IFRS 4.37.

69 Vgl. IAS 7.18; gem. DRS 2-20, Tz. 9 wird die Anwendung der indirekten Methode für VU empfohlen.

70 Vgl. IFRS 4.37.b i, ii.

71 Im *Exposure Draft* zu IFRS 4 hatte das IASB vorgesehen, die Angabe von Zeitwerten zu den VV im Anhang vorzuschreiben. Hierauf hat das IASB im endgültigen Standard verzichtet.

52 Um den Adressaten des Abschlusses ein Bild über die wirtschaftliche Belastung aus zukünftigen Zahlungsverpflichtungen zu vermitteln, sind gem. dem zweiten Prinzip Informationen zur Verfügung zu stellen, die es ermöglichen, Art und Ausmaß der Risiken aufgrund von VV zu beurteilen. Bezüglich des zweiten Prinzips werden folgende Angabeerfordernisse durch IFRS 4 aufgestellt:[72]

- Angaben zu Zielen, Strategien und Verfahren zur Steuerung der Risiken, die sich aus VV ergeben, und Methoden zur Steuerung dieser Risiken
- Informationen über das Versicherungsrisiko, sowohl vor als auch nach dem Ausgleich des Risikos durch RV, einschl. Informationen über
  - die Sensitivität bzgl. der Versicherungsrisiken,
  - Konzentrationen von Versicherungsrisiken mit einer Beschreibung der Art und Weise, in der die Unternehmensleitung Konzentrationen ermittelt und eine Beschreibung der gemeinsamen Merkmale der einzelnen Konzentrationen,
  - Angaben zu tatsächlichen Schäden verglichen mit früheren Schätzungen (Schadenentwicklung). Die Angaben zur Schadenentwicklung sollen bis zu der Periode gemacht werden, in der der erste wesentliche Schaden eingetreten ist, für den noch Ungewissheit über den Betrag und den Zeitpunkt der Schadenzahlung besteht, aber sie müssen nicht mehr als zehn Jahre zurückgehen. Ein VR braucht diese Angaben nicht für Schäden zu machen, für die die Ungewissheit über den Betrag und den Zeitpunkt der Schadenzahlung üblicherweise innerhalb eines Jahres geklärt ist.
- Informationen über Ausfall-, Liquiditäts- und Marktrisiken, die IFRS 7.31-42 fordern würde, wenn die VV in den Anwendungsbereich von IFRS 7 fielen. Jedoch:
  - Ein VR braucht eine Fälligkeitsanalyse nach IFRS 7.39(a) und (b) nicht vorzulegen, falls er Angaben über den voraussichtlichen zeitlichen Ablauf der Nettomittelabflüsse aufgrund von anerkannten Versicherungsverbindlichkeiten macht. Dies kann in Form einer Analyse der voraussichtlichen Fälligkeit der in der Bilanz erfassten Beträge geschehen.
  - Verwendet ein VR alternative Methoden zur Steuerung der Sensitivität bezüglich der Marktrisiken, wie z.B. eine Analyse der eingebetteten Werte, so kann er mit dieser Sensitivitätsanalyse den Anforderungen von IFRS 7.40(a)

72 Vgl. IFRS 4.39.

nachkommen. Ein solcher VR macht außerdem die von IFRS 7.41 verlangten Angaben.

- Informationen über Marktrisiken aufgrund von eingebetteten Derivaten, die in einem BasisVV enthalten sind, wenn der VR die eingebetteten Derivate nicht zum beizulegenden Zeitwert bewerten muss und dies auch nicht macht.

IFRS 4.39A stellt folgende Anforderungen an die notwendigen Sensitivitätsanaly- 53
sen i.S.d. IFRS 4.39(c) (i), wobei eine der beiden folgenden Möglichkeiten anzugeben ist:

- Eine Sensitivitätsanalyse, aus der sich ergibt, welche Auswirkungen auf Gewinn bzw. Verlust und Eigenkapital sich ergeben hätten, wenn Änderungen der relevanten Risikovariablen eingetreten wären, die am Bilanzstichtag nach vernünftigem Ermessen möglich waren; die Methoden und Annahmen, die bei der Durchführung der Analyse verwendet werden bzw. zugrunde gelegt wurden sowie sämtliche Änderungen hinsichtlich der Methoden und Annahmen gegenüber dem vorangegangenen Berichtszeitraum. Wendet ein VR eine alternative Methode zur Steuerung der Sensitivität bzgl. Marktrisiken an, wie eine Analyse der eingebetteten Werte, so kann er dieser Anforderung durch die Angabe dieser alternativen Sensitivitätsanalyse und der in IFRS 7.41a geforderten Angaben nachkommen.
- Qualitative Informationen über die Sensitivität und Informationen über diejenigen Konditionen von VV, die materielle Auswirkungen auf Höhe, Zeitpunkt und Ungewissheit künftiger Mittelflüsse bei dem VR haben.

Das IASB hat zu den Angaben im Anhang eine *Implementation Guidance* veröf- 54
fentlicht. Hierbei handelt es sich nicht um verbindliche Regelungen, sondern um Vorschläge, aus denen das Unternehmen die Angaben selektieren soll, die für die Umsetzung der Anforderungen des IFRS 4 zu den Anhangangaben als notwendig angesehen werden. Aus der *Implementation Guidance* folgen keine Anforderungen, die über den Standard hinausgehen.

7. Ausblick: IFRS 4 Phase II

Der Standard IFRS 4 *Insurance Contracts Phase I* wurde 2004 veröffentlicht. Dar- 55
auf folgte 2007 ein Diskussionspapier *Preliminary Views on Insurance Contracts (Phase II)*. Seit 2008 gibt es ein gemeinsames Projekt mit dem Financial Accounting Standards Board (FASB). Ein Exposure Draft bzgl. IFRS 4 Phase II wurde im Juli 2010 mit einer Kommentierungsfrist bis zum 30.11.2010 veröffentlicht. Der Exposure Draft basiert auf dem Diskussionspapier und berücksichtigt die dazu

eingegangenen Stellungnahmen sowie die zwischenzeitlich von IASB und FASB durchgeführten Konsultationen.

56 Der Entwurf sieht ein einheitliches Bilanzierungs- und Bewertungsmodell für alle Sparten sowie für Erst- und RückVV vor.

57 Der Bewertungsmaßstab wird vorläufig definiert als *„an entity's current estimate of the present value of resources required to fulfil the net obligation created by the insurance contract"*. Die Bewertung soll aus Sicht des bilanzierenden Unternehmens erfolgen (entity specific).

Geschätzt wird der mathematische Erwartungswert der zukünftigen Cashflows, jeweils abgezinst und eine Anpassung für Unsicherheiten (Risikomarge). Der sich daraus ergebende Wert wird als „Erfüllungswert" bezeichnet. Ein danach verbleibender anfänglicher Gewinn wird durch Bildung eine Restmarge verteilt.

58 Der Diskontsatz soll aus aktuellen Marktzinssätzen abgeleitet werden und die Charakteristika der Verpflichtungen reflektieren. Ein bestehendes „Accounting Mismatch", das sich dann ergibt, wenn auf Aktiv- und Passivseite der Bilanz unterschiedliche Bilanzierungsmethoden Anwendung finden, kann nur vermieden werden, indem die Kapitalanlagen zum Fair Value bilanziert und sämtliche Wertänderungen ebenfalls in der GuV ausgewiesen werden.

59 In der Erfolgsrechnung geht der Exposure Draft für Versicherungsverträge völlig neue Wege. Hinsichtlich der GuV ist ein Ausweis auf der Basis von Margen vorgesehen, d.h. es werden keine periodisierten Beiträge, Leistungen und Kosten ausgewiesen, sondern nur die Auflösungen der Risiko- und der Restmarge, Änderungen in den Schätzungen und Abwicklungsergebnisse.

IV. Bilanzierung von Versicherungsgeschäften nach US-GAAP

1. Schaden- und Unfallversicherung

a) Vorbemerkung

60 Die US-GAAP für VG orientieren sich in erster Linie nicht an bestimmten Unternehmenstypen[73] oder Risikoarten, sondern die Vorschriften sind grundsätzlich abhängig von der Vertragsgestaltung und der Vertragsdauer. Es wird insb.

73 Vgl. etwa zur Definition des Anwendungsbereichs nach Unternehmenstypen FASB ASC 944-10-15-2 i.V.m. FASB ASC 944-20-05.

unterschieden zwischen *short-duration contracts* und *long-duration contracts*. *Short-duration contracts* sind charakterisiert durch kurze Versicherungsperioden (üblicherweise bis zu zwölf Monaten), zu deren Ende das VU jeweils das Vertragsverhältnis kündigen oder die Vertragsbedingungen anpassen kann.[74] *Long-duration contracts* umfassen neben dem Versicherungsschutz wesentliche Nebenleistungen wie die Kapitalanlage.[75]

Die meisten Verträge in der Schaden- und Unfallversicherung stellen *short-duration contracts* dar. Viele Unfall-VV sind den *short-duration contracts* zuzuordnen; nur die Unfallversicherung mit Beitragsrückgewähr fällt unter die Kategorie *long-duration contracts*. Für die Rechnungslegung des Schaden- und Unfallversicherungsgeschäfts waren bisher insb. FAS 60 *Accounting and Reporting by Insurance Enterprises,* FAS 113 *Accounting and Reporting for Reinsurance of Short-Duration and Long-Duration Contracts* und der AICPA *Accounting and Audit Guide – Audits of Property and Liability Insurance Companies relevant.* 61

Das FASB hat seit Veröffentlichung der wesentlichen, für VR relevanten Standards eine Neukodifizierung der US-GAAP durchgeführt, welche die Darstellung der amerikanischen Rechnungslegungsregeln erheblich verändern und benutzerfreundlicher gestalten soll.[76] 62

b) Bilanz und Gewinn- und Verlustrechnung

aa) Beitragsüberträge

Die Beiträge in der Schaden- und Unfallversicherung werden nach Maßgabe des geleisteten Versicherungsschutzes abgegrenzt, was i.d.R. zu einer gleichmäßigen Verteilung der Beiträge über die Laufzeit des VV führt.[77] Diese Vorschrift entspricht dem in CON 5.84c festgelegten Realisationsprinzip, dem entsprechend Erlöse nach dem Leistungsfortschritt vereinnahmt werden (*percentage-of-completion method*). Nach deutschen Vorschriften für die Ermittlung der Beitragsüberträge (BÜ) üblichen Verfahren wie die Bruchteilsmethode und die Pauschalmethode können auch nach US-GAAP angewendet werden.[78] Dabei haben unterschiedliche Beitragszahlungsweisen nach US-GAAP keinen Einfluss auf die Höhe der BÜ. Ein Abzug der 63

74 Vgl. FASB ASC 944-20-15-7.
75 Vgl. FASB ASC 944-20-05-19 und FASB ASC 944-20-15-10.
76 Vgl. Unrein, IRZ 2009, S. 381.
77 Vgl. FASB ASC 944-605-25-1.
78 Vgl. *Mayr*, Internationalisierung der Konzernrechnungslegung deutscher Versicherungsunternehmen, München 1999, S. 90.

Abschlusskosten (Ako) von den BÜ ist unzulässig;[79] das gilt auch für den nach deutschem Recht praktizierten Abzug nicht übertragsfähiger Beitragsteile.[80]

bb) Abgegrenzte Abschlusskosten

64 Abgegrenzte Abschlusskosten (Ako) sind alle variablen Kosten, die in unmittelbarem Zusammenhang mit dem Zugang neuer und verlängerter VV stehen.[81] Sie umfassen sowohl Provisionen und andere erfolgsabhängige Bezüge für Vertreter und den angestellten Außendienst als auch interne Ako, wie z.B. Kosten des Innendienstes für die Ausstellung von Versicherungspolicen.[82]

65 Die Ako werden zeitgleich mit der Buchung der Beiträge abgegrenzt und im Verhältnis zur Realisierung der Beiträge erfolgswirksam aufgelöst.[83] Für die Zuordnung bestimmter *acquisition costs* zu bestimmten Beitragseinnahmen ist nicht auf den einzelnen Vertrag, sondern auf Gruppen von VV abzustellen, wie sie das VU für Zwecke der Akquisition, der Dienstleistungserbringung und der Berechnung der Rentabilität von VV bzw. -teilbeständen bildet (z.B. V-Sparten, -Zweige oder -Zweiggruppen).[84] Dadurch wird auch dem Risikoausgleich im Kollektiv als Produktionstechnik Rechnung getragen.[85]

66 Die *Deferred Acquisition Costs* (DAC) sind abzüglich abgegrenzter RückV-Provisionen auszuweisen, insoweit diese Erstattungen für Ako darstellen.[86]

67 Zum Bilanzstichtag ist pro Gruppe von Verträgen zu prüfen, ob die Summe der Aufwendungen für erwartete Versicherungsleistungen einschl. der Schadenregulierungskosten (SchRK), planmäßiger Auflösungen der DAC, Gewinnanteile der VN und Verwaltungsaufwendungen (*maintenance costs*) aus den entsprechenden BÜ finanziert werden kann. Ist dies nicht der Fall, liegt eine *premium deficiency*

79 Vgl. FASB ASC 944-30-25-1B und 944-30-35-1A.

80 Vgl. *IDW* (Hrsg.), WP Handbuch 2006, 13. Aufl., Bd. I, Düsseldorf 2006, Rn. K360 ff.

81 Vgl. FASB ASC 944-30-25-1 und 944-30-55-1.

82 Vgl. *Mayr*, Internationalisierung der Konzernrechnungslegung deutscher Versicherungsunternehmen, München 1999, S. 67.

83 Vgl. FASB ASC 944-30-35-1A. Die *Arbeitsgruppe Versicherungen des DRSC* vertritt die Auffassung, dass die DAC über die erwartete Laufzeit der Verträge (unter Berücksichtigung von Stornowahrscheinlichkeiten), jedoch maximal über die vertraglich vereinbarten Laufzeiten zu verteilen sind; vgl. Positionspapier „Konzernrechnungslegung von Versicherungsunternehmen" der *Arbeitsgruppe Versicherungen des DRSC*, Tz. 62.

84 Vgl. FASB ASC 944-30-25-1.

85 Vgl. ehem. FAS 5.95.

86 Vgl. FASB ASC 944-30-35-64. Hierdurch wird ein *matching* der Netto-Kosten mit den Netto-Beiträgen erreicht.

vor, mit der Folge, dass zuerst die abgegrenzten Ako bis zur Höhe des Fehlbetrags abzuschreiben sind.[87] Bei der Ermittlung der *premium deficiency* dürfen auch Kapitalerträge aus der zwischenzeitlichen Anlage der Prämienvorauszahlungen berücksichtigt werden. Falls dieses Wahlrecht in Anspruch genommen wird, ist hierüber im Anhang zu berichten.[88]

Reicht eine vollständige Abschreibung der DAC zur Deckung der *premium deficiency* nicht aus, so ist in Höhe des verbleibenden Betrags eine RdV (*premium deficiency provision*) zu bilden.[89] Die Vorschriften zur außerordentlichen Abschreibung der DAC und Bildung einer RdV entsprechen grundsätzlich den allgemeinen Vorschriften in FASB ASC 360-10-15-3 ff. *Accounting for the Impairment or Disposal of Long-Lived Assets*[90] und zu *Contingencies* in FASB ASC 450.[91] 68

cc) Schadenrückstellung

Eine Schadenrückstellung wird für eingetretene Versicherungsfälle (VF) gebildet, einschl. eingetretener, aber noch nicht gemeldeter Fälle (IBNR).[92] Die Ermittlung der Rückstellung erfolgt nach US-GAAP auf Teil-Portefeuillebasis unter Anwendung versicherungsmathematischer Methoden wie der *Bornhuetter-Ferguson*-Methode und *Chain-Ladder*-Methode.[93] Dabei sind entsprechend dem *ultimate cost*-Prinzip auch Preissteigerungen und sonstige externe Einflüsse auf die Höhe der künftigen Schadenzahlungen zu berücksichtigen.[94] Aufgrund der stochastischen Natur von Schadenzahlungen resultiert aus der Anwendung der Verfahren eine Bandbreite für den Rückstellungswert. Der festgelegte Schätzwert sollte realistisch sein, d.h. zwischen dem obersten und dem untersten Wert vernünftiger Schätzungen (*reasonable estimates*) liegen. 69

Alle erwarteten Kosten für die Regulierung von noch nicht abgewickelten Schäden müssen berücksichtigt werden, sobald der zugrunde liegende VF eingetreten ist. 70

87 Vgl. FASB ASC 944-60-25-4, 5.

88 Vgl. FASB ASC 944-60-50-1.

89 Vgl. FASB ASC 944-60-25-6.

90 Auch wenn DAC gem. FASB ASC 360-10-15-5 ausgenommen sind, stimmen die Vorschriften größtenteils überein.

91 Vgl. FASB ASC 450-20-25-2 und (FAS 5.74 Basis for Conclusion, lt. CrossRef in keinem Topic). Vgl. auch FASB ASC 330-10-35; (dieser Verweis ist fragwürdig: SOP 81-1 FASB ASC 605).

92 Vgl. FASB ASC 944-40-25-1 ff.

93 Vgl. AICPA Audit and Accounting Guide – Audits of property and liability insurance companies, para. 4.34 ff.

94 Vgl. FASB ASC 944-40-30-1 f.

Schadenregulierungskosten umfassen sowohl Aufwendungen für externe Leistungen (z.B. Anwaltshonorare und Kosten für amtliche Sachverständige) als auch Aufwendungen für interne Leistungen (z.B. in der Schadenregulierungsabteilung).[95] Insoweit stimmen die US-GAAP mit den deutschen Rechnungslegungsvorschriften (ReV) überein.[96] Rückstellungen für Rentenzahlungen aus eingetretenen VF werden nach US-GAAP nicht als Deckungsrückstellung, sondern als Schadenrückstellung ausgewiesen.

71 Die Abzinsung einer Schadenrückstellung ist nur ausnahmsweise zulässig, wenn Höhe und Zeitpunkt der Zahlung eindeutig feststehen (z.B. bei Rentenverpflichtungen).[97]

72 Die United States Securities and Exchange Commission (SEC) erlaubt börsennotierten VU eine Abzinsung nur in zwei Ausnahmefällen:[98] Sofern eine Abzinsung auch nach versicherungsaufsichtsrechtlichen Vorschriften (*statutory accounts*) vorgenommen wurde und/oder sofern die Höhe als auch der Zeitpunkt der Zahlungen pro VF zuverlässig bestimmbar sind. Eine Rückstellung für Pensionszahlungen an Geschädigte aus Berufsunfällen ist bspw. diskontierbar, während eine Rückstellung für Verpflichtungen aus Umweltschäden nicht abgezinst werden darf. Abgesehen von Rentenverpflichtungen basieren aber die meisten Rückstellungen auf Schätzungen, mit der Konsequenz, dass Betrag und Auszahlungszeitpunkt nicht zuverlässig bestimmbar sind, sodass diese nach den SEC-Vorgaben nicht diskontierbar sind.

73 Abbildung 1 vergleicht stark vereinfachend die unterschiedlichen Auswirkungen von diskontierten und nicht diskontierten Schadenrückstellungen auf das Jahresergebnis. Es wird eine Schadenquote von über 100 % unterstellt, sodass das VU auf Kapitalerträge angewiesen ist, um Gewinne zu erwirtschaften. Die Schadenabwicklung erfolgt über mehrere Jahre. Bei der Abzinsung von Schadenrückstellungen wird ein Gewinn im Zeitraum der Vereinnahmung der Beiträge realisiert, während bei der Nicht Abzinsung von Schadenrückstellungen ein Gewinn erst über den Zeitraum der Schadenabwicklung entsteht.

95 Vgl. FASB ASC 944-40-30-4, 944-40-25-1.
96 Vgl. B IV, III.e) Teil-Schadenrückstellung für Schadenregulierungsaufwendungen.
97 Vgl. *KPMG* (Hrsg.), US-GAAP – an overview for European Insurers, 1998, S. 31.
98 Vgl. SAB 62. hat lt. Crossref keinen Eingang in die ASC gefunden.

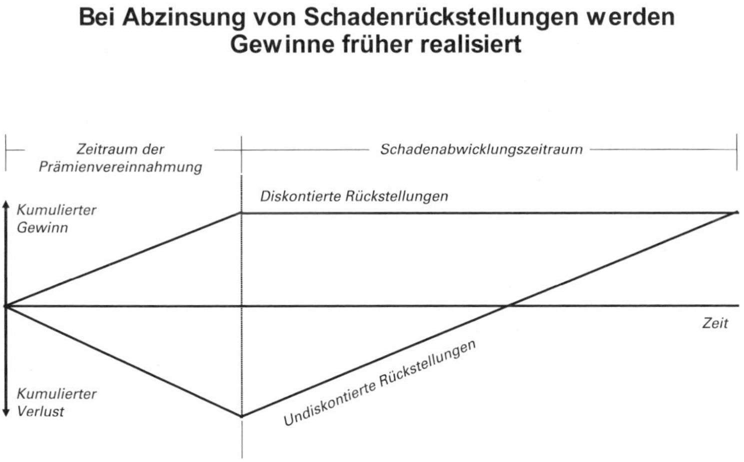

Abb. 1: Vorzeitige Gewinnrealisierung durch die Abzinsung von Schadenrückstellungen

dd) Schwankungs- und ähnliche Rückstellungen

Rückstellungen dürfen nach US-GAAP nur für bis zum Bilanzstichtag eingetretene Schäden und für *premium deficiencies* gebildet werden. Schwankungs- und ähnliche Rückstellungen sind daher nicht erlaubt. 74

Das FASB vertritt in FAS 5 die Auffassung, dass Schwankungs- und ähnliche Rückstellungen die Bilanzadressaten bei ihrer Beurteilung des Unternehmens nicht unterstützen. Die Auffassung wird damit begründet, dass ein VU keine Verpflichtung zur Leistung gegenüber VN aus Katastrophen hat, die sich erst nach Ablauf des Versicherungszeitraums ereignen.[99] Hierdurch wird deutlich, dass das *prudence*-Prinzip nicht vorherrschend ist, sondern gleichberechtigt neben den anderen Prinzipien steht. 75

ee) Risikotransfer in der Rückversicherung

Das Verbot zur Bildung von Schwankungs- und ähnlichen Rückstellungen nach US-GAAP führte zu einem verstärkten Einsatz finanzieller RückV. In den späten 80-er und frühen 90-er Jahren äußerten SEC und FASB bezüglich der sachgerechten Abbildung bestimmter RückVV im JA Bedenken, weil diese RückVV mit über- 76

99 Vgl. FASB ASC 944-40-55-3 sowie ehem. FAS 5.89 ff.

wiegendem Finanzierungscharakter oftmals zum Aufbau stiller Reserven führten. Verknappung der RückV-Kapazität und damit verbundene steigende Preise auf dem RückV-Markt, u.a. bedingt durch das Auftreten einer Vielzahl von Naturkatastrophen, führten zum Einsatz sog. *Spread-Loss*-Verträge. Hierbei kommt es u.U. zu einer Vorfinanzierung durch den RückVR, was seinerseits zur Bildung nicht bilanzierter stiller Lasten beim Erstversicherer (ErstVR) führt. Insofern werden die bilanziellen Auswirkungen von großen Schadenereignissen – gerade bei finanziell angeschlagenen Unternehmen – verschleiert.[100]

77 Das FASB reagierte im Jahre 1993 auf die zunehmende Konkursgefahr von VU durch bestimmte RückVV mit der Veröffentlichung des FAS 113 – *Accounting and Reporting for Reinsurance of Short-Duration and Long-Duration Contracts.* FAS 113 regelte grundsätzlich die Bilanzierung der passiven RückV und explizit nicht die Bilanzierung der aktiven RückV; lediglich die Definition der RückV und einige Anhangangaben beziehen sich auch auf die aktive RückV.[101] Grundsätzlich ist die aktive RückV daher wie die ErstV zu bilanzieren.[102]

78 Nach US-GAAP müssen für die Anerkennung eines Vertrags als RückVV sowohl das *Underwriting*- als auch das *Timing*-Risiko übertragen werden. Das *Underwriting*-Risiko ist das Risiko, dass die tatsächlichen Schadenzahlungen die kalkulierten Schadenzahlungen übersteigen. Das *Timing*-Risiko besteht darin, dass die Schadenzahlungen schneller als erwartet zu leisten sind. Das *Timing*-Risiko wird bspw. nicht übertragen, wenn RückVR aufgrund von Vertragsvereinbarungen Schadenzahlungen aufschieben können.

79 Für die Anerkennung eines RückVV sind daher folgende zwei Kriterien zu erfüllen:

a) der RückVR muss aus dem zugrunde liegenden ErstV-Portefeuille in signifikantem Umfang versicherungstechnisches Risiko, d.h. sowohl *Timing*- als auch *Underwriting*-Risiko, übernehmen;

b) ein signifikanter Verlust des RückVR aus dem RückVG muss hinreichend möglich sein (*reasonably possible*).[103]

100 Zu Finanz-RückV vgl. auch Beitrag B V.

101 Vgl. FASB ASC 944-20-15-38 f.

102 Vgl. ehem. FAS 113.47.

103 Vgl. FASB ASC 944-20-15-41, 944-20-15-46 f; im Allgemeinen wird davon ausgegangen, dass bei Übernahme von *Underwriting*-Risiko in Höhe von 10 % – bezogen auf die Vertragsprämie – bei einer Eintrittswahrscheinlichkeit von 10 % beide Kriterien erfüllt sind, vgl. *Broesche*, VW 1996, S. 1206.

Zur Überprüfung des Kriteriums b) werden die Barwerte aller zwischen Zedent und Zessionär auftretenden Zahlungsströme für die realistisch möglichen Szenarien ermittelt und miteinander verglichen. Dabei ist allen Szenarien derselbe Zinssatz zugrunde zu legen.[104] Eine zulässige Ausnahme zum Kriterium b) liegt vor, wenn aufgrund der guten Konditionen im ErstVG ein Verlust des RückVR nach vernünftiger Einschätzung nahezu unmöglich ist und der Zessionär im Wesentlichen alle versicherungstechnischen Risiken des zedierten VV übernimmt.[105] 80

Ein Vertrag, der nicht den o.g. Kriterien entspricht, ist nicht wie ein RückVV, sondern im Einzelfall wie ein Darlehen bzw. wie eine Einlage zu behandeln (*deposit accounting*). Dadurch werden die Prämien und Auszahlungen (z.B. RückV-Provisionen) nur in der Bilanz ausgewiesen, sodass der versicherungstechnische Teil der GuV unberührt bleibt (*premium collapsing*). 81

Zusätzliche Hinweise zum Umgang mit Finanz-RückV gibt das FASB in dem *Implementation Guide Q & A 113 – Accounting for Reinsurance: Questions & Answers about Statement 113.* 82

ff) Prospektive und retrospektive Rückversicherungsverträge

Verträge, die die Kriterien für einen RückVV erfüllen, werden in prospektive und retrospektive RückVV unterschieden. Prospektive Verträge sichern Zedenten gegen zukünftige, noch nicht eingetretene Schadenereignisse ab. Retrospektive Verträge sichern Zedenten gegen unzureichend oder nicht gebildete Rückstellungen für bereits eingetretene Schäden (*claims made*) ab. 83

Prospektive RückVV stellen den Regelfall der RückV dar. Zahlungen des Zedenten werden bei prospektiven RückVV nach US-GAAP wie vorausgezahlte RückV-Prämien behandelt und über den RückV-Zeitraum im Verhältnis zum geleisteten Versicherungsschutz verteilt.[106] 84

104 Vgl. FASB ASC 944-20-15-49.
105 Vgl. FASB ASC 944-20-15-51, 944-20-15-53.
106 Vgl. FASB ASC 944-605-25-20, 944-605-35-8.

85 FASB ASC 944-20-5-41 f, 944-20-25-4, 944-20-15-55 befassen sich mit der Behandlung prospektiver RückVV bei mehrjähriger Laufzeit und ex post erfolgten Prämienanpassungen. Aus der Abwicklung resultierende positive Salden sind vom ErstVR als Forderung, negative Salden als Verbindlichkeit zu bilanzieren.

86 Rückversicherungs-Prämien für retrospektive Verträge werden als RückV-Forderungen ausgewiesen. Ist der auf den RückVR entfallende Anteil an der Schadenrückstellung des Zedenten höher als die entsprechenden gezahlten RückV-Prämien (Portefeuille-Eintrittszahlungen), so ist die entsprechende RückV-Forderung um den Differenzbetrag zu erhöhen und der entstehende Gewinn über den geschätzten Abwicklungszeitraum zu vereinnahmen.[107] Durch diese Vorgehensweise werden VU wirksam daran gehindert, Schadenrückstellungen mittels Abschluss retrospektiver RückVV zu diskontieren.

87 Ist bei retrospektiven Verträgen die Schadenrückstellung des Zedenten niedriger als die entsprechenden gezahlten RückV-Prämien (Portefeuille-Eintrittszahlungen), so ist der Differenzbetrag durch eine Abschreibung der RückV-Forderung und/oder eine Zuführung zur Schadenrückstellung erfolgswirksam zu eliminieren.[108]

Das Schaubild 2 fasst die Behandlung von RückVV in einem Prüfschema zusammen:

107 Vgl. FASB ASC 944-605-25-22.
108 Vgl. FASB ASC 944-605-25-23.

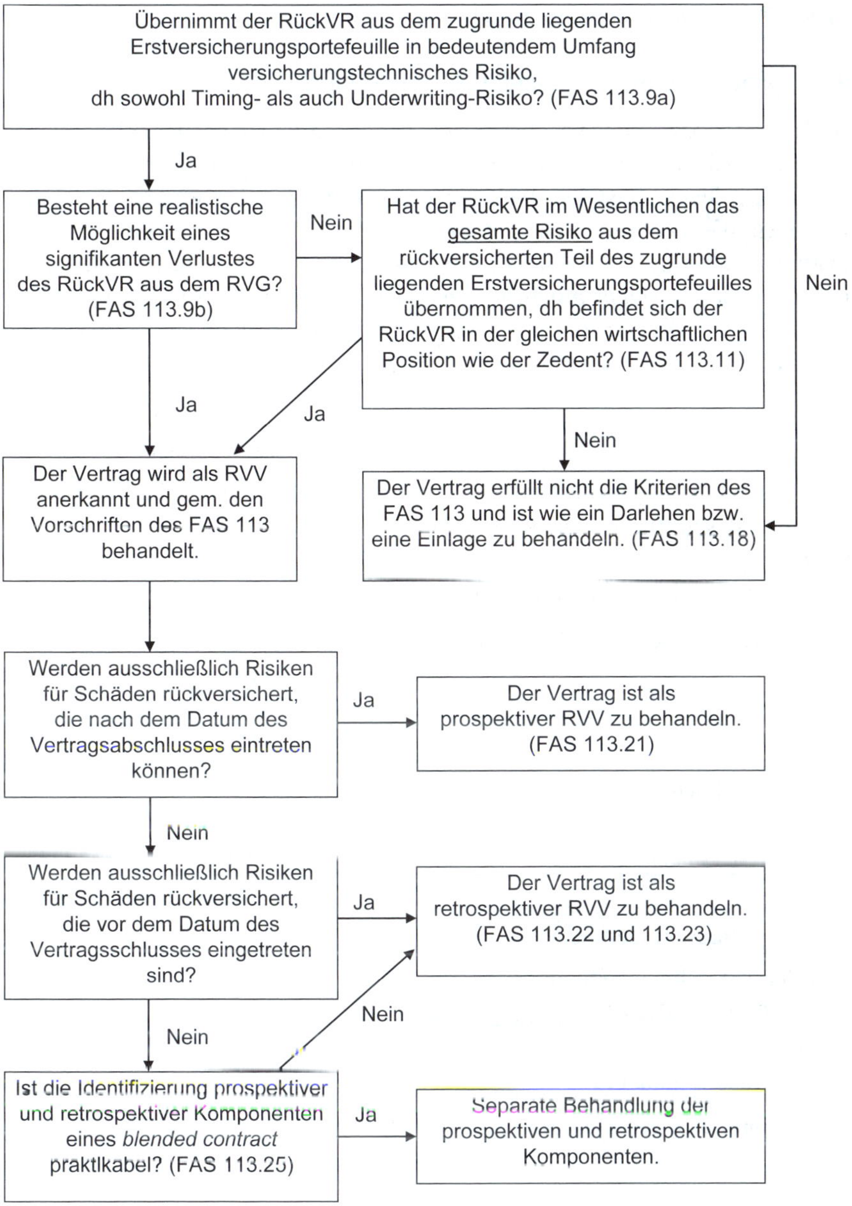

Abb. 2: Prüfschema für RückVV

c) Zusätzliche Berichterstattung

aa) Entwicklung der Schadenrückstellung

88 In den *notes* bzw. *supplemental schedules* müssen umfangreiche Erläuterungen zu den Annahmen gegeben werden, die der Bildung von Schadenrückstellungen zugrunde gelegt wurden. Des Weiteren sind Erläuterungen zu wesentlichen Informationen, die nicht direkt aus der Bilanz oder GuV ersichtlich sind, zu geben. Darunter fällt z.B. die Abbildung der Entwicklung der Schadenrückstellungen (*reconciliation of claims provisions*), d.h. die Ermittlung der Netto-Schadenrückstellungen im GJ unter Beachtung von Schadenzahlungen und Schadenaufwand für das GJ und für die Vorjahre (VJ) (Abbildung 3).[109]

	2003 Mio. $	2004 Mio. $	2005 Mio. $
Schadenrückstellung brutto am 01.01.	205	221	230
Anteil für das in Rückdeckung gegebene VG am 01.01.	20	23	26
Schadenrückstellung netto am 01.01.	185	198	204
Eingetretene Schäden und Schadenaufwand für			
das GJ	120	150	152
das VJ	3	(5)	(6)
Gesamt	123	145	146
Schäden und Schadenzahlungen für			
das GJ	30	33	37
das VJ	60	75	78
Gesamt	90	108	115
Währungskursveränderungen	3	(5)	6
Schadenrückstellung netto am 31.12.	221	230	241
Anteil für das in Rückdeckung gegebene VG am 31.12.	23	26	30
Schadenrückstellung brutto am 31.12.	244	256	271

Abb. 3: Entwicklung der Schadenrückstellung[110]

109 Vgl. FASB ASC 944-40-50-2 ff.

110 Vgl. *KPMG* (Hrsg.), US-GAAP for Foreign Insurers, 2. Aufl., 2002, S. 31.

bb) Schadenabwicklungstabelle

Die SEC verpflichtet börsennotierte VU zur tabellarischen Darstellung der Abwicklungsergebnisse der letzten zehn Jahre (*ten year claims development table*).[111] Anhand dieser Tabelle ist die Qualität der Schadenreservierung für jedes der letzten zehn Jahre ersichtlich. Die Abwicklungstabelle wird von der SEC in Anlehnung an aufsichtsrechtliche Berichterstattungsvorschriften gefordert, weil sie diese Informationen auch für Investoren für relevant hält. 89

Abbildung 4 enthält ein Beispiel für den Aufbau der Abwicklungstabelle: 90

		00	01	02	03	04	05	06	07	08	09	10
		$m	$m	$m	$m	$m	$m	$m	$m	$m	$m	$m
1	Netto-Schadenrückstellung	111	133	145	151	162	171	177	185	198	304	211
	davon gezahlt (kumulativ):											
2	Ein Jahr später	40	48	50	54	60	65	60	60	75	78	
3	Zwei Jahre später	60	72	75	79	88	94	95	95	120		
4	Drei Jahre später	79	94	100	107	118	129	130	131			
5	Vier Jahre später	88	105	111	117	129	142	142				
6	Fünf Jahre später	95	115	121	128	139	150					
7	Sechs Jahre später	103	124	130	136	149						
8	Sieben Jahre später	110	134	142	149							
9	Acht Jahre später	115	136	145								
10	Neun Jahre später	118	140									
11	Zehn Jahre später	120										
	Neubeurteilung der Rückstellung:											
12	Ein Jahr später	110	132	145	153	180	170	178	188	193	198	
13	Zwei Jahre später	108	130	140	170	185	170	176	187	188		
14	Drei Jahre später	111	131	165	173	186	168	173	184			
15	Vier Jahre später	113	150	164	173	189	167	172				
16	Fünf Jahre später	129	155	169	172	191	166					
17	Sechs Jahre später	130	158	172	169	191						
18	Sieben Jahre später	130	158	172	168							
19	Acht Jahre später	129	157	171								
20	Neun Jahre später	128	156									
21	Zehn Jahre später	127										

111 Vgl. FRR 403.04b (lt. Crossref. nicht im ASC). Die Schadenabwicklungstabelle braucht nicht pro Versicherungszweig erstellt zu werden.

		00	01	02	03	04	05	06	07	08	09	10
		$m	$m	$m	$m	$m	$m	$m	$m	$m	$m	$m
22	Abwicklungsgewinn (-verlust) kumuliert	(16)	(23)	(26)	(17)	(29)	5	5	1	10	6	
23	Abwicklungsgewinn (-verlust) kumuliert ohne Währungskurs-veränderungen	(12)	(18)	(23)	(15)	(25)	7	2	3	14	6	

Abb. 4: Beispiel für eine Abwicklungstabelle[112]

91 Zeile 1 enthält die Netto-Schadenrückstellungen, wie sie in der Bilanz des GJ und in den Bilanzen der zehn VJ ausgewiesen wurden. Die Zeilen 2-11 zeigen die kumulierten Schadenzahlungen, die in den Folgeperioden aus dieser Rückstellung geleistet wurden. Folglich enthält Zeile 5 in der Spalte des Jahres 2000 alle Schadenzahlungen der Jahre 2001-2004 für Schäden aus den Schadenjahren 2000 und früher, die am 31.12.2000 reserviert waren. In den Zeilen 12-21 werden die Schadenrückstellungen am Jahresende zu den Zahlungen der Zeilen 2-11 addiert. Daraus ergibt sich, welche Schadenrückstellungen in der ursprünglichen Bilanz mit dem Wissen über den Schadenverlauf in den Folgejahren im Nachhinein hätten gebildet werden müssen. Beispielsweise enthält Zeile 17 in der Spalte des Jahres 2003 sowohl alle Schadenzahlungen der Jahre 2004-2009 für Schäden aus dem Jahre 2003 und aus früheren Jahren als auch Reservierungen für noch nicht abgewickelte VF zum 31.12.2009 für das Schadenjahr 2003 und frühere Schadenjahre.

92 Zeile 22 zeigt den Abwicklungsgewinn bzw. -verlust am Bilanzstichtag aus der ursprünglich gebildeten Schadenrückstellung. Im Beispiel war das Unternehmen bis zum Jahre 2004 unterreserviert. In 2005 wurde in größerem Umfang nachreserviert. Das Abwicklungsergebnis hat sich ab 2005 verbessert. Dabei ist zu beachten, dass Währungskursveränderungen das Abwicklungsergebnis verzerren können. Daher wird das Abwicklungsergebnis in Zeile 23 um den Einfluss von Währungskursschwankungen neutralisiert.

2. Lebens- und Krankenversicherung

a) Vorbemerkung

93 Die US-GAAP für die LV und die Krankenversicherung (KV) entstanden im Laufe der letzten 30 Jahre. Anstoß für den Entwicklungsprozess war die Ausgabe des AICPA Accounting and Audit Guide – Audits of Stock Life Insurance Companies

112 Vgl. *KPMG* (Hrsg.), US-GAAP for Foreign Insurers, S. 29.

im Jahre 1972. Dieser wurde als AICPA Accounting and Audit Guide – Life and Health Insurance Companies im Jahre 2000 neu gefasst und ist seitdem auch von Krankenversicherungsunternehmen (KVU) und VVaG anzuwenden.

Im Jahre 1982 wurde FAS 60 – *Accounting and Reporting by Insurance Enterprises* veröffentlicht, der die wichtigsten Regeln für Versicherungsprodukte der bestehenden *Audit Guides* zusammenfasste, ohne diese einer genaueren Überprüfung zu unterziehen. Während der 80-er Jahre entstanden neue Produkte, die eine Weiterentwicklung der Rechnungslegungsgrundsätze erforderten. FAS 91 aus dem Jahre 1986 befasst sich mit der Behandlung der Erträge und Aufwendungen von Finanzdienstleistern. Der in 1987 veröffentlichte FAS 97 widmet sich speziell der Behandlung von damals neueren LV-Produkten.[113] 94

Die genannten Standards waren anfangs nicht für VVaG (*mutual insurers*) gültig, weil das FASB die Auffassung vertrat, dass diese Rechtsform aufgrund der Eigentümerrolle der VN einer besonderen Behandlung bedurfte. Durch FAS 120 – *Accounting and Reporting by Mutual Life Insurance Enterprises and by Insurance Enterprises for Certain Long-Duration Participating Contracts* aus dem Jahre 1995 wurde dieser Ausschluss aufgehoben. Die besonderen Regelungen des FAS 120 für Lebens-VVaG können auch von VU anderer Rechtsformen auf das LV-Geschäft mit Überschussbeteiligung angewendet werden, sofern die Produkte und deren Überschussbeteiligung den bei US-Lebens-VVaG üblichen entsprechen.[114] 95

In den genannten Standards wird zwischen folgenden acht produktbezogenen Vertragstypen unterschieden: 96

- *Short-duration Contracts* (ehem. FAS 60);
- *Long-duration Contracts-Non Participating* (ehem. FAS 60);
- *Long-duration Contracts-Participating* (ehem. FAS 60);
- *Limited Payment FAS 60 Type Contracts* (ehem. FAS 97);
- *Universal Life Type Contracts* (ehem. FAS 97);
- *Investment Contracts* (ehem. FAS 97);
- *Participating Contracts* (ehem. FAS 120) und *Participating Insurance* (ehem. FAS 60).

Aufgrund der unterschiedlichen RcV für verschiedene Vertragstypen sind bei der Umstellung auf die US-GAAP eine Vielzahl von Aufgaben zu bewältigen, wie z.B.: 97

113 Vgl. auch *Herget* (Hrsg.), US-GAAP for Life Insurers, Schaumburg, Illinois 2006, S. 25 f.
114 Vgl. *Herget* (Hrsg.), US-GAAP for Life Insurers, Schaumburg, Illinois 2006, S. 27.

- die Zuordnung der bestehenden LV-Produkte zu den US-amerikanischen Vertragskategorien, welche durch unterschiedliche Produktausgestaltungen erschwert wird. Überschussbeteiligte LV und fondsgebundene LV sind bspw. ähnlich, aber nicht identisch mit den US-amerikanischen *Participating* und *Universal Life Type Contracts*;[115]
- Unterscheidung bestehender Verträge in *Short-duration* und *Long-duration Contracts*;
- Identifizierung der Annahmen, die im Zeitpunkt des Vertragsabschlusses galten;
- detaillierte Untersuchungen zur Stützung der getroffenen Annahmen (Rechnungsgrundlagen 2. Ordnung) und
- Bestimmung des Ausmaßes, in dem bestehende versicherungsmathematische Modelle unter US-GAAP akzeptiert werden können.

b) Short-duration Contracts (ehem. FAS 60)

98 *Short-duration Contracts* sind in der Schaden-/Unfallversicherung üblich, existieren aber auch im LV- und KV-Geschäft, z.B. bei der Kreditlebens- und der Reise-KV.[116] Deutsche LVV mit Überschussbeteiligung sind hingegen stets als *Long-duration Contracts* zu behandeln. Auf die Rechnungslegung von *Short-duration Contracts* wurde bereits in Abschn. IV.1 eingegangen.

c) Long-duration Contracts (ehem. FAS 60)

99 *Long-duration Contracts* sind Verträge, die für einen längeren Versicherungszeitraum abgeschlossen werden (mind. zwölf Monate). Diese Verträge beinhalten üblicherweise neben der Bereitstellung von Versicherungsschutz noch in wesentlichem Umfang weitere Leistungen des VU wie bspw. die Anlage der gezahlten Beiträge. Da keine dieser Leistungen bei der Abwicklung von *Long-duration Contracts* überwiegt, wird in der anfänglichen Rechnung ein über die Vertragslaufzeit gleiches Verhältnis zwischen Gewinn und laufenden Beitragszahlungen (gleichmäßiger Gewinnstrom) angestrebt.[117] Hierzu werden die Versicherungsbeiträge dann vereinnahmt, wenn sie fällig sind.[118] Der gleichmäßige Gewinnstrom wird über die Bemessung der DR (*liability for future policy benefits*) erreicht.

115 In Großbritannien werden die Begriffe *with profits* und *unit linked business* verwendet.

116 Vgl. FASB ASC 944-20-55-1.

117 Vgl. *Herget* (Hrsg.), US-GAAP for Life Insurers, Schaumburg, Illinois 2006, S. 83 zu FASB ASC.

118 Vgl. FASB ASC 944-605-25-3 944-20-05-19 und 944-20-15-10.

Long-duration Contracts sind im LV-Geschäft üblich, existieren aber auch in der Schaden-/Unfallversicherung, z.B. bei der zehnjährigen Hausratversicherung.[119]

Die DR ergibt sich aus dem Barwert der geschätzten zukünftigen Versicherungs- 100
leistungen abzüglich des Barwerts der zukünftigen Reserve-Prämien.[120] Die Verwendung der Reserve-Prämie anstelle des vertraglichen Beitrags ist Voraussetzung für die beabsichtigte Abbildung eines gleichmäßigen Gewinnverlaufs. Deckungsrückstellungen sollen nach US-GAAP basierend auf realistischen Annahmen über die zukünftige Entwicklung der Sterblichkeit, Morbidität, Kapitalanlagenverzinsung, Storni sowie Verwaltungs- und SchRK im Zeitpunkt des Vertragsabschlusses gebildet werden.[121] Für eingetretene, aber noch nicht regulierte VF wird, wie bei *Short-duration Contracts,* eine Schadenrückstellung inkl. SchRK gebildet.[122]

Bei der Bestimmung der Annahmen für die DR sind die *provisions for adverse* 101
deviation (PAD) anzusetzen. Es handelt sich hierbei um Sicherheitsmargen für nachteilige Abweichungen von den realistischen Annahmen. Für jede zugrunde gelegte Annahme ist i.d.R. separat ein PAD anzusetzen. Die PAD dienen ausschließlich dem Ausgleich von Schwankungsrisiken. Sie sind deshalb kleiner als die nach HGB erforderlichen Sicherheiten in den Rechnungsgrundlagen.

Das *lock-in concept* bestimmt in diesem Zusammenhang, dass die bei erstmaliger 102
Bilanzierung eines Vertrags getroffenen Annahmen während der Laufzeit unverändert bleiben. Eine Ausnahme besteht nur im Fall einer *premium deficiency.* Aktuelle Erfahrungen (ohne PAD) bezüglich der Entwicklung der Kapitalverzinsung, Sterblichkeit, Morbidität, Storni und Kosten können aufzeigen, dass die auf Basis der *locked-in*-Annahmen gebildete Rückstellung und der Barwert der zugehörigen Beiträge nicht ausreichen, um die zukünftigen Leistungen sowie die Tilgung der DAC zu gewährleisten. Liegt dieser Fall vor, werden meist die DAC entsprechend ganz oder teilweise abgeschrieben und falls dies nicht ausreicht, die DR entsprechend zusätzlich auf Basis der aktuellen Erfahrungen (ohne PAD) erhöht. Die Auskömmlichkeit bestehender *locked-in*-Annahmen muss regelmäßig überprüft werden. Dieser Vorgang wird als *loss recognition test* bezeichnet. Eine *loss recognition* wird nicht durchgeführt, um zukünftig befürchtete Veränderungen zu reflektieren. Nur Veränderungen, deren Ursachen bereits eingetreten sind, dürfen berücksichtigt werden. Dies ist auch dann der Fall, wenn dem Aktuar Informationen vorliegen,

119 Vgl. FASB ASC 944-20-55-3 ff.

120 Die Reserveprämie entspricht inhaltlich und in der Funktion dem deutschen Normbeitrag der BerVersV. Zusammen mit der Tilgungsprämie und dem Gewinnzuschlag ergibt sich der vertragliche Beitrag.

121 Vgl. FASB ASC 944-40-30-7.

122 Vgl. FASB ASC 944-40-25-9.

aus denen er schließt, dass er die Annahmen für die zukünftige Entwicklung der aktuariellen und Marktparameter revidieren muss. Da nunmehr der Vertrag ohne jede Sicherheitsmarge bilanziert wird, bewirkt jede weitere Verschlechterung sofort wieder einen Anpassungsbedarf. Die *loss recognition* ist keine Stichtagsbewertung. Vielmehr wird nur dauerhaften Veränderungen Rechnung getragen.[123]

103 Die DAC werden proportional zu den Beiträgen über die Beitragszahlungsdauer (BZD) getilgt (Tilgungsprämie). Die zur Ermittlung der Tilgungsprämie verwendeten Rechnungsgrundlagen müssen denen der Reserveprämie entsprechen.

104 In der KV werden bei einer Beitragsanpassung bei unverändertem Stand der DR die Annahmen für Beitrags- und Leistungsbarwerte gleichermaßen angepasst. Diese Vorgehensweise wird als *prospective unlocking* bezeichnet.

105 Die folgende Abbildung verdeutlicht das *lock-in concept*.

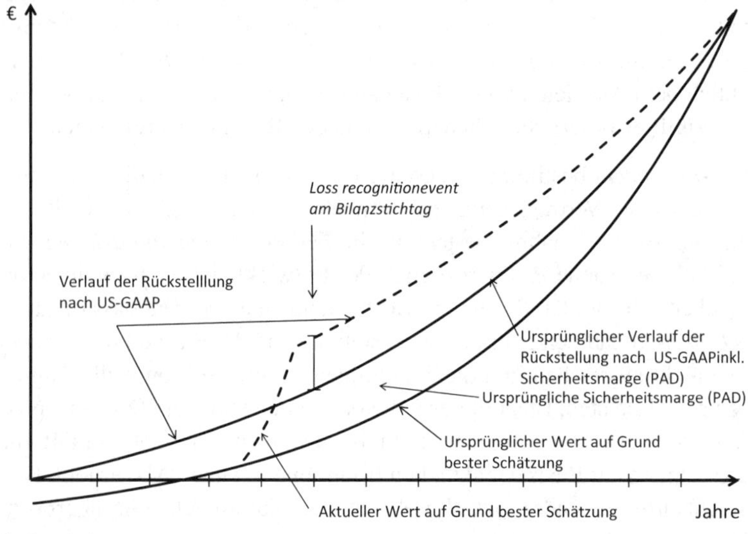

Abb. 5: Lock-in concept

d) Limited Payment FAS 60 Type Contracts (ehem. FAS 97)

106 Bei *Long-duration Contracts* mit abgekürzter BZD (oder allgemein mit nicht laufender Beitragszahlung, also z.B. auch Einmalbeiträgen) ist die Verteilung des Gewinns proportional zu den Beiträgen nicht sinnvoll. Daher wird der Beitrag, wie bei laufenden Beiträgen, bei Fälligkeit als Ertrag gezeigt, jedoch der Gewinnzuschlag durch

123 Vgl. *Herget* (Hrsg.), US-GAAP for Life Insurers, Schaumburg, Illinois 2006, 2006, S. 93 f.

die Bildung eines passiven Rechnungsabgrenzungsposten (RAP) (*Deferred Profit Liability; DPL*) auf die Laufzeit verteilt.[124] Die DPL ist meist Bestandteil der DR.[125]

e) Universal Life Type Contracts (ehem. FAS 97)

Universal Life stellt eine flexible Form der LV dar, die es in dieser Form in Deutschland nicht gibt. Bei Vorliegen eines der folgenden drei Kriterien spricht man von einem *Universal Life Type Contract*:[126] 107

- Der VN hat die Möglichkeit, Zeitpunkt und/oder Höhe der Beitragszahlungen in gewissen Grenzen frei zu variieren, während nach dem ehem. FAS 60 die Beiträge nach Höhe und Fälligkeit vereinbart waren.
- Zu dem VV wird ein Konto geführt, auf dem Prämien und Zinsgewinne gutgeschrieben und Risikobeiträge, Verwaltungskosten sowie Stornoabschläge (*surrender charges*) belastet werden, wobei nicht alle Gutschriften oder Belastungen bei Vertragsabschluss vertraglich festgelegt sind.
- Das VU erwartet, dass Veränderungen einzelner Vertragselemente im Wesentlichen auf Veränderungen des Kapitalmarktes beruhen und weniger auf Abweichungen der Realität von den anderen Annahmen des Lebensversicherungsunternehmens (LVU).

Insbesondere durch die flexible Beitragszahlung ist eine Verteilung des Gewinns proportional zu den Beiträgen wenig sinnvoll. Die Zahlungen der VN für diese Verträge werden hier nicht als Prämienerträge, sondern als Einlagen behandelt.[127] Erträge aus diesen VV stellen nur Risikoprämien, Stornoabschläge sowie sonstige Kontenentnahmen für Kosten dar. Aufwendungen aus diesen VV sind Versicherungsleistungen, welche den Kontostand übersteigen, Verwaltungsaufwendungen sowie die Abschreibungen der DAC. 108

Die DAC werden über die Laufzeit des Versicherungsbestands (VB) entsprechend des geschätzten jährlichen Rohergebnisses (*estimated gross profit*) abgeschrieben.[128] An jedem Bilanzstichtag wird das geschätzte Rohergebnis pro Bewertungsteilbestand anhand aktueller Daten ermittelt und der Abschreibungsplan für die gesamte, auch vergangene, Vertragslaufzeit neu berechnet. Dabei werden zur Ermittlung der zukünftigen, erwarteten Rohergebnisse Rechnungsgrundlagen 109

124 Vgl. FASB ASC 944-605-25-4A, 944-605-35-1.
125 Vgl. *DAV* (Hrsg.), Rechnungslegung nach IAS/US-GAAP, 2001, S. 37.
126 Vgl. FASB ASC 944-20-15-11, 26.
127 Vgl. FASB ASC 944-605-25-5.
128 Vgl. FASB ASC 944-30-35-4.

2. Ordnung ohne Sicherheitsmargen verwendet. Falls in der Vergangenheit zu geringe oder zu hohe Abschreibungen der DAC vorgenommen wurden, werden diese zum Bilanzstichtag sofort erfolgswirksam korrigiert.

110 Zahlungen von VN, die zur Deckung künftiger Aufwendungen des VU dienen, sind passiv abzugrenzen und wie die DAC über die Laufzeit des VB zu verteilen.[129]

f) Investment Contracts (ehem. FAS 91 und 97)

111 Ein *Investment Contract* ist durch das Fehlen eines signifikanten Versicherungsrisikos gekennzeichnet. Nach ehem. FAS 91 und ehem. FAS 97 führen Zahlungen für diese Verträge daher ebenfalls nicht zu einem Ausweis von Prämien- oder anderen Erträgen, sondern zu Einlageverbindlichkeiten (*deposit liabilities*) in Höhe der entsprechenden Finanzinstrumente. Der ehem. FAS 91 schreibt vor, dass vorausgezahlte Beiträge über die Laufzeit des *Investment Contracts* abzugrenzen sind.

g) Participating Contracts (ehem. FAS 120) und Participating Insurance (ehem. FAS 60)

112 In den USA gelten für die traditionellen Verträge mit Überschussbeteiligung von VVaG besondere Bestimmungen, die im ehem. FAS 120 enthalten sind. Im ehem. FAS 120 finden sich sowohl Elemente von FAS 60 als auch von FAS 97. Die *Participating Contracts* basieren auf dem *contribution principle*, wonach Überschüsse und Aufwendungen den VV in dem Verhältnis zugeteilt werden, in dem diese zu dem Überschuss des Unternehmens beisteuern. Derartige Verträge mit Überschussbeteiligung müssen bei VVaG und dürfen bei Aktiengesellschaften (AG) nach den Vorschriften des ehem. FAS 120 dargestellt werden. Für diese Verträge gilt:

- Beiträge werden im Zeitpunkt der Fälligkeit als Ertrag ausgewiesen.
- Leistungen im Todesfall oder bei einem Vertragsrückkauf werden zum Zeitpunkt des Eintritts des VF in voller Höhe als Aufwand gebucht.
- Die im GJ anfallenden und verteilten Überschüsse werden aufwandswirksam erfasst.
- Die DR setzt sich aus den eigentlichen DR (*net level premium reserve*) und einer Rückstellung für Schlussüberschussanteile (*liability for terminal dividends*) zusammen. Letztere werden nach dem gleichen Schlüssel aufgebaut, nach dem die Tilgungsbeiträge für die DAC bestimmt werden. Die DAC werden, ähnlich wie beim ehem. FAS 97, über die Versicherungsdauer abge-

129 Vgl. FASB ASC 944-605-35-2, 944-605-25-6, 7.

schrieben. Als Rechnungsgrundlagen der eigentlichen DR werden in den USA die dort häufig vertraglich bestimmten Rechnungsgrundlagen des Überschussbeteiligungssystems verwendet. In Deutschland werden stattdessen meist die Rechnungsgrundlagen des Rückkaufwerts oder der beitragsfreien Summe verwendet, die im Allgemeinen denen der Beiträge entsprechen.

- Es ist ggf. eine Rückstellung für *premium deficiency* zu bilden.

Die Rechnungslegung der Überschussbeteiligung erfolgt grundsätzlich nach den Regeln des ehem. FAS 60. Danach sind zwei Fälle zu unterscheiden: Solche mit einem geregelten Mindestanteil am Überschuss (*restricted participating business*) und hiervon abweichende Fälle. Im ersten Fall ist der dem VN zustehende Anteil am nach US-GAAP bestimmten Überschuss aufwandswirksam der RfB zuzuweisen.[130] Bei Fälligkeit erfolgt die Zuteilung über eine erfolgsneutrale Buchung. Soweit Überschüsse nicht erfolgswirksam ausgewiesen werden (z.B. unrealisierte Kapitalanlageerträge), wird in Höhe des Anteils der VN erfolgsneutral eine RfB (*shadow RfB*) gebildet (Teil des *shadow accounting*).[131] In allen übrigen Fällen werden die erwarteten, zukünftigen Überschussanteile wie garantierte Leistungen in der DR berücksichtigt. 113

h) Rückversicherung

Es bestehen keine besonderen Regeln für die Lebens-RückV. Die bilanzielle Behandlung des aktiven und passiven RückVG folgt neben den anderen, auch den für die RückV gültigen Regeln.[132] Danach ist bei allen Bilanzposten mit Ausnahme der DAC ein Bruttoausweis mit gesondertem Ausweis der RückV als RückV-Forderung oder -verbindlichkeit vorgesehen.[133] Bei der Beurteilung, ob ein Risikotransfer stattgefunden hat, sind Regelungen in Rahmenverträgen, andere Vertragsklauseln, weitere RückVV und außervertragliche Vereinbarungen zu berücksichtigen. 114

Damit ein Vertrag als RückVV bilanziert werden kann, muss der RückVR das Sterblichkeits- oder Morbiditätsrisiko übernehmen, d.h. es muss eine realistische Möglichkeit eines signifikanten Verlustes aus dem in Rückdeckung übernommenen Versicherungsgeschäft (üG) bestehen. In der Praxis werden auch Verträge, bei denen u.a. das Stornorisiko ein nicht unerhebliches Gewicht hat, als RückVV betrachtet. Die FASB-Standards enthalten zwar Angaben, wie realistische Verlust- 115

---

130 Vgl. FAS FASB ASC 944-50-25-2, 944-50-30-2.

131 Vgl. zu *shadow adjustments* FASB ASC 320-10-S99-2, 320-10-S35-1.

132 Vgl. ausführlich *Herget* (Hrsg.), US GAAP for Life Insurers, Schaumburg, Illinois 2006, S. 523-534; Rn. 87 ff.

133 Vgl. FASB ASC 944-310-25-2, 944-340-25-1, 944-20-40-3, 4. Diese Vorschrift entspricht dem allgemeinen Saldierungsverbot in FASB ASC 210-20-45 und 815-10-45 sowie 740-10-45-13.

möglichkeiten bei der RückV von *Short-duration Contracts* zu bestimmen sind, jedoch keine Aussagen über die Anwendung dieser Vorschriften auf *Long-duration Contracts*. Die Übernahme der Ausführungen für *Long-duration Contracts* muss im Einzelfall dem ehem. FAS 97 entsprechend beurteilt werden. In der Praxis werden häufig qualitative Ansätze zum Nachweis, dass ausreichend versicherungstechnisches Risiko auf den RückVR übertragen wird, verwendet.[134]

116 Die RückV von *Long-duration Contracts* wird bezüglich der Dauer des RückVV selbst wiederum in *Short-* und *Long-duration Contracts* unterschieden, wobei unterschiedliche Aufwands- und Ertragsregeln zu beachten sind. Bei einem *Short-duration*-RückVV werden die Aufwendungen der RückV auf die Gesamtlaufzeit des RückVV verteilt, während bei einem *Long-duration*-RückVV die Aufwendungen auf die Restlaufzeit der rückversicherten Verträge verteilt werden. Durch diese Vorgehensweise werden die Beträge aus dem selbst abgeschlossenen Geschäft (sG) und dem davon abgegebenen RückVG in der Bilanz des Zedenten auf gleiche Weise ermittelt. Der ehem. FAS 113 schließt den sofortigen Ausweis von Gewinnen bei vielen RückVG aus. Übersteigen die gezahlten RückV-Prämien die gebildete Rückstellung, ist ein Verlust aus dem RückVG unmittelbar zu erfassen.

117 Änderungen der geschätzten Werte der dem RückVV zugrunde liegenden Rückstellungen sind bei ihrem Eintritt sofort erfolgswirksam zu erfassen.[135] Aus den RückVV resultierende Gewinne sind über die geschätzte Restabwicklungszeit abzugrenzen.[136]

118 Da *Investment Contracts* nach ehem. FAS 97 keine signifikanten Sterblichkeits- und Morbiditätsrisiken beinhalten, werden RückVV für *Investment Contracts* wie RückV bilanziert. Beim Zedenten entspricht die Wahl der Bilanzierungs- und Bewertungsmethoden sowie der Annahmen für die Bewertung der RückV überwiegend der Bilanzierung des rückversicherten Geschäfts (z.B. entsprechend ehem. FAS 120). Beim Zessionär ist die Charakteristik des RückVV das entscheidende Kriterium für die zugrunde zu legenden Bewertungsmethoden und -annahmen.

134 Vgl. *Herget* (Hrsg.), US-GAAP for Life Insurers, Schaumburg, Illinois 2006, S. 441.
135 Vgl. FASB ASC 944-605-35-11 ff.
136 Vgl. ebd.

H I. Grundsätze für die Prüfung von Versicherungsunternehmen

Von WP/StB Dr. Frank Ellenbürger, München
*und WP/StB Dipl-Kfm. Werner Hölzl, München**

Randnummer

* Unter Mitarbeit von *Dr. Bettina Hammers*, Köln.

I. Allgemeine Grundlagen

1. Gesetzliche Grundlagen

a) Grundlagen für die Prüfung

1 Die gesetzliche Regelung für die Prüfung des Jahresabschlusses (JA) und des Lageberichts (LB) sowie des Konzernabschlusses (KA) und des Konzernlageberichts von Versicherungsunternehmen (VU) bildet § 341k HGB.[1] Nach dieser Vorschrift gelten für sämtliche VU, die unter den Anwendungsbereich der branchenspezifischen Regelungen der §§ 341 ff. HGB fallen, grundsätzlich die allgemeinen Vorschriften für die Prüfung von Kapitalgesellschaften nach §§ 316-324a HGB:

- § 316 Pflicht zur Prüfung
- § 317 Gegenstand und Umfang der Prüfung
- § 318 Bestellung und Abberufung des Abschlussprüfers
- § 319 Auswahl der Abschlussprüfer und Ausschlussgründe
- § 319a Besondere Ausschlussgründe bei Unternehmen von öffentlichem Interesse

1 In der im BGBl. Teil III, Gliederungsnummer 4100-1, veröffentlichten bereinigten Fassung, zuletzt geändert durch Gesetz vom 08.12.2010 (BGBl. I, S. 1768).

- § 319b Netzwerk
- § 320 Vorlagepflicht. Auskunftsrecht
- § 321 Prüfungsbericht
- § 321a Offenlegung des Prüfungsberichts in besonderen Fällen
- § 322 Bestätigungsvermerk
- § 323 Verantwortlichkeit des Abschlussprüfers
- § 324 Prüfungsausschuss
- § 324a Anwendung auf den Einzelabschluss nach § 325 Abs. 2a HGB.

Die Erweiterung der Anwendungsvorschriften bei VU führt dazu, dass sämtliche VU, die unter den Anwendungsbereich der §§ 341 ff. HGB fallen, grundsätzlich unabhängig von ihrer Größe und Rechtsform[2] auch einer gesetzlichen Prüfungspflicht unterliegen. Dies gilt auch für Niederlassungen von Nicht-EU VU, die zum Betrieb des Direktversicherungsgeschäfts der Erlaubnis durch die BaFin bedürfen, sowie für Pensionsfonds. 2

In § 341k Abs. 2 HGB wird geregelt, dass der Abschlussprüfer bei VU, abweichend von den allgemeinen gesellschaftsrechtlichen Vorschriften für die Bestellung des Abschlussprüfers,[3] vom Aufsichtsrat (AR) bestimmt wird. Dies entspricht der früheren langjährigen Regelung des Versicherungsaufsichtsgesetzes (VAG) und wurde unverändert ins HGB übernommen. 3

In § 341k Abs. 3 HGB wird für Sachverhalte des § 321 Abs. 1 Satz 3 HGB (Bestandsgefährdung, wesentliche Beeinträchtigung der Entwicklung, schwerwiegende Verstöße der gesetzlichen Vertreter oder von Arbeitnehmern) eine unmittelbare Berichtspflicht des Abschlussprüfers an die zuständige Aufsichtsbehörde vorgeschrieben. Diese Berichtspflicht besteht „unverzüglich" nach Bekanntwerden der entsprechenden Sachverhalte. Für die Beurteilung der Einhaltung der „unverzüglichen Berichtspflicht" ist jeweils der zwingende Handlungsbedarf bei der Betrachtung zu berücksichtigen. Dies gilt insb., als die Berichtspflicht ebenfalls besteht, wenn die Aufsichtsbehörde über den Sachver- 4

2 Eine Ausnahme bilden kleinere VVaG i.S.d. § 53 VAG, die zwar gem. § 53 Abs. 1 Satz 1 i.V.m. § 16 Satz 2 VAG in den Anwendungsbereich der §§ 341 ff. HGB fallen, jedoch nicht einer Prüfungspflicht durch den Abschlussprüfer gem. § 341k HGB unterliegen, sondern lediglich auf Basis von § 55 Abs. 1 Satz 1 Nr. 4 VAG i.V.m. SachPrüfV durch einen Sachverständigen zu prüfen sind.

3 Vgl. hierzu *IDW Prüfungsstandard: Beauftragung des Abschlussprüfers (IDW PS 220)* (Stand: 09.09.2009), Tz. 4.

halt bereits informiert wurde und tätig geworden ist und der Abschlussprüfer positive Kenntnis darüber hat.

5 Hat keine Prüfung stattgefunden, so kann nach § 341k Abs. 1 Satz 3 HGB der JA eines VU nicht festgestellt werden. Diese Vorschrift entspricht wörtlich § 316 Abs. 1 Satz 2 HGB und wäre somit zumindest für Kapitalgesellschaften entbehrlich. Für inländische Niederlassungen ausländischer VU, auch soweit sie im Grundsatz den §§ 341 ff. HGB unterliegen, gilt die Vorschrift allerdings wegen der fehlenden rechtlichen Selbständigkeit einer Niederlassung und der damit verbundenen fehlenden Notwendigkeit einer Feststellung des JA nicht.

6 Darüber hinaus sind für die Prüfung der aufsichtspflichtigen VU die zusätzlichen Anforderungen des § 57 VAG[4] zu beachten.[5] Für die schriftliche Berichterstattung des Prüfers ist außerdem die auf der Grundlage des § 55 Abs. 1 Satz 1 Nr. 3 VAG erlassene „Verordnung über den Inhalt der Prüfungsberichte zu den Jahresabschlüssen von VU (PrüfV)" maßgebend. Darüber hinaus bestehen ggf. landesspezifische Vorschriften für solche VU, die unter Landesaufsicht stehen, sowie bei ö.-r. VU zusätzliche Anforderungen des HGrG. Diese werden in den nachfolgenden Ausführungen nicht behandelt.[6]

7 Zusätzliche Prüfungshandlungen können sich aus der Rechtsform des jeweiligen VU ergeben, falls diese in der juristischen Form des VVaG, der Anstalt des öffentlichen Rechts oder als inländische Niederlassung ausländischer VU geführt werden. Diese Besonderheiten werden im Abschn. III. dargestellt.

8 Bestimmte VU, insb. solche, die die dort genannten Größenkriterien nicht überschreiten (u.a. kleinere VVaG)[7] sind durch § 61 Abs. 1 RechVersV von der Prüfung nach § 341k HGB vollständig befreit.[8] Sie dürfen darüber hinaus für den JA die in § 62 RechVersV genannten Vereinfachungen anwenden.

---

4 I.d.F. v.17.12.1992 (BGBl. I 1993, S. 3), zuletzt geändert durch Gesetz v. 22.12.2010 (BGBl. I, S. 2309).

5 Für VVaG ist die Anwendung ausdrücklich in § 16 VAG und für ö.-r. Unternehmen in § 55 Abs. 1 VAG geregelt; zum grundsätzlichen Anwendungsbereich der §§ 341-341p HGB vgl. *Seitz* in: Beck Vers-Komm., 1. Aufl., München 1998, § 341 HGB, Rn. 5 ff.

6 Vgl. *IDW* (Hrsg.), WP Handbuch 2006, 13. Aufl., Bd. I, Düsseldorf 2006, K 1 ff.

7 Zu beachten ist, dass kleinere VVaG i.S.d. § 61 Abs. 1 Nr. 1 RechVersV nicht zwingend auch aufsichtsrechtlich gem. § 53 Abs. 1 und 4 VAG als kleinere VVaG gelten müssen.

8 Sie unterliegen ggf. einer Prüfung nach § 1 Abs. 1 SachvPrüfV (VO über die Prüfung des JA und des LB von VU, auf die § 341k des HGB nicht anzuwenden ist, durch einen unabhängigen Sachverständigen (Sachverständigenprüfverordnung) v. 19.04.2002. BGBl. I, S. 1456 ff.).

Wegen der Besonderheiten, die sich für die Prüfungsdurchführung im Einzelfall aus den vom VU betriebenen Versicherungszweigen ergeben, wird auf die entsprechenden gesonderten Abschnitte B1-B5 dieses Buches verwiesen. 9

b) Externe Qualitätskontrolle

Die Organisation der WP-Praxis zur Durchführung von Abschlussprüfungen ist gem. §§ 57a ff. WPO einer zusätzlichen externen Qualitätskontrolle (sog. Peer Review) durch einen hierfür besonders qualifizierten Prüfer unterworfen.[9] [10] Dazu hat das IDW mit *IDW PS 140*[11] grundlegende Standards veröffentlicht.[12] 10

Zielsetzung der externen Qualitätskontrolle durch einen gesondert bei der WPK registrierten Wirtschaftsprüfer ist die Verbesserung des gesunkenen Vertrauens der Öffentlichkeit in die Qualität der Abschlussprüfung.[13] Dieses Ziel soll dadurch erreicht werden, dass sich alle WP, vBP und Berufsgesellschaften, die gesetzlich vorgeschriebene Abschlussprüfungen durchführen, in einem dreijährigen Turnus[14] einer externen Qualitätskontrolle durch einen unabhängigen Prüfer[15] unterwerfen. Dabei soll ein Urteil darüber gewonnen werden, ob die Erfüllung der gesetzlichen und berufsständischen Anforderungen[16] durch die interne Organisation der Praxis, insb. das interne Qualitätssicherungssystem, mit hinreichender Sicherheit gewährleistet ist. 11

---

9 WPO in der Fassung der Bekanntmachung vom 05.11.1975 (BGBl. I, S. 2803), zuletzt geändert durch Gesetz vom 29.07.2009; Satzung der WPK für Qualitätskontrolle vom 17.01.2001, BAnz. Nr. 30 vom 13.02.2001 S. 2181 ff, zuletzt geändert am 06.11.2009, BAnz. S. 4125.

10 Der erforderliche Nachweis der Kenntnisse in der Qualitätssicherung kann u.a. durch Teilnahme an einer Schulungsveranstaltung des IDW erbracht werden, § 2 Abs. 2 der Satzung für Qualitätskontrolle nach § 57c WPO in WPK-Mitteilungen, Sonderheft, April 2001, S. 42 ff.

11 *IDW Prüfungsstandard: Die Durchführung von Qualitätskontrollen in der Wirtschaftsprüferpraxis (IDW PS 140)* (Stand: 22.02.2008); zu den internationalen Anforderungen vgl. International Standard on Quality Control 1 in IAASB Handbook of International Quality Control, Auditing, Review, Other Assurance, and Related Services Pronouncements 2010.

12 Zur ausführlichen Begründung und Erläuterung auch im internationalen Vergleich vgl. *Schmidt*, Externe Qualitätskontrollen zur Sicherung der Qualität der Abschlussprüfung, Düsseldorf 2000.

13 Vgl. bspw. *Mertin/Schmidt*, WPg 2001, S. 317.

14 Die Dreijahresfrist gilt für Berufsangehörige, die gesetzliche Abschlussprüfungen bei Unternehmen von öffentlichem Interesse i.S.d. § 319a Abs. 1 Satz 1 HGB durchführen. Vgl. hierzu sowie zur genauen Berechnung der Dreijahresfrist § 16 der Satzung für Qualitätskontrolle.

15 Vgl. dazu § 6 der Satzung für Qualitätskontrolle; sog. Joint Audits von Prüfer für Qualitätskontrolle und der zu prüfenden Praxis führen nach § 6 Abs. 5 Satz 2 und 3 der Satzung nur dann nicht zum Ausschluss des Prüfers, wenn das anteilige Prüfungshonorar beim Prüfer für Qualitätskontrolle unwesentlich war.

16 Insb. VO 1/1993 des Vorstands des IDW und VO 1/2006 der WPK und des IDW sowie die Berufssatzung der WPK.

12 Der Prüfer berichtet in einem Qualitätskontrollbericht an die bei der WPK eingerichtete gesonderte Kommission für Qualitätskontrolle. Diese erteilt eine Teilnahmebescheinigung, es sei denn, der Prüfer hat sein Prüfungsurteil nach § 57a Abs. 5 Satz 4 WPO versagt und die Kommission schließt sich diesem Urteil an. Die Kommission kann dem geprüften WP bei Mängeln Auflagen erteilen, eine Sonderprüfung anordnen und eine bereits erteilte Teilnahmebescheinigung widerrufen. Eine Berichterstattung an die BaFin ist nicht vorgesehen.

13 Unmittelbare Auswirkungen auf den vom WP eigenverantwortlich festzulegenden Prüfungsansatz einer einzelnen Abschlussprüfung eines VU ergeben sich durch die externe Qualitätskontrolle nicht. Auch ist es nicht Gegenstand dieser Qualitätskontrolle festzustellen, ob im Einzelfall der geprüfte JA und der Lagebericht den gesetzlichen Vorschriften entsprechen.

14 Zusätzliche Bedeutung erlangt die externe Qualitätskontrolle durch die Aufgaben der im Rahmen der Berufsaufsicht etablierten „Kommission für die Aufsicht über die Abschlussprüfer in Deutschland".[17] Die Abschlussprüferaufsichtskommission führt die öffentliche fachbezogene Aufsicht über die Wirtschaftsprüferkammer durch und kann u.a. an den Qualitätskontrollen i.S.d. § 57a WPO teilnehmen. Eine aktive Begleitung der Qualitätskontrollen wird dabei regelmäßig durch die Teilnahme an den Gremiensitzungen der WPK sowie an den Schlussbesprechungen zwischen untersuchter Wirtschaftsprüferpraxis und deren Prüfer für Qualitätskontrolle umgesetzt.[18]

15 Ferner ist auf die nach § 62b WPO bestehende Möglichkeit der WPK hinzuweisen, stichprobenartig und ohne besonderen Anlass berufsrechtliche Ermittlungen bei Berufsangehörigen und Wirtschaftsprüfungsgesellschaften durchzuführen, die gesetzlich vorgeschriebene Abschlussprüfungen bei Unternehmen von öffentlichem Interesse nach § 319a Abs. 1 Satz 1 HGB (insb. kapitalmarktorientiert Unternehmen) vorzunehmen. Im Mittelpunkt dieser Sonderuntersuchungen steht die Einhaltung derjenigen Berufspflichten, die bei Abschlussprüfungen von Unternehmen i.S.d. § 319a Abs. 1 Satz 1 HGB einzuhalten sind. Auch diese anlassunabhängigen Sonderuntersuchungen der WPK werden durch die Abschlussprüferaufsichtskommission aktiv begleitet, insb. durch die Teilnahme an Inspektionen und die Bestimmung von Untersuchungsschwerpunkten.

16 Aufgrund der besonderen Vorschriften der §§ 55-64a VAG besteht für den Abschlussprüfer von VU schließlich de facto eine zusätzliche „Qualitätskontrolle"

17 Vgl. § 66a WPO.

18 Beispielhaft: Arbeitsprogramm 2011 der Abschlussprüferaufsichtskommission unter www.apak-aoc.de

seitens der BaFin. Der Abschlussprüfer ist nach § 58 VAG der Aufsichtsbehörde anzuzeigen. Die Aufsichtsbehörde kann bei Bedenken die Bestellung eines anderen Abschlussprüfers verlangen. Der Prüfungsbericht ist nach § 59 VAG der BaFin vorzulegen. Diese kann den Bericht mit dem Anschlussprüfer erörtern und ggf. Ergänzungen der Prüfung und des Berichts verlangen.[19]

c) Bestellung, Auftragserteilung und Auftragsbestätigung

Der gesetzliche Abschlussprüfer erhält seine Stellung durch Wahl des zuständigen Gremiums und Beauftragung.[20] Der Abschlussprüfer hat deshalb spätestens bis zur Erteilung des Bestätigungsvermerks[21] festzustellen, ob er ordnungsgemäß bestellt und beauftragt ist. Dies erfordert eine Überprüfung, ob die Wahl und die Auftragserteilung durch den gem. § 341k Abs. 2 HGB hierfür zuständigen AR oder das diesem entsprechende Überwachungsorgan erfolgt sind. Zusätzlich ist bei VU festzustellen, ob die gesetzliche Anzeigepflicht gegenüber der BaFin nach § 58 Abs. 2 VAG erfüllt wurde und ob nicht die BaFin (innerhalb von vier Wochen) gegen die Bestellung Widerspruch einlegt oder selbst einen Abschlussprüfer bestellt hat. 17

Die Beauftragung erfolgt durch Abschluss eines in der Regel schriftlichen[22] Prüfungsauftrags zwischen Abschlussprüfer und zuständigem Organ. Bei AG und VVaG ist dies der AR vertreten durch den Vorsitzenden.[23] In diesem Vertrag ist insb. auf den Umfang der Haftung gem. § 323 Abs. 2 HGB hinzuweisen. Soweit der Abschlussprüfer über die reine Jahresabschlussprüfung nach § 317 HGB hinaus weitere Arbeiten durchführt, sollte insoweit eine ausdrückliche Sondervereinbarung hinsichtlich der Haftung getroffen werden. Falls der Abschlussprüfer die Wahl oder den Auftrag ablehnt, ist dies nach § 51 WPO unverzüglich zu erklären. Eine Mitteilung an die BaFin ist dabei nicht erforderlich. 18

Für den Konzernabschluss gelten die vorstehenden Ausführungen entsprechend. Der Abschlussprüfer des MU gilt mangels Vorliegen einer lex specialis auch für VU einschlägigen § 318 Abs. 2 HGB als bestellt, wenn nicht das zuständige Organ einen anderen Prüfer bestellt hat. Die Konzernabschlussprüfung ist im Regelfall in den Prüfungsauftrag der Muttergesellschaft eingeschlossen. Für die Prüfung von Tochtergesellschaften ist jeweils eine gesonderte Auftragsvereinbarung erforderlich. 19

19 Siehe ausführlich *Kölschbach*, in: Prölss VAG-Kommentar, 12. Aufl., München 2005, §§ 55-64 VAG, insb. § 59, Rn. 5 ff.

20 Vgl. *IDW PS 220,* Tz. 4.

21 Vgl. *IDW PS 220,* Tz. 12.

22 Vgl. *IDW* (Hrsg.), WP Handbuch 2006[13], Rn. A 521.

23 Zum Inhalt des Auftragsbestätigungsschreibens im Einzelnen vgl. *IDW PS 220*, Tz. 13 ff.

20 Bei VU hat der Abschlussprüfer vor Annahme des Auftrags in besonderem Maße zu prüfen, ob er über die besonderen Kenntnisse und Erfahrungen verfügt, um die Prüfung des VU sachgerecht durchführen zu können.[24] Im Einzelfall kann er sich auch der Hilfe von sachverständigen Dritten (z.B. Aktuare) bedienen. Jedoch muss er selbst zu einem eigenverantwortlichen Urteil unter Berücksichtigung der Ergebnisse dieser Sachverständigen kommen.[25]

21 Die genannten Grundsätze gelten auch für Folgeprüfungen, da der Abschlussprüfer nach den gesetzlichen Vorschriften jeweils jährlich neu bestellt und beauftragt werden muss.

22 Eine vorzeitige Beendigung des gesetzlichen Prüfungsauftrags durch den Auftraggeber ist nicht, durch den Abschlussprüfer nur unter den restriktiven Bedingungen von § 318 Abs. 6 Satz 1 HGB aus wichtigem Grund, möglich. Als Gründe kommen massive Behinderungen bei der Durchführung des Auftrags durch das Unternehmen oder eine Weigerung des Unternehmens, vereinbarte Zahlungen zu leisten, in Betracht.[26] In diesem Fall ist auch eine unmittelbare Unterrichtung der BaFin durch den Abschlussprüfer geboten.

2. Berufliche Grundsätze

23 Zur Durchführung der Abschlussprüfung einschl. der Berichterstattung hat das IDW auf Basis der gesetzlichen Vorschriften (insb. des HGB und der WPO[27]) fachliche Grundsätze entwickelt, die insb. in den veröffentlichten *IDW Prüfungsstandards* und *IDW Prüfungshinweisen* ihren Niederschlag gefunden haben. Diese Grundsätze wurden aufgrund umfangreicher Änderungen der vom International Auditing and Assurance Standards Board (IAASB) der International Federation of Accountants (IFAC) entwickelten International Standards on Auditing (ISA) im Rahmen des Clarity-Projekts sowie im Zusammenhang mit dem BilMoG überarbeitet.[28] Einen Überblick hierzu gibt der nachfolgende Abschnitt.

---

24 Vgl. *IDW PS 220,* Tz. 11; VO 1/2006 Abschn. 4.2.

25 Vgl. *IDW Prüfungsstandard: Verwertung der Arbeit von Sachverständigen (IDW PS 322)* (Stand: 24.11.2010), Tz. 7 ff. sowie grundlegend *Faigle/Gross,* Aktuare und Wirtschaftsprüfer: Aufgabenstellung und Verantwortung für den JA von VU, in: *Geib* (Hrsg.) Rechnungslegung von VU, Düsseldorf 2001, S. 59 ff.

26 *IDW* (Hrsg.), WP Handbuch 2006[13], Rn. A 548.

27 Gesetz über eine Berufsordnung der Wirtschaftsprüfer (Wirtschaftsprüferordnung) i.d.F. v. 05.11.1975, zuletzt geändert durch Gesetz v. 29.07.2009 (BGBl. I., S. 2274).

28 Vgl. hierzu: FN-IDW 10/2010, S. 423 ff. und FN-IDW 11/2009, S. 533 ff.

24 Rechtliche Grundlage für die Tätigkeit des Wirtschaftsprüfers ist die WPO, ergänzt durch die Satzung der WPK[29]. Die veröffentlichten beruflichen Grundsätze des IDW stellen die Auffassung des Berufsstands zur ordnungsgemäßen Durchführung der Tätigkeit des Wirtschaftsprüfers dar, von denen nur in begründeten Einzelfällen abgewichen werden sollte.

25 Der Abschlussprüfer hat bei seiner Tätigkeit Prüfungsgrundsätze zu beachten, die sowohl beruflicher sowie fachlicher Natur sein können.[30] Zu den beruflichen Grundsätzen gehören:

- Unabhängigkeit, Unparteilichkeit, Vermeidung der Besorgnis der Befangenheit
- Gewissenhaftigkeit, Kompetenz, Sorgfalt
- Verschwiegenheit
- Eigenverantwortlichkeit
- berufswürdiges Verhalten auch außerhalb der beruflichen Tätigkeit.

Dem Nachweis der Einhaltung dieser und weiterer Grundsätze der Berufsausübung dienen die ordnungsgemäß geführten Arbeitspapiere des Abschlussprüfers.[31]

26 Besondere branchenbezogene Verlautbarungen zur Durchführung der Prüfung von VU seitens des IDW liegen zu den folgenden Punkten vor:

- Prüfung der Schadenrückstellung im Rahmen der Jahresabschlussprüfung von Schaden-/UnfallVU *(IDW PS 560)*[32]
- Bestätigungen Dritter bei VU *(IDW PH 9.302.2)*[33]
- Bestätigungsvermerk von Versorgungswerken *(VFA 1/1977).*

27 Der VFA hat daneben Verlautbarungen zur Rechnungslegung von VU veröffentlicht

29 Vgl. insb. § 3 Abs. 2 und § 8a der Organisationssatzung der WPK v. 17.07.2005.

30 Vgl. hierzu *IDW Prüfungsstandard: Rechnungslegungs- und Prüfungsgrundsätze für die Abschlussprüfung (IDW PS 201)* (Stand: 09.09.2009), Tz. 20 ff.

31 Vgl. hierzu Neufassung *IDW Prüfungsstandard: Arbeitspapiere des Abschlussprüfers (IDW PS 460 n.F.)* (Stand: 09.09.2009), Tz. 7.

32 Vgl. *IDW Prüfungsstandard: Die Prüfung der Schadenrückstellung im Rahmen der Jahresabschlussprüfung von Schaden-/Unfallversicherungsunternehmen (IDW PS 560)* (Stand: 09.12.2004).

33 Vgl. *IDW Prüfungshinweis: Bestätigungen Dritter bei Versicherungsunternehmen (IDW PH 9.302.2)* (Stand: 12.05.2006).

- zur Bewertung und zum Ausweis von Wertpapieren und Namensschuldverschreibungen im JA der VU *(IDW RS VFA 1)*[34].
- zur Auslegung des § 341b HGB *(IDW RS VFA 2)*[35]
- zur Bewertung der Schadenrückstellungen bei Schaden-/Unfallversicherungsunternehmen *(IDW RS VFA 3)*[36]
- zur Angabe von Zeitwerten gem. §§ 54 ff. RechVersV bei sogenannten „Zero-Schuldscheindarlehen" oder „Zero-Namensschuldverschreibungen" *(IDW RH VFA 1.001)*[37].

28 Neben diesen branchenspezifischen Grundsätzen gelten sämtliche allgemeine Regelungen auch für die Durchführung der Abschlussprüfung bei VU. Deren Grundzüge und die Anwendung auf die Versicherungswirtschaft werden nachfolgend dargestellt. Im Übrigen wird auf die weiterführende allgemeine Literatur verwiesen.[38]

29 Gemäß § 57 Abs. 1 VAG bestehen für die Durchführung der Abschlussprüfung von VU zusätzliche gesetzliche Anforderungen, während durch die in § 57 Abs. 2 VAG enthaltene Ermächtigungsgrundlage und die auf dieser Grundlage erlassenen PrüfV die Berichterstattungspflichten des Abschlussprüfers erweitert werden. Diese werden in Abschn. IV. erläutert. In Abschn. VII. werden branchenspezifische Hinweise zur Prüfung des sog. Abhängigkeitsberichts nach § 313 AktG bei Versicherungs-AG gegeben.

30 Die besonderen Fragestellungen hinsichtlich der Prüfung des Konzernabschlusses und des Konzernlageberichts von VU werden, soweit sie über die hier behandelten allgemeinen Grundsätze der Prüfung des Einzelabschlusses hinausgehen, in Beitrag F dieses Buches dargestellt.

---

34 Vgl. *IDW Stellungnahme zur Rechnungslegung: Bewertung und Ausweis von Wertpapieren und Namensschuldverschreibungen im Jahresabschluß der Versicherungsunternehmen (IDW RS VFA 1)* (Stand: 17.12.1999).

35 Vgl. *IDW Stellungnahme zur Rechnungslegung: Auslegung des § 341b HGB (neu) (IDW RS VFA 2)* (Stand: 08.04.2002).

36 Vgl. *IDW Stellungnahme zur Rechnungslegung: Die Bewertung der Schadenrückstellung von Schaden-/Unfallversicherungsunternehmen (IDW RS VFA 3)* (Stand: 01.03.2010).

37 Vgl. *IDW Rechnungslegungshinweis: Angabe von Zeitwerten gem. §§ 54 ff. RechVersV bei sogenannten „Zero-Schuldscheindarlehen" oder „Zero-Namensschuldverschreibungen" (IDW RH VFA 1.001)* (Stand: 24.03.2000).

38 *IDW* (Hrsg.), WP Handbuch 2006[13]; *Selchert*, Jahresabschlussprüfung der Kapitalgesellschaften, 2. Aufl. Wiesbaden 1996; *Förschle/Schmidt* in: Beck Bil-Komm., 7. Aufl., München 2010, § 317 HGB, Rn. 1 ff. m.w.N.; *ADS*, 6. Aufl., Stuttgart 1995 ff., § 317 HGB, Rn. 1 ff. m.w.N.; Münchener Kommentar zum Handelsgesetzbuch, München 2001, §§ 316, 317 HGB.

3. Internationale Prüfungsstandards

Die Durchführung der in Deutschland gesetzlich vorgeschriebenen Abschlussprüfungen von EA und KA (Pflichtprüfungen) und die Berichterstattung hierüber richten sich grundsätzlich zwingend nach den Vorschriften der §§ 316 ff. HGB. Dies gilt auch für die Prüfung eines nicht nach deutschen Rechnungslegungsgrundsätzen erstellten Abschlusses (insb. KA nach § 315a HGB).[39] Der Bestätigungsvermerk zum KA ist jedoch nach internationalen Vorschriften üblicherweise enger gefasst. Damit besteht für den Leser solcher KA, insb. für internationale Anleger und Analysten, bei Vergleichen die Schwierigkeit, die Tragweite des zu einem internationalen KA nach deutschen Grundsätzen erteilten Bestätigungsvermerks einzuschätzen. Dem soll nunmehr dadurch Rechnung getragen werden, dass bei der Prüfung eines KA nach § 315a HGB der Bestätigungsvermerk neben den Anforderungen des § 322 HGB auch den Anforderungen zur Erteilung eines Vermerks zum Abschluss nach den ISA zu entsprechen hat.[40] 31

Die vom International Auditing and Assurance Standards Board (IAASB) der International Federation of Accountants (IFAC) entwickelten internationalen Prüfungsgrundsätze (ISA) gewinnen nicht zuletzt aufgrund der Änderung des HGB im Zuge des BilMoG[41] zunehmend an Bedeutung und sind nicht mehr nur für Konzernabschlüsse international operierender Großkonzerne relevant. Während die Aufstellung eines KA nach den von der EU-Kommission im Rahmen des Endorsement Verfahrens übernommenen IFRS für MU, die einen organisierten Kapitalmarkt in Anspruch nehmen, ohnehin zwingend ist,[42] besteht auch bei anderen Gesellschaften tendenziell zunehmend das Anliegen, im Hinblick auf internationale Anteilseigner, Analysten, Ratingagenturen, Kunden und Wettbewerber eine Prüfung und einen Bestätigungsvermerk nach internationalen Standards zu 32

39 Vgl. *IDW PS 201*, Tz. 20.

40 Vgl. *IDW Prüfungsstandard: Grundsätze für die ordnungsmäßige Erteilung von Bestätigungsvermerken bei Abschlussprüfungen (IDW PS 400)* (Stand: 24.11.2010), Tz. 97a sowie Anlage 4a.

41 Vgl. § 317 Abs. 5 HGB. Die Vorschrift des § 317 Abs. 5 HGB, die Art. 26 Abs. 1 der neu gefassten 8. EU-Richtlinie (sog. Abschlussprüferrichtlinie) umsetzt, bestimmt, dass gesetzliche Abschlussprüfungen unter unmittelbarer Anwendung internationaler Prüfungsstandards durchzuführen sind. Internationale Prüfungsstandards i.S.d. Abschlussprüferrichtlinie sind die International Standards on Auditing (ISA) und damit zusammenhängende Stellungnahmen und Standards, soweit sie für die Abschlussprüfung relevant sind. Voraussetzung für die unmittelbare Anwendung ist, dass die internationalen Prüfungsstandards von der EU-Kommission im sog. Komitologieverfahren übernommen werden, also durch einen hoheitlichen Akt in den Stand europäischen Rechts erhoben werden.

42 Verordnung (EG) Nr. 1606/2002 des Europäischen Parlaments und des Rats vom 19.07.2002 betreffend die Anwendung internationaler Rechnungslegungsstandards, in: ABl. EG v. 11.09.2002; sowie § 315a HGB.

erhalten. Darüber hinaus erfordert die internationale Akzeptanz der deutschen Abschlussprüfung und des deutschen Bestätigungsvermerks die Dokumentation der Prüfungsgrundsätze in einer mit den ISA vergleichbaren Form.

33 Als Mitglieder der IFAC sind die WPK und das IDW außerdem satzungsgemäß verpflichtet, in ihren nationalen Prüfungsstandards die Anforderungen der IFAC umzusetzen, soweit nicht zwingende nationale Vorschriften dem entgegenstehen.

34 Die Umsetzung der in den ISA dargelegten Anforderungen durch das IDW erfolgt in den *IDW Prüfungsstandards*, die zuletzt im Zusammenhang mit dem Clarity-Projekt des IAASB überarbeitet wurden.[43]

II. Prüfungsgrundsätze für Versicherungsunternehmen

1. Gegenstand und Umfang der Prüfung nach § 317 HGB

a) Buchführung, Jahresabschluss und Lagebericht

35 Die branchenspezifische gesetzliche Grundlage für die Abschlussprüfung von VU findet sich in § 341k Abs. 1 HGB, der auf die Vorschriften der §§ 316-324a HGB (vgl. hierzu Rn. 1) verweist. Der Gegenstand und der Umfang der Prüfung richten sich deshalb nach § 317 HGB. Danach hat sich die Prüfung des JA und des Konzernabschlusses darauf zu erstrecken, ob die gesetzlichen Vorschriften und sie ergänzende Bestimmungen des Gesellschaftsvertrags oder der Satzung beachtet worden sind. Zu den gesetzlichen Vorschriften gehören neben den für alle Kaufleute geltenden Vorschriften der §§ 238 ff. HGB einschl. der nach § 238 Abs. 1 Satz 1 HGB zu beachtenden Grundsätze ordnungsmäßiger Buchführung (GoB) insb. die branchenspezifischen zusätzlichen Anforderungen an die Rechnungslegung in den §§ 341-341j HGB sowie die Regelungen der RechVersV, bei Aktiengesellschaften darüber hinaus auch § 56a VAG, der die Mindestdividende der Aktionäre zum Gegenstand hat, sowie die §§ 150-160 AktG.

36 Gemäß § 317 Abs. 1 Satz 3 HGB ist die Prüfung so anzulegen, dass Unrichtigkeiten und Verstöße gegen die genannten Bestimmungen, die sich auf die Darstellung der Vermögens-, Finanz- und Ertragslage des VU wesentlich auswirken, bei gewissenhafter Berufsausübung erkannt werden.

37 In die Prüfung des JA ist nach § 317 Abs. 1 Satz 1 HGB ausdrücklich die Buchführung einzubeziehen. Hierin weichen die nationalen Vorschriften von den ISA

43 Vgl. insb. FN-IDW 10/2010, S. 423 ff.

ab, in denen als Gegenstand der Prüfung lediglich der JA und das damit vermittelte Bild von der Vermögens-, Finanz- und Ertragslage des VU anzusehen ist.[44]

Diese deutsche Besonderheit des Prüfungsumfangs wirft bei VU mit typischerweise alle Geschäftsabläufe umfassenden, integrierten EDV-Systemen und gleichzeitig intensiver Nutzung von unabhängigen PC-Anwendungen die Frage nach der Abgrenzung der buchführungsrelevanten von den übrigen Systemen auf.[45] Grundsätzlich sind sämtliche für die Verarbeitung von Geschäftsvorfällen sowie die Erstellung des JA einschl. Anhang sowie des Lageberichts verwendeten Systeme in die Anforderungen an die Ordnungsmäßigkeit der Buchführung und deren Prüfung einzubeziehen, soweit dabei Zahlen erstellt, gespeichert oder verarbeitet werden, die unmittelbar zu einem Buchungsvorgang (einschl. Abschlussbuchungen) führen oder der Darstellung des JA einschl. Anhang und des Lageberichts dienen. Hierzu gehören auch Systeme zur Erfassung von Schadenmeldungen und statistischen Informationen über die Schadensverläufe, auf deren Grundlage dann versicherungstechnische Rückstellungen ermittelt werden. 38

Bei VU werden in erheblichem Umfang jahresabschlussrelevante Arbeiten auf PC oder in Vorsystemen abgewickelt, z.B. Berechnung der Schwankungsrückstellungen oder Drohverlustrückstellungen, Berechnung von Rückkaufswerten, Durchführung der Kostenverteilung, RückV-Abrechnungen. Diese Systeme sind insoweit als Teile der Buchführung anzusehen und entsprechend zu prüfen. Soweit Daten von Externen über Online-Schnittstellen automatisch übernommen werden, ist durch ausreichende systemseitige Vorkehrungen deren Ordnungsmäßigkeit sicherzustellen. 39

Die allgemeine Prüfung der Ordnungsmäßigkeit der Buchführung erstreckt sich auf die vom Handelsrecht einschl. der Grundsätze ordnungsmäßiger Buchführung (GoB) und dem Steuerrecht vorgegebenen Ordnungsprinzipien. Nach § 238 HGB muss die Buchführung einem sachverständigen Dritten innerhalb angemessener Zeit einen Überblick über die Geschäftsvorfälle und über die Lage des Unternehmens vermitteln können. Hierfür müssen die Geschäftsvorfälle nachvollziehbar, 40

44 Vgl. International Standard on Auditing (ISA) 200 „Overall Objective of the Independent Auditor, and the Conduct of an Audit in Accordance with International Standards on Auditing", Tz. 3.

45 Zur Prüfung der Ordnungsmäßigkeit der Buchführung allgemein vgl. *IDW* (Hrsg.), WP-Handbuch 2006[13], Rn. R 6; zur Organisation der Buchführung mittels IT vgl. *IDW Stellungnahme zur Rechnungslegung: Grundsätze ordnungsmäßiger Buchführung bei Einsatz von Informationstechnologie (IDW RS FAIT 1)* (Stand: 24.09.2002) sowie *Fröhlich/Heese*, WPg 2001 S. 589 ff.; zur Definition des Geschäftsvorfalls vgl. *Winkeljohann/Klein,* in: Beck Bil-Komm., 7. Aufl., München 2010, § 238 HGB, Rn. 62 ff.

unveränderlich, vollständig, richtig, geordnet und zeitgerecht festgehalten werden. Dazu kann auf die allgemeine Kommentierung zu § 238 HGB verwiesen werden.[46]

41 Bei VU stellt sich wegen der Eigenart des Geschäfts, für einen bestimmten Zeitraum Versicherungsschutz zu gewähren, in besonderem Maße die Frage, was als buchungspflichtiger Geschäftsvorfall anzusehen ist. Die Vermittlung eines Antrags oder der Abschluss eines VV mit in der Zukunft liegendem Versicherungsbeginn löst als schwebendes Rechtsgeschäft[47] für sich genommen noch keine Buchungspflicht aus, es sei denn, dass schon von Beginn an mit einem Verlust gerechnet wird. Denn erst zum Beginn der tatsächlichen Risikoübernahme erbringt das VU seine Leistung (Deckung) und hat Anspruch auf den Versicherungsbeitrag. Erst ab diesem Zeitpunkt beginnt – unabhängig von ggf. abweichend vereinbarten Zahlungsvorgängen – die ertragswirksame Vereinnahmung des Beitrags. Auch der Abschluss eines Vermittlungsvertrags bedeutet zunächst ein beiderseits schwebendes und damit nicht zu buchendes Geschäft, das in der Regel erst bei Annahme eines vom Vermittler eingereichten Antrags seitens des VU oder bei Erteilung einer – ggf. vorläufigen – Deckungszusage zur Buchungspflicht führt. Auf der Leistungsseite löst der Eintritt des Versicherungsfalls die Leistungspflicht und damit die Buchungspflicht aus unabhängig davon, ob dem VU schon eine Meldung über den Leistungsfall vorliegt. Deshalb sind im JA auch für die noch nicht gemeldeten Versicherungsfälle Rückstellungen zu bilden.

42 Der JA von VU muss klar, übersichtlich und vollständig in der vorgeschriebenen Form (Formblätter nach § 2 RechVersV) aufgestellt sein. Vermögensgegenstände und Schulden müssen entsprechend den gesetzlichen Vorschriften richtig bewertet sein. Der Anhang muss sämtliche gesetzlich vorgeschriebenen Angaben enthalten. Der JA muss unter Beachtung der gesetzlichen Vorschriften ein den tatsächlichen Verhältnissen entsprechendes Bild der Vermögens-, Finanz- und Ertragslage des VU vermitteln.

43 Die Prüfung des LB und des Konzern-LB erstreckt sich nach § 317 Abs. 2 HGB darauf, ob diese mit dem JA, ggf. auch mit dem EA nach § 325 Abs. 2a HGB, bzw. dem KA sowie den bei der Prüfung gewonnenen Erkenntnissen des Abschlussprüfers im Einklang stehen und insgesamt eine zutreffende Vorstellung von der Lage des Unternehmens bzw. des Konzerns vermitteln. Bei der Prüfung sind auch

46 Vgl. *Winkeljohann/Klein*, in: Beck Bil-Komm.[7], § 238 Rn. 1 ff.; *Ballwieser*, in: Münchener Kommentar § 238 HGB Rn. 1 ff. m.w.N.; *IDW Prüfungsstandard: Ziele und allgemeine Grundsätze der Durchführung von Abschlussprüfungen (IDW PS 200)* (Stand: 28.06.2000), Tz. 12.

47 Vgl. *Winkeljohann/Klein*, in: Beck Bil-Komm.[7], § 238 HGB, Rn. 63.

die Berufsgrundsätze des IDW zur Prüfung des LB zu beachten[48]. Danach sind – mit Ausnahme der Erklärung zur Unternehmensführung gem. § 289a HGB – sämtliche Angaben des LB bzw. Konzern-LB in die Prüfung einzubeziehen.[49] Dies umfasst bei VU auch die Angaben nach § 57 Abs. 2-5 bzw. § 60 RechVersV, d.h. im Einzelnen

- die Angabe der betriebenen Versicherungszweige,
- den Bericht über den Geschäftsverlauf in einzelnen Versicherungszweiggruppen, Versicherungszweigen und -arten des sG sowie Versicherungszweigen des üG,
- die Ermittlung eines erhobenen Nachschusses bei VVaG,
- eine Aufgliederung der Bestände bei LVU und Pensions- und Sterbekassen,
- Angaben über das von LVU betriebene Unfallversicherungsgeschäft,
- Angaben über das von Schaden- und UnfallVU betriebene Krankenversicherungsgeschäft.

44 Zudem hat der Abschlussprüfer auch die Beurteilung der Lage des VU durch dessen Geschäftsleitung einschl. der Darstellung der künftigen Entwicklung und deren Risiken kritisch zu würdigen. Dies beinhaltet auch die Risikoberichterstattung nach DRS 15 und DRS 5-20. Bei VU in der Rechtsform der AG ist ggf. die Schlusserklärung des Vorstands über die Beziehungen zu verbundenen Unternehmen im Zusammenhang mit dem Abhängigkeitsbericht zu prüfen. Zu Einzelheiten wird auf Abschn. VII. verwiesen.

45 Soweit in dem bei VU üblicherweise erstellten Geschäftsbericht außerhalb des LB weitere Informationen gegeben werden, unterliegen diese zwar formell nicht der Prüfung nach § 317 HGB[50], jedoch besteht für den Abschlussprüfer die Verpflichtung, diese zusätzlichen Informationen kritisch zu lesen.[51] Die kritische Lesepflicht wurde eingeführt, da mit hoher Wahrscheinlichkeit davon ausgegangen werden muss, dass der Leser des Geschäftsberichts die unterschiedliche Zuverlässigkeit der Informationen nicht erkennen kann. Zu weiteren Einzelheiten zum LB wird auf den Beitrag D dieses Buches verwiesen.

48 Vgl. ausführlich: *IDW Prüfungsstandard: Prüfung des Lageberichts (IDW PS 350)* (Stand: 09.09.2009).

49 Vgl. *IDW PS 350*, Tz. 10.

50 Vgl. *IDW PS 350*, Tz. 12.

51 Vgl. *IDW Prüfungsstandard: Die Beurteilung von zusätzlichen Informationen, die von Unternehmen zusammen mit dem Jahresabschluss veröffentlicht werden (IDW PS 202)* (Stand: 09.09.2010).

46 Nicht Gegenstand der Prüfung ist – im Gegensatz zu anderen Ländern wie z.B. Großbritannien – die interne Rechnungslegung gegenüber der BaFin nach § 55a Abs. 1 Satz 1 Nr. 1 VAG i.V.m. der BerVersV[52]. Allerdings hat die BaFin mit dem i.d.R. umfangreichen Prüfungsbericht des Abschlussprüfers gem. § 321 HGB i.V.m. der PrüfV[53] umfangreiche Kontrollmöglichkeiten auch hinsichtlich der Richtigkeit der internen Rechnungslegung, da diese in Deutschland auf der handelsrechtlichen Rechnungslegung basiert.

47 Die Prüfung der Offenlegung nach § 341l HGB kann schon deswegen nicht Gegenstand der Abschlussprüfung sein, weil die Erteilung des Bestätigungsvermerks gem. § 322 HGB vor der Veröffentlichung desselben erfolgt.[54] Bei der Abschlussprüfung von VU hat sich jedoch die Vorgehensweise etabliert, dass der Abschlussprüfer sich die Veröffentlichung des Vorjahresabschlusses nachweisen lässt und hierüber im Prüfungsbericht berichtet. Ebensowenig wie die Offenlegung ist die Einhaltung der Vorschriften des § 55 Abs. 2 und 3 VAG zur Einreichung des aufgestellten und später des festgestellten JA und LB an die Aufsichtsbehörde und der Übersendung an die Versicherten auf Verlangen Gegenstand der Abschlussprüfung, da es sich hierbei um Maßnahmen der Durchführung der Aufsicht zum Schutz der Versicherungsnehmer handelt. Es empfiehlt sich jedoch, mit dem VU vor Weitergabe des aufgestellten JA an die BaFin zu erörtern, ob sich nach dem Stand der Prüfung noch erhebliche Änderungsrisiken ergeben können.

b) Risikofrüherkennungssystem

aa) Überblick

48 Der Vorstand (einer Aktiengesellschaft) hat nach § 91 Abs. 2 AktG geeignete Maßnahmen zu treffen, insb. ein Überwachungssystem einzurichten, damit den Fortbestand der Gesellschaft gefährdende Entwicklungen früh (von ihm) erkannt werden.[55] Die Anforderung, die im Zuge des Gesetzes zur Kontrolle und Transpa-

52 Verordnung über die Berichterstattung von VU gegenüber der Bundesanstalt für Finanzdienstleistungsaufsicht (BerVersV) vom 29.03.2006 (BGBl. I, S. 622), zuletzt geändert durch Verordnung vom 27.04.2010.

53 Verordnung über den Inhalt der Prüfungsberichte zu den Jahresabschlüssen von VU (Prüfungsberichteverordnung – PrüfV) vom 03.07.1998 (BGBl. I., S. 1209), zuletzt redaktionell geändert durch Art. 13 Abs. 18 des Gesetzes v. 25.05.2009 (BGBl. I, S. 1102).

54 Zu sich daraus ergebenden Konsequenzen für den Abschlussprüfer vgl. *IDW PS 400*, Tz. 16.

55 Vgl. *IDW Prüfungsstandard: Die Prüfung des Risikofrüherkennungssystems nach § 317 Abs. 4 HGB (IDW PS 340)* (Stand: 11.09.2000); zum Anlass für diese Regelung vgl. *IDW* (Hrsg.), WP Handbuch 2006[13], Rn. P 1 m.w.N., für Kreditinstitute galt eine entsprechende Regelung über § 25a Abs. 1 Nr. 1 1. Hs. KWG und für deren Abschlussprüfer über § 29 Abs. 1S. Satz 2 KWG schon ab dem 01.01.1998.

renz im Unternehmensbereich (KonTraG) in das AktG eingefügt wurde, hat der Gesetzesbegründung zufolge konkretisierenden Charakter und stellt keine zusätzliche Verpflichtung des Vorstands dar. Vielmehr wird hierdurch explizit gesetzlich festgeschrieben, dass zur Leitungsaufgabe des Vorstands i.S.d. § 76 Abs. 1 AktG und zu den nach § 93 Abs. 1 Satz 1 AktG bestehenden Sorgfaltspflichten auch die Einrichtung eines angemessenen Risikomanagements und einer angemessenen internen Revision gehören.[56]

Welche sonstigen Maßnahmen neben dem eigentlichen Überwachungssystem 49
der Gesetzgeber bei der Wahl der Formulierung „insbesondere" in § 91 Abs. 2 AktG im Sinn hatte, ist auch der Gesetzesbegründung nicht zu entnehmen. Das einzurichtende Überwachungssystem hat hiernach neben Größe, Struktur, finanzieller Situation und Kapitalmarktzugang auch die Branche des Unternehmens zu berücksichtigen. Als besondere Objekte der Überwachung werden genannt: Risikobehaftete Geschäfte, Unrichtigkeiten der Rechnungslegung und Verstöße gegen gesetzliche Vorschriften, die sich auf die Vermögens-, Finanz- und Ertragslage wesentlich auswirken.[57]

Diese Aufzählung ist allerdings nicht abschließend. Vielmehr sind auch sämtli- 50
che strategische und operationelle Risiken zu betrachten. Diese können sich aus internen und externen Einflussfaktoren des Unternehmens ergeben. Im Rahmen der umfassenden Strategie sollte die Geschäftsleitung auch ihre Risikoneigung in einer Risikostrategie festlegen und für deren Durchsetzung Sorge tragen.[58]

Auch wenn das Gesetz nur von bestandsgefährdenden Risiken spricht, ist es 51
zweckmäßig, auch weniger bedeutsame Risiken in das System einzubeziehen, soweit sich aus solchen Risiken Bestandsgefährdungen im Zeitablauf oder durch Kumulierungen ergeben können. Dies gilt umso mehr, als der Vorstand im Lagebericht gem. § 289 Abs. 1 HGB auf die Risiken der künftigen Entwicklung einzugehen hat. Hierunter sind neben den bestandsgefährdenden alle wesentlichen sonstigen Risiken zu fassen.[59]

Bestandsgefährdend i.S.d. § 91 Abs. 2 AktG sind nach allgemeiner Auffassung 52
solche Risiken, die zu einer Überschuldung oder zu einer Illiquidität des Unternehmens führen können.[60]

56 Vgl. Gesetzesbegründung zum KonTraG, BR Drs. 872/97, S. 36.
57 Vgl. Gesetzesbegründung zum KonTraG, BR-Drs. 872/97, S. 36.
58 Vgl. *IDW* (Hrsg.), WP Handbuch 2006[13], Rn. P 35.
59 Vgl. weiterführend *Ellrot*, in: Beck Bil-Komm[7], § 289 HGB; *IDW* (Hrsg.), WP Handbuch 2006[13], Rn. P 1 m.w.N.
60 Vgl. *IDW* (Hrsg.), WP Handbuch 2006[13], Rn. P 12.

bb) Anwendungsbereich

53 Während die Regelung des § 91 Abs. 2 AktG durch ihre Aufnahme in das AktG zunächst ausschließlich für Unternehmen in der Rechtsform der AG gilt, weist die Gesetzesbegründung zum KonTraG explizit darauf hin, dass sich hieraus auch eine Ausstrahlungswirkung auf die Pflichten der Geschäftsleitung anderer Gesellschaftsformen ergibt.[61]

54 Für VU folgt die Anwendbarkeit der Vorschrift des § 91 Abs. 2 AktG aber darüber hinaus bereits aufgrund gesetzlicher Verweisungen. VU in der Rechtsform des VVaG haben wegen des Verweises in § 34 Satz 2 VAG ein Risikofrüherkennungssystem i.S.d. § 91 Abs. 2 AktG einzurichten; kleinere VVaG sind allerdings gem. § 53 Abs. 1 VAG von der Anwendung ausgenommen. Für ö.-r. VU ist die Anwendung des § 91 Abs. 2 AktG in § 156 Abs. 2 VAG geregelt.

55 In einem Konzern sind der Gesetzesbegründung zum KonTraG zufolge auch die Tochtergesellschaften in das von der Geschäftsleitung der Konzernmutter einzurichtende konzernweite Risikofrüherkennungssystem einzubeziehen, um ggf. bestehende Risiken einer Bestandsgefährdung des Konzerns bzw. der Konzernmutter frühzeitig zu erkennen.[62] Gleichzeitig hat aber auch jedes Tochterunternehmen in der Rechtsform der AG die entsprechenden Verpflichtungen zu erfüllen.[63] Auch die Tatsache, dass zwischen dem MU und einem Tochterunternehmen ein Beherrschungs- oder Gewinnabführungsvertrag besteht, führt nicht dazu, dass das Tochterunternehmen nur aufgrund dieses Sachverhalts von der Einrichtung eines Risikofrüherkennungssystems absehen kann.[64] Diese allgemein geltenden Regelungen finden auch auf VU Anwendung.

cc) Anforderungen an das Risikofrüherkennungssystem

56 Wegen der Ausrichtung auf die Früherkennung bestandsgefährdender Entwicklungen sind die Systeme zur Risikofrüherkennung so einzurichten, dass derartige Entwicklungen zu einem Zeitpunkt erkannt werden, in dem vom Vorstand noch geeignete Maßnahmen zur Sicherung des Fortbestands ergriffen werden können.[65] Damit sind Mindestanforderungen an einen Teilbereich des umfassenden Risikomanagements eines Unternehmens normiert worden. Demgegenüber sind die Maßnahmen des Vorstands zur Risikobewältigung nicht Gegenstand der Regelun-

---

61 Vgl. Gesetzesbegründung zum KonTraG, BR-Drs. 872/97, S. 37; ähnlich *IDW PS 340,* Tz. 1.

62 Vgl. Gesetzesbegründung zum KonTraG, BR-Drs. 872/97, S. 36 f. sowie *IDW PS 340,* Tz. 34 ff.

63 Vgl. *IDW PS 340,* Tz. 35.

64 *IDW* (Hrsg.), WP Handbuch 2006[13], Rn. P 21.

65 Vgl. Gesetzesbegründung zum KonTraG, BR-Drs. 872/97, S. 36 sowie *IDW PS 340,* Tz. 5.

gen in § 91 Abs. 2 AktG und der korrespondierenden Berichterstattung des Vorstands im Lagebericht nach § 289 Abs. 1 HGB sowie der gesetzlichen Abschlussprüfung nach § 317 Abs. 4 HGB.[66] Dennoch gelten auch hier die allgemeinen Sorgfaltspflichten der Geschäftsleitung.

Die inhaltliche Ausgestaltung der Früherkennung und Überwachung der Risiken 57
ist vor allem von der individuellen Risikolage des Unternehmens und der Unternehmensstrategie abhängig. Dennoch sind einige grundlegende Mindestanforderungen zu erfüllen:[67]

- Festlegung von Risikofeldern und Definition der Risiken bzw. Risikoarten, die zu einer Bestandsgefährdung des Unternehmens führen können
- Schaffung und Fortentwicklung eines angemessenen Risikobewusstseins aller Mitarbeiter
- Risikoidentifikation
- Risikoanalyse, einschl. einer Beurteilung der Tragweite der erkannten Risiken hinsichtlich Eintrittswahrscheinlichkeit und quantitativer Auswirkung (z.B. unter Nutzung der Risikomatrix)
- Risikokommunikation, z.B. durch Einrichtung einer Ad-hoc-Berichterstattung und die Definition von Schwellenwerten, die eine Ad-hoc-Berichterstattung auslösen, sowie Einrichtung einer regelmäßigen Berichterstattung
- Zuordnung von Verantwortlichkeiten und Aufgaben hinsichtlich der Identifikation, Erfassung, Bewältigung bzw. Weiterleitung von Informationen über Risiken in den einzelnen Hierarchieebenen
- Einrichtung fest eingebauter Kontrollen
- Überwachung der getroffenen Maßnahmen durch die interne Revision
- Dokumentation der getroffenen Maßnahmen.

Bereits aus der Aufzählung der Mindestanforderungen geht hervor, dass die 58
gesetzlichen Anforderungen nicht durch Einmalaktivitäten erfüllt werden können, sondern vielmehr in regelmäßigem Turnus oder permanent durchzuführender/zu aktualisierender Instrumentarien bedürfen. Ziel ist es, zu gewährleisten, dass der Zeitraum zwischen bestandsgefährdender Entwicklung und deren Erkennen durch den Vorstand möglichst kurz ist.[68] Daher ist sowohl ein einmalig erstelltes Risikohandbuch als auch eine einmalige Risikoinventur (also die Aufnahme und Bewer-

66 Vgl. ähnlich *IDW PS 340,* Tz. 6.
67 Vgl. *IDW PS 340,* Tz. 7 ff. sowie in *ADS*[6], § 91 AktG nF, Rn. 11.
68 Siehe auch Rn. 94.

tung aller erkennbaren wesentlichen und der bestandsgefährdenden Risiken) als zur Erfüllung der gesetzlichen Anforderungen unzureichend anzusehen. Vielmehr muss die Geschäftsleitung „zu jedem Zeitpunkt über eine aktuelle und vollständige Übersicht aller wesentlichen und bestandsgefährdenden Risiken verfügen."[69]

59 Grundsätzlich sind Risiken, die sich erst allmählich entwickeln und deshalb nur in größeren Zeitabständen beobachtet werden müssen (z.B. Mitarbeiterzufriedenheit) zu unterscheiden von solchen Risiken, die schnell eintreten können (z.B. Kursschwankungen bestimmter Aktien oder Devisen). Diese Risiken sollten zunächst brutto, d.h. vor dem Ergreifen von Maßnahmen zu ihrer Bewältigung, betrachtet werden. Das ist deshalb wichtig, weil nicht von vornherein sichergestellt sein kann, dass die erwarteten Wirkungen der Risikobewältigung stets rechtzeitig und vollständig greifen.

60 Zur rechtzeitigen Feststellung von Bestandsgefährdungen sind auch bei VU für die vorhersehbaren Risiken geeignete Frühwarnindikatoren finanzieller und ggf. nichtfinanzieller Art festzulegen und laufend zu beobachten.[70] Dies kann nur für jedes Unternehmen individuell in Abhängigkeit von den konkreten Risiken geschehen. Ein frühzeitiges Erkennen von Risiken erfordert vor allem eine angemessene Risikokultur auf allen Ebenen. Hierzu gehört es auch, dass solche „negativen Informationen" nicht zu negativen Konsequenzen für den Informanten führen.

61 Für die identifizierten Risiken sind durch die Festlegung von Schwellenwerten Toleranzgrenzen vorzudefinieren, bei deren Überschreiten entweder unmittelbar und von vornherein festgelegte Maßnahmen erfolgen oder zumindest Informationen an eine verantwortliche Stelle (z.B. Risikocontrolling, Vorstand) zur weiteren Entscheidung gegeben werden (sog. Ad-hoc-Berichterstattung). Dabei hat es sich als zweckmäßig erwiesen, nicht nur den Erwartungswert eines Risikos als Produkt aus Eintrittswahrscheinlichkeit und Schadenhöhe, sondern schon diese Einzelfaktoren für sich zu betrachten. Auch ist es nicht ausreichend, lediglich gebuchte Zahlen (z.B. Monatsabschlüsse) im Nachhinein zu betrachten. Vielmehr sind Frühwarnindikatoren für diejenigen Risiken, deren Reaktionszeit kritisch ist, vorausschauend zu beobachten (z.B. Ratingänderungen bei Kapitalanlagen), wobei für langfristig vorhersehbare Veränderungen insb. im Umfeld des Unternehmens auch langfristige Betrachtungen erforderlich sein können.

62 Die dauernde Wirksamkeit des Risikofrüherkennungssystems und dessen Anpassung an sich ändernde Verhältnisse sind zu überwachen. Solche Überwachungen

69 *IDW* (Hrsg.), WP Handbuch 2006[13], Rn. P 45.

70 Zu allgemeinen Beispielen für Frühwarnindikatoren s. *IDW* (Hrsg.), WP Handbuch 2006[13], Rn. P 42.

können in die laufenden betrieblichen Abläufe integriert sein (z.B. Risikocontrolling) oder auch durch unabhängige Stellen (z.B. Externe/Interne Revision) erfolgen. Dem Wortlaut der Gesetzesbegründung zum KonTraG zufolge verpflichtet die Vorschrift des § 91 Abs. 2 AktG zwar die Geschäftsleitung u.a. dazu, „für eine angemessene interne Revision zu sorgen."[71] Auch ein Outsourcing auf externe Stellen, insb. bei Konzernunternehmen, kommt als Alternative in Betracht. Die im Unternehmen für die jeweiligen Risiken auf den einzelnen Hierarchieebenen Verantwortlichen sollten aber dennoch in die Verantwortung für die sie betreffenden Risiken einbezogen werden.

Gegenstand der Überwachung ist auch die Vollständigkeit und die Angemessenheit des Versicherungsschutzes als Maßnahme zur Risikobewältigung. Auf die bei VU gem. § 64a VAG bestehende Verpflichtung zur Einrichtung einer internen Revision als Bestandteil einer ordnungsgemäßen Geschäftsorganisation wird im nächsten Abschnitt eingegangen.[72]

Die getroffenen Maßnahmen zur Risikofrüherkennung i.S.d. § 91 Abs. 2 AktG sind 63
angemessen zu dokumentieren, um eine von Personen und Situationen unabhängige und dauerhafte Funktionsfähigkeit zu gewährleisten und um einen Nachweis zu bieten, dass der Vorstand/die Geschäftsleitung die allgemeinen Leitungs- und Sorgfaltspflichten auch in diesem Bereich erfüllt hat.[73] Die Ausgestaltung der Dokumentation im Einzelfall bzgl. Art und Umfang hängt von der Geschäftstätigkeit, der Größe und der Komplexität des Unternehmens oder Konzerns ab.[74] Die Dokumentation sollte in Anlehnung an § 257 Abs. 4 HGB mind. zehn Jahre aufbewahrt werden, soweit sie für den Nachweis der Erfüllung der Verantwortung der Geschäftsleitung sowie für die Ableitung der Risikoberichterstattung im Lagebericht erforderlich ist.[75]

dd) Abgrenzung des Risikofrüherkennungssystems zum Risikomanagementsystem

Unabhängig von der sich aus § 91 Abs. 2 AktG für AG, VVaG (mit Ausnahme der 64
kleineren VVaG i.S.d. § 53 VAG) sowie ö.-r. VU ergebenden Verpflichtung zur Einrichtung eines Risikofrüherkennungssystems fordert § 64a VAG grundsätzlich von allen dem VAG unterliegenden VU die Einrichtung einer ordnungsgemäßen Geschäftsorganisation, die „die Einhaltung der von ihnen zu beachtenden Geset

71 Gesetzesbegründung zum KonTraG, BT-Drs. 13/9712, S. 15.
72 Vgl. Abschn. II.1.b) ee).
73 Vgl. *IDW PS 340*, Tz. 17.
74 Vgl. *IDW PS 340*, Tz. 17.
75 A. A. *IDW* (Hrsg.), WP Handbuch 2006[13], Rn. P 31.

ze und VO sowie der aufsichtsbehördlichen Anforderungen gewährleistet."[76] Eine ordnungsgemäße Geschäftsorganisation setzt neben einer dem Geschäftsbetrieb angemessenen Verwaltung und Buchhaltung insb. ein angemessenes Risikomanagement voraus. Konkretisiert werden die Regelungen des § 64a VAG durch die aufsichtsrechtlichen Mindestanforderungen an das Risikomanagement (MaRisk VA) im Rundschreiben 3/2009 der BaFin.[77]

65 Ein angemessenes Risikomanagement besteht gem. § 64a Abs. 1 Satz 3 und 4 VAG aus folgenden Elementen:

- Eine auf die Steuerung des Unternehmens abgestimmte Risikostrategie
- aufbau- und ablauforganisatorische Regelungen zur Überwachung und Kontrolle der wesentlichen Abläufe
- ein geeignetes internes Steuerungs- und Kontrollsystem, einschl. Risikotragfähigkeitskonzept und Limitsystem, angemessener Prozesse, ausreichender unternehmensinterner Kommunikation sowie einer aussagefähigen Berichterstattung gegenüber der Geschäftsleitung in Form eines Risikoberichts
- eine interne Revision zur Prüfung der gesamten Geschäftsorganisation des Unternehmens.

66 Von der Verpflichtung des § 64a VAG teilweise ausgenommen sind insb. bestimmte kleinere VU, die gem. § 64a Abs. 5 VAG keinen Risikobericht erstellen und keine interne Revision zur Prüfung der gesamten Geschäftsorganisation des Unternehmens einrichten müssen.[78] Die Ausnahme betrifft kleinere Schaden-, Unfall- und Krankenversicherungsvereine, Pensionskassen mit einer Bilanzsumme bis zu 125 Mio. EUR, die als VVaG betrieben werden sowie Sterbekassen und Pensionsfonds[79] und kann bei entsprechendem Nachweis der Unverhältnismäßigkeit auch anderen VU durch die BaFin eingeräumt werden.[80]

67 Obwohl zum Begriff „Risikomanagement" verschiedene Definitionen existieren,[81] ist es unstrittig, dass das Risikofrüherkennungssystem einen Teil des Risiko-

76 § 64a Abs. 1 Satz 1 VAG.

77 Zu einer Kommentierung der einzelnen Regelungen der MaRisk VA s. *Ellenbürger* u.a. (Hrsg.), Mindestanforderungen an das Risikomanagement für Versicherungen, 1. Aufl., Stuttgart 2009.

78 Vgl. § 64a Abs. 5 Satz 1 i.V.m. Abs. 1 Satz 4 Nr. 3 Buchst. d und Nr. 4 VAG.

79 Vgl. § 64a Abs. 5 Satz 1 VAG sowie die zugehörige Gesetzesbegründung in BT-Drs. 16/6518 S. 17.

80 Vgl. § 64a Abs. 5 Satz 2 VAG.

81 Der Begriff wird in DRS 5 und in *IDW PS 340* auf unterschiedliche Weise definiert: Vgl. ausführlicher *Boetius* in: Ellenbürger u.a. (Hrsg.), Mindestanforderungen an das Risikomanagement für Versicherungen, 1. Aufl., Stuttgart 2009, S. 16 f.

managementsystems insgesamt darstellt.[82] So lassen sich in der Darstellung des Risikofrüherkennungssystems gem. *IDW PS 340* für die in § 64a VAG genannten Elemente eines Risikomanagementsystems (s.o.) zumindest annähernd jeweilige Äquivalente finden. Im Unterschied zum umfassenderen Risikomanagementsystem ist das Risikofrüherkennungssystem aber erstens ausschließlich auf bestandsgefährdende Risiken ausgerichtet und beinhaltet zweitens nur die zum Erkennen der entsprechenden Risiken getroffenen Maßnahmen. Das Risikomanagementsystem umfasst hingegen „auch die Reaktionen des Vorstands auf die vom Risikofrüherkennungssystem erfassten, analysierten und kommunizierten Risiken."[83]

Bei Kreditinstituten sehen die aufsichtsrechtlichen Anforderungen gem. § 29 68
Abs. 1 Satz 2 KWG vor, dass auch das Risikomanagementsystem durch den Abschlussprüfer zu prüfen ist. Eine solche Verpflichtung besteht bei VU nicht. Der VFA empfiehlt daher, den Umfang der Prüfung des Risikomanagements im Prüfungsbericht klarzustellen.[84]

ee) Prüfung des Risikofrüherkennungssystems

Eine gesetzliche Verpflichtung zur Prüfung durch den Abschlussprüfer besteht 69
nach dem Wortlaut des § 317 Abs. 4 HGB ausschließlich für das Risikofrüherkennungssystem i.S.d. § 91 Abs. 2 AktG einer börsennotierten AG.[85] Der Abschlussprüfer hat im Rahmen seiner Prüfung zu beurteilen, ob der Vorstand die ihm nach § 91 Abs. 2 AktG obliegenden Maßnahmen in einer geeigneten Form getroffen hat und ob das danach einzurichtende Überwachungssystem seine Aufgaben erfüllen kann.[86]

Für VU ergibt sich aufgrund der aufsichtsrechtlichen Anforderung des § 57 Abs. 1 70
Satz 3 VAG immer die Verpflichtung, ihr Risikofrüherkennungssystem durch einen Abschlussprüfer prüfen zu lassen, wenn sie zur Anwendung des § 91 Abs. 2 AktG verpflichtet sind, also ein solches einrichten müssen. Damit besteht eine Prüfungspflicht für alle VU mit Ausnahme der kleineren Vereine i.S.v. § 53 VAG.

Der Umfang der Prüfung nach § 317 Abs. 4 HGB beschränkt sich auf die Feststel- 71
lung, ob die nach § 91 Abs. 2 AktG erforderlichen Maßnahmen getroffen wurden

82 Siehe auch Rn. 94.
83 Vgl. *IDW PS 340*, Tz. 4.
84 Vgl. FN-IDW 2010, S. 39.
85 Eine Ausstrahlungswirkung – äquivalent zur Regelung des § 91 Abs. 2 AktG – wird in Bezug auf die Vorschrift des § 317 Abs. 4 HGB zur Prüfung aber nicht gesehen: Vgl. bspw. *IDW* (Hrsg.), WP Handbuch 2006[13], Rn. P 68 m.w.N., *Förschle/Ameling*, in: Beck Bil-Komm.[7], § 317 HGB Rn. 76.
86 Vgl. § 317 Abs. 4 HGB.

und zweckentsprechend sind sowie während des gesamten zu prüfenden Zeitraums eingehalten wurden.[87] Die Tatsache, dass sich die Prüfungspflicht nicht auf das Risikomanagementsystem als Ganzes, sondern ausschließlich auf das Risikofrüherkennungssystem bezieht, impliziert, dass die Reaktion der Geschäftsleitung auf bekannte Risiken und die getroffenen Maßnahmen zur Risikobewältigung oder auch der bewusste Verzicht auf solche Maßnahmen nicht Gegenstand der Prüfung gem. § 317 Abs. 4 HGB sind.[88] Die Prüfung des Risikofrüherkennungssystems ist eine Systemprüfung und keine Geschäftsführungsprüfung.[89]

72 Neben der aus § 317 Abs. 4 HGB resultierenden Prüfungspflicht besteht gem. § 321 Abs. 1 Satz 3 HGB eine Redepflicht des Abschlussprüfers. Diese führt u.a. dazu, dass der Abschlussprüfer „über Tatsachen zu berichten hat, die den Bestand des geprüften Unternehmens oder des Konzerns gefährden oder seine Entwicklung wesentlich beeinträchtigen können oder die schwerwiegende Verstöße der gesetzlichen Vertreter oder von Arbeitnehmern gegen Gesetz, Gesellschaftsvertrag oder Satzung darstellen."[90] Das Fehlen eines Risikofrüherkennungssystems bei einem zur Anwendung von § 91 Abs. 2 AktG verpflichteten Unternehmen ist in jedem Fall als schwerwiegender Verstoß der gesetzlichen Vertreter gegen § 91 Abs. 2 AktG aufzufassen.[91]

73 Trotz des Fehlens einer expliziten Prüfungspflicht bei Gesellschaften, auf die § 317 Abs. 4 HGB keine Anwendung findet, – d.h. in Bezug auf VU bei kleineren VVaG – besteht aufgrund der allgemeinen Redepflicht des § 321 Abs. 1 Satz 3 HGB auch hier für den Abschlussprüfer die Notwendigkeit, den von diesen Unternehmen getroffenen Maßnahmen zur Erkennung bestandsgefährdender Risiken im Rahmen seiner Prüfung hinreichende Aufmerksamkeit zu widmen. Im Hinblick auf bestandsgefährdende Tatsachen ergibt sich dies unmittelbar im Rahmen der Beurteilung von Fortbestandsprognosen,[92] hinsichtlich eines möglichen

---

87 Vgl. *IDW PS 340,* Tz. 19; ähnlich auch Gesetzesbegründung zum KonTraG, BR-Drs. 872/97, S. 72.

88 Vgl. *IDW PS 340,* Tz. 6; s. auch Rn. 108.

89 Vgl. *IDW PS 340,* Tz. 19.

90 § 321 Abs. 1S. Satz 3 HGB; der darüber hinaus in dieser Vorschrift genannte Fall einer Redepflicht aufgrund von bei Durchführung der Prüfung festgestellten Unrichtigkeiten und Verstößen gegen gesetzliche Vorschriften bezieht sich hingegen nur auf solche Vorschriften, die für die Rechnungslegung gelten, einschl. der GoB, und kommt daher im Zusammenhang mit § 91 Abs. 2 AktG nicht in Frage. Vgl. hierzu bspw. *Winkeljohann/Poullie,* in Beck Bil-Komm[7], § 321 HGB Rn. 32.

91 Vgl. *Winkeljohann/Poullie,* in: Beck Bil-Komm.[7], § 321 HGB, Rn. 39, wobei die Aussage dort allgemein getroffen wird und sich daher nur auf Unternehmen in der Rechtsform der AG bezieht.

92 Diese sind im Rahmen jeder gesetzlichen Abschlussprüfung für die Erteilung des Bestätigungsvermerks erforderlich (vgl. *IDW PS 400,* Tz. 77 ff.). Bei kleineren VVaG ergibt sich auch bei der

schwerwiegenden Gesetzesverstoßes kann aufgrund der Ausstrahlungswirkung des § 91 Abs. 2 AktG auf andere Rechtsformen ein solches Erfordernis entstehen. Aufgrund des § 341k Abs. 3 HGB hat der Abschlussprüfer eines VU unverzüglich die Aufsichtsbehörde zu unterrichten, sobald er eine Feststellung macht, die die Redepflicht auslöst.

Im Fall der Beteiligung von Bund, Ländern und Kommunen an privatrechtlichen 74
Unternehmen, einschl. VU können sich weitere gesetzliche Prüfungspflichten im Rahmen einer erweiterten Prüfung öffentlicher Unternehmen gem. § 53 HGrG ergeben.[93]

Neben den gesetzlichen Prüfungspflichten des § 317 Abs. 4 HGB besteht die Mög- 75
lichkeit freiwilliger Prüfungen insb. aufgrund von satzungsmäßigen bzw. aus dem Gesellschaftsvertrag resultierenden Bestimmungen, deren Durchführung durch eine Erweiterung des Prüfungsauftrags oder durch eine anderweitige vertragliche Vereinbarung mit dem Wirtschaftsprüfer erfolgen kann. Für erlaubnisfreie Niederlassungen ausländischer VU kommt eine Prüfung des Risikofrüherkennungssystems nach § 317 Abs. 4 HGB nur auf freiwilliger Basis in Betracht.

Bei der Prüfung eines KA, hat der Abschlussprüfer alle vom Vorstand getroffe- 76
nen Maßnahmen zur Erfassung derjenigen Risiken im Konzern in seine Prüfung gem. § 317 Abs. 4 HGB einzubeziehen, die eine Bestandsgefährdung für das MU bedeuten. Dies umfasst auch Risiken, die (ausschließlich) bei Tochtergesellschaften auftreten.[94]

Im Hinblick auf die Durchführung der (System-)Prüfung des Risikofrüherken- 77
nungssystems können drei Phasen unterschieden werden:

Die erste Phase umfasst die Feststellung des eingerichteten Risikofrüherkennungs- 78
und Überwachungssystems (Vorhandensein) anhand der vorliegenden Dokumentation.[95] Diese Prüfungsphase liegt zeitlich und inhaltlich nah am Planungsprozess.

In der zweiten Phase erfolgt die Beurteilung der Eignung des eingerichteten Risi- 79
kofrüherkennungssystems zur Erfüllung der gesetzlichen Anforderungen. Hierzu

Beurteilung des LB für den Abschlussprüfer ein Erfordernis der Prüfung der Angemessenheit der Darstellung der Chancen und Risiken der zukünftigen Entwicklung (vgl. zur Prüfung des LB allgemein *IDW PS 350*, Tz. 8).

93 Vgl. *IDW* (Hrsg.), WP Handbuch 2006[13], Rn. 70. Hierbei wird die Einrichtung und Funktionsfähigkeit des Risikofrüherkennungssystems als wesentlicher Bestandteil der ordnungsmäßigen Geschäftsführung einer Prüfung unterzogen.

94 Vgl. *IDW PS 340*, Tz. 34 ff.

95 Vgl. *IDW PS 340*, Tz. 24. Nach h.M. ist die Durchführung einer Prüfung des Risikofrüherkennungssystems ohne eine angemessene Dokumentation nicht möglich; zu den Konsequenzen siehe *IDW PS 340*, Tz. 25.

muss der Abschlussprüfer in Abhängigkeit von der Gesamteinschätzung des zu prüfenden Unternehmens untersuchen, ob die getroffenen Maßnahmen eine rechtzeitige Erfassung, Bewertung und Kommunikation existenzgefährdender Risiken ermöglichen.[96] Diese Beurteilung schließt auch die Frage nach der Vollständigkeit der erfassten Risiken ein, die der Abschlussprüfer auf der Basis seiner eigenen, im Laufe der Abschlussprüfung gewonnenen Erkenntnisse zu beurteilen hat. Diese schließen Kenntnisse bzgl. der wesentlichen betriebenen Versicherungszweige und -arten, der Rückversicherung und der Kapitalmärkte genauso ein wie solche über das rechtliche und wirtschaftliche Umfeld.[97] Darüber hinaus sind u.a. die Klarheit der organisatorischen Maßnahmen und die integrierten Kontrollmaßnahmen, einschl. der vorgesehenen Prüfungstätigkeit der internen Revision, in die Prüfung einzubeziehen, um zu einer Einschätzung der Funktionsfähigkeit des Systems gelangen zu können. Vielfach ist diese Beurteilung nur unter Einbezug der Beurteilungen anderer Sachverständiger[98] – bei VU insb. der Aktuare – möglich.[99].

80 In der letzten Phase ist nach den allgemeinen Kriterien der Systemprüfung stichprobenartig zu beurteilen, ob die Maßnahmen des Risikofrüherkennungssystems während des gesamten Prüfungszeitraums wirksam waren und kontinuierlich angewandt wurden. Die Prüfung kann sowohl durch die Beurteilung erfolgter Kontrollvorgänge als auch im Zuge von Einzelfallprüfungen in der Ausgestaltung von Funktionsprüfungen erfolgen. Hierbei ist bspw. an die Durchsicht von Unterlagen zur Risikoerfassung und Risikokommunikation, Befragungen und Beobachtungen zur Einhaltung von Kontrollmaßnahmen sowie die Durchsicht von Prüfungsprogrammen und Arbeitspapieren der internen Revision zu denken.[100]

81 Im Fall einer Prüfungspflicht nach § 317 Abs. 4 HGB – also bei allen VU mit Ausnahme der kleineren VVaG i.S.d. § 53 VAG – ist im Prüfungsbericht gem. § 321 Abs. 4 HGB das Ergebnis der Beurteilung des Risikofrüherkennungssystems durch den Abschlussprüfer in einem gesonderten Teil darzustellen, wobei insb. darauf einzugehen ist, ob Maßnahmen zur Verbesserung des internen Überwa-

96 Vgl. *IDW PS 340,* Tz. 26.

97 Zur berufsständischen Auffassung über das Erfordernis für den Abschlussprüfer, sich „ausreichende Kenntnisse über die Geschäftstätigkeit sowie das wirtschaftliche und rechtliche Umfeld des zu prüfenden Unternehmens zu verschaffen“, s. *IDW Prüfungsstandard: Kenntnisse über die Geschäftstätigkeit sowie das wirtschaftliche und rechtliche Umfeld des zu prüfenden Unternehmens im Rahmen der Abschlussprüfung (IDW PS 230)* (Stand: 08.12.2005).

98 Hierbei sind die Grundsätze der *IDW PS 322* zur Verwertung der Arbeit von Sachverständigen sowie ggf. *IDW Prüfungsstandard: Verwertung der Arbeit eines anderen externen Prüfers (IDW PS 320)* (Stand: 09.09.2009) zu beachten.

99 Vgl. *IDW PS 340,* Tz. 30.

100 Vgl. *IDW PS 340,* Tz. 31.

chungssystems erforderlich sind.[101] Gegebenenfalls sind hierbei auch die Bereiche zu nennen, in denen Verbesserungsbedarf besteht. Konkrete Verbesserungsvorschläge sind hingegen dem die berufsständischen Grundsätze ordnungsmäßiger Berichterstattung bei Abschlussprüfungen festlegenden *IDW PS 450*[102] zufolge explizit nicht Gegenstand der Berichterstattungspflicht nach § 321 Abs. 4 HGB. Hat der Vorstand keine Maßnahmen zu Risikofrüherkennung getroffen, ist darauf entsprechend der Berichterstattungspflicht hinzuweisen.[103]

Bei Fehlen einer expliziten Prüfungspflicht, d.h. in Bezug auf VU bei kleineren VvaG, sollte die Norm des § 321 Abs. 4 HGB im Interesse einer vollständigen Unterrichtung des Aufsichtsgremiums[104] über die Prüfungsergebnisse analog gelten, sofern der Abschlussprüfer sich ein Urteil über das Überwachungssystem des Unternehmens gebildet hat. Dies wurde in *IDW PS 450* explizit vorgeschrieben.[105] 82

Im Fall einer durch Prüfungsfeststellungen zum Risikofrüherkennungssystem ausgelösten Redepflicht hat der Abschlussprüfer in die Berichterstattung nach § 321 Abs. 1 Satz 3 HGB im Prüfungsbericht einen entsprechenden „Hinweis auf wesentliche Verstöße gegen § 91 Abs. 2 AktG aufzunehmen".[106] Diese Berichterstattungspflicht gilt – wegen der äquivalent bestehenden Redepflicht – auch für die Unternehmen, die nicht der Prüfungspflicht i.S.d. § 317 Abs. 4 HGB unterliegen (s.o.).[107] Aufgrund der Ausstrahlungswirkung des § 91 Abs. 2 AktG auf andere Rechtformen kommen auch Angaben unter den sonstigen Unregelmäßigkeiten in Betracht.[108] 83

Die für VU bestehenden aufsichtsrechtlichen Anforderungen an den Inhalt des Prüfungsberichts aus der „Verordnung über den Inhalt der Prüfungsberichte zu den JA von VU" (PrüfV), die auf Basis der Ermächtigungsgrundlage des § 55a Abs. 1 Nr. 3 erlassen wurde, sehen keine versicherungsspezifischen Regelungen zur Berichterstattung über die Prüfung des Risikofrüherkennungssystems vor. Es gelten die o.g. allgemeinen Vorschriften. 84

101 Vgl. § 321 Abs. 4 Satz 1 und 2 HGB sowie *IDW Prüfungsstandard: Grundsätze ordnungsmäßiger Berichterstattung bei Abschlussprüfungen (IDW PS 450)* (Stand: 09.09.2009), Tz. 104.

102 *IDW PS 450* befasst sich mit den allgemeinen Grundsätzen ordnungsmäßiger Berichterstattung.

103 Vgl. *IDW PS 450,* Tz. 106.

104 Diese Informationen stellen für den AR u.a. eine wichtige Entscheidungsgrundlage im Hinblick auf die eigenen Kontrollpflichten dar.

105 Vgl. *IDW PS 450,* Tz. 108.

106 Vgl. *IDW PS 450,* Tz. 106.

107 Siehe Rn. 113 sowie zur Berichterstattungspflicht *IDW PS 450;* Tz. 107.

108 Vgl. *IDW PS 450,* Tz. 107.

85 Auswirkungen auf den Bestätigungsvermerk aus der Prüfung des Risikofrüherkennungssystems können sich in zweifacher Hinsicht ergeben: Zum einen ist nach § 322 Abs. 2 Satz 3 HGB gesondert auf Risiken einzugehen, die den Fortbestand des Unternehmens gefährden;[109] zum anderen hat sich die Beurteilung des Prüfungsergebnisses im Bestätigungsvermerk gem. § 322 Abs. 6 HGB auch darauf zu erstrecken, ob im LB die Risiken der künftigen Entwicklung zutreffend dargestellt sind.[110] Für den Fall der angemessenen Darstellung einer ggf. bestehenden Gefährdung des Fortbestands der Gesellschaft im LB genügt der Abschlussprüfer seiner Pflicht, indem er auf die Art des bestehenden Risikos und dessen Beschreibung im LB eingeht.[111] Schwerwiegende Mängel im eingerichteten Risikofrüherkennungssystem als solche oder das Nichtvorhandensein eines solchen Systems trotz bestehender Notwendigkeit haben nach dem Wortlaut des § 321 Abs. 4 HGB keine Auswirkung auf den Bestätigungsvermerk solange sie sich nicht in der Rechungslegung niederschlagen.[112] Zu einer Einschränkung kann es allerdings kommen, falls als Folge die Darstellung der Risiken der künftigen Entwicklungen im Lagebericht gem. § 289 Abs. 1 HGB (für Konzerne gem. § 315 Abs. 1 HGB) nicht angemessen erfolgt oder nicht prüfbar ist, der Fortbestand des Unternehmens nicht ausreichend nachgewiesen wird oder Bestandsgefährdungen vom Abschlussprüfer nicht beurteilt werden können.

ff) Besonderheiten der Ausgestaltung des Risikofrüherkennungssystems bei VU

86 Das Risikofrüherkennungssystem unterliegt bei VU nicht nur hinsichtlich des Anwendungsbereichs, sondern auch inhaltlich branchentypischen Besonderheiten. Die Übernahme von versicherungstechnischen Risiken gehört zum Kerngeschäft von VU. Aufgrund dessen sind VU spezifischen externen Risiken hinsichtlich Großschäden, Schadenhäufigkeiten und -ausmaßen, biometrischen Risiken wie Sterblichkeit und Berufsunfähigkeit, Veränderungen am Kapitalmarkt, Veränderung des Branchenumfelds, der Gesetzgebung und der Rechtsprechung ausgesetzt. Die unternehmensinternen Risiken stehen in enger Verbindung mit der Art des betriebenen Versicherungsgeschäfts (Lebens-, Kranken-, Schaden-, Unfall-, Rechtsschutz-, Kredit- und Rückversicherung), der Versicherungsneh-

109 Vgl. *IDW PS 400,* Tz. 77.
110 Vgl. *IDW PS 350,* Tz. 8.
111 Vgl. *IDW PS 400,* Tz. 77.
112 Vgl. *IDW PS 340,* Tz. 32.

mergruppen (Industrie-, Gewerbe- und Privatkunden), der Größe und Komplexität des Versicherungsbestands und dem mit den genannten Einflussgrößen im Zusammenhang stehenden Deckungsumfang.

Aufgrund der Zufälligkeit von Schadenhöhen und dem Eintritt von Schäden besteht 87
auch bei einer vorsichtigen, statistisch auskömmlichen Prämienbemessung bzgl. des Bruttogeschäfts das Risiko einer auch kurzfristig möglichen Bestandsgefährdung, die entweder durch einen Einzelfall hervorgerufen werden oder sich infolge der Kumulation vieler Versicherungsfälle ergeben kann und sich u.U. nicht durch die vorhandenen Eigenmittel des Versicherers ausgleichen lässt. Eine wesentliche Maßnahme gegen eine Bestandsgefährdung aus der Übernahme versicherungstechnischer Risiken ist der Rückversicherungsschutz. Aus diesem Grund sind sowohl die inhaltliche Ausgestaltung der Deckungen, die Bonität des RückVU und die Streuung auf verschiedene Rückversicherungsträger sowie die Eigenmittelausstattung und die Solvenz des Rückversicherers in die Ausgestaltung der zur Risikofrüherkennung getroffenen Maßnahmen einzubeziehen.

Auch aus der Kapitalanlage als dem zweiten wichtigen Bereich im Geschäfts- 88
modell eines VU können bestandsgefährdende Risiken resultieren. Zwar existieren mit den in § 54 VAG enthaltenen Anlagegrundsätzen und den diese konkretisierenden Bestimmungen der AnlV[113] sowie des BaFin Rundschreibens 4/2011 aufsichtsrechtliche Anforderungen an die Kapitalanlage des die versicherungstechnischen Verpflichtungen bedeckenden gebundenen Vermögens, die risikobegrenzend wirken. Das in § 7 Abs. 2 VAG kodifizierte Verbot versicherungsfremder Geschäfte mit den zugehörigen BaFin Rundschreiben[114], das zu einer erheblichen Einschränkung der Zulässigkeit von Anlagen in derivative Finanzinstrumente und sog. strukturierte Produkte zur Folge hat, trägt ebenfalls zur Risikobegrenzung bei. Dennoch kann eine Bestandsgefährdung aufgrund von Risiken aus Kapitalanlagen aber nicht von vornherein ausgeschlossen werden. Diese kann bei negativen Kapitalmarktentwicklungen bzw. durch Fehlinvestitionen entstehen, wenn Verluste zu einer erheblichen Unterdeckung des gebundenen Vermögens führen und vom VU kurzfristig nicht mehr ausgeglichen werden können.

113 VO über die Anlage des gebunden Vermögens von VU (Anlageverordung). Demnach sind VU gem. § 1 AnlV verpflichtet, für Kapitalanlagen im gebundenen Vermögen „ein qualifiziertes Anlagemanagement, geeignete interne Kapitalanlagegrundsätze und Kontrollverfahren, eine strategische und taktische Anlagepolitik sowie weitere organisatorische Maßnahmen sicherzustellen. Hierzu gehören insb. die Beobachtung aller Risiken der Aktiv- und Passivseite der Bilanz und des Verhältnisses beider Seiten zueinander sowie eine Prüfung der Elastizität des Anlagebestands gegenüber bestimmten Kapitalmarktszenarien und Investitionsbedingungen."

114 Vgl. BAV Rundschreiben 3/2000, 1/2002 sowie BaFin Rundschreiben 7/2004.

89 Darüber hinaus nehmen strategische Risiken in der Versicherungswirtschaft – aufgrund der dort üblichen langen Laufzeiten von VV insb. im Bereich der Personenversicherungen – einen zentralen Stellenwert ein. Gerade in Versicherungszweigen, in denen regelmäßig langfristige Geschäftsbeziehungen entstehen, kann eine verfehlte strategische Ausrichtung nur unter einem erheblichen finanziellen Aufwand und mit einer zeitlichen Verzögerung korrigiert werden. Auch aus gesetzlichen Neuerungen und der Reaktion der Unternehmensführung hierauf können strategische Risiken resultieren.

90 Außerdem spielen im Bereich der Lebens- und Krankenversicherung das sozialpolitische Umfeld und die demographische Entwicklung, in Kredit die gesamtwirtschaftliche Lage und in Rechtsschutz die in größeren Abständen eintretenden Kostenrechtsänderungen eine Rolle.

91 Das Risikofrüherkennungssystem eines VU wird sich somit zweckmäßigerweise zumindest erstrecken auf

- Versicherungstechnik,
- Rückversicherungsdeckung,
- Kapitalanlagepolitik einschl. Beteiligungen,
- wesentliche Geschäftsprozesse,
- strategische Ausrichtung sowie operationelle Risiken.

92 Dabei werden sich je nach Art und Umfang des betriebenen Versicherungsgeschäfts, des unternehmensindividuellen Risikoprofils sowie der Komplexität der Organisation und der Geschäftsabläufe unterschiedliche Schwerpunkte ergeben.

93 Grundvoraussetzung eines ordnungsgemäßen Früherkennungssystems und dessen Prüfbarkeit ist eine systematische Dokumentation der vorhandenen Risiken und deren Bewertung im Hinblick auf eine mögliche Bestandsgefährdung.[115] Für die o.g. Teilbereiche sind hierzu mind. schriftlich festzuhalten:

- Zeichnungspolitik des VU nach Art und Umfang; maximale zu übernehmende Risiken für eigene Rechnung im Einzelfall und kumuliert, zwingende Ausschlüsse, Rückversicherungspolitik insb. im Hinblick auf Deckungsumfang sowie Sicherheit des Rückversicherers, maximale Selbstbehalte je Einzelfall, im Kumul und für das Gesamtgeschäft

115 Vgl. *IDW PS 340*, Tz. 25; zu den Anforderungen an die Dokumentation selbst vgl. *IDW PS 340*, Tz. 17.

- Anlagepolitik; insb. Schwerpunkte, Diversifikationsstrategien, (im Hinblick auf das gebundene Vermögen einschl. der Anforderungen an die Mischungen), maximale schuldner- und währungsbezogene Konzentrationen (in Bezug auf das gebundene Vermögen einschl. der Anforderungen an die Streuung), einschl. Einsatz von Derivaten und strukturierten Produkten sowie vorhandene Kontrollinstrumente
- Wesentliche strategische Ausrichtungen, wesentliche Geschäftsprozesse und Systeme, Schlüsselpersonen (z.B. Verantwortlicher Aktuar), wesentliche Risiken hieraus und Maßnahmen zu deren Bewältigung
- Maßnahmen zur Aufdeckung von Versicherungsbetrug und Unregelmäßigkeiten im Leistungsfall (unberechtigte Auszahlungen) sowie im Vertrieb (Missachtung der Annahmerichtlinien, fiktive Kunden)
- Identifikation von Emerging Risks und deren Auswirkung auf neue und bestehende Versicherungsverträge.

Aus der Anforderung an die Unternehmensleitung, Bestandsgefährdungen frühzeitig zu erkennen, damit noch ausreichend Zeit zur Reaktion i. S. einer Abwendung der Bestandsgefährdung besteht, ergibt sich im Rahmen der regelmäßigen Risikoberichterstattung die Notwendigkeit eines regelmäßigen Reportings in Abhängigkeit vom jeweiligen Risiko und der Risikosituation. Dies kann in besonderen Situationen, wie bspw. einer Finanzmarktkrise, ggf. auch ein tägliches Reporting bedeuten. 94

2. Durchführung der Prüfung

a) Grundsätze für die Durchführung der Abschlussprüfung

Die allgemeinen Grundsätze für die Durchführung der Abschlussprüfung gelten auch für die Prüfung von VU. Hiernach ist die Abschlussprüfung mit einer kritischen Grundhaltung zu planen und durchzuführen.[116] Der Prüfer kann nicht ohne Weiteres von der Richtigkeit erteilter Auskünfte ausgehen, sondern muss sich diese belegen lassen. Ein darüber hinaus gehendes besonderes Misstrauen, insb. im Hinblick auf mögliche Unregelmäßigkeiten, ist aber grundsätzlich nicht erforderlich.[117] 95

Eine Abschlussprüfung ist darauf auszurichten, dass die Prüfungsaussagen mit hinreichender Sicherheit getroffen werden können[118]. Dabei muss das Risiko der Abga- 96

116 Vgl. *IDW PS 200,* Tz. 17.
117 Vgl. *IDW PS 200,* Tz. 17.
118 Vgl. *IDW PS 200,* Tz. 9; in Tz. 25 desselben Standards wird zudem explizit klargestellt, dass absolute Sicherheit bei der Abschlussprüfung nicht zu erreichen ist.

be eines positiven Prüfungsurteils trotz vorhandener Fehler in der Rechnungslegung (Prüfungsrisiko) auf ein akzeptables Maß reduziert werden. Der Wirtschaftsprüfer muss die einzelnen Komponenten des Prüfungsrisikos kennen und analysieren. Eine solche Analyse ist Voraussetzung für die Entwicklung einer risikoorientierten Prüfungsstrategie und eines daraus abzuleitenden Prüfungsprogramms.[119]

97 Der Wirtschaftsprüfer hat Prüfungshandlungen durchzuführen, um die Fehlerrisiken festzustellen und anschließend zu beurteilen. Für die Feststellung von Fehlerrisiken ist es erforderlich, dass der Wirtschaftsprüfer Wesentlichkeitsgrenzen festlegt.

98 Gesondert festzustellen hat der Wirtschaftsprüfer dabei bedeutsame Risiken sowie Risiken, bei denen aussagebezogene Prüfungshandlungen alleine zur Gewinnung hinreichender Sicherheit nicht ausreichen.

99 Die Feststellung von Fehlerrisiken erfolgt im Rahmen der Gewinnung eines Verständnisses von dem VU und dessen rechtlichem und wirtschaftlichem Umfeld. Dies umfasst die Beurteilung des rechnungslegungsbezogenen internen Kontrollsystems, welches der Komplexität der jeweiligen VU angemessen sein muss.

100 Auf der Grundlage der Beurteilung der Fehlerrisiken hat der Wirtschaftsprüfer Prüfungsnachweise zur Funktion relevanter Teile des internen Kontrollsystems (Funktionsprüfungen) und zu den einzelnen Aussagen in der Rechnungslegung (aussagebezogene Prüfungshandlungen) einzuholen. Mit Funktionsprüfungen und aussagebezogenen Prüfungshandlungen reagiert der Wirtschaftsprüfer auf die beurteilten Fehlerrisiken auf Aussageebene.

101 Somit werden nach dem risikoorientierten Prüfungsansatz die Prüfungshandlungen an den im jeweiligen Einzelfall bestehenden Risiken der zu prüfenden VU ausgerichtet. Dies bedeutet, dass sich der Wirtschaftsprüfer mit risikoreichen Prüffeldern intensiver befasst als mit weniger risikobehafteten.

b) Prüfungsplanung, einschließlich der Entwicklung einer Prüfungsstrategie

102 Allgemein gilt, dass der Abschlussprüfer sowohl die im Rahmen eines einzelnen Auftrags durchzuführenden Prüfungshandlungen als auch die Gesamtheit aller Aufträge seiner Praxis angemessen zu planen hat.[120]

---

119 Vgl. *IDW Prüfungsstandard: Feststellung und Beurteilung von Fehlerrisiken und Reaktionen des Abschlussprüfers auf die beurteilten Fehlerrisiken (IDW PS 261)* (Stand: 09.09.2009).

120 Vgl. *IDW PS 240,* Tz. 7.

Die Prüfungsplanung des einzelnen Auftrags dient der ordnungsgemäßen und wirtschaftlichen Durchführung, die u.a. eine zeitgerechte Bearbeitung des Prüfungsauftrags einschließt.[121] Sie umfasst die Entwicklung einer Prüfungsstrategie sowie, darauf aufbauend, eines Prüfprogramms, in dem die Prüfungshandlungen nach Art, Umfang und Zeitpunkt festgelegt werden.[122] Dabei ist auch der zeitliche und qualitative Einsatz von Mitarbeitern und ggf. externen Sachverständigen zu berücksichtigen. 103

Die individuelle Prüfungsstrategie hängt von der Geschäftstätigkeit sowie der Größe des zu prüfenden Unternehmens und der Komplexität der Prüfung ab.[123] Zur Entwicklung der Prüfungsstrategie hat der Abschlussprüfer die Unternehmensrisiken und die Prüfungsrisiken (Fehlerrisiken, Entdeckungsrisiken)[124] zu analysieren, um Prüfungsgebiete mit potentiell wesentlichen Fehlern identifizieren und eine risikoorientierte Prüfungsstrategie ableiten zu können.[125] Voraussetzung für die Entwicklung einer Prüfungsstrategie sind ausreichende Kenntnisse über das zu prüfende Unternehmen.[126] Der Abschlussprüfer hat sich in der Planungsphase einen Überblick zu verschaffen, der u.a. das interne Kontrollsystem betrifft. 104

Hinsichtlich der erforderlichen Kenntnisse über das wirtschaftliche und rechtliche Umfeld des Unternehmens sind bei VU insb. die auf die versicherungstechnischen Risiken wirkenden Einflussfaktoren, die die Schadenhäufigkeit und -höhe beeinflussen, sowie die Kapitalmarktentwicklung von hoher Relevanz. Allerdings ist die Einschätzung der Auswirkungen aller inhärenten Risiken auf den JA, vor allem bzgl. der das einzelne zu prüfende VU betreffenden Schadenbelastung problematisch, da sich allgemeine Marktentwicklungen meist nicht ohne Weiteres auf den Einzelfall übertragen lassen. 105

Bei der Prüfung von VU sind neben den allgemeinen Grundsätzen insb. die nachfolgenden Besonderheiten im Rahmen der Planung zu beachten. 106

Über die Anforderungen der externen Rechnungslegung hinaus haben VU umfassende Berichtspflichten gegenüber der BaFin im Rahmen der sog. internen Rechnungslegung. Hierbei handelt es sich um Informationspflichten aus der auf Basis der Ermächtigungsgrundlage des § 55a Abs. 1 Satz 1 Nr. 1 VAG erlassenen 107

121 Vgl. *IDW PS 240*, Tz. 8 ff.

122 Vgl. *IDW PS 240*, Tz. 11.

123 Vgl. *IDW PS 240*, Tz. 14.

124 Siehe oben sowie *IDW PS 261*, Tz. 6.

125 Vgl. *IDW PS 240*, Tz. 15.

126 Vgl. *IDW PS 240*, Tz. 16; zur Verpflichtung zum Erwerb ausreichender Kenntnisse über die Geschäftstätigkeit sowie das wirtschaftliche und rechtliche Umfeld des zu prüfenden Unternehmens für den Abschlussprüfer siehe *IDW PS 230*.

BerVersV[127], die eine Berichterstattung in Form von Formblättern und Nachweisungen vorsieht. Diese hat teilweise bereits unterjährig nach dem Ende eines jeden Quartals, auf jeden Fall aber nach dem Schluss eines Geschäftsjahres zu erfolgen. Inhaltlich basieren die an die Aufsichtsbehörde zu berichtenden Informationen auf dem handelsrechtlichen JA bzw. den diesem zugrunde liegenden Daten, sind aber teilweise detaillierter als die im JA veröffentlichten Informationen. Der Abschlussprüfer sollte die Nutzung des internen Berichts an die BaFin bzw. der diesem zugrunde liegenden Daten für Zwecke der Analyse des Geschäftsverlaufs und der Lage des VU daher einplanen. Gegebenenfalls kann um die Bereitstellung solcher Unterlagen in vorläufiger Form gebeten werden (z.B. Gewinnzerlegung bei LVU und KVU, Nachweise zur Schadenabwicklung).

108 Aufsichtsrechtlich bedingte gesonderte Pflichten hinsichtlich der Berichterstattung durch den Abschlussprüfer ergeben sich aus der PrüfV, die für die Jahresabschlussprüfung eines VU umfangreiche Analysen und Berichterstattungen verlangt.[128] Teilweise sind die hierzu erforderlichen detaillierten Analysen, insb. zur Gewinnzerlegung, erst nach Abschluss der Prüfung verfügbar. Die (ggf. vorgezogene oder vorläufige) Erstellung der entsprechenden Unterlagen (s.o.) ist mit dem VU frühzeitig abzustimmen.

109 VU haben nach § 55 Abs. 2 Satz 1 VAG schon den aufgestellten, noch nicht abschließend geprüften JA der BaFin vorzulegen. Vor diesem Hintergrund sollte der Prüfungsablauf so organisiert sein, dass nach diesem Zeitpunkt möglichst keine wesentlichen Änderungen des JA mehr notwendig werden.

110 Zusätzlich zu den jährlichen Berichtspflichten unterliegen VU gem. § 83 Abs. 1 VAG einer örtlichen Prüfung durch die BaFin, die üblicherweise in mehrjährigen Abständen durchgeführt wird. Deren Prüfungsergebnisse sowie die laufende Korrespondenz mit der BaFin sind bei der Festlegung der eigenen Vorgehensweise vom Abschlussprüfer zu berücksichtigen, da sich hieraus zusätzliche Hinweise für Fehlerrisiken ergeben können.

111 Der Abschlussprüfer von VU hat bei festgestellten Unrichtigkeiten oder Verstößen der gesetzlichen Vertreter oder von Arbeitnehmern gegen gesetzliche Vorschriften, Gesellschaftsvertrag oder Satzung sowie bei Tatsachen, die den Bestand des Unternehmens gefährden oder seine Entwicklung wesentlich beeinträchtigen können (§ 321 Abs. 1 Satz 3 HGB) aufgrund der Vorschrift des § 341k Abs. 3 HGB

---

127 Vgl. VO über die Berichterstattung von VU gegenüber der BaFin (Versicherungsberichterstattungsverordnung – BerVersV) v. 29. 03.2006 (BGBl. I, S. 622), zuletzt geändert durch Art. 1 der VO v. 27.04.2010 (BGBl. I, S. 490).

128 Siehe hierzu auch Abschn. V.

unverzüglich die Aufsichtsbehörde zu unterrichten. Für eine solche Situation ist zweckmäßigerweise schon in der Planungsphase eine geeignete Vorgehensweise festzulegen und mit dem Unternehmen abzustimmen, da erfahrungsgemäß bei Eintritt der besonderen Berichtspflicht die Zeit sehr knapp ist. Dabei muss ggf. auch der AR als Auftraggeber in diese besondere vorzeitige Berichterstattung einbezogen oder deren Notwendigkeit mit ihm erörtert werden.

Die Prüfung von VU erfordert erhebliche branchenspezifische Fachkenntnisse. 112
Hierzu sind fachlich geeignete Personen (z.B. Aktuare, Kapitalanlagespezialisten, IT-Prüfer, Schadenprüfer, RückV-Spezialisten, Juristen, Steuerfachleute) in qualitativ und quantitativ ausreichendem Umfang einzuplanen.[129] Daneben sind – je nach Versicherungszweig – für das VU eigenverantwortliche Treuhänder und Aktuare tätig, deren Arbeitsergebnisse genutzt werden sollten.[130] Dies ist frühzeitig mit dem VU abzustimmen. Für die Gesamtverantwortung des Abschlussprüfers gelten die allgemeinen Grundsätze; sie wird durch den Rückgriff auf die Arbeitsergebnisse von für das zu prüfende VU tätigen Treuhändern und Aktuaren sowie den Einsatz von Spezialisten bei der Prüfung nicht berührt.

Bestandteil der Prüfungsplanung ist auch die Sicherstellung der Prüfungsbereit- 113
schaft durch das zu prüfende VU. Die Prüfung wesentlicher Posten wie Kapitalanlagen, Banksalden oder Mitversicherung/aktive RückV stützt sich weitgehend auf externe Dokumente/Bestätigungen, deren rechtzeitiges Vorliegen zu organisieren ist.

Je nach Risikoeinschätzung[131] wird der Abschlussprüfer in einer mehrjährigen 114
Planung die einzelnen Prüfungsgebiete mit unterschiedlichen Schwerpunkten prüfen.[132] Diese können mit der Geschäftsleitung und dem AR vorab besprochen werden, insb., um deren Risikoeinschätzung zu den betroffenen Gebieten zu berücksichtigen. Festlegungen von Prüfungsschwerpunkten, die vom Mandanten (i.d.R. vom AR) getroffen werden, sind im Prüfungsauftrag ausdrücklich zu vereinbaren.[133]

129 Zur Qualitätssicherung vgl. Abschn. I.1.b). m.w.N.

130 Zur Verwendung von Ergebnissen Dritter s. *IDW PS 320.*

131 Diese ist auf Basis hierzu erforderlicher Erfahrungen sowie entsprechender branchenspezifischer Fachkenntnisse unter Berücksichtigung der vorhandenen Kontroll- und Überwachungssysteme (z.B. eines funktionierenden Risikofrüherkennungssystems) vom Abschlussprüfer vorzunehmen.

132 Allgemein zum Prüfungsumfang s. *Förschle/Schmidt,* in: Beck Bil-Komm.[7], § 317 HGB, Rn. 10 ff.

133 Vgl. *IDW PS 220,* Tz. 20.

115 Inwieweit Prüfungshandlungen vor dem Abschlussstichtag durchgeführt werden, bleibt dem pflichtgemäßen Ermessen des Abschlussprüfers vorbehalten und ist vor allem von der Größe und der internen Organisation des zu prüfenden VU abhängig. Insbesondere Prüfungen der Geschäftsprozesse und der Systeme sowie die Klärung von aktuellen Bilanzierungsfragen werden zweckmäßigerweise vorgezogen.

c) Unregelmäßigkeiten

116 Den allgemeinen, auch für VU geltenden Prüfungsgrundsätzen zufolge gilt, dass die Aufdeckung von Unregelmäßigkeiten nicht primäre Zielrichtung der Abschlussprüfung ist. Dennoch hat der Prüfer seine Prüfungshandlungen so zu planen und durchzuführen, dass bei berufsüblicher Sorgfalt solche Unregelmäßigkeiten, die sich auf den JA oder den LB wesentlich auswirken können, erkannt werden.[134]

117 Unregelmäßigkeiten kommen in der Versicherungswirtschaft am häufigsten im Leistungsfall (unberechtigte Auszahlungen) und im Vertrieb (z.B. fiktive Kunden, Missachtung von Annahmerichtlinien) vor. In der Regel handelt es sich dabei um Einzelfälle, die meist keine wesentliche Auswirkung auf die Risikosituation des Unternehmens haben. Bedeutsamer in diesem Zusammenhang sind einzelne Großschäden, die von Dritten in betrügerischer Absicht herbeigeführt wurden, und die Entwicklung der allgemeinen Tendenzen zum Versicherungsbetrug. Hierzu sind bei jedem VU unter dem Gesichtspunkt der Risikofrüherkennung geeignete Maßnahmen zu erwarten, von deren Vorhandensein und Wirksamkeit sich der Abschlussprüfer überzeugen muss.[135] Darüber hinaus sind die Aufdeckung von Täuschungen, d.h. der bewusst falschen Angaben im JA und LB und der zugrunde liegenden Buchführung, sowie die bewusst falsche Anwendung von Rechnungslegungsgrundsätzen durch das Management in den Fokus gerückt. Der Abschlussprüfer hat in diesem Zusammenhang das in Bezug auf das jeweils zu prüfende VU gegebene Betrugsrisiko zu beurteilen, dessen Ausmaß z.B. dadurch beeinflusst wird, inwiefern Risiken oder Anreize bestehen, dass eingerichtete Kontrollen durch das Management umgangen werden (management override of controls) und bewusst falsche Angaben im JA gemacht werden.[136]

---

134 Vgl. *IDW Prüfungsstandard: Zur Aufdeckung von Unregelmäßigkeiten im Rahmen der Abschlussprüfung (IDW PS 210)* (Stand: 09.09.2010), Tz. 12 ff.

135 Zum Risikofrüherkennungssystem s. Abschn. II.1.b).

136 Vgl. *IDW PS 210.*

d) Wesentlichkeit

Die Durchführung der Abschlussprüfung unterliegt allgemein wie auch bei VU dem Grundsatz der Wesentlichkeit, der für jede Prüfungsaussage sowie für die Gesamtaussage des JA gilt.[137] Danach ist die Prüfung des JA und des LB sowie des KA und Konzernlageberichts darauf auszurichten, mit hinreichender Sicherheit Unrichtigkeiten und Verstöße aufzudecken, die wegen ihrer Größenordnung oder Bedeutung einen Einfluss auf den Aussagewert der Rechnungslegung für die Abschlussadressaten hat, d.h. dazu geeignet sind, sich auf deren Entscheidungsverhalten auszuwirken. Dabei sind quantitative und qualitative Aspekte zu berücksichtigen.[138] Die Wesentlichkeit von Unrichtigkeiten und Verstößen kann zudem nur nach den Umständen des Einzelfalls beurteilt werden.[139] 118

Die Festlegung einer angemessenen Wesentlichkeitsgrenze hinsichtlich noch tolerierbarer Fehler ist bei der Prüfung von VU allerdings schwierig, weil die versicherungstechnischen Passiva unvermeidbare Schätzungenauigkeiten[140] enthalten. 119

Der Berücksichtigung der Besonderheiten von VU bei der Festlegung von Wesentlichkeitsgrenzen durch den Abschlussprüfer kommt eine besondere Bedeutung zu. Unter Umständen erscheint bei VU neben Eigenkapital und Jahresüberschuss (bzw. bei LVU-Rohüberschuss) eine postenbezogene Festlegung der Wesentlichkeit (z.B. versicherungstechnische Rückstellungen, gebuchte Beiträge) sachgerecht. Vom sachkundigen Berichtsempfänger muss erwartet werden, dass ihm die Unwägbarkeiten bei der Bewertung der versicherungstechnischen Passiva bekannt sind, ggf. kann im Prüfungsbericht auf diese Bewertungsprobleme hingewiesen werden. 120

Da die wesentlichen Unsicherheiten bei der Prüfung von VU – wie bereits erwähnt – vor allem im Zusammenhang mit der adäquaten Schätzung der Höhe der versicherungstechnischen Verpflichtungen auf der Passivseite zu erwarten sind, ist das mögliche Fehlerrisiko dort nicht wie auf der Aktivseite auf den ausgewiesenen Betrag begrenzt ist. Deshalb muss bei der Prüfung von VU zunächst eine Abschätzung des Fehlerrisikos der einzelnen Posten der Passivseite vorgenommen werden, um die weiteren Prüfungsschritte zu bestimmen. 121

137 Vgl. *IDW PS 200,* Tz. 21, *IDW Prüfungsstandard: Wesentlichkeit im Rahmen der Abschlussprüfung (IDW PS 250)* (Stand: 09.09.2010), Tz. 16 ff.
138 Vgl. *IDW PS 250,* Tz. 7.
139 Vgl. *IDW PS 250,* Tz. 13.
140 Vgl. hierzu Abschn. II.2.i).

e) Prüfung des internen Kontrollsystems

122 In der Versicherungswirtschaft wird man, nicht zuletzt vor dem Hintergrund der mit § 64a VAG und den MaRisk (VA) bestehenden aufsichtsrechtlichen Anforderungen an ein angemessenes Risikomanagement,[141] ein recht ausgeprägtes internes Kontrollsystem erwarten können. Die Beurteilung der Wirksamkeit des internen Kontrollsystems durch den Abschlussprüfer ist wesentlich für die Einschätzung des Kontroll- und damit des Fehlerrisikos[142] im Rahmen der Prüfung. Als Kontrollinstanz für das interne Kontrollsystem kann der Abschlussprüfer indessen bereits aufgrund des gesetzlich vorgesehenen Zwecks seiner Prüfung nicht gesehen werden.[143]

123 Für die Prüfung der Wirksamkeit des internen Kontrollsystems und für die daraus abgeleitete Entscheidung des Abschlussprüfers, sich bei seiner Prüfung auf dieses System oder auf seine relevanten Bestandteile zu stützen, gelten die allgemeinen Berufsgrundsätze.[144] Dabei hat der Abschlussprüfer zunächst in der Phase der Prüfungsplanung eine (weniger zeitintensive) vorläufige Beurteilung des gesamten internen Kontrollsystems vorzunehmen, d.h. sich einen Überblick über das interne Kontrollsystem zu verschaffen,[145] um darauf aufbauend dieses in Teilbereichen intensiver zu untersuchen.

124 Zu beachten ist, dass die rechnungslegungsrelevanten Standards ein internes Kontrollsystem zwar „als ein System ansehen, das über die Prozesse der Rechnungslegung im Unternehmen hinaus geht, die Anforderungen an die Prüfung jedoch grundsätzlich nur an die rechnungslegungsbezogenen Prozesse gestellt werden."[146] Zu prüfen sind nicht nur die Kontrollaktivitäten, sondern die gesamte Aufbauorganisation, die außerdem noch die Komponenten Kontrollumfeld, Risikobeurteilungen, Information und Kommunikation sowie die Überwachung des internen Kontrollsystems umfasst.[147]

125 Im Hinblick auf das Kontrollumfeld hat der Abschlussprüfer zu überprüfen, auf welche Art und Weise die Mitarbeiter „für Risiken und Fehler im Arbeitsprozess"

141 Vgl. hierzu und zur Abgrenzung zum Risikofrüherkennungssystem Abschn. II.1.b) dd).

142 Das in Bezug auf ein Prüffeld bestehende Fehlerrisiko ergibt sich als Summe aus Kontrollrisiko und inhärentem Risiko: Vgl. *IDW PS 261*, Tz. 6; s. auch Abschn. II.2.a).

143 Vgl. *Berger/Kagermeier*, in: *Ellenbürger* u.a. (Hrsg.), MaRisk-Kommentar[1], S. 291.

144 Vgl. *IDW PS 261, IDW RS FAIT 1, IDW Prüfungsstandard: Abschlussprüfung bei Einsatz von Informationstechnologie (IDW PS 330)* (Stand: 24.09.2002).

145 Vgl. *IDW PS 261*, Tz. 37 ff.; s. auch Abschn. II.2.b).

146 *Berger/Kagermeier*, in: *Ellenbürger u.a.* (Hrsg.), MaRisk-Kommentar[1], S. 292 m.w.N.

147 Vgl. *Berger/Kagermeier*, in: *Ellenbürger* u.a. (Hrsg.), MaRisk-Kommentar[1], S. 292; *IDW PS 261*, Tz. 29 zu den Komponenten des internen Kontrollsystems sowie Tz. 40 ff. zur Aufbauprüfung.

sensibilisiert wurden,[148] wobei es nicht nur um das formale Bestehen von Regelungen, sondern vor allem um deren tatsächliche Umsetzung geht. Im Unternehmen vorgenommene Risikobeurteilungen sind daraufhin zu untersuchen, ob sie in angemessener Weise vorgenommen wurden,[149] d.h., es ist zu beurteilen, wie die Risiken identifiziert, analysiert, bewertet und gesteuert werden.[150] Hierbei spielt die Prüfung des Informationssystems eine zentrale Rolle, im Rahmen derer Prozessablaufbeschreibungen, Beschreibungen von Schätzverfahren sowie Organisations- und Rechnungslegungshandbücher auf Vollständigkeit und Aktualität zu prüfen sind.[151]

Was die Prüfung der Kontrollaktivitäten selbst betrifft, so sind diese bzgl. der 126
Autorisierung, Leistungskontrolle, Informationsverarbeitung und -weitergabe, den physischen Bestand sowie die Funktionstrennung zu beurteilen. Die Prüfung umfasst die Kontrollen in allen wesentlichen Abläufen, d.h. Antragsbearbeitung, Bestandsführung, Schadenerfassung, Leistungsbearbeitung, Abwicklung der Rückversicherung, Kapitalanlagen, Kostenerfassung und Kostenverteilung, Inkasso und Exkasso. Wegen der bei VU herausragenden Bedeutung der Datenverarbeitung ist insb. eine intensive Prüfung der IT-Systeme und der in diese integrierten internen Kontrollen erforderlich. Hierzu gehört die Finanzbuchhaltung einsch. der Kostenrechnung, die Bestandsverwaltung, die Vertreterabrechnung, die Schadensysteme, die Kapitalanlagenverwaltung sowie das Inkasso und Exkasso, bei LVU und KVU auch die versicherungsmathematischen Systeme.[152]

Neben den o.g. Prozessablaufbeschreibungen, Beschreibungen von Schätzver- 127
fahren sowie Organisations- und Rechnungslegungshandbüchern als zu prüfenden Bestandteilen des Informationssystems gehört hierzu auch die Definition und Dokumentation der Kontrollen für wesentliche Risiken. Aus der Dokumentation müssen sowohl die Wirkungsweise und die Anwendungsparameter als auch die Kontrolldurchführung hervorgehen.[153] Für das Brutto-Versicherungsgeschäft zählen hierzu Zeichnungsrichtlinien, für den Schadenbereich Reservierungs- und Regulierungsrichtlinien und für den Kapitalanlagebereich Anlagerichtlinien.[154] Daneben sind für diejenigen Bilanzposten, die in ihrer Ermittlung oder Bewertung nicht gesetzlich vorgegeben sind, interne Bilanzierungsrichtlinien zu erwarten. In

148 Vgl. *Berger/Kagermeier*, in: *Ellenbürger u.a.* (Hrsg.), MaRisk-Kommentar[1], S. 292; *IDW PS 261*, Tz. 44.
149 Vgl. *IDW PS 261*, Tz. 45.
150 Vgl. *Berger/Kagermeier*, in: *Ellenbürger u.a.* (Hrsg.), MaRisk-Kommentar[1], S. 292.
151 Vgl. *Berger/Kagermeier*, in: *Ellenbürger u.a.* (Hrsg.), MaRisk-Kommentar[1], S. 292.
152 Zu Einzelheiten bzgl. der Prüfung von IT-Systemen s. *IDW PS 330*; s. auch *IDW RS FAIT 1*.
153 Vgl. *Berger/Kagermeier*, in: *Ellenbürger u.a.* (Hrsg.), MaRisk-Kommentar[1], S. 293.
154 Zu den Anlagerichtlinien vgl. BaFin R 4/2011 (VA).

allen Bereichen sind eine ausreichende Funktionstrennung sowie das Vier-Augen-Prinzip als wichtigste Grundsätze einzuhalten.

128 Im Zusammenhang mit der Prüfung des internen Informationssystems sind auch die Kontrollen zu beurteilen, die vom Management auf Basis der von diesem gelieferten Informationen ausgeübt werden (sog. high level controls[155]). Die Aussagefähigkeit und Verlässlichkeit der Überwachung des VU durch den Vorstand ist für die Einschätzung des Prüfungsrisikos und den Umfang der weiteren Prüfungshandlungen von wesentlicher Bedeutung. Die „high level controls" enthalten u.a. die Auswertungen und Kennzahlen, anhand derer das Management die Geschäftsentwicklung beurteilt; zu nennen sind hier Auswertungen und Kennzahlen zur Vertrags- und zur Beitragsentwicklung je Versicherungszweig, Schaden- und Kostenquoten sowie Auswertungen und Kennzahlen zur Entwicklung der Kapitalanlagen und deren Rendite.

129 Schließlich hat der Abschlussprüfer die wesentlichen Maßnahmen der Überwachung des internen Kontrollsystems, insb. durch die interne Revision, die im internen Kontrollsystem als Kontrollinstanz gesehen wird,[156] zu beurteilen.[157] Was die Häufigkeit der Überprüfung angeht, so sollten – nach dem auch hier geltenden Grundsatz eines risikoorientierten Prüfungsansatzes – alle wesentlichen Kontrollen „in einem Jahresrhythmus geprüft werden."[158]

f) IT-gestützte Prüfungshandlungen und Stichproben

130 Sowohl auf den EDV-Anlagen des VU selbst wie auch nach Übernahme von Dateien bzw. Daten auf PC lassen sich vom Prüfer gesonderte Auswertungen erstellen hinsichtlich

- Zulässigkeit bestimmter Datenmerkmale,
- Richtigkeit von Berechnungen, z.B. Beitragsüberträge, Deckungsrückstellung,
- Richtigkeit der Abgrenzungen zum Bilanzstichtag,
- Verteilung charakteristischer Merkmale von Versicherungsbestand und Schaden,

155 Zur Definition s. *IDW RS FAIT 1*, Tz. 111.

156 Vgl. *Berger/Kagermeier*, in: *Ellenbürger u.a.* (Hrsg.), MaRisk-Kommentar[1], S. 293.

157 Vgl. *IDW PS 261*, Tz. 59. Zur Überprüfung der Arbeit der internen Revision durch den Abschlussprüfer siehe *IDW Prüfungsstandard: Interne Revision und Abschlussprüfung (IDW PS 321)* (Stand: 09.09.2010), Tz. 22 ff.

158 Vgl. *Berger/Kagermeier*, in: *Ellenbürger u.a.* (Hrsg.), MaRisk-Kommentar[1], S. 293.

- Plausibilität von Relationen,
- Schichtungen von Datenbeständen nach Größe, Alter u.a.,
- Stichproben für Einzelfallprüfungen.

Durch geeignete Auswertungen oder maschinelle Nachrechnungen können vom Abschlussprüfer große Bestände mit vergleichsweise geringem Aufwand geprüft werden. Allerdings ist hierbei zu berücksichtigen, dass VU oft schon eigene Auswertungen erstellen und eigene Tests durchführen, deren reine Duplikation geringe zusätzliche Prüfungssicherheit erbringt. Die Entscheidung über die Vorteilhaftigkeit kann jeweils nur im Einzelfall unter Beachtung der unternehmensspezifischen Gegebenheiten getroffen werden.[159] 131

Der Abschlussprüfer kann und wird nach dem Grundsatz der Wirtschaftlichkeit seine aussagebezogenen Prüfungen (analytische Prüfungen und Einzelfallprüfungen) nur in Stichproben und für wesentliche Posten ausführen.[160] Hierzu kommen verschiedene Auswahlverfahren in Betracht.[161] Die reine Zufallsauswahl wird vor allem bei großen homogenen Beständen an Daten anzuwenden sein, die bewusste Auswahl bei inhomogenen Beständen und bei vorliegenden Informationen über bestimmte Fehlerrisiken. Dabei hängt die Sicherheit der gewonnenen Aussage von der Anzahl der Elemente der Stichprobe, aber auch von der sachgerechten Anwendung des Verfahrens und der Zuverlässigkeit der zugrunde gelegten Informationen über den Datenbestand ab. 132

Bei VU erweisen sich rein zufallsgesteuerte Stichproben vor allem bei der Prüfung von großen homogenen Beständen wie Forderungen, Deckungsrückstellungen und Massenschäden als zweckmäßig. Im Übrigen ergeben sich aus der Geschäftsanalyse für den Abschlussprüfer meist konkrete Informationen über kritische Bereiche, die durch eine bewusste Auswahl von Stichproben zielgerichteter als durch breit gestreute Stichproben geprüft werden können. 133

g) Analytische Prüfungen

Die Informationssysteme der VU enthalten u.a. wegen der erforderlichen detaillierten Berichterstattung gegenüber der BaFin weitgehende Aufgliederungen. Sie 134

159 Vgl. *IDW PS 330*, Tz. 95.

160 Vgl. *IDW Prüfungsstandard: Prüfungsnachweise im Rahmen der Abschlussprüfung (IDW PS 300)* (Stand: 06.09.2006), Tz. 26 zu Einzelfallprüfungen sowie Tz. 24 sowie *IDW Prüfungsstandard: Analytische Prüfungshandlungen (IDW PS 312)* (Stand: 02.07.2001) zu analytischen Prüfungshandlungen.

161 Siehe hierzu ausführlich *IDW HFA 1/1988.*

eignen sich deshalb besonders für analytische Prüfungen[162] sowohl im Zeitvergleich als auch im Konkurrenzvergleich (hilfsweise hinsichtlich der Vorjahreszahlen). Weiterhin sind die unterjährigen Quartalsmeldungen an die BaFin als Hilfsmittel geeignet.

135 Im Einzelnen können analytische Prüfungen – u.a. auf der Basis folgender Kennzahlen – vorgenommen werden:

- Entwicklung der Anzahl an Verträgen, der Versicherungs- und Beitragssummen im GJ abgeschlossener Verträge, der im GJ vereinnahmten Beiträge und der Stornoquoten eines GJ
- Selbstbehalte
- Schadenquoten, Schadenhäufigkeiten, Schadenzahlungsquoten, Rückstellungsquoten, Abwicklungsquoten
- Beitragsübertragssätze
- Leistungsquote in der Krankenversicherung, Überschussbeteiligungsquote in der LV
- Höhe und Veränderung der Deckungsrückstellungen im Verhältnis zu den Beiträgen nach Abrechnungsverbänden oder Tarifen
- Kostenquoten (Abschluss- und Verwaltungskostenquoten), Provisionsquoten
- Technische Ergebnisse brutto und netto
- Kapitalanlagerenditen insgesamt und nach Anlagearten.

136 Die sich für die Durchführung analytischer Prüfungshandlungen eignenden Kennzahlen entsprechen meist denen, die von der Geschäftsleitung verwendet werden, sodass ihre Ermittlung kaum Zusatzaufwand verursacht. Durch eine sachgerechte Anwendung lassen sich Entdeckungsrisiken stark eingrenzen.

h) Einzelfallprüfungen

137 Mit Hilfe von Einzelfallprüfungen wird eine direkte Verifizierung von einzelnen Geschäftsvorfällen durchgeführt. Sie kommen zum einen dann in Frage, wenn andere Prüfungshandlungen nicht zu einer abschließenden Beurteilung führen, zum anderen können sie mit Funktionstests bei Systemprüfungen verbunden werden.

---

162 Vgl. hierzu *IDW PS 312*.

Allgemein kommen folgende Prüfungshandlungen als Einzelfallprüfungen in Betracht: 138

- Einsichtnahme in Unterlagen
- Inaugenscheinnahme von materiellen Vermögensgegenständen
- Beobachtung von Verfahren und einzelnen Maßnahmen
- Befragungen
- Einholung von Bestätigungen
- eigene Berechnungen sowie
- Nachvollziehen.[163]

Art und Umfang der Einzelfallprüfungen bei VU, einschl. der Einholung von Bestätigungen Dritter, richten sich nach dem Ergebnis der Beurteilung der Risiken wesentlicher falscher Angaben unter Berücksichtigung der Ergebnisse der oben dargestellten ggf. vorgelagerten Prüfungshandlungen.[164] Je höher das Fehlerrisiko (inhärentes Risiko in Verbindung mit dem Kontrollrisiko)[165] ist, umso geringer muss das Entdeckungsrisiko sein,[166] d.h., desto umfangreichere Einzelfallprüfungen müssen tendenziell vorgenommen werden.[167] 139

Einzelfallprüfungen sind hinsichtlich ihrer Zweckmäßigkeit vom Geschäft des jeweiligen VU abhängig. Bei der Durchführung von Einzelfallprüfungen stehen vor allem der Bestandsnachweis und die Bewertung einzelner Aktiva (insb. Kapitalanlagen), Vollständigkeit und Bewertung einzelner Passiva (insb. Leistungsfälle und Deckungsrückstellungen) sowie Anhang und LB, einschl. besonderer Ereignisse nach dem Bilanzstichtag im Mittelpunkt. Auf die Ausführungen in den einschlägigen Beiträgen dieses Buches wird verwiesen. 140

163 Vgl. *IDW PS 300*, Tz. 27.

164 Vgl. ähnlich *IDW PS 300*, Tz. 22, der sich aber auf aussagebezogene Prüfungshandlungen insgesamt bezieht.

165 Vgl. *IDW PS 261*, Tz. 6.

166 Vgl. *IDW PS 261*, Tz. 7.

167 Diese Aussage gilt nur tendenziell, da das Entdeckungsrisiko grundsätzlich auch mit Hilfe analytischer Prüfungshandlungen reduziert werden kann. Allerdings darf der Abschlussprüfer bei wesentlichen Posten sein „Prüfungsurteil nicht ausschließlich auf die Ergebnisse analytischer Prüfungshandlungen stützen“ (*IDW PS 312*, Tz. 12).

i) Prüfung von geschätzten Werten

141 Geschätzte Werte sind notwendige Bestandteile der in der Verantwortung der gesetzlichen Vertreter liegenden Rechnungslegung.[168] Sie beruhen auf zulässigen Schätzverfahren, die verwendet werden dürfen, wenn eine exakte Ermittlung von Werten nicht möglich ist.

142 Geschätzte Werte sind bei VU die Regel für eine Vielzahl von Passivposten sowie für die beizulegenden Werte der nicht börsennotierten Aktiva.[169] Auch die versicherungsmathematisch berechneten Posten des JA beruhen auf Annahmen, deren künftiges Eintreten statistisch wahrscheinlich, aber in letzter Konsequenz dennoch unsicher ist.

143 Der Abschlussprüfer hat sich ausreichende und angemessene Prüfungsnachweise zu den geschätzten Werten zu verschaffen, „die belegen, dass die geschätzten Werte in Übereinstimmung mit den zugrunde gelegten Rechnungslegungsgrundsätzen ermittelt und in der Rechnungslegung abgebildet wurden".[170] Auf dieser Basis hat er dann sowohl die Angemessenheit der zugrunde liegenden Prognosen als auch deren Zeithorizont zu beurteilen; außerdem hat er die Plausibilität der geschätzten Werte vor dem Hintergrund der übrigen Angaben in der Rechnungslegung und den hierzu getroffenen Feststellungen einzuschätzen.[171]

144 Je nach Komplexität der Schätzprozesse oder Spezifität der Ermittlungsverfahren erfordert die vom Abschlussprüfer zu treffende Einschätzung in erheblichem Umfang Spezialkenntnisse. Gegebenenfalls sind daher Sachverständige zur Überprüfung der geschätzten Werte heranzuziehen.[172] Die Prüfung erfordert zunächst eine Beurteilung der zugrundeliegenden Daten und Annahmen sowie der verwendeten Verfahren. Soweit Berechnungen wesentlich sind, ist deren mathematische Richtigkeit sicherzustellen.[173]

145 Zur Beurteilung der Schätzergebnisse zum Bilanzstichtag kann dem Abschlussprüfer auch die Entwicklung der entsprechenden Bilanzposten nach dem Bilanzstichtag bis zum Abschluss der Prüfung wichtige Anhaltspunkte geben.[174] Hierbei

---

168 Vgl. *Neufassung des IDW Prüfungsstandards: Die Prüfung von geschätzten Werten in der Rechnungslegung einschließlich von Zeitwerten (IDW PS 314 n.F.)* (Stand: 09.09.2009), Tz. 1.

169 Zum oftmals gegebenen Schätzwertcharakter von Zeitwerten s. *IDW PS 314* n.F., Tz. 2 sowie Tz. 15 ff.

170 Vgl. *IDW PS 314* n.F., Tz. 20 i.V.m. *IDW PS 300*, Tz. 6.

171 Vgl. *IDW PS 314* n.F., Tz. 23; zu den Prüfungshandlungen s. im Einzelnen *IDW PS 314* n.F., Tz. 29 ff.

172 Vgl. *IDW PS 314* n.F., Tz. 30 i.V.m. *IDW PS 322.*

173 Vgl. *IDW PS 314* n.F., Tz. 54.

174 Vgl. *IDW PS 314* n.F., Tz. 71.

ist insb. an die Wertentwicklung von Kapitalanlagen[175], den Zahlungseingang auf Forderungen sowie die Abwicklung von Schadenrückstellungen zu denken. Gegebenenfalls kann die Durchsicht von Geschäftsvorfällen und Ereignissen, die sich nach dem Abschlussstichtag, aber vor Beendigung der Prüfung ereignet haben, einen teilweisen oder vollständigen Ersatz für andere Prüfungshandlungen zur Überprüfung der vom Management verwendeten Ermittlungsverfahren darstellen.[176]

j) Bestätigungen Dritter

Soweit einzelne Posten wesentlich sind, kommen für deren Beurteilung auch Bestätigungen Dritter in Betracht, wenn sich nicht mit Hilfe anderer Prüfungshandlungen mind. die gleiche Sicherheit in Bezug auf die zu treffenden Prüfungsaussagen erzielen lässt.[177] Solche Bestätigungen sind einzuholen, wenn dies unter Wirtschaftlichkeitsgesichtspunkten vorzuziehen und ein ausreichender Rücklauf zu erwarten ist.[178] Diesen externen Bestätigungen wird i.A. eine höhere Aussagekraft beigemessen als schriftlichen Unterlagen oder Auskünften des zu prüfenden Unternehmens.[179] 146

Bankbestätigungen sind für alle Arten von geschäftlichen Beziehungen des VU zu Kredit- und Finanzdienstleistungsinstituten sowie zu Finanzunternehmen i.S.d. § 1 Abs. 3 KWG, d.h. vollständig, einzuholen.[180] Außerdem kommen bei VU Bestätigungen zu Forderungen und Verbindlichkeiten in Betracht.[181] Die Bedeutung von Forderungen und Verbindlichkeiten ergibt sich zum einen aus dem relativ hohen Anteil dieser Posten in der handelsrechtlichen Bilanz, zum anderen aus der großen Anzahl von VN und VV aufgrund der Tatsache, dass es sich bei Versicherungsgeschäft i.d.R. um Massengeschäft handelt.[182] Saldenbestätigungen zu Forderungen und Verbindlichkeiten bei VU sind „nicht lückenlos, sondern unter Berücksichtigung des bestehenden Fehlerrisikos auf der Basis von Stichproben 147

175 Zu Beispielen s. *IDW PS 314* n.F., Tz. 71.

176 Vgl. *IDW PS 314* n.F., Tz. 72.

177 Vgl. *IDW PS 300*, Tz. 33.

178 Vgl. ähnlich *IDW Prüfungsstandard: Bestätigungen Dritter (IDW PS 302)* (Stand: 01.07.2003), Tz. 7.

179 Vgl. *IDW PS 302*, Tz. 8.

180 Vgl. *IDW PS 302*, Tz. 29; eine stichprobenhafte Einholung von Saldenbestätigungen ist nur dann zu rechtfertigen, wenn geeignete alternative Prüfungshandlungen vorgenommen werden. Diese sind dann aber im Prüfungsbericht zu beschreiben.

181 Zu Besonderheiten der Einholung von Bestätigungen Dritter bei VU vgl. *IDW PH 9.302.2*. Der Prüfungshinweis gilt für versicherungsspezifische Ansprüche und Verpflichtungen, nicht aber für Kapitalanlagen (mit Ausnahme der Depotforderungen): Vgl. *IDW PH 9.302.2*, Tz. 3.

182 Vgl. *IDW PH 9.302.2*, Tz. 5.

einzuholen".[183] Soweit Abrechnungen von Externen vorliegen (Makler, Rückversicherer, Konsortialführer im Beteiligungsgeschäft), können diese grundsätzlich als Nachweis anerkannt werden.[184] Werden solche Abrechnungen vom VU erstellt, gelten sie regelmäßig nach Ablauf von 4 Wochen als bestätigt, falls kein Widerspruch erhoben wird. Dies wäre zumindest durch Befragung festzustellen.

148 Rechtsanwaltsbestätigungen sind grundsätzlich immer einzuholen,[185] jedoch nicht zu einzelnen Schadenfällen, sondern zu den Sachverhalten, die alle anderen Kernbereiche des VU betreffen, wie z.B. Prozesse im Zusammenhang mit Kapitalanlagen, Arbeitsverhältnissen oder im Zusammenhang mit der gerichtlichen Klärung grundsätzlicher Fragen, wie z.B. der Unwirksamkeit von Klauseln.

III. Durch die Rechtsform bedingte Besonderheiten

149 Die aufsichtsrechtliche Erlaubnis zum Betrieb von Versicherungsgeschäften darf nach § 7 Abs. 1 VAG nur Unternehmen in der Rechtsform der Aktiengesellschaft (AG) einschl. der Europäischen Gesellschaft (SE), des Versicherungsvereins auf Gegenseitigkeit (VVaG) sowie der ö.-r. Körperschaft oder der Anstalt des öffentlichen Rechts erteilt werden. Dies gilt wegen § 119 Abs. 1 und § 120 Abs. 1 VAG auch für RückVU mit satzungsmäßigem Sitz und Hauptverwaltung im Inland. Soweit VU mit Sitz außerhalb des Geltungsbereichs des VAG in Deutschland tätig werden und der Erlaubnis durch die BaFin (§ 105 Abs. 2 und § 110d Abs. 1 VAG) bedürfen, wird diese für die inländische Niederlassung erteilt.[186]

150 Die Rechnungslegung und Prüfung der VU richtet sich – wie schon dargestellt[187] – rechtsformunabhängig nach den Vorschriften der §§ 341 ff. i.V.m. §§ 238 ff. und §§ 316 ff. HGB sowie der RechVersV. Für VU, die nicht in der Rechtsform der AG betrieben werden, gelten die nachfolgend dargestellten Besonderheiten.

151 Für VVaG bestehen in den §§ 15-53b VAG besondere Vorschriften. Insbesondere wird der Satzung ein hoher Stellenwert zugeschrieben,[188] der sich auch auf die Prüfungstätigkeit auswirkt. So ist regelmäßig bei VVaG festzustellen, ob die folgenden, die Rechnungslegung berührenden Vorschriften des VAG und der Satzung eingehalten sind:

---

183 Vgl. *IDW PH 9.302.2,* Tz. 10.

184 Ausführlicher zur Verlässlichkeit von Bestätigungen Dritter s. *IDW PS 302,* Tz. 8.

185 Vgl. *IDW PS 302,* Tz. 32.

186 Dabei muss die Rechtsform des ausländischen Hauptsitzes in einer Rechtsform betrieben werden, die mind. den in § 7 VAG für inländische VU genannten Formen vergleichbar ist: Vgl. *Fahr,* in: Fahr/Kaulbach/Bähr (Hrsg.), VAG-Kommentar, 4. Aufl., München 2007, § 105, Rn. 44.

187 Vgl. Abschn.I.1.

188 § 17 Abs. 1 VAG; vgl. hierzu *IDW PS 400,* Tz. 12.

- § 22 VAG über die Bildung, Einzahlung und Tilgung eines Gründungsstocks sowie die Vergütung an die Zeichner
- §§ 24, 25 und 27 VAG über Beiträge, Umlagen und Nachschüsse
- § 34 VAG über den Vorstand
- § 35 VAG über den AR, bei kleineren VVaG, soweit ein AR nach der Satzung bestellt werden soll (§ 53 Abs. 3)
- § 36 VAG Satz 4-6 über Genussrechte
- § 37 VAG über die Verlustrücklage
- § 38 VAG über die Überschussverwendung
- § 40 VAG über das Erfordernis der Eintragung von Satzungsänderungen.

Aufgrund der üblichen, die Rechnungslegung betreffenden Satzungsbestimmun- 152
gen wird der Abschlussprüfer von VVaG regelmäßig im Bestätigungsvermerk nach § 322 HGB auch die Einhaltung der Satzung erwähnen.

Im Fall eines VVaG sind zudem die für kleinere VVaG geltenden gesonderten 153
Bestimmungen zu beachten. Für kleinere VVaG, die von der Aufsichtsbehörde gem. § 53 Abs. 4 VAG als solche anerkannt werden, gelten von den auf VVaG grundsätzlich anzuwendenden o.g. Vorschriften nur die in § 53 Abs. 1 VAG aufgeführten.[189]

Bei ö.-r. VU sind ggf. bei der Prüfungsdurchführung weitergehende landesrecht- 154
liche Vorschriften zur Rechnungslegung, z.B. über die zusätzliche Einrichtung einer versteuerten Schwankungsrücklage, soweit vorgesehen, sowie zum Umfang der Prüfung, z.B. nach § 53 HGrG, der eine Prüfung der Ordnungsmäßigkeit der Geschäftsführung vorsieht, zu beachten. Allerdings ist eine Ergänzung des Bestätigungsvermerks aufgrund einer Prüfung der Ordnungsmäßigkeit der Geschäftsführung gem. § 53 HGrG nicht angebracht, da dieser Vermerk sich lediglich auf den JA bezieht.[190] Das Ergebnis einer solchen Prüfung ist jedoch im Prüfungsbericht darzustellen.[191]

189 Aus der Tatsache, dass die Aufsichtsbehörde entscheidet, welche Unternehmen als kleinere VVaG i.S.d. § 53 VAG aufzufassen sind, ergibt sich, dass eine Übereinstimmung mit der Abgrenzung anhand der in § 61 RechVersV genannten Größenkriterien nicht zwingend gegeben sein muss.

190 Vgl. *IDW PS 400,* Tz. 11.

191 Vgl. *IDW PS 400,* Tz. 11.

155 Soweit Niederlassungen ausländischer VU der Genehmigung durch die BaFin bedürfen, unterliegen auch sie dem Anwendungsbereich der §§ 341 ff. HGB und insb. des § 341k HGB.[192] Erlaubnisfreie Niederlassungen sind hingegen keiner deutschen Prüfungspflicht unterworfen, jedoch zur Anwendung der Ansatz- und Bewertungsvorschriften der §§ 341-341h HGB sowie der diese ergänzenden Vorschriften der RechVersV verpflichtet.[193] Eine Prüfung nach § 317 HGB kommt in diesem Fall nur auf freiwilliger Basis in Betracht.

156 Bei Niederlassungen wird der Abschlussprüfer für den Fall der Pflichtprüfung gem. § 341k Abs. 2 HGB vom AR oder einem diesem vergleichbaren Organ bestimmt,[194] bei freiwilligen Prüfungen vom Hauptbevollmächtigten. Die Berichterstattung richtet sich dementsprechend an den jeweiligen Auftraggeber sowie bei Pflichtprüfungen nach § 59 i.V.m. § 105 Abs. 3 bzw. § 110d Abs. 2 VAG an die BaFin. Für Niederlassungen sind zusätzlich die einschlägigen Fußnoten der Formblätter der RechVersV sowie die §§ 21 und 35 RechVersV zu beachten. Soweit wichtige Unterlagen (z.B. Rückversicherungsverträge) nur am Hauptsitz vorliegen und deswegen wesentliche Sachverhalte nicht beurteilt werden können, kann dies ein Prüfungshemmnis bedeuten, das eine entsprechende Einschränkung des Bestätigungsvermerks erforderlich macht.[195]

IV. Zusätzliche Anforderungen aufgrund § 57 Abs. 1 und 1a VAG

157 Im Rahmen der Jahresabschlussprüfung eines VU sind neben den allgemeinen Vorschriften der §§ 316-324a HGB die besonderen aufsichtsrechtlichen Anforderungen des § 57 Abs. 1 und 1a VAG zu beachten. Diese Erweiterung des Prüfungsumfangs dient der Unterstützung der Aufsicht durch die BaFin.

158 Nach § 57 Abs. 1Satz 1 VAG hat der Abschlussprüfer im Einzelnen festzustellen, ob das geprüfte VU die folgenden Anzeigepflichten gegenüber der BaFin erfüllt hat:

192 Vgl. weiterführend *Seitz*, in: Beck Vers-Komm.1, § 341k HGB, Rn. 1 ff.

193 Dies gilt seit der Änderung des § 341 Abs. 2 HGB im Zuge des Jahressteuergesetzes 2010; vgl. Gesetzesbegründung zum Jahressteuergesetz 2010, BT-Drs. 17/2249, S. 49.

194 *Seitz*, in: Beck Vers-Komm.[1], § 341k HGB Rn. 13. Dies könnte u.E. auch die Geschäftsführung des Hauptsitzes sein.

195 Vgl. *IDW PS 400*, Tz. 50.

- § 13b Abs. 1 und 4 VAG zur Errichtung einer ausländischen Niederlassung
- § 13c Abs. 1 und 4 VAG zur Aufnahme des grenzüberschreitenden Dienstleistungsverkehrs mit Mitglieds- oder Vertragsstaaten[196]
- § 13d Nr. 1 VAG zur Bestellung eines Geschäftsleiters
- § 13d Nr. 2 VAG zum Ausscheiden eines Geschäftsleiters sowie dem Entzug der Befugnis zur Vertretung des VU
- § 13d Nr. 2a VAG zum Inkrafttreten oder zur Änderung einer Geschäftsordnung für Vorstand und AR
- § 13d Nr. 3 VAG zu Satzungsänderungen bzgl. einer Kapitalerhöhung
- § 13d Nr. 4 VAG zum Erreichen, Überschreiten oder Unterschreiten bestimmter Beteiligungsgrenzen[197]
- § 13d Nr. 4 VAG zur Qualifizierung des VU als Tochterunternehmen
- § 13d Nr. 4a VAG zu einer sonstigen engen Verbindung nach § 8 Abs. 1 Satz 4 VAG
- § 13d Nr. 5 VAG zum Halten einer bedeutenden Beteiligung am VU
- § 13e Abs. 1 Satz 1 Nr. 1 VAG zur Bestellung eines Geschäftsleiters einer Versicherungs-Holdinggesellschaft
- § 13e Abs. 1 Satz 1 Nr. 2 VAG zum Ausscheiden eines Geschäftsleiters einer Versicherungs-Holdinggesellschaft
- § 13e Abs. 1 Satz 1 Nr. 3 VAG zur Änderung der Struktur der unter einer Versicherungs-Holdinggesellschaft aufgehängten Unternehmensgruppe
- § 13e Abs. 1 Satz 1 Nr. 4 VAG zur Bestellung eines AR-Mitglieds einer Versicherungs-Holdinggesellschaft
- § 13e Abs. 1 Satz 2 i.V.m. Satz 1 Nr. 1, 2 VAG zur Bestellung bzw. zum Ausscheiden eines Geschäftsleiters einer gemischten Finanzholding-Gesellschaft
- § 13e Abs. 2 Satz 1 VAG zur Sammelanzeige der Beteiligungen einer Versicherungs-Holdinggesellschaft

196 Hiermit sind die Mitgliedstaaten der EU oder Vertragsstaaten des Abkommens über den Europäischen Wirtschaftsraum gemeint.

197 Vgl. hierzu BAV R 4/98, VerBAV 10/98, S. 203 ff.

- § 13e Abs. 2 Satz 2 VAG zur Begründung, Veränderung oder Aufgabe einer durch eine Versicherungs-Holdinggesellschaft vorgenommenen Beteiligung
- § 13e Abs. 3 Satz 1 VAG zur Sammelanzeige der unter einer gemischten Finanzholding-Gesellschaft aufgehängten konglomeratsangehörigen Unternehmen
- § 13e Abs. 3 Satz 2 VAG zur Veränderung im Bestand der unter einer gemischten Finanzholding-Gesellschaft aufgehängten konglomeratsangehörigen Unternehmen.

159 Darüber hinaus ist nach § 57 Abs. 1 Satz 1 VAG zu prüfen, ob die folgenden Anforderungen im Rahmen der zusätzlichen Beaufsichtigung von Versicherungsgruppen und Finanzkonglomeraten erfüllt sind:

- § 104d VAG zu internen Kontrollverfahren für Vorlage von Informationen und Auskünften für die Durchführung der zusätzlichen Beaufsichtigung
- § 104g Abs. 1 VAG zur bereinigten Solvabilität
- § 104q Abs. 1 Satz 1, Abs. 2 Satz 2-4, Abs. 3-9 VAG zur Eigenmittelausstattung von Finanzkonglomeraten
- § 104r Abs. 1, 3 und 4 VAG zu Risikokonzentrationen und gruppeninternen Transaktionen von Finanzkonglomeraten.

160 Das Ergebnis der Prüfung ist in den Prüfungsbericht aufzunehmen; dieser ist der Aufsichtsbehörde vorzulegen. Eine Einschränkung des Bestätigungsvermerks zum JA bei einem festgestellten Versäumnis dürfte nicht erforderlich sein, da es sich bei den Anforderungen aus § 57 Abs. 1 und Abs. 1a VAG um eine besondere Prüfung im Interesse der Aufsichtsbehörde handelt, die grundsätzlich unabhängig vom JA besteht. Allerdings können sich Konsequenzen für den Bestätigungsvermerk ergeben, wenn aufgrund von Verstößen gegen die aufsichtsrechtlichen Anforderungen eine Redepflicht entsteht; in diesem Fall ist auch die Informationspflicht gegenüber der BaFin gem. § 341k Abs. 3 HGB zu beachten.

161 Der Abschlussprüfer wird zweckmäßigerweise eine Stellungnahme oder Unterlagen des VU zu den im Berichtsjahr aufgetretenen Sachverhalten entsprechend § 57 Abs. 1 Satz 1 VAG einholen. Soweit es zu Meldepflichten führende Sachverhalte gibt, sollte er sich die Anzeige an die BaFin nachweisen lassen. Üblicherweise werden die in § 57 Abs. 1 Satz 1 VAG mit Meldepflichten verbundenen Vorgänge im Prüfungsbericht bei der Darstellung der rechtlichen Grundlagen genannt. Soweit anzeigepflichtige Sachverhalte nach dem Ende des GJ bis zum Abschluss der Prüfung eingetreten sind, sind auch sie in den Prüfungsbericht aufzunehmen.

Nach § 57 Abs. 1 Satz 4 VAG besteht die Prüfungspflicht zum Risikofrüherkennungssystem nach § 317 Abs. 4 HGB bei allen VU, auf die § 91 Abs. 2 AktG anzuwenden ist. Zu Einzelheiten wird auf die Ausführungen in Abschn. II.1.b) verwiesen. 162

Nach § 57 Abs. 1 Satz 4 VAG hat der Abschlussprüfer eines VU, sofern er auch Abschlussprüfer eines Unternehmens ist, das zu dem VU eine „enge Verbindung gem. § 8 Abs. 1 Satz 4 Nr. 2 VAG" (richtig wäre: § 8 Abs. 1 Satz 3 Nr. 1 VAG) unterhält, und bei diesem Unternehmen Feststellungen gem. § 321 Abs. 1 Satz 3 HGB trifft, welche die Ausübung der Tätigkeit des VU wesentlich beeinträchtigen können, die BaFin zu unterrichten. Hierdurch soll die Wirksamkeit der Aufsicht bei Unternehmensverbindungen verbessert werden. 163

Weitere Informationspflichten des Prüfers sind in § 57 Abs. 1 Satz 5 VAG geregelt. Danach hat der Abschlussprüfer auf Verlangen der Aufsichtsbehörde sonstige bei der Prüfung bekannt gewordene Tatsachen, die gegen eine ordnungsgemäße Durchführung der Geschäfte des VU sprechen, mitzuteilen. Direkte Auskunftsbegehren der Aufsichtsbehörde werden i.d.R. in Abstimmung mit dem Abschlussprüfer durch das geprüfte VU beantwortet. 164

Bei VU i.S.d. § 80c VAG ist gem. § 57 Abs. 1a VAG auch vom Abschlussprüfer zu prüfen, ob die Vorkehrungen zur Verhinderung von Geldwäsche und Terrorismusfinanzierung nach den §§ 80d-80g VAG sowie nach dem Geldwäschegesetz (GwG) [198] eingehalten wurden. Die Anforderungen sind für VU verpflichtend, soweit diese Geschäfte betreiben, die unter die Richtlinie 2002/83/EG des Europäischen Parlaments und des Rats vom 05.11.2002 über Lebensversicherungen fallen, oder soweit sie Unfallversicherungsverträge mit Prämienrückgewähr anbieten.[199] 165

Die betroffenen VU müssen interne Sicherungsmaßnahmen i.S.d. §§ 9 GwG und 80d VAG einrichten, die gewährleisten, dass die Verpflichtungen aus den §§ 3 ff. GwG eingehalten werden. Vorkehrungen i.S.v. § 9 GwG und § 80d VAG sind u.a. 166

- die „Bestellung eines der Geschäftsleitung unmittelbar nachgeordneten Geldwäschebeauftragten, der Ansprechpartner für die Strafverfolgungsbehörden, das Bundeskriminalamt" und die BaFin ist,
- die „Entwicklung und Aktualisierung interner Grundsätze, angemessener geschäfts- und kundenbezogener Sicherungssysteme und Kontrollen",

198 Geldwäschegesetz v. 13.08.2008 (BGBl. I, S. 1690), zuletzt geändert durch Art. 7 des Gesetzes v. 01.03.2011, BGBl. I, S. 288.

199 Vgl. § 80c Abs. 1 VAG.

- die regelmäßige Unterrichtung der Beschäftigten, die zur Durchführung barer und unbarer Finanztransaktionen befugt sind und diejenigen, die mit der Anbahnung und Begründung von Geschäftsbeziehungen befasst sind, „über die Methoden der Geldwäsche und der Terrorismusfinanzierung" und die nach dem GwG bestehenden Pflichten.

167 Über die Prüfung der genannten Maßnahmen hinaus hat der Abschlussprüfer die vom VU gem. § 80d VAG durchzuführende Gefährdungsanalyse zu beurteilen. Ziel der Prüfung ist es, festzustellen, ob die Konzeption der Analyse zur Ableitung angemessener Sicherungsmaßnahmen geeignet ist. Dabei ist insb. zu berücksichtigen, ob versicherer- und gruppenspezifische Risiken identifiziert, erfasst, kategorisiert und gewichtet sowie darauf aufbauend angemessene Präventionsmaßnahmen abgeleitet wurden.

168 Das Ergebnis der Prüfung der Einhaltung der Anforderungen der §§ 80d-80g VAG sowie des GwG ist in einem gesonderten Abschnitt im Prüfungsbericht darzustellen; üblicherweise erfolgt auch diese Berichterstattung unter den rechtlichen Grundlagen.

V. Berichterstattung unter Berücksichtigung der PrüfV

169 Der Abschlussprüfer hat nach § 321 Abs. 1 Satz 1 HGB über Art und Umfang sowie das Ergebnis seiner Prüfung schriftlich mit der gebotenen Klarheit zu berichten.[200] Der Bericht ist dem AR vorzulegen. Zuvor ist dem Vorstand Gelegenheit zur Stellungnahme zu geben. Neben der schriftlichen Berichterstattung wird der Abschlussprüfer im Rahmen der nach § 171 Abs. 1 Satz 2 AktG[201] vorgeschriebenen Teilnahme an den Verhandlungen des AR über den JA und den LB eine mündliche Berichterstattung über die wesentlichen Ergebnisse seiner Prüfung vornehmen, wobei vor allem auf „wesentliche Schwächen des [rechnungslegungsbezogenen] internen Kontroll- und Risikomanagementsystems" einzugehen ist.[202]

170 Bei VU umfasst die Berichterstattung auch die besonderen Prüfungspflichten nach § 57 Abs. 1 und 1a VAG. Auf die zusätzlich in § 341k Abs. 3 HGB festgelegte Unterrichtung der BaFin über Sachverhalte des § 321 Abs. 1 Satz 3 HGB

200 Vgl. auch *IDW PS 450*, Tz. 8 ff.; *Ludewig*, WPg 1998, S. 595 ff.

201 Wegen des Verweises in § 341a Abs. 4 HGB gilt § 171 AktG auch für VU in der Rechtsform des VVaG (mit Ausnahme der kleineren VVaG).

202 Vgl. § 171 Abs. 1 Satz 2 AktG; zur Kommunikation des Abschlussprüfers mit dem Aufsichtsorgan s. ausführlicher *IDW Prüfungsstandard: Grundsätze für die Kommunikation des Abschlussprüfers mit dem Aufsichtsorgan (IDW PS 470)* (Stand: 09.09.2010), Tz. 7a ff.

(Unrichtigkeiten und Verstöße gegen gesetzliche Vorschriften, Gesellschaftsvertrag oder Satzung sowie Tatsachen, die den Bestand gefährden oder die Entwicklung wesentlich beeinträchtigen können) wird hingewiesen.

Der Inhalt des Prüfungsberichts von VU ist aufgrund der Ermächtigung im § 55a Abs. 1 Satz 1 Nr. 3 VAG in einer gesonderten „VO über den Inhalt der Prüfungsberichte zu den JA von VU (Prüfungsberichteverordnung – PrüfV)[203] zusätzlich geregelt.[204] Die VO ist im Wortlaut nicht auf § 321 HGB abgestimmt. Soweit § 321 HGB zusätzliche Anforderungen stellt, z.B. zur Beurteilung der Lage „vorweg“, sollten diese an geeigneter Stelle in der vorgeschlagenen Gliederung nach der PrüfV eingefügt werden. 171

Eine Erweiterung des Umfangs der Prüfung sollte durch die PrüfV nicht erfolgen, da hierzu in § 55a VAG keine Ermächtigung besteht. Wegen Einzelheiten zur Berichterstattung bei VU wird auf den Abschn. H 2 dieses Buches verwiesen. 172

VI. Bestätigungsvermerk

Der Abschlussprüfer hat nach § 322 HGB das Ergebnis der Prüfung in einem Bestätigungsvermerk zusammenzufassen. Die hierfür existierenden allgemeinen Berufsgrundsätze[205] gelten auch für die Prüfung von VU. *IDW PS 400,* Tz. 6 regelt explizit, dass spezifische Besonderheiten eines Wirtschaftszweiges unberücksichtigt bleiben. In Bezug auf VU läuft diese Regelung allerdings insofern ins Leere, als Besonderheiten hinsichtlich des Bestätigungsvermerks nur im Zusammenhang mit der aus § 57 VAG resultierenden Erweiterung des Prüfungsumfangs in Frage kommen würden. Eine diesbezügliche Erweiterung des Bestätigungsvermerks ist aber gem. *IDW PS 400,* Tz. 11 ohnehin nicht sachgerecht, da sich die gem. § 57 VAG zu prüfenden aufsichtsrechtlichen Anforderungen nicht unmittelbar auf den JA beziehen.[206] 173

Die formelle Rechtsgrundlage für die Abschlussprüfung von VU ist § 341k HGB i.V.m. § 317 HGB. Es könnte deshalb der Klarheit wegen überlegt werden, bei der vom IDW vorgeschlagenen allgemeinen Fassung des Bestätigungsvermerks[207] in dem die Prüfung beschreibenden Abschnitt den Verweis auf § 317 HGB um einen 174

203 Vgl. Prüfungsberichtsverordnung v. 03.06.1998, BGBl. I, S. 1209, zuletzt redaktionell geändert durch Art. 13 Abs. 18 des Gesetzes v. 25.05.2009 (BGBl. I, S. 1102).

204 Vgl. hierzu von *Treuberg/Angermayer*, WPg 1998, S. 839 ff.

205 Vgl. *IDW PS 400.*

206 Zu Ausnahmen von der Regel, dass ausschließlich sich auf die Rechnungslegung beziehende Vorschriften Gegenstand des Bestätigungsvermerks sein können, s. *IDW PS 400,* Tz. 11. Keine der dort genannten Ausnahmen ist aber von Relevanz für VU.

207 Siehe hierzu *IDW PS 400,* Anhang 1.

Hinweis auf § 341k HGB zu erweitern. Der HFA hat in seiner 167. Sitzung jedoch entschieden, dass dies nicht erforderlich ist, da der Prüfungsumfang nach § 317 HGB sich durch die Anforderungen des § 341k HGB nicht ändert.[208]

175 Auch eine Modifikation der allgemeinen Fassung des Bestätigungsvermerks[209] dahingehend, dass im Abschnitt zum Prüfungsurteil auch auf die Beachtung der für die Rechnungslegung von VU geltenden ergänzenden Vorschriften zum Ausweis und zur Bewertung eingegangen wird, wurde vom HFA verneint. Der Auffassung des HFA zufolge wird die Gesetzesentsprechung insgesamt durch die Feststellung bestätigt, dass die Prüfung zu keinen Einwendungen geführt hat.[210]

176 Eine Adressierung des Bestätigungsvermerks bei gesetzlichen Abschlussprüfungen ist allgemein[211] wie bei VU nicht sachgerecht. Daran ändert auch die bei VU gegebene Tatsache nichts, dass in § 59 VAG die Vorlage des Prüfungsberichts an die Aufsichtsbehörde als zusätzlichem Adressat gesetzlich vorgeschrieben ist, denn diese Pflicht obliegt allein dem Vorstand des geprüften VU. Für den Abschlussprüfer bleibt es bei der ausschließlichen Vorlage des Prüfungsberichts an den Auftraggeber entsprechend § 321 Abs. 5 HGB. Dies ist bei gesetzlich vorgeschriebenen Prüfungen i.d.R. der AR. Bei der freiwilligen Prüfung einer Niederlassung sollte der Bestätigungsvermerk dagegen an den Hauptbevollmächtigten gerichtet werden.[212]

177 Entsprechend den allgemeinen Berufsgrundsätzen für die Verwertung der Arbeitsergebnisse von im Rahmen der Abschlussprüfung hinzugezogenen Sachverständigen[213] gilt auch für die Abschlussprüfung von VU, dass ein Hinweis auf die Tätigkeit eines Aktuars oder Treuhänders, auf deren Arbeit sich der Abschlussprüfer nach pflichtgemäßem Ermessen gestützt hat, im Bestätigungsvermerk nicht sachgerecht ist, da der Abschlussprüfer stets die Gesamtverantwortung für die Prüfung des JA trägt.[214] Hierüber könnte anderenfalls ein falscher Eindruck entstehen.

178 Zu beachten ist, dass bei VU ein Hinweis im Bestätigungsvermerk im Falle der Feststellung von Sachverhalten des § 321 Abs. 1 Satz 3 HGB, insb. bei bestandsgefährdenden Tatsachen, nicht die Unterrichtung der Aufsichtsbehörde nach § 341k Abs. 3 HGB ersetzt. Diese ist gesetzlich gesondert geregelt, insb. weil diese Unterrichtung unverzüglich zu erfolgen hat.

---

208 Vgl. FN-IDW 1999, S. 99.
209 Siehe hierzu *IDW PS 400,* Anhang 1.
210 Vgl. FN-IDW 1999, S. 99.
211 Vgl. *IDW PS 400,* Tz. 22.
212 Vgl. auch *IDW PS 400,* Tz. 23.
213 Siehe hierzu *IDW PS 322.*
214 Vgl. *IDW PS 200,* Tz. 29.

Soweit seitens der VU die Pflichten nach § 57 Abs. 1 und 1a VAG nicht voll erfüllt werden, ist der Bestätigungsvermerk dennoch nicht einzuschränken, da dieser sich lediglich auf den JA bezieht und nicht auf die zusätzlichen Prüfungspflichten nach dem VAG. 179

Denkbar ist bei VU jedoch die Erteilung eines Bestätigungsvermerks unter aufschiebender Bedingung. Dies kann insb. dann der Fall sein, wenn der AR die gem. § 56a VAG erforderliche Zustimmung des AR zur Einstellung der für die Überschussbeteiligung der VN vorgesehenen Beträge in die RfB zeitlich nicht vor dem Testatsdatum erteilt. Der geprüfte JA berücksichtigt dann bereits einen Sachverhalt, der zu seiner Wirksamkeit noch eines von der Feststellung des geprüften JA unabhängigen Beschlusses des AR bedarf.[215] Nach Auffassung des VFA[216] empfiehlt es sich, den Bestätigungsvermerk in diesem Fall zunächst unter der aufschiebenden Bedingung abzugeben, dass der AR dem Beschluss des Vorstands über die Überschussbeteiligung der Versicherten zustimmt.[217] Nach Erfüllung dieser Bedingung ist die Prüfung abgeschlossen und der Bestätigungsvermerk erteilt. Die Feststellung kann erfolgen. 180

VII. Besonderheiten der Prüfung nach § 313 AktG bei VU

Der Vorstand einer von einem anderen Unternehmen abhängigen Aktiengesellschaft i.S.d. § 17 AktG hat nach § 313 Abs. 1 Satz 1 AktG, soweit kein Beherrschungsvertrag vorliegt, dem ordnungsgemäß bestellten Abschlussprüfer der Gesellschaft gleichzeitig mit dem JA den gem. § 312 AktG erstellten Bericht des Vorstands über die Beziehungen der Gesellschaft zu verbundenen Unternehmen (sog. Abhängigkeitsbericht), zur Prüfung vorzulegen.[218] Die Beauftragung eines anderen Prüfers ist nicht möglich.[219] 181

215 Vgl. *Kölschbach*, in: Prölss VAG-Kommentar[12], § 56a VAG, Rn. 11 ff.

216 Vgl. FN-IDW 1994, S. 396 ff.; der nach Auffassung des VFA aufzunehmende Zusatz, dass der BV nicht ohne die vorangestellte Bedingung veröffentlicht werden kann, sofern die Bedingung noch nicht eingetreten ist, ist in *IDW PS 400*, Tz. 101 nicht vorgesehen.

217 Vgl. *IDW* (Hrsg.), WP Handbuch 2006[13], Rn. K 784.

218 Vgl. auch *IDW Prüfungsstandard: Beziehungen zu nahe stehenden Personen im Rahmen der Abschlussprüfung (IDW PS 255)* (Stand: 24.11.2010), Tz. 26. Der Begriff des verbundenen Unternehmens wird in diesem Abschnitt zu § 313 AktG im aktienrechtlichen Sinn verwendet; zur Abgrenzung der aktienrechtlichen von der handelsrechtlichen Definition vgl. *Küting*, in: Handbuch der Rechnungslegung Bd. Ia, Stuttgart 1995, S. 1500 f.; *IDW* (Hrsg.), WP Handbuch 2006[13], Rn. F 934. und Rn. T 8 ff.

219 Dies ergibt sich aus der Bestimmung des § 313 Abs. 1 Satz 1 HGB.

182 Der Abschlussprüfer „hat zu prüfen, ob

1. die tatsächlichen Angaben des Berichts richtig sind,
2. bei den im Bericht aufgeführten Rechtsgeschäften nach den Umständen, die im Zeitpunkt ihrer Vornahme bekannt waren, die Leistung der Gesellschaft nicht unangemessen hoch war; soweit sie dies war, ob die Nachteile ausgeglichen worden sind, und
3. bei den im Bericht aufgeführten Maßnahmen keine Umstände für eine wesentlich andere Beurteilung als die durch den Vorstand sprechen."[220]

Die Vollständigkeit der in den Abhängigkeitsbericht aufgenommenen Rechtsgeschäfte und Maßnahmen ist hingegen nicht Gegenstand der Prüfung; der Abschlussprüfer hat sich allerdings „davon zu überzeugen, dass der Vorstand die erforderlichen organisatorischen und abrechnungstechnischen Voraussetzungen geschaffen hat, um eine vollständige und zutreffende Berichterstattung zu gewährleisten.[221]

183 Diese Regelung dient dem Schutz bestehender Minderheitsaktionäre vor einer Fremdbestimmung zum Nachteil der Gesellschaft. Solche Nachteile sind nicht generell unzulässig, jedoch nach § 311 Abs. 1 AktG zwingend durch das herrschende Unternehmen auszugleichen. Die Aufstellung des Abhängigkeitsberichts ist selbst dann erforderlich, wenn 100 % der Anteile in der Hand des herrschenden Unternehmens liegen.[222] Wenn keine berichtspflichtigen Sachverhalte vorliegen, ist auch diese Tatsache zu berichten. Eine Berichtspflicht besteht auch dann, wenn während des GJ die Abhängigkeit begründet oder wenn sie beendet wurde, jedoch nur für die Zeiträume innerhalb des GJ, in denen sie bestanden hat. Die Aufstellung (und Prüfung) eines Abhängigkeitsberichts kann nach § 312 Abs. 1 Satz 1 AktG unterbleiben, falls ein Beherrschungsvertrag nach § 291 AktG besteht oder eine Eingliederung nach § 319 ff. AktG vorliegt.

184 Der AR der abhängigen Aktiengesellschaft hat nach § 314 Abs. 2 AktG den Bericht des Vorstands selbständig zu prüfen und darüber (an die HV) zu berichten.

185 Nach § 312 Abs. 1 Satz 2-4 AktG sind im Abhängigkeitsbericht insb. aufzuführen:

- Rechtsgeschäfte[223] der Gesellschaft mit dem herrschenden Unternehmen oder einem ihm verbundenen Unternehmen i.S.d. §§ 15 ff. AktG

220 § 313 Abs. 1 Satz 2 HGB.

221 Vgl. *IDW Stellungnahme des Hauptfachausschusses 3/1991: Zur Aufstellung und Prüfung des Berichts über Beziehungen zu verbundenen Unternehmen (Abhängigkeitsbericht nach § 312 AktG)*, Abschn. III.5.

222 Vgl. *IDW* (Hrsg.), WP Handbuch 2006[13], Rn. F 915 m.w.N.

223 Zur Begriffsbestimmung vgl. *IDW* (Hrsg.), WP Handbuch 2006[13], Rn. F 943 ff.

- Rechtsgeschäfte auf Veranlassung oder im Interesse dieser Unternehmen
- Leistung und Gegenleistung der Rechtsgeschäfte
- Getroffene Maßnahmen[224] auf Veranlassung oder im Interesse dieser Unternehmen
- Unterlassene Maßnahmen auf Veranlassung oder im Interesse dieser Unternehmen
- Gründe sowie Vor- und Nachteile der getroffenen oder unterlassenen Maßnahmen
- Art des Ausgleichs von Nachteilen bei Rechtsgeschäften oder Maßnahmen.

Der Abhängigkeitsbericht muss eine ausdrückliche Erklärung des Vorstands ent- 186
halten, dass die Gesellschaft für sämtliche berichtspflichtigen Rechtsgeschäfte eine angemessene Gegenleistung erhielt und durch die ggf. getroffenen oder unterlassenen Maßnahmen nicht benachteiligt wurde bzw. im Fall einer Benachteiligung hierfür einen Nachteilsausgleich erhalten hat. Diese Erklärung ist nach § 312 Abs. 3 Satz 3 AktG auch in den LB der Gesellschaft aufzunehmen. Bei der Beurteilung sind nach § 312 Abs. 3 Satz 1 AktG die Umstände zugrunde zu legen, die dem Vorstand in dem Zeitpunkt bekannt waren oder bekannt sein mussten, in dem die Rechtsgeschäfte vorgenommen oder die Maßnahmen getroffen bzw. unterlassen wurden.

Fehlt unzulässigerweise die Schlusserklärung des Vorstands im LB oder hat 187
der Vorstand unzulässigerweise keinen Abhängigkeitsbericht erstellt, so hat der Abschlussprüfer den Bestätigungsvermerk einzuschränken.[225]

Falls sich aus der Prüfung keine Einwendungen gegen den Abhängigkeitsbericht 188
ergeben, hat der Prüfer dies gem. § 313 Abs. 3 Satz 1 HGB durch einen Vermerk zu bestätigen, in dem die in § 313 Abs. 1 Satz 2 HGB genannten Prüfungsinhalte einzeln aufzuzählen sind.

In der Versicherungswirtschaft bestehen infolge der aufsichtsrechtlich vorge- 189
schriebenen Spartentrennung und der damit verbundenen Konzernbildung häufig umfangreiche Geschäftsbeziehungen zwischen verbundenen Unternehmen. Für die Prüfung des Abhängigkeitsberichts ergeben sich daraus branchentypische Besonderheiten, die nachfolgend dargestellt werden.

224 Zur Abgrenzung vgl. *IDW* (Hrsg.), WP Handbuch 2006[13], Rn. F 950 ff.
225 Vgl. *IDW PS 400,* Tz. 50 ff.

190 Zunächst sind in diesem Zusammenhang die in der Versicherungswirtschaft bestehenden VVaG-Gleichordnungskonzerne zu nennen. Diese sind rechtsformbedingt meist nicht verbundene Unternehmen i.S.d. § 271 Abs. 2 HGB, können jedoch verbundene Unternehmen i.S.d. § 15 AktG i.V.m. § 18 Abs. 2 AktG sein, wenn sie unter einheitlicher Leitung zusammengefasst sind. Eine einheitliche Leitung besteht insb. bei (völliger oder überwiegender) Vorstandsidentität oder bei einem entsprechenden Vertrag zwischen den VVaG über die einheitliche Leitung,[226] sodass in diesem Fall mehrere VVaG samt ihrer jeweiligen verbundenen Unternehmen insgesamt als verbunden i.S.d. § 15 AktG anzusehen sind. Für solche Konzernunternehmen in der Rechtsform der Aktiengesellschaft, die einen Abhängigkeitsbericht aufzustellen haben, sind in diesem Fall die Beziehungen zu sämtlichen Unternehmen des Konzerns berichtspflichtig.

191 Rechtsgeschäfte, über die im Abhängigkeitsbericht zu berichten wäre, ergeben sich bei VU insb. aus folgenden Geschäftsbeziehungen:

- Versicherungs-, Mitversicherungs- und Rückversicherungsverträge
- Funktionsausgliederungs- und Dienstleistungsverträge
- Vermittlungsgeschäfte
- Kapitalanlageverwaltung, Vermietungen, Verkäufe
- EDV-Dienstleistungen, Anschaffungen
- Personalverwaltung
- Zentraleinkauf.

192 Maßnahmen, die auf Veranlassung eines herrschenden oder mit ihm verbundenen Unternehmens getroffen oder unterlassen wurden, finden sich bei VU typischerweise in folgenden Bereichen:

- Aufnahme, Fortführung oder Beendigung von Kundenbeziehungen oder ganzen Geschäftssegmenten
- Nutzung bestimmter Vertriebswege
- Gestaltung von aktiver und passiver RückV
- Nutzung gemeinsamer Einrichtungen.

226 Zur Frage der Abhängigkeit ohne diese Voraussetzungen s. das Urteil des BGH v. 04.03.1974 in BB 1974, S. 572 ff.

Für VV/RückVV mit verbundenen Unternehmen sind im Abhängigkeitsbericht nach § 312 Abs. 1 Satz 3 AktG jeweils sowohl die Leistung des VR/RückVR (Deckungsumfang, Serviceleistungen) als auch die Gegenleistung des VN/Zedenten (Beitrag/RückV-Beitrag ggf. abzüglich Provision und Gewinnbeteiligung, Verzinsung) zwingend zu nennen. Für die Beurteilung der Angemessenheit von Leistung und Gegenleistung durch den Abschlussprüfer kommt insb. die sog. Preisvergleichsmethode[227] in Betracht, d.h. die Feststellung, ob die vertraglichen Konditionen marktüblich sind. Soweit der Abschlussprüfer zu einer solchen Beurteilung nicht in der Lage ist, kann er sachkundigen Rat einholen[228] oder vom Vorstand, soweit diese nicht schon vorliegen, die Einholung von Vergleichsangeboten fordern.[229] 193

Falls bzw. sofern der VR/RückVR im Rahmen langfristiger Geschäftsbeziehungen zunächst Vorleistungen erbringt, die in nachfolgenden Jahren unter bestimmten Bedingungen vergütet werden, kann dies grundsätzlich als marktüblich angesehen werden. Leistet jedoch ein Vertragspartner gegenüber einem verbundenen Unternehmen über das marktübliche Maß hinaus wesentlich höhere Zahlungen, ohne dass ein Rechtsanspruch auf eine Rückzahlung besteht, könnte dies ein Indiz für einen Verstoß gegen § 311 AktG darstellen. 194

Bei Dienstleistungsbeziehungen (z.B. Datenverarbeitung, Verwaltung der Kapitalanlagen) mit verbundenen Unternehmen sind nach § 312 Abs. 1 Satz 1 AktG der Umfang der Dienstleistung sowie das Dienstleistungsentgelt anzugeben. Für VU sind zudem die aufsichtsrechtlichen Anforderungen des § 5 Abs. 3 Nr. 4 und Abs. 5 Nr. 6a VAG, denen zufolge Funktionsausgliederungsverträge und eine Aufstellung der Inhaber bedeutender Beteiligungen i.S.d. § 7a Abs. 2 Satz 3 VAG bei Stellen des Antrags auf Erlaubnis zum Geschäftsbetrieb bei der BaFin einzureichen sind, und des § 53d VAG zur Entgeltbegrenzung bei Verträgen mit verbundenen Nicht-VU zu beachten. Die Prüfung erfolgt daher üblicherweise nach der Kostenaufschlagsmethode.[230] Soweit der Abschlussprüfer beide Vertragspartner prüft, wird er im Rahmen der Kostenverteilung auf die zutreffende Schlüsselung der Kosten auf das empfangende Unternehmen nach dem Vollkostenprinzip achten. Dabei ist es jedoch nicht Aufgabe der Prüfung nach § 313 Abs. 1 AktG zu 195

227 Vgl. *IDW* (Hrsg.), WP Handbuch 2006[13], Rn. F 974 f.

228 Vgl. hierzu *IDW PS 322.*

229 Zu den Auskunftsrechten vgl. *IDW* (Hrsg.), WP Handbuch 2006[13], Rn. F 1004 f. sowie Neufassung des *IDW Prüfungsstandards: Erklärungen der gesetzlichen Vertreter gegenüber dem Abschlussprüfer (IDW PS 303 n.F.)* (Stand: 09.09.2009).

230 Vgl. *IDW* (Hrsg.), WP Handbuch 2006[13], Rn. F 980 ff.

beurteilen, ob die Dienstleistung für den Empfänger auch zweckmäßig ist, soweit nicht offensichtlich eine Veranlassung durch ein herrschendes oder ein verbundenes Unternehmen vorliegt.

196 Solche eventuell vorliegenden Rechtsgeschäfte oder Maßnahmen i.S.d. § 311 Abs. 1 i.V.m. § 312 Abs. 1 AktG, die auf Veranlassung oder im Interesse eines herrschenden Unternehmens getroffen oder unterlassen werden, können für den Abschlussprüfer des VU aus mehreren Gründen besonders schwierig zu beurteilen sein.

197 Zum einen sind VU häufig in eine Gruppe eingebunden, die eine einheitliche Politik hinsichtlich Vertrieb, Kundengruppen, Serviceorientierung, Vermögensanlagen, Rückversicherung u.a. verfolgt und verfolgen muss. Dabei kann es sachgerecht sein, die – positiven und negativen – Auswirkungen von Konzernentscheidungen auf einzelne Unternehmen vornehmlich unter langfristigen Gesichtspunkten zu betrachten.

198 Zum anderen besteht häufig völlige oder mehrheitliche Vorstandsidentität, sodass eine Veranlassung durch das herrschende Unternehmen de facto nicht nachweisbar ist und daher alleine die Frage beurteilt werden kann, ob für eine getroffene oder unterlassene Maßnahme zusätzlich zum Konzerninteresse ein nicht unwesentliches Interesse des abhängigen Unternehmens besteht. Dabei wird es in vielen Fällen so sein, dass die Förderung des Gruppeninteresses langfristig auch im Interesse des einzelnen VU liegt. Im Abhängigkeitsbericht zu nennen sind jedoch solche Maßnahmen, bei denen im Rahmen von umfassenden Dienstleistungs- oder Rückversicherungsbeziehungen – auch mit Dritten – ein VU in einem Konzernverbund dauerhaft zugunsten anderer Unternehmen des Konzerns ohne entsprechenden Ausgleich unangemessene Leistungen erbringt.

H II. Der Prüfungsbericht bei Versicherungsunternehmen

*von WP/RA/StB Dr. Jörg Schlüter, Hamburg**

* Unter Mitarbeit von WP/RA *Arne Piening*, Hamburg.

I. Einleitung

Der Prüfungsbericht für Versicherungsunternehmen unterscheidet sich nicht wesentlich von dem Prüfungsbericht in seiner Grundform nach *IDW PS 450*[1]. Erweiterungen und Ergänzungen resultieren im Wesentlichen aus einer erweiterten Berichtspflicht des Abschlussprüfers bei Versicherungsunternehmen. Diese erweiterten Berichtspflichten sind durch Vorschriften bedingt, die ihrem Charakter nach dem staatlichen Aufsichtsrecht zuzuordnen sind.[2] Mit der PrüfV hat der Gesetzgeber eine Rechtsverordnung mit unmittelbarer Bindungswirkung für den Abschlussprüfer geschaffen, aus der eine Erweiterung und inhaltliche Konkretisierung seiner Berichtspflichten resultiert.[3] Die PrüfV ist somit eine Sonderregelung, die der Abschlussprüfer von Versicherungsunternehmen, neben den allgemeinen gesetzlichen Vorgaben der §§ 321 und 341k Abs. 3 HGB und den Berufsregeln, zu beachten hat. 1

Zusätzlich zu der Erweiterung der gesetzlichen Berichtspflicht aufgrund der Vorschriften der PrüfV hat der Abschlussprüfer die Einhaltung der aufsichtsrechtlichen Regelungen des Versicherungsunternehmens zu überwachen und Verstöße ggf. in seine Berichterstattung mit aufzunehmen.

II. Rechtsgrundlagen

Grundnorm für den Prüfungsbericht ist § 321 HGB. Inhaltliche Vorgaben für den Prüfungsbericht finden sich vor allem in den Vorschriften der PrüfV. Eine ausdrückliche Erweiterung der Berichtspflicht des Abschlussprüfers findet sich in § 57 VAG. Erweiterungen der Prüfungspflicht des Abschlussprüfers und damit eine Ergänzung der Berichtspflicht sind darüber hinaus in den Vorschriften des VAG, der RechVersV und den Verlautbarungen der Bundesanstalt für Finanzdienstleistungsaufsicht (BaFin) geregelt. 2

1 *IDW Prüfungsstandard: Grundsätze ordnungsmäßiger Berichterstattung bei Abschlussprüfungen (IDW PS 450)* (Stand: 09.09.2009).

2 Adressat des Prüfungsberichts ist neben dem Aufsichtsrat regelmäßig das Bundesaufsichtsamt (§ 59 Satz 1 VAG). Diesem – gegenüber dem Aktienrecht erweiterten Adressatenkreis – trägt die Erweiterung der Prüfungs- und Berichtspflicht Rechnung.

3 Aufgrund der gesetzlich festgeschriebenen Subdelegation ist die PrüfV von der BaFin erlassen worden (vgl. § 55a Abs. 1 Satz 1 Nr. 3 i.V.m. Satz 2 VAG). Die PrüfV ist am 03.06.1998 erlassen (BGBl. I, S. 1209) und zuletzt geändert am 04.12.2004 (BGBl. I, S. 3166).

1. Allgemeine Vorschriften

3 § 321 HGB – als zentrale Vorschrift für den Inhalt des Prüfungsberichts – gilt ohne Einschränkung auch für Versicherungsunternehmen. Nach diesem gesetzlichen Mindestinhalt hat der Prüfungsbericht einzugehen auf:

- Die Lagebeurteilung durch den gesetzlichen Vertreter (§ 321 Abs. 1 Satz 2 HGB)
- Unrichtigkeiten und Verstöße gegen gesetzliche Vorschriften, die im Rahmen der Prüfung festgestellt worden sind. Unter den Begriff der „gesetzlichen Vorschriften" fallen alle für die Rechnungslegung geltenden Vorschriften einschl. der Grundsätze ordnungsmäßiger Buchführung (GoB) und ggf. einschlägige Normen der Satzung oder des Gesellschaftsvertrags.[4] Darüber hinaus ist über Unrichtigkeiten und Verstöße im Zusammenhang mit sonstigen Vorschriften zu berichten.[5] Insbesondere die sonstigen Vorschriften können eine Erweiterung der Prüfungs- und damit der Berichtspflichten nach sich ziehen (§ 321 Abs. 1 Satz 3 HGB). Der Hauptteil des Prüfungsberichts muss darstellen, „ob die Buchführung und die weiteren geprüften Unterlagen, der Jahresabschluss, der Lagebericht, der Konzernabschluss und der Konzernlagebericht den gesetzlichen Vorschriften und den ergänzenden Bestimmungen des Gesellschaftsvertrags oder der Satzung entsprechen" und „ob die gesetzlichen Vertreter die verlangten Aufklärungen und Nachweise erbracht haben".[6] Die Regelung verlangt allgemein bei schwerwiegenden Verstößen der gesetzlichen Vertreter oder von Arbeitnehmern gegen Gesetz, Gesellschaftsvertrag und Satzung eine Darstellung im Prüfungsbericht (§ 321 Abs. 1 Satz 3 HGB)
- Feststellungen zur Rechnungslegung (§ 321 Abs. 2 Satz 1 HGB)
- Beanstandungen im Rahmen des Bestätigungsvermerks (§ 321 Abs. 2 Satz 2 HGB)
- True and fair view (§ 321 Abs. 2 Satz 3 HGB)
- Wesentliche Bewertungsgrundlagen und sachverhaltsgestaltende Maßnahmen (§ 321 Abs. 2 Satz 4 HGB)
- Aufgliederungen und Erläuterungen der Jahresabschlussposten (§ 321 Abs. 2 Satz 5 HGB)

---

4 Vgl. *Winkeljohann/Poullie,* in: Beck Bil.-Komm., 7. Aufl., München 2010, § 321 HGB, Rn. 32.

5 Eine Berichterstattung von Verstößen/Unregelmäßigkeiten in Bezug auf Rechnungslegungsvorschriften bzw. sonstige Vorschriften hat getrennt zu erfolgen (vgl. *IDW PS 450,* Tz. 44).

6 § 321 Abs. 2 Sätze 1 und 6 HGB.

- Aufklärungs- und Nachweispflichten der gesetzlichen Vertreter (§ 321 Abs. 2 Satz 6 HGB)
- Erläuterung von Gegenstand, Art und Umfang der Prüfung (§ 321 Abs. 3 HGB)
- Feststellungen zum Risikofrüherkennungssystem (§ 321 Abs. 4 HGB)
- Bestätigung der Unabhängigkeit (§ 321 Abs. 4a HGB).

Die Redepflicht des Abschlussprüfers bei der Feststellung berichtspflichtiger 4
Tatsachen bezieht sich allerdings ausdrücklich nur auf Erkenntnisse, die „bei ordnungsmäßiger Durchführung der Prüfung“ gewonnen worden sind. Werden keine berichtspflichtigen Tatsachen festgestellt, ist dies im Prüfungsbericht nicht anzugeben. Einer entsprechenden Negativfeststellung bedarf es demnach nicht.[7] Besondere Prüfungshandlungen sind in diesem Zusammenhang grundsätzlich nicht erforderlich.

2. Bestätigungsvermerk

Der Abschlussprüfer hat nach § 322 Abs. 3 HGB[8] zu erklären, „dass die von ihm 5
nach § 317 HGB durchgeführte Prüfung zu keinen Einwendungen geführt hat und dass der von den gesetzlichen Vertretern der Gesellschaft aufgestellte Jahres- oder Konzernabschluss auf Grund der bei der Prüfung gewonnenen Erkenntnisse des Abschlussprüfers nach seiner Beurteilung den gesetzlichen Vorschriften entspricht und unter Beachtung der Grundsätze ordnungsmäßiger Buchführung“ … „ein den tatsächlichen Verhältnissen entsprechendes Bild der Vermögens-, Finanz- und Ertragslage des Unternehmens oder des Konzerns vermittelt“.[9]

Mit dieser Formulierung der Beurteilung des Abschlussprüfers im Bestätigungsvermerk wird nur ein Mindestinhalt umschrieben. Die Formulierung bleibt grundsätzlich dem Abschlussprüfer überlassen. Einzelheiten zu der Formulierung sind in *IDW PS 400* festgelegt.

Der Bestätigungsvermerk beinhaltet ein Urteil darüber, ob die wirtschaftliche Lage 6
und die Chancen und Risiken der künftigen Entwicklung im Jahresabschluss und im Lagebericht zutreffend abgebildet wurden, jedoch keine unmittelbare Beurtei-

7 Vgl. *IDW PS 450*, Tz. 39.
8 Die Vorschrift ist zuletzt durch das Bilanzrechtsreformgesetz (BilReG) sprachlich neu gefasst, nicht jedoch materiell überarbeitet worden.
9 Vgl. § 322 Abs. 3 HGB.

lung des Unternehmens als solches und seiner Geschäftsführung.[10] Zusätzlich ist vorgeschrieben:

- Beschreibung von Gegenstand, Art und Umfang der Prüfung (§ 322 Abs. 1 Satz 2 HGB). Dabei wird man sich auf eine Darstellung „kritischer"[11] Einzelheiten beschränken und im Übrigen darauf verweisen, dass die gesetzlichen und die vom Berufsstand entwickelten Prüfungsgrundsätze eingehalten sind.

- Allgemeinverständliche und problemorientierte Beurteilung des Prüfungsergebnisses (§ 322 Abs. 2 HGB). Dabei ist auch darauf einzugehen, ob Chancen und Risiken für die zukünftige Entwicklung zutreffend dargestellt sind. Die Beurteilung soll berücksichtigen, dass nicht der Abschlussprüfer, sondern die gesetzlichen Vertreter den Abschluss zu verantworten haben.

  Auf den Lagebericht muss auch im Bestätigungsvermerk gesondert eingegangen werden. Zunächst ist zu würdigen, ob der Lagebericht insgesamt nach der Beurteilung des Abschlussprüfers eine zutreffende Vorstellung von der Lage des Unternehmens vermittelt (§ 322 Abs. 6 Satz 1 HGB). In diesem Rahmen soll der Abschlussprüfer vor allem auf die Sonderfälle eingehen, in denen besondere Umstände dazu führen, dass ein auch unter Beachtung der gesetzlichen Vorschriften und der GoB erstellter Jahresabschluss ein den tatsächlichen Verhältnissen entsprechendes Bild der Vermögens-, Finanz- und Ertragslage nicht mehr vermitteln kann. In solchen Sonderfällen sind zusätzlich zu Ausführungen im Lagebericht Anhangangaben vorgeschrieben (§ 264 Abs. 2 Satz 2 HGB).

7 Neben dieser Würdigung des Lageberichts muss im Bestätigungsvermerk auf die zukünftige Entwicklung eingegangen werden. Die Regelung enthält zwei Stufen:

- Auf Risiken, die den Fortbestand des Unternehmens gefährden, hat der Abschlussprüfer im Bestätigungsvermerk von sich aus einzugehen. Insoweit muss er eine eigene Einschätzung der Risiken abgeben. Dieses muss „gesondert" erfolgen. (§ 322 Abs. 2 Satz 3 HGB).

- Risiken der künftigen Entwicklung werden dagegen vorrangig von den gesetzlichen Vertretern des Unternehmens beurteilt. Der Abschlussprüfer muss insoweit kein eigenes Urteil abgeben, sondern sich lediglich zur Darstellung im Lagebericht äußern.

---

10 Vgl. *IDW Prüfungsstandard: Grundsätze für die ordnungsmäßige Erteilung von Bestätigungsvermerken bei Abschlussprüfungen (IDW PS 400)* (Stand: 24.11.2010), Tz. 8.

11 Eine Darstellung außergewöhnlicher Umstände aufgrund derer der Abschlussprüfer Prüfungshandlungen vorgenommen hat, sind nicht in den Bestätigungsvermerk mit aufzunehmen, sondern im Prüfungsbericht zu beschreiben (vgl. *IDW PS 400,* Tz. 33).

Nach *IDW PS 400* ergibt sich folgende Gliederung: 8

- Überschrift („Bestätigungsvermerk, ggf. Versagungsvermerk des Abschlussprüfers"):

  Der Überschrift kann eine Bedingung vorangestellt werden, die genau zu bezeichnen ist. Bei Lebensversicherungsunternehmen ist die Dotierung der Rückstellung für Beitragsrückerstattung (RfB) häufig von der Zustimmung bzw. Genehmigung des Aufsichtsrats abhängig. Sollte dieser Beschluss noch nicht gefasst worden sein, kann der Bestätigungsvermerk nur unter der aufschiebenden Bedingung der Beschlussfassung erteilt werden.

- Einleitender Abschnitt:

  Im Einleitungsteil ist zunächst der geprüfte Abschluss („Gegenstand der Prüfung" i.S.d. § 322 Abs. 1 Satz 2 i.V.m. § 317 Abs. 1 HGB) genau zu bezeichnen. Dazu gehören die Firma des Unternehmens, der Bilanzstichtag und der Zeitraum, auf den sich der Abschluss bezieht. Üblich ist zudem der Hinweis, dass die Aufstellung des Abschlusses in die Verantwortung des Unternehmens fällt und der Abschlussprüfer hierzu nur eine Meinungsäußerung abgibt. Die Rechnungslegungsvorschriften, nach denen der Abschluss erstellt worden ist, sind zu bezeichnen (§ 322 Abs. 1 Satz 2 HGB).

- Beschreibender Abschnitt:

  Die Angaben über den Prüfungsumfang („Art und Umfang der Prüfung" i.S.d. § 322 Abs. 1 Satz 2 HGB) umfassen die angewendeten Prüfungsgrundsätze und eine Darstellung der Prüfungshandlungen (Stichproben, Würdigung der Rechungslegungsgrundsätze, Beurteilung der vom Unternehmen vorgenommenen Schätzungen). Hierzu gehört der Hinweis, dass der Abschlussprüfer die Prüfung so geplant und durchgeführt hat, dass er mit hinreichender Sicherheit beurteilen kann, ob die Rechungslegung frei von wesentlichen Mängeln ist.[12] In diesem Rahmen ist auch eine Gesamtwürdigung („Beurteilung des Prüfungsergebnisses", § 322 Abs. 1 Satz 2 HGB) vorzunehmen. (Nach internationalen Standards ist in diesem Rahmen zusätzlich der Hinweis üblich, dass sich die Abschlussprüfung in ihrer Zielsetzung auf eine Suche nach wesentlichen Fehlern beschränkt und sich dabei mit angemessener Sicherheit begnügt).

- Beurteilung durch den Abschlussprüfer:

  Erklärung, dass die Prüfung zu keinen Einwendungen geführt hat und dass der von den gesetzlichen Vertretern der Gesellschaft aufgestellte Jahresabschluss

12 Vgl. *IDW PS 400,* Tz. 30.

aufgrund der bei der Prüfung gewonnenen Erkenntnisse nach seiner Beurteilung unter Beachtung der GoB ein den tatsächlichen Verhältnissen entsprechendes Bild der Vermögens-, Finanz- und Ertragslage vermittelt (§ 322 Abs. 3 Satz 1 HGB).

In diesem Rahmen ist auch darauf einzugehen, ob der Lagebericht insgesamt nach der Beurteilung des Abschlussprüfers eine zutreffende Vorstellung von der Lage des Unternehmens vermittelt und in Einklang mit dem Jahresabschluss steht. Dabei kommt es vor allem darauf an, ob Chancen und Risiken der künftigen Entwicklung zutreffend dargestellt sind (§ 322 Abs. 6 HGB).

Neben einem uneingeschränkten Bestätigungsvermerk sind ein eingeschränkter Bestätigungsvermerk und ein Versagungsvermerk vorgesehen. Daneben sind Ergänzungen zum Bestätigungsvermerk möglich.[13]

- (Gegebenenfalls) Hinweis auf Bestandsgefährdungen:

  Bei Risiken, die den Fortbestand des Unternehmens gefährden, hat nach der gesetzlichen Regelung in § 322 Abs. 2 Satz 3 HGB eine gesonderte und eigenständige Beurteilung durch den Abschlussprüfer zu erfolgen, die „allgemeinverständlich und problemorientiert"[14] sein soll. Nach Auffassung des Instituts der Wirtschaftsprüfer in Deutschland e.V. (IDW) soll ein gesonderter und konkreter Hinweis auf einzelne Darstellungen im Lagebericht zur Wahrung der Pflicht nach § 322 Abs. 2 Satz 3 HGB ausreichend sein.[15] Nur bei gänzlich fehlenden Ausführungen im Lagebericht sind die betroffenen Risiken und ihre möglichen Auswirkungen anzugeben. Der Bestätigungsvermerk wird dann in aller Regel nach den Grundsätzen der Wesentlichkeit einzuschränken sein.

- Ort, Datum, Unterschrift, Siegel.

9 *IDW PS 400* enthält für den Bestätigungsvermerk verschiedene Formulierungsmuster.

Zur Berücksichtigung der versicherungsaufsichtsrechtlichen Besonderheiten[16] schlagen wir in Anlehnung an *IDW PS 400* (Anhang) für einen uneingeschränkten Bestätigungsvermerk folgende Formulierung vor:

---

13 Formulierungshilfen finden sich in *IDW PS 400*, Tz. 70 ff.

14 So die Regierungsbegründung, BT-Drs. 13/9712, S. 29.

15 Vgl. Formulierungsvorschlag: *IDW PS 400*, Anhang.

16 Der Unterschied zu der Formulierung in *IDW PS 400* (Anhang) liegt darin, dass der Bestätigungsvermerk die Rechtsform des geprüften Versicherungsunternehmens zu berücksichtigen hat. Bei einer Verfassung als Versicherungsverein hat der Abschlussprüfer über das „Unternehmen" zu berichten.

„Bestätigungsvermerk des Abschlussprüfers:

Ich habe/Wir haben den Jahresabschluss – bestehend aus Bilanz, Gewinn- und Verlustrechnung sowie Anhang – unter Einbeziehung der Buchführung und den Lagebericht der [Unternehmen] für das Geschäftsjahr vom … [Datum] bis … [Datum] geprüft. Die Buchführung und die Aufstellung von Jahresabschluss und Lagebericht nach den deutschen handelsrechtlichen Vorschriften und den ergänzenden Bestimmungen der Satzung liegen in der Verantwortung der gesetzlichen Vertreter der [Unternehmen]. Meine/Unsere Aufgabe ist es, auf der Grundlage der von mir/uns durchgeführten Prüfung eine Beurteilung über den Jahresabschluss unter Einbeziehung der Buchführung und über den Lagebericht abzugeben.

Ich habe meine/Wir haben unsere Jahresabschlussprüfung nach § 317 HGB unter Beachtung der vom Institut der Wirtschaftsprüfer (IDW) festgestellten Grundsätze ordnungsmäßiger Abschussprüfung vorgenommen. Danach ist die Prüfung so zu planen und durchzuführen, dass Unrichtigkeiten und Verstöße, die sich auf die Darstellung des durch den Jahresabschluss unter Beachtung der Grundsätze ordnungsmäßiger Buchführung und durch den Lagebericht vermittelten Bildes der Vermögens-, Finanz- und Ertragslage wesentlich auswirken, mit hinreichender Sicherheit erkannt werden. Bei der Festlegung der Prüfungshandlungen werden die Kenntnisse über die Geschäftstätigkeit und über das wirtschaftliche und rechtliche Umfeld der [Unternehmen] sowie die Erwartungen über mögliche Fehler berücksichtigt. Im Rahmen der Prüfung werden die Wirksamkeit des rechnungslegungsbezogenen internen Kontrollsystems sowie Nachweise für die Angaben in Buchführung, Jahresabschluss und Lagebericht überwiegend auf der Basis von Stichproben beurteilt. Die Prüfung umfasst die Beurteilung der angewendeten Bilanzierungsgrundsätze und der wesentlichen Einschätzungen der gesetzlichen Vertreter sowie die Würdigung der Gesamtdarstellung des Jahresabschlusses und des Lageberichts. Ich bin/Wir sind der Auffassung, dass unsere Prüfung eine hinreichend sichere Grundlage für meine/unsere Beurteilung bildet.

Meine/Unsere Prüfung hat zu keinen Einwendungen geführt.

Nach meiner/unserer Beurteilung aufgrund der bei der Prüfung gewonnenen Erkenntnisse entspricht der Jahresabschluss den gesetzlichen Vorschriften und den ergänzenden Bestimmungen der Satzung und vermittelt unter Beachtung der Grundsätze ordnungsmäßiger Buchführung ein den tatsächlichen Verhältnissen entsprechendes Bild der Vermögens-, Finanz- und

Ertragslage der [Unternehmen]. Der Lagebericht steht in Einklang mit dem Jahresabschluss, vermittelt insgesamt ein zutreffendes Bild von der Lage der [Unternehmen] und stellt die Chancen und Risiken der zukünftigen Entwicklung zutreffend dar."

Der Bestätigungsvermerk oder der Vermerk über seine Versagung sind unter Angabe von Tag und Ort zu unterzeichnen (§ 322 Abs. 7 Satz 1 HGB).

In den Prüfungsbericht ist der Wortlaut des Bestätigungs- bzw. Versagungsvermerks mit aufzunehmen (§ 322 Abs. 7 Satz 2 HGB).

3. Erweiterte Berichts- und Prüfungspflichten

10 Neben den allgemeinen Vorschriften für die Berichterstattung hat der Abschlussprüfer von Versicherungsunternehmen für seinen Bericht die Vorschriften der PrüfV zu beachten. Eine weitere Erweiterung seiner Berichtspflicht ergibt sich aus dem Aufsichtsrecht.

a) Vorschriften der PrüfV

11 Mit der PrüfV hat die Versicherungsaufsicht die Ermächtigung nach § 55a Abs. 2 VAG ausgeübt und Regelungen über den Inhalt des Prüfungsberichts geschaffen. Dennoch gelten die allgemeinen Grundsätze über das Rangverhältnis zwischen Gesetzen und Verordnungen. Das HGB ist die höherrangige Norm, die PrüfV regelt lediglich ergänzend Einzelheiten (§ 55a Abs. 1 Satz 1 Nr. 3 VAG). Nur innerhalb der vom HGB belassenen Spielräume enthält daher die PrüfV zusätzliche Regelungen, etwa zur Interpretation offener Rechtsbegriffe. So wird bspw. für Versicherungsunternehmen konkreter festgelegt, unter welchen Voraussetzungen ein Prüfungsbericht die allgemein gesetzlich vorgeschriebene (§ 321 Abs. 1 Satz 1 HGB) „gebotene Klarheit" aufweist. Der Abschlussprüfer hat so z.B. über verbundene Unternehmen (§ 5 PrüfV), Rückversicherungsverhältnisse (§ 6 PrüfV) oder die Organisation des Rechnungswesens (§ 7 PrüfV) zu berichten. Der Umfang der Berichtspflicht steht im pflichtgemäßen Ermessen des Abschlussprüfers, ist aber dahingehend eingeschränkt, dass sich Ausnahmen oder Abweichungen von eindeutigen Regelungen des HGB nicht auf die PrüfV stützen lassen.

Aufgrund der zunehmenden Pflichten des Aufsichtsrats – bei Versicherungsunternehmen regelmäßig der Adressat der Berichterstattung – sind an die gebotene Klarheit der Berichterstattung besondere Anforderungen geknüpft. Abhängig von der Zusammensetzung und der spezifischen Kenntnisse des Aufsichtsrats hat der Abschlussprüfer seine Berichterstattung entsprechend vorzunehmen. Hierbei muss es allerdings ausreichen, dem Aufsichtsrat als Gremium zu berichten und die Berichterstattung nicht an den Kenntnissen eines einzelnen Aufsichtsratsmitglieds auszurichten.

Die PrüfV soll die Berichtspflichten der Abschlussprüfer nach § 321 HGB ergänzen. Sie beschränkt sich auf Besonderheiten der Abschlussprüfung bei Versicherungsunternehmen und trägt der Interessenlage der BaFin bei der Berichterstattung über das Versicherungsunternehmen Rechnung. Entsprechend dem gesetzlichen Ermächtigungsrahmen[17] enthält sie ausschließlich Vorschriften im Zusammenhang mit der Berichterstattung für Prüfungen nach den Regeln des Handelsgesetzbuchs (§ 341k HGB), nicht aber wegen zusätzlicher Berichtspflichten nach Vorschriften aus dem Recht der Versicherungsaufsicht. Daher können im Rahmen der PrüfV Angaben zur Einhaltung von Vorschriften außerhalb des HGB, etwa über die Solvabilität (§ 53c VAG) oder über die ausreichende Bedeckung versicherungstechnischer Passiva durch geeignete Vermögenswerte (sog. Bedeckungsrechnung), nicht vorgeschrieben werden. 12

Aus Sicht der BaFin enthält die PrüfV Mindestanforderungen an den Prüfungsbericht. Nach der Entwurfsbegründung zur PrüfV ist die Regelung erforderlich, damit die BaFin ihre Aufgabe der Aufsicht dem VAG entsprechend erfüllen kann. Ausdrücklich vorgeschrieben ist eine Erläuterung der einzelnen Posten von Bilanz und Gewinn- und Verlustrechnung unter Gegenüberstellung mit Vorjahreszahlen und sonstigen, diese kennzeichnenden Zahlen (§ 3 Satz 1 PrüfV). Verweisungen auf Prüfungsberichte der Vorjahre sind grundsätzlich zu vermeiden (§ 3 Satz 2 PrüfV).

Für den Anwendungsbereich der PrüfV gilt: 13

- Prüfungspflichtige Versicherungsunternehmen:

  Die PrüfV gilt grundsätzlich nur für Versicherungsunternehmen, die nach § 341k HGB ihren Jahresabschluss und Lagebericht sowie ihren Konzernabschluss und Konzernlagebericht nach §§ 316 ff. HGB prüfen lassen müssen. Versicherungsunternehmen, die gem. § 61 Abs. 1 RechVersV von der Anwendung des § 341k HGB befreit sind, sind nicht prüfungspflichtig. Dabei handelt es sich in der Regel um Pensions- und Sterbekassen, deren Bruttobeiträge im vorausgegangenen Geschäftsjahr € 7,5 Mio. nicht überschritten haben

17 § 55a Abs. 1 Satz 1 Nr. 3 VAG ermächtigt den Bundesminister der Finanzen. Die Zuständigkeit des Aufsichtsamts beruht auf § 55a Abs. 1 Satz 2 VAG und § 1 der „Verordnung zur Übertragung von Zuständigkeiten zum Erlaß von Rechtsverordnungen nach § 55a Abs. 1 des Versicherungsaufsichtsgesetzes auf das Bundesamt für das Versicherungswesen" v. 10.07.1986, BGBl. I, S. 1094.

oder deren Bilanzsumme € 125 Mio. nicht überschritten hat (§ 61 Abs. 1 Nr. 4 RechVersV).[18]

– Berufsständische Versorgungswerke:

  Länderrecht statuiert eine Prüfungspflicht auch für berufsständische Versorgungswerke, die regelmäßig als Körperschaften des öffentlichen Rechts verfasst sind. Das Länderrecht – und hier die Vorschriften der jeweiligen Kammergesetze bzw. die auf der Grundlage dieser Gesetze erlassenen Rechtsverordnungen – erklären die Vorschriften nach § 53 VAG und des § 341k Abs. 1 HGB i.V.m. §§ 316-324 HGB für anwendbar.

– Erleichterungen für Rückversicherer:[19]

  Für Unternehmen, die ausschließlich die Rückversicherung betreiben und nicht die Rechtsform eines Versicherungsvereins auf Gegenseitigkeit (VVaG) haben, gelten Erleichterungen (§ 1 Abs. 4 PrüfV). Es entfallen Angaben zu Art und Umfang des Rückversicherungsgeschäfts (§§ 4 Nr. 4, 6 PrüfV), zu finanziellen Auswirkungen der Beziehungen zu anderen Unternehmen (§ 5 Abs. 1 PrüfV), zur Einbringlichkeit von Forderungen (§ 16 PrüfV) und vor allem zu Geschäften mit derivativen Finanzierungsinstrumenten einschl. Darstellung des Kontrollsystems (§ 11 PrüfV).

Die PrüfV ist in vier Abschnitte gegliedert:

1. Allgemeine Vorschriften (§§ 1-3)
2. Allgemeiner Teil des Prüfungsberichts (§§ 4-14)
3. Besonderer Teil des Prüfungsberichts (§§ 15-21)
4. Schlussvorschrift (§ 22).

§ 1 Abs. 1 PrüfV enthält eine Generalklausel. Der Prüfungsbericht muss so übersichtlich und vollständig sein, dass aus ihm die Vermögens-, Finanz- und Ertragslage hinreichend deutlich wird. Damit konkretisiert die PrüfV nur den allgemeinen Grundsatz ordnungsmäßiger Berichterstattung bei Abschussprüfungen.[20] Der Bericht ist gewissenhaft – wahrheitsgetreu und vollständig – und unparteiisch zu erstatten. Berichtspflichtige Sachverhalte müssen klar, eindeutig, verständlich und problemorientiert dargelegt werden. Gliederung und Form der Berichterstattung

18 Einzelheiten vgl. *Graßl*, Die versicherungstechnischen Posten des Jahresabschlusses der Pensions- und Sterbekassen (Beitrag B II.).

19 Ausführlich hierzu *Ellenbürger/Husch*, Die versicherungstechnischen Posten des Jahresabschlusses der Rückversicherungsunternehmen (Beitrag B V.).

20 Vgl. *IDW PS 450*, Tz. 8 ff.

sind im Zeitablauf beizubehalten. Der Prüfungsbericht muss aus sich selbst heraus ohne Heranziehung anderer Dokumente verständlich sein. Insbesondere ist der Adressat des Prüfungsberichts über Art und Umfang sowie das Ergebnis der Prüfung schriftlich und mit gebotener Klarheit zu unterrichten.[21]

b) Weitere gesetzliche Vorschriften

Die Berichtspflicht des Abschlussprüfers eines Versicherungsunternehmens ist aufgrund von Prüfungshandlungen erweitert, die durch das Aufsichtsrecht veranlasst sind. Bei diesen gesetzlichen Erweiterungen des Prüfungsumfangs nach § 57 VAG handelt es sich um die Prüfung der Einhaltung von Meldepflichten nach §§ 13 ff. VAG und um die rechtsform- und kapitalmarktabhängige Prüfung gem. § 317 Abs. 4 HGB über die Maßnahmen der Risikofrüherkennung nach § 91 Abs. 2 AktG. 14

Im Einzelnen handelt es sich hierbei um die Anzeigepflichten nach §§ 13b Abs. 1 und 4, 13c Abs. 1 und 4, § 13d Nrn. 1-5, § 13e VAG und die Anforderungen nach §§ 104d und 104g Abs. 1, § 104q Abs. 1 Satz 1, Abs. 2 Sätze 2-4 und Abs. 3-9 und § 104r Abs. 1, 3 und 4 VAG. Bei Versicherungsunternehmen i.S.d. § 80c VAG, also Lebensversicherungsunternehmen oder Versicherungsunternehmen, die Unfallversicherungsverträge mit Prämienrückgewähr anbieten, hat der Abschlussprüfer außerdem die Einhaltung der Pflichten nach den §§ 80d-80f VAG i.V.m. dem Gesetz über das Aufspüren von Gewinnen aus schweren Straftaten (Geldwäschegesetz – GwG) zu prüfen. 15

c) Verlautbarungen der Aufsicht

Das Aufsichtsrecht, dem Versicherungsunternehmen unterliegen, ist auch in Folge der europaweiten Harmonisierung umfangreich.[22] Aufgrund der Bindung der Adressaten an die Verlautbarungen der BaFin hat der Abschlussprüfer die Beachtung wichtiger Verlautbarungen zu prüfen und über das Ergebnis seiner Prüfung zu berichten. 16

Im Zusammenhang mit Geschäften mit strukturierten Produkten hat der Abschlussprüfer zu prüfen, ob die innerbetrieblichen Richtlinien des Versicherungsunternehmens zur Handhabung derivativer Finanzinstrumente den Anforderungen von

21 Vgl. *IDW PS 450,* Tz. 8.

22 Auch wenn die Rechtsnatur der einzelnen Verlautbarungen nicht abschließend geklärt ist, wird eine Bindung der Adressaten in der Praxis regelmäßig vorausgesetzt.

R 3/2000 entsprechen und ob eine Kapitalanlagerichtlinie gem. R 12/2005 vorhanden ist und die Innenrevision die Pflichtprüfungen gem. R 15/2005 durchgeführt hat. Über das Ergebnis hat der Abschlussprüfer dann zu berichten.

17 In Bezug auf die Anforderungen des § 64a VAG und R 3/2009 ist im Prüfungsbericht der Hinweis angebracht, dass Gegenstand der Jahresabschlussprüfung nicht die Umsetzung aufsichtsrechtlicher Mindestanforderungen an das Risikomanagement ist. Hierzu ist, anders als bei Kreditinstituten (vgl. § 29 KWG), in den Vorschriften des VAG keine Erweiterung der Prüfungspflicht bei Versicherungsunternehmen vorgesehen. Ein Hinweis soll eine mögliche diesbezügliche Erwartungslücke des Berichtsadressaten schießen.

III. Aufbau und Inhalt des Prüfungsberichts

18 Aufbau und Gliederung des Prüfungsberichts bei Versicherungsunternehmen richten sich nach allgemeinen Grundsätzen. Für den Hauptteil des Prüfungsberichts hat sich der Aufbau an den Vorgaben des *IDW PS 450* zu orientieren. Die PrüfV enthält Vorgaben für den Berichtsinhalt und erweitert damit den Berichtsumfang des Abschlussprüfers. Nach der PrüfV sind umfangreiche Zahlenangaben im Bericht vorgeschrieben. Der Bericht ist – trotz der Modernisierung der allgemeinen Berichtspflichten in § 321 HGB durch das BilReG – ausdrücklich in einen Allgemeinen Teil (§§ 4-14 PrüfV) und einen Besonderen Teil (§§ 15-21 PrüfV) zu gliedern.

Im Folgenden ist der allgemeine Berichtsaufbau mit den bei Versicherungsunternehmen maßgeblichen Ergänzungen dargestellt.

1. Prüfungsauftrag

19 Einleitend sind Angaben zum Prüfungsauftrag zu machen.[23] Hierzu gehören die Firma des geprüften Unternehmens, der Abschlussstichtag, das geprüfte Geschäftsjahr bzw. bei Rumpfgeschäftsjahren das geprüfte Rumpfgeschäftsjahr, ein Hinweis darauf, dass es sich um eine Abschlussprüfung handelt, Angaben zur Wahl und Beauftragung des Abschlussprüfers und eine Bestätigung der Unabhängigkeit des Abschlussprüfers gem. § 321 Abs. 4a HGB.

– Bestellung:

  Im Zusammenhang mit der Bestellung zum Abschlussprüfer ist auf alle Fakten einzugehen, die für eine ordnungsgemäße Beauftragung von Bedeutung sind.

23 Vgl. *IDW PS 450*, Tz. 21.

Insbesondere ist das bestellende Organ zu nennen, nach § 341k Abs. 2 HGB regelmäßig der Aufsichtsrat.[24] Zusätzlich ist die ordnungsgemäße Anzeige der Bestellung an die BaFin (§ 58 Abs. 2 VAG) zu erwähnen, sowie der Umstand, dass die Aufsicht gegen die Bestellung keine Bedenken erhoben hat.[25]

- Beauftragung:

  Auch der Prüfungsauftrag ist vom Aufsichtsrat zu erteilen (§ 111 Abs. 2 AktG i.V.m. § 318 Abs. 1 Satz 4 HGB). Diese Regelung gilt auch für VVaG (§ 35 Abs. 3 VAG); für kleinere Vereine i.S.d. § 53 VAG nur, soweit diese einen Aufsichtsrat haben.[26] Damit obliegt es dem Aufsichtsrat, die Bedingungen des Prüfungsauftrags mit dem Abschlussprüfer zu vereinbaren.[27]

2. Stellungnahme zur Lagebeurteilung durch die gesetzlichen Vertreter

a) Wirtschaftliche Lage und Geschäftsverlauf

Nach § 321 Abs. 1 Satz 2 HGB hat der Abschlussprüfer in dem Prüfungsbericht „vorweg" zur Lagebeurteilung Stellung zu nehmen. Hierbei hat er diejenigen Angaben der gesetzlichen Vertreter im Jahresabschluss (einschl. Anhang) und Lagebericht hervorzuheben, die für die Berichtsadressaten zur Beurteilung der Lage des Unternehmens wesentlich sind.[28] Die Lagedarstellung durch den Vorstand ist durch den Abschlussprüfer zu beurteilen.[29] Die Beurteilung durch den Abschlussprüfer muss so abgefasst sein, dass sie dem Berichtsadressaten als Grundlage für die eigene Einschätzung der Lagebeurteilung dienen kann. Die Berichtspflicht besteht, soweit die geprüften Unterlagen eine Beurteilung erlauben. Bei dieser Beurteilung handelt es sich um eine beurteilende Auseinandersetzung mit den Angaben des Vorstands. Der Abschlussprüfer hat sich im Prüfungsbericht demnach aktiv mit den wesentlichen Lageberichtsangaben auseinanderzusetzen und diese zu würdigen. Eine bloße – auch verkürzte – Wiedergabe der wesentlichen Angaben des Vorstands ist nicht ausreichend. Hierfür empfiehlt sich eine analyti- 20

24 Für bestimmte kleinere Versicherungsunternehmen gelten Erleichterungen, zu Einzelheiten vgl. § 61 RechVersV.

25 § 61 VAG regelt Ausnahmen von dieser Anzeigepflicht für gewisse Versicherungsunternehmen.

26 Etwa durch Bestimmung in der Satzung (§ 53 Abs. 3 VAG), theoretisch auch nach Mitbestimmungsrecht (§§ 77 Abs. 1 BetrVG, 25 Abs. 1 Nr. 2 MitbestG).

27 Vgl. Regierungsbegründung, BT-Drs. 13/9712, S. 16.

28 Vgl. *IDW PS 450*, Tz. 26 ff.

29 Vgl. *IDW PS 450*,Tz. 29.

sche Auseinandersetzung mit den Geschäftsjahreszahlen des Versicherungsunternehmens, ggf. mit ergänzenden Erläuterungen durch den Abschlussprüfer. Ergeben sich Beurteilungsspielräume, kann auf alternative, vom Vorstand abweichende Einschätzungen, hinzuweisen sein.

21 Nach § 321 Abs. 1 Satz 3 HGB hat der Abschlussprüfer über die bei Durchführung der Abschlussprüfung festgestellten Tatsachen zu berichten, welche die Entwicklung des geprüften Unternehmens wesentlich beeinträchtigen oder seinen Bestand gefährden können.[30] Hierbei beschränkt sich die Berichtspflicht des Abschlussprüfers auf Tatsachen, die er bei ordnungsgemäßer – problemorientierter – Durchführung der Abschlussprüfung festgestellt hat. Unter diesen Gesichtspunkten könnte auf die mittelfristige Erreichbarkeit der Garantieverzinsung unter Berücksichtigung von unterstellten Parametern hinzuweisen sein. Gesonderte Prüfungshandlungen zur Feststellung solcher Tatsachen sind grundsätzlich nicht erforderlich. Bei Vorliegen entwicklungsbeeinträchtigender oder bestandsgefährdender Risiken wird der Abschlussprüfer hier aber einen Schwerpunkt seiner Prüfung zu bilden haben.[31] Festgestellte Tatsachen sind bereits dann zu nennen, wenn sie Entwicklungsbeeinträchtigungen oder Bestandsgefährdungen ernsthaft zur Folge haben können, nicht erst, wenn sich diese Gefahr schon realisiert hat. Die Berichtspflicht wird nicht dadurch eingeschränkt, dass die Adressaten des Berichts die Tatsachen bereits kennen oder anderweitig – im Lagebericht oder im Rahmen einer Einschränkung des Bestätigungsvermerks – darauf hingewiesen werden.[32] Die Berichtspflicht bezieht sich auch auf festgestellte Tatsachen, die nach dem Abschlussstichtag begründet wurden,[33] und dies auch dann, wenn dadurch noch keine buchungspflichtigen Geschäftsvorfälle ausgelöst worden sind.

Die Berichtspflicht wird dadurch erfüllt,[34] dass die Sachverhalte und die Prämissen für die zukünftige Entwicklung zusammenfassend geschildert und die sich möglicherweise ergebenden wesentlichen Konsequenzen aufgezeigt werden. Das soll in einem besonderen Unterabschnitt des Prüfungsberichts erfolgen. In Eilfällen kann es erforderlich sein, vorab einen gesonderten Teilbericht zu erstatten. In diesem Fall ist der Wortlaut des Teilberichts vollständig in den Prüfungsbericht aufzunehmen.[35] In solchen Fällen wird in der Regel die BaFin zu unterrichten sein (§ 341k Abs. 3 HGB).

30 Vgl. *IDW PS 450,* Tz. 35.
31 Vgl. *IDW PS 450,* Tz. 37.
32 Vgl. *IDW PS 450,* Tz. 38.
33 Vgl. *IDW PS 450,* Tz. 38.
34 Vgl. *IDW PS 450,* Tz. 40.
35 Vgl. *IDW PS 450,* Tz. 41.

Unter den Begriff „Unregelmäßigkeiten" fallen Verstöße – bewusste Abweichungen – und Unrichtigkeiten, die aus Irrtum oder Unkenntnis entstehen.[36] Wurden berichtspflichtige Unregelmäßigkeiten festgestellt, so wird empfohlen, in der Berichtsdarstellung zwischen Unregelmäßigkeiten im Zusammenhang mit Rechnungslegungsvorschriften und sonstigen Unregelmäßigkeiten zu unterscheiden.[37]

b) Zukünftige Entwicklung mit ihren wesentlichen Chancen und Risiken

Der Lagebericht hat neben der Analyse des Geschäftsverlaufs als weiteren Pflicht- 22
bestandteil Angaben über die voraussichtliche Entwicklung (Prognosebericht) mit ihren wesentlichen Chancen und Risiken (Chancen- und Risikobericht) unter Angabe der wesentlichen, den Annahmen der Geschäftsleitung zugrunde liegenden Annahmen zu enthalten. Der Abschlussprüfer hat in seinem Prüfungsbericht die wesentlichen Prämissen der Einschätzung des Vorstands zu würdigen.

c) Zusammenfassende Feststellung

Im Rahmen der zusammenfassenden Feststellung trifft der Abschlussprüfer eine 23
Einschätzung darüber, ob die Lagebeurteilung durch die gesetzlichen Vertreter einschl. der dargestellten Chancen und Risiken der künftigen Entwicklung plausibel und folgerichtig abgeleitet ist. Zusätzlich beurteilt der Abschlussprüfer, ob nach dem Ergebnis der Prüfung und den dabei gewonnenen Erkenntnissen die Beurteilung der Lage dem Umfang nach angemessen und inhaltlich zutreffend ist. Die Zusammenfassung schließt mit der Feststellung, dass sich bei der Prüfung keine Anhaltspunkte, die für eine Gefährdung des Unternehmens sprechen, ergeben haben.

3. Gegenstand, Art und Umfang der Prüfung

In diesem Abschnitt ist vor allem die Prüfungsstrategie mit dem Ziel transparent 24
zu machen, dem Berichtsadressaten eine bessere Beurteilung der Prüfungstätigkeit und des Prüfungsansatzes zu ermöglichen.[38]

36 Vgl. *IDW Prüfungsstandard: Zur Aufdeckung von Unregelmäßigkeiten im Rahmen der Abschlussprüfung (IDW PS 210)* (Stand: 09.09.2010), Tz. 44.
37 Vgl. *IDW PS 450,* Tz. 51.
38 Vgl. *IDW PS 450,* Tz. 51, 55.

25 Im Prüfungsbericht ist nach § 321 Abs. 2 HGB darzustellen, ob die geprüften Unterlagen Gesetz und Satzung entsprechen und ob der Abschluss insgesamt unter Beachtung der GoB ein den tatsächlichen Verhältnissen entsprechendes Bild der Vermögens-, Finanz- und Ertragslage vermittelt.

26 Hierzu gehört die Prüfung des internen Kontrollsystems und ihre Auswirkung auf den Umfang der Einzelprüfungen, Prüfungsschwerpunkte und die Verwendung von Erkenntnissen Dritter. Nicht erforderlich ist eine Begründung der Vorgehensweise im Einzelnen.[39] In diesem Rahmen ist auch darauf einzugehen, ob die gesetzlichen Vertreter die erforderlichen Aufklärungen und Nachweise erbracht haben (§ 321 Abs. 2 Satz 6 HGB). Auf die eingeholte Vollständigkeitserklärung ist hinzuweisen.[40] Nach § 1 Abs. 6 PrüfV muss eine unterschriebene Ausfertigung oder Ablichtung der eingeholten Vollständigkeitserklärung zu den Anlagen des Prüfungsberichts genommen werden. Teil der Vollständigkeitserklärung ist die Bestätigung des Vorstands, dass nicht gebuchte Prüfungsdifferenzen unwesentlich für die Richtigkeit des geprüften Jahresabschlusses sind. Diese Bestätigung ist grundsätzlich Teil der Vollständigkeit. Zusätzlich ist das Modul der Vollständigkeitserklärung für Versicherungsunternehmen bzw. die Anlage zur Vollständigkeitserklärung aufgrund der besonderen Situation an den Geld- und Kapitalmärkten beizufügen.

27 Nach HGB sind an zwei verschiedenen Stellen Ausführungen zu Gegenstand, Art und Umfang der Prüfung vorgeschrieben. In einem besonderen Abschnitt des Prüfungsberichts sind Gegenstand, Art und Umfang der Prüfung zu erläutern (§ 321 Abs. 3 HGB). Daneben schreibt § 322 Abs. 1 Satz 2 HGB für den Bestätigungsvermerk eine Beschreibung von Gegenstand, Art und Umfang der Prüfung vor. Diese Anforderungen wird man nach internationalen Vorbildern[41] regelmäßig mit einer knappen Darstellung des Prüfungsansatzes erfüllen können. Der Bestätigungsvermerk ist nach § 322 Abs. 7 Satz 2 HGB in den Prüfungsbericht mit aufzunehmen.

a) Gegenstand der Prüfung

28 Gegenstand der Prüfung sind Buchführung, Jahresabschluss, Lagebericht sowie die Prüfung des Risikofrüherkennungssystem (§ 91 Abs. 2 AktG, § 317 Abs. 4 HGB i.V.m. § 57 Abs. 1 Satz 3 VAG). Der Abschlussprüfer hat darzustellen, nach

---

39 Vgl. *IDW PS 450,* Tz. 59.

40 Vgl. *IDW PS 450,* Tz. 59.

41 Vgl. ISA 700, *IDW PS 400,* Tz. 30.

welchen Rechnungslegungs- und Prüfungsgrundsätzen er die Prüfung durchgeführt hat. Zusätzlich empfiehlt sich die Darstellung der Aufgabenverteilung zwischen Vorstand und Abschlussprüfer dahingehend, dass der Aufsichtsrat den Abschlussprüfer mit der Abschlussprüfung beauftragt, der Vorstand hingegen die Rechnungslegung verantwortet und damit der Hinweis auf die Aufgabe des Abschlussprüfers, auf der Grundlage der durchgeführten Prüfung unter Einbeziehung der Buchführung und der erhaltenen Aufklärungen und Nachweise ein Urteil über den Jahresabschluss und den Lagebericht abzugeben. Diese Beurteilung erstreckt sich auf die der Prüfung zugrunde liegenden Rechnungslegungs- und Prüfungsgrundsätze. Eine Prüfung der Einhaltung anderer gesetzlicher Vorschriften gehört nur insoweit zu den Aufgaben des Abschlussprüfers, als sich aus diesen anderen Vorschriften üblicherweise Rückwirkungen auf den Jahresabschluss oder den Lagebericht ergeben. Eine gezielte Aufdeckung z.B. von Untreuehandlungen oder Unterschlagungen sowie die Feststellung außerhalb der Rechnungslegung begangener Ordnungswidrigkeiten sind grundsätzlich nicht Gegenstand der Abschlussprüfung. Versicherungsunternehmen haben nach R 1/94 Veruntreuungen von Versicherungsvermittlern und Mitarbeitern des Außen- und Innendiensts dem Aufsichtsamt zu melden. Hat das Versicherungsunternehmen keine Veruntreuungen festgestellt, ist eine halbjährliche Fehlmeldung abzugeben. Die Prüfung des Vorliegens einer strafbaren Unterschlagung selbst gehört nicht zum Prüfungsumfang, eine Prüfung der Einhaltung der Meldeverpflichtung ist aber vom Abschlussprüfer vorzunehmen. Kommt das Versicherungsunternehmen seinen Meldeverpflichtungen nicht nach, liegt ein gesetzlicher Verstoß vor, über den der Abschlussprüfer zu berichten hat.

Größenabhängige Erleichterungen kommen für Versicherungsunternehmen regelmäßig nicht in Betracht. Etwas anderes gilt für Pensions- und Sterbekassen, die die Erleichterungen nach § 61 RechVersV für sich in Anspruch nehmen können. Über den Umfang der Inanspruchnahme von Erleichterungsregelungen hat der Abschlussprüfer an dieser Stelle zu berichten.

Bei einer Erweiterung des Gegenstands der Prüfung aufgrund gesetzlicher Regelungen oder im Rahmen der Auftragserteilung gegenüber § 317 HGB ist auf den Gegenstand der Erweiterung einzugehen. Hierzu gehört eine Prüfung des Risikomanagementsystems gem. § 317 Abs. 4 HGB i.V.m. § 91 AktG.

b) Art und Umfang der Prüfungsdurchführung

Art und Umfang der Prüfung ergeben sich aus §§ 316 ff. HGB; der Abschluss- 29
prüfer hat im Prüfungsbericht zur Erläuterung von Art und Umfang der Prüfung

die Grundsätze zu nennen, nach denen die Prüfung durchgeführt wurde.[42] Hierzu gehört, dass der Prüfungsbericht nach IDW Prüfungsstandards bzw. den International Standards on Auditing (ISA) und nach den Regelungen der PrüfV erstellt worden ist. Daneben ist auf Erweiterungen des Prüfungsauftrags durch besonderen Auftrag oder durch Gesetz einzugehen, etwa auf eine Prüfung nach § 53 HGrG bei öffentlich-rechtlichen Versicherungsunternehmen.

Aufsichtsrechtliche Vorschriften verlangen, den Umfang und Ablauf der Prüfung darzustellen (§ 1 PrüfV). Daher sind alle wesentlichen Prüfungsinhalte und die Prüfungsstrategie aufzuzeigen. Der Abschlussprüfer hat an dieser Stelle Ausführungen zu dem der Abschlussprüfung zugrunde liegenden Prüfungsansatz zu machen, insb. hinsichtlich der risiko- und systemorientierten Prüfungsdurchführung und den sich daraus ergebenden Prüfungsschwerpunkten, die auch einzeln aufgeführt werden sollten. Dem Berichtsadressaten soll die Möglichkeit gegeben werden, die Tätigkeit und Vorgehensweise des Abschlussprüfers im Wesentlichen zu beurteilen und daraus Konsequenzen für seine eigene Überwachungsarbeit ziehen zu können. Nicht erforderlich ist eine Begründung der Vorgehensweise im Einzelnen. Gegebenenfalls ist die Angemessenheit des bestehenden Asset-Liability-Managements zu beschreiben.

Nach § 1 Abs. 3 PrüfV hat der Abschlussprüfer bei der Erläuterung von Gegenstand, Art und Umfang der Prüfung auch Angaben darüber zu machen, ob Zwischenprüfungen oder Vorprüfungen durchgeführt worden sind. Darüber hinaus hat der Hinweis zu erfolgen, dass der Vorstand eine Vollständigkeitserklärung abgegeben hat, die gem. § 1 Abs. 6 PrüfV dem Prüfungsbericht als Anlage beizufügen ist.

Mit der Umsetzung der Finanzkonglomerate-Richtlinie[43] und dem Erlass des § 64a VAG sind Versicherungsunternehmen gesetzlich verpflichtet, eine ordnungsgemäße Geschäftsorganisation zu gewährleisten. Die Einrichtung eines in diesem Zusammenhang stehenden Risikomanagements unter Beachtung der Anforderungen des R 3/2009 gehört nicht zum Prüfungsumfang. Um für den Berichtsadressaten eine Klarstellung zu erreichen, empfiehlt sich für den Abschlussprüfer ein Hinweis, dass die Prüfung des Risikomanagements i.S.d. § 64a Abs. 1 VAG nicht zum Gegenstand der Prüfung gehört hat, auch nicht im Zusammenhang mit der Prüfung des Risikofrüherkennungssystems.[44]

42 Vgl. *IDW PS 450,* Tz. 55.
43 Richtlinie 2002/87/EG v. 16.12.2002.
44 Vgl. VFA: Hinweise zum Prüfungsbericht von Versicherungsunternehmen, FN-IDW 2010, S. 39.

4. Feststellungen und Erläuterungen zur Rechnungslegung

Von der PrüfV vorgeschrieben sind weitgehende Ausführungen zu den rechtlichen, wirtschaftlichen und organisatorischen Grundlagen des Versicherungsunternehmens (§ 4 PrüfV), zu den Beziehungen zu verbundenen und anderen Unternehmen (§ 5 PrüfV), zu den Rückversicherungsverhältnissen (§ 6 PrüfV) sowie zur Organisation des Rechnungswesens (§ 7 PrüfV). Soweit es zur Beurteilung der Ordnungsmäßigkeit der Buchführung erforderlich ist, sind auch Ausführungen zur Organisation der Buchführung, der Führung der Bestandsnachweise sowie zum übrigen internen Kontrollsystem bzw. zu Änderungen in diesen Bereichen in den Prüfungsbericht aufzunehmen.[45] Hierzu gehören Ausführungen über wesentliche Mängel, auch, wenn diese zwischenzeitlich behoben worden sind.[46] Dabei ist auch auf interne Kontrollmaßnahmen, bei EDV-Systemen auch auf die Verfahrensdokumentation sowie die Arbeit der Internen Revision einzugehen. Stellt der Abschlussprüfer in Bereichen, die nur mittelbar mit Jahresabschluss oder Lagebericht zusammenhängen, Mängel des internen Kontrollsystems fest, so hat er hierüber zu berichten.[47] Bei Versicherungsunternehmen wird in aller Regel eine allgemeine Bezugnahme auf die GoB bei computergestützten Verfahren und deren Prüfung[48] aufgrund der Bedeutung der IT-Systeme für die rechnungslegungsrelevanten Daten nicht ausreichen, vielmehr sind deskriptive Erläuterungen zu der verwendeten Soft- und Hardware erforderlich. 30

a) Rechtliche, wirtschaftliche und organisatorische Grundlagen, § 4 PrüfV

Nach der Verordnungssystematik hat die Berichterstattung über die rechtlichen Verhältnisse in dem Allgemeinen Teil des Prüfungsberichts zu erfolgen. Aus Gründen der Übersichtlichkeit, insb. da eine Darstellung der rechtlichen Verhältnisse in tabellarischer Form sinnvoll erscheint, kann die Berichterstattung auch als Anlage zu dem Prüfungsbericht erfolgen.[49] 31

Die §§ 4-6 PrüfV enthalten einen ausführlichen Katalog aufsichtsrechtlich bedeutsamer und daher in den Prüfungsbericht aufzunehmender Gegenstände.

45 Vgl. *IDW PS 450,* Tz. 65.
46 Vgl. *IDW PS 450,* Tz. 65.
47 Vgl. *IDW PS 450,* Tz. 66.
48 Vgl. *IDW Stellungnahme zur Rechnungslegung: Grundsätze ordnungsmäßiger Buchführung bei Einsatz von Informationstechnologie (IDW RS FAIT 1)* (Stand: 24.09.2002).
49 So auch *IDW PS 450,* Tz. 112.

aa) Rechtliche Verhältnisse

32 Die Berichterstattung über die rechtlichen Verhältnisse nach § 4 PrüfV umfasst nach dem Katalog der §§ 4-6 PrüfV folgende Gegenstände:

- Rechtliche Grundlagen:

  Hierunter ist im Wesentlichen über den Gegenstand des Unternehmens zu berichten und damit der von der BaFin genehmigte Geschäftsbetrieb darzustellen.

- Kapital- und Gesellschaftsverhältnisse:

  Neben den zum Bilanzstichtag bestehenden Kapital- und Gesellschaftsverhältnissen ist nach § 4 Abs. 1 PrüfV über Veränderungen zu berichten.

- Organe:

  Die Berichterstattung über die rechtlichen Verhältnisse umfasst auch eine Darstellung der Organe des Versicherungsunternehmens. Hierzu gehören neben der Hauptversammlung, Aufsichtsrat und Vorstand, die Zusammensetzung der Gremien sowie wesentliche Beschlüsse, die im Berichtsjahr gefasst worden sind. Zusätzlich hat nach § 4 Nr. 2 PrüfV eine Berichterstattung über die Verteilung der Vorstandsressorts zu erfolgen.

  Nach § 341k Abs. 4 HGB haben Versicherungsunternehmen, auch, wenn sie nicht in der Rechtsform einer Kapitalgesellschaft betrieben werden, einen Prüfungsausschuss einzusetzen.[50] Voraussetzung ist, dass das Unternehmen kapitalmarktorientiert i.S.d. § 264d HGB ist und keinen Aufsichts- oder Verwaltungsrat hat, der die Voraussetzungen des § 100 Abs. 5 AktG erfüllen muss. Über Beschlüsse des Prüfungsausschusses ist gesondert zu berichten.

- Geldwäschebeauftragter, Aktuar:

  Gemäß § 2 Abs. 1 Nr. 4 GwG sind Lebensversicherungen und Versicherungsunternehmen, die die Unfallversicherung mit Prämienrückgewähr anbieten, als Verpflichtete i.S.d. Vorschriften des GwG anzusehen. Ist die Position aufgrund der Art des Geschäftsmodells nicht zu besetzen, hat ein Hinweis mit einer entsprechenden Begründung zu erfolgen.

- Mitgliedschaften:

  Bei einer entsprechenden Anhangangabe reicht im Bericht ein Verweis auf diese Angabe aus.

---

50 Zur erstmaligen Anwendung vgl. Art. 66 EGHGB.

bb) Wirtschaftliche und steuerliche Grundlagen

– Geschäftliche Aktivitäten: 33

Die Berichterstattung über die geschäftlichen Aktivitäten umfasst die Beschreibung der betriebenen Versicherungszweige bzw. –arten. Zusätzlich kann eine Berichterstattung über das Geschäftsgebiet erfolgen, insb. über die Tätigkeit des Versicherungsunternehmens im Ausland. Eine Tätigkeit im europäischen Ausland (EU/EWR) ist nach §§ 13a-d VAG der BaFin zu melden. Ob eine entsprechende Meldung erfolgt ist, gehört nach § 57 Abs. 1 VAG zu den Prüfungs- und damit zu den Berichtspflichten.

Die Berichterstattung über die geschäftlichen Aktivitäten umfasst auch eine knappe Beschreibung der Organisation des Außendiensts des Versicherungsunternehmens.

– Beziehung zu verbundenen und assoziierten Unternehmen: 34

Gemäß § 5 PrüfV hat der Abschlussprüfer über bestehende Unternehmensverbindungen nach § 271 Abs. 2 HGB zu berichten. Bei wesentlichen finanziellen Auswirkungen der Beziehungen auf die Vermögens-, Finanz- und Ertragslage sind diese darzustellen. Art und Umfang der Leistungen bei Dienstleistungsbeziehungen sind zu beschreiben. Die Beschreibung hat sich auf die Erträge und Aufwendungen je Dienstleistungsverhältnis zu erstrecken. Diese sehr konkreten Angaben über den Abrechnungsumfang aus den Dienstleistungsverhältnissen können auch in einer Anlage zum Prüfungsbericht erfolgen.

Die Berichterstattung über die rechtlichen und geschäftlichen Beziehungen zu verbundenen Unternehmen kann entfallen, wenn das Versicherungsunternehmen für den Berichtszeitraum einen Abhängigkeitsbericht nach § 312 AktG aufgestellt hat (§ 5 Abs. 1 Satz 3 PrüfV).

– Rückversicherungsverhältnisse: 35

Der Abschlussprüfer hat nach § 6 PrüfV auf die Rückversicherungsverhältnisse einzugehen. Von der Berichtspflicht umfasst sind Angaben über die Ergebnisse der Rückversicherungsverträge insgesamt und der aktiven bzw. passiven Rückversicherung der wichtigsten Versicherungszweige und -arten. Nur proportionale Rückversicherungsverträge sind von der Berichtspflicht ausgenommen (§ 6 Abs. 3 PrüfV). Über Financial-Reinsurance-Verträge[51] ist gesondert zu berichten (§ 6 Abs. 2 PrüfV). Rückversicherungsverträge, bei denen eine Finanzierungsfunktion im Vordergrund steht und bei denen die Übertragung von versicherungstechni-

51 Vgl. § 121e Abs. 1 VAG i.V.m. § 8 FinRVV.

schen Risiken auf den Rückversicherer von untergeordneter Bedeutung ist, sind nach § 8 FinRVV der BaFin durch das Versicherungsunternehmen mitzuteilen. Die Einhaltung dieser Berichtspflicht des Versicherungsunternehmens ist zu prüfen, worüber entsprechend zu berichten ist.

36 – Steuerliche Verhältnisse:

Die Berichterstattung über die steuerlichen Verhältnisse umfasst u.a. Angaben über den Stand der Veranlagung und die Ergebnisse im Berichtsjahr abgeschlossener oder auch die Zwischenergebnisse noch laufender Betriebsprüfungen.

37 – Prüfung durch Dritte:

Es sind Angaben z.B. über die letzte örtliche Prüfung der BaFin, aber auch Angaben über im Berichtsjahr erfolgte Außenprüfungen nach § 193 ff. AO oder Prüfungen der Sozialversicherungsträger zu machen.

38 – Derivatives Geschäft:

Derivative Geschäfte sind Versicherungsunternehmen wegen des Verbots versicherungsfremder Geschäfte (§ 7 Abs. 2 VAG) nur als Hilfsgeschäfte im Rahmen des Kapitalanlagemanagements erlaubt, etwa zur Absicherung von Zins-, Kurs- oder Währungsrisiken oder zur Vorbereitung eines Wertpapierkaufs.[52] Leergeschäfte sind nicht zulässig. Die BaFin hat in ihrem Rundschreiben R 3/2000 Höchstgrenzen aufgestellt und detaillierte Vorgaben für das interne Kontrollsystem formuliert. Auf strikte Funktionstrennung zwischen Handel und Wertpapiertechnik ist Wert zu legen. Der Vertragsschluss muss nachvollziehbar dokumentiert werden. Jedes abgeschlossene Geschäft muss am Tag des Geschäftsabschlusses erfasst werden. Der Anlagezweck ist von Anfang an zu dokumentieren. Alle offenen Positionen sind regelmäßig durch eine vom Handel unabhängige Stelle neu zu bewerten. Zusätzlich sind die Geschäfte mit allen Handelspartnern zu limitieren, um das Ausfallrisiko zu streuen. Vor diesem Hintergrund hat der Abschlussprüfer kurz das Verfahren zu beschreiben; der Umfang der getätigten Geschäfte sowie die Bewertung und die Einhaltung der in dem Rundschreiben beschriebenen Vorgaben sind darzustellen.

39 – Kostenverteilung:

Bei Unternehmensverbindungen ist auch die Kostenverteilung auf die einzelnen Unternehmen sowie innerhalb der Unternehmen die Verteilung auf die einzelnen Funktionsbereiche darzustellen (§ 9 PrüfV). Nach der Maßgabe der Versicherungs-

52 Vgl. *Präve*, in: Prölss, Kommentar zum VAG, 12. Aufl., München 2005, § 7, Rn. 37 ff.

aufsicht sind bei der Kostenverteilung die Grundsätze des Vollkostenprinzips, der Spartentrennung und der Verursachungsgerechtigkeit zu beachten.[53]

cc) Organisatorische Grundlagen

Versicherungsunternehmen haben nach § 64a Abs. 1 Nr. 4 VAG eine Interne Revision einzurichten. Die Berichterstattung in diesem Abschnitt umfasst im Wesentlichen Angaben zu der Ausgestaltung dieser Innenrevision (§ 4 Nr. 7 PrüfV). Hierbei hat der Abschlussprüfer nicht seine nach *IDW PS 321*[54] getroffenen Erkenntnisse über die Revision zu formulieren. Es genügt regelmäßig eine Beschreibung der organisatorischen Grundlagen der Internen Revision. Darüber hinaus ist über die durchgeführten bzw. verschobenen Prüfungen zu berichten. Zusätzlich kann der Abschlussprüfer an dieser Stelle über die Vorlage des Revisionsberichts nach § 55c VAG an die BaFin berichten. Stützt sich der Abschlussprüfer bei der Durchführung seiner Prüfung auf einzelne Ergebnisse der Innenrevision, hat er an dieser Stelle die Konsequenzen für seine Prüfung zu bezeichnen. Über Maßnahmen des Vorstands aufgrund von Feststellungen der Internen Revision oder ihr Unterlassen ist zu berichten. Über die Ergebnisse aus wesentlichen Revisionsprüfungen, wie z.B. die vom Aufsichtsrecht vorgesehenen Prüfungen nach R 15/2000 oder diejenigen aufgrund des Geldwäschegesetzes, kann berichtet werden. 40

b) Ordnungsmäßigkeit der Rechnungslegung

Zur Ordnungsmäßigkeit gehören Ausführungen über die Entwicklung des Jahresabschlusses aus Buchführung und weiteren geprüften Unterlagen sowie über Ausweis-, Ansatz- und Bewertungsvorschriften. Daneben wird üblicherweise auf den Vorjahresabschluss, auf die angewendeten Rechnungslegungsvorschriften und auf die für die Prüfung vorgelegten Unterlagen eingegangen. Bedeutsam sind vor allem Bewertungsvorschriften. § 10 PrüfV schreibt vor, über die Methoden der Bewertung von Fremdwährungspositionen des Jahresabschlusses zu berichten. Darüber hinaus sind die Methoden zur Bewertung der Kapitalanlagen und aller versicherungstechnischen Rückstellungen darzustellen (§§ 15 Abs. 2, 17 Abs. 1, 2, 18 Abs. 1 PrüfV). 41

53 Vgl. § 43 RechVersV.
54 Vgl. *IDW Prüfungsstandard: Interne Revision und Abschlussprüfung (IDW PS 321)* (Stand: 09.09.2010).

aa) Buchführung und weitere geprüfte Unterlagen

42 Das interne Kontrollsystem steht in engem Zusammenhang mit der Ordnungsmäßigkeit der Buchführung. Es soll sicherstellen, dass die einzelnen Geschäftsvorfälle zutreffend im Rechnungswesen erfasst werden. Daher muss bei Versicherungsunternehmen im Zusammenhang mit der Ordnungsmäßigkeit der Buchführung auch über das interne Kontrollsystem berichtet werden (§ 7 PrüfV). Aufgrund der modernen Datenverarbeitung hat der Abschlussprüfer an dieser Stelle regelmäßig Angaben über die im Versicherungsunternehmen verwendete Software zu machen (Haupt- und Nebenbücher). Hierzu gehört regelmäßig auch das Ergebnis der Prüfung nach *IDW PS 330*[55]. Damit hat die Berichterstattung keinen rein deskriptiven Charakter, vielmehr ist festzustellen, dass die vom Unternehmen getroffenen organisatorischen und technischen Maßnahmen geeignet sind, die Sicherheit der rechnungslegungsrelevanten Daten und IT-Systeme zu gewährleisten. Hat der Abschlussprüfer Mängel hinsichtlich der Sicherheit der für die Zwecke der Rechnungslegung verarbeiteten Daten festgestellt, sind diese im Prüfungsbericht darzustellen.[56]

bb) Jahresabschluss

43 Die Angaben zum Jahresabschluss umfassen zunächst Angaben zu dem Vorjahresabschluss. Hierbei hat der Abschlussprüfer über das Ergebnis der Abschlussprüfung im Vorjahr und über die Feststellung bzw. Entgegennahme zu berichten sowie darüber, wann die Bekanntmachung erfolgt ist.

Zusätzlich hat an dieser Stelle die Angabe zu erfolgen, dass bei Aufstellung des Jahresabschlusses des Berichtsjahres alle rechnungslegungsrelevanten Vorschriften, insb. die Vorschriften der RechVersV beachtet wurden und dass der Jahresabschluss ordnungsgemäß aus der Buchführung und den weiteren geprüften Unterlagen abgeleitet ist.[57] Zum Anhang ist vor allem zu berichten, ob die Sondervorschriften für Versicherungsunternehmen (§§ 51-56 RechVersV) beachtet worden sind. Ein Verweis auf den Anhang reicht als Berichterstattung über die gesetzlichen Ansatz-, Ausweis- und Bewertungsvorschriften sowie über die Beachtung des Stetigkeitsgrundsatzes aus. Der Anhang ist Teil des Prüfungsberichts. Im Prüfungsbericht berichtet der Abschlussprüfer an dieser Stelle über die Einhaltung der gesetzlichen Anhangvorschriften und dass der Anhang den gesetz-

---

55 Vgl. *IDW Prüfungsstandard: Abschlussprüfung bei Einsatz von Informationstechnologie (IDW PS 330)* (Stand: 24.09.2002).

56 Vgl. *IDW PS 450,* Tz. 64.

57 Vgl. *IDW PS 450,* Tz. 68.

lichen Anforderungen entspricht. Sollte der Anhang nicht die vom Gesetzgeber für Versicherungsunternehmen geforderten Angaben enthalten, ist an dieser Stelle im Bericht auf die z.B. fehlende Angabe hinzuweisen, falls der Verstoß nicht zu einer Einschränkung/Versagung des Bestätigungsvermerks führt. Beruft sich die Gesellschaft auf die Schutzklausel des § 286 HGB, so ist darauf einzugehen, ob dies zu Recht erfolgt.[58]

cc) Lagebericht

Auf die Ordnungsmäßigkeit des Lageberichts ist einzugehen, insb. ob der Lagebericht mit den bei der Prüfung gewonnenen Erkenntnissen in Einklang steht und ob dieser insgesamt eine zutreffende Vorstellung von der Lage des Unternehmens vermittelt (§ 321 Abs. 2 Satz 1 HGB). Die PrüfV stellt die zusätzliche Anforderung, Vorgänge von besonderer Bedeutung, die nach Schluss des Geschäftsjahres eingetreten sind, im Prüfungsbericht „eingehend darzulegen" (§ 2 Abs. 2 PrüfV). 44

Die Stellungnahme des Abschlussprüfers zur Beurteilung der Lage der Gesellschaft durch die gesetzlichen Vertreter ist nicht an dieser Stelle, sondern gem. § 321 Abs. 1 Satz 2 HGB „vorweg" in den Prüfungsbericht einzustellen.[59]

c) Gesamtaussage des Jahresabschlusses

aa) Wesentliche Bewertungsgrundlagen

Grundsätzlich umfassen die Bewertungsgrundlagen i.S.d. § 321 Abs. 2 Satz 4 1. Hs. HGB die Bilanzierungs- und Bewertungsmethoden sowie die für die Bewertung maßgeblichen Faktoren.[60] Aufgrund der gesetzlichen Verpflichtung, diese Angaben bereits im Anhang nach § 284 Abs. 2 Nr. 1 HGB zu vermerken, kann der Abschlussprüfer an dieser Stelle auf den dem Prüfungsbericht als Anlage beigefügten Geschäftsbericht verweisen. Der Abschlussprüfer hat aber ausdrücklich über die Ausübung von Bilanzierungs- und Bewertungswahlrechten zu berichten, weil mit derartigen Entscheidungen die gesetzlichen Vertreter eine Einflussnahme auf die Gesamtaussage des Jahresabschlusses nehmen. Hierunter fallen auch Änderungen in den Bewertungsgrundlagen. 45

58 Vgl. *IDW PS 450,* Tz. 69.
59 Hierzu oben Rn. 19.
60 Vgl. *IDW PS 450,* Tz. 78.

bb) Ausübung von Ermessensspielräumen

46 Eine Ausübung von Ermessensspielräumen eröffnet dem Bilanzierenden bei vielen Posten eine Bandbreite zulässiger Wertansätze.[61] Im Prüfungsbericht erläutert werden müssen nur die wesentlichen Bewertungsgrundlagen,[62] die für die Information des Berichtsadressaten von Bedeutung sind. Eine Berichtspflicht besteht insb. dann, wenn Bilanzierungsentscheidungen einseitig ausgeübt werden. Führt die Angabe im Prüfungsbericht nur zu einer Wiederholung der Anhangangaben, reicht ein Verweis auf den Anhang aus,[63] wobei die Berichterstattung die gebotene Klarheit behalten muss.

cc) Sachverhaltsgestaltende Maßnahmen

47 Zu berichten ist über Sachverhaltsgestaltungen, die dazu geeignet sind, die Darstellung der Vermögens-, Finanz- und Ertragslage im Jahresabschluss wesentlich zu beeinflussen, insb. über solche, mit denen der Berichtsadressat nicht ohne Weiteres rechnen muss.[64] Hierzu gehören insb. die Inanspruchnahme des Wahlrechts nach § 341b Abs. 2 HGB und eventuelle Bewertungsänderungen im Vergleich zu Vorjahren sowie z.B. die gewählte Gestaltung bei Fondsausschüttungen u.Ä.

dd) Feststellung zur Gesamtaussage des Jahresabschlusses

48 Der Abschlussprüfer hat auch darauf einzugehen, ob § 264 Abs. 2 HGB beachtet ist, der Abschluss also insgesamt unter Beachtung der GoB ein den tatsächlichen Verhältnissen entsprechendes Bild der Vermögens-, Finanz- und Ertragslage vermittelt (§ 321 Abs. 2 Satz 2 HGB). Ergänzend sind in der Regel analysierende Darstellungen in den Prüfungsbericht mit aufzunehmen.[65]

Insbesondere bei angespannter wirtschaftlicher Lage des Unternehmens ist eine problemorientierte Darstellung angezeigt. Stellt der Abschlussprüfer fest, dass die Aussage des Jahresabschlusses durch die Ausübung von Ansatz-, Ausweis- und Bewertungswahlrechten (insb. mit der Folge der Legung oder Auflösung stiller Reserven) erheblich beeinflusst ist, so ist hierauf – mit Angabe der Größenordnungen – im Prüfungsbericht einzugehen.[66]

---

61 Vgl. *IDW PS 450,* Tz. 81.
62 Vgl. *IDW PS 450,* Tz. 84.
63 Vgl. *IDW PS 450,* Tz. 86.
64 Vgl. *IDW PS 450,* Tz. 95.
65 Vgl. *IDW PS 450,* Tz. 72.
66 Vgl. *IDW PS 450,* Tz. 86.

Führen besondere Umstände dazu, dass der Jahresabschluss ein den tatsächlichen Verhältnissen entsprechendes Bild der Vermögens-, Finanz- und Ertragslage nicht vermittelt, sind nicht nur Ausführungen im Prüfungsbericht, sondern weitgehend auch Anhangangaben vorgeschrieben (§ 264 Abs. 2 HGB). Dies ist etwa der Fall, wenn durch gleichgerichtete Anwendung zulässiger Bilanzierungs- und Bewertungsmethoden wesentliche Änderungen und Entwicklungen der wirtschaftlichen Lage verborgen werden. Diese Anhangangaben sind vorrangig im Rahmen der Ordnungsmäßigkeit und nur ergänzend bei den Ausführungen zur Gesamtaussage zu erläutern. Regelmäßig werden aus einer Anhangangabe nach § 264 Abs. 2 HGB darüber hinaus auch im Zusammenhang mit den Ausführungen zur Beurteilung der Lage der Gesellschaft Folgerungen zu ziehen sein, über die der Abschlussprüfer zu berichten hat.

d) Wirtschaftliche Verhältnisse

Die Berichterstattung über die wirtschaftlichen Verhältnisse des Versicherungs- 49
unternehmens erstreckt sich auf eine Darstellung der Vermögens-, Finanz- und Ertragslage.

aa) Ertragslage

Nach § 13 PrüfV ist die Ertragslage des Versicherungsunternehmens unter Auf- 50
gliederung der ordentlichen und außerordentlichen Aufwendungen und Erträge so darzustellen, dass alle Umstände, die zu einer sicheren Beurteilung erforderlich sind, erläutert werden.

Dabei ist im Prüfungsbericht ein Vergleich der einzelnen Posten mit denjenigen des Vorjahres vorzunehmen. Besonderheiten wie Ab- und Zuschreibungen bei Kapitalanlagen sind zu erläutern. Besonderheiten des nicht-versicherungstechnischen Geschäfts sind unter Herausstellung der wesentlichen ergebnisbestimmenden Ertrags- und Aufwandsfaktoren zu berichten.

Die Berichterstattung bei einem Schaden- und Unfallversicherungsunternehmen 51
hat gem. § 13 Abs. 2 PrüfV nach Versicherungszweiggruppen zu erfolgen. Die Spartendarstellung hat hierbei das Brutto-, Rückversicherungs- und Nettogeschäft zu unterscheiden und die Gründe für besondere Veränderungen zu bezeichnen. Auch in der Versicherungstechnik hat der Abschlussprüfer einen Vergleich mit dem Vorjahr bzw. den Vorjahren vorzunehmen und besondere Entwicklungen zu beschreiben. Neue Produkte am Markt können zu gestiegenen Beiträgen führen, einzelne Großschäden zu auffälligen Schadenaufwendungen oder Abwicklungsergebnissen. In der Spartendarstellung ist darüber hinaus das Ergebnis vor und nach

Zuführung zur Rückstellung für erfolgsabhängige Beitragsrückerstattung und zur Schwankungsrückstellung darzustellen. Neben der Beschreibung der Entwicklung der einzelnen Sparten sind die wesentlichen Quoten der einzelnen Sparten (Kosten- oder Schadenquote, bereinigte Schadenquote) zu beschreiben. Der jeweiligen Vorjahresangabe gegenübergestellt, vervollständigt diese Angabe die Spartenbeschreibung.

52 Wesentlicher Teil der Berichterstattung bei Lebensversicherungsunternehmen ist die Gewinnzerlegung und -verwendung. Die Herleitung des Rohergebnisses und die Darstellung der Ergebnisquellen, aus denen der Rohüberschuss erwirtschaftet wurde, können hierbei in tabellarischer Form mit einer Erläuterung der Ergebnisquellen und deren Veränderung erfolgen. Zusätzlich hat der Abschlussprüfer an dieser Stelle zu beurteilen, ob die gesetzlichen Anforderungen der MindZV erfüllt sind. In der Regel liegt zum Prüfungszeitpunkt noch keine endgültige Gewinnzerlegung vor, sodass der Hinweis erfolgen muss, dass es sich um eine nur vorläufige Gewinnzerlegung handelt und die gesetzlichen Voraussetzungen im Rahmen der vorliegenden, vorläufigen Gewinnzerlegung beachtet wurden. Die Abschätzung, wie weit an dieser Stelle über die Einhaltung der gesetzlichen Pflichten im Rahmen der internen Rechnungslegung des Versicherungsunternehmens zu berichten ist, obliegt der Eigenverantwortlichkeit des Wirtschaftsprüfers. Der Aufsicht als Berichtsadressat ist sicher eine umfangreichere Berichterstattung geschuldet, z.B. durch die zusätzliche Aufteilung der Gewinnzerlegung auf den regulierten und den deregulierten Bestand. Eine Gegenüberstellung der vorläufigen Gewinnzerlegung des Berichtsjahres mit der endgültigen des Vorjahres bietet darüber hinaus einen Anhaltspunkt für die Tragfähigkeit der angestellten vorläufigen Einschätzung. Bei Krankenversicherungsunternehmen fordert die interne Rechnungslegung keine Gewinnzerlegung wie in der Lebensversicherung. Die Darstellung in der Ertragslage beschränkt sich somit auf die Verwendung des Rohüberschusses für Zuschreibungen nach § 12a VAG, für Zuführungen zur poolrelevanten und zur erfolgsabhängigen RfB sowie als Jahresüberschuss. Neben einer Beschreibung der Entwicklung einzelner GuV-Posten wird die Berichterstattung vervollständigt durch die Darstellung (mit VJ-Angaben) der Schaden-, Kosten- und versicherungsgeschäftlichen Ergebnisquoten gemäß PKV-Kennzahlenkatalog.

bb) Vermögenslage

53 In der Berichterstattung über die Vermögenslage werden den Bilanzposten Vorjahreswerte gegenübergestellt (§ 3 PrüfV). Der Abschlussprüfer hat sich mit der Entwicklung der Aktiv- und Passivposten auseinanderzusetzen und die Gründe für die Entwicklungen darzustellen.

Im Zusammenhang mit der Vermögenslage ist es sachgerecht, den Bericht um die folgenden versicherungsspezifischen Angaben zu ergänzen:

- Aussagen des Verantwortlichen Aktuars im Zusammenhang mit den versicherungstechnischen Rückstellungen (§ 17 PrüfV):

  Der Abschlussprüfer muss die Ausführungen Sachverständiger grundsätzlich nachprüfen, stets aber kritisch würdigen.[67] Das gilt auch für die Aussage des Verantwortlichen Aktuars. Der Abschlussprüfer hat die Deckungsrückstellung selbst zu prüfen. Stellt er fest, dass der Aktuar die Deckungsrückstellung falsch berechnet hat, ist der Abschlussprüfer verpflichtet, dies im Prüfungsbericht zu erläutern und sein Testat einzuschränken.

- Einhaltung aufsichtsrechtlicher Vorschriften für Kapitalanlagen:

  Die Prüfung der Einhaltung der Kapitalanlagevorschriften ist in der PrüfV nicht ausdrücklich erwähnt, sie ist jedoch Bestandteil der nach § 8 Abs. 1 PrüfV berichtspflichtigen Umstände, die zur sicheren Beurteilung der Vermögenslage erforderlich sind.

- Angaben zu Zeitwerten und Reserven bestimmter Kapitalanlagen:

  Im Anhang hat die Angabe von Zeitwerten lediglich in einer Summe zu erfolgen (§§ 54-56 RechVersV). Dagegen ist für den Prüfungsbericht eine Angabe je Bilanzposten vorgeschrieben (§ 15 Abs. 2 PrüfV).

- Bedeckungsrechnung:

  Insbesondere bei Lebens- und Krankenversicherungsunternehmen ist das gebundene Vermögen dem Soll des Sicherungsvermögens gegenüberzustellen

  Die Zahlendarstellungen sind zu erläutern. Dabei wird es vor allem darauf ankommen, Zusammenhänge zwischen den verschiedenen Veränderungen deutlich zu machen. Dabei kann etwa die Darstellung und Begründung der Entwicklung des Versicherungsbestands für den Berichtsadressaten aufschlussreich sein.

cc) Finanzlage

Durch laufende Beitragseinnahmen, Kapitalerträge und durch Rückflüsse aus den 54
Kapitalanlagen fließen dem Versicherungsunternehmen laufend liquide Mittel zu.

Solange die Geschäftsergebnisse ausgeglichen sind, das Unternehmen sich nicht in der Gründungs- oder Liquidationsphase befindet oder Beiträge im Nachtragsum-

67 Vgl. *IDW PS 450,* Tz. 57.

lageverfahren erhebt, besteht das finanzwirtschaftliche Problem weniger in der Beschaffung von Geld als vielmehr in der Optimierung der Anlage.

Die Art der Liquiditätsvorsorge ist im Prüfungsbericht darzustellen (§ 12 PrüfV). Wenn sich bei der Prüfung Anhaltspunkte dafür ergeben, dass nach dem Bilanzstichtag die Liquidität des Versicherungsunternehmens gefährdet ist, so ist darauf einzugehen. Insgesamt ist eine Cashflow-Rechnung nach DRS 2-20 darzustellen.

5. Feststellungen zum Risikofrüherkennungssystem

55 Nach § 34 Satz 2 VAG i.V.m. § 91 Abs. 2 AktG ist die Einrichtung eines Risikofrüherkennungssystems für Versicherungen verpflichtend. Demnach hat der Vorstand eines Versicherungsunternehmens – unabhängig von einer Börsennotierung des Unternehmens – ein entsprechendes Überwachungssystem einzuführen.[68] Der Gesetzgeber hat die Prüfungspflicht des Risikofrüherkennungssystems gem. § 317 Abs. 4 HGB auf Versicherungsunternehmen ausgedehnt.[69] Gemäß § 321 Abs. 4 HGB hat der Abschlussprüfer das Ergebnis der Prüfung in einem besonderen Teil des Prüfungsberichts darzustellen,[70] eine Berichterstattung in einem separaten Teilbericht ist zulässig.[71] In dem Prüfungsbericht für Versicherungsunternehmen hat sich eine Darstellung im Allgemeinen Teil vor der zusammenfassenden Schlussbemerkung durchgesetzt.

Nicht Gegenstand der Prüfung des Risikofrüherkennungssystems ist die Umsetzung der Anforderungen nach § 64a VAG i.V.m. der MaRisk VA.[72] Der Abschlussprüfer prüft nicht die Wirksamkeit der Maßnahmen, die der Vorstand ergreift, sondern nur den Umstand, dass ein Risikomanagementsystem eingerichtet ist, das Risiken ausreichend früh erkennen kann. Ohne weitere materielle Prüfung hat der Abschlussprüfer die Einhaltung der in § 55c Abs. 1 VAG statuierten Meldepflichten zu prüfen. Nach dieser Vorschrift haben bestimmte Versicherungsunternehmen der BaFin den Risiko- und den Revisionsbericht vorzulegen. Sollte eine Vorlage nicht innerhalb der gesetzlichen Fristen erfolgt sein, hat der Abschlussprüfer über einen gesetzlichen Verstoß zu berichten.[73]

---

68 Ausnahmen gelten für berufsständische Versorgungswerke, da auf diese § 34 VAG nicht anwendbar ist.

69 Ausnahmen von der Prüfungspflicht für kleine Vereine, § 53 Abs. 1 Satz 1 VAG.

70 Vgl. *IDW PS 340*, Tz. 32.

71 Vgl. *IDW PS 450*, Tz. 104.

72 Vgl. Rn. 28.

73 Vgl. oben unter Rn. 27.

a) Anforderungen an das Risikofrüherkennungssystem

In der Regel kann sich der Abschlussprüfer auf die Nennung der gesetzlichen Vorschriften sowie die Beschreibung, was ein Risikofrüherkennungssystem zu leisten hat, beschränken. 56

b) Darstellung des Risikofrüherkennungssystems

Regelungen zu dem Umfang der Beschreibung des eingerichteten Risikofrüherkennungssystems fehlen.[74] Aufgrund der sehr unterschiedlichen Ausgestaltung unterschiedlicher Risikofrüherkennungssysteme scheidet eine formularmäßige Beschreibung des geprüften Systems aus. Insgesamt muss dem Berichtsadressaten mit der Beschreibung ein Einblick in den Aufbau des Risikofrüherkennungssystems möglich sein. Die Beschreibung umfasst z.B. die Rollenverteilung von Risikocontrolling und -management, die identifizierten Risiken und z.B. die vom Vorstand identifizierten Risikokategorien und ggf. deren Bewertung. Bei konzernübergreifend eingerichteten Systemen ist in den Prüfungsberichten der Tochterunternehmen eine hinreichende Darstellung angezeigt, um dem Aufsichtsratsmitglied, das nicht auch Aufsichtsrat des Mutterunternehmens ist, einen detaillierten Einblick in das Risikofrüherkennungssystem zu geben. Außerdem ist der Umfang der Berichterstattung von der Komplexität des Systems selbst und u.a. von dem Umstand, ob sich seit der letzten Berichterstattung wesentliche Veränderungen ereignet haben, abhängig. Mindestinhalt hat jedenfalls eine Darstellung der Grundzüge des Risikofrüherkennungssystems zu sein.[75] 57

Im Zuge der Konzernabschlussprüfung besteht keine Prüfungs- und damit auch keine Berichtspflicht. Es ist damit in die Eigenverantwortlichkeit des Abschlussprüfers gestellt, ob er auch im Prüfungsbericht eine entsprechende Berichterstattung über die Konzernabschlussprüfung vornimmt. Wegen der Bedeutung der Risikosteuerung und -kontrolle auf Konzernebene wird dies regelmäßig der Fall sein müssen.

c) Durchführung der Prüfung des Risikofrüherkennungssystems

Die Berichterstattung über die Durchführung der Prüfung des Risikofrüherkennungssystems hat Art und Umfang der Prüfung zu beschreiben. Ein Hinweis auf die Durchführung von Prüfungshandlungen auf der Grundlage eines systemorientierten Prüfungsansatzes reicht aus. Einzelne Prüfungshandlungen sind nicht zu 58

74 Vgl. *IDW* (Hrsg.), WP Handbuch 2006, 13. Aufl., Bd. I, Düsseldorf 2006, Rn. P 139.

75 Vgl. *IDW* (Hrsg.), WP Handbuch 2006^{13}, Rn. P 139.

beschreiben. Außerdem sind die wesentlichen Risikoberichte des Berichtsjahres zu bezeichnen; ferner ist zu beschreiben, welche Maßnahmen der Vorstand ergriffen hat, um den identifizierten Risiken zu begegnen. Eine Wertung der Wirksamkeit der Maßnahmen hat der Abschlussprüfer nicht zu treffen.

d) Prüfungsergebnis

59 In *IDW PS 450*, Tz. 105 ist folgende Formulierung vorgeschlagen:

> „Unsere Prüfung hat ergeben, dass der Vorstand die nach § 91 Abs. 2 AktG geforderten Maßnahmen, insb. zur Einrichtung eines Überwachungssystems, in geeigneter Weise getroffen hat und dass das Überwachungssystem geeignet ist, Entwicklungen, die den Fortbestand der Gesellschaft gefährden, frühzeitig zu erkennen."

Bei der Prüfung festgestellte Mängel des Risikomanagementsystems haben als solche keine Auswirkung auf den Bestätigungsvermerk.[76]

Ist ein Unternehmen der Verpflichtung zur Einrichtung von Maßnahmen nach § 91 Abs. 2 AktG nicht nachgekommen oder fehlt eine Dokumentation des Risikofrüherkennungssystems, ist hierauf im Prüfungsbericht hinzuweisen. Die Berichtspflicht nach § 321 Abs. 1 Satz 3 HGB setzt voraus, dass ein Verstoß gegen gesetzliche Anforderungen eindeutig festgestellt werden kann.[77] Im Zusammenhang mit der Beschreibung des internen Kontrollsystems sind außerdem die Schwächen des Systems zu beschreiben, um dem Berichtsadressaten die Möglichkeit zu geben, den Schwerpunkt für eigene Kontrollen zu setzen bzw. den Prüfungsauftrag zu erweitern.

Die Erfüllung der Voraussetzungen nach der MaRisk VA gehört grundsätzlich nicht zum Prüfungs- und damit auch nicht zum Berichtsumfang des Abschlussprüfers.[78] Ein expliziter Hinweis auf die Qualität der Geschäftsorganisation nach § 64a VAG ist im Prüfungsbericht damit nicht vorgesehen. Es erscheint aber zur Vermeidung einer Erwartungslücke bei den Berichtsadressaten geboten, darauf hinzuweisen, dass sich der Prüfungsumfang nicht auf die Ausgestaltung der Geschäftsorganisation i.S.v. § 64a VAG erstreckt.[79]

---

76 Vgl. *IDW Prüfungsstandard: Die Prüfung des Risikofrüherkennungssystems nach § 317 Abs. 4 HGB (IDW PS 340)* (Stand: 11.09.2000), Tz. 32.

77 Vgl. *IDW* (Hrsg.), WP Handbuch 2006[13], Rn. P 149.

78 Vgl. oben unter Rn. 28.

79 Vgl. VFA: Hinweise zum Prüfungsbericht von Versicherungsunternehmen, FN-IDW 2010, S. 39.

6. Aufsichtsrechtliche Prüfungsfeststellungen

a) Solvabilität

Im Prüfungsbericht ist auf die Solvabilitätsübersicht gem. § 53c VAG i.V.m. der Verordnung über die Kapitalausstattung von Versicherungsunternehmen – zuletzt geändert durch Gesetz v. 29.07.2009 – und i.V.m. R 4/2005 einzugehen. Das Ergebnis der Solvabilitätsübersicht ist darzulegen und insb., ob das Versicherungsunternehmen den gesetzlichen Anforderungen genügt. Hierzu gehört die Höhe der Solvabilitätsspanne und der diese bedeckenden Eigenmittel. Bei Versicherungsunternehmen, die nach den Voraussetzungen des § 8a Abs. 1 KapAusstV eine Solvabilitätsspanne in Höhe des Garantiefonds bedecken müssen, ist darauf hinzuweisen. 60

b) Anlage des gebundenen Vermögens

Der Abschlussprüfer hat über die Anlage des gebundenen Vermögens gem. § 54 VAG zu berichten. Hierunter fällt eine Darstellung der Zusammensetzung des Sicherungsvermögens und des sonstigen gebundenen Vermögens. Die tabellarische Darstellung sollte aus Gründen der Übersichtlichkeit vom Bilanzansatz der einzelnen Aktivposten eine Einteilung der Aktiva zum Sicherungsvermögen, sonstigen gebundenen und freien Vermögen vornehmen. Dieser Darstellung ist die Berechnung der Gesellschaft – entsprechend den Nachweisungen an die Aufsicht – gegenüberzustellen, aus der sich das Soll des Sicherungsvermögens und das Soll des sonstigen gebundenen Vermögens ergibt. Aus der Gegenüberstellung ergibt sich die Überdeckung. Zusätzlich hat der Abschlussprüfer auf die Einhaltung der Vorschriften der AnlV hinzuweisen, bei Personenversicherern ist der Hinweis angebracht, dass der Treuhänder seine Bestätigung nach § 73 VAG abgegeben hat. 61

c) Feststellungen nach § 57 Abs. 1 und 1a VAG

aa) Einhaltung der Anzeigepflichten nach §§ 13b-13d VAG

Der Auftrag des Abschlussprüfers ist nach § 57 Abs. 1 VAG gegenüber den allgemeinen Vorschriften des HGB erweitert. Zu berichten ist auch über die Prüfung der Erfüllung der Anzeigepflichten nach §§ 13b Abs. 1 und 4, 13c Abs. 1 und 4 und 13d Nr. 1-5 VAG sowie der Erfüllung der Verpflichtungen nach dem Geldwäschegesetz (GwG). 62

Versicherungsunternehmen müssen der Aufsichtsbehörde anzeigen, wenn sie beabsichtigen, sich in anderen EU/EWR-Mitgliedstaaten zu betätigen, etwa eine Niederlassung zu errichten (§ 13b VAG) oder den Dienstleistungsverkehr aufzunehmen (§ 13c VAG). Diese Anzeigepflichten gelten nicht für Pensions- und Sterbekassen, da diese nach § 13a Abs. 1 Satz 3 VAG von den Regelungen über die Niederlassungs- und Dienstleistungsfreiheit ausdrücklich ausgenommen sind.

Daneben bestehen Anzeigepflichten für einzelne unternehmenspolitische Maßnahmen. § 13d VAG enthält einen entsprechenden Katalog. Anzeigepflichtig sind etwa Kapitalerhöhungen oder Veränderungen bei den Geschäftsleitern, bei bedeutenden Beteiligungen oder auch beabsichtigte Anpassungen im versicherungstechnischen Bereich. Die Anzeigepflichten gem. § 13d Nrn. 1-5 VAG gelten auch für Pensions- und Sterbekassen.

bb) Einhaltung der Verpflichtung zur Verhinderung der Geldwäsche und Terrorismusfinanzierung

63 Die Pflicht, organisatorische Vorkehrungen gegen einen Missbrauch des Unternehmens zu Zwecken der Geldwäsche zu treffen, gilt für alle Versicherungsunternehmen (§ 14 Abs. 1 Nr. 2 GwG). Die Unternehmen müssen eine leitende Person bestimmen, interne Grundsätze, Verfahren und Kontrollen entwickeln, die Zuverlässigkeit der Beschäftigten sicherstellen und Weiterbildungen durchführen. Die Einhaltung dieser Pflichten ist zu prüfen. Das Ergebnis ist in den Prüfungsbericht aufzunehmen (§ 57 Abs. 1 VAG).

Das GwG enthält noch weitere Pflichten, etwa zur Identifikation, Aufzeichnung, Aufbewahrung oder Prüfung von Verdachtsfällen. Diese weiteren Pflichten sind nach der gesetzlichen Regelung dem Wortlaut nach nicht Gegenstand der Abschlussprüfung.

64 Die auf § 57 Abs. 1 VAG beruhende Pflicht des Abschlussprüfers, über Sicherungsmaßnahmen nach dem Geldwäschegesetz zu berichten, kann durch Rechtsverordnung nach § 57 Abs. 2 VAG weiter konkretisiert werden. Eine solche Rechtsverordnung ist bisher nicht ergangen. Eine „Verordnung über den zusätzlichen Inhalt der Prüfungsberichte zu den Jahresabschlüssen von Versicherungsunternehmen (Prüfungsberichtezusatzverordnung – PrüfZV)“ liegt bislang lediglich im Entwurf vor.

In den Anwendungsbereich des GwG fallen gem. § 2 Abs. 1 Nr. 4 GwG nur Lebensversicherungsunternehmen, die unter die Richtlinie 2002/83/EG fallen, und Sachversicherungsunternehmen, die das Unfallversicherungsgeschäft mit Prämienrückgewähr betreiben.

7. Zusammenfassende Schlussbemerkung und Wiedergabe des Bestätigungsvermerks

Nach § 14 PrüfV ist für den Prüfungsbericht bei Versicherungsunternehmen eine 65
zusammenfassende Schlussbemerkung vorgeschrieben. Eine Zusammenfassung der wesentlichen Angaben ist zu folgenden Punkten verlangt:

- Geschäftliche Entwicklung
- Vermögenslage
- Liquiditätslage
- Ertragslage
- Ordnungsmäßigkeit der angewendeten Berechnungs- und Bewertungsmethoden, insb. im Hinblick auf die gebildeten Rückstellungen und Wertberichtigungen
- Beanstandungen, die sich auf den Bestätigungsvermerk nicht ausgewirkt haben, wenn deren Kenntnis für die Berichtsempfänger von Bedeutung sein kann.

Der Schlussbemerkung ist der datierte und unterzeichnete Bestätigungsvermerk mit Siegel anzufügen (§ 322 Abs. 7 HGB, § 14 Satz 4 PrüfV). Mit einem uneingeschränkten Bestätigungsvermerk wird zum Ausdruck gebracht, dass der Lagebericht nach der Beurteilung des Abschlussprüfers ein den tatsächlichen Verhältnissen entsprechendes Bild der Vermögens-, Finanz- und Ertragslage vermittelt und die besonderen Chancen und Risiken der künftigen Entwicklung zutreffend darstellt. Bei Einwendungen ist der Bestätigungsvermerk einzuschränken. Es ist grundsätzlich nicht Aufgabe des Abschlussprüfers, die erforderlichen Angaben zur Beurteilung der Lage des Unternehmens anstelle der gesetzlichen Vertreter zu machen.[80] Wenn der Abschlussprüfer seine Beurteilung wesentlicher prognostischer Aussagen nicht auf eigene Erkenntnisse stützen kann, sondern auf Erklärungen der Geschäftsleitung angewiesen ist, ist darauf im Rahmen der Beurteilung des Prüfungsergebnisses (§ 322 Abs. 2 HGB) im Bestätigungsvermerk einzugehen und der Bestätigungsvermerk mit einer Einschränkung zu versehen.[81]

80 Vgl. *IDW PS 450*, Tz. 29, Ausnahmefälle bei Tz. 33.
81 Vgl. *IDW PS 400*, Tz. 54.

IV. Besonderer Teil des Prüfungsberichts

66 Die PrüfV geht in ihrem Dritten Abschnitt (§§ 15-21) davon aus, dass der Prüfungsbericht einen „Besonderen Teil" enthält, in dem die einzelnen Posten von Bilanz und Gewinn- und Verlustrechnung erläutert werden. § 15 PrüfV schreibt ausdrücklich vor, dass bei den wesentlichen Posten und Unterposten auch die Entwicklung zu zeigen ist.

Auf folgende Gesichtspunkte wird besonders hingewiesen:

- Zeitwerte der Kapitalanlagen:

  Soweit Zeitwerte im Anhang anzugeben sind, ist auf stille Reserven in den Kapitalanlagen je Bilanzposten hinzuweisen (§ 15 Abs. 2 Satz 2 PrüfV). Dieser Berichtspflicht wird man zweckmäßigerweise zusammen mit der Darstellung der Vermögenslage nachkommen, sodass sie im Besonderen Teil entfallen kann.

- Forderungen:

  Bei Forderungen aus dem selbst abgeschlossenen Geschäft ist darüber zu berichten, inwieweit diese bis zum Berichtszeitpunkt beglichen sind (§ 16 Abs. 1 PrüfV). In der Praxis sind präzise Angaben dazu aus dem Rechnungswesen eines Versicherungsunternehmens in aller Regel ohne weiteres nicht zu entnehmen. Daher ist es in diesen Fällen sachgerecht, Angaben unter Hinweis auf das Mahnwesen o.Ä. zu machen.

- Provisionsvorschüsse:

  § 16 Abs. 2 PrüfV fordert eine ausdrückliche Beurteilung der Sicherheiten für Provisionsvorschüsse.

- Versicherungstechnische Rückstellungen:

  Über Berechnungs- und Bewertungsmethoden der versicherungstechnischen Rückstellungen ist eine Berichterstattung ausdrücklich vorgeschrieben (§ 17 PrüfV). Auch über Veränderungen der Methoden gegenüber dem Vorjahr ist zu berichten. Dabei ist zu bestätigen, dass die Rechnungsgrundlagen einschl. Rechnungszinsfuß die handels- und aufsichtsrechtlichen Vorschriften berücksichtigen. Darüber hinaus ist nach § 17 Abs. 2 PrüfV zu den Berechnungs- und Bewertungsmethoden der Rückstellungen für noch nicht abgewickelte Versicherungsfälle und für drohende Verluste insb. im Hinblick auf die Angemessenheit Stellung zu nehmen.

  Die Berichterstattungspflicht zu den versicherungstechnischen Rückstellungen konkretisiert den in § 321 Abs. 2 Satz 1 HGB formulierten, allgemein gültigen

Grundsatz, dass darzustellen ist, ob „der Jahresabschluss … den gesetzlichen Vorschriften“ entspricht. Im Hinblick auf die Bedeutung der versicherungstechnischen Rückstellungen im Jahresabschluss eines Versicherungsunternehmens wäre im Regelfall auch ohne die Vorschrift des § 17 PrüfV eine knappe Erläuterung der Bewertung und der Angemessenheit der einzelnen versicherungstechnischen Rückstellungsarten nach allgemeinen Grundsätzen Berichtsbestandteil.

– Rückstellungen für noch nicht abgewickelte Versicherungsfälle:

§ 18 PrüfV regelt, wie in der Schaden- und Unfallversicherung die Methoden der Ermittlung der Rückstellungen für noch nicht abgewickelte Versicherungsfälle darzustellen und die Prüfungsergebnisse zu beurteilen sind. Der Abschlussprüfer muss sich zur Angemessenheit äußern. Für Lebens- und Krankenversicherungen gilt nach § 18 Abs. 2 PrüfV Entsprechendes; für das übernommene Geschäft gelten jeweils Sonderregelungen (vgl. § 18 Abs. 3 PrüfV).

Im Prüfungsbericht ist für alle (so ausdrücklich § 18 Abs. 1 Satz 1 PrüfV) Versicherungszweiggruppen, -zweige und -arten i.S.d. § 51 Abs. 4 RechVersV (Schaden- und Unfallversicherer) und für das gesamte Geschäft die Methode der Berechnung darzustellen und die Angemessenheit der Rückstellungen zu beurteilen. Eine Beschränkung auf wesentliche Versicherungszweiggruppen, -zweige und -arten erscheint nach allgemeinen Berufsgrundsätzen zur Berichterstattung zulässig.

Im Prüfungsbericht ist aufzuzeigen, in welcher Weise das Unternehmen die Rückstellungsbeträge je Schaden ermittelt. Art und Umfang der Prüfung sind zu erläutern. Es sind „… aussagefähige Angaben insb. zu Ergebnissen einer etwaigen Schadenrevision des Unternehmens und anderen vom Prüfer zur Urteilsbildung getroffenen Maßnahmen zu machen.“ (§ 18 Abs. 1 Satz 4 PrüfV). Hier hat der Abschlussprüfer insb. seine Verfahrensprüfung und deren Ergebnis sowie Erkenntnisse aus angewendeten statistischen Methoden (z.B. Chain-ladder-Verfahren), aus den Abwicklungsergebnissen und sonstigen Prüfverfahren[82] darzulegen und zu erläutern, welche Rückschlüsse hieraus für die Einhaltung der Reservierungspolitik und das Prüfungsergebnis gezogen werden konnten. Dabei ist der Beurteilungsmaßstab anzugeben. Darunter dürften u.a. Reservierungsrichtlinien, die Methode zur Ermittlung der internen Regulierungsrückstellung und die Verfahren zur Ermittlung von IBNR-Reserven[83] zu verstehen sein.

82 Zu Einzelheiten vgl. *Ellenbürger*, Die versicherungstechnischen Posten des Jahresabschlusses der Schaden- und Unfallversicherungsunternehmen, Beitrag B IV., Abschn. III, Nr. 8.

83 Incurred but not reported. Zu Einzelheiten vgl. *Ellenbürger/Hölzl*, Grundsätze für die Prüfung von Versicherungsunternehmen, Beitrag H I.

- Schwankungsrückstellungen, ähnliche Rückstellungen:

  Nach § 19 PrüfV ist auch zu berichten, ob die geltenden Vorschriften zur Bildung von Schwankungsrückstellungen und ähnlichen Rückstellungen – insb. die Berechnungsvorschriften nach der Anlage zu § 29 RechVersV – beachtet worden sind und in welchem Umfang und auf welche Art eine Nachprüfung erfolgt ist. Der Vorschrift wird entsprochen, indem der Abschlussprüfer knapp seinen Prüfungsansatz und das daraus folgende Ergebnis beschreibt.

- Gewinn- und Verlustrechnung:

  Bei den sonstigen Erträgen und Aufwendungen ist gesondert über Aufwendungen und Erträge für erbrachte Dienstleistungen zu berichten (§ 20 PrüfV). Eine tabellarische Zusammensetzung nach Kosten- und Leistungsarten mit einer kurzen Erläuterung zur Bewertung der Verrechnungspreise dürfte ausreichend und angemessen sein. Ergänzende Angaben sind ggf. im Zusammenhang mit den Ausführungen über Beziehungen zu verbundenen Unternehmen zu machen.[84]

- Anhang:

  Die sonstigen finanziellen Verpflichtungen sind, sofern für die Beurteilung der Finanzlage von Bedeutung, zu erläutern (§ 21 PrüfV). Einschlägig sind Verpflichtungen aus begonnenen Investitionsvorhaben und vor allem Verpflichtungen aus Termingeschäften, Vorkäufen o.Ä.

V. Ausblick

1. Solvency II

67 Mit der Reform der Solvabilitätsstandards für Versicherungsunternehmen, dem damit verbundenen, prinzipienorientierten Ansatz und der Reform der Schaffung eines dem Risikoprofil der Versicherungsunternehmen adäquaten Aufsichtssystems wird sich auch der Schwerpunkt der Berichterstattung verschieben. Ob der Vorstand seiner Verpflichtung, ein Risikofrüherkennungssystem einzurichten, nachgekommen ist, ist neben der Berichterstattung über die Solvabilität bereits heute Teil des Berichtsumfangs des Abschlussprüfers. Der Bereich der aufsichtsrechtlichen Vorgaben wird in Zukunft von dem Abschlussprüfer mehr als bisher die Beurteilung verlangen. Diese Beurteilung wird der Abschlussprüfer unter Berücksichtigung der Komplexität und des Umfangs der von dem Unternehmen

84 S.o. Rn. 33.

eingegangenen Risiken zu treffen haben. Im Ergebnis wird die Berichterstattung somit Bereiche umfassen, die nicht ausschließlich jahresabschlussbezogen sind.

Um die Berichterstattung über das Ergebnis der Jahresabschlussprüfung nicht zu überfrachten, ist zukünftig eine geteilte Berichterstattung denkbar und empfehlenswert. Die Prüfung über die Fragen der Geschäftsorganisation und das Anzeigewesen sind systemorientiert und nicht notwendigerweise stichtagsbezogen und können auch unterjährig erfolgen.

2. Neufassung der PrüfV

Eine Neufassung der PrüfV ist von der BaFin noch nicht vorgelegt worden. Insgesamt ist eine Straffung der PrüfV wünschenswert. 68

I. Sonderfragen der Besteuerung von Versicherungsunternehmen

*Von WP/StB Dipl. oec. Manfred Bögle, München**

* Unter Mitarbeit von StB Dipl.-Kfm. *Harald Litzenburger*, RA/StB *Thomas Mentel*, StBin Dipl.-Kffr. *Susanne Petrusch*, RA/StB *Klaus Trejo*, alle München.

I. Vorbemerkung

Sämtliche gem. § 7 Abs. 1 VAG aufsichtsrechtlich zulässige Rechtsformen für Versicherungsunternehmen sind gem. § 1 Abs. 1 KStG grundsätzlich körperschaftsteuerpflichtig. Ist ihre Geschäftsleitung oder ihr Sitz im Inland, ist die Körperschaftsteuerpflicht (KSt-Pflicht) unbeschränkt. Im Übrigen unterliegen sie der beschränkten Steuerpflicht mit ihren inländischen Einkünften. Die Vorschriften des KStG und des EStG bestimmen das steuerpflichtige Einkommen der Versicherungsunternehmen. Nach dem HGB sind Versicherungsunternehmen zur Führung von Büchern verpflichtet und erzielen grundsätzlich Einkünfte aus Gewerbebetrieb, deren Umfang im Ausgangspunkt aus der handelsrechtlichen Rechnungslegung abgeleitet wird. 1

Das Bilanzrechtsmodernisierungsgesetz (BilMoG)[1] hat neben weitreichender Änderung handelsrechtlicher Ansatz- und Bewertungsvorschriften sowie einer Erweiterung der Anhangsangaben insb. zu einem Bedeutungszuwachs der Position „Latente Steuern" geführt. Damit tritt zwangsläufig auch die Steuer(bilanz)-Politik in den Fokus handelsbilanzieller Rechnungslegung. Dies gilt nicht nur in zeitlicher Hinsicht, bei der im Rahmen der Prozesse zur Jahresabschlusserstellung sichergestellt werden muss, dass die Steuerbilanz parallel zur Handelsbilanz erstellt wird. Vielmehr können bei der Aufstellung des Jahresabschlusses von Versicherungsunternehmen steuerliche Bilanzierungs- und Bewertungsgrundsätze für bilanzpolitische Maßnahmen im Zusammenhang mit versicherungstechnischen Rückstellungen und Kapitalanlagen einen entscheidenden Einfluss haben. Aus diesem Grund werden im Rahmen dieses Beitrags vorrangig solche Fragen behandelt, die für die Aufstellung und Prüfung des Jahresabschlusses von Versicherungsunternehmen unter steuerlichen Gesichtspunkten von Bedeutung sind. 2

1 Gesetz zur Modernisierung des Bilanzrechts v. 05.05.2009, BGBl. I 2009, S. 1102.

II. Verhältnis Handelsbilanz – Steuerbilanz

3 Trotz der vorgenommenen Deregulierung und der stärkeren Ausrichtung auf den Informationsgehalt hält das BilMoG am Kerngehalt der bisherigen Bilanzierungsvorschriften fest. Traditionelle Prinzipien des deutschen Handelsbilanzrechts, insb. Vorsichtsprinzip, Realisationsprinzip und Stichtagsprinzip, bleiben grundsätzlich gültig und bilden weiterhin auch wesentliche Ordnungsprinzipien steuerlicher Rechnungslegung. Insoweit bestimmt § 5 Abs. 1 Satz 1 EStG, dass das Betriebsvermögen in der Steuerbilanz nach den handelsrechtlichen Grundsätzen ordnungsmäßiger Buchführung (GoB) auszuweisen ist (Maßgeblichkeitsgrundsatz). Ausgangspunkt für die Steuerbilanz bleibt damit bis auf Weiteres die Handelsbilanz und damit die §§ 246 ff. HGB.

4 Aus dem Versicherungsgeschäft resultieren teilweise Fragen der Rechnungslegung, die nicht mit der Rechnungslegung anderer gewerblicher Unternehmen vergleichbar sind.

Die speziellen Ansatz- und Bewertungsvorschriften für Versicherungsunternehmen sind in den §§ 341-341h HGB geregelt. Steuerliche Sonderregelungen bestehen für die Schwankungsrückstellung und Schadenrückstellung (§ 20 Abs. 1 und 2 KStG), die Abzugsfähigkeit der Beitragsrückerstattung (§ 21 KStG) sowie die Deckungsrückstellungen (§ 20a KStG).

1. Maßgeblichkeitsgrundsatz im engeren Sinne

5 Beim Maßgeblichkeitsgrundsatz ist nach Ansatz und Bewertung der Vermögensgegenstände und Schulden zu differenzieren.

6 Handelsrechtliche Aktivierungsgebote und Aktivierungswahlrechte führen in der Steuerbilanz grundsätzlich zu Aktivierungsgeboten, es sei denn, die Aktivierung ist aufgrund expliziter steuerlicher Regelungen ausgeschlossen. Aktiviert z.B. ein Versicherungsunternehmen selbst geschaffene IT-Programme gem. § 248 Abs. 2 Satz 1 HGB als selbst geschaffene immaterielle Wirtschaftsgüter in ihrer Handelsbilanz, so schließt § 5 Abs. 2 EStG die entsprechende Aktivierung für die Steuerbilanz aus.

7 Handelsbilanzielle Passivierungsgebote gelten ebenso wie Passivierungsverbote – vorbehaltlich abweichender steuerlicher Regelungen – auch für die steuerliche Rechnungslegung. In der Steuerbilanz darf ferner nicht passiviert werden, was

handelsrechtlich nicht passiviert werden muss, sondern nur darf.[2] Wenn jedoch das Steuerrecht eigene, vom Handelsrecht abweichende Regelungen für die Bilanzierung und Bewertung normiert (z.B. die Abzinsung von Rückstellungen (§ 6 I Nr. 3e EStG), ist der Maßgeblichkeitsgrundsatz durchbrochen.

2. Keine umgekehrte Maßgeblichkeit

Mit dem BilMoG ist der bisherige § 5 Abs. 1 Satz 2 EStG, demzufolge Wahlrechte 8
bei der steuerlichen Gewinnermittlung in Übereinstimmung mit der Handelsbilanz auszuüben waren („umgekehrte Maßgeblichkeit"), ersatzlos gestrichen worden. Die sog. „formelle" Maßgeblichkeit der Handelsbilanz für die Steuerbilanz ist insoweit abgeschafft. Rein steuerliche Wahlrechte können somit auch dann ausgeübt werden, wenn sie keinen Niederschlag in der Handelsbilanz gefunden haben.

Der abweichende steuerliche Bilanzansatz muss aber in einem „besonderen Ver- 9
zeichnis" nachgewiesen werden. In das besondere Verzeichnis[3] sind der Tag der Anschaffung oder Herstellung, die Anschaffungs- bzw. Herstellungskosten, die Vorschrift des ausgeübten Wahlrechts und die vorgenommenen steuerlichen Abschreibungen aufzunehmen. Eine bloße Anpassungsrechnung i.S.v. § 60 Abs. 2 EStDV ist nicht ausreichend.[4] Das Verzeichnis ist sowohl für Bilanzpositionen, für die steuerliche Ansatzwahlrechte bestehen, als auch für solche, die steuerlich abweichend bewertet werden dürfen, zu führen.

Auch für Versicherungsunternehmen praktisch bedeutende Fälle abweichender 10
Bilanzierung sind u.a. die Bildung und Übertragung von Reinvestitionsrücklagen nach § 6b EStG, die steuerlichen Wahlrechte zur Vornahme von Teilwertabschreibungen bei voraussichtlich dauernder Wertminderung, insb. bei Beteiligungen, gem. § 6 Abs. 1 Nr. 1 Satz 2 und § 6 Abs. 1 Nr. 2 Satz 2 EStG, sowie steuerliche, subventionelle Abschreibungswahlrechte (z.B. die degressive AfA gem. § 7 Abs. 2 EStG[5]). In diesen Fällen kann steueroptimierend – allerdings um den Preis latenter Steuern in der Handelsbilanz – steuerbilanziell ein von der Handelsbilanz abweichender (regelmäßig niedrigerer) Bilanzansatz gewählt werden.

Umstritten ist, ob der neu formulierte § 5 Abs. 1 Satz 1 EStG in der Steuerbilanz 11
eine von der Handelsbilanz völlig unabhängige Ausübung steuerlicher Wahlrechte

2 Grundlegender Beschluss des Großen Senats v. 03.02.1969, BStBl. II 1969, S. 291 ff.
3 Vgl. hierzu ausführlich BMF v. 12.03.2010, BStBl. 2010, S. 239.
4 BMF v. 12.03.2010, BStBl. 2010, S. 239.
5 Vgl. degressive AfA aufgrund des Konjunkturpakets I v. 21.12.2008, I 2008, S. 2896.

zulässt, die zu GoB-widrigen Bilanzansätzen in der Steuerbilanz führen kann[6]. Der Streit betrifft insb. die Frage, ob eine Teilwertabschreibung gem. § 6 Abs. 1 Nr. 1 Satz 2 und § 6 Abs. 1 Nr. 2 Satz 2 EStG auch im Fall einer dauernden Wertminderung in der Steuerbilanz unterbleiben kann.[7] Letzteres wird von der Finanzverwaltung bejaht.[8] Bedeutung hat dieser Streit insb. in den Fällen, in denen der Aufwand aus Teilwertabschreibungen auf Beteiligungen, z.B. bei Schaden- und Unfallversicherungen, steuerlich unbeachtlich ist, jedoch der Ertrag aus einer künftigen Wertaufholung zu 5 % gem. § 8b KStG steuerpflichtig wäre.

3. Latente Steuern (§ 274 HGB)

12 Einen wesentlichen Bedeutungszuwachs hat die Position „Latente Steuern" gem. § 274 HGB in der Handelsbilanz erfahren, die steuerlich ohne Entsprechung ist. Insoweit ist der Gesetzgeber vom GuV-orientierten, sog. „timing-Konzept" auf das bilanzorientierte „temporary-Konzept" gewechselt.

13 Um das Ziel, eine wirtschaftlich zutreffende Darstellung der Vermögenslage durch Berücksichtigung künftiger steuerlicher Be- oder Entlastungen, zu erreichen, fordert § 274 HGB die Ermittlung von Wertunterschieden von Vermögensgegenständen und Schulden in der Handels- und Steuerbilanz, die sich zukünftig abbauen werden. Konsequenterweise werden bei diesem Konzept auch quasi-permanente Differenzen und erfolgsneutral entstandene Differenzen erfasst. Mit Letzterem sind insb. Bewertungsunterschiede aus Umwandlungen angesprochen und zwar auch dann, wenn sie in der Zeit vor Neufassung der Vorschrift entstanden sind. So kann sich bspw. für Versicherungsunternehmen (und/oder ihre Beteiligungen) die Notwendigkeit der Bildung latenter Steuern ergeben, wenn diese in der Vergangenheit Grundbesitz oder Beteiligungen handelsbilanziell zu Verkehrswerten auf Tochterpersonengesellschaften ausgegliedert haben, steuerlich hierbei aber die Buchwerte fortführten.

14 Latente Steuern sind als eigener Posten in der Handelsbilanz und in der handelsrechtlichen Gewinn- und Verlustrechnung (GuV) zu erfassen. Für passive latente Steuern besteht ein Passivierungsgebot, während für einen Überhang aktiver latenter Steuern ein Aktivierungswahlrecht besteht. Große Kapitalgesellschaften müssen die Herkunft der Latenzen und die Steuersätze im Anhang erläutern.

---

6 Vgl. *Küppers/Dettmeier*, in: Langheid/Wandt (Hrsg.), Münchener Kommentar zum VVG, Band I, München 2010, 1. Aufl.; Rechnungslegung VU, Rn. 265 m.w.N. zum Streitstand.

7 Vgl. *Herzig/Briesemeister*, DB 2009, S. 926, 930; a.A. *Günkel*, Ubg 2008, S. 126.

8 Vgl. BMF v. 12.03.2010, BStBl. 2010, S. 239, Rn. 15.

Folgende Bewertungsunterschiede können z.B. zu aktiven latenten Steuern führen: 15

Fallgruppe: Aktiva Handelsbilanz < Aktiva Steuerbilanz

Ursachen:

- Unterschiedliche Abschreibungsmethoden oder -sätze
- Steuerlich nicht anerkannte oder nicht vorgenommene Teilwertabschreibungen auf Grundstücke, Beteiligungen, Kapitalanlagen, etc.

Fallgruppe: Passiva Handelsbilanz > Passiva Steuerbilanz

Ursachen:

- Handelsbilanziell über den Werten nach § 6a EStG passivierte Pensionsrückstellungen
- Drohverlustrückstellungen nach § 341e Abs. 2 Nr. 3 HGB
- Handelsbilanziell abweichende Bewertung von Rückstellungen (z.B. Zinssatz unter 5,5 %, Abzinsungsverbot für versicherungstechnische Rückstellungen oder Berücksichtigung von Preis- und Kostensteigerungen)
- fortgeführte Aufwandsrückstellungen
- sog. realitätsnähere Bewertung von Schadensreserven bei Kompositversicherungen.

Folgende Bewertungsunterschiede können z.B. die Passivierung latenter Steuern erfordern: 16

Fallgruppe: Aktiva Handelsbilanz > Aktiva Steuerbilanz

Ursachen:

- Aktivierung selbst geschaffener immaterielle Wirtschaftsgüter in der Handelsbilanz
- Übertragungen nach § 6b EStG in der Steuerbilanz
- Handelsrechtliche Zuschreibungen früherer Sonderabschreibungen oder Übertragungen von Rücklagen nach § 6b EStG
- Unterschiedliche Abschreibungen
- Steuerneutrale Umwandlungsvorgänge mit Aufdeckung stiller Reserven in der Handelsbilanz und steuerlicher Buchwertfortführung

- Steuerlicher Ansatz von Personengesellschaften nach Verlustzurechnungen (Spiegelbildmethode in der Steuerbilanz).

Fallgruppe: Passiva Handelsbilanz < Passiva Steuerbilanz

Ursachen:

- Bildung einer Rücklage nach § 6b in der Steuerbilanz
- Handelsrechtlicher Zinssatz zur Bewertung von Rückstellungen über 5,5 %.

17 Der steuerliche Entlastungseffekt der nächsten fünf Jahre aus Verlustvorträgen darf nur dann im Rahmen aktiver latenter Steuern berücksichtigt werden, wenn die Verwertungsmöglichkeit unter Berücksichtigung von Verlustnutzungsbeschränkungen wie z.B. die Mindestbesteuerung oder § 8c KStG anhand einer Steuerplanung für die kommenden fünf Jahre nachgewiesen ist.

18 Versicherungsunternehmen verwalten ihre Kapitalanlagen häufig in Spezialfonds. Es stellt sich die Frage, ob bei gemischten Fonds mit Aktien und Rentenpapieren die Bildung latenter Steuern notwendig wird, wenn es innerhalb der Fondsanlagen zu einer Wertverschiebung zwischen Renten und Aktien kommt, der Buchwert des Fonds aber in der Handelsbilanz unverändert nicht von dem in der Steuerbilanz abweicht. Die Frage der Bildung latenter Steuern stellt sich hier für solche Versicherer, bei denen ein etwaiger Aktienverlust im Fall der Veräußerung steuerlich wegen § 8b Abs. 3 KStG unbeachtlich wäre. Nach hier vertretener Auffassung sind keine latenten Steuern zu bilden, da der Investmentfondsanteil sowohl handelsbilanziell als auch steuerbilanziell einen eigenständigen Vermögensgegenstand darstellt und sich bezüglich des Bilanzansatzes keine Differenzen ergeben. Zudem konkretisiert sich das Bestehen einer Steuerlast erst im Zeitpunkt des Abgangs des Fonds.

19 Die Bilanzierung aktiver latenter Steuern führt zu einer Ausschüttungs- bzw. Abführungssperre und darf auch nicht bei den Zuführungen zur Rückstellung für Beitragsrückerstattungen (RfB)[9] berücksichtigt werden.

20 Zur Ermittlung latenter Steuern ist grundsätzlich der nominale kumulierte Ertragsteuersatz (KSt inkl. Solidaritätszuschlag und Gewerbesteuer) zu verwenden. Dies gilt auch für Personenversicherer, wobei bei diesen § 153 Abs. 2 Satz 2 VVG den Schluss zulässt, dass für die latente Überschussbeteiligung und die zukünftige RfB-Zuführung rückstellungsähnlich[10] eine latente RfB zu berechnen ist, um

9 § 153 Abs. 2 Satz 2 VVG.

10 Vgl. *Küppers/Dettmeier,* in: Langheidt/Wandt (Hrsg.), Münchener Kommentar zum VVG, Band I, München 2010, 1. Aufl.; Rechnungslegung VU, Rn. 25.

eine zutreffende Darstellung der aktuellen Vermögenslage und indirekt auch der zukünftigen Steuerbelastung zu ermöglichen.[11]

4. Maßgeblichkeit der branchenspezifischen Vorschriften für Versicherungsunternehmen

Im Schrifttum wird kontrovers diskutiert, ob alle Ansatz- und Bewertungsvorschriften des HGB GoB i.S.d. § 5 EStG darstellen.[12] Mit der Übernahme der versicherungsspezifischen Vorschriften in das HGB durch das Versicherungsbilanzrichtliniengesetz sind die entsprechenden Sonderregelungen zu den versicherungstechnischen Rückstellungen in § 20 KStG entfallen. Der Gesetzgeber hielt steuerrechtliche Sonderregelungen für Versicherungsunternehmen für entbehrlich, da er davon ausgegangen ist, dass diese Sonderregelungen über den Maßgeblichkeitsgrundsatz weitergelten. Es kann daher nicht zweifelhaft sein, dass handelsrechtliche Ansatz- und Bewertungsvorschriften für Versicherungsunternehmen regelmäßig auch für die Steuerbilanz Geltung haben.[13] 21

III. Steuerliche Regelungen zu versicherungstechnischen Rückstellungen

1. Schwankungsrückstellung und ähnliche Rückstellungen

a) Schwankungsrückstellung

Die handelsrechtlichen Grundlagen für die Bildung von Schwankungsrückstellungen zum Ausgleich der Schwankungen im Schadenverlauf künftiger Jahre sind in § 341h Abs. 1 HGB sowie in § 29 RechVersV i.V.m. der Anlage zu § 29 RechVersV geregelt und entfalten aufgrund des Maßgeblichkeitsgrundsatzes auch steuerliche Wirkung.[14] 22

11 Vgl. *Geib/Ellenbürger*, VW 2008, S. 1173.

12 Vgl. *Börner*, StB Jb 1986/87, S. 207; *Seitz*, in: Beck Vers-Komm., München 1998, § 341 HGB, S. 128 f.; *Söffing*, in: Förschle/Kaiser/Moxter (Hrsg.), Rechenschaftslegung im Wandel, FS Budde, München 1995, S. 612.

13 Gleicher Ansicht *Seitz*, in: Beck Vers-Komm., § 341 HGB, Rn. 19.

14 Vgl. *Groß*, in: Dötsch/Eversberg/Jost/Witt (Hrsg.), Die Körperschaftsteuer – Kommentar zum Körperschaftsteuergesetz, Umwandlungssteuergesetz und zu den einkommensteuerrechtlichen Vorschriften der Anteilseignerbesteuerung (KStG), Stand: 70. Ergänzungslieferung, Stuttgart, § 20, Rn. 13.

23 Die handelsrechtlichen Vorschriften werden durch § 20 Abs. 1 KStG ergänzt, wonach für die steuerliche Anerkennung der Schwankungsrückstellung insb. folgende Bedingungen erfüllt sein müssen:

- Es muss nach den Erfahrungen in dem betreffenden Versicherungszweig (VZ) mit erheblichen Schwankungen des Jahresbedarfs zu rechnen sein
- die Schwankungen des Jahresbedarfs dürfen nicht durch die Prämien ausgeglichen werden und
- die Schwankungen müssen aus den am Bilanzstichtag bestehenden Versicherungsverträgen herrühren und dürfen nicht durch Rückversicherungen (RückV) gedeckt sein.

24 Nach dem Wortlaut des § 20 Abs. 1 KStG weichen die steuerlichen Voraussetzungen geringfügig von den handelsrechtlich Vorschriften nach § 341h Abs. 1 HGB ab, da für steuerliche Zwecke die Schwankungen auf am Bilanzstichtag bestehende Versicherungsverträge zurückzuführen sein müssen (§ 20 Abs. 1 Nr. 2 Satz 2 KStG). Inhaltlich dürften sich dadurch jedoch keine Abweichungen zu den handelsrechtlichen Anforderungen ergeben, sodass im Ergebnis der handelsrechtliche Ansatz auch steuerlich Anwendung findet.[15]

25 Für VZ, deren Beiträge im Durchschnitt der letzten drei Geschäftsjahre (GJ) einschl. des Bilanzjahres 125.000 Euro übersteigen, ist die Berechnung der Schwankungsrückstellung gesondert durchzuführen (Anlage zu § 29 RechVersV Abschn. I Nr. 1). Des Weiteren wird es für steuerliche Zwecke nicht beanstandet, wenn die Schwankungsrückstellung auch für VZ gebildet wird, deren Beiträge unter der „Bagatellgrenze" von 125.000 Euro liegen.[16]

26 Die Schwankungsrückstellung enthält einen Zinsanteil[17] und unterliegt damit nicht dem steuerlichen Abzinsungsgebot nach § 6 Abs. 1 Nr. 3a Buchst. e EStG.[18] Darüber hinaus wird in Teilen des Schrifttums die Auffassung vertreten, dass es sich bei der Schwankungsrückstellung per Definition nicht um eine Rückstellung, sondern

15 Vgl. *Roser*, in: Gosch (Hrsg.), Körperschaftsteuergesetz (KStG), 2. Aufl., München 2009, § 20,Rn. 9 ff.; *Hauswirth*, in: Ernst & Young AG (Hrsg.), Körperschaftsteuergesetz Kommentar (KStG), Bonn 2000 ff. (Loseblatt), § 20, Rn. 34 ff.; BMF v. 02.01.1979, BStBl. I 1979, S. 58.

16 Vgl. BMF v. 02.01.1979, BStBl. I 1979, S. 58; Eine solche Rückstellung wird auch handelsrechtlich als zulässig erachtet, vgl. *Warnecke*, in: Beck Vers-Komm, München 1998, § 341h, Rn. 13.

17 Vgl. BMF v. 02.01.1979, BStBl. I 1979, S. 58; Anlage zu § 29 RechVersV Abschn. I Nr. 3.

18 Vgl. *Roser*, in: Gosch (Hrsg.), KStG, 2. Aufl., München 2009, § 20, Rn. 30; a.A. *Frotscher*, in: Frotscher/Maas (Hrsg.), Kommentar zum Körperschaft-, Gewerbe- und Umwandlungssteuergesetz (KStG), Freiburg 2010, § 20, Rn. 17.

vielmehr um eine Rücklage handelt, auf welche das steuerliche Abzinsungsgebot ohnehin keine Anwendung findet.[19]

b) Der Schwankungsrückstellung ähnliche Rückstellungen (Großrisikenrückstellungen)

Nach § 341h Abs. 2 HGB sind für Risiken gleicher Art, bei denen der Ausgleich von Leistung und Gegenleistung wegen des hohen Schadenrisikos im Einzelfall nach versicherungsmathematischen Grundsätzen nicht im GJ, sondern nur in einem am Abschlussstichtag nicht bestimmbaren Zeitraum gefunden werden kann, der Schwankungsrückstellung ähnliche Rückstellungen zu bilden. 27

Diese als „Großrisikenrückstellungen" bezeichneten Rückstellungen sind nach § 30 RechVersV subsidiär zur Schwankungsrückstellung insb. in folgenden Fällen anzusetzen: 28

- Pharmarückstellung (§ 30 Abs. 1 RechVersV): Die Pharmarückstellung ist für Produkthaftpflichtversicherungen von Pharmarisiken zu bilden, wobei bis zur Erreichung des Höchstbetrags in Höhe des 15-fachen der verdienten Beiträge eine jährliche Zuführung in Höhe von 75 % des Saldos aus verdienten Beiträgen und Aufwendungen für erfolgsabhängige Beitragsrückerstattung vorzunehmen ist, abzüglich der Aufwendungen für Versicherungsfälle und erfolgsunabhängige Beitragsrückerstattung. Die Pharmarückstellung wird gem. BMF-Schreiben v. 08.05.1991 (BStBl. I, S. 535) für steuerliche Zwecke anerkannt, wobei die steuerlichen Kriterien weitgehend der Regelung nach § 30 Abs. 1 RechVersV entsprechen. Die im BMF-Schreiben vorgesehene zeitliche Begrenzung der Pharmarückstellung bis zum 31.12.1999 dürfte aufgrund der Maßgeblichkeit des § 30 Abs. 1 RechVersV für die Steuerbilanz unbeachtlich sein.[20]
- Atomanlagenrückstellung (§ 30 Abs. 2 RechVersV): Der Höchstbetrag beläuft sich entweder auf 100 % der Sach- und Haftpflichtversicherungssumme für Kernenergieschäden, die das Versicherungsunternehmen für die am höchsten versicherte Einzelanlage übernommen hat, oder 25 % der Gesamtversicherungssumme für Kernenergieschäden. Maßgeblich ist der niedrigere der beiden Beträge. Die jährliche Zuführung beträgt 20 % des maßgeblichen Höchstbetrags, wobei jedoch 75 % des Saldos aus verdienten Beiträgen und

19 Vgl. *Groß*, in: Dötsch/Eversberg/Jost/Pung/Witt (Hrsg.), KStG, vor §§ 20-21a, Rn. 92.

20 Vgl. *Boetius*, Handbuch der versicherungstechnischen Rückstellungen, Köln 1996, Anm. 793; *Groß*, in: Dötsch/Eversberg/Jost/Pung/Witt (Hrsg.), KStG, vor §§ 20-21a, Rn. 55; *Roser*, in: Gosch (Hrsg.), KStG, 2. Aufl., München 2009, § 20, Rn. 21.

Aufwendungen für Versicherungsfälle nicht überschritten werden dürfen. Die Rückstellung ist gem. BMF-Schreiben v. 10.12.1980 (VerBAV 1980, S. 79) auch für steuerliche Zwecke zulässig.

- Rückstellung für Terrorrisiken (§ 30 Abs. 2a RechVersV): Der Höchstbetrag der Rückstellung für Terrorrisiken mit hohem Schadenrisiko beträgt im selbst abgeschlossenen Geschäft das 15-fache der verdienten Beiträge des GJ. Die jährliche Zuführung beträgt 90 % des Saldos aus verdienten Beiträgen und Aufwendungen für erfolgsabhängige Beitragsrückerstattung, abzüglich der Aufwendungen für Versicherungsfälle und erfolgsunabhängige Beitragsrückerstattung. Aufgrund des Maßgeblichkeitsgrundsatzes nach § 5 Abs. 1 EStG ist die Rückstellung für Terrorrisiken auch steuerlich anzuerkennen.

29 Sobald die Voraussetzungen nach § 341h Abs. 2 HGB nicht mehr erfüllt sind, ist die Großrisikenrückstellung aufzulösen und in die Schwankungsrückstellung zu überführen (§ 30 Abs. 3 RechVersV).

30 Hinsichtlich der Frage nach der steuerlichen Abzinsung dürften die Grundsätze zur Schwankungsrückstellung analog anwendbar sein (s. Rn. 26).[21]

2. Beitragsüberträge

31 Die Laufzeit eines Versicherungsvertrags kann vom GJ des Versicherungsunternehmens abweichen. Die vereinnahmten Beiträge, die auf nach dem Bilanzstichtag liegende GJ des Versicherungsunternehmens entfallen, sind deshalb abzugrenzen. Im Kern handelt es sich also um einen passiven Rechnungsabgrenzungsposten i.S.d. § 250 Abs. 2 HGB. Gleichzeitig sind die Beitragsüberträge aber auch Ausdruck der Verpflichtung des Versicherers, künftig Versicherungsschutz zu gewährleisten und werden daher nach § 341e Abs. 2 Nr. 1 HGB unter den versicherungstechnischen Rückstellungen ausgewiesen.[22]

32 Aus steuerlicher Sicht wird die Bildung der Beitragsüberträge dem Grunde nach anerkannt,[23] allerdings sieht die Finanzverwaltung eine Begrenzung der Höhe nach vor, indem sie die Beiträge um Ratenzuschläge und sog. „nicht übertragsfähige Einnahmeteile“ kürzt (vgl. BMF, Schreiben v. 30.04.1974, VerBAV 1974, S. 118).

---

21 Vgl. *Groß*, in: Dötsch/Eversberg/Jost/Pung/Witt (Hrsg.), KStG, vor §§ 20-21a, Rn. 92.

22 Vgl. *Boetius*, Handbuch der versicherungstechnischen Rückstellungen, Köln 1996, Anm. 552; *Buck*, Die versicherungstechnischen Rückstellungen im Jahresabschluss von Schaden- und Unfallversicherungsunternehmen, Köln 1994, S. 94.

23 Vgl. BFH v. 30.09.1970, BStBl. II 1971, S. 66.

Bei den nicht übertragsfähigen Einnahmeanteilen handelt es sich um Aufwendungen für Abschluss- und Inkassotätigkeiten einschl. Bestandspflege, die pauschal mit 85 % der Provisionen und sonstigen Bezüge der Vertreter anzusetzen sind. Sofern eigene Angestellte im Abschluss- und Inkassobereich anstelle von Vertretern eingesetzt werden, sind deren Gehälter und sonstige Bezüge anteilig mit einzubeziehen. 33

Bei Lebensversicherungen ist der kalkulierte Inkassozuschlag auszuscheiden, soweit er nicht mehr als 4 % des Beitrags übersteigt. Eine Rabattgewährung für das Inkasso vermindert, ein Stückkostenzuschlag erhöht den auszuscheidenden Betrag. 34

Beim in Rückdeckung übernommenen Geschäft sind 92,5 % der RückV-Provisionen als nicht übertragsfähige Einnahmeteile vom RückV-Betrag abzuziehen. 35

Die o.g. Kürzungen beruhen vor allem auf der Überlegung, dass die Beiträge sowohl auf die Hauptleistung des Versicherungsunternehmens (= Gewährung Versicherungsschutz) als auch auf damit verbundene Nebenleistungen, wie z.B. Beratungsleistungen bei Vertragsabschluss, entfallen und diese bereits am Bilanzstichtag erbrachten Nebenleistungen nicht in die Abgrenzung miteinbezogen werden sollen.[24] 36

Die Kürzung der Beitragsüberträge stößt im Schrifttum durchweg auf Kritik, insb., da es sich bei den Versicherungsbeiträgen um ein unteilbares Entgelt für die Gesamtleistung des Versicherungsunternehmens handelt, welches weder aus wirtschaftlicher noch aus bilanzrechtlicher Sicht auf einzelne Leistungen aufgeteilt werden kann.[25] 37

Andererseits wird die Vorgehensweise der Finanzverwaltung auch als ein pauschaliertes Vereinfachungsverfahren betrachtet, welches sich in der Praxis bewährt hat und daher nach wie vor anwendbar sein soll, auch, wenn das Schreiben nicht in der Positivliste des BMF-Schreibens v. 07.06.2005 (BStBl. I, S. 717) enthalten ist und daher als aufgehoben gilt.[26] 38

Da es sich bei den Beitragsüberträgen im Grunde um einen passiven Rechungsabgrenzungsposten handelt (s. Rn. 31), findet das steuerliche Abzinsungsgebot nach § 6 Abs. 1 Nr. 3a Buchst. e EStG keine Anwendung.[27] 39

24 In Anlehnung an RFH v. 13.03.1930, III A 189/29, RStBl., S. 396.

25 Vgl. *Boetius*, Handbuch der versicherungstechnischen Rückstellungen, Köln 1996, Anm. 560; *Hommel/Benkel*, in: Münchener Kommentar zum HGB, 2. Aufl., München 2008, § 341e, Rn. 34; *Perlet*, in: Ballwieser u.a. (Hrsg.), Bilanzrecht und Kapitalmarkt, Düsseldorf 1994, S. 848.

26 Vgl. *Groß*, in: Dötsch/Eversberg/Jost/Pung/Witt (Hrsg.), KStG, vor §§ 20-21a, Rn. 22.

27 Vgl. *Groß*, in: Dötsch/Eversberg/Jost/Pung/Witt (Hrsg.), KStG, vor §§ 20-21a, Rn. 77.

3. Deckungsrückstellung

40 Deckungsrückstellungen sind gem. § 341f Abs. 1 HGB für die Verpflichtungen aus dem Lebensversicherungsgeschäft und dem nach Art der Lebensversicherung betriebenen Versicherungsgeschäft nach versicherungsmathematischen Grundsätzen zu bilden. In der Krankenversicherung ist als Deckungsrückstellung eine Alterungsrückstellung zu bilden (§ 341f Abs. 3 HGB).

41 Der für die Bewertung der Deckungsrückstellung zulässige Höchstzinssatz ergibt sich in der Lebensversicherung und der Schaden-/Unfallversicherung aus § 25 RechVersV i.V.m. § 2 DeckRV und beträgt (mit Ausnahme von bestimmten Versicherungsverträgen, z.B. Fremdwährungsverträgen) je nach Zeitpunkt des Vertragsabschlusses 2,25 %-4 %. In der Krankenversicherung beträgt der zulässige Höchstzinssatz für die Alterungsrückstellung 3,5 % (§ 25 Abs. 5 RechVersV, § 12c VAG, § 4 KalV).

42 Nach § 21a Abs. 1 KStG können diese Höchstzinssätze oder ein niedrigerer, zulässigerweise verwendeter Zinssatz – abweichend von der steuerlichen Abzinsung mit 5,5 % nach § 6 Abs. 1 Nr. 3a Buchst. e EStG – auch für steuerliche Zwecke angesetzt werden, sodass eine Abweichung zwischen Handels- und Steuerbilanz vermieden werden kann. Die Regelung des § 21a Abs. 1 KStG dürfte lediglich klarstellenden Charakter haben, da die Deckungsrückstellung aufgrund ihrer Verzinslichkeit ohnehin nicht unter das steuerliche Abzinsungsgebot fällt.[28]

43 Gemäß § 21a Abs. 2 KStG können Versicherungsunternehmen mit Sitz in einem anderen Mitgliedstaat der Europäischen Gemeinschaft oder in einem anderen Vertragsstaat des EWR-Abkommens, auf welche die handelsrechtlichen Vorschriften keine Anwendung finden, entsprechend der Regelung nach § 21a Abs. 1 KStG verfahren, wodurch eine steuerliche Gleichbehandlung dieser Versicherungen ermöglicht wird.

4. Rückstellung für noch nicht abgewickelte Versicherungsfälle

a) Handelsrechtliche Regelungen zur Schadenrückstellung

44 Gemäß § 341g Abs. 1 Satz 1 HGB ist zur Erfassung von dem Grunde und/oder der Höhe nach ungewissen Verpflichtungen des Versicherungsunternehmens gegenüber

28 Vgl. *Groß*, in: Dötsch/Eversberg/Jost/Pung/Witt (Hrsg.), KStG, § 21a, Rn. 3; *Roser*, in: Gosch (Hrsg.), KStG, 2. Aufl., München 2009, § 21a, Rn. 17; dies gilt auch dann, wenn der Zinssatz nahe „Null" liegt, vgl. BMF v. 26.05.2005, BStBl. I 2005, S. 699, Rn. 13, 32.

Versicherungsnehmern bzw. geschädigten Dritten eine Rückstellung für bis zum Ende des GJ eingetretene, aber noch nicht abgewickelte Versicherungsfälle zu bilden. Die Schadenrückstellung stellt somit eine Rückstellung für ungewisse Verbindlichkeiten i.S.d. § 249 Abs. 1 Satz 1 HGB dar, die mit dem Erfüllungsbetrag[29] jeder einzelnen Verpflichtung aus noch unerledigten Versicherungsfällen anzusetzen ist, d.h. „… mit demjenigen Geldbetrag, der zur Erfüllung sämtlicher Verpflichtungen aus dem einzelnen Versicherungsfall wahrscheinlich notwendig ist".[30]

Die Leistungen der Versicherung sind nach § 1 VVG auf Geld gerichtet. Nach handelsrechtlichen Regelungen ist der nicht abgezinste Erfüllungsbetrag aller künftigen Leistungen der Versicherung zurückzustellen. Nach § 341e Abs. 1 Satz 1 HGB sind die Rückstellungen so zu bemessen, dass die Ansprüche aus dem Versicherungsvertrag jederzeit erfüllt werden können. Diese Regelung wird als besondere Ausprägung des Vorsichtsprinzips angesehen. Hinsichtlich der einzelnen Bewertungsverfahren sei auf die Stellungnahme *IDW RS VFA 3*[31] verwiesen. 45

b) Realitätsnähere Bewertung der Schadenrückstellung in der Steuerbilanz

Nach § 20 Abs. 2 KStG i.V.m. § 6 Abs. 1 Nr. 3a Buchst. a EStG sind in der Steuerbilanz bei den Schadenrückstellungen zum Zwecke einer realitätsnäheren Bewertung auch die Erfahrungen der Vergangenheit zu berücksichtigen. 46

Dabei ist zwischen den einzelnen VZ, für die nach aufsichtsrechtlichen Vorschriften eine (gesonderte) GuV aufzustellen ist, zu differenzieren. Die Summe der einzelbewerteten Schäden ist um den Betrag zu mindern (Minderungsbetrag), der wahrscheinlich insgesamt nicht zur Befriedigung der Ansprüche für die Schäden benötigt wird. 47

Die Ermittlung des Minderungsbetrags wird durch das BMF-Schreiben v. 05.05.2000 (BStBl. I, S. 487) geregelt. Demnach werden die Erkenntnisse der vergangenen Jahre für die einzelnen VZ anhand einer sog. Ablaufverprobung überprüft. 48

Die Ablaufverprobung wird grundsätzlich nach folgendem Rechenschema durchgeführt: 49

29 Vgl. *Groh*, BB 1988, S. 1920.
30 *Boetius*, Handbuch der versicherungstechnischen Rückstellungen, Köln 1996, Anm. 948.
31 Vgl. *IDW Stellungnahme zur Rechnungslegung: Die Bewertung der Schadenrückstellung von Schaden-/Unfallversicherungsunternehmen (IDW RS VFA 3)* (Stand: 01.03.2010).

Schadenrückstellung für eigene Rechnung (f.e.R.) am Anfang des Wirtschaftsjahres	u
Rückstellung für Versicherungsfälle der Vorjahre f.e.R. zum Ende des Wirtschaftsjahres	x
Zahlungen im Wirtschaftsjahr für Versicherungsfälle der Vorjahre f.e.R.	v
Abwicklungsvolumen	y = u-x
Abwicklungsergebnis	z = y-v
Prozentuales Abwicklungsergebnis	$q = z \cdot 100 / y$

50 Die Ablaufverprobung ist grundsätzlich nach Bilanzjahren, alternativ nach Schadenanfalljahren pro VZ vorzunehmen, wobei für eine aussagefähige Ablaufverprobung von einem Beobachtungszeitraum von mind. fünf Jahren auszugehen ist. Die Summe der prozentualen Abwicklungsergebnisse aller Jahre des Beobachtungszeitraums geteilt durch die Anzahl der beobachteten Jahre ergibt das mittlere arithmetische Abwicklungsergebnis (= durchschnittliche prozentuale Besserregulierung). Der Rückstellungsbedarf (bezogen auf die tatsächlich gebildete Rückstellung) ergibt sich aus der Differenz zwischen 100 und der durchschnittlichen prozentualen Besserregulierung.

51 Die Rückstellungen für unbekannte Spätschäden können bei der Ablaufverprobung ausgesondert werden.

52 Des Weiteren sind die Rückstellungen für Schadenregulierungsaufwendungen aus der Ablaufverprobung auszuscheiden, da diese regelmäßig anhand der Pauschalregelung des BMF-Schreibens v. 02.02.1973 (FR 1973, S. 113) ermittelt werden.

53 Zur Berücksichtigung von Unsicherheiten in der Ablaufverprobung, die sich daraus ergeben, dass sich Schadenstrukturen gegenüber der Vergangenheit durch veränderte Verhältnisse verschieben können, kann der tatsächliche Rückstellungsbedarf um einen Sicherheitszuschlag in Höhe von 15 % erhöht werden. Darüber hinausgehende Sicherheitszuschläge sind zulässig, wenn diese durch Besonderheiten, welche im Rahmen der Ablaufverprobung nicht erfasst werden, begründet werden können (z.B. größere Schwankungen bei den Abwicklungsergebnissen der einzelnen Jahre des Beobachtungszeitraums, Veränderungen im Versicherungsbestand, den Schadensstrukturen und der Schadenentwicklung, Großschäden). Zur Verdeutlichung der Berechnungsmethodik ist im BMF-Schreiben[32] folgendes Beispiel dargestellt:

32 BMF v. 05.05.2000, BStBl. I 2000, S. 487.

(BOZ = Beobachtungszeitraum)

	Unternehmen A	Unternehmen B	Unternehmen C
Ergebnis der Ablaufverprobung	DM	DM	DM
Zahlung (Durchschnitt des BOZ)	8.000.000,00	8.000.000,00	8.000.000,00
Dafür gebildete Rückstellung (Durchschnitt des BOZ)	10.000.000,00	12.000.000,00	16.000.000,00
Abwicklungsergebnis absolut	2.000.000,00	4.000.000,00	9.000.000,00
Abwicklungsergebnis in Prozent	20,00 %	33,33 %	50,00 %
Rückstellungsbedarf in Prozent	80,00 %	66,67 %	50,00 %
Sicherheitszuschlag in Prozent auf Rückstellungsbedarf	15,00 %	15,00 %	15,00 %
Rückstellungsbedarf einschl. Sicherh.-Zuschlag	92,00 %	76,67 %	57,50 %
Rückstellung Ende des BOZ	10.000.000,00	12.000.000,00	16.000.000,00
Auflösung in Prozent	8,00 %	23,33 %	42,50 %
Auflösung absolut	800.000,00	2.800.000,00	6.800.000,00
verbleibende Rückstellung	9.200.000,00	9.200.000,00	9.200.000,00

Bei VZ, die nach Zeichnungsjahren abgerechnet werden (insb. die Transportversicherung), ist die Ablaufverprobung zu modifizieren, wobei die Beitragsüberträge und die Nachverrechnungsbeiträge zu berücksichtigen sind. 54

Bei Krankenversicherungen erfolgt die Berechnung der Schadenrückstellung nach § 341g Abs. 3 HGB anhand eines statistischen Näherungsverfahrens, welches nach Ansicht des BMF „bei zutreffender Anwendung“ den Anforderungen des § 20 Abs. 2 KStG entspricht. Eine gesonderte Ablaufverprobung ist in diesem Fall nicht erforderlich. 55

Bei Lebensversicherungen ist aufgrund der geringen Bedeutung der Schadenrückstellung für die Handels- und Steuerbilanz eine Ablaufverprobung ebenfalls entbehrlich (der Abwicklungszeitraum beträgt im Regelfall ohnehin nur wenige Tage 56 oder Monate). Sollten jedoch in Teilen der Schadenrückstellung nicht unerhebliche Abwicklungsgewinne erzielt worden sein (z.B. in der Berufsunfähigkeitsversicherung bei Ablehnungsfällen oder bei Wegfall des Berufsunfähigkeitsgrundes), ist die Schadenrückstellung unter Beachtung der Grundsätze des § 20 Abs. 2 KStG zu überprüfen.

57 Neben der o.g. Ablaufverprobung dürften auch anerkannte aktuarielle Verfahren wie z.B. das Chain Ladder- oder das Bornhuetter/Ferguson-Verfahren zulässig sein. Diese Verfahren treffen genau die gesetzliche Intention, da sie aus den Erkenntnissen über die Abwicklung der Schadenrückstellungen den aktuellen Rückstellungsbedarf ableiten.

c) Das steuerliche Abzinsungsgebot der Schadenrückstellung

58 Handelsrechtlich ist die Schadenrückstellung auch nach Inkrafttreten des BilMoG nicht abzuzinsen (§ 341e Abs. 1 Satz 3 HGB).

59 Steuerrechtlich ist jedoch nach § 6 Abs. 1 Nr. 3a Buchst. e EStG eine Abzinsung der Schadenrückstellungen notwendig. Gemäß BMF-Schreiben v. 07.06.2000 ist zwar der Einzelbewertungsgrundsatz zu beachten, die Abzinsung kann jedoch abweichend davon nach einem Pauschalverfahren berechnet werden. Die Möglichkeit, Schadenrückstellungen nach dem Pauschalverfahren abzuzinsen, wurde verlängert und gilt nunmehr für alle Wirtschaftsjahre, die vor dem 01.01.2014 enden.[33] Danach sind von den in der Handelsbilanz gebildeten Schadenrückstellungen, Rückstellungsbeträge in der Krankenversicherung, Rückstellungsbeträge, deren zugrunde liegenden Verpflichtungen nach dem Versicherungsvertragsgesetz oder den Allgemeinen Versicherungsbedingungen verzinslich sind, Rückstellungsbeträge ausländischer Betriebsstätten sowie Renten-Deckungsrückstellungen und Minderungsbeträge nach § 20 Abs. 2 KStG, soweit sie nicht bereits in der Handelsbilanz berücksichtigt sind, abzuziehen.

60 Die pro VZ gebildeten Schadenrückstellungen sind anschließend den Gruppen „Allgemeine Haftpflicht/Kraftfahrt-Haftpflicht", „Lebensversicherung" und „Sonstige" zuzuordnen und je nach Gruppe um 30 %, 83 % und 60 % zu kürzen. Die verbleibenden Beträge sind jeweils um 40 % zu kürzen. Die Gruppe „Allgemeine Haftpflicht/Kraftfahr-Haftpflicht" ist über 4,8 Jahre und die Gruppen „Lebensversicherung" und „Sonstige" über 1,8 Jahre abzuzinsen.

61 Der pauschale Abschlag (Minderungsbetrag) zur realitätsnäheren Bewertung und die Abzinsung der Rückstellungen können nicht unabhängig voneinander gesehen

33 Vgl. BMF v. 09.09.2009, BStBl. I 2009, S. 930.

werden. Das Abzinsungsgebot wird bereits eine deutliche Reduzierung der Schadenrückstellungen bewirken; ob daneben noch ein pauschaler Minderungsbetrag anzusetzen ist, wird durch detaillierte Berechnungen zu überprüfen sein. Die bisherigen Abwicklungserfahrungen sollten um die Auswirkungen des Abzinsungsgebotes bereinigt werden, da die bisherigen Abwicklungsgewinne oftmals aus der Regulierung von Schadenfällen zum Barwert, d.h. zum abgezinsten Betrag, zurückzuführen sind.

Bei der Bewertung der Schadenrückstellungen ist ferner zu bedenken, ob nicht 62 zukünftige Preissteigerungen in die Bewertung der Rückstellungen einfließen müssen. Versicherungen haben den Geschädigten so zu stellen, als ob der Schaden nicht eingetreten wäre. Die zukünftigen Verpflichtungen müssen also auf dem zukünftig eintretenden Preisniveau erfüllt werden. Nach der bisherigen Rechtsprechung (Rspr.) des Bundesfinanzhofs (BFH) ist der Erfüllungsbetrag nach den Preisverhältnissen am Bilanzstichtag anzusetzen.[34] Angesichts der aktuellen Gesetzeslage zur Abzinsung der Rückstellungen könnte die Rspr. des BFH in diesem Punkt zu überdenken sein.[35]

Aufgrund der o.g. steuerlichen Besonderheiten bei der Ermittlung der Schaden- 63 rückstellung kommt es zwingend zu einem Auseinanderfallen von Handels- und Steuerbilanz. Durch die Abwicklung der Schäden bzw. Rückstellungen gleicht sich die Ergebnisdivergenz jedoch in späteren Wirtschaftsjahren aus, sodass handelsbilanziell die Bildung von aktiven latenten Steuern in Betracht kommt.

5. Rückstellung für Schadenregulierungsaufwendungen

Im Rahmen der Schadenrückstellung ist für die gesamten voraussichtlich noch 64 anfallenden Aufwendungen zur Schadenregulierung eine Teilrückstellung zu bilden (§ 341g Abs. 1 Satz 2 HGB).

Für steuerliche Zwecke unterteilt der BFH die Schadenregulierungsaufwendungen 65 in Schadenermittlungskosten, welche im Zusammenhang mit der Feststellung der Leistungspflicht des Versicherers anfallen, und Schadenbearbeitungskosten, die vor allem im Zusammenhang mit der Verwaltung von Schadenakten, dem innerbetrieblichen Abrechnungsverkehr, etc. entstehen.[36] Nach Auffassung des BFH existiert nach § 66 VVG lediglich eine zivilrechtliche Verpflichtung zur Schadensermittlung, nicht aber zur Schadenbearbeitung, sodass hinsichtlich der Scha-

34 Vgl. BFH v. 08.07.1992, BStBl. II 1992, S. 910 und BFH v. 05.02.1987, BStBl. II 1987, S. 845.
35 Gleicher Ansicht *Günkel/Fenzl*, DStR 1999, S. 656.
36 Vgl. BFH v. 19.01.1972, BStBl. II 1972, S. 392; BFH v. 10.05.1972, BStBl. II 1972, S. 823.

denbearbeitungskosten allenfalls eine (steuerlich unzulässige) Aufwandsrückstellung i.S.d. § 249 Abs. 2 HGB in Betracht kommt.

66 Die Finanzverwaltung hat sich im BdF-Schreiben v. 02.02.1973 (FR 1973, S. 113) der Ansicht des BFH angeschlossen; allerdings wird aufgrund der Abgrenzungsschwierigkeiten zwischen den Kostenarten anstelle eines Einzelnachweises auch eine pauschalierte Ermittlung der rückstellungsfähigen Schadenregulierungsaufwendungen anerkannt.[37]

67 Die Auffassung des BFH ist nicht unumstritten. So wird in weiten Teilen des Schrifttums die Meinung vertreten, dass die Bearbeitung des Schadenfalls eine unselbstständige Teilleistung der Schadenregulierung darstellt und untrennbar mit der eigentlichen Hauptleistung, nämlich der Entschädigungsleistung, verbunden ist. Demzufolge handelt es sich – entgegen der Ansicht des BFH – eben nicht um eine Innenverpflichtung, sondern um eine Verpflichtung gegenüber Dritten.[38] Des Weiteren wird angeführt, dass spätestens seit der Neuformulierung des § 341g Abs. 1 Satz 2 HGB („... Hierbei sind die gesamten Schadenregulierungsaufwendungen zu berücksichtigten ...“) eine handelsrechtliche Passivierungspflicht für die Schadenbearbeitungskosten besteht, die aufgrund des Maßgeblichkeitsgrundsatzes auch für steuerliche Zwecke greift.[39] Es bestehen daher berechtigte Zweifel, ob die bisherige Finanzverwaltungspraxis weiterhin Anwendung findet. Dies gilt insb. vor dem Hintergrund, dass das o.g. BdF-Schreiben nicht in der Positivliste des BMF-Schreibens v. 07.06.2005 (BStBl. I, S. 717) enthalten ist und damit als aufgehoben gilt. Eine Klarstellung seitens der Finanzverwaltung wäre daher wünschenswert.

6. Rückstellung für drohende Verluste aus schwebenden Versicherungsgeschäften

68 Die Rückstellung für drohende Verluste ist nach § 341e Abs. 2 Nr. 3 HGB für Verluste zu bilden, mit denen nach dem Abschlussstichtag aus bis zum Ende des GJ geschlossenen Verträgen zu rechnen ist.

---

37 Zu der vereinfachten Ermittlung nach der vom Gesamtverband der Deutschen Versicherungswirtschaft e.V. (GDV) entwickelten „Formel 48“ vgl. *Prüßmann/Uhrmann*, VersR 1975, S. 389 ff.

38 Vgl. *Perlet*, in: Ballwieser u.a. (Hrsg.), Bilanzrecht und Kapitalmarkt, Düsseldorf 1994, S. 853; *Buck*, Die versicherungstechnischen Rückstellungen im Jahresabschluss von Schaden- und Unfallversicherungsunternehmen, Köln 1994, S. 159 ff.; *Hommel/Schulte*, in: Münchener Kommentar zum HGB, 2. Aufl., München 2008, § 341g, Rn. 33.

39 Vgl. *Boetius*, Handbuch der versicherungstechnischen Rückstellungen, Köln 1996, Anm. 1015; *Koch/Krause*, in: Beck Vers-Komm, München 1998, § 341g HGB, Rn. 34 ff.

Der Maßstab für die Verpflichtung ist nicht der einzelne Schaden, sondern die kollektive Gefahr, d.h., der drohende Verlust kann nur für einen ganzen Versicherungsbestand, der sich aus einer Vielzahl von zu einer Gefahrengemeinschaft zusammengeschlossenen Versicherungsverträgen zusammensetzt, ermittelt werden. 69

Gemäß § 5 Abs. 4a EStG dürfen steuerlich keine Rückstellungen für Drohverluste gebildet werden. Die steuerliche Regelung ist insoweit lex specialis zu den handelsbilanziellen Regelungen. Der Maßgeblichkeitsgrundsatz ist durchbrochen. Dies kann Anlass für die Bildung aktiver latenter Steuern sein.

IV. Steuerliche Behandlung von Beitragsrückerstattungen

1. Gesetzliche Regelung nach § 21 KStG

Die steuerliche Anerkennung der gezahlten und zurückgestellten erfolgsabhängigen Beitragsrückerstattung als Betriebsausgabe ist in § 21 KStG geregelt. Aufgrund der versicherungstechnischen Besonderheiten der Geschäftszweige „Lebensversicherung" und „Krankenversicherung" einerseits sowie „Schaden- und Unfallversicherungen" andererseits ist die Abzugsfähigkeit der Beitragsrückerstattungen in Ziff. 1 und 2 des Abs. 1 unterschiedlich geregelt. Absatz 2 des § 21 KStG befasst sich mit der RfB und schreibt die weiteren Voraussetzungen vor, unter denen Zuführungen und Rückstellungen abzugsfähig sind bzw. bestehende Rückstellungen aufgelöst werden müssen. 70

Einzelheiten der steuerlichen Behandlung der Beitragsrückerstattungen sind in dem BMF-Schreiben v. 07.03.1978 (BStBl. I, S. 160) geregelt. 71

2. Begriff und Arten der Beitragsrückerstattungen nach § 21 KStG

Versicherungsunternehmen sind zu einer vorsichtigen Kalkulation der Versicherungsbeiträge verpflichtet. Die Beiträge enthalten daher Sicherheitszuschläge, welche die Risiken aus nicht vorhersehbaren negativen Entwicklungen des Risiko-, Zins- und Kostenverlaufs abdecken sollen. Sofern diese negativen Entwicklungen ausbleiben, entstehen beim Versicherungsunternehmen Überschüsse, an denen die Versicherungsnehmer zu beteiligen sind. Beitragsrückerstattungen stellen damit eine Rückzahlung sog. „überhobener Beiträge" dar. 72

73 Die Beitragsrückerstattungen können im Wege der Direktgutschrift oder über die Zuführung zur RfB erfolgen.

74 Aus steuerlicher Sicht werden die Aufwendungen als Betriebsausgaben anerkannt. Allerdings wird durch die Regelung des § 21 Abs. 1 KStG die steuerliche Abzugsfähigkeit der Beitragsrückerstattungen der Höhe nach begrenzt. Dadurch soll insb. verhindert werden, dass Gewinne des Versicherers, die aus dem nicht-versicherungstechnischen Geschäft stammen, steuerfrei an die Versicherungsnehmer ausgekehrt werden.[40] Dies ändert jedoch nichts am Charakter der Beitragsrückerstattungen als Betriebsausgaben.

75 Die Begrenzung der steuerlichen Abzugsfähigkeit gilt nur für Beitragsrückerstattungen, die aufgrund des Jahresergebnisses oder des versicherungstechnischen Überschusses gewährt werden, d.h. also ausschließlich für erfolgsabhängige Beitragsrückerstattungen i.S.d. § 28 Abs. 2 RechVersV.

76 Erfolgsunabhängige Beitragsrückerstattungen, auf die der Versicherte ohne Rücksicht auf den Geschäftsverlauf einen vertraglichen Anspruch hat,[41] fallen nicht unter die Vorschrift des § 21 KStG und sind unbeschränkt als Betriebsausgabe abzugsfähig.[42] Dazu zählen z.B. vertraglich als Prämie für schadenarmes Verhalten des Versicherungsnehmers vereinbarte Beitragsrückerstattungen.[43]

77 Mit dem Hinweis auf das „selbst abgeschlossene Geschäft" erfolgt in der Vorschrift des § 21 KStG der Ausschluss von Ergebnissen aus anderen Geschäften. Überschüsse aus übernommenen RückV, aus versicherungsfremden Geschäften oder – bei Schaden- und Unfallversicherungsunternehmen (SchVU) – aus dem nicht-versicherungstechnischen Bereich können nicht zu steuerlich abzugsfähigen Beitragsrückerstattungen verwendet werden. Sind im Rahmen übernommener RückV selbst Beitragsrückerstattungen zu leisten, sind diese nicht von der Abzugsbeschränkung des § 21 KStG betroffen. Dies gilt auch dann, wenn die Beitragsrückerstattungen beim Erstversicherer (ErstVR) unter die Bestimmung des § 21 KStG fallen und für den Rückversicherer (RückVR) möglicherweise über die Gewinnanteilsberechnungen ebenfalls erfolgsabhängig sind.

40 Vgl. BFH v. 07.03.2007, BStBl. II 2007, S. 589.
41 Vgl. BFH v. 09.06.1999, BStBl. II 1999, S. 739.
42 Vgl. BMF v. 07.03.1978, Rn. 1, letzter Abs.
43 Vgl. BFH v. 21.10.1999, BStBl. II 2000, S. 238 ff.

3. Beitragsrückerstattungen im Lebens- und Krankenversicherungsgeschäft

Nach der Regelung des § 21 Abs. 1 Ziff. 1 KStG sind Beitragsrückerstattungen, die in der Lebensversicherung und Krankenversicherung gewährt werden, abziehbar bis zu dem nach handelsrechtlichen Vorschriften ermittelten Jahresergebnis, erhöht um die für die Beitragsrückerstattungen aufgewendeten Beträge (soweit die hierfür verwendeten Überschüsse steuerpflichtig und nicht steuerbefreit sind), vermindert um die sich aus der Auflösung einer Rückstellung nach § 21 Abs. 2 Satz 2 KStG ergebenden Beträge sowie um den Nettoertrag des steuerlichen Betriebsvermögens am Beginn des Wirtschaftsjahres. 78

a) Bestimmungen des Jahresergebnisses aus dem selbst abgeschlossenen Geschäft

Die Höhe der abziehbaren Beitragsrückerstattungen bestimmt sich also zunächst nach dem Jahresergebnis, das nach handelsrechtlichen Vorschriften zu ermitteln ist.[44] Erfolgsabhängige Beitragsrückerstattung setzt immer ein positives Ergebnis des selbst abgeschlossenen Versicherungsgeschäfts (sG) voraus, in das Aufwendungen und Erträge aus dem in Rückdeckung gegebenen Geschäft einbezogen sind. Zu einem Grenzfall der Berücksichtigung des passiven Rückversicherungsgeschäfts (RückVG) wird auf ein Urteil des BFH v. 12.01.1977[45] verwiesen. Zur Entscheidung stand die Verwendung von Zuschüssen für Beitragsrückerstattungen, die eine Krankenversicherungs-AG von ihren RückVR, die auch Aktionäre der AG waren, über deren vertragsgemäße Leistungen aus den laufenden Rückversicherungsvertrag (RückVV) hinaus erhalten hatte. Der Tenor des Urteils lautet: „Zuschüsse, die die Aktionäre ihrer allein das Krankenversicherungsgeschäft betreibenden AG gewähren, ohne dafür einen Vorzug für ihre Aktien zu erhalten, erhöhen das für die Bemessung abzugsfähiger Beitragsrückerstattungen und Zuführungen zu entsprechenden Rücklagen maßgebliche Geschäftsergebnis des Krankenversicherungsgeschäfts der Gesellschaft, wenn die Zuschüsse nicht für außerhalb des Krankenversicherungsgeschäfts liegende Zwecke bestimmt waren“. 79

Das nach handelsrechtlichen Vorschriften ermittelte Jahresergebnis ist bei Lebensversicherungsunternehmen oder Krankenversicherungsunternehmen, die ausschließlich sG betreiben, identisch mit dem im Formblatt III der RechVersV unter 80

44 Vgl. BFH v. 09.06.1999, BStBl. II 1999, S. 739.
45 BStBl. II 1977, S. 439.

Posten 11 auszuweisenden Jahresüberschuss. Bei Unternehmen mit übernommenem Geschäft und/oder versicherungsfremdem Geschäft ist der Jahresüberschuss um Gewinne und Verluste aus diesen Aktivitäten zu korrigieren.

81 Sofern es sich bei der betreffenden Lebens- oder Krankenversicherung um eine Organgesellschaft i.S.d. § 14 Abs. 1 KStG handelt,[46] ist für das Ergebnis aus dem sG der Betrag anzusetzen, der sich ohne Berücksichtigung des Ergebnisabführungsvertrags ergeben hätte.[47]

b) Berücksichtigung von Aufwendungen für Beitragsrückerstattungen und von Erträgen aus der Auflösung der Rückstellung für Beitragsrückerstattungen

82 Zu erhöhen ist das Jahresergebnis des sG um die für die erfolgsabhängigen Beitragsrückerstattungen aufgewendeten Beträge und zu mindern um bestimmte Auflösungen der RfB.

83 Seit dem Veranlagungszeitraum 2009 können die für die Beitragsrückerstattungen aufgewendeten Beträge nur dann bei der Ermittlung des abzugsfähigen Höchstbetrags berücksichtigt werden, wenn die hierfür verwendeten Überschüsse steuerpflichtig und nicht steuerbefreit sind. Begründet wird dies damit, dass im Zusammenhang mit der Aufhebung des Organschaftsverbots für Lebens- und Krankenversicherungen verhindert werden soll, dass strukturell bedingte steuerliche Verluste über ein Organschaftsverhältnis für andere nutzbar gemacht werden.[48]

84 Diese strukturell bedingten steuerlichen Verluste können sich insb. dann ergeben, wenn die für die Beitragsrückerstattungen verwendeten Überschüsse aus Erträgen stammen, die bei der steuerlichen Gewinnermittlung nicht anzusetzen sind. In diesen Fällen mindern die Aufwendungen für die Beitragsrückerstattungen den handelsrechtlichen Gewinn (und damit auch die steuerliche Bemessungsgrundlage), während die dazugehörenden Erträge steuerfrei und daher bei der Ermittlung des steuerlichen Ergebnisses ebenfalls zu kürzen sind. Das heißt, im Ergebnis käme es zu einer doppelten steuerlichen Gewinnminderung, welche über die o.g. Beschränkung bei der Ermittlung der steuerlich abzugsfähigen Beitragsrückerstattungen verhindert werden soll.

---

46 Das Organschaftsverbot nach § 14 Abs. 2 KStG wurde durch das JStG 2009 aufgehoben.

47 Vgl. *Roser*, in: Gosch (Hrsg.), KStG, 2. Aufl., München 2009, § 21, Rn. 23d; *Schick*, in: Erle/Sauter (Hrsg.), Heidelberger Kommentar zum Körperschaftsteuergesetz (KStG), 2. Aufl., Heidelberg 2006, § 21, Rn. 31.

48 Vgl. Gesetzesbegründung zum JStG 2009, BT-Drucksache 16/11 108, S. 28.

Fraglich ist, welche Erträge aufgrund der sehr allgemein gehaltenen Formulierung des § 21 Abs. 1 Nr. 1 KStG („dem Grunde nach steuerpflichtig und nicht steuerbefreit") bei der Ermittlung der abzugsfähigen Beitragsrückerstattungen auszuschließen sind. Laut Gesetzesbegründung sollen hierzu solche Erträge gehören, die nach Doppelbesteuerungsabkommen (DBA) oder § 8b Abs. 9 KStG steuerfrei sind, sodass die bisherige explizite Erwähnung dieser Erträge nach § 21 Abs. 1 Nr. 1 Satz 1 KStG a.F. überflüssig geworden ist. Des Weiteren dürften auch steuerliche Einlagen, Zuschüsse, Investitionszulagen und teilweise nach § 3 Nr. 70 EStG steuerbefreite Gewinne aus der Übertragung von Grundstücken auf REIT-Gesellschaften zu einer Begrenzung der steuerlich abzugsfähigen Beitragsrückerstattungen führen. 85

Laut Gesetzesbegründung sollen rein zeitliche Abweichungen zwischen handels- und steuerrechtlicher Erfassung unbeachtlich sein, sodass „temporär steuerfreie" Erträge, wie z.B. Steuererstattungen, nach InvStG zeitlich verschobene Erträge und steuerfreie Rücklagen i.S.d. § 6b EStG bzw. R 6.6 EStR nicht unter die Beschränkung des § 21 Abs. 1 Nr. 1 KStG fallen dürften.[49] 86

Zu vermindern ist das Jahresergebnis um die Beträge, die sich aus der steuerlichen Auflösung der RfB gem. § 21 Abs. 2 Satz 2 KStG ergeben. 87

c) Nettoertrag des steuerlichen Betriebsvermögens

aa) Allgemeines

Die Kürzung des Nettoertrags des steuerlichen Betriebsvermögens bei der Ermittlung des Höchstbetrags der abzugsfähigen Beitragsrückerstattungen stellt das Kernstück der steuerlichen Sondervorschriften für die Lebensversicherung und Krankenversicherung dar. Durch diese Kürzungsvorschrift soll ausgeschlossen werden, dass Erträge, die aus Eigenkapital erwirtschaftet werden und daher nicht aus überhobenen Beiträgen stammen können, in die Beitragsrückerstattungen einbezogen werden. Der Ermittlung des Nettoertrags werden das Betriebsvermögen am Beginn des Wirtschaftsjahres und der um entsprechende Betriebsausgaben gekürzte Ertrag aus langfristigen Kapitalanlagen zugrunde gelegt. 88

49 Vgl. *Roser*, in: Gosch (Hrsg.), KStG, 2. Aufl., München 2009, § 21, Rn. 23d; *Schick*, in: Erle/Sauter (Hrsg.), KStG, 2. Aufl., Heidelberg 2006, § 21, Rn. 25b ff.

bb) Maßgebliches Betriebsvermögen

89 Bemessungsgrundlage des Nettoertrags ist gem. § 21 Abs. 1 Ziff. 1 Satz 1 KStG das nach den steuerlichen Vorschriften über die Gewinnermittlung anzusetzende Betriebsvermögen am Beginn des Wirtschaftsjahres. Das maßgebliche Betriebsvermögen, also der Unterschiedsbetrag zwischen den nach steuerlichen Bewertungsvorschriften angesetzten Aktiv- und Passivposten der Steuerbilanz, setzt sich im Allgemeinen aus den Posten

- Gezeichnetes Kapital,
- Kapital- und Gewinnrücklagen und
- Bilanzgewinn

zusammen. Sonderposten mit Rücklagenanteil (sog. steuerfreie Rücklagen) gehören nicht zum Betriebsvermögen i.S.d. § 21 KStG. Sie werden nach ertragsteuerlichen Grundsätzen zu Lasten des Gewinns gebildet und bewirken damit eine Minderung des steuerlichen Betriebsvermögens.

Nach dem Sinn der Beschränkung der Abzugsfähigkeit der Beitragsrückerstattungen auf überhobene Beitragsteile und nach Ausgliederung der Ergebnisse, die nicht das selbst abgeschlossene Lebens- und KrankenVG betreffen, erscheint es notwendig, das nach § 21 KStG zu ermittelnde Betriebsvermögen um das auf andere Aktivitäten als das sG entfallende anteilige Eigenkapital zu kürzen. Abgesehen vom teilweise gewichtigen aktiven RückVG kann dies auch für den Dienstleistungsbereich praktische Bedeutung haben, wenn hierfür wesentliches Eigenkapital gebunden wird. Gemäß Tz. 2.3.1 des Erlasses kann die Aufteilung des steuerlichen Betriebsvermögens nach Maßgabe der Einnahmen (z.B. Beitragseinnahmen, Provisionseinnahmen) aus den verschiedenen Tätigkeitsbereichen erfolgen.

Des Weiteren wird im Schrifttum[50] die Auffassung vertreten, dass bei der Ermittlung des steuerlichen Betriebsvermögens auch der Korrekturposten nach § 8b Abs. 8 Satz 4 KStG anzusetzen sei, sodass im Ergebnis Anteile mit den handelsrechtlichen Werten berücksichtigt werden. Dem Gesetzeswortlaut des § 21 Abs. 1 Nr. 1 KStG ist diese Vorgehensweise nicht zu entnehmen, da ausdrücklich das nach den Vorschriften der steuerlichen „Gewinnermittlung" anzusetzende Betriebsvermögen maßgeblich sein soll. Die Korrekturen im Sinne dieser Vorschrift erfolgen jedoch stets außerbilanziell und somit eben nicht im Rahmen der Gewinnermitt-

50 Vgl. *Schick*, in: Erle/Sauter (Hrsg.), KStG, 2. Aufl., Heidelberg 2006, § 21, Rn. 41 f.

lung, sondern erst im Rahmen der Einkommensermittlung.[51] Offen ist dagegen, ob sich die Berücksichtigung des Korrekturbetrags als Folgewirkung aus dem in § 8b Abs. 8 Satz 4 KStG enthaltenen Verweis auf § 21 KStG und der daraus resultierenden Wertekorrespondenz zwischen den beiden Vorschriften ergibt,[52] und damit die Vorschrift des § 8b Abs. 8 Satz 4 KStG für Lebens- und Krankenversicherungen als speziellere Norm dem § 6 Abs. 1 Nr. 2 Satz 2 EStG vorgeht.

An dieser Stelle wird die Hauptproblematik des § 21 KStG besonders deutlich: Dem handelsrechtlichen Jahresüberschuss wird die durchschnittliche Verzinsung des steuerlichen Betriebsvermögens gegenübergestellt, d.h., es kommt zu einer Vermischung handelsrechtlicher und steuerlicher Größen.[53] Als diese Ermittlungsmethode 1977 eingeführt wurde, war dies noch unproblematisch, da eine weitgehende Übereinstimmung zwischen Handels- und Steuerbilanz bestand. Mittlerweile kann es jedoch – gerade im Bereich der Kapitalanlagen – aufgrund der weitestgehend eigenständigen steuerlichen Bewertungsvorschriften zunehmend zu nicht unerheblichen Abweichungen zwischen Handels- und Steuerbilanz kommen. Es erscheint daher aus heutiger Sicht nicht mehr sachgerecht, die Eigenkapitalverzinsung auf das steuerliche Betriebsvermögen zu beziehen. Eine gesetzliche Neuregelung wäre insofern wünschenswert.

cc) Langfristige Kapitalanlagen

Eine weitere Größe zur Feststellung des Nettoertrags ist der Ertrag aus langfristiger 90
Kapitalanlage, wobei die Definition des Begriffs „langfristige Kapitalanlage" und auch die Ermittlung des maßgeblichen Ertrags problematisch sind.

Welche Kriterien für die Langfristigkeit unter Berücksichtigung des vom Gesetzge 91
ber mit der Vorschrift verfolgten Zwecks maßgeblich sein sollen, ist außerordentlich schwierig zu präzisieren. Die Anlagedauer der einzelnen Vermögensposten wird sowohl von ihrer Eigenart als auch von dem Willen des Steuerpflichtigen bestimmt.

Bei Lebensversicherungsunternehmen und Krankenversicherungsunternehmen 92
können – von Ausnahmen abgesehen – die in der Bilanz unter den Posten C I., C II., C III. zu erfassenden Kapitalanlagen im Allgemeinen als langfristig bezeichnet werden. Bei den übrigen Posten bereitet die Bestimmung der Fristigkeit jedoch

51 Vgl. OFD Frankfurt a. M., Verfügung v. 06.10.2004, DStR 2004, S. 2195; *Dötsch/Pung*, in: Dötsch/Eversberg/Jost/Pung/Witt (Hrsg.), KStG, § 8b, Rn. 286.

52 Vgl. *Schick*, in: Erle/Sauter (Hrsg.), KStG, 2. Aufl., Heidelberg 2006, § 21, Rn. 41 f.; *Roser*, in: Gosch (Hrsg.), KStG, 2. Aufl., München 2009, § 21, Rn. 26.

53 Vgl. *Hoffmann/Kunz*, VW 2009, S. 1838 ff.

erhebliche Schwierigkeiten, da diese Vermögensposten sowohl langfristig als auch kurzfristig angelegt werden. Das Kriterium der „Langfristigkeit“ lässt sich daher nach der Art der Kapitalanlagen nicht eindeutig festlegen. Eine Kapitalanlage ist jedenfalls dann langfristig, wenn „eine Anlagedauer von mehr als vier Jahren“ vereinbart wurde.[54] Als Anhaltspunkt für die Langfristigkeit einer Kapitalanlage könnte die Unterscheidung zwischen Anlagevermögen und Umlaufvermögen nach § 341b HGB herangezogen werden.

93 Bei der Interpretation der gesetzlichen Bestimmungen ist allerdings zu bedenken, dass der „Nettoertrag des Betriebsvermögens“ eine Fiktion darstellt. Das Betriebsvermögen = Eigenkapital deckt nicht nur rentierliches Vermögen. Auch bei Lebensversicherungsunternehmen und Krankenversicherungsunternehmen wird man bspw. die Betriebs- und Geschäftsausstattung (BGA) betriebswirtschaftlich als durch Eigenkapital finanziert ansehen müssen. Durch die gesetzliche Bestimmung wird dagegen fingiert, dass das Eigenkapital nur ertragbringendes Vermögen finanziert. Es ist daher zu vermuten, dass durch die „Langfristigkeit“ eine gewisse Stetigkeit und Mindesthöhe des Nettoertrags abgesichert werden sollte. Meines Erachtens kann die Gesamtsumme der Kapitalanlagen als langfristige Kapitalanlage i.S.d. § 21 Abs. 1 Nr. 1 Satz 2 KStG gesehen werden. Durch diese Vereinfachungsregel kann selbstverständlich nicht ausgeschlossen werden, dass das Versicherungsunternehmen für den Fall einer günstigeren Besteuerung einen Einzelnachweis der langfristigen Kapitalanlagen führt.

94 Als Bezugsgröße zur Ermittlung der Rendite sieht der Erlass in Tz. 2.3.3 das arithmetische Mittel der Kapitalanlage vom Beginn und Ende des Wirtschaftsjahres vor. Diese Bezugsgröße führt zu falschen Ergebnissen, wenn die Bestände im Laufe des Wirtschaftsjahres erheblich von denen an den beiden Stichtagen abweichen (z.B. durch Kumulierung von Geldeingängen zu Beginn des Jahres). In derartigen Fällen kann es zweckmäßig sein, vom arithmetischen Mittel aus den jeweiligen Monatsbeständen des betreffenden Wirtschaftsjahres auszugehen.

dd) Ermittlung des Nettoertrags des steuerlichen Betriebsvermögens

95 Der Nettoertrag wird aus dem Bruttoertrag langfristiger Kapitalanlagen abzüglich der darauf entfallenden abziehbaren und nicht-abziehbaren Betriebsausgaben ermittelt.

---

54 Vgl. RFH v. 02.07.1940, RStBl., S. 939; kritisch *Boetius*, Handbuch der versicherungstechnischen Rückstellungen, Köln 1996, Anm. 477a.

Der Bruttoertrag ergibt sich aus dem mit den Kapitalanlagen korrespondierenden Posten 3 der GuV. Werden der Berechnung nur langfristige Kapitalanlagen zugrunde gelegt, sind die Erträge aus kurzfristigen Anlagen zu eliminieren. Nach Tz. 2.3.4 des Erlasses wird die Summe der in der GuV unter den Posten 3a-3e ausgewiesenen Beträge übernommen. 96

Bilden sämtliche Kapitalanlagen die Bemessungsgrundlage für die Berechnung des Nettoertrags, so können von den zu kürzenden abziehbaren und nicht-abziehbaren Betriebsausgaben die unter Posten 10 des Formblatts 3 ausgewiesenen Aufwendungen für Kapitalanlagen den Erträgen unmittelbar zugerechnet werden. Werden nur langfristige Anlagen angesetzt, ist die direkte Zurechnung nur bei einzelnen Aufwandsarten (z.B. Abschreibungen) möglich, während die übrigen Aufwendungen nach dem Verhältnis der Bruttoerträge aus langfristigen Kapitalanlagen zu den gesamten Erträgen aus Kapitalanlagen aufzuteilen sind. Gemäß § 43 Abs. 1 Nr. 4 RechVersV gehen die anteiligen Aufwendungen für Altersversorgung und Unterstützung sowie die Abschreibungen auf die BGA in die Aufwendungen für Kapitalanlagen ein und zählen somit zu den direkt zuordenbaren Aufwendungen. Eine unmittelbare Zuordnung misslingt im Fall der Aufwendungen, die nicht unter die „gesamten Personal- und Sachaufwendungen" i.S.d. § 43 Abs. 1 Satz 1 RechVersV fallen, aber im Zusammenhang mit den Kapitalanlagen stehen. Sie sind unter den sonstigen Aufwendungen ausgewiesen (§ 48 RechVersV). 97

Der um die anteiligen Betriebsausgaben (ohne Steuern) gekürzte Bruttoertrag ist sodann im Verhältnis zum Durchschnittsbetrag der Kapitalanlagen als vH.-Satz zu ermitteln. Aus der Anwendung dieses vH.-Satzes auf die ggf. bereinigte Bezugsgröße „steuerliches Betriebsvermögen" ergibt sich der anteilige Nettoertrag (vor Steuern) des Betriebsvermögens. 98

Vom Nettoertrag sind die anteiligen Steueraufwendungen abzusetzen. Die Verteilung des Steueraufwandes kann dabei nach dem Verhältnis des Nettoertrags zum restlichen Jahresüberschuss jeweils vor Steuern erfolgen. 99

4. Beitragsrückerstattungen in der Schaden- und Unfallversicherung

In der Schaden- und Unfallversicherung hängt die Abzugsfähigkeit der Beitragsrückerstattungen von der Erzielung eines versicherungstechnischen Überschusses ab, der sich nach betriebswirtschaftlichen Grundsätzen ermittelt.[55] Diese Regelung 100

55 Vgl. BFH v. 21.10.1999, BStBl. II 2000, S. 238 ff.

geht über die in § 21 Abs. 1 Nr. 2 KStG für die Abziehbarkeit gezogene Grenze hinaus und gewährleistet dadurch eine rechtsformunabhängige Gleichbehandlung der Versicherungsunternehmen.[56]Der Überschuss ist aus den Beitragseinnahmen und anteiligen Betriebsausgaben der einzelnen VZ des sG f.e.R. zu ermitteln. Der versicherungstechnische Überschuss kann über dem nach § 21 Abs. 1 Nr. 2 KStG Berechneten liegen; Beitragsrückerstattungen, die auf dem übersteigenden Betrag beruhen, sind nur abziehbar, wenn sie auf einer tariflichen oder aufsichtsrechtlichen Verpflichtung basieren (offen im BFH-Urteil v. 21.10.1999). Durch die Beschränkung der Beitragsrückerstattungen auf die einzelnen VZ entfällt einerseits die Möglichkeit einer Zusammenfassung mehrerer VZ zu einem größeren Verbund, innerhalb dessen technische Überschüsse und Fehlbeträge verrechnet werden könnten, andererseits besteht unter steuerrechtlichen Aspekten auch nicht die Notwendigkeit, dass das Versicherungsunternehmen als Ganzes ein positives Jahresergebnis erwirtschaftet.

a) Begriff des Versicherungszweiges

101 Als VZ wird eine durch Tragung bestimmter Gefahren und Gefahrengruppen gekennzeichnete, abgegrenzte Gemeinschaft bezeichnet. Entsprechend den versicherten Gefahren umfasst der VZ eine oder mehrere Versicherungsarten. Der in § 21 KStG verwendete Begriff ist inhaltlich mit dem handelsrechtlichen Begriff identisch.

102 Eine weitere Unterteilung der Überschussrechnung eines VZ nach Versicherungsarten ist nach dem klaren Wortlaut der gesetzlichen Vorschrift unzulässig.

b) Steuerliche Erfolgsrechnung

103 Nach § 21 Abs. 1 Ziff. 2 KStG sind Beitragsrückerstattungen in der Schaden- und Unfallversicherung bis zur Höhe des Überschusses, der sich aus der auf das Wirtschaftsjahr entfallenden Beitragseinnahme nach Abzug aller anteiligen, abziehbaren und nicht-abziehbaren Betriebsausgaben ergibt, abziehbar. Wird das Versicherungsgeschäft in Rückdeckung gegeben, so ist bei der Ermittlung des Überschusses von den Erträgen und Aufwendungen f.e.R. auszugehen. Zur betragsmäßigen Ermittlung der Höhe der abziehbaren Beitragsrückerstattungen ist eine besondere Erfolgsrechnung zu erstellen, deren Erträge und Aufwendungen unmittelbar oder geschlüsselt den nach der RechVersV zu erstellenden GuV entnommen werden müssen.

---

56 Vgl. BFH v. 21.10.1999, BStBl. II 2000, S. 238 ff.

Nach der gesetzlichen Definition des Überschusses sind auf der Ertragsseite nur die Beitragseinnahmen anzusetzen. Beitragseinnahmen in diesem Sinne sind die je VZ erzielten Beiträge einschl. Nebenleistungen abzüglich der RückV-Beiträge sowie zuzüglich oder abzüglich der Veränderungen der Beitragsüberträge f.e.R. Nebenleistungen der Versicherungsnehmer und Ratenzuschläge werden dabei durch den Begriff der Beitragseinnahme gedeckt. 104

Nach den Urteilen des BFH v. 06.12.1960[57] und 21.10.1999[58] können andere versicherungstechnische Erträge, insb. Erträge aus Kapitalanlagen als Beitragseinnahmen, nicht in die steuerliche Erfolgsrechnung zum Zwecke der Ermittlung der abzugsfähigen Beitragsrückerstattungen einbezogen werden. Nach Abschn. 48 Abs. 4 KStR 1976 „gilt eine Ausnahme nur für solche Versicherungssparten, bei denen ein Deckungskapital nach versicherungsmathematischen Grundsätzen zu bilden und anzulegen ist (z.B. Unfallversicherungen, Haftpflichtversicherungen, lebenslängliche Verkehrsmittel-Unfallversicherung). In diesen Fällen können die in den jährlichen Zuführungen zum Deckungskapital enthaltenen, rechnungsmäßigen Zinsen neben den Beitragseinnahmen auf der Überschussrechnung berücksichtigt werden“. 105

Für die Zuordnung der auf das Wirtschaftsjahr entfallenden Aufwendungen zu den von den Beitragseinnahmen zu kürzenden, abziehbaren und nicht-abziehbaren Betriebsausgaben gilt entsprechend der Grundkonzeption der steuerlichen Erfolgsrechnung das Verursachungsprinzip. Bei den versicherungstechnischen Posten dürfte die Zuordnung unproblematisch sein. 106

Die im versicherungstechnischen Teil der GuV ausgewiesenen Posten sind bis auf Teile der „Aufwendungen für den Versicherungsbetrieb“ und „Sonstige versicherungstechnische Aufwendungen“ den VZ unmittelbar zuzurechnen. Auch die durch Schlüsselung zu verteilenden Posten – insb. die Aufwendungen für den Versicherungsbetrieb (ohne Provisionen) – können uneingeschränkt in die steuerliche Erfolgsrechnung übernommen werden, da auch handelsrechtlich für die Aufteilung das Verursachungsprinzip maßgebend war. 107

Für die im nicht-versicherungstechnischen Teil der GuV ausgewiesenen, aus den Beitragseinnahmen zu deckenden Aufwendungen sind dagegen für Zwecke der steuerlichen Erfolgsrechnung noch Verteilungsmaßstäbe zu entwickeln. Für die Verteilung dieser Aufwendungen können keine allgemeingültigen Schlüssel angegeben werden. Die Verteilungsgrundsätze sind nach dem Verursachungsprinzip unter Berücksichtigung der besonderen, sich möglicherweise im Zeitablauf wan- 108

57 BFH v. 06.12.1960, BStBl. III 1961, S. 81.
58 BFH v. 21.10.1999, BStBl. II 2000, S. 238 ff.

delnden Verhältnisse des einzelnen Versicherungsunternehmens festzulegen. Nach Tz. 3 des Erlasses ist es nicht zu beanstanden, wenn für die Zuordnung die für die Lebensversicherungsunternehmen und Krankenversicherungsunternehmen zugelassenen Regelungen von den SchVU entsprechend angewendet werden.

109 Von den „Sonstigen Aufwendungen“ sind in der steuerlichen Erfolgsrechnung nur anteilige Aufwendungen, die das Unternehmen als Ganzes betreffen, anzusetzen. Soweit es sich hierbei um nicht-abziehbare Betriebsausgaben handelt, ist der Aufwand um die anfallenden Ertragsteuern zu erhöhen, wobei zu berücksichtigen ist, dass die KSt selbst zu den nicht-abziehbaren Betriebsausgaben rechnet.

110 Von den unter den Posten 10 und 11 ausgewiesenen Aufwendungen für Steuern kommen – von auf nicht-abziehbaren Betriebsausgaben entfallenden Ertragsteuern abgesehen – nur ggf. anteilige Umsatzsteuer (USt) auf den Eigenverbrauch für eine Aufteilung in Frage. Eine Einbeziehung von KSt und Gewerbeertragsteuer (GewErtrSt) in die Erfolgsrechnung (soweit nicht auf nicht-abziehbare Betriebsausgaben entfallend) kommt ebenfalls nicht in Betracht, da bei der Ermittlung der steuerlich höchstmöglichen Beitragsrückerstattungen davon ausgegangen wird, dass der gesamte Überschuss für Beitragsrückerstattungen Verwendung findet.

5. Rückstellung für Beitragsrückerstattung

111 Die Bildung der RfB hat ihre rechtliche Grundlage in vertraglichen Verpflichtungen des Versicherungsunternehmens gegenüber dem Versicherungsnehmer, geschäftsplanmäßigen Erklärungen und Satzungsbestimmungen. Der BFH führt in seiner Begründung zum Urteil v. 26.04.1960[59] aus, dass die RfB nach herrschender Meinung in Rspr. und Schrifttum auf einem bürgerlich-rechtlichen Anspruch der Versicherungsnehmer beruht und eine Schuldverpflichtung i.S.d. §§ 241 ff. BGB darstellt.

112 Einzelheiten zur aufsichtsrechtlichen Mindestzuführung zur RfB der Lebensversicherungsunternehmen werden durch die aufgrund § 81c Abs. 3 VAG erlassene Verordnung über die Mindestbeitragsrückerstattung in der Lebensversicherung (ZR Quoten V) und zur Mindestzuführung zur RfB in der Krankenversicherung durch die aufgrund von § 81d Abs. 3 VAG erlassene Verordnung zur Ermittlung und Verteilung von Überzins und Überschuss in der Krankenversicherung (ÜberschV) geregelt.

59 BFH v. 26.04.1960, BStBl. III 1960, S. 311.

Steuerlich sind aber die Möglichkeiten zur Bildung einer Rückstellung für erfolgsabhängige Beitragsrückerstattungen sowohl dem Grunde nach aufgrund der abweichenden Verwendungssicherung gem. § 21 Abs. 2 Satz 1 KStG als auch der Höhe nach aufgrund des Auflösungszwanges gem. § 21 Abs. 2 Satz 2 KStG gegenüber dem Handelsrecht eingeschränkt. 113

a) Verwendungssicherung der zurückgestellten Mittel

Durch § 21 Abs. 2 KStG wird die steuerliche Abzugsfähigkeit der Zuführungen zur RfB vom Vorliegen weiterer Voraussetzungen, die eine Verwendungssicherung dem Grunde und der Höhe nach darstellen, abhängig gemacht. Nach Satz 1 des Abs. 2 sind Zuführungen nur abziehbar, wenn durch die Satzung oder durch geschäftsplanmäßige Erklärungen abgesichert ist, dass die Rückstellung ausschließlich für Beitragsrückerstattungen verwendet wird. Eine geschäftsplanmäßige Erklärung ist eine verbindliche schriftliche Zusage mit öffentlich-rechtlicher Wirkung gegenüber der Aufsichtsbehörde.[60] Eine rein vertragliche Verwendungssicherung ist hingegen nicht ausreichend. 114

Keine Durchbrechung der Verpflichtung zur ausschließlichen Verwendung der RfB wurde bisher darin gesehen, dass die Beträge zur Verlustabdeckung entnommen wurden.[61] Die Einhaltung der gesetzlich vorgeschriebenen Verwendung lässt sich für diesen Ausnahmefall so begründen, dass statt der Entnahme in einem umständlicheren Verfahren Ausschüttungen hätten bei gleichzeitiger Beitragserhöhung zur Verlustabdeckung und Verrechnung der Erstattungsbeträge mit den Mehrbeiträgen beschlossen werden können. 115

b) Zeitliche Befristung und Höchstbetragsregelung

In § 21 Abs. 2 Satz 2 KStG ist festgelegt, mit welchen Höchstbeträgen die Rückstellung als solche in der Steuerbilanz dotiert sein darf. Dabei betreffen die Ziff. 1 und 2 des Satzes 2 alle Versicherungsunternehmen, während Ziff. 3 nur für Krankenversicherungsunternehmen und Ziff. 4 nur für Lebensversicherungsunternehmen gilt. 116

Die steuerlich zeitlich nur befristet mögliche Thesaurierung von Mitteln in einer Rückstellung wurde erstmals vom Reichsfinanzhof (RFH) in seinem Urteil v. 23.03.1943[62] mit der Entscheidung postuliert, dass die Verwendung der RfB 117

60 Vgl. BFH v. 09.06.1999, BStBl. II 1999, S. 739.
61 Vgl. RFH v. 04.04.1939, RStBl. 1939, S. 892.
62 RFH v. 23.03.1943 RStBl. 1943, S. 680.

nicht allzu lange auf sich warten lassen dürfte. „Denn, wenn das Versicherungsunternehmen auch noch nach Jahren keine Anstalten trifft, die Gewinnrücklage den Versicherten tatsächlich zuzuführen, wird die Rückstellung insoweit zur Vermögensansammlung und ist damit steuerpflichtig aufzulösen".

118 Gemäß § 21 Abs. 2 Satz 2 Ziff. 1 KStG bestimmt sich der Höchstbetrag der Rückstellung nach den Zuführungen innerhalb des zum Bilanzstichtag endenden GJ und der zwei vorangegangenen GJ.

119 Durch die Fixierung des Höchstbetrags auf die Zuführungen der letzten drei Jahre ist der Fristablauf der Verwendung gesetzlich geregelt. Die Frist von drei Jahren gilt einheitlich für alle Versicherungsunternehmen. Zur Vermeidung einer Auflösung und Versteuerung muss daher über Zuführungen zur RfB im dritten auf das Jahr der Zuführung folgenden Wirtschaftsjahr verfügt worden sein.

120 Das Jahressteuergesetzt 2010 i.d.F. des Regierungsentwurfs v. 19.05.2010 sieht eine vorübergehende Ausdehnung des Verwendungszeitraums vor. Demnach sollen für die Veranlagungszeiträume 2010-2013 die Zuführungen des laufenden und der vier vorangegangenen Wirtschaftsjahre maßgeblich sein (§ 34 Abs. 10b Satz 3 KStG-E), wodurch der steuerliche Höchstbetrag für die RfB angehoben wird. Allerdings darf hierbei das 1,2-fache des Betrags, der zulässigerweise am Schluss des Veranlagungszeitraums 2009 in der Steuerbilanz ausgewiesen wurde, nicht überschritten werden. Hintergrund für die geplante Gesetzesänderung ist laut Begründung zum Regierungsentwurf, dass die derzeit geltende Regelung des § 21 Abs. 2 KStG dazu führen kann, dass die Versicherungsunternehmen gerade in Zeiten niedriger Zinsen und hoher Unsicherheiten ihre als Sicherheitspuffer dienende RfB abbauen müssen. Die zeitliche befristete Ausdehnung des Verwendungszeitraums soll daher sicherstellen, dass die Versicherungen nicht aus rein steuerlichen Gründen dazu veranlasst werden, die in die RfB eingestellten Mittel aufzulösen.

121 Befristung und Höchstbetrag nach § 21 Abs. 2 Satz 2 Ziff. 1 KStG kommen nicht zur Anwendung, soweit die Ausschüttung als Beitragsrückerstattung vom Versicherungsunternehmen vor dem Bilanzstichtag verbindlich festgelegt worden ist. Aufgrund dieser Bestimmung ist den Versicherungsunternehmen die Möglichkeit gegeben, die Kontinuität der Beitragsrückerstattungen in Jahren mit wechselnden Überschüssen längerfristig zu sichern. Die richtige Anwendung der Vorschrift hängt von der Frage ab, unter welchen Voraussetzungen Rückstellungsbeträge „verbindlich festgelegt" sind. Begrifflich wird eine verbindliche Festlegung i.S.d. Vorschrift abzugrenzen sein einerseits von der Verbindlichkeit des Versicherungsunternehmens aufgrund seiner satzungsmäßigen oder geschäftsplanmäßigen Verpflichtung, da sich diese nur auf den gesamten Rückstellungsbetrag und die gan-

ze Versichertengemeinschaft bezieht, sowie andererseits von der Ermittlung und Inventarisierung des Erstattungsbetrags je berechtigtem Versicherungsnehmer, da dies einer Ausschüttung gleichzusetzen wäre. Der Begriff „verbindlich festgelegt" erfordert vielmehr die Bestimmung oder die Bestimmbarkeit des für die Ausschüttung vorgesehenen Betrags, des Zeitpunktes der Ausschüttung und des berechtigten Personenkreises.

Die verbindliche Festlegung des Betrags besteht darin, einen an die betroffenen 122
Versicherten auszuschüttenden Gesamtbetrag zu bestimmen bzw. je Anspruchsberechtigtem einen absoluten Betrag oder eine Relation zum Versicherungsbeitrag bzw. zur Versicherungssumme festzulegen, aufgrund dessen/deren der Finanzierungsbedarf der künftigen Ausschüttung ermittelbar ist. Bei dieser Ermittlung lassen sich partielle Schätzungen nicht vermeiden, da die Beitragsrückerstattung für Versicherungsnehmer künftiger Wirtschaftsjahre beschlossen oder davon abhängig sein kann, dass das Versicherungsverhältnis im Zeitpunkt der Ausschüttung noch besteht. Die aufgrund von Erfahrungen und bei den Versicherungsunternehmen vorliegenden Planungen zu erwartenden Veränderungen sind bei der Ermittlung des Finanzierungsbedarfs der verbindlichen Festlegung daher zu berücksichtigen. Zur Verhinderung nicht für Zwecke der Beitragsrückerstattung gebundener Thesaurierung von Mitteln wird es daher – wie im koordinierten Ländererlass v. 03.01.1973[63] geregelt – weiterhin erforderlich sein, bei der Berechnung des Finanzierungsbedarfs der durch die Festlegung begründeten Ansprüche der Versicherungsnehmer von zeitnahen Rechnungsgrundlagen auszugehen. Aufgrund der Vielfalt der Differenzierung der Beitragsrückerstattungen ergeben sich jedoch zwangsläufig Abweichungen des tatsächlich zur Ausschüttung kommenden Betrags von dem errechneten oder geschätzten Finanzbedarf der verbindlichen Festlegung. Soweit die Abweichung eine Überdotierung des festgelegten Betrags darstellt, können sich – Willkür bei Berechnung oder Schätzung ausgeschlossen – steuerlich keine nachteiligen Folgen ergeben. Nach Tz. 5.3 des Erlasses beginnen für diese Beträge neue Verwendungsfristen am Ende des Wirtschaftsjahres, in dem die nicht durchführbare Verwendung erkennbar wird.

Nach Tz. 4.2 letzter Abs. des Erlasses ist bei der Berechnung des erforderlichen 123
Betrags abzuzinsen, wenn die Durchführung der Beitragsrückerstattungen, vom Zeitpunkt der rechtswirksamen Beschlussfassung ausgehend, einen Zeitraum von mehr als zwei Jahren erfordert. Abgesehen von der Frage, ob eine Abzinsung handelsrechtlich zulässig ist, steht diese Bestimmung auch mit dem Wortlaut des § 21

63 Erlass des FM NW v. 03.01.1973, StEK, KStG, § 6 BeitrRück Nr. 17.

KStG selbst nicht in Einklang, wonach Zuführungen zur RfB nur aus dem Jahresergebnis oder dem versicherungstechnischen Überschuss vorgenommen werden können. Gilt nun bei einem Versicherungsunternehmen nur der abgezinste Bedarf als festgelegt, so muss die jeweilige Verminderung des Abzinsungsbetrags in den Wirtschaftsjahren bis zum Zeitpunkt der Ausschüttung der Rückstellung zugeführt werden, ohne Rücksicht darauf, ob ein verwendbarer Überschuss zur Verfügung steht.

124 Die Bestimmung oder Bestimmbarkeit des betroffenen Personenkreises ist dadurch gegeben, dass die zuständigen Organe in ihrem Beschluss den Kreis der Anspruchsberechtigten konkretisieren, indem festgelegt wird, unter welchen Voraussetzungen Beitragsrückerstattungen an die Versicherungsnehmer geleistet werden.

125 Bei Krankenversicherungsunternehmen ist nach § 21 Abs. 2 Satz 2 Ziff. 3 KStG ein zur Ermäßigung von Beitragserhöhungen im folgenden GJ festgelegter Betrag in die Berechnung des zulässigen Höchstbetrags einzubeziehen. Um die aufgrund gestiegener Krankheitskosten notwendig werdenden Beitragserhöhungen für die Versicherten in vertretbaren Grenzen zu halten, werden der RfB Beträge entnommen, die als Einmalbetrag für Versicherte sanierungsbedürftiger Tarife verrechnet bzw. als Barwert in die Alterungsrückstellung eingestellt werden. Die kalkulatorisch notwendige Beitragserhöhung wird „gekappt“, d.h., für die Erhöhung gegenüber dem Versicherungsnehmer wird ein Beitragslimit angesetzt. Die Differenz zwischen der kalkulatorisch notwendigen Beitragserhöhung und dem Beitragslimit stellt die Ermäßigung der Erhöhung dar, die aus der RfB finanziert werden kann. Bei einer verbindlichen Festlegung der Verwendung von Mitteln zu diesem Zweck vor dem Bilanzstichtag erfolgt insoweit keine Auflösung der Rückstellung.

126 Schließlich berücksichtigt § 21 Abs. 2 Satz 2 Ziff. 4 KStG neben laufenden Beitragsrückerstattungen die vertragliche Verpflichtung der Lebensversicherungsunternehmen zur Gewährung der sog. Schlussüberschussanteile, die ebenfalls durch in der RfB anzusammelnde Mittel finanziert wird. Der Schlussüberschussanteil stellt eine Vergütung an den Versicherungsnehmer für die gesamte, im Versicherungsvertrag vereinbarte Zeitdauer dar, sodass die Ansammlung unter wirtschaftlicher Betrachtungsweise während der Versicherungsdauer erfolgen muss. Einzelheiten zur Berechnung des Schlussüberschussanteilsfonds sind in § 28 Abs. 7 RechVersV geregelt. Der in der Rückstellung für die abgelaufenen Versicherungsjahre angesammelte Betrag gilt nach Ziff. 4 daher als verwendet. Die Ermittlung des Rückstellungsbetrags geschieht nach versicherungsmathematischen Grundsätzen unter Zugrundelegung der Verhältnisse am Bilanzstichtag.

c) Kleinbetragsregelung

Eine Überschreitung des Höchstbetrags der in der RfB thesaurierten Mittel soll nach § 21 Abs. 2 Satz 3 KStG dann nicht zur Auflösung der Rückstellung führen, wenn zur Vermeidung der nachteiligen steuerlichen Folgen Auszahlungen von Kleinbeträgen erforderlich wären und dies mit einem unverhältnismäßig hohen Verwaltungsaufwand verbunden wäre. 127

Bislang wurde von der nach § 33 Abs. 1 Nr. 2a KStG eingeräumten Ermächtigung der Bundesregierung zum Erlass einer Rechtsverordnung über Kleinbeträge kein Gebrauch gemacht. Anstelle dessen gilt nach wie vor die Regelung des BMF-Schreibens v. 07.03.1978 (BStBl. I, S. 160, Tz. 5.1), wonach von Kleinbeträgen auszugehen ist, wenn im Durchschnitt weniger als 20,00 DM (entspricht 10,32 EUR) auf den einzelnen begünstigten Versicherungsvertrag bzw. Versicherungsnehmer entfallen würden oder wenn in dem überschussberechtigten VZ weniger als 1 % der Bruttojahresbeiträge für eine Beitragsrückerstattung zur Verfügung steht. 128

d) Auflösung der Rückstellung

Eine nach § 21 Abs. 2 KStG notwendig werdende Auflösung der RfB ist nur in der Steuerbilanz vorzunehmen. Die Rückstellung in der Handelsbilanz bleibt betragsmäßig unverändert, sodass sie in Höhe des Auflösungsbetrags versteuert ist. 129

Die Versteuerung des Auflösungsbetrags ist endgültig, d.h., die Steuerbelastung wird im Zeitpunkt der Verwendung des in der Handelsbilanz verbliebenen Auflösungsbetrags nicht wieder neutralisiert. Die Ausschüttung des Betrags stellt eine nicht abzugsfähige Betriebsausgabe dar. Auf die aus der versteuerten Rückstellung bewirkte Beitragsrückerstattung finden andererseits die Vorschriften des § 21 Abs. 1 KStG keine Anwendung. 130

e) Ausschluss des § 6 Abs. 1 Nr. 3a EStG

Nach § 21 Abs. 3 KStG sind die allgemeinen Vorschriften des § 6 Abs. 1 Nr. 3a EStG nicht anzuwenden. Hintergrund hierfür ist, dass der steuerliche Höchstbetrag der RfB bereits durch die Sonderregelung des § 21 Abs. 2 KStG festgelegt wird, sodass sich die Anwendung der allgemeinen Bewertungsvorschriften nach § 6 Abs. 1 Nr. 3a EStG erübrigt.[64] 131

64 Vgl. Gesetzesbegründung zu § 21 Abs. 3 KStG, BT-Drucksache 11/443, S. 36.

132 Dies bedeutet insb., dass bei der RfB weder eine „realitätsnahe" Bewertung auf Grundlage von Erfahrungen in der Vergangenheit i.S.d. § 6 Abs. 1 Nr. 3a Buchst. a EStG noch eine steuerliche Abzinsung i.S.d. § 6 Abs. 1 Nr. 3a Buchst. e EStG vorzunehmen ist.

133 In diesem Zusammenhang ist zu betonen, dass § 21 KStG ausschließlich für erfolgsabhängige Beitragsrückerstattungen gilt und somit § 21 Abs. 3 KStG die Anwendbarkeit der allgemeinen Bewertungsvorschriften nach § 6 Abs. 1 Nr. 3a EStG für erfolgsunabhängige Beitragsrückerstattungen nicht ausschließt.[65]

V. Verdeckte Gewinnausschüttungen beim Versicherungsverein auf Gegenseitigkeit

134 Zur grundsätzlichen Frage, ob es bei einem Versicherungsverein auf Gegenseitigkeit (VVaG) infolge des Fehlens einer Beteiligung an diesen überhaupt eine verdeckte Gewinnausschüttung geben kann, wird auf das einschlägige Schrifttum[66] verwiesen.

135 Finanzverwaltung[67] und Rspr.[68] sind unverändert der Auffassung, dass bei VVaG dann verdeckte Gewinnausschüttungen vorliegen, wenn „ein Vorteil zugewendet wird, der im Mitgliedschaftsverhältnis seine Erklärung findet"[69]. Mit Urteil v. 11.02.1987[70] hat der BFH bei einem Lohnsteuerhilfeverein festgestellt, dass verdeckte Gewinnausschüttungen deswegen nicht vorliegen können, weil dem Zuwendungsempfänger die Eigenschaft eines Gesellschafters fehlt; „da das Vermögen des Vereins der Beteiligung seiner Mitglieder entzogen ist, können Zuwendungen des Vereins an seine Mitglieder nicht als Erträge angesehen werden, die Ausfluss einer kapitalmäßigen Beteiligung sind". Mit BMF-Schreiben v. 14.08.1987[71] wurde bestimmt, dass das Urteil v. 11.02.1987 über den entschiedenen Einzelfall hinaus nicht anzuwenden ist.

---

65 Vgl. BFH, v. 25.11.2009, BStBl. II 2010, S. 304; BFH, v. 07.03.2007, BStBl. II 2007, S. 589; BFH, v. 09.06.1999, BStBl. II 1999, S. 739; *Groß*, in: Dötsch/Eversberg/Jost/Pung/Witt (Hrsg.), KStG, § 21, Rn. 47.

66 Vgl. *Schmitz*, Beitrag K der 2. Aufl. dieses Werkes, Rn. 11; *Knocks*, WPg 1979, S. 128 und WPg 1980, S. 213; *Mies*, WPg 1980, S. 213; jeweils m.w.N. insb. zur Rspr.

67 Vgl. H 36, Stichwort „Versicherungsvereine auf Gegenseitigkeit", KStR 2004 v. 13.12.2004, BstBl. I Sondernr. 2, S. 2.

68 Vgl. BFH v. 14.07.1976, BStBl. II 1976, S. 731; allgemein zur vGA bei Nichtkapitalgesellschaften vgl. BFH v. 13.07.1994, BStBl. II 1995, S. 198.

69 BFH v. 14.07.1976, BStBl. II 1976, S. 731, 733.

70 BFH v. BStBl. II 1987, S. 643.

71 BMF v. 14.08.1987, BStBl. I 1987, S. 631.

Der häufigste Fall der Annahme einer verdeckten Gewinnausschüttung liegt vor, wenn ein VVaG auf die Erhebung eines angemessenen Beitrags verzichtet. Wird der Ausgleich der Unterdeckung im versicherungstechnischen Geschäft mit anderen Mitteln als mit Beiträgen vorgenommen, liegt eine verdeckte Gewinnausschüttung vor. Das gilt nach Auffassung der Finanzverwaltung insb., „wenn ein VVaG Ausgaben des versicherungstechnischen Geschäfts aus der Verlustrücklage bestreitet und damit die zu erhebenden Beiträge (Vorausbeiträge, Umlagen, Nachschüsse) vermindert".[72] 136

Nach Auffassung des BMF[73] ist eine verdeckte Gewinnausschüttung dann nicht anzunehmen, wenn ein versicherungstechnischer Verlust (Spartenausgleich) auf die folgenden fünf Wirtschaftsjahre vorgetragen und mit versicherungstechnischen Gewinnen dieser Jahre verrechnet wird. Erst der am Ende des fünften Wirtschaftsjahres noch nicht verrechnete Verlust ist in diesem Jahr als verdeckte Gewinnausschüttung anzusetzen. Das Verfahren für die Feststellung einer verdeckten Gewinnausschüttung beim VVaG ist im BMF-Schreiben v. 24.11.1981[74] festgelegt. Bezüglich möglicher Maßnahmen zur Vermeidung von verdeckten Gewinnausschüttungen wird auf das erwähnte Schrifttum[75] verwiesen. 137

VI. Weitere Sonderfragen

1. Steuerfreiheit von Wertänderungen bei Aktien und GmbH-Anteilen

Nach § 8b Abs. 2 und Abs. 3 KStG sind Veräußerungsgewinne und -verluste sowie Abschreibungen und Zuschreibungen auf Aktien und GmbH-Anteile steuerlich nicht zu berücksichtigen. Nach § 8b Abs. 3 Satz 1 KStG gelten allerdings 5 % der Gewinne als nicht abziehbare Betriebsausgaben, sodass im Ergebnis nur 95 % steuerfrei sind. 138

Diese Vorschriften sind nicht anwendbar, wenn die Aktien und GmbH-Anteile von Lebens-, Krankenversicherungen und Pensionsfonds gehalten werden (vgl. hierzu im Einzelnen unter VI. 4.). 139

72 BMF v. 19.06.1980, DB 1980, S. 1374, BFH v. 13.11.1991, DB 1992, S. 1456.
73 BMF v. 15.01.1996, DStR 1996, S. 585.
74 DB 1981, S. 2517.
75 Fn. 67.

2. Teilwertabschreibung auf Kapitalanlagen

140 Nach § 341b Abs. 1 HGB haben Versicherungsunternehmen entgeltlich erworbene immaterielle Vermögensgegenstände, Grundstücke, grundstücksgleiche Rechte und Bauten einschl. der Bauten auf fremden Grundstücken, technische Anlagen und Maschinen, andere Anlagen, BGA, Anlagen im Bau und Vorräte nach den für das Anlagevermögen geltenden Vorschriften zu bewerten. Das gleiche gilt vorbehaltlich des Abs. 2 des § 341b HGB für Kapitalanlagen, soweit es sich hierbei u.a. um Beteiligungen, Anteile an verbundenen Unternehmen, Ausleihungen an verbundene Unternehmen oder an Unternehmen, mit denen ein Beteiligungsverhältnis besteht, handelt.

141 Nach § 341b Abs. 2 HGB sind Aktien einschl. der eigenen Anteile, Investmentanteile sowie sonstige festverzinsliche und nicht festverzinsliche Wertpapiere wie Umlaufvermögen zu bewerten, es sein denn, dass sie dazu bestimmt werden, dauernd dem Geschäftsbetrieb zu dienen; in diesem Fall sind sie wie Anlagevermögen zu bewerten.

142 Nach § 253 HGB gilt für das Anlagevermögen das gemilderte Niederstwertprinzip und für das Umlaufvermögen das strenge Niederstwertprinzip.

143 § 341b Abs. 2 HGB wurde am 26.03.2002[76] geändert, um insb. das strenge Niederstwertprinzip bei Aktien, die dauerhaft dem Versicherungsunternehmen dienen, aufzuheben. Damit erfolgte eine Annäherung an Branchen wie Banken und Industriebetrieben. Die Änderungen des § 341b Abs. 1 und 2 HGB im Zuge des BilMoG folgen aus der Neufassung des § 253 HGB und der Aufhebung der §§ 279, 280 HGB.[77]

144 Nach dem handelsrechtlichen strengen Niederstwertprinzip ist zwingend auf den niedrigeren beizulegenden Wert am Bilanzstichtag abzuschreiben, unabhängig davon, ob es sich um eine vorübergehende oder dauerhafte Wertminderung handelt. Beim gemilderten Niederstwertprinzip des Handelsrechts, unabhängig ob Anlage- oder Umlaufvermögen gegeben ist, sind Abschreibungen zwingend nur vorzunehmen, wenn die Wertminderung voraussichtlich von Dauer ist.

145 Mit dem Steuerentlastungsgesetz 1999/2000/2002 (StEntlG 1999/2000/2002)[78] wurden die Voraussetzungen für die steuerliche Anerkennung von Teilwertabschreibungen auf Wirtschaftsgüter des Anlage- und des Umlaufvermögens neu gefasst. Danach sind die zu den handelsrechtlichen außerplanmäßigen Abschrei-

76 Gesetz v. 26.03.2002, BGBl. I 2002, S. 1219.
77 Gesetz (BilMoG) v. 25.05.2009, BGBl. I 2009, S. 1102. m.W.v. 29.05.2009.
78 Steuerentlastungsgesetz 1999/2000/2002 v. 24.03.1999, BGBl. I 1999, S. 402.

bungen korrespondierenden Abschreibungen auf den Teilwert für nach dem 31.12.1998 endende Wirtschaftsjahre nach § 6 Abs. 1 Nr. 1 und Nr. 2 EStG nur zulässig, sofern eine voraussichtlich dauernde Wertminderung vorliegt.

Bis zur Änderung des § 6 Abs. 1 Nr. 1 und Nr. 2 EStG im Jahre 1999 und zur Änderung des § 341b Abs. 2 HGB im Jahre 2002 war der Begriff „voraussichtlich dauernde Wertminderung" daher von eher geringer praktischer Relevanz, sodass der naturgemäß schwierigen Handhabung mit solchen unbestimmten Begrifflichkeiten steuerlich keine besondere Bedeutung zukam. 146

Nach wohl herrschender Meinung liegt eine voraussichtlich dauernde Wertminderung dann vor, wenn der Teilwert während eines erheblichen Teils der Restnutzungsdauer den Wert, der sich aus planmäßigen Abschreibungen ergibt, nicht erreicht, d.h., wenn der Wert nachhaltig abgesunken erscheint.[79] Dies ist bei abnutzbaren Wirtschaftgütern des Anlagevermögens der Fall, wenn der Teilwert mind. für die Hälfte der Restnutzungsdauer unter dem planmäßigen Restbuchwert liegt.[80] 147

Die Kapitalanlagen bei Versicherungen umfassen aber mit Ausnahme der Bauten nicht abnutzbare Vermögensgegenstände. Restnutzungsdauern sind hier folglich nicht gegeben; es kann allenfalls von Restlaufzeiten gesprochen werden. Setzt man den Begriff Restnutzungsdauer und Restlaufzeit gleich, so dürften voraussichtlich dauernde Wertminderungen bei festverzinslichen Wertpapieren und Forderungen in Betracht kommen. 148

Kriterien für eine dauernde oder einer nur voraussichtliche vorübergehende Wertminderung nach dem Handelsrecht sind in der *IDW RS VFA 2*[81] zur Auslegung des § 341b HGB[82] dargelegt.[83] 149

Zu Beurteilung, ob eine dauernde Wertminderung vorliegt, sind nach dieser Stellungnahme folgende Indizien zu berücksichtigen: 150

– Höhe der Differenz zwischen historischen Anschaffungskosten/Buchwert und Zeitwert der Wertpapiere am Bilanzstichtag; je größer der Differenzbetrag,

79 BFH v. 27.11.1974, BStBl. II 1975, S. 294; *Ehmcke*, in: Blümich, EStG, KStG, GewStG, 108. Aufl., EstG, § 6, Rn. 564-566 m.w.N.

80 BFH v. 14.03.2006, BStBl. II 2006, S. 680.

81 Vgl. *IDW Stellungnahme zur Rechnungslegung: Auslegung des § 341b HGB (neu) (IDW RS VFA 2)* (Stand: 08.04.2002).

82 In seiner damaligen Fassung.

83 Der BFH (Urteil v. 26.09.2007, I R 58/06 BStBl. II 2009, S. 294 unter II.1 lit. e) lehnt die Prüfung anhand der vom IDW erarbeiteten Kriterien mit dem Hinweis darauf, dass es sich bei Steuerverfahren um Massenverfahren handelt, und aufgrund knapper Ressourcen seitens der Finanzverwaltung und der Beraterschaft ab. Stattdessen wird die Beurteilung „mittels einfacher und leicht nachprüfbarer Kriterien" gefordert.

desto eher muss eine voraussichtlich dauernde Wertminderung angenommen werden

- bisherige Dauer einer bereits eingetretenen Wertminderung
- stark abweichender Kursverlauf des betreffenden Wertpapiers von der allgemeinen Kursentwicklung (z.B. Korrelation mit entsprechenden Indexwerten)
- Substanzverluste des Emittenten, bedingt durch betriebliche Verluste, Ausschüttungen oder Geldwertänderungen
- Verschlechterungen der Zukunftsaussichten des Unternehmens bzw. der Branche, in der das Unternehmen tätig ist
- erhebliche finanzielle Schwierigkeiten des Emittenten
- hohe Wahrscheinlichkeit einer Insolvenz oder sonstiger Sanierungsbedarf des Emittenten.

151 Mit BMF-Schreiben v. 25.02.2000[84] hat sich auch die Finanzverwaltung schon zu den Voraussetzungen für die steuerlicher Anerkennung von Teilwertabschreibungen auf Wirtschaftsgüter des Anlage- und des Umlaufvermögens geäußert. Bei den an dieser Stelle besonders interessierenden Wirtschaftsgütern des nichtabnutzbaren Anlagevermögens ist ausschlaggebend, ob die Gründe für eine niedrigere Bewertung voraussichtlich anhalten werden. Kursschwankungen von börsennotierten Wirtschaftsgütern des nicht abnutzbaren Anlagevermögens sollen nur vorübergehende Wertminderungen darstellen und führen mithin nicht zum Ansatz des niedrigeren Teilwerts. Bei Wirtschaftsgütern des Umlaufvermögens, die nicht dazu bestimmt sind, dem Betrieb auf Dauer zu dienen, ist hingegen darauf abzustellen, ob die Wertminderung unter Berücksichtigung zusätzlicher Erkenntnisse, wie z.B. die allgemeine Marktentwicklung bis zum Zeitpunkt der Aufstellung der Bilanz oder dem vorangegangenen Verkaufs- oder Verbrauchszeitpunkt, anhält.

152 Wertminderungen bei Wertpapieren ergeben sich einerseits aus der Bonität bzw. Ertragskraft der Schuldner und/oder einem erhöhten Zinsniveau. Liegt die Wertminderung in der schlechten Bonität eines Schuldners, so ist zu beurteilen, ob während der Restlaufzeit der Wertpapiere oder Forderungen eine Verbesserung absehbar ist. Dies stellt in vielen Fällen eine nahezu unlösbare Aufgabe dar; z.B. sind bei von Ländern begebenen Anleihen langfristige volkswirtschaftliche Entwicklungen zu prognostizieren. Zieht man auch das steuerlich gültige Vorsichtsprinzip ins Kalkül, so dürfte man bei mangelnder Bonität des Schuldners

84 BMF v. 25.02.2000, BStBl. I 2000, S. 372.

im Zweifelsfall von einer voraussichtlich dauernden Wertminderung ausgehen können. Eine ähnliche Situation ergibt sich bei Aktien. Sofern der Kursrückgang nicht auf einer allgemeinen Marktabschwächung, sondern auf einer nachhaltigen Ertragsschwäche des entsprechenden Unternehmens beruht, sollte man ebenfalls von einer dauernden Wertminderung ausgehen können.

Ist die Wertminderung bei festverzinslichen Wertpapieren und Forderungen auf ein erhöhtes nachhaltiges Zinsniveau zurückzuführen, so sind ebenfalls volkswirtschaftliche Analysen gefragt; hier ist jedoch zu bedenken, dass im Regelfall die festverzinslichen Wertpapiere und Forderungen am Ende der Laufzeit zum Nominalbetrag eingelöst werden. Die Wertminderung hält also hier sicher nicht bis zum Laufzeitende an. Jedoch ist bei Wirtschaftsgütern des Umlaufvermögens gem. BMF-Schreiben v. 25.02.2000 von einer dauernden Wertminderung auszugehen, falls eine stagnierende oder fallende Kursentwicklung bis zur Aufstellung der Handelsbilanz nachgewiesen wird. In diesem Fall ist also eine Teilwertabschreibung zum Bilanzstichtag unter Berücksichtigung der Erkenntnisse bis zur Aufstellung der Bilanz oder dem vorangegangenen Verkaufs- oder Verbrauchszeitpunkt zulässig. 153

Beruht ein Kursrückgang bei Aktien nicht auf einer nachhaltigen Ertragsschwäche des Unternehmens, sondern auf einem allgemeinen Rückgang des Aktienmarktes, so stellt sich hier die Frage der voraussichtlich dauernden Wertminderungen in einem unlösbaren Zusammenhang. Nach den historischen Erfahrungen wurde jeder Kurseinbruch des Aktienmarktes durch einen nachfolgenden Aufschwung überkompensiert. Geht man davon aus, dass diese zyklischen Entwicklungen der Vergangenheit auch in Zukunft gegeben sind, so wäre für eine voraussichtlich dauernde Wertminderung bei Aktien, von Ausnahmefallen abgesehen, kein Raum. Marktschwächen bzw. Seitwärtsbewegungen des Aktienmarktes können jedoch einige Jahre anhalten. Aus diesem Grund ist auch bei Aktien, die dem Umlaufvermögen zugeordnet sind, gem. BMF-Schreiben v. 25.02.2000 eine Teilwertabschreibung unter werterhellender Berücksichtigung der Erkenntnisse bis zum Zeitpunkt der Bilanzaufstellung zulässig. 154

Gegen die restriktive und im Ergebnis zu wenig konkretisierte Auffassung der Finanzverwaltung wendet sich der BFH[85] mit Urteil v. 26.09.2007. Wie der BFH ausführt, setzt eine voraussichtlich dauernde Wertminderung „ein nachhaltiges Absinken des Teilwerts unter den maßgeblichen Buchwert voraus, wovon aus Sicht des Bilanzstichtags auszugehen ist, wenn aufgrund objektiver Anzeichen ernstlich mit einem langfristigen Anhalten der Wertminderung zu rechnen ist“. 155

85 BFH v. 26.09.2007, BStBl. II 2009, S. 294.

Danach ist bei börsennotierten Aktien, die als Finanzanlage gehalten werden, von einer voraussichtlich dauernden Wertminderung gem. § 6 Abs. 1 Nr. 2 Satz 2 EStG 1997 i.d.F. des StEntlG 1999/2000/2002 auszugehen, wenn der Börsenwert zum Bilanzstichtag unter die Anschaffungskosten gesunken ist und zum Zeitpunkt der Bilanzerstellung keine konkreten Anhaltspunkte für eine alsbaldige Wertaufholung vorliegen. Maßgeblich für die Beurteilung, ob der Wertverlust einer börsennotierten Aktie dauerhaft ist, ist die Einschätzung der am Kapitalmarkt beteiligten Personen über künftige Risiken und Erfolgsaussichten des Unternehmens, die die ihnen verfügbaren Informationen hierüber in ihre Angebote für die Aktie und damit in den jeweils festgestellten Börsenkurs einfließen lassen; vom Steuerpflichtigen soll schließlich nicht erwartet werden können, über bessere prognostische Fähigkeiten zu verfügen, als der Markt.

156 Die Finanzverwaltung hat im BMF-Schreiben v. 26.03.2009[86] das Urteil für grundsätzlich anwendbar erklärt, stellt zugleich jedoch in Frage, ob „jedwedes Absinken des Kurswerts unter die Anschaffungskosten zu einer Teilwertabschreibung führt oder ob Wertveränderungen innerhalb einer gewissen „Bandbreite" aus Gründen der Bewertungsstetigkeit und der Verwaltungsökonomie als nur vorübergehende, nicht zu einer Teilwertabschreibung berechtigende Wertschwankungen zu beurteilen sind". Im Urteilsfall lag der Teilwert im Zeitpunkt der Aufstellung der Bilanz um mehr als 40 % und zum Bewertungsstichtag um fast 50 % unter den Anschaffungskosten. Die Finanzverwaltung macht hiernach die steuerliche Anerkennung einer Teilwertabschreibung aufgrund einer voraussichtlich dauernden Wertminderung von zwei Kriterien abhängig, wonach der Börsenkurs von börsennotierten Aktien

- zu dem jeweils aktuellen Bilanzstichtag um mehr als 40 % unter die Anschaffungskosten gesunken sein muss oder
- zu dem jeweils aktuellen Bilanzstichtag und dem vorangegangenen Bilanzstichtag um mehr als 25 % unter die Anschaffungskosten gesunken sein muss.

157 Wenngleich der BFH in seinem Urteil v. 26.09.2007 im Hinblick auf die erheblichen Wertschwankungen des zu beurteilenden Sachverhalts eine weitere Konkretisierung der Bandbreite nicht vornimmt, so darf nach den Ausführungen des BFH bezweifelt werden, ob die seitens der Finanzverwaltung formulierten Einschränkungen für zukünftige Teilwertabschreibungen vor Gericht Bestand haben werden.[87]

86 BMF v. 26.03.2009, BStBl. I 2009, S. 514.

87 Vgl. *Küppers/Dettmeier,* Münchener Kommentar zum VVG, München 2010, Rn. 266, die die seitens der Finanzverwaltung geforderten erheblichen Kursschwankungen unter Berufung auf die Verwaltungsökonomie kritisch sehen.

Die OFD Rheinland[88] stellt in ihrer Verfügung v. 08.05.2009 für im Anlagevermögen gehaltene Fondsanteile an in- und ausländischen Investmentfonds für die steuerliche Berücksichtigung einer Teilwertabschreibung dem Grunde nach auf die im Sondervermögen des Fonds enthaltenen Wirtschaftsgüter ab (Transparenzprinzip). Handelt es sich hierbei um börsennotierte Wirtschaftsgüter, so sollen nach der Verfügung für die Frage der voraussichtlich dauernden Wertminderung der Fondsanteile gleichfalls die im BMF-Schreiben dargestellten Wert- bzw. Kursschwankungen maßgebend sein. Für im Umlaufvermögen gehaltene Fondsanteile sollen demgegenüber Teilwertabschreibungen in Betracht kommen, wenn deren Wertminderung bis zum Zeitpunkt der Bilanzaufstellung anhält.[89]

An dieser Stelle sei nochmals die grundlegende Änderung des § 8b KStG a.F. erwähnt, der mit der Einführung des Halbeinkünfteverfahrens durch das Steuersenkungsgesetz[90] v. 23.10.2000 eine Ausweitung der Steuerfreistellung auch auf inländische Beteiligungen an Kapitalgesellschaften erfuhr. Die KSt-Befreiung (95 %) betrifft, wie eingangs des Kapitels erwähnt, im Kern Gewinnanteile (insb. Dividenden) aus Kapitalgesellschaften (§ 8b Abs. 1 KStG) und Gewinne aus der Veräußerung von Anteilen an einer Körperschaft (§ 8b Abs. 2 KStG). Mit diesem letztgenannten Befreiungstatbestand geht regelungssymmetrisch das steuerliche Abzugsverbot von Gewinnminderungen einher (§ 8b Abs. 3 KStG), zu denen neben Substanzverlusten aus Anteilsveräußerungen gerade auch solche aus Teilwertabschreibungen gehören.[91] Für im Zusammenhang mit den in § 8b Abs. 2 Satz 1 KStG genannten Anteilen (also insb. Aktien) stehende Gewinnminderungen besteht damit zumindest für den Regelanwender des § 8b KStG (bspw. Kompositversicherer) ein Abzugsverbot; auf die Dauer der Wertminderung kommt es in diesen Fällen somit gar nicht mehr an. 158

Für Lebens- und Krankenversicherungsunternehmen hingegen bietet § 8b Abs. 8 KStG für Jahre ab 2004 und für die Jahre 2001-2003 die Option zur Anwendung des Blockwahlrechts (siehe im Einzelnen nachstehend unter Abschn. VI.4.) damals wie heute die Möglichkeit, Teilwertabschreibungen auf Anteile an einer Körperschaft mit steuerlicher Wirkung vorzunehmen. 159

Nach § 6 Abs. 1 Nr. 1 Satz 2 und Nr. 2 Satz 2 EStG ist bei Wirtschaftsgütern des Anlagevermögens und des Umlaufvermögens bei einer voraussichtlich dauernden Wertminderung der Ansatz des niedrigeren Teilwerts möglich. Die Verwendung des Wortes „kann" lässt den Schluss naheliegen, dass die Vornahme einer solchen 160

88 OFD Rheinland v. 08.05.2009
89 BMF v. 25.02.2000, BStBl. I 2000, S. 372, sog. Nachschaubetrachtung.
90 Steuersenkungsgesetz v. 23.10.2000, BStBl. I 2000, S. 1428.
91 Vgl. *Gosch*, KStG, 2. Aufl., § 8b, Rn. 260 f.

Teilwertabschreibung als Wahlrecht ausgestaltet ist.[92] In der Handelsbilanz besteht jedoch für Aktien, Investmentanteile und festverzinsliche Wertpapiere bei voraussichtlich dauernder Wertminderung eine Abwertungspflicht. Nach dem Grundsatz der Maßgeblichkeit der Handelsbilanz für die Steuerbilanz war nach bisheriger Rechtslage für die genannten Vermögensgegenstände dann auch steuerlich eine Abschreibungspflicht gegeben; das „Wahlrecht" lief insoweit leer.[93]

161 Mit Inkrafttreten des BilMoG[94] wird indessen im Fachschrifttum[95] diskutiert, ob eine nach handelsrechtlichen Grundsätzen aufgrund einer voraussichtlich dauernden Wertminderung zu Recht vorgenommene Abschreibung zwingend zur Vornahme auch einer steuerlichen Teilwertabschreibung führt. Das BMF[96] vertritt zu den Änderungen des Maßgeblichkeitsgrundsatzes durch das BilMoG mit Wirkung ab dem Veranlagungszeitraum 2009 die Auffassung, dass eine handelsrechtliche Abschreibung auf den niedrigeren beizulegenden Wert nicht zwingend in der Steuerbilanz durch eine entsprechende Teilwertabschreibung nachzuvollziehen sei. Für eine Zuschreibung zum Teilwert in einem folgenden Wirtschaftsjahr besteht dagegen kein Wahlrecht. Sie ist stets dann vorzunehmen, wenn die Voraussetzungen des § 6 Abs. 1 Nr. 1 Satz 2 oder § 6 Abs. 1 Nr. 2 Satz 2 EStG für eine Teilwertabschreibung nicht mehr vorliegen, d.h., wenn die voraussichtlich dauernde Wertminderung nicht mehr gegeben ist (§ 6 Abs. 1 Nr. 1 Satz 4, § 6 Abs. 1 Nr. 2 Satz 3 EStG).

162 Folgt man der Sichtweise des BMF, so entschärft sich für den § 8b KStG-Regelanwender (bspw. einen Kompositversicherer) die Problematik, die darin bestanden hätte, dass bei einer unterstellten handelsrechtlichen Abschreibung auf den niedrigeren beizulegenden Wert zwingend auch eine steuerliche Teilwertabschreibung vorzunehmen gewesen wäre. Denn wäre dieser Teilwertabschreibung nunmehr eine Zuschreibung (Wertaufholung) gefolgt, so wäre diese Zuschreibung wegen des § 8b Abs. 3 Satz 1 KStG nur zu 95 % steuerfrei gewesen, wohingegen die

92 Vgl. *Günkel*, in: Die Bilanzrechtsreform2010/2011, 4. Aufl., Rn. 246.

93 In den Fällen, in denen bei voraussichtlich nicht dauernden Wertminderungen in der Handelsbilanz eine Abwertung vorgenommen wurde und in der Steuerbilanz zwingend unterblieben ist, kam vor BilMoG eine aktivisch latente Steuerabgrenzung in Betracht, die nach § 274 HGB als handelsrechtliches Wahlrecht ausgestaltet war.

94 Gesetz zur Modernisierung des Bilanzrechts (Bilanzrechtsmodernisierungsgesetz – BilMoG) v. 15.05.2009, BGBl. I 2009, S. 1102, BStBl. I 2009, S. 650.

95 Vgl. *Dötsch/Pung*, in: Dötsch/Jost/Pung/Witt (Hrsg.), Kommentar zum KStG und EstG, § 8b KStG, Rn. 112 m.w.N.

96 BMF v. 12.03.2010, BStBl. I 2010, S. 239.

vorgenommenen Teilwertabschreibung in voller Höhe steuerlich nicht abzugsfähig gewesen wäre.[97]

3. Wertaufholungsgebot bei Kapitalanlagen und Reihenfolge von Wertaufholungen

163 Nach § 6 Abs. 1 Nr. 1 Satz 4 EStG sind abnutzbare und über § 6 Abs. 1 Nr. 2 Satz 3 EStG nicht-abnutzbare Wirtschaftsgüter mit den fortgeführten Anschaffungs- und Herstellungskosten anzusetzen, falls nicht ein niedrigerer Teilwert nachgewiesen wird.

164 In der Steuerbilanz sind alle Teilwertabschreibungen rückgängig zu machen, sofern eine Werterholung eingetreten ist. Auf eine Übereinstimmung der Gründe für die Teilwertabschreibung und die Werterholung kommt es nicht an. Ebenso wenig setzt eine steuerpflichtige Wertaufholung eine steuerwirksame Teilwertabschreibung voraus.[98] Die Höchstgrenze der Zuschreibung sind die fortgeführten Anschaffungs- und Herstellungskosten.

165 Vor dem Inkrafttreten des BilMoG galt handelsrechtlich lediglich für Kapitalgesellschaften ein striktes Wertaufholungsgebot nach § 280 Abs. 1 HGB a.F., das jedoch wegen der Regelung des § 280 Abs. 2 HGB a.F., wonach auf eine Zuschreibung verzichtet werden konnte, falls diese zu Steueraufwand führte, keine praktische Bedeutung hatte. Mit der Neuregelung durch § 253 Abs. 5 HGB i.d.F. des BilMoG, welche ein generelles und rechtsformunabhängiges Wertaufholungsgebot geschaffen hat, gilt nunmehr auch handelsrechtlich ein Wertaufholungsgebot. Damit besteht handelsrechtlich sowie steuerrechtlich ein einheitliches Wertaufholungsgebot.

166 Gehen einer Wertaufholung sowohl steuerwirksame (Anrechnungsverfahren) als auch nicht wirksame (Halbeinkünfteverfahren) Teilwertabschreibungen voraus, stellt sich die Frage nach der ertragsteuerlichen Behandlung. Die Besteuerungspraxis diskutiert unterschiedliche Lösungsansätze,[99] nach denen u.a. Wertaufholungen (i) zunächst mit den steuerwirksamen Teilwertabschreibungen zu verrechnen sein sollen und die eine Steuerpflicht der Wertaufholung nach sich ziehen

97 Anders bei der Lebens- und Krankenversicherung, da sich bei diesen im Regelfall sowohl die Teilwertabschreibung als auch die spätere Zuschreibung steuerlich gleichermaßen auswirken.

98 BFH v. 19.08.2009, BStBl. II 2010, S. 225.

99 Vgl. *Dötsch/Pung*, in: Dötsch/Jost/Pung/Witt (Hrsg.), Kommentar zum KStG und EstG, § 8b, Rn. 91, die sowohl die Problematik als auch die unterschiedlichen Lösungsansätze darstellen.

(„First in – First out“), soweit sie diese nicht übersteigen[100] oder (ii) vorrangig die nicht steuerwirksamen Teilwertabschreibungen rückgängig zu machen sind („Last in – First out“ bzw. „Fahrstuhlmethode“, nach der die zuletzt vorgenommene Teilwertabschreibung als erste (ggf. nur z.T.) wieder rückgängig gemacht, d.h. in ihrem Wert aufgeholt wird). Während die Finanzverwaltung noch bis in die jüngere Vergangenheit eher fiskalisch motiviert die erste Lösung vertrat, folgt sie nunmehr dem BFH, der, wie schon die Vorinstanz und weite Teile des Schrifttums der zweiten Lösung den Vorzug gegeben hat.[101]

4. Besonderheiten der Besteuerung von Kapitalanlagen der Lebens- und Krankenversicherungen (§ 8b Abs. 8 KStG)

a) Allgemeines/Rückblick

167 Mit dem Gesetz zur Umsetzung der Protokollerklärung der Bundesregierung zur Vermittlungsempfehlung zum Steuervergünstigungsabbaugesetz[102] v. 22.12.2003 wurde die Regelung des § 8b Abs. 8 KStG eingeführt und damit einhergehend § 21 Abs. 1 Satz 1 KStG angepasst. Mit der Vorschrift des § 8b Abs. 8 KStG und der Möglichkeit ihrer rückwirkenden, wenngleich eingeschränkten Anwendung (siehe Rückwirkung/Blockwahlrecht) sollen die sich im Zuge des körperschaftsteuerlichen Systemwechsels vom Anrechnungsverfahren zum Halbeinkünfteverfahren ergebenden Folgewirkungen für Lebens- und Krankenversicherungen sowie für Pensionsfonds[103] weitestgehend vermieden werden.

b) Die Regelung im Detail

168 Als Folge der grundlegenden Änderung der KSt – Abschaffung des Anrechnungsverfahrens, Einführung einer (weitgehenden) Steuerfreiheit von Dividenden,

100 OFD Münster, Verfügung v. 23.02.2005, Kurzinformation KSt Nr. 3/2005 (zwischenzeitlich aufgehoben, vgl. Fn. 100); OFD Koblenz, Verfügung v. 18.09.2006, Kurzinformation S. 2324; 2750a A – St 33 2. DStR 2006, S. 2033; vgl. auch *Dötsch/Pung*, in: Dötsch/Jost/Pung/Witt (Hrsg.), Kommentar zum KStG und EstG, § 8b, Rn. 91.

101 OFD Münster Kurzinformation v. 13.08.2010, Einkommensteuer Nr. 017/2010; BFH v. 19.08.2009 (I R2/09), DStR 2009, S. 2483; Vorinstanz: FG Düsseldorf v. 02.12.2008 (6 K 2726/06 K, EFG 2009, S. 436) mit umfangreichen Schrifttumsangaben.

102 Gesetz zur Umsetzung der Protokollerklärung der Bundesregierung zur Vermittlungsempfehlung zum Steuervergünstigungsabbaugesetz (StVergAbG) – „Korb II“-Gesetz v. 22.12.2003, BGBl. I 2003, S. 2840.

103 Die in den nachfolgenden Abschn. dargestellte Rechtslage gilt auch für Pensionsfonds, ohne dass auf diese immer wieder explizit Bezug genommen wird.

Veräußerungsgewinnen aber auch der Nicht-Berücksichtigung von Veräußerungsverlusten und Abschreibungen im Zusammenhang mit Beteiligungen an Kapitalgesellschaften – ergaben sich bei Personenversicherungen im Zusammenspiel mit den (auch steuerlichen) Beitragsrückerstattungen erhebliche Verwerfungen des steuerlichen Ergebnisses im Vergleich zum handelsrechtlichen Jahresüberschuss. In den schwachen Börsenjahren ab 2001 wurden vielfach steuerlich nicht mehr berücksichtigungsfähige Abschreibungen auf Aktieninvestments notwendig. Diese führten bei geringen handelsrechtlichen Ergebnissen zu hohen steuerlichen Ergebnissen und damit einhergehenden Zahllasten.

Dieser für Lebens- und Krankenversicherungsunternehmen sehr unbefriedigenden 169
Situation hat der Gesetzgeber mit der Einführung des § 8b Abs. 8 KStG Rechnung getragen, der in seinem Satz 1 die ihm voran stehenden Abs. 1-7 für diese Unternehmen für nicht anwendbar erklärt. Damit unterliegen bei Lebens- und Krankenversicherungsunternehmen Dividendenerträge und Gewinne aus der Veräußerung von Beteiligungen an Kapitalgesellschaften zukünftig wieder der Steuerpflicht, genau so, wie Gewinnminderungen und Veräußerungsverluste bei der steuerlichen Gewinnermittlung dieser Unternehmen ebenfalls wieder zu berücksichtigen sind.

Eine Rückausnahme zu § 8b Abs. 8 Satz 1 KStG nennt Satz 2 der Vorschrift und 170
ordnet damit doch wieder die Steuerfreiheit bestimmter Veräußerungsgewinne (i.S.d. § 8b Abs. 2 KStG) an. Soweit nämlich Gewinne i.S.d. § 8b Abs. 2 KStG (also insb. Veräußerungsgewinne) bei der steuerlichen Einkommensermittlung entstehen, jedoch Teilwertabschreibungen nach Abs. 3 der Vorschrift in früheren Jahren unberücksichtigt geblieben sind und eine solche Minderung auch nicht durch eine entsprechende Wertaufholung ausgeglichen worden ist, verbleibt es bei der Steuerfreiheit dieser Veräußerungsgewinne. Hierdurch soll eine Benachteiligung insoweit ausgeschlossen werden, als sich Teilwertabschreibungen in früheren Jahren steuerlich nicht ausgewirkt haben, im Fall einer späteren Veräußerung jedoch entsprechende Gewinne aufgrund des § 8b Abs. 8 KStG steuererhöhend zu berücksichtigen wären.

Hierzu vertritt die Finanzverwaltung[104] die Auffassung, „dass Gewinne nach § 8b 171
Abs. 8 Satz 2 KStG nur außer Betracht bleiben können, wenn ausnahmsweise die Voraussetzungen einer steuerbilanziellen Teilwertabschreibung wegen (dauernder Wertminderung) vorgelegen haben und diese Teilwertabschreibung wegen § 8b Abs. 3 KStG nicht berücksichtigt worden ist. In Fällen, in denen vor der Geltung des § 8b Abs. 8 KStG Teilwertabschreibungen wegen Fehlens einer dauernden Wertminderung steuerlich nicht berücksichtigungsfähig waren, sind spätere Wert-

104 OFD Frankfurt a.M., Verfügung v. 06.10.2004, S-2750aA-11-St II 1.02, DStR 2004, S. 2195.

aufholungen oder Veräußerungsgewinne steuerpflichtig." Im Ergebnis bedeutet dies, dass ehemals in der Handelsbilanz vorgenommene Abschreibungen auf den niedrigeren beizulegenden Wert einer Kapitalbeteiligung, welche für steuerliche Zwecke mangels dauernder Wertminderung nicht zu berücksichtigen war (außerbilanziell korrigiert), nunmehr im Anwendungsbereich des § 8b Abs. 8 KStG steuerpflichtig gestellt werden.[105]

172 Eine weitere Rückausnahme beinhaltet § 8b Abs. 8 Satz 3 KStG bezüglich solcher Gewinnminderungen, die im Zusammenhang mit den Anteilen i.S.d. § 8b Abs. 8 Satz 1 KStG stehen, die ein Lebens- und Krankenversicherungsunternehmen von einem verbundenen Unternehmen (§ 15 AktG) erworben hat, soweit das verbundene Unternehmen einen dabei entstandenen Veräußerungsgewinn seinerseits gem. § 8b Abs. 2 KStG steuerfrei behandelt hat.

173 Ferner ist von Bedeutung, dass gem. § 8b Abs. 8 Satz 4 KStG für die Ermittlung des Einkommens die Anteile (§ 8b Abs. 8 Satz 1 KStG) mit den nach handelsrechtlichen Vorschriften ausgewiesenen Werten anzusetzen sind, die bei der Ermittlung der RfB (§ 21 KStG) zugrunde gelegt wurden. Zielsetzung des § 8b Abs. 8 Satz 4 KStG ist es also, einen Gleichlauf zwischen den für die Bildung der RfB maßgeblichen handelsrechtlichen Wertansätzen mit den (insoweit von § 6 EStG abweichenden) steuerlichen Wertansätzen zu erreichen, indem im Anwendungsbereich der Vorschrift handelsrechtliche Wertansätze für die Besteuerung maßgeblich sind. Wie bereits in Rn. 171 ausgeführt, kann dies aufgrund der von der Finanzverwaltung vertretenen Auffassung[106] in den Fällen zu einer Doppelbesteuerung führen, in denen frühere – vor Geltung des § 8b Abs. 8 KStG – Abschreibungen mangels dauernder Wertminderung (nur) steuerlich unberücksichtigt blieben, Zuschreibungen nunmehr jedoch aufgrund des Satzes 4 der Vorschrift der Besteuerung unterworfen werden.[107] Wie *Dötsch/Pung*[108] zutreffend ausführen, ließe sich diese Problematik dadurch vermeiden, dass § 8b Abs. 8 Satz 2 KStG auch solche Gewinne von der Besteuerung ausnimmt, bei denen vorangegangene Abschreibungen steuerlich nicht berücksichtigt wurden.

105 Vgl. auch *Dötsch/Pung*, in: Dötsch/Jost/Pung/Witt (Hrsg.), Kommentar zum KStG und EstG, § 8b, Rn. 84, die auf die berechtigte Kritik der Versicherungswirtschaft an dieser Regelung hinweisen.

106 OFD Frankfurt a.M., Verfügung v. 06.10.2004, S-2750aA-11-St II 1.02, DStR 2004, S. 2195.

107 Vgl. *Mützler*, DB 2007, S. 1894, die in diesem Zusammenhang auch von einer „Zuschreibungsfalle" spricht.

108 Vgl. *Dötsch/Pung*, in: Dötsch/Jost/Pung/Witt (Hrsg.), Kommentar zum KStG und EStG, § 8b, Rn. 286.

c) Durch die Neuregelung bedingte Folgeänderungen für Beitragsrückerstattungen

Die im Anwendungsbereich des § 8b KStG erfolgte Änderung der Besteuerungssituation von Lebens- und Krankenversicherungsunternehmen bedingt auch Anpassungen der Vorschrift des § 21 Abs. 1 KStG, welche die steuerliche Abzugsfähigkeit von RfB dieser Versicherungsunternehmen an ihre Versicherungsnehmer regelt, um eine Doppelbegünstigung zukünftig auszuschließen.[109] So wurde vom Gesetzgeber in § 21 Abs. 1 Nr. 1 KStG (i.d.F. des Korb II-Gesetzes)[110] ein neuer Halbsatz eingefügt, der die Kürzung von Gewinnanteilen ausländischer Gesellschaften bei der Ermittlung der Beitragsrückerstattungen erstmals ab dem Veranlagungszeitraum 2004 (bei vom Kalenderjahr abweichendem Wirtschaftsjahr ab dem Veranlagungszeitraum 2005) vorsieht. Hintergrund für diese Anpassung ist die auf bestehenden Abkommen zur Vermeidung der Doppelbesteuerung basierende Steuerfreiheit solcher Gewinnanteile (§ 8b Abs. 8 KStG greift bei solchen Gewinnanteilen wegen seiner Bezugnahme alleine auf die ihm vorangehenden Abs. 1–7 nicht). 174

In gleicher Weise sind ab dem Veranlagungszeitraum 2005 Beitragsrückerstattungen nunmehr auch um solche steuerfreien Bezüge zu kürzen, die infolge der nationalen Umsetzung der Mutter-Tochter-Richtlinie unter den dort geregelten Voraussetzungen von der generellen Besteuerungspflicht des § 8b Abs. 8 KStG ausgenommen sind. Dazu wurde § 8b Abs. 9 KStG in das Körperschaftsteuergesetz eingefügt, der insoweit eine Rückausnahme zu § 8b Abs. 8 KStG normiert und auf den in § 21 Abs. 1 Nr. 1 KStG Bezug nimmt.[111]

§ 21 Abs. 1 Nr. 1 Satz 1 KStG i.d.F. des Jahressteuergesetzes 2009 sieht mit Wirkung ab dem VZ 2009 nunmehr vor, dass es sich bei den Überschüssen, aus denen die Beträge aufgewendet werden, dem Grunde nach um steuerpflichtige (und nicht steuerbefreite) Überschüsse handelt.[112] 175

d) Anwendung auf Termingeschäfte

Mit der Wiedereinführung der Steuerpflicht auf Veräußerungsgewinne im Anwendungsbereich des § 8b Abs. 2 KStG eng verbunden ist die in ihrer praktischen 176

109 Vgl. *Leis*, FR 2004, S. 53, 62.
110 StVergAbG – „Korb II" v. 22.12.2003, BGBl. I 2003, S. 2840.
111 Gesetz zur Umsetzung von EU-Richtlinien in nationales Steuerrecht und zur Änderung weiterer Vorschriften (EURLUmsG) v. 09.12.2004, BGBl. 2004, S. 3310.
112 Vgl. *Schick*, in: Erle/Sauter (Hrsg.), Körperschaftsteuergesetz, 3. Aufl., § 21, Rn. 17 ff.; *Gosch/Roser*, Körperschaftsteuergesetz, 2. Aufl., § 21, Rn. 25a ff.

Bedeutung grundsätzlich umstrittene Regelung des § 15 Abs. 4 Sätze 3 ff. EStG zur steuerlichen Behandlung von Termingeschäften, die üblicherweise auch von Versicherungsunternehmen zur Absicherung von Kurs- oder Zinsrisiken eingesetzt werden.[113] Der in der Regelung des § 15 Abs. 4 Sätze 3 ff. EStG zum Ausdruck gebrachte Wille des Gesetzgebers zielt im Kern offenbar darauf ab, dass ein Ausgleichs- und Abzugsverbot für Verluste aus Termingeschäften jedenfalls dann bestehen soll, wenn Gewinne aus den damit besicherten (Grund-) Geschäften nach § 8b Abs. 2 KStG steuerfrei sind.[114] Da die vorgenannte Steuerfreiheit für von Lebens- und Krankenversicherungsunternehmen erzielte Veräußerungsgewinne ab 2004 nicht mehr besteht, dürfte bei diesen eine generelle Verlustausgleichsbeschränkung ab diesem Zeitpunkt nicht mehr zum Tragen kommen. Hinsichtlich der Anwendung im Rückwirkungszeitraum, in dem vorgenannte Veräußerungsgewinne nur zu 80 % in die Steuerpflicht mit einbezogen werden, kann u.E. insoweit nichts anderes gelten. Denn anders, als es § 15 Abs. 4 Satz 5 a.F. EStG verlangt, bleiben solche Veräußerungsgewinne bei der Ermittlung des Einkommens nach § 8b Abs. 2 KStG gerade nicht außer Ansatz.[115]

e) Zeitliche Anwendung

177 § 8b Abs. 8 und § 21 Abs. 1 Satz 1 KStG sind nach § 34 Abs. 7 Satz 8 Nr. 1 KStG für alle Lebens- und Krankenversicherungsunternehmen erstmals für den Veranlagungszeitraum 2004 und bei vom Kalenderjahr abweichenden Wirtschaftsjahren erstmals für den Veranlagungszeitraum 2005 anzuwenden. Daneben sah § 34 Abs. 7 Satz 8 Nr. 2 KStG ein Wahlrecht vor, § 8b Abs. 8 und § 21 Abs. 1 Satz 1 KStG auf einheitlichen, bis zum 30.06.2004 zu stellenden, unwiderruflichen Antrag bereits für die Veranlagungszeiträume 2001-2003 (bei vom Kalenderjahr abweichenden Wirtschaftsjahren für die Veranlagungszeiträume 2002–2004) anzuwenden (Rückwirkungszeitraum). Im Zusammenhang mit der letztgenannten Übergangsregelung ist in der Praxis auch die Bezeichnung „Blockwahlrecht" gebräuchlich.

f) Rückwirkungszeitraum/Blockwahlrecht

178 Soweit bekannt, wurde in der Versicherungspraxis ganz überwiegend von der Möglichkeit des Blockwahlrechts Gebrauch gemacht, um auf diese Weise die negativen

113 Vgl. *Tibo*, DB 2001, S. 2369.

114 Vgl. auch *Schmidt/Wacker*, EStG, 24. Aufl., § 15, Rn. 900 ff.

115 Andere Ansicht Bayer. Landesamt für Steuern mit Verfügung v. 18.02.2009, S. 2750a.1.1-4/2 St31, DStR 2009, S. 533, der ein BMF-Schreiben an den GDV aus 2008 zugrunde liegt.

steuerlichen Auswirkungen, ausgelöst durch den notwendigen Abschreibungsbedarf auf Aktien und Beteiligungen in 2001 und den Folgejahren, zu vermeiden. Dabei musste das Blockwahlrecht pro Versicherungsunternehmen einheitlich, d.h. für den gesamten Rückwirkungszeitraum (bei kalenderjahrgleichem Wirtschaftsjahr also für die Jahre 2001 - 2003), in Anspruch genommen werden, um ein „Taktieren" der Unternehmen auszuschließen.

Eine weitere Einschränkung bei Ausübung des Wahlrechts bestand darin, dass 179
die betroffenen Bezüge, Gewinne und Gewinnminderungen der Versicherungsunternehmen im Rückwirkungszeitraum nur zu 80 % (gemessen an den handelsrechtlichen Wertansätzen) bei der Ermittlung des Einkommens zu berücksichtigen waren. Damit haben sich im Ergebnis 20 % der angesprochenen Bezüge, Gewinne und Gewinnminderungen im Rückwirkungszeitraum nicht ausgewirkt und führen demzufolge zumindest temporär zu einem Auseinanderfallen der handels- und steuerrechtlichen Wertansätze.

Hiervon nicht erfasst werden Veräußerungsgewinne i.S.d. § 8b Abs. 2 KStG, wenn 180
diese in Folge einer steuerlich nicht berücksichtigten Teilwertabschreibung in den Vorjahren entstanden sind und diese Minderung zwischenzeitlich nicht durch den Ansatz eines höheren Werts ausgeglichen worden ist (§ 34 Abs. 8 Satz 2 KStG); daher bleibt es hier bei einer 100 %igen Steuerfreiheit dieser Veräußerungsgewinne. Ferner sind Gewinnminderungen bei der Einkommensermittlung nicht zu berücksichtigen, die im Zusammenhang mit hier diskutierten Anteilen stehen und die das Lebens- und Krankenversicherungsunternehmen von einem verbundenen Unternehmen erworben hat, wenn bei diesem der hieraus resultierende Veräußerungsgewinn außer Ansatz geblieben ist.

Ferner sieht § 34 Abs. 8 Satz 5 KStG für negative Einkünfte des Rückwirkungs- 181
zeitraums ein Verrechnungsverbot mit positiven Einkünften durch Rücktrag oder Vortrag in Veranlagungszeiträume außerhalb des Rückwirkungszeitraums vor, die auch nicht im Wege einer Organschaft anderen Unternehmen zugerechnet werden dürfen. Die negativen Einkünfte des Rückwirkungszeitraums sind insoweit eingeschlossen. Im Fachschrifttum[116] wird darauf hingewiesen, dass die nicht vortragsfähigen Verluste nicht zwingend aus dem Versicherungsgeschäft bzw. aus den Beteiligungen stammen müssen.

Von solchen negativen Einkünften des Rückwirkungszeitraums streng zu unter- 182
scheiden sind Verlustvorträge, die zu Beginn des Rückwirkungszeitraums bereits

116 Vgl. *Dötsch/Pung,* in: Dötsch/Jost/Pung/Witt (Hrsg.), Kommentar zum KStG und EstG, § 8b, Rn. 142g; *Frotscher,* Kommentar zum Körperschaft-, Gewerbe- und Umwandlungssteuergesetz, 156. Ergänzungslieferung, Juli 2010, § 8b, Rn. 121.

bestanden (bei kalenderjahrgleichem Wirtschaftsjahr zum 31.12.2000) und in den Rückwirkungszeitraum mit eingegangen sind. Für den Fall, dass diese zum Ende des Rückwirkungszeitraums (bei kalenderjahrgleichem Wirtschaftsjahr zum 31.12.2003) zumindest teilweise noch bestehen, können sie über diesen hinaus in den folgenden Veranlagungszeitraum (im hier genannten Beispiel 2004) vorgetragen werden.

183 Das Blockwahlrecht gilt für Pensionsfonds entsprechend (§ 34 Abs. 8 Satz 7 KStG).

g) § 8b Abs. 8 KStG und Gewerbesteuer

184 Im Bereich der Gewerbesteuer ist darauf hinzuweisen, dass mit der Einführung des § 8b Abs. 8 KStG Änderungen betreffend Lebens- und Krankenversicherungsunternehmen sowie Pensionsfonds auch im Bereich des § 9 GewStG vorgenommen worden sind. Durch einen entsprechenden Hinweis auf diese Unternehmen in § 9 Nr. 2, Nr. 2a, Nr. 7 und Nr. 8 GewStG finden die Regelungen somit nicht mehr länger Anwendung (zur genauen zeitlichen Anwendung siehe unten).

185 § 9 GewStG, in seiner gesetzlichen Ausgestaltung als Kürzungsvorschrift konzipiert, vermeidet in den vorstehenden Fällen und unter Beachtung bestimmter Voraussetzungen grundsätzlich eine Doppel- bzw. Mehrfachbelastung mit Gewerbesteuer auf Gewinnanteile unterschiedlicher Beteiligungsstufen. Zu einer solchen Doppel- oder Mehrfachbelastung kam es jedoch auf Ebene der Lebens- und Krankenversicherungen tatsächlich nicht. Denn Gewinne aus Anteilen an Kapital- und Personengesellschaften erhöhen gleichfalls die RfB. Dadurch, dass bis zur entsprechenden Änderung des § 9 GewStG dennoch eine Kürzung der Gewinnanteile für gewerbesteuerliche Zwecke vorgenommen werden konnte, waren Lebens- und Krankenversicherungsunternehmen aufgrund der Systematik doppelt begünstigt. Mit dem Wegfall der Kürzungsmöglichkeit entfällt diese bisherige Begünstigung.[117]

186 Die zeitliche Anwendung im Bereich der Gewerbesteuer korrespondiert mit der Regelung im Körperschaftsteuergesetz (§ 36 Abs. 7 GewStG). Somit sind die vorgenannten gewerbesteuerlichen Regelungen und die normierten Kürzungen grundsätzlich ab dem Erhebungszeitraum 2004 nicht mehr anzuwenden. Ist ein Antrag nach § 34 Abs. 7 Satz 8 Nr. 2 KStG gestellt worden (siehe oben), so sind die Vorschriften ebenfalls bereits ab dem Erhebungszeitraum 2001, bei vom

117 Vgl. *Gosch*, in: Blümich, EStG/KStG/GewStG, Kommentar, April 2011, § 9, Rn. 133a.

Kalenderjahr abweichenden Wirtschaftsjahren ab dem Erhebungszeitraum 2002 nicht mehr länger anzuwenden.

Ebenso ist geregelt, dass Fehlbeträge des Rückwirkungszeitraums nicht in Erhebungszeiträume außerhalb dieses Zeitraums vorgetragen werden dürfen (Einschränkung des Verlustvortrags gem. § 10a GewStG) und auf diese Fehlbeträge auch nicht § 14 Abs. 1 KStG (Organschaft) anzuwenden ist (§ 36 Abs. 7 GewStG). 187

5. Hybridkapital

Die VAG-Novelle 2005[118] hat die Möglichkeiten für Versicherungsunternehmen zur Emission von Genussrechtskapital und nachrangigen Verbindlichkeiten über den bisherigen Umfang hinaus deutlich erweitert. Unter Genussrechten sind dabei schuldrechtliche Ansprüche gegen das Versicherungsunternehmen auf Teilnahme am Gewinn oder am Liquidationsüberschuss, ohne dass der Inhaber Gesellschafter wird, zu verstehen.[119] Genussrechte werden typischerweise verbrieft. 188

a) Aufsichtsrechtliche Vorgaben

Nach § 53c VAG darf der Gesamtbetrag des Hybridkapitals (Genussrecht und Nachrangverbindlichkeiten) 50 % der Eigenmittel nicht überschreiten, wobei § 53c Abs. 3c VAG als Bezugsgröße neben Grundkapital oder Gründungsstock, Kapital- und Gewinnrücklagen sowie Gewinnvortrag auch das Hybridkapital selbst mit einschließt.[120] Höchstens 25 % der so definierten Eigenmittel dürfen dabei auf nachrangige Verbindlichkeiten mit fester Laufzeit entfallen. Aufsichtsrechtlich muss das Hybridkapital in spezifischer Weise ausgestaltet sein, um eine Zurechnung zu den Eigenmitteln zu erlauben: 189

Ein Genussrecht gehört zu den Eigenmitteln, 190

- wenn es bis zur vollen Höhe am Verlust teilnimmt und das Versicherungsunternehmen verpflichtet ist, im Fall eines Verlustes die Zinszahlungen aufzuschieben,

  wenn vereinbart ist, dass es im Fall der Eröffnung des Insolvenzverfahrens oder der Liquidation des Versicherungsunternehmens erst nach Befriedigung aller nicht nachrangigen Gläubiger zurückgezahlt wird,

118 In Umsetzung der EU-Richtlinie 2003/41/EG zur Tätigkeit und Beaufsichtigung von Einrichtungen der betrieblichen Altersvorsorge.

119 Vgl. *Golland u.a.*, BB-Spezial 2/2005, S. 1, 17.

120 Vgl. *Brüggentisch/Alonso/Gilgenberg,* VW 2005, S. 1056 mit Berechnungsbeispielen.

- wenn es dem Versicherungsunternehmen mind. für die Dauer von fünf Jahren zur Verfügung gestellt worden ist und nicht auf Verlangen des Gläubigers vorzeitig zurückgezahlt werden muss,
- solange der Rückzahlungsanspruch nicht in weniger als zwei Jahren fällig wird oder aufgrund des Vertrags fällig werden kann.

191 Kapital, das in Form nachrangiger Verbindlichkeiten zugeführt wurde, gehört demgegenüber zu den Eigenmitteln,

- wenn es im Fall der Eröffnung des Insolvenzverfahrens oder der Liquidation des Versicherungsunternehmens nach Befriedigung aller nicht nachrangigen Gläubiger zurückerstattet wird,
- wenn es dem Versicherungsunternehmen mind. für die Dauer von fünf Jahren zur Verfügung gestellt wird und nicht auf Verlangen des Gläubigers vorzeitig zurückgezahlt werden muss,
- wenn die Aufrechnung des Rückerstattungsanspruchs gegen Forderungen des Versicherungsunternehmens ausgeschlossen ist und für die Verbindlichkeiten keine vertraglichen Sicherheiten durch das Versicherungsunternehmen oder durch Dritte gestellt werden, und solange der Rückerstattungsanspruch nicht in weniger als einem Jahr fällig wird oder aufgrund des Vertrags fällig werden kann.

b) Steuerliche Behandlung auf der Ebene des emittierenden Versicherungsunternehmens

192 Handelsrechtlich stellen Vergütungen auf das Hybridkapital auf der Ebene des Versicherungsunternehmens regelmäßig Aufwand dar. Steuerlich ist wie folgt zu differenzieren:

193 Wird das Hybridkapital in Form von Genussrechten ausgegeben, so ist steuerlich zwischen „beteiligungsähnlichen" und „obligationsähnlichen" Genussrechten[121] zu differenzieren. Erstere liegen nach der Regelung in § 8 Abs. 3 Satz 2 KStG dann vor, wenn sie sowohl ein Recht auf Beteiligung am Gewinn als auch – kumulativ – am Liquidationserlös gewähren. Beteiligungsähnliche Genussrechte sind steuerlich dem Eigenkapital gleichgestellt; die für ihre Überlassung gezahlten Vergütungen werden ausschüttungsgleich behandelt und mindern daher das steuerliche Einkommen des Versicherungsunternehmens nicht.

121 Vgl. *Widmayer*, IStR 2001, S. 337, 339.

Demgegenüber sind Vergütungen für obligationsähnliche Genussrechte grundsätzlich auch steuerlich aufwandswirksam. Obligationsähnliche Genussrechte lassen sich gestalten, indem eine Beteiligung am Liquidationserlös nicht vereinbart wird. Zu beachten ist allerdings, dass die Finanzverwaltung eine Beteiligung am Liquidationserlös bereits dann annimmt, wenn die Genussrechte eine sehr lange Laufzeit aufweisen bzw. eine Rückzahlung des Genussrechtskapitals nicht vor der Liquidation verlangt werden kann.[122] 194

Vergütungen für die Überlassung obligationsähnlicher Genussrechte sind auch, wenn sie gewinnabhängig gezahlt werden, Zinsen i.S.d. Zinsschranke gem. § 4h EStG[123] und können bei Vorliegen der weiteren Voraussetzungen dieser Vorschrift[124] in der Abzugsfähigkeit beschränkt sein. Wird das obligationsähnliche Genussrecht durch wesentlich beteiligte Gesellschafter, diesen nahe stehende Personen oder von Dritten mit Rückgriff auf Gesellschafter oder nahe stehende Personen dem Versicherungsunternehmen überlassen, sind zusätzlich die Beschränkungen des § 8a KStG für Gesellschafterfremdfinanzierung zu beachten.[125] Gewerbesteuerlich sind die Vergütungen für obligationsähnliche Genussrechte gem. § 8 Nr. 1 GewStG dem Gewerbeertrag zu 25 % hinzuzurechnen, soweit sie nicht schon der Zinsschranke unterliegen.[126] Bei Hybridkapital in Form von Nachrangdarlehen ist ferner die Vorschrift des § 5 Abs. 2a EStG zu beachten. Danach sind Verbindlichkeiten, die nur aus zukünftigen Gewinnen zurückgezahlt werden müssen, grundsätzlich steuerlich nicht zu passivieren, bevor die Gewinne nicht eingetreten sind. Rangrücktritte sind nach Auffassung der Finanzverwaltung nur dann unschädlich, wenn sie eine Tilgung der Darlehensschuld nicht nur aus Gewinnen, sondern auch aus dem sonstigen freien Vermögen zulassen.[127] Da das Aufsichtsrecht eine Nachrangigkeit nur für den Fall der Insolvenz und der Liquidation fordert, kann u.E. der Rangrücktritt so formuliert werden, dass er den steuerlichen Erfordernissen Rechnung trägt.[128] 195

122 BMF v. 13.03.1987, BB 1987, S. 667.
123 BMF v. 04.07.2008, DStR 2008, S. 1417; *Köhler/Hahne*, DStR 2008, S. 1505, 1507.
124 Vgl. hierzu *Köhler/Hahne*, DStR 2008, S. 1505; *Rödder*, Beihefter zu DStR Heft 40, DStR 2007, S. 2.
125 Vgl. hierzu ausführlich *Golland* u.a., BB-Spezial 2/2005, S. 1, 28; *Widmayer*, IStR 2001, S. 337, 340 f.
126 Vgl. *Köhler/Hahne*, DStR 2008, S. 1507.
127 BMF v. 18.08.2004, BStBl. I 2004, S. 850.
128 Vgl. aber *Schildknecht*, DStR 2005, S. 181 zur Problematik einer möglichen Unvereinbarkeit der steuerlichen Anforderungen des BMF mit der Rspr. des Bundesgerichtshofs (BGH) zur Insolvenzvermeidung durch Rangrücktritt.

6. Organschaft

a) Definition und Bedeutung

196 Unter Organschaft wird die wirtschaftliche Abhängigkeit einer rechtlich selbstständigen juristischen Person (Organgesellschaft) von einem anderen beherrschenden Unternehmen (Organträger) verstanden.[129] Wesensmerkmal der Organschaft sowohl im Ertragsteuerrecht als auch in der USt ist, dass Besteuerungsfolgen – unbeschadet der fortbestehenden rechtlichen Selbstständigkeit – an die wirtschaftliche Einheit der verbundenen Unternehmen geknüpft werden.[130] Damit erschöpfen sich jedoch die Gemeinsamkeiten zwischen ertragsteuerlicher und umsatzsteuerlicher Organschaft. Das derzeitige Recht wird durch eine Zersplitterung mit teilweise unterschiedlichen Voraussetzungen und Wirkungsweisen bei den Steuerarten gekennzeichnet.[131] Während für ertragsteuerliche Zwecke eine Organschaft nur bei gleichzeitigem Bestehen eines zivilrechtlichen Vertragskonzerns[132] möglich ist und damit die wirtschaftliche Einheit nur noch anerkannt wird, wenn sie rechtlich untermauert ist, stellt die USt auf eine aus finanziellen, wirtschaftlichen und organisatorischen Kriterien entwickelte, sich nach dem Gesamtbild der tatsächlichen Verhältnisse ergebende Eingliederung ab.

197 Aus ertragsteuerlicher Sicht können sich durch die Organschaft insb. folgende Vorteile ergeben:

- Durch eine Organschaft ist im Rahmen verbundener Unternehmen der Ausgleich von Verlusten und Gewinnen einzelner, dem Unternehmensverbund angehöriger rechtlicher Einheiten und damit die Senkung der Gesamtsteuerlast des Verbundes möglich.
- Durch eine Organschaft wird eine Durchbrechung der isolierenden Anknüpfung von Besteuerungsfolgen an die Verhältnisse des jeweiligen Steuerrechtssubjektes („lock-in-Effekt")[133] und damit eine Zusammenführung der steuerlichen Sphären von Kapitalgesellschaft und Anteilseigner ermöglicht. Diese erlaubt nicht nur eine zeitgleiche Erfassung der Gewinne untergeordneter Einheiten bei

129 Vgl. Dötsch/Eversberg/Jost/Witt (Hrsg.), Komm. zum KStG, §§ 14 ff., Rn. 1 ff.; *Müller/Stöcker,* Die Organschaft im Körperschaftsteuer-, Gewerbesteuer-, und Umsatzsteuerrecht, 8. Aufl., 2011, S. 42.

130 Vgl. *Rosenbach*, in: Müller/Winkeljohann (Hrsg.), Beck'sches Handbuch der GmbH, 4. Aufl., 2009, § 17, Rn. 44.

131 Vgl. §§ 14 ff. KStG, § 2 Abs. 2 GewStG und § 2 Abs. 2 Nr. 2 UStG.

132 Vgl. § 14 Abs. 1 Nr. 3 KStG i.V.m. § 291 Abs. 1 AktG und § 2 Abs. 2 GewStG.

133 Vgl. *Prinz*, FR 2000, S. 1255, 1261.

der Unternehmensspitze,[134] sondern auch – gerade bei Holdingstrukturen – eine Zusammenführung operativer Gewinne unterer Einheiten mit der entsprechenden Finanzierung auf der Ebene des Organträgers.

- Nach DBA steuerfreie Einkünfte der Organgesellschaft können im Rahmen der Gewinnabführung vollständig steuerfrei an die Organträgerin weitergeleitet werden, während bei Nicht-Bestehen der Organschaft an eine Körperschaft ausgeschüttete Erträge im Ergebnis nur zu 95 % steuerfrei sind (§ 8b Abs. 1 i.V.m. § 8b Abs. 5 KStG).
- Nachdem verdeckte Gewinnausschüttungen innerhalb einer Organschaft als vorweggenommene Gewinnabführungen behandelt werden (vgl. R 61 Abs. 4 KStR), sind die sich aus der verdeckten Gewinnausschüttung ergebenden steuerlichen Probleme geringer als in Fällen ohne Organschaftsverhältnis.

Die ertragsteuerliche Bedeutung der Organschaft hat durch die Abschaffung des Anrechnungsverfahrens und die Einführung einer Definitivbesteuerung auf der Ebene jeder einzelnen rechtlichen Einheit zugenommen. Dies gilt insb. für Lebens- und Krankenversicherungen, welche aufgrund des Spartentrennungsprinzips (§ 8 Abs. 1a VAG) nicht mit anderen Versicherungssparten betrieben werden dürfen, sodass ein anderweitiger Ergebnisausgleich innerhalb der Unternehmensgruppe, z.B. durch Verschmelzung mit einer Sachversicherung, ausscheidet. 198

Umsatzsteuerlich besteht der Vorteil der Organschaft in erster Linie in der Vermeidung steuerbarer Innenumsätze, z.B. im Rahmen von Konzerndienstleistungen innerhalb des Organkreises, ein Vorteil der gerade bei Versicherungsunternehmen durch Vermeidung der Kumulation nicht-abzugsfähiger Vorsteuern eine wesentliche Rolle spielt.[135] 199

b) Ausschluss bestimmter Versicherungsunternehmen von der Organschaft

An öffentlich-rechtlichen Versicherungsunternehmen und VVaG können rechtsformspezifisch keine Beteiligungen erworben werden. Damit können diese Unternehmen nicht als Organgesellschaften Teil einer Organschaft sein, da ihnen gegenüber nicht die erforderliche finanzielle Eingliederung dargestellt werden kann. 200

134 Auf diesen Aspekt weist insb. *Prinz*, FR 2000, S. 1260 hin, nachdem durch die Entscheidung des großen Senats des BFH v. 07.08.2000 – GrS 2/99 eine phasengleiche Aktivierung von Gewinnausschüttungen im Konzern steuerlich nur sehr eingeschränkt anerkannt wird.

135 Zu Alternativen in Form von Umlageverträgen vgl. insb. *Maser*, VW 2000, S. 381, 383 f.

201 Des Weiteren galt bislang nach § 14 Abs. 2 KStG a.F. ein ertragsteuerliches Organschaftsverbot, demzufolge für die Veranlagungszeiträume ab 2002 Lebens- und Krankenversicherungsunternehmen als Organgesellschaften ausgeschlossen wurden. Dadurch sollte insb. verhindert werden, dass strukturell bedingte steuerliche Verluste, die sich bei Lebens- und Krankenversicherungsunternehmen aufgrund von Beitragsrückerstattungen ergeben können, durch andere Gesellschaften genutzt werden.

202 Die sich daraus ergebende pauschale Benachteiligung von Lebens- und Krankenversicherungen wurde von Anfang an als system- und verfassungswidrig kritisiert,[136] sodass § 14 Abs. 2 KStG ab dem Veranlagungszeitraum 2009 aufgehoben und anstelle dessen die Kriterien für die steuerliche Abzugsfähigkeit von Beitragsrückerstattungen nach § 21 KStG verschärft wurden.[137]

c) Körperschaftsteuerliche Organschaft

203 Voraussetzungen für die körperschaftsteuerliche Organschaft sind die finanzielle Eingliederung (§ 14 Abs. 1 Nr. 1 KStG) der Organgesellschaft in den Organträger sowie der Abschluss und die Durchführung eines Gewinnabführungsvertrags (§ 14 Abs. 1 Satz 1 1. Halbsatz i.V.m. Nr. 3 KStG).

204 Als Organträger kommt gem. § 14 Abs. 1 Nr. 2 KStG unabhängig von der Rechtsform jedes inländische gewerbliche Unternehmen in Betracht. Trotz Ähnlichkeit mit dem aktienrechtlichen Unternehmensbegriff[138] wird der Begriff normspezifisch in Anlehnung an die einkommensteuerlichen Grundsätze[139] weit ausgelegt.[140] Neben Gewerbebetrieben kraft gewerblicher Tätigkeit kommen daher auch solche kraft Rechtsform, wirtschaftlichen Geschäftsbetriebs oder aber gewerblicher Prägung nach einkommensteuerlichen Grundsätzen in Betracht. Organträger können demzufolge natürliche Personen, nicht steuerbefreite Körperschaften, Personenvereinigungen oder Vermögensmassen i.S.d. § 1 KStG oder Personengesellschaften i.S.d. § 15 Abs. 1 Nr. 2 EStG sein, wobei nicht der Sitz, sondern nur noch die

---

136 Vgl. *Linklaters Oppenhoff & Rädler,* DB Beilage Nr. 1/2002, S. 48; *Hey*, FR 2001, S. 1279; *Schnittger/Hartmann,* BB 2002, S. 277.

137 Nach § 34 Nr. 6 KStG können Lebens- und Krankenversicherungen auf Antrag bereits ab dem Veranlagungszeitraum 2008 als Organgesellschaften behandelt werden. Voraussetzung hierfür ist jedoch, dass gleichzeitig auch die geänderten Regelungen nach § 21 KStG angewendet werden.

138 Vgl. *Hüffer*, Aktiengesetz, 9. Aufl., 2010, § 15, Rn. 6.

139 Vgl. § 15 Abs. 1 Nr. 1 EStG.

140 Vgl. *Rosenbach*, in: Müller/Winkeljohann, Beck'sches Handbuch der GmbH, 4. Aufl., 2009, § 17, Rn. 48 m.w.N.

Geschäftsleitung des Organträgers im Inland sein muss. Auch Lebens- und Krankenversicherungen können Organträger sein.[141]

Finanziell eingegliedert ist die Organgesellschaft, wenn dem Organträger die Mehrheit der Stimmrechte an der Organgesellschaft zusteht (§ 14 Nr. 1 KStG). Ausschlaggebend ist somit gem. Gesetzeswortlaut nicht eine Kapitalmehrheit, sondern die Mehrheit der Stimmrechte. Die Mehrheit der Stimmrechte kann auch mittelbar gegeben sein; das bisherige Additionsverbot ist entfallen. Die Eingliederungsvoraussetzungen müssen vom Beginn bis zum Ende des GJ der Organgesellschaft ununterbrochen vorliegen. 205

Das entscheidende Tatbestandsmerkmal, das die körperschaftsteuerliche Organschaft erst ermöglicht, stellt der Gewinnabführungsvertrag dar. Für dessen inhaltliche Ausgestaltung wird für die AG als Organgesellschaft auch steuerlich auf § 291 Abs. 1 AktG verwiesen. Für die GmbH, auf die die aktienrechtlichen Vorschriften nicht unmittelbar Anwendung finden, ist gem. § 17 KStG für die steuerliche Anerkennung erforderlich, dass die vertraglich vereinbarte Gewinnabführung den in § 301 AktG genannten Betrag nicht überschreitet und eine Verlustübernahme gem. § 302 AktG vorgesehen ist. Gemäß § 14 Nr. 3 KStG muss der Ergebnisabführungsvertrag zivilrechtlich wirksam sein und auf mind. fünf Jahre abgeschlossen und durchgeführt werden. Tatsächlich durchgeführt ist der Vertrag dann, wenn in den Jahresabschlüssen der einbezogenen Unternehmen die aus dem Vertrag resultierenden Forderungen und Verbindlichkeiten ausgewiesen und in angemessener Zeit tatsächlich ausgeglichen werden. 206

Rechtsfolge der Organschaft ist, dass das Einkommen der Organgesellschaft dem Organträger in voller Höhe (mit Ausnahme der Ausgleichszahlungen an außenstehende Gesellschafter) zuzurechnen ist. Wesentlich ist aber, dass das Einkommen der Organgesellschaft getrennt vom Einkommen des Organträgers zu ermitteln und dabei die steuerliche Selbstständigkeit zu beachten ist.[142] Eine Ausnahme bilden insoweit Bezüge, Gewinne oder Gewinnminderungen i.S.d. § 8b Abs. 1-3 KStG sowie damit zusammenhängende Betriebsausgaben i.S.d. § 3c EStG, die gem. § 15 Nr. 2 KStG dem Organträger grundsätzlich im vollen Umfang (brutto) zugerechnet werden und über deren steuerliche Berücksichtigung auf der Ebene des Organträgers nach dessen steuerlicher Qualifikation entschieden wird.[143] 207

141 Vgl. *Neumann*, in: Gosch (Hrsg.), KStG, § 14, Rn. 65.
142 BFH v. 01.08.1984, BStBl. II 1985, S. 18.
143 Vgl. *Linklaters Oppenhoff & Rädler,* DB Beilage Nr. 1/2002, S. 48.

d) Gewerbesteuerliche Organschaft

208 Die Voraussetzungen der gewerbesteuerlichen Organschaft gem. § 2 Abs. 2 Satz 2 GewStG entsprechen denen der körperschaftsteuerlichen Organschaft.

209 Im Gewerbesteuerrecht wird die Organgesellschaft als Betriebsstätte des Organträgers behandelt, wobei aber Organträger und Organgesellschaft im Gegensatz zur umsatzsteuerlichen Organschaft nicht als einheitliches Unternehmen angesehen werden. Demzufolge werden die Gewerbeerträge der beiden Unternehmen getrennt ermittelt, zusammengerechnet und beim Organträger veranlagt.[144]

210 Seit dem Veranlagungszeitraum 2004 schließt § 10a Satz 3 GewStG die gewerbesteuerliche Berücksichtigung von vororganschaftlichen Verlusten bei der Organgesellschaft aus.

e) Umsatzsteuerliche Organschaft

aa) Grundsätze

211 Gemäß § 2 Abs. 1 Satz 1 UStG ist Unternehmer, wer eine gewerbliche oder berufliche Tätigkeit selbstständig ausübt. Das Unternehmen umfasst die gesamte gewerbliche und berufliche Tätigkeit des Unternehmers (§ 2 Abs. 1 Satz 2 UStG). Unselbstständige Betriebsstätten eines Unternehmers sind demnach bereits nach § 2 Abs. 1 Satz 2 UStG Teil seines Unternehmens mit der Konsequenz, dass zwischen Stammhaus (Unternehmen) und Betriebsstätte mangels zweier umsatzsteuerlicher Subjekte kein Leistungsaustausch stattfinden kann.

212 Eine juristische Person des Privatrechts ist grundsätzlich selbstständig tätig und daher ein selbstständiges Unternehmen i.S.d. § 2 Abs. 1 Satz 1 UStG. Zwischen der Muttergesellschaft und einer selbstständigen Tochtergesellschaft finden daher – sofern gegenseitig Leistungen erbracht werden – grundsätzlich steuerbare Vorgänge statt. Eine Ausnahme hiervon besteht dann, wenn gem. § 2 Abs. 2 Nr. 2 Satz 1 UStG eine Gesellschaft organschaftlich in ein anderes Unternehmen eingegliedert ist.

213 Grundvoraussetzungen für die Bildung einer umsatzsteuerlichen Organschaft sind:

- die Unternehmereigenschaft des Organträgers und der Organgesellschaft;
- die Zuordnung der Beteiligung (Organgesellschaft) zum „unternehmerischen Bereich“ des Organträgers und
- die Eingliederung der Organgesellschaft in das Unternehmen des Organträgers.

144 Vgl. BFH v. 23.03.1965, BStBl. III 1965, S. 449.

bb) Unternehmereigenschaft des Organträgers und der Organgesellschaft

Unabhängig von der Tatsache, dass bei Vorliegen der Organschaft nur ein Unternehmen i.S.d. Umsatzsteuerrechts vorliegt, müssen zur Begründung einer umsatzsteuerlichen Organschaft sowohl der Organträger als auch die Organgesellschaft Unternehmer sein, d.h. 214

- selbstständig (im eigenen Namen auf eigene Rechnung),
- mit Einnahmeerzielungsabsicht,
- einer nachhaltigen Tätigkeit nachgehen,
- die auf die Erbringung von Leistungen im Leistungsaustausch gerichtet ist.

Es genügt weder ein Ergebnisabführungsvertrag mit einer unternehmerisch tätigen Organgesellschaft, um den Unternehmerstatus des Organträgers zu begründen, noch kann die unternehmerische Tätigkeit einer Organgesellschaft einem nichtunternehmerisch tätigen Organträger in anderer Weise zugerechnet werden. Im Rahmen von steuerbaren entgeltlichen Leistungen, die sowohl Organträger als auch Organgesellschaften zur Begründung der Unternehmereigenschaft bewirken müssen, ist es jedoch gleichgültig, ob die Leistungen gegenüber Konzerngesellschaften erbracht werden oder gegenüber konzernfremden Dritten. 215

Für die Organgesellschaft gilt im Hinblick auf die Rechtsform nach deutschem Recht ein Zwang im Sinne einer juristischen Person des Privatrechts, wohingegen Organträger Unternehmer jeder Rechtsform sein können. 216

Das bloße Erwerben, Halten und Veräußern von gesellschaftsrechtlichen Beteiligungen stellt keine unternehmerische Tätigkeit dar.[145] 217

Soweit eine Gesellschaft neben dem Beteiligungsbesitz eine Geschäftstätigkeit ausübt, die für sich die Unternehmereigenschaft begründet, ist diese vom nichtunternehmerischen Bereich (= Beteiligungsbesitz) zu trennen. 218

Für Holdinggesellschaften ergeben sich hierdurch folgende Konsequenzen: 219

- Eine Finanzholding ist kein Unternehmer i.S.d. Umsatzsteuerrechts und kann folglich nicht Organträger sein.
- Demgegenüber ist eine Holding, die im Sinne einer einheitlichen Leitung aktiv und entgeltlich in das laufende Tagesgeschäft ihrer Tochtergesellschaften eingreift (sog. Führungs- oder Funktionsholding), unternehmerisch tätig.

145 Vgl. Abschn. 2.3 Abs. 2 UStAE.

- Wird eine Holding nur gegenüber einigen Tochtergesellschaften geschäftsleitend tätig, während sie Beteiligungen an anderen Tochtergesellschaften lediglich hält und verwaltet (sog. gemischte Holding), hat sie sowohl einen unternehmerischen als auch einen nicht-unternehmerischen Bereich.

cc) Zuordnung der Beteiligung (Organgesellschaft) zum Betriebsvermögen

220 Nach Auffassung der deutschen Finanzverwaltung kann zwischen einer Kapitalgesellschaft und ihrem Anteilseigner nur dann eine umsatzsteuerliche Organschaft angenommen werden, wenn der Anteilseigner die gesellschaftsrechtliche Beteiligung in seinem unternehmerischen Bereich hält.

221 Da Beteiligungen nach Ansicht des BMF grundsätzlich dem nicht-unternehmerischen Bereich zuzurechnen sind, kann eine Zuordnung der Beteiligung zum Unternehmensbereich nur in den Fällen erfolgen, in denen der Beteiligungsbesitz ausnahmsweise eine unternehmerische Tätigkeit darstellt.

222 Dem BMF folgend muss ein Organträger – will er eine Beteiligung/Organgesellschaft seinem Unternehmen zuordnen – die Beteiligung entweder als

- strategische Beteiligung (z.B. zur Sicherung günstiger Einkaufs- bzw. Absatzkonditionen, Verschaffung von Einfluss bei potentiellen Konkurrenten) halten, oder
- gegenüber der potentiellen Organgesellschaft entgeltliche Dienstleistungen erbringen.

223 Zudem verlangt die Finanzverwaltung, dass zwischen der gesellschaftsrechtlichen Beteiligung (Organgesellschaft) und der unternehmerischen Haupttätigkeit des Organträgers ein erkennbarer und objektiver wirtschaftlicher Zusammenhang besteht,[146] was der Fall wäre, wenn die Aufwendungen für die gesellschaftsrechtliche Beteiligung zu den Kostenelementen der Umsätze aus der Haupttätigkeit gehören.

dd) Eingliederungsvoraussetzungen

224 Eine umsatzsteuerliche Organschaft liegt gem. § 2 Abs. 2 Nr. 2 Satz 1 UStG vor, wenn

- eine juristische Person des Privatrechts,

146 Vgl. Abschn. 2.3 Abs. 4 und Abschn. 15.2 Abs. 17 UStAE.

- nach dem Gesamtbild der tatsächlichen Verhältnisse,
- finanziell,
- wirtschaftlich und
- organisatorisch in ein Unternehmen

eingegliedert ist.

Die einzelnen Eingliederungsvoraussetzungen müssen nicht gleichermaßen ausgeprägt sein. Aus dem Wortlaut des § 2 Abs. 2 Nr. 2 UStG sowie aus Art. 11 MwStSystRL ergibt sich allerdings, dass zur Begründung einer Organschaft alle drei Eingliederungsmerkmale vorliegen müssen. Es genügt demnach nicht, wenn die Eingliederung nur in Bezug auf zwei der genannten Merkmale besteht, selbst, wenn diese sehr stark ausgeprägt sind. 225

Finanzielle Eingliederung

Die finanzielle Eingliederung betrifft die Beschlussfassung bei der Organgesellschaft. Dies bedeutet: 226

- Dem Organträger muss es möglich sein, Beschlüsse in der Gesellschafterversammlung durchzusetzen, d.h. er muss mind. 51 % der gesamten Stimmrechte innehaben.
- Sofern jedoch der Gesellschaftsvertrag eine höhere qualifizierte Mehrheit (z.B. 2/3-Mehrheit) für Beschlüsse vorsieht, muss der Organträger die dafür erforderliche Stimmrechtsmehrheit besitzen.
- Diese Stimmenmehrheit muss allgemein und nicht nur im Einzelfall erreicht werden können.
- Stimmen eines Minderheitsgesellschafters können den Stimmen des Mehrheitsgesellschafters zugerechnet werden, wenn sich der Minderheitsgesellschafter durch eine Stimmrechtsbindung zu einem gleich gerichteten Stimmverhalten verpflichtet hat.

Eine finanzielle Eingliederung kann auch „mittelbar" über Tochtergesellschaften erfolgen, wenn die Mehrheit der Stimmrechte an der Organgesellschaft (mittelbar) erst über eine Beteiligung (als Gesellschafter) an einer Gesellschaft erreicht wird, die unmittelbar an der Organgesellschaft als Gesellschafter mit Stimmenmehrheit beteiligt ist. Ausreichend ist ebenso die Erlangung der Stimmenmehrheit durch Zusammenrechnung eigener Anteile mit den Anteilen der Beteiligungsgesellschaft, falls die Beteiligung an der vermittelnden Gesellschaft die Mehrheit der 227

Stimmrechte gewährt, d.h. bei der Beteiligungsgesellschaft muss Stimmrechtsmehrheit gegeben sein. Unerheblich ist, ob die vermittelnde Gesellschaft die Rechtsform einer Personen- oder Kapitalgesellschaft hat.

228 Für die finanzielle Eingliederung einer Organgesellschaft in das Unternehmen des Organträgers ist es nach Ansicht der Finanzverwaltung[147] auch ausreichend, wenn die finanzielle Eingliederung mittelbar über eine nicht-unternehmerisch tätige Tochtergesellschaft des Organträgers („Zwischenholding“) oder einer Organgesellschaft erfolgt. Die nicht-unternehmerisch tätige Tochtergesellschaft wird dadurch jedoch nicht Bestandteil des Organkreises, d.h. der Organkreis wird zwischen Mutter- und Enkelgesellschaft gebildet.

229 Die finanzielle Eingliederung einer Kapitalgesellschaft in das Unternehmen einer Personengesellschaft über gemeinsame Gesellschafter kommt nach aktueller Rechtsprechungsänderung des BFH[148] nicht mehr in Betracht, jedenfalls dann nicht, wenn die Mehrheit der Anteile an der Kapitalgesellschaft von mehreren Gesellschaftern der Personengesellschaft gehalten wird.

Wirtschaftliche Eingliederung

230 Die wirtschaftliche Eingliederung erfordert, dass

- ein enger wirtschaftlicher Zusammenhang besteht – im Sinne einer wirtschaftlichen Förderung und Ergänzung – zwischen der Tätigkeit der Organgesellschaft und der unternehmerischen Tätigkeit des Gesamtunternehmens;[149]
- die Tätigkeit von Organträger und Organgesellschaft aufeinander abgestimmt sind;
- zwischen beiden Gesellschaften ein vernünftiger wirtschaftlicher Zusammenhang besteht, sodass Organträger und Organgesellschaft eine wirtschaftliche Einheit bilden;[150]
- die Organgesellschaft als Unternehmensteil dem Unternehmen des Organträgers zuzurechnen ist und im Gefüge des Organträgers als dessen Bestandteil erscheint.[151]

147 Vgl. Abschn. 2.8 Abs. 5 UStAE.
148 Vgl. BFH v. 22.04.2010 – V R 9/09, DStR 2010, S. 1277.
149 Vgl. Abschn. 21 Abs. 5 UStR.
150 Vgl. BFH v. 22.06.1967 – V R 89/66, BStBl. III 1967, S. 715.
151 Vgl. BFH v. 18.12.1996 – XI R 25/94, BStBl. II 1997, S. 441.

Das Vorliegen/Nicht-Vorliegen der wirtschaftlichen Eingliederung einer Tochtergesellschaft in das Unternehmen ihrer Muttergesellschaft im Rahmen einer umsatzsteuerlichen Organschaft war Gegenstand mehrerer Urteile des BFH.[152]

Der BFH hat in den genannten Urteilen folgende Kernaussagen getroffen:

Was erforderlich ist:

- Für die wirtschaftliche Eingliederung kommt es darauf an, dass zwischen der Organgesellschaft und dem Unternehmen des Organträgers ein vernünftiger wirtschaftlicher Zusammenhang im Sinne einer wirtschaftlichen Einheit, Kooperation oder Verflechtung – auch in verschiedenen Wirtschaftszweigen – besteht.
- Beruht die wirtschaftliche Eingliederung auf Leistungen des Organträgers gegenüber einer Organgesellschaft, müssen die Leistungen für die Begründung einer wirtschaftlichen Eingliederung entgeltlich erfolgen und für das Unternehmen der Organgesellschaft von mehr als nur unwesentlicher Bedeutung sein.
- Die wirtschaftliche Eingliederung kann sich aus einer Verflechtung zwischen den Unternehmensbereichen verschiedener Organgesellschaften ergeben.

Nicht ausreichend ist/sind:

- unentgeltliche Leistungen und Nutzungsüberlassungen des Organträgers an die Organgesellschaft
- Verlustübernahmen durch den Organträger
- unentgeltliche Materialbeistellungen durch den Organträger für eine von der Organgesellschaft an den Organträger erbrachte Leistung
- administrative und beratende Tätigkeiten des Organträgers für die Organgesellschaft, wenn diese für die Unternehmenstätigkeit der Organgesellschaft nicht wesentlich sind.

Organisatorische Eingliederung

Der Organträger hat in Bezug auf die organisatorische Eingliederung durch Maßnahmen sicherzustellen, dass sein Wille in den Organgesellschaften in der laufenden Geschäftsführung auch tatsächlich durchgeführt wird.[153] Der BFH verneint 231

152 Vgl. BFH v. 20.08.2009 – V R 30/06 BStBl. II 2010, S. 863; v. 18.06.2009 – V R 4/08, BStBl. II 2010, S. 310; v. 29.01.2009 – V R 67/07, BStBl. II 2009, S. 1029.

153 Vgl. Abschn. 2.8 Abs. 7 UStAE.

hierbei einen Rückschluss von der aktienrechtlichen Beherrschung (§ 17 AktG) auf das Vorliegen einer umsatzsteuerlichen Organschaft. Er betont, dass das Umsatzsteuergesetz in § 2 Abs. 2 Nr. 2 UStG die Voraussetzungen der umsatzsteuerrechtlichen Organschaft eigenständig definiert.

Die aktienrechtliche Abhängigkeitsvermutung stellt auf eine Mehrheitsbeteiligung ab, womit nur das Tatbestandsmerkmal der finanziellen Eingliederung belegt wird. Nach den Grundsätzen des deutschen Umsatzsteuerrechts kommt es aber neben dieser auch auf die wirtschaftliche und organisatorische Eingliederung an, die im Einzelfall gesondert zu überprüfen sind.

Der BFH hält für das Vorliegen einer organisatorischen Eingliederung eine institutionell abgesicherte unmittelbare Eingriffsmöglichkeit der Muttergesellschaft in den Kernbereich der laufenden Geschäftsführung der Tochtergesellschaft für erforderlich.

Die Vorgaben des BFH an eine organisatorische Eingliederung sind unstreitig erfüllt, wenn sowohl in der Obergesellschaft als auch in der Untergesellschaft die Geschäftsführungsorgane vollständig identisch sind. Eine abweichende Willensbildung ist dann weder rechtlich noch tatsächlich möglich.

Nach der Rspr. des BFH[154] kann die organisatorische Eingliederung auch über einen als Geschäftsführer der Organgesellschaft bestellten, leitenden Mitarbeiter des Organträgers erfüllt werden, denn der Organträger kann über seine leitenden Mitarbeiter dieselben Einflussmöglichkeiten auf die Geschäftsführung der Organgesellschaft ausüben wie bei einer personellen Verflechtung über die Geschäftsführung von Organträger und Organgesellschaft.

Demgegenüber reicht es nicht aus, dass ein leitender Mitarbeiter des Mehrheitsgesellschafters nur Prokurist bei der möglichen Organgesellschaft ist, während es sich beim einzigen Geschäftsführer der Organgesellschaft um eine Person handelt, die weder Mitglied der Geschäftsführung noch leitender Angehöriger des Mehrheitsgesellschafters ist.[155]

Vom BFH bisher noch nicht explizit entschieden wurde, ob ein Beherrschungsvertrag die organisatorische Eingliederung begründet. Dies wurde zu Zeiten, in denen die organisatorische Eingliederung noch für die ertragsteuerliche Eingliederung notwendig war, nicht ernsthaft bestritten. Denn qua Beherrschungsvertrag unterstellt die beherrschte Gesellschaft ihre Leitung einem anderen Unternehmen. Das beherrschende Unternehmen kann gem. § 308 Abs. 1 AktG dem Vorstand

154 BFH v. 20.08.2009 – V R 30/06, BStBl. II 2010, S. 863.
155 Vgl. BFH v. 28.10.2010 – V R 7/10, UR 2011, S. 256.

der beherrschten Gesellschaft Weisungen erteilen. Auch bei strengster Auslegung dürfte u.E. ein Beherrschungsvertrag den Maßgaben des BFH/der Finanzverwaltung genügen. Entscheidend ist, dass sich das Weisungsrecht im Unterschied zum Weisungsrecht der Gesellschafterversammlung (das sich letztlich nur aus der Gesellschafterstellung ergibt und sich grundsätzlich nicht auf das Tagesgeschäft bezieht) gem. § 308 AktG auch auf das Tagesgeschäft erstreckt. Dadurch kann unserer Meinung nach ein abweichender Wille auf Ebene der Organgesellschaft vollumfänglich vermieden werden, sofern das „institutionell abgesicherte" Weisungsrecht tatsächlich ausgeübt wird.

Definitiv nicht ausreichend für die Eingliederung in organisatorischer Hinsicht ist/sind

- die Möglichkeit von Weisungen durch Gesellschafterbeschluss,
- Kataloge zustimmungsbedürftiger Maßnahmen,
- regelmäßige Berichte über die Geschäftsführung.

ee) Rechtsfolgen der umsatzsteuerlichen Organschaft

Durch die Organschaft verbundene Unternehmungen werden umsatzsteuerlich als ein Unternehmen behandelt. Aufgrund der Eingliederung fehlt der Organgesellschaft die Voraussetzung der Selbstständigkeit, um als Unternehmer anerkannt werden zu können (§ 2 Abs. 2 Satz 1 UStG). 232

Unternehmer der durch Organschaft verbundenen Unternehmungen ist der Organträger. 233

Leistungen, die innerhalb des Organkreises erbracht werden, stellen nicht-steuerbare Innenumsätze dar, weil es an einem Leistungsaustausch mit einem Dritten mangelt. Innerhalb des Organkreises ausgestellte Rechnungen mit gesondertem Steuerausweis stellen nach Verwaltungsmeinung unternehmensinterne Buchungsbelege dar, die die Rechtsfolgen des § 14c Abs. 1 und 2 UStG nicht auslösen.[156] Der Beleg dient nur kalkulatorischen Zwecken und wird nicht zur Verwendung als Rechnung in den Verkehr gebracht. 234

Die Organgesellschaft haftet für die vom Organträger geschuldete Umsatzsteuer nach § 73 AO. 235

Vorsteuerbeträge, die die durch Organschaft verbundenen Unternehmungen betreffen, kann nur der Organträger als Unternehmer geltend machen. Die 236

156 Vgl. Abschn. 14.1 Abs. 4 UStAE; BFH v. 28.10.2010 – V R 7/10, UR 2011, S. 256.

Abzugsfähigkeit richtet sich nach den Außenumsätzen der Organgesellschaft bzw. der Verwendung innerhalb des Organkreises, sofern externe Leistungsbezüge im Organkreis weitergeleitet werden.

237 Für innergemeinschaftliche Umsätze erhält jede Organgesellschaft eine eigene USt-Identifikationsnummer (§ 27a Abs. 1 Satz 4 UStG) und ist auch zur Abgabe einer zusammenfassenden Meldung verpflichtet (§ 18a Abs. 1 Satz 6 UStG).

7. Gewerbesteuer

238 Auch bei Versicherungsunternehmen ist zur Ermittlung des Gewerbeertrags von dem körperschaftsteuerpflichtigen Einkommen auszugehen. Hinzurechnungen und Kürzungen nach den §§ 8 und 9 GewStG sind zu berücksichtigen.

239 Für Versicherungsunternehmen ergeben sich vor allem bei der gewerbesteuerlichen Behandlung von Zinsaufwendungen Besonderheiten.

240 Bis zum Veranlagungszeitraum 2007 unterlagen diese nur dann der gewerbesteuerlichen Hinzurechnung nach § 8 Nr. 1 GewStG a.F., wenn es sich um Entgelte für sog. Dauerschulden handelte. Als Dauerschulden galten Schulden, die entweder wirtschaftlich mit der Gründung oder dem Erwerb des Betriebs/Teilbetriebs oder Anteils am Betrieb oder mit einer Erweiterung/Verbesserung des Betriebs zusammenhingen oder der nicht nur vorübergehenden Verstärkung des Betriebskapitals dienten. Die versicherungstechnischen Rückstellungen und Verbindlichkeiten wurden aufgrund der von der Rspr. entwickelten Grundsätze regelmäßig nicht als Dauerschulden betrachtet, insb. da sie wegen aufsichtsrechtlicher Verfügungsbeschränkungen nicht der Verstärkung des Betriebskapitals dienen können oder zum laufenden Geschäftsverkehr des Versicherungsunternehmens gehören (vgl. Abschn. 45 Abs. 9 GewStR 1998).

241 Im Rahmen des Unternehmensteuerreformgesetzes 2008 wurde die gewerbesteuerliche Hinzurechnung auf alle Fremdkapitalzinsen ausgedehnt (§ 8 Nr. 1 Buchst. a GewStG). Auf das Kriterium „Dauerschuld" kommt es nicht mehr an, sodass grundsätzlich auch Schulden, die nicht oder nur vorübergehend der Verstärkung des Betriebskapitals dienen, unter die Neuregelung fallen. Gleichwohl sollen nach Auffassung der Finanzverwaltung die bisher geltenden Grundsätze hinsichtlich der versicherungstechnischen Rückstellungen und der aus Versicherungsverhältnissen entstandenen Verbindlichkeiten gegenüber Versicherungsnehmern weiterhin Anwendung finden, sofern diese von Vermögenswerten des gebundenen Vermögens i.S.d. § 54 Abs. 1 Satz 1 VAG gedeckt werden (vgl. gleichlautender Ländererlass v. 04.07.2008, BStBl. I, S. 730, Rn. 24). Des Weiteren wur-

de auf Anfrage des GDV in einem nicht veröffentlichten Schreiben des BMF v. 04.05.2009 klargestellt, dass dies auch für Depotverbindlichkeiten von ErstVR aus dem in Rückdeckung gegebenen Versicherungsgeschäft gegenüber RückVR gelten soll, da das entsprechende Aktivvermögen nach § 54 Abs. 1 Satz 1 i.V.m. § 66 Abs. 1a Satz 2 VAG zum gebundenen Vermögen gehört.

Unter Inanspruchnahme der Bewertungsregelung des § 6 Abs. 5 EStG haben in der Vergangenheit einige Versicherungsunternehmen ihren Grundbesitz steuerneutral zum Buchwert auf Tochterpersonengesellschaften ausgegliedert. Handelsbilanziell wurden dabei vielfach stille Reserven aufgedeckt. Gewerbesteuerlich ist zu beachten, dass nach der Rspr. des BFH[157] eine gewerblich geprägte Personengesellschaft die erweiterte gewerbesteuerliche Kürzung nach § 9 Nr. 1 Satz 2 GewStG nicht in Anspruch nehmen kann, wenn der Grundbesitz zugunsten des Deckungsstocktreuhänders des an der Gesellschaft beteiligten (Lebens-) Versicherungsunternehmens im Grundbuch gesperrt ist und die Anteile an der Personengesellschaft in das Deckungsstockverzeichnis aufgenommen worden sind. Die auf der Ebene der Personengesellschaften erzielten Gewinne unterliegen dort der Gewerbesteuer, ohne dass eine Ergebnisverrechung mit den Gewerbeerträgen des Versicherungsunternehmens möglich wäre. 242

Des Weiteren ist zu beachten, dass bei Lebens- und Krankenversicherungen die Gewinne aus Anteilen an in- oder ausländischen Personengesellschaften, an in- oder ausländischen Kapitalgesellschaften oder nach DBA gewerbesteuerfreie Gewinne nicht nach § 9 GewStG gekürzt werden können (§ 9 Nr. 2 Satz 2, Nr. 2a Satz 5, Nr. 7 Satz 8, Nr. 8 Satz 4 GewStG). Hintergrund hierfür ist, dass diese Erträge die Zuführungen zur RfB entsprechend erhöhen, sodass sie im Ergebnis nicht mehr im Gewerbeertrag enthalten sind. Eine zusätzliche Kürzung ist daher nicht erforderlich. 243

8. Umsatzsteuer

a) Steuerbarkeit von Versicherungsumsätzen

Der Umsatzbesteuerung unterliegen nach § 1 Abs. 1 Nr. 1 UStG 244

- Lieferungen oder sonstige Leistungen, die
- von einem Unternehmer im Rahmen seines Unternehmens
- gegen Entgelt

im Inland erbracht werden.

157 Vgl. BFH v. 17.01.2002 – IV R 51/00, BStBl. II 2002, S. 873.

245 Zentrale Dienstleistungen im Zusammenhang mit Versicherungen sind

- die Versicherungsleistungen selbst,
- die Verschaffung von Versicherungsschutz gegenüber einem Dritten,
- der Vertrieb der Versicherungen.

246 Bei den Leistungen handelt es sich um sonstige Leistungen i.S.d. § 3 Abs. 9 UStG.

Versicherungsunternehmen, Versicherungsvertreter und Versicherungsmakler sind regelmäßig Unternehmer gem. § 2 Abs. 1 UStG und erbringen Leistungen im Rahmen ihres Unternehmens.

247 Die Leistung wird in der Regel entgeltlich erbracht. Sofern die Leistung im Inland bewirkt wird, liegt ein steuerbarer Umsatz i.S.d. UStG vor.

248 Der Ort einer sonstigen Leistung bestimmt sich hierbei nach § 3a UStG. Das Mehrwertsteuerpaket 2010 hat die Regelungen des Leistungsorts bei Dienstleistungen zum 01.01.2010 inhaltlich und systematisch reformiert. Im zwischenunternehmerischen Dienstleistungsverkehr steht das Besteuerungsrecht grundsätzlich dem Ansässigkeitsstaat des Leistungsempfängers zu.

249 Wird eine Versicherungsleistung bzw. die Verschaffung von Versicherungsschutz durch einen Unternehmer

- an einen Unternehmer (§ 2 UStG) für dessen Unternehmen oder an eine nicht-unternehmerische juristische Person mit USt-Identifikationsnummer erbracht („b2b"), so ist der Ort der Leistung gem. § 3a Abs. 2 Satz 1 UStG der Ort, von dem aus der Leistungsempfänger sein Unternehmen betreibt. Sofern der Leistungsbezug für eine Betriebsstätte erfolgt, ist der Ort der Betriebsstätte maßgebend (§ 3a Abs. 2 Satz 2 UStG).

- weder an einen Unternehmer noch an eine nicht-unternehmerische juristische Person mit USt-Identifikationsnummer erbracht („b2c") und ist der Empfänger in der EU ansässig, so gilt § 3a Abs. 1 UStG, wonach der Ort der Leistung am Sitz des leistenden Unternehmers ist.

- weder an einen Unternehmer noch an eine nicht-unternehmerische juristische Person mit USt-Identifikationsnummer erbracht („b2c") und ist der Empfänger nicht in der EU ansässig, so gilt § 3a Abs. 4 Nr. 6a UStG, wonach der Ort der Leistung am Sitz des Leistungsempfängers ist.

- bei der Tätigkeit der Versicherungsvertreter/Versicherungsmakler ist im „b2b"-Bereich der Ort der Leistung grundsätzlich am Sitz des Leistungsempfängers (§ 3a Abs. 2 Satz 1 UStG). Im „b2c"-Bereich ist der Unternehmenssitz des leistenden Unternehmers der umsatzsteuerliche Anknüpfungspunkt (§ 3a Abs. 1 UStG).

b) Steuerbefreiungen im Rahmen von Versicherungsumsätzen

Gesetzessystematisch ist eine im Inland steuerbare Leistung grundsätzlich steuerpflichtig, es sei denn, der (eng auszulegende) Tatbestand einer Steuerbefreiungsvorschrift des § 4 UStG ist erfüllt. 250

Leistungen aufgrund eines Versicherungsverhältnisses (§ 4 Nr. 10 a UStG), die Verschaffung von Versicherungsschutz (§ 4 Nr. 10 b UStG) und die Umsätze aus der Tätigkeit von Versicherungsvertretern und Versicherungsmaklern (§ 4 Nr. 11 UStG) sind gem. deutschem Umsatzsteuerrecht umsatzsteuerfrei. 251

Die Vorschriften der §§ 4 Nr. 10 und Nr. 11 UStG setzen Art. 135 Abs. 1a der Richtlinie 2006/112/EG (Mehrwertsteuersystemrichtlinie) in nationales Recht um, wonach „die Mitgliedstaaten Versicherungs- und RückV-Umsätze einschl. der dazugehörigen Dienstleistungen, die von Versicherungsmaklern und -vertretern erbracht werden", von der USt befreien. 252

aa) Zweck der Steuerbefreiungen

Hauptzweck der Steuerbefreiung von Versicherungsumsätzen (§ 4 Nr. 10 UStG) ist die Vermeidung einer Doppelbesteuerung mit Versicherungssteuer und USt.[158] 253

Mit der Umsatzsteuerbefreiung der Vertriebstätigkeit von Versicherungsvertretern und Versicherungsmaklern (§ 4 Nr. 11 UStG) wollte der Gesetzgeber eine Verteuerung der Leistungen verhindern, die systembedingt dadurch entsteht, dass Versicherungsunternehmen regelmäßig nicht zum Vorsteuerabzug berechtigt sind und sich mithin nur dadurch von der Vorsteuer entlasten könnten, dass sie den Kostenfaktor „Vorsteuer" preislich auf ihre Kunden abwälzen.[159] 254

bb) Versicherungsleistung (§ 4 Nr. 10 a UStG)

Der sich aus dem primären Gemeinschaftsrecht (Art. 113 AEUV, ex Art. 93 EGV) ergebende Harmonisierungsauftrag für die USt in allen EU-Mitgliedsstaaten gebietet es, nationale Rechtsnormen und Rechtstermini nicht nach nationalem (zivilrechtlichem) Verständnis zu interpretieren. Vielmehr müssen – will man 255

158 Vgl. EuGH v. 25.02.1999 – C-349/96, DStRE 1999, S. 271.
159 *Schuhmann*, in: Rau/Dürrwächter (Hrsg.), Kommentar zum Umsatzsteuergesetz, 8. Aufl., 1997, 145. Lieferung 02.2011, § 4 Nr. 11 UStG, Rz. 7.

innerhalb der EU eine Harmonisierung und Wettbewerbsneutralität erreichen – Begriffe der nationalen Umsatzsteuergesetze im Lichte des EU-Rechts/der EU-Mehrwertsteuersystemrichtlinie einheitlich ausgelegt werden.

256 Konsequenterweise betont der Europäische Gerichtshof (EuGH) daher in ständiger Rspr.[160], dass die Steuerbefreiungen autonome gemeinschaftsrechtliche Begriffe sind, die eine von Mitgliedstaat zu Mitgliedstaat unterschiedliche Anwendung des Mehrwertsteuersystems vermeiden sollen.

257 Die Mehrwertsteuersystemrichtlinie definiert dabei selbst den Begriff der „Versicherungsumsätze“ nicht. Nach Ansicht des EuGH ist es das Wesen eines Versicherungsumsatzes, dass sich der Versicherer verpflichtet, dem Versicherten gegen vorherige Zahlung einer Prämie beim Eintritt des Versicherungsfalls die bei Vertragsschluss vereinbarte Leistung zu erbringen. Die Leistung, zu deren Erbringung sich der Versicherer im Versicherungsfall verpflichtet, braucht demnach nicht in der Zahlung eines Geldbetrags, sondern kann auch in Beistandsleistungen entweder durch Geldzahlung oder Sachleistungen bestehen.

258 „Versicherer“ können nach europarechtlichem Verständnis dabei nicht nur Unternehmen sein, die nach dem jeweils nationalen Recht der Versicherungsaufsicht unterliegen.

259 „Versicherter“ und mithin Empfänger der Versicherungsleistung ist die Person, gegenüber der der Versicherer verpflichtet ist, bei Eintritt des Versicherungsfalls die vereinbarte Leistung zu erbringen.[161]

260 Die Leistungen des Versicherers umfassen die Gewährung des Versicherungsschutzes und die Leistung bei Eintritt des Versicherungsfalls.

261 Zivilrechtliche causa („Versicherungsverhältnis“) des umsatzsteuerlichen Leistungsaustauschs ist regelmäßig ein Versicherungsvertrag, d.h. es besteht eine Vertragsbeziehung zwischen Versicherer und Versicherungsnehmer.

262 Ausgehend vom Wortlaut des Gesetzes ist jede Leistung aufgrund eines Versicherungsverhältnisses einschl. unselbstständiger Nebenleistungen umsatzsteuerbefreit.

263 Nebenleistungen teilen – auch, wenn sie selbst nicht der Versicherungssteuer unterliegen – umsatzsteuerrechtlich das Schicksal der Hauptleistung. Das gilt auch dann, wenn für die Nebenleistung ein besonderes Entgelt verlangt und entrichtet

160 Vgl. EuGH v. 25.02.1999 – C-349/96 – CPP, EuGHE 1999, I-973.

161 *Klenk*, in: Rau/Dürrwächter (Hrsg.), Kommentar zum Umsatzsteuergesetz, 8. Aufl., 1997, 145. Lieferung 02.2011, § 4 Nr. 10 UStG, Rz. 31.

wird. Eine Leistung ist grundsätzlich dann als Nebenleistung zu einer Hauptleistung anzusehen, wenn sie im Vergleich zu der Hauptleistung nebensächlich ist, mit ihr eng – im Sinne einer wirtschaftlich gerechtfertigten Abrundung und Ergänzung – zusammenhängt und üblicherweise in ihrem Gefolge vorkommt. Davon ist insb. auszugehen, wenn die Leistung für den Leistungsempfänger keinen eigenen Zweck, sondern das Mittel darstellt, um die Hauptleistung des Leistenden unter optimalen Bedingungen in Anspruch zu nehmen. Gegenstand einer Nebenleistung kann sowohl eine unselbstständige Lieferung von Gegenständen als auch eine unselbstständige sonstige Leistung sein.[162]

Zweifelhaft kann sein, ob auch die Gewährung von Sachleistungen durch den Versicherer steuerfrei ist (z.B. wenn der Versicherer den Versicherten statt vertragsgemäß mit einer Geldleistung mit einer Sachleistung entschädigt). Nach dem Wortlaut des Umsatzsteuergesetzes („Leistungen aufgrund eines Versicherungsverhältnisses“) ist jedoch auch in diesem Fall von einer Steuerbefreiung auszugehen.[163] 264

Die Übertragung eines Bestands von Lebensrückversicherungsverträgen stellt jedenfalls nach Ansicht des EuGH in der Rechtssache „Swiss Re Germany Holding“[164] keine steuerfreie Versicherungsleistung dar. Wie der EuGH betont, setzt ein Versicherungsumsatz seinem Wesen nach eine Vertragsbeziehung zwischen dem Erbringer der Versicherungsdienstleistung und der Person, deren Risiken von der Versicherung gedeckt werden, d.h. dem Versicherten, voraus. Die Übertragung von Versicherungsverträgen erfüllt dieses Kriterium nicht. 265

cc) Versicherungsleistungen im Ausland (§ 4 Nr. 10 a) Satz 2 UStG)

Die Steuerbefreiung gilt auch für Auslandsgeschäfte (§ 4 Nr. 10 Satz 2 UStG), 266
die nicht der deutschen Versicherungssteuer unterliegen. Der Gesetzgeber wollte mit dieser Regelung Wettbewerbsnachteile für international operierende deutsche Versicherungsunternehmen, die nicht unter das Versicherungssteuergesetz fallende Auslandsumsätze tätigen, vermeiden.

162 Vgl. Abschn. 3.10 Abs. 5 UStAE.
163 So auch *Klenk*, in: Rau/Dürrwächter (Hrsg.), Kommentar zum Umsatzsteuergesetz, 8. Aufl., 1197, 145. Lieferung 02.2011, § 4 Nr. 10, Rz. 46.
164 Vgl. EuGH v. 22.10.2009, C-242/08, DStRE 2009, S. 1412.

dd) Verschaffung von Versicherungsschutz (§ 4 Nr. 10 b UStG)

267 Steuerfrei ist nach § 4 Nr. 10 b UStG auch die Verschaffung von Versicherungsschutz.

268 Eine Verschaffung von Versicherungsschutz liegt dann vor, „wenn der Unternehmer mit einem Versicherungsunternehmen einen Versicherungsvertrag zugunsten eines Dritten abschließt. Der Begriff des Versicherungsschutzes umfasst alle Versicherungsarten, z.B. Lebens-, Kranken-, Unfall-, Haftpflicht-, Rechtsschutz-, Diebstahl-, Feuer- und Hausratversicherungen".[165]

269 Klassische Fälle dieser Steuerbefreiungsvorschrift sind die betriebliche Altersvorsorge von Unternehmen für ihre Arbeitnehmer in Form einer Direktversicherung sowie Gruppenversicherungen.

270 In Betracht kommt die Verschaffung von Versicherungsschutz auch in der Automobilbranche im Rahmen der sog. „Car-Garantien". Entgegen seiner bisherigen Rspr.[166] stellte der BFH fest, [167] dass die Garantiezusage eines Händlers, im Schadensfall die Reparatur entweder durch den Verkäufer oder durch eine Werkstatt durchführen zu lassen – mangels Eingreifens einer Steuerbefreiungsvorschrift – nicht steuerfrei ist. Bei Inanspruchnahme einer Fremdwerkstatt hatte der Käufer gegenüber der Versicherung einen Anspruch auf Erstattung der Kosten. Bisher ist der BFH davon ausgegangen, dass die Garantiezusage als umsatzsteuerbare Leistung „jedenfalls nach § 4 Nr. 8 Buchst. g UStG und/oder nach § 4 Nr. 10 Buchst. b UStG" steuerfrei sei. An dieser Auffassung hält das oberste Finanzgericht nun nicht mehr fest. Entscheidend für die Verneinung einer Steuerfreiheit war, dass aus Sicht des Kunden (Durchschnittsverbrauchers) das Versprechen der Einstandspflicht des Händlers der Gesamtleistung das Gepräge gab. Der BFH hat jedoch die Steuerbefreiungsvorschrift des § 4 Nr. 10 Buchst. b UStG nicht gänzlich ausgeschlossen. Es kommt vielmehr auf den Einzelfall und die konkrete Ausgestaltung der Garantiebedingungen an. In Fällen, in denen z.B. die Garantiebedingungen vorsehen, dass Ansprüche aus der versicherten Händlergarantie vom PKW-Käufer stets und nicht nur bei der Reparatur durch eine Fremdwerkstatt „ausschließlich und unmittelbar" gegenüber der Versicherungsgesellschaft geltend gemacht werden müssen, dürfte eine Steuerfreiheit nach § 4 Nr. 10 Buchst. b UStG gem. der Argumentation des Gerichts weiterhin in Frage kommen.

165 Vgl. Abschn. 4.10.2 Abs. 1 Sätze 1 und 2 UStAE.
166 Vgl. BFH v. 16.01.2003 – V R 16/02, BStBl. II 2003, S. 445.
167 Vgl. BFH v. 10.02.2010 – XI R 49/07, BStBl. II 2010, S. 1109.

ee) Umsätze aus der Tätigkeit als Versicherungsvertreter, Versicherungsmakler (§ 4 Nr. 11 UStG)

Steuerfrei sind gem. § 4 Nr. 11 UStG Umsätze aus der Tätigkeit eines Versiche- 271
rungsvertreters/Versicherungsmaklers.

Vor dem Hintergrund der gebotenen richtlinienkonformen Auslegung des § 4 272
Nr. 11 UStG kommt es auf nationale Begriffsbestimmungen und insb. auf die handelsrechtlichen Begriffe des Versicherungsvertreters und Versicherungsmaklers nach §§ 92 f. HGB nicht an (Änderung der Rspr.).[168] Die Finanzverwaltung hat die europarechtliche Sichtweise nun auch in den Umsatzsteueranwendungserlass übernommen.[169]

Der Vertrieb von Versicherungsprodukten über Makler, Vertreter und Unterver- 273
treter und die damit zusammenhängende Frage der Steuerfreiheit der Leistungen innerhalb der Vertriebsstrukturen war in den letzten Jahren Gegenstand mehrerer BFH/EuGH-Urteile sowie Gegenstand von mehreren BMF-Schreiben. Dies ist insb. dem Umstand geschuldet, dass die Vertriebskanäle für Versicherungsprodukte immer stärkeren Veränderungen unterzogen sind. Leistungsportfolien werden ausgelagert, Untervertreterstrukturen aufgesetzt und Kooperationsmodelle unterschiedlichster Art zwischen Versicherungen und Unternehmen mit großem Privatkundenstamm (z.B. Banken) geschlossen, um an potentielle Kunden/Kundendaten zu gelangen.

Wirtschaftliche Relevanz hat die Frage der Steuerfreiheit/Steuerpflicht sowohl für 274
das Versicherungsunternehmen als auch für den Vertreter/Makler. Die Tatsache, dass die Versicherung grundsätzlich nicht zum Vorsteuerabzug berechtigt ist (und damit die in Rechnung gestellte USt ein Kostenfaktor ist), hat für Vorstufenumsätze die Konsequenz, dass sich die eingekaufte Vermittlungsleistung entweder für den „Einkäufer" (Versicherungsunternehmen) verteuert oder sich die Marge für den „Dienstleister" (Vertreter) verringert.

Die inhaltliche Interpretation der Steuerbefreiungsnorm des § 4 Nr. 11 UStG soll im Folgenden vor dem Hintergrund der einschlägigen Rspr. und der Verwaltungsauffassung zusammenfassend dargestellt werden:

168 Vgl. BFH v. 06.09.2007 – V R 50/05, BStBl. II 2008, S. 829.
169 Vgl. Abschn. 4.11.1 Abs. 1 UStAE.

Vermittlungsbegriff

275 Den Begriff der Vermittlung hat der EuGH erstmals im Urteil „CSC Financial Services“[170] im Zusammenhang mit der Steuerbefreiungsvorschrift des § 4 Nr. 8 Buchst. a UStG (Vermittlung von Krediten) definiert. Demnach ist der Begriff der „Vermittlung“ ein eigenständiger Begriff des Gemeinschaftsrechts. Er bezieht sich auf eine Tätigkeit, die von einer Mittelsperson ausgeübt wird, die nicht den Platz einer Partei eines Vertrags über ein Finanzprodukt einnimmt und deren Tätigkeit sich von den typischen vertraglichen Leistungen unterscheidet, die von den Parteien solcher Verträge erbracht werden. Die Vermittlungstätigkeit ist eine Dienstleistung, die an eine Vertragspartei erbracht und von dieser als eigenständige Mittlertätigkeit vergütet wird. Sie kann u.a. darin bestehen, der Vertragspartei die Gelegenheit zum Abschluss eines solchen Vertrags nachzuweisen, mit der anderen Partei Kontakt aufzunehmen oder im Namen und für Rechnung des Kunden über die Einzelheiten der gegenseitigen Leistungen zu verhandeln. Zweck dieser Tätigkeit ist es also, das Erforderliche zu tun, damit zwei Parteien einen Vertrag schließen, ohne dass der Vermittler ein Eigeninteresse am Inhalt des Vertrags hat.

Untervermittlung

276 Untervermittlungsleistungen konnten – dem Urteil des EuGH in der Rechtssache „CSC Financial Services“ folgend – grundsätzlich nicht steuerbefreit sein. Hiervon ist der EuGH erstmals in seinem Urteil „Ludwig“[171] – ebenfalls im Zusammenhang mit der Vermittlung von Krediten – abgerückt. Die Steuerbefreiung beziehe sich nur auf die Art der Tätigkeit und wird nicht durch den Erbringer oder den Empfänger der Leistung definiert. Danach reicht aus, dass die Tätigkeiten ein im Großen und Ganzen eigenständiges Ganzes sind, welches die spezifischen und wesentlichen Funktionen einer Vermittlungsleistung erfüllt. Die Anerkennung einer von der Steuer befreiten Vermittlungstätigkeit hängt deshalb nicht unbedingt vom Bestehen eines Vertragsverhältnisses zwischen dem Erbringer der Vermittlungsleistung und einer der Parteien des Kreditvertrags ab. Der Begriff der Vermittlung setzt daher nicht unbedingt voraus, dass der Vermittler als Untervertreter eines Hauptvertreters in unmittelbaren Kontakt mit den beiden Vertragsparteien tritt, um alle Klauseln des Vertrags auszuhandeln. Voraussetzung ist jedoch, dass sich seine Tätigkeit nicht lediglich auf die reine Verwaltungsarbeit beschränkt.

170 EuGH v. 13.12.2001 – C-235/00, BB 2002, Heft 11, S. 559.
171 EuGH v. 21.06.2007 – C-453/05, DStR 2007, S. 924.

Konkret mit der Untervermittlungstätigkeit im Versicherungsbereich hatte sich der EuGH dann in der Rechtssache „Beheer“[172] auseinanderzusetzen. Der EuGH entschied, dass der Umstand, dass ein Versicherungsmakler oder -vertreter zu den Parteien des Versicherungsvertrags, zu dessen Abschluss er beiträgt, keine unmittelbare Verbindung, sondern nur eine mittelbare Verbindung über einen anderen Vermittler unterhält, es nicht ausschließt, dass die von dem Untervermittler erbrachte Leistung nach dieser Bestimmung von der Mehrwertsteuer befreit wird. Auch Untervermittler im Versicherungsvertrieb können demnach grundsätzlich steuerfreie Leistungen nach § 4 Nr. 11 UStG erbringen. 277

Inhaltliche Grundvoraussetzungen für Umsätze aus der Tätigkeit eines Versicherungsvertreters/Versicherungsmaklers i.S.d. § 4 Nr. 11 UStG

Steuerfrei ist eine Tätigkeit gem. § 4 Nr. 11 UStG nach ständiger Rspr.,[173] wenn sie die spezifischen und wesentlichen Aspekte einer Leistung eines Versicherungsvertreters oder Versicherungsmaklers aufweist. 278

In zusammenfassender Auswertung der einschlägigen Rspr.[174] lassen sich folgende „Wesentlichkeitskriterien“ für eine Versicherungsvermittlertätigkeit aufstellen: 279

Kundensuche

Kern der Tätigkeit eines Versicherungsvermittlers ist die Kundensuche für seinen Auftraggeber, d.h. er muss Personen, die am Abschluss eines Versicherungsvertrags interessiert sind, ausfindig machen. 280

Zusammenbringen des Interessenten mit dem Versicherer

Neben der Kundensuche ist Wesenskriterium der Tätigkeit eines Versicherungsvermittlers, den ausfindig gemachten Interessenten mit dem Versicherer zusammenzubringen. Da von der Rspr. auch die Tätigkeit von Untervermittlern als steuerfrei angesehen wird, wenn sie die wesentlichen und spezifischen Merkmale der steuerbefreiten Tätigkeit aufweist, ist hierbei nicht erforderlich, dass der Vermittler stets den Kunden direkt mit der Versicherung in Kontakt bringen muss. Vielmehr 281

172 Vgl. EuGH v. 03.04.2009 – C-124/07, BB 2008, S. 1152.

173 Vgl. u.a. BFH v. 28.05.2009 – V R 7/08, BStBl. II 2010, S. 80

174 Vgl. EuGH v. 21.06.2007 – C-453/05 IStR 2007, S. 595; EuGH v. 03.04.2008 – C-124/07, BB 2008, S. 1152; EuGH v. 03.03.2005 – C-472/03; DStR 2005, S. 467; BFH v. 28.05.2009 – V R 7/08, BStBl. II 2010, S. 80; BFH v. 06.09.2007 – V R 50/05, BStBl. II 2008, S. 829; BFH v. 10.06.1999 – V R 10/98; BFH v. 09.07.1998 – V R 62/97, DStR 1999, S. 1562; BFH v. 20.12.1990 – V R 68/85 (NV).

muss es auch genügen, wenn der Vermittler den potentiellen Kunden mit einer autorisierten Versicherungsvertriebsagentur oder einem „Obervermittler/Hauptvertreter“ zusammenführt. Der BFH[175] hat der Ansicht, dass bei der Auslegung von § 4 Nr. 11 UStG die EU-„Versicherungsvertreterrichtlinie“ 77/92/EWG heranzuziehen ist, wonach zu einer (steuerfreien) Tätigkeit eines Versicherungsvermittlers u.a. die Vorbereitung des Abschlusses der Versicherungsverträge und ggf. die Mitwirkung bei der Verwaltung und Erfüllung der Versicherungsverträge gehört, eine Absage erteilt.

282 Die Vermittlung kann

- in einer Nachweis-,
- in einer Kontaktaufnahme- oder
- in einer Verhandlungstätigkeit

bestehen.

Bezug der Tätigkeit zu einem konkreten Versicherungsgeschäft

283 Die Tätigkeit des Vermittlers muss sich zudem auf ein einzelnes Geschäft, das vermittelt werden soll, beziehen. Leistungen, die als eigenständiges Ganzes die spezifischen und wesentlichen Funktionen der Vermittlung erfüllen müssen, sind nur steuerfrei, wenn der jeweilige Vermittler eine Mittlertätigkeit ausübt, die sich auf einzelne Versicherungsumsätze bezieht.

Zumindest mittelbare Beziehung zwischen Vermittler und Versicherung

284 Leistungen von Versicherungsvertretern und -maklern sind dabei nur steuerfrei, wenn die Personen zugleich zum Versicherer und zum Versicherungsnehmer (zumindest in mittelbarer) Beziehung stehen. Rechtsbeziehungen zu Versicherungsnehmer oder Versicherer sind für eine steuerbefreite Versicherungsvermittlungstätigkeit nicht zwingend erforderlich.

Backoffice-Tätigkeiten

285 In seinem Urteil in der Rechtssache „Arthur Andersen“ hat der EuGH[176] entschieden, dass rein verwaltungstechnische Backoffice-Tätigkeiten nicht als von Versicherungsmaklern und -vertretern erbrachte, steuerfreie Dienstleistungen

175 Vgl. BFH v. 28.05.2009 – V R 7/08, BStBl. II 2010, S. 80.
176 Vgl. EuGH v. 03.03.2005 – C-472/03, IStR 2005, S. 313.

anzusehen sind. Dies ist nur dann der Fall, wenn sie Bestandteil einer echten Vermittlungstätigkeit und einer entsprechenden Geschäftsbeziehung zu einem potentiellen Versicherungsnehmer sind.

Nicht steuerfrei sind somit generell Leistungen, die keinen spezifischen und wesentlichen Bezug zu einzelnen Vermittlungsgeschäften aufweisen, sondern allenfalls dazu dienen, als Subunternehmer den Versicherer bei den ihm selbst obliegenden Aufgaben zu unterstützen, wie z.B: 286

- die Festsetzung und Auszahlung der Provisionen der Versicherungsvertreter
- das Halten der Kontakte mit diesen und
- die Weitergabe von Informationen an die Versicherungsvertreter.

Des Weiteren sind nach der Rspr. des BFH nicht steuerfrei

- die Tätigkeit eines Schadensabwicklers, der sich ausschließlich mit Schadensmeldungen, Kundenanfragen, der Regulierung von Schäden und Begutachtung vor Ort befasst,
- die Tätigkeit eines Werbeagenten, der Kundendaten zur Vorbereitung eines Versicherungsabschlusses erhebt.

Betreuung, Überwachung oder Schulung von nachgeordneten, selbstständigen Vermittlern

Nach Ansicht der Finanzverwaltung[177] kann auch die Betreuung, Überwachung oder Schulung von nachgeordneten, selbstständigen Vermittlern zur berufstypischen Tätigkeit eines Versicherungsvertreters oder Versicherungsmaklers gehören. Dies setzt aber voraus, dass der Unternehmer, der die Leistungen der Betreuung, Überwachung oder Schulung übernimmt, durch Prüfung eines jeden Vertragsangebots mittelbar auf eine der Vertragsparteien einwirken kann. Dabei ist auf die Möglichkeit abzustellen, eine solche Prüfung im Einzelfall durchzuführen. Bei Verwendung von Standardverträgen und standardisierten Vorgängen genügt es, dass der Unternehmer durch die einmalige Prüfung und Genehmigung der Standardverträge und standardisierten Vorgänge mittelbar auf eine der Vertragsparteien einwirken kann. 287

177 Vgl. BMF v. 09.10.2008 – IV B 9 – S. 7167/08/10001, BStBl. I 2008, S. 948; Abschn. 75 Abs. 2 Satz 6 UStR.

288 Letzterer Aussage widersprach der BFH[178] und entschied, dass die einmalige Prüfung und Genehmigung von Standardverträgen und standardisierten Vorgängen – entgegen der Auffassung des BMF – nicht ausreicht. Das BMF[179] akzeptierte im Nachgang die Ansicht des BFH jedenfalls für Umsätze nach dem 31.12.2009. Für Umsätze bis zu diesem Zeitpunkt gelten – in Abweichung von der BFH-Meinung – für die veranlagenden Finanzämter die Grundsätze des BMF-Schreibens v. 09.10.2008.

„Tippgeber“

289 Zur Steuerfreiheit nach § 4 Nr. 11 UStG für die Tätigkeit eines Untervermittlers/Tippgebers hat der BFH[180] aktuell entschieden, dass die Steuerfreiheit für die Tätigkeit als Versicherungsvertreter nach § 4 Nr. 11 UStG voraussetzt, dass die Leistungen des Unternehmers die spezifischen und wesentlichen Funktionen einer Versicherungsvermittlung erfüllen, nämlich, die am Abschluss der Versicherung interessierten Personen zusammenzuführen. Dies ist (auch) der Fall, wenn ein Unternehmer einem Versicherungsmakler am Abschluss eines Versicherungsvertrags potentiell interessierte Personen nachweist und hierfür eine sog. „Zuführungsprovision“ erhält.

c) Vorsteuerabzug

aa) Grundsätze

290 Gemäß § 15 Abs. 1 Nr. 1 UStG können Unternehmer für Lieferungen und sonstige Leistungen, die von einem anderen Unternehmen für ihr Unternehmen ausgeführt worden sind, unter der Voraussetzung des Besitzes einer ordnungsgemäßen Eingangsrechnung die gezahlte USt in Abzug bringen.

291 Das Prinzip des Vorsteuerabzugs ist – wie der EuGH in ständiger Rspr. betont[181] – integraler Bestandteil des Mechanismus der Mehrwertsteuer und kann grundsätzlich nicht eingeschränkt werden. Dieses Recht kann für die gesamte Steuerbelastung der vorausgehenden Umsatzstufen sofort ausgeübt werden. Durch die Regelung über den Vorsteuerabzug soll der Unternehmer vollständig von der im Rahmen seiner gesamten wirtschaftlichen Tätigkeit geschuldeten oder entrichteten Mehrwertsteuer entlastet werden. Das gemeinsame Mehrwertsteuersystem

178 Vgl. BFH v. 30.10.2008 – V R 44/07, DStR 2008, S. 2474.
179 Vgl. BMF v. 23.06.2009– IV B 9 – S. 7160 – f/08/10004, BStBl. I 2009, S. 773.
180 Vgl. BFH v. 28.05.2009 – V R 7/08, BStBl. II 2010, S. 80.
181 Vgl. u.a. EuGH v. 20.10.2009 – C-29/08, DStR 2009, S. 1471.

gewährleistet somit die Neutralität hinsichtlich der steuerlichen Belastung aller wirtschaftlichen Tätigkeiten unabhängig von ihrem Zweck oder ihrem Ergebnis, sofern diese Tätigkeiten grundsätzlich selbst der Mehrwertsteuer unterliegen.

Nach ständiger Rspr. muss jedoch grundsätzlich ein direkter und unmittelbarer Zusammenhang zwischen einem bestimmten Eingangsumsatz und Ausgangsumsätzen, die das Recht auf Vorsteuerabzug eröffnen (steuerpflichtige Ausgangsumsätze), bestehen, damit der Unternehmer zum Vorsteuerabzug berechtigt ist.[182] Das Recht auf Vorsteuerabzug ist nur gegeben, wenn die hierfür getätigten Ausgaben zu den Kostenelementen der versteuerten, zum Abzug berechtigenden Ausgangsumsätze gehören oder zumindest als Gemeinkosten einer steuerpflichtigen Gesamttätigkeit des Unternehmens zuzurechnen sind. 292

Wenn und soweit hingegen von einem Unternehmen bezogene Gegenstände oder Dienstleistungen mit steuerbefreiten Umsätzen zusammenhängen, scheidet ein Vorsteuerabzugsrecht aus (§ 15 Abs. 2 Nr. 1 UStG, § 15 Abs. 4 UStG). Daraus folgt, dass das Bestehen eines Rechts auf Vorsteuerabzug anhand der Ausgangsumsätze bestimmt wird, auf die sich die Eingangsumsätze beziehen. 293

Vorsteuern aus Eingangsumsätzen, die in unmittelbarem Zusammenhang mit Versicherungsleistungen stehen, berechtigen somit nicht zum Vorsteuerabzug. 294

Als Ausnahme des Grundsatzes, dass steuerfreie Ausgangsleistungen nicht zum Vorsteuerabzug berechtigen, eröffnet § 15 Abs. 3 Nr. 1 Buchst. b, Nr. 2 Buchst. b UStG für steuerfreie Versicherungsleistungen nach § 4 Nr. 10 Buchst. a UStG ein Vorsteuerabzugsrecht, 295

- wenn sich die Umsätze auf Gegenstände beziehen, die in das Drittlandsgebiet ausgeführt werden,
- wenn der Leistungsempfänger im Drittlandsgebiet ansässig ist, bei Umsätzen im Ausland, die steuerfrei wären, wenn sie im Inland ausgeführt würden.

bb) Konsequenz für Versicherungsunternehmen (insbesondere bei Auslagerung von Dienstleistungen innerhalb der Gruppe)

Mit Ausnahme der Umsätze mit „Drittlandbezug" (§ 15 Abs. 3 Nr. 1 Buchst. b, Nr. 2 Buchst. b UStG) und ggf. vereinzelten steuerpflichtigen Transaktionen, bei denen Kosten ganz oder zumindest anteilig etwaigen steuerpflichtigen Ausgangsumsätzen zuzuordnen sind, eröffnet das Kerngeschäft einer Versicherung kein 296

182 Vgl. u.a. EuGH v. 08.06 2000 – C-98/98, BB 2001, S. 153.

Vorsteuerabzugsrecht. Eine Option zur Steuerpflicht (§ 9 UStG) ist tatbestandlich nicht möglich.

297 Dieser „generelle“ Vorsteuerausschluss wirkt sich insb. auch dann nachteilig i.S.v. (zum Teil nicht unwesentlichen) Kosten aus, wenn Dienstleistungen innerhalb des Versicherungskonzerns aus betriebswirtschaftlichen oder ertragsteuerlichen Motiven auf andere Konzernunternehmen ausgelagert werden.

298 Nach der „Outsourcing-Rspr.“ des EuGH[183] können auch ausgelagerte Leistungen grundsätzlich steuerbefreit sein, jedoch nur dann, wenn die ausgelagerte Dienstleistung für die jeweils (steuerbefreite) Tätigkeit der Versicherung spezifisch sowie wesentlich ist und ein im Großen und Ganzen eigenständiges Ganzes bildet.

299 Häufig dürften ausgelagerte Leistungen von Versicherungsunternehmen diese Kriterien nicht erfüllen bzw. ist Rechtssicherheit im Hinblick auf eine Steuerbefreiung vor dem Hintergrund der unbestimmten Rechtsbegriffe regelmäßig ohnehin nur über eine verbindliche Auskunft zu erlangen.

300 Als „Gestaltungsinstrument“ zur Vermeidung von Vorsteuerkosten im Versicherungskonzernkreis bietet sich im Rahmen der Auslagerung von Dienstleistungen eine umsatzsteuerliche Organschaft an, da Leistungen innerhalb des Organkreises nicht steuerbare Innenumsätze darstellen. Vor dem Hintergrund der „verschärfenden“ Rspr. in diesem Bereich (insb. zur organisatorischen und wirtschaftlichen Eingliederung) müssen jedoch die Tatbestandsmerkmale genauestens überprüft bzw. sichergestellt werden. Zu bedenken ist zudem, dass die Wirkungen der Organschaft territorial auf das Inland beschränkt sind, d.h. der erwünschte Effekt der Organschaft (nicht steuerbare Umsätze im Organkreis) lässt sich im internationalen Dienstleistungsverkehr nicht herstellen.

301 Die EU-Kommission hatte bereits im Oktober 2007 einen Vorschlag zur Änderung der Mehrwertsteuersystemrichtlinie betreffend der umsatzsteuerlichen Behandlung von Versicherungs- und Finanzdienstleistungen vorgelegt.[184] Teil der Reformvorschläge war die umsatzsteuerliche Privilegierung von sog. Pooling- oder Cost-sharing-Gemeinschaften, die steuerfreie Leistungen an ihre Mitglieder (mit steuerfreien Ausgangsumsätzen) erbringen können, sofern die Leistungen für die Leistungserbringung der Mitglieder notwendig sind.

302 Der Reformvorschlag soll – ungeachtet bestehender Schwächen und Nachteile des Modells[185] – insb. die Auslagerung von Dienstleistungen in der Banken- und Ver-

183 Vgl. insb. EuGH v. 05.06.1997 – C-2/95, DStR 1997, S. 688.
184 Vgl. KOM (2007) 747 v. 28.11.2007 nebst Verordnung KOM (2007) 746.
185 Vgl. *Grambeck*, UR 2009, S. 550.

sicherungsbranche attraktiver und rechtssicherer machen. Zudem wirkt der „Nullsteuereffekt“ hier im Gegensatz zur Organschaft auch grenzüberschreitend.

Obwohl in der Presse Anfang 2009[186] bereits die Änderung des Umsatzsteuergesetzes hinsichtlich der Steuerfreiheit der Leistungen von Gemeinschaften an ihre (steuerfrei operierenden) Mitglieder im Finanzdienstleistungs- und Versicherungssektor mehr oder weniger als „beschlossene Sache“ angekündigt wurde, scheiterte die Änderung des UStG bisher. Die Europäische Kommission hat Deutschland nun jedoch im Rahmen eines möglichen Vertragsverletzungsverfahrens dazu aufgefordert, seine Mehrwertsteuervorschriften zu ändern und die Steuerbefreiung in nationales Recht umzusetzen.[187] 303

cc) Vorsteueraufteilung bei Firmenwagen

Ebenso wie in anderen Industriebranchen, ist es auch im Versicherungssektor üblich, Arbeitnehmern die private Nutzung unternehmenseigener Fahrzeuge zu gestatten. Hierbei handelt es sich in der Regel um eine zusätzliche Vergütung für geleistete Dienste. Der Sachbezug unterliegt gem. § 1 Abs. 1 Nr. 1 UStG der USt.[188] Steuerschuldner ist das Versicherungsunternehmen. Da die Fahrzeuge im Übrigen zur Ausführung steuerfreier Versicherungsgeschäfte verwendet werden, sind die Vorsteuern aus der Anschaffung und dem laufenden Unterhalt der Fahrzeuge nach § 15 Abs. 4 UStG in einen abziehbaren Anteil (Privatfahrten) und einen nichtabziehbaren Anteil (Dienstfahrten in Ausführung steuerfreier Versicherungsleistungen) aufzuteilen. Die Quote der abziehbaren Vorsteuern richtet sich regelmäßig nach dem Verhältnis der gefahrenen Kilometer. Die dafür erforderlichen Aufzeichnungen liegen bei den Versicherungsunternehmen jedoch regelmäßig nicht vor, weil diese den geldwerten Vorteil aus der Firmenwagenüberlassung weit überwiegend pauschal mit monatlich 1 % des inländischen Brutto-Listenpreises für das Fahrzeug ermitteln und diese Werte aus Vereinfachungsgründen auch für die Umsatzbesteuerung der Sachzuwendungen übernehmen. 304

Verschiedene OFD[189] haben im Einvernehmen mit den obersten Finanzbehörden des Bundes und der Länder daher vereinfachte Verfahren zur Ermittlung der Vorsteuerquote publiziert. 305

186 Vgl. *Drost*, Handelsblatt Online-Ausgabe v. 06.03.2009.
187 Vgl. Pressemitteilung der EU Kommission vom 06.04.2011, IP/11/428.
188 Vgl. BMF v. 27.08.2004 – IV B 7 – S. 7300 – 70/04, BStBl. I 2004 S. 864, Punkt 4.1.
189 Vgl. z.B. OFD Frankfurt a. M. v. 07.08.2002; OFD Erfurt v. 19.07.2001.

VII. Besonderheiten der Besteuerung ausländischer Versicherungsunternehmen

306 Ausländische Versicherungsunternehmen können in verschiedener Weise in Deutschland tätig werden

- durch Gründung einer Tochterkapitalgesellschaft,
- durch Gründung einer Niederlassung,
- mittels selbstständiger Versicherungsmakler,
- mittels Direktgeschäft.

307 Während sich in Bezug auf die Gründung einer rechtlich selbstständigen Versicherungskapitalgesellschaft mit Sitz im Inland keinerlei Besonderheiten ergeben, sollen im Folgenden besonders die inländischen Niederlassungen ausländischer Versicherungsunternehmen untersucht werden. Deren steuerliche Behandlung im Inland kann unterschiedlich sein, je nachdem, ob es sich um eine Betriebsstätte eines Versicherungsunternehmens mit Sitz innerhalb oder außerhalb eines Mitgliedstaates der EU handelt.

308 Zentrales Problem ist dabei aus steuerlicher Sicht die Aufteilung der Gewinne zwischen ausländischem Stammhaus und inländischer Betriebsstätte für Zwecke der Besteuerung im Inland. Das BMF hat hierzu mit Schreiben v. 24.12.1999, zuletzt überarbeitet mit BMF- Schreiben v. 25.08.2009[190], die Grundsätze der Finanzverwaltung für die Prüfung der Aufteilung der Einkünfte bei Betriebsstätten international tätiger Unternehmen formuliert.[191] Dieses Schreiben enthält unter Tz. 4.2 ff. besondere Grundsätze für Versicherungsbetriebsstätten.

1. Allgemeines

a) Rechtsgrundlagen für die Besteuerung gewerblicher Betriebsstätten

309 Ob ausländische Versicherungsunternehmen mit ihren inländischen Aktivitäten in Deutschland steuerpflichtig sind, ist eine Frage nationalen Rechts. Für den Fall, dass das betreffende Versicherungsunternehmen seinen Sitz in einem Staat hat, mit dem Deutschland ein DBA geschlossen hat, ist vorrangig zu prüfen, ob das

190 Vgl. BMF v. 25.08.2009, BStBl. I 2009, S. 888.

191 Vgl. BMF v. 24.12.1999, „Betriebsstätten Verwaltungsgrundsätze", BStBl. I 1999, S. 1076; dieses Schreiben löst den sog. „Betriebsstättenerlass" v. 31.05.1979, BStBl. I 1979, S. 306 ab.

Besteuerungsrecht des deutschen Fiskus durch die Bestimmungen des jeweils einschlägigen DBA eingeschränkt wird.[192]

Nach deutschem Recht ist ein Versicherungsunternehmen, welches weder den Sitz noch den Ort der Geschäftsleitung im Inland hat, gem. § 2 Nr. 1 KStG beschränkt steuerpflichtig, wenn es inländische Einkünfte i.S.d. § 8 KStG i.V.m. § 49 EStG bezieht. Betreibt das Versicherungsunternehmen seine Versicherungsgeschäfte im Inland, ist es mit diesen Einkünften gem. § 49 Abs. 1 Nr. 2a EStG beschränkt steuerpflichtig, wenn die Einkünfte von einer inländischen Betriebsstätte oder einem ständigen Vertreter erzielt werden. Ob eine steuerliche Betriebsstätte durch die inländischen Aktivitäten eines ausländischen Versicherungsunternehmens begründet wird, bestimmt sich zunächst nach §§ 12, 13 AO. Danach ist entweder die Unterhaltung einer festen Geschäftseinrichtung, die auf gewisse Dauer dem Unternehmen dient (§ 12 AO),[193] oder alternativ die Tätigkeit eines ständigen Vertreters für das Versicherungsunternehmen erforderlich.[194] 310

Nach dem Recht der DBA hingegen können Unternehmensgewinne grenzüberschreitend tätiger Unternehmen von einem Staat außerhalb des Sitzstaates des Unternehmens grundsätzlich nur insoweit besteuert werden, als die Tätigkeit des Unternehmens von einer sich im Tätigkeitsstaat befindlichen Betriebsstätte ausgeübt wird und die Gewinne auch tatsächlich dieser Betriebsstätte zugerechnet werden können (Art. 7 OECD-Musterabkommen (OECD-MA)). 311

Trotz unterschiedlicher Definition stimmt nach Auffassung der Finanzverwaltung der Begriff der Betriebsstätte in AO und DBA inhaltlich überein; Anwendungsunterschiede ergeben sich aber regelmäßig hinsichtlich der ausgeübten Tätigkeiten.[195] 312

Ist unter den Voraussetzungen des jeweiligen DBA eine Betriebsstätte anzunehmen (vgl. Art. 5 OECD-MA), nicht aber nach § 12 AO, so greift keine deutsche Besteuerung ein, denn ein nationales Besteuerungsrecht wird durch ein DBA allenfalls beschränkt, aber nie begründet. Liegt im entgegengesetzten Fall nach § 12 AO eine Betriebsstätte vor, nicht aber nach dem jeweiligen DBA (z.B. weil 313

192 Vgl. BMF v. 24.12.1999, „Betriebsstätten Verwaltungsgrundsätze“, BStBl. I 1999, S. 1076, Tz. 1.1; vgl. auch die Übersicht über die einschlägigen DBA und ihre spezifischen Regelungen hinsichtlich der Betriebsstätteneigenschaft Anlage I zu diesem Schreiben.

193 Vgl. zu den Einzelheiten BMF v. 24.12.1999, „Betriebsstätten Verwaltungsgrundsätze“, BStBl. I 1999, S. 1076, Tz. 1.1.1.1.

194 Vgl. BMF v. 24.12.1999, „Betriebsstätten Verwaltungsgrundsätze“, BStBl. I 1999, S. 1076, Tz. 1.1.2.

195 Vgl. BMF v. 24.12.1999, „Betriebsstätten Verwaltungsgrundsätze“, BStBl. I 1999, S. 1076, Tz. 1.2.1.1.

in dem betreffenden Unternehmensteil eine Hilfstätigkeit ausgeführt wird, die nach dem deutschen Betriebsstätten-Begriff zu einer steuerlichen Erfassung führen würde),[196] tritt keine beschränkte deutsche Steuerpflicht ein. Dies hängt damit zusammen, dass die Bestimmungen des jeweiligen DBA als „lex specialis" Vorrang gegenüber den deutschen Steuergesetzen genießen (vgl. § 2 AO).

b) Betriebsstätten von Versicherungsunternehmen

314 Im Rahmen der Anwendung der dargestellten Grundsätze auf Versicherungsunternehmen ist nach Auffassung der Finanzverwaltung – entsprechend der versicherungsaufsichtsrechtlichen Rechtslage – danach zu differenzieren, ob das betreffende Versicherungsunternehmen seinen Sitz in einem Mitgliedstaat der EU hat oder nicht.[197]

315 Allgemein gilt, dass jede inländische Niederlassung i.S.d. VAG, die von ausländischen Versicherungsunternehmen begründet wird, Zweigniederlassung i.S.d. § 13d HGB und damit regelmäßig Betriebsstätte ist. Nach der Rspr. des BFH[198] begründet die Eintragung einer Niederlassung im Handelsregister die Vermutung für das Vorliegen einer Betriebsstätte; diese Vermutung ist nur widerlegbar, wenn schlüssig dargelegt wird, dass die Eintragungsvoraussetzungen nicht vorlagen. Liegt eine Zweigniederlassung im Inland vor, entfällt die Einordnung als Betriebsstätte nicht allein dadurch, dass dargelegt wird, dass darin ein Vertreter tätig ist, der für sich genommen im Hinblick auf Art. 5 Abs. 4 Buchst. f OECD-MA keine Betriebsstätte begründen würde.

316 Nicht in der EU ansässige Versicherungsunternehmen müssen, wenn sie im Inland das für sie gem. § 105 VAG erlaubnispflichtige Direktversicherungsgeschäft durch Mittelspersonen betreiben, eine Niederlassung gem. § 106 VAG errichten.

317 Die Tätigkeit EU-ansässiger Versicherungsunternehmen ist hingegen regelmäßig im Inland erlaubnisfrei und obliegt der Kontrolle der Aufsichtsbehörden des Sitzstaates. Sie begründen jedoch dann steuerlich eine inländische Betriebsstätte,[199] wenn

– sie eine Niederlassung unterhalten oder

196 Vgl. BMF v. 24.12.1999, „Betriebsstätten Verwaltungsgrundsätze", BStBl. I 1999, S. 1076, Tz. 1.2.1.1.

197 Vgl. BMF v. 24.12.1999, „Betriebsstätten Verwaltungsgrundsätze", BStBl. I 1999, S. 1076, Tz. 4.2.1.

198 Vgl. BFH v. 09.11.1999, BFH/NV 2000, S. 688.

199 Vgl. BMF v. 24.12.1999, „Betriebsstätten Verwaltungsgrundsätze", BStBl. I 1999, S. 1076, Tz. 4.2.1.

- für sie ein abhängiger Vertreter tätig ist, der Abschlussvollmacht hat und diese ausübt, oder
- für sie ein Makler, Kommissionär oder sonstiger selbstständiger Vertreter mit Abschlussvollmacht auftritt und dieser außerhalb seines gewöhnlichen Geschäftsbetriebs handelt.[200]

Einige DBA enthalten Sonderregelungen in Bezug auf die Begründung einer Betriebsstätte. So enthalten u.a. die DBA mit Belgien, Luxemburg und Frankreich Bestimmungen, nach denen ein Versicherungsunternehmen in dem jeweiligen Tätigkeitsstaat nicht nur dann eine Betriebsstätte begründet, wenn es in diesem die Prämien über einen abhängigen Vertreter einzieht, sondern schon dann, wenn es ein in diesem Staat belegenes Risiko versichert.[201] 318

c) Gewinnabgrenzung

Für die Zwecke der Gewinnabgrenzung bedient sich das Abkommensrecht der Fiktion der Selbstständigkeit der Betriebsstätte (Art. 7 Abs. 2 OECD-MA). Unabhängig von der gesellschaftsrechtlichen Qualifizierung der Betriebsstätte, nämlich der einer unselbstständigen Betriebseinheit, wird für die Zwecke der Zuteilung eines Gewinns die Betriebsstätte nach Fremdvergleichsmaßstäben so behandelt, als ob sie völlig unabhängig agieren könnte. Hinsichtlich der Methoden zur Ermittlung des Gewinns unterscheidet das Musterabkommen zwischen der direkten und der indirekten Methode. 319

Nach der direkten Methode wird der Betriebsstättengewinn auf der Grundlage einer eigenständigen Buchhaltung der Betriebsstätte gesondert ermittelt.[202] Die indirekte Methode geht von dem ermittelten Gewinn des Gesamtunternehmens aus und teilt den Gewinn nach einem bestimmten Verteilungsschlüssel zwischen Stammhaus und Betriebsstätte auf.[203] Die DBA-Praxis geht von der direkten Methode als Normalmethode aus und sieht die indirekte Methode als Ausnahme an.[204] 320

200 Vgl. BMF v. 24.12.1999, „Betriebsstätten Verwaltungsgrundsätze", BStBl. I 1999, S. 1076, Tz. 1.2.2.

201 Vgl. *Görl*, in: Vogel/Lehner, Doppelbesteuerungsabkommen, Art. 5 OECD-MA, Rn. 161 ff.; auch BMF v. 24.12.1999, „Betriebsstätten Verwaltungsgrundsätze", BStBl. I 1999, S. 1076, Anhang III.

202 Vgl. Art. 7 Abs. 2 OECD-MA.

203 Vgl. Art. 7 Abs. 4 OECD-MA.

204 Vgl. *Vogel/Lehner*, Doppelbesteuerungsabkommen, Art. 7 OECD-MA, Rn. 91 ff.

321 Auch die deutsche DBA-Praxis geht überwiegend von der direkten Methode zur Bestimmung des Betriebsstättenergebnisses aus. Lediglich die DBA mit Frankreich und Österreich sehen die indirekte Methode für Versicherungsunternehmen vor. Nach dieser Sonderregelung bestimmt sich die Aufteilung der Gewinne nach dem Verhältnis der Prämieneinnahmen der Betriebsstätte zu denen des Gesamtunternehmens.[205] In dem DBA Belgien sieht Schlussprotokoll Ziff. 3 für Versicherungsunternehmen vor, dass sich die zuständigen Behörden bei Fehlen einer Buchführung in der Betriebsstätte auf eine Aufteilung des Unternehmensgewinns nach gemeinsam festzulegenden Merkmalen verständigen können.

d) Betriebsvermögensaufteilung

322 Einer Betriebsstätte, und nicht dem Stammhaus, sind die aktiven und passiven Wirtschaftsgüter zuzurechnen, die der Erfüllung der Betriebsstättenfunktion dienen.[206] Dies sind nicht nur die Wirtschaftsgüter, die funktional der Betriebsstätte zuzurechnen sind, weil sie überwiegend von ihr verwertet oder genutzt werden, sondern auch solche Wirtschaftsgüter, die Erträge generieren, zu deren Erzielung die Tätigkeit der Betriebsstätte überwiegend beigetragen hat.

323 Können Wirtschaftsgüter sowohl dem Stammhaus als auch der Betriebsstätte nach diesen Grundsätzen zugerechnet werden, entscheidet der Wille der Geschäftsleitung über die Zuordnung.[207]

324 Problematisch sind regelmäßig die Zuordnung eines Firmenwerts und die Zuordnung von Beteiligungen zu einer Betriebsstätte. Typischerweise erfolgt hier die Zurechnung beim Stammhaus.

2. Besonderheiten für Betriebsstätten von Versicherungsunternehmen

325 Nach den Betriebsstätten-Verwaltungsgrundsätzen[208] Tz. 4.2 ff. gelten für Betriebsstätten von Versicherungsunternehmen die vorgenannten Grundsätze mit folgenden Besonderheiten:

---

205 Vgl. Art. 4 Abs. 5 Satz 3 Halbsatz 2 DBA Frankreich sowie Schlussprotokoll Nr. 13 zu DBA-Österreich.

206 Vgl. BMF v. 24.12.1999, „Betriebsstätten Verwaltungsgrundsätze“, BStBl. I 1999, S. 1076, Tz. 2.4 unter Berufung auf BFH v. 29.07.1992, BStBl. II, 1993, S. 63.

207 Vgl. BMF v. 24.12.1999, „Betriebsstätten Verwaltungsgrundsätze“, BStBl. I 1999, S. 1076, Tz. 2.4.

208 Vgl. BMF v. 24.12.1999 i.d.F. v. 25.08.2009, BStBl. I 2009, S. 888.

a) Buchführungspflicht

Inländische Niederlassungen ausländischer Versicherungsunternehmen sind nach den allgemeinen, die Kaufleute betreffenden Vorschriften buchführungs- und bilanzierungspflichtig (§§ 1, 238 HGB). Dies gilt unabhängig davon, ob die betreffenden Versicherungsunternehmen der Versicherungsaufsicht unterliegen. Ausgangspunkt für die steuerliche Erfassung des Kapitals und des Gewinns von Betriebsstätten ist folglich die Handelsbilanz. Neben den für alle Kaufleute geltenden Vorschriften der §§ 238 ff. HGB enthalten die §§ 341 ff. HGB Spezialvorschriften für Versicherungsunternehmen. Durch das Versicherungsbilanzrichtlinien-Gesetz wurden inländische Niederlassungen ausländischer Versicherungsunternehmen mit Sitz innerhalb der EU von den ergänzenden Vorschriften für Versicherungsunternehmen (§§ 341 ff. HGB) ausgenommen (vgl. Gegenschluss aus § 341 Abs. 2 HGB). Hieraus folgt, dass nur EU-Niederlassungen keinen Jahresabschluss nach den für große Kapitalgesellschaften geltenden Vorschriften zu erstellen haben (vgl. zuvor noch § 110a Abs. 2 i.V.m. § 55 VAG). 326

b) Gewinnermittlung

Aufgrund der Maßgeblichkeit der Handelsbilanz für die Steuerbilanz (§ 5 Abs. 1 Satz 1 EStG) gilt auch hier, dass die steuerliche Gewinnermittlung nur den allgemeinen steuerlichen Vorschriften der §§ 4, 5 EStG zu folgen hat. Die besonderen Ansatz- und Bewertungsvorschriften der §§ 341b ff. HGB sind für EU-Niederlassungen dementsprechend auch hier nicht zu beachten. Nach der Auslegung von *Seitz*[209] sollen aber die speziellen Vorschriften des KStG über die Schwankungsrückstellungen (§ 20 KStG) und die Beitragsrückerstattungen (§ 21 KStG) Anwendung finden. Diese Auffassung wird von der Finanzverwaltung bestätigt.[210] 327

Die Nicht-Anwendung der §§ 341 ff. HGB bei EG-Niederlassungen ist zumindest fragwürdig. So können hier nicht nur Probleme bei der Bewertung des Betriebsstättenvermögens auftreten; die Nicht-Anwendung der für die Versicherungsunternehmen spezifischen Ansatzvorschriften kann auch zu einer steuerlichen Schlechterstellung der Niederlassungen ausländischer Versicherungsunternehmen gegenüber inländischen Versicherungsunternehmen führen. Diese Schlechterstellung wäre nach dem Grundsatzurteil des EuGH in der Rechtssache „avoir fiscal" als nach Art. 52 i.V.m. Art. 58 EG-Vertrag zu wertende Diskriminierung zu quali- 328

209 Vgl. *Seitz*, RIW 1994, S. 964, 967.

210 Vgl. BMF v. 24.12.1999, „Betriebsstätten Verwaltungsgrundsätze", BStBl. I 1999, S. 1076, Tz. 4.2.2.

fizieren, da im Übrigen die Niederlassungen denselben steuerlichen Vorschriften unterliegen wie inländische Versicherungsunternehmen.[211]

c) Zurechnung von Wirtschaftsgütern

329 Der inländischen Betriebsstätte sind nach Auffassung der Finanzverwaltung folgende Kapitalanlagen mind. zuzurechnen:

- Kapitalanlagen in Höhe der versicherungstechnischen Rückstellungen (einschl. Beitragsüberträge) und der Depotverbindlichkeiten und
- Mindesteigenmittel in Höhe der Solvabilitätsspanne bezogen auf den Umfang des Versicherungsgeschäfts der Betriebsstätte oder der Mindestbetrag des Garantiefonds i.S.d. Kapitalausstattungsverordnung, falls dieser höher ist.

d) Dotationskapital

330 Unter dem Dotationskapital wird die ursprüngliche und laufende Ausstattung einer Betriebsstätte mit Eigenkapital verstanden.

331 Der Betriebsstätte sind daher die Eigenkapitalien zuzurechnen, die als aufsichtsrechtlich gebotene Mindesteigenkapitalausstattung anzusehen sind.[212]

332 Infolge der Umsetzung der europarechtlichen Niederlassungs- und Dienstleistungsfreiheit in §§ 106b Abs. 5 Satz 1 Nr. 1, 11a ff. VAG sind für inländische Zweigniederlassungen europäischer Versicherungsunternehmen die Mindestkapitalvorschriften entfallen.

333 Ausreichend ist nunmehr die Vorlage der Solvabilitätsbescheinigung (§ 53c Abs. 1 Satz 1 Nr. 2 VAG) der zuständigen Aufsichtsbehörde des Sitzstaates.[213]

334 In diesen Fällen muss der Betriebsstätte mind. das Eigenkapital zugeordnet werden, das nach dem Aufsichtsrecht des Sitzstaates des Stammhauses für die Tätigkeit der Betriebsstätte mind. benötigt wird.

335 Diese Verwaltungsauffassung wird durch die Rspr. im Wesentlichen gestützt. So hat der BFH[214] für die Betriebsstätte einer britischen Versicherungsgesellschaft

211 Diese möglicherweise nicht richtlinienkonforme Umsetzung wurde schon von *Seitz*, RIW 1994, S. 964, 967, in Frage gestellt.

212 Vgl. BMF v. 24.12.1999, „Betriebsstätten Verwaltungsgrundsätze", BStBl. I 1999, S. 1076, Tz. 4.2.2; BFH v. 18.09.96, IStR 1997, S. 145.

213 Vgl. dazu auch BFH-Urteil v. 18.09.1996, IStR 1997, S. 145.

214 Vgl. BFH v. 09.11.1999, BFH/NV 2000, S. 688 zur Vermögensteuer.

entschieden, dass der inländischen Betriebsstätte die Kapitalanlagen zuzurechnen sind, die als versicherungsaufsichtsrechtliche Mindestkapitalausstattung erforderlich sind. Sofern das inländische Vermögen die erforderliche Ausstattung nicht erreicht, ist auch das im Ausland belegene Vermögen des Stammhauses in Höhe des Differenzbetrags der Betriebsstätte zuzurechnen.[215]

e) Körperschaftsteuersatz

Inländische Betriebsstätten ausländischer Versicherungsunternehmen unterliegen 336
dem allgemeinen KSt-Satz von 15 %.

f) Gewerbesteuerliche Behandlung

Es gelten die inländischen allgemeinen und versicherungsspezifischen gewer- 337
besteuerlichen Vorschriften, weil die inländische Niederlassung ein stehender Gewerbebetrieb i.S.v. § 2 Abs. 1 GewStG ist (vgl. H 2.1 (4) GewStR 2009).

3. Verrechnungspreisproblematik

Die zunehmende globale Orientierung der internationalen Versicherungswirtschaft 338
führt eine neue Problematik ins Blickfeld: die Bestimmung und Rechtfertigung von Verrechnungspreisen zwischen verbundenen Unternehmen.[216] Rechtsgrundlage für die Korrektur vereinbarter Verrechnungspreise mittels der Fremdvergleichsmethode (*dealing at arm's length*) bildet der § 1 AStG, der zuletzt mit der Unternehmenssteuerreform 2008 weitreichende Änderungen erfahren hat. Neben einer gesetzlichen Verankerung der Begriffe „Verrechnungspreis", „Fremdvergleichsgrundsatz" und „ordentlicher und gewissenhafter Geschäftsleiter" bestimmt das Gesetz Standardmethoden zur Verrechnungspreisbestimmung (Preisvergleichs-, Kostenaufschlags- und Wiederverkaufspreismethode) und regelt die Verfahren zur Einkünftekorrektur in den Fällen der eingeschränkten und uneingeschränkten Vergleichbarkeit der ermittelten Preise und ordnet den hypothetischen Fremdvergleich als letztes Mittel zur Verrechnungspreisbestimmung an.

Von besonderer Bedeutung ist die erstmals in § 1 Abs. 3 Sätze 9-13 AStG i.V.m. 339
der Funktionsverlagerungsverordnung bestimmte Besteuerung einer sog. Funk-

215 Vgl. BFH v. 09.11.1999, „Betriebsstätten Verwaltungsgrundsätze", BStBl. I 1999, S. 1076, Tz. 4.2.2.

216 Vgl. *Maser*, VW 1998, S. 286.

tionsverlagerung.[217] Die Vorschriften zielen darauf ab, eine durch den Wegzug eines Teilbetriebs/Betriebs oder auch nur einer Funktion bewirkte Verlagerung des Gewinnpotentials ins Ausland zu besteuern.[218] Bewertungsobjekt ist das sog. „Transferpaket", d.h. das Konglomerat aus Lieferungs- und Leistungsbeziehungen, für das gem. § 1 Abs. 3 Satz 9 AStG ein Entgelt als Ganzes zu bestimmen ist. Die Angemessenheit des Verrechnungspreises wird dabei im Wege des hypothetischen Fremdvergleiches auf Grundlage der jeweiligen Gewinnauswirkungen (Gewinnpotential) für das verlagernde und das übernehmende Unternehmen bestimmt. In der Versicherungswirtschaft können von derartigen Verlagerungen die Bereiche Produktmanagement und -entwicklung, Vertrieb und Marketing, Underwriting, Riskmanagement, RückV und Vertragsmanagement betroffen sein. Von der Vorschrift umfasst wird sowohl die Funktionsausgliederung, deren Vorliegen die vollständige Übertragung der Funktionen und Risiken erfordert, als auch die Funktionsabschmelzung, d.h. eine teilweise Verlagerung von Chancen, Risiken und Kompetenzen.

340 Die materiellen Vorschriften werden durch u.a. in § 90 Abs. 3 AO gesetzlich verankerte Dokumentations- und Bußgeldvorschriften ergänzt. Steuerpflichtige, die ihrer gesetzlichen Mitwirkungspflicht nicht nachkommen, müssen mit Strafzuschlägen von bis zu zehn Prozent der Einkünftekorrektur rechnen. Selbst bei lediglich verspäteter Vorlage der Dokumentation können Zuschläge von bis zu einer Million Euro pro Jahr festgesetzt werden. Grenzüberschreitende Unternehmen müssen nicht nur die angemessenen Verrechnungspreise bestimmen, sondern diese auch den gesetzlichen Erfordernissen entsprechend dokumentieren. Eine Verrechnungspreisdokumentation sollte u.a. folgende Informationen enthalten:

- Angaben zur Konzernstruktur unter Einbeziehung der Betriebsstätten
- Informationen zum Geschäftsbetrieb und zum Organisationsaufbau
- Übersicht über die Geschäftsbeziehungen mit verbundenen Unternehmen (z.B. Wareneinkauf, Dienstleistung, Darlehensverhältnisse, Kostenumlagen)
- Darstellung der wesentlichen immateriellen Wirtschaftsgüter
- Funktions- und Risikoanalyse der verbundenen Unternehmen
- Beschreibung der gesamten Wertschöpfungskette in der Unternehmensgruppe

217 Vgl. hierzu *Vögele*, DStR 2010, S. 418; *Baumhoff/Ditz/Greinert,* DStR 2008, S. 1945; *Jahndorf*, FR 2008, S. 101.

218 Vgl. *Vögele*, DStR 2010, S. 418 f. m.w.N.

- Darstellung und Begründung der gewählten Verrechnungspreismethode (Preisvergleichs-, Kostenaufschlags-, Wiederverkaufspreismethode, etc.)
- Kalkulationsgrundlagen, ggf. Fremdvergleichsdaten.

In Anlehnung an *Chip/Safranek*[219] lassen sich vier Geschäftsarten unterscheiden, bei denen das Verrechnungspreisproblem zu beachten ist: 341

- Rückversicherung
- Übernahme von Verwaltungstätigkeiten
- Darlehensvergabe
- Nutzung von immateriellen Wirtschaftsgütern.

a) Rückversicherung

Die Tätigkeit der RückV wird international als Dienstleistung qualifiziert. Diese Dienstleistung kann von konzerneigenen Versicherungsunternehmen auch an dritte Unternehmen geleistet werden, sodass die Verrechnungspreise für diese Leistung dementsprechend nach der Preisvergleichsmethode bemessen werden können. Liegen Marktpreise für eine bestimmte RückV nicht vor, ist die Kostenaufschlagsmethode heranzuziehen (vgl. Abschn. 3.2. des BMF-Schreibens v. 23.02.1983 zur Einkünfteabgrenzung bei international verbundenen Unternehmen)[220]. 342

b) Übernahme von Verwaltungstätigkeiten

Die Übernahme von Verwaltungstätigkeiten einer zentralen Konzerneinheit für die einzelnen Versicherungsunternehmen, wie z.B. Buchführung, Steuer- und Rechnungswesen, Marketingaufgaben, technische Unterstützung, etc., aber auch Bestandsverwaltung, Leistungsbearbeitung, Vermögensanlage und Vermögensverwaltung hat nicht nur eine steuerliche, sondern auch eine gesellschaftsrechtliche[221] und aufsichtsrechtliche[222] Dimension.[223] Ein festgelegtes Entgelt für konzernintern bezogene Dienstleistungen muss einem Fremdvergleich anhand eines hypothetischen Verhaltens eines ordentlichen und gewissenhaften Geschäftsleiters 343

219 Vgl. *Chip/Safranek*, The Insurance Tax Review 1998, S. 621.
220 Vgl. BMF v. 23.02.1983, BStBl. I 1983, S. 218.
221 z.B. im Aktienrecht die Beschränkung in § 57 AktG (verbotene Einlagenrückgewähr) oder die Nachteilsausgleichspflicht gem. § 311 AktG.
222 Vgl. § 53d Abs. 1 Satz 1 VAG.
223 Hierauf weist zu Recht *Maser*, VW 1998, S. 286 hin.

standhalten, um den – im Übrigen inhaltlich gleichen –[224] Anforderungen der drei Rechtsgebiete zu genügen.

344 Dabei liegt es im Ermessen der Versicherungsunternehmen, welche der Standardmethoden zur Bestimmung angemessener Verrechnungspreise zur Anwendung kommen.[225] Neben der Kostenumlage kann auch die Kostenaufschlagsmethode gewählt werden. Dort, wo sich für Dienstleistungen Marktpreise gebildet haben, kann schließlich auch die Preisvergleichsmethode als Orientierungsmaßstab gewählt werden.

345 Besonderheiten bestehen bei Dienstleistungen gegenüber Betriebsstätten. Es handelt sich hierbei lediglich um Innentransaktionen, für die das Entgeltprinzip nicht gilt.[226] Anteilig abzugsfähig bei der Betriebsstätte sind daher nur zentrale Geschäftsführungs- und Verwaltungskosten, soweit sie Leistungen betreffen, die entweder speziell für die Betriebsstätte erbracht wurden oder im Interesse des Gesamtunternehmens liegen.

c) Darlehen

346 Die konzerninterne Vergabe von Darlehen kann auch bei Versicherungskonzernen, insb. bei der Finanzierung von nicht im Versicherungsgeschäft tätigen Beteiligungen, eine Rolle spielen. Bei der Bemessung eines angemessenen Zinssatzes sollte die Fremdvergleichsmethode genauestens angewendet werden. Dies ist umso mehr geboten, als die Finanzverwaltungen den Bereich der Darlehensvergabe zunehmend prüfen und die Bestimmung eines marktadäquaten Zinssatzes aufgrund der Transparenz der Kapitalmärkte ohne weiteren Aufwand möglich ist.

VIII. Versicherungssteuer

1. Grundlagen und Charakter

347 Rechtsgrundlage für die Erhebung der deutschen Versicherungssteuer ist das Versicherungssteuergesetz (VersStG) und die Versicherungssteuer-Durchführungsverordnung (VersStDV) i.d.F. v. 10.01.1996. Entsprechend ihrer Einordnung in die Steuergesetze und entsprechend ihres Charakters ist die Versicherungssteuer eine Verkehrsteuer.

224 Vgl. *Maser*, VW 1998, S. 289.
225 Vgl. *Maser*, VW 1998, S. 287.
226 Vgl. BFH v. 20.7.1988, BStBl. II 1989, S. 140.

2. Steuertatbestand

Die Steuer entsteht mit der Zahlung eines Versicherungsentgelts aufgrund eines durch Vertrag oder auf sonstige Weise entstandenen Versicherungsverhältnisses, wenn der Versicherungsnehmer seinen Wohnsitz (Sitz, gewöhnlicher Aufenthalt) im Inland hat oder ein Gegenstand versichert worden ist, der zur Zeit der Begründung des Versicherungsverhältnisses im Inland war (§ 1 VersStG). 348

Als Versicherungsvertrag i.S.d. Versicherungssteuergesetzes gilt auch eine Vereinbarung zwischen mehreren Personen oder Personenvereinigungen, solche Verluste oder Schäden gemeinsam zu tragen, die den Gegenstand einer Versicherung bilden können (§ 2 Abs. 1 VersStG). 349

Diese Definition spielt z.B. bei der sog. Rückdeckung von Eigenversicherungen eine Rolle. Beispielsweise versichert eine Versicherung das ihr gehörende Eigentum (z.B. Gebäude oder PKW) selbst. Da nicht mehrere Personen beteiligt sind, liegt kein Versicherungsvertrag i.S.d. Versicherungssteuergesetzes vor. Daher ist diese Eigenversicherung nicht steuerbar. Innerbetriebliche Umbuchungen zwischen verschiedenen Abteilungen der Versicherungsgesellschaft sind dabei nicht schädlich.[227] Allerdings wird das Risiko von Eigenversicherungen typischerweise über eine Quote bei einer RückV abgedeckt. Hierdurch entsteht ein Versicherungsvertrag und es fällt Versicherungssteuer an. Dies ist auch der Fall, wenn Risiken einer Muttergesellschaft von einer rechtlich selbstständigen Tochtergesellschaft, einer sog. Captive, versichert werden, denn es handelt sich um mehrere Personen, selbst wenn zwischen ihnen steuerlich eine Organschaft besteht.[228] 350

Die deutsche Versicherungssteuer knüpft bei Versicherungsunternehmen, die im Gebiet der EWR-Staaten[229] niedergelassen sind, nur an jene Versicherungsverhältnisse an, bei denen das versicherte Risiko in der Bundesrepublik Deutschland belegen ist (Belegenheitsprinzip).[230] Das Risiko ist bei natürlichen Personen in der Regel im Inland belegen, wenn hier der Versicherungsnehmer bei Entrichtung des Versicherungsentgelts seinen Wohnsitz oder gewöhnlichen Aufenthalt hat. Bei juristischen Personen als Versicherungsnehmer ist das Risiko in der Regel in der Bundesrepublik Deutschland belegen, wenn sich hier bei Entrichtung des Versicherungsentgelts das Unternehmen, die Betriebsstätte oder die entsprechende Ein- 351

227 Vgl. BFH v. 29.04.1964, BStBl. III 1964, S. 417.
228 Vgl. *Bruschke*, UVR 2009, S. 247.
229 Zum Kreis der EWR-Staaten vgl. H 239 „Abkommen (…)“ EStR.
230 Vgl. BMF-Merkblatt v. 16.12.1994, Abschn. II.2.

richtung befindet.[231] Bei der Besteuerung wird vom Grundsatz her somit auf den Wohnsitz/Sitz des Versicherungsnehmers abgestellt. Dies bedeutet bspw., dass Entgelte deutscher Unternehmen an deutsche Versicherungsunternehmen für die Gewährung von Versicherungsschutz für ausländische Betriebsstätten nicht der deutschen Versicherungssteuer unterliegen. Auch bei mittelbaren oder unmittelbaren Tochtergesellschaften im Ausland unterliegt das versicherte Risiko nicht der deutschen Versicherungssteuer.[232]

352 Ausnahmen von den beiden eben genannten Regelfällen stellen Versicherungen von Risiken mit Bezug auf Bauwerke, Anlagen und darin befindliche Sachen (Besteuerung im Inland, wenn sich die entsprechenden Gegenstände hier befinden), Versicherungen mit Bezug zu Kraftfahrzeugen aller Art (Besteuerung im Inland, wenn das Fahrzeug in ein deutsches Register eingetragen ist) und Versicherungen von Reise- und Ferienrisiken (Besteuerung im Inland, wenn die Rechtshandlungen zur Entstehung des Versicherungsverhältnisses im Inland vorgenommen wurden) dar.[233]

353 Nach § 4 VersStG sind u.a. Entgelte für alle gesetzlichen und privaten Lebens- und Krankenversicherungen, die RückV, sowie die Arbeitslosenversicherung von der deutschen Versicherungssteuer ausgenommen. Ferner unterliegen Verträge, durch die sich ein Versicherungsunternehmen zur Leistung einer Bürgschaft oder einer sonstigen Leistung verpflichtet, wegen fehlender Eigenschaft als Versicherungsvertrag nicht der Versicherungssteuer.[234]

354 Besteht ein Versicherungsverhältnis mit einem außerhalb des EWR niedergelassenen Versicherer, entsteht Versicherungssteuer, wenn

- der Versicherungsnehmer bei Zahlung des Versicherungsentgelts seinen Wohnsitz/Sitz oder gewöhnlichen Aufenthalt in Deutschland hat oder
- ein Gegenstand versichert ist, der zur Zeit der Begründung des Versicherungsvertrags im Geltungsbereich dieses Gesetzes war.

355 Ist das versicherte Risiko in einem EWR-Staat belegen, unterliegt es der Versicherungssteuer des jeweiligen EWR-Staates.[235]

231 Vgl. § 1 Abs. 2 VersStG, auch BMF-Merkblatt v. 16.12.1994, Abschn. II.2 mit weiteren Erläuterungen zu den Begriffen des Unternehmens, der Betriebsstätte und der entsprechenden Einrichtung.

232 Vgl. EuGH v. 14.06.2001 – Rs. C-191/99 – Kvaerner plc gegen Staatssecretaris van Financien.

233 Vgl. § 1 Abs. 2 Satz 2 VersStG, auch BMF-Merkblatt v. 16.12.1994, Abschn. II.2.4.

234 Vgl. § 2 Abs. 2 VersStG.

235 Siehe sog. Zweite Schadenversicherungsrichtlinie, in Amtsbl. der EG Nr. L 172 v. 04.07.1988.

Die Belegenheit des Risikos spielt auch bei sog. Umbrella-Policen, bei denen die Risiken zwischen zwei in verschiedenen EWR-Staaten gelegenen Versicherungsunternehmen gedeckt werden, eine Rolle. Da sich das Risiko auf beide Versicherungsunternehmen bezieht, ist die Prämie nach vernünftigen kaufmännischen Grundsätzen – ggf. auf dem Wege der Schätzung[236]– auf beide Gesellschaften aufzuteilen. Nur der auf das deutsche Versicherungsunternehmen entfallende Anteil unterliegt der deutschen Versicherungssteuer. 356

Der Beurteilung des Belegenheitsrisikos kommt somit eine erhebliche Bedeutung zu.[237] 357

3. Steuerliche Bemessungsgrundlage

Bemessungsgrundlage für die Versicherungssteuer ist das Versicherungsentgelt aufgrund eines durch Vertrag oder auf sonstige Weise entstandenen Versicherungsverhältnisses.[238] Um das Problem der gemeinsamen Bemessungsgrundlage für Versicherungssteuer und Feuerschutzsteuer bei feuerschutzsteuerpflichtigen Versicherungen zu lösen, wurden mit dem Begleitgesetz zur zweiten Föderalismusreform v. 10.08.2009[239] mit Wirkung zum 01.07.2010 Anteile für diese Versicherungen festgelegt.[240] Als Bemessungsgrundlage für die Versicherungssteuer dient nun bei Feuerversicherungen und Feuer-Betriebsunterbrechungsversicherungen[241] ein Anteil von 60 %, bei Wohngebäudeversicherungen[242] ein Anteil von 86 % und bei Hausratsversicherungen[243] ein Anteil von 85 % des Versicherungsentgelts. Bei der Hagelversicherung stellt die Versicherungssumme die Bemessungsgrundlage dar. Als Versicherungsentgelte im Sinne dieser steuerlichen Vorschrift kommen Prämien, Beiträge, Vorbeiträge, Vorschüsse, Nachschüsse, Umlagen, Eintrittsgelder, Vertragsausfertigungsgebühren und sonstige Nebenkosten in Frage.[244] 358

236 Vgl. BMF-Merkblatt v. 16.12.1994.
237 Vgl. *Gast*, UVR 1992, S. 289 ff.; *Hicks*, UVR 1991, S. 272 ff.
238 Vgl. § 1 Abs. 1 VersStG.
239 Vgl. Begleitgesetz zur zweiten Föderalismusreform v. 10.08.2009, BGBl. I 2009, S. 2702, BStBl. I 2009, S. 866.
240 Vgl. BMF v. 12.05.2010, BStBl. I 2010, S. 544.
241 Vgl. § 3 Abs. 1 Nr. 1 FeuerschStG.
242 Vgl. § 3 Abs. 1 Nr. 2 FeuerschStG.
243 Vgl. § 3 Abs. 1 Nr. 3 FeuerschStG.
244 Vgl. § 3 Abs. 1 Satz 1 VersStG.

4. Steuersatz

359 Grundsätzlich wird die Steuer für jede Versicherung einzeln vom Versicherungsentgelt berechnet. Wird die Steuer in das Versicherungsentgelt mit einbezogen, so darf die Steuer von dem Gesamtbetrag des Versicherungsentgelts berechnet werden (§ 5 VersStG).

a) Versicherungssteuersätze auf das Netto-Versicherungsentgelt

360 Die nachfolgende Tabelle gibt einen Überblick über die derzeitigen Versicherungssteuersätze (ohne Hagelversicherungen) auf das Netto-Versicherungsentgelt:

	Steuersatz
Regelversicherungen	19 %
Feuerversicherungen	22 %
Wohngebäudeversicherungen	19 %
Hausratsversicherungen	19 %
Unfallversicherungen mit Prämienrückgewähr	3,8 %
Seeschiffkaskoversicherungen	3 %

Mit der Neuregelung der Bemessungsgrundlagen für feuerschutzsteuerpflichtige Versicherungen erfolgte auch eine Anpassung der Steuersätze mit dem Ziel, die Steuerbelastung nicht zu verändern und die Steuersätze zu vereinheitlichen.[245] Der Steuersatz für Feuerversicherungen und Feuer-Betriebsunterbrechungsversicherungen wurde von 14 % auf 22 %[246] angehoben. Bei der Wohngebäudeversicherung und der Hausratsversicherung wurden die Steuersätze von ehemals 17,75 % und 18 % auf den einheitlichen Regelsteuersatz von 19 %[247] angehoben.

361 Bei der Hagelversicherung beträgt die Steuer unverändert für jedes Versicherungsjahr 0,2 vom Tausend der Versicherungssumme oder einen Teil davon (für Zwischensummen) (§ 6 Abs. 2 Nr. 4 VersStG).

362 Bei Kombination unterschiedlich zu besteuernder Versicherungen in einem Versicherungsvertrag (z.B. steuerfreie Lebensversicherung neben steuerpflichtiger Unfallversicherung, vgl. § 4 Nr. 5 VersStG) ist in der Regel anteilig der zutreffende Steuersatz anzuwenden. Bestimmt eine Versicherungsart den Charakter des gesamten Versicherungsvertrags oder entsteht durch die Risikomischung eine neue Versicherungsart – sog. selbstständige Versicherung – ,so darf nur einheitlich

245 Siehe dazu Rn. 304 f.

246 Vgl. § 5 Abs. 2 Nr. 1 VersStG.

247 Vgl. § 5 Abs. 2 Nr. 2 und Nr. 3 VersStG.

besteuert werden. Im Einzelfall kann die Beurteilung jedoch erhebliche Probleme bereiten. So soll nach BMF[248] eine Steuerbefreiung bei sog. Reiseversicherungspaketen mit Krankenversicherung unter Ausweis nur eines Versicherungsentgelts nicht in Betracht kommen. Im Ergebnis hat sich das FG Hamburg[249] dieser Meinung angeschlossen. Das FG München hält diese Auffassung dagegen nicht für überzeugend und lässt eine Separierbarkeit der Krankenversicherung im Paket für eine Steuerbefreiung dieses Teils des Entgelts genügen.[250] Eine endgültige Klärung wird durch höchstrichterliche Rspr. erfolgen.

b) Herausrechnungsfaktoren bei Bruttobeträgen

Durch das Gesetz zur Finanzierung der Terrorbekämpfung wurde mit Wirkung 363
zum 01.01.2002 § 4 VersStDV ersatzlos aufgehoben. Nunmehr gilt, dass die Versicherungssteuer bei eingerechneter Steuer nach den üblichen mathematischen Regeln errechnet wird.[251]

c) Zurückbezahlung von Versicherungsentgelt

Wird vom Versicherer Versicherungsentgelt zurückgezahlt, weil die Versicherung 364
vorzeitig endet oder das Versicherungsentgelt (die Versicherungssumme) herabgesetzt wird, kann die zu viel gezahlte Steuer bei sog. unverdienten Prämien auf Antrag entsprechend der Änderung erstattet werden (§ 9 Abs. 1 VersStG).

5. Verwaltungskompetenz

Im Rahmen des Begleitgesetzes zur zweiten Föderalismusreform v. 10.08.2009[252] 365
wurde mit Wirkung zum 01.07.2010 die Verwaltungskompetenz für die Versicherungssteuer von den Ländern auf den Bund übertragen.[253] Die Aufgaben der bisher zuständigen Finanzämter der Länder übernahm damit das Bundeszentralamt für Steuern.[254] Dagegen lag die Ertragskompetenz schon immer beim Bund.

---

248 Vgl. BMF v. 22.03.2006, BStBl. I 2006, S. 407

249 Vgl. FG Hamburg v. 27.08.2009 – 2 K 12/09, DStRE 2010, S. 681; angefochten durch Revision, Az. BFH: II R 52/09.

250 Vgl. FG München v. 21.04.2010 – 4 K 3009/07, DStRE 2010, S. 817; angefochten durch Revision, Az. BFH: II R 26/10.

251 Vgl. BT-Drucksache 14/7062 v. 09.10.2001.

252 Begleitgesetz zur zweiten Föderalismusreform v. 10.08.2009, BGBl. I 2009, S. 2702, BStBl. I 2009, S. 866.

253 Mit Hinweis auf die verfassungsrechtliche Problematik Bruschke, UVR 2010, S. 18.

254 Vgl. § 7a VersStG.

6. Steuerschuldner und Zahlungsmodalitäten

366 Steuerschuldner ist der Versicherungsnehmer; das Versicherungsunternehmen hat jedoch die Steuer einzuziehen sowie für Rechnung des Versicherungsnehmers abzuführen.[255] Die Versicherungssteuer ist innerhalb von 15 Tagen nach Ablauf des Anmeldungszeitraums von dem Versicherungsunternehmen zu entrichten.[256] Haben mehrere Versicherer eine Versicherung für denselben Versicherungsnehmer in der Weise gemeinschaftlich übernommen, dass jeder von ihnen aus der Versicherung zu einem bestimmten Anteil berechtigt und verpflichtet ist, so darf einer der Versicherer die Steuer auch für die anderen Versicherungsunternehmen entrichten. Er hat in diesem Fall den Gesamtbetrag des Versicherungsentgelts in seinen Geschäftsbüchern zu vermerken. Die anderen Versicherer müssen in ihren Geschäftsbüchern angeben, wer die Steuer für sie entrichtet hat.[257]

7. Behandlung der Versicherungssteuer im Jahresabschluss

367 Nach § 36 Abs. 2 Satz 1 Nr. 1 RechVersV ist bei der Ermittlung der gebuchten Beiträge von den Beiträgen nach den Nrn. 1-9 die Versicherungssteuer abzusetzen, auch, wenn sie nicht gesondert von den Versicherungsnehmern erhoben wird. In dem Jahresabschluss des Versicherungsunternehmens erscheint deshalb die Versicherungssteuer allenfalls als Saldo der noch nicht abgeführten Beträge als sonstige Verbindlichkeit und in dem Davon-Vermerk „aus Steuern".

368 Da die Versicherungssteuer in der Versicherungssteueranmeldung nach Steuersätzen aufzugliedern ist, sollte sie je Steuersatz auf gesonderten Konten erfasst werden.

IX. Feuerschutzsteuer

1. Grundlagen und Charakter

369 Rechtsgrundlage für die Erhebung der Feuerschutzsteuer ist das Feuerschutzsteuergesetz (FeuerschStG) i.d.F. v. 10.01.1996. Entsprechend ihrer Einordnung in die Steuergesetze und entsprechend ihres Charakters ist die Feuerschutzsteuer eine

255 Vgl. § 7 Abs. 1 VersStG.
256 Vgl. § 8 Abs. 1 und 2 VersStG, Kalendermonat bzw. Kalendervierteljahr.
257 Vgl. § 8 Abs. 3 VersStG.

Verkehrsteuer. Die Feuerschutzsteuer wird zusätzlich zur Versicherungssteuer erhoben. Sie wird jedoch nicht offen in der Prämienrechnung ausgewiesen.[258]

2. Steuertatbestand

370 Die Feuerschutzsteuer betrifft seit der Wirkung des Begleitgesetzes zur zweiten Föderalismusreform v. 10.08.2009[259] zum 01.07.2010 nur noch die in § 1 Abs. 1 FeuerschStG abschließend genannten Versicherungen. Dies sind namentlich die Feuerversicherungen einschl. der Feuer-Betriebsunterbrechungsversicherungen sowie die Wohngebäude- und Hausratsversicherungen, bei denen die Versicherung teilweise auf Gefahren entfällt, die Gegenstand einer Feuerversicherung sein können. Damit sind die verbundene Kernanlagenversicherung, die Terrorversicherung, die Allgefahrenversicherung, die verbundene Sachgewerbeversicherung sowie die Mietverlustversicherung nach neuer Rechtslage nicht mehr feuerschutzsteuerpflichtig.[260]

371 Die Steuer wird erhoben, wenn sich der versicherte Gegenstand bei der Entgegennahme des Versicherungsentgelts im Inland befindet (Belegenheitsprinzip).[261] Jedoch kommt es im Unterschied zur Versicherungssteuer nicht auf den Sitz des Versicherungsnehmers an.

372 Wenn die feuerversicherten Sachen bzw. besonderen Risiken nicht nur im Inland, sondern auch im Ausland belegen sind, fällt nur der inländische Anteil der einheitlichen Feuerversicherung unter das FeuerschStG,[262] z.B. wenn mit einem internationalen Konzern ein Versicherungsvertrag abgeschlossen wird, der auch dessen ausländische Betriebsstätten umfasst. Als Aufteilungsmaßstäbe kommen nur sachbezogene Umstände in Betracht, z.B. das Verhältnis der in- und ausländischen Vermögenswerte bzw. Abschreibungen oder das Umsatzverhältnis, nicht aber das Verhältnis der Betriebsstätten-Ergebnisse, d.h. das Verhältnis der Betriebsstätten-Gewinne.[263]

258 Vgl. *Hicks*, UVR 1992, S. 48 zur Problematiken bei der Feuerschutzsteuerpflicht

259 Begleitgesetz zur zweiten Föderalismusreform v. 10.08.2009, BGBl. I 2009, S. 2702, BStBl. I 2009, S. 866.

260 Vgl. BMF v. 12.05.2010, BStBl. I 2010, S. 544.

261 Vgl. § 1 Abs. 1 Satz 1 FeuerschStG und BMF-Merkblatt v. 16.12.1994, Abschn. I.

262 Entweder gem. § 1 Abs. 1 FeuerschStG oder gem. § 1 Abs. 3 FeuerschStG i.V.m. § 1 Abs. 2 Satz 2 Nr. 1 VersStG.

263 A. A. *Hicks*, UVR 1992, S. 48, der unter Vergleich mit der Verbundenen Gebäudeversicherung bzw. der Verbundenen Hausratversicherung eine anteilige Besteuerung bejaht.

3. Steuerliche Bemessungsgrundlage

373 Bemessungsgrundlage für die Feuerschutzsteuer ist grundsätzlich ein bestimmter Anteil des Versicherungsentgelts.[264] Als Versicherungsentgelte im Sinne dieser steuerlichen Vorschrift kommen Prämien, Beiträge, Vorbeiträge, Vorschüsse, Nachschüsse, Umlagen, Eintrittsgelder, Vertragsausfertigungsgebühren und sonstige Nebenkosten in Frage (§ 2 Abs. 1 Satz 2 FeuerschutzStG). Die Versicherungssteuer gehört nach § 4 Abs. 3 FeuerschStG ausdrücklich nicht zum Versicherungsentgelt. Da Versicherungssteuer und Feuerschutzsteuer bei feuerschutzsteuerpflichtigen Versicherungen eine gemeinsame Bemessungsgrundlage hatten und dies zu Abgrenzungsproblemen führte, beinhaltete das Begleitgesetz zur zweiten Föderalismusreform v. 10.08.2009[265] eine grundlegende Neuregelung mit Wirkung zum 01.07.2010. Dabei wurden getrennte Anteile für die Versicherungssteuer sowie die Feuerschutzsteuer am Versicherungsentgelt festgelegt.[266] Die Bemessungsgrundlage ist nun bei den Feuerversicherungen und Feuer-Betriebsunterbrechungsversicherungen[267] ein Anteil von 40 %, bei Wohngebäudeversicherungen[268] ein Anteil von 14 % und bei Hausratsversicherungen[269] ein Anteil von 15 % des Versicherungsentgelts.

4. Steuersatz

374 Mit der Neuregelung der Bemessungsgrundlagen erfolgte auch eine Anpassung der Steuersätze mit dem Ziel, die Steuerbelastung nicht zu verändern und die Steuersätze zu vereinheitlichen. Nach der alten Rechtslage ergab sich insgesamt eine Steuerbelastung durch Feuerschutzsteuer und Versicherungssteuer von 22 % bei Feuerversicherungen und Feuer-Betriebsunterbrechungsversicherungen. So wurde der Steuersatz für die Feuerversicherungen und Feuer-Betriebsunterbrechungsversicherungen von 8 % vom gesamten Versicherungsentgelt auf 22 %[270] der Bemessungsgrundlage sowohl für die Feuerschutzsteuer als auch für die Versicherungssteuer vereinheitlicht.[271] Auch für die Wohngebäudeversicherungen und Hausratsversicherungen erfolgte eine Vereinheitlichung auf den Regelsteuersatz von 19 %.[272]

264 Vgl. § 3 Abs. 1 Nr. 1 i.V.m. § 1 Abs. 1 Satz 1 FeuerschStG.
265 Begleitgesetz zur zweiten Föderalismusreform v. 10.08.2009, BGBl. I 2009, S. 2702, BStBl. I 2009, S. 866.
266 Vgl. BMF v. 12.05.2010, BStBl. I 2010, S. 544.
267 Vgl. § 3 Abs. 1 Nr. 1 FeuerschStG.
268 Vgl. § 3 Abs. 1 Nr. 2 FeuerschStG.
269 Vgl. § 3 Abs. 1 Nr. 3 FeuerschStG.
270 Vgl. § 4 Abs. 2 FeuerschStG.
271 Vgl. Kritisch *Medert*, DStR 2009, S. 1991.
272 Vgl. § 4 Abs. 1 FeuerschStG.

5. Verwaltungskompetenz

Im Rahmen des Begleitgesetzes zur zweiten Föderalismusreform v. 10.08.2009[273] wurde mit Wirkung zum 01.07.2010 die Verwaltungskompetenz für die Feuerschutzsteuer von den Ländern auf den Bund übertragen.[274] Die Aufgaben der bisher zuständigen Finanzämter der Länder übernahm damit das Bundeszentralamt für Steuern.[275] Die Ertragskompetenz verbleibt weiterhin bei den Ländern. 375

6. Steuerschuldner und Zahlungsmodalitäten

Steuerschuldner ist das Versicherungsunternehmen.[276] Die Feuerschutzsteuer ist innerhalb von 15 Tagen nach Ablauf des Anmeldungszeitraums von dem Versicherungsunternehmen zu entrichten.[277] 376

7. Behandlung der Feuerschutzsteuer im Jahresabschluss

Nach § 44 Satz 1 Nr. 1 RechVersV ist die Feuerschutzsteuer in der GuV der Versicherungsunternehmen den sonstigen versicherungstechnischen Aufwendungen zuzuordnen. Die Feuerschutzsteuer ist somit nicht unter den sonstigen Steuern auszuweisen. Die Feuerschutzsteuer ist nicht von den gebuchten Brutto-Beiträgen abzusetzen. 377

273 Begleitgesetz zur zweiten Föderalismusreform v. 10.08.2009, BGBl. I 2009, S. 2702, BStBl. I 2009, S. 866.

274 Mit Hinweis auf die verfassungsrechtliche Problematik *Bruschke*, UVR 2010, S. 18.

275 Vgl. § 10 FeuerschStG.

276 Vgl. § 5 Abs. 1 FeuerschStG.

277 Vgl. § 8 Abs. 1 und 2 FeuerschStG, Kalendermonat bzw. Kalendervierteljahr.

Stichwortverzeichnis

A

B

F

G

N

O

P

R

T

V